D1720954

Claus Jürgen Diederichs

Immobilienmanagement im Lebenszyklus

Claus Jürgen Diederichs

Immobilienmanagement im Lebenszyklus

Projektentwicklung, Projektmanagement, Facility Management, Immobilienbewertung

2., erweiterte und aktualisierte Auflage

Mit 273 Abbildungen

 Springer

Professor Dr.-Ing. Claus Jürgen Diederichs
Bergische Universität Wuppertal
FB 11 Bautechnik
LS Bauwirtschaftslehre
Pauluskirchstr. 7
42285 Wuppertal
diederic@uni-wuppertal.de

Ursprünglich erschienen als einer von vier Teilen in einem einbändigen Werk
mit dem Titel *Führungswissen für Bau- und Immobilienfachleute* (1999)

Bibliografische Information der Deutschen Bibliothek
Die Deutsche Bibliothek verzeichnet diese Publikation in der Deutschen Nationalbibliografie;
detaillierte bibliografische Daten sind im Internet unter <http://dnb.ddb.de> abrufbar.

ISBN-10 3-540-25509-5 Springer Berlin Heidelberg New York
ISBN-13 978-3-540-25509-3 Springer Berlin Heidelberg New York

Springer ist ein Unternehmen von Springer Science+Business Media
springer.de
© Springer-Verlag Berlin Heidelberg 2006
Printed in Germany

Satz: Marianne Schillinger-Dietrich, Berlin
Einbandgestaltung: Struve & Partner, Heidelberg
Herstellung: PTP-Berlin Protago-TeX-Production GmbH
Gedruckt auf säurefreiem Papier   68/3020/Yu - 5 4 3 2 1 0

Geleitwort zur 2. Auflage

Immobilienmanagement im Lebenszyklus ist angesichts der gegenwärtigen Situation und der Zukunftserwartungen für Immobilien und die öffentliche Infrastruktur in Deutschland und international ein Gebot der Stunde. Die Bau- und Immobilienwirtschaft hat maßgeblichen Anteil an der Bruttowertschöpfung, fast jeder zehnte Erwerbstätige ist gemäß einer aktuellen ifo-Studie vom September 2005 in dieser Branche tätig. Sie erfordert jedoch eine kompetenz- und phasenübergreifende Professionalisierung. Dies bedeutet das Zusammenwirken aus den verschiedenen Bereichen von Technik, Wirtschaft, Recht und Öffentlicher Verwaltung bzw. von Architekten, Ingenieuren, Kaufleuten, Steuerberatern und Juristen. Die Sichtweise der Spezialisten nach dem Motto „Jeder optimiert sich selbst" muss ergänzt und aufgebrochen werden durch Immobilienmanager als Generalisten nach dem Motto „Wir optimieren das Ganze!". Dieses Motto erfordert phasenübergreifendes Denken im Lebenszyklus von Immobilien, beginnend mit der Projektentwicklung, weiterführend über das Projektmanagement für Planung und Ausführung zum Facility Management und der Gebäudebewirtschaftung in der Nutzungsphase bis zur Modernisierung bzw. zum Abbruch und der Einleitung eines neuen Immobilien-Lebenszyklus. Phasenübergreifend bildet die Immobilienbewertung immer wieder den Maßstab der unternehmerischen Entscheidungen.

Diederichs bildet mit vorliegendem Werk diesen Immobilien-Lebenszyklus ab und bietet das relevante Grundlagenwissen, veranschaulicht durch zahlreiche Praxisbeispiele.

Ich wünsche diesem ausgezeichneten Werk eine weite Verbreitung für die Führungskräfte der Immobilien- und Bauwirtschaft, für die Nachwuchskräfte für Führungspositionen, für die Studierenden in Fakultäten für Architektur, Bauingenieurwesen und Wirtschaftswissenschaften sowie in Studiengängen für Projektentwicklung, Projektmanagement, Facility Management und Immobilienbewertung.

Bonn, im September 2005

Dr. Eckart John von Freyend
Vorsitzender des Vorstandes
IVG Immobilien AG

Geleitwort zur 1. Auflage

Bei der Entwicklung, Planung, Realisierung, Nutzung und Finanzierung von Bauobjekten und Immobilienprojekten ist eine Vielzahl von Disziplinen beteiligt. Durch Studium und praktische Erfahrung sind Architekten, Bauingenieure, Gebäudetechniker etc. in den jeweiligen technischen Bereichen bestens geschult. Dagegen fehlen diesen Fachleuten nicht selten die ökonomischen und rechtlichen Kenntnisse für die interdisziplinäre Zusammenarbeit. Zwar stellt die Volkswirtschafts- und Betriebswirtschaftslehre umfangreiche Standardwerke zur Verfügung, aber die Bauwirtschaftslehre und die betriebswirtschaftlichen Fragen von Investoren, Planungsbüros und Bauunternehmen werden ausgeklammert. Hier setzt das vorliegende Werk an.

In jeder wissenschaftlichen Disziplin finden sich glücklicherweise immer wieder angesehene Vertreter ihres Faches, die sich der Mühe unterziehen, einen derartigen Überblick zu geben. Dies allein wäre schon verdienstvoll. Wenn das allerdings in einer solchen Güte und einem solchen Umfang (mit fast 500 Seiten) geschieht wie bei dem vorliegenden Werk, muss man dem „Diederichs" (und so wird es zitiert werden) uneingeschränkt Respekt zollen.

Berlin, im Juli 1999 *o. Prof. em. Dr. Karlheinz Pfarr*

Vorwort zur 2. Auflage

Die harte Konkurrenzsituation in der Bau- und Immobilienwirtschaft zwingt die Führungskräfte der Immobilien-, Planungs- und Bauunternehmen zunehmend zum Einsatz interdisziplinären Führungswissens, wenn sie ihre Unternehmen wettbewerbsfähig halten und ihre Geschäftspolitik erfolgreich gestalten wollen. Die 2. Auflage des 1999 erschienenen Buches „Führungswissen für Bau- und Immobilienfachleute" folgt nunmehr zeitlich gestaffelt in mehreren Bänden.

Nach Veröffentlichung des ersten Bandes „Grundlagen" im September 2004 wird hiermit der zweite Band „Immobilienmanagement" vorgelegt, mit dem das Wissen über den Lebenszyklus von Gebäuden und Anlagen bereitgestellt wird. Die ersten drei Kapitel behandeln den Immobilienmanagementzyklus mit der Projektentwicklung im engeren Sinne, dem Projektmanagement für Planung und Ausführung sowie dem Facility Management für die Immobilienbewirtschaftung. Das vierte Kapitel macht den Leser mit nationalen und internationalen Wertermittlungsverfahren für bebaute und unbebaute Grundstücke vertraut.

Die Ausführungen basieren auf mehr als 35-jährigen Erfahrungen des Autors im Bauprojektmanagement und in der Bauwirtschaft, auf den Aktivitäten des Deutschen Verbandes der Projektmanager in der Bau- und Immobilienwirtschaft e. V. (DVP) mit seinen Seminaren und Arbeitskreisen, auf der Grundlagenarbeit der Fachkommission Projektsteuerung/Projektmanagement des Ausschusses der Verbände und Kammern der Ingenieure und Architekten für die Honorarordnung e.V. (AHO) sowie auf den Seminarunterlagen des berufsbegleitenden Weiterbildungsstudienganges Master of Science in Real Estate Management & Construction Project Management (M. Sc. REM & CPM) an der Bergischen Universität Wuppertal und der University of Reading (UK), und hier insbesondere der Module 02 Projektentwicklung, Immobilienbewertung, 08 Real Estate as a Financial Asset, 09 Immobilien- und Steuerrecht sowie 10 Projektmanagement, Facility Management.

Auch mit dem zweiten Band wird das Grundverständnis für Themenbereiche geschaffen, die sowohl für Architekten, Bauingenieure und Fachingenieure für Technische Gebäudeausrüstung als auch für Volks- und Betriebswirte sowie Juristen zur Vermittlung der interdisziplinären Zusammenhänge für das vernetzte Denken und Handeln bedeutsam sind.

So will auch der zweite Band „Immobilienmanagement" einen Beitrag dazu leisten, die Bau- und Immobilienbranche wieder zu einem erfolgreichen Wirtschaftszweig im Rahmen der Gesamtwirtschaft werden zu lassen.

Mein Dank gilt allen „Mitstreitern", die maßgeblich zu diesem zweiten Band „Immobilienmanagement" beigetragen haben. Das sind u. a. viele Kunden und

Mitarbeiter aus der Berufspraxis, die Mitglieder der Kommissionen und Arbeitskreise des AHO und DVP sowie die Kollegen und externen Dozenten aus dem Masterstudiengang REM & CPM.

Dem Springer-Verlag danke ich für das entgegengebrachte Vertrauen und insbesondere Herrn Dipl.-Ing. Thomas Lehnert für die inhaltliche Abstimmung sowie Frau Sigrid Cuneus für die Redaktion und das Lektorat.

Mein besonderer Dank richtet sich erneut an meine Mitarbeiter in der Universität Wuppertal für ihre engagierte Unterstützung sowohl in fachlicher Hinsicht als auch bei der EDV-technischen Umsetzung. Dazu gehören vor allem Frau Beate Nietzold, Herr Dipl.-Ing. Andreas Link, Herr Dipl.-Ing. Daniel Landowski und Herr cand.-ing. Toni Gomez.

Kommentare und kritische Anmerkungen zur kontinuierlichen Verbesserung sind ausdrücklich willkommen und werden künftig weiterhin mit Aufgeschlossenheit Berücksichtigung finden.

Wuppertal, im September 2005   *Univ.-Prof. Dr.-Ing. C. J. Diederichs*

Inhaltsverzeichnis

Abbildungsverzeichnis

Abkürzungsverzeichnis

A	Arbeiter oder Autobahn
a	anno
AA	Außenanlagen
a. a. O.	am angeführten Ort
Abb.	Abbildung
Abs.	Absatz
abs.	absolut
Abt.	Abteilung
abzgl.	abzüglich
a. F.	alte Fassung
AfA	Absetzung für Abnutzung
AfS	Absetzung für Substanzverringerung
AG	Auftraggeber bzw. Aktiengesellschaft
AGB	Allgemeine Geschäftsbedingungen
AGBG	Gesetz zur Regelung des Rechts der Allgemeinen Geschäftsbedingungen
AGK	Allgemeine Geschäftskosten
AHGZ	Allgemeine Hotel- und Gaststättenzeitung
AHO	Ausschuss der Verbände und Kammern der Ingenieure und Architekten für die Honorarordnung e. V., Berlin
AIG	Arbeitsgemeinschaft Instandhaltung Gebäudetechnik der Fachgemeinschaft Allgemeine Lufttechnik im VDMA, Frankfurt am Main
AK	Architektenkammer oder Arbeitskreis
AN	Auftragnehmer
AO	Abgabenordnung
AP	Arbeitsplatz/-plätze oder Ausgleichsposten
Apr.	April
AR	Abrechnungsrate in % der Auftragssumme
Arch.	Architekt
ARGE	Arbeitsgemeinschaft
ARY	All Risk Yield
ASP	Application Service Providing
AT	Arbeitstage
AU	Aufträge in Ausführung
AUF	Außenumhüllungsfläche
Aug.	August

AÜG	Arbeitnehmerüberlassungsgesetz
AVA	Ausschreibung, Vergabe, Abrechnung
AZ	Abschlagszahlung
AVB	Allgemeine Vertragsbedingungen
AVBfT	Allgemeinen Vertragsbedingungen für freiberuflich Tätige
AZR	Auszahlungsrate in % der Auftragssumme
BA	Bauabschnitt
BAG	Bundesarbeitsgemeinschaft der Mittel- und Großbetriebe des Einzelhandels e. V., Berlin
BAK	Bundesarchitektenkammer
BAnz.	Bundesanzeiger
BauGB	Baugesetzbuch
BauNVO	Baunutzungsverordnung
BauO NRW	Landesbauordnung Nordrhein-Westfalen
BauR	Baurecht: Zeitschrift für das gesamte öffentliche und zivile Baurecht
Bd.	Band
BDA	Bund Deutscher Architekten
BDU	Bundesverband Deutscher Unternehmensberater e. V., Berlin
BelGr	Beleihungsgrundsätze der Sparkassen
BetrKV	Betriebskostenverordnung
BEWAG	Berliner Kraft- und Licht (BEWAG)-Aktiengesellschaft, Berlin
BewG	Bewertungsgesetz
BFernStrG	Bundesfernstraßengesetz
BFH	Bundesfinanzhof, München
BGB	Bürgerliches Gesetzbuch
BGBl.	Bundesgesetzblatt
BGF	Brutto-Grundfläche
BGH	Bundesgerichtshof, Karlsruhe
BGHZ	Amtliche Sammlung der Entscheidungen des BGH in Zivilsachen
BHO	Bundeshaushaltsordnung
BImSchG	Bundes-Immissions-Schutz-Gesetz
BKI	Baukosteninformationszentrum Deutscher Architektenkammern GmbH, Stuttgart
BM	Brandmeldesystem
BMBau	Bundesministerium für Raumordnung, Bauwesen und Städtebau (bis 1998)
BMF	Bundesministerium für Finanzen
BMVBW	Bundesministerium für Verkehr, Bau- und Wohnungswesen (seit 1998)
BMWA	Bundesministerium für Wirtschaft und Arbeit
BOT	Build – Own/Operate – Transfer
BP	Bebauungsplan
BRI	Brutto-Rauminhalt

BU	Bauunternehmer
BV	Berechnungsverordnung
BVB	Besondere Vertragsbedingungen
BVG	Bundesverfassungsgericht, Karlsruhe
BW	Bauwerk
BWK	Bewirtschaftunskosten
bzw.	beziehungsweise
C	Celsius
ca.	circa
CAD	Computer Aided Design
CAFM	Computer Aided Facility Management
CD	Corporate Design
CI	Corporate Identity
cm	Zentimeter
CM	Construction Management
CMAA	Construction Management Association of America
CPM	Construction Project Management
CPV	Common Procurement Vocabulary
CREIS	Corporate Real Estate Information Systems
CREM	Corporate Real Estate Management
DB	Deckungsbeitrag
dB	Dezibel
DCF	Discounted-Cashflow
DDC	Direct Digital Control
DEHOGA	Deutscher Hotel- und Gaststättenverband
DG	Dachgeschoss
d. h.	das heißt
DID	Deutsche Immobilien Datenbank GmbH, Wiesbaden
DIN	Deutsches Institut für Normung e. V.
DIN	Norm des Deutschen Instituts für Normung e. V.
DIN EN ISO	„Deutsche Industrienorm(en); Europäische Norm; International Organization for Standardization"
DIW	Deutsches Institut für Wirtschaft, Berlin
DIX	Deutscher Immobilien Index
DNotZ	Deutsche Notar-Zeitschrift
DRC	Depreciated Replacement Cost
ds	dichtschließend
DV	Datenverarbeitung
DVP	Deutscher Verband der Projektmanager in der Bau- und Immobilienwirtschaft e. V., Berlin–Wuppertal
DZE	Durchschnittszimmererlöse

ebs	European Business School
ECE	KG Einkaufs-Center Entwicklung mbH, Hamburg
EDV	Elektronische Datenverarbeitung
EFB	Einheitliche Formblätter
EG	Erdgeschoss
EHI	Eurohandelsinstitut, Köln
EK	Eigenkapital
EKdT	Einzelkosten der Teilleistungen
ELT	Elektrotechnik
EM	Einbruchmeldesystem
EMSR	Elektro-, Mess-, Steuerungs- und Regeltechnik
EnEV	Energieeinsparverordnung
EP	Einheitspreis
ErbSt	Erbschaftsteuer und Schenkungsteuer
ErbStG	Erbschaftsteuer- und Schenkungsteuergesetz
ERP	Enterprise Ressource Planning
ESG	Einscheiben-Sicherheitsglas
ESt	Einkommensteuer
EStG	Einkommensteuergesetz
et al.	et alii (lat.: und andere)
etc.	et cetera
ETH	Eidgenössische Technische Hochschule
EU	Europäische Union
e. V.	Eingetragener Verein
EVM	Einheitliche Verdingungsmuster
EW	Ertragswert
EW	Eintrittswahrscheinlichkeit
EWG	Europäische Wirtschaftsgemeinschaft
F 90	Feuerwiderstandsklasse (90 Minuten)
f.	folgende
Fa.	Firma
Feb.	Februar
FELZ	Fachkunde, Erfahrung, Leistungsfähigkeit, Zuverlässigkeit
FF	Funktionsfläche
ff.	fortfolgende
FK	Fremdkapital
FKZ	Fremdkapitalzins
FLM	Flächenmanagement
FM	Facility Management
FNP	Flächennutzungsplan
FP	Freie Pufferzeit oder Fachplaner
FRP	Freie Rückwärtspufferzeit

FStrPrivFinG Gesetz über den Bau und die Finanzierung von Bundesfernstraßen durch Private

g	Gramm
G	Gewinn
GA	Gebäudeautomation
GAEB	Gemeinsamer Ausschuss Elektronik im Bauwesen
GbR	Gesellschaft bürgerlichen Rechts
GdW	Bundesverband deutscher Wohnungs- und Immobilienunternehmen e. V., Berlin
gem.	gemäß
GEP	Gebietsentwicklungsplan
gez.	gezeichnet
GEWI	„Gewinde"-Pfähle
GfK	Gesellschaft für Konsumforschung
GFZ	Geschossflächenzahl
ggf.	gegebenenfalls
GI	Gesamtinvestion
GIA	Gesetz zur Regelung von Ingenieur- und Architektenleistungen
gif e. V.	Gesellschaft für immobilienwirtschaftliche Forschung e. V.
GIS	Geografische Informationssysteme
GK	Gemeinkosten oder Gipskarton
GM	Gebäudemanagement
GmbH	Gesellschaft mit beschränkter Haftung
GMP	Guaranteed Maximum Price
GO	Gemeindeordnung
GP	Gesamte Pufferzeit oder Generalplaner oder Gesamtpreis
GPM	Deutsche Gesellschaft für Projektmanagement e. V., Nürnberg
GrESt	Grunderwerbsteuer
GrEStG	Grunderwerbsteuergesetz
GrSt	Grundsteuer
GrStG	Grundsteuergesetz
GRW 1995	„Grundsätze und Richtlinien für Wettbewerbe auf den Gebieten der Raumplanung, des Städtebaus und des Bauwesens"
GRZ	Grundflächenzahl
GU	Generalunternehmer
GWB	Gesetz gegen Wettbewerbsbeschränkungen
GÜ	Generalübernehmer

ha	Hektar
HBG	Hypothekenbankgesetz
HBglG	Haushaltsbegleitgesetz
HDI	Hochdruckinjektionskörper
HeizkostenV	Heizkostenverordnung

HGB	Handelsgesetzbuch
HGCRA	Housing Grants, Construction and Regeneration Act
HLS	Heizung – Lüftung – Sanitär
HNF	Haupt-Nutzfläche
HOAI	Honorarordnung für Architekten und Ingenieure
Hrsg.	Herausgeber
HU-Bau	Haushaltsunterlage Bau
i. A.	im Auftrag
IbPM	Internetbasiertes Projektmanagement
ICE	Institution of Civil Engineers
i. D.	im Durchschnitt
i. e. S.	im engeren Sinne
i. M.	im Mittel
i. V. m.	in Verbindung mit
i. w. S.	im weiteren Sinne
i. d. F.	in der Fassung
i. d. R.	in der Regel
i. S.	im Sinne
IAS	International Accounting Standards
IFMA	International Facility Management Association
ifo	Institut für Wirtschaftsforschung, München
IFRS	International Financial Reporting Standards
IGM	Infrastrukturelles Gebäudemanagement
II. BV	Zweite Berechnungsverordnung
IIR	Internal Rate of Return oder Deutsches Institut für Interne Revision e. V., Frankfurt am Main
inkl.	inklusive
IQ-Bau	Institut für Baumanagement, Wuppertal
IRB	Internal Ratings Based Approach
IT	Informationstechnologie
IuK	Information und Kommunikation
i. V.	in Vertretung
IVD	Immobilienverband Deutschland e. V., Berlin
IZ	Immobilien Zeitung
JVEG	Justizvollzugs- und Entschädigungsgesetz
KA	Kostenanschlag
KAG	Kommunalabgabengesetz
KAGG	Gesetz über Kapitalanlagegesellschaften
Kap.	Kapitel
KB	Kostenberechnung
KE	Kostenermittlung oder Kosten für Eigenleistung

KF	Kostenfeststellung oder Kosten für Fremdleistung
KFA	Kostenflächenarten
KfW	Kreditanstalt für Wiederaufbau, Frankfurt am Main
kg	Kilogramm
KG	Kommanditgesellschaft, Kellergeschoss oder Kammergericht
KGF	Konstruktions-Grundfläche
KGM	Kaufmännisches Gebäudemanagement
Kgr.	Kostengruppe
KGSt	„Kommunale Gemeinschaftsstelle für Verwaltungsvereinfachung, Köln"
KKE	Konstenkontrolleinheit
KKW	Kostenkennwert
KLER	Kosten-, Leistungs- und Ergebnisrechnung
KLR-Bau	Kosten- und Leistungsrechnung Bau
KMF	künstliche Mineralfasern
kN	Kilonewton
KNA	Kosten-Nutzen-Analyse
KonTraG	Gesetz zur Kontrolle und Transparenz im Unternehmensbereich
KR	Kostenrahmen
Kr	Kran
KS	Kostenschätzung oder Kalksandstein
KT	Kalendertage
KVP	Kontinuierlicher Verbesserungsprozess
KW	Kalenderwoche
kW	Kilo-Watt
KWA	Kostenwirksamkeitsanalyse
KWG	Kreditwesengesetz
kWh	Kilowattstunde
LAN	Local Area Network
l. Ä.	letzte Änderung
LB	Leistungsbereiche
LEP	Landesentwicklungsplan
LHO	Landeshaushaltsordnung
lit.	litera (lat.: Buchstabe)
Lkw	Lastkraftwagen
LP	Leistungsphase oder Leistungspunkte
LSP-Bau	„Leitsätze für die Ermittlung von Preisen für Bauleistungen aufgrund von Selbstkosten"
lt.	laut
LV	Leistungsverzeichnis
M	Maßstab
m	Meter

m²	Quadratmeter
m³	Kubikmeter
MA	Mitarbeiter
MaBV	Makler- und Bauträgerverordnung
max.	maximal
MCS	Monte-Carlo-Simulation
MF	Mietfläche
mfi	Management für Immobilien AG, Essen
min.	minimal oder mindestens
Mio.	Million(en)
MM	Monatsmieten
mm	Millimeter
Mon.	Monat
MP	Mischpreis
Mrd.	Milliarde(n)
MS	Microsoft
Mt	Monat
Mte	Monate
MV	Market Value
MW	Megawatt
MWh	Megawattstunde
MwSt.	Mehrwertsteuer
n	Anzahl der Zinsperioden oder Betrachtungszeitraum in Jahren
NA	Nachtrag
NAREIT	National Association of Real Estate Investment Trust
NBP	Nutzerbedarfsprogramm
NF	Nutzfläche
NGF	Netto-Grundfläche
NGZ	Neue Gastronomische Zeitung
NHK	Normalherstellungskosten
NJW	Neue Juristische Wochenschrift
NK	Nutzungskosten
NKU	Nutzen-/Kostenuntersuchung
NL	Niederlassung
NNF	Nebennutzfläche
Nr.	Nummer
Nrn.	Nummern
NS	Niedersachsen
NU	Nachunternehmer
NV	Budget nicht vergebener Leistungen
NW	Nordrhein-Westfalen
NWA	Nutzwertanalyse
NZBau	Neue Zeitschrift für Baurecht und Vergaberecht

ö. b. u. v. SV	Öffentlich bestellter und vereidigter Sachverständiger
OG	Obergeschoss
OHB	Organisationshandbuch
OHG	Offene Handelsgesellschaft
OKFF	Oberkante Fertigfußboden
OLG	Oberlandesgericht
OP	Operationssaal
ÖPNV	Öffentlicher Personennahverkehr
ÖPP	Öffentlich-Private Partnerschaft
OSCAR	Office Service Charge Analysis Report
P	Preis
p	Liegenschaftszins oder pauschal
p. a.	pro anno
PÄ	Projektänderung
PAK	polyzklischer aromatischer Kohlenwasserstoff
PC	Personal Computer
PBH	Projektbuchhaltung
PCB	polychloriertes Biphenyl
PE	Projektentwicklung
PHB	Projekthandbuch
PK	Projektkosten
Pkw	Personenkraftwagen
PL	Projektleitung oder Projektleiter
PLAKODA	Planungs- und Kostendaten
PlanzV	Planzeichenverordnung
PM	Projektmanagement oder Projektmanager
PMS	Projektmanagement-Software
POE	Projekt-/Objektentwicklung
PPP	Public Private Partnership
PR	Public Relations
PS	Projektsteuerung oder Projektsteuerer
psch.	pauschal
PU	Polyurethan
PSP	Projektstrukturplan
Q	Quartal
QM	Qualitätsmanagement
RA	Rechtsanwalt
RAW (2004)	Regeln für die Auslobung von Wettbewerben, AK NW und AK NS, 2004
RBBau	„Richtlinien für die Durchführung von Bauaufgaben des Bundes im Zuständigkeitsbereich der Finanzbauverwaltungen der Länder"

RBerG	Rechtsberatungsgesetz
rd	rauchdicht
rd.	rund
RdErl.	Runderlass
Rdn.	Randnummer
RE	Reinertrag
rechtl.	rechtliche(r)
REFA	Verband für Arbeitsstudien und Betriebsorganisation e. V.
REIT	Real Estate Investment Trust
relev.	relevante(r)
REM	Real Estate Management
Revpar	Revenue per available room
RGBl.	Reichsgesetzblatt
RICS	Royal Institute of Chartered Surveyors
RLT	Raumlufttechnik
RND	Restnutzungsdauer
ROG	Raumordnungsgesetz
ROI	Return on Investment
ROP	Raumordnungsprogramm
ROPI	Raumordnungsplan
RÜ	Rückstellung(en)
RW	Restwert
RWA	Rauch- und Wärmeabzugsanlage
S.	Seite
SEC	Securities and Exchange Commission
SGB	Sozialgesetzbuch
SHBau	„Sicherheitshandbuch für die Durchführung von Bauaufgaben des Bundes im Zuständigkeitsbereich der Finanzbauverwaltungen"
SiGeKo	Sicherheits- und Gesundheitskoordinator
SKR	Sektorenrichtlinie
SLA	Service Level Agreement
SMS	Short Message Service
SO	Schiedsgerichtordnung
SRF	Spitzenrefinanzierungsfacilität
St.	Stück
Std.	Stunde
StB	Stahlbeton
StLB	Standardleistungsbuch
StLK	Standardleistungskatalog
SZ	Süddeutsche Zeitung oder schlussabgerechnete Aufträge
T	Tragweite oder Tausend
T€	Tausend Euro

Tel.	Telefon
TF	Technische Funktionsfläche
TG	Tiefgeschoss
TGA	Technische Gebäudeausrüstung
TGM	Technisches Gebäudemanagement
TH	Treppenhaus
TöB	Träger öffentlicher Belange
TOP	Tagesordnungspunkt(e)
TR	Terminrahmen
TU	Totalunternehmer
TÜ	Totalübernehmer
TÜV	Technischer Überwachungsverein
TV	Tarifvertrag
u. a.	unter anderem
UG	Untergeschoss
UK	United Kingdom
UKD	Unterkante Decke
UP	Unabhängige Pufferzeit
USA	United States of America
USP	Unique Selling Proposition
Ust	Umsatzsteuer
UStG	Umsatzsteuergesetz
u. U.	unter Umständen
UV	Unvorhersehbares
UVPG	Umweltverträglichkeitsprüfungsgesetz
V	Vervielfältiger
VBI	Verband Beratender Ingenieure VBI e. V., Berlin
VDMA	Vereinigung Deutscher Maschinen- und Anlagenbauer, Frankfurt am Main
VdS	Verband der Sachversicherer e. V.
VE	Vergabeeinheit
VEP	Verkehrsentwicklungsplan
VF	Verkehrsfläche
VGB	Verbundene Gebäudeversicherung
vgl.	vergleiche
VgV	Vergabeverordnung
VgRÄG	Vergaberechtsänderungsgesetz
v. H.	vom Hundert
VHB	„Vergabehandbuch für die Durchführung von Bauaufgaben des Bundes im Zuständigkeitsbereich der Finanzbauverwaltungen der Länder"
vhBPl	vorhabenbezogener Bebauungsplan

VIP	Very Important Person
v. l. n. r.	von links nach rechts
VM	Value Management
VOB	Vergabe- und Vertragsordnung für Bauleistungen
VOB/A	Allgemeine Bestimmungen für die Vergabe von Bauleistungen
VOB/B	„Allgemeine Vertragsbedingungen für die Ausführung von Bauleistungen"
VOB/C	Allgemeine Technische Vertragsbedingungen für Bauleistungen
VOF	Verdingungsordnung für freiberufliche Leistungen
VOL	Verdingungsordnung für Leistungen
VP	Verkaufspreis
VR	Vergaberate in % des Budgets
v. T.	vom Tausend
VUBIC	Verband unabhängig beratender Ingenieure und Consultants e. V., Berlin
VwVfG	Verwaltungsverfahrensgesetz
W	Wagnis
WB	Wirtschaftlichkeitsberechnung
WC	Water Closet
WE	Wohneinheit
WertR	Wertermittlungsrichtlinien
WertV	Wertermittlungsverordnung
WF	Wohnfläche
WIBERA	Wirtschaftsberatung AG, Düsseldorf
WTO	World Trade Organization
WU	wasserundurchlässig
www	world wide web
YP	Yield Purchase
z. B.	zum Beispiel
ZBWB	Zentralstelle für Bedarfsmessung und wirtschaftliches Bauen
ZDB	Zentralverband des Deutschen Baugewerbes, Berlin
ZfBR	Zeitschrift für deutsches und internationales Baurecht
Ziff.	Ziffer
ZK	Zugangskontrolle
ZLT	Zentrale Leittechnik
ZPO	Zivilprozessordnung
z. T.	zum Teil
ZTV	Zusätzliche Technische Vertragsbedingungen
ZVB	Zusätzliche Vertragsbedingungen für die Ausführung von Bauleistungen
zul.	zulässig

ZVB	Zusätzliche Vertragsbedingungen
ZVG	Gesetz über die Zwangsversteigerung und Zwangsverwaltung
zzgl.	zuzüglich
z. Zt.	zur Zeit

Einführung

Im Lebenszyklus von Immobilienprojekten sind bei ganzheitlicher Betrachtung drei eigenständige und durch markante Ereignisse voneinander abgegrenzte Phasen zu unterscheiden, die aufeinander folgen, sich jedoch z. T. auch überlagern *(Abb. 0.1)*:

- die Projektentwicklung im engeren Sinne (PE i. e. S.),
- das Projektmanagement (PM) für Planung und Ausführung,
- das Facility Management (FM) für die Immobilien- und Gebäudebewirtschaftung.

In der GEFMA-Richtlinie 100-1 (Entwurf 2004-07) werden dazu 9 Lebenszyklusphasen (LzPh) mit Prozessen und Projekten definiert *(Abb. 0.2)*. Das lebenszyklusorientierte ganzheitliche Immobilienmanagement ist gleichzusetzen mit dem auch verbreiteten Begriff Projektentwicklung im weiteren Sinne (PE i. w. S.), in den englischsprachigen Ländern bezeichnet mit „Real Estate Management and Construction Project Management".

Um eine an den Kunden- und Projektzielen ausgerichtete Prozessorientierung vornehmen zu können, werden die genannten Lebenszyklusphasen in den ersten drei Kapiteln behandelt. Insbesondere für die Projektentwicklung i. e. S., aber auch für das Facility Management, hat die Immobilienbewertung für bebaute und unbebaute Grundstücke herausragende Bedeutung für die zu treffenden unternehmerischen Investitionsentscheidungen im Immobilienbereich. Sie wird daher im vierten Kapitel behandelt.

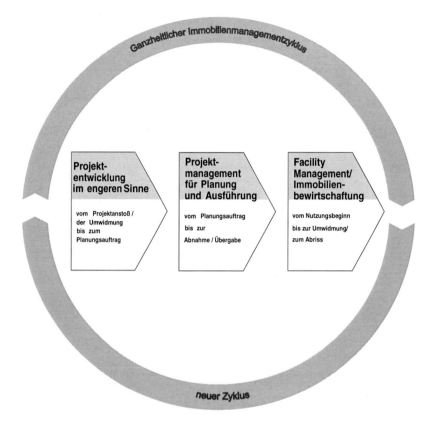

Abb. 0.1 Ganzheitliches Immobilienmanagement

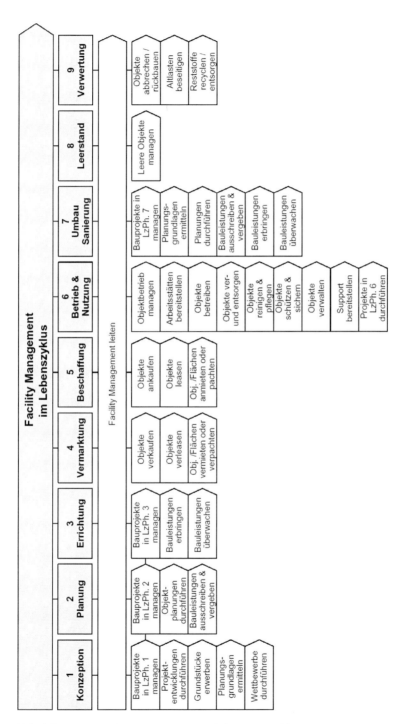

Abb. 0.2 Lebenszyklusphasen des ganzheitlichen Immobilienmanagements
(Quelle: GEFMA 100-2 (Entwurf 2004-07), Anlage A)

1 Projektentwicklung im engeren Sinne (PE i. e. S.)

Den Schwerpunkt des ersten Kapitels bildet die Beschreibung der Aufgabenfelder der Projektentwicklung im engeren Sinne. Vorangestellt werden einige Erläuterungen, um Begriffe, Ausgangssituationen und Formen der Projektentwicklung zu verdeutlichen und den Markt für Projektentwicklungen sowie den Projektentwicklungsprozess transparent werden zu lassen. Das Kapitel wird abgeschlossen durch Erläuterungen zur Beauftragung von Projektentwicklungsleistungen.

Hauptmotiv der Projektentwickler ist die Vereinigung der Immobilienmanagement-Aktivitäten in einer Hand und die Abschöpfung der Gewinne aus den einzelnen Wertschöpfungsstufen. Weitere Motive sind die angemessene Verwendung nicht adäquat genutzter Grundstücke, die Einflussnahme auf die Mieterstruktur und die Verbesserung der städtischen und auch regionalen Umweltbedingungen.

1.1 Begriffsbestimmungen

Hinsichtlich des Begriffs und der Funktion der Projektentwicklung bestehen in der Bau- und Immobilienwirtschaft teilweise noch unterschiedliche und unpräzise Vorstellungen. Eine klare definitorische Abgrenzung oder gar gesetzliche Regelung der Projektentwicklungstätigkeit liegt bisher nicht vor.

Nachfolgende auf die Produktionsfaktoren des Projektentwicklungsprozesses abstellende Definition hat im deutschsprachigen Raum weite Verbreitung erlangt und ist aus diesem Grund Basis der nachfolgenden Ausführungen (Diederichs, 1994c, S. 43):

„Durch Projektentwicklungen (im weiteren Sinne) sind die Faktoren Standort, Projektidee und Kapital so miteinander zu kombinieren, dass einzelwirtschaftlich wettbewerbsfähige, Arbeitsplatz schaffende und sichernde sowie gesamtwirtschaftlich sozial- und umweltverträgliche Immobilienobjekte geschaffen und dauerhaft rentabel genutzt werden können."

Mit diesem Begriffsverständnis werden sowohl die gesamtwirtschaftliche als auch die einzelwirtschaftliche Wirkungsebene angesprochen. Gesamtwirtschaftlich wird gefordert, dass die Immobilie als Ergebnis der Projektentwicklung im weiteren Sinne öffentlichen Belangen entgegenkommt. Einzelwirtschaftliches Effizienzkriterium ist die Wettbewerbsfähigkeit der Immobilie und deren dauerhafte rentable Nutzung als Ergebnis der von der Immobilie ausgehenden Problemlösungskapazität. Die Forderung nach Wettbewerbsfähigkeit stellt die Funktion der Projektentwicklung zugleich in einen übergeordneten strategischen unternehmensbezogenen Zusammenhang. Aus der Sicht eines Immobilienunternehmens kann Projektentwicklung auch als ein strategischer Ansatz zum Aufbau von Erfolgspotenzialen und von Wettbewerbsvorteilen vor der Branchenkonkurrenz interpretiert werden (Diederichs, 1994c, S. 46).

Projektentwicklung im weiteren Sinne (PE i. w. S.) umfasst den gesamten Lebenszyklus der Immobilie vom Projektanstoß bis hin zur Umwidmung oder dem Abriss am Ende der wirtschaftlich vertretbaren Nutzungsdauer *(Abb. 1.1)*.

Projektentwicklung im engeren Sinne (PE i. e. S.) umfasst die Phase vom Projektanstoß bis zur Entscheidung entweder über die weitere Verfolgung der Projektidee durch Erteilung von Planungsaufträgen oder über die Einstellung aller weiteren Aktivitäten aufgrund zu hoher Projektrisiken.

Nach der Projektentwicklung (i. e. S.) und der Entscheidung über die Fortführung des Projektes, z. B. durch einen Planungsauftrag für mindestens die Leistungsphase 2 (Vorplanung) gemäß HOAI beginnt das Projektmanagement, das die Phasen der Planung und Ausführung der Immobilie bis zur Abnahme/Übergabe umfasst.

Projektmanagement ist nach DIN 69901 die Gesamtheit von Führungsaufgaben, -organisationen, -techniken und -mitteln für die Abwicklung eines Projektes (vgl. *Kap. 2*). Es umfasst sowohl Projektleitungs- als auch Projektsteuerungsaufgaben. Projektleitung beinhaltet den zunehmend von Auftraggebern auch delegierten Teil der Auftraggeberfunktionen mit Entscheidungs- und Durchsetzungskompetenz in Linienfunktion. Sie ist nach DIN 69901 die für die Dauer eines Projektes geschaffene Organisationseinheit, welche für Planung, Steuerung und Überwachung dieses Projektes verantwortlich ist. Projektsteuerung ist dagegen die Wahrnehmung von Auftraggeberfunktionen in organisatorischer, technischer, wirtschaftlicher und rechtlicher Hinsicht in Stabsfunktion (AHO, 2004d, S. 5).

Teilweise noch überlappend mit der Planung und in höherem Maße mit der Bauausführung setzt für die Betreuung des Gebäudebestandes ein komplexes Aufgabenfeld ein, das Facility Management. Übereinstimmende Aussage der verschiedenen Definitionen zum Facility Management ist die Forderung nach Erfüllung einer effektiven (tatsächlichen) und effizienten (wirtschaftlichen) Bewirtschaftung von Gebäuden und Anlagen zur Unterstützung der Kernkompetenzen und Wertschöpfungsprozesse der Nutzer.

Damit hat Facility Management ab Planungsbeginn in strategischer und ab Nutzungsbeginn einer Immobilie bis zur Umwidmung/zum Abriss in operativer Hinsicht dafür zu sorgen, dass durch die Gebäudebewirtschaftung (mit technischen, kaufmännischen, infrastrukturellen sowie informations- und kommunikationstechnologischen Prozessen) die Nutzeraktivitäten mit den sich im Zeitablauf ändernden Anforderungen bestmöglich unterstützt werden (vgl. *Kap. 3*).

1.2 Ausgangssituationen der Projektentwicklung

Gemäß *Abb. 1.1* sind grundsätzlich drei verschiedene Ausgangssituationen zu unterscheiden, die den Anlass und Auslöser für Projektentwicklungen darstellen:

- vorhandener Standort mit zu entwickelnder Projektidee und zu beschaffendem Kapital (Start A), ggf. auch Kapital vor Projektidee,
- vorhandenes Kapital mit zu entwickelnder Projektidee und zu beschaffendem Standort (Start B), ggf. auch Standort vor Projektidee,

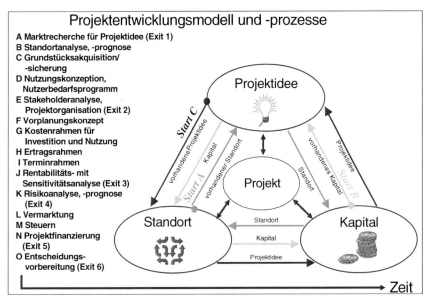

Abb. 1.1 Projektentwicklung bei Vorhandensein von Standort (A), Kapital (B) oder Projektidee (C) (Quelle: Diederichs (1999), S. 271)

- vorhandene Projektidee oder Vorhandensein eines konkreten Nutzerbedarfs mit zu beschaffendem Standort und Kapital (Start C), ggf. auch Kapital vor Standort.

Der erste Fall A (Projektidee für vorhandenen Standort) stellt eine häufige und zugleich schwierige Aufgabe dar. So ist davon auszugehen, dass in der Immobilienpraxis mehr als 2/3 der Projektentwicklungen vom Grundstück ausgehen, z. B. bei allen Unternehmen, die für ihre nicht mehr betriebsnotwendigen Grundstücke adäquate Nutzungsmöglichkeiten suchen. Schwierig ist die Aufgabe deshalb, weil das vorhandene Grundstück häufig mit nachteiligen Eigenschaften behaftet ist, z. B. hinsichtlich seiner Lage, seines Zuschnitts, seiner Größe/Erweiterungsfähigkeit, seiner topografischen und hydrogeologischen Verhältnisse, seiner zulässigen Bodenpressung oder wegen vorhandener Altlasten in Bestandsobjekten oder im Boden.

Der zweite Fall B (Projektidee für vorhandenes Kapital und zu beschaffenden Standort) ist Aufgabenstellung institutioneller Investoren und Kapitalsammelstellen wie Versicherungen und Pensionskassen, Offener und Geschlossener Immobilienfonds, Leasinggesellschaften und ausländischer Investoren. Entsprechen die im Inland am Markt befindlichen Bestandsimmobilien nicht den hohen Anforderungen der Investoren, so kann das Kapital langfristig nur in neue Projektentwicklungen oder in Bestandsimmobilien im Ausland investiert werden.

Der dritte Fall C (Projektidee noch ohne Standort und Kapital) fordert vom Projektentwickler, einen konkreten Nutzerbedarf an einem geeigneten Standort zu decken. Typische Beispiele dieser Aufgabenstellung sind die Projektentwicklungen von Shopping-Centern, die nach der Wiedervereinigung „auf der grünen Wiese" in Ostdeutschland entstanden. Motiv war die Suche westdeutscher Einzelhandelsketten nach adäquaten Standorten aus der Erfahrung, dass innerstädtische

Grundstücke wegen vielfach ungeklärter Eigentumsverhältnisse mit zu großen Risiken behaftet waren und Handelsimmobilien „vor der Stadt" sich rechnen.

Diese drei Ausgangssituationen der Projektentwicklung sind unter dem Einfluss des Faktors Zeit zu betrachten. Baugrundstücke haben theoretisch eine unbefristete Nutzungsdauer, solange keine Risiken entstehen, z. B. aus Altlasten, Gesetzgebung oder politischen Wirren, die eine wirtschaftliche Nutzung des Baugrundstücks nicht mehr zulassen. Im Zeitablauf kann sich durch externe Veränderungen auch der den höchsten Ertrag bringende Nutzen für ein Grundstück ändern. Dann wird eine Nutzungsänderung erforderlich. Der Faktor Zeit muss daher in der Projektentwicklung stets hohe Beachtung finden, da die Zeit Immobilien-Marktzyklen und -Lebenszyklen entscheidend beeinflusst.

In welcher Reihenfolge in den drei Fällen, ausgehend vom jeweils vorhandenen Faktor, die anderen Faktoren beschafft und eingebunden werden, hängt vom jeweiligen Einzelfall ab. So sucht vorhandenes Kapital (Fall B) entweder zuerst nach einer geeigneten Projektidee und dann nach dem dazu passenden Standort oder umgekehrt zuerst nach einem attraktiven Standort und danach nach einer dazu passenden Projektidee.

Für den ersten Fall A (Standort → Projektidee → Kapital) ist im Rahmen der Projektentwicklung i. e. S. die in *Abb. 1.2* dargestellte Prozesskette mit den Prozessen A bis O abzuarbeiten. Dabei sind die zeitlich gestaffelten Exit-Stationen 1 bis 6 zu beachten, die verdeutlichen, dass ein iteratives oder auch nur teilweises Durchlaufen der Prozesskette den Normalfall und keineswegs einen Sonderfall darstellt.

1.3 Formen der Projektentwicklung

In institutioneller Hinsicht lassen sich drei Formen der Leistungserstellung in der Projektentwicklung unterscheiden:

- die Projektentwicklung für den eigenen Bestand,
- die Projektentwicklung für Investoren und
- die Projektentwicklung als Consultingleistung.

Die Projektentwicklung für den eigenen Bestand wird entweder mit eigenen Mitarbeitern oder unter Einbindung von Projektentwicklungsunternehmen vorgenommen.

Die Projektentwicklung für Investoren setzt häufig Joint Ventures zwischen Entwicklern und Kapitalpartnern voraus, wobei der Entwickler die operativen Entwicklungsleistungen und der Kapitalpartner die Sicherung der Finanzierung übernimmt. Dazu wird eine Objektgesellschaft gegründet, an der beide Partner Anteile im Rahmen ihrer finanziellen Leistungsfähigkeit erhalten.

Die Projektentwicklung als Consultingleistung kommt somit sowohl für Eigentümer zur Entwicklung des eigenen Bestandes als auch für Investoren in Betracht. Der Vertrag zur Erbringung von Projektentwicklungsleistungen hat dabei je nach Ausgestaltung Dienstleistungs- oder Werkvertragscharakter. Es empfiehlt sich, die Leistungen ergebnisorientiert und damit als Werkvertrag zu vereinbaren, wobei das „Werk" aus den einzelnen übertragenen Aufgabenfeldern bzw. Teilleistungen besteht (vgl. *Ziff. 1.6* und *1.7*).

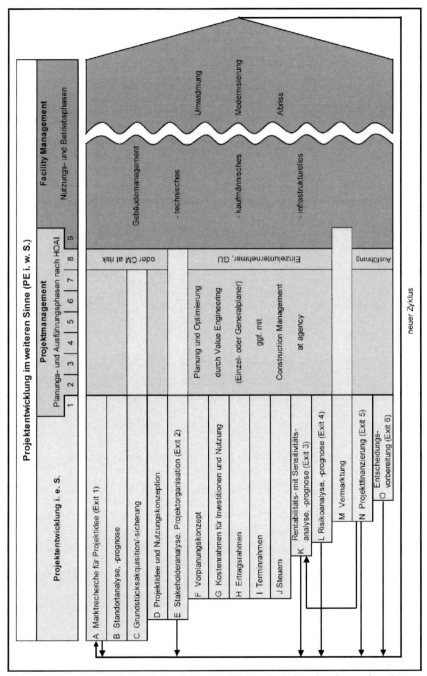

Abb. 1.2 Prozesskette der Aufgabenfelder der PE i. e. S. (bei vorhandenem Standort)

Alternativ kommt eine erfolgsabhängige Leistungsvereinbarung in Betracht. Maßstab für den Erfolg sind dann die Wertschöpfungsbeiträge, die durch den Projektentwickler geleistet werden, z. B. durch die Nutzungskonzeption.

1.4 Der Markt für Projektentwicklungen

Die Wettbewerbsposition eines Projektentwicklers ist stets abhängig von der jeweiligen Marktattraktivität der von ihm bevorzugten Projektart und seinen relativen Wettbewerbsvorteilen, z. B. durch Wissensvorsprung im Hinblick auf diese Projektart im Vergleich zu seinen schärfsten Konkurrenten. Durch eine Portfolioanalyse (Diederichs, 1999, S. 205 ff.) kann er seine eigene Wettbewerbsposition feststellen.

1.4.1 Projektarten

Viele Projektentwickler sind auf bestimmte Projektarten festgelegt in Verfolgung der Strategie der Konzentration auf Schwerpunkte. Durch Aneignung von Spezialwissen und gute Kontakte zu einer bestimmten Nutzergruppe wird eine erfolgreiche Vermarktung gesichert.

Klassische Projektarten, die das Hauptaufgabenfeld der Projektentwickler darstellen, sind:

- Bürogebäude
- Hotelbauten
- Gewerbe-/Shopping-Center
- Wohnungsbauten

Entwicklungen für Spezialimmobilien bergen wesentlich höhere Risiken als die genannten klassischen Nutzungsarten. Zu den Spezialimmobilien zählen u. a.:

- Multiplexkinos
- Freizeitparks
- Musical-, Mehrzweck- und Musikhallen
- Skihallen
- Datencenter
- Coffeeshops

Die nachfolgenden Hinweise beziehen sich auf die klassischen Projektarten, um eine allgemeine Orientierung zu ermöglichen. Spezialimmobilien sind grundsätzlich in analoger Weise zu entwickeln. Dazu werden jedoch auch spezielle Grundlagenkenntnisse, Daten und Informationen benötigt.

1.4.2 Büro- und Verwaltungsbauten

Büro- und Verwaltungsbauten prägen ganz wesentlich das Bild unserer Städte. Sie sind vor allem deshalb bevorzugte Anlageform all jener Kapitalsammelstellen, die in Immobilienwerte investieren. Bürogebäude werden von vielen Nutzern benötigt, die bereit sind, für diese Nutzung am Marktpreis orientierte Nutzungsentgelte durch Mietzahlungen zu entrichten. Bürogebäude werden entweder für den eigenen Bedarf oder aber zur Vermarktung (zum Verkauf und dann meist auch wieder zur Vermietung) errichtet. Für den eigenen Bedarf errichtete Bürogebäude sind i. d. R. die von der Konzeption und Architektur her interessanteren Gebäude, da der Eigennutzer durch sein Bürogebäude auch eine „Marke" im Sinne seiner Corporate Identity zum Ausdruck bringen will. Für die Vermarktung (die Vermietung oder den Verkauf) vorgesehene Bürogebäude sind i. d. R. „schlichter", da die angestrebte Performance (Rendite auf das eingesetzte Kapital und Wertsteigerung) meist zu flexiblen Nutzungsmöglichkeiten einer mehr funktionsorientierten Architektur führt. Es gibt jedoch auch herausragende gegenteilige Beispiele. Bürogebäude sollen in klassischer Hinsicht modern sein. Sie müssen bis zum Ende der vorgesehenen Nutzungsdauer den ästhetischen Ansprüchen der Nutzer und auch der Gesellschaft genügen. Dieser Anspruch ist nicht nur durch eine ansprechende Gestaltung der Fassaden zu erreichen. Es kommt maßgeblich auch auf dauerhafte Werkstoffe und deren materialgerechte Verarbeitung an (Lammel, 2002, S. 747).

Maßgebliche Voraussetzung für den Erfolg nicht nur von Bürogebäuden ist, dass diese von innen heraus für die Menschen entwickelt und geplant werden, die später als Nutzer einen großen Teil ihrer Arbeits- und damit Lebenszeit in diesen Gebäuden zubringen sollen. Was nicht gefällt, wird nicht gekauft, nicht gemietet und damit nicht genutzt. Wesentliche Voraussetzung für die Wirtschaftlichkeit eines Bürogebäudes ist ferner dessen Nutzungsflexibilität. Diese erfordert eine Teilbarkeit des Gesamtgebäudes in einzelne, selbstständige und voneinander geschossweise und auch in innerhalb der Geschosse unabhängige Nutzungsbereiche.

Zur Nutzung von alten Fabrikanlagen und Werkstätten ist mittlerweile auch in Deutschland eine Revitalisierung mit Büro- oder Wohnnutzung durch „Lofts" festzustellen. Ein „Loft" bezeichnet einen großen, offenen und meist nur durch Stützen gegliederten Raum, der sich in einem mehrgeschossigen Industriebau befindet. Aus Investorensicht stellen alte Fabrikanlagen eine interessante Immobilienvariante dar, da sie zu sehr günstigen Konditionen veräußert werden. Es bestehen jedoch auch zahlreiche grundstücks- und gebäudeimmanente Risiken durch Kontaminationen im Gebäude und Altlasten auf dem Grundstück, Einschränkungen durch die Gebäudegeometrie und Auflagen des Denkmalschutzes (Holz/Simonides, 2002, S. 825 ff.).

Nach dem Frühjahrsgutachten Immobilienwirtschaft 2003 des Rates der Immobilienweisen (IZ Immobilien Zeitung 2003) existiert in Deutschland ein Bestand an Büroflächen von 335 Mio. m² BGF. Aus einer Bewertung mit durchschnittlich 1.500 €/ m² BGF ergibt sich ein Verkehrswert von 502 Mrd. €. *Abbildung 1.3* lie-

| Ort | Bruttogrundfläche | Leerstand nach gif 1.000 m² Bürofläche | | Spitzenmieten |
| | | abs. | % | €/(m² BF x Mt) |
	1.000 m² BGF			
Hamburg	12.400	1.080	10,6	20,5
Düsseldorf	5.200	620	14,0	22,0
Köln	6.400	500	9,8	19,5
Frankfurt	10.700	1.360	14,4	36,5
Stuttgart	6.300	420	7,9	16,0
München	12.500	920	8,6	30,0
Berlin	18.100	1.610	11,5	22,0
$\sum$ 7 Städte	72.600	6.520	11,0	24,8

Abb. 1.3 Bestandsdaten 2002/2003 für Büroimmobilien in 7 Städten in Deutschland (Quelle: IZ Immobilien Zeitung (2003), Frühjahrsgutachten 2003 des Rates der Immobilienweisen)

fert eine weitere Aufgliederung nach Bruttogrundfläche, Leerstand und Spitzenmieten für 7 Städte in Deutschland.

1.4.3 Hotelbauten

Der Hotelmarkt unterliegt anderen Wirtschaftlichkeitskriterien als der Markt für Büro-, Gewerbe- und Wohnungsbauten. Die Preisbindung in der Hotellerie ist abgekoppelt vom lokalen Immobilienmarkt.

Ein Hotel ist ein Beherbergungsbetrieb mit gehobenem Ausstattungs- und Dienstleistungskomfort, der gewerblich Logis, Verpflegung und sonstige Dienstleistungen zur Verfügung stellt und mindestens 20 Gästezimmer umfasst (Niemeyer, 2002, S. 795).

Die Zahl der in Deutschland verfügbaren Hotelbetten wuchs von 1,0 Mio. in 1993 auf 1,65 Mio. in 2003. Gemäß Angabe des Statistischen Bundesamtes Wiesbaden vom 10. Mai 2004 gab es 2003 in Deutschland 53.771 Beherbergungsstätten mit 9 und mehr Gästebetten und insgesamt 2,515 Mio. angebotene Betten bei einer durchschnittlichen Auslastung von 36,2 % (www.destatis.de).

Nach Untersuchungen der DEHOGA (2000) werden nur 5 % aller deutschen Hotels von Hotelketten betrieben, 7 % haben sich einer Hotelkooperation angeschlossen und 88 % sind Individualhotels. Die Hotelketten belegen 20 % und die Kooperationen 8 % der Gesamtbettenkapazität. Die durchschnittliche Übernachtungsdauer beträgt 2,3 Nächte. Im Stadthotel schwankt sie zwischen 1,2 und 1,7 Nächten. Der Doppelbelegungsfaktor liegt zwischen 1,1 und 1,3.

Die Nachfrage hat entscheidenden Einfluss auf die maximale Auslastung zum höchsten Preis eines Hotels. Der veröffentlichte Preis (rag rate) wird nur in den seltensten Fällen erreicht. Durch Gruppenrabatte sowie Preisabschläge in nachfrageschwachen Zeiten erzielen Hotels vielfach nur 50 % des ausgewiesenen Preises. Eine Preissenkung zur Maximierung der Auslastung führt einerseits zu höheren Personalkosten und andererseits zu einer Wettbewerbsverschärfung, da die Wettbewerber i. d. R. diesem Preisdumping folgen.

Die wichtigsten Kriterien der Hotel-Projektentwicklung sind die Standort- und Marktanalyse, die Produktkonzeption und die feasibility study sowie der Betreiber und die Vertragsarten. Üblicherweise werden in der Hotellerie langfristige Verträge von bis zu 30 Jahren Laufzeit (20 Jahre + 2 x 5 Jahre Option) abgeschlossen. Langfristige Verträge sind i. d. R. Pachtverträge, bei denen dem Pächter die gesamte Immobilie inklusive Inventar zur Nutzung überlassen wird. In Deutschland ist der Pachtvertrag die bevorzugte Vertragsart. Bei einem Managementvertrag wird der Hotelier im Gegensatz zum Pachtvertrag Eigentümer der Immobilie und trägt damit das wirtschaftliche Risiko des Betriebes. International werden 95 % aller Betreiberverträge als Managementverträge abgeschlossen.

In der Zukunft werden die Hotelbetreiber gezwungen sein, ihre Qualität insbesondere im Dienstleistungsbereich sowie in der Bereitstellung von Freizeiteinrichtungen zu verbessern. Die Wirtschaftlichkeit wird andererseits dazu zwingen, dass der Flächenanteil für vermietbare Einheiten zu Lasten der nicht vermietbaren öffentlichen Bereiche erhöht wird. Das Internet ist heute gängige Praxis zur Werbung und Buchung von Hotelgästen (Höhfels et al., 1998, S. 161 ff.). Der Faktor aus Zimmerpreis und Belegung wird Revpar (revenue per available room) oder yield genannt und ist die wichtigste Kenngröße bei der Ermittlung der Wirtschaftlichkeit eines Hotelprojektes.

1.4.4 Gewerbeparks/Shopping-Center

Gewerbeparks sind Mietobjekte für mehrere Mieter in einem oder mehreren Gebäuden. Büro-, Hallen- und Serviceflächen werden so angeordnet, dass sich eine möglichst flexible Zuordnung und Nutzung ergibt. Standort, Flexibilität, Flächen-Mix, bauliche Attraktivität, Anzahl der Pkw-Stellplätze sowie marktkonformer Mietpreis sind entscheidend für den Entwicklungserfolg und den Verkehrswert von Gewerbeparks.

In Deutschland findet man die meisten Gewerbeparks in und um Düsseldorf und Frankfurt/Main (Sonntag, 2002, S. 885 ff.). Die Palette der Aktivitäten in Gewerbeparks reicht von Warenverteilung, Endmontage, Reparaturen, Rundfunk- und Fernsehstudios und Laborarbeitsplätzen bis hin zu Büroarbeitsplätzen.

Um einen Gewerbepark mit z. B. 10.000 m² Fläche zu vermieten, bedarf es mindestens 10 abschlussbereiter Mieter, die innerhalb der Projektentwicklungs- und Planungsphase nach Möglichkeit spätestens bis zum Baubeginn gefunden werden müssen. Werden in großen Städten z. B. 200.000 m² p. a. Büroflächen vermietet und nimmt man an, dass das Verhältnis zwischen Büro- und Gewerbeparkvermietungen 10 : 1 ist und der 10.000 m² große Gewerbepark allein an den Markt kommt, so stünde dem Angebot von 10.000 m² eine voraussichtliche Nachfrage von 20.000 m² gegenüber. Dies wäre ein für die Projektfortführung sprechendes Ergebnis.

Seit über 45 Jahren haben sich Shopping-Center in ganz Europa als spezielle Handelsimmobilie entwickelt. In Deutschland existierten 2002 ca. 280 Shopping-Center mit insgesamt ca. 10 Mio. m² Handelsfläche, die sich zu etwa 35 % auf die Innenstädte, zu 42 % auf Stadtteillagen und zu 23 % auf die sog. „grüne Wiese" verteilen (Bays, 2002, S. 775). Ohne Kultur, Kommunikation und Kommerz gibt es keine lebensfähige Urbanität. Der Handel ist deren Motor und Impulsgeber.

In Anlehnung an die Definition des Urban Land Institute, Washington DC, ist das Shopping-Center „eine als Einheit geplante, errichtete und verwaltete Agglomeration von Einzelhandels- und sonstigen Dienstleistungsbetrieben."

Das Verbraucherverhalten wird einerseits durch den discountorientierten Versorgungskauf bestimmt, bei dem ein qualitätsstandardisiertes Warenprogramm mit günstigem Preis-Leistungs-Verhältnis schnell und bequem zur Deckung des kurz- und mittelfristigen Bedarfs erworben wird. Konträr dazu steht der erlebnisorientierte Konsum als aktiver und attraktiver Teil der Freizeitgestaltung. Neben den angebotenen Waren haben Erlebnisse und Gefühle hohe Bedeutung für die Konsumentscheidung.

Der „Sowohl-als-auch-Verbraucher" sucht in seinem persönlichen Verbraucherverhalten sowohl discountorientiert das günstigste Preis-Leistungs-Verhältnis beim Versorgungskauf als auch das erlebnisorientierte Shopping. Derartige Kunden findet man sowohl im Fachmarkt, im Delikatessengeschäft, in der Designerboutique und im Factory-Outlet-Center. Der Erfolg von z. B. City-Arkaden, Rathaus-Galerien und Schloss-Passagen liegt u. a. in der Kundenorientierung und der Erkenntnis, dass beim „smart shopper" durch den Erlebniskauf Bedürfnisse geweckt werden können, die über das hinaus gehen, was er eigentlich braucht. Das Einkaufen wird zum „Retailment", der Unterhaltungsshow als emotionales Erlebnis.

Flächenboom im Zentrum der Innenstädte, Leerstände in den Randlagen, Konsumkrise mit beispiellosem Wettbewerbs- und Preisdruck, rückläufige Handelsspannen und Pleitewellen, Verdrängung des alteingesessenen, kleinteiligen Einzelhandels durch Filialisten und ausländische Konzerne, dazu Wandel der Betriebsformen, verändertes Konsumverhalten, erlebnisorientierter Branchen-Mix, wachsende Konkurrenz, großflächige Konzepte in den Randlagen und „auf der grünen Wiese" charakterisieren die Situation (Bays, 2002, S. 778).

Wichtige Informationen für die Marktrecherche sowie Standortanalyse und -Prognose bieten das Eurohandelsinstitut in Köln (EHI), die Gesellschaft für Konsumforschung GfK in Nürnberg (z. B. Kaufkraftkennzahlen), Ämter der Wirtschaftsförderung in den Kommunen, Berichte zum Handelssektor von Jones Lang LaSalle oder der Bulwien AG (z. B. Standortfaktoren im Einzelhandel).

1.4.5 Wohnungsbauten

Die seit 1995 bestehende strukturelle Krisensituation in der Bauwirtschaft mit 9.160 Insolvenzen im Baugewerbe im Jahr 2003 gegenüber 5.542 im Jahre 1995 (Baustatistisches Jahrbuch 2004/2005, S. 87) wirkte sich auch maßgeblich auf den Wohnungsbau aus. Wurden 1999 noch Baugenehmigungen für veranschlagte Baukosten von Wohngebäuden von 58.899 Mio. € erteilt, so sank dieser Wert bis zum Jahr 2003 auf 44.726 Mio. € (75,9 %) (Baustatistisches Jahrbuch 2004/2005, S. 49).

Nach Angaben des Deutschen Instituts der Wirtschaft in Berlin (DIW e.V., 2004) nimmt der Anteil des Neubauvolumens ständig ab und erreichte 2003 nur noch 51,7 (36,5 %) von 141,5 Mrd. € des gesamten Wohnungsbauvolumens *(Abb. 1.4)*.

Zu den Maßnahmen im Bestand gehören Maßnahmen zur Erhaltung des bestimmungsgemäßen Gebrauchs (Instandhaltung), zur Erneuerung durch Sanierung (zur Behebung von Missständen), zur Werterhaltung durch Instandsetzung und zur Modernisierung zwecks Erhöhung des Gebrauchswertes durch funktionale, bautechnische und gebäudetechnische Verbesserungen.

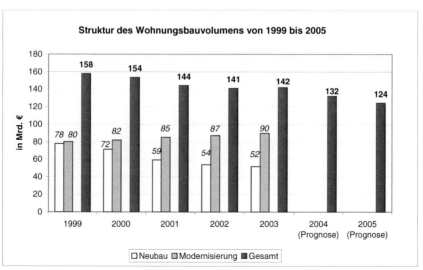

Abb. 1.4 Struktur des Wohnungsbauvolumens in Deutschland von 1999 bis 2003 (Quelle: DIW e.V., 2004)

Wohneinheiten in Gebäuden mit Wohnraum* nach dem Baujahr in 1.000						
Wohneinheiten insgesamt	**2004**					
	Deutschland		**Früheres Bundesgebiet**		**Neue Länder**	
davon errichtet von ... bis ... /Anteil an Wohneinheiten gesamt						
bis 1900	3.267	8 %	2.224	6 %	1.044	3 %
1901–1918	2.629	7 %	1.824	5 %	806	2 %
1919–1948	4.971	13 %	3.524	9 %	1.447	4 %
bis 1948	**10.868**	**28 %**	**7.571**	**20 %**	**3.296**	**9 %**
1949–1978	*18.095*	*47 %*	*16.024*	*41 %*	*2.070*	*5 %*
1979–1986	4.190	11 %	3.237	8 %	953	2 %
1987–1990	1.237	3 %	915	2 %	322	1 %
1991–2000	4.004	10 %	3.001	8 %	1.003	3 %
2001–später	297	1 %	240	1 %	58	0 %
1979–heute	*9.728*	*25 %*	*7.392*	*19 %*	*2.335*	*6 %*
Σ	**38.690**	**100 %**	**30.988**	**80 %**	**7.702**	**20 %**

* ohne Wohnheime

Abb. 1.5 Wohnungsbestand der Bundesrepublik Deutschland nach Baualtersklassen im Jahr 2004 (Quelle: Statistisches Bundesamt, www.destatis.de, Stand 18.10.2004)

In Deutschland gibt es ca. 38,7 Mio. Wohneinheiten. Nach Angaben des Statistischen Bundesamtes wurden knapp 30 % bis 1948 und mehr als 45 % zwischen 1949 und 1978 erbaut. Die genauere Aufteilung zeigt *Abb. 1.5.*

Dem Bestand von ca. 38,7 Mio. Wohneinheiten standen 2003 nur ca. 95.000 neue Wohnungen gegenüber, d. h. der derzeitige jährliche Neubau umfasst nur ca. 0,25 % des Bestands.

Der Erhaltungszustand eines Gebäudes wird mindestens durch den Instandsetzungsbedarf und damit die Mittel beschrieben, die aus technischer Sicht mindestens aufgewendet werden müssen, um die Gebrauchstauglichkeit eines Gebäudes zu erhalten oder wiederherzustellen. Der bundesweite Instandsetzungsbedarf betrug 2000 ca. 58 Mrd. € (Oswald et al., 2001, S. 22). Kurzfristig werden davon 20 Mrd. € benötigt *(Abb. 1.6).*

Im Jahr 2002 standen in Deutschland 8,2 % der Wohneinheiten in Wohngebäuden leer. In den alten Bundesländern waren es 6,6 % (vgl. Mikrozensus, 2003), in den neuen Bundesländern und in Ostberlin 14,4 %.

Nach Angabe des GdW sind etwa 2/3 der leer stehenden Wohnungen aufgrund mangelnder Nachfrage nicht bewohnt. Ein weiterer Grund ist der schlechte bauliche Zustand von Wohnungen. Die Investitionstätigkeit muss daher mehr als bisher in die Modernisierung und Umgestaltung der Wohnungsbestände gelenkt werden.

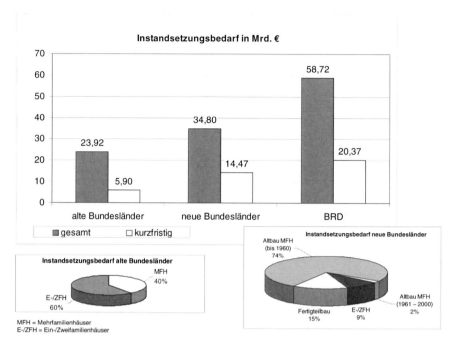

Abb. 1.6 Instandsetzungsbedarf der Wohnungen in der Bundesrepublik Deutschland im Jahr 2000 (Quelle: Oswald et al. 2001, S. 38; Stand 2000 in Preisen von 1999)

1.4.6 Zusammenhänge zwischen Projektmerkmalen und Projektgröße

Aus der Beobachtung des Projektentwicklermarkts in Deutschland ist bekannt, dass die in *Abb. 1.7* aufgezeigten Zusammenhänge zwischen Projektgröße und Projektmerkmalen bestehen. Die Projektgröße wird sinnvollerweise unterschieden nach dem Investitionsvolumen.

Danach ist die Anzahl der Anbieter von Projektentwicklungen, auch mit Kapitalbeteiligung, je nach Projektgröße im Bereich zwischen 10 und 2.500, die Anzahl der Nachfrager im Bereich zwischen 100 und 20.000 anzusiedeln.

Großprojekte ab 50 Mio. € Investitionssumme kommen nur in Gemeinden mit mehr als 500.000 Einwohnern in Betracht.

Die durchschnittlichen Abwicklungsdauern bewegen sich zwischen 18 und 66 Monaten, wobei die Dauer der Bauausführung mit 12 bis 30 Monaten eine deutlich geringere Spreizung aufweist als die Dauer der Konzeptions- und Planungsphasen bis zum Baubeginn (6 bis 36 Monate).

Die Jahresbauleistung pro Projekt bewegt sich im Bereich zwischen 3,3 und 100 Mio. € p. a.. Als Überschuss vor Steuern werden 5 bis 30 % der Investitionssumme erwirtschaftet, die sich auf die jeweilige Investitionsdauer verteilen.

Nr.	► Projektgröße in Mio. €	klein 2,5–10	mittel 10–50	groß 50–250
	▼ Projektmerkmale			
1	Anzahl der Anbieter	< 2.500	100–50	20–10
2	Anzahl der Nachfrager	5.000–20.000	< 1.000	< 100
3	Gemeindegröße (Einwohner)	> 15.000	> 60.000	> 500.000
4	Abwicklungsdauer in Monaten			
	- bis Baubeginn	6	12 (6–18)	24 (12–36)
	- Bauausführung	18 (12–24)	21 (18–24)	24 (18–30)
	- Gesamt	24 (18–30)	33 (24–42)	48 (30–66)
5	Umsatz pro Projekt	∅ 4,2	∅ 17	∅ 75
	in Mio. € p. a.	(3,3–6,3)	(15–20)	(60–100)
6	Überschuss in % der Investitionssumme	5–10 %	10–15 %	15–30 %

Abb. 1.7 Projektgröße und -merkmale von Projektentwicklungen

1.4.7 Nachfrager nach Projektentwicklungen

Die Struktur der Nachfrage nach Entwicklungen ist naturgemäß einem ständigen Wandel unterworfen. Einen Überblick über die Immobilienanlageinvestoren und die Entwicklung des Anlagevermögens von 1997 bis 2003 zeigt *Abb. 1.8*.

Art der Immobilienanlagen	Schätzung 1996/1997[1]		Schätzung 2003	
	Anzahl	Anlagevermögen in Mrd. €	Anzahl	Anlagevermögen in Mrd. €
Offene Immobilienfonds	15	38	26[2]	87[2]
Offene Immobilienfonds (Spezialfonds)	k. A.	k. A.	75[2]	13[2]
Geschlossene Immobilienfonds	2.100	53	200–300[6]	108[3]
Immobilien-Leasinggesellschaften	15–20	30	15–20[4]	48[3]
Versicherungen und Pensionskassen	100–155	85	633[2]	46[3]
Immobilien-Aktiengesellschaften	k. A.	4	10–15[5]	11[3]
Ausländische Investoren	k. A.	10	k. A.	18[3]
Summen	2.115	220	959–1.069	331

Abb. 1.8 Nachfrage nach Projektentwicklungen (Investoren/Käufer)
(Quellen: 1) Diederichs (1999a), S. 275; 2) Deutsche Bundesbank (2004), Kapitalmarktstatistik Februar 2004, Angaben für Dezember 2003; 3) DID Deutsche Immobilien Datenbank GmbH (2004), Aufteilung Immobilienanlagen institutioneller Kapitalanleger in Deutschland, Angaben für 2003 (www.dix.de/media/InstitutionellKapitalanleg.jpg, Abruf am 10.03.2004); 4) Internet-Recherche unter www.google.de; Schlagwortsuche: Immobilien-Leasinggesellschaften, Abruf am 10.März 2004; 5) Schulte, K. W. et al. (2002), Handbuch Immobilien-Banking, S. 430, Köln; 6) Auskunft von Stefan Loipfinger vom 10. März 2004, Freier Wirtschaftsjournalist u. a. für die Immobilien Zeitung, Handelsblatt, Mitherausgeber „Der Immobilienbrief")

Die Zielsetzungen von Anlegern in Offene Immobilienfonds werden durch die Faktoren Rentabilität, Sicherheit und Liquidität bestimmt. Die Rentabilität wird mit dem Begriff „Performance" gemessen, d. h. aus der Summe von Ausschüttungsrendite und Wertsteigerung, bezogen auf den Fondsanteil. Von Offenen Immobilienfonds werden innerstädtische Standorte mit mehr als 200.000 Einwohnern bevorzugt. Sie fordern hohe Vermietungsgarantien.

Für Geschlossene Immobilienfonds sind Möglichkeiten der Steuerstundung vorrangiges Anlagemotiv. Die Projektgröße bewegt sich in der Regel zwischen 5 und 10 Mio. €. Vermietungsgarantien werden vielfach nicht gefordert.

Für Immobilien-Leasinggesellschaften sind sowohl die Bonität des Leasingnehmers als auch die Drittverwendungsfähigkeit des Leasingobjektes vorrangige Entscheidungskriterien.

Für institutionelle Anleger wie Versicherungen und Pensionskassen steht die Sicherheit der Investitionen im Vordergrund. Sie begnügen sich mit einer Mindestrendite von 4 % p. a., legen allerdings hohen Wert auf Vermietungsgarantien. Die Projektgröße bewegt sich vorrangig im Bereich zwischen 5 und 15 Mio. € pro Projekt.

Die noch überschaubare Anzahl von Immobilien-Aktiengesellschaften hat sich erst in den letzten Jahren am Markt etabliert. Das Verhalten der ausländischen Investoren ist vielfältig und von individuellen Interessen geprägt.

1.4.8 Anbieter von Projektentwicklungen

Die verschiedenen Anbieter von Projektentwicklungen sind sowohl nach Herkunft, Motiven als auch Projektentwicklungsumfang (im engeren oder im weiteren Sinne) zu unterscheiden.

Alle größeren Bauunternehmungen betreiben wenigstens seit der Wiedervereinigung Deutschlands 1990 Projektentwicklungen im weiteren Sinne durch Einrichtung von Projektentwicklungsabteilungen in den Niederlassungen oder durch Gründung von Projektentwicklungs-Tochtergesellschaften. Aus Projektentwicklungen mit Eigenkapitalbeteiligung haben sie sich inzwischen teilweise wieder zurückgezogen.

Projektentwicklungen werden von Unternehmen außerhalb des Baugewerbes mit hohem eigenem Immobilienbestand initiiert und z. T. selbst aktiv betrieben. Motive für diese Unternehmen sind die Aufteilung ihres Immobilienbestandes in betriebsnotwendige und nicht betriebsnotwendige Grundstücke und Gebäude oder aber die Verlagerung der Firmenzentralen an günstigere Standorte.

Projektentwickler kommen auch aus dem Bereich der Consultingbranche, in der sie sich bisher als Projektmanager oder Generalplaner betätigt haben. Hier ist zu unterscheiden zwischen der Projektentwicklung im Auftrag eines Investors auf Vergütungs- oder Erfolgsbasis und der Projektentwicklung als Investor mit Eigenkapitalbeteiligung. Hier bahnt sich zunehmend eine Konkurrenz zwischen Projektentwicklern aus Bauunternehmen und aus Consultingunternehmen an.

Auch Investoren oder institutionelle Anleger, wie Offene und Geschlossene Immobilienfonds und Versicherungen, betreiben eigene Projektentwicklungen. Sofern sie in Spezialimmobilien wie Kliniken und Seniorenresidenzen investieren, ist die eigene Projektentwicklung erforderlich, da die Ansprüche der Nutzer sehr variieren und es nur wenige Anbieter von Projektentwicklungen für Spezialimmobilien gibt. Die Anzahl der Mitarbeiter von Projektentwicklungsunternehmen variiert zwischen nur wenigen hochqualifizierten Fachleuten, die im Wesentlichen das Management der Projektentwicklung in Eigenleistung betreiben und alle weiteren Leistungen am Markt einkaufen, sowie anderen, die als Eigenleistung auch Teile des Projektmanagements für Planung und Bauausführung sowie des Facility Managements sowie Teile der Planung und des Gebäudemanagements als Eigenleistung erbringen mit einem entsprechend großen Mitarbeiterstamm. Die Aufbauorganisation von Projektentwicklern ist entweder gemäß *Abb. 1.10* nach den Lebenszyklusphasen Projektentwicklung (PE), Projektmanagement (PM) und Facility Management (FM) strukturiert, ergänzt durch Servicefunktionen (Stabsstellen) oder aber nach Projekten oder nach Projektarten, für die jeweils die erforderlichen Teams fallweise zusammengestellt werden (Task Forces).

1.4.9 DIX Deutscher Immobilienindex

Im April 1998 wurde die DID Deutsche Immobilien Datenbank GmbH in Wiesbaden gegründet. Der DIX Deutscher Immobilienindex wurde der Fachöffentlichkeit erstmals im Jahr 1999 auf Basis von Daten ab 1996 präsentiert. Der DIX misst die Performance von direkten Immobilieninvestitionen für Objekte, die während des gesamten Jahres im Bestand gehalten wurden. Der Marktwert der im DIX aufgenommenen Grundstücke umfasste zum 31.12.2003 3,57 Mrd. € auf 2.243 Grundstücken mit Nutzungen in den Bereichen Handel, Büro, Wohnimmobilien und Mischnutzungen Handel/Büro.

Ermittelt werden der Total Return, die Netto-Cashflow-Rendite, die Wertänderungsrendite, die Veränderung der nachhaltigen Roherträge, die Bruttoanfangsrendite und der Vergleich des Total Returns aus Immobilien mit anderen Kapitalanlagen.

Der DIX ist ein bisher einzigartiger, repräsentativer Performance-Index für deutsche Bestandsimmobilien, d. h. es werden sowohl die Nettoerträge aus Vermietung und Verpachtung als auch die Wertänderungen von Immobilien berücksichtigt. Dadurch kann er mit der Performance anderer Assetklassen, wie z. B. Aktien und Renten, verglichen werden. Seit 1998 wird der DIX jährlich neu berechnet und veröffentlicht.

Wesentliche Ziele der Portfolioanalyse der DID sind die Minimierung des Risikos bzw. die Maximierung der Rendite, die Sicherung der Liquidität sowie die Berücksichtigung der Fungibilität der Vermögenswerte. Dadurch werden sowohl die gesamte Unternehmensstrategie als auch die Strategien einzelner Portfolios bzw. strategischer Geschäftsfeldeinheiten unterstützt.

Die seit Dezember 2003 durch Pilotkunden nutzbare Vermietungsdatenbank der DID stellt zusammengefasste Marktdaten im geografischen Zusammenhang dar. Das integrierte Geografische Informationssystem (GIS) ermöglicht eine flexible Analyse von Marktdaten über nutzerdefinierte Polygone auf Straßenebene. Im Vordergrund steht dabei zunächst der Bürosektor, wobei weitere Sektoren wie Handel und Wohnen folgen werden. Derzeit werden vierteljährlich quantitative und qualitative Transaktionsdaten in einer zentralen Datenbank gesammelt, geprüft und den Teilnehmern zu Auswertungs- und Analysezwecken zur Verfügung gestellt.

Die DID veröffentlicht regelmäßig eine umfassende Studie über Offene Immobilienfonds sowie einen jährlichen Bericht „Immobilienmarkt Daten, Fakten, Hintergründe".

In Vorbereitung befindet sich multinationales Benchmarking, vorgestellt auf der EXPO REAL in München am 06.10.2004 (www.dix.de).

1.5 Der Projektentwicklungsprozess

Die Leistungen der Projektentwicklung i. w. S. stellen einen Prozess dar, der sich nach den Projektstufen des Projektmanagements einteilen lässt *(Abb. 1.9)*.

Durch Entscheidungszäsuren entsteht ein geordneter und nachvollziehbarer Projektablauf. Damit wird das Ausmaß der getroffenen Festlegungen/Entscheidungen bzw. der noch verbleibenden Freiheitsgrade transparent und damit den Projektbeteiligten vermittelbar.

Daraus wurde von Schulte et al. (2002, S. 40) ein Phasenmodell des Projektentwicklungsprozesses abgeleitet, das sie in Projektinitiierung, -konzeption, -konkretisierung, -realisierung und -management sowie Vermarktung gliedern *(Abb. 1.10)*.

Eine auf die Abb. 1.9 und Abb. 1.10 bezogene Ablauforganisation zeigt *Abb. 1.11*. Darin werden die Aufgaben chronologisch nach 5 Projektstufen differenziert und auf die Projektentwicklung i. e. S., das Projektmanagement, das Facility Management sowie die Servicefunktionen aufgeteilt. Nach Erarbeitung wesentlicher Ergebnisse trifft sich das Projektentwicklerteam jeweils zur Diskussion und Abstimmung der weiteren Vorgehensweise. Dieser Ablauf wird über alle Projektstufen beibehalten. Durch den Projektmix mit unterschiedlichen Projektstufen ist ein regelmäßiger Abstimmungsbedarf vorhanden.

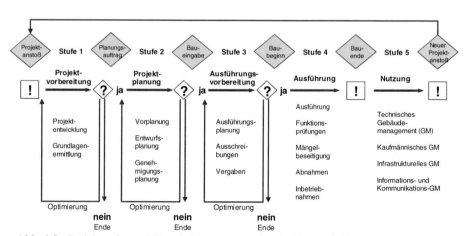

Abb. 1.9 Projektstufen und Entscheidungspunkte des Projektentwicklungsprozesses i. w. S. (Quelle: Diederichs (2003b), S. 92)

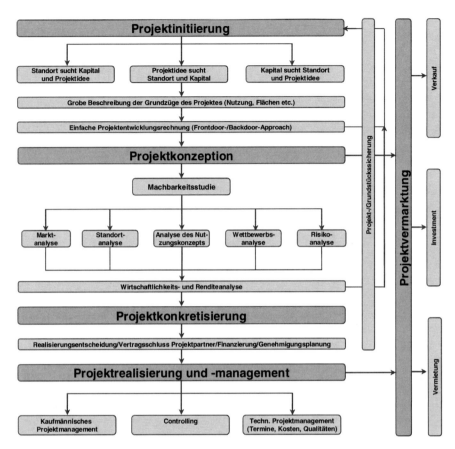

Abb. 1.10 Phasenmodell des Projektentwicklungsprozesses (Quelle: Schulte et al. (2002), S. 40)

In dem Ablaufschema sind besondere Entscheidungsorgane wie Geschäftsführung, Aufsichts- oder Beirat nicht gesondert aufgeführt. Der Vorschlag ist auch nicht als Standardablauf zu verstehen, sondern soll nur beispielhaft aufzeigen, welche Aufgaben vom wem in welcher Projektstufe erledigt werden müssen.

Bei einer Projektidee für einen fiktiven Standort steht die Standortsuche am Anfang, bei einer Projektidee für einen bereits fixierten Standort setzt unmittelbar die Standortanalyse ein. Nach Sicherung der baurechtlichen Fragen kann das Nutzungskonzept erarbeitet werde, auf dessen Grundlage das Nutzerbedarfsprogramm mit Rentabilitätsanalyse und Finanzierungsalternativen entsteht.

Je nach dem Ergebnis der Empfehlungen im Erläuterungsbericht zum Nutzerbedarfsprogramm muss entschieden werden, ob die Projektentwicklung beendet, optimiert oder fortgesetzt wird.

Es wird viel über die mögliche zeitliche Überlappung zwischen Projektentwicklung, Planung und Ausführung diskutiert. Dabei kursieren Begriffe wie Konsekutiv- und Synchronmodell oder ähnliche Wortschöpfungen. Innerhalb gewisser Grenzen sind Überlappungen durchaus zulässig. Das synchrone Erstellen eines

Projektstufe	Servicefunktion	Projektentwicklung	Projektmanagement	Facility Management
1. Projektvorbereitung				

1.1 Projektentwicklung
1.2 Grundlagenermittlung
	• Rechts-,
	• Steuerberatung
		A Marktrecherche für
		  Projektidee
		B Standortanalyse,
		  -prognose
		C Grundstücksakquisition
		  -sicherung
		D Projektidee und
		  Nutzungskonzeption
		E Stakeholderanalyse
		  Projektorganisation
		F Vorplanungskonzept
		G Kostenrahmen für In-
		  vestitionen und Nutzung
		H Ertragsrahmen
		I Terminrahmen
		J Steuern
		K Rentabilitäts- mit Sen-
		  sitivitätsanalyse,
		  -prognose
		L Risikoanalyse, -prognose
		M Vermarktung
		N Projektfinanzierung
		O Entscheidungs-
		  vorbereitung		

⇒ Planungsauftrag?	Ja ⇒	2. Projektplanung	Nein ⇒ Ende	
2. Projektplanung				

2.1 Vorplanung
2.2 Entwurfsplanung
2.3 Genehmigungsplanung
	• Rechts-,
	• Steuer-,
	• Versicherungsberatung
	• Öffentlichkeitsarbeit
	• Projektbuchhaltung
		• Nutzungskonzept
		• Vermarktungskonzept
		• Kontakt: Nutzer/
		  Investor
		• Erschließungskonzept
		• Wirtschaftlichkeits-
		  berechnung
		• Grundstückssicherung
			• Beauftragung:
			  Architekten, Fachplaner
			• Vorplanung
			• Entwurfsplanung
			• Bauvorlagen
			• Bodengutachten
			• Altlastenuntersuchung
				• Strategisches FM

⇒ Baueingabe?	Ja ⇒	3. Auftragsvorbereitung	Nein ⇒ Ende	
3. Ausführungsvorbereitung				

3.1 Ausführungsplanung
3.2 Vorbereiten Vergabe
3.3 Vergaben
	• Rechts-,
	• Steuer-,
	• Versicherungsberatung
	• Öffentlichkeitsarbeit
	• Projektbuchhaltung
		• Vermietungs-,
		• Verkaufsverhandlungen
		• Grundstückskauf
		• Finanzierungsmittel
			• Beschaffung der
			  Baugenehmigung
			• Ausführungsplanung
			• Ausschreibungs-
			  unterlagen
			• Vergabeverhandlungen	

⇒ Baubeginn?	Ja ⇒	4. Ausführung	Nein ⇒ Ende	
4. Ausführung				

	• Rechts-,
	• Steuer-,
	• Versicherungsberatung
	• Öffentlichkeitsarbeit
	• Projektbuchhaltung
		• Vermietungs-,
		• Verkaufsverhandlungen
		• Finanzierungsmittel
		• Kostenprüfung
		• Abschluss Miet-/
		  Kaufverträge
			• Vergaben
			• Organisation Baustelle
			• Koordination Fachfirmen
			• Termine, Leistungsstand
			• Qualitäten
			• Abrechnung Kreditoren
			• Mängelbeseitungen
			• Abnahme/Übergaben
				• Einarbeitung
				• Technisches
				  Gebäudemanagement
				• Infrastrukturelles
				  Gebäudemanagement
				• Kaufmännisches
				  Gebäudemanagement
				• Informations-
				  management

⇒ Nutzer vorhanden?	Ja ⇒	5. Nutzung	Nein ⇒ Vertriebsoffensive	
5. Nutzung				

	• Rechts-,
	• Steuer-,
	• Versicherungsberatung
	• Öffentlichkeitsarbeit
	• Projektbuchhaltung
		• Abschluss fehlender
		  Miet-/Kaufverträge
			• Mängelbeseitigung	• Gewährleistungs-
				  verfolgung
				• Technisches
				  Gebäudemanagement
				• Infrastrukturelles
				  Gebäudemanagement
				• Kaufmännisches
				  Gebäudemanagement
				• Informations-
				  management
				• Datenauswertung
				• Überprüfung
				  Projekterfolg

6. Weitere Nutzung?				
	Ja ⇒	5. Nutzung	Nein ⇒ 7.	
7. Umwidmung?				
	Ja ⇒	1. Projektvorbereitung	Nein ⇒ 8.	
8. Abriss?				
	Ja ⇒	1. Projektvorbereitung	Nein ⇒ Verkauf	

Abb. 1.11 Ablauforganisation Immobilienmanagement

Nutzerbedarfsprogramms erst parallel zu einer bereits fortgeschrittenen Planung oder bei bereits begonnener Bauausführung rächt sich jedoch stets bitter für den Investor und die übrigen Projektbeteiligten durch hohe negative Projektzielabweichungen.

Um über die Grundstückssicherung entscheiden zu können, müssen nach Möglichkeit:

- das Nutzungskonzept gebilligt,
- Erschließungsfragen geklärt,
- verbindliche Zusagen von Investoren und Nutzern vorhanden,
- die Rentabilitätsanalyse und -prognose erstellt und überprüft,
- die Planung bis zur Baueingabe zusammen mit Boden- und ggf. Altlastenuntersuchungen fortgeführt und
- die notwendigen Vorklärungen mit den Baugenehmigungs- und ggf. Denkmalschutzbehörden erfolgreich abgeschlossen worden sein.

Nach diesen Schritten muss entschieden werden, ob der Bauantrag zusammen mit den Bauvorlagen eingereicht und das Grundstück gekauft werden sollen. Der Grundstückskauf ist ein entscheidender Punkt in der Projektentwicklung, weil eine anschließende Beendigung der Projektentwicklung i. d. R. große Verluste nach sich zieht. Nach Möglichkeit ist daher das Grundstück bis zum Baubeginn durch notariell beurkundete Optionsverträge zu sichern, damit die voraussichtlichen Investitionssummen bereits durch Submissionsergebnisse abgesichert sind und weitere Erkenntnisse hinsichtlich der Erfolgsquote der Vermarktung gewonnen werden können.

Seitens der Stabsstellen ist für die jeweils erforderliche Rechts-, Steuer- und Versicherungsberatung sowie Öffentlichkeitsarbeit zu sorgen.

Während der Ausführungsvorbereitung wird von den Projektentwicklern das Vermietungskonzept verabschiedet und der Kontakt zu Investoren und Nutzern (Mietern) intensiviert. Im Bereich des Projektmanagements konzentrieren sich die Aufgaben auf die Betreuung des Architekten und der Fachplaner während der Ausführungsplanung und der Erarbeitung der Ausschreibungsunterlagen sowie auf die Vergabeverhandlungen.

Die Stabsstellen decken notwendige rechtliche, steuerliche und versicherungstechnische Belange ab und führen die Projektbuchhaltung fort. Wenn die Vergabeverhandlungen zu einem annehmbaren Ergebnis geführt haben, muss über die Vergabe, den Baubeginn und die weitere Optimierung der Projektentwicklung im weiteren Sinne entschieden werden.

Mit Baubeginn wird von der Projektentwicklung die Vermarktung forciert, wobei sie von der Stabsstelle Öffentlichkeitsarbeit unterstützt wird. Zusätzlich kümmert sich die Projektentwicklung um die Kostenverfolgung und sorgt für die betrags- und zeitgerechte Mittelbereitstellung.

Der Bereich Baudurchführung organisiert und koordiniert die Baustelle und führt Qualitäts-, Leistungs-, Kosten- und Terminkontrollen durch. Ferner überprüft er Firmenrechnungen vor Zahlungsfreigabe an die Auftragnehmer.

Der Bereich Gebäudemanagement, der bis dahin vorrangig bei Teamentscheidungen mitgewirkt hat, beginnt nun mit der Einarbeitung in das Projekt und übernimmt Aufgaben der Dokumentation und Archivierung von Projektunterlagen.

Mit der Baufertigstellung, Abnahme und Übergabe ist es Aufgabe des Bereichs Projektentwicklung, den Abschluss noch ausstehender Miet- oder Kaufverträge herbeizuführen. Dem Bereich Projektmanagement obliegt die Koordination der Mängelbeseitigung. Das Gebäudemanagement hat Aufgaben der Mieterbetreuung, der Kontrolle von Wartungsfirmen, der Gewährleistungsverfolgung, der Beauftragung von Instandhaltungs- und Instandsetzungsmaßnahmen sowie der Beschaffung und Aufbereitung von aktuellen Projektdaten wahrzunehmen.

Nach angemessener Nutzungsdauer oder aber bei sich wandelnden Nutzeranforderungen sind rechtzeitig Entscheidungen hinsichtlich einer Umwidmung oder auch eines Abrisses vorzubereiten zwecks Einleitung eines neuen Immobilien-Management-Zyklus'.

1.6 Leistungsbild der Projektentwicklung im engeren Sinne (PE i. e. S.)

Das Leistungsbild der PE i. e. S. umfasst insgesamt 15 Aufgabenfelder, die im Zeitraum vom Projektanstoß (der Entstehung der Projektidee, der Vorgabe eines bestimmten bebauten oder unbebauten Grundstücks, der Aufforderung zur Kapitalanlage in Immobilien) bis zum Planungsauftrag im Falle einer positiven Projektentwicklung oder aber bis zum Stopp der weiteren Projektentwicklungsaktivitäten zum Erkennen von nicht tragbaren Risiken führen. Das in *Abb. 1.2* in 15 Aufgabenfelder differenzierte Leistungsbild reicht teilweise noch über den Planungsauftrag hinaus, da z. B. die Vermarktung auch noch während der weiteren Planung und Ausführung vorgenommen werden kann. *Abb. 1.2* gibt damit einen Überblick über die Prozesskette der Aufgabenfelder A bis O der Projektentwicklung i. e. S. und ihre teilweise Verzahnung mit den Planungs- und Ausführungsphasen nach HOAI. Die Teilleistungen zu jedem einzelnen Aufgabenfeld A bis O werden nachfolgend erläutert.

1.7 Aufgabenfelder der Projektentwicklung i. e. S.

Die nachfolgenden Ausführungen konzentrieren sich auf die Projektentwicklung i. e. S., da sie dazu dienen, die Entscheidung zur Fortführung des Projektes in der Planung und Realisierung vorzubereiten bzw. zu der Erkenntnis zu gelangen, dass der Abbruch aller weiteren Aktivitäten anzuraten ist.

Im Rahmen einer Projektentwicklung i. e. S. ist es Aufgabe des interdisziplinär zu besetzenden Projektentwicklerteams aus den verschiedensten Fachdisziplinen (u. a. Architekten, Bauingenieure, Marketingfachleute, Kaufleute, Steuerberater, Juristen), Projektentwicklungen zu konzipieren und zur Entscheidung zu bringen. Wird das Ergebnis akzeptiert, so folgen mit der Projektstufe 2 die Planungsaufträge an Architekten und Fachplaner. Anderenfalls wird die Projektentwicklung zur Überarbeitung zurückgegeben oder aber gänzlich gestoppt.

Die wichtigsten 15 Aufgabenfelder in der Projektentwicklung i. e. S. werden nachfolgend als Teilleistungen definiert und anschließend in knapper Form kommentiert.

1.7.1 A Marktrecherche für Projektidee (Exit 1)

Zur Auswahl und Erhebung relevanter Marktindikatoren auf Gesamt- und Teilmarktebene sind im Wesentlichen folgende Teilleistungen erforderlich:

1. Nachfrageranalyse

1.1 Flächenbedarf, differenziert nach
– Flächengesuchen
– konkreten Anmietungsinteressen
– Vermietungsleistungen
– Marktsättigungsgrenzen
– Verdrängungseffekten
– Agglomerationseffekten
– Befragungsergebnissen

1.2 Potenzialanalyse zur Erhebung sektorenspezifischer Kenngrößen mit
– sektoraler Marktentwicklung
– möglichen Steigerungsraten
– Auslastungsgraden/Frequenzen
– Kaufkraftströmen/Zentralität
– rechnerischem Flächen- und Umsatzpotenzial
– branchenspezifischer Mietbelastbarkeit
– Befragungsergebnissen

2. Angebotsanalyse

2.1 Flächenbestand, differenziert nach
– Lagequalitäten
– regionaler Verteilung
– Objekttypen und –größen in Zahlen
– Branchenstruktur
– Angebotsniveau
– Alter und Zustand
– jüngeren Baufertigstellungen
– Ausstattungsniveau
– Leerständen/Leerstandsraten
– konkreten Flächenangeboten
– Wettbewerbsposition

2.2 Flächenplanung, differenziert nach
– Flächen in der Planung, in der Vorbereitung, im Bau
– Realisierungswahrscheinlichkeit
– Realisierungshorizonten
– geplanten Nutzern/Betreibern
– zukünftigen Lagequalitäten
– zukünftiger regionaler Verteilung
– Objekttypen und –größen
– Ausstattungsniveau
– mittelfristigen Flächenangeboten
– Wettbewerbsposition

3. Preisanalyse, differenziert nach
– Mietenspiegel
– Bestands-, Durchschnitts- und Spitzenmieten

–   üblichen Konditionen
–   aktuellen Neuvermietungen
–   Anzeigenauswertung
–   Ausstattungsniveau
–   Bodenrichtwerten
–   aktuellen Verkäufen/Vervielfältigern
–   Prognosen der Preisentwicklung
–   Wettbewerbsposition im Preisgefüge

4. Wechselseitige Betrachtung von Markt- und Standortsituation unter Einbeziehung der Marktlage des Nutzungssektors, der projektspezifischen Marktchancen, der Ertragsaussichten, der Rendite und des Mietermix'.

5. Entscheidungsvorschlag zum weiteren Vorgehen

Aufgabe der Marktanalyse und -prognose ist es, alle aktuellen und künftig zu erwartenden marktwirksamen qualitativen und quantitativen Fakten und Informationen der Nachfrage und des Angebots zu erheben, die Einfluss auf die geplante Immobilieninvestition haben können.

Jede Marktrecherche erfordert eine Analyse des gegenwärtigen und Prognose des voraussichtlichen Nachfrager-/Kunden- und Anbieter-/Konkurrentenverhaltens. Auch für den Immobilienmarkt gelten die marktwirtschaftlichen Lenkungsmechanismen. Der Markt ist der ökonomische Ort des Tausches, auf dem sich in marktwirtschaftlichen Systemen die Preisbildung durch den Ausgleich von Angebot und Nachfrage vollzieht. Ferner gelten auch hier die Regeln direkter und indirekter Preiselastizitäten (Diederichs, 2005, S. 6). So ist bei steigenden Grundstückspreisen eine sinkende Nachfrage nach Immobilieninvestitionen bzw. bei limitierten Mieten eine Wohnraumunterversorgung zu erwarten (direkte Preiselastizitäten der Nachfrage und des Angebots), andererseits bei sinkenden Mieten eine verminderte Investitionsbereitschaft (indirekte Preiselastizität (Kreuzpreiselastizität) für Substitutionsgüter).

Im Rahmen der Nachfrageanalyse und -prognose muss daher zunächst ermittelt werden, wie groß voraussichtlich der Bedarf z. B. an zusätzlichen Büroflächen ist, in welcher Zeit und zu welchem Mietpreis dieser voraussichtlich vom Markt absorbiert werden kann und welches die bevorzugten Bürolagen sind. Erst dann kann der den Marktverhältnissen angemessene Flächenumfang ermittelt und das projektspezifische Ertragspotenzial realistisch eingeschätzt werden.

Für die Nachfrager-/Kundenanalyse und -prognose sind aktuell verfügbare Informationen zu nutzen (Marktberichte von Maklerhäusern, Beratungsunternehmen oder Kommunen, Frühjahrsgutachten Immobilienwirtschaft der Immobilien Zeitung (Bulwien, emperica, GfK prisma)).

Durch die Konkurrenzanalyse sollen für den Erfolg des Projektes relevante Informationen über die mindestens jeweils drei stärksten konkurrierenden Projektangebote und Konkurrenzunternehmen gewonnen werden. Die vergangenheitsorientierte Analyse ist durch eine Prognose über die zu erwartende weitere Entwicklung zu ergänzen.

1.7.1.1 Nachfrageanalyse und -prognose

Für die Analyse und Prognose der Nachfrage (Kunden/Nutzer) stehen nur wenige konkrete und verwendbare Daten zur Verfügung wie z. B. Marktberichte der großen Maklerhäuser, Beratungsunternehmen und Kommunen (Schneider/Völker, 2002, S. 56 ff.).

Durch die Befragung von potenziellen Nachfragern, z. B. im Rahmen eines Vorvermarktungstests, sind Aussagen zu der Marktgängigkeit eines geplanten Immobilienprojekts möglich. Aus intensiven Expertengesprächen mit Nachfragern und Marktakteuren lassen sich gewonnene qualitative und quantitative Einschätzungen erhärten.

Durch Aufzeichnung der Vermietungsleistungen der großen Maklerhäuser wird z. B. die Nachfrage nach Büroflächen der vergangenen Jahre gut abgebildet.

Für Einzelhandelsflächen wie z. B. Fachmarktzentren oder Verbrauchermärkte lässt sich das Kaufkraftpotenzial ermitteln und über Modellrechnungen der voraussichtliche Umsatz abschätzen.

So ist u. a. die Gesellschaft für Konsumforschung in Nürnberg (GfK) in der Lage, durch Kaufkraftzahlen die kleinräumig lokalisierbare Kaufkraft der Einwohner in Deutschland anzugeben (www.gfk.de).

Für einzelne Warengruppen lassen sich Ausgabenvolumina pro Jahr ermitteln, die für den Einzelhandel potenziell zur Verfügung stehen. Anschließend kann der vorhandene Bestand an Verkaufsflächen der relevanten Wettbewerber erhoben, bewertet und anschließend der Bedarf im Einzugsgebiet für das geplante Neuangebot abgegrenzt werden.

Entscheidende Größe ist die Abschöpfungsquote z. B. eines neuen Fachmarktes aus Einzugsgebiet, darin „lebender" Kaufkraft der Einwohner, Erreichbarkeit und Wettbewerb im Umfeld.

Eine besondere Herausforderung ist die Erfassung neuer, latenter oder angebotsinduzierter Nachfrage wie z. B. die Umnutzung alter Industrieobjekte für neue Büro-, Einzelhandels- und Wohnnutzungen (Lofts). Die Nachfrageentscheidung wird hier wesentlich durch Faktoren wie Atmosphäre und Tradition beeinflusst.

Gelingt es, die Umsatzchance mit gängigen Betriebstypen und -größen am Standort in Deckung zu bringen, kann ein Projekt realisiert werden, das auch eine längerfristige Tragfähigkeit verspricht.

1.7.1.2 Angebotsanalyse und -prognose

Die Angebots- und damit Konkurrenzanalyse und -prognose untersucht die Qualität und Quantität des bereits vorhandenen, im Bau befindlichen und geplanten Immobilienangebotes in dem relevanten Marktsegment (Büro, Hotel, Gewerbe, Wohnen) (Schneider/Völker, 2002, S. 54 f.).

Dazu werden zunächst die harten, weitgehend vergleichbaren Faktoren des Angebotes ausgewertet. Hierzu zählen Lage, Größe, Ausstattung und Preis. Über vorhandene amtliche Statistiken hinaus sind Primärerhebungen erforderlich durch Auswertung von Immobiliennachrichten in den Tageszeitungen, im Internet und ggf. auch durch Begehungen.

Für die Primärdatenerhebung kommen in Betracht:

– Haushalts-, Unternehmens-, Nutzer-/Mieter-, Kunden- und Passantenbefragungen,

- Expertengespräche und Workshops,
- Zählungen und Begehungen.

Weiche Faktoren der Angebotsanalyse und -prognose sind u. a. das Standortimage und das Vermarktungskonzept der Wettbewerber.

Muncke et al. (2002, S. 51 ff.) geben wertvolle Hinweise zu Standort- und vor allem Marktanalysen in den Sektoren Einzelhandel, Büro, Gewerbe und Industrie, Wohnen und Sozial-, Hotel- und Freizeitimmobilien. Die daraus entnommenen nachfolgenden Ausführungen beschränken sich auf Hotelimmobilien (S. 186 f.).

Der Hotelmarkt ist in hohem Maße abhängig von der allgemeinen wirtschaftlichen Entwicklung des Makrostandortes. In Rezessionsphasen sparen sowohl Unternehmen als auch private Haushalte zunächst bei ihren Reise- und Fortbildungskosten mit direkten Auswirkungen auf die Auslastung der Hotels.

In Folge des Wiedervereinigungs- und Hauptstadtbooms nahm die Bettenkapazität in Deutschland zwischen 1992 und 1998 um ca. 100 Mio. „Bettentage" oder fast ein Viertel des Bestandes zu. Die nunmehr vorhandenen Überkapazitäten sorgen für ein im internationalen Vergleich niedriges Preisniveau und eine relativ geringe Auslastungsquote von im Durchschnitt 30,0 % (2003) der angebotenen Betten.

Die wesentlichen Erfolgsfaktoren von Hotelimmobilien sind die Lagequalität durch Makro- und Mikrolage, das Eingehen auf die unterschiedlichen Anforderungen von Geschäftsreisenden und Wochenendgästen sowie die Grundstückspreise (je mehr Sterne, desto zentraler, da dort höhere Grundstückspreise und entsprechend höhere Zimmerpreise).

Die Ertragsstärke ist abhängig vom Durchschnittszimmererlös (DZE), d. h. dem Umsatz pro belegtem Zimmer und Nacht. Eine Kennziffer (Benchmark) zur Messung der qualitativen und quantitativen Wettbewerbsfähigkeit ist der Logisumsatz pro verfügbarem Zimmer (Revpar = Revenue per available room). Ein DZE von 100 € bei 50 % Auslastung führt zum gleichen Revpar wie ein DZE von 50 € bei 100 % Auslastung.

Wesentliche Nachfrageparameter für Hotelimmobilien sind:

- Art und Anzahl der jährlich stattfindenden Messen, Kongresse und die Entwicklung der Besucherzahlen
- der Umfang, die Entwicklung und die Prognose des Passagieraufkommens an einem Flughafenstandort
- der Anteil und die Entwicklung des Dienstleistungssektors mit Anzahl und Größe innovativer Unternehmen, u. a. aus der Hightech- und Medienbranche
- touristische Sehenswürdigkeiten und Anziehungspunkte, die kulturelle Bedeutung sowie aktives Stadtmarketing

In den Statistiken der Verbände und Erfahrungsaustauschgruppen wird i. d. R. die Zimmerauslastung genannt. In amtlichen Statistiken werden auch Übernachtungen in Ferienheimen und Jugendherbergen mit Auslastung angegeben.

Im Rahmen der Angebotsanalyse sind u. a. folgende Fragen zu beantworten:

- Welche Hoteltypen mit welchem Leistungsniveau, welchen Einrichtungen und wie vielen Betten sind am Markt vertreten und welche Zielgruppen sprechen sie an?
- Wo sind sie räumlich konzentriert?

- Gibt es konkrete Hotelplanungen, und wenn ja, in welchen Kategorien, mit welcher Bettenzahl und wo?
- Wird sich ein neues Hotel mit Einrichtungen wie modernen Tagungs-/Veranstaltungsräumen, attraktivem Wellnessbereich mit z. B. 300 Betten etablieren können?

Als wirtschaftlich rentabel gilt ein Hotel i. d. R. erst ab einer Zimmerauslastung von etwa 60 %. Dabei ist ein gesunder Zielgruppenmix zwischen Geschäftsleuten und Touristen anzustreben. Grundsätzlich gilt die Regel, dass ein schlecht gelegenes Hotel in einem guten Markt wettbewerbsfähiger ist als ein gut gelegenes Hotel in einem schlechten Markt. So ist ein zweitklassiges Hotel in der dritten Reihe am Frankfurter Flughafen derzeit ggf. erfolgreicher als das Spitzenhotel in der Bestlage von Chemnitz.

Der Deutsche Hotel- und Gaststättenverband (DEHOGA) unterscheidet in seinem halbjährlich erscheinenden Konjunkturbericht (www.dehoga.de) unter Geschäftsreise-, Tagungs-, Budget-, Design- und Ferienhotels sowie Boarding Houses.

Seit Herbst 1996 bietet der DEHOGA mit der „deutschen Hotelklassifizierung" ein bundesweit einheitliches, auf freiwilligen Angaben der Hotelbetreiber beruhendes Klassifizierungssystem an, wonach die Beherbergungsbetriebe in 5-Sterne-Kategorien eingeteilt werden. Dabei werden ausschließlich objektive Kriterien wie Zimmergröße, Ausstattungs- und Dienstleistungsangebot bewertet. Subjektive Faktoren wie Lage, Umfeld und architektonische Qualität werden grundsätzlich nicht berücksichtigt.

Auskunft über die Marktentwicklung sowie konkrete Hotelplanungen geben die örtlichen Gastgewerbeverbände und Erfahrungsaustauschgruppen der jeweiligen Stadt (monatlicher Austausch der Belegungszahlen unter den angeschlossenen Hotels) sowie die Fachpresse (Allgemeine Hotel- und Gaststätten-Zeitung (AHGZ), Neue Gastronomische Zeitung (NGZ), Cost & Logis, Top hotel, First Class).

1.7.1.3 Preisanalyse und -prognose

Die Preisanalyse und -prognose erstreckt sich sowohl auf die Nachfrage- als auch auf die Angebotsseite. Neben der Erhebung von Bestands-, Durchschnitts- und Spitzenmieten sowie Bodenrichtwerten erfordern insbesondere Prognosen der Preisentwicklung besondere Beachtung, da diese mit entsprechenden Szenarien in die Sensitivitätsanalyse eingehen.

Sofern sich aus der wechselseitigen Betrachtung der Markt- und Standortsituation, d. h. der Nachfrage, des Angebotes und der Preise, zeigt, dass eine Weiterführung der Projektentwicklung i. e. S. Erfolg versprechend ist, so wird der Entscheidungsvorschlag zum weiteren Vorgehen die Empfehlung zur Abarbeitung der weiteren Aufgabenfelder der Projektentwicklung i. e. S. enthalten. Andernfalls ist bereits zu diesem Zeitpunkt die Einstellung aller weiteren Aktivitäten (Exit 1) zu dieser Projektentwicklung und ggf. eine neue Marktrecherche für eine andere Projektidee bzw. Nutzungskonzeption zu empfehlen.

1.7.2 B Standortanalyse und -prognose

Zur Beschreibung eines vorhandenen Standortes oder zur Beschreibung der Standortanforderungen an einen noch zu beschaffenden Standort sind im Wesentlichen folgende Teilleistungen erforderlich:

1. Definition der räumlichen Rahmenbedingungen des Projektes

2. Auswahl und Erhebung relevanter harter Standortfaktoren auf Makro- und Mikroebene
2.1 Geografische Lage und Grundstücksstrukturen
2.2 Verkehrsstruktur
2.3 Wirtschaftsstruktur und Umfeldnutzungen

3. Auswahl und Erhebung relevanter weicher Standortfaktoren auf Makro- und Mikroebene
3.1 Soziodemografische Struktur
3.2 Image und Investitionsklima

4. Wechselseitige Betrachtung von Standort- und Marktsituation

5. Entscheidungsvorschlag (mittels Nutzwertanalyse und/oder Portfolio-Matrix)

6. Auswahl standortgeeigneter Nutzungen für vorhandene Standorte oder nutzungsgeeigneter Standorte für noch zu beschaffenden Standort

Zielsetzung der Standortanalyse und -prognose ist eine objektive, methodisch aufgebaute und fachlich fundierte Untersuchung von direkt und indirekt mit der künftigen Entwicklung einer Immobilie im Zusammenhang stehenden Informationen. Dabei ist zu unterscheiden zwischen:

*   der Suche nach einem optimalen noch fiktiven Standort für eine vorhandene Projektidee,
*   einem bereits fixierten Standort für eine noch zu definierende Idee und
*   verschiedenen vorhandenen Standortalternativen hinsichtlich ihrer Eignung zur Realisierung eines bestimmten Nutzungskonzeptes.

Im ersten Fall wird der „Idealstandort" zu einer gegebenen Nutzungskonzeption unter Eingrenzung des Untersuchungsraumes durch vorhandene Präferenzen oder Restriktionen regionaler, persönlicher oder finanzieller Art gesucht. Es geht um die Auswahl nutzungsgeeigneter Standorte.
   Im zweiten Fall kann sich die Standortuntersuchung von Anfang an auf messbare Standortfaktoren konzentrieren wie u. a. Topologie und Tragfähigkeit des Baugrundes, hydrogeologische Verhältnisse, Erweiterungsfähigkeit, Handicaps infolge von Kontaminationen durch Altablagerungen oder Altstandorte sowie Bebauungsprobleme und -verzögerungen durch Restitutionsansprüche oder Bodendenkmäler, die in engem Zusammenwirken mit den Denkmalschutzbehörden gesichert, geschützt und ggf. behutsam ab- und andernorts wieder aufgebaut werden müssen, Kriegseinwirkungen und Umgebungsbedingungen. Es geht um die

Auswahl standortgeeigneter Nutzungen. Für die Bewertung von Standortalternativen bieten sich Verfahren der Nutzwert- oder Portfolio-Analyse an (Diederichs, 1999, S. 171 ff. und 208 ff.).

Beim dritten Fall können die Lage und damit die Lagequalität von Grundstücksalternativen erst dann miteinander verglichen werden, wenn hierfür eindeutige Kriterien definiert, hinsichtlich ihrer Präferenz für den jeweiligen Investor bzw. Nutzer gewichtet und hinsichtlich ihrer Erfüllung gemessen und bewertet wurden. Die „zentrale Lage mitten in Deutschland" reicht nicht aus, um eine hohe Lagequalität zu attestieren. Zur Beurteilung müssen weitere Faktoren herangezogen werden wie z. B. Lage im Ballungszentrum mit seinem Nachfragepotenzial, Qualität des Umfeldes und der Verkehrsanbindung sowie Timing auf dem Grundstücksmarkt. Es besteht ein direkter Zusammenhang zwischen Standort, Nutzungsart und konkurrierender Nachfrage und dem lagespezifischen Grundstücksangebot und dem hierfür geforderten bzw. erzielbaren Kaufpreis.

Aufgabe der Standortanalyse ist es, alle aktuellen und zukünftig absehbaren Gegebenheiten im räumlichen Umfeld einer Immobilie zu erheben und entsprechend ihrer Bedeutung für den jeweiligen Marktsektor zu beurteilen.

Bei der Standortuntersuchung ist zunächst zu unterscheiden zwischen Makro- und Mikro-Standort. Unter Makro-Standort wird der Bereich (Region, Kreis, Gemeinde) verstanden, der für die Immobilie Bedeutung hat. Zu den zentralen Orten in Deutschland gehören die Landeshauptstädte in der ICE-Schleife Hamburg, Bremen, Düsseldorf/Köln/Ruhrgebietsstädte (Essen, Bochum, Dortmund), Frankfurt, Stuttgart, München, Nürnberg, Dresden, Leipzig, Berlin und Hannover. Darüber hinaus existieren zahlreiche Ober-, Mittel- und Unterzentren. Innerhalb jedes Zentrums ist zu unterscheiden nach Ia-Lagen, Ib-Lagen und II- oder auch nur sonstigen (Rand-)Lagen. Der Mikro-Standort stellt das direkte Umfeld, maximal in fußläufiger Entfernung, sowie das Baugrundstück selbst dar. Der Mikro-Standort ist daher in seiner Faktorenausprägung so genau wie möglich zu erfassen, der Makro-Standort nur insoweit, wie er Bedeutung für die Projektentwicklung hat.

Zu unterscheiden ist zwischen harten Standortfaktoren mit hoher Beeinflussbarkeit und weichen Standortfaktoren mit niedriger Beeinflussbarkeit durch Investoren. Harte Standortfaktoren lassen sich in 3 Bereiche untergliedern (Muncke et al., 2002, S. 144).

1.7.2.1 Geografische Lage, Grundstücksstruktur

Makroebene
- Lage der Stadt
- Entfernung Nachbarstädte
- Stadtstruktur/-entwicklung
- Zentralörtlichkeit
- Staatliche Einrichtungen
- Raumordnungs- und Flächennutzungsplan

Mikroebene
- Integrierte/solitäre Lage
- Topografie/Boden

- Größe/Zuschnitt/Bausubstanz
- Infrastrukturelle und technische Erschließung
- Sichtanbindung/Ausblick
- Bebauungsplan/Geschossanzahl und Traufhöhe
- Architektonische Vorgaben
- Technische Ver-/Entsorgung

1.7.2.2 Verkehrsstruktur

Makroebene
- Flughafen
- Hafen
- Bahnanbindung
- Autobahnanbindung
- Fernstraßennetz
- Innerstädtisches Straßennetz
- ÖPNV-Netz

Mikroebene
- Straßenprofil/-anbindung
- Verkehrsfrequenz
- Zugänglichkeit
- Anfahrbarkeit
- Interne Erschließung
- Parksituation Umfeld
- Entfernung/Frequenz ÖPNV
- Entfernung Flughafen/Bahnhof

1.7.2.3 Wirtschaftsstruktur, Umfeldnutzungen

Dabei handelt es sich z. T. auch um weiche Faktoren.

Makroebene
- Charakteristik der Stadt
- Hochschulen/Messen
- Wirtschaftsstruktur
- Beschäftigte/Arbeitslosenquote
- Umsatz/Steueraufkommen
- Pendleraufkommen

Mikroebene
- Charakteristik Umfeld
- Bebauung/Baustruktur
- Nutzungsstruktur Umfeld
- Agglomerationseffekte
- Passantenfrequenz
- Infrastruktur/Gastronomie
- Zentrale Einrichtungen

Weiche Standortfaktoren erstrecken sich im Wesentlichen auf 2 Bereiche:

1.7.2.4 Soziodemografische Struktur

Makroebene
- Bevölkerungsstruktur/-entwicklung
- Altersverteilung/-entwicklung
- Sozialstruktur/Ausländeranteil
- Einkommen/Kaufkraftniveau
- Migrationstrends/Prognosen
- Mentalität/Bildungsniveau

Mikroebene
- Wohnbevölkerung Einzugsgebiet
- Altersverteilung/-entwicklung
- Sozialstruktur/Ausländeranteil
- Einkommen
- Kaufkraftniveau
- Randgruppen
- Auffälligkeiten
- Sonstiges Personenaufkommen (Büroangestellte, Schüler etc.)

1.7.2.5 Image, Investitionsklima

Makroebene
- Image der Stadt
- Verwaltungsstruktur
- Politische/steuerliche Situation
- Investitionsklima
- Genehmigungspraxis
- Kultur-/Freizeitangebot

Mikroebene
- Image des Standortes
- „Adresse"/Attraktivität
- Neuvermietungen Umfeld
- Aufenthaltsqualität
- Wohnqualität
- Freizeitmöglichkeiten
- Grünanteil/Sauberkeit

Zu beachten sind im Rahmen der Umfeldanalyse die Wechselwirkungen zwischen harten und weichen Standortfaktoren. So prägen die vorhandene Bebauung, topografische (z. B. Hanglage) oder verkehrliche Barrieren (z. B. Hauptstraße) auch Charakteristik, Nutzungen und Passantenfrequenzen im Umfeld.

Bei Renditeimmobilien kann der Anspruch an die Grundstücks- und damit Standort- und Lagequalität nie zu hoch gestellt werden. Daraus ergeben sich nach den Spielregeln des Marktes entsprechende Konsequenzen für den Grundstückspreis.

Der Grundstücksmarkt ist in der Bundesrepublik Deutschland nach der Wiedervereinigung 1990 heftig in Bewegung geraten. Die Kaufpreissammlungen der Gutachterausschüsse (§ 192 BauGB) eignen sich mit ihren Bodenrichtwerten (§ 196 BauGB) vielfach nur mehr als grobe Richtschnur für den relativen Vergleich, da die ausgewiesenen Quadratmeterpreise von den aktuellen Verkehrswerten z. T. erheblich abweichen. Andererseits gibt es in den alten und auch in den neuen Bundesländern zahlreiche Grundstücke, die wegen hoher Kontaminationen „nicht marktgängig", d. h. unverkäuflich sind. Möglichkeiten bzw. Begrenzungen für die Bebaubarkeit nach dem geltenden Baurecht, insbesondere dem Baugesetzbuch, sind anhand bestehender Bebauungspläne oder durch Auskünfte von Bauplanungs- und Bauordnungsämtern festzustellen.

Bei der Zulässigkeit von Vorhaben sind nach dem BauGB 5 Fälle zu unterscheiden:

- Das Grundstück liegt im Geltungsbereich eines rechtskräftigen Bebauungsplans. Ein Vorhaben ist dann zulässig, wenn es dessen Festsetzungen nicht widerspricht und die Erschließung gesichert ist (§ 30).
- Ein Bebauungsplan existiert noch nicht, befindet sich jedoch im Aufstellungsverfahren. Die Zulässigkeit der Bebauung richtet sich nach § 33.
- Das Grundstück liegt innerhalb der im Zusammenhang bebauten Ortsteile. Die Zulässigkeit der Bebauung richtet sich nach § 34.
- Das Grundstück liegt im Außenbereich. Die Zulässigkeit der Bebauung richtet sich nach § 35.
- Das Grundstück liegt im Bereich eines Vorhaben- und Erschließungsplans (§ 12).

Zu den wichtigsten Standortanforderungen ausgewählter Nutzung zählen:

Büro

- Gutes infrastrukturelles Umfeld (Einzelhandel, Gastronomie)
- Positives Image des Standortes
- Gute ÖPNV-Anbindung
- Ausreichende Individualverkehrsanbindung
- Mindestanzahl an Stellplätzen

Einzelhandel (innerstädtisch)

- Gute fußläufige Erreichbarkeit
- Hohe Passantenfrequenz
- Gutes Parkhausangebot
- Gute ÖPNV-Anbindung
- Schwach ausgeprägter Wettbewerb im Umfeld
- Synergien zu Gastronomie und Freizeit

Hotel

- Imageträchtiger Standort
- Zentrale Lage

- Attraktives Kultur-/Freizeitangebot
- ÖPNV-Anbindung

Wohnen

- Attraktives, möglichst „grünes" Umfeld
- Gute Individualverkehrsanbindung
- ÖPNV-Anbindung
- Gute Erreichbarkeit Schule, Kindergarten
- Nahversorgung in unmittelbarer Nähe

Nach § 204 Abs. 2 des AHO (Hrsg., 2004a, S. 10) hat der Projektsteuerer in der Projektstufe 1 Projektvorbereitung im Handlungsbereich B Qualitäten und Quantitäten als Teilleistung 3 beim Klären der Standortfragen, Beschaffen der standortrelevanten Unterlagen sowie der Grundstücksbeurteilung hinsichtlich Nutzung in privatrechtlicher und öffentlich-rechtlicher Hinsicht mitzuwirken.

Die Entscheidung für den Standort und letztlich für das zu bebauende Grundstück ist wichtige Voraussetzung für die Fortsetzung einer geordneten Projektentwicklung. Ziel dieser Teilleistung ist die Beurteilung von Grundstücksoptionen im Hinblick auf die Erfüllung der in dem Nutzerbedarfsprogramm festgelegten Anforderungen und Bedingungen.

Zu den zu beschaffenden standortrelevanten Unterlagen zählen das Nutzerbedarfsprogramm (NBP), das Raumordnungsprogramm (ROP), Landes-, Gebiets- und Verkehrsentwicklungspläne (LEP, GEP, VEP), der Flächennutzungsplan (FNP), der Bebauungsplan (BP) sowie grundstücksbezogene Unterlagen der Katasterämter und Erschließungsämter.

Durch Einsicht in das Grundbuch sind die Eigentumsverhältnisse (Abt. I), Lasten und Beschränkungen (Abt. II) sowie Hypotheken, Grund- und Rentenschulden (Abt. III) zu erkennen.

Wichtig ist die Verfügbarkeit Geografischer Informationssysteme (GIS) zur statistischen Erfassung und Darstellung von soziodemografischen Sachverhalten im räumlichen Gefüge (Muncke et al., 2002, S. 135 f.). Externe Gutachter verfügen i. d. R. bereits über eine breite Datenbasis in regional und thematisch geordneter Form, so dass sich der aufwendige Prozess der Informationsbeschaffung erheblich abkürzen lässt.

Externe Gutachter lassen sich wie folgt typisieren:

- Makler bzw. maklernahe Beratungsunternehmen (z. B. Jones Lang LaSalle Advisory (www.joneslanglasalle.de), Müller Consult (www.mueller-inter.de), Aengevelt Research (www.aengevelt.de))
- banknahe Beratungsunternehmen (z. B. Deutsche Bank Research (www.deutschebank.de), Dr. Lübke Immobilien (www.dresdnerbank.de))
- hochschulnahe Beratungsunternehmen (z. B. ebs Immobilienakademie (www.ebs.de), Weiterbildung Wissenschaft Wuppertal gGmbH (www.weiterbildung-bau.de)
- verbandsnahe Beratungsunternehmen (z. B. BBE Unternehmensberatung (www.bbe-online.de), EuroHandelsinstitut (www.ehi.org)
- Beratungsunternehmen mit sektoralem Schwerpunkt (für den Einzelhandelssektor z. B. GfK-Prisma Institut (www.prisma-institut.de), GMA Gesellschaft

für Markt- und Absatzforschung (www.gma-lb.de), GESA Gesellschaft für Handels-, Standort- und Immobilienberatung mbH (www.gesa-hamburg.de), für den Bürosektor z. B. Bulwien AG (www.bulwien.de), für den Freizeitsektor z. B. Freizeitberatung Wenzel Consulting (www.wenzel-consulting.de))

- Beratungsunternehmen mit dem Schwerpunkt Primärforschung (z. B. GfK Marktforschung (www.gfk.de), ifo Institut für Wirtschaftsforschung (www.ifo.de))
- Beratungsunternehmen mit dem Schwerpunkt Shopping-Center-Entwicklung (z. B. ECE Consulting (www.ece.de), MFI (www.mfi-online.de))

Als grundlegende Datenbasis stehen zahlreiche *amtliche Statistiken* auf Stadt- bzw. Gemeinde-, Landes- und Bundesebene zur Verfügung (www.destatis.de).

Ferner existieren zahlreiche *nichtamtliche Statistiken* insbesondere zu Kaufkraft und Umsatzkennziffern der GfK Gesellschaft für Konsumforschung (www.gfk.de), für in regelmäßigen Abständen durchgeführte Besucherzählungen und -befragungen der Bundesarbeitsgemeinschaft der Mittel- und Großbetriebe des Einzelhandels (www.BAG.de) zur Feststellung von Versorgungsbeziehungen, Frequenzen und Einkaufsgewohnheiten sowie zu allgemeinen Statistiken und Strukturdaten im jährlich von der BAG herausgegebenen „Vademecum des Einzelhandels".

Offizielle Erhebungen zum Flächenbestand von Büro- und Gewerbeflächen gibt es nur vereinzelt auf kommunaler Ebene. Die Marktberichte großer Maklerunternehmen und -verbände geben jedoch Aufschluss über die Entwicklung von Angebot, Nachfrage und Mietpreisen sowie über Lagequalität, Neubauvolumina und Vermietungsleistungen.

Fachgespräche mit Vertretern der zuständigen Behörden und Kammern bieten vor allem Auskünfte zu städtebaulichen Planungen und Konkurrenzprojekten. Ortsansässige Makler verfügen über wertvolle Informationen insbesondere zur lokalen Marktsituation. Auch die Auswertung der regionalen Tagespresse inklusive der Werbe- und Vermietungsanzeigen kann Hinweise zur Nachfrage- und Angebotssituation liefern.

Durch *Internet-Recherchen* können Wirtschaftsdatenbanken mit Presseinformationen ausgewertet werden (z. B. www.genius.de oder www.gbi.de). Über Anbieter übergreifende Immobilien-Datenbanken können Immobilienangebote eingeholt und selektiert sowie regionale Durchschnittspreise ermittelt werden (z. B. www.immopool.de, www.immoversum.de, www.immobilienscout24.de, www.immonet.de).

Die Internetauftritte der Städte und Gemeinden stellen zunehmend eine wichtige Informationsquelle zum Einblick in die jeweilige örtliche Situation dar (www.stadtname.de). Die Standortbegehung und systematische persönliche Bestandsaufnahme durch das geschulte Auge des Betrachters können jedoch weder Datensammlungen noch „virtuelle Stadtführungen" ersetzen. Projektentwickler, Investoren, Nutzer und auch Financiers müssen ihre Grundstücke und Objekte mit eigenen Augen gesehen haben.

Die Analyse ist nur eine Bestandsaufnahme der Vergangenheit. Wichtiger dagegen ist über die Status-quo-Betrachtung hinaus die Aussage, wie sich der Standort in den Jahren nach der Baufertigstellung während der vorgesehenen Nutzungsdauer voraussichtlich entwickeln wird. Der Bau einer Umgehungsstraße, die

Schließung einer Bahnstation oder die Untertunnelung einer innerstädtischen Straße können gravierende positive oder negative Auswirkungen auf die zukünftige Lagequalität des Untersuchungsstandortes haben.

Für die Bewertung von Standortalternativen bietet sich das Verfahren der Nutzwertanalyse an (Diederichs, 2005, S. 243 f.). Dazu sind aktuell verfügbare Informationsquellen zu nutzen (Internet, Marktberichte von Unternehmen und Verbänden, Standortbegehungen und persönliche Inaugenscheinnahme). Im Entscheidungsvorschlag sind die Untersuchungsergebnisse zusammenzufassen. Ggf. sind vertiefende Untersuchungen erforderlich. Ein Abbruch (Exit) der Projektentwicklung i. e. S. kommt i. d. R. zu diesem Zeitpunkt nicht in Betracht.

1.7.3 C Grundstücksakquisition und -sicherung

Gegenstand und Zielsetzung

Gegenstand und Zielsetzung einer sorgfältig vorbereiteten und dennoch rechtzeitigen Grundstücksakquisition und -sicherung ist es, durch die rechtzeitige Bereitstellung eines geeigneten Grundstücks für eine erfolgreiche Projektentwicklung zu sorgen. Auf der Basis der Ergebnisse der Standortanalyse und -prognose für den Mikrostandort ist nach Möglichkeit eine Grundstücksoption durch notariell beurkundetes Verkaufsangebot zu beschaffen. Bei noch nicht gesicherter Bebaubarkeit des Grundstücks empfiehlt sich die Aufnahme einer Rücktrittsklausel in den notariell zu beurkundenden Kaufvertrag, falls die zu beantragende Baugenehmigung versagt oder nicht innerhalb einer bestimmten Frist erteilt, wegen Widerspruchs gegen die Baugenehmigung zurückgenommen wird oder nicht innerhalb einer bestimmten Frist die sofortige Vollziehbarkeit der Baugenehmigung unanfechtbar geworden ist.

Um im Falle einer Entscheidung für die Projektweiterführung rechtzeitig über ein adäquates Grundstück verfügen zu können, sind im Wesentlichen folgende *Teilleistungen* erforderlich:

1.   Grundstücksakquisition

1.1 Identifizierung von geeigneten Grundstücken

1.2 Untersuchung der Einflussfaktoren für die Grundstückskaufentscheidung mit:

- unmittelbaren Parametern:
  - Größe der Grundstücksfläche
  - Erweiterungsfähigkeit
  - Tragfähigkeit des Baugrundes
  - Grundwasserstand und Grundwasserschwankungen
  - Handicaps (Altstandort, Altlasten, Bodendenkmäler, Denkmalschutzauflagen, Kriegseinwirkungen) und

- mittelbaren Parametern:
  - Kaufpreis
  - Baurecht (§§ 12, 30, 33, 34 und 35 BauGB i. V. m. § 9 BauBG und BauNVO)

- örtliche Gestaltungssatzungen
- innerstädtische Lage
- Verkehrsanbindung
- Entfernung zu Arbeits-, Einkaufs-, Freizeit- und Kultureinrichtungen

1.3 Einsicht in die Grundbücher zur Klärung:

- der Eigentumsverhältnisse (Abt. I)
- der Lasten und Beschränkungen (Abt. II)
- der Hypotheken-, Grund- und Rentenschulden (Abt. III)

1.4 Klärung der Möglichkeiten des Grundstückserwerbs durch:

- Vorkaufsrecht
- schuldrechtlichen Vorvertrag
- Ankaufsrecht des Käufers
- Grundstückskauf

2.   Grundstückssicherung

2.1 Sicherung der Bebaubarkeit nach BauGB

Unterscheidung der 5 Fälle nach BauGB:

- § 12: Das Grundstück liegt im Bereich eines Bauvorhaben- und Erschließungsplans.
- § 30: Das Grundstück liegt im Geltungsbereich eines rechtskräftigen Bebauungsplans.
- § 33: Ein Bebauungsplan befindet sich erst im Aufstellungsverfahren.
- § 34: Das Grundstück liegt innerhalb der im Zusammenhang bebauten Ortsteile.
- § 12: Das Grundstück liegt im Bereich eines vorhabenbezogenen Bebauungsplans auf der Grundlage eines zwischen Vorhabenträger und Gemeinde abgestimmten Vorhaben- und Erschließungsplans.

2.2 Abstimmen der Regelungen für den Grundstückskauf- oder Erbpachtvertrag mit:

- Kaufgegenstand
- Kaufpreis
- Besitzübergabe
- bestehenden Miet- und Pachtverhältnissen
- Rechtsmängeln
- Sachmängeln
- Sicherung des Erwerbers
- Sicherung des Veräußerers
- Kaufpreisfinanzierung
- Rücktrittsklausel (z. B. bei noch nicht gesicherter Bebaubarkeit des Grundstücks)

Methodisches Vorgehen

Beim *methodischen Vorgehen* ist zwischen der Grundstücksakquisition und der Grundstückssicherung zu unterscheiden.

Die *Grundstücksakquisition* dient auf der Basis der Ergebnisse der Standortanalyse und -prognose *(Ziff. 1.7.2)* der Beschaffung einer Option auf ein konkretes Grundstück für das Projektentwicklungsvorhaben.

Zur Identifizierung geeigneter Grundstücke dient das Ergebnis der Nutzwert- oder Portfolioanalyse aus dem Vergleich verschiedener Standortalternativen (Diederichs, 1999, S. 171 ff. und 208 ff.). In diese Nutzwertanalyse fließen die für die Grundstückskaufentscheidung maßgeblichen Einflussfaktoren ein.

Durch Einsicht in das Grundbuch sind die Eigentumsverhältnisse (Abt. I), evtl. Lasten und Beschränkungen (Abt. II) sowie Hypotheken, Grund- und Rentenschulden (Abt. III) zu erkennen.

Zu den Lasten zählen:

– Grunddienstbarkeiten gemäß §§ 1018 ff. BGB
– Dauerwohn- und Dauernutzungsrechte gemäß §§ 1090 ff. BGB
– Reallasten gemäß §§ 1105 ff. BGB
– Nießbrauch gemäß §§ 1030 ff. BGB

Zu den Beschränkungen zählen:

– Nacherbenvermerk
– Testamentsvollstrecker-Vermerk
– Zwangsversteigerungs- und Zwangsverwaltungsvermerk
– Insolvenzvermerk
– Sanierungs- und Umlegungsvermerk
– Verwaltungs- und Benutzungsregelungen bei Mieteigentum

Die *Grundstückssicherung* umfasst die Sicherung der Bebaubarkeit nach BauGB und den Grundstückserwerb. Für die Sicherung des Grundstückserwerbs stehen aus rechtlicher Sicht verschiedene Möglichkeiten zur Verfügung (Höfler, 2002, S. 69 ff.):

Vorkaufsrecht

Gemäß § 1094 Abs. 1 und § 311b Abs. 1 BGB kann ein Grundstück durch notarielle Beurkundung oder Eintrag im Grundbuch in der Weise belastet werden, dass derjenige, zu dessen Gunsten die Belastung erfolgt, dem Eigentümer gegenüber zum Vorkauf berechtigt ist. Wird das Vorkaufsrecht ausgeübt, so entsteht neben dem ersten Kaufvertrag zwischen Käufer und Verkäufer ein weiterer Kaufvertrag gleichen Inhalts zwischen Verkäufer und Vorkaufsberechtigtem. Die Frist zur Ausübung des Vorkaufsrechts beträgt bei Grundstücken gemäß § 469 Abs. 2 BGB zwei Monate nach dem Empfang der Mitteilung über den Verkauf, sofern vertraglich nichts anderes vereinbart wird. Üblicherweise setzt der Notar durch Mitteilung an den Vorkaufsberechtigten nach rechtswirksamem Vertragsabschluss zwischen Käufer und Verkäufer die Vorkaufsfrist in Gang.

Neben vertraglich zu vereinbarenden Vorkaufsrechten enthalten Bundes- und Landesrecht gesetzliche Vorkaufsrechte, wie z. B. die §§ 24 ff. des BauGB, wonach der Gemeinde ein Vorkaufsrecht beim Kauf von bebauten oder unbebauten Grundstücken zusteht.

Vorvertrag

Ein notariell zu beurkundender Vorvertrag auf Abschluss eines Veräußerungsvertrages ist ein schuldrechtlicher Vertrag, der die Verpflichtung zum späteren Abschluss eines Hauptvertrages begründet. Er kann so gestaltet sein, dass nur ein Teil die Pflicht zum Vertragsabschluss übernimmt. Eine vorzeitige Bindung durch einen Vorvertrag ist immer dann zu empfehlen, wenn dem Abschluss des Hauptvertrages noch tatsächliche oder rechtliche Gründe entgegenstehen.

Optionsrecht

Durch eine notariell zu beurkundende Optionsvereinbarung erhält der Berechtigte das zumeist befristete, oft auch bedingte Gestaltungsrecht, durch einseitige Erklärung einen Vertrag mit festgelegtem Inhalt zu vereinbaren. Im Gegensatz zum Vorvertrag begründet das Optionsrecht keine Verpflichtung zum späteren Abschluss eines Hauptvertrages.

Ankaufsrecht

Durch das Ankaufsrecht wird ein künftiger Anspruch auf Eigentumsübertragung vereinbart. Es kann durch Vormerkung im Grundbuch gesichert werden. Der Anspruch aus dem Ankaufsrecht ist übertragbar und unterliegt nach § 196 BGB einer 10-jährigen Verjährung. Beim Ankaufsrecht handelt es sich um einen normal ausgehandelten Kaufvertrag mit Auflassung, dessen Besonderheit darin besteht, dass die Wirksamkeit des schuldrechtlichen Vertrags unter der aufschiebenden Bedingung der Annahme in Abhängigkeit vom Eintritt bestimmter Voraussetzungen, z. B. der Erteilung der Baugenehmigung, steht. Die Verpflichtung zur Entrichtung der Grunderwerbsteuer entsteht erst mit Bedingungseintritt. Daher ist der aufschiebend bedingte Kaufvertrag einem unbedingten Kaufvertrag mit vertraglichem Rücktrittsrecht des Käufers vorzuziehen.

Vorhand

Im Gegensatz zum Ankaufsrecht handelt es sich bei der Vorhand um die Verpflichtung des Grundstückseigentümers, dem Berechtigten die Angebote und Vertragsinteressenten mitzuteilen und ihm die Entscheidung vor den anderen zu überlassen, den Kauf abzuschließen. Eine schuldhafte Verletzung dieser Verpflichtung kann Schadensersatzansprüche begründen.

Eintrittsrecht

Das Eintrittsrecht beinhaltet das Recht eines Dritten, in einen bestehenden Kaufvertrag mit gleichem oder verändertem Inhalt unter bestimmten Voraussetzungen als Käufer einzutreten. Rechtlich handelt es sich um eine Forderungsabtretung und eine Schuldübernahme.

Grundstückskauf

Der Grundstückskauf ist nach der Unterscheidung des BGB sowohl Verpflichtungs- als auch Verfügungsgeschäft. Der Grundstückskaufvertrag ist gemäß § 311b Abs. 1 BGB ein Verpflichtungsgeschäft, bei dem sich der Verkäufer verpflichtet, das Eigentum an einem Grundstück zu übertragen, und der Käufer, das Eigentum an diesem Grundstück zu erwerben. Ein solcher Vertrag bedarf der notariellen Beurkundung.

Ferner bedarf es des Verfügungsgeschäfts über das Grundstück, für das eine dingliche Einigung zwischen Verkäufer und Käufer zur Übertragung des Eigentums an dem Grundstück nach § 873 Abs. 1 BGB erforderlich ist, die auch Auflassung genannt wird. Sie ist gemäß § 925 Abs. 1 BGB bei Anwesenheit beider Teile vor einem Notar zu erklären. Ferner bedarf es für den Eintritt der Rechtsänderung der Eintragung im Grundbuch. Dazu hat der Verkäufer dem Käufer eine den Vorschriften der Grundbuchordnung entsprechende Eintragungsbewilligung auszuhändigen (§ 873 Abs. 2 BGB). Die Eigentumsübertragung am Grundstück erfordert damit Einigung und Eintragung.

Da das Eigentum am Grundstück nicht schon mit Abschluss des notariellen Kaufvertrages auf den Käufer übergeht, ist im Grundstückskaufvertrag zu regeln, ob und wann der Kaufpreis auf ein treuhänderisch zu verwaltendes Notaranderkonto einzutragen und wann er auszuzahlen ist. Die Fälligkeitsvoraussetzungen sind üblicherweise dann erfüllt, wenn eine Auflassungsvormerkung zu Gunsten des Käufers im Grundbuch eingetragen ist, die Lastenfreistellung des Grundstücks gesichert ist, die erforderlichen Genehmigungen vorliegen und die Bestätigung der Gemeinde über die Nichtausübung des Vorkaufsrechts vorliegt. Durch die Auflassungsvormerkung wird der Käufer gegen nach der Vormerkung eingetragene Zwischeneintragungen geschützt, da er verlangen kann, dass diese gelöscht werden. Gemäß § 448 Abs. 2 BGB trägt der Käufer eines Grundstücks die Kosten der Beurkundung des Kaufvertrages und der Auflassung, der Eintragung ins Grundbuch und der zu der Eintragung erforderlichen Erklärungen. Die weitere Kostentragungspflicht ist nicht gesetzlich geregelt. Üblicherweise wird vertraglich vereinbart, dass der Erwerber sämtliche mit dem Vertrag und seiner Durchführung verbundenen Kosten trägt wie Grunderwerbsteuer, Makler- und Notarkosten sowie die Kosten beim Scheitern eines Kaufvertrages aufgrund eines bestehenden Vorkaufsrechts oder eines vereinbarten Rücktrittsvorbehalts.

Besitzübergabe bedeutet grundsätzlich die Erlangung der tatsächlichen Gewalt über die Sache und damit des Grundstücks (§ 854 BGB). Ist das Kaufobjekt vermietet, kann nur der mittelbare Besitz verschafft werden, da durch den Verkauf und Eigentumswechsel Miet- und Pachtverhältnisse nicht erlöschen (§§ 566 und 581 Abs. 2 BGB). Für die Verjährung von Sach- und Rechtsmängeln gilt § 438 BGB.

Kauf von Objektgesellschaftsanteilen

Für den Erwerb von Objektgesellschaftsanteilen, die Grundstücke oder Gebäude im Eigentum haben, gelten Besonderheiten, die neben der Beachtung des Kaufrechts auch die Beachtung des Gesellschaftsrechts erfordern. Die Veräußerung von Anteilen an Objektgesellschaften, die als Personen- oder Kapitalgesellschaften geführt werden, hat zahlreiche steuerliche und verschiedene Steuerarten betreffende Auswirkungen. Dem Vorteil grunderwerbsteuerfreier Übertragung von Grundstücken stehen die Nachteile der Schwierigkeit der Anteilsbewertung gegenüber, wobei der Verkaufspreis für die Verkäufer entsprechende Kapitalertragsteuern für die eingetretene Wertsteigerung auslöst.

Die Grundstückssicherung wird im Idealfall grundsätzlich so gestaltet, dass die Kaufpreiszahlung erst unmittelbar vor Baubeginn fällig wird (vgl. *Abb. 1.2*). Eine Exitsituation ist i. d. R. nicht gegeben.

1.7.4 D Nutzungskonzeption und Nutzerbedarfsprogramm

Gegenstand und Zielsetzung

Gegenstand und Zielsetzung des *Nutzerbedarfsprogamms* (NBP) ist es, den (voraussichtlichen) Nutzerwillen in eindeutiger und erschöpfender Weise zu definieren und zu beschreiben, um damit die „Messlatte der Projektziele" zu schaffen, die Projekt begleitend über alle Projektstufen hinweg verbindliche Auskunft darüber gibt, ob und inwieweit mit den Planungs- und Ausführungsergebnissen die Projektziele erfüllt werden (Diederichs, 1994a).

Methodisches Vorgehen

Das NBP ist nach Grundstücksauswahl und -sicherung mit notarieller Beurkundung als „Pflichtenheft" für die nachfolgend einzubindenden Planungsbeteiligten zu erstellen.

Nutzungskonzeptionen entstehen aus Projektideen. Bei Projektideen mit noch zu beschaffendem Standort und Kapital bestehen die größten, bei einer Bestandsimmobilie die geringsten Freiheitsgrade. Dazu sind aktuell verfügbare Quellen für Projektideen zu nutzen (Marktbeobachtungen, standortkundige Nutzer, Prognosen über künftige Nutzungsstrukturen, Informationen über zeitgemäße städtische Lebensformen etc.).

Das *Funktionsprogramm* regelt die Zuordnung einzelner Arbeits- und Betriebsbereiche mit Arbeits- und Materialflüssen.

Das *Raumprogramm* enthält die Zusammenstellung der erforderlichen Nutzungsflächen und -räume für die unterzubringenden Unternehmensbereiche. Planungsziele sind u. a. die Optimierung der Flächenproportionen durch möglichst hohe Anteile der Hauptnutzflächen an der Bruttogrundfläche und Anpassungsfähigkeit durch Flexibilität und Variabilität.

Durch das *Ausstattungsprogramm* wird die Ausrüstung mit Betriebs- und Gebäudetechnik sowie die Einrichtung mit Maschinen, Geräten und Inventar im Einzelnen festgelegt.

Zur Erstellung einer wirtschaftlich tragfähigen Nutzungskonzeption mit zugehörigem Nutzerbedarfsprogramm nach DIN 18205 sowie einem Funktions-, Raum- und Ausstattungsprogramm sind im Wesentlichen folgende Teilleistungen erforderlich:

1. Nutzungskonzeption

1.1 Generieren von Projektideen für eine sach- und zeitgerechte Nutzung für:

- vorhandenen Standort mit zu beschaffendem Kapital oder
- vorhandenes Kapital mit zu beschaffendem Standort oder
- vorhandenen konkreten Nutzerbedarf mit zu beschaffendem Standort und Kapital

1.2 Beschaffen der erforderlichen Basisinformationen für Nutzungskonzeptionen durch Kontakte zu den relevanten Institutionen und Auswertung der relevanten Mediennachrichten

1.3 Erarbeiten und Darstellen der Vorgaben des Nutzers/Investors mit:
- wirtschaftlichen Rahmenbedingungen (Budget, Zielrendite, Planungskennwerte, Qualitätsstandards, Funktions- und Raumprogramm
- zeitlichen Vorgaben (z. B. für Baubeginn und -fertigstellung)
- räumlichen Vorgaben (zu Standort, Lage und Verkehrsanbindung)

2. Nutzerbedarfsprogramm nach DIN 18205

2.1 Definition der Projektziele

2.2 Überprüfen von Bedarfsdeckungsalternativen (z. B. durch Umbau, Erweiterung, Neubau oder Umzug)

2.3 Organisationsuntersuchung aus der Sicht des künftigen Nutzers mit:
- Konzeption der künftigen Aufbauorganisation
- Mitarbeiterbefragung zur Kommunikationsanalyse und den erwarteten Arbeitsplatzanforderungen
- Konzeption der Ablauforganisation

2.4 Bedarfsplanung nach DIN 18205 mit Ermittlung bzw. Beschreibung:
- des Flächenbedarfs für nutzungsspezifische Flächen und Sonderflächen sowie Stellplätze
- der Anforderungen an Bauweise und Geschossbelegung
- der Anforderungen an die Sicherheitskonzeption
- der Anforderungen an die tragenden und nichttragenden Baukonstruktionen
- der Anforderungen an die Technischen Anlagen
- der Anforderungen an die Optik
- der Anforderungen an die Außenanlagen
- der Denkmalschutzanforderungen
- der bauökologischen Anforderungen
- und Erläuterung durch zugehörige Anlagen

3. Funktions-, Raum- und Ausstattungsprogramm zur Umsetzung der Bedarfsanforderungen und zur Schaffung von Grundlagen für die Planungskonzeption

3.1 *Funktionsprogramm* mit Zuordnung der einzelnen Funktionsbereiche, Raumgruppen und Sonderflächen/-räume unter Berücksichtigung der Arbeits- und Kommunikationsbeziehungen sowie der betrieblichen Logistik

3.2 *Raumprogramm* mit Flächen und Räumen für die unterzubringenden Nutzungseinheiten inklusive der erforderlichen Sonderflächen und -räume unter

Verwendung eines zu erarbeitenden oder vorhandenen Arbeitsplatztypenkatalogs

3.3 *Ausstattungsprogramm* zur Vorgabe der erforderlichen Ausrüstung mit Betriebs- und Gebäudetechnik sowie der Einrichtung mit Maschinen, Geräten und Mobiliar mit Optimierung:
–   der Arbeitsplatzausstattung und des Arbeitsumfeldes,
–   der Maschinenanordnung und -aufstellung,
–   der gebäude- und betriebstechnischen Ver- und Entsorgungssysteme sowie
–   der Einbauten, Geräte und Ausstattung mit Inventar.

Weitere Erläuterungen zum methodischen Vorgehen finden sich unter *Ziff. 2.4.1.2* und *2.4.1.3*, Prozesse 1B1 und 1B2. Eine Exitsituation ist i. d. R. nicht gegeben.

1.7.5 E Stakeholderanalyse und Projektorganisation (Exit 2)

Bei positivem Ergebnis der Stakeholderanalyse ist die Konzeption der Projektorganisation ein wichtiges Aufgabenfeld für die weitere Projektentwicklung.

1.7.5.1 Stakeholderanalyse

Auf dem Projektentwicklermarkt steht jede einzelne Projektentwicklung im Spannungsfeld zwischen den Nachfragern nach Projektentwicklungen einerseits und Anbietern andererseits (vgl. *Ziff. 1.4.7* und *1.4.8*). Aus *Abb. 1.12* wird deutlich, dass der Erfolg des Projektentwicklers stets in Abhängigkeit von den jeweiligen Teilmärkten der Nachfrager und den konkurrierenden Kundenbeziehungen gesehen werden muss. Es kommt daher maßgeblich darauf an, die relative Wettbewerbsfähigkeit des Projektentwicklungsunternehmens durch Benchmarktests zu vergleichen und durch kontinuierliche Verbesserungsprozesse (KVP) Spitzenleistungen zu erzielen.

Der Begriff des Stakeholders geht über den Begriff des Shareholders hinaus und leitet sich ab aus dem Englischen „to have a stake in …", d. h. an etwas interessiert sein und etwas bewirken wollen im Sinne einer Wertschöpfung, oder aber auch von etwas betroffen sein im Sinne einer daraus folgenden Veränderung. Stakeholder sind damit alle am Projekt beteiligten Shareholder (Anspruch auf Rendite), die Mitarbeiter (Anspruch auf Beschäftigung und Sicherheit), die Kunden (Anspruch auf Qualitäts-, Kosten- und Terminsicherheit), die Lieferanten (Anspruch auf fristgerechte und betragsgenaue Erfüllung der Zahlungsverpflichtungen), die Kreditgeber (Anspruch auf fristgerechte und betragsgenaue Zins- und Tilgungszahlungen), der Staat (Anspruch auf Steuergelder sowie auf Konformität mit dem geltenden Bauplanungs- und Bauordnungsrecht, Wahrung der Belange der Allgemeinheit gegenüber den Interessen Einzelner), die Natur als Standort, Rohstofflieferant und Aufnahmemedium für Abfälle (Anspruch auf Umweltschutz) und die Öffentlichkeit, vertreten durch politische Organisationen, Parteien, Verbände, Gewerkschaften, Bürgerinitiativen und Medien (Anspruch auf Wahrung der Interessen der Öffentlichkeit, der Nachbarn und der Arbeitnehmer).

Der Projektentwickler hat daher im eigenen Interesse und im Interesse seines Auftraggebers dafür zu sorgen, dass sowohl unterstützende als auch gegnerische

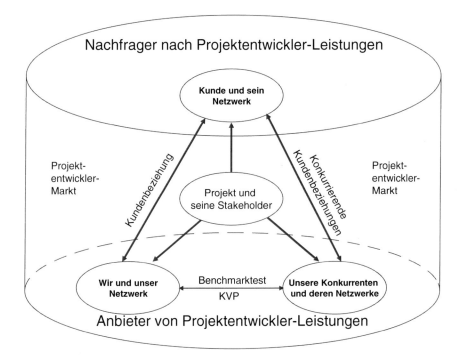

Abb. 1.12 Projektentwicklungen im Spannungsfeld zwischen Nachfragern und Anbietern

Stakeholder zufrieden gestellt werden. Wesentliches Instrument des Stakeholdermanagements ist die Informations- und Kommunikationspolitik. Wer schon in frühen Projektentwicklungsphasen die Stakeholder in das Projekt einbezieht, leistet einen wesentlichen Beitrag zum Gelingen der Projektentwicklung.

Die Ergebnisse der Stakeholderanalyse müssen den Projektentwickler befähigen, eindeutig die Frage zu beantworten, ob er mit ausreichender Unterstützung für sein Projekt durch alle Stakeholder rechnen kann oder ob seitens einzelner Interessengruppen große Widerstände zu erwarten sind, die sogar zum Scheitern des Projektes führen können.

In Abhängigkeit von diesem Ergebnis kommt es ggf. bereits zu einem Stopp aller weiteren Aktivitäten und damit zu einem Abbruch der Projektentwicklung (Exit 2) bzw. zu einer Iterationsschleife in den Aufgabenfeldern A bis E (*Ziff. 1.7.1* bis *1.7.5*).

Bei positivem Ergebnis ist die *Projektorganisation* für die weitere Planung und Abwicklung zu konzipieren.

1.7.5.2 Projektorganisation

Gegenstand und Zielsetzung

Gegenstand und Zielsetzung der *Projektorganisation* sind eine eindeutige Projektstruktur, Aufbau- und Ablauforganisation. Durch die *Projektstruktur* soll eine hierarchische Aufgliederung des Gesamtprojektes in Teilprojekte und Teilprojektabschnitte erreicht werden, um eine Grundlage für Planungs- und Bauabschnitte, für Kosten und Termine und damit für Budgets und Nutzungszeitpunkte sowie für Kosten- und Termingliederungen zu schaffen (vgl. *Ziff. 2.4.1.1*, 1A1 Organisationshandbuch).

Zielsetzung der *Aufbauorganisation* ist es, Aufgaben, Kompetenzen und Verantwortungen der Projektbeteiligten so festzulegen, dass weder Leistungsüberschneidungen noch Leistungslücken entstehen, sondern eine reibungslose Projektabwicklung gewährleistet wird. Grundsätze sind eine eindeutige Aufgabenzuordnung mit Definition der Verknüpfungspunkte (Schnittstellen), die Festlegung von Weisungs-, Entscheidungs- und Zeichnungsbefugnissen sowie Informationspflichten, die Ausgewogenheit von Leistung und Vergütung und die Bestimmung von Haftungs- und Gewährleistungsansprüchen.

Zielsetzung der *Ablauforganisation* ist die Erreichung der Termin- und Kapazitätsziele durch Maßnahmen zur Regelung der Arbeitsabläufe im Sinne von Regelkreisen mit den Prozessen Planung, Abstimmung, Entscheidung, Soll-Ist-Vergleich, Abweichungsanalyse, Anpassungsmaßnahmen und Steuerung. Nähere Ausführungen dazu enthalten die Prozessketten des Projektmanagements, *Kap. 2.4*, insbesondere zu den Prozessen des Handlungsbereiches D Termine und Kapazitäten.

Methodisches Vorgehen zur Konzeption der Aufbauorganisation

Nachfolgend werden die Vor- und Nachteile sowie die Eignung des Einsatzes von Einzel- und Kumulativleistungsträgern behandelt. Eine typische Aufbauorganisation mit *Einzelleistungsträgern*, d. h. jeweils einzeln vom Bauherrn/Auftraggeber beauftragten *Architekten*, *Fachplanern* und *ausführenden Firmen* zeigt *Abb. 1.13*.

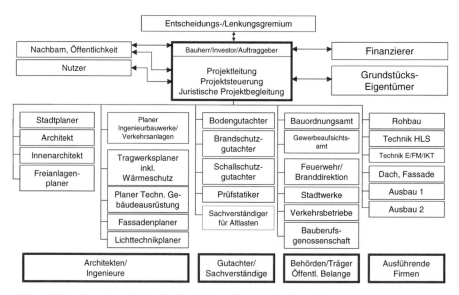

Abb. 1.13 Aufbauorganisation der Projektbeteiligten mit Einzelleistungsträgern

Aus der Sicht des Bauherrn bzw. Auftraggebers bieten Einzelleistungsträger folgende Vorteile (Girmscheid, 2004, S. 42 ff.):

- Der Bauherr kann individuell Planung und Ausführung an die jeweils hinsichtlich Preis, Qualität und Leistungsfähigkeit besten Planer und Unternehmer vergeben.
- Die Flexibilität im Hinblick auf Planungsänderungen bis hin zu den sukzessiven Vergaben ist groß.

Nachteile dagegen sind:
- Der in direktem Vertragsverhältnis zu den Einzelleistungsträgern stehende Bauherr ist für deren gesamte Koordination und damit für das gesamte Projektmanagement verantwortlich.
- Der Bauherr trägt das finanzielle und terminliche Risiko bis zur letzten Schlussabrechnung, sofern keine Kosten- und Termingarantien für die Einzelleistungen vereinbart werden.
- Es besteht ein hohes Kosten- und Terminüberschreitungsrisiko.
- Bei komplexen Mängeln entstehen Zuordnungsschwierigkeiten für den Bauherrn.
- Es entsteht nur ein auf die Erstellungs- und nicht die Nutzungskosten bezogener Wettbewerb unter den Anbietern für die Bauleistungen.

Einzelleistungsträger eignen sich für Bauherren, die:
- selbst oder durch Einbindung von externen Projektmanagern über eine hohe fachliche und personelle Kapazität und Kompetenz verfügen,
- ein individuell gestaltetes Bauwerk mit einem Stararchitekten und großer Planungsflexibilität bis hinein in die Ausführungsphase errichten wollen,
- über Budgetflexibilität verfügen und
- bei der Planung und Ausführung direkten Einfluss auf jeden Einzelleistungsträger ausüben wollen.

Anstelle des Einsatzes von Einzelleistungsträgern kommt der Einsatz von *Kumulativleistungsträgern* in Betracht durch Beauftragung eines *Generalplaners* und *Generalunternehmers (Abb. 1.14)* oder eines *Totalunternehmers (Abb. 1.15)*. Bei Einschaltung eines Generalplaners liegt die gesamte Verantwortung einschließlich Haftung und Gewährleistung für alle Planungsleistungen sowie für die Überwachung der Bauausführung in dessen Hand. Generalplaner ist i. d. R. der Architekt. Er führt daher die Architektenleistungen auch mit eigenen Mitarbeitern aus. Im Subplanerverhältnis schaltet er Fachplaner und ggf. Gutachter für diejenigen Aufgaben ein, die zu leisten er mit seinen Mitarbeitern nicht im Stande ist, wobei sich der Auftraggeber i. d. R. ein Mitspracherecht bei der Auswahl von Der Generalfachplaner entspricht einem Generalplaner, allerdings i. d. R. ohne Beauftragung mit der Architekten-/Objektplanung, da der Architekt daneben einzelvertraglich gebunden wird. Wird der Architekt nur mit den Leistungsphasen 1 bis 4 oder bis 5 des § 15 (2) HOAI beauftragt, so übernimmt der Generalfachplaner üblicherweise auch die Leistungsphasen 5 oder 6 bis 9.

Einem *Generalunternehmer* werden vom Auftraggeber die Bauleistungen aller Gewerbezweige/Fachlose für ein Bauwerk übertragen. Dabei hat er ggf. auch Teile der Ausführungsplanung (Leistungsphase 5 des § 15 (2) HOAI) zu erbringen. In diesem Fall spricht man von einem „qualifizierten Generalunternehmer". Häufig übernimmt der Generalunternehmer eine Kosten- und Termingarantie unter Vereinbarung einer Vertragsstrafe bei Nichteinhaltung. Er führt wesentliche Teile der Bauleistungen mit eigenen Mitarbeitern selbst aus, z. B. den überwiegenden Teil der Rohbauarbeiten. Die übrigen Leistungen vergibt er an Nachunternehmer, die ihre Leistungen selbstständig und eigenverantwortlich im Rahmen von Werkverträgen mit dem Generalunternehmer erfüllen.

Der *Generalübernehmer* unterscheidet sich vom Generalunternehmer dadurch, dass er die Ausführung der Bauleistungen aller Gewerbezweige/Fachlose für ein Bauwerk übernimmt, jedoch selbst keinerlei Bauleistungen mit dem eigenen Betrieb ausführt.

Sowohl bei Einzel- als auch Generalunternehmern sollen Bauleistungen nach § 5 Nr. 1 VOB/A, die von öffentlichen Auftraggebern zwingend anzuwenden ist, so vergeben werden, dass die Vergütung nach Leistung bemessen wird (Leistungsvertrag). Dabei wird weiter unterschieden zwischen Einheitspreis- und Pauschalvertrag. Beim *Einheitspreisvertrag* sollen die Bauleistungen zu Einheitspreisen für technisch und wirtschaftlich einheitliche Teilleistungen vergeben werden, deren Menge nach Maß, Gewicht oder Stückzahl vom Auftraggeber in den Vergabe- und Vertragsunterlagen anzugeben ist. Werden für die Laufzeit des Vertrages keine Gleitklauseln zur Anpassung an Lohnkosten- oder Materialpreisentwicklungen vereinbart, so handelt es sich um Festpreise. Aus dem Einheitspreis, multipliziert mit der im Leistungsverzeichnis (LV) angegebenen Menge (Vordersatz) errechnet sich der Positionspreis. Die Summe der Positionspreise bildet den Gesamtpreis des Angebots. Abgerechnet wird nach vertraglich vereinbarten Einheitspreisen und der tatsächlich ausgeführten Menge (ermittelt aus Plänen oder durch Aufmaß), nicht nach den im LV angegebenen Vordersätzen, da diese oft ungenau und häufig mit Aufschlägen behaftet sind (Massenreserve).

In VOB/C sind jeweils unter Ziff. 5 für die einzelnen Gewerke der DIN 18299 ff. Abrechnungs- bzw. Aufmaßvorschriften enthalten, da die Leistungsfeststellungen noch keine abschließende Auskunft darüber geben, ob und inwieweit der Auftraggeber diese Leistungen auch bezahlen muss (z. B. Mehraushub bei kleinerem Böschungswinkel als vertraglich vereinbart).

Bauleistungen sollen gemäß § 5 Nr. 1b) in geeigneten Fällen für eine Pauschalsumme vergeben werden, wenn die Leistung nach Ausführungsart und Umfang genau bestimmt ist und mit einer Änderung bei der Ausführung nicht zu rechnen ist. Ein derartiger *Pauschalvertrag* hat für beide Parteien Vor- und Nachteile.

Sofern der Leistungsumfang hinsichtlich Art und Menge nicht genau bestimmt ist, ist dieser Vertragstyp für Auftraggeber und Auftragnehmer mit hohem Risiko behaftet. Die Rechtsprechung entscheidet bei Unklarheiten hinsichtlich des Vertragsumfangs und daraus resultierender Vergütungsansprüche des Auftragnehmers häufig zu Ungunsten des Auftraggebers. Der Auftragnehmer kann jedoch bei einem Pauschalvertrag einen Anspruch nach § 2 Nr. 7 Abs. 1 VOB/B allein wegen behaupteter unzumutbarer Leistungsabweichung gemäß § 242 BGB kaum durchsetzen. Diejenigen Teile der Leistungen, deren Art oder Umfang sich im Zeitpunkt der Vergabe noch nicht genau bestimmen lassen, wie z. B. Wasserhaltungs-, Erd- und Gründungsarbeiten, sind daher neben dem Pauschalvertrag vorteilhafter im Einheitspreisvertrag zu vergeben. Sollen während der Laufzeit des Pauschalvertrages keine Gleitklauseln zur Anwendung kommen, so handelt es sich um einen *Pauschalfestpreisvertrag.*

Zur Vermeidung von Streitigkeiten über das Bausoll müssen beim Pauschalvertrag vor Vertragsunterzeichnung die erforderlichen Ausführungs-, Werk- und Detailpläne vollständig vorliegen, um dem Generalunternehmer Gelegenheit zu geben, Abweichungen zwischen Leistungsbeschreibung und Ausführungs-, Werk- und Detailplänen in seinen Pauschalpreis einzubeziehen.

Da auch beim Pauschalvertrag vom Auftraggeber häufig nachträgliche Leistungsänderungen gefordert werden, empfiehlt es sich, für solche Änderungen eine Einheitspreisliste zum Pauschalvertrag zu vereinbaren und die Veränderungen der Pauschalsumme vertraglich durch eine fortzuschreibende Mehr-/Minderkostenliste ohne langwierige Nachtragsverhandlungen zu regeln.

Auftraggeber versuchen häufig, Mehrkosten beim Pauschalvertrag durch eine so genannte *Vollständigkeitsklausel* zu vermeiden, deren AGBG-Konformität nach §§ 305 ff. BGB jedoch häufig nicht gegeben ist und daher vom Auftraggeber vor Vertragsunterzeichnung geklärt werden sollte.

Eine AGBG-konforme Vollständigkeitsklausel lautet z. B.:
„Der Auftragnehmer verpflichtet sich, die vertragsgegenständliche Leistung funktions-, schlüssel- und betriebsfertig innerhalb der unter Ziff. … vereinbarten Termine und Fristen zu erbringen. Insbesondere versichert er, auch und gerade aufgrund der geführten Verhandlungen, dass er alle auftraggeberseitig zur Verfügung gestellten Unterlagen auf Vollständigkeit, Widerspruchsfreiheit und Klarheit genauestens überprüft hat, dass vorher bestehende Unklarheiten durch Erläuterungen des Auftraggebers ausgeräumt wurden, dass keine fachlichen und/oder technischen Bedenken bestehen und dass somit im Pauschalfestpreis alle Leistungen enthalten und komplett erfasst sind, die zur vollständigen funktions-, schlüssel- und betriebsfertigen, abnahmefähigen und termingerechten Herstellung erforderlich sind, auch wenn sie in den Unterlagen nebst Zeichnungen, Plänen und sonstigen Unterlagen nicht im Einzelnen erfasst, benannt bzw. in Gänze spezifiziert sind. Die Parteien sind sich darüber einig, dass Nachträge mit der Begründung, die auftraggeberseitig übergebenen Unterlagen seien nicht vollständig bzw. unklar, nicht anerkannt werden."

Zur Gewährleistung der Vertragssicherheit ist den Parteien zu empfehlen, ergänzend im Vertrag zu vereinbaren, dass es sich bei dieser Klausel bzw. dem gesamten Vertrag um eine individuelle Vertragsabrede gemäß § 305b BGB aufgrund der Verhandlungen vom … handele, und jede Klausel des Vertrages durch zweiseitige Unterschriften zu bestätigen.

In Literatur und Praxis wird unterschieden zwischen Detail- und einfachem sowie komplexem Global-Pauschalvertrag (Kapellmann/Schiffers, 2000b, S. 1 ff.). Der Detail-Pauschalvertrag ist aufgebaut wie ein Einheitspreisvertrag, d. h. mit differenzierten Leistungsverzeichnissen mit Positionsbeschreibungen, Mengen, Einheits- und Gesamtpreisen, die jedoch vor Vertragsabschluss zu einer Pauschalsumme nach vorgezogener Mengenprüfung durch den Auftragnehmer im Sinne einer Schlussabrechnung zusammengefasst werden. Beim Detail-Pauschalvertrag sind Änderungen der Pauschalsumme auch bei nur geringfügigen Leistungsänderungen nach § 2 Nrn. 4, 5 und 6 VOB/B durchzusetzen.

Vom einfachen Global-Pauschalvertrag sprechen Kapellmann/Schiffers (2000, S. 7) dann, wenn es sich um eine „abgespeckte" Detail-Leistungsbeschreibung handelt. Der komplexe Global-Pauschalvertrag basiere dagegen auf einer Leistungsbeschreibung mit Leistungsprogramm nach § 9 Nr. 10 ff. VOB/A, bei der die Bieter im Rahmen der Angebotserstellung eigene Mengenermittlungen für die einzelnen Teilleistungen vornehmen müssen und nach deren Kalkulation zu einer Pauschalangebotssumme gelangen.

Daher sei beim Global-Pauschalvertrag die Leistung auch nur „pauschal", also global bestimmt (Vygen, 1997, Rdn. 834). Nach strittiger Auffassung sei daher Voraussetzung einer Vergütungsänderung, dass sich die Leistung nach Vertragsabschluss in wesentlichem Umfang verändere und es dadurch zu erheblichen Veränderungen des Leistungsinhalts komme. Aus der Unterscheidung zwischen wesentlichen und unwesentlichen Leistungsänderungen entstehen beim Global-Pauschalvertrag häufig Streitigkeiten. Nach zutreffender Ansicht wird deshalb auch bei einem Global-Pauschalvertrag nur das Mengenrisiko von den Parteien übernommen. Bei Änderung des Bauentwurfs oder zusätzlichen Leistungen nach Vertragsabschluss ergibt sich eine Anpassung der Vergütung gemäß § 2 Nr. 4, 5 und 6 auch bei nur geringfügigen Änderungen bzw. Ergänzungen wie beim Detail-Pauschalvertrag.

In § 2 Nr. 7 Abs. 1 VOB/B wird darüber hinaus der Wegfall der Geschäftsgrundlage nach § 242 BGB im Pauschalvertrag für den Fall vorgesehen, dass die ausgeführte Leistung von der vertraglich vorgesehenen Leistung so erheblich abweicht, dass ein Festhalten an der Pauschalsumme nicht zumutbar ist. Die Chance zur gerichtlichen Durchsetzung von Ansprüchen auf dieser Rechtsgrundlage ist jedoch in der Praxis sehr gering.

Die Vorteile der Einschaltung eines *Generalplaners* sind insbesondere zu nennen:

- Planung aus einer Hand und damit eindeutige Haftungsregelung bei Planungsmängeln
- beschleunigte Abstimmungsprozesse zwischen erprobten Planerteams mit Erfahrung im Projektmanagement
- wirtschaftliche und schnelle Planungsabwicklung

Nachteilig wirken sich jedoch folgende Faktoren aus:

- Der Auftraggeber trägt weiterhin das Vollständigkeits-, Mengen-, Kosten- und Terminrisiko.
- Es bestehen Einschränkungen bei der Wahl und der Ansprache der Fachplaner, sofern der Auftraggeber diese nicht vertraglich ausschließt.

Als wesentliche Vorteile des *Generalunternehmereinsatzes* sind zu nennen:

- Der Auftraggeber hat für die Bauausführung, die Mängelbeseitigung und die Gewährleistung nur einen verantwortlichen Vertragspartner.
- Bei entsprechender vertraglicher Gestaltung kann der Auftraggeber eine Kosten- und Termingarantie erzielen.
- Die Generalunternehmervergabe erfordert einen längeren Planungsvorlauf als Einzelausschreibungen. Die Ausführungsdauer lässt sich jedoch durch straffes Generalunternehmermanagement verkürzen, so dass sich die Gesamtdauer aus Planung und Ausführung beim Generalunternehmereinsatz häufig verkürzen lässt im Vergleich mit dem Einsatz von Einzelunternehmern.

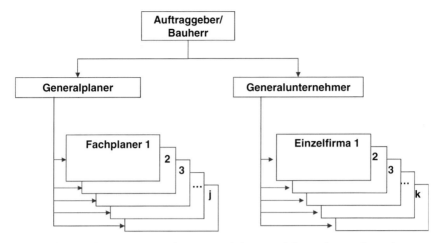

Abb. 1.14 Organigrammschema eines Generalplaner- und Generalunternehmereinsatzes

Als Nachteile des Generalunternehmereinsatzes sind zu nennen:

- Die Generalunternehmerausschreibung muss vollständig inklusive der dazu erforderlichen Ausführungspläne zu einem Zeitpunkt vorliegen, zu dem der Auftraggeber häufig noch nicht alle erforderlichen Entscheidungen über Ausführungsdetails und Bemusterungen treffen kann.
- Aufgrund der fertigen Ausführungsplanung sind keine Systemoptimierungen durch den Generalunternehmer möglich.
- Planungsfehler oder nachträgliche Leistungsänderungen führen wie beim Einzelunternehmer zu Nachträgen, deren Prüfung und Bewertung durch den Auftraggeber jedoch wegen der häufig fehlenden Grundlagen der Preisbildung für die vertragliche Leistung gemäß § 2 Nr. 6 Abs. 2 VOB/B – insbesondere wegen der von den Nachunternehmern auch nur angegebenen Pauschalsummen – schwierig und damit häufig strittig ist.

Der *Totalunternehmer (Abb. 1.15)* übernimmt neben der Ausführung der Bauleistungen aller Gewerbezweige/Fachlose für ein Bauwerk auch die Planungsleistungen ab der Ausführungsplanung, ggf. auch der Entwurfsplanung, mit einem Vertrag, d. h. sämtliche Leistungen eines Generalplaners und eines Generalunternehmers zusammen. Teilweise besorgt oder vermittelt der Totalunternehmer für den Auftraggeber auch noch das Grundstück und regelt Finanzierungsfragen. Totalunternehmer werden im Rahmen Beschränkter Ausschreibungen (Nichtoffener Verfahren) aufgefordert, ihre Angebote auf der Basis einer Leistungsbeschreibung mit Leistungsprogramm nach § 9 Nrn. 10–12 VOB/A unterbreiten. Zielsetzung des Auftraggebers ist es, zusammen mit der Bauausführung auch den Entwurf für die Leistung dem Wettbewerb zu unterstellen, um die technisch, wirtschaftlich und gestalterisch beste sowie funktionsgerechte Lösung der Bauaufgabe zu ermitteln.

Der *Totalübernehmer* unterscheidet sich vom Totalunternehmer dadurch, dass er zwar auch neben der Ausführung wesentliche Teile der Planungsleistungen übernimmt, jedoch analog zum Generalübernehmer keinerlei Planungs- und Ausführungsleistungen mit dem eigenen Unternehmen erbringt.

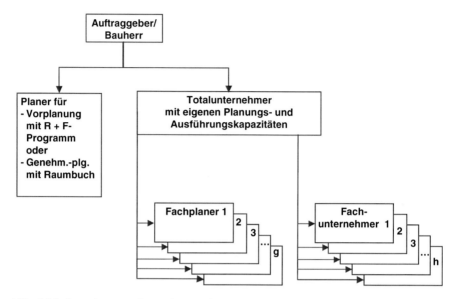

Abb. 1.15 Organigrammschema des Totalunternehmereinsatzes

Für den Auftraggeber hat der Totalunternehmereinsatz einige Vorteile:

- Es entsteht ein Wettbewerb der Ideen und Optimierungspotenziale im Hinblick auf technische Gesamt- sowie Teilsysteminnovationen (hohes Effizienzsteigerungspotenzial).
- Der Auftraggeber hat nur einen Vertragspartner über alle Projektphasen der Planung, Ausführung, Mängelbeseitigung und Gewährleistung hinweg.
- Der Totalunternehmer übernimmt vertraglich als Gesamtverantwortlicher das Leistungs-, Kosten- und Terminrisiko mit Garantien.
- Durch die Parallelisierung von Planung und Ausführung (Fast-Track-Abwicklung) ist eine Verkürzung der Projektdauer möglich.

Nachteilig sind dagegen folgende Punkte:

- Das Planungs- und Bausoll muss entweder durch die Vorplanung mit Raum- und Funktionsprogramm oder die Genehmigungsplanung mit Raumbuch hinreichend konkretisiert sein.
- Der Wettbewerb wird eingeschränkt, da nur wenige Anbieter auf Totalunternehmerleistungen eingestellt sind.
- Die Angebotsprüfung und -bewertung wird erschwert, da unterschiedliche Planungsergebnisse mit unterschiedlichen Bauleistungsangeboten zu bewerten sind.
- Die baurechtlichen Voraussetzungen einer Auftragserteilung müssen erfüllt und Risiken aus dem Baugrund, hinsichtlich Tragfähigkeit, Altlasten, Grundwasser und ggf. Hochwasser hinreichend eingegrenzt sein.

Der Totalunternehmereinsatz eignet sich für Auftraggeber, die:

- einen Wettbewerb der Lösungsvarianten und Optimierungspotenziale auslösen wollen,
- klare Aussagen für die Projektdefinition und die Projektrandbedingungen machen können,
- nach Auftragsvergabe keine wesentlichen Änderungen vornehmen,
- eine rasche und störungsfreie Bauausführung sowie Kosten- und Termingarantien erwarten und
- Wert auf eine kleine effiziente auftraggeberseitige Projektmanagementorganisation legen.

Der Generalübernehmer und der Totalübernehmer übernehmen im Verhältnis zu ihren Sub-Auftragnehmern die Rolle des Auftraggebers, ohne dadurch selbst Bauherr zu werden. Ein General- oder Totalübernehmer kann auch ein Architekt, ein Projektmanager oder ein Bauträger sein. In einem solchen Vertrag können keine Bestimmungen der VOB/B – auch nicht als Ganzes – vereinbart werden, da auf deren Grundlage Bauleistungen erbracht werden, d. h. lt. § 1 VOB/A Arbeiten jeder Art, durch die eine bauliche Anlage hergestellt, instand gehalten, geändert oder beseitigt wird. Für öffentliche Auftraggeber kommt eine Vergabe an General- oder Totalübernehmer nicht in Betracht, weil gemäß § 8 Nr. 2 Abs. 1 VOB/A Bauleistungen nur an Unternehmer vergeben werden dürfen, die sich gewerbsmäßig mit der Ausführung solcher Leistungen befassen. Ferner müssen sie nach ihrer zur Verfügung stehenden technischen Ausrüstung in der Lage sein, die Leistungen selbst auszuführen.

Für den gewerblichen Bauherrn liegt jedoch ein Vorteil darin, dass er verstärkt Einfluss auf die Auswahl qualifizierter und präferierter Nachunternehmer ausüben kann und er wie beim Totalunternehmer einen Wettbewerb der Ideen und Optimierungspotenziale im Hinblick auf Innovationen auslösen kann.

Die *Auswahl der bestgeeigneten Projektorganisationsform* im Hinblick auf die Planer- und Unternehmereinsatzform beeinflusst in hohem Maße auch die Organisation der Auftraggeberseite. Insbesondere wird dadurch sein Aufwand bzw. der Aufwand der von ihm beauftragten Projektmanager beeinflusst. Bei Einsatz von Kumulativleistungsträgern wirken sich folgende Einflussfaktoren auf die Leistungserbringung und damit die Honorarhöhe des Projektmanagers aus (AHO, 2004d, S. 22):

- Art des Kumulativleistungsträgers (Generalplaner, Generalunternehmer, Totalunternehmer, Generalübernehmer, Totalübernehmer)
- Aufteilung des Gesamtprojektes in Teilprojekte
- Schnittstelle zwischen Planung und Ausführung gemäß Vertrag zwischen Bauherr/Kumulativleistungsträger (z. B. bei Generalunternehmer: „Ausführungsplanung wird vom Bauherrn beigestellt" versus „Ausführungsplanung wird vom GU erstellt")
- Anzahl der Pakete bei mehreren Generalunternehmerpaketvergaben
- Gebäude für Eigennutzung/Gebäude für Fremdnutzer (Berücksichtigung des Mieterausbaus)

Damit hängt aus der Sicht des Auftraggebers die Wahl der bestgeeigneten Projektorganisationsform in hohem Maße von der fachlichen und personellen Kapazität des Auftraggebers ab, über die er mit eigenen Mitarbeitern oder durch Unterstützung aufgrund externen Projektmanagements verfügt. Entsprechend heißt es dazu in einem Artikel der CMAA „Chosing the Best Delivery Method for Your Project" (www.cmaanet.org/best_delivery_method.php vom 13.02.2005):

„Owner's Level of Expertise:
The Owner's familiarity with the building process and level of in-house management capability will have a large influence over the amount of outside assistance required during the process and may guide the owner in determining the appropriate project delivery system."

Die Auswahl der bestgeeigneten Projektorganisationsform ist aus der Sicht des Auftraggebers jedoch nicht nur von seiner eigenen Disposition, sondern auch von seinen Präferenzen abhängig. Daher bietet sich als Instrument zur Bewertung alternativer Projektorganisationsformen die Nutzwertanalyse an (vgl. *Abb. 1.16*), in der der Auftraggeber seine Auswahlkriterien definiert und gewichtet sowie anschließend alternative Projektorganisationsformen hinsichtlich der Erfüllung seiner Auswahlkriterien bemessen und bewerten kann.

Im nachfolgenden Beispiel wird von folgenden Präferenzen des Auftraggebers ausgegangen:

- hohe Qualitätssicherheit für ein modernes Bürogebäude, das als Zweckbau der Erweiterung der vorhandenen Hauptverwaltung dienen soll
- hohe Kosten- und Terminsicherheit
- Gliederungsflexibilität während der Planung in der Büroraumgestaltung (mögliche Vermietbarkeit von Teilflächen, versetzbare Trennwände, Einsatz der jeweils modernsten Informations- und Kommunikationstechnologien)
- hohe Revisionssicherheit

Die fachliche und personelle Kapazität des Auftraggebers ist sehr gering. Er will daher einen Projektcontroller zur Wahrnehmung seiner Interessen einschalten.

Nr.	Ziele des AG	Gewicht	Erfüllung (von 1 bis 10)				gewichtete Nutzwerte			
			Arch./FP + FU	GP + GU	TU	TÜ	Arch./FP + FU	GP + GU	TU	TÜ
1	Qualitätssicherheit	15	7	8	7	6	105	120	105	90
2	Kostensicherheit	15	3	7	6	5	45	105	90	75
3	Terminsicherheit	15	3	8	7	6	45	120	105	90
4	Revisionssicherheit	10	8	7	6	5	80	70	60	50
5	Änderungsflexibilität	10	9	6	5	5	90	60	50	50
6	hoher AG-Einfluss	10	10	6	5	3	100	60	50	30
7	hohe AG-Entlastung	10	1	7	10	10	10	70	100	100
8	uneingeschränkter Wettbewerb	5	9	6	5	4	45	30	25	20
9	Nutzung Firmen-Know-how	5	5	6	6	5	25	30	30	25
10	Schnittstellenminimierung	5	1	7	8	9	5	35	40	45
11	**Summen**	**100**	56	68	65	58	**550**	**700**	**655**	**575**

Legende Arch/FP = Architekt/Fachplaner
        FU = Fachunternehmer/Einzelunternehmer
        GP = Generalplaner
        GU = Generalunternehmer

Abb. 1.16 Nutzwertanalyse zur Auswahl der Planer- und Unternehmereinsatzform

Das Ergebnis der Nutzwertanalyse zeigt, dass die Alternative Generalplaner + Generalunternehmer (GP + GU) mit 700 von 1.000 möglichen Punkten deutlich vor der Alternative Totalunternehmer mit 655 Punkten liegt. Auch die beiden anderen Alternativen kommen bei diesem Auftraggeberprofil und seinen Präferenzen nicht in Betracht.

1.7.6 F Vorplanungskonzept

Gegenstand und Zielsetzung

Durch das Vorplanungskonzept gemäß § 15 Abs. 2, Leistungsphasen 1 und 2 HOAI soll durch den Lageplan M 1:1000, Grundrisspläne, Ansichten und Schnitte M 1:200 und einen Erläuterungsbericht die Umsetzbarkeit der Nutzungskonzeption auf dem vorgesehenen Grundstück nachgewiesen werden.

Dieser Nachweis erstreckt sich einerseits auf die Unterbringung des Raum- und Funktionsprogramms und die damit verbundene Gebäude- und Geschossbelegung sowie auf die Zulässigkeit der Bebauung nach den §§ 12, 30, 33, 34 und 35 BauGB i. V. m. § 9 BauGB und der BauNVO.

Methodisches Vorgehen

Zur konzeptionellen planerischen Umsetzung des Nutzerbedarfsprogramms durch das Vorplanungskonzept gehören folgende *Teilleistungen*:

1. Erarbeiten eines Vorplanungskonzeptes zur Nutzungskonzeption zum Nachweis der planerischen Umsetzbarkeit des Nutzerbedarfsprogramms auf dem vorgesehenen Grundstück und der Erfüllung des Funktions- und Raumprogramms durch eine Gebäude- und Geschossbelegung

2. Darstellung der Ergebnisse durch

2.1 Lageplan M 1:1000 oder M 1:500

2.2 Grundrisse, Schnitte und Ansichten M 1:200 oder M 1:100

2.3 Erläuterungsbericht zu den wesentlichen städtebaulichen, gestalterischen, funktionalen, technischen, bauphysikalischen, wirtschaftlichen, energiewirtschaftlichen und landschaftsökologischen Zusammenhängen sowie dem Nachweis der baurechtlichen Umsetzbarkeit des Projektes auf dem vorgesehenen Grundstück

In konzentrierter Form dargestellte wesentliche Aspekte der Planung von Bürogebäuden finden sich u. a. bei Kern/Schneider (2002, S. 209 ff.).

Aus den *Grundrissen* müssen u. a. folgende Angaben ersichtlich sein:
1) Gebäudebreite/-tiefe
2) Raummaße
3) Flächen der Räume in m²
4) Lage und Laufrichtung der Treppen
5) Bemaßung der Lage des Bauwerks im Baugrundstück

6) Höhenlage des Hauseingangs zum Gelände

7) Zuordnung der im Raumprogramm genannten Räume zueinander

Aus den *Schnitten* müssen u. a. ersichtlich sein:

1) Geschosshöhen

2) Lage des Geländes; ggf. mit Gefälleangaben

3) Höhenlage des Hauseingangs zum Gelände

4) Lage der Fundamente

5) Wand- und Deckendicken

6) Dachkonstruktion

7) Verlauf der Treppen

Die *Ansichten* müssen u. a. die Umrisse der Gebäudekanten und Öffnungen beinhalten. Fenster und Türen werden in den Wandschnitten vereinfacht dargestellt. Ferner ist auf ausreichende lichte Durchgangshöhen, besonders im Bereich der Treppen, zu achten.

Mit dem Vorplanungskonzept und dem zugehörigen Erläuterungsbericht müssen folgende Fragen eindeutig beantwortet werden:

1. Werden die Vorgaben des Nutzerbedarfsprogramms sowie des Raum-, Funktions- und Ausstattungsprogramms erfüllt?
2. Besteht Konformität zwischen den Vorplanungsunterlagen, dem Erläuterungsbericht und dem Kostenrahmen für die Gesamtinvestition?
3. Ist das Projekt auf dem vorgesehenen Baugrundstück nach geltendem Baurecht ohne besondere Anforderungen im Hinblick auf Art und Maß der baulichen Nutzung zu realisieren?
4. Ist die Grundkonzeption des Tragwerks geklärt (Bezug auf Tiefgaragenraster, ausreichende Unterstützung tragender Wände im jeweils darunter liegenden Geschoss, Gründung, erforderlicher Verbau, Wasserhaltung etc.)?
5. Ist die Grundkonzeption der TGA geklärt (Versorgungsträger, Medientrassen, Notwendigkeit von Raumlufttechnik mit Auswirkungen auf Geschosshöhen, Flächen für TGA-Zentralen, Maschinenaufstellungsflächen etc.)?

Weitere Erläuterungen zum methodischen Vorgehen finden sich unter *Ziff. 2.4.2.1* Prozess 2B1 Überprüfen der Planungsergebnisse auf Konformität mit den vorgegebenen Projektzielen.

1.7.7 G Kostenrahmen für Investitionen und Nutzung

Der Investitions- oder (betriebswirtschaftlich unscharf) auch „Kosten"-Rahmen hat zentrale Bedeutung für den Projektentwickler. Er ist stets differenziert nach Neubau und Umbau/Modernisierung zu erstellen. Dabei sind zwei Ausgangssituationen zu unterscheiden:

- Erzielung eines möglichst hohen nachhaltigen Mietertrages und einer Wertsteigerung bzw. Werterhaltung bei vorgegebenem Budget (Budgetdeckel) nach dem Maximalprinzip
- Erfüllung eines wohldefinierten Nutzerbedarfsprogramms mit geringstmöglichen Mitteln nach dem Minimalprinzip

Der Kostenrahmen (Kostenermittlung I gemäß Ziff. 3.4.1 der DIN 276-1, Entwurf 2005-08) für die Kgr. 100 Grundstück ergibt sich aus der aktuellen Grundstücksgröße sowie den örtlichen Grundstückspreisen, wobei zum Kaufpreis noch die Grundstücksneben- und Freimachungskosten hinzuzurechnen sind (Kgr. 120 und 130 der DIN 276).

Kostenkennwerte für die weiteren Kostengruppen 200 bis 700 der DIN 276 sind aus Vergleichsprojekten sowie aktuellen Veröffentlichungen zu gewinnen.

Jede Kostenangabe erfordert stets die Nennung von mindestens 3 Merkmalen: Kostengruppenumfang nach DIN 276, der in der Kostenangabe enthalten sein soll, Preisindexstand des Kostenwertes sowie Hinweis, ob es sich um Netto- ohne oder Bruttowerte mit Umsatzsteuer handelt.

Zusätzlich zur Ermittlung des Kostenrahmens für die Erstinvestitionen ist eine Abschätzung der Nutzungskosten vorzunehmen nach DIN 18960 (Aug. 1999), nach der GEFMA-Richtlinie 200 Kosten im FM; Kostengliederungsstruktur zu GEFMA 100 (Entwurf 2004-07) oder nach der Betriebskostenverordnung (BetrKV) vom 25.11.2003, die gemäß § 27 Abs. 1 der Verordnung über wohnungswirtschaftliche Berechnungen am 01.01.2004 in Kraft trat. Für die Nutzungskostengruppen sind wiederum Kennwerte aus vergleichbaren Projekten sowie aus aktuellen Veröffentlichungen heranzuziehen.

Das Ergebnis der Untersuchungen zu Investitionen und Nutzungskosten ist in einem Erläuterungsbericht über getroffene Annahmen, Bezugsmengen (Randbedingungen) und die Ergebnisse inklusive Risiko-/Sensitivitätsanalyse zusammenzufassen. Die Kostenermittlungen sind durch grafische Darstellungen zur Erläuterung der Kostenstrukturen in geeigneter Weise zu ergänzen. Weitere Erläuterungen zum methodischen Vorgehen finden sich unter *Ziff. 2.4.1.5*. Prozess 1C1 Rahmen für Investitionen und Nutzungskosten.

1.7.8 H Ertragsrahmen

Gegenstand und Zielsetzung

Gegenstand und Zielsetzung des Ertragsrahmens ist es, nach den Kosten auch die Ertragsseite abzuschätzen für die anschließend folgende Rentabilitätsanalyse und -prognose.

Die Erträge aus Vermietung sind unter Berücksichtigung des Mietausfallwagnisses und unter Abzug der nicht umlagefähigen Bewirtschaftungskosten wie Verwaltungs- und Instandhaltungskosten zu ermitteln. Dabei sind die unterschiedlichen rechtlichen Rahmenbedingungen des Mietrechts bei Wohnraum- und Gewerberaummiete zu beachten.

Methodisches Vorgehen

Für die Abschätzung des Ertrages zum Zeitpunkt des Verkaufs sind die Verfahren der Verkehrswertermittlung nach den Grundsätzen der Wertermittlungsverordnung (WertV) heranzuziehen:

- für den Grundstückswert das Vergleichswertverfahren
- für gewerblich genutzte Gebäude und Miethäuser das Ertragswertverfahren
- für selbst genutzte Ein- und Zweifamilienhäuser das Sachwertverfahren

Zur Abschätzung der zu erwartenden Erträge aus Vermietung oder Verkauf sind im Wesentlichen folgende Teilleistungen erforderlich:

1. Abschätzen der nachhaltig erzielbaren Erträge aus Vermietung durch Auswertung von relevanten Mietpreisspiegeln und Marktberichten
2. Abschätzen der nachhaltig erzielbaren Erträge durch Verkauf, orientiert an einer Verkehrswertermittlung nach WertV

Erträge aus Vermietung werden maßgeblich durch das Mietrecht nach BGB bestimmt (Sternel, 2004, S. XIII ff.). Dieses regelt die Rechtsbeziehungen zwischen dem Vermieter und dem Mieter. Es bildet eine dispositive Vertragsordnung, die dann gilt, wenn die Parteien keine abweichende Regelung im Rahmen der Vertragsfreiheit vereinbart haben. Diese hat insbesondere bei der Wohnraummiete Schranken zugunsten des als sozial schwächer vermuteten Mieters. Die allgemeinen Vorschriften der §§ 535–548 BGB gelten für die Miete von Sachen jeder Art. Die Vorschriften der §§ 549–577a BGB gelten nur für Wohnraum, die §§ 578, 579–580a BGB betreffen die Miete von Grundstücken und Räumen, die keine Wohnräume sind.

Der Reinertrag aus der Miete von Wohnraum ergibt sich aus der Nettokaltmiete (Grundmiete) abzüglich der nicht umlagefähigen Bewirtschaftungskosten (Verwaltungs- und Instandhaltungskosten sowie Mietausfallwagnis). Die umlagefähigen Bewirtschaftungskosten nach § 556 Abs. 1 BGB sowie der seit dem 01.01.2004 geltenden Betriebskostenverordnung stellen für den Vermieter somit einen Durchlaufposten dar.

Bei gewerblich genutzten Immobilien stellen Erträge aus Pachtgebühren, Werbeflächen und Eintrittsgebühren zusätzliche Ertragsquellen dar.

Informationen über erzielbare Miethöhen bieten die Mietspiegel der Gemeinden, der örtlichen Verbände der Wohnungswirtschaft, der Mietervereine und Makler überregionaler Immobilienbörsen sowie die Marktberichte international tätiger Immobiliengesellschaften. Die Mietspiegel unterscheiden nach Baujahresgruppen, Lagequalität, Ausstattungsmerkmalen und Wohnungs- bzw. Gewerberaumgrößen. Für Sonderimmobilien gelten spezifische Kennwerte wie z. B. die Zimmerauslastung für Hotels. *Abbildung 1.17* zeigt die Büromietpreisspannen in 1a-Lagen und gewichtete Durchschnittsmieten 1997 in ausgewählten deutschen Großstädten, *Abb. 1.18* die Entwicklung der Spitzenmieten für Büros in 7 Städten von 1995 bis 2003.

Erträge aus dem Verkauf erfordern die Ermittlung des *Verkehrswertes*. Dieser wird nach § 194 BauGB durch den Preis bestimmt, der in dem Zeitpunkt, auf den sich die Ermittlung bezieht, im gewöhnlichen Geschäftsverkehr nach den rechtlichen Gegebenheiten und tatsächlichen Eigenschaften, der sonstigen Beschaffenheit und der Lage des Grundstücks oder des sonstigen Gegenstands der Wertermittlung ohne Rücksicht auf ungewöhnliche oder persönliche Verhältnisse zu erzielen wäre.

Der Verkehrswert ist damit identisch mit dem *gemeinen Wert*, der nach § 9 Abs. 2 BewG durch den Preis bestimmt wird, der im gewöhnlichen Geschäftsverkehr nach der Beschaffenheit des Wirtschaftsgutes bei einer Veräußerung zu erzielen wäre. Dabei sind alle Umstände, die den Preis beeinflussen, zu berücksichtigen. Ungewöhnliche oder persönliche Verhältnisse sind nicht zu berücksichtigen.

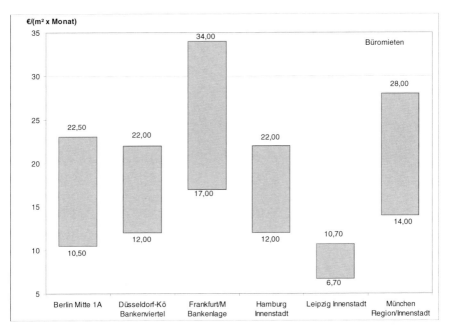

Abb. 1.17 Büromietpreisspannen 2004 in deutschen Großstädten (Quellen: Jones Lang LaSalle, 1. Quartal 2005; ATIS REAL Müller International, 1. Quartal 2005)

Spitzenmieten für Büros in 7 Städten in EUR/(m² x Monat)			
Ort	1995	2000	2002	1. Quartal 2005
Hamburg	22,0	25,5	22,0	20,5
Düsseldorf	20,5	22,5	22,0	22,0
Köln	17,0	20,0	20,5	19,0
Frankfurt	32,0	43,5	40,0	36,5
Stuttgart	16,5	18,0	17,5	16,0
München	25,5	33,0	30,0	30,0
Berlin	30,5	30,5	24,0	22,0
7 Städte gewichtet	24,9	29,5	26,2	24,8

Abb. 1.18 Entwicklung der Spitzenmieten für Büros in 7 Städten von 1995 bis 2005 (Quellen: IZ Immobilien Zeitung (2003), Herbstgutachten des Rates der Immobilienweisen, S. 18, und ATIS REAL Müller International, 1. Quartal 2005)

Jedoch ist stets zu beachten, dass die Ermittlung des Verkehrswertes einer Immobilie und die Einigung über den Preis dieser Immobilie zwischen Käufer und Verkäufer zwei verschiedene Themen sind.

Bei Ertrags- und damit Rendite-orientierten Immobilien findet i. d. R. eine Verkehrswertermittlung nach dem *Ertragswertverfahren* statt. Im Rahmen der Projektentwicklung kommt bei Objekten mit einer (Rest-)Nutzungsdauer von mehr als 40 Jahren das vereinfachte Ertragswertverfahren zur Anwendung. Das in den §§ 15 bis 20 WertV normierte Ertragswertverfahren wird dadurch erheblich vereinfacht. Der Reinertrag wird wie gewohnt durch Abzug der nicht umlagefähigen Bewirtschaftungskosten von der Nettokaltmiete ermittelt. Der Ertragswert ergibt sich dann durch Multiplikation des Reinertrages mit dem Vervielfältiger.

Der *Liegenschaftszinssatz* ist gemäß § 11 WertV der Zinssatz, mit dem der Verkehrswert von Liegenschaften im Durchschnitt marktüblich verzinst wird. Er ist auf der Grundlage geeigneter Kaufpreise und der ihnen entsprechenden Reinerträge für gleichartig bebaute und genutzte Grundstücke unter Berücksichtigung der Restnutzungsdauer der Gebäude nach den Grundsätzen des Ertragswertverfahrens (§§ 15–20 WertV) zu ermitteln.

$EW = RE \, x \, V$

$EW = Ertragswert$

$RE = Reinertrag = Rohertrag ./. nicht umlagefähige Bewirtschaftungskosten$

$V = Vervielfältiger \, (Rentenbarwertfaktor, Mietenmultiplikator) = \dfrac{(1+i)^n - 1}{(1+i)^n \, x \, i}$

$i\ \ = p/100 = Zinssatz \, als \, Dezimalzahl$

$p = Liegenschaftszinssatz$

$n = Anzahl \, der \, Zinsperioden$

Mit wachsendem n → ∞ lautet die Formel für den Vervielfältiger:

$V_{n \to \infty} = \dfrac{1}{i}$

Beispiel

Es ist der Ertragswert einer Büroimmobilie nach vereinfachtem Ertragswertverfahren zu ermitteln. Die Rechenschritte und das Ergebnis zeigt *Abb. 1.19*. Weitere Ausführungen zur Immobilienbewertung folgen in *Kap. 4*.

Ausgangsdaten	Werte
Vermietbare Bürofläche	600 m²
Restnutzungsdauer n	45 Jahre
Liegenschaftszinssatz	6,5%
Nettokaltmiete	8 €/(m² x Mt)
Nicht umlagefähige Bewirtschaftungskosten	4.000 €/a
Jahresrohertrag	
= Nettokaltmiete x vermietbare Bürofläche x 12 Monate	
= 8 €/(m² x Mt) x 600 m² x 12 Monate	57.600 €
Reinertrag	
= Jahresrohertrag ./. nicht umlagefähige Bewirtschaftungskosten	
= 57.600 € ./. 4.000 €	53.600 €
Ertragswert nach dem vereinfachten Ertragswertverfahren	
= Reinertrag x Vervielfältiger V	
$V = \dfrac{(1+0,065)^{45} - 1}{(1+0,065)^{45} \, x \, 0,065} = 14,48$	
= 53.600 € x 14,48	776.150 €
Ertragswert für n → ∞	
= 53.600 €/0,065	824.615 €

Abb. 1.19 Ertragswert einer Büroimmobilie

1.7.9 I Terminrahmen

Der Terminrahmen gibt erstmalig einen Überblick über den vorgesehenen zeitlichen Ablauf des Projektes. Er steckt mit nur wenigen Vorgängen und Ereignissen/Meilensteinen (≤ 15) die Dauern der 5 Projektstufen Projektvorbereitung, Planung, Ausführungsvorbereitung, Ausführung und Nutzung sowie die Entscheidungszeitpunkte bzw. Meilensteine für das Projekt ab. Ausgehend vom aktuellen Zeitpunkt werden für jedes Projekt oder Teilprojekt mindestens folgende Meilensteine fixiert: Beginn der Projektentwicklung, Entscheidung zum Planungsauftrag, Baueingabe, Baugenehmigung, Baubeginn, Fertigstellung des Rohbaus und der wetterfesten Gebäudehülle und damit der Möglichkeit zum Beginn der Bauheizung, Baufertigstellung, Beginn der Abnahme-/Übergabephase und Nutzungsbeginn. Als Ergebnis ist ein grafisch ansprechend gestalteter Meilensteinplan zu liefern und durch einen Erläuterungsbericht zu ergänzen. Darin sind die getroffenen Annahmen, die gewählten Bezugsdaten, Planungs- und Baufortschrittskennwerte sowie die Ergebnisse der Risiko-/Sensitivitätsanalyse zu den ausgewiesenen Abwicklungszeiträumen zu beschreiben. Vorgegebene Fertigstellungs- bzw. Eröffnungstermine (z. B. Messetermine, Produktionsstart, Eröffnung zum Weihnachtsgeschäft) sind – sofern realistisch erreichbar – zwingend zu beachten. Zur Orientierung über die weiteren hierarchisch strukturierten Ablaufpläne dient *Abb. 1.20*. Weitere Erläuterungen zum methodischen Vorgehen finden sich unter *Ziff. 2.4.1.7* Prozess 1D1 Terminrahmen.

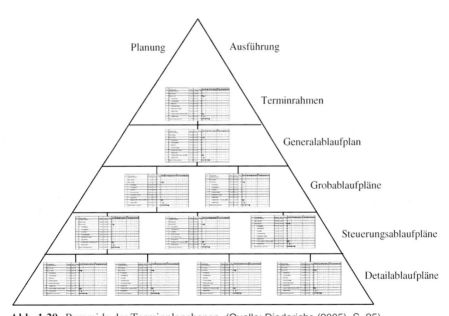

Abb. 1.20 Pyramide der Terminplanebenen (Quelle: Diederichs (2005), S. 25)

1.7.10 J Steuern

Gegenstand und Zielsetzung

Die Rentabilität und Finanzierung von Projektentwicklungen wird maßgeblich durch fällige und gestundete Steuern beeinflusst. Zielsetzung der steuerlichen Untersuchungen ist es, die Auswirkungen der verschiedenen Steuerarten auf die Rentabilität von Projektentwicklungen zu überprüfen und mögliche Steuervorteile durch Sonderabschreibungen zu nutzen.

Dieser Komplex beinhaltet damit auch die Untersuchung und Darlegung der Auswirkungen von Steuereffekten auf die Projektfinanzierung, wobei im konkreten Einzelfall stets im Immobilien-, Unternehmens- und Gesellschaftersteuerrecht erfahrene Berater einzubinden sind.

Methodisches Vorgehen

Zu den Immobiliensteuern zählen die Grunderwerb- und die Grundsteuer sowie die Möglichkeiten der Absetzung für Abnutzung (AfA) bei gewerblichen Immobilieninvestitionen und für Wohnungseigentum. Zu den Gesellschaftersteuern zählen die Einkommensteuer, der Solidaritätszuschlag, die Kirchensteuer bei konfessionsgebundenen Personen sowie die Erbschaftsteuer. Zu den Unternehmenssteuern zählen die Umsatzsteuer, die Gewerbe- und die Körperschaftsteuer.

Wesentliche Aufgaben der steuerlichen Untersuchungen sind:

1. Überprüfen der für die Projektfinanzierung in Abhängigkeit von der Finanzierungsform relevanten Steuerarten
2. Untersuchen und Darlegen der Veränderung der Projektfinanzierung und der Projektrentabilität durch Steuereffekte

Die nachfolgenden Ausführungen beschränken sich auf das Bewertungsgesetz, die Grunderwerbsteuer, die Grundsteuer, die Erbschaft- und Schenkungsteuer sowie die Abschreibungsmöglichkeiten für gewerblich genutzte Gebäude, die im Betriebs- oder im Privatvermögen gehalten werden sowie für vermietetes oder selbst genutztes Wohneigentum.

Bei den Steuerarten im Immobilienbereich ist gemäß *Abb. 1.21* zwischen Ertrag-, Substanz- sowie Umsatz- und Verkehrsteuern zu unterscheiden (Haritz et al., 2004, S. 1109 ff.)

Nachfolgend werden die Grundzüge der Grunderwerb-, Umsatz-, Grund- und Gewerbesteuer sowie des Bewertungsgesetzes dargestellt. Ferner wird in knapper Form auf die Abschreibungsmöglichkeiten für gewerblich genutzte Gebäude, die in Betriebs- oder im Privatvermögen gehalten werden, sowie für vermietetes oder

Ertragsteuern	Substanzsteuern	Umsatz- und Verkehrsteuern
• Einkommensteuer	• Grundsteuer	• Umsatzsteuer
• Körperschaftsteuer		• Grunderwerbsteuer
• Gewerbesteuer		• Erbschaft- und Schenkungsteuer

Abb. 1.21 Überblick über die Steuerarten im Immobilienbereich

der Erbschaft- und Schenkungsteuer erläutert, die für die Transaktion von Immobilienvermögen maßgebliche Bedeutung hatben können.

1.7.10.1 Grunderwerbsteuer

Die Grunderwerbsteuer ist eine Verkehrsteuer, der die in § 1 Abs. 1 bis 3 Grunderwerbsteuergesetz (GrEStG) genannten Erwerbsvorgänge unterliegen, die zu einer Änderung der Eigentümerverhältnisse (Rechtsträgerwechsel) inländischer Grundstücke führen. Zur Vermeidung einer doppelten Belastung von Grundstückstransaktionen sind Umsätze, die unter das GrEStG fallen, nach § 4 Nr. 9a UStG von der Umsatzsteuer befreit.

Die Grunderwerbsteuer bezieht sich auf inländische Grundstücke unabhängig davon, ob Käufer oder Verkäufer In- oder Ausländer sind. Maßgeblich ist der Grundstücksbegriff gemäß § 2 Abs. 1 GrEStG, wonach zum Grundstück auch die wesentlichen Bestandteile wie Gebäude gehören. Nicht dazu gehören jedoch z. B. Maschinen und Betriebsvorrichtungen gemäß § 68 Abs. 2 Nr. 2 Bewertungsgesetz (BewG). Für diese ist statt dessen Umsatzsteuer zu zahlen.

Hauptanwendungsfall der Grunderwerbsteuer ist nach § 1 Abs. 1 Nr. 1 GrEStG der Kaufvertrag über ein Grundstück.

Von der Grunderwerbsteuer befreit sind gemäß § 3 Nr. 2 GrEStG der Grundstückserwerb von Todes wegen und Grundstücksschenkungen unter Lebenden im Sinne des Erbschaftsteuer- und Schenkungsteuergesetzes (ErbStG) sowie gemäß Nr. 4 der Grundstückserwerb durch den Ehegatten des Veräußerers. Steuerbegünstigungen gewährt § 5 GrEStG bei Grundstücksübertragungen von Miteigentümern bzw. von einem Alleineigentümer auf eine Gesamthand.

Gesamtschuldner der Grunderwerbsteuer dem Finanzamt gegenüber sind regelmäßig alle an dem Erwerbsvorgang als Vertragsteile beteiligten Personen (§ 13 Nr. 1 GrEStG und § 44 Abs. 1 AO), unabhängig davon, wer im Kaufvertrag die Grunderwerbsteuer übernommen hat (üblicherweise der Käufer).

Bemessungsgrundlage der Grunderwerbsteuer ist grundsätzlich die Gegenleistung des Erwerbers ohne die Grunderwerbsteuer (§ 8 Abs. 1 und § 9 GrEStG).

Bei Verträgen über ein noch zu bebauendes Grundstück gehen neben dem Grundstückskaufpreis auch die Baukosten in die Bemessungsgrundlage für die Grunderwerbsteuer ein, wenn der Kaufvertrag über das Grundstück aus der Sicht des Käufers nur einheitlich angenommen werden kann und auf die Verschaffung eines Grundstücks mit noch zu errichtendem Gebäude abzielt. Für die gemäß § 4 Nr. 9a UStG nicht umsatzsteuerbefreiten Bauleistungen entsteht dann eine Doppelbelastung mit Umsatzsteuer und Grunderwerbsteuer. Diese ist nur durch getrennte Grundstückskaufverträge und Bauwerkverträge zu vermeiden.

Der Steuersatz beträgt gemäß § 11 GrEStG 3,5 v. H. der Bemessungsgrundlage.

1.7.10.2 Bewertungsgesetz

Ist eine Gegenleistung für das Grundstück nicht vorhanden oder nicht zu ermitteln, so bemisst sich die Grunderwerbsteuer nach den Werten i. S. des § 138 Abs. 2 oder 3 BewG (§ 8 Abs. 2 GrEStG). Gemäß § 138 Abs. 5 GrEStG ist eine Bedarfsbewertung vorzunehmen, wenn sie für die Grunderwerb- und Erbschaftsteuer erforderlich ist.

Der *Wert unbebauter Grundstücke* bestimmt sich gemäß § 145 Abs. 3 BewG nach ihrer Fläche und den um 20 v. H. ermäßigten Bodenrichtwerten gemäß § 196 BauGB. Die Bodenrichtwerte sind von den Gutachterausschüssen nach dem BauGB bis zum 31.12.2006 (§ 138 Abs. 4 BewG) noch nach dem Stand vom 1. Januar 1996 zu ermitteln und den Finanzämtern mitzuteilen. Durch den Abschlag von 20 v. H. sollen Wert mindernde Merkmale wie Ecklage, Zuschnitt, Immissionen, Altlasten und Grunddienstbarkeiten pauschal abgegolten werden. Weist der Steuerpflichtige durch ein Gutachten eines öffentlich bestellten und vereidigten Sachverständigen nach, dass der *gemeine Wert* des unbebauten Grundstücks niedriger ist als nach § 145 Abs. 3 BewG, so ist der gemeine Wert festzustellen. Der gemeine Wert wird gemäß § 9 Abs. 2 BewG durch den Preis bestimmt, der im gewöhnlichen Geschäftsverkehr nach der Beschaffenheit des Wirtschaftsgutes bei einer Veräußerung zu erzielen wäre. Dabei sind alle Umstände, die den Preis beeinflussen, zu berücksichtigen. Ungewöhnliche oder persönliche Verhältnisse sind nicht zu berücksichtigen.

Der *Wert eines bebauten Grundstücks* ist gemäß § 146 Abs. 2 und Abs. 4 BewG das 12,5fache der für dieses im Durchschnitt der letzten 3 Jahre vor dem Besteuerungszeitpunkt erzielten Jahresmiete, vermindert um die Wertminderung wegen Alters des Gebäudes, die für jedes Jahr seit Bezugsfertigkeit bis zum Besteuerungszeitpunkt 0,5 v. H. beträgt, höchstens jedoch 25 v. H. Für ein bebautes Grundstück mit nicht mehr als 2 Wohnungen ist dieser Wert um 20 v. H. zu erhöhen (§ 146 Abs. 5 BewG). Der ermittelte Wert darf nicht geringer sein als der Wert, mit dem der Grund und Boden als unbebautes Grundstück nach § 145 Abs. 3 BewG zu bewerten wäre (§ 146 Abs. 6 BewG). Ein niedrigerer Wert ist festzustellen, wenn der Steuerpflichtige nachweist, dass der gemeine Wert niedriger ist als der nach § 146 Abs. 2 bis 6 BewG ermittelte Wert (§ 146 Abs. 7 BewG).

1.7.10.3 Umsatzsteuer

Die Umsatzsteuer ist eine Verbrauchsteuer, die als Allphasen-Nettoumsatzsteuer mit Vorsteuerabzug (Mehrwertsteuer) auf jeder Wirtschaftsstufe erhoben wird. Damit wird auf jeder Wertschöpfungsebene lediglich der Nettoumsatz der Besteuerung unterworfen. Der Letztverbraucher kann keinen Vorsteuerabzug geltend machen und ist damit als Konsument Steuerträger. Steuerschuldner ist der jeweilige Unternehmer.

§ 1 Abs. 1 UStG nennt die steuerbaren Umsätze, sofern sie nicht gemäß § 4 UStG von der Umsatzsteuer befreit sind wie z. B. die Umsätze, die unter das GrEStG fallen (Nr. 9a) und die Vermietung und Verpachtung von Grundstücken (Nr. 12a). Der Steuersatz beträgt grundsätzlich 16 v. H. des Entgeltes ohne Umsatzsteuer (§ 12 Abs. 1 UStG), bzw. 7 v. H. für die Umsätze nach § 12 Abs. 2 UStG. Die §§ 14 bis 15a UStG enthalten Formvorschriften für die Ausstellung von Rechnungen und die Voraussetzungen für den Vorsteuerabzug.

Gemäß § 9 UStG kann ein Vermieter die gemäß § 4 Nr. 12a steuerfreie Vermietung als steuerpflichtig behandeln, wenn der Mieter das Grundstück mit Gebäude ausschließlich für Umsätze verwendet, um seinerseits die Vorsteuern insbesondere aus den Baukosten geltend machen zu können und damit vom Finanzamt erstattet zu bekommen (Option zur Steuerpflicht). Der Mieter erhält seinerseits die Umsatzsteuer wieder voll vom Finanzamt zurückerstattet, wenn er

Umsatzsteuer wieder voll vom Finanzamt zurückerstattet, wenn er seinerseits mit der Immobilie Umsätze tätigt, die ihn zum Vorsteuerabzug berechtigen.

Optiert der Vermieter eines Grundstücks zur Umsatzsteuer, so sind auch die Nebenkosten umsatzsteuerpflichtig. In die Mietverträge muss daher aufgenommen werden, dass sich auch die dem Vermieter vom Mieter zu erstattenden Nebenkosten zuzüglich Umsatzsteuer verstehen.

Durch Art. 14 Nr. 2 des Haushaltsbegleitgesetzes 2004 sind § 9 Abs. 3 und § 13b UStG geändert worden. Die Steuerschuldnerschaft des Leistungsempfängers nach § 13b Abs. 1 Satz 12 Nr. 3 UStG gilt seit dem 01.04.2004 bei allen umsatzsteuerpflichtigen Umsätzen, die unter das GrEStG fallen. Dazu gehören insbesondere die Umsätze von unbebauten und bebauten Grundstücken. Da diese Umsätze nach § 4 Nr. 9a UStG steuerfrei sind, ist der Verzicht auf die Steuerbefreiung und damit die Option zur Umsatzsteuer zwingend im notariell zu beurkundenden Vertrag (§ 311b Abs. 1 BGB) oder einer notariell zu beurkundenden Vertragsergänzung oder -änderung zu erklären (§ 9 Abs. 3 Satz 2 UStG).

Nach § 13b Abs. 1 Satz 1 Nr. 4 Satz 1 UStG gilt die Steuerschuldnerschaft des Leistungsempfängers seit dem 01.04.2004 auch bei bestimmten Bauleistungen, wenn der leistende Unternehmer ein im Inland ansässiger Unternehmer ist. Dazu gehören Werklieferungen und sonstige Leistungen, die der Herstellung, Instandsetzung, Instandhaltung, Änderung oder Beseitigung von Bauwerken dienen, der Einbau von Fenstern und Türen sowie von Einrichtungsgegenständen, wenn sie mit dem Gebäude fest verbunden sind. Die Leistung muss sich unmittelbar auf die Substanz des Bauwerks auswirken im Sinne einer Substanzerweiterung, -verbesserung, -erhaltung oder -beseitigung. Ausgenommen sind ausdrücklich Planungs- und Überwachungsleistungen.

Diese Neuregelung hinsichtlich der Steuerschuldnerschaft des Leistungsempfängers (sog. Reverse-Charge-Verfahren) gilt somit für Bauleistungen vor allem im Verhältnis zwischen Generalunternehmer und seinen Subunternehmern. Der Generalunternehmer hat die Umsatzsteuer für die Leistungen der Subunternehmer direkt an das Finanzamt abzuführen. Die Subunternehmer erhalten lediglich die Nettovergütung.

Weitere Einzelheiten der Neuregelung enthält das Schreiben des BMF vom 31.03.2004, GZ IV D1 – S. 7279 – 107/04.

1.7.10.4 Grundsteuer

Die Grundsteuer ist eine Substanzsteuer, deren Heberecht gemäß § 1 Abs. 1 Grundsteuergesetz (GrStG) den Gemeinden zusteht.

Steuergegenstand ist gemäß § 2 GrStG der Grundbesitz der Betriebe der Land- und Forstwirtschaft sowie an bebauten und unbebauten Grundstücken gemäß §§ 68–75 und 99 BewG.

Steuerobjekt für die Grundsteuer ist der im Gebiet einer hebeberechtigten Gemeinde gelegene Grundbesitz i. S. des BewG. Der Steuerschuldner ist derjenige, dem der Steuergegenstand bei der Feststellung des Einheitswertes zugerechnet ist, und auch derjenige, dem ein Erbbaurecht, ein Wohnungserbbaurecht oder ein Teilerbbaurecht zugerechnet ist (§ 10 GrStG).

Die Grundsteuer errechnet sich aus der Formel (§§ 13 und 25 GrStG):

$Grundsteuer = Einheitswert$ (€) x $Steuermesszahl$ (v. T.) x $Hebesatz$ (%)
$= Steuermessbetrag$ (€) x $Hebesatz$ (%)

Der *Einheitswert* bebauter Grundstücke ist gemäß § 76 BewG nach dem Ertrags-wertverfahren (§§ 78 bis 82 BewG) zu ermitteln für Mietwohn-, Geschäfts- und gemischt genutzte Grundstücke sowie Ein- und Zweifamilienhäuser. Für die sons-tigen bebauten Grundstücke ist der Wert im Wege des Sachwertverfahrens (§§ 83 bis 90 BewG) zu ermitteln. Dies gilt auch für Ein- und Zweifamilienhäuser, die sich durch besondere Gestaltung oder Ausstattung auszeichnen. Einheitswerte werden in Zeitabständen von je 6 Jahren allgemein festgestellt (Hauptfeststellung gemäß § 21 BewG).

Der Grundstückswert nach dem *Ertragswertverfahren* ergibt sich gemäß § 78 BewG durch Anwendung eines *Vervielfältigers* (§ 80) auf die *Jahresrohmiete* (§ 79) unter Berücksichtigung der §§ 81 und 82. Die Jahresrohmiete ist das Ge-samtentgelt, das die Mieter für die Benutzung des Grundstücks aufgrund vertragli-cher Vereinbarungen nach dem Stand im Feststellungszeitpunkt für ein Jahr zu entrichten haben. Der Vervielfältiger, mit der die Jahresrohmiete zu vervielfachen ist, ist aus den Anlagen 3 bis 8 BewG zu entnehmen. Er beträgt z. B. bei Massiv-bauten/Nachkriegsbauten (nach dem 20.06.1948) in Gemeinden über 500.000 Einwohner für Mietwohngrundstücke 9,1 (Anlage 3), bei Zweifamilienhäusern 10,5 (Anlage 8) und bei Einfamilienhäusern 11,9 (Anlage 7).

Die *Steuermesszahl* für bebaute und unbebaute Grundstücke beträgt gemäß § 15 GrStG Abs. 1 3,5 v. T., für Zweifamilienhäuser gemäß Abs. 2 Nr. 2 jedoch nur 3,1 v. T., für Einfamilienhäuser gemäß Abs. 2 Nr. 1 sogar nur 2,6 v. T. für die ersten 38.346,89 € des Einheitswertes und 3,5 v. T. für den darüber hinausgehen-den Teil.

Der von der Gemeinde für ein oder mehrere Kalenderjahre jeweils bis zum 30. Juni eines Kalenderjahres mit Wirkung vom Beginn dieses Kalenderjahres festzu-setzende *Hebesatz* muss für in einer Gemeinde liegende Betriebe der Land- und Forstwirtschaft (Grundsteuer A) sowie für Betriebs- und Privatgrundstücke (Grundsteuer B) einheitlich sein.

Der Hebesatz für die Grundsteuer B beträgt im Jahre 2005 z. B. in Berlin 660 %, in Hamburg 490 % und in München 400 %.

Aufgrund auch unterschiedlicher Jahresrohmieten ergeben sich daraus folgende Grundsteuerbeträge für z. B. ein Mietshaus mit 1.000 m² Wohnfläche:

- in Berlin 1.000 m² x 6,00 €/(m² x Mt) x 12 Mte x 9,1 (Vervielfältiger) x 3,5 v. T. x 660 % = 15.135,12 €
- in Hamburg 1.000 m² x 7,50 €/(m² x Mt) x 12 Mte x 9,1 (Vervielfältiger) x 3,5 v. T. x 490 % = 14.045,85 €
- in München 1.000 m² x 10,00 €/(m² x Mt) x 12 Mte x 9,1 (Vervielfältiger) x 3,5 v. T. x 400 % = 15.288,00 €

Die Grundsteuer wird für das Kalenderjahr festgesetzt (§ 27 Abs. 1 BewG) und zu je ¼ ihres Jahresbetrages am 15.02., 15.05., 15.08. und 15.11. fällig. Für rückstän-dige Grundsteuern haften neben dem Eigentümer der Nießbraucher und der Er-werber persönlich (§ 11 GrStG) und das Grundstück selbst dinglich (§ 12 GrStG).

1.7.10.5 Gewerbesteuer

Der Gewerbesteuer unterliegen die Gewerbebetriebe in der Gemeinde, in der eine Betriebsstätte zur Ausübung des stehenden Gewerbes unterhalten wird. Befinden sich Betriebsstätten desselben Gewerbebetriebs in mehreren Gemeinden, so wird die Gewerbesteuer in jeder Gemeinde nach dem Teil des Steuermessbetrags erhoben, der auf sie entfällt (§ 4 Abs. 1 GewStG). Die Gewerbesteuer ist die wichtigste Einnahmequelle der Gemeinden. Unter Gewerbebetrieb ist ein gewerbliches Unternehmen im Sinne des Einkommensteuergesetzes zu verstehen (§ 2 Abs. 1 GewStG i. V. m. § 15 EStG). Die Tätigkeit von Kapitalgesellschaften (AG, KG aA, GmbH) gilt stets als Gewerbebetrieb (§ 2 Abs. 2 GewStG). Personengesellschaften (KG, GmbH & Co. KG, GbR) werden in vollem Umfang als Gewerbebetrieb angesehen, wenn sie unter anderem auch gewerbliche Tätigkeit ausüben (§ 15 Abs. 3 EStG). Steuerschuldner ist der Unternehmer, für dessen Rechnung das Gewerbe betrieben wird (§ 5 GewStG).

Die Gewerbesteuer bemisst sich aus dem Gewerbeertrag (§ 7 GewStG), erhöht um Hinzurechnungen (§ 8) und vermindert um Kürzungen (§ 9), multipliziert mit der Steuermesszahl (§ 11) und mit dem Gewerbesteuerhebesatz (§ 16).

Gewerbesteuer = (Gewerbeertrag (Gewinn) + Hinzurechnungen ./. Kürzungen) (€)
x Steuermesszahl (v. H.)   x Hebesatz (%)
= Steuermessbetrag (€)   x Hebesatz (%)

Der *Gewerbeertrag* ist der nach den Vorschriften des Einkommen- oder des Körperschaftsteuergesetzes zu ermittelnde Gewinn aus dem Gewerbebetrieb während des Veranlagungszeitraums (Kalenderjahres).

Hinzuzurechnen sind insbesondere die Hälfte der Entgelte für Schulden (sog. Dauerschulden), die Gewinnanteile eines nicht gewerbesteuerpflichtigen stillen Gesellschafters, die Hälfte der Mietzinsen für die Benutzung fremder beweglicher oder immaterieller Wirtschaftsgüter des Anlagevermögens, soweit diese beim Vermieter nicht zur Gewerbesteuer heranzuziehen sind, und Verlustanteile aus Beteiligungen an gewerblichen Personengesellschaften (Mitunternehmerschaften).

Die Summe des Gewinns und der Hinzurechnungen wird insbesondere gekürzt um 1,2 % des Einheitswertes des zum Betriebsvermögen des Unternehmers gehörenden Grundbesitzes, Gewinnanteile aus Beteiligungen an gewerblichen Personengesellschaften (Mitunternehmerschaften) sowie Gewinne aus Anteilen von mindestens 10 % an inländischen und unter bestimmten Voraussetzungen auch ausländischen Kapitalgesellschaften.

Der *Steuermessbetrag* ergibt sich aus der Multiplikation des so modifizierten Gewerbeertrages mit der *Steuermesszahl*, die bei Personengesellschaften nach Abzug eines Freibetrages von 24.500 € für jeweils 12.000 € von 1 v. H. bis 4 v. H. wächst und für alle weiteren Gewinne sowie ohne Staffelung für Kapitalgesellschaften stets 5 v. H. beträgt.

Die Gewerbesteuer errechnet sich dann aus der Multiplikation des Steuermessbetrages mit dem von der Gemeinde durch Beschluss des Gemeinderates jeweils bis zum 30. Juni eines Kalenderjahres mit Wirkung vom Beginn dieses Kalenderjahres festgesetzten Hebesatz für die Gewerbesteuer. Dieser richtet sich nach dem Steuerbedarf der Gemeinde. Er muss jedoch gemäß § 16 Abs. 4 GewStG min. 200 % betragen (eingeführt durch Gesetz zur Änderung des Gewerbesteuergesetzes und anderer Gesetze vom 23.12.2003 (BGBl. I S. 2922)). Er überschreitet in

Großstädten meistens 400 %. In kleineren Gemeinden ist er häufig deutlich niedriger. So betragen die Hebesätze für die Gewerbesteuer in Berlin 410 %, in Hamburg 470 % und München 490 %. Daraus errechnet sich für den Gewinn einer Kapitalgesellschaft zzgl. Hinzurechnungen abzgl. Kürzungen von z. B. 100.000 € folgende Gewerbesteuer:

- in Berlin   100.000 x 5 v. H. x 410 % = 20.500 €
- in Hamburg 100.000 x 5 v. H. x 470 % = 23.500 €
- in München 100.000 x 5 v. H. x 490 % = 24.500 €

Nach § 35 EStG ermäßigt sich die Einkommensteuer natürlicher Personen um das 1,8fache des jeweils für den Erhebungszeitraum festgesetzten Steuermessbetrages, im vorgenannten Beispiel um 100.000 € x 5 v. H. x 1,8 = 9.000 €. Eine vollständige Entlastung in Höhe der Gewerbesteuer wäre somit nur bei Gewerbesteuerhebesätzen von ≤ 180 % möglich, die jedoch gemäß § 16 Abs. 4 GewStG seit 01.01.2004 min. 200 % betragen müssen.

1.7.10.6 Abschreibungen auf Gebäude, Außenanlagen und bewegliche Wirtschaftsgüter

Bei Wirtschaftsgütern, deren Verwendung oder Nutzung sich durch den Steuerpflichtigen zur Erzielung von Einkünften erfahrungsgemäß auf einen Zeitraum von mehr als einem Jahr erstreckt, ist bei linearer Absetzung für Abnutzung (AfA) jeweils für 1 Jahr der Teil der Anschaffungs- oder Herstellungskosten abzusetzen, der bei gleichmäßiger Verteilung dieser Kosten auf die Gesamtdauer der Verwendung oder Nutzung auf 1 Jahr entfällt (Absetzung für Abnutzung in gleichen Jahresbeträgen). Bei bebauten Grundstücken zählen lediglich die Gebäude und Außenanlagen zu den abnutzbaren Wirtschaftsgütern. Das Grundstück selbst ist nicht abnutzbar und daher auch nicht abschreibungsfähig.

Nach dem Einkommensteuergesetz (EStG) sind folgende Abschreibungsarten zu unterscheiden:

- Absetzung für Abnutzung (AfA, § 7 Abs. 1, 4, 5 EStG)
- Absetzung für Substanzverringerung (AfS, § 7 Abs. 6 EStG)
- Absetzung wegen außergewöhnlicher technischer und wirtschaftlicher Abnutzung (AfA, § 7 Abs. 1 Satz 7)
- Teilwertabschreibung (§ 6 Abs. 1 Nr. 1 und 2 EStG)
- Erhöhte Absetzungen und Sonderabschreibungen (§ 7a–k EStG)

Bemessungsgrundlage für die Abschreibungen sind gemäß § 6 Abs. 1 Nr. 1 EStG grundsätzlich die Anschaffungs- und Herstellungskosten, der Teilwert aufgrund einer voraussichtlich dauernden Wertminderung, der Einlagewert (§ 6 Abs. 1 Nr. 5 EStG) oder die Bemessungsgrundlage des Rechtsvorgängers (§ 6 Abs. 3 EStG).

Für Abschreibungen auf Gebäude ist zwischen Bauwerken, unselbstständigen Gebäudeteilen und Betriebsvorrichtungen nach den Grundsätzen des ertragsteuerlichen Bewertungsrechts zu unterscheiden (R42 Abs. 5 EStR). Danach ist ein *Gebäude* ein Bauwerk auf eigenem oder fremdem Grund und Boden, das Menschen oder Sachen durch räumliche Umschließung Schutz gegen äußere Einflüsse gewährt, den Aufenthalt von Menschen gestattet, mit dem Grund und Boden fest verbunden ist und darüber hinaus standfest und von einiger Beständigkeit ist. Un-selbstständige Gebäudeteile stehen mit der eigentlichen Nutzung des Gebäudes in einem einheitlichen Nutzungs- und Funktionszusammenhang, so dass Abschrei-bungen nur gemeinsam mit dem Gebäude möglich sind. *Betriebsvorrichtungen* sind bewegliche Wirtschaftsgüter, die nach § 7 Abs. 1 Sätze 2–5 sowie Abs. 2 EStG abzuschreiben sind.

Bei beweglichen Wirtschaftsgütern des Anlagevermögens (Betriebsvorrichtun-gen) kann der Steuerpflichtige gemäß § 7 Abs. 2 EStG statt der AfA in gleichen Jahresbeträgen die AfA in fallenden Jahresbeträgen nach einem unveränderlichen Hundertsatz vom jeweiligen Buchwert (Restwert) vornehmen. Der dabei anzu-wendende Hundertsatz darf höchstens das Doppelte des bei der AfA in gleichen Jahresbeträgen in Betracht kommenden Hundertsatzes betragen und 20 v. H. nicht übersteigen. Absetzungen für außergewöhnliche technische oder wirtschaftliche Abnutzung sind nicht zulässig.

Der Übergang von der AfA in fallenden Jahresbeträgen zur AfA in gleichen Jahresbeträgen ist zulässig, jedoch nicht umgekehrt (§ 7 Abs. 3 EStG).

Zu unterscheiden ist zwischen Gebäuden, die im Betriebsvermögen oder im Privatvermögen gehalten werden, sowie zwischen linearer und degressiver AfA.

Bei der *linearen AfA* gemäß § 7 Abs. 4 EStG werden die Anschaffungs- oder Herstellungskosten gleichmäßig auf die voraussichtliche Nutzungsdauer verteilt:

- Bei Gebäuden, die zu einem Betriebsvermögen gehören, nicht Wohnzwecken dienen und für die der Bauantrag nach dem 31. März 1985 gestellt wurde, be-trägt die AfA jährlich 3 v. H., bei Herstellung oder Anschaffung vor dem 01.01.2001 gemäß § 52 Abs. 21b EStG jedoch noch 4 v. H..

- Bei Gebäuden, die die vorgenannten Voraussetzungen nicht erfüllen, beträgt die AfA jährlich 2 v. H., sofern sie nach dem 31.12.1924 fertig gestellt wur-den, bzw. 2,5 v. H. bei Fertigstellung vor dem 01.01.1925. Diese Regelung gilt damit sowohl für vermietete Gebäude, die Wohnzwecken dienen, auch wenn sie im Betriebsvermögen gehalten werden, als auch für zur gewerbli-chen Nutzung vermietete Gebäude, die der Eigentümer im Privatvermögen hält. Bei einer kürzeren als der dem einschlägigen AfA-Satz entsprechenden Nutzungsdauer kann diese angesetzt werden.

- Bei einem im Inland gelegenen Gebäude, das nach den jeweiligen landes-rechtlichen Vorschriften ein *Baudenkmal* ist, kann der Steuerpflichtige gemäß § 7i EStG abweichend von § 7 Abs. 4 und 5 EStG im Jahr der Herstellung und in den folgenden 7 Jahren jeweils bis zu 9 v. H. und in den folgenden 4 Jahren jeweils bis zu 7 v. H. der Herstellungskosten für Baumaßnahmen ab-setzen, die nach Art und Umfang zur Erhaltung des Gebäudes als Baudenk-mal oder zu seiner sinnvollen Nutzung erforderlich sind.

Anstatt der linearen AfA können gemäß § 7 Abs. 5 EStG als *degressive AfA* bei im Inland gelegenen Gebäuden, die vom Steuerpflichtigen hergestellt oder bis zum Ende des Jahres der Fertigstellung angeschafft worden sind, alternativ folgende Beträge für die AfA abgezogen werden:

- bei Gebäuden, die zu einem Betriebsvermögen gehören und nicht Wohnzwe-cken dienen und die vom Steuerpflichtigen aufgrund eines vor dem 01.01.1994 gestellten Bauantrages hergestellt oder eines vor diesem Zeitpunkt

rechtswirksam abgeschlossenen obligatorischen Vertrages angeschafft worden sind (Nr. 1):
- im Jahr der Fertigstellung und in den folgenden 3 Jahren jeweils   10 v. H.
- in den darauf folgenden 3 Jahren   jeweils   5 v. H.
- in den darauf folgenden 18 Jahren   jeweils 2,5 v. H.

• bei Gebäuden, die zu einem Privatvermögen gehören und Wohnzwecken dienen und die vom Steuerpflichtigen aufgrund eines vor dem 01.01.1995 gestellten Bauantrags hergestellt oder aufgrund eines vor diesem Zeitpunkt rechtswirksam abgeschlossenen obligatorischen Vertrags angeschafft worden sind (Nr. 2):
- im Jahr der Fertigstellung und in den folgenden 7 Jahren jeweils   5 v. H.
- in den darauf folgenden 6 Jahren   jeweils 2,5 v. H.
- in den darauf folgenden 36 Jahren   jeweils 1,25 v. H.

• bei Gebäuden, die im Privatvermögen gehalten werden und die Wohnzwecken dienen, für die der Bauantrag vor dem 01.01.1996 gestellt wurde oder die aufgrund eines vor diesem Zeitpunkt rechtswirksam abgeschlossenen Vertrags angeschafft wurden (Nr. 3a):
- im Jahr der Fertigstellung und in den folgenden 3 Jahren jeweils   7 v. H.
- in den darauf folgenden 6 Jahren   jeweils   5 v. H.
- in den darauf folgenden 6 Jahren   jeweils   2 v. H.
- in den darauf folgenden 24 Jahren   jeweils 1,25 v. H.

• bei Gebäuden, die im Privatvermögen gehalten werden und die Wohnzwecken dienen, für die der Bauantrag vor dem 01.01.2004 gestellt wurde oder die aufgrund eines nach diesem Zeitpunkt rechtswirksam abgeschlossenen obligatorischen Vertrags angeschafft wurden (Nr. 3b):
- im Jahr der Fertigstellung und in den folgenden 7 Jahren jeweils   5 v. H.
- in den darauf folgenden 6 Jahren   jeweils 2,5 v. H.
- in den darauf folgenden 36 Jahren   jeweils 1,25 v. H.

• bei Gebäuden, die im Privatvermögen gehalten werden und die Wohnzwecken dienen, für die der Bauantrag nach dem 31.12.2003 gestellt wurde oder die aufgrund eines nach diesem Zeitpunkt rechtswirksam abgeschlossenen obligatorischen Vertrags angeschafft wurden (Nr. 3c):
- im Jahr der Fertigstellung und in den folgenden 9 Jahren jeweils   4 v. H.
- in den darauf folgenden 8 Jahren   jeweils 2,5 v. H.
- in den darauf folgenden 32 Jahren   jeweils 1,25 v. H.

Im Zusammenhang mit der Projektfinanzierung und der Projektrentabilität ist zu beachten, dass die Umsatzsteuer und die Grunderwerbsteuer die Anschaffungs- und damit die Finanzierungskosten erhöhen.

Bei der Ermittlung der Projektrentabilität sind beim Reinertrag nach Steuern die Minderungen aus Grund-, Gewerbe-, Körperschaft- und Einkommensteuer sowie die Hinzurechnungen aus den Steuerersparnissen aus Abschreibungen auf Gebäude, Außenanlagen und bewegliche Wirtschaftsgüter (Betriebsvorrichtungen) zu berücksichtigen.

1.7.10.7 Erbschaft- und Schenkungsteuer

Die Ausführungen über die Erbschaft- und Schenkungsteuer sollen vor allem das Ausmaß der erneuten Besteuerung bereits versteuerten Vermögens und die Höhe der Freibeträge nach §§ 16 und 14 Abs. 1 ErbStG verdeutlichen. Der Erbschaft- oder Schenkungsteuer unterliegen gemäß § 1 Abs. 1 ErbStG der Erwerb von To- des wegen, die Schenkung unter Lebenden, die Zweckzuwendungen sowie das Vermögen einer Familienstiftung oder eines Familienvereins in Zeitabständen von je 30 Jahren seit dem Zeitpunkt des ersten Übergangs von Vermögen auf die Stif- tung oder den Verein.

Wenn der Erblasser/Schenker oder der Erbe/Beschenkte zum Zeitpunkt der Entstehung der Steuer Inländer waren/sind, besteht gemäß § 2 Abs. 1 Nr. 1 ErbStG unbeschränkte Steuerpflicht. Als Inländer gelten natürliche Personen, die im Inland einen Wohnsitz oder ihren gewöhnlichen Aufenthalt haben und deut- sche Staatsangehörige, die sich nicht länger als 5 Jahre dauernd im Ausland auf- gehalten haben, ohne im Inland einen Wohnsitz zu haben.

Beschränkte Steuerpflicht liegt vor, wenn der Erblasser/Schenker oder der Er- be/Beschenkte im Zeitpunkt der Entstehung der Steuer keine Inländer sind oder nicht als Inländer gelten. Die Steuerpflicht erstreckt sich dann gemäß § 2 Abs. 1 Nr. 3 ErbStG nur auf das Inlandsvermögen gemäß § 121 BewG. Zum Inlandsver- mögen gehören das jeweils inländische land- und forstwirtschaftliche Vermögen, Grundvermögen (Immobilien), Betriebsvermögen sowie Anteile an einer Kapital- gesellschaft bei einer Beteiligung von ≥ 10 v. H. am Stammkapital.

Die Steuer entsteht beim Erwerb von Todes wegen mit dem Tod des Erblassers und bei Schenkungen mit der Übertragung des geschenkten Gegenstandes. Bei ei- ner Grundstücksschenkung müssen die Auflassung und die Eintragungsbewilli- gung zur Rechtsänderung im Grundbuch vorliegen. Das Verfahren zur Ermittlung des steuerpflichtigen Erwerbs ist in § 10 ErbStG geregelt. Besteuert wird die Be- reicherung des Erwerbers, soweit sie nicht steuerfrei ist.

Die Erbschaftssteuer ist gemäß § 10 Abs. 1 Satz 2 ErbStG aus dem Wert des gesamten Vermögensanfalls zu ermitteln, vermindert um die nach § 10 Abs. 3 bis 9 ErbStG abzugsfähigen Nachlassverbindlichkeiten.

Für Schenkungen gibt es keine entsprechende Regelung. Der Verkehrswert der Bereicherung ist dann z. B. bei Grundstücken aus dem Verkehrswert des Grund- stücks abzüglich etwaiger Gegenleistungen wie Nießbrauch oder Wohnrecht zu ermitteln.

Die Bewertung richtet sich gemäß § 12 Abs. 1 BewG nach den allgemeinen Bewertungsvorschriften der §§ 1 bis 16 BewG. Nach § 12 Abs. 1 ErbStG i. V. m. § 9 Abs. 1 BewG ist, soweit nicht gemäß § 12 Abs. 2 bis 6 ErbStG etwas anderes bestimmt ist, der *gemeine Wert* gemäß § 9 Abs. 2 BewG maßgeblich.

Der Wert von Betriebsvermögen ist gemäß § 98a BewG in der Weise zu ermit- teln, dass die Summe der Werte, die für die zu dem Gewerbebetrieb gehörenden Wirtschaftsgüter und sonstigen aktiven Ansätze ermittelt worden sind, um die Summe der Schulden und sonstigen Abzüge gekürzt wird. Damit wird nur der Ei- genkapitalanteil an der Bilanzsumme in Ansatz gebracht. Ein über den Substanz- wert hinaus gehender Firmenwert wird nicht in Ansatz gebracht. Das Gesetz für Betriebsvermögen und für inländischen Grundbesitz enthält Sonderregelungen, die i. d. R. zu einer günstigeren Bewertung führen. Betriebsvermögen wird auf Basis der Steuerbilanzwerte bewertet. Damit wird Betriebsvermögen durchschnittlich nur mit etwa 45 % des wirklichen Substanzwertes angesetzt (Moench et al., 2002, § 12 Rdn. 7a).

Grundbesitzwerte sind als Bemessungsbasis für die Erbschaft- und Schen- kungsteuer nach § 138 ff. BewG zu bewerten (vgl. *Ziff. 1.7.10.2*).

Beim Übergang von inländischem Betriebsvermögen, land- und forstwirtschaftlichem Vermögen und Anteilen an Kapitalgesellschaften beim Erwerb von Todes wegen oder durch Schenkung unter Lebenden wird gemäß § 13a Abs. 1 ErbStG ein Freibetrag in Höhe von 225.000 € gewährt. Der nach Abzug des Freibetrages verbleibende Wert des Vermögens ist gemäß § 13a Abs. 2 ErbStG nur mit 65 v. H. anzusetzen. Diese Vergünstigungen entfallen gemäß § 13a ErbStG Abs. 5, wenn der Erwerber das begünstigte Vermögen innerhalb von 5 Jahren nach dem Erwerb veräußert, den Gewerbebetrieb aufgibt, in das Privatvermögen überführt oder Entnahmen über bestimmte Grenzen hinaus tätigt. Der verminderte Wertansatz nach § 13a Abs. 2 ErbStG wird vom II. Senat des BFH für verfassungswidrig gehalten. Eine Entscheidung des BVG hierzu steht aus.

Nach § 15 Abs. 1 ErbStG werden 3 Steuerklassen unterschieden. Zur günstigsten Steuerklasse I gehören der Ehegatte, die Kinder und Stiefkinder, deren Abkömmlinge sowie die Eltern und Voreltern bei Erwerben von Todes wegen. Zur Steuerklasse II gehören die Eltern und Voreltern (soweit nicht Steuerklasse I), die Geschwister, deren Abkömmlinge, die Stiefeltern, die Schwiegerkinder und -eltern sowie der geschiedene Ehegatte. Die Steuerklasse III gilt für alle übrigen Erwerber und die Zweckzuwendungen.

Bei unbeschränkter Erbschaft-/Schenkungsteuerpflicht gelten je nach Verwandtschaftsverhältnis zwischen dem Erwerber und dem Erblasser/Schenker folgende persönlichen *Freibeträge* gemäß § 16 ErbStG:

1. des Ehegatten	307.000 €
2. der Kinder und der Kinder verstorbener Kinder	205.000 €
3. der übrigen Personen der Steuerklasse I	51.200 €
4. der Personen der Steuerklasse II	10.300 €
5. der Personen der Steuerklasse III	5.200 €

Ferner werden den hinterbliebenen Ehegatten und Kindern (in Abhängigkeit vom Alter) zusätzliche Versorgungsfreibeträge gemäß § 17 ErbStG gewährt (Ehegatte 256.000 €, Kinder von 10.300 bis zu 52.000 €).

Mehrere innerhalb von 10 Jahren von derselben Person anfallende Vermögensvorteile werden gemäß § 14 Abs. 1 ErbStG zusammengerechnet und steuerlich wie ein Erwerb behandelt. Die vorgenannten Freibeträge können damit alle 10 Jahre erneut genutzt werden. Dies kann bei einer frühzeitigen Erbfolgeplanung durch entsprechende Schenkungen zu einer erheblichen Verminderung der späteren Erbschaftsteuerbelastung führen, insbesondere dann, wenn beide Elternteile über ausreichendes Vermögen verfügen, das sie jeder für sich in Schenkungen einbringen können.

Die Steuersätze gemäß § 19 Abs. 1 ErbStG richten sich einerseits nach dem Wert des in 7 Klassen eingeteilten steuerpflichtigen Erwerbs sowie nach der Steuerklasse. Die Steuer steigt mit dem Wert des Erwerbs von Steuerklasse I mit 7 v. H. bis einschließlich 52.000 € bis zu 50 v. H. in Steuerklasse III über 25.565.000 € *(vgl. Abb. 1.22)*. Bei der Anwendung der Steuertabelle ist zu beachten, dass aus der Steuertabelle jeweils nur ein Steuersatz für das gesamte Erbe oder die Schenkung gilt – anders als bei den progressiv gestaffelten Einkommensteuertabellen. Für ein Erbe von z. B. 256.001 € beträgt der Steuersatz in Steuerklasse II 22 v. H., d. h. die Erbschaftsteuer 56.320,22 €.

Wert des steuerpflichtigen Erwerbs bis einschließlich … Euro	Vomhundertsatz in der Steuerklasse		
	I	II	III
52.000	7	12	17
256.000	11	17	23
512.000	15	22	29
5.113.000	19	27	35
12.783.00	23	32	41
25.565.000	27	37	47
über 25.565.000	30	40	50

Abb. 1.22 Steuertabelle für die Erbschaft- und Schenkungsteuer gemäß § 19 Abs. 1 ErbStG

Bei Erwerb von Betriebsvermögen nach § 13a ErbStG wird gemäß § 19a ErbStG von der tariflichen Erbschaftsteuer für Erben der Steuerklassen II und III ein Entlastungsbetrag abgezogen. Dieser führt dazu, dass das begünstigte Betriebsvermögen immer so besteuert wird, als ob auch diese Erben (fast) zur Steuerklasse I gehören (Entlastungsbetrag gemäß § 19a Abs. 4 ErbStG = 88 v. H. des Unterschiedsbetrages zwischen den Steuerklassen).

Jeder der Erbschaft- oder Schenkungsteuer unterliegende Erwerb ist gemäß § 30 Abs. 1 ErbStG vom Erwerber, bei Schenkungen auch vom Schenker, beim zuständigen Finanzamt schriftlich anzuzeigen. Die Anzeigepflichten gelten gemäß §§ 33 und 34 ErbStG auch für Vermögensverwahrer (Banken), Vermögensverwalter, Versicherungsunternehmen, Gerichte, Behörden, Beamten und Notare. Die örtliche Zuständigkeit des zuständigen Finanzamtes richtet sich gemäß § 35 Abs. 1 ErbStG nach dem letzten inländischen Wohnsitz des Erblassers oder dem gewöhnlichen Aufenthalt des Schenkers.

Steuerschuldner sind nach § 20 ErbStG der Erwerber von Todes wegen (Erbe, Vermächtnisnehmer, Pflichtteilsgläubiger), der Beschenkte oder auch der Schenker, bei einer Zweckzuwendung der mit der Ausführung der Zuwendung Beschwerte sowie ggf. die Stiftung oder der Verein.

1.7.11 K Rentabilitäts- mit Sensitivitätsanalyse und -prognose (Exit 3)

Gegenstand und Zielsetzung

Zielsetzung der Investoren in Projektentwicklungen ist die Maximierung der Rentabilität bei Wahrung der Liquidität und Minimierung des Risikos. Die operative „Performance" besteht in der jährlich erzielten Ausschüttungsrendite und der jährlichen Wertveränderung der Immobilie. Die Liquidität wird durch die Marktgängigkeit (Fungibilität) und die Sicherheit durch das Wertänderungsrisiko der Immobilie bestimmt.

Methodisches Vorgehen

Zur Erstellung der Rentabilitätsanalyse und -prognose mit Sensitivitätsanalyse sind im Wesentlichen folgende *Teilleistungen* erforderlich:

1. Erstellen einer Rentabilitätsanalyse nach der einfachen Developerrechnung und Bewertung
2. Erstellen einer Rentabilitätsprognose für den erwarteten Nutzungszeitraum mit Hilfe der Kapitalwertmethode
3. Durchführen einer Sensitivitätsanalyse durch Veränderung von Mieterträgen bzw. Verkaufspreis, Gesamtinvestitions- und Nutzungskosten

Die *einfache Developerrechnung* ist ein in der Immobilienpraxis häufig angewandtes Verfahren zur Ermittlung der Rendite eines Projektes. Dabei werden die jährlichen Mieterträge der Gesamtinvestitionssumme gegenübergestellt (Quotient von Jahresmieteinnahmen und Anfangsinvestition) und aus dem Kehrwert der anfänglichen Ausschüttungsrendite der Vervielfältiger oder auch Mietenmultiplikator bestimmt.

Dynamische Wirtschaftlichkeitsberechnungen untersuchen durch Berücksichtigung von Zeitreihen für die Zahlungsströme der Ein- und Ausgaben sowie Ab- oder Aufzinsung auf einen festen Bezugszeitpunkt die Vorteilhaftigkeit von Investitionen für die gesamte Nutzungsdauer bzw. bis zu einem bestimmten Planungshorizont. Kriterien der Vorteilhaftigkeit sind die Höhe der Kapitalwerte, der internen Zinsfüße und der Annuitäten (Diederichs, 2005, S. 230 ff.).

Ziel der *Kapitalwertmethode* ist die Ermittlung des Kapitalwertes einer Einzelinvestition oder von alternativen Investitionen.

Der Kapitalwert ist definiert als Differenz der Barwerte von Einnahmen- und Ausgabenreihen. Barwerte sind die auf einen gemeinsamen Bezugszeitpunkt ab- oder aufgezinsten Einnahmen und Ausgaben. Der dabei angesetzte kalkulatorische Zinssatz muss der Zeitpräferenz und den Finanzierungsmöglichkeiten Rechnung tragen.

Die Errechnung des Kapitalwertes einer Einzelinvestition setzt voraus, dass ihre Einnahmen und Ausgaben bzw. Saldi isoliert und bis zum Planungshorizont sowohl der Höhe als auch der zeitlichen Verteilung nach prognostiziert werden können.

Beim Alternativenvergleich inkl. Ersatzproblem ist sicherzustellen, dass die Alternativen vollständig sind, d. h. dass das jeweils gebundene Kapital gleich groß und der Betrachtungszeitraum gleich lang sind.

Nach der Kapitalwertmethode ist die absolute Vorteilhaftigkeit einer Einzelinvestition wie folgt zu beurteilen:

- Ist der Kapitalwert positiv, so wird durch die Investition eine höhere Verzinsung des eingesetzten Kapitals erzielt als mit dem kalkulatorischen Zinssatz vorausgesetzt, d. h. es wird darüber hinaus ein Vermögenszuwachs erwirtschaftet.
- Ist der Kapitalwert negativ, so erreicht die Investition die geforderte kalkulatorische Verzinsung des Kapitaleinsatzes nicht.
- Ist der Kapitalwert gerade = 0, so wird die Mindestverzinsung zum kalkulatorischen Zinssatz genau erreicht.

Für die Beurteilung der relativen Vorteilhaftigkeit von alternativen Investitionsmaßnahmen gilt, dass eine Investition A vorteilhafter ist als eine Investition B, wenn der Kapitalwert von A höher ist als der von B. Die Realisierung von A ist dann zu befürworten, wenn A außerdem dem Kriterium der absoluten Vorteilhaftigkeit genügt, d. h. einen positiven Kapitalwert besitzt.

Durch eine *Sensitivitätsanalyse* ist festzustellen, ob und inwieweit sich durch unterschiedliche Annahmen für die Eingangsdaten (Input) die Analyseergebnisse (Output) ändern. Damit sollen Fragen folgender Art beantwortet werden:

- Wie ändert sich der Wert der Outputgröße (z. B. trading profit) bei vorgegebener Abweichung einer oder mehrerer Inputgrößen vom ursprünglichen Wertansatz?
- Wie weit darf der Wert einer oder mehrerer Inputgrößen (z. B. des Mietertrags oder des Vervielfältigers) vom ursprünglichen Wertansatz abweichen, ohne dass die Outputgröße einen vorgegebenen Wert über- oder unterschreitet (Verfahren der kritischen Werte)?

Wesentliche Aufgabe der Projektentwicklung i. e. S. ist es, mit Hilfe der Rentabilitätsanalyse und -prognose die Frage zu beantworten, ob sich das Projekt „rechnet". Unabhängig davon, ob ein „klassischer" Projektentwickler ein Grundstück am Markt erwirbt, entwickelt und anschließend zu einem möglichst hohen Preis verkauft oder ob eine Immobilienunternehmen ein Projekt entwickelt und im Bestand behält, muss das Projekt eine Rendite erwirtschaften, d. h. rentabel sein.

Rentabilitätskennzahlen werden aus dem Verhältnis einer Ergebnisgröße (Gewinn, Jahresüberschuss) zu einer Kapital- oder Vermögensgröße (Eigenkapital, Gesamtkapital oder Investitionssumme) gebildet (Diederichs, 2005, S. 134 f.).

$$Eigenkapitalrentabilität = \frac{Gewinn}{EK} \; x \; 100$$

$$Gesamtkapitalrentabilität = \frac{Gewinn + FKZ}{EK + FK} \; x \; 100$$

$$Return \; on \; Investment = \frac{Ergebnisgröße}{Gesamtkapital} \; x \; 100$$

EK = Eigenkapital
FK = Fremdkapital
EK + FK = Gesamtkapital
FKZ = Fremdkapitalzins
Ergebnisgröße = z. B. Nettokaltmiete

Die Rentabilitätsanalyse und -prognose des Projektentwicklers besteht aus zwei Schritten. Er muss zunächst in einer möglichst exakten Prognose die Gesamtinvestitionssumme des Projektes ermitteln. Sodann muss er aus der Sicht und der individuellen Situation eines potenziellen Käufers dessen Renditevorstellung bestimmen, um abzuschätzen, welchen Kaufpreis dieser maximal für das Objekt zu zahlen bereit sein wird.

In der praktischen Umsetzung sind 2 Ansätze möglich:

Der Projektentwickler beginnt entweder mit der Prognose der Gesamtinvestitionssumme und stellt diese dem prognostizierten Verkaufserlös gegenüber, um anschließend die Entscheidung zu treffen, ob er mit dem danach erzielbaren Projektentwicklergewinn das Vorhaben durchführen will. Oder aber er beginnt mit der Prognose des erzielbaren Verkaufserlöses, ermittelt anschließend anhand der von ihm erwarteten Projektentwicklerrendite die maximal vertretbare Gesamtinvestitionssumme und trifft danach seine Entscheidung.

Beispiele

Die einfache Developerrechnung ist ein in der Immobilienpraxis häufig angewandtes Verfahren zur Ermittlung der Rendite eines Projektes. Bei diesem Verfahren handelt es sich um die Anwendung des vereinfachten Ertragswertverfahrens. Im *Beispiel 1 zur einfachen Developerrechnung* wird die Gesamtinvestitionssumme durch die jährlichen Mieterträge dividiert und daraus der Vervielfältiger oder auch Mietenmultiplikator bestimmt *(Abb. 1.23)*.

Erwartet ein Investor einer Gewerbeimmobilie nur eine Rendite von knapp über 5 %, so lässt sich ein Verkauf des Projektes mit einem Vervielfältiger von 19 realisieren (100/19 = 5,26 %). Der Projektentwicklergewinn (Trading Profit) ergibt sich als Differenz aus dem Verkaufserlös und der Investitionssumme. Dabei ist allerdings zu beachten, dass sich der ausgewiesene Wert von 15,59 % der Gesamtinvestition auf die gesamte Projektdauer verteilt (in diesem Fall etwa 3 Jahre).

Es ist jedoch kritisch darauf hinzuweisen, dass die einfache Developerrechnung die Investitionsphase zwar zutreffend abbildet, die Schwächen des Ansatzes jedoch in der Ermittlung des erzielbaren Verkaufserlöses liegen. Solange Investoren bereit sind, auf der Basis von Mietenmultiplikatoren Objekte zu erwerben, stellt dies kein Problem dar. Wenn die Investoren allerdings mit detaillierten Wirtschaftlichkeitsberechnungen arbeiten, dann reicht diese Betrachtungsweise nicht aus. Stattdessen sind dynamische Wirtschaftlichkeitsberechnungen zu empfehlen (Diederichs, 2005, S. 233 ff.).

1 Gesamtinvestition		
1.1	Grunderwerbskosten	23.925.000 €
1.2	Grundstücksaufbereitungskosten	300.000 €
1.3	Baukosten	31.137.366 €
1.4	Baunebenkosten (ohne Finanzierungskosten)	5.113.737 €
1.5	Finanzierungskosten	6.886.461 €
1.6	Summe Gesamtinvestition	**67.362.564 €**
2 Mieterträge pro Jahr		
	341.500 €/Mt. x 12 Mt.	**4.098.000 €**
3 Anfangsrendite (vor Zinsen, Steuern und AfA)		
	100 x 4.098.000/67.362.564	**6,08 %**
4 Vervielfältiger (Mietenmultiplikator)		
	100/6,08	**16,45**
5 Trading Profit		
5.1	Mieterträge pro Jahr x Verkaufsfaktor 19	77.862.000 €
5.2	Gesamtinvestition	./. 67.362.564 €
	Trading Profit	**10.499.436 €**
	in % der Gesamtinvestition, bezogen auf die gesamte Investitionsdauer	15,59 %

Abb. 1.23 Beispiel 1: Einfache Developerrechnung einer Gewerbeimmobilie (Quelle: Diederichs (1999), S. 292)

Musterprojekt Neubau eines innerstädtischen Bürogebäudes			
Eckdaten			
Grundstück		2.000 m²	
BGF oberirdisch		10.000 m²	
Effizienz		85,00 %	= 8.500 m² MF(gif)
Mieterwartung Büro		19,59 €	
Stellplätze 1. UG		50 Stück	100 €
Eigenkapitalquote		20,00 %	5.600.000 €
Kosten			
1 Grundstück	2.000 m²	4.500 €	9.000.000 €
2 Erwerbsnebenkosten	pauschal	6 %	540.000 €
Summe Grunderwerbskosten		1.122 €/m² MF	**9.540.000 €**
3 Baukosten gesamt (inkl. TG)	10.000 m²	1.250 €	12.500.000 €
4 Baunebenkosten	pauschal	15 %	1.875.000 €
5 Unvorhergesehenes	pauschal auf 3–4	3,63 %	522.120 €
Summe Bau-/Baunebenkosten		1.753 €/m² MF	**14.897.120 €**
6 Projektmanagement	pauschal auf 3–4	5 %	718.750 €
7 Marketing/PR	pauschal auf 1–4	1,5 %	358.725 €
8 Vermietung/Maklerprovision		3 MM	499.500 €
Summe Bauherrenaufgaben		186 €/m² MF	**1.576.975 €**
9 Zinsen Grunderwerb	24 Mon.	5,50 %	839.520 €
10 Zinsen Rest (Faktor 0,5)	18 Mon.	5,50 %	543.645 €
11 Zinsen Leerstand	6 Mon. auf 1–10	5,50 %	602.740 €
Summe Finanzierungskosten		234 €/m² MF	**1.985.905 €**
12 Gesamtinvestition (GI)		3.294 €/m² MF	**28.000.000 €**
Verkaufspreis			
Mieteinnahmen p. a.		19,59 €	1.998.000 €
		(m² MF x Mt)	
Einstandszins	100 x 1.998 / 28.000	7,14 % von GI	
Einstandsfaktor	100 / 7,14	14,01	
Angestrebter Entwicklungsgewinn		15 % von GI	4.200.000 €
Angestrebter Verkaufspreis (VP)			**32.200.000 €**
			3.788 €/m² MF
Liegenschaftszins	100 x 1.988 / 32.200	6,20 % von VP	
Vervielfältiger (Verkaufsfaktor)	100 / 6,20	16,12	
Ertrag			
Projektmanagement Fee	5 % von Nrn. 3–4 der GI		718.750 €
Entwicklungsgewinn	15 % von GI		4.200.000 €
Bruttoertrag			**4.918.750 €**
davon Deckungsbeitrag PE	32 % vom Bruttoertrag		1.595.565 €
davon EK-Verzinsung	18 % vom Bruttoertrag		902.684 €
davon Verkaufsfees	3 % vom Bruttoertrag		161.000 €
Nettoertrag	8 % von GI		**2.259.501 €**
Entwicklungsgewinn, bezogen auf das EK in 24 Monaten	100 x 4.200 / 5.600		75,00 %
Entwicklungsgewinn in % p. a. bei 2 Jahren	100 x [(1,75)^{1/2} – 1]		32,29 %
Nettoertrag, bezogen auf das EK	100 x 2.259,5 / 5.600		40,35 %

Abb. 1.24 Beispiel 2: Einfache Developerrechnung mit Sensitivitätsanalyse

Im *Beispiel 2 zur einfachen Developerrechnung* (*Abb. 1.24* und *Abb. 1.25*) für ein Bürogebäude mit Sensitivitätsanalyse geht es darum, aus den vorgegebenen Eckdaten für den Neubau eines innerstädtischen Bürogebäudes mit 8.500 m² Mietfläche, den Kosten der Gesamtinvestition von 28 Mio. € und einem angestrebten Entwicklungsgewinn von 4,2 Mio. € den Brutto- und Nettoertrag des Projektent-

Sensitivitätsanalyse für den Projektentwicklergewinn			
Miete ohne Stellplätze	- 10 %	19,59 (	+ 10 %
Vervielfältiger - 1	-818.200 €	2.202.000 €	5.222.200 €
Vervielfältiger ± 0	979.200 €	**4.200.000 €**	7.420.800 €
Vervielfältiger + 1	2.778.200 €	6.198.000 €	9.617.800 €
Vervielfältiger - 1	-2,92 %	7,86 %	18,65 %
Vervielfältiger ± 0	3,50 %	**15,00 %**	26,50 %
Vervielfältiger + 1	9,92 %	22,14 %	34,35 %
Interner Zinsfuß (ohne PM-Fees)			
	2003	200<	2005
IRR = 32,29 %	5.600.000,00 €	- €	9.800.000,00 €
(ohne PM-Fees)	100 %	0 %	100 x 1,3229² = 175 %
Wesentliche Parameter der Realisierungsentscheidung			
Höhe des einzubringenden Eigenkapitals		20 %	5.600.000 €
Dauer der Kapitalbindung		Monate	24 Mon.
Exitlösung Vermietung		ja/nein	nein
Exitlösung Verkauf		ja/nein	ja
Exitlösung Planungs- und Baurisiken		ja/nein	nein
Wesentliche Werthebel in der Development-Kalkulation			
1 Miethöhe		19,59 €/ (m² MF x Mt)	1.998.000 €
2 Effizienz MF/BGF		85 %	8.500 m² MF
3 EK-Quote		20,00 %	5.600.000 €
4 Vervielfältiger (Verkaufsfaktor)			16,12
5 Baukosten		1.250 €/m² BGF	12.500.000 €
6 Planungszeit			6 Mon.
7 Bauzeit			18 Mon.
8 Zinssatz Fremdkapital/Summe Finanzierungskosten		5,50 % p. a.	1.985.905 €
9 Zinssatz Eigenkapital		7,76 % p. a.	902.684 €

Abb. 1.25 Beispiel 2: Einfache Developerrechnung mit Sensitivitätsanalyse (Fortsetzung)

wicklers sowie die Verzinsung des Eigenkapitals (Internal Rate of Return IIR) zu ermitteln. Anschließend wird in einer Sensitivitätsanalyse u. a. gezeigt, dass:

- eine Veränderung der Mieteinnahmen um ± 10 % zu einer Erhöhung/Verminderung des Entwicklungsgewinns um 1.998.000 € x 10 % x 16,12 = 3.220.800 € führt,
- eine Erhöhung/Verminderung des Vervielfältigers von 16,12 um ± 1 den Projektentwicklergewinn bei gleich bleibender Miete um ± 1.998.000 € erhöht bzw. vermindert und
- der Projektentwicklergewinn von erwarteten 15 % der Gesamtinvestition im worst case auf -2,92 % sinken kann. Dabei ist zu beachten, dass eine Erhöhung der Gesamtinvestitionen (GI) den Gewinn ebenfalls verringert.

Der interne Zinsfuß für das Eigenkapital, das am Anfang mit 5,6 Mio. € zur Verfügung gestellt wird und nach 24 Monaten inklusive Projektentwicklergewinn von 4,2 Mio. € mit 9,8 Mio. € zurückfließt, beträgt 32,29 % p. a. (1,329² = 1,75).

Im *3. Beispiel* soll die *Eigenkapitalrentabilität* aus dem Neubau eines Bürogebäudes mit Hilfe der einfachen Developerrechnung nachgewiesen werden.

Dazu erwirbt ein Projektentwickler ein Grundstück in einer westdeutschen Großstadt in Citylage. Er plant, dort ein Bürogebäude zu errichten und dieses nach Fertigstellung bei einer Projektdauer von 2 Jahren zu verkaufen. Zu ermitteln sind die Gesamt- und die Eigenkapitalrentabilität mit folgenden Ausgangsdaten bzw. Rahmenbedingungen:

1) Im Bebauungsplan ist für das Grundstück mit einer Größe von 5.000 m² eine GFZ von 1,5 und eine GRZ von 0,4 ausgewiesen.
2) Das Grundstück wird zum Preis von 400 €/m² erschließungsbeitragsfrei angeboten.
3) Aufgrund von Altlasten sind 40 €/m² Grundstücksfläche (netto) für eine mögliche Sanierung zu berücksichtigen.
4) Der Projektentwickler verfügt über 20 % Eigenkapital, die übrigen 80 % der Gesamtinvestitionssumme werden von einer Bank mit 7 % bereitgestellt. 50 % dieses Fremdkapitals werden über die Projektdauer von 2 Jahren und die restlichen 50 % über 1 Jahr in Anspruch genommen.
5) Nach dem Verkauf der Immobilie wird der Kredit vollständig zurückgezahlt.
6) Das Verhältnis von vermietbarer Bürofläche/BGF ist mit 70 % anzusetzen.
7) Die Baukosten und Baunebenkosten richten sich nach den NHK 2000 oder nach BKI 2004.
8) Die Nettokaltmiete beträgt 20 €/(m² Bürofläche x Monat).
9) Die nicht umlagefähigen Bewirtschaftungskosten (BWK) betragen 1,50 €/(m² Bürofläche x Mt.).

Das Ergebnis der Rentabilitätsberechnung mittels einfacher Developerrechnung zeigt *Abb. 1.26*. Daraus ist ersichtlich, dass das Ergebnis entscheidend davon abhängig ist, ob der Projektentwickler auf die Umsatzsteuerbefreiung gemäß § 9 Abs. 2 UStG verzichtet und damit zum Vorsteuerabzug berechtigt ist (Fall mit Umsatzsteueroption mit einer Eigenkapitalrentabilität von 38,07 % p. a.) oder nicht (Fall ohne Umsatzsteueroption mit einer Eigenkapitalrentabilität von 12,13 % p. a.).

Der Verzicht auf Steuerbefreiung (Fall mit USt.-Option) ist gemäß § 9 Abs. 2 UStG nur zulässig, wenn auch die Mieten mit Umsatzsteuer beaufschlagt werden.

Im 4. Beispiel wird eine Kapitalwertberechnung für die Modernisierung eines Verwaltungsgebäudes gezeigt. Dabei geht es um einen Bestandsbau in zentraler Lage auf einem Grundstück von 10.000 m², von denen 2.500 m² veräußerbar sind und zur Eigenkapitalfinanzierung herangezogen werden können. Der Wert des Gebäudebestandes geht mit 14,0 Mio. € in die Berechnungen ein. Nach der Modernisierung stehen 40.000 m² vermietbare Bürofläche zur Verfügung.

Abbildung 1.27 zeigt den Lageplan und den Haupteingang des Verwaltungsgebäudes vor Modernisierung. In *Abb. 1.28* und *Abb. 1.29* sind die Projektdaten, die Kosten, die Erträge mit Einzelansätzen sowie die Anfangsrendite und der Entwicklungsgewinn bei Verkauf aufgelistet. Die Ausgangsdaten für eine Kapitalwertberechnung bei Vermietung wird in *Abb. 1.30* gezeigt. Die tabellarische Kapitalwertermittlung und die Entwicklung des Kapitalwertes vom Jahr 0 bis zum Jahr 28 (Planungs- und Bauzeit 4 Jahre, Nutzungsdauer 25 Jahre) enthält *Abb. 1.31*. Daraus ist ersichtlich, dass sich im Jahr 18 erstmals ein positiver Kapitalwert ergibt, der bis zum Jahr 28 weiter ansteigt auf 34,4 Mio. €. Daraus können unter den getroffenen Annahmen durch weitere Berechnungen zwei Erkenntnisse gewonnen werden:

- Die Modernisierungsinvestition verzinst sich mit 9,365 %, d. h. 3,365 % über den angenommenen kalkulatorischen Zinssatz von 6,0 % hinaus (mit einem

Position	Berechnung	Eckdaten	Einheit
Grundstücksfläche (GF)	aus Lageplan	5.000	m²
Grundstückspreis Makler	aus Angebot	400	€/m² GF
GRZ	B-Plan	0,4	--
GFZ	B-Plan	1,5	--
Brutto-Grundfläche (BGF)	5.000 x 1,5 (GFZ)	7.500	m²
Effizienz (vermietbare Fläche)		70%	%
Hauptnutzfläche (HNF)	Effizienz x BGF	5.250	m²
Eigenkapitalanteil	Forderung der Bank	20	%
Fremdkapitalanteil		80	%
Fremdkapitalzins	Berechnung der Bank	7	%
Altlastenbeseitigung	aus Altlastengutachten	40	€/m² GF
Baukosten	aus NHK 2000 oder BKI	1.400	€/m² BGF
Baunebenkosten	aus NHK 2000 oder BKI	15	% von Kgr. 300 + 400
Projektdauer	aus Terminrahmen	2	Jahre

Position	Berechnung	Netto-Wert	Brutto-Wert (inkl. 16 % Ust.)	Einhei	Anteil an Kostenrahmen (Brutto-Wert)
100 Grundstück		**2.130.000**	**2.139.600**	**€**	**12,0%**
Grundstückspreis	5000 m² x 400 €/m²	2.000.000	2.000.000	€	11,2%
Notar (1 %)	1 % x 2.000.000	20.000	23.200	€	0,1%
Grunderwerbsteuer (3,5 %)	3,5 % x 2.000.000	70.000	70.000	€	0,4%
Makler (2 %)	2 % x 2.000.000	40.000	46.400	€	0,3%
200 Herrichten und Erschließen		**200.000**	**232.000**	**€**	**1,3%**
Altlastenbeseitigung	40 €/m² x Grundstücksfl.	200.000	232.000	€	1,3%
300 und 400 Bauwerkskosten		**10.500.000**	**12.180.000**	**€**	**68,5%**
Baukosten	1.400 €/m² x BGF	10.500.000	12.180.000	€	68,5%
700 Baunebenkosten		**1.575.000**	**1.827.000**	**€**	**10,3%**
Baunebenkosten (15 % von Kgr. 300 + 400)	15 % x 10.500.000 €	1.575.000	1.827.000	€	10,3%
Kostenrahmen		***14.405.000***	***16.378.600***	**€**	**92,1%**
Finanzierungskosten		**1.407.904**	**1.407.904**	**€**	**7,9%**
Finanzierungskosten 50 % des FK	mit 7 % über 2 Jahre	949.304	949.304	€	5,3%
Finanzierungskosten 50 % des FK	mit 7 % über 1 Jahr	458.601	458.601	€	2,6%
Gesamtkosten	16.369.000 € + 948.747 € + 458.332 €	**15.822.504**	**17.786.504**	**€**	**100,0%**

Position	Berechnung	Wert	Einheit
Nettokaltmiete		20,0	€/(m² x Mt)
Nicht umlagefähige BWK		1,5	€/(m² x Mt)
Vermietbare Fläche (HNF)		5.250	m²
Jahresreinertrag	12 x (20 - 1,5) x 5.250	1.165.500	€
Liegenschaftszins		5,5	%
Nutzungsdauer		40	Jahre
Vervielfältiger	$(1,055^{40} - 1)/(1,055^{40} \times 0,055)$	16,046	--
Verkehrswert	1.165.500 € x 16,046	18.701.758	€
Ertragsrahmen		**18.701.758**	**€**

Projektentwicklungsüberschuss	18.701.758 € - 17.786.504 €	915.254	€	
Anfangsrendite	100 x (1.165.500 € / 17.786.504 €)	6,6	%	
Kehrwert der Anfangsrendite	100/6,6	15,26	1/%	
Gesamtkapitalrentabilität	100 x (915.254 € / 17.786.504 €)	5,15	%	
Eigenkapitalrentabilität	100 x (915.254 € / (20 % x 17.786.504 €)	25,73	%	Fall ohne USt.-Option
Eigenkapitalrentabilität p. a.	25,73 % / 2 Jahre	**12,13**	**%**	

Projektentwicklungsüberschuss	18.701.758 € - 15.882.504 €	2.879.254	€	
Anfangsrendite	1.165.500 € / 15.882.504 €	7,4	%	
Kehrwert der Anfangsrendite	100/6,6	13,58	1/%	
Gesamtkapitalrentabilität	100 x (2.879.254 € / 15.882.504 €)	18,13	%	
Eigenkapitalrentabilität	(2.879.254 € / (20 % x 15.882.504 €) x 100	90,64	%	Fall mit USt.-Option
Eigenkapitalrentabilität p. a.	90,64 % / 2 Jahre	**38,07**	**%**	

Abb. 1.26 Beispiel 3: Rentabilitätsanalyse für den Neubau eines Bürogebäudes

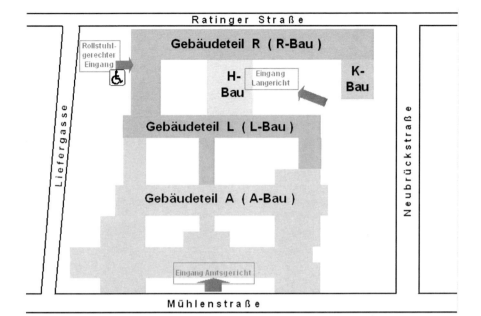

Abb. 1.27 Beispiel 4: Lageplan und Haupteingang eines Verwaltungsgebäudes

kalkulatorischen Zinssatz von 9,365 % ergäbe sich im Jahr 28 ein kumulierter Kapitalwert von 0 €).

- Bei Senkung der angenommenen Büromiete von 15,00 €/(m² x Mt) auf 10,25 €/(m² x Mt) ergäbe sich alternativ mit dem angenommenen kalkulatorischen Zinssatz von 6,0 % p. a. im Jahr 28 ebenfalls ein kumulierter Kapitalwert von 0 €.

1. Projektdaten			
Nr.	Beschreibung	Berechnung	Anzahl
1.1	Nutzungsart Büro		
1.2	Grundstücksgröße		10.000 m
	davon veräußerbar		2.500 m²
1.3	Vermietbare Bürofläche		40.000 m²
1.4	Archivfläche		2.400 m²
1.5	Anzahl TG-Stellplätze		200 St
1.6	Anzahl Außenstellplätze		50 St
2. Grundstückspreis			
Nr.	Beschreibung	Berechnung	Wert in €
2.1	Grundstückswert	10.000 m² x 750 €/m²	7.500.000
	davon veräußerbar	2.500 m² x 1.000 €/m² = 2.500.000 €	
2.2	Grunderwerbsteuer	0 %, da Eigentum	0
2.3	Notar-/Gerichtskosten, Maklerprovision	0 %, da Eigentum	0
2.4	Summe Grundstückspreis		**7.500.000**
3. Grundstücksaufbereitung			
Nr.	Beschreibung	Berechnung	Wert in €
3.1	Sicherungs-/Abbruchkosten		200.000
3.2	Sonstige Kosten		100.000
3.3	Summe Grundstücksaufbereitungskosten		**300.000**
4. Bestands- und Modernisierungskosten			
Nr.	Beschreibung	Berechnung		Wert in €
4.1	Wert des Gebäudebestandes			14.000.000
4.2	Büroflächen	40.000 m²	x 1.000 €/m²	40.000.000
4.3	Einbauten	40.000 m²	x 250 €/m²	1.000.000
4.4	Archivflächen	2.400 m²	x 200 €/m²	480.000
4.5.	TG-Stellplätze	200 St.	x 1.500 €/Stp	300.000
4.6	Außenanlagen inkl. Außenstellplätze	1.500 m²	x 150 €/m²	225.000
4.7	Kunst am Bau	1 % von 4.2		400.000
4.8	Unvorhersehbares	3 % von 4.2		1.200.000
4.9	Summe Bestands- + Modernisierungskosten			**57.605.000**
5. Baunebenkosten			
Nr.	Beschreibung	Berechnung	Wert in €
5.1	Architekten, Fachplaner, Gutachter	18 % von (4.9 ./. 4.1 ./. 4.8)	7.633.000
5.2	Projektentwicklung	3 % von (4.9 ./. 4.1 ./. 4.8)	1.272.000
5.3	Projektmanagement	2 % von (4.9 ./. 4.1 ./. 4.8)	848.000
5.4	Baugenehmigung, behördliche Abnahmen	0,5 % von (4.9 ./. 4.1 ./. 4.8)	212.000
5.5	Finanzierungskosten	5 % von (4.9 ./. 4.1 ./. 4.8) zu 50 % über 2,67 Jahre	2.820.000
5.6	Summe Baunebenkosten		**12.785.000**
6. Vermarktung			
Nr.	Beschreibung	Berechnung	Wert in €
6.1	Marketing, PR	0,62 % des Verkaufspreises (10.1)	750.000
6.2	Erfolgshonorar Vermietung	1,9 Monatsmieten (8.5)	1.200.000
6.3	Mieterincentives		1.000.000
6.4	Summe Vermarktung		**2.950.000**
7. Gesamtinvestitionssumme			
Nr.	Beschreibung	€/m² Büro	Wert in €	%
7.1	Grundstückspreis	187,50	7.500.000	9,2
7.2	Grundstücksaufbereitung	7,50	300.000	0,4
7.3	Bestands- und Modernisierungskosten	1.440,13	57.605.000	71,0
7.4	Baunebenkosten inkl. Finanzierung	319,63	12.785.000	15,8
7.5	Vermarktung	73,75	2.950.000	3,6
7.6	Gesamtinvestitionssumme	2.028,51	**81.140.000**	**100**

Abb. 1.28 Beispiel 4: Projektdaten und Kosten des Verwaltungsgebäudes

Zum Verständnis der Investitionsausgaben in den Jahren 0 bis 3 in den Spalten 2 und 5 der *Abb. 1.31* dienen folgende Erläuterungen: Für die Investitionssumme von 73.640 T€ (Ziff. 7.2 bis 7.5 in *Abb. 1.28*) wird eine Verteilung von 20 % in den Jahren 0 und 3 sowie von 30 % in den Jahren 1 und 2 angenommen. Hinzu kommt im Jahr 0 der Grundstückswert von 7.500 T€ abzgl. 2.500 T€ Grundstückserlös für die nicht benötigten 2.500 m² = 5.000 T€.

8. Erträge				
Nr.	Beschreibung	Menge	Wert/ME	Wert in €
8.1	Bürofläche	40.000 m²	15 €/(m² x Mt.)	600.000
8.2	Archivfläche	2.400 m²	7,5 €/(m² x Mt.)	18.000
8.3	TG-Stellplätze	200 St.	75 €/(St. x Mt.)	15.000
8.4	Außen-Stellplätze.	50 St.	40 €/(St. x Mt.)	2.000
8.5	Nettomiete p. Mt.			635.000
8.6	Nettomiete p. a.	12 Mt	635.000 €/Mt.	**7.620.000**
8.7	Mietanpassung durch Staffelmiete mit		2,5 % p. a.	
8.8	Nutzungsdauer	25 Jahre		
8.9	Erlös aus Grundstück	2.500 m²	1.000 €/m²	2.500.000
8.10	Wiederverkaufserlös am Ende der Nutzungsdauer (nur Grundstückswert)	7.500 m²	1.000 €/m² x 1,025^{29}	**15.348.000**
9. Rendite				
Nr.	Beschreibung	Berechnung		Wert
9.1	Gesamtinvestitionsvolumen	7.6 ./. 8.9		78.640.000 €
9.2	Nettomiete p. a.	8.6		7.620.000 €
9.3	Rendite	100 x 9.2 / 9.1		**9,7 %**
9.4	Vervielfältiger Erstellung	100 %/9,7 %		10,30
10. Entwicklungsgewinn bei Verkauf				
Nr.	Beschreibung	Berechnung	Wert/ME	Wert in €
10.1	Verkaufserlös	8.6 x Vervielfältiger Verkauf	7.620.000 x 16	121.920.000
10.2	Liegenschaftszins	100 % / 16		6,25 %
10.3	Gesamtinvestitionsvolumen	7.6 ./. 8.9		78.640.000
10.4	**Entwicklungsgewinn**	55 %, in 4 Jahren	**11,58 p. a.**	**43.280.000**

Abb. 1.29 Beispiel 4: Erträge, Anfangsrendite und Entwicklungsgewinn des Verwaltungsgebäudes bei Verkauf

11. Kapitalwertberechnung, Nutzungsdauer 25 Jahre			
Nr.	Beschreibung	Berechnung	Wert
11.1	Planungs- und Bauzeit		4 Jahre
11.2	Verteilung der Investitionen	7.2 bis 7.5 über die Jahre 0 bis 3 mit 20 %, 30 %, 30 %, 20 %	
	Jahr 0	0,2 x 73.640 T €	14.728 T €
		Grundstück 7,5 ./. 2,5 Mio. €	5.000 T €
	Jahr 1	0,3 x 73.640 T €	22.092 T €
	Jahr 2	0,3 x 73.640 T €	22.092 T €
	Jahr 3	0,2 x 73.640 T €	14.728 T €
11.3	Verwaltungskosten	4 % von 8.6 p. a.	304.800 € p. a.
11.4	Instandhaltungsaufwand nach Ablauf der Mängelhaftungsfristen	1 % von 4.2 bis 4.6 p. a	420.050 € p. a.
11.5	Mietausfallwagnis	2 % der Jahresmiete (8.6) p. a.	152.400 € p. a.
11.6	Summe 11.3 bis 11.5		**877.250 € p. a.**
11.7	Inflationsrate		2 % p. a.
11.8	Staffelmiete		2,5 % p. a.
11.9	kalkulatorischer Zinssatz		6 % p. a.
11.10	Kapitalwertberechnung	in *Abb. 1.31*	
11.11	interner Zinssatz p_i der Investition	für Kapitalwert = 0 im Jahr 28	9,365 %
11.12	mögliche Büromiete für Kapitalwert = 0 im Jahr 28	Senkung von 15 €/(m² x Mt.) auf	10,25 €/(m² x Mt.)

Abb. 1.30 Beispiel 4: Ausgangsdaten für eine Kapitalwertberechnung für das Verwaltungsgebäude bei Vermietung

1	2		3	4	5	6	7	8
Jahr	Investitionen Erlöse		Verwaltung Instandhaltung Mietausfall Inflation 2 % p. a.	Mtl. Staffelmiete 2,5 % p. a.	Zeitwert Überschuss/ Unterdeckung	Abzinsungsfaktor 1/(1+i)ᵗ i = 0,06	diskontierter Überschuss/ Unterdeckung	Kumulation = Kapitalwert
t	T€		T€	T€	T€		T€	T€
					2+3+4		5x6	kum. Summe 7
0	20%	-19.728			-19.728,00	1,0000	-19.728,00	-19.728,00
1	30%	-22.092			-22.092,00	0,9434	-20.841,51	-40.569,51
2	20%	-22.092			-22.092,00	0,8900	-19.661,80	-60.231,31
3	30%	-14.728			-14.728,00	0,8396	-12.365,91	-72.597,22
4			-494,89	8.411,05	7.916,17	0,7921	6.270,35	-66.326,88
5			-504,79	8.621,33	8.116,54	0,7473	6.065,15	-60.261,72
6			-514,88	8.836,86	8.321,98	0,7050	5.866,67	-54.395,05
7			-525,18	9.057,79	8.532,61	0,6651	5.674,67	-48.720,38
8			-535,68	9.284,23	8.748,55	0,6274	5.488,95	-43.231,44
9			-1.048,39	9.516,34	8.467,94	0,5919	5.012,16	-38.219,28
10			-1.069,36	9.754,24	8.684,88	0,5584	4.849,59	-33.369,68
11			-1.090,75	9.998,10	8.907,35	0,5268	4.692,28	-28.677,40
12			-1.112,57	10.248,05	9.135,49	0,4970	4.540,06	-24.137,35
13			-1.134,82	10.504,25	9.369,44	0,4688	4.392,76	-19.744,59
14			-1.157,51	10.766,86	9.609,35	0,4423	4.250,22	-15.494,36
15			-1.180,66	11.036,03	9.855,37	0,4173	4.112,30	-11.382,06
16			-1.204,28	11.311,93	10.107,66	0,3936	3.978,84	-7.403,22
17			-1.228,36	11.594,73	10.366,37	0,3714	3.849,70	-3.553,52
18			-1.252,93	11.884,60	10.631,67	0,3503	3.724,74	171,22
19			-1.277,99	12.181,71	10.903,73	0,3305	3.603,82	3.775,04
20			-1.303,55	12.486,26	11.182,71	0,3118	3.486,82	7.261,86
21			-1.329,62	12.798,41	11.468,80	0,2942	3.373,61	10.635,47
22			-1.356,21	13.118,37	11.762,16	0,2775	3.264,06	13.899,53
23			-1.383,33	13.446,33	12.063,00	0,2618	3.158,06	17.057,59
24			-1.411,00	13.782,49	12.371,49	0,2470	3.055,49	20.113,09
25			-1.439,22	14.127,05	12.687,83	0,2330	2.956,25	23.069,33
26			-1.468,01	14.480,23	13.012,22	0,2198	2.860,22	25.929,55
27			-1.497,37	14.842,24	13.344,87	0,2074	2.767,30	28.696,85
28		15.348	-1.527,31	15.213,29	29.033,98	0,1956	5.679,92	**34.376,77**

Kapitalwertentwicklung

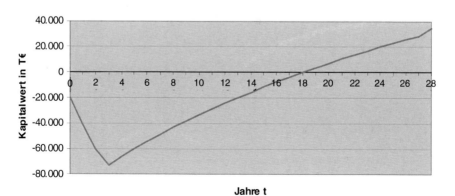

Jahre t

Abb. 1.31 Beispiel 4: Kapitalwertberechnung für das Verwaltungsgebäude

1.7.12 L Risiko- und Chancenanalyse und -prognose (Exit 4)

Gegenstand und Zielsetzung

Durch die Risiko- und Chancenanalyse und -prognose sollen die Ergebnisse der Projektentwicklung und insbesondere die Rentabilitäts- sowie Sensitivitätsanalyse und -prognose kritisch hinterfragt werden.

Der Begriff „Risiko" bedeutet in der Projektentwicklung die Möglichkeit der Abweichung von erwarteten Projektzielgrößen aus den behandelten Aufgabenfeldern A bis L der Projektentwicklung. Dabei stellen positive Abweichungen Chancen und negative Abweichungen Risiken dar. Dabei ist zu beachten, dass die Risiken aus den einzelnen Aufgabenfeldern zahlreiche gegenseitige Abhängigkeiten aufweisen. Im Ergebnis wirken sie sich stets letztlich auf die Unterschreitung der erwarteten Rentabilität und Werthaltigkeit aus.

Risiken entstehen aus der Unsicherheit über Entscheidungsprämissen bzw. über den Eintritt zukünftiger Ereignisse mit der Folge einer negativen Abweichung von einer festgelegten Zielgröße (Ertrag, Rendite, Investitionssumme etc.).

Zur Erzielung der erwarteten Rendite muss das Projekt durch die Vermarktung ab dem geplanten Nutzungsbeginn die vorausgesetzten Erträge erwirtschaften, ohne dass es zu Kostensteigerungen gekommen ist, die das vorgegebene Kostenbudget überschreiten. Zusätzlich müssen auch die erwarteten Konditionen der Projektfinanzierung realisiert werden.

Eine erfolgreiche Vermarktung ist wiederum abhängig von der Bestätigung der Aufnahmefähigkeit des Marktes für das zusätzliche Flächenangebot, die aus den Ergebnissen der Marktrecherche, der Standortanalyse, dem Nutzerbedarfsprogramm und dem Vorplanungskonzept abgeleitet werden muss.

Die Auswirkungen von Kosten- und Terminüberschreitungen sowie von Ertragsunterschreitungen auf die Rendite lassen sich durch Sensitivitätsanalysen ermitteln.

Zu beachten ist, dass Risiken auch stets *Chancen* gegenüberstehen. Im Zusammenhang mit den mittel- und langfristigen Chancen und Risiken der Projektentwicklung ist die Qualität des Immobilienstandortes Bundesrepublik Deutschland von zentraler Bedeutung. Zu deren Vor- und Nachteilen im internationalen Vergleich ist festzustellen (Diederichs, 2005, S. 57):

„Allgemein ist der *Standort Bundesrepublik Deutschland* innerhalb Europas seit etwa 1995 gekennzeichnet durch folgende Merkmale:

Den Nachteilen

- der höchsten Lohnkosten,
- der kürzesten Jahresarbeitszeit und damit auch der höchsten Lohnstückkosten,
- hoher Arbeitslosigkeit als Ausdruck der Arbeitsmarktstrukturprobleme,
- demographischer Überalterung und abnehmender Bevölkerung,
- hoher Unternehmens- und Arbeitnehmerbesteuerung sowie Sozialabgabenlast,
- sehr starker Bürokratisierung und eines nur langsam abnehmenden Reformstaus,
- einer im europäischen Vergleich schlecht abschneidenden Schulausbildung sowie

- einer nach dem Eindruck des Verfassers wenig leistungsbereiten, sondern vor allem freizeitorientierten und unternehmerkritischen Grundeinstellung großer Teile der Bevölkerung

stehen als Vorteile

- relativ stabile politische Verhältnisse,
- gute Infrastruktur,
- angenehmes Klima,
- hoher Freizeitwert und
- die zentrale Lage in Europa

gegenüber. Es gilt, die Nachteile abzubauen und die Vorteile zu nutzen. Sofern die Bundesrepublik Deutschland ein Höchstlohnland mit gleichzeitig maximalen Urlaubs- und Freizeiten bei abnehmenden Beschäftigtenzahlen bleibt, wird sie im internationalen Wettbewerb zunehmend krisenanfällig werden. Daher werden das Anspruchsdenken deutlich vermindert und die Leistungsorientierung wieder erheblich gesteigert werden müssen."

Die Schaffung von Leistungsanreizen durch die Arbeitslosenvergütung nach Hartz IV, die Tarifabschlüsse 2005 mit der Vereinbarung höherer Arbeitszeiten ohne Lohnausgleich z. B. in der Metallindustrie, im Baugewerbe und auch im öffentlichen Dienst sowie die Flexibilisierung des Kündigungsschutzes für Unternehmen mit bis zu 10 Mitarbeitern lassen erkennen, dass ein Wandel in die richtige Richtung beginnt.

Das unternehmerische *Hauptmotiv der Projektentwicklung im weiteren Sinne* besteht darin, durch Vereinigung der Immobilienmanagement-Aktivitäten in einer Hand, preiswerten Einkauf der Immobilie vor der Projektentwicklung sowie günstigen Verkauf der Immobilie nach deren Erstellung oder während der Nutzungsphase die Handelsspannen in den einzelnen Stadien vor und nach der eigentlichen Bauausführung einzubeziehen und als Development-Gewinne abzuschöpfen. Der durch eine Projektentwicklung realisierte Projektentwicklergewinn besteht in der Differenz zwischen dem Verkehrswert des Objektes nach Fertigstellung und den Investitionsausgaben für die Projektentwicklung inkl. Grundstückswert vor Beginn der Projektentwicklung. Damit bietet die Projektentwicklung erhebliche Chancen mit einzel- und gesamtwirtschaftlicher Bedeutung, aber auch Risiken, die nicht übersehen werden dürfen und denen mit geeigneten Risikotherapien zu begegnen ist *(Abb. 1.32).*

Wesentliche Chancen der Projektentwicklung liegen in der Ausdehnung des unternehmerischen Entscheidungs- und Handlungsspielraums mit aktiver gestalterischer Einflussnahme auf neue oder vorhandene Immobilienmärkte. Dazu zählen in einzelwirtschaftlicher Hinsicht (nach Bone-Winkel, 1996, S. 229 ff.):

1. Schaffung fondsgeeigneter Projekte
   Die Projektentwicklung erweitert die Möglichkeit der Investoren, sich im Wettbewerb günstig zu platzieren. In Phasen ansteigenden Preisniveaus gehen sie daher verstärkt dazu über, Immobilien selbst zu entwickeln, anstatt Objekte mit einer niedrigen Performance einzukaufen. Damit erreichen sie eine Entkopplung von den zyklisch verlaufenden Angebots- und Nachfrageschwankungen auf den Immobilienmärkten. Auch in Zeiten nachlassender Nachfrage

Chancen der Projektentwickler durch Vereinigung der Immobilienmanagement-Aktivitäten in einer Hand

1. Schaffung fondsgeeigneter Projekte
2. Erzielung strategiegerechter Nutzungskonzeptionen
3. Einfluss auf die Vermietung
4. Höhere Objektqualität und Verjüngung des Immobilienbestandes
5. Niedrigere Gesamtkosten
6. Angemessene Verwendung nicht adäquat genutzter Grundstücke
7. Verbesserung der städtischen/regionalen Umweltbedingungen und Erhöhung der Lebensqualität
8. Gesamtwirtschaftliche Umwelt- und Wirtschaftsförderung
9. Erhöhung der Kapazitätsauslastung der Bauwirtschaft

Risiken der Projektentwicklung

1. Entwicklungs- und Vermarktungsrisiken (Leerstands- und Verkaufsrisiken)
2. Standortrisiken aus der Lagequalität des Grundstücks mit seinem regionalen und sozialen Umfeld
3. Risiken aus den Nutzungs-, Finanzierungs- und Betreiberkonzeptionen
4. Genehmigungsrisiken
5. Rentabilitätsrisiken aus den Prognosen für den Ertrag
6. Qualitäts-, Kosten- und Terminrisiken
7. Organisationsrisiken
8. Baugrundrisiken

Abb. 1.32 Chancen und Risiken der Projektentwicklung

auf den Vermietungsmärkten bietet die Projektentwicklung die Chance, Immobilienvorhaben mit einer besonderen Projektidee oder -philosophie zu entwickeln, die Wettbewerbsvorteile gegenüber bestehenden Konkurrenzobjekten aufweisen.

2. Erzielung strategiegerechter Nutzungskonzeptionen
   Der Investor kann im Rahmen der Projektentwicklung seine Erfahrung zur Erzielung von Wettbewerbsvorteilen durch mieterspezifische Nutzungskonzeptionen einsetzen. Darüber hinaus ist die frühzeitige Einbeziehung der Interessen von potentiellen Nutzern möglich, ohne die Drittverwendungsfähigkeit und Wertsteigerungsperspektive des Projektes in Frage zu stellen.

3. Einfluss auf die Vermietung
   Beim Kauf vermieteter Objekte hat der Käufer keinen Einfluss mehr auf die Wahl und Ausgestaltung der Mietverhältnisse. Bei der Projektentwicklung besteht dagegen die Möglichkeit, frühzeitig einen den strategischen Zielen des Investors gerecht werdenden Mietermix aufzubauen und eine detaillierte Prüfung der wirtschaftlichen Leistungsfähigkeit potenzieller Mieter und die anforderungsgerechte Gestaltung der Mietverträge vorzunehmen.

4. Höhere Objektqualität und Verjüngung des Immobilienbestandes
   Bei bestehenden Immobilienobjekten sind deren Qualitätsstandards weitgehend fixiert. Bei Projektentwicklungen besteht jedoch Entscheidungsfreiheit innerhalb der durch das geltende Baurecht gesetzten Grenzen im Hinblick auf das Raum-, Funktions- und Ausstattungsprogramm. Durch die Entwicklung von Neubauvorhaben verjüngt sich die Vermögenssubstanz des Investors. Dies gilt auch für Entwicklungsmaßnahmen zur Revitalisierung von Be-

standsobjekten. Durch den laufenden Zugang von jungen Objekten wird eine Risiko mindernde Mischung zwischen neuen und älteren Objekten erzielt.

5. Niedrigere Gesamtkosten
   Projektentwicklung bietet die Chance zur Erzielung zahlreicher Kostenvorteile. Dazu zählen auch die ersparte Grunderwerbsteuer sowie die Notar- und Gerichtskosten, da diese nicht auf das Gesamtobjekt, sondern nur auf das erworbene Grundstück zu entrichten sind. Dies gilt analog für die Maklercourtage. Durch Berücksichtigung neuer Erkenntnisse über kosten- und energiesparende Bauweisen lassen sich auch beträchtliche Einsparungen bei den Betriebskosten erzielen.

Darüber hinaus sind Vorteile der Projektentwicklung mit gesamtwirtschaftlicher Nutzenstiftung zu nennen:

6. Angemessene Verwendung nicht adäquat genutzter Grundstücke
   Durch Projektentwicklungen und Flächenrecycling werden Grundstücke, die eine unzureichende Bodenrente erwirtschaften, wieder einer wirtschaftlichen Verwendung zugeführt.
7. Verbesserung der städtischen/regionalen Umweltbedingungen und Erhöhung der Lebensqualität
   Projektentwicklung bietet die Chance zur Aufwertung von qualitativ geringwertigen Standorten durch städtebauliche, gestalterische und landschaftsökologische Maßnahmen.
8. Gesamtwirtschaftliche Umwelt- und Wirtschaftsförderung
   Durch Projektentwicklungen wird Primärbeschäftigung für Architekten und Fachingenieure, Rechtsanwälte und Steuerberater sowie Unternehmer und Lieferanten ausgelöst. Durch den Multiplikatoreffekt in den angrenzenden Wirtschaftszweigen entsteht eine entsprechende Belebung der Geschäftstätigkeit, die wiederum eine Verbesserung der Wirtschafts- und Umweltbedingungen ermöglicht.
9. Erhöhung der Kapazitätsauslastung in der Bauwirtschaft
   Bauunternehmungen, die auch Projektentwicklung im weiteren Sinne betreiben, kehren sich damit ab von der Mentalität des passiven Bereitstellungsgewerbes und übernehmen statt dessen die Rolle des aktiven Anbieters von Bauprojekten, die durch ihre Attraktivität auf latent vorhandene Nachfrage stoßen. Damit wird eine Verstetigung der Kapazitätsauslastung in der Bauwirtschaft begünstigt trotz konjunktureller und struktureller Schwankungen der Nachfrage der gewerblichen, öffentlichen und privaten Bauherren.

Den offenkundigen Chancen der Projektentwicklung stehen auch zahlreiche *Risiken* gegenüber, die rechtzeitig erkannt, in ihrer Bedeutung gewichtet und bewertet und dann durch prophylaktische Maßnahmen begrenzt werden müssen. Hier sind dem Projektentwickler jedoch Grenzen gesetzt, da zwischen externen Risiken, die sich dem Einfluss des Projektentwicklers entziehen, und internen Risiken, auf die der Projektentwickler im Rahmen seiner Handlungs- und Entscheidungsfreiheit Einfluss nehmen kann, zu unterscheiden ist.

Zu den vorrangig *externen Risiken* zählen:

1. Entwicklungs- und Vermarktungsrisiken (Leerstands- oder Verkaufsrisiken)
   Jede Projektentwicklung birgt das Wagnis einer nicht marktkonformen Nut-

zungskonzeption mit der Folge einer Erschwernis der späteren Vermarktung durch Verkauf oder Vermietung (Leerstands- oder Verkaufsrisiko). Diesem Risiko muss durch sorgfältige Marktrecherchen und -prognosen über die voraussichtliche Deckungslücke zwischen Flächennachfrage und -angebot begegnet werden. Da solche Prognosen jedoch stets auch vom Eintritt der erwarteten gesamtwirtschaftlichen Entwicklung abhängig sind, verbleibt stets ein Restrisiko aus der Projektentwicklung selbst.

2. Standortrisiken aus der Lagequalität des Grundstücks mit seinem regionalen und sozialen Umfeld

    Das Standortrisiko aus der Lagequalität des Grundstücks lässt sich bei einer Projektidee für einen fiktiven, noch zu beschaffenden Standort durch sorgfältige Standortwahl eingrenzen. Eine Projektentwicklung für einen bereits fixierten Standort erfährt durch die Einschränkung der Wahlfreiheit bei einem der wichtigsten Erfolgsparameter ein erhebliches Risiko, dem nur mittel- bis langfristig durch Hebung der Standortqualität infolge der Projektentwicklung dort, aber auch in den angrenzenden Bereichen begegnet werden kann.

3. Risiken aus den Nutzungs-, Finanzierungs- und Betreiberkonzeptionen

    Das Risiko aus der Nutzungskonzeption steht im engen Zusammenhang mit dem Entwicklungs- und Vermarktungsrisiko. Wohnungsangebote mit 5 und mehr Zimmern sind angesichts zunehmender Singlehaushalte keine gute Projektidee. Ein zweites Fünf-Sterne-Hotel in einer Stadt mit 100.000 Einwohnern birgt hohe Auslastungsrisiken, wenn diese nicht durch Sondereinflüsse kompensiert werden können. Ein Gewerbepark auf der grünen Wiese auf einem 5 ha großen Grundstück in der Nähe einer Gemeinde von 20.000 Einwohnern in einem ansonsten dünn besiedelten Landstrich findet mit hoher Wahrscheinlichkeit keine ausreichenden Gewerbeansiedlungen. Immobilienprojekte werden im Allgemeinen und auch bei Projektentwicklungen mit einem hohen Anteil an Fremdkapital finanziert. Dadurch sind die Renditeerwartungen maßgeblich abhängig von den prognostizierten Kapitalmarktkonditionen, die sich einem direkten Einfluss des Projektentwicklers vollständig entziehen. Die Rating-Anforderungen nach Basel II werden künftig häufig zu einer Erhöhung des Finanzierungsrisikos führen. Der Nachweis, dass eine Betreiberkonzeption für einen privaten Betreiber auf dem Schlossplatz von Berlin mit dem Betrieb von Museen, Büchereien, wissenschaftlichen Einrichtungen und nur wenigen Büro- und Handelsflächen kostendeckend zu realisieren ist, steht bis heute aus.

4. Genehmigungsrisiken

    Bei jedem Projekt stellt sich die Frage der Genehmigungsfähigkeit konzipierter Projektideen, die abhängig ist vom vorhandenen Baurecht gemäß Bauleitplanung bzw. möglichen Baurecht aufgrund der Ermessens- und Entscheidungsspielräume der Bauaufsichtsbehörden, aber auch von der Akzeptanz der Projektideen bei angrenzenden Nachbarn oder auch der breiteren Öffentlichkeit. Aus der grundsätzlichen Frage der Genehmigungsfähigkeit erwächst ein existenzielles Projektrisiko. Zusätzlich besteht ein erhebliches Zeit- und damit Finanzierungs- und Rentabilitätsrisiko in der Genehmigungsdauer. Die Verzögerung eines Baugenehmigungsbescheides um ein oder zwei Jahre kann durchaus den Abbruch einer Projektentwicklung bewirken. Die Möglichkeiten des Projektentwicklers zur Minimierung des Genehmigungsrisikos sind zunächst auf die Einhaltung der baurechtlichen Randbedingungen begrenzt und im Weiteren nicht immer mit rationalen Maßstäben messbar. In diesem Zusammenhang ist zu erwähnen, dass nach langjährigen Beobachtungen der Verwaltungsgerichte in Bayern etwa 90 % aller Nachbareinsprüche letztlich als unbegründet zurückgewiesen werden.

5. Rentabilitätsrisiken aus den Prognosen für den Ertrag

Das Rentabilitätsrisiko wird maßgeblich durch das Entwicklungs- und Vermarktungs- sowie das Standortrisiko beeinflusst. Das größte Risiko, für das der Projektentwickler verantwortlich zeichnet, das aber z. T. auch von unvorhersehbaren Markt- und Umweltbedingungen beeinflusst wird, ist der Nichteintritt der erwarteten Performance aus prognostizierter Gesamt- und Eigenkapitalrentabilität des Projektes und seiner Werterhaltung/-steigerung, z. B. aufgrund höheren Leerstands als im worst case der Sensitivitätsanalyse angenommen oder notwendiger Mietpreissenkungen zur Verminderung des Leerstands und Erhöhung der Liquidität zu Lasten der Rendite.

6. Qualitäts-, Kosten- und Terminrisiken

Die prognostizierte Rentabilität ist weiterhin davon abhängig, dass vorgesehene Qualitäten erreicht und die vorgegebenen Investitionsbudgets, Nutzungskosten und Termine nicht überschritten werden. Deren Sicherung ist maßgeblich abhängig von einem qualifizierten Projektmanagement, das durch die Projektorganisation bestimmt wird.

7. Organisationsrisiken

Diese Risiken ergeben sich vor allem aus der Auswahl der fachlich beteiligten Planer, Unternehmer und Lieferanten im Rahmen der abzuschließenden Planer-, Bauwerk- und Lieferverträge. Ihnen kann durch klare Aufbau- und Ablauforganisation, sorgfältige Vertragsgestaltung und konsequenten Vollzug dieser Verträge unter Einschaltung einer qualifizierten Projektmanagementorganisation begegnet werden. Durch Einführung und Aufrechterhaltung von Qualitätsmanagementsystemen beim Projektentwickler und den projektbeteiligten Planungsbüros und Bauunternehmen nach DIN EN ISO 9001:2000 wird dieses Risiko erheblich gemindert.

8. Baugrundrisiken

Baugrundrisiken ergeben sich vor allem bei übereilter Grundstückskaufentscheidung, und zwar weniger aus sichtbaren topografischen Verhältnissen, sondern vielmehr aus nur durch sorgfältige Untersuchungen feststellbaren Kontaminationen durch Altlasten, vorhandenen Bodendenkmälern oder Kriegseinwirkungen, niedrigen Grenzwerten für die zulässige Bodenpressung oder unerwarteten hydrogeologischen Verhältnissen mit dem Erfordernis besonderer Auftriebssicherungen oder Wasserhaltungs- und Hochwasserschutzmaßnahmen.

Methodisches Vorgehen

Die Wahrnehmung von Chancen und die Beherrschung von Risiken erfordern die Etablierung eines systematischen Chancen- und Risikomanagementsystems mit einem Regelkreis aus den Prozessen Risikoidentifikation, -bewertung, -klassifizierung, -bewältigung, -kostenermittlung und -controlling *(Abb. 1.33)*.

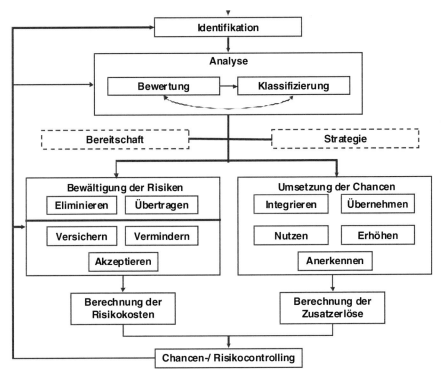

Abb. 1.33 Regelkreis der Chancen- und Risikomanagementprozesse (Quelle: Busch (2003), S. 54)

Ziel der *Risikoidentifikation* ist die systematische und möglichst vollständige Erfassung aller für den Erfolg einer Projektentwicklung relevanten Risiken. Voraussetzung der Risikoidentifikation ist eine klare Definition der Projektziele. Nach Busch (2003, S. 85 ff.) kommen folgende Methoden zur Risikoidentifikation in Betracht:

- intuitiv unstrukturierte Risikoidentifikation – wondering (= Grübelei) durch den Projektentwickler selbst
- intuitiv strukturierte Risikoidentifikation – brainstorming durch eine Gruppe von max. 5 Teilnehmern mit Projektentwicklererfahrungen aus den behandelten Themenfeldern
- intuitiv strukturierte Risikoidentifikation – brainwriting, z. B. nach der Methode 635, d. h. 6 Teilnehmer notieren jeweils 3 Risiken auf einem vorbereiteten Formular innerhalb von 5 Minuten. Danach reicht jeder Teilnehmer sein Formular an den Nachbarn weiter. Dieser ergänzt wiederum 3 Risiken auf der Basis der bereits vom Vorgänger notierten, die ihn zu neuen Risikonennungen anregen. Wird das Formular 5 x weitergegeben, so sind im günstigsten Fall ohne Wiederholungen (6 Teilnehmer x 3 Risiken x (1 + 5 =) 6 Durchgänge) = 108 Risiken genannt worden.

Die *Bewertung der Risiken* geschieht im Hinblick auf die Bedeutung für das Projekt. Danach können die Risiken eingeteilt werden in:

- K.O.-Risiken, die einen Misserfolg des Projektes erwarten lassen und infolgedessen den Exit aus der Projektentwicklung auslösen
- belastende Risiken, die bei ihrem Eintritt zu einer Gefährdung des Projektes führen können und infolgedessen besonders sorgfältig verfolgt werden müssen
- zu prüfende Risiken, deren Konsequenzen zum gegebenen Zeitpunkt noch nicht absehbar sind
- nicht zu beachtende Risiken, da sie für die aktuelle Projektentwicklung nicht relevant sind

Das *Ziel der Risikobewertung* ist die Prognose der Eintrittswahrscheinlichkeiten (W) und Tragweiten (T) im Sinne von Schäden oder Kosten aus den identifizierten Risiken, die die Erreichung der Projektziele gefährden können. Die Eintrittswahrscheinlichkeit wird i. d. R. ursachenbezogen in Prozent abgeschätzt. Die Quantifizierung der Tragweite geschieht entweder nominal (kleiner, mittlerer oder großer Schaden) oder in Geldeinheiten, mit Einschätzung der minimalen, wahrscheinlichen und maximalen Tragweite.

Das Produkt aus W und T ergibt den Erwartungswert der ursachen- und wirkungsbezogenen Risikokosten und damit das Ausmaß der Bedrohung, das von dem jeweiligen Risiko ausgeht. Generell besteht eine Tendenz, die Tragweite T zu hoch und die Eintrittswahrscheinlichkeit W zu niedrig anzusetzen. Daher ist es sinnvoll, stets mehrere Experten zu befragen, um gravierende Fehleinschätzungen zu vermeiden. Je nach Komplexität der Risikoeinschätzung, Bedeutung der Risiken und Anzahl der K.O.-Risiken, die einen Abbruch aller weiteren Aktivitäten und damit einen Exit aus der Projektentwicklung nahe legen, ist eine Anzahl zwischen 3 und 8 Experten zu empfehlen. Dabei ist darauf zu achten, dass von diesen auch die risikorelevanten Fachrichtungen vertreten werden. Die qualitative und quantitative Bewertung von W und T, die auch als Praktikermethode bezeichnet wird, ist einfach, übersichtlich und leicht nachvollziehbar. Für jedes einzelne Risiko wird nur eine quantitative Schätzung der Eintrittswahrscheinlichkeit W und der Tragweite T benötigt. Durch Multiplikation beider Werte ergibt sich der Erwartungswert jedes Einzelrisikos. Aus deren Addition ergibt sich der Erwartungswert des Gesamtrisikos. Nachteilig ist jedoch, dass das Gesamtrisiko sich nicht als Addition der Einzelrisiken, sondern als zufallsabhängige Kombination der Einzelrisiken darstellt. Einen hinsichtlich des erforderlichen Bearbeitungsaufwandes vertretbaren und hinsichtlich des Ergebnisses aussagekräftigen Lösungsansatz bietet die Monte-Carlo-Simulation (MCS), die weiter unten in einem Beispiel gezeigt wird.

Die *Risikoklassifizierung* bildet die Schnittstelle zwischen der Risikobewertung und -bewältigung (Busch, 2003, S. 63). Aufgabe der Klassifizierung ist es, Risiken nach dem Grad der Bedrohung (je nach Tragweite und Eintrittswahrscheinlichkeit) im Hinblick auf die Bewältigungs-/Behandlungsbedürftigkeit zu sortieren und eine Verhältnismäßigkeit zwischen möglicher Risikotragweite und Bewältigungsaufwand zu gewährleisten.

Dazu eignet sich u. a. das Risikoportfolio, in dem Risiko-Akzeptanzbereiche definiert werden können. Wird seitens der Geschäftsleitung der Risikorahmen

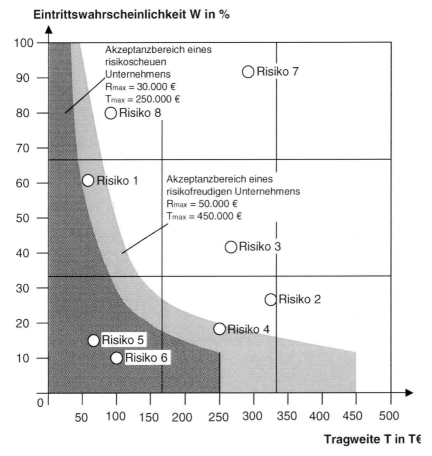

Abb. 1.34 Risiko-Akzeptanzbereiche im Risikoportfolio (Quelle: nach Busch (2003), S. 112)

R_{max} aus dem Produkt von W und T des jeweiligen Risikos in Abhängigkeit von der Projektsumme und dem geplanten Projektgewinn festgelegt, so ergibt sich durch Auflösung eine Hyperbelfunktion für W = R_{max}/T. Diese Hyperbel wird rechtsseitig begrenzt durch eine maximal akzeptable Tragweite T_{max}, die auch bei geringster Eintrittswahrscheinlichkeit nicht überschritten werden darf. *Abbildung 1.34* zeigt zwei Risiko-Akzeptanzbereiche im Risikoportfolio für ein risikoscheues und ein risikofreudiges Unternehmen.

Es zeigt sich, dass für das risikoscheue Unternehmen nur die Risiken 5 und 6 akzeptabel sind, für das risikofreudige Unternehmen jedoch zusätzlich die Risiken 1 und gerade noch 4. Außerhalb der beiden Risiko-Akzeptanzbereiche liegen die Risiken 2, 3, 7 und 8.

Im Rahmen der *Risikobewältigung* ist zu untersuchen und zu entscheiden, wie mit identifizierten, bewerteten und klassifizierten Risiken umzugehen ist, d. h. welche aktiven und passiven Maßnahmen geplant und umgesetzt werden sollen (Busch, 2003, S. 63 ff.). Grundsätzlich kommen 5 Strategien zur Risikobewältigung in Betracht, die sämtlich darauf abzielen, häufig auch in Kombination, ein möglichst geringes Restrisiko zu erreichen:

- Eliminieren, Vermeiden
- Vermindern
- Übertragen, Transferieren
- Versichern
- Akzeptieren, Übernehmen

Durch aktive Maßnahmen sollen die Tragweite und die Eintrittswahrscheinlichkeit reduziert werden. Passive Maßnahmen sollen für den Fall des Risikoeintritts eine ausreichende Deckung schaffen. Kontrollierbare Risiken können entweder der Entscheidungsträger selbst oder aber andere Projektbeteiligte beeinflussen wie z. B. durch die Koordination der verschiedenen Planer und ausführenden Firmen. Nicht kontrollierbaren Risiken wie politischen Entwicklungen oder höherer Gewalt kann nur durch Vorsorgemaßnahmen zur Gefahrenabwehr begegnet werden, z. B. der Folgen aus einem Jahrhunderthochwasser.

Risikobewusste Unternehmer versuchen, Chancen wahrzunehmen und dabei auch Unsicherheiten in Kauf zu nehmen. Erfolgreiche Unternehmen gehen dabei nur solche Risiken ein, bei denen die Chancen gegenüber den Risiken deutlich überwiegen.

Zielsetzung der *Risikovermeidung* ist es, die Tragweite oder die Eintrittswahrscheinlichkeit auf den Nullpunkt zu bringen. Sie bietet von allen Handlungsalternativen die größte Sicherheit, ist aber auch mit sehr hohen Kosten verbunden. Daher ist darauf zu achten, dass die Kosten der Risikovermeidung deutlich unterhalb der Kosten eines möglichen Schadenseintritts bleiben.

Zielsetzung der *Risikoverminderung* ist es, durch organisatorische, technische oder betriebliche Maßnahmen das Risiko auf ein akzeptables Restrisiko zu reduzieren. Dabei ist wiederum das Ausmaß der Risikoverminderung gegen die Kosten der Verminderungsmaßnahmen abzuwägen.

Bei der *Risikoübertragung* versucht der Projektentwickler, das eigene Risiko durch Verträge auf andere Projektbeteiligte ganz oder teilweise abzuwälzen, z. B. auf den Investor, den Construction Manager, den Anteilseigner in der Projektentwicklungsgesellschaft oder den Finanzierungspartner.

Anstelle der Risikoübertragung auf Dritte kommt auch die *Risikoübertragung auf Versicherungsunternehmen* in Betracht, sofern das entsprechende Risiko versicherbar ist. Dabei geht es vor allem um Risiken mit hoher Tragweite im Falle des Risikoeintritts.

Für Projektentwickler kommen vor allem folgende Versicherungsarten in Betracht:

- Bauherren-Haftpflichtversicherung
- Berufshaftpflichtversicherung der Architekten und Ingenieure
- Bauleistungsversicherung (Bauwesenversicherung)
- Haus- und Grundbesitzerhaftpflichtversicherung

Die *Bauherren-Haftpflichtversicherung* soll den Bauherrn dagegen absichern, dass er in seiner Eigenschaft als Bauherr aufgrund gesetzlicher Haftpflichtbestimmungen privatrechtlichen Inhalts von einem Dritten auf Schadensersatz in Anspruch genommen wird, z. B. bei einem von ihm wahrgenommenen Verstoß gegen die Unfallverhütungsvorschriften, bei dem er nicht auf Abhilfe bestand und bei dem es in der Folgezeit zu einem Unfall mit Körperverletzung kam.

Die *Berufshaftpflichtversicherung der Architekten und Ingenieure* deckt die in der Privathaftpflichtversicherung ausgeschlossenen Gefahren des Berufs ab wie die Haftpflichtversicherung anderer Freiberufler (Ärzte, Rechtsanwälte und Wirtschaftsprüfer). Besondere Beachtung verdienen die Ausschlussklauseln der Versicherer, die im Einzelfall durchaus verhandelbar sind, wie z. B. das Risiko aus Termin-, Mengen- und Kostenüberschreitungen für Projektsteuerer (mit Ausnahme der Sowieso-Kosten).

Durch die *Bauleistungsversicherung (Bauwesenversicherung)* sind alle Projektbeteiligten Bauunternehmer, aber auch der Bauherr, versichert. Daher ist eine Umlage des Versicherungsbeitrags auf den versicherten Personenkreis üblich. Entschädigung wird geleistet für unvorhersehbar auftretende Schäden (Beschädigung oder Zerstörung) an versicherten Bauleistungen, die z. B. verursacht werden durch höhere Gewalt, ungewöhnliche Witterungseinflüsse, Folgeschäden von Konstruktions- und Materialfehlern, mutwillige Zerstörung durch Dritte (Vandalismus) oder Diebstahl mit dem Gebäude fest verbundener versicherter Bestandteile.

Durch die *Haus- und Grundbesitzerhaftpflichtversicherung* wird die gesetzliche Haftpflicht des Eigentümers oder Besitzers eines im Versicherungsschein bezeichneten Hauses oder Grundstücks aus Ansprüchen Dritter, z. B. im Rahmen der Verkehrssicherungspflicht bei Glatteis, versichert.

Das *Akzeptieren von Risiken* bedeutet, die Risiken bzw. Restrisiken bewusst in Kauf zu nehmen. Zunächst entstehen daraus keine Kosten. Im Fall des Risikoeintritts müssten jedoch finanzielle Reserven gebildet worden sein, auf die im Schadensfall zurückgegriffen werden kann. Dies geschieht z. B. durch das kalkulatorische Wagnis von z. B. 2 % der Angebotssumme. Diese finanzielle Reserve lässt sich allerdings nur dann bilden, wenn der Markt den Wagnisansatz im Angebotspreis auch akzeptiert.

Bei der Wahl der geeigneten Risikobewältigung handelt es sich um ein *Entscheidungsproblem*. Maßgebliches Entscheidungskriterium ist das Verhältnis von Aufwand und Wirkung. Eine Rangordnung zwischen den 5 Strategien der Vermeidung, Verminderung, Übertragung, Versicherung und Akzeptanz existiert nicht.

Als Methoden zur Entscheidungsvorbereitung für die Auswahl der Möglichkeiten zur Risikobewältigung kommen die Entscheidungstabelle, das Entscheidungsbaumverfahren und die Nutzwertanalyse (NWA) in Betracht.

Von Busch (2003, S. 241 ff.) wurden Risikochecklisten zur Projektauswahl, vertraglichen Risiken, Angebotsbedingungen und zur Baugeländebegehung erarbeitet. Bei Göcke (2001, S. 55 ff.) finden sich Risikochecklisten zur Angebotsbearbeitung, zur Auftragsabwicklung und zur Vergütung.

Beispiel einer Monte-Carlo-Simulation (MSC)

Die Aufgabenstellung besteht darin zu klären, welche Risiken mit der Modernisierung eines Hochhauses in einer nordrhein-westfälischen Großstadt verbunden und wie diese unter Berücksichtigung der zufallsabhängigen Kombination der Tragweite aus den Einzelrisiken mit der jeweils spezifischen Eintrittswahrscheinlichkeit zu bewerten sind. Hierzu sind wahrscheinliche Risiken mit der Eintrittswahrscheinlichkeit W, minimalem, wahrscheinlichem, und maximalem Schaden (a, m, b) zu identifizieren und von 54 Experten aus den Bereichen Schäden und Schadstoffe in Bauwerken, Tragwerksplanung, Baubetrieb, Nachbarrecht und Brandschutz zu beurteilen.

Zur Lösung dieser Aufgabe sind folgende Schritte erforderlich:

1. Risikoidentifikation
2. Schätzung der Schadenshöhe (a minimal, m wahrscheinlich, b maximal)
3. Schätzung der Eintrittswahrscheinlichkeiten W
4. Monte-Carlo-Simulation mit 10.000 Iterationsläufen
4.1 Bestimmung jeweils einer Zufallszahl zwischen 0 und 1 für den Wert der Tragweite T pro Einzelrisiko aus einer Beta-Verteilung
4.2 Bestimmung einer Zufallszahl mit dem Wert 0 oder 1 je nach Eintrittswahrscheinlichkeit, die darüber entscheidet, ob das jeweilige Einzelrisiko in dem jeweiligen Iterationslauf auftritt oder nicht.

Ergebnisse sind eine Schadenshäufigkeitsverteilung und eine Schadenssummenkurve.

Risikoidentifikation

Risiko 1
Es ist davon auszugehen, dass das Gebäude mit Asbest, künstlichen Mineralfasern (KMF), polyzyklischen aromatischen Kohlenwasserstoffen (PAK) und polychlorierten Biphenylen (PCB) belastet ist. Eine abschließende und umfassende Schadstoffuntersuchung liegt nicht vor, so dass eine exakte Bezifferung der für die Schadstoffsanierung entstehenden Kosten nicht möglich ist.

Risiko 2:
Der Zustand der vorhandenen Deckenkonstruktion wurde nicht untersucht. Es ist unbekannt, ob die Deckenkonstruktion den Anforderungen hinsichtlich Tragfähigkeit und Feuerwiderstandsklasse (F 90) genügt.

Risiko 3:
Es ist nicht auszuschließen, dass die Bauaufsichtsbehörde die sog. verlorene Schalung der Decken aus spanplattenartigem Material als Brandlast einstuft und daher deren Entfernung fordert.

Risiko 4:
Wegen der noch unbekannten Nutzeranforderungen ist nicht auszuschließen, dass diese höhere Standards hinsichtlich Technischer Gebäudeausrüstung und Ausbau im Zuge der Modernisierung fordern werden.

Risiko 5:
Es ist nicht auszuschließen, dass im Zuge der Sanierungsarbeiten eine Nutzung des angrenzenden Flachbaus nicht oder nur eingeschränkt möglich ist. Daher werden Kostenansätze einer Unterbringung der Nutzer des Flachbaus in Containern berücksichtigt.

Risiko 6:
Sofern die Tragfähigkeit des Daches des Flachbaus nicht ausreichend ist, stehen auf dem Grundstück keine Lager- und Baustelleneinrichtungsflächen zur Verfü-

gung, so dass ggf. eine Freifläche im Bereich der Bahnhofsstraße anzumieten ist. Der Materialtransport und die Bauschuttabfuhr, die aufgrund der beengten Baustellenverhältnisse bereits ohnehin schwierig sind, werden hierdurch zusätzlich erschwert.

Risiko 7:
Die Undichtigkeiten der Fassade haben ggf. stellenweise zu einer Korrosion der Bewehrung der Tragkonstruktion geführt.

Risiko 8:
Neben den brandschutztechnischen Anforderungen an die Deckenkonstruktion sind diese auch hinsichtlich der Stützen und der nicht tragenden Trennwände zu beachten. Da hierzu keine Bestandsaufnahmen vorliegen, können auch hieraus zusätzliche Kosten resultieren.

Risiko 9:
Nachdem es bereits zu einem Rechtsstreit mit der Erbengemeinschaft kam, in deren Eigentum das Nachbargrundstück steht, sind weitere Konflikte im Rahmen der Sanierung und Modernisierung des Hochhauses nicht auszuschließen.

Risiko 10:
Es ist ferner nicht auszuschließen, dass im Rahmen noch zu erstellender Bestandsaufnahmen und Schadenserfassungen sowie während der sich anschließenden Bauphase bisher nicht sichtbare Bauschäden auftreten, deren Behebung zu zusätzlichen Kosten führt.

Schätzung der Eintrittswahrscheinlichkeiten W und der Schadenshöhen T (a minimal, m wahrscheinlich, b maximal) der vorgenannten Risiken auf der Grundlage der vorliegenden Unterlagen sowie der bei einer Ortsbesichtigung gewonnenen Erkenntnisse

Nr.	Eintrittswahr-scheinlichkeit (W)	minimale Schadenshöhe (a)	wahrscheinliche Schadenshöhe (m)	maximale Schadenshöhe (b)
Risiko 1	50 %	50.000 €	90.000 €	150.000 €
Risiko 2	50 %	60.000 €	120.000 €	250.000 €
Risiko 3	75 %	100.000 €	130.000 €	170.000 €
Risiko 4	30 %	50.000 €	125.000 €	200.000 €
Risiko 5	50 %	15.000 €	25.000 €	50.000 €
Risiko 6	100 %	5.000 €	10.000 €	15.000 €
Risiko 7	60 %	15.000 €	90.000 €	175.000 €
Risiko 8	80 %	20.000 €	70.000 €	100.000 €
Risiko 9	50 %	0 €	10.000 €	15.000 €
Risiko 10	75 %	30.000 €	60.000 €	120.000 €
Summe		345.000 €	730.000 €	1.245.000 €
Auswertungsergebnisse				
Erwartungswert				438.639,64 €
90 %-Quantil				588.087,14 €

Abb. 1.35 Eingangswerte und Auswertungsergebnisse für die Monte-Carlo-Simulation

Klasse	rel. Häufigkeit	kumuliert %	Klasse	rel. Häufigkeit	kumuliert %
90.000	0,0000	0,00%	470.000	0,0299	59,42%
100.000	0,0003	0,03%	480.000	0,0350	62,92%
110.000	0,0006	0,09%	490.000	0,0310	66,02%
120.000	0,0007	0,16%	500.000	0,0282	68,84%
130.000	0,0015	0,31%	510.000	0,0266	71,50%
140.000	0,0030	0,61%	520.000	0,0275	74,25%
150.000	0,0018	0,79%	530.000	0,0256	76,81%
160.000	0,0029	1,08%	540.000	0,0275	79,56%
170.000	0,0023	1,31%	550.000	0,0275	82,31%
180.000	0,0035	1,66%	560.000	0,0222	84,53%
190.000	0,0031	1,97%	570.000	0,0205	86,58%
200.000	0,0044	2,41%	580.000	0,0199	88,57%
210.000	0,0041	2,82%	590.000	0,0170	90,27%
220.000	0,0054	3,36%	600.000	0,0154	91,81%
230.000	0,0063	3,99%	610.000	0,0117	92,96%
240.000	0,0052	4,51%	620.000	0,0129	94,27%
250.000	0,0109	5,60%	630.000	0,0098	95,25%
260.000	0,0123	6,83%	640.000	0,0071	95,96%
270.000	0,0131	8,14%	650.000	0,0057	96,53%
280.000	0,0146	9,60%	660.000	0,0058	97,11%
290.000	0,0155	11,15%	670.000	0,0053	97,64%
300.000	0,0186	13,01%	680.000	0,0040	98,04%
310.000	0,0176	14,77%	690.000	0,0035	98,39%
320.000	0,0201	16,78%	700.000	0,0031	98,70%
330.000	0,0195	18,73%	710.000	0,0029	98,99%
340.000	0,0215	20,88%	720.000	0,0015	99,14%
350.000	0,0239	23,27%	730.000	0,0014	99,28%
360.000	0,0237	25,64%	740.000	0,0016	99,44%
370.000	0,0265	28,29%	750.000	0,0016	99,60%
380.000	0,0284	31,13%	760.000	0,0013	99,73%
390.000	0,0278	33,91%	770.000	0,0005	99,78%
400.000	0,0314	37,05%	780.000	0,0007	99,85%
410.000	0,0309	40,14%	790.000	0,0005	99,90%
420.000	0,0314	43,28%	800.000	0,0000	99,90%
430.000	0,0341	46,69%	810.000	0,0005	99,95%
440.000	0,0334	50,03%	820.000	0,0002	99,97%
450.000	0,0315	53,18%	830.000	0,0002	99,99%
460.000	0,0325	56,43%	840.000	0,0001	100,00%

Abb. 1.36 Werte der Häufigkeitsverteilung und der Summenkurve der MCS

Das Ergebnis der Risikobeurteilung durch die Expertengruppe zeigt *Abb. 1.35*. Die Addition der Schadenshöhen T ergibt in der Summe 345.000 € (minimal), 730.000 € (wahrscheinlich) und 1.245.000 € (maximal). *Abbildung 1.36* zeigt als Ergebnis der 10.000 Iterationsläufe die tabellarische Auflistung der Häufigkeitsverteilung und der Summenkurve, beginnend bei einer Schadenshöhe von 90.000 € mit 0,0 % und endend bei einer Schadenshöhe von 840.000 € mit 100,00 %. In *Abb. 1.37* sind die Häufigkeitsverteilung und die Schadenssummenkurve grafisch abgebildet. Die zugehörigen Formeln und die Auswertungsergebnisse zeigt *Abb. 1.38*. Der Erwartungswert (Medianwert) macht mit 438.639,64 €

nur 60 % der Summe der wahrscheinlichen Werte in Höhe von 730.000 € aus. Der 90 %-Quantilwert umfasst mit 588.087,14 € zwar bereits 81 % der Summe der wahrscheinlichen Werte, liegt jedoch immer noch 52,8 % unter der maximalen Schadenshöhe von 1.245.000 €. Der 100 %-Quantilwert von 840.000 € liegt 15 % über der Summe der wahrscheinlichen Werte. Als Ergebnis ist dem Investor daher vorzuschlagen, die Gesamtkosten der Modernisierung des Hochhauses um einen Risikowert in Höhe des 90 %-Quantilwertes von aufgerundet 600.000 € zu erhöhen und damit seine Rentabilitätsanalyse zu überprüfen.

Je nach Höhe dieses Risikowertes kann die Rentabilitätsanalyse derart gravierend verschlechtert werden, dass eine Beendigung der Projektentwicklung (Exit 4) bzw. eine neue Iterationsschleife anzuraten sind.

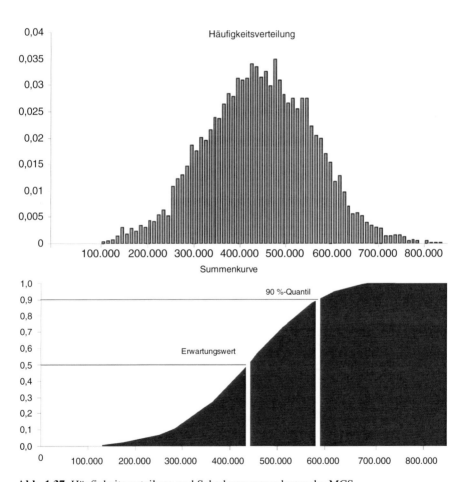

Abb. 1.37 Häufigkeitsverteilung und Schadenssummenkurve der MCS

Formeln	
Funktion der Summenkurve	$f(x) = (x-a)^p \; x \; (b-x)^q/k$
	$k = \int (x-a)^p \; x \; (x-b)^q dx$
Erwartungswert	$E = 1/6 \; x \; (a+4m+b)$
Varianz	$V = (b-a)^2/36$
Bestimmung von p	$p = (E-a)/(b-a) \; x \; ((E-a) \; x \; (b-E)/V-1)$
Bestimmung von q	$q = (b-E)/(E-a) \; x \; p$
EW	*Eintrittswahrscheinlichkeit*
a	*minimaler Schaden*
m	*wahrscheinlicher Schaden*
b	*maximaler Schaden*
p, q	*Parameter der BetaPERT-Verteilung*
Auswertung	
Erwartungswert	438.639,64 €
90 %-Quantil	588.087,14 €

Abb. 1.38 Formeln und Ergebnisse der MCS

1.7.13 M Vermarktung

Gegenstand und Zielsetzung

Immobilienmarketing bezeichnet die Gesamtheit aller unternehmerischen Maßnahmen, die der Entwicklung, Preisfindung und Vermarktung von Immobilien
dienen, um Austauschprozesse zwischen Mietern/Käufern einerseits und Vermie-
tern/Verkäufern andererseits herbeizuführen. Typische Immobilienmarketing-
Elemente sind:

- Grundsteinlegung, Richtfest, Einweihung, Tag der offenen Tür
- Öffentlichkeitsarbeit (Public Relations, PR)
- Kontakte zur regionalen und überregionalen Presse, zu Funk und Fernsehen

Durch *Vermietung* vor Baubeginn soll das Investitionsrisiko minimiert werden.
Daher wird eine Vorvermietungsquote von 40 % bis 60 % angestrebt. Ergebnisse
sind abgeschlossene Mietverträge mit Vereinbarungen über die Höhe des Mietzinses, die Laufzeit, ggf. Indexierungen, Staffelungen und Incentives. Dabei sind die
Zielparameter Ertrag und Nachhaltigkeit zu optimieren. Nach Abschluss des
Mietvertrages sind die Mieter im Hinblick auf die Flächennutzung, den Mieter-
ausbau und das Facility Management zu beraten.

Bei einem *Verkauf* soll der Käufer durch eine Kombination von Rendite, Wertsteigerung und Steuervorteilen einerseits mit einer guten Finanzierung andererseits

eine attraktive Verzinsung für das von ihm eingesetzte Eigenkapital erhalten (leverage effect). Dabei ist zu beachten, dass der Gewinn des Projektentwicklers i. w. S. komplett im Verkauf steckt.

Zu den Aufgaben der Vermarktung gehören damit die Konzeption des Immobilienmarketings sowie die Auswahl externer Dienstleister für Marketing- und PR-Maßnahmen, das Management der Vermietung und des Mieterausbaus, die Mieterbetreuung unter Einbindung externer Makler sowie die Organisation des Verkaufs durch Direktvertrieb oder auch Einbindung externer Makler.

Methodisches Vorgehen

Zu den wesentlichen Teilleistungen gehören

1. Immobilienmarketing mit Analyse, Prognose, Zielfestlegung, Strategie- und Detailplanung sowie Realisation und Kontrolle aller Maßnahmen zur Vermarktung des Projektes. Dazu gehören:

1.1 Projekt-Marketing
1.2 Standortmarketing
1.3 Medienarbeit des Projektentwicklers
1.4 Vertriebsorganisation mit Maklern
1.5 Erarbeitung eines Kommunikationskonzeptes zur Entwicklung eines Marken charakters für das Projekt

2. Vermietung

2.1 Auswahl des Vermietungspartners
2.2 Beratungs- und Vermietungsaufträge
2.3 Definition und Ansprache der Mieter-Zielgruppen
2.4 Marketingstrategie
2.5 Festlegen der Kommunikationsmaßnahmen und des Budgets
2.6 Abstimmen der Vermarktungszeitachse
2.7 Abstimmen der Inhalte des Mietvertrages

3. Verkauf

3.1 Ermittlung potenzieller Investorengruppen
3.2 Erarbeiten der Begründungen zu entscheidungsrelevanten Anlagekriterien wie:
    – Standortqualität
    – Mieterbonität und Mietermix
3.3 Mietvertrag
3.4 Gebäudemanagement
3.5 Nutzungsflexibilität
3.6 Gebäudeeffizienz
3.7 Architektur
3.8 Gebäudesubstanz
3.9 Image und Prestige des Projektes

4. Vorbereitung der Kaufverträge durch Verhandlungen mit Kaufinteressenten bis zur Unterschriftsreife

Immobilienmarketing

Unter Immobilienmarketing ist die konsequente Ausrichtung der Vermarktung auf aktuelle und potenzielle Märkte zu verstehen. Dabei sollen die Vermarktungsziele durch einen Marketing-Mix aus Projekt-, Kommunikations-, Distributions- sowie Preis- und Konditionspolitik erreicht werden. Seine Notwendigkeit ist leicht vermittelbar. Um ein Projekt vermarkten zu können, muss zunächst bekannt sein (Kommunikation), sich außerdem von anderen Projekten unterscheiden (Projekt, Preis) und natürlich auch verfügbar sein (Distribution) (Diederichs, 1999, S. 213). Eine ausführliche Anleitung zum *Immobilienmarketing* liefert Blomeyer (2002, S. 497 ff.).

Gegenstand der Vermarktung ist das *Projekt*. Dessen werbewirksame Darstellung und Beschreibung muss Angaben zu der Nutzungsart, der Architektur, dem Image, der inneren Funktionalität, der Bau- und Ausstattungsqualität sowie der durch die Lage bestimmten Adresse enthalten.

Der *Standort* hat entscheidenden Einfluss auf den Wert einer Immobilie, da mit ihm Image und Bedeutung verbunden werden, u. a. im Hinblick auf die Citynähe, die Qualität des Umfeldes, die Art der Verkehrsanbindung und die infrastrukturelle Ausstattung. Wichtigste Erfolgsfaktoren der Projektentwicklung sind jedoch nicht allein die „Lage, Lage, Lage", sondern die Kombination aus „Lage, Qualität, Preis und Timing", im Hinblick auf die aktuelle und künftig zu erwartende Situation auf dem Immobilienmarkt.

Projektentwickler können ihre Immobilie selbst vermarkten, wenn der Vertrieb zu ihren Kernkompetenzen zählt. Anderenfalls ist die Zusammenarbeit mit *Maklern* zu empfehlen, die sich darauf konzentrieren, einen marktgerechten Preis zu ermitteln, die Projektbeschreibung und die für die Vermietung und den Verkauf benötigten Unterlagen zusammenzustellen, Interessenten aus ihrer Kundendatei über das Angebot zu informieren, Zeitungsanzeigen zu schalten und das Projekt in Immobilienbörsen zu präsentieren. Makler leben von der Provision. Die Intensität ihres Bemühens ist von der jeweiligen Höhe der Provision abhängig.

Zum *Kommunikationskonzept* gehören die Kommunikationsstrategie, die Konkurrenz- und Zielgruppenanalyse, die Eingrenzung der Zielgruppe sowie deren Ansprache durch verschiedenartige Kontakte und Events.

Um die Immobilie unverwechselbar gegenüber Konkurrenzimmobilien hervorzuheben, haben sich folgende Methoden bewährt:

- die Herausstellung eines Leitbildes als Alleinstellungsmerkmal (Unique Selling Proposition USP), das positiv wahrgenommen wird durch Verdeutlichung der Einzigartigkeit des Projektes und der Vorteile für die Investoren und Nutzer
- die optische Verkörperung des Leitbildes durch Corporate Identity (CI) und Corporate Design (CD)
- die Verknüpfung von Projektname und Standort oder Investor wie z. B. Potsdamer Platz, Beisheim Center, Post Tower, Stadttor, Medienhafen

Zur Umsetzung der Kommunikationsstrategie werden die Ziele festgelegt, Zielgruppen definiert, USP, Projektname, CI, CD und die Art der Kundenansprache festgelegt. Das Ergebnis findet Niederschlag in einem Marketingplan, dargestellt als terminierter Maßnahmenkatalog oder Balkenplan.

Durch Kommunikation in der Planungsphase sind *Win-Win-Situationen* für alle direkt oder indirekt an dem Projekt Beteiligten oder von dem Projekt betroffenen Personen und Institutionen (Stakeholder) zu schaffen. Möglicher Kritik ist durch Stellungnahmen und Ausräumung offener oder latenter Bedenken zu begegnen. Bei drohenden Konflikten empfiehlt sich der Einsatz von *Mediatoren* zur Gewinnung von Befürwortern des Projektes, Schaffung von Akzeptanz in der Öffentlichkeit und Beschleunigung der Baugenehmigung des Projektes.

Elemente erfolgreichen *Baustellenmarketings* sind kreativ genutzte Bauzäune, Bau- und Imageschilder, Aussichtsplattformen, Beschriftungen und Beleuchtung der Kranausleger und -schafte, Ausstellungen oder Infocenter an der Baustelle (z. B. rote Info-Box am Potsdamer Platz in Berlin von 1995 bis 2000) sowie Musterbüros oder -wohnungen.

Der Baufortschritt wird stets durch vier markante Ereignisse geprägt: den Spatenstich, die Grundsteinlegung, das Richtfest und die Eröffnung nach Fertigstellung. Diese Ereignisse können zu Baufesten (Events) genutzt werden, um Aufmerksamkeit für den Standort und das Projekt zu erzeugen, Bekanntheit, Image und Akzeptanz des Projektes bei den Zielgruppen und den Medien zu erhöhen und sich von der Konkurrenz abzusetzen. Durch Souvenirs (Give-aways wie Broschüren, Flyer, Schirme, Krüge, Becher, Kugelschreiber oder Anstecknadeln) wird eine positive Erinnerung an das Projekt erreicht.

Zu der *Öffentlichkeitsarbeit* (PR) gehört nicht nur der Umgang mit Vertretern der Printmedien, von Hörfunk und Fernsehen, sondern auch der direkte Kontakt zu Nachbarn, Behörden, Verbänden und der kritischen Öffentlichkeit/Bürgerinitiativen. PR-Arbeit soll die Ziele und Auswirkungen des Projektes nach innen und außen vermitteln und damit Vertrauen und Akzeptanz schaffen.

Redakteure von Printmedien, Hörfunk und Fernsehen stehen stets unter Zeitdruck vor dem nächsten Redaktionsschluss. Sie benötigen kurze, prägnante Texte mit deutlichen Botschaften. Es muss unmittelbar verständlich und einleuchtend sein,

- warum – mit welcher Begründung,
- wem – welcher Zielgruppe,
- was – welche für diese wichtige Nachricht,
- wann – zu genau diesem Zeitpunkt und
- wodurch – über genau dieses Medium

vermittelt werden soll. *Journalisten kürzen Texte von hinten nach vorn.* Sofern ein Beitrag überhaupt angenommen wird, wird häufig nur der erste Absatz veröffentlicht. Pressemitteilungen sind daher sorgfältig vorzubereiten und durch gute Bilder zu ergänzen. Wenn Journalisten Zusatzinformationen benötigen, werden sie danach fragen.

Einladungen zu Pressekonferenzen und aus für die Leser/Hörer/Zuschauer interessantem und aktuellem Anlass bedürfen sorgfältiger Vorbereitung, Beteiligung öffentlichkeitswirksamer Persönlichkeiten und der Darstellung altruistischer, d. h. uneigennütziger, prosozialer Aspekte.

In eine Pressemappe gehören primär die Presseerklärung (max. 1 Seite) mit einer „knackigen Headline" zur Überschreitung der „News-Schwelle" und Weckung des Interesses für die Meldung bzw. die Botschaft und weiter ein Programm über den Ablauf der Veranstaltung, Bilder, Redebeiträge und Anlagen mit Fakten.

Krisen sind für den Projektentwickler eine besondere Herausforderung, da sie von ihm schnelles und sicheres Handeln erfordern. Auslöser sind z. B. ein tödlicher Baustellenunfall, herabfallende Fassadenteile, die drohende Insolvenz des Generalunternehmers oder ein Korruptionsfall. Wichtigster *Grundsatz der Begrenzung des Imageverlustes* für das Projekt und das Unternehmen *im Fall einer Krise* ist *deren Kommunikation* mit Offenheit und Transparenz. *Krisen-PR ist Chefsache.* Er hat sich unverzüglich ein Bild von der Krisensituation zu machen, die notwendigen Stellen zu informieren, die notwendigen Maßnahmen einzuleiten und als alleiniger Sprecher die Öffentlichkeit kontinuierlich zu informieren und Widersprüche zu vermeiden. Er darf den Medien gegenüber nie in die Defensive gehen, muss den Dialog suchen, Fragen beantworten und nicht ausweichen. Journalisten zeigen Verständnis für Probleme, die offen angesprochen werden. In den nächsten sorgfältig geplanten Schritten muss er durch Übereinstimmung von Worten und Taten überzeugen.

Im Gegensatz zur redaktionellen Berichterstattung können die Inhalte von Werbekampagnen selbst bestimmt werden. Durch das Image eines Projektentwicklers wird erreicht, dass sein *Firmenname auf das Projekt ausstrahlt* und dadurch Vertrauen und Loyalität schafft. Käufer und Mieter entscheiden sich eher für Unternehmen, die sie kennen und von deren ethischem Handeln sie überzeugt sind.

Zu den *Werbemitteln* gehören u. a. Anzeigen in den regionalen und überregionalen Tageszeitungen, eigene Drucksachen, Preisausschreiben, Prämien und Wettbewerbe sowie Vergünstigungen z. B. durch Gratiswohnen, Umzugsplanung, Fensterputzen, Taxi-Transfers und Frühkäuferrabatte.

Der *Dialog mit dem Kunden* lebt von dem Gespräch nach der AIDA-Technik (Attention, Interest, Desire, Action). Voraussetzung für den Kundendialog ist eine aktuell gepflegte Adressdatei der Zielgruppen. Von Adressverlagen gekaufte Adressen müssen nachrecherchiert werden, wobei dies die Gelegenheit bietet, den richtigen Ansprechpartner und seine Funktion zu erfahren.

Kontakte entstehen über das Telefon. Stimme und Art des Gesprächs vermitteln den wichtigsten ersten Eindruck, auch über die Chance zu einem persönlichen Gespräch mit dem Interessenten. Es ist nicht zu empfehlen, Materialien vorab zu übermitteln, da dadurch der Vergleich mit der Konkurrenz ermöglicht wird und die Chance für ein persönliches Gespräch sinkt.

Vermieter oder Verkäufer großer Projekte benötigen eine eigene informative, leicht erreichbare und laufend aktualisierte *Homepage*. Die periodische Neugestaltung bietet Anlass für die werbewirksame Mitteilung des Relaunch. Die ständig wachsende Informationsflut im World Wide Web erfordert es jedoch, die eigene Homepage bekannt zu machen. Dazu muss sie bei den bekannten Suchmaschinen angemeldet werden. Bekannte Suchmaschinen sind u. a. www.google.de, www.lycos.de und www.yahoo.de.

In Deutschland existieren bereits über 100 *Immobilienbörsen* mit wachsender Tendenz. Für den Anbieter ist es die preiswerteste Art, sein Objekt zu präsentieren. Für den Kunden ist es die schnellste Möglichkeit zur Informationsbeschaffung und zum Angebotsvergleich. Persönliche Gespräche können auf einem entsprechend hohen Informationsniveau des Interessenten aufbauen.

Immobilienportale bieten Suchdienste sowohl für Makler als auch für Privatpersonen zur Darstellung ausgewählter Objekte. Auszugsweise seien genannt:

www.immoversum.de: Kleinanzeigenmarkt deutscher Tageszeitungen

www.immobilienscout24.de: größtes deutsches Angebot mit ca. 100.000 Objekten, zu 75 % von Maklern, zu 25 % von Privatpersonen

www.bellevue.de: Ferienimmobilien in Deutschland, Frankreich, Portugal und Spanien

www.propertygate.com: Makler haben direkten Zugriff auf Anfragen

www.immonet.de: ein Gemeinschaftsunternehmen der Axel Springer AG und des IVD (Immobilienverband Deutschland e. V.) mit einem Objektbestand von ca. 325.000 Immobilien (April 2005) und monatlich über 55 Mio. Seiten- und 10 Mio. Exposé-Aufrufen

www.*stadtname*.de: Internetseiten der Städte, darunter Mietspiegel, soweit vorhanden und in das Internet eingestellt

www.web.de: regionale Immobilienangebote nach Postleitzahl oder auf einer Deutschlandkarte

Vermietung

Wertvolle Ausführungen zur Vermietung bieten u. a. Holloch et al. (2002, S. 539 ff.). Zielsetzung jedes Projektentwicklers ist es, durch *Vorvermietung*, d. h. Vermietung von Teilflächen vor Baubeginn, das Investitionsrisiko zu minimieren. Die Rentabilität eines Projektes wird maßgeblich durch die Leerstandszeit zwischen Grundstücksankauf und Vollvermietung bestimmt. Die Minimierung dieser Leerstandszeit und damit der Leerstandsquote nach Baufertigstellung sind daher Rendite bestimmende Kernaufgaben des Projektentwicklers.

Gemäß § 535 Abs. 1 BGB wird der Vermieter durch den Mietvertrag verpflichtet, dem Mieter den Gebrauch der Mietsache während der Mietzeit zu gewähren, sie in einem zum vertragsgemäßen Gebrauch geeigneten Zustand zu überlassen und während der Mietzeit in diesem Zustand zu erhalten. Er hat auch die auf der Mietsache ruhenden Lasten zu tragen. Der Mieter ist gemäß § 535 Abs. 2 BGB verpflichtet, dem Vermieter die vereinbarte Miete zu entrichten.

Hat die Mietsache zur Zeit der Überlassung an den Mieter oder während der Mietzeit einen Mangel, der ihre Tauglichkeit zum vertragsgemäßen Gebrauch aufhebt oder mindert, so ist der Mieter gemäß § 536 Abs. 1 BGB von der Entrichtung der Miete befreit bzw. hat er nur eine angemessen herabgesetzte Miete zu entrichten. Rechtlich wirksame Haftungsbeschränkungsklauseln werden begrenzt durch die Vorschriften des AGBG gemäß den §§ 305 ff. BGB.

Der *Mietpreis* bezieht sich auf eine Mietfläche pro m². Diese ist in Deutschland nach DIN 277 und gif-Norm unterschiedlich definiert, wobei Flächenunterschiede bis zu 17 % auftreten können.

Die Gesellschaft für immobilienwirtschaftliche Forschung (gif) hat Richtlinien zur Bemessung der Mietfläche von Gewerberäumen (MF-G) herausgegeben (2004) und im Einzelnen darin beschrieben, welche Fläche als gewerbliche Mietfläche anzusehen ist. Daher sind in jedem Mietvertrag die Norm bzw. Methode zur Mietflächenermittlung und die entsprechende Flächenberechnung beizufügen.

Die meisten Entwickler fordern eine Vorvermietung vor Baubeginn von 40 % bis 60 % der Mietfläche. Aus dieser Forderung einerseits und der Tatsache andererseits, dass ca. 80 % der Mietverträge erst max. 6 Monate vor Einzug abgeschlossen werden, ergibt sich ein Konflikt, der häufig die Entscheidung über den Baubeginn blockiert. Bevorzugt werden daher Groß- oder auch *Ankermieter* ab ca.

5.000 m² Mietfläche, die in Boomzeiten kurzfristig keine Flächen finden und sich daher längerfristig und rechtzeitig entscheiden müssen. Für sie ist das Timing ihrer Mietentscheidung wichtig, um einen möglichst günstigen Mietzins im Verlauf des Immobilienzyklus' zu erzielen.

Generell empfiehlt sich die Vermietung durch Einschaltung eines exklusiv beauftragten *Maklers*. Dies ist erforderlich, da viele potenzielle Mieter sich ebenfalls an einen Makler mittels Alleinsuchauftrag binden. Vorteile der Makler sind ihr Marktüberblick und die langjährige Mieterkenntnis. Zur Auswahl von Maklern eignet sich eine Präsentation (*Beauty Contest*), bei der Makler die Gelegenheit erhalten, ihre Leistungen und die Einschätzungen zum Objekt und zur Vermarktungsstrategie zu präsentieren.

Bei einem reinen *Vermittlungsauftrag* an den Makler muss der Projektentwickler das Mietobjekt mit den für die Vermarktung erforderlichen Unterlagen selbst aufbereiten. Dazu gehören eine Mieterbaubeschreibung, die Mietflächenberechnung, Pläne M 1:200, eine Planungsmappe mit Grundrissen der Vermietungseinheiten sowie ggf. eine CD-Rom mit Broschüre/Flyer. Mit vom Makler benannten Mietinteressenten verhandelt er weitgehend allein die Mietverträge. Die *Maklerprovision* bewegt sich üblicherweise zwischen 2 und 3 Monatsmieten.

Zu den reinen Vermittlungsaufgaben gehören die gezielte Ansprache von Mietinteressenten, die Vorbereitung und Durchführung von Objektpräsentationen und -besichtigungen, die Führung von Vermietungsgesprächen und Mietvertragsverhandlungen, die Vorbereitung und Aufbereitung von Informationen und Verhandlungsergebnissen sowie der ausverhandelten Mietverträge zur Unterzeichnung durch den Auftraggeber und das regelmäßige Berichtswesen.

Hat der Makler auch ein *Beratungsmandat*, so übernimmt er darüber hinaus auch das Erarbeiten eines Marketingkonzeptes und die Beurteilung des Gesamtkonzeptes im Hinblick auf die für die Vermietung relevanten Aspekte, die Mietvertragsgestaltung (ausgenommen Rechtsberatung), die Überwachung der Vermietungsstrategie und die Durchführung regelmäßiger Marketing-Meetings zwischen Auftraggeber und Makler. Dafür erhält er ein monatliches Honorar (*Retainer*) unabhängig von Mietvertragsabschlüssen.

Nur selten wird eine Vollvermietung mit Fertigstellung erreicht, sondern in aller Regel erst 3 bis 12 Monate danach.

Grundlage der Einkünfte aus Anlagenimmobilien sind die Mieter und deren Mietzahlungen. Maßgeblich sind deren *Bonität* und der *Mietermix*. Die Gefährdung des Mietertrages steigt mit der Anzahl der Mieter. Dennoch wird ein Objekt mit einem Ankermieter, z. B. einer führenden Versicherungs-AG, und einem 20jährigen Mietvertrag eher einen Käufer finden als ein Objekt mit mehreren Gründerunternehmen aus der IT-Branche. Bieter werden daher entsprechend ihrer Bonität, Branche, Markterfahrung, Mitarbeiteranzahl und ihren Wachstumsprognosen beurteilt.

Der *Mietvertrag* regelt maßgeblich die Höhe des Mietzinses und der Nebenkosten, die Laufzeit und Verlängerungsoptionen, Wertsicherungsklauseln (Indexierung, Staffelmiete), Mietsicherheiten und die Mehrwertsteuer. Wichtig für die *Nebenkosten (2. Miete)* sind der Umlageschlüssel sowie die Möglichkeit zur Aufnahme weiterer Kostenpositionen wie z. B. für notwendige Bewachung und zusätzliche Reinigung bei Sonderveranstaltungen. Die Nebenkosten sollen sich stets adäquat zu Objektausstattung, Marktsituation, Standort und Lage verhalten. Dies erfordert deren genaue Analyse hinsichtlich Art und Umfang (vgl. Jones

Lang LaSalle: OSCAR 2004 Büronebenkostenanalyse, und auch ATIS REAL Müller International Key Report Office 2004). In schwachen Konjunkturphasen nimmt die Bereitschaft der Mieter ab, die Nebenkosten in vollem Umfang zu übernehmen.

Zu den Besonderheiten, die beim Abschluss von Gewerbemietverträgen für Entwicklungsprojekte zu beachten sind, äußert sich u. a. Usinger (2002, S. 519 ff.). *Streitigkeiten aus Gewerbemietverträgen* entstehen häufig, weil die notwendigen Formerfordernisse nicht beachtet wurden, weil Größe und Beschaffenheit des Mietgegenstandes unzureichend definiert wurden oder weil sich die Baufertigstellung verzögerte.

Zu beachten ist zunächst das *Schriftformerfordernis*. Wird ein Mietvertrag für längere Zeit als ein Jahr nicht in schriftlicher Form geschlossen, so gilt er gemäß § 550 BGB für unbestimmte Zeit. Der Mieter eines nur mündlich abgeschlossenen Mietvertrages kann dann gemäß § 573c Abs. 1 BGB spätestens am 3. Werktag eines Kalendermonats zum Ablauf des übernächsten Monats kündigen. Das Schriftformerfordernis nach § 126 BGB erfordert, dass der Mietvertrag in einer einheitlichen Urkunde enthalten sein muss. Ihre Zusammengehörigkeit ist „durch körperliche Verbindung und sonst in geeigneter Weise" kenntlich zu machen (BGHZ 40, 255, 263). Diese Formvorschriften gelten sowohl für den Hauptvertrag als auch für jeden Nachtrags- bzw. Änderungsvertrag.

Die Nichtbeachtung der Schriftform hat zur Folge, dass der Mietvertrag nach Ablauf von einem Jahr ab Vertragsabschluss (nicht ab Bezug) mit gesetzlicher Kündigungsfrist gekündigt werden kann.

Nicht formgerecht abgeschlossene Änderungsverträge führen i. d. R. auch zur Formunwirksamkeit des Hauptvertrages auch dann, wenn der Hauptvertrag selbst formgerecht abgeschlossen wurde.

Zur Vermeidung von Streitigkeiten über die Größe der Mietfläche des Mietgegenstandes ist auf deren eindeutige Definition durch Bezug auf DIN 277 oder auf die von der gif herausgegebenen gif-Richtlinien zu achten.

Die formularmäßige Verwendung von Klauseln, wonach die Höhe des Mietzinses unverändert bleiben soll, wenn sich die Mietfläche um mehr als ± x % ändert, ist i. d. R. wegen Verstoßes gegen das AGBG gemäß §§ 305 ff. BGB unwirksam. Daher hat der Mieter Anspruch auf Minderung der Miete, wenn sich nach Fertigstellung herausstellt, dass die Mietfläche kleiner ist als im Mietvertrag angegeben.

Bei Entwicklungsprojekten ergeben sich Risiken für den Vermieter aus der Unsicherheit über den Mietbeginn, da der Mieter gemäß § 543 Abs. 1 und 2 BGB berechtigt ist, das Mietverhältnis aus wichtigem Grund außerordentlich fristlos zu gründen, wenn dem Mieter der vertragsgemäße Gebrauch der Mietsache ganz oder zum Teil nicht rechtzeitig gewährt wird. Diese Vorschrift ist im Wohnraummietrecht zu Lasten des Mieters nicht abdingbar. Bei Gewerberäumen sind die Vorschriften der §§ 308 Nr. 2 und 309 Nr. 8a BGB in Formularmietverträgen zu beachten.

Eine Klausel in einem Formularmietvertrag, wonach Instandsetzungsarbeiten innerhalb des Mietgegenstandes vom Mieter auszuführen sind, ist gemäß § 307 Abs. 2 BGB unwirksam, wenn ein Mangel vorliegt, für den der General- oder Bauunternehmer oder ein am Objekt beteiligter Planer haftet. Daher muss der Mieter über Art, Umfang und Dauer der Gewährleistungsansprüche informiert werden.

Auch in Altbauten sind Art und Umfang der Verpflichtung zur Instandsetzung durch den Mieter auf Fälle zu beschränken, in denen die Notwendigkeit zur Instandsetzung durch den Gebrauch der Mietsache durch den Mieter verursacht ist. Wird eine Instandsetzungsklausel wegen Verstoßes gegen die §§ 305 ff. BGB als unwirksam angesehen, so sind alle Instandsetzungsarbeiten vom Vermieter auszuführen.

Der Vermieter darf Vorsteuer für die Herstellungskosten des Gebäudes nur dann geltend machen, wenn die Immobilie mit Umsatzsteuer vermietet wird.

Gemäß § 9 Abs. 2 UStG ist der Verzicht auf Steuerbefreiung nur zulässig, sofern der Mieter das Grundstück ausschließlich für Umsätze verwendet oder zu verwenden beabsichtigt, die den Vorsteuerabzug nicht ausschließen.

Ändern sich diese Voraussetzungen beim Mieter durch Mieterwechsel oder Untervermietung, so hat der Vermieter über einen Zeitraum von bis zu 10 Jahren jährlich 10 % der als Vorsteuer in Anspruch genommenen Beträge an das Finanzamt zurückzuführen (§ 15a Abs. 1 Satz 2 UStG). Wenn der Vermieter zur Umsatzsteuer optiert oder dies beabsichtigt, so muss er den Mieter im Mietvertrag verpflichten, das Mietobjekt ausschließlich für Umsätze zu verwenden, die den Vorsteuerabzug nicht ausschließen, und diese Pflicht im Falle einer Untervermietung an den Untervermieter weiterzugeben.

Klauseln in Formularverträgen, wonach der Mieter „sämtliche Nebenkosten" zu tragen hat, sind gemäß § 307 Abs. 1 Satz 2 BGB unwirksam, da der Mieter bei Vertragsabschluss nicht abschließend erkennen kann, mit welchen Nebenkosten er während der Mietdauer zu rechnen hat. Der Vermieter muss daher eine Nebenkostenvereinbarung abschließen, die zumindest für den Mietbeginn einen abschließenden Nebenkostenkatalog enthält. In einer weiteren Bestimmung könnte er versuchen, etwaige nach Mietbeginn neu entstehende Nebenkostenarten für umlagefähig zu erklären (Vorbehaltsklausel). Dabei verbleibt das Restrisiko, dass die Vorbehaltsklausel wegen Verstoßes gegen das Transparenzgebot unwirksam ist. In der seit dem 01.01.2004 geltenden Betriebskostenverordnung (BetrKV) sind 19 Kostenarten aufgeführt. Betriebskosten sind gemäß § 1 BetrKV die Kosten, „die dem Eigentümer oder Erbbauberechtigten durch das Eigentum oder Erbbaurecht am Grundstück oder durch den bestimmungsmäßigen Gebrauch des Gebäudes, der Nebengebäude, Anlagen, Einrichtungen und des Grundstücks laufend entstehen. Sach- und Arbeitsleistungen des Eigentümers oder Erbbauberechtigten dürfen mit dem Betrag angesetzt werden. der für eine gleichwertige Leistung eines Dritten, insbesondere eines Unternehmers, angesetzt werden könnte; die Umsatzsteuer des Dritten darf nicht angesetzt werden". Zu den Betriebskosten gehören gemäß § 1 Abs. 2 BetrKV nicht die Verwaltungs- und die Instandhaltungs- und Instandsetzungskosten. Nicht umlagefähig sind ferner das Mietausfallwagnis oder tatsächliche Mietausfälle.

Bei der Vermietung von „veredeltem Rohbau" werden häufig Teile der Ausbauarbeiten dem Mieter überlassen. Wichtig ist hierbei eine genaue Abgrenzung zwischen den Vermieterleistungen einerseits und den vom Mieter zu erbringenden Ausbauleistungen andererseits. Ferner ist in die Mietverträge eine Verpflichtung zur Wiederherstellung des Zustandes aufzunehmen, in dem der Mieter den Mietgegenstand bei Mietbeginn übernahm. Eine allgemeine Verpflichtung des Mieters zur Renovierung ist dagegen wenig sinnvoll.

Verkauf

Zum Verkauf des entwickelten bzw. in der Entwicklung befindlichen Grundstücks finden sich wertvolle Ausführungen u. a. bei Usinger (2002, S. 509 ff.). Usinger unterscheidet zwischen vier Grundformen der Veräußerung:

- durch Bauträgervertrag,
- durch Grundstückskaufvertrag, kombiniert mit einem Generalübernehmervertrag,
- durch Grundstückskaufvertrag, kombiniert mit Eintritt des Käufers in bereits bestehende Planungs-, Beratungs- und Bauverträge,
- durch Veräußerung von Anteilen an Kapitalgesellschaften (Single Purpose Companies).

Bei einem *Bauträgervertrag* sind die Vorschriften der Makler- und Bauträgerverordnung (MaBV) einzuhalten. Die MaBV sieht entweder die Einhaltung bestimmter Ratenzahlungen vor, von denen zu Lasten des Käufers nicht abgewichen werden kann (§ 3 MaBV), oder die Stellung einer Bankbürgschaft über die volle Vertragssumme (§ 7 MaBV). Auch dann sind unverhältnismäßig hohe Vorausleistungen des Käufers nicht zulässig. Eine gegen die Vorschriften des § 3 MaBV verstoßende Zahlungsvereinbarung in einem Bauträgervertrag ist unwirksam. Auch das Verlangen in formularmäßig verwendeten Bauträgerverträgen, den Restkaufpreis auf ein Notar-Anderkonto einzuzahlen, ist unzulässig (BGH, NJW 1985, 852). Bei der Abfassung von Bauträgerverträgen sind die Beschränkungen der §§ 305 ff. BGB zu beachten, da fast alle Bauträgerverträge Allgemeine Geschäftsbedingungen im Sinne des § 305 Absatz 1 BGB sind, da sie i. d. R. für mehr als zwei Verträge verwendet werden. Besonders häufig sind Verstöße gegen § 309 Nr. 8b BGB, der regelt, welche Beschränkungen der Mängelhaftung unzulässig sind.

Bei einem *kombinierten Grundstückskauf- und Generalübernehmervertrag* wird der Bauträgervertrag aufgeteilt in einen Kaufvertrag über das Grundstück einerseits und einen Generalübernehmervertrag über die Planungs- und Bauleistungen andererseits, wobei i. d. R. der Verkäufer des Grundstücks selbst oder eine mit ihm unmittelbar oder mittelbar verbundene Gesellschaft einen Generalübernehmer- oder auch nur einen Generalunternehmervertrag erhält. Stellt der Grundstückskaufvertrag mit dem Generalübernehmervertrag eine rechtliche Einheit dar, so muss auch der Generalübernehmervertrag beurkundet werden, wenn die beiden Vereinbarungen nur miteinander gelten sollen (BGH, NJW 1987, 1096). Auch bei Beurkundung des Kaufvertrages und des Generalübernehmervertrages, in dem auf den Grundstückskaufvertrag verwiesen werden muss, ist der Notar zur Vorlage beider Urkunden beim Grunderwerbsteuerfinanzamt verpflichtet. Bei Abkoppelung des Generalübernehmervertrages vom Grundstückskaufvertrag trotz bestehenden rechtlichen Zusammenhangs und Nichtanzeige des Generalübernehmervertrages beim Grunderwerbsteuerfinanzamt zum Zwecke der Vermeidung der Grunderwerbsteuer auf die Generalunternehmervergütung ist der Tatbestand der Steuerhinterziehung gegeben. Die Grunderwerbsteuer auf die Generalübernehmervergütung fällt nur dann nicht an, wenn alle beteiligten Parteien darauf verzichten, die Abschlüsse der Verträge voneinander abhängig zu machen.

Der fast ausschließlich bei Gewerbeprojekten vorkommende *Grundstückskaufvertrag mit Eintritt in bestehende Planungs-, Beratungs- und Bauverträge* ist rechtlich die Kombination einer Forderungsabtretung mit einer Schuldübernahme. Dabei muss der Verkäufer darauf achten, dass vertraglich eine sog. befreiende Schuldübernahme vereinbart wird, so dass der Verkäufer ab Eintritt des Käufers in die Verträge nicht mehr haftet. Vorsorglich sollte daher ein Verkäufer, der während der Bauphase verkaufen will, in allen Planungs-, Beratungs- und Bauverträgen vorsehen, dass er im Falle eines Verkaufs berechtigt ist, die Verträge mit allen Rechten und Pflichten und mit für ihn Schuld befreiender Wirkung auf den Käufer zu übertragen. Ferner ist im Kaufvertrag festzustellen, welche Zahlungen der Verkäufer auf die Verträge, in die der Käufer eintritt, bereits geleistet hat.

Die Grunderwerbsteuer erstreckt sich in diesem Fall auf die Summe aus Grundstückskaufpreis und Auftragssummen der Verträge, in die eingetreten wird.

Beim Verkauf bereits fertig gestellter Gebäude haben Vereinbarungen über die Mängelhaftung während der ab Abnahme der Bauleistungen geltenden Verjährungsfrist besondere Bedeutung. Über die Bestimmungen des § 309 Nr. 8b BGB hinausgehend hält der BGH den formularmäßigen Ausschluss des Rücktrittsrechts wegen eines Mangels für unwirksam.

Auch bei einem Individualvertrag ist ein Haftungsausschluss für Sachmängel beim Erwerb eines neu errichteten oder noch zu errichtenden Gebäudes gemäß § 242 BGB unwirksam, wenn der Notar den Käufer nicht über die für ihn nachteiligen Rechtsfolgen eingehend belehrt hat (BGH, DNotZ 1990, S. 96 ff.).

Seit dem 01.01.2002 gilt für Kapitalgesellschaften Steuerfreiheit für Gewinne aus der Veräußerung von Kapitalgesellschaftsanteilen. Seither tritt an die Stelle der Veräußerung des Grundstücks häufiger der *Verkauf von Gesellschaftsanteilen an Grundstückskapitalgesellschaften (Single Purpose Companies)* durch die Gesellschafter. Dies ist auch für in der Entwicklung, Planung oder Bauausführung befindliche Projekte möglich.

Der Erwerb von Anteilen an einer Objekt-Kapitalgesellschaft ist nur dann grunderwerbsteuerpflichtig, wenn $\geq 95\,\%$ der Anteile durch einen Erwerber oder von diesem Erwerber abhängige Unternehmen gekauft werden. Dem Vorteil steuerfreier Veräußerungsgewinne beim Veräußerer steht der Nachteil ebenfalls nicht steuerwirksamer Veräußerungsverluste gegenüber.

Das AfA-Volumen und damit die Höhe der jährlichen Abschreibungen durch den Erwerber der Objekt-Kapitalgesellschaft werden durch die ursprünglichen Anschaffungskosten für das Gebäude bestimmt. Der darüber hinaus gehende Preis der Gesellschaftsanteile ist nicht abschreibungsfähig.

Handelt es sich bei dem verkauften Objekt um das wesentliche Vermögen der verkaufenden Gesellschaft, so liegt häufig eine Geschäftsveräußerung im Sinne des § 1 Absatz 1a UStG vor mit der Konsequenz, dass keine Umsatzsteuer fällig wird. Grundsätzlich sind gemäß § 4 Nr. 9a UStG Umsätze steuerfrei, die unter das Grunderwerbsteuergesetz fallen.

1.7.14 N Projektfinanzierung (Exit 5)

Gegenstand und Zielsetzung

Immobilieninvestitionen binden langfristig hohe Kapitalbeträge, die nur selten voll aus Eigenkapital finanziert werden können.

Es gilt daher folgender *Kernsatz der Immobilienfinanzierung* (Follak/Leopoldsberger, 1996): „Die Erträge aus der Immobilie müssen den Kapitaldienst und der Wert der Immobilie die Besicherung gewährleisten. Unternehmenskredite werden dagegen i. d. R. aus anderen Quellen als der Investition selbst bedient und besichert."

Gegenstand und Zielsetzung des Aufgabenpaketes Projektfinanzierung ist es, die für den Investor bestgeeignete Finanzierungsform herauszufinden, zu möglichen Anbietern der Projektfinanzierung Kontakt aufzunehmen, Finanzierungsverhandlungen mit ausgewählten Anbietern vorzubereiten und diese bis zur Unterschriftsreife zu führen.

Unter dem Begriff der klassischen Immobilienfinanzierung wird die *Finanzierung über grundpfandrechtlich gesicherte Darlehen* verstanden. In der prozentualen Höhe der Beleihungsgrenze unterscheiden sich die Finanzierungsinstitute deutlich.

Die Grenzen der klassischen Finanzierung werden gesetzt durch deren Deckung aus den Erträgen der Immobilie und dem Wert der Sicherheit. Bei Gewerbeimmobilien werden i. d. R. 60 % der Projektkosten durch erststellige Hypotheken und weitere 20 % durch nachrangige Darlehen ermöglicht. Die nachrangige Finanzierung muss häufig aus anderen Quellen bedient und besichert werden. Hier kommt es entscheidend auf die Bonität und Kreditfähigkeit des Investors an.

Zwischenfinanzierungs- und Nebenkosten sind vorrangig aus dem Eigenkapital des Investors zu begleichen, da diese den Wert des Immobilienobjektes nicht erhöhen. Viele Investoren verfügen jedoch nicht über die nötigen Eigenmittel. Daraus ergab sich die Notwendigkeit, alternative Finanzierungsmodelle für große Projekte zu entwickeln.

Immobilieninvestitionen binden langfristig hohe Kapitalbeträge, die nur selten voll aus Eigenkapital finanziert werden können. Die klassische Immobilienfinanzierung geschieht daher über grundpfandrechtlich gesicherte Darlehen. Bei Gewerbeimmobilien werden i. d. R. 60 % der Investitionskosten durch erststellige Hypotheken und weitere 20 % durch nachrangige Darlehen finanziert.

Nach den neuen Eigenkapitalverordnungen des Baseler Ausschusses der Bank für internationalen Zahlungsverkehr (Basel II), die im Jahre 2007 eingeführt werden sollen, wird ein internes oder externes Einzelrating maßgeblich für die Unterlegung von ausgegebenen Krediten mit Eigenkapital der Bank sein. Damit hängt der Zinssatz für Fremdkapital maßgeblich von den individuellen Projekt-, Standort- und Unternehmensratings und damit von der Eigenkapitalausstattung der Kreditnehmer ab.

Methodisches Vorgehen

Nachfolgend werden einleitend die Rahmenbedingungen für Projektfinanzierungen unter Berücksichtigung bankinterner Steuerungsgrundsätze, des Immobilien-Investment-Bankings und der Eigenkapitalanforderungen international tätiger Banken nach Basel II in knapper Form vorgestellt.

Anschließend wird ein Beispiel für ein Projekt-, Unternehmens- und Rentabilitätsrating vorgestellt, das letztlich zu einem Gesamtrating führt. Die sich anschließende Darstellung der Kriterien der Projektfinanzierung und alternativer Finanzierungsformen mündet in eine Bewertungsmatrix als Anleitung zur Auswahl der im

Einzelfall bestgeeigneten Finanierungsform. Das Kapitel wird abgeschlossen durch die Erläuterung von Real Estate Investment Trusts, die bisher in Deutschland noch nicht zugelassen sind, von der Immobilienwirtschaft aber zunehmend gefordert werden.

1.7.14.1 Rahmenbedingungen für Projektfinanzierungen

Die Kapitalanlage in Immobilien galt lange Zeit als relativ renditeschwache, dafür aber auch relativ risikolose Investition. Vor dem Hintergrund der Globalisierung und wegen des direkten Wettbewerbs mit anderen Kapitalanlageformen ist sie jedoch zu einem faszinierenden Markt und einem Betätigungsfeld wissenschaftlicher Forschung geworden, geprägt durch Begriffe wie Immobilien-Investment-Banking oder Corporate Real Estate, stets mit konsequenter Ausrichtung auf den Shareholder-Value-Gedanken. Die *bankinternen Steuerungsgrundsätze* haben sich wegen der marktbezogenen und aufsichtsrechtlichen Anforderungen verstärkt internationalen Gegebenheiten anzupassen. Nach den *Prinzipien des Immobilien-Investment-Banking* und wichtiger *Kriterien für die Projektfinanzierung* werden klassische und neuere *Finanzierungsformen* unterschieden, deren Analyse und Bewertung im Einzelfall zu einer Auswahlentscheidung führen muss. Besondere Bedeutung haben in diesem Zusammenhang die Finanzierungsrisiken aus der Sicht der Kapitalgeber. Das Ergebnis der jeweiligen bankinternen Risikoeinschätzung führt zu der Entscheidung, ob für die jeweilige Immobilienanlage überhaupt ein Kredit bewilligt wird. Bei positiver Entscheidung ist anschließend die Ausgestaltung der Kreditkonditionen vorzunehmen.

Projektentwicklungsunternehmen haben einen erheblichen Finanzierungsbedarf zur Realisierung ihrer Projekte. Mittelständische deutsche Projektentwicklungsgesellschaften sind im europäischen Vergleich unterkapitalisiert. Auf den internationalen Kapitalmärkten ist jedoch genügend Eigenkapital vorhanden, das bei ausgewogener Chance-Risiko-Struktur nach entsprechender Anlage sucht. Aufgabenschwerpunkt des *Immobilien-Investment-Banking* ist die Strukturierung von komplexen Großimmobilien oder Immobilienportfolios durch Analyse und Prognose. Dazu muss der gesamte Prozess der Immobilien-Wertschöpfungskette durchleuchtet werden. Dabei steht nicht der Wert der Immobilie im Vordergrund der Betrachtung, sondern der Cashflow, der aus der Immobilie generiert werden kann.

Zielsetzung des Investment-Banking ist es, Risiken zu analysieren, zu strukturieren und in handelbare Produkte (Schuldverschreibungen oder Verbriefungen) zu transformieren. Dadurch werden Risiken kapitalfähig gemacht und auf institutionelle oder private Anleger (Equity-Partner) verteilt. Bei der Strukturierung der Finanzierung ist zu unterscheiden zwischen sicheren Risikoklassen, die sich für eine Hypothekenfinanzierung eignen, risikobehafteteren Klassen, bei denen sich der Einsatz von *Mezzanin-Kapital* anbietet bis hin zu solchen Klassen, die zur Abdeckung des unternehmerischen Risikos den Einsatz von Eigenkapital erfordern. Die Kapitalmärkte, auf denen Equity-Produkte aus nachrangigem Kapital oder Eigenkapitalsurrogaten gehandelt werden können, werden sich in den nächsten Jahren zunehmend entfalten. Für die Banken entstehen aus dieser Entwicklung neue Produkte und damit neue Kundenbeziehungen und Geschäftsmöglichkeiten. Durch Vermittlung von Equity-Partnern werden Provisionen erwirtschaftet.

Da es sich bei der Immobilienfinanzierung meistens um hohe Kreditsummen handelt, muss sich der Kreditnehmer um eine marktgängige Kapitalstruktur bemühen, um das Kreditrisiko durch Teilung des Kreditvolumens auf mehrere Banken zu minimieren und damit die Risikokosten der Kapitalbeschaffung zu senken (*Konsortial- bzw. Syndizierungsgeschäft*). Hinzu kommt die *Risikodiversifikation* durch Risikostückelung und -verteilung im Portfolio der Immobilienkredite. Dazu werden seit einigen Jahren in allen Immobilienbanken Risikobewertungen mit Hilfe der individuellen Bewertung der Risikofaktoren aus der Projekt- und Kreditnehmerbonität vorgenommen.

Die *Shareholder-Value-Ausrichtung* der Immobilienbanken führt zu einer verstärkten Bedeutung attraktiver Eigenkapitalrenditen der Banken für Immobilienfinanzierungen. Gemäß § 10 KWG sind derzeit ungesicherte Kredite noch zu 100 % als Risikoaktiva zu gewichten und mit 8 % Eigenkapital der Bank zu unterlegen, bei grundpfandrechtlicher Besicherung dagegen nur zu 50 % Risikogewicht und einer entsprechenden Eigenkapitalunterlegung von 4 % des Darlehens bis zu 60 % des Beleihungswertes. Damit wirken sich die Eigenkapitalkosten der Bank maßgeblich auf die Fremdkapitalkosten der Immobilienkredite aus.

Unter dem Begriff *Basel II* ist das Bemühen des Baseler Ausschusses für Bankenaufsicht zu verstehen, eine internationale Konvergenz der Eigenkapitalmessung und Eigenkapitalanforderungen international tätiger Banken zu erreichen.

Der Baseler Ausschuss für Bankenaufsicht ist ein Gremium der Bankenaufsichtsbehörden, das von den Zentralbankgouverneuren der G 10-Länder[1] 1975 gegründet wurde und sich aus den leitenden Vertretern der Bankenaufsichtsbehörden und der Zentralbanken der G 10-Länder zusammensetzt. Das Gremium trifft sich gewöhnlich in der Bank für internationalen Zahlungsausgleich in Basel. Dort ist auch sein ständiges Sekretariat angesiedelt (Baseler Ausschuss Juni 2004). Die Rahmenvereinbarung vom Juni 2004, der die Vertreter aller G 10-Länder zugestimmt haben, legt Details zur Messung der Kapitaladäquanz und der zu erreichenden Mindestkapitalanforderungen dar, die die nationalen Aufsichtsbehörden zur Annahme in ihren jeweiligen Ländern vorschlagen werden. Der Ausschuss geht davon aus, dass die Rahmenvereinbarung zum Jahresende 2007 zur Anwendung kommt.

Ziel der Arbeit des Ausschusses war es, die Vereinbarung von 1988 (Basel I) im Hinblick auf eine weitere Stärkung der Solidität und Stabilität des internationalen Bankensystems zu entwickeln. Dabei wurde versucht, zu wesentlich stärker risikosensitiven Kapitalanforderungen zu gelangen, die konzeptionell solide sind und gleichzeitig besondere Merkmale der bestehenden Aufsichts- und Rechnungslegungssysteme in den einzelnen Mitgliedsstaaten berücksichtigen. Dabei hält der Ausschuss an bisherigen Schlüsselelementen fest, Eigenkapital in Höhe von mindestens 8 % ihrer gewichteten Risikoaktiva zu halten, Marktrisiken nach der

---

[1] G 10 ist die Abkürzung für Zehnergruppe oder Zehnerclub (Group of Ten), anlässlich des Abschlusses der Allgemeinen Kreditvereinbarungen im Rahmen des Internationalen Währungsfonds (IWF) 1962 gebildeter informeller Zusammenschluss der 10 wichtigsten westlichen Industrieländer (Belgien, Deutschland, Frankreich, Großbritannien, Italien, Japan, Kanada, Niederlande, Schweden und USA) zur Abstimmung und gemeinsamen Vertretung ihrer währungspolitischen Interessen und zur gegenseitigen Unterstützung bei Zahlungsbilanzproblemen. Seit 1984 gehört die Schweiz als 11. Vollmitglied der Zehnergruppe an (Brockhaus, 1999, Bd. 24, S. 484)

Grundstruktur des Marktrisikopapiers von 1996 zu behandeln und das haftende Eigenkapital einheitlich zu definieren. Eine wesentliche Neuerung ist die stärkere Berücksichtigung von bankinternen Risikomessverfahren als Einflussgröße für die Kapitalberechnungen. Ferner wurde der Ansatz zur Behandlung erwarteter und unerwarteter Verluste geändert.

Die Rahmenvereinbarung ist in 4 Abschnitte unterteilt. Der Anwendungsbereich (Teil 1) zeigt, wie Kapitalanforderungen innerhalb einer Bankengruppe anzuwenden sind. In Teil 2 werden als erste Säule die Mindestkapitalanforderungen geregelt mit

I   Berechnung der Mindestkapitalanforderungen (aufsichtsrechtliches Eigenkapital, gewichtete Risikoaktiva)

II   Punktkreditrisiko – der Standardansatz (einzelne Forderungen, externe Ratings, Überlegungen zur Einführung von externen Ratings, der Standardansatz zur Kreditrisikominderung)

III Kreditrisiko – auf internen Ratings basierender Ansatz (Verfahren des Internal Ratings Based Approach (IRB), Regeln für Kredite an Unternehmen, Staaten, Banken und Privatkunden (Retailkredite), Regeln für Beteiligungen und angekaufte Forderungen, Behandlung von erwarteten Verlusten und Anerkennung von Wertberichtigungen, Mindestanforderungen für den IRB-Ansatz (mit 12 Unterpunkten)

IV   Kreditrisiko – Regelwerk zur Behandlung von Verbriefungen (Abgrenzung und Definition der Transaktionen, Definitionen und allgemeine Terminologie, operationelle Anforderungen für eine Anerkennung des Risikotransfers, Behandlung von Verbriefungspositionen)

V   Operationelles Risiko (Definition, Messmethodik, Mindestanforderungen, partielle Anwendung)

VI   Handelsbuch (Definition, Empfehlungen für vorsichtige Bewertung, Behandlung von Kontrahentenrisiken, Kapitalunterlegung für das besondere Kursrisiko).

Teil 3 enthält als zweite Säule das aufsichtliche Überprüfungsverfahren (Bedeutung, vier zentrale Grundsätze, besondere Sachverhalte, sonstige Aspekte, aufsichtliches Überprüfungsverfahren für die Verbriefung).

Teil 4 charakterisiert als dritte Säule die Marktdisziplin, insbesondere durch Offenlegungsanforderungen.

1.7.14.2 Kriterien der Projektfinanzierung und Finanzierungsformen

Bei einer Projektfinanzierung wird ein Vorhaben finanziert, bei der Immobilienfinanzierung dagegen eine Bestandsimmobilie, für die ein Objektkredit gewährt wird (Spitzkopf, 2002, S. 257 ff.).

Für die Beurteilung der Schuldendienstfähigkeit und damit die Bewilligung eines Kreditantrags ist bei der Projektfinanzierung der voraussichtliche wirtschaftliche Erfolg des zu finanzierenden Projektes entscheidend. Es wird erwartet, dass sich Zins und Tilgung aus dem prognostizierten Cashflow des finanzierten Projektes erwirtschaften lassen und darüber hinaus zusätzlich ein Überschuss für den Investor erzielt wird. Durch Sensitivitätsanalysen wird der Einfluss der Renditefaktoren Mieterträge, Projektkosten, Zins- und Tilgungssätze etc. auf die Cashflow-

Entwicklung im besten, wahrscheinlichsten und schlechtesten Fall durchgespielt. Kreditgeber orientieren ihre Entscheidung i. d. R. am wahrscheinlichsten oder schlechtesten Ergebnis.

Für Investitionsprojekte größeren Umfangs wird häufig eine Projektgesellschaft gegründet, die als eigenständige Zweckinstitution die Fremdmittel für den Bau und den Betrieb des Projektes aufnimmt. Sie unterliegt als Projektträger den Haftungsbeschränkungen aus der Rechtsform, i. d. R. einer GmbH, und haftet somit lediglich in Höhe des eingebrachten Gesellschafterkapitals.

Beim *Limited Recourse Financing* werden die Risiken auf Eigen- und Fremdkapitalgeber sowie weitere Projektteilnehmer verteilt. Die Banken haben jedoch eingeschränkte Zugriffsmöglichkeiten auf die hinter dem Projekt stehenden Gesellschaften oder Personen. Beim *Non Recourse Financing* haftet der Investor nicht oder nur über die Haftungsbeschränkungen seiner Projektgesellschaft. Die Bank übernimmt als Fremdkapitalgeber sämtliche Risiken. Als Sicherheit dienen lediglich das eingesetzte Eigenkapital des Projektträgers und der angenommene Cashflow.

Für die Projekt- und Immobilienfinanzierung existieren zahlreiche *klassische Finanzierungsformen*. In jüngerer Zeit werden zunehmend *neue Finanzierungsprodukte* angeboten, die von den Prinzipien des Eigenkapitaleinsatzes, der Mischfinanzierung, der Gesellschaftsanteile und der Risikoverteilung bestimmt werden *(Abb. 1.39)*.

Klassische Finanzierungsformen

Die klassischen Formen der Eigenfinanzierung durch das Bereitstellen von eigenen liquiden Mitteln, Einbringen eines eigenen Grundstücks oder von Eigenleistungen in Familien- und Nachbarschaftshilfe sowie der Einsatz von Bausparguthaben sind selbst erklärend.

Fremdfinanzierung liegt vor, wenn einem Kreditnehmer (Schuldner) von einem Kreditgeber (Gläubiger) für eine bestimmte Dauer Kapital zugeführt wird, ohne dass der Gläubiger durch diese Transaktion Eigentumsrechte an dem Projektvorhaben oder an der Bestandsimmobilie erwirbt. Er erhält auch keine Mitsprache-, Kontroll- und Entscheidungsbefugnisse.

Die Gewährung und Ausgestaltung des Kredites nach Kreditzins, Laufzeit und Tilgung ist abhängig von einer intensiven Bonitätsprüfung des Kreditnehmers und des Projektvorhabens bzw. der Bestandsimmobilie durch den Kreditgeber.

Kontokorrentkredit

Bei einem Bankkredit zur Vorfinanzierung von Recherchen im Rahmen von Projektentwicklungen i. e. S. handelt es sich häufig um Kontokorrentkredite, die eine klassische kurzfristige Kreditfinanzierung mit einer Laufzeit bis zu 12 Monaten darstellen. Sie sind der Höhe nach je nach Bonität des Kreditnehmers durch dessen Kontokorrentkreditlinie begrenzt. Mit einem Durchschnittszinssatz von ca. 4 % über der Spitzenrefinanzierungsfacilität (SRF) der Europäischen Zentralbank (3,0 % p. a. seit dem 06.06.2003) ist er relativ teuer. Kontokorrentkredite werden i. d. R. ohne Sicherheiten gewährt, auf die der Kreditgeber im Insolvenzfall zurückgreifen könnte.

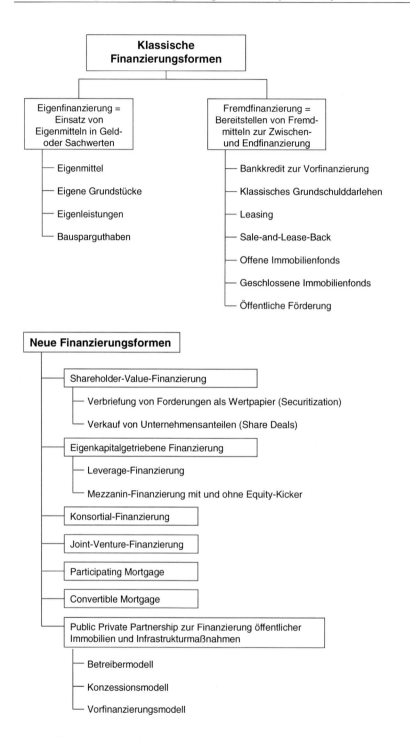

Abb. 1.39 Klassische und neue Formen der Projekt- und Immobilienfinanzierung

Klassischer Realkredit

Ein Realkredit ist ein durch Grundpfandrecht gesichertes, langfristiges Darlehen. Grundpfandrechte nach BGB sind die Hypothek, die Grund- und die Rentenschuld (Diederichs, 2005, S. 265 f.). Die *Hypothek* (§§ 1113–1190 BGB) hat streng akzessorischen Charakter und ist deshalb vom Bestand einer persönlichen, konkreten Geldforderung abhängig. Nach § 1113 Abs. 1 BGB kann ein Grundstück in der Weise belastet werden, dass an denjenigen, zu dessen Gunsten die Belastung erfolgt (Hypothekengläubiger), eine bestimmte Geldsumme zur Befriedigung wegen einer ihm zustehenden Forderung aus dem Grundstück zu zahlen ist.

Die Grundschuld (§§ 1191–1198 BGB) setzt keine persönliche, konkrete Geldforderung des Gläubigers voraus und eignet sich als abstraktes Sicherungsmittel in besonderer Weise zur dinglichen Sicherung von Krediten. Sie bleibt im Gegensatz zur Hypothek als Sicherheit erhalten, auch wenn der Kredit vorübergehend, teilweise oder auch vollständig zurückbezahlt wird. Die maximale Kredithöhe hängt vom Beleihungswert des bebauten oder unbebauten Grundstückes und von der Beleihungsgrenze ab. Die Beleihungsgrenze liegt i. d. R. bei 60 % des Beleihungswertes. Gemäß § 12 Abs. 1 Hypothekenbankgesetz (HBG) darf der bei der Beleihung angenommene Wert des Grundstücks den durch sorgfältige Ermittlung festgestellten Verkaufswert nicht übersteigen. „Bei der Feststellung dieses Wertes sind nur die dauernden Eigenschaften des Grundstücks und der Ertrag zu berücksichtigen, welchen das Grundstück bei ordnungsmäßiger Wirtschaft jedem Besitzer nachhaltig gewähren kann."

Eine Grundschuld kann auch als *Rentenschuld* (§§ 1199–1203 BGB) in der Weise bestellt werden, dass in regelmäßig wiederkehrenden Terminen eine bestimmte Geldsumme aus dem Grundstück zu zahlen ist.

Immobilienleasing

Leasing bedeutet gewerbsmäßige Vermietung von Anlagegegenständen durch Finanzierungsinstitute. Im Leasingvertrag werden gleich bleibende periodische Mietzahlungen des Leasingnehmers an den Leasinggeber vereinbart. Leasing entspricht daher einer 100%igen Fremdfinanzierung. Der Leasingnehmer zahlt die Leasingraten anstelle von Zins und Tilgung und bei Vertragsabschluss eine Leasinggebühr.

Beim *Operating Leasing* handelt es sich im Prinzip um Mietverträge, bei denen der Leasinggeber das Investitionsrisiko trägt, da dem Leasingnehmer ein vertragliches Kündigungsrecht eingeräumt wird. Damit können Bauunternehmen bei steigender Nachfrage ihre Kapazitäten mittelfristig erhöhen, ohne dauerhaft Kapital zu binden.

Beim *Financial Leasing* werden die Verträge i. d. R. über einen Zeitraum von 40 % bis 90 % der Nutzungsdauer geschlossen. Das Investitionsrisiko liegt daher beim Leasingnehmer. Die Ratenzahlungen übersteigen i. d. R. die Kosten einer 100%igen Fremdfinanzierung, wobei jedoch keine zusätzlichen Sicherheiten geboten werden müssen. Das Zinsänderungsrisiko liegt beim Leasinggeber. Am Ende der Vertragslaufzeit kann der Leasingnehmer Kauf- oder Mietoptionen wahrnehmen.

Immobilienleasing bedeutet langfristige Nutzungsüberlassung von Gebäuden durch eine Besitzgesellschaft (Leasinggeber) im Rahmen eines Mietverhältnisses, meist verbunden mit einer Option auf den Erwerb der Immobilie durch den Leasingnehmer. Der Leasinggeber tritt als Darlehensgeber auf. Durch die Kombination der Immobilie als Sicherheit einerseits mit langfristig vertraglich festgeschriebenen Mietzahlungen andererseits sind Finanzierungen zu 100 % möglich.

Beim *Vollamortisationsleasing* werden im Rahmen der vertraglich vereinbarten Grundlaufzeit 100 % der Herstellungskosten des Objektes, die Beschaffungs-, Vertriebs- und Finanzierungskosten, die Steuern sowie ein angemessener Gewinn vollständig vom Leasingnehmer bezahlt.

In der Praxis werden jedoch üblicherweise *Teilamortisationsverträge* mit Kaufoption für den Leasingnehmer geschlossen. Die Leasingrate des Leasingnehmers setzt sich in diesem Fall aus der anteiligen linearen Abschreibung, den Zinsen der Finanzierung sowie der Risiko- und Gewinnspanne des Leasinggebers zusammen. Nach Ablauf der Grundmietzeit kann der Leasingnehmer das Objekt zum linear abgeschriebenen Buchwert übernehmen und sichert sich auf diesem Wege mögliche Wertsteigerungen seines Objektes.

Die wirtschaftlichen Vorteile für den Leasingnehmer sind in folgenden Aspekten zu sehen:

- Leasing vermeidet eine Belastung der Liquidität zum Investitionszeitpunkt und erfordert keine Bereitstellung von Sicherheiten.
- Es lässt sich eine Fremdfinanzierung des Immobilienobjektes bis zu 100 % erreichen.
- Die monatlichen Leasingraten stellen in vollem Umfang inklusive des Tilgungsanteils Betriebsaufwand dar, selbst wenn dieser höher ist als die steuerlichen Abschreibungssätze.
- Die vertraglich vereinbarte Tilgung zählt zum Betriebsaufwand, selbst wenn sie höher ist als die steuerlichen Abschreibungssätze.
- Leasing bietet im Gegensatz zu starren Tilgungsregeln bei Krediten die Möglichkeit, Investitionskosten nutzungskongruent zu tilgen; es trägt damit den immobilienbezogenen Gegebenheiten Rechnung.
- Die Zahlung gleich bleibender Leasingraten schont die Liquidität der Leasingnehmer und bildet eine klare Kalkulationsgrundlage, da die Ausgaben zeitlich synchron mit den Einnahmen anfallen.
- Der Immobilienwert erscheint nicht in der Bilanz des Leasingnehmers.
- Die Alternativen eines Leasing-Vertrages am Ende der Grundmietzeit (Erwerb zum Restwert, weitere Anmietung mit reduzierter Leasingrate oder Rückgabe des Leasingobjektes) erleichtern den Anschluss für Modernisierungsinvestitionen.
- Leasinggeber sind bei der Ausschreibung von Bauleistungen nicht verpflichtet, die strengen Formvorschriften von VOB/A zu beachten.

Für die steuer- und handelsrechtliche Bewertung von Leasingobjekten sind die Leasing-Erlasse des Bundesministers der Finanzen zu beachten. Sie regeln die Zurechnung des wirtschaftlichen Eigentums und damit die Frage, ob der Leasingnehmer oder der Leasinggeber das Leasingobjekt zu bilanzieren haben.

Für das Mobilien-Leasing gelten die Erlasse vom 19.04.1971 für Vollamortisations- und vom 22.12.1975 für Teilamortisationsverträge. Danach darf die unkündbare Grundlaufzeit 40 % der betriebsgewöhnlichen Nutzungsdauer (steuerlichen Abschreibungsdauer) des Leasingobjektes nicht unter- und 90 % der betriebsgewöhnlichen Nutzungsdauer nicht überschreiten.

Für Immobilien-Leasing-Verträge gelten die Erlasse vom 21.03.1972 für Vollamortisations- und vom 23.12.1991 für Teilamortisationsverträge. Für Immobilien-Leasingverträge gilt ebenfalls eine Obergrenze für die Vertragsdauer von 90 % der betriebsgewöhnlichen Nutzungsdauer (AfA-Dauer), um die steuerliche Zuordnung des Immobilienobjekts beim Leasingnehmer zu vermeiden. Für Immobilien-Leasing-Objekte, deren Bauantrag nach dem 31.03.1985 gestellt wurde, wird eine Nutzungsdauer von 25 Jahren unterstellt. Damit ist eine Vertragslaufzeit von max. 22,5 Jahren möglich. Bei älteren Objekten ist die bisher angesetzte Nutzungsdauer zu beachten (www.deutsche-leasing.de vom 31.01.2005).

Sale-and-lease-back-Verfahren

Beim *Sale-and-lease-back-Verfahren* befindet sich das bereits erstellte Objekt im Eigentum und Besitz des späteren Leasingnehmers. Dieser verkauft das Objekt an die Leasinggesellschaft, um es gleichzeitig wieder von dieser langfristig zu mieten. Bei dieser Lösung werden stille Reserven aus einer Immobilie aufgelöst, die zur Fortführung des Betriebes benötigt wird.

Immobilienfonds

Die Geschäftstätigkeit von *Immobilienfonds* besteht im Erwerb von Grundstücken und/oder grundstücksgleichen Rechten, der Bebauung mit wohn- oder gewerblichen Gebäuden und der Vermietung der Liegenschaften. Sie finanzieren sich durch Eigen kapital in Form von Immobilienfonds-Zertifikaten und durch Fremdkapital in Form von Hypotheken- und Grundschulddarlehen.

Bei *Offenen Immobilienfonds* ist die Höhe der auszugebenden Anteile nicht begrenzt. Sie unterliegen den für Kreditinstitute geltenden strengen gesetzlichen Vorschriften des KAGG und der Kontrolle durch das Bundesaufsichtsamt für das Kreditwesen. Der Fonds selbst wird von der Kapitalanlagegesellschaft verwaltet. Die Mieteinnahmen und andere Erträge werden nach Abzug der Aufwendungen an die Zertifikatsinhaber ausgeschüttet, sofern sie nicht in weitere Liegenschaften investiert werden. Durch die Reinvestitionen findet eine ständige Wertsteigerung der einzelnen Anteile statt. Die Anteile von offenen Fonds sind übertragbar. Darüber hinaus besteht eine Rücknahmeverpflichtung seitens der Anlagegesellschaft. Die Rücknahmepreise werden täglich veröffentlicht (Flehinghaus, 1996, S. 429 f.). *Abb. 1.40* dient der Orientierung über die Weiterentwicklung Offener Immobilienfonds.

Bei *Geschlossenen Immobilienfonds*, die nicht dem KAGG und der staatlichen Aufsicht unterliegen, wird das Zertifikatskapital zur Zeichnung durch Anleger einmalig aufgelegt. Die zu finanzierenden Liegenschaften stehen von vornherein fest. Sie können aus einem oder mehreren Objekten bestehen (Flehinghaus, 1996, S. 417 ff.).

Bei einer Beteiligung an einem Offenen Immobilienfonds erzielt der Zertifikatsinhaber Einkünfte aus Kapitalvermögen, bei Geschlossenen Immobilienfonds beziehen die Anleger Einkünfte aus Vermietung und Verpachtung oder Einkünfte aus Gewerbebetrieb.

Fonds	ISIN	Volumen	Wertentwicklung[1]		max. Verlust[2]	Ausgabe- aufschlag	Managem. Gebühr
		Mio. €	6 Mt.	3 Jahre	6 Mt.		p. a.
Kanam Grundinvest Fonds	DE0006791809	2.318,1	3,19%	22,53%	0,00%	5,50%	0,60%
SEB Immoinvest	DE0009802306	5.131,8	2,20%	15,24%	0,00%	5,25%	0,50%
Westinvest Interselect	DE0009801423	2.281,7	2,72%	15,04%	0,00%	5,50%	0,70%
CS Euroreal	DE0009805002	5.387,1	1,92%	13,47%	0,00%	5,00%	0,65%
Grundbesitz-global	DE0009807057	3.349,1	1,51%	11,74%	-0,02%	5,00%	0,60%
Inter Immoprofil	DE0009820068	1.052,2	1,95%	11,09%	0,00%	5,00%	0,60%
Deka-Immob. Europa	DE0009809566	9.245,7	1,65%	10,90%	0,00%	5,26%	0,60%
Hausinvest Europa	DE0009807016	10.079,3	0,87%	10,36%	-0,02%	5,00%	0,60%
Difa Grund	DE0009805515	6.024,9	0,23%	10,04%	-1,11%	5,00%	0,60%
Westinvest I	DE0009801407	3.127,8	0,81%	9,99%	-0,04%	5,50%	0,70%
Grundbesitz-Invest	DE0009807008	6.596,8	1,09%	9,52%	-0,24%	5,00%	0,60%
Hansaimmobilia	DE0009817700	522,3	1,13%	8,75%	-0,63%	5,00%	0,50%
Aachener Grund-Fonds Nr. 1	DE0009800003	889,4	1,30%	8,47%	-0,20%	4,00%	0,50%
Grundwert-Fonds	DE0009807800	5.773,0	1,18%	8,34%	-0,20%	5,00%	0,65%
Difa Fonds Nr. 1	DE0009805507	7.407,0	-0,45%	6,80%	-1,14%	5,00%	0,60%
Vergleichsindex Citigroup Germany Money Market Index			1,04%	7,57%	0,00%		
Durchschnittswert aller Fonds			1,45%	10,91%	0,00%		

Auswahlkriterien: Mindestvolumen 20 Millionen €, beste Wertentwicklung über 3 Jahre
[1] Wertentwicklung per 30.04.2005
[2] Maximaler Verlust in beliebigem 6-Monatszeitraum

Abb. 1.40 Die 15 Offenen Immobilienfonds mit der besten Wertentwicklung in den letzten 3 Jahren, Stand 30.04.2005 (Quelle: Feri Trust/SZ vom 24.05.05)

Öffentliche Förderung

Für Immobilien- und Infrastrukturinvestitionen, die öffentlichem Interesse entsprechen oder öffentliche Nachfrage befriedigen können, z. B. in den Bereichen Weiterbildung und Kultur, gibt es zahlreiche öffentliche Förderprogramme seitens der EU, des Bundes, der Länder und der Gemeinden. Solche Möglichkeiten, die Voraussetzungen für die öffentliche Förderungsfähigkeit und die daraus resultierenden Konsequenzen für die beabsichtigte Nutzungs-, Finanzierungs- und Betreiberkonzeption sind im Einzelfall sorgfältig zu prüfen.

Neue Finanzierungsformen

Bei Immobiliendevelopments bestimmen stets die Projektkostenanalyse und die Einschätzung der Vermarktungsmöglichkeiten maßgeblich das Chancen-/Risikoverhältnis aus der Sicht der Bank. Daraus folgt die Diskussion um den erforderlichen Eigenmitteleinsatz des Projektentwicklers und damit um die Höhe des Fremdkapitaleinsatzes sowie um einen risikoadjustierten Kreditzins. Bei unzureichender Eigenkapitalausstattung deckt die Bank diese Lücke nur dann ab, wenn sie durch wirtschaftliche Beteiligung am Projektrisiko auch am Projektgewinn partizipiert (Zoller/Wilhelm, 2002, S. 104 ff.). Wichtige Risikoverteilungsfaktoren einer Projektfinanzierung sind die Fälligkeitsvoraussetzungen für die Auszahlung der Kredite. Bei frühzeitiger Vermarktung durch Verkauf und damit einem nach Fertigstellung gesicherten Cashflow wird die Bereitschaft der Bank gefördert, in frühem Stadium für Liquidität zu sorgen.

Shareholder-Value-Finanzierung

Mit zunehmender Dominanz des Shareholder-Value-Prinzips wird die Rendite auf das eingesetzte Eigenkapital maßgebliches Entscheidungskriterium für Immobilieninvestitionen. Nicht professionell mit Immobilien beschäftigte Unternehmen gliedern im Rahmen des *Corporate Real Estate Management* vielfach ihre Immobilienbestände aus, um durch die Ausgliederung der traditionell niedrigen Bestandsimmobilienrendite die Eigenkapitalrendite des Gesamtunternehmens zu erhöhen.

Eine international gebräuchliche Form der Off-Balance-Finanzierung von Immobilienprojekten ist die Verbriefung von Forderungen (*Securitization*), d. h. die Strukturierung zukünftiger Zahlungsströme als Wertpapier. In Deutschland ist diese Finanzierungsform im Gegensatz zu den USA oder Großbritannien noch nicht verbreitet. Im Rahmen einer Securitization verkauft der sog. Originator (Verkäufer) seine Forderungen an eine Einzweck-Gesellschaft, die ausschließlich zum Zwecke des Haltens und Verwaltens der Forderungen gegründet wird. Diese vergibt ihrerseits Inhaberschuldverschreibungen, die am Kapitalmarkt platziert werden. Dazu ist vorher ein Rating erforderlich, das die Ausfallwahrscheinlichkeit der zukünftigen Liquiditätsströme prüft. Bei niedrigem Risiko und entsprechend günstigem Rating ist zur Platzierung dieser Inhaberschuldverschreibungen eine im Vergleich mit dem Bankdarlehen einer Immobilieninvestition geringere Rendite erforderlich. Dadurch kann auch eine günstigere Immobilienfinanzierung erreicht werden.

In Deutschland werden immer häufiger Immobilieninvestitionen im Rahmen von *Gesellschaftsanteilen (Share-Deals)* strukturiert. Dabei wird die Immobilie im Vergleich zum Asset-Deal nicht über die Auflassung und den Grundbucheintrag veräußert bzw. erworben, sondern über den Verkauf von Unternehmensanteilen. Dieser Trend ist mit der erhöhten Fungibilität von Immobilien durch Kauf und Verkauf von Gesellschaftsanteilen im Vergleich mit dem Grundstückskauf und -verkauf zu erklären. Dies gilt insbesondere bei Portfolio-Transaktionen. Ferner bestehen steuerliche Gestaltungsspielräume durch kürzere Spekulationsfristen für Share-Deals sowie durch die Vermeidung der Grunderwerbsteuer. Aus Bankensicht muss nach der Projektentwicklung mit einer langfristigen Finanzierung ein akzeptabler Schuldendienstdeckungsgrad (Debt-Service-Coverage-Ratio) gewährleistet sein. Eine Projektentwicklung in Form eines Share-Deals kann die Attraktivität der Immobilie für den Investor und damit die Vermarktungschance für den Entwickler deutlich steigern.

Eigenkapitalgetriebene Finanzierung

Bei den durch Eigenkapital bestimmten Finanzierungsstrukturen sind die Leverage-Finanzierung, die Mezzanin-Struktur und Equity-Kicker-Formen zu unterscheiden. Bei *Leverage-Finanzierungen* soll die Eigenkapitalrendite durch Erhöhung des Fremdkapitalanteils zu Lasten des Eigenkapitalanteils an der Investitionsfinanzierung erhöht werden. So lange die Projektrendite höher ist als der Fremdkapitalzinssatz, kann durch eine Erhöhung des Fremdkapitals eine höhere Eigenkapitalrentabilität erzielt werden. Allerdings wird in der Praxis das Ausmaß der Kreditwürdigkeit sehr stark von der Höhe des Eigenkapitals beeinflusst (Diederichs, 2005, S. 274). So muss das optimale Verhältnis zwischen Eigenkapital- und Fremdkapitalanteil im Rahmen der Strukturierung der Finanzierung gemeinsam mit der Bank gefunden werden.

In der Praxis fehlt häufig das notwendige Eigenkapital zur Finanzierung großer Projekte. Stellt die Bank selbst Eigenkapital zur Verfügung oder vermittelt sie Eigenkapital, so entsteht hieraus eine erhöhte Gewinnerwartung. Dabei sind zwei Finanzierungsformen zu unterscheiden. Bei der sog. *Mezzanin-Finanzierung* reicht die Bank ein im Risiko nachrangiges Darlehen zur Abdeckung von Eigenkapitalanteilen aus und verlangt hierfür einen erhöhten risikoangepassten Darlehenszins. Erhält sie darüber hinaus eine Gewinnbeteiligung an der Immobilienrendite, so wird dies als *Equity-Kicker* bezeichnet.

Stellt die Bank dagegen nicht eigenes Kapital zur Verfügung, sondern vermittelt sie Drittkapital, so handelt es sich um ein Mezzanin-Geschäft angelsächsischer Prägung als Bestandteil des internationalen Real Estate Investment Banking.

Konsortial-Finanzierung

Banken bilden bei großen internationalen Portfolio-Finanzierungen häufig ein Finanzierungskonsortium, um im Falle eines Kreditausfalls das Risiko für das einzelne Institut zu verringern. Ferner werden Erfahrung und Know-how der beteiligten Banken bei der Finanzierung und Abwicklung großer Projekte gebündelt. Bei stillen Konsortien beteiligt die konsortial führende Bank weitere Kreditinstitute ohne Kenntnis des Kreditnehmers. Bei offenen Konsortien ist dem Kreditnehmer die Beteiligung weiterer Banken bekannt. Der Konsortialführer ist Ansprechpartner für den Kreditnehmer und koordiniert gleichzeitig stellvertretend für die weiteren beteiligten Banken die Abwicklung der Finanzierung. Dafür erhält er eine Provision. Alle beteiligten Banken sind gemäß § 18 KWG zur selbstständigen Prüfung der Bonität des Kreditnehmers verpflichtet und müssen sich ein eigenständiges Urteil bilden. Bei horizontaler Finanzierung werden Risiko und Gewinn im Konsortium parallel verteilt. Bei vertikaler Finanzierung tritt der Konsortialführer als alleiniger Kreditgeber auf und beteiligt anschließend andere Banken.

Joint-Venture-Finanzierung

Bei einer Joint-Venture-Finanzierung beteiligt sich die Bank i. d. R. über eine Tochtergesellschaft an der Projektgesellschaft. Je nach Beteiligungsquote ist die Bank damit einerseits am Gewinn, andererseits aber auch am Verlust beteiligt. Bei unzureichender Ausstattung der Projektgesellschaft mit Eigenkapital kommt eine solche Form des Private Equity Financing in Betracht. Die Bank muss dann neben ihrer Finanzierungskompetenz auch ein hohes Maß an Immobilienmanagementkompetenz einbringen.

Participating Mortgage

Da große Immobilienprojekte von der Entwicklung über die Markteinführung bis zur Vollvermietung bzw. dem Verkauf i. d. R. keinen den Kapitaldienst deckenden Cashflow erzielen, kann eine Participating-Mortgage-Finanzierung sinnvoll sein. Dabei erhält die Bank außer der Darlehenstilgung unter dem Marktniveau liegende Zinszahlungen und zusätzlich als Equity-Kicker einen Anteil am Projektgewinn durch Beteiligung an der Wertsteigerung (Spitzkopf, 2002, S. 276).

Convertible Mortgage/Accrued Finance

Die Convertible Mortgage/Accrued Finance stellt eine Kombination aus Joint-Venture- und Participating-Mortgage-Finanzierung dar. Hier erhält die Objektgesellschaft eine Participating-Mortgage-Finanzierung mit der Option, einen Teil des Darlehens in eine Eigenkapitalbeteiligung umzuwandeln. *Abbildung 1.41* zeigt die schematische Gegenüberstellung durch Participating Mortgage und Convertible Mortgage.

Public Private Partnership zur Finanzierung öffentlicher Immobilien und Infrastrukturmaßnahmen

Public Private Partnership (PPP) bezeichnet die organisierte langfristige Zusammenarbeit von Personen und Institutionen der öffentlichen Hand und der Privatwirtschaft zur gemeinsamen Bewältigung komplexer öffentlicher Hochbau- und Infrastrukturprojekte.

Durch PPP-Vertragsmodelle (Kooperation und Finanzierung) werden die Organisation, die Finanzierung, das Planen, Bauen und Betreiben der Projekte geregelt.

Im Rahmen der Projekt- und Immobilienfinanzierung haben bisher drei Formen einige Bedeutung erlangt, das Betreiber-, das Konzessions- und das Vorfinanzierungsmodell.

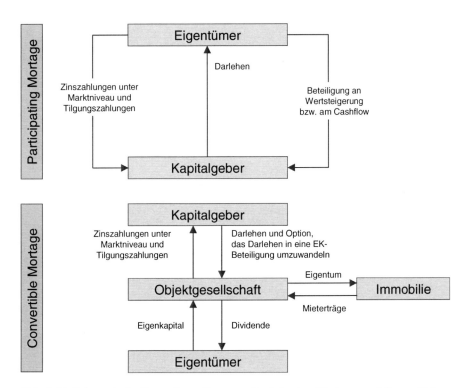

Abb. 1.41 Schematische Gegenüberstellung von Participating Mortgage und Convertible Mortgage (Quelle: Spitzkopf (2002), S. 277)

Das *Betreibermodell* (Mautmodell) findet insbesondere Anwendung im Verkehrsinfrastrukturbereich, teilweise auch bei der Wasserver- und -entsorgung. Das Verkehrsprojekt wird von privaten Investoren finanziert, gebaut und betrieben. Die Refinanzierung erfolgt durch Mauterhebungen. Im Mai 1994 hat der Bundestag das Gesetz über den Bau und die Finanzierung von Bundesfernstraßen durch Private gebilligt (BFernStrG BGBl. I 1994 S. 2243–2244). Danach können Privatinvestoren mit Bau, Erhalt, Betrieb und Finanzierung von Bundesfernstraßen betraut werden. Der private Investor darf Mautgebühren erheben. Das Gesetz beschränkt die Erhebung von Gebühren auf Brücken, Tunnel und Passstraßen von Bundesautobahnen sowie auf autobahnähnliche Bundesstraßen außerhalb der Ortsdurchfahrten. Zum Stand Dezember 2003 waren 9 Autobahnvorhaben mit einer Länge von insgesamt 53,4 km und geschätzten Baukosten von insgesamt 2,84 Mrd. € nach dem Betreibermodell in Bearbeitung (www.autobahn-online.de/betreibermod.html vom 29.05.2005).

Das *Konzessionsmodell* wurde ebenfalls für den Verkehrsinfrastrukturbereich geschaffen. Auch in diesem Fall wird die Verkehrsinfrastrukturmaßnahme privat geplant, finanziert und gebaut. Das Vorhaben wird auf bundeseigenen Grundstücken errichtet. Der Investor erhält das Recht (die Konzession), das Verkehrsprojekt über einen bestimmten Zeitraum zu nutzen. In einem weiteren Vertrag verpflichtet er sich gleichzeitig, nach Fertigstellung des Bauvorhabens das Recht zur Nutzung wiederum an den Bund gegen regelmäßige Zahlung eines Nutzungsentgelts zu übertragen. Dieses wird entweder als Festbetrag oder nutzungsabhängig vereinbart. Die Effizienz dieses Modells wird erst nach Auswertung beschlossener Pilotprojekte im Fernstraßen- und Eisenbahnbereich bewertet werden können.

Bei dem rein privaten *Vorfinanzierungsmodell*, das auf Landesebene bei verschiedenen Straßenprojekten in der praktischen Erprobung ist, werden in einem Dreiecksverhältnis Auftraggeber (öffentliche Hand) ⇔ Auftragnehmer (Bauunternehmer) ⇔ Kreditinstitut drei Verträge geschlossen: ein Bau-, ein Kredit- und ein Forderungskaufvertrag. Der Bauvertrag und der Kreditvertrag werden zwischen der öffentlichen Hand und dem Bauunternehmer abgeschlossen. Der Kreditvertrag erfasst sowohl die gesamten Bau- als auch die Zwischenfinanzierungskosten. Durch den Forderungskaufvertrag veräußert der Bauunternehmer seine Zahlungsforderungen gegenüber dem Auftraggeber aus Bau- und Kreditvertrag an eine Bank, die damit faktisch die Kreditierung übernimmt.

Real Estate Investment Trusts (REITs)

Ein REIT ist eine Firma, die Immobilien wie Wohnungen, Einkaufszentren, Büros und Hotels besitzt und in den meisten Fällen auch betreibt. REITs wurden 1960 durch den US-amerikanischen Kongress zugelassen, um Kapitalanlegern die Möglichkeit zu geben, in großem Umfang in gewerblich genutzte Immobilien zu investieren. Einige REITs finanzieren auch Immobilien. Anteile an REITs werden an der Börse frei gehandelt und können daher auch als Immobilienaktien bezeichnet werden. Um als REIT anerkannt zu werden, muss die Gesellschaft mindestens 90 % ihres steuerpflichtigen jährlichen Einkommens an die Aktionäre in Form von Dividenden ausschütten.

In den USA gibt es derzeit ca. 180 öffentlich gehandelte REITs mit Vermögenswerten von 350 Mrd. US-$. Sie sind bei der Börsenaufsichtsbehörde (Securities and Exchange Commission SEC) in den USA registriert. Zu unterscheiden sind:

- Eigenkapital-REITs, die renditestarke Immobilien besitzen und betreiben,
- Hypotheken-REITs, die hypothekarisch gesicherte Kredite gewähren und
- Mischform-REITs, (auch Hybrid-REITs), die sowohl Immobilien besitzen und betreiben als auch Kredite gewähren.

REITs finanzieren ihre Projekte jeweils mit etwa 50 % Eigen- und Fremdkapital. Die Investoren partizipieren an der Kurssteigerung der Immobilienaktie und an der Dividendenrendite (Performance). Nach Angabe der National Association of Real Estate Investment Trusts (NAREIT) erzielten US-amerikanische REITs in den letzten 3 Jahrzehnten durchgängig eine deutlich höhere Performance als andere börsennotierte Kapitalanlagen.

In Deutschland existieren REITs bisher noch nicht, da dazu eine Änderung des Gesetzes über Kapitalanlagegesellschaften (KAGG) notwendig ist. Die Marktchancen werden dagegen als sehr gut angesehen, wenngleich sie auch Widerstände aus der Konkurrenz zu den offenen Immobilienfonds und den Immobilien-AGs auslösen werden.

Analyse, Bewertung und Auswahl der projektspezifischen Finanzierungsform

Durch Analyse und Bewertung der vielfältigen Finanzierungsformen ist das für die konkret erforderliche Projektfinanzierung bestgeeignete Maßnahmenbündel auszuwählen, das sowohl den Projektentwickler als auch Eigen- und Fremdkapitalgeber zufrieden stellt und gleichzeitig der Transaktionsstruktur Rechnung trägt. Der Finanzierungsformen-Mix ist daher stets für die Bedürfnisse der konkreten Projektfinanzierung maßzuschneidern.

Zur Erleichterung der Auswahlentscheidung ist daher eine Bewertungsmatrix zu erstellen. Diese soll den beteiligten Institutionen ermöglichen, eine ihren Interessen möglichst nahe kommende Finanzierungsstruktur auszuwählen.

Nr.	Zielkriterien	Gewicht	Erfüllung				Nutzenpunkte 0 - 5				Gewichtete Nutzenpunkte			
			EK	Rk	L	CM	EK	Rk	L	CM	EK	Rk	L	CM
1	Einfache Mittelbeschaffungsmöglichkeit	20	sehr gut	befr.	ausr.	ausr.	5	3	2	2	100	60	40	40
2	Besicherung aus der Immobilie	10	bedingt	ja, voll	ja, teilw.	nein	3	5	4	1	30	50	40	10
3	Niedriger FK-Zins	10	n. relev.	nein	nein	ja	5	1	1	5	50	10	10	50
4	Ertragsabhängige Tilgung	10	ja	nein	ja	nein	5	1	5	1	50	10	50	10
5	Lange Laufzeit der Kreditkonditionen	10	n. relev.	bedingt	ja	ja	0	3	5	5	0	30	50	50
6	Hoher Leverage-Effekt	10	nein	bedingt	ja	bedingt	1	3	5	3	10	30	50	30
7	letzter Rang im Grundbuch	5	n. relev.	bedingt	n. relev.	bedingt	5	3	5	3	25	15	25	15
8	Tilgung als Betriebsaufwand	5	nein	nein	ja	nein	1	1	5	1	5	5	25	5
9	Keine Immobilien-Aktiva in der Bilanz	5	nein	nein	ja	nein	1	1	5	1	5	5	25	5
10	Unabhängigkeit durch Finanzierungssicherheit	5	sehr gut	befr.	ausr.	gut	5	3	2	4	25	15	10	20
11	Hohe Entscheidungsflexibilität	5	sehr gut	befr.	ausr.	befr.	5	3	2	3	25	15	10	15
12	Gesicherte Liquidität	5	ausr.	befr.	ausr.	gut	2	3	2	4	10	15	10	20
13	Summe	100									335	260	345	270
										Rang:	2	4	1	3

Legende: EK = Eigenkapital   Rk = Realkredit   L = Leasing   CM = Convertible Mortgage

Abb. 1.42 Nutzwertanalyse der Finanzierungsformen aus der Sicht eines Investors für ein Bürogebäude (Auszug)

Abbildung 1.42 zeigt das Schema einer Bewertungsmatrix der Finanzierungsformen aus der Sicht des Investors bei Beschränkung auf die Finanzierungsformen Eigenkapital, Realkredit, Leasing und Convertible Mortgage.

Im Ergebnis zeigt sich, dass aus den ausgewählten Finanzierungsformen mit den vorgegebenen Zielkriterien die Alternative Leasing mit 345 gewichteten Nutzenpunkten Rang 1 erreicht, dicht gefolgt von der Alternative Eigenkapital mit 335 gewichteten Nutzenpunkten auf Rang 2. Interessant ist in diesem Beispiel, dass mit deutlichem Abstand die Alternativen Convertible Mortgage auf Rang 3 und Realkredit auf Rang 4 folgen, jedoch mit 270 bzw. 260 gewichteten Nutzenpunkten nahezu gleichrangig sind. Wird die Alternative Eigenkapital ausgeschlossen, da dieses auf $\leq 10\,\%$ der Investitionssumme begrenzt werden soll, so ist in vorstehendem Beispiel eindeutig die Alternative Leasing zu bevorzugen.

1.7.14.3 Beispiel für ein Projekt-, Unternehmens- und Rentabilitätsrating

Ein Projektentwickler beantragt ein Annuitätendarlehen in Höhe von 31,4 Mio. € mit einer Laufzeit von 26 Jahren zu einem Zinssatz von 6 % und einer Anfangstilgung von 1,7 %.

Bei dem Projekt handelt es sich um ein Fachmarkt- und Freizeitzentrum, das in Düsseldorf errichtet werden soll. Im Erdgeschoss soll ein Bau- und Gartenmarkt für einen Ankermieter angesiedelt werden. Weiterhin sind ein Drogerie- und ein Modemarkt, ein Schuhgeschäft sowie eine Bäckerei im Erdgeschoss geplant. Im ersten Obergeschoss ist ein Elektrofachmarkt vorgesehen. Im zweiten Obergeschoss sollen für Freizeitaktivitäten ein Fitnesscenter, ein Bowlingcenter und eine Tanzschule entstehen. Die Bank nimmt zur Überprüfung des Kreditantrages ein Gesamtrating mit Projekt-, Unternehmens- und Rentabilitätsrating des Kreditgeschäftes vor (vgl. *Abb. 1.43* bis *Abb. 1.47*). Das Immobilienrating ergibt für das Projekt-, Unternehmens- und Rentabilitätsrating die Klassen B, B und D. Die Bank entscheidet sich, insbesondere aufgrund des Rentabilitätsratings, den Kreditantrag des Projektentwicklers abzulehnen, da der Spielraum für die Kreditzinserhöhung mit 0,725 % von 6 % = 12 % als zu gering angesehen wird, um nach Ablauf des ersten Bindungszeitraums von 5 Jahren eine den voraussichtlichen Marktverhältnissen entsprechende Zinsanpassung vornehmen zu können.

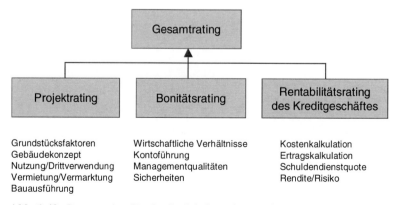

Abb. 1.43 Gesamtrating für eine Projektfinanzierung eines Projektentwicklers

Nr. Projektrating	Gewichtung	Erfüllung = Klasse			
	%	A (0-5)	B (6-10)	C (11-15)	D (16-20)
I	**Standort- und Grundstücksfaktoren**				
I.1	**Makrostandort**				
1 Verkehrsinfrastruktur	20	1			
2 Bevölkerung / Sozialstruktur	15	2			
3 Wirtschaftsstruktur	15	2			
4 Arbeitsmarkt	15		6		
5 Image des Standortes	8	2			
6 Wettbewerbssituation	15			11	
7 Freizeit/Kultur/Bildung	12	1			
Summe Makrostandort	*100*	*gewichtet 3,63*			
I.2	**Mikrostandort**				
1 Grundstücksbeschaffenheit, -zuschnitt	13		9		
2 Baurecht	13	1			
3 Erschließung Grundstück	13	1			
4 Anbindung an ÖPNV	13	2			
5 Umfeld / Nachbarschaft	11			11	
6 Parkplatzsituation	13		6		
7 Sichtanbindung/Sichtbeziehung	11		8		
8 Altlasten	13	1			
Summe Mikrostandort	*100*	*gewichtet 4,69*			
Summe I		**Mittelwert 4,16**			
II	**Gebäudekonzept**				
1 Gebäudekonzeption	40		9		
2 Technische Ausstattung	30		8		
3 Architektonische Gestaltung	30		10		
Summe II		*gewichtet 9,00*			
III	**Nutzungskonzeption und Drittverwendung**				
1 Flexibilität	50			12	
2 Aufteilungsmöglichkeiten	50		10		
Summe III		*gewichtet 11,00*			
IV	**Vermietung/Vermarktung**				
1 Mieterstruktur	12,5	1			
2 Zahlungsmoral	12,5		6		
3 Finanzlage	12,5		7		
4 Mietverträge	12,5		8		
5 Vermietungsfähigkeit	12,5	3			
6 Erzielbarer Marktumsatz	12,5		7		
7 Vorvermietung	12,5		7		
8 Steuerliche Risiken	12,5	0			
Summe IV		*gewichtet 4,875*			
V	**Bauausführung**				
1 Kostenrahmen	20		9		
2 Terminrahmen	20			11	
3 Ertragsrahmen	20		7		
4 Bauverfahrensrisiko	20		8		
5 Bauorganisationsrisiko	20		6		
Summe V		*gewichtet 8,20*			
Gesamtsumme (I bis V)/5 =		**37,235/5 = 7,447**			**= Klasse B**

Abb. 1.44 Projektrating

Nr.	Unternehmensrating	Gewichtung %	A (0-5)	B (6-10)	C (11-15)	D (16-20)
				Erfüllung = Klasse		
I	**Management des Kreditnehmers/Betreibers**					
1	Qualität der Geschäftsführung	40		10		
2	Qualität des Rechnungswesens	20		9		
3	Qualität des Controllings	20			12	
4	Technisches Know-how	20	5			
	Summe I	*100*		*gewichtet 9,2*		
II	**Kundenbeziehung**					
1	Kontoführung	50		9		
2	Kundentransparenz/Informationsverhalten	50		7		
	Summe II	*100*		*gewichtet 8*		
III	**Wirtschaftliche Verhältnisse**					
1	Beurteilung Jahresabschluss	60		6		
2	Gesamte Vermögensverhältnisse	40		8		
	Summe III	*100*		*gewichtet 6,8*		
IV	**Sicherheiten**					
1	Sicherheiten	60		8		
2	Forderung	40	3			
	Summe IV	*100*		*gewichtet 6*		
	Gesamtsumme (I bis IV)/4 =			*30/4 = 7,50*		*Klasse B*

Abb. 1.45 Unternehmensrating

Rentabilitätsrating

alle Zahlen in €

1. Kostenkalkulation

Grunderwerbskosten	14.060.500,00
Grundstücksaufbereitungskosten	2.901.600,00
Baukosten	14.537.700,00
Baunebenkosten	1.252.700,00
Finanzierungskosten	1.623.400,00
Sonstiges	4.993.500,00
Summe Kosten	**39.369.400,00**

2. Ertragskalkulation

kalkulatorische Mieteinnahmen pro Jahr	3.028.360,00
Erträge aus Parkgebühren	12.320,00
Erträge aus Sonstiges	
Summe Ertrag	**3.040.680,00**

3. Spielraum für Kreditzinserhöhung

Mietfläche	24.907 m2	
Mietansatz	siehe Detailaufstellung	
Investitionsvolumen		39.369.400,00
Eigenkapitaleinsatz	20%	7.969.400,00
Fremdkapitalbedarf	80%	31.400.000,00
Jahresnettokaltmiete		3.040.680,00
./. Verwaltungskosten	5%	./. 152.034,00
./. Instandhaltungskosten	5%	./. 152.034,00
./. Mietausfallwagnis	3%	./. 91.220,40
Jahresreinertrag		**2.645.391,60**
./. Zinsen	6 % auf Fremdkapitalbedarf	1.884.000,00
Liquiditätsergebnis vor Tilgung		**761.391,60**
./. Tilgung	1,7 % auf Fremdkapitalbedarf	533.800,00
Ergebnis nach Tilgung		227.591,60

	Erfüllung = Klasse			
	A	B	C	D
Spielraum in % vom Fremdkapitalbedarf	> 5	3,0 - 5,0	1,0 - 3,0	< 1,0
100 x 227.591,6 / 31.400.000 =			0,725 % → **Klasse D**	

Abb. 1.46 Rentabilitätsrating des Kreditgeschäftes

Gesamtrating

I Objektbezogene Daten

Objekt:	Fachmarkt- und Freizeitzentrum
Straße:	
PLZ und Ort:	Düsseldorf
Grundstück:	25.322 m²
Nutzfläche:	24.907 m²
Mietfläche:	24.907 m² plus 760 PKW-Stellplätze

II Kreditnehmer

Unternehmen:	Mustermann GmbH
Straße:	Musterstraße 12
PLZ und Ort:	47112 Musterstadt
Inhaber/Gesellschafter:	Karl Mustermann
Ansprechpartner:	Erika Mustermann
Telefon:	02 11/47 11 08 15

Gesamtrating	Erfüllung = Klasse			
	A	**B**	**C**	**D**
	(0-5)	(6-10)	(11-15)	(16-20)
1. Projekttrating				
Gesamtsumme/5:	7,447	Rating:		B
2. Unternehmensrating				
Gesamtsumme/4:	7,500	Rating:		B
3. Rentabilitätsrating				
Prozentzahl:	0,725	Rating:		D
Immobilien-Rating:	**B** +	**B** +	**D**	⇨ **C**

=> Individuelle Entscheidung „Ablehnung des Kreditantrages" D

Abb. 1.47 Gesamtrating

1.7.15 O Entscheidungsvorlage (Exit 6)

Die Untersuchungsergebnisse aus der Projektentwicklung i. e. S. müssen in einem Entscheidungsmodell zusammengefasst werden, um die Entscheidung zur Fortführung der Projektentwicklung durch Erteilung von Planungsaufträgen für die Leistungsphasen 2 ff. nach HOAI (Vorplanung, Entwurfsplanung, etc.) wegen nachhaltiger Erfolgsaussichten oder aber über den Abbruch der Projektentwicklung wegen zu hoher Risiken vorzubereiten. Dabei ist auch zu beachten, dass die Projektentwicklung häufig zeitparallel für verschiedene Projektentwicklungsideen in Form unterschiedlicher Nutzungsalternativen (Büro, Gewerbe, Hotel, Wohnen etc.) durchgeführt wird. Es ist daher ein konsekutives, zeitlich gestaffeltes Entscheidungsmodell mit Iterationsschleifen für Projektentwicklungsalternativen zu schaffen.

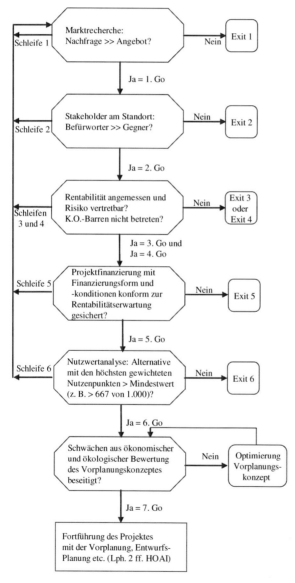

Abb. 1.48 Konsekutives Entscheidungsmodell für Projektentwicklungen mit Iterationsschleifen

Im chronologischen Ablauf ergeben sich folgende Entscheidungszäsuren für die Fortsetzung (Go) oder den Abbruch (Exit) der Projektentwicklung *(Abb. 1.48)*: Die Ergebnisse der Marktrecherche müssen Auskunft darüber geben, ob die Nachfrage nach den der Projektidee entsprechenden nutzungsspezifischen Flächen deutlich höher ist als das vorhandene und in der Planung und im Bau befindliche Angebot. Kann diese Frage bejaht werden, so ist die Fortführung der Projektentwicklung zu empfehlen (1. Go). Anderenfalls sind Nutzungsalternativen (Iterationsschleife 1) zu untersuchen oder ist bereits an dieser Stelle ein Abbruch aller weiteren Aktivitäten anzuraten (Exit 1).

Zeigt die Stakeholderanalyse für den ausgewählten Standort, dass die „Macht" der Befürworter der Projektentwicklung deutlich größer sein wird als die „Macht" der Gegner, so ist wiederum eine Fortführung der Projektentwicklung anzuraten (2. Go). Anderenfalls muss ernsthaft über Nutzungsalternativen (Iterationsschleife 2) oder über einen Abbruch aller weiteren Aktivitäten nachgedacht werden (Exit 2).

In den Schritten 3 und 4 ist zu fragen, ob die Rentabilität auch unter Worst-Case-Bedingungen noch angemessen und die Schadenshöhe aus der Risikoanalyse vertretbar sind. Zur Beantwortung dieser Fragen eignet sich ein dreidimensionales Koordinatensystem der Rentabilitäts- und Risikoanalyse, das z. B. gebildet werden kann aus:

- dem Projektentwicklergewinn in % p. a. der Gesamtinvestitionssumme,
- den Zinsen aus Mieteinnahmen in % p. a. des Verkaufspreises und
- der Schadenshöhe aus der Risikoanalyse in % der Gesamtinvestitionssumme.

Abbildung 1.49 zeigt den K.O.-Barren der Projektentwicklung, dessen „Raum" nicht „betreten" werden darf mit z. B. ≤ 5 % p. a. für die Zinsen aus Mieteinnahmen, ≥ 6 % für den Risikozuschlag und ≤ 5 % p. a. für den Projektentwicklergewinn. Weiterhin zeigt das Beispiel den Punkt P_1 der erwarteten Werte (expected case) (x = 10, y = 4, z = 12) und den Punkt P_2 der pessimistischen Werte (worst case) (x = 7; y = 5, z = 10).

Wird mit dem worst case der „Raum" des K.O.-Barrens nicht betreten, so ist eine Fortführung der Projektentwicklung zu empfehlen (3. Go und 4. Go). Anderenfalls ist die Untersuchung von Nutzungsalternativen (Iterationsschleifen 3 und 4) oder aber ein Projektausstieg anzuraten (Exit 3 und 4).

Im 5. Schritt ist das Bemühen um eine Projektfinanzierung hinsichtlich Finanzierungsform und -konditionen zu bewerten. Dabei müssen die in der Rentabilitätsanalyse und -prognose getroffenen Annahmen bestätigt oder im positiven Sinne übertroffen werden. Anderenfalls müssen die Rentabilitätsanalyse und -prognose nochmals überprüft (Iterationsschleife 5a), die gesamte Projektentwicklung nochmals überdacht (Iterationsschleife 5b) oder aber der Projektausstieg vollzogen werden (Exit 5).

Im 6. Schritt ist schließlich der Entscheidungsrahmen durch eine Nutzwertanalyse zur Beurteilung der nicht monetär bewertbaren Faktoren von Projektentwicklungsalternativen zu ergänzen. Einen Vorschlag dazu enthält *Abb. 1.50*.

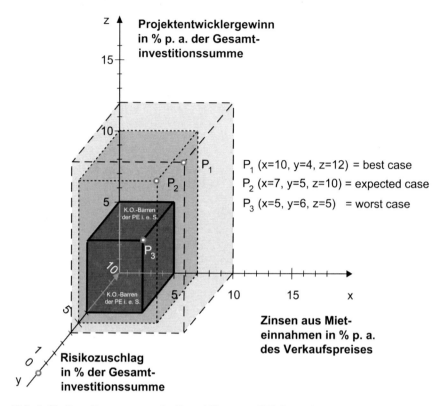

Abb. 1.49 Koordinatensystem der Rentabilitäts- und Risikoanalyse

Nr.	Teilziel	Gewicht (Vorschlag)	Messergebnisse		Erfüllungspunkte von 1 bis 10		gewichtete Nutzenpunkte	
			Alternative A	Alternative B	Alternative A	Alternative B	Alternative A	Alternative B
1	Hohe nachhaltige Marktnachfrage	15						
2	Geringes Leerstandsrisiko durch hohe Lagequalität	10						
3	Geringes Konkurrenz- angebot	10						
4	Geringes Genehmigungsrisiko	10						
5	Attraktive Nutzungs- und Planungskonzeption	10						
6	Hohe Drittverwendungs- fähigkeit	10						
7	Geringes Risiko der Finanzierungskonzeption	8						
8	künftiges Wertsteigerungs- potenzial	7						
9	Gutes Timing für den Markteintritt	5						
10	Aufstrebende Wirt- schaftsregion	5						
11	Geringes Baugrund- und Bauwerksrealisierungsrisiko	5						
12	Wirtschaftspolitische Stabilität	5						
	Summe	100	—	—	—	—		

Abb. 1.50 Nutzwertanalyse zur Beurteilung nicht monetär bewertbarer Teilziele der Projektentwicklung

Es ist dann derjenigen Projektentwicklungsalternative der Vorzug zu geben, die bei gleicher oder ähnlicher Positionierung im Koordinatensystem der Rentabilitäts- und Risikoanalyse den höchsten Wert der gewichteten Nutzenpunkte erhält und dabei auch einen vorgegebenen Mindestwert von z. B. 667 von 1.000 möglichen Punkten überschreitet. Wird der Mindestwert nicht erreicht, ist die Projektentwicklung zu überarbeiten (Iterationsschleife 6) oder aber endgültig abzubrechen.

Wird der Mindestwert erreicht, so ist die Projektentwicklung i. e. S. durch einen Erläuterungsbericht mit den Ergebnissen aus den 15 Aufgabenfeldern A bis O abzuschließen und eine positive Fortführungsempfehlung an das Entscheidergremium auszusprechen.

Ergänzend empfiehlt es sich, das Vorplanungskonzept im Hinblick auf die ökonomische und ökologische Qualität zu untersuchen.

Dazu bieten sich die an der Bergischen Universität Wuppertal entwickelten Bewertungssysteme für den Neubau und die Modernisierung von Hochbauten an (Getto, 2002, und Streck, 2004).

Dabei handelt es sich um Systeme zur Überprüfung der Frage, ob die Projektziele im Hinblick auf Nutzeranforderungen, Investitions- und Nutzungskosten sowie Umwelt und damit im Hinblick auf die Nachhaltigkeit eingehalten werden. Die Systeme sind so angelegt, dass bereits das Vorplanungskonzept bewertet werden kann, um zu entscheiden, ob die Planung weiter fortgeführt werden soll. Weitere Bewertungsschritte sind jeweils vorgesehen am Ende der Genehmigungsplanung vor Einreichung der Bauvorlagen an das Bauordnungsamt und vor Baubeginn unter Einbeziehung der zwischenzeitlichen Ausführungsplanung und Leistungsbeschreibungen.

Grundlage für die Bewertung ist ein einheitlicher Kriterienkatalog, der die externen und die ökonomischen sowie ökologischen Belange von Gebäuden abdeckt. Der Katalog umfasst jeweils 14 (Neubau) bzw. 15 (Modernisierung) ökonomische und ökologische Hauptkriterien sowie die Projektbedingungen und das Gebäude- bzw. Planungskonzept, die sich weiter in 58 bzw. 56 Teil- und 101 bzw. 117 Unterkriterien aufteilen. Um die Bewertung zu vereinfachen, wurden Diagramme, Fragenkataloge und Flussdiagramme entwickelt und z. T. auch Mindest- oder Höchststandards definiert, deren Unter- bzw. Überschreitung zwingend mindestens eine Umplanung erfordert. Zur Überführung der hinsichtlich ihrer Bezugsgrößen sehr unterschiedlichen Mess- und Bewertungsergebnisse in einen einheitlichen Bewertungsmaßstab wurde als Bewertungsmethode die Nutzwertanalyse gewählt. Dazu sind die Bewertungskriterien je nach ihrer Bedeutung zu gewichten. Die Kriterien werden dann für einzelne Bewertungsalternativen kardinal, ordinal oder nominal gemessen und über Transformationsfunktionen mit Erfüllungspunkten von 1 bis 10 bewertet. Anschließend wird die Erfüllungspunktzahl mit der Gewichtung, die in der Summe für alle Kriterien mit 1.000 angesetzt wird, multipliziert. Die gewichteten Erfüllungspunktzahlen ergeben dann in der Addition die Gesamtnutzenpunkte. So können Alternativen miteinander verglichen, aber auch Stärken und Schwächen leicht erkannt werden, die das Gesamtergebnis positiv oder negativ beeinflussen.

Die wichtigsten Ergebnisse der Bewertung werden auf einer DIN-A4-Seite zu einem Bewertungspass zusammengefasst *(Abb. 1.51)*. Neben den allgemeinen Angaben zu dem bewerteten Projekt enthält er die wichtigsten Angaben zu den

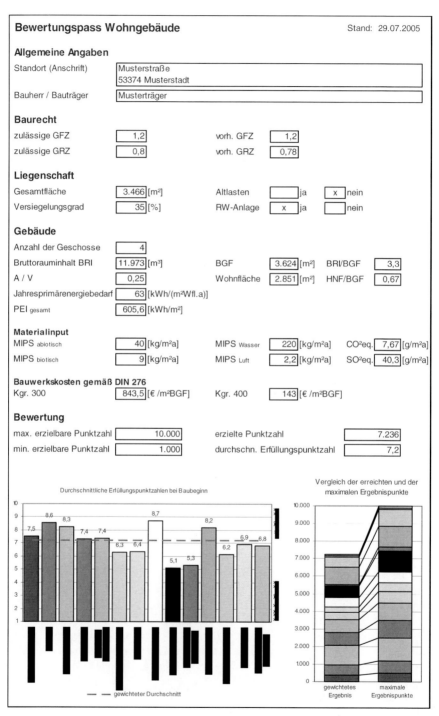

Abb. 1.51 Bewertungspass zur ökonomischen und ökologischen Bewertung der Vorplanung (Quelle: nach Getto (2002))

ökonomischen und ökologischen Komponenten. Das erzielte Ergebnis wird durch den Vergleich mit dem best- und dem schlechtestmöglichen Ergebnis eingeordnet (max. 10 x 1.000 = 10.000 und min. 1 x 1.000 = 1.000 gewichtete Nutzenpunkte).

Neben der Gesamtpunktzahl werden auch die durchschnittlichen Erfüllungspunktzahlen für die einzelnen Hauptkriterien sowie für das gesamte Projekt ermittelt. Eine grafische Darstellung der Erfüllungspunktzahl pro Hauptkriterium ermöglicht einen schnellen Vergleich. So kann gezielt nach dem Verbesserungspotenzial des Vorplanungskonzeptes gesucht werden. Eine zweite Grafik setzt das erzielte Ergebnis pro Hauptkriterium ins Verhältnis zu dem Maximalergebnis. So wird die gewichtete Bewertung jedes Kriteriums deutlich.

Werden die aus der ökonomischen und ökologischen Bewertung erkennbaren Schwächen des Vorplanungskonzeptes beseitigt, so kann das Projekt mit der Vervollständigung des Vorplanungskonzeptes zur Reinzeichnung fortgeführt werden.

1.8 Vertragsgestaltung und Honorierung von Leistungen der Projektentwicklung i. e. S. (ohne Eigenkapitalbeteiligung)

Für die Vertragsgestaltung gelten die Grundlagen für die Gestaltung von Projektmanagementverträgen analog (vgl. *Ziff. 2.10* und AHO (2004d), S. 125 ff.). Ein wesentlicher Unterschied besteht jedoch darin, dass in der Prozesskette der Aufgabenfelder A bis O min. 6 Ausstiegsoptionen beim Eintritt solcher Untersuchungsergebnisse offen gehalten werden müssen, die den Abbruch aller weiteren Tätigkeiten auch schon während der Projektentwicklung i. e. S. nahe legen (vgl. *Abb. 1.48*). Es ist daher darauf zu achten, dass entsprechend geeignete Kündigungsklauseln zwischen dem Auftraggeber und dem Projektentwickler zur vorzeitigen Vertragsbeendigung vereinbart werden.

Folgende Exitoptionen sind in Betracht zu ziehen:

Exit 1: A Marktrecherche, da Nachfrage nach vorgesehener Nutzungsart << Angebot
Exit 2: E Stakeholderanalyse, da für den vorgesehenen Standort mit der beabsichtigten Nutzungskonzeption kaum überwindbare Widerstände von Interessengruppen zu erwarten sind, die letztlich voraussichtlich zu einem Scheitern des Projektes führen werden
Exit 3: K Rentabilitäts- und Sensitivitätsanalyse und -prognose, da entweder der erwartete Projektentwicklergewinn oder aber die erwartete Mindestrendite des Investors mit hoher Wahrscheinlichkeit nicht erreicht werden können, insbesondere auch unter Beachtung von Worst-Case-Szenarien
Exit 4: L Risikoanalyse und -prognose, da die Tragweite wahrscheinlicher Risiken, die nicht vermieden, verteilt oder versichert werden können, sondern akzeptiert werden müssen, so groß ist, dass die erwartete Mindestrentabilität wahrscheinlich unterschritten wird
Exit 5: N Projektfinanzierung, da nach dem Finanzierungskonzept z. B. für den Fremdkapitalanteil des Investors die Rating-Kriterien nach Basel II der finanzierenden Banken nicht erfüllt werden

Exit 6: O Entscheidungsvorlage, da als Ergebnis der Nutzwertanalyse eine vorgegebene Anzahl gewichteter Nutzenpunkte von z. B. 667 von 1.000 nicht erreicht wird.

Das Honorar für Projektentwicklungsleistungen ohne Eigenkapitalbeteiligung setzt sich i. d. R. aus einem Basishonorar (costs of doing business) und einer erfolgsabhängigen Leistungshonorierung in Abhängigkeit von der Höhe des Leistungsaufwands und des Erfolgs zusammen.

Für das Basishonorar wird eine Honorierung über Kalkulation nach Zeitaufwand gemäß § 203 Heft Nr. 9 des AHO (2004d) empfohlen.

Diese Form der Honorierung geht davon aus, dass der Projektentwickler keine Kapitalrisiken übernimmt, sondern als Dienstleister auftritt und dazu einen reinen Managementvertrag abschließt.

Fischer (2004, S. 159 ff.) entwickelt unter der Voraussetzung des Eigenkapitaleinsatzes sowohl von Projektentwickler als auch Investor (Equity Joint Venture) eine integrierte Leistungs- und Honorarstruktur der Projektentwicklung im weiteren Sinne. Dazu definiert er die in *Abb. 1.52* dargestellte Leistungsmatrix aus den vier Projektentwicklungsstufen Akquisition, Projekt-Management, Marketing und Vermietung sowie Investment, denen er insgesamt 10 Leistungspunkte LP 1 bis LP 10 zuordnet. Die zu erfüllenden Aufgaben ordnet er den 4 Handlungsbereichen kaufmännisches, technisches und juristisches Management sowie Geschäftsbesorgung zu.

Er schlägt vor, Prämienvereinbarungen als erfolgsabhängige Leistungshonorierung für den Eintritt bestimmter Ereignisse zu treffen (z. B. für den Wegfall sämtlicher Rücktrittsrechte aus notariellem Kaufvertrag bei Erteilung der Baugenehmigung sowie bei Baubeginn, bei Bauabnahme und bei Vollvermietung).

Leistungsbild	Projektentwicklungsleistungen				Output
	Kaufmännisches Management	Technisches Management	Juristisches Management	Geschäftsbesorgung	
Akquisition					
LP 1: Akquisitionsvorprüfung	K1				Stopp oder Sicherung
LP 2: Machbarkeitsstudie	K2	T2	J2		interne Entscheidung
LP 3: Nutzungskonzept	K3	T3	J3		externe Entscheidung
LP 4: Projektfinanzierung	K4		J4	G4	Finanzentscheidung
LP 5: Objektkauf	K5	T5	J5	G5	offizieller Projektstart
Projekt-Management					
LP 6: Baurechtschaffung	K6	T6	J6	G6	öffentlich-rechtliche Entscheidung
LP 7: Baudurchführung	K7	T7	J7	G7	Bauabnahme
Marketing und Vermietung					
LP 8: Marketing PR	K8				Imagegestaltung
LP 9: Vermietung	K9	T9	J9	G9	Ertragsgenerierung
Investment					
LP 10: Objektverkauf	K10		J10	G10	Erlösgenerierung

Abb. 1.52 Leistungsmatrix der Projektentwicklung nach Fischer (Quelle: Fischer (2004), S. 169)

Für die Honorierung der Projektentwicklung als Equity Joint Venture empfiehlt Fischer (2004, S. 194) ein Basishonorar, ein erfolgsabhängiges Leistungshonorar sowie eine Gewinn- und Verlustpartizipation, ausgerichtet auf den finanziellen Erfolg des Gesamtprojektes. Zielsetzung des Projektentwicklers dabei sei es, eine höhere als die seiner Kapitalbeteiligung entsprechende Gewinnbeteiligung zu erhalten und die Verlustbeteiligung auf einen Grenzwert zu beschränken. Er schlägt dann die in *Abb. 1.53* dargestellte Honorarstruktur vor.

Leistungspunkte	Grundhonorar und Honorargrundlage	Honorarstruktur
LP 1: Objektvorprüfung/ -sicherung	~ 0,2 - 0,4 % des Netto-Kaufpreises	• erfolgsabhängige Leistungshonorierung
LP 2: Machbarkeitsstudie	~ 1,0 - 1,5 % des Netto-Kaufpreises	• ggf. Basishonorar • erfolgsabhängige Leistungshonorierung • Kapitalbeteiligung anzuraten
LP 3: Nutzungskonzept	~ 0,25 - 0,75 % der Bau-kosten auf Basis Kostenschätzung	• ggf. Basishonorar • erfolgsabhängige Leistungshonorierung • Kapitalbeteiligung anzuraten
LP 4: Projektfinanzierung	in Abhängigkeit von den Kapitaldiensten	• kein Grundhonorar für Management-Leistung
LP 5: Objektkauf	~ 0,5 - 2,0 % des Netto-Kaufpreises	• erfolgsabhängige Leistungshonorierung • Kapitalbeteiligung anzuraten
LP 6: Baurechtschaffung	~ 0,8 - 1,2 % der Bau-kosten auf Basis Kostenberechnung nach DIN 276	• ggf. Basishonorar • erfolgsabhängige Leistungshonorierung • Kapitalbeteiligung bedingt erforderlich
LP 7: Baudurchführung	~ 1,0 - 1,5 % der Bau-kosten auf Basis Kostenberechnung nach DIN 276	• Basishonorar • erfolgsabhängige Leistungshonorierung • Kapitalbeteiligung nicht erforderlich (aber möglich)
LP 8: Marketing/PR	~ 0,6 - 1,0 Monatsmieten (netto kalt)	• Basishonorar • erfolgsabhängige Leistungshonorierung • Kapitalbeteiligung bedingt erforderlich
LP 9: Vermietung	~ 1,0 - 5,0 Monatsmieten (netto kalt)	• erfolgsabhängige Leistungshonorierung • Kapitalbeteiligung nicht erforderlich
LP 10: Investment	~ 0,5 - 3,0 % bei Ge-samtprojekt	• erfolgsabhängige Leistungshonorierung

Abb. 1.53 Honorarstruktur für Projektentwicklungsleistungen nach Fischer (Quelle: Fischer (2004), S. 239 f.)

Fischer will mit der Leistungs- und Honorarstruktur gemäß *Abb. 1.53* eine Nachvollziehbarkeit zwischen Leistung, Wertschöpfung und Risiko und damit eine transparente Honorarverteilung zwischen dem Projektentwickler und dem Investor des Equity Joint Ventures erreichen. Sein Ansatz ist ein erster Diskussionsbeitrag, dessen Realitätsnähe durch künftige Vertragsvereinbarungen der Marktteilnehmer noch bewiesen werden muss.

1.9 Zusammenfassung

Jeder Lebenszyklus einer Immobilie beginnt mit der Projektentwicklung i. e. S. Aufgrund der entscheidenden Bedeutung dieser Projektstufe, in der einerseits die größten Freiheitsgrade im Hinblick auf Qualitäten, Kosten und Termine und damit das höchste Maß an Beeinflussbarkeit bestehen, muss an den aufgezeigten sechs Exitstationen während des Projektentwiclungsprozesses i. e. S. entschieden werden, ob Iterationsschleifen erfolgversprechend sind oder der vorzeitige Abbruch der Projektentwicklung i. e. S. zu empfehlen ist. Am Ende muss mit der Entscheidungsvorlage stets die Entscheidung gefällt werden, ob das Ergebnis der Untersuchungen eine Fortführung der weiteren Planung und anschließenden Ausführung rechtfertigt oder ob eine Schadensbegrenzung durch Wahrnehmung der letzten aufgezeigten Exit-Möglichkeit oder aber -notwendigkeiten die bessere Alternative darstellt.

Nach einigen Begriffsbestimmungen, Beschreibung von Ausgangssituationen und Formen der Projektentwicklung sowie Vorstellung des Marktes für Projektentwicklungen aus Projektarten, Nachfragern einerseits und Anbietern andererseits werden schematisch der Projektentwicklungsprozess und eine Entscheidungskaskade erläutert. Das Leistungsbild der Projektentwicklung i. e. S. wird in 15 Aufgabenfelder bzw. Prozesse A bis O aufgeteilt. Die ausführliche Beschreibung jedes einzelnen Aufgabenfeldes beginnt mit A Marktrecherche und endet mit O Entscheidungsvorlage. Dieser umfangsmäßig größte Teil des ersten Kapitels soll durch Herausstellung von Gegenstand und Zielsetzung, methodischem Vorgehen und Beispiele praktische Hilfestellung bei konkreten Projektentwicklungsaufgaben bieten und auch dazu dienen, das Arbeitsprogramm für die daran beteiligten Bearbeiter aus den verschiedenen Disziplinen des Bauwesens, der Wirtschafts- und Rechtswissenschaften, der Geographie und Soziologie, deutlich zu machen.

Die Ausführungen zur Honorierung gehen davon aus, dass die Projektentwicklung i. e. S. als Consultingleistung erbracht wird, d. h, ohne Eigenkapitalbeteiligung an einer (zu gründenden) Projektentwicklungsgesellschaft.

Aus einzelwirtschaftlicher Sicht tragen Projektentwicklungen auf operativer Ebene zur Stabilisierung und Erhöhung des Unternehmenserfolges der daran beteiligten Unternehmen bei. Auf strategischer Ebene können sie Wettbewerbsvorteile für wichtige Geschäftsfelder der Unternehmen schaffen. Aus gesamtwirtschaftlicher Sicht dient die Projektentwicklung der Wirtschaftsförderung und Lageverbesserung durch Steigerung der regionalen Standortqualität.

2 Projektmanagement (PM)

Nach der Projektentwicklung i. e. S. mit positiver Entscheidung über die Fortführung des Projektes als Ergebnis der Entscheidungsvorlage gemäß *Ziff. 1.7.15* beginnt das Projektmanagement, das die Phasen der Planung und Ausführung der Immobilie bis zur Abnahme/Übergabe umfasst (vgl. Ziff. 1.1).

Die Untersuchungen zum Leistungsbild des § 31 HOAI und zur Honorierung für die Projektsteuerung, in Branchenkreisen auch bekannt als „grünes Heft" bzw. „Nr. 9 der Schriftenreihe des AHO" stießen seit dem Erscheinen der ersten Auflage im November 1996 auf rege Nachfrage. Dies wird auch durch die vier Nachdrucke vom August 1998, September 2000, März 2002 und April 2003 sowie die Neuauflage vom Januar 2004 deutlich.

Die wesentlichen Anforderungen an die Projektsteuerung waren noch für die erste Auflage 1996:

- neutrale und unabhängige Wahrnehmung von Auftraggeberaufgaben in beratender Stabsfunktion
- keine Überschneidung von Grundleistungen der Projektsteuerung mit Grundleistungen anderer Leistungsbilder nach HOAI
- Honorarermittlung für die Projektsteuerung nach den auch gemäß HOAI vorgeschriebenen Honorarparametern

Die Schaffung dieses puristischen Ansatzes des DVP/AHO war notwendig, um nach den heterogenen und diffusen Entwicklungen des Bauprojektmanagements in Deutschland seit etwa 1968 eine klare und allseits nachvollziehbare Basis und damit eine Messlatte für individuelle Vertragsvereinbarungen zu schaffen. Der Markt reagierte und reagiert auf dieses Angebot mit einer nur teilweise identischen Nachfrage. Er fordert Modifizierungen. Dies ist typisch für den Lebenszyklus von Produkten und deren Entwicklungsprozesse.

Die Anforderungen der Auftraggeber an das Projektmanagement und die Praxiserfahrungen der Auftragnehmer ließen veränderte und teilweise auch neue Anforderungen erkennen:

- Ausrichtung der Projektsteuerung auf den Erfolg des Bauprojektes
- stärkere Übernahme von Projektleitungsaufgaben in Linienfunktion
- Verknüpfung von Projektsteuerungs- mit Planungsleistungen der Leistungsphasen 6 bis 8 HOAI, auch mit Generalplanung
- Implementierung und Anwendung von Projektinformations- und Wissensmanagementsystemen
- Projektmanagement bei Einschaltung von Kumulativleistungsträgern (Generalplanern, Generalunternehmern etc.)
- einfache, flexible und leistungsorientierte Honorarvereinbarungen

Diese Entwicklungen waren maßgebend für den Entschluss zu einer 6. vollständig überarbeiteten und erweiterten Auflage Januar 2004 (AHO 2004d).

Wie bereits unter Ziff. 1.1 definiert, umfasst Projektmanagement sowohl Projektleitungsaufgaben in Linienfunktion als auch Projektsteuerungsaufgaben in Stabsfunktion.

Mit Inkrafttreten der HOAI am 01.01.1977 wurden durch den § 31 HOAI „Projektsteuerung" erstmals Leistungen des Auftraggebers in eine Honorarordnung für Architekten und Ingenieure integriert.

Auftraggeber und Auftragnehmer hatten jedoch in der Folgezeit erhebliche Schwierigkeiten mit der Anwendung des heterogenen und weder nach Leistungsphasen noch nach Handlungsbereichen gegliederten Leistungsbildes sowie mit der Verständigung auf eine angemessene Honorierung, die nach § 31 (2) HOAI frei vereinbart werden kann.

Von der AHO-Fachkommission „Projektsteuerung" wurden daher im November 1996 Untersuchungen zum Leistungsbild des § 31 HOAI und zur Honorierung für die Projektsteuerung mit der Zielsetzung veröffentlicht, einen Vorschlag anstelle von § 31 HOAI zu erarbeiten (AHO 1996).

Grundsätzlich ermächtigt das Gesetz zur Regelung von Ingenieur- und Architektenleistungen (GOI), das die verfassungsrechtliche Basis zum Erlass der HOAI darstellt, sowohl zur Regelung von Leistungen der Ingenieure und Architekten als auch – wie in § 31 geschehen – dazu, Leistungen von Planern bzw. Beratern zu erfassen, die in Vertretung für die Auftraggeber erbracht werden.

Der Gesetzgeber hatte seinerzeit zutreffend erkannt, dass personell und fachlich nicht entsprechend ausgestattete Auftraggeber mit der Wahrnehmung von Projektmanagementaufgaben überfordert sein können. Diese bestehen in der überwiegend organisatorischen und technisch-wirtschaftlichen Koordinierung, der Organisation und Überwachung des Zusammenspiels aller Planer und Firmen sowie sonstigen Projektbeteiligten und in der gleichzeitigen Sorge für die Einhaltung von Qualitäten, Kosten und Terminen. Ab einer bestimmten Projektgröße und -komplexität können sie sehr umfangreich werden.

Seitens des Bundesministeriums für Wirtschaft und Arbeit wird zur Jahreswende 2005/2006 ein Referentenentwurf zur Novellierung der HOAI erwartet, der die vertragliche Honorarvereinbarung – wie im Werkvertragsrecht üblich – vorsieht. Das bisher geltende verpflichtende Preisrecht der HOAI soll lediglich subsidiär herangezogen werden, wenn sich die Vertragsparteien nicht einigen können. Im Übrigen soll der Geltungszeitraum der novellierten HOAI zunächst auf fünf Jahre beschränkt werden. In diesem Zusammenhang ist auch vorgesehen, zur „Verschlankung" der HOAI auf einige Leistungsbilder zu verzichten, darunter auch die Projektsteuerung.

Die Mitglieder der AHO-Fachkommission „Projektsteuerung", zwischenzeitlich umbenannt in „Projektsteuerung/Projektmanagement", verzichteten bereits seit 1998 auf den Anspruch auf Aufnahme einer vollständigen Leistungs- und Honorarordnung in die HOAI. Sie erkannten, dass mit der Fortschreibung des AHO-Heftes Nr. 9 eine gute Möglichkeit gegeben sei, den Erfordernissen des Marktes durch zeitnahe Aktualisierung von Heft Nr. 9 zu entsprechen.

Die Erwartung der Auftraggeber an Projektmanager besteht darin, dass sie durch deren Einschaltung bei der Erreichung ihrer Projektziele im Hinblick auf

Funktionen, Qualitäten, Kosten, Termine und Organisation effizient unterstützt werden.

Das Projektmanagement hat sich seit seinen Anfängen vor etwa 35 Jahren zu einem bedeutsamen Markt entwickelt. Nach überschlägigen Berechnungen kann derzeit in der Bundesrepublik Deutschland von einem Angebot und einer Nachfrage nach Leistungen extern eingeschalteter Projektmanager von jährlich rund 2,0 Mrd. € ausgegangen werden.

2.1 Regelungsnotwendigkeit und -fähigkeit des Projektmanagements

Die Regelungsnotwendigkeit für ein Leistungsbild und für Honorarvorschläge zum Projektmanagement ergab sich aus den Schwierigkeiten bei der Anwendung des § 31 HOAI in der Praxis seit seiner Einführung im Jahr 1977.

Das heterogene Leistungsbild führte zu Problemen bei der Abgrenzung von Planungs- und Projektmanagementleistungen aus der gleichzeitigen Wahrnehmung von auftragnehmerseitigen Planungs- und auftraggeberorientierten Projektmanagementaufgaben sowie daraus entstehenden Interessenskollisionen, Loyalitätskonflikten und Kompetenzstreitigkeiten.

Die in § 31 (1) HOAI beispielhaft aufgezählten Leistungen sind nicht nach Projektphasen differenziert. Dies ist jedoch wesentliches Kennzeichen der anderen Leistungsbilder in der HOAI. Viele Auftraggeber fordern ausdrücklich eine stufenweise Beauftragung, da sie sich noch nicht für die Dauer des gesamten Projektes an einen Auftragnehmer binden können oder wollen, z. B. aus Unsicherheit über die Realisierung des Projektes wegen noch abzuklärender Risiken, z. B. der Genehmigungsfähigkeit oder aber der Finanzierung.

Gemäß § 31 (2) HOAI können Honorare für Leistungen der Projektsteuerung frei vereinbart werden. Dadurch herrschten über viele Jahre hinweg sehr diffuse Vorstellungen über das angemessene Honorar auf der Auftraggeberseite. Es kam auch zu sehr stark streuenden Honorarangeboten auf der Auftragnehmerseite. Diese waren vielfach begründet durch unklare Leistungsbeschreibungen sowie Vermischung von Projektmanagement- und Planungsaufgaben.

Gemäß BGH-Urteil vom 09.01.1997 (VII ZR 48/96) ist § 31 (2) 1. Halbsatz HOAI (Honorare für Leistungen bei der Projektsteuerung dürfen nur berechnet werden, wenn sie bei Auftragserteilung schriftlich vereinbart worden sind) nichtig, soweit die Wirksamkeit von Honorarvereinbarungen für Projektsteuerungsleistungen davon abhängig gemacht wird, dass sie „schriftlich" und „bei Auftragserteilung" getroffen worden sind. In diesem Urteil wurde ferner klargestellt, dass der Anwendungsbereich von § 31 HOAI nicht auf den Fall beschränkt ist, dass ein Architekt oder Ingenieur neben preisrechtlich gebundenen Leistungen auch solche der Projektsteuerung übernimmt.

Der fehlenden Strukturierung der Leistungen der Projektsteuerung nach Leistungsphasen in § 31 HOAI wurde durch eine Aufteilung in fünf Projektstufen anstelle der neun Leistungsphasen nach HOAI sowie einer vorgeschalteten Phase 0 – Projektentwicklung begegnet, um einerseits Wiederholungen zu vermeiden, andererseits jedoch klare Meilensteine im Projektablauf zu setzen.

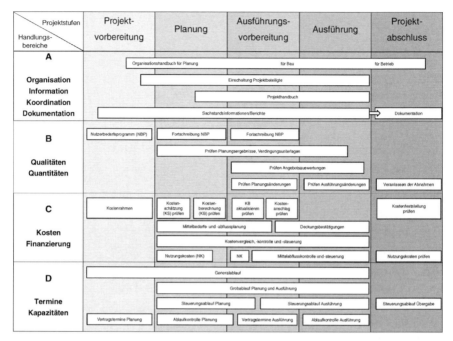

Abb. 2.1 Leistungsmatrix der Projektsteuerung im Projektablauf

Die Grundleistungen der Projektsteuerung, die zur ordnungsgemäßen Erfüllung eines Auftrages im Allgemeinen erforderlich sind (§ 2 (2) HOAI), und die Besonderen Leistungen bei besonderen Anforderungen an die Ausführung des Auftrages (§ 2 (3) HOAI) werden innerhalb jeder Projektstufe weiter nach vier Handlungsbereichen untergliedert *(Abb. 2.1)*:

- A: Organisation, Information, Koordination, Dokumentation (Diederichs, Hrsg., 2005)
- B: Qualitäten und Quantitäten (Diederichs, 2003a)
- C: Kosten und Finanzierung (Diederichs, 2003b)
- D: Termine, Kapazitäten und Logistik (Diederichs, 2002)

In Heft Nr. 9 des AHO (2004d) wurde erstmals unter § 203 des AHO-Entwurfs vorrangig eine projektkostenunabhängige Honorarermittlung nach Zeitaufwand zur Vermeidung von Konflikten aus Honorarsteigerungen bei Projektkostensteigerungen empfohlen, insbesondere beim Bauen im Bestand, bei Sonderbauwerken, bei Verkehrs- und Anlagenbauten sowie bei nutzerspezifischen Leistungsanforderungen. Dies gilt auch für das Honorar für die Wahrnehmung der Projektleitung.

Damit erhält die projektkostenabhängige Honorarermittlung den Charakter einer Plausibilitätsbetrachtung zur projektkostenunabhängigen Honorarermittlung nach Zeitaufwand. Dazu werden die auch bei den übrigen Leistungsbildern der HOAI benötigten Parameter herangezogen (anrechenbare Kosten des Projektes, Honorarzonen, Honorartafeln, Honoraranteile in den 5 Projektstufen). Die Basis für die anrechenbaren Kosten und damit für eine frühzeitige Pauschalierung des Projektsteuerungshonorars bilden die genehmigte Kostenberechnung oder der genehmigte Kostenanschlag. Zur Plausibilisierung des Projektleitungshonorars dient § 208 des AHO-Entwurfs.

2.2 Abgrenzung des Projektmanagements zur Planung und Rechtsbesorgung

Projektsteuerung ist gemäß § 31 (1) HOAI die Wahrnehmung von Funktionen des Auftraggebers bei der Steuerung von Projekten mit mehreren Fachbereichen, d. h. Objekt- und Fachplanungsleistungen nach den Teilen II bis XIII HOAI. Damit ist eine Vermischung zwischen Grundleistungen des Auftraggebers und Grundleistungen der Planer schon definitionsgemäß nicht zulässig. Allerdings provozieren die in § 31 (1) HOAI besonders hervorgehobenen acht Teilleistungen durch Begriffe wie Klärung, Koordinierung und Überwachung den Eindruck von Überschneidungen.

Bei den in AHO-Heft Nr. 9 (2004d) definierten Grundleistungen wurde strikt darauf geachtet, dass diese nicht in den Grundleistungen anderer Leistungsbilder enthalten sind. Nach dem klassischen organisatorischen Grundprinzip der strikten Trennung von Entscheidung/Steuerung einerseits und Planung/Ausführung andererseits und zur Vermeidung von Interessenskonflikten verbietet sich die gleichzeitige Wahrnehmung von Projektsteuerungs- und Planerfunktionen bei einem Projekt durch eine Institution. Daher heißt es auch in § 5 (2) der Berufsordnung des DVP vom 26.06.85: „Zu dieser Loyalitätspflicht gehört es in der Regel auch, bei demselben Projekt keine weiteren Funktionen als diejenigen des Auftraggebers zu übernehmen."

Bei Locher et al. (2002, § 31 Rdn. 5) heißt es analog: „Es kann allerdings von einer wirksamen Kontrolle dann nicht die Rede sein, wenn die an der Entwicklung des Bauwerks vertraglich beteiligten Leistungsträger sich selbst kontrollieren."

Die Tatsache, dass in die Leistungsbilder der HOAI 1996 die Verpflichtung zur Kostenkontrolle aufgenommen wurde, bedeutet keinen Widerspruch zu den vorstehenden Ausführungen. In die Leistungsbilder der §§ 15 (2), 55 (2) und 73 (3) HOAI (1996) wurden folgende Teilleistungen neu aufgenommen:

- Kostenkontrolle durch Vergleich der Kostenberechnung mit der Kostenschätzung (Leistungsphase 2)
- Kostenkontrolle durch Vergleich des Kostenanschlags mit der Kostenberechnung (Leistungsphase 7)
- Kostenkontrolle durch Überprüfen der Leistungsabrechnung der bauausführenden Unternehmen im Vergleich zu den Vertragspreisen und dem Kostenanschlag (Leistungsphase 8)

Eine Kostenkontrolle unter Vergleich allein ist zwar notwendig, aber nicht hinreichend. Bei Abweichungen von den Sollvorgaben müssen notwendige Anpassungsmaßnahmen vorgeschlagen, in qualitativer und terminlicher Hinsicht überprüft, bewertet und dem Auftraggeber zur Entscheidung vorgelegt werden. Diese Verpflichtung obliegt damit dem Projektmanager unter Mitwirkung des Objektplaners, Planers für Ingenieurbauwerke und Verkehrsanlagen sowie Fachplaners für Technische Ausrüstung.

In der Praxis besteht allerdings durchaus die Gefahr von Überschneidungen zwischen den im AHO-Entwurf definierten Grundleistungen für Projektsteuerung und den Besonderen Leistungen anderer Leistungsbilder der HOAI, die daher vom Auftraggeber jeweils eindeutig entweder nur dem Projektmanager oder aber nur dem Planer zugeordnet werden müssen, um Doppelbeauftragungen und -honorierungen zu vermeiden. Bei diesen möglichen Leistungsüberschneidungen sind folgende Fälle denkbar:

- Es handelt sich um Aufgaben, die Grundlagen der Entscheidungsvorbereitung für die weitere Planung darstellen. Diese Leistungen können entweder vom Planer oder vom Projektmanager erbracht werden, da hier Interessenskollisionen ausgeschlossen sind (z. B. Aufstellen eines Raum- und Funktionsprogramms).
- Es handelt sich um planungsergänzende Aufgaben, die zur zweifelsfreien Abgrenzung der Leistungsbilder und zur eindeutigen Erhaltung der Haftungsgrenzen zwischen Planer und Projektmanager immer vom Planer durchgeführt werden sollten (z. B. Untersuchung von Lösungsmöglichkeiten nach grundsätzlich verschiedenen Anforderungen).
- Es handelt sich um Beratungs-, Koordinations-, Informations- und Kontrollleistungen. Diese sollten immer vom Projektmanager wahrgenommen werden, damit keine Selbstkontrolle von Planerleistungen entsteht (z. B. Veranlassen besonderer Abstimmungsverfahren zur Sicherung der Projektziele).

Mit Einführung der Grundleistungen für Projektsteuerung gemäß AHO-Entwurf (vgl. § 204 (2)) sind die beispielhaft genannten Besonderen Leistungen der in der HOAI enthaltenen Leistungsbilder daraufhin zu überprüfen, ob und inwieweit dort Leistungen aufgeführt sind, die mit den Grundleistungen für Projektsteuerung identisch sind. Da die Besonderen Leistungen ohnehin nicht abschließend aufgeführt sind (vgl. § 2 (3) Satz 2 HOAI), stehen einer entsprechenden Bereinigung im Rahmen einer Novellierung der HOAI auch keine rechtlichen Bedenken entgegen. Solche Besonderen Leistungen sind z. B. gemäß § 15 (2) HOAI:

- Aufstellen eines Finanzierungsplans (Leistungsphase 2)
- Aufstellen eines Zeit- und Organisationsplanes (Leistungsphase 2)
- Wirtschaftlichkeitsberechnung (Leistungsphase 3)
- Aufstellen, Überwachen und Fortschreiben eines Zahlungsplans (Leistungsphase 8)
- Aufstellen, Überwachen und Fortschreiben von differenzierten Zeit-, Kosten- und Kapazitätsplänen (Leistungsphase 8)
- Ermittlung und Kostenfeststellung zu Kostenrichtwerten (Leistungsphase 9)

Nach Kniffka (1995, S. 12) ist Rechtsberatung durch den Projektsteuerer gemäß §§ 1 und 5 RBerG zulässig, wenn sie sich im Rahmen der Berufsaufgabe des Projektsteuerers vollzieht und deren Zweck dient. „In aller Regel werden die technischen, wirtschaftlichen und organisatorischen Aufgaben im Vordergrund stehen. Das dürfte z. B. bei vollständiger Übernahme der in § 204 HOAI-Entwurf DVP vorgesehenen Grundleistungen der Fall sein. [...] Die Aufgabe muss insoweit auch dahin gehen, die technische und wirtschaftliche Kompetenz deutlicher in einer

Form herauszustellen, die unbedenklich rechtfertigt, sie als Hauptaufgabe und die rechtsbesorgende Tätigkeit nur als dienende Nebenaufgabe anzusehen."

Im Ergebnis sind – unter Beachtung und kritischer Prüfung der Ausführungen von Kniffka – drei Fälle rechtsbesorgender Tätigkeiten zu unterscheiden:

2.2.1 Fall 1: Rechtsbesorgung als Hilfs- und Nebentätigkeit

Kniffka (1994, S. 254) führt dazu aus: „Rechtsbesorgende Tätigkeit ist nur erlaubt, wenn ohne die Einbeziehung der Rechtsbesorgung eine ordnungsgemäße Erledigung der eigentlichen Aufgaben des Unternehmers nicht möglich ist. Es muss sich um eine Hilfs- oder Nebentätigkeit handeln, die sich im Rahmen der eigentlichen Berufsaufgabe vollzieht und deren Zweck dient, ohne dass sie untergeordnet zu sein braucht."

Solche Leistungen sind zulässig bzw. notwendig, da anderenfalls die übertragenen Aufgaben nicht erfüllt und entsprechende vertragliche Mängelhaftungs- und Schadensersatzansprüche des Auftraggebers ausgelöst würden.

2.2.2 Fall 2: Nicht notwendig mit der Berufsausübung zusammenhängende Rechtsbesorgung

Dazu heißt es bei Kniffka (1994, S. 255): „Nicht notwendig mit der Berufsausübung zusammenhängende Rechtsbesorgung ist für freiberufliche Architekten und Ingenieure unzulässig."

Auch nach dem Verständnis der Projektmanager und insbesondere der Mitglieder der AHO-Fachkommission Projektsteuerung sowie des DVP versteht es sich von selbst, dass die eigenständige juristische Tätigkeit Juristen vorbehalten bleibt und für Projektmanager nicht in Betracht kommt.

2.2.3 Fall 3: Individuelle Bewertung im Einzelfall

Dazu schreibt Kniffka (1994, S. 255): „Es besteht zweifellos eine Notwendigkeit, in gewissen Grenzen Rechtsbesorgung durch den Architekten zuzulassen. Andererseits besteht aber auch ein Bedürfnis, die Zulässigkeit rechtsbesorgender Tätigkeit im Hinblick auf die fehlende juristische Ausbildung und Kompetenz des Architekten einzuschränken. [...] Entscheidend ist [...] die Bewertung der im Einzelfall entstehenden Konfliktlage."

In analoger Übertragung vom Architekten auf den Projektmanager ist es somit stets erforderlich, den Einzelfall zu prüfen und zu bewerten. Ist er als Routinefall einzustufen, der vom Auftraggeber ohne weitere juristische Beratung erwartet werden kann, dann handelt es sich um zulässige Rechtsbesorgung (vgl. Fall 1). Ist er aber als schwieriger und komplexer Sachverhalt einzustufen, für dessen Behandlung juristische Ausbildung und Kompetenz erforderlich sind, ist fachkundige juristische Beratung einzuholen (vgl. Fall 2).

Bei einer Befolgung des Grundsatzes „Im Zweifel ist rechtzeitig ein fachkundiger Jurist einzuschalten!" ist den Interessen der Auftraggeber, der Juristen und der Projektmanager in angemessener Weise gedient.

Zur Vermeidung von Schnittstellen erwarten Auftraggeber zunehmend, dass ihnen das Projektmanagement und die Projektrechtsberatung aus einer Hand angeboten werden (vgl. *Ziff. 2.5.5*).

Daher ist in jüngerer Zeit zu beobachten, dass sich Projektmanager und Juristen zu Arbeitsgemeinschaften zusammenschließen, um Projektmanagementleistungen und planungs- und baubegleitende Rechtsberatung als Paket anzubieten bzw. zu erbringen.

Zur Vermeidung von Konflikten mit dem RBerG ist es auch in diesen Fällen erforderlich, dass der Auftraggeber für die Beauftragung dieses einen Paketes jeweils einen Vertrag mit dem Projektmanager und einen weiteren mit dem Baujuristen abschließt, damit die vom RBerG geforderte Unabhängigkeit gewahrt bleibt und der Auftraggeber dennoch ein geschlossenes Leistungspaket erhält.

Zur Zulässigkeit der Rechtsberatung beim Vertragsmanagement eines Projektmanagers heißt es in einem Urteil des OLG Köln vom 16.04.2003 (13 U 83/02):

„1. Angesichts der Vielschichtigkeit von Projektsteuererleistungen lässt sich eine generelle Aussage zur Vereinbarkeit von Projektsteuerungsverträgen und dem Rechtsberatungsgesetz nicht treffen, sondern es ist auf den jeweiligen Einzelfall abzustellen.

2. Auch bei Übernahme eines Vertragsmanagements und der Verwendung eigener Verträge für Fachplanerleistungen kann ein Verstoß gegen das Rechtsberatungsgesetz ausscheiden, wenn die technische und wirtschaftliche Betreuung eindeutig den Schwerpunkt der Aufgabenstellung des Projektsteuerers bilden."

Mit Beschluss des BGH vom 23.09.2004 (VII ZR 169/03) wies der BGH die Beschwerde des Beklagten über die Nichtzulassung der Revision zurück (IBR 2004, 632).

2.3 Leistungsbild § 205 Projektsteuerung

Die in § 31 (1) HOAI beispielhaft aufgezählten acht Teilleistungen werden in der Praxis kaum beauftragt, da sie weder Projektphasen zugeordnet werden können, um eine stufenweise Beauftragung zu ermöglichen, noch im Sinne der Projektziele nach Handlungsbereichen/Aufgabenfeldern strukturiert sind.

Das in AHO-Heft Nr. 9 (2004d) entwickelte Leistungsbild Projektsteuerung *(Abb. 2.2)* erfüllt mit seinen klar strukturierten Grundleistungen die Anforderungen der Auftraggeber nach einer Musterleistungsbeschreibung mit konkret definierten Leistungsergebnissen. Die Besonderen Leistungen sind häufig hinzutretende oder an die Stelle von Grundleistungen tretende Aufgaben der Projektsteuerung.

Aus dem Leistungsbild ist der starke Ergebnisbezug zu erkennen, der in jeder Projektstufe für jeden Handlungsbereich die Vorlage jeweils aktueller Dokumente verlangt, die in der Rückschau den Zeitraum seit Projektbeginn und in der Vorschau den Trend bis zum Projektende sowie die notwendigen Maßnahmen zur Einhaltung der Projektziele beschreiben.

Zum Leistungsbild Projektsteuerung heißt es in § 205 des AHO-Heftes Nr. 9 (2004d):

„(1) Das Leistungsbild der Projektsteuerung umfasst die Leistungen von Auftragnehmern, die Funktionen des Auftraggebers bei der Steuerung von Projekten mit mehreren Fachbereichen in Stabsfunktion übernehmen. Die Grundleistungen sind in den in Abs. 2 aufgeführten Projektstufen 1 bis 5 zusammengefasst. Sie werden … für die Erbringung aller vier Handlungsbereiche

A – Organisation, Information, Koordination und Dokumentation,

B – Qualitäten und Quantitäten,

C – Kosten und Finanzierung,

D – Termine, Kapazitäten und Logistik

nach Projektstufen mit … Vomhundertsätzen der Honorare des § 207 bewertet.

(2) Für das Leistungsbild sind folgende Hinweise zu beachten:
1. Das Aufstellen, Abstimmen und Fortschreiben i. S. des Leistungsbildes beinhaltet:

- die Vorgabe der Solldaten (Planen/Ermitteln),
- die Kontrolle (Überprüfen und Soll-/Ist-Vergleich) sowie
- die Steuerung (Abweichungsanalyse, Anpassen, Aktualisieren).

2. Mitwirken im Sinne des Leistungsbildes heißt stets, dass der beauftragte Projektsteuerer die genannten Teilleistungen in Zusammenarbeit mit den anderen Projektbeteiligten inhaltlich abschließend zusammenfasst und dem Auftraggeber zur Entscheidung vorlegt.

3. Sämtliche Ergebnisse der Projektsteuerungsleistungen erfordern vor Freigabe und Umsetzung die vorherige Abstimmung mit dem Auftraggeber."

2.4 Prozessketten des Projektmanagements

Projekte werden i. d. R. chronologisch in der Reihenfolge der durch das Leistungsbild definierten 5 Projektstufen abgewickelt (vgl. *Ziff. 2.3*). Dabei sind die in den 4 Handlungsbereichen definierten Teilleistungen z. T. zeitparallel und z. T. chronologisch nacheinander abzuarbeiten. Daraus ergeben sich durch die einzelnen Handlungsbereiche wandernde Prozessketten, die im Einzelfall zu überprüfen und anzupassen sind.

Die Vorgänge der Prozessketten entsprechen den Teilaufgaben des Leistungsbildes gemäß *Ziff. 2.3*. Für jeden Vorgang der Prozesskette (Teilleistung des Leistungsbildes) folgt eine Beschreibung mit Gegenstand und Zielsetzung, einem Kommentar zum methodischen Vorgehen sowie einem Beispiel. Die Codierung der Vorgänge folgt dem Schema in den Leistungsbildern der *Abb. 2.2* bis *Abb. 2.6*.

Grundlagen dazu sind der Kommentar zu den Grundleistungen der Projektsteuerung aus Kapitel 3 des Heftes Nr. 9 des AHO (2004d) sowie die Beispielsammlungen zu den Grundleistungen der Projektsteuerung für die Handlungsbereiche A bis D (Diederichs, 2005 (Hrsg.), 2003a, 2003b, 2002).

Grundleistungen   Besondere Leistungen
1. Projektvorbereitung

A Organisation, Information, Koordination und Dokumentation

1   Entwickeln, Vorschlagen und Festlegen der Projektziele   1   Mitwirken bei der betriebswirtschaftlich-
    und der Projektorganisation durch ein projektspezifisch   organisatorischen Beratung d. Auftraggebers
    zu erstellendes Organisationshandbuch   zur Bedarfsanalyse, Projektentwicklung und
                                                                      Grundlagenermittlung

2   Auswahl der zu Beteiligenden und Führen von   2   Besondere Abstimmungen zwischen
    Verhandlungen   Projektbeteiligten zur Projektorganisation

3   Vorbereitung der Beauftragung der zu Beteiligenden   3   Unterstützen der Koordination innerhalb der
                                                                      Gremien des Auftraggebers

4   Laufende Information und Abstimmung mit dem   4   Besondere Berichterstattung in Auftraggeber-
    Auftraggeber   oder sonstigen Gremien

5   Einholen der erforderlichen Zustimmungen des
    Auftraggebers

6   Mitwirken bei der Konzeption und Festlegung eines
    Projektkommunikationssystems

B Qualitäten und Quantitäten

1   Mitwirken bei der Erstellung der Grundlagen für das   1   Mitwirken bei Grundstücks- und
    Gesamtprojekt hinsichtlich Bedarf nach Art und Umfang   Erschließungsangelegenheiten
    (Nutzerbedarfsprogramm NBP)

2   Mitwirken beim Ermitteln des Raum-, Flächen- oder   2   Erarbeiten der erforderlichen Unterlagen,
    Anlagenbedarfs und der Anforderungen an Standard und   Abwickeln und/oder Prüfen von Ideen-,
    Ausstattung durch das Bau- und Funktionsprogramm   Programm- und Realisierungswettbewerben

3   Mitwirken beim Klären der Standortfragen, Beschaffen   3   Erarbeiten von Leit- und Muster-
    der standortrelevanten Unterlagen, der Grundstücks-   beschreibungen, z.B. für Gutachten,
    beurteilung hinsichtlich Nutzung in privatrechtlicher und   Wettbewerbe etc.
    öffentlich-rechtlicher Hinsicht

4   Herbeiführen der erforderlichen Entscheidungen des   4   Prüfen der Umwelterheblichkeit und der
    Auftraggebers   Umweltverträglichkeit

C Kosten und Finanzierung

1   Mitwirken beim Festlegen des Rahmens für Investitionen   1   Überprüfen von Wertermittlungen für bebaute
    und Baunutzungskosten   und unbebaute Grundstücke

2   Mitwirken beim Ermitteln und Beantragen von   2   Festlegen des Rahmens der Personal- und
    Investitionsmitteln   Sachkosten des Betriebs

3   Prüfen und Freigeben von Rechnungen zur Zahlung   3   Einrichten der Projektbuchhaltung für den
                                                                    Mittelzufluss und die Anlagenkonten

4   Einrichten der Projektbuchhaltung für den Mittelabfluss

D Termine, Kapazitäten und Logsitik

1   Entwickeln, Vorschlagen und Festlegen des
    Terminrahmens

2   Aufstellen/Abstimmen der Generalablaufplanung und
    Ableiten des Kapazitätsrahmens

3   Mitwirken beim Formulieren logistischer Einflussgrößen
    unter Berücksichtigung relevanter Standort- und
    Rahmenbedingungen

Abb. 2.2 Leistungsbild Projektsteuerung (1)

Grundleistungen   Besondere Leistungen

2. Planung

A Organisation, Information, Koordination und Dokumentation

1	Fortschreiben des Organisationshandbuches

1 Veranlassen besonderer Abstimmungsverfahren zur Sicherung der Projektziele

2 Dokumentation d. wesentlichen projektbezogenen Plandaten in einem Projekthandbuch

2 Vertreten der Planungskonzeption gegenüber der Öffentlichkeit unter besonderen Anforderungen und Zielsetzungen sowie bei mehr als 5 Erläuterungs- oder Erörterungsterminen

3 Mitwirken beim Durchsetzen von Vertragspflichten gegenüber den Beteiligten

3 Unterstützen beim Bearbeiten von besonderen Planungsrechtsangelegenheiten

4 Mitwirken beim Vertreten der Planungskonzeption mit bis zu 5 Erläuterungs- und Erörterungsterminen

4 Risikoanalyse

5 Mitwirken bei Genehmigungsverfahren

5 Besondere Berichterstattung in Auftraggeber- oder sonstigen Gremien

6 Laufende Information und Abstimmung mit dem Auftraggeber

7 Einholen der erforderlichen Zustimmungen des Auftraggebers

8 Überwachen des Betriebs des Projekt-kommunikationssystems

B Qualitäten und Quantitäten

1 Überprüfen der Planungsergebnisse auf Konformität mit den vorgegebenen Projektzielen

1 Vorbereiten, Abwickeln oder Prüfen von Wettbewerben zur künstlerischen Ausgestaltung

2 Herbeiführen der erforderlichen Entscheidungen des Auftraggebers

2 Überprüfen der Planungsergebnisse durch besondere Wirtschaftlichkeitsuntersuchungen

3 Festlegen d. Qualitätsstandards ohne/mit Mengen oder ohne/mit Kosten in einem Gebäude- und Raumbuch bzw. Pflichtenheft

4 Veranlassen oder Durchführen von Sonderkontrollen der Planung

5 Änderungsmanagement bei Einschaltung eines Generalplaners

C Kosten und Finanzierung

1 Überprüfen der Kostenschätzungen und -berechnungen der Objekt- und Fachplaner sowie Veranlassen erforderlicher Anpassungsmaßnahmen

1 Kostenermittlung und -steuerung unter besonderen Anforderungen (z. B. Baunutzungskosten)

2 Zusammenstellen der voraussichtlichen Baunutzungskosten

2 Fortschreiben der Projektbuchhaltung für den Mittelzufluss und die Anlagenkonten

3 Planung von Mittelbedarf und Mittelabfluss

4 Prüfen und Freigeben der Rechnungen zur Zahlung

5 Fortschreiben der Projektbuchhaltung für den Mittelabfluss

D Termine, Kapazitäten und Logistik

1 Aufstellen und Abstimmen der Grob- und Detailablaufplanung für die Planung

1 Ablaufsteuerung unter besonderen Anforderungen und Zielsetzungen

2 Aufstellen u. Abstimmen d. Grobablaufplanung für die Ausführung

2 Erstellen eines eigenständigen Logistikkonzeptes mit logistischen Lösungen für infrastrukturelle Anbindungen mit möglichen Transportwegen, Andienungsmöglichkeiten, Verkehrs- und Lagerflächen sowie f. Rettungsdienste unter Einschluss von öffentlichrechtlichen Erfordernissen

3 Ablaufsteuerung der Planung

3 Abgleichen logistischer Maßnahmen mit Anlieger- und Nachbarschaftsinteressen

4 Fortschreiben d. General- u. Grobablaufplanung für Planung u. Ausführung und d. Detailablaufplanung für die Planung

5 Führen u. Protokollieren v. Ablaufbesprechungen d. Planung sowie Vorschlagen u. Abstimmen von erforderlichen Anpassungsmaßnahmen

6 Mitwirken beim Aktualisieren der logistischen Einflussgrößen unter Einarbeitung in die Ergebnisunterlagen der Termin- und Kapazitätsplanung

Abb. 2.3 Leistungsbild Projektsteuerung (2)

Grundleistungen

Besondere Leistungen

3. Ausführungsvorbereitung

A Organisation, Information, Koordination, Dokumentation

1 Fortschreiben des Organisationshandbuches

2 Fortschreiben des Projekthandbuches
3 Mitwirken beim Durchsetzen von Vertragspflichten gegenüber den Beteiligten
4 Laufende Information und Abstimmung mit dem Auftraggeber
5 Einholen der erforderlichen Zustimmungen des Auftraggebers

1 Veranlassen besonderer Abstimmungsverfahren zur Sicherung der Projektziele
2 Durchführen der Submissionen
3 Besondere Berichterstattung in Auftraggeber- oder sonstigen Gremien

B Qualitäten und Quantitäten

1 Überprüfen der Planungsergebnisse inkl. evtl. Planungsänderungen auf Konformität mit den vorgegebenen Projektzielen
2 Mitwirken beim Freigeben der Firmenliste für Ausschreibungen

3 Herbeiführen der erforderlichen Entscheidungen des Auftraggebers
4 Überprüfen der Verdingungsunterlagen für die Vergabeeinheiten und Anerkennen der Versandfertigkeit
5 Überprüfen der Angebotsauswertungen in technisch-wirtschaftlicher Hinsicht
6 Beurteilen der unmittelbaren und mittelbaren Auswirkungen von Alternativangeboten auf Konformität mit den vorgegebenen Projektzielen
7 Mitwirken bei den Vergabeverhandlungen bis zur Unterschriftsreife

1 Überprüfen der Planungsergebnisse durch besondere Wirtschaftlichkeitsuntersuchungen

2 Fortschreiben des Gebäude- und Raumbuches unter Einbeziehung der Ergebnisse der Ausführungsplanung
3 Veranlassen oder Durchführen von Sonderkontrollen der Ausführungsvorbereitung
4 Versand der Ausschreibungsunterlagen

5 Änderungsmanagement bei Einschaltung eines Generalplaners

C Kosten und Finanzierung

1 Vorgabe der Soll-Werte für Vergabeeinheiten auf der Basis der aktuellen Kostenberechnung
2 Überprüfen der vorliegenden Angebote im Hinblick auf die vorgegebenen Kostenziele und Beurteilung der Angemessenheit der Preise
3 Vorgabe der Deckungsbestätigungen für Aufträge
4 Überprüfen der Kostenanschläge der Objekt- und Fachplaner sowie Veranlassen erf. Anpassungsmaßnahmen
5 Zusammenstellen der aktualisierten Baunutzungskosten
6 Fortschreiben der Mittelbewirtschaftung
7 Prüfen und Freigeben der Rechnungen zur Zahlung
8 Fortschreiben d. Projektbuchhaltung für d. Mittelabfluss

1 Kostenermittlung und -steuerung unter besonderen Anforderungen (z.B. Baunutzungskosten)
2 Fortschreiben der Projektbuchhaltung für den Mittelzufluss und die Anlagenkonten

D Termine, Kapazitäten und Logistik

1 Aufstellen und Abstimmen der Steuerungsablaufplanung für die Ausführung

2 Fortschreiben der General- und Grobablaufplanung für Planung und Ausführung sowie der Steuerungsablaufplanung für die Planung
3 Vorgabe der Vertragstermine und -fristen für die Besonderen Vertragsbedingungen der Ausführungs- und Lieferleistungen

4 Überprüfen der vorliegenden Angebote im Hinblick auf vorgegebene Terminziele
5 Führen und Protokollieren von Ablaufbesprechungen der Ausführungsvorbereitung sowie Vorschlagen und Abstimmen von erforderlichen Anpassungsmaßnahmen
6 Mitwirken beim Aktualisieren und Prüfen der Entwicklung der logistischen Einflussgrößen sowie Prüfen der Entwicklung des durch die Objektüberwachung erstellten Baustelleneinrichtungsplanes/-logistikplanes

1 Ermitteln von Ablaufdaten zur Bieterbeurteilung (erforderlicher Personal-, Maschinen- und Geräteeinsatz nach Art, Umfang und zeitlicher Verteilung)
2 Ablaufsteuerung unter besonderen Anforderungen und Zielsetzungen
3 Mitwirken beim Aktualisieren und Optimieren der Logistikplanung durch logistische Rahmenbedingungen/Maßnahmen sowie Prüfen, Initiieren und Begleiten des Baustelleneinrichtungsplanes/-logistikplanes
4 Begleiten und Prüfen der gegebenen Anlieger- und Nachbarschaftsinteressen

Abb. 2.4 Leistungsbild Projektsteuerung (3)

Grundleistungen   Besondere Leistungen
4. Ausführung

A Organisation, Information, Koordination, Dokumentation

	Grundleistungen		Besondere Leistungen
1	Fortschreiben d. Organisationshandbuches	1	Veranlassen besonderer Abstimmungsverfahren zur Sicherung der Projektziele
2	Fortschreiben des Projekthandbuches	2	Unterstützung des Auftraggebers bei Krisensituationen (z.B. bei außergewöhnlichen Ereignissen wie Naturkatastrophen, Ausscheiden von Beteiligten)
3	Mitwirken beim Durchsetzen von Vertragspflichten gegenüber den Beteiligten	3	Unterstützung des Auftraggebers beim Einleiten von Beweissicherungsverfahren
4	Laufende Information und Abstimmung mit dem Auftraggeber	4	Unterstützung des Auftraggebers beim Abwenden unberechtigter Drittforderungen
5	Einholen der erforderlichen Zustimmungen des Auftraggebers	5	Besondere Berichterstattung in Auftraggeber- oder sonstigen Gremien

B Qualitäten und Quantitäten

1	Prüfen von Ausführungsänderungen, ggf. Revision von Qualitätsstandards nach Art und Umfang	1	Mitwirken beim Herbeiführen besonderer Ausführungsentscheidungen des Auftraggebers
2	Mitwirken bei der Abnahme der Ausführungsleistungen	2	Veranlassen oder Durchführen v. Sonderkontrollen bei der Ausführung, z.B. durch Einschalten von Sachverständigen und Prüfbehörden
3	Herbeiführen der erforderlichen Entscheidungen des Auftraggebers	3	Änderungsmanagement bei Einschaltung eines Generalunternehmers

C Kosten und Finanzierung

1	Kostensteuerung zur Einhaltung der Kostenziele	1	Kontrolle der Rechnungsprüfung der Objektüberwachung
2	Freigabe der Rechnungen zur Zahlung	2	Kostensteuerung unter besonderen Anforderungen
3	Beurteilen der Nachtragsprüfungen	3	Fortschreiben der Projektbuchhaltung für den Mittelzufluss und die Anlagenkonten
4	Vorgabe von Deckungsbestätigungen für Nachträge		
5	Fortschreiben der Mittelbewirtschaftung		
6	Fortschreiben der Projektbuchhaltung für den Mittelabfluss		

D Termine, Kapazitäten und Logistik

1	Überprüfen und Abstimmen der Zeitpläne des Objektplaners und der ausführenden Firmen mit den Steuerungsablaufplänen der Ausführung des Projektsteuerers	1	Ablaufsteuerung unter besonderen Anforderungen und Zielsetzungen
2	Ablaufsteuerung der Ausführung zur Einhaltung der Terminziele	2	Veranlassen und Umsetzen des Logistikkonzeptes unter Mitwirken, Prüfen und Optimieren des Logistikplans mit logistischen Maßnahmen
3	Überprüfen der Ergebnisse der Baubesprechungen anhand der Protokolle der Objektüberwachung, Vorschlagen und Abstimmen v. Anpassungsmaßnahmen bei Gefährdung von Projektzielen	3	Abgleichen und kontinuierliches Fortführen der Abstimmung logistischer Maßnahmen mit Anlieger- und Nachbarschaftsinteressen
4	Veranlassen der Ablaufplanung und -steuerung zur Übergabe und Inbetriebnahme		

Abb. 2.5 Leistungsbild Projektsteuerung (4)

Grundleistungen
5. Projektabschluss

Besondere Leistungen

A Organisation, Information, Koordination und Dokumentation
1 Mitwirken bei der organisatorischen
   und administrativen Konzeption und bei
   der Durchführung der Übergabe/
   Übernahme bzw. Inbetriebnahme/Nutzg.

2 Mitwirken beim systematischen
   Zusammenstellen und Archivieren der
   Bauakten inkl. Projekt- und
   Organisationshandbuch
3 Laufende Information und Abstimmung
   mit dem Auftraggeber
4 Einholen der erforderlichen
   Zustimmungen des Auftraggebers

1 Mitwirken beim Einweisen des
   Bedienungs- und Wartungspersonals für
   betriebstechnische Anlagen

2 Prüfen der Projektdokumentation der
   fachlich Beteiligten

3 Mitwirken bei der Überleitung des
   Bauwerks in die Bauunterhaltung
4 Mitwirken bei der betrieblichen und
   baufachlichen Beratung des Auftraggebers zur Übergabe/Übernahme bzw
   . Inbetriebnahme/Nutzung
5 Unterstützung des Auftraggebers beim
   Prüfen von Wartungs- und
   Energielieferungsverträgen
6 Mitwirken bei der Übergabe/Übernahme
   schlüsselfertiger Bauten
7 Organisatorisches und baufachliches
   Unterstützen bei Gerichtsverfahren
8 Baufachliches Unterstützen bei
   Sonderprüfungen
9 Besondere Berichterstattung beim
   Auftraggeber zum Projektabschluss

B Qualitäten und Quantitäten
1 Veranlassen der erforderlichen
   behördlichen Abnahmen, Endkontrollen
   und/oder Funktionsprüfungen

2 Mitwirken bei der rechtsgeschäftlichen
   Abnahme der Planungsleistungen

3 Prüfen der Gewährleistungsverzeichnisse

1 Mitwirken bei der abschließenden
   Aktualisierung des Gebäude- und
   Raumbuches zum Bestandsgebäude- und
   -raumbuch bzw. -pflichtenheft
2 Überwachen von Mängelbeseitigungsleistungen außerhalb der Gewähr-
   leistungsfristen

C Kosten und Finanzierung
1 Überprüfen der Kostenfeststellungen der
   Objekt- und Fachplaner
2 Freigabe der Rechnungen zur Zahlung

3 Veranlassen der abschließenden
   Aktualisierung der Baunutzungskosten
4 Freigabe v. Schlussabrechnungen sowie
   Mitwirken bei der Freigabe von
   Sicherheitsleistungen
5 Abschluss der Projektbuchhaltung für
   den Mittelabfluss

1 Abschließende Aktualisierung der
   Baunutzungskosten

2 Abschluss d. Projektbuchhaltung f. den
   Mittelzufluss u. d. Anlagenkonten inkl.
   Verwendungsnachweis

D Termine, Kapazitäten und Logistik

1 Ablaufplanung zur Übergabe/Übernahme
   und Inbetriebnahme/Nutzung

2 Mitwirken beim systematischen
   Zusammenstellen und Archivieren der
   Logistikplanung und -dokumentation

3 Zusammenfassen und Dokumentieren der
   mit den Anlieger- und Nachbarschaftsinteressen erfolgten Abstimmungen

Abb. 2.6   Leistungsbild Projektsteuerung (5)

Abbildung 2.7 beinhaltet das Leistungsbild Projektleitung gemäß § 206 in Heft Nr. 9 des AHO (2004d).

„(1) Sofern seitens des Auftraggebers auch die Projektleitung in Linienfunktion beauftragt wird, gehören dazu im Wesentlichen folgende Grundleistungen:
1. Rechtzeitiges Herbeiführen bzw. Treffen der erforderlichen Entscheidungen sowohl hinsichtlich Funktion, Konstruktion, Standard und Gestaltung als auch hinsichtlich Qualität, Kosten und Terminen.
2. Durchsetzen der erforderlichen Maßnahmen und Vollzug der Verträge unter Wahrung der Rechte und Pflichten des Auftraggebers.
3. Herbeiführen der erforderlichen Genehmigungen, Einwilligungen und Erlaubnisse im Hinblick auf die Genehmigungsreife.
4. Konfliktmanagement zur Ausrichtung der unterschiedlichen Interessen der Projektbeteiligten auf einheitliche Projektziele hinsichtlich Qualitäten, Kosten und Termine, u. a. im Hinblick auf
   - die Pflicht der Projektbeteiligten zur fachlich-inhaltlichen Integration der verschiedenen Planungsleistungen und
   - die Pflicht der Projektbeteiligten zur Untersuchung von alternativen Lösungsmöglichkeiten.
5. Leiten von Projektbesprechungen auf Geschäftsführungs-, Vorstandsebene zur Vorbereitung/Einleitung/Durchsetzung von Entscheidungen.
6. Führen aller Verhandlungen mit projektbezogener vertragsrechtlicher oder öffentlich rechtlicher Bindungswirkung für den Auftraggeber.
7. Wahrnehmen der zentralen Projektanlaufstelle; Sorge für die Abarbeitung des Entscheidungs-/Maßnahmenkatalogs.
8. Wahrnehmen von projektbezogenen Repräsentationspflichten gegenüber dem Nutzer, dem Finanzier, den Trägern öffentlicher Belange und der Öffentlichkeit.

(2) Für den Nachweis der übertragenen Projektleitungskompetenzen ist dem Auftragnehmer vom Auftraggeber eine entsprechende schriftliche Handlungsvollmacht auszustellen.“

Abb. 2.7   Leistungsbild Projektleitung

So bedeutet z. B. 1A1:

- Projektstufe 1 – Projektvorbereitung
- Handlungsbereich A – Organisation, Information, Koordination und Dokumentation
- Teilleistung 1 – Entwickeln, Vorschlagen und Festlegen der Projektziele und der Projektorganisation durch ein projektspezifisch zu erstellendes Organisationshandbuch

Die fortlaufenden Ziffern in den Vorgängen der Prozesskette kennzeichnen eine mögliche Reihenfolge der Teilleistungen des Projektmanagements in der jeweiligen Projektstufe.

2.4.1 Projektstufe 1 – Projektvorbereitung

Das Prozessmodell der Projektstufe 1 – Projektvorbereitung zeigt *Abb. 2.8.*

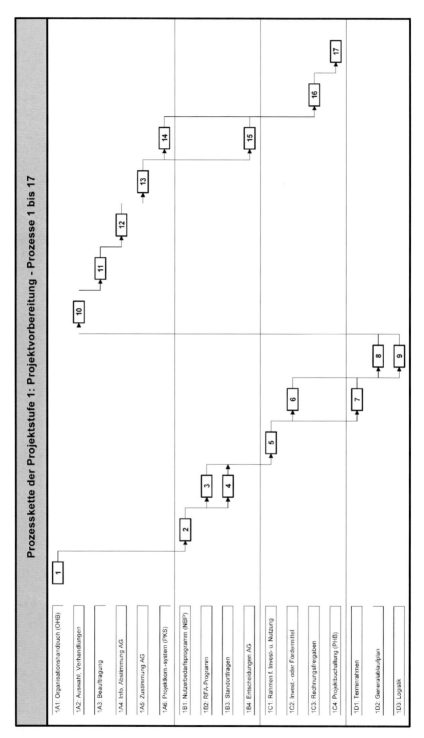

Abb. 2.8 Prozesskette Projektstufe 1 – Projektvorbereitung

2.4.1.1 1A1 Entwickeln, Vorschlagen und Festlegen der Projektziele und der Projektorganisation durch ein projektspezifisch zu erstellendes Organisationshandbuch OHB

Gegenstand und Zielsetzung

Das Erstellen eines Organisationshandbuchs ist eine Anfangsaufgabe der Projektsteuerung unmittelbar nach Beauftragung zur Schaffung von Klarheit über die *Projektziele*, die *Projektstruktur* sowie die *Aufbau- und Ablauforganisation* (Diederichs, 2004a, S. 25 ff.).

Methodisches Vorgehen

Die *Projektziele* gliedern sich in Projektoberziele und Projektteilziele und sind üblicherweise vom Nutzer bzw. Auftraggeber im Hinblick auf Qualitäten und Quantitäten, Kosten und Termine zumindest in Umrissen so weit zu skizzieren, dass in gemeinsamer Beratung mit dem Projektsteuerer deren Präzisierung und Festlegung möglich wird.

In einer groben *Projektbeschreibung* müssen daher die Lage des Grundstücks, soweit bereits bekannt, gegenwärtige Eigentümer und Besonderheiten des Grundstücks sowie die Verkehrssituation, die Art des Projektes hinsichtlich Nutzungskonzeption, zulässige geometrische Abmessungen und vorgesehene Standards definiert werden.

Als *Kostenziel* ist der Investitionsrahmen abzustecken (als vorläufig angenommene „erste Zahl" oder als zwingend einzuhaltende Vorgabe).

Als *Terminziel* sind, ausgehend vom derzeitigen Projektstand, die Meilensteine z. B. für Planungsauftrag, Vorplanungsentscheid, Baueingabe, Baubeginn, Fertigstellung Rohbau, Gesamtfertigstellung und Abnahme/Übergabe sowie Nutzungsbeginn vorzugeben.

Zur Identifikation der einzelnen Elemente bzw. Komponenten eines Projektes ist ein *Projektstrukturkatalog* zu entwickeln, der auch die Objektstruktur einbindet. Er ist Basis der Kodifizierung der Projektarbeit sowohl für Pläne, Beschreibungen, Kostenermittlungen und -kontrollen, Terminplanungen und -überwachungen als auch für Auftragszuordnungen, Budgetierungen und Inventarisierungen. Je durchdachter die Elemente des Projektstrukturkatalogs nach einem ganzheitlichen, vollständigen und widerspruchsfreien Identifikationsschlüssel geordnet werden, desto besser lässt sich die Zielsetzung eines integrierten Informationsflusses mit einmaliger Erfassung, Verwaltung, Speicherung und beliebiger Auswertung erreichen. *Geometrische Strukturmerkmale* sind Bauwerke, Bauabschnitte, Ebenen/Geschosse, Funktionsbereiche, Räume, Grobelemente und Elemente. *Kostenermittlungen* und Anforderungen der Anlagen- und Finanzbuchhaltung erfordern *Einteilungen* nach den Kostengruppen der DIN 276, nach Vergabe-/Kostenkontrolleinheiten, Leistungsbereichen/Gewerken/Fach- und Teillosen, LV-Titeln, Leit- und Restpositionen sowie nach Anlagen-, Mittelherkunfts- und Mittelverwendungskonten. Für die *Termin- und Kapazitätsplanung sowie -steuerung* ist eine Differenzierung nach Projektstufen sowie Vorgängen und Ereignissen der General-, Grob- und Steuerungsablaufebene erforderlich.

Die *Aufbauorganisation* beinhaltet zunächst eine Liste der Projektbeteiligten, die sukzessive mit dem Projektfortschritt zu erweitern ist. Ferner ist in *Organigrammen* die Art der Beziehungen zwischen diesen Beteiligten darzustellen im Hinblick auf Vertragsverhältnisse, Weisungs- und Entscheidungsbefugnisse, Informationspflichten (Linienfunktion mit Entscheidungs- und Durchsetzungsbefugnis oder Stabsfunktion mit Beratungsverpflichtung).

Durch Beschreibung der *Ablauforganisation*, gestaffelt nach den fünf Projektstufen, ist das Zusammenwirken zwischen den Projektbeteiligten im Einzelnen festzulegen. Dazu gehören u. a. *Regelabläufe und Verfahren*:

- bei Architektenwettbewerben
- zur Optimierung der Planung
- für die Ausführungsplanung Rohbau, Technische Gebäudeausrüstung und Ausbau
- für Ausschreibungen und Vergaben
- für die Rechnungslegung, -prüfung und Zahlungsanweisung
- der Dokumentation von Projektunterlagen während der Projektabwicklung und für die Archivierung

Ferner sind die Vorgehensweisen bei Planungs- und bei Planfreigaben zu beschreiben.

Planungsfreigabe bedeutet, dass eine Leistungsphase als abgeschlossen und vollständig erbracht anerkannt und damit der Beginn der nächsten Leistungsphase freigegeben wird.

Planfreigabe bedeutet hingegen die Freigabe von Einzelzeichnungen oder -plänen sowie Beschreibungen und Berechnungen im Hinblick auf die nutzerspezifischen und auftraggeberseitigen Vorgaben und Randbedingungen. Die Haftung aller Auftragnehmer für die Richtigkeit und Vollständigkeit ihrer jeweiligen Leistungen wird durch Anerkennung oder Zustimmung des Auftraggebers, vertreten durch dessen Projektleitung, nicht eingeschränkt, sondern bleibt in vollem Umfang erhalten. Planfreigabe bedeutet daher, dass die Anforderungen und Belange des jeweils Freigebenden – soweit aus den Unterlagen ersichtlich – offensichtlich gewahrt wurden.

Im Organisationshandbuch ist weiter das Verfahren für das Vorgehen bei *Projektänderungen* zu regeln. Wichtig dabei ist, dass alle gewünschten oder notwendigen Änderungen gegenüber dem jeweils aktuellen Planungsstand vom jeweiligen Initiator der Projektleitung des Auftraggebers mit Begründung und Auswirkungen auf Qualitäten, Kosten und Termine so rechtzeitig schriftlich mitgeteilt werden, dass sie nach einer entsprechenden Entscheidung ggf. ohne Zeitverzögerung umgesetzt oder aber bei Ablehnung noch vermieden werden können.

Maßgeblich für den Informationsfluss sind *Besprechungen*, für die *Besprechungskalender* geführt werden und die nach *Nutzer-, Projekt-* (Jours fixes), *Planungs-* und *Baubesprechungen* zu unterscheiden sind. Im Organisationshandbuch sind dazu jeweils regelmäßige Teilnehmer, Einladender und Protokollführer festzulegen. Ferner ist zu regeln, dass *Entscheidungs- und Maßnahmenkataloge* sowie eine *Liste der getroffenen Entscheidungen* geführt werden.

Für größere Bauvorhaben sind von den Planern *Bauabschnitts-, Bereichs- oder Gebäudeachsenpläne* zu entwickeln. Ferner ist ein *Bereichs-, Bauwerks- und ggf. Raumcode* aus dem Objektstrukturplan abzuleiten, ein *Plancode* zu entwickeln und in das Organisationshandbuch aufzunehmen. Dazu empfiehlt sich die Gestaltung eines einheitlichen *Schriftfeldes* für sämtliche Zeichnungen und Pläne unter *Regelung der Planverwaltung* durch *Planeingangs- und -ausgangslisten* mit Hilfe einer *Verteilerliste Zeichnungsunterlagen*. Eine solche *Verteilerliste* ist auch erforderlich für das Berichtswesen, die Protokolle und sonstige *Schriftstücke*. Diese Aufgaben werden durch Projektkommunikationsplattformen wesentlich erleichtert (vgl. *Ziff. 2.5.1*).

Beispiele

Zu den Projektzielen

Projektoberziel	Frei finanzierter Wohnungsbau als sichere Kapitalanlage mit wachsender Renditeerwartung auf einem begehrten, stadtnah gelegenen Wohngrundstück
Projektteilziele	
Organisation	Es ist vorgesehen, die Planung an einen Generalplaner sowie die Ausführung an einen Generalunternehmer zu vergeben.
Qualitäten/Quantitäten	Vorgabe ist das vom Investor genehmigte Nutzerbedarfsprogramm vom 12.12.2004 (Anlage 1).
Kostenlimit	Als Kostenobergrenze hat der Investor am 26.11.2004 einen Betrag von 50 Mio. € ohne Grundstück, Preisstand November 2004, Kostengruppen 200 bis 700 der DIN 276, Juni 1993 bzw. Aug. 2005, einschl. Mehrwertsteuer vorgegeben. Der Kostenrahmen ist als Anlage 2 beigefügt.
Terminrahmen	Vorgabe ist der vom Investor genehmigte Terminrahmen vom 17.01.2005 (Anlage 3)
Anlagen	1. Nutzerbedarfsprogramm vom 12.12.2004 2. Kostenrahmen vom 26.11.2004 3. Terminrahmen vom 17.01.2005

Zur Projektbeschreibung

Lage des Grundstücks	Das Baugrundstück liegt unmittelbar am linken Rheinufer im südöstlichen Bereich von Musterstadt. Es grenzt im Süden an die Emilienstraße, im Norden an die Ulmenstraße, im Osten an den Rhein und im Westen an die Eichenstraße.
Grundstückskennwerte	Grundstücksgröße: 28.648 m² GFZ: 0,9 GRZ: 0,6
Eigentümer des Grundstücks	Stadt Musterstadt
Besonderheiten des Grundstücks	Entlang des Flussufers hat das Grundstück auf einer Breite von ca. 8 m ein Gefälle von ca. 30 %.
Verkehrssituation	Erschlossen wird das Grundstück durch die angrenzenden Straßen (siehe Grundstückslage).
Nutzungskonzept	310 Wohnungen, davon 59 1-Zimmerwohnungen zu 40 m² 136 2-Zimmerwohnungen zu 70 m² 95 3-Zimmerwohnungen zwischen 90-100 m² 20 4-Zimmerwohnungen zwischen 100-130 m²
Ausbaustandard	Die Wohnungen sind für höchste Ansprüche auszulegen, so dass eine Kaltmiete von ca. 9,00 bis 10,00 €/(m² WF x Mt.) erzielbar wird.

Zur Projektstruktur des Hochbauprojektes

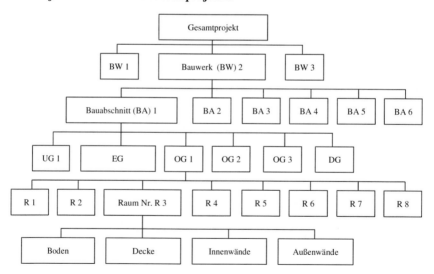

Abb. 2.9 Projektstruktur eines Hochbauprojektes

Kostenstruktur

DIN 276-1 Kosten im Hochbau, 3-stellig (Juni 1993 bzw. Aug. 2005) siehe *Abb. 2.30.*

Terminplanebenen

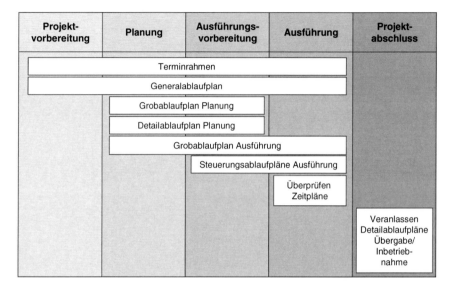

Abb. 2.10 Ebenen der Terminplanung und -steuerung

Organigramm der Projektbeteiligten

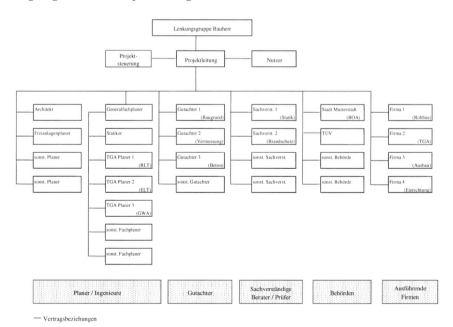

Abb. 2.11 Organigramm der Projektbeteiligten für das Wohnungsbauprojekt

Zur Ablauforganisation

Hierzu wird verwiesen auf die in der Beispielsammlung A Diederichs (Hrsg., 2005, S. 28–32) enthaltenen Regelabläufe für die Durchführung von Architektenwettbewerben, die Optimierung der Planung, das Zusammenspiel der fachlich beteiligten Planer in der Ausführungsplanung (Leistungsphase 5 der HOAI) und die Rechnungsprüfung. *Abbildung 2.12* zeigt nachfolgend den Regelablauf für die

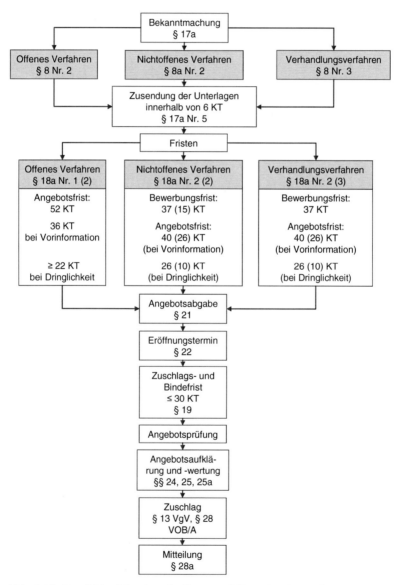

Abb. 2.12 Regelablauf für Ausschreibung und Vergabe eines öffentlichen Auftraggebers nach VOB/A Abschnitt 2

Ausschreibung und Vergabe eines öffentlichen Auftraggebers nach der Vergabe- und Vertragsordnung für Bauleistungen (VOB/A Abschnitt 2 – Basisparagraphen und a-Paragraphen mit zusätzlichen Bestimmungen nach der EG-Baukoordinierungsrichtlinie).

Zur Planungsfreigabe

Absender: **Auftraggeber**   **Datum**

Adressat: **Planungsbüro**

Neubau des Wohnungsparks in Musterstadt
Planungsfreigabe der Vorplanung und Leistungsabruf der Entwurfsplanung

Sehr geehrtes Planungsbüro,

wir erklären Ihnen gegenüber entsprechend § 4 des zwischen den beiden Parteien geschlossenen Planervertrages vom ...2005/...2005 für das Projekt "Neubau des Wohnparks in Musterstadt" die Erfüllung der Leistungsphasen 1 Grundlagenermittlung und 2 Vorplanung. Somit gelten die Leistungsphasen 1 und 2 als abgeschlossen. Die Leistungsphase 3 Entwurfsplanung wird hiermit abgerufen.

– Auftraggeber –

Für die Richtigkeit: – Projektsteuerer –

Planfreigabestempel

Im Hinblick auf die Erfüllung der Nutzer- und Auftraggeberanforderungen geprüft und insoweit bei Beachtung der Eintragungen für die weitere Planung / Bauausführung freigegeben.

Firma Projektsteuerung, Musterstadt den ....

Unterschrift :...

Abb. 2.13 Erklärung der Planungsfreigabe mit Leistungsabruf und Planfreigabestempel

Zu Projektänderungen

Projektsteuerung			Stand: *Datum*
	Neubau des Geschäftszentrums in Musterstadt		
	Projekt-/Planungsänderung		

Bauteil	Geschoss	Raum
Antragsteller	Datum	Antrags-Nr.

Beschreibung der Änderung:

Begründung der Änderung:

	Auftraggeber	Architekt	Tragwerkspl.	TGA-Ing.	Sonstige
Abgestimmt mit					
(Zeichen, Datum)					

Auswirkung der Änderung auf die Planung

Änderungsleistung bei / Auswirkung	Planungsdauer [Arbeitstage]	Planungskosten [€]	Unterschrift
Architekt			
TGA RLT, GWA			
TGA E + FM + IuK			
Tragwerksplaner			
Freianlagenplaner			

Alle Werte in €, inkl. MwSt.

Auswirkung der Änderung auf die Ausführung

Kostengruppe:	Kosten:
Termine	
Sonstiges	

Alle Werte in €, inkl. MwSt.

Mehrkosten der Änderung:	Planungskosten: _____
	Herstellungskosten: _____
	Mehrkosten: _____ inkl. ... % MwSt.

Minderkosten der Änderung:	Planungskosten: _____
	Herstellungskosten: _____
	Minderkosten _____ inkl. ... % MwSt.

Saldokosten der Änderung:	_____ inkl. ... % MwSt.

Genehmigt am:	Projektleitung: _____
Genehmigt am:	Nutzer: _____
Gesehen am:	Projektsteuerung: _____

Abb. 2.14 Projektänderungsantrag für das Änderungsmanagement des Projektsteuerers

Zum Protokollwesen

Es sind grundsätzlich Ergebnisprotokolle kurz, präzise, leicht fassbar, fehlerfrei und innerhalb von max. 3 Arbeitstagen nach der jeweiligen Besprechung zu erstellen.

Für die Protokollinhalte ist eine klare Struktur vorzugeben mit Datum, Titel, Protokollführer, Verteiler, Protokoll-Nummerierung, Teilnehmer anwesend/entschuldigt, Ort, Dauer, Verhandlungsgegenständen, Beschlüssen und Terminierung der nächsten Sitzung.

Es ist festzulegen, dass aus besprochenen Tagungsordnungspunkten resultierende Aufgaben in der rechten Protokollspalte (wer/bis wann) zu dokumentieren sind. Die sich aus Protokollen ergebenden Änderungen/Ergänzungen sind unmittelbar in das Organisationshandbuch sowie andere relevante Projektsteuerungsunterlagen zu übernehmen.

Seitens des Projektleiters der Projektsteuerung ist unbedingt darauf zu achten, dass Protokolle die Teilnehmer an Besprechungen spätestens innerhalb von 3 Arbeitstagen nach der Besprechung erreichen, da die aus den Protokollen resultierenden Aufgabenstellungen sonst vielfach schon überholt sind.

Nutzer- und Projektbesprechungen (Jours fixes) werden i. d. R. vom Projektsteuerer protokolliert und über das Projektkommunikationssystem verteilt. Planungsgespräche werden i. d. R. vom Architekten oder Generalplaner, Baubesprechungen vom Objektüberwacher protokolliert und verteilt. Änderungs-/Ergänzungswünsche zu den Protokollen sind von den Projektbeteiligten jeweils spätestens zum Beginn der nächsten Besprechung vorzutragen. Berechtigte Einwände/ Ergänzungen sind in das Protokoll der nächsten Sitzung aufzunehmen.

Zum Maßnahmen-/Entscheidungskatalog

Firma Projektsteuerung								Stand: 30.04.2005
			Neubau des Wohnparks in Musterstadt **Entscheidungs-/Maßnahmenkatalog**					
Nr.	Datum der Eingabe	Zuständig	Entscheidung	Konsequenz	Soll-Termin	Ist-Termin	Maßnahmen	Status
1	16.04.2005	AG	Genehmigung Entwurfsplanung	Voraussetzung für LV-Erstellung	12.03.2005	10.04.2005	Terminanpassung notwendig	OK
2	22.02.2005	PL	Beauftragung des AN für die Erstellung der notw. Aufmaße VM	Verschiebung VM-Dach	28.02.2005	17.04.2005	Termin Bauausschuss vom 18.04.05	OK
3	12.08.2005	AG	Prüfung der Zul. einer GU-Vergabe (Pauschalierung/Grundlagen/etc.)	Grundlage Kapazitäts- u. Terminplanung	12.03.2005	28.04.2005	Art der Leistungsbeschreibung festlegen	kritisch

Abb. 2.15 Maßnahmen-/Entscheidungskatalog (Auszug)

Plancode

Dazu ist festzulegen, welche Informationen der Plancode einheitlich für alle Projektbeteiligten enthalten soll (z. B. Leistungsphase; Reifegrad; Planverfasser; Planinhalt; Planarten etc.). Diese Informationen sind dann durch möglichst selbst sprechende Zahlen oder Buchstaben zu kodieren.

Gruppe	I			II	III	III	IV		V		VI		VII		VIII									IX			X
Stelle	1	2	3	4	5	6	7	8	9	10	11	12	13	14	15	16	17	18	19	20	21	22	23	24	25	26	27
Beispiel																											

Gruppe	Stelle	Inhalt	Code	Bedeutung des Codes
I	1–3	Projekt		3-stelliges Projektkürzel
II	4	Leistungsphase	V	Vorplanung
			E	Entwurfsplanung
			G	Genehmigungsplanung
			A	Ausführungsplanung
			W	Werkstatt- und Montageplanung
III	5	Reifegrad	K	Konzept
			V	Vorabzug
			R	Reinschrift
IV	6–8	Planverfasser		3-stelliges Firmenkürzel
V	9+10	Planinhalt	A	Architektenpläne
			SP	Schalpläne
			BP	Bewehrungspläne
			ST	Stahlbaupläne
			P	Positionspläne
			TA	Tragwerksplanung, Allg.
			HK	Heizung/Klima
			LK	Lüftung/Kälte
			SK	Sanitär/Sprinkler
			SD	Schlitz-/ Durchbruchspläne
			GR	Grundleitungspläne
			BK	Bodenkanäle
			DE	Deckenpläne
			Z	Zentrale Leittechnik
			MR	Mess- und Regeltechnik
			SC	Schemapläne
			PH	Bauphysik
			SR	Schallschutz und Raumakustik
			LT	Lichttechnik
			ET	Elektrotechnik/Fördertechnik
			NT	Nachrichtentechnik
			EF	ELO/Förd./FM-Technik
			LR	Leerrohrpläne
			BL	Blitzschutz
			MA	Maschinentechn. Ausstattung
			MÖ	Möblierung
			MI	Mieterausbau
			VE	Verkehrserschließung
			FR	Flucht- und Rettungswege
			TP	Terminpläne
			AA	Außenanlagen/Umfeld
			PF	Pflanzen
VI	11+12	Detail-/Planarten zu A (Gruppe IV)	01	Dachdetails
			02	Fassaden
			03	Rohbaudetails
			04	Treppendetails
			05	Holzdetails
			06	Details Türen/Tore
			07	Schlosserdetails
			08	Deckenuntersichten
			09	Fußbodendetails
			10	Abdichtungsdetails
			11	Aufzugsdetails
			12	Beleuchtungsdetails
			13	Nasszonen
			14	Wandabwicklungen
			15	Außenanlagen/Wasserbecken

Gruppe	I			II	III	III	IV		V		VI		VII		VIII									IX			X
Stelle	1	2	3	4	5	6	7	8	9	10	11	12	13	14	15	16	17	18	19	20	21	22	23	24	25	26	27
Beispiel																											

Gruppe	Stelle	Inhalt	Code	Bedeutung d. Codes
		Zu HK bis SC	60	Details Entwässerung – Grundleitungen
		(Gruppe IV)	61	Details Sanitäre Anlagen
			62	Details Feuerlöschanlagen
			63	Details Sprinkleranlagen
			64	Details Heizungsanlagen
			65	Details Kälteanlagen
			66	Details Kühldecken
			67	Details RLT-Anlagen
			68	Details MSR und ZLT
			69	Details Zentralen
			70	Details Trassenführung
		Zu ET-BL	40	Aufzugsdetailpläne
		(Gruppe IV)	41	Fördertechnikdetailpläne
			42	Stromversorgung/Steigltg. ELO
			43	Elektroinstallationsdetails
			44	FM-Zentralen/Steigltg. FM
			45	Details Nachrichtentechnik
			46	Starkstromverteilung Schemapläne
			47	Schwachstromverteilung Schemapläne
			48	Detailpläne Blitzschutz
			49	Leerrohrpläne
		Zu AA	10	Lagepläne/Längsschnitte
		(Gruppe IV)	11	Bauwerke Entwässerungsanlagen
			12	Wasser-/Stromversorgung
			13	Fernwärmeversorgung
			20	Koordinierungspläne
VII	13+14	Ebenen gemäß Gebäude- und Raumcode		
VIII	15–23	Achsenbezeichnung lt. Architektenplan		
IX	24–26	Plannummer		
X	27	Planindex		

Abb. 2.16 Plancode

Schriftfeld für Zeichnungsunterlagen

Dieses Schriftfeld ist einheitlich und verbindlich für alle Planungsbeteiligten vorzugeben.

Zur Verteilung von Plänen, Zeichnungen und Schriftstücken

Planeingangs-/Ausgangslisten mit der Verteilung als Papier- oder Transparentpausen werden häufig durch das jeweils beauftragte Kopierzentrum geführt. Bei vollständig papierloser Kommunikation ist dies Aufgabe des Projektkommunikationssystems, über das auch alle Schriftstücke verteilt werden.

Datum	Index	Inhalt	GEZ:	Datum	Index	Inhalt	GEZ:
Änderungen / Ergänzungen		Architekt / Fachplaner		Änderungen / Ergänzungen		Architekt / Fachplaner	

Zeichnerische Darstellung der Gebäudestruktur (im Grundriß)
einschließlich Achsrastersystem (DIN A0 Schnittlinien)

Projekt:

Bauherr:

Architekt / Planverfasser:

Leistungsphase:	Inhalt:
Reifegrad:	

Maßstab	Datum:	Gez.	Blattgröße nach DIN oder m²

Zur weiteren Bearbeitung freigegeben	Zur Ausführung freigegeben:
Projektleiter	Projektleiter

Architekt / Fachplaner Unterschrift	Stempel

Gruppe	I	II	III			IV	V	VI			VII							VIII		IX
Stelle	1	2	3	4	5	6	7	8	9	10	11	12	13	14	15	16	17	18	19 20	21 22 23	24
Plan-Nr.																					

Abb. 2.17 Beispiel eines Schriftfeldes für Zeichnungsunterlagen

2.4.1.2 1B1 Mitwirken bei der Erstellung der Grundlagen für das Gesamtprojekt hinsichtlich Bedarf nach Art und Umfang (Nutzerbedarfsprogramm NBP)

Gegenstand und Zielsetzung

Das *Nutzerbedarfsprogramm (NBP)* ist wesentlicher Bestandteil der Projektentwicklung i. e. S.. Voraussetzung ist, dass bereits ein *Nutzer/Nutzermix*, mindestens aber ein *Nutzungskonzept* vorhanden ist. Je nach Ausgangsbasis für die Projektentwicklung ist dabei entweder von einem noch zu beschaffenden Grundstück für einen vorhandenen Nutzerbedarf oder aber von der Konkretisierung des Nutzungskonzeptes für ein bereits vorhandenes Grundstück auszugehen. Dies setzt voraus, dass mögliche Bedarfsdeckungsalternativen bereits geprüft und entschieden wurden wie z. B. Erweiterung, Umbau, Erweiterung mit Umbau am alten Standort bzw. Neubau/Umbau eines Objektes an einem anderen Standort.

Zielsetzung und Aufgabe des NBP ist es, den (voraussichtlichen) Nutzerwillen in eindeutiger und erschöpfender Weise zu definieren und zu beschreiben, um damit die „Messlatte der Projektziele" zu schaffen, die projektbegleitend über alle Projektstufen hinweg verbindliche Auskunft darüber gibt, ob und inwieweit mit den Planungs- und Ausführungsergebnissen die Projektziele erfüllt werden. Das NBP ist damit Ergebnis der vom künftigen Nutzer (möglichst) federführend erarbeiteten Bedarfsanforderungen im Hinblick auf Nutzung, Funktion, Flächen- und Raumbedarf, Gestaltung und Ausstattung, Budget, Nutzungskosten und Zeitrahmen (Diederichs, 2004a, S. 31).

Methodisches Vorgehen

Zwingende Voraussetzung für die Entwicklung des NBP ist die Definition der Projektziele:

- Gewerbliche Bauherren und Kapitalanlagegesellschaften erwarten eine hohe Performance aus der Rendite auf das eingesetzte Kapital und dessen nachhaltige Sicherung gegen Inflation durch Wertsteigerung der Immobilie.
- Öffentliche Auftraggeber haben einen durch politische Abstimmungs- und Entscheidungsprozesse definierten Bedarf an öffentlichen Immobilien- und Infrastrukturinvestitionen zu decken.
- Private Bauherren verfolgen nicht nur Bedarfsdeckungs- und Performance-, sondern häufig auch ideelle Ziele.

In jedem Fall geht es darum, einen unbefriedigenden Ist-Zustand zu verbessern und einen erforderlichen oder wünschenswerten Soll-Zustand herbeizuführen. Aus der Differenz zwischen künftigen Soll-Anforderungen und derzeitiger Ist-Situation ergibt sich die Bedarfsformulierung.

Zur Deckung des Bedarfs sind Alternativen wie Umbau, Erweiterung, Neubau, Umbau und Umzug in anderen Altbau, Miete, Leasing oder Sale and Lease Back zu prüfen.

Bezüglich der Finanzierung ist zwischen Eigen-, Fremdkapital- und Mischfinanzierung sowie Finanzierung durch ein Modell der Public Private Partnership (PPP) zu unterscheiden, hinsichtlich der Eigenschaft als Investor/Initiator zwischen Bauherr, Käufer, Leasingnehmer oder Mieter.

Wirtschaftliche Vorgaben oder Randbedingungen sind u. a.:

- maximal verfügbares bzw. finanzierbares Investitionsbudget
- erwarteter Mietertrag, erwartete Investitionssumme und damit erwartete Rendite auf das investierte Gesamt-/Eigenkapital
- erwartete Nutzungsdauer

Zeitliche Vorgaben sind u. a. die Termineckdaten für Projektentwicklung, Planungsauftrag, Baueingabe, Baubeginn, Bezugsfertigkeit, Ende des Probebetriebs und Beginn der Vollauslastung.

Räumliche Vorgaben sind z. B.

- gewählte Kriterien für einen noch fiktiven Standort
- Lage innerhalb eines vorgegebenen Standortes
- Anforderungen an die Verkehrsanbindung eines vorgegebenen Standortes.

Nicht steuerbare rechtliche Randbedingungen sind u. a. Vorgaben aus

- der Bauleitplanung
- dem Bauordnungsrecht
- Umweltschutz- und Arbeitsschutzauflagen.

Umfeld- und naturbedingte Randbedingungen sind topologische, geologische und klimatische Gegebenheiten.

Gesamtwirtschaftliche und politische Verhältnisse beeinflussen die Nachfrage- und Konkurrenzsituation, die Besteuerung und die Stabilität der Nutzungsverträge und damit Fragen des richtigen Zeitpunktes der Investition und der jeweiligen Vertriebs-/Vermietungschancen.

Die Bedarfsplanung nach DIN 18205 bildet den eigentlichen Kern des NBP. Im Rahmen der Aufgabenstellung muss geklärt werden, ob in die Bedarfsplanung eine Organisationsuntersuchung einbezogen werden soll mit der Zielsetzung, mit dem Umzug in ein neues/anderes Gebäude auch eine neue, veränderte Aufbau- und Ablauforganisation zu realisieren, da jeder Umzug die Chance einer Neuorganisation sowohl in aufbau- als auch in ablauforganisatorischer Hinsicht bietet.

Einen Vorschlag für die Untersuchungsbereiche der Bedarfsplanung nach DIN 18205 (Apr. 1996) beinhaltet *Abb. 2.18*.

Beispiel

Im Rahmen der *Aufbauorganisation* ist die Personalstruktur im Ist und im Soll für den gegenwärtigen Zeitpunkt sowie für die künftige Entwicklung zu untersuchen.

Aus der vorhandenen Raumstruktur werden die Motive und Begründungen für die Investitionsnotwendigkeit abgeleitet. Durch Mitarbeiterbefragungen werden Anregungen für die Gestaltung der Arbeitsplätze gewonnen.

In die Analyse der Personalstruktur ist neben der aktuellen Situation auch die mittel- bis langfristige Entwicklung der Mitarbeiterzahlen einzubeziehen.

1.	*Anlass, Gegenstand und Aufgabenstellung*
2.	*Aufbauorganisation*
2.1	Personalstrukturen
2.2	Kommunikationsuntersuchung und Mitarbeiterbefragung.
3.	*Ablauforganisation*
3.1	Funktionale Beziehungen in und zwischen den Abteilungen
3.2	Ablauforganisation in Sonderbereichen und zwischen Abteilungen und Sonderbereichen
3.3	Alternative Modelle der Ablauforganisation (Analyse, Bewertung und Entscheidung)
4.	*Ermittlung des Flächenbedarfs*
4.1	Nutzungsspezifische Flächen
4.2	Sonderflächen, Sonderräume und Zentrale Dienste
4.3	Stellplätze
5.	*Anforderungen an Bauweise und Geschossbelegung*
5.1	Standortfaktoren
5.2	Bauweise
5.3	Geschossverteilung und -belegung
6.	*Anforderungen an die Sicherheitskonzeption*
6.1	Absicherung der Außenanlagen
	Grenzverlauf, Einfriedungen
	Grundstückszugänge
6.2	Absicherung der Gebäudehülle
	Außentüren
	Außenfenster
	Trennflächen zwischen Eingangshalle und Verbindungsgängen
7.	*Anforderungen an die Tragenden und Nichttragenden Baukonstruktionen*
7.1	Raster und Module
7.2	Geschosshöhen
7.3	Deckentragfähigkeit
7.4	Fassade, Fenster und Türen
7.5	Decken- und Wandbekleidungen, Bodenbeläge
7.6	Verkehrsflächenanordnung mit Ein- und Ausgängen sowie Verkehrsanbindung
7.7	Technische Kerne
7.8	Garagen und Stellplätze
7.9	Schallschutz und Akustik
7.10	Wärmeschutz
7.11	Feuchteschutz
8.	*Anforderungen an die Technischen Anlagen gemäß § 68 HOAI*
8.1	Gas-, Wasser-, Abwasser- und Feuerlöschtechnik
8.2	Wärmeversorgungs-, Brauchwassererwärmungs- und Raumlufttechnik
8.3	Niederspannungsanlagen
8.4	Beleuchtung
8.5	Informations- und Kommunikationseinrichtungen
8.6	Aufzugs-, Förder- und Lagertechnik
8.7	Nutzungsspezifische Anlagen (Küchentechnik, Abfallentsorgung und Wertstoffrecycling etc.
8.8	Brandschutz, Brandmelde-/RWA-Anlagen
9.	*Anforderungen an die Optik*
10.	*Anforderungen an die Außenanlagen*
11.	*Denkmalschutzanforderungen*
12.	*Bauökologische Anforderungen*
13.	*Wirtschaftlichkeit und Termine*
13.1	Kostenrahmen
13.2	Terminrahmen
13.3	Investitionsanalyse/Wirtschaftlichkeitsberechnung
13.4	Mittelabflussplan

14. Risikoabschätzung

14.1 Interne Risiken
 · Vermarktungs- und Vertriebsrisiken
 · Akzeptanz des Nutzungskonzeptes
 · Attraktivität des Standortes
 · finanzielle Leistungsfähigkeit des Investors

14.2 Externe Risiken
 · Konjunktur- und Leitzinsentwicklung
 · Verhalten der Öffentlichkeit
 · Genehmigungsfähigkeit

Anlagen

A   Kommunikationsmatrix
B   Ergebnisse der Mitarbeiterbefragung
C   Personalentwicklung
D   Arbeitsplatz- und Raumtypenkatalog
E   Funktionsprogramm
F   Raum- und Flächenprogramm
G   Anforderungskatalog an Baukonstruktionen, technische Anlagen und Außenanlagen
H   Ausstattungsprogramm
I   Kostenrahmen
J   Terminrahmen
K   Investitionsanalyse/Wirtschaftlichkeitsberechnung
L   Mittelabflussplan

Abb. 2.18 Untersuchungsbereiche der Bedarfsplanung nach DIN 18205 (Apr. 1996)

1. Anlass, Gegenstand und Aufgabenstellung

Das Nutzerbedarfsprogramm dokumentiert den Nutzer- und Bauherrenwillen sowie definiert die Projektziele und -anforderungen.

Durch die klare Festlegung der Anforderungen vor Planungsauftrag und die Fortschreibung während der Planungsphasen stellt das Nutzerbedarfsprogramm die Messlatte für sämtliche Planungs- und Ausführungsergebnisse dar.

Nach Abschluss der Genehmigungsplanung (Leistungsphase 4 nach HOAI) wird das Nutzerbedarfsprogramm durch die Einbindung in ein Projekthandbuch fortgeschrieben. Dadurch werden sämtliche nachträglichen Änderungen bzw. Ergänzungen dokumentiert sowie die Ursachen und Auswirkungen aufgezeigt.

Die Ergebnisse aus dem Nutzerbedarfsprogramm und der Objektplanung werden häufig in einem Raumbuch zusammengeführt, welches wiederum die Grundlage für ein funktionierendes Facility Management bildet.

Der derzeitige Stand (07.03.2005) beinhaltet die vollständige Auswertung der Protokolle der bisher erfolgten Besprechungen.

2. Aufbauorganisation und Personalstrukturen

Die Analyse der Personalstruktur bezieht neben der aktuellen Situation auch die mittel- bis langfristige Personalentwicklung ein, da der Nutzer ein deutliches Wachstum plant (Diederichs, 2003a, S. 7 ff.).

Für den Betrachtungszeitraum der nächsten 5 Jahre ist eine Erhöhung des Personalbestandes um etwa 33 % zu erwarten (*Abb. 2.19*).

Abteilungs-bezeichnung	Abteilungsdaten 2005		Personalentwicklung bis 2010		
	Personal	Arbeits-plätze	Zuwachs	Personal	Arbeits-plätze
Geschäftsführer	1	1		1	1
Sekretariat	2	2		2	2
Abteilungsleiter	3	3		3	3
Entwicklung	29	31	3 %	30	32
Qualitätssicherung	2	0	100 %	4	0
Vertrieb	18	18	67 %	30	30
Schulung	10	10	60 %	16	16
Buchführung	1	2	100 %	2	2
Summe	66	67	33 %	88	86

Abb. 2.19 Stellenplan 2005 und Personalentwicklung bis 2010

Die Mitarbeiterbefragung dient der Vorbereitung auf die Raum- und Funktionsprogrammplanung. Die Ergebnisse fließen somit auch in die Planung der Gebäude- und Geschossbelegung ein. Erhebungen über die Kommunikationsart, -häufigkeit und -intensität liefern Erkenntnisse über die notwendige Zuordnung der einzelnen Organisationseinheiten zueinander. Aus der Kommunikationsanalyse und deren Darstellung in einer Kommunikationsmatrix ergeben sich wichtige Hinweise zur Verbesserung der Ablauforganisation und damit der Arbeitsbeziehungen zwischen den einzelnen Gruppen. *Abbildung 2.20* zeigt die Anzahl der wöchentlichen Kontakte durch persönliche Gespräche zwischen den einzelnen Organisationseinheiten.

Besondere Bedeutung haben stets Art, Aufbau- und Ablauforganisation von Sonderbereichen für Zentrale Dienste und Soziales. Jeder dieser Bereiche erfordert eine eigene Untersuchung, um nicht nur die dem eigentlichen Betriebszweck dienenden Hauptnutzflächen, sondern auch die Nebennutzflächen zuverlässig ermitteln zu können. Hinzu kommen Zuschläge für Technische Funktions-, Verkehrs- und Konstruktionsgrundflächen nach DIN 277 (Feb. 2005) oder gif, wobei die erforderlichen Flächen für Stellplätze einzubeziehen sind.

Nachfolgend werden beispielhaft einige Anforderungen an arbeitsplatzbezogene und an zentrale Sonderbereiche dargestellt:

- *Repräsentationsbereich:* Ein Konferenzraum auf der Vorstandsetage mit hochwertigem Standard und modernen Präsentationstechniken bildet den Repräsentationsbereich. Von diesem ist ein direkter Weg zum VIP-Bereich des Speisesaals vorzusehen.

- *Zentrale Konferenzzone:* Den Mittelpunkt der Zentralen Konferenzzone bildet das Foyer. Um das Foyer herum werden der große Konferenzsaal, 2 kleine Sitzungssäle (einer davon mit Videokonferenzausstattung) sowie die Sanitär- und Nebenräume für Stuhllager etc. angeordnet.

Mit \ Von	Geschäftsführer	Sekretariat	Abteilungsleiter Entwicklung	Abteilungsleiter Vertrieb	Abteilungsleiter Schulung	Mitarbeiter der Entwicklung	Mitarbeiter Vertrieb	Mitarbeiter Schulung	Buchführung	Summe
Geschäftsführer		12	6	6	5	1	1	1	3	35
Sekretariat	14		3	6	5	1	2	2	6	39
Abteilungsleiter Entwicklung	7	3		7	3	12			1	35
Abteilungsleiter Vertrieb	7	5	5		3		14		7	41
Abteilungsleiter Schulung	5	5	4					10	1	28
Mitarbeiter der Entwicklung		2	14		1			3		20
Mitarbeiter Vertrieb	1	4		16					5	26
Mitarbeiter Schulung		1			8	4			2	15
Buchführung	5	5	1	8	1		4	1		25
Summe	39	37	33	45	26	18	22	17	25	

Abb. 2.20 Kommunikationsmatrix der wöchentlichen persönlichen Kontakte zwischen den einzelnen Organisationseinheiten

- *Öffentlichkeitsarbeit/PR:* Das Foyer bildet hier wie auch in anderen Bereichen mit Publikumsverkehr den Zugang zu den einzelnen Arbeits- und Veranstaltungsbereichen. Die Gästegarderobe wird neben dem Pförtner angesiedelt.
- *Schulung:* Der Aus- und Weiterbildungsbereich muss direkt vom Eingangsbereich her zu erreichen sein und in räumlicher Nähe zur Cafeteria vorgesehen werden. Vom Foyer aus werden die Seminarräume, die Dozentenräume, die IT/DV-Demoräume sowie die Sanitär- und Nebenräume erschlossen.
- *Rechnerräume/Systemadministration:* Die Rechnerräume beinhalten die Rechner für zentrale/dezentrale EDV-technische Dienste. Die Räume der Systemadministration sollen neben den Rechnerräumen liegen.
- *Cafeteria/Küche:* Die Cafeteria wird gemeinsam mit einem anderen Unternehmen genutzt (Synergieeffekt). Es ist von einer Anzahl von 100 Essen/Tag auszugehen, wobei die Bestuhlung in der Kantine für 2 Schichten auszulegen ist. Als System ist Vollverpflegung durch eine eigene Küche vorgesehen. Die öffentlichen Bereiche werden durch das Foyer erschlossen. Für die Lager- und Küchenbereiche ist eine direkte Anlieferung und Entsorgung zwingend erforderlich. Die einzelnen Cafeteria- und Küchenbereiche müssen auf einer Ebene liegen. Darüber hinaus ist es zweckmäßig, auch die Essensausga-

be/Geschirr-Rücklauf mit Spülküche und den Speisesaal in einer Etage anzuordnen.

- *Pförtner:* Für das gesamte Objekt sind 1 Haupteingang sowie 2 Nebeneingänge erforderlich. Die zentrale Leitstelle befindet sich im Überwachungs- und Kontrollraum. Von dort werden alle Eingangsbereiche sowie die Sicherheitseinrichtungen der Fassaden und des Geländes überwacht und gesteuert. Dieser Raum ist in unmittelbarer Nähe der Hauptpförtnerloge vorzusehen.

- *Vervielfältigungen und Planversand:* Aufgaben der Vervielfältigungsstelle/des Copycenters sind die Massenvervielfältigung, die Vervielfältigung von Großformaten, das Falten/Heften/Binden und der Versand bzw. die Verteilung per E-Mail/Intra-/Internet.

3. Ermittlung des Flächenbedarfs

Durch die überschlägige Ermittlung der Hauptnutzflächen wird überprüft, ob ein vorhandenes Bestandsobjekt die Nutzeranforderungen in Bezug auf den Flächenbedarf decken kann. Die Fenstereinteilung der Außenfassade auf der Südseite lässt nur Büroräume mit 15 oder 30 m² zu. 22,5 m²-Räume (Referatsleiter) sind nur zur Innenhofseite des Gebäudes hin möglich.

Es können jedoch 87 Arbeitsplätze untergebracht werden *(Abb. 2.21)*. Damit ist der Bedarf in Anlehnung an die Personalentwicklung bis 2010 abgedeckt. Bei den Büroflächen ergeben sich im Durchschnitt 1.127 / 70 = 16,1 m² HNF/AP entsprechend 16,0 m² nach den Richtlinien des Nutzers.

In *Abb. 2.22* sind mögliche bürobezogenen, stockwerksbezogenen und zentralen Sonderflächen und Sonderräume für Zentrale Dienste aufgelistet. Die zusätzliche Unterteilung nach Hell- und Dunkelflächen ermöglicht einen schnellen Überblick bzgl. der erforderlichen Lage der einzelnen Bereiche im Objekt. So sollen die stockwerksbezogenen Dunkelflächen (Lager, Teeküchen etc.) in innenliegenden Räumen und in direkter Nähe zu den zugehörigen Abteilungen angeordnet werden. Dagegen können die Dunkelbereiche der zentralen Sonderflächen in der Regel im UG angeordnet werden.

Flächenart	Anzahl AP	HNF [m²]
1. Büroflächen	70	1.127,00
2. bürobezogene Sonderflächen	7	140,00
3. stockwerksbezogene Sonderflächen	6	190,00
4. zentrale Sonderflächen		1.341,00
Summe	**87 > 86**	**2.798,00**

Abb. 2.21 Vorhandene Hauptnutzflächen im untersuchten Bestandsgebäude

Nutzungsart	bürobezogen [m²]		stockwerksbezogen [m²]		zentral [m²]	
	hell	dunkel	hell	dunkel	hell	dunkel
Besprechung	140,00	0,00				
Lager, Teeküchen, Putzräume			70,00	120,00		
Konferenzzone, Sitzungsräume etc.					300,00	50,00
Schulung					175,00	0,00
Zentralrechner					0,00	60,00
Vervielfältigung					53,00	20,00
Öffentlichkeitsarbeit/PR					101,00	39,00
Eingangshalle/Pförtner					105,00	15,00
Aufenthaltsräume etc.					40,00	30,00
Cafeteria und Küche (davon Speisesaal mit VIP-Lounge)					201,00 -120,00	52,00
Anlieferung					50,00	20,00
Erste-Hilfe-Raum					0,00	30,00
Summen	**140,00**	**0,00**	**70,00**	**120,00**	**1.025,00**	**316,00**
Summe gesamt				**1.671,00**		

Abb. 2.22 Notwendige Sonderflächen (Beispiele)

Die Anzahl der *Stellplätze* bemisst sich nach der örtlichen Stellplatzsatzung aus der Gesamtnutzfläche und der voraussichtlichen Anzahl von Besuchern. Dabei ist insbesondere die projektierte Auslastung des Schulungsbereichs maßgeblich. Die Mitarbeiterbefragung ergab, dass an diesem Standort davon auszugehen ist, dass 80 % der Belegschaft mit dem Pkw zum Arbeitsplatz fahren und nur 20 % mit dem ÖPNV. Diese Verteilung ist auch für zukünftige Mitarbeiter anzunehmen. Die Anzahl der Besucher, die mit dem Pkw anreisen, ist für den Fall der Vollauslastung des Schulungsbereiches zu ermitteln. In der Summe sind erforderlich:

für die Mitarbeiter: 88 MA x 0,8	= 70 Stellplätze
nach Stellplatzsatzung: 2800 m²/(40m²/Stp.)	= 70 Stellplätze
für die Besucher	= 30 Stellplätze
für Motor- und Fahrräder	= 20 Stellplätze
Summe	**= 120 Stellplätze**

Gemäß Abstimmung mit dem Bauordnungsamt sind 50 Stellplätze in der Tiefgarage und 70 Stellplätze auf dem Grundstück unterzubringen.

4. Anforderungen an Bauweise und Geschossbelegung

Es sind *Gemeinschaftsnutzungen* für Cafeteria und Konferenzbereich mit externen Nutzern durch die unmittelbare Nachbarschaft zu weiteren Gewerbeobjekten möglich. Hierzu existiert bereits ein Vorvertrag mit einem externen Nutzer. Daraus ergeben sich folgende Anforderungen: ... (projektspezifisch zu ergänzen).

Der umzubauende Altbau hat ein Untergeschoss, ein Erdgeschoss, drei Obergeschosse und ein Dachgeschoss. Durch zwei Innenhöfe werden trotz der erheblichen Bauwerkstiefe auch die „innen liegenden" Räume mit Tageslicht versorgt.

Die Gründung erfolgte mit Streifen- und Einzelfundamenten. Sämtliche Außen- und Innenwände bestehen aus Mauerwerk. Die Fassade soll in Teilbereichen mit einer vorgehängten Pfosten-Riegel-Konstruktion aus Stahl oder Aluminium gestaltet werden. Die restlichen Fassadenflächen werden verputzt bzw. ggf. im So-

taltet werden. Die restlichen Fassadenflächen werden verputzt bzw. ggf. im Sockelbereich mit Betonwerksteinplatten verkleidet. Die Fassaden der Innenhöfe haben im unteren Bereich einen Natursteinsockel, die restlichen Flächen sind mit teilweise erheblichen Ornamentierungen verputzt. Zum Straßenbereich hin existiert eine Natursteinfassade.

Das Gebäude besitzt Steildächer mit unterschiedlichen Dachneigungen und -formen. Diverse Teilflächen sind als Flachdächer ausgeführt.

Die nichttragenden Innenwände im UG werden aus 11,5 bis 17,5 cm dickem KS-Mauerwerk hergestellt. Das DG erhält ebenfalls Trennwände aus Mauerwerk (17,5 cm). Im Bürobereich werden die Zwischenwände mit Gipskartonplatten und Metallständerwerk ausgeführt.

Alle Decken, außer über den Dachräumen, sind Flachdecken (d = 20 cm). Die Decke über der Tiefgarage ist im Bereich der Küchenanlieferung und der Müllentsorgung für Lastverkehr (Brückenklasse 16/16) auszulegen.

Gemäß Vorgabe des Nutzers werden die Geschosse wie folgt belegt:

- *Schulung:* Die Bereiche Schulung und Öffentlichkeitsarbeit werden im Querflügel untergebracht.
- *Rechnerräume:* Es ist eine zentrale Lage der Abteilung im Gebäude notwendig, da die Mitarbeiter ständig und kurzfristig zu jedem PC-Arbeitsplatz Zugang haben müssen. Der Bürobereich (Benutzerservice) ist im Zusammenhang mit der restlichen Abteilung als „Insellösung" zu planen. Im UG ist ein Test- und Bastelraum (ca. 20,0 m² Dunkelbereich) vorzusehen.
- *Öffentlichkeitsarbeit/PR:* Der Bereich Öffentlichkeitsarbeit wird in der Rotunde sowie im Bereich westlich von der Rotunde im 1. OG untergebracht. Dem Bereich Öffentlichkeitsarbeit ist eine größere Teeküche mit Spülmaschine sowie eine Getränkelagerungsmöglichkeit zuzuordnen.
- *Pförtner:* Für das Personal der Hauptwache im Eingangsbereich der Rotunde sind ein WC sowie eine Teeküche vorzusehen.
- *Cafeteria:* Vom Nutzer wurde entschieden, dass eine Lage unter dem Leitungsbereich nicht in Frage kommt. Wegen der Frequentierung durch Externe sowie der ggf. zu erwartenden Geruchsbelästigung wird die Kantine im Altbau nicht gewünscht. Aus Gründen der zentralen Anlieferung im EG sowie der kurzen Wege für die Bediensteten ist eine Lage im Dachgeschoss ebenfalls nicht sinnvoll. Daher ist die Cafeteria im EG des Anbaus vorzusehen. Im Kiosk sollen verpackte und vorzubereitende Speisen angeboten werden (Anbindung an Küche erforderlich). Aufgrund der differierenden Nutzungszeiten von Kiosk und Küche ist eine räumliche Trennung erforderlich.
- *Zentrale Konferenzzone:* Der Konferenzbereich im 2. OG besteht aus einem großen (200 m²) und zwei kleinen Sälen (60 m² und 40 m²). Für den großen Saal ist eine mobile Trennwandanlage vorzusehen (Raumteilung 1/3 zu 2/3). Diese Räume sollen mit Telefon, Fax und Internetanschluss ausgestattet werden. Die WCs des Sitzungsbereiches sind für 70 % Gesamtauslastung der Konferenzsäle auszulegen. In unmittelbarer Nähe des Konferenzbereiches muss ein Stuhllager für nicht benötigte Möbel vorhanden sein. Des Weiteren ist ein Techniklager (z. B. für Mikrofon- und Lautsprecheranlagen, Rednerpulte) vorzusehen.
- *Leitung:* Die Leitung ist vollständig im 4. OG unterzubringen.

- *Entsorgungsbereiche:* Im Rahmen der Mülltrennung sind einzelne Räume als Müllzwischenlager/Müllsammelräume vorzusehen. Der Raum für den Presscontainer ist noch festzulegen. Papier wird täglich durch Mitarbeiter der Reinigungsfirma abgeholt.

5. Anforderungen an die Sicherheitskonzeption

Grundlage für die Sicherheitsanforderungen ist der Sicherheitsrahmenplan. Nach dem derzeitigen Planungsstand sind folgende Sicherheitsbereiche vorgesehen:

- Leitungsbereich (Personenschutz)
- Rechnerraum (IT-Sicherheit)
- Sicherungs- und Überwachungszentrale beim Pförtner in der Eingangshalle

Für eine optimale *Absicherung des Grundstücks und der Außenanlagen* ist ein möglichst geradliniger Grenzverlauf ohne einspringende Ecken erforderlich.

Das Grundstück ist vollständig einzufrieden. Sämtliche Einfriedungen werden mit Kameras überwacht. Hierfür ist ein Streifen von 1,00 m vor der Einfriedung (nach außen) und 3,00 m hinter der Einfriedung (nach innen) von jeglicher Bepflanzung (einschl. Baumkronen) freizuhalten. Die Bodenoberfläche ist möglichst dunkel (wegen besseren Kontrastes) zu gestalten.

Anstelle der ursprünglich vorgesehenen Abgrenzung der Liegenschaft gegenüber öffentlichen Verkehrsflächen mit einer Zaunanlage werden die erforderlichen baulichen/mechanischen Sicherungsmaßnahmen in die Gebäudefassade integriert.

Aufgrund der Bäume an der Straße ist eine straßenseitige Überwachung mit Videosensortechnik nicht möglich. Daraus ergeben sich besondere Anforderungen an die straßenseitigen Fenster.

Alle *Zugänge und Zufahrten in das Gebäude* müssen durch die Pförtner mit Personenvereinzelungsanlagen und Codekarten-System kontrolliert und gesichert werden.

Für das *Grundstück* sind zwei *Zugänge/Zufahrten* vorzusehen:

- der Zugang über den historischen Haupteingang
- die Bedarfszufahrt zum Hof

Der Leitungsbereich im 4. OG wird intern nochmals gesichert.

Zur Absicherung der Gebäudehülle sind die *Außentüren* gem. DIN V ENV 1627 (einbruchhemmend) auszuführen. Vorrüstungen zur Aufnahme der Verkabelung für automatische Türöffner sind vorzusehen. Türen, die über ein Zugangskontrollgerät geöffnet werden, erhalten einen elektrischen Türöffner. Fluchttüren sind mit Panikbeschlägen auszustatten. Die Verglasungen müssen der DIN EN 356 (Sicherheitssonderverglasung gegen Durchwurf und gegen Durchbruch) entsprechen und alle Außentüren sind auf Öffnen und Verriegeln hin zu überwachen.

Die *Außenfenster* sind als historische Holzfenster, die *Innenfenster* als Stahlkonstruktion mit Sicherheitsverglasung gem. den unterschiedlichen Sicherheitsanforderungen auszuführen. Die Fenster sind gemäß DIN V ENV 1627 (einbruchhemmend) auszuführen mit Dreh-Kipp-Beschlägen und abschließbarer Drehsperre. Es ist sicherzustellen, dass über die Kippmechanik die Belüftung der

Räume bei aktiver Sicherheitsverglasung gewährleistet ist. Die Verglasungen müssen der DIN EN 356 entsprechen.

Die *Anforderungen aus dem Sicherheitskonzept* sind durch die Ausbildung der inneren Fenster zu gewährleisten. Die äußeren historischen Fenster erhalten eine Einscheiben-Sicherheitsglas (ESG)-Verglasung. Alle Fenster sind mit einer Überwachung auf Öffnen und Verriegelung hin zu versehen und auf die Überwachungszentrale aufzuschalten.

Sämtliche Außenfenster müssen mechanisch auf Kippstellung zu öffnen sein, ohne die innere Sicherheitsverglasung zu öffnen. Durch die Konzeption eines mechanisch oder elektrisch zu bedienenden Kippflügels muss eine Belüftung sichergestellt werden (jedoch keine Stoßbelüftung). Um den Anforderungen des Denkmalschutzes sowie der Sicherheit gerecht zu werden, kann ein mehrflügeliges Kastenfenster alternativ außen mit Holzrahmen und innen mit Metall- oder Holzrahmen verwendet werden.

Alle *Gänge, die von der Eingangshalle abgehen*, sind mit selbstschließenden Glastüren gegenüber der Eingangshalle *abzugrenzen*.

6. Anforderungen an die Tragenden und Nichttragenden Baukonstruktionen

Im vorhandenen Gebäudebestand ist eine Raster- und Moduleinteilung der Flächen ausschließlich anhand der vorhandenen Fensterachsen möglich.

Die Forderung nach leicht umsetzbaren Systemtrennwänden – melaminbeschichtet oder in Metallausführung – ist nur für den Anbau zu erfüllen. Diese Wände können jedoch auch in Gipskartonständerwerk ausgeführt werden, da die Materialkosten einer Gipskartonwand bei gleicher schalltechnischer Qualität nur ca. 30 % der Kosten einer Systemwand betragen.

Soweit möglich, sind sämtliche Bürotrennwände von Installationen freizuhalten, damit eine nachträgliche Änderung jederzeit durchführbar ist.

Die *lichte Raumhöhe im Bürobereich* soll 2,75 bis max. 3,00 m betragen.

Die *Deckentragfähigkeit* ist nach den Angaben des Nutzers auf mindestens folgende Verkehrslasten auszulegen:

- Tiefgarage: 3,5 kN/m²
- Kantine/Küche: 5 kN/m²
- Registraturen: 15 kN/m²
- Büro/Flure: 5 kN/m²
- Sitzungsräume: 5 kN/m²
- Technik: 10 kN/m²
- Restaurierte Holzdecken: 0,2 kN/m²

Ob und inwieweit die geforderten Belastungen insbesondere im Büro- und Flurbereich im Bestand realisiert werden können, ist zu prüfen. Zulässige Unterschreitungen sind mit dem Nutzer abzustimmen.

Die *Fassaden* der alten Gebäudeteile stehen unter Denkmalschutz und sind somit zu erhalten bzw. zu sanieren. Zu diesem Zweck muss der Bestand aufgenommen bzw. durch Recherchen versucht werden, den historischen Zustand wieder herzustellen.

Die *Fensterelemente* aus der Mitte des 19. Jahrhunderts sowie um 1900 sind zu erhalten und instand zu setzen. Neue Fenster sollen in ihrer Detaildimensionierung und in ihrem äußeren Erscheinungsbild den historischen Fenstern entsprechen. Für die Farben der Fensterrahmen sind die Originaltöne maßgebend. Farbverfälschende Sonnenschutzgläser sollen nicht eingesetzt werden.

In den repräsentativen Bereichen sind die Beschläge in Messing oder Bronze auszuführen. In den sonstigen Bereichen ist Edelstahl zu verwenden.

Die Fensterbänke sind in Massivholz (raumbreit) auszuführen. Die Konstruktion ist so zu wählen, dass Medien- und Elektrotrassen unter den Fensterbänken geführt werden können. Dementsprechend ist an der Vorderkante der Fensterbänke eine Massivholzblende vorzusehen.

Vorhandene *Außentüren* mit historischem Wert werden restauriert bzw. erneuert und entsprechend dem Sicherheitskonzept aufgerüstet. Neu hinzukommende Außentüren werden nach Absprache mit dem Landeskonservator unter Beachtung des Sicherheitskonzeptes historisch gestaltet.

Für die *Innentüren/Flur-/Treppenhausabschlusstüren* ist ein lichtes Durchgangsmaß von min. 90 cm (Rollstuhlfahrer) vorgesehen. Die Bürotüren werden in der Regel mit streichfähiger Stahlumfassungszarge mit Schattennut und einem furnierten Türblatt ausgeführt. In den gestalterisch hochwertigen Bereichen des Untergeschosses sowie in den Obergeschossen ist der Einsatz von furnierten *Brandschutztüren* vorgesehen. *Rauchschutztüren* (rd (rauchdicht)/ds (dichtschließend)) werden als streichfähige Stahl-Glas-Konstruktion vorgesehen. Soweit nach Zulassung möglich, werden Bodentürschließer eingesetzt.

In den Sonderbereichen werden die *Türen entsprechend den jeweiligen Erfordernissen* ausgeführt. Die Türen und Zargen im Küchenbereich werden z. B. in gebürstetem Edelstahl ausgeführt. Für die Türen im Sicherheitsbereich sowie in der Zentralen Konferenzzone sind erhöhte Sicherheits- und Schallschutzanforderungen zu berücksichtigen.

Als *Deckenbekleidungen* erhalten die Stahlbetondecken einen Gipsputz sowie einen wischfesten Anstrich. Unter Berücksichtigung der Brandschutzbestimmungen sind ökologisch und gesundheitlich unbedenkliche Beschichtungssysteme auszuwählen.

Die Sonderbereiche (z. B. Konferenzräume, Küche, Druckerei) erhalten, soweit erforderlich, Modul-Decken mit integrierter Beleuchtung und Lüftungstechnik.

In allen Nebenräumen, für die keine gestalterischen Anforderungen bestehen, werden abgehängte Gipskartondecken montiert.

Raumseitige *Wandbekleidungen* der Außenwände werden überall dort in Putz ausgeführt, wo bestehende Putzschäden komplett durch Neuverputzen beseitigt werden. Verputzte Büroraum-, Sitzungsraum-, Flurwände erhalten einen Feinspachtel, alternativ Glasgewebe-Strukturtapete.

Historische Wandbekleidungen im zentralen Konferenzbereich sind in Abstimmung mit dem Denkmalschutz wiederherzustellen.

Verschiebbare Tafeln (Wandelemente) sind für den Konferenzbereich, den Schulungsbereich und den Speisesaal vorgesehen. Die Oberflächen sind auf den übrigen Ausbau der Räume abzustimmen (Echtholzfurnier).

Die Trennwände (Büro–Büro) im Anbau können als leicht umsetzbare Systemtrennwände von OKFF bis UKD, Stahl- oder Holzskelettkonstruktion, Holzwerkstoff melaminbeschichtet oder Metallwände, konzipiert werden. Auf die Verwendung bewährter Fabrikate und Systeme, die ökologisch und gesundheitlich unbedenklich sein müssen, ist zu achten. Aus Kostengründen sind Trennwandelemente nur in Teilbereichen realisierbar, die Hauptkonstruktionen sind GK-Ständerwände. Die Nassbereiche erhalten raumhohe Wandfliesen.

Als Träger für die *Bodenbeläge* ist der Estrichaufbau in den vorhandenen Bauteilen entsprechend den statischen Erfordernissen und örtlichen Möglichkeiten zu wählen.

In Büroräumen kommt Teppichboden (ableitfähiger Nadelfilzbelag, PC-gerecht, alternativ Velours), in den Fluren, Foyers und Eingangsbereichen, wenn nicht bereits historische Böden vorhanden sind, Werksteinbelag zum Einsatz.

Die Flure erhalten den gleichen Bodenbelag wie die Büroräume. Dementsprechend ist bei der Auswahl auch auf die Tauglichkeit in Bezug auf die Befahrbarkeit mit Aktenwagen etc. zu achten.

In den historischen Sälen werden die Holzparkettböden in Abstimmung mit dem Denkmalpfleger restauriert oder, falls erforderlich, erneuert. Die Konferenz-, Speise- und Sitzungssäle erhalten ebenfalls Parkettböden.

In den Sanitärbereichen sowie im Küchenbereich werden Bodenfliesen (ggf. rutschhemmend) ausgeführt. Sämtliche Nebenräume sowie Teeküchen, Archive etc. erhalten Linoleumbeläge.

Die Technik- und Lagerräume werden mit Kunstharzbeschichtungen oder Epoxydharz-Dünnbettbeschichtungen versiegelt.

Die Sonderbereiche erhalten repräsentativere und pflegeleichte Bodenbeläge, z. B.:

- Cafeteria: Stabparkett
- Eingangsbereich, Foyer: Werkstein- oder Natursteinbelag
- Treppen: Werkstein- oder Holzbelag

Bei der *inneren Erschließung* der Abteilungen ist darauf zu achten, dass dabei keine anderen Abteilungen durchquert werden müssen. Die Haupterschließung soll Tageslichtbezug haben. Zugunsten der internen Kommunikation sind vertikale offene Treppenverbindungen zu berücksichtigen. Alle Geschosse, besonders die Verkehrsflächen, sind so auszubilden, dass ein Befahren mit Rollstühlen möglich ist.

Die Ausbildung der bestehenden *Treppenanlagen* entspricht derzeit nicht den Anforderungen der Landesbauordnung. Im Rahmen der vorgezogenen Maßnahmen sind die Treppenräume T2 und T3 neu zu erstellen oder teilweise umzubauen.

Im zentralen Bereich des Altbaus ist neben den beiden Haupttreppenhäusern je eine Zweiergruppe von *Aufzügen* für je 10 Personen anzuordnen. Über den vorhandenen Haupteingang des Altbaus ist ein *behindertengerechter* Zugang zu gewährleisten.

Die *technischen Kerne* liegen neben bzw. innerhalb der Treppenhäuser des Altbaus. Die Abmessungen der Kerne und der noch freien Lufträume werden nach ersten Einschätzungen für die Aufnahme der Neuinstallationen als ausreichend angesehen. Dies ist dadurch begründet, dass vor allem IKT- und DV-Kabel neu zu installieren sind und diese nur geringe Trassenquerschnitte erfordern.

Von den jeweils 50 bzw. 70 *Stellplätzen* in der Tiefgarage und im Außenbereich sind jeweils 5 Behindertenstellplätze vorzusehen. Für die Anlieferung ist im Außenbereich eine ausreichende Lkw-Rangierfläche vorzusehen.

Im Rahmen der *äußeren Erschließung* ist das Grundstück an den Öffentlichen Personennahverkehr (ÖPNV) durch die schienengebundenen Verkehrsmittel U-

und S-Bahn sowie durch diverse Buslinien angebunden. Die nächstgelegenen Stationen lauten:

- S-Bahn: Station Bahnhofstraße in 400 m Entfernung
- U-Bahn: Station Bürgerpark in 200 m Entfernung

Der *interne Schallschutz* ist gem. DIN 4109 (Schallschutz im Hochbau, Nov. 1989) und § 15 Arbeitsstättenverordnung (1975, 2002) auszulegen. Für Decken, Zwischenwände und Innentüren sind die Anforderungen des erhöhten Schallschutzes gem. Beiblatt 2 zu DIN 4109, Tabelle 3, verbindlich bzw. bei Herrichtung des Altbaus als Planungsziel zu beachten.

Für alle auszuführenden Schallschutzmaßnahmen werden vom Nutzer folgende Werte gefordert, die die Anforderungen nach DIN 4109 teilweise übertreffen:

–	Wände zwischen Büroräumen	44–47 dB	$\geq$ 42 dB
–	Fenster in geschlossenem Zustand	35–47 dB	35–42 dB
–	Faltwände	47 dB	$\geq$ 42 dB
–	Trittschallschutz der Decken	53 dB	53 dB
–	Sanitärräume	55–60 dB	55 dB
–	Besprechungsräume	55 dB	$\geq$ 52 dB
–	Technische Zentralen	85 dB	$\geq$ 62 dB

Zur Begrenzung der Schallimmissionen durch *externen Schallschutz* sind die Arbeitstättenrichtlinien ASR (1979, 2002, § 15) einzuhalten. Die zur Erfüllung der Sicherheitsanforderungen, verbunden mit den Anforderungen des Denkmalschutzes, gewählte Kastenfensterkonstruktion trägt wesentlich zum verbesserten Schallschutz bei.

Für Außenbauteile des Altbaus ist der erforderliche Schallschutz auf der Grundlage des „maßgeblichen Außenlärmpegels" gem. DIN 4109, Tabelle 8 bis 10, zu ermitteln und als Planungsziel zu beachten.

Die *Raumakustik* im Ahornsaal ist zu verbessern. Die Lautsprecherplanung soll von einem Akustiker durchgeführt werden. Darüber hinaus sind raumakustische Stellungnahmen zu allen Sitzungs-, Konferenz- und Vortragsräumen erforderlich.

7. Anforderungen an die Technischen Anlagen

Im Rahmen der *Gas-, Wasser-, Abwasser- und Feuerlöschtechnik* kommt Gastechnik nur in der Küche zum Einsatz. Die Zuleitungen des Versorgers liegen bereits auf dem Grundstück. Das Druckniveau des Frischwassers ist in den oberen Etagen zu überprüfen und ggf. durch Pumpen zu erhöhen. Für das Abwasser aus dem Küchenbereich ist ein Fettabscheider vorzusehen. Das gesamte Gebäude ist mit einer Sprinkleranlage auszustatten.

Im Rahmen der *Wärmeversorgungs-, Brauchwassererwärmungs- und Raumlufttechnik* wird das Gebäude mit Fernwärme versorgt. Im Bürobereich werden Konvektorheizkörper mit individueller Regelbarkeit pro Raumeinheit installiert.

Für das Brauchwasser ist eine Vorerwärmung durch das Abwasser sowie eine Haupterwärmung durch die Fernwärmeversorgung vorzusehen.

Für alle Büroräume ist eine freie Lüftung über Kipp- oder Drehkippbeschläge der Fenster vorzusehen, für innen liegende Räume, z. B. Flure, Wasch- und WC-

Räume generell Be- und Entlüftungsanlagen entsprechend den geltenden Vorschriften.

Be- und Entlüftungsanlagen werden darüber hinaus vom Nutzer (teilweise mit Kühlfunktion (Küche und Küchenlager)) in Besprechungsräumen, der Cafeteria, den Küchen, Küchenlagerräumen, Kopier-, Video-Technik-, EDV-Technik- und Lagerräumen gefordert.

Im *Bürobereich* ist der thermische Raumkomfort ohne Einrichtungen zur Raumkühlung sichergestellt. Büros, bei denen eine Fensterlüftung aus schwerwiegenden Gründen (z. B. Sicherheitsanforderungen) nicht möglich ist, sind nur im Einvernehmen mit dem Auftraggeber mit Anlagen zur Lüftung und Raumkühlung auszurüsten.

Die Lüftung der *Küche* ist gemäß DIN 18379 (Dezember 2000) und § 5 Arbeitsstättenverordnung (1975, 2003) auszulegen.

Im Küchenbereich sind *Tiefkühlräume*, in der Anrichte im Leitungsbereich sowie im Info- und Besucherzentrum *Kühlanlagen* vorzusehen.

Klimaanlagen sind für Rechner- und Lagerräume für hochwertiges Papier erforderlich mit Raumtemperaturen von 23–25 °C bzw. 18 °C und einer relativen Luftfeuchtigkeit in den Papierlagerräumen zwischen 50 und 55 %.

In den Büroräumen sind für die *Niederspannungsanlagen* 3 Stromkreise, jeweils für Beleuchtung, Allgemeinsteckdosen, DV-Geräte und 1 Wartungssteckdose unter dem Lichtschalter vorzusehen, auf den Fluren ausreichend Steckdosen für Wartung und Reinigung.

Eine *Ersatzstromversorgungsanlage* ist für folgende Bereiche bzw. Funktionen erforderlich:

- EDV-Anlagen
- Flur- und Treppenhausbeleuchtungen
- Küchenbereich (insbesondere Kühlräume)
- Fluchtwegkennzeichnung
- gesamter Leitungsbereich
- Aufzüge (Evakuierungsfahrt)
- elektroakustische Anlage
- zentrale Konferenzzone, Vortragssäle etc.

Starkstromanschlüsse sind je nach Erfordernis in den Bereichen mit technischen Einrichtungen (z. B. EDV-Anlagen, RLT-Anlagen, Kühlräume (Kompressoren)) oder in Pförtnerbereichen (Schranken) vorzusehen.

Für die *Beleuchtung* gilt im Bürobereich, dass die Installation für die Deckenleuchten unabhängig von Bürotrennwänden erfolgen und auf die Raumachsen abgestimmt sein muss.

Die AMEV-Hinweise „BelBildschirm 2002" und „Beleuchtung 2000" sowie die EU-Richtlinien sind grundsätzlich zu beachten. Darüber hinaus sind die Richtlinien des § 7 Arbeitsstättenverordnung, der Arbeitsstättenrichtlinien 7/3, der Sicherheitsregeln für Büroarbeitsplätze (ZH 1/535) sowie der Sicherheitsregeln für Bildschirmarbeitsplätze (ZH 1/618) einzuhalten.

Im *Fassadenbereich* wird seitens des Nutzers eine repräsentative Fassadenbeleuchtung gewünscht, die jedoch die Videoüberwachung nicht behindern darf.

Gem. Sicherheitsrahmenplan vom 20.03.2005 sind die Bereiche vor den Zugängen zum Gebäude sowie die Zufahrten ausreichend zu beleuchten. Für Bereiche, die mit einer Videoüberwachungsanlage kontrolliert werden, ist eine auf die Kameras abgestimmte Infrarotbeleuchtung erforderlich. Außerdem ist eine Alarmbeleuchtung vorzusehen, mit der im Bedarfsfall besonders sicherheitsrelevante Bereiche ausgeleuchtet werden können.

Es ist eine vollständig neue *Sicherheitsbeleuchtung* zu installieren.

Die *Aufzüge* sind komplett zu erneuern. Grundsätzlich ist eine behindertengerechte Ausstattung für Blinde, Rollstuhlfahrer und Gehbehinderte erforderlich.

Einer der beiden Aufzüge im Leitungsbereich des Altbaus ist durch ein Codekartensystem zu sichern, um den öffentlichen Zugang zu verhindern. Besucher des Leitungsbereiches müssen sich beim Pförtner an der Rotunde anmelden. Der zweite Aufzug ist so zu schalten, dass er als Lastenaufzug nur vom UG ins 4. OG fährt und die Zwischenstationen nur mittels Schlüsselschaltung oder Codekarte erreichbar sind.

Zur Installation einer Evakuierungsschaltung sowie eines Notrufalarmsystems sind noch weitere Abstimmungen mit der örtlichen Feuerwehr sowie dem Nutzer erforderlich.

Für das *Abfallwirtschafts-/Entsorgungskonzept* ist für die Werkstätten, den Druckerei- und Vervielfältigungsbereich sowie die Küche eine tägliche Anlieferung und Entsorgung des Müllaufkommens zu berücksichtigen.

Entsprechend den Anforderungen des „Dualen Systems" sind Anfahrtmöglichkeiten für Müllwagen und Flächen für Müllcontainer vorzuhalten. Ferner sind Aufstellmöglichkeiten für einen Papierpress-Container (400 Volt) zu berücksichtigen und mit dem Müllentsorgungskonzept bzw. den Entsorgungsvorschriften der Stadt B abzustimmen.

Eine *Zeiterfassung* ist derzeit zwar noch nicht vorgesehen. Eine Erweiterung des Kodierungssystems muss jedoch möglich sein.

Für die Anforderungen an die *Küchentechnik* ist das Nutzerbedarfsprogramm des Küchenplaners vom 21.10.2004 maßgebend.

Als *Brandschutzeinrichtungen* sind Brandmeldeanlagen und Sprinkleranlagen in allen Gebäudeteilen vorgesehen. Eine Sprinkleranlage in der Bibliothek wird vom Nutzer abgelehnt.

Für die Technikzentralen, Treppenräume und Archive sind spezielle Vorkehrungen zu treffen.

Auf Brandschutzverglasungen soll sowohl für Außenfassaden als auch für Treppenhäuser und zu Innenhöfen hin verzichtet werden.

8. Bauökologische Anforderungen

Es sollen nur *Baustoffe* und *Materialien* verwendet werden, die bauökologisch, aber auch wirtschaftlich vertretbar sind, d. h.:

- mit geringem Energieaufwand produziert werden können und jederzeit reproduzierbar sind
- deren Einbau und Nutzung keine gesundheitsgefährdenden Folgen verursacht
- einfach und möglichst schadstoffarm verwertet (recycelt) werden können
- bei späterem Abbruch des Gebäudes problemlos entsorgt werden können

Es sollen alle Möglichkeiten der Umweltverträglichkeit für Bau- und Ausbaumaterialien sowie Einrichtungen genutzt werden.

Beim *Mobiliar* und der *Einrichtung*, d. h. bei sämtlichen Schrankeinbauteilen sowie bei losem Mobiliar, ist darauf zu achten, dass die Richtwerte für Formaldehyd in Spanplatten auf keinen Fall überschritten werden. Darüber hinaus sind bei den Oberflächen (Lack) die Grenzwerte für den Lösungsmittelanteil und die damit verbundenen Ausdünstungszeiträume zu beachten.

Beim Einsatz von EDV-Geräten, Kopierern etc. sind die Arbeitsstättenrichtlinien sowie die EU-Richtlinien zu beachten.

Zur *Energieeinsparung* ist unter Beachtung der Wirtschaftlichkeit eine Energie sparende Bauweise anzustreben, d. h.:

– tageslichtgesteuerte Beleuchtung in WC- und Flurbereichen mit Zeitschaltuhren
– Gebäudeautomation auch für den Küchenbereich sowie für die Vermeidung von Spitzenlasten durch Überwachung und Steuerung des Energieverbrauchs
– Nutzung von Wärmerückgewinnung im Bereich der Lüftungsanlagen
– Nutzung des Energieeinsparpotenzials durch die Reduzierung von klimatisierten Bereichen (falls vorgesehen)
– detailliertes Müllkonzept durch Mülltrennung/Papierpresse/Nassmüllentsorgung

Die Forderung, die Energie- und auch Investitionskosten schon durch eine entsprechende Planung zu beeinflussen, wird durch die folgenden Faktoren begünstigt:

– Durch die massive Bauweise und die großen Raumhöhen verfügt der Altbau über eine sehr große Speichermasse.
– Die derzeitige Fugenundichtigkeit im Bereich der Fenster wird durch den Einbau von neuen Fenstern beseitigt.
– Der Verzicht des Nutzers auf die Sicherstellung einer maximalen Innenraumtemperatur von 25 °C bewirkt einen wesentlichen Energieeinsparungseffekt durch Reduzierung der erforderlichen Kühlleistung sowie eine wesentliche Senkung der Investitionskosten.

Darüber hinaus sind folgende Energiesparmaßnahmen zu planen:

– Wärmepumpe und Wärmerückgewinnung
– Photovoltaikflächen auf den nicht sichtbaren Dachflächen
– Sonnenkollektoren für Warmwassergewinnung in der Küche
– Regenwasserrückhaltung zur Bewässerung der Außenanlagen

Bei sämtlichen *Kunststoffen*, d. h. bei sämtlichen Klebstoffen, Dämmmaterialien und Montagestoffen (PU-Schaum) ist darauf zu achten, dass diese weitestgehend lösungsmittelarm und formaldehydarm sind. Dies gilt ebenso für die verwendeten Anstrichsysteme für Wände, Decken und Fenster.

9. Anforderungen an die Optik

Die Optik der denkmalgeschützten Fassade soll durch eine repräsentative Lichtinszenierung erheblich aufgewertet werden. Diese Beleuchtung ist mit der Denkmalschutzbehörde und dem Lichtplaner abzustimmen.

10. Anforderungen an Außenanlagen

Neben den benötigten Stellflächen für Kraftfahrzeuge sind auch Flächen für Übertragungswagen, Hebefahrzeuge und Kühlcontainer sowie Umfahrten für größere Lastkraftwagen und Feuerwehr vorzusehen.

Bei der Planung der Außenanlagen ist zu berücksichtigen, dass ein großer Teil des Areals ebenfalls unter Denkmalschutz steht. Der vorhandene Baumbestand soll untersucht und ergänzt bzw., soweit möglich, entsprechend den historischen Vorgaben ergänzt werden.

Die notwendigen Zufahrten und Zugänge mit Feuerwehrumfahrten müssen sich den denkmalpflegerischen Belangen unterordnen.

Die Anforderungen an die Stellplätze gemäß Ziff. 3 sind einzuhalten. Bei der Gestaltung der Freianlagen und Innenhöfe ist auf enge Anlehnung an die historische Gestaltung zu achten.

11. Denkmalschutzanforderungen

In den Gebäuden entsprechen viele Bereiche nicht mehr den historischen Gegebenheiten. Gemäß Denkmalschutzgutachten sind Vorschläge zur Erhaltung der Substanz vorhanden, deren Realisierbarkeit im Rahmen des gedeckelten Budgets zu überprüfen ist.

Insbesondere in den repräsentativen Bereichen ist auf eine harmonische Abstimmung zwischen erhaltenswerter historischer Bausubstanz und neu hinzukommenden Elementen zu achten. Dies gilt u. a. auch für die gesamten haustechnischen- und sicherheitstechnischen Installationen sowie die damit verbundenen Elemente für z. B. Beleuchtung, Schalter, Lüftungsgitter etc..

Sämtliche *Fassaden* des Altbaus stehen unter Denkmalschutz und sind dementsprechend zu erhalten bzw. im Zuge der Sanierung zu rekonstruieren. Die Fenster und Türen als Fassadenbestandteile müssen im Zuge der Erneuerung auch den Sicherheitsanforderungen angepasst werden. Dies bedeutet auch, Kompromisse bei den Denkmalschutzauflagen zu erzielen.

Die *mittlere Treppe* im Haupttreppenhaus (Holzkonstruktion) sowie die *westliche Treppe* im Nebentreppenhaus des Altbaus sollen erhalten und, sofern nötig, ausgebessert oder erneuert werden.

Ein großzügiger *Eingang zum Repräsentationsbereich* entsteht durch die Entkernung der Vorzone im 1. OG und die Belichtung durch den Innenhof sowie die Sichtbezüge zum repräsentativen Haupttreppenhaus.

12. Wirtschaftlichkeit und Termine

Hierzu wird verwiesen auf die Ausführungen zum Kostenrahmen unter 1C1 (*Ziff. 2.4.1.5)* und zum Terminrahmen unter 1D1 (*Ziff. 2.4.1.7)* sowie auf die Rentabilitätsanalyse unter *Ziff. 2.4.1.5* und die Planung von Mittelbedarf und Mittelabfluss unter 2C3 (*Ziff. 2.4.2.10).*

13. Risikoabschätzung

Hierzu wird verwiesen auf die Risikoanalyse unter *Ziff. 1.7.12.*

2.4.1.3 1B2 Mitwirken beim Ermitteln des Raum-, Flächen- oder Anlagenbedarfs und der Anforderungen an Standard und Ausstattung durch das Funktions-, Raum- und Ausstattungsprogramm

Gegenstand und Zielsetzung

Durch das Funktions-, Raum- und Ausstattungsprogramm werden die Ergebnisse des Nutzerbedarfsprogramms (NBP) weiter präzisiert, sofern die nachfolgend beschriebenen Leistungen nicht bereits gemäß häufiger Praxis gemeinsam mit dem Erstellen des NBP erbracht werden. Ein gesondertes Funktions-, Bau- und Ausstattungsprogramm ist vor allem im Industrie-/Fabrik- und Anlagenbau üblich und erforderlich.

Zielsetzung ist die Schaffung von Grundlagen für die Planung, Ausschreibung und Bauausführung zur Umsetzung der Bedarfsanforderungen des Nutzers. Je sorgfältiger das Funktions-, Raum- und Ausstattungsprogramm vom Nutzer durchdacht, mit dem Investor und dem späteren Betreiber abgestimmt und festgelegt wird, desto geringer sind die Risiken von Planungs-, Kosten- und Terminänderungen aufgrund von Nutzeränderungen (Diederichs, 2003a, S. 27 ff.).

Methodisches Vorgehen

Grundlage des Funktions-, Raum- und Ausstattungsprogramms ist stets das Betriebsprogramm. Ein Betriebsprogramm präzisiert den Handlungsrahmen zur Betriebsführung und -organisation sowie den damit verbundenen organisatorischen, personellen, materiellen und energetischen Mittelbedarf. Dies geschieht auf der Basis einer systematischen Erforschung des Projektumfeldes durch eine Marktanalyse und -prognose, eine entsprechende Zweck-/Zieldefinition sowie organisatorisch-funktionale und technisch-wirtschaftliche Studien zu den Makro-/Mikro-Arbeitssystemen. Daraus werden die Anforderungen an das Funktions-, Raum- und Ausstattungsprogramm abgeleitet.

Funktionsprogramm

Das Funktionsprogramm regelt die Zuordnung einzelner Arbeitsräume, Arbeitssysteme/Betriebsbereiche/Betriebsteile zueinander unter Berücksichtigung der Arbeitsbeziehungen und betrieblichen Material- und Energieflüsse. Dabei ist auf die Projektziele zu achten, die u. a. in der Verbesserung der Wirkungsgrade des gesamten Systems, der Nutzung/betrieblichen Leistungserstellung im Hinblick auf Betriebsmitteleinsatz, Arbeitsgegenstände und Arbeitssicherheit sowie der Steigerung der Wirtschaftlichkeit des Nutzungssystems durch Optimierung der An- und Zuordnung einzelner Betriebsbereiche im Gesamtbetrieb bestehen.

Zusätzlich ist die Beschaffenheit von Transport- und Energieverteilungssystemen an einzelnen Arbeitsplätzen und -räumen innerhalb der Betriebsbereiche auf der Basis von Art, Frequenz und logistischer Bedeutung der zwischen ihnen bestehenden funktionalen Beziehungen zu berücksichtigen.

Raumprogramm

Das Raum- oder auch Bauprogramm enthält eine Zusammenstellung der erforderlichen Betriebsflächen und -räume sowie der unterzubringenden Betriebsbereiche.

Planungsziele sind die Optimierung der Flächenproportionen durch möglichst hohe Anteile der Hauptnutz- bzw. Nutzungsflächen an der Bruttogrundrissfläche, die Optimierung der Flächenverwendung z. B. durch Mehrfach- oder Mehrzwecknutzung, die Optimierung der Anpassungsfähigkeit von Flächen und Räumen durch Flexibilität und Variabilität, Flächenausdehnung oder -verringerung, die Festlegung qualitativer und quantitativer Standards für Flächen, Räume und bauliche Anlagen sowie die Rationalisierung des Flächenangebots je Nutzer und der hochwertig ausgestatteten Sonderbereiche.

Bei der Untersuchung nutzungsspezifischer Gebäude-/Raumkonzeptionen sind z. B. für Verwaltungsbauten verschiedene Büroraumarten zu unterscheiden, die auf die Grundformen Zellenbüro (Ein-Personen-Raum oder Mehr-Personen-Raum), Gruppenraum (Teamraum), Großraum (Bürolandschaft) und Kombi-Büro (Einzelbüros mit innen liegender Multifunktionszone) zurückgeführt werden können.

Die z. T. heftigen Diskussionen der Vergangenheit über den Anteil von Einzel-, Gruppen- und Großräumen in Verwaltungsgebäuden sind mittlerweile der Erkenntnis gewichen, dass Raumarten und Raumgrößen rein sachlich durch die jeweilige Art und Organisationsform der Büroarbeit bestimmt werden müssen. In der Regel erfordern die unterschiedlichen Verwaltungsaufgaben eine Mischung von Einzel-, Gruppen- und auch einigen Großräumen. Die Anzahl und Verteilung wird jedoch durch das zunehmende Erfordernis flexibler Büroraumstrukturen für stets wechselnde Nutzer relativiert. Viele Mitarbeiter im Dienstleistungssektor benötigen an ihrem jeweiligen Einsatzort lediglich einen Internetanschluss für ihren Laptop inklusive Stromversorgung und Arbeitsfläche. Mit ihrem Laptop haben sie alle sonstigen Arbeitsmittel und Möglichkeiten zur Informationsbeschaffung verfügbar.

Die Entscheidung für die auszuwählende Raumorganisation wird letztlich bestimmt durch zahlreiche Einflussfaktoren, von denen vor allem die Investitionen und Folgekosten maßgeblich sind. Dies gilt auch für die Art der letztlich gewählten Aufbau- und Ablauforganisation und die Kommunikationsbeziehungen, die Größe der einzelnen Organisationseinheiten sowie das Bestreben nach Attraktivität der Arbeitsplätze im Interesse des Wohlbefindens der Mitarbeiter.

Basis der Flächenbedarfsermittlung sind Arbeitsplatztypen, deren Art, Struktur und Zusammensetzung aufgrund organisatorischer Erkenntnisse und Erfahrungswerte bestimmt werden. Diese sind auch Ermittlungsgrundlage des Raumprogramms, wobei der Flächenbedarf aus der hierarchischen Stellung der Mitarbeiter, aus dem organisatorischen Arbeitsablauf und aus Erfahrungswerten für Möblierung und Arbeitsmittel abgeleitet wird. Dabei ist eine Beschränkung auf wenige Arbeitsplatztypen zu empfehlen, da eine große Typenvielfalt Gegenstand langwieriger Diskussionen werden kann und ggf. die Nutzungsflexibilität erheblich einschränkt.

Der Flächenbedarf pro Arbeitsplatz setzt sich zusammen aus funktionalen Teilflächen für Mobiliar- und Bedienungsfläche, Zugangs- und Zäsurfläche, Registraturfläche sowie ggf. Besuchs-, Besprechungs- und Repräsentationsfläche.

Bei der Wahl der Arbeitsplatztypen ist auf die Abhängigkeit von Konstruktions- und Ausbauraster zu achten, das aufgrund von funktionellen und gestalterischen Anforderungen die Basis für die Flächenermittlung bildet.

Zu den Arbeitsplatztypen des Raumprogramms, das nach den Nutzungskriterien und Anforderungen der Organisation aufgebaut ist, sind dann die Hauptnutzflächen sowie Nebennutzflächen für Zentrale Dienste und Soziales zu addieren. Hinzu kommen die Zuschläge für Funktions-, Verkehrs- und Konstruktionsflächen nach DIN 277 oder gif-Richtlinien, um zur Brutto-Grundfläche zu gelangen, wobei auch die erforderlichen Flächen für Stellplätze einzubeziehen sind.

Ausstattungsprogramm

Durch das Ausstattungsprogramm wird die Ausrüstung mit Betriebs- und Gebäudetechnik sowie die Einrichtung mit Maschinen, Geräten und Inventar im Einzelnen festgelegt. Unter Berücksichtigung zahlreicher Normen und sonstiger Regelwerke zielt das Ausstattungsprogramm ab auf die Optimierung der Arbeitsplatzausstattung und des Arbeitsumfeldes in medizinischer, ergonomischer, physiologischer und psychologischer Hinsicht, die Optimierung der Maschinenanordnung und -aufstellung im Hinblick auf störungsfreies Zusammenwirken von Mensch, Maschine und Material unter größtmöglicher Flexibilität gegenüber betrieblichen Veränderungen und künftigen Nutzungsprinzipien sowie die Optimierung der gebäude- und betriebstechnischen Ver- und Entsorgungssysteme sowie der bereichs-, betriebs- und gebäudebezogenen Einbauten, Geräte und Ausstattung mit Inventar.

Beispiele

Zum Funktionsprogramm

Abbildung 2.23 zeigt, wie aus einem Funktionsschema für einen Produktionsbetrieb zu Beginn der Vorplanung gemäß HOAI ein flächenmaßstäbliches Block-Layout entwickelt werden kann.

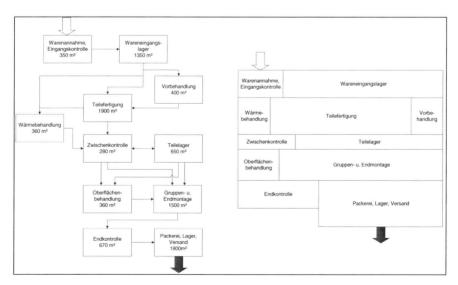

Abb. 2.23 Funktionsschema und flächenmaßstäbliches Blocklayout eines Produktionsbetriebs (Quelle: nach Kettner/Schmidt/Grein (1984))

Zum Raumprogramm

Die Nutzfläche, insbesondere die Hauptnutzfläche, einer Immobilie steht im Mittelpunkt des Interesses des Nutzers, alle anderen Flächenarten sind aus der Sicht des Nutzers mehr oder weniger notwendiges Übel, da diese nicht zur Wertschöpfung beitragen. Aus diesem Grunde gilt die Optimierung der Proportionen von Nutzflächen zur BGF als eines der obersten Ziele bei der Erstellung des Raumprogramms. Die unterschiedlichen Flächenarten können zur systematisierten Bearbeitung entweder nach DIN 277 oder nach der gif-Richtlinie zur Berechnung der Mietfläche für Büroraum (MF-G) vom Oktober 2004 unterteilt werden. Die gif-

DIN 277	gif-Flächenarten[*]	
BGF	**MF-0**	**MF-G**
NF	Fahrzeugabstellflächen (Stellplätze)	Gemeinschaftsräume, Pausenräume, Sozialräume Warteräume, Speiseräume, Hafträume, Büroräume, Großraumbüros, Besprechungsräume, Konstruktionsräume, Schalterräume, Bedienungsräume Aufsichtsräume, Bürotechnikräume Werkhallen, Werkstätten, Labors, Räume für Tierhaltung und Pflanzenzucht Küchen, Sonderarbeitsräume Lagerräume, Archive, Sammlungsräume, Kühlräume Annahme- und Ausgaberäume Verkaufs- und Ausstellungsräume Differenzstufen (max. 3 Stufen) Unterrichts- und Übungsräume, Bibliotheksräume, Sporträume, Versammlungsräume Bühnen, Studioräume, Schauräume, Sakralräume Räume mit medizinischer Ausstattung für Operationen, Diagnostik und Therapie, Bettenräume Sanitärräume, Garderoben, Abstellräume Räume für Technik von zentralen Versorgern (z. B. Kraftwerk, Sendezentrale) Schutzräume Loggien, Balkone, überdachte Gebäudegrundflächen Nutzbare Dachflächen
TF	Abwasseraufbereitung und -beseitigung Wasserversorgung Heizung und Brauchwassererwärmung, Brennstofflagerung Gase und Flüssigkeiten Elektrische Stromversorgung Fernmeldetechnik Raumlufttechnische Anlagen Aufzugs- und Förderanlagenmaschinenräume Schachtflächen Hausanschluss und Installation, Abfallverbrennung	Technische Anlagen mit individ. Mieteranforderung
VF	Überwiegend der Flucht und Rettung dienende Wege, Treppen und Balkone **Flächen ohne individuelle Mieteranforderung:** Feste und bewegliche Treppen und Rampen und deren Zwischenpodeste Aufzugsschächte, Abwurfschächte (jew. je Geschoss) Fahrzeugverkehrsflächen	Flure, Eingangshallen, Foyers (außer in Shopping-Centern) Etagenpodeste von Treppen **Flächen mit individueller Mieteranforderung:** Feste und bewegliche Treppen und Rampen und deren Zwischenpodeste Aufzugsschächte, Abwurfschächte (jew. je Geschoss) Laderampen, -bühnen
KGF	Außenwände und -stützen Innenwände und -stützen die konstruktiv (tragend oder aussteifend) notwendig sind Umschließungswände von die MF-0 umgebenden TF, VF	Leichte Trennwände oder andere versetzbare oder veränderbare Konstruktionen Mietbereichstrennwände zw. MF-G-Flächen KGF, die aufgrund individueller Mieteranforderungen erforderlich wird

Der Grundriss A zeigt ein Geschoss mit zwei Mietbereichen, die über ein gemeinsames Treppenhaus und einen gemeinsamen Aufzugsvorraum erschlossen werden.

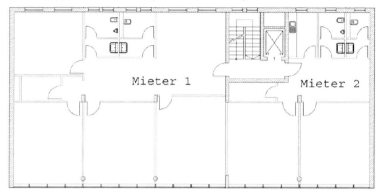

Die Außenwand ist zum einen als Lochfassade (oben) und zum anderen als eine Bandfassade (unten) ausgebildet. Die Bandfassade besteht aus einem verglasten Bereich, der über einem Brüstungsband angeordnet ist. Die Mietbereichstrennung ergibt sich aus einer ortsgebundenen Wand und aus einer leichten Trennwand, die die Variation des Mietbereichszuschnitts vereinfachen soll.

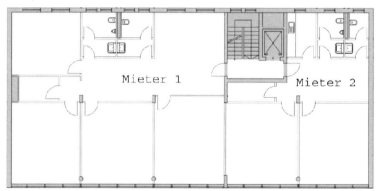

MF-0: Die Aufzugsschachtfläche, die Treppe mit Zwischenpodest, die für den Betrieb des Gebäudes erforderlichen Schächte, die Grundflächen aller tragenden/aussteifenden Konstruktionsteile sowie der Wände, die MF-0-Flächen umfassen.

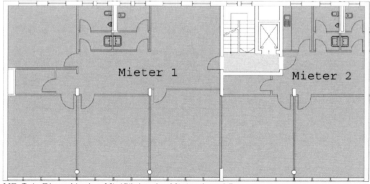

MF-G 1: Die exklusive Mietfläche der Mieter 1 und 2
MF-G 2: Die gemeinschaftlich Mietfläche (Aufzugsvorraum/Geschosspodest)

Abb. 2.24 Mietflächenschema nach gif-Richtlinie MF-G vom 01.11.2004

Richtlinie MF-G wird unterschieden in MF-0 keine Mietfläche (dazu gehören Technische Funktionsflächen (TF), Verkehrsflächen (VF) sowie Konstruktions-Grundflächen (KGF)) sowie Mietflächen mit exklusivem Nutzungsrecht, die typischerweise einem Mieter zuzuordnen sind (MF-G 1) und Mietflächen mit gemeinschaftlichem Nutzungsrecht, die typischerweise mehreren oder allen Mietern zuzuordnen sind (MF-G 2). Die Unterscheidung wird deutlich aus den Beispielen in *Abb. 2.24.*

Die Entscheidung für einen oder mehrere Arbeitsplatztypen einer Raumart ist unter Berücksichtigung der Gegebenheiten von erprobten Grundmustern zu treffen. Beispiele für drei solcher Arbeitsplatztypen für die Arbeitsplätze Abteilungsleiter, Gruppenleiter und Sachbearbeiter der Raumart Büroraum sind in *Abb. 2.25* dargestellt.

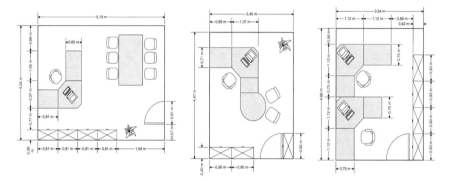

Abb. 2.25 Arbeitsplatz-/Büroraumtypen für Abteilungsleiter, Gruppenleiter und Sachbearbeiter (v. l. n. r.)

Bereich	Funktion/Organisation	KFA	Alternative 1 Modulraster 0,50 m x 0,50 m				Alternative 2 Modulraster 0,45 m x 0,45 m				Alternative 3 Modulraster 0,60 m x 0,60 m			
			Typ	AP	RFE	HNF	NNF/TF	Typ	AP	RFE	HNF	NNF/TF	Typ	AP	RFE	HNF	NNF/TF
Sonstige Hauptnutzflächen					RFE = Rasterflächen-Einheiten											
Besprechung	Sitzungsraum Geschäftsführung	2		9	561	136,06		A	9	696	136,94		B	9	396	138,56	
	Besprechungsraum Geschäftsführung	2		9	99	23,25		A	9	120	22,82		B	9	72	24,39	
	Besprechungsraum 8-10 Personen	2		9	99	23,25		A	9	120	22,82		B	9	72	24,39	
	Besprechungsraum 8-10 Personen	2		9	99	23,25		A	9	120	22,82		B	9	72	24,39	
	Besprechungsraum 8-10 Personen	2		9	99	23,25		A	9	120	22,82		B	9	72	24,39	
	Besprechungsraum 8-10 Personen	2		9	99	23,25		A	9	120	22,82		B	9	72	24,39	
	Mehrzweckraum (unterteilbar)	2			825	200,25				1.008	198,12				576	201,36	
	Videokonferenzraum	4		9	99	23,25		A	9	120	22,82		B	9	72	24,39	
	Garderobenbereich	1			66	15,23				96	18,09				54	18,09	
	Stuhllager	1			132	31,28				168	32,27				90	30,69	
	Technikraum	2			66	15,23				96	18,09				54	18,09	
	Toilette (m)	2			51		11,25			48		9,05			36		12,20
	Toilette (w)	2			48		12,00			48		9,05			36		12,20
Schulung	Schulungsraum	3		12	198	47,33		A	12	228	46,43		B	12	144	49,59	
	Schulungsraum	3		12	198	47,33		A	12	228	46,43		B	12	144	49,59	
	Technikraum	2			66	15,23				96	18,09				54	18,09	
Projektraum	Projektraum 4-5 Personen	3		10	132	31,28		A	10	144	32,27		B	10	90	30,69	
	Projektraum 4-5 Personen	3		10	132	31,28		A	10	144	32,27		B	10	90	30,69	
	Projektraum 4-5 Personen	3		10	132	31,28		A	10	144	32,27		B	10	90	30,69	
	Projektraum 4-5 Personen	3		10	132	31,28		A	10	144	32,27		B	10	90	30,69	
	Projektraum 4-5 Personen	3		10	132	31,28		A	10	144	32,27		B	10	90	30,69	
	Projektraum 4-5 Personen	3		10	132	31,28		A	10	144	32,27		B	10	90	30,69	
	Projektraum 6-8 Personen	3		11	198	47,33		A	11	240	46,43		B	11	144	49,59	
	Projektraum 6-8 Personen	3		11	198	47,33		A	11	240	46,43		B	11	144	49,59	
	Projektraum 6-8 Personen	3		11	198	47,33		A	11	240	46,43		B	11	144	49,59	
	Summe sonstige HNF				4.191	977,30	23,25			5.016	984,29	18,10			2.988	1.003,31	24,40

Abb. 2.26 Raumprogramm (Ausschnitt) für den Verwaltungsbereich eines Rechenzentrums

Den Einfluss von geometrischen Randbedingungen wie Achsmaßen und Rastergrößen auf die Raumgrößen und somit auf die Raumaufteilung und Flächenproportionen zeigt *Abb. 2.26.*

Zum Ausstattungsprogramm

Das Ausstattungsprogramm wird meist derart gegliedert, dass solche Ausstattungen, die sich eindeutig einem oder mehreren Räumen/Raumbereichen zuordnen lassen, nach Nennung des Raumes aufgezählt/beschrieben werden. Für Ausstattungen, die raumübergreifend sind, ist eine Gliederung nach technischen Gesichtspunkten sinnvoll. Als Auszug aus einem Ausstattungsprogramm wird in *Abb. 2.27* die Ausstattung ausgewählter Räume eines Bürogebäudes gezeigt.

	Foyer	Büro Sekretariat	Büro Sachbearbeiter	Büro Gruppenleiter	Büro NL-Leiter	Besprechungsraum	Kopierraum	Teeküche	Archiv	Serverraum	Flur innen	Gang außen
Bodenbelag Teppichboden		•	•	•	•	•	•		•	•	•	
Bodenbelag Granitplatten	•							•				
Bodenbelag Betonplatten												•
Mech. Be- und Entlüftung	•							•		•		
Fensterbelüftung		•	•	•	•	•		•				
Tür, schwarz, 35 dB			•	•				•	•	•	•	
Tür, schwarz, 55 dB					•	•	•					
Mineralfaserdeckenplatten		•	•	•	•	•	•		•	•		
Metallrasterdecke	•							•			•	
Radiatoren		•	•	•	•	•		•				
Temp.-Regelung man.			•	•				•				
Temp.-Regelung aut.	•	•			•	•						
Leuchtstofflampen		•	•	•	•		•	•	•	•	•	
Leuchtstofflampen, indirekt	•	•	•	•	•	•						
Bewegungsmelder	•										•	•
Aut. Lichtabschaltung	•						•	•	•		•	•
Schukosteckdosen	5	10	6	6	6	6	8	8	4	12	6	
LAN-Anschluss		•	•	•	•	•	•			•		
ISDN-Anschluss		•	•	•	•	•				•		
Brand-/Rauchmelder	•	•	•	•	•	•	•	•	•	•	•	
Raumhöhe 3,5m		•	•	•			•	•		•	•	
Raumhöhe 3,8m	•				•	•			•			
Tapete Raufaser		•	•				•		•	•		
Tapete Glasfaser	•				•	•	•					
Sichtbeton	•											•
Sonnenschutz		•	•	•	•	•						

Abb. 2.27 Ausstattungsprogramm für ausgewählte Räume eines Bürogebäudes

In *Abb. 2.28* wird gezeigt, dass es auch möglich ist, die drei Programme in einem kombinierten Funktions-, Raum- und Ausstattungsprogramm zusammenzufassen. Diese Bausollbestimmung weist nicht die Form und den Detaillierungsgrad eines Raumbuches auf. Ein Raumbuch kann erst während der Leistungsphasen 2 bis 5 nach HOAI aufgestellt und fortgeschrieben werden. Es ist eine Besondere Leistung (§ 204 AHO Nr. 9d), mit der der Projektsteuerer ausdrücklich beauftragt werden muss, sofern der Auftraggeber und der Projektsteuerer ein Raumbuch für sinnvoll halten (Zahl der unterschiedlichen Räume ≥ 50, differenzierte Raumausstattung, Budgetvorgabe und -abgrenzung für bau- und nutzerseitige Ausstattung).

Mit einem Raumbuch soll eine raumweise Präzisierung der Vorgaben des Nutzers/Investors und eine verbale Ergänzung planerischer Darstellungen erreicht werden. Es ist damit gemeinsames Informations-/Abstimmungs-/Entscheidungsinstrument für Nutzer/Investor einerseits und Planer andererseits.

Die Voraussetzungen zur Anwendung eines Raumbuchs sind insbesondere bei Projekten mit hoher Raumanzahl (z. B. ≥ 50, vielen unterschiedlichen Raumarten (z. B. ≥ 10)), vielen unterschiedlichen Nutzern, die sich insbesondere nur für „ihre Räume" interessieren (z. B. ≥ 3), sehr unterschiedlicher Ausstattung der einzelnen Funktionsbereiche und vielen Projektbeteiligten, die auf eine gemeinsame Informationsbasis „eingeschworen" werden müssen, gegeben (Diederichs, 1984, S. 66 ff.). Ein Raumbuch ist stets projektspezifisch aufzustellen und den speziellen Bedürfnissen anzupassen. Der mit einem Raumbuch zu erfassende Umfang kann sich z. B. auf die in den verschiedenen Räumen sichtbaren Teile konzentrieren, durch die maßgeblich der Ausbau- und Ausstattungsstandard festgelegt wird. In anderen Fällen kann es sinnvoll sein, eine möglichst vollständige Beschreibung des Gesamtprojektes und seiner Räume mit den funktionalen Anforderungen, den geometrischen Abmessungen und räumlichen Anordnungen sowie den Elementen des Rohbaus, der Installationen und der zentralen Betriebstechnik, des Ausbaus, der Einbauten und des Geräts vorzunehmen.

Raumbücher sind für die EDV-Erfassung, -Verarbeitung und -Auswertung prädestiniert. Nach klarer Arbeitsanweisung können viele Daten schnell und fehlerfrei erfasst, verarbeitet, gespeichert, aktualisiert und nach verschiedenen Sortier- und Selektierkriterien ausgegeben werden.

Für die Eingabe sind eine Raumdatei zur Identifikation jedes einzelnen Raums, eine Artikel-/Elementdatei zur Beschreibung aller gewünschten Beschreibungsmerkmale sowie eine Verknüpfungsdatei Räume/Artikel erforderlich.

Die Raumdatei ist aus dem Raumprogramm zu erstellen. Die Artikeldatei wird projektspezifisch gebildet. Mit der Verknüpfungsdatei werden jedem Raum die vorgesehenen Artikel zugeordnet.

Ausgabeergebnisse sind die Raumliste als tabellarische Übersicht über sämtliche Räume, die Artikelliste mit sämtlichen vorgesehenen Artikeln inkl. Einheitspreis, Menge pro Bauwerk oder Nutzer und gesamt sowie Gesamtpreis pro Bauwerk oder Nutzer und gesamt, die Raumbuchliste, in der für jeden einzelnen Raum die darin enthaltenen Artikel mit Mengen und Kosten angegeben werden, sowie die Artikel-/Raumverteilungsliste, die zu jedem Artikel die Raumnummern angibt, in denen dieser Artikel vorkommt, und die jeweiligen Mengen und Artikelpreise pro Raum, pro Geschoss, pro Bauwerk und für das Gesamtprojekt. Damit ist das

Raumbuch auch eine wichtige Unterstützung zur nutzerspezifischen Kostensteuerung.

Produktionsbereich:	Druckformherstellung	1
Funktionsbereich:	Druckplattenherstellung	1.6.1

Soll-Funktionsdaten

Fertigungsfluss:	nach 1.7.1 ff., 1.7.2 ff.
Materialtransport:	mittels Tischwagen
Arbeits-/Aufenthaltsplätze	7 / -
Zusätzliche Zuordnungen	1.8

Soll-Raumdaten

Raumfläche	NF: 104m² HNF: - NNF: - FF: -
Raumbestimmende Daten	Deckenlast 30 kN/m², Geschosshöhe 450 cm
Räumliche Anforderungen	Brandmeldeanlage, Klimaanlage, Fliesenwand, Hebezeug, Gitterboden
Kostenflächenart (KFA)	4 Kosten / m² 1.750 €/m² NF => € 182.000

Soll-Ausstattungsdaten

Betriebsmittel	3 Gleichrichter (100x100x175, 2,2 t), 1 LPW-Nickelbad (250x70x165, 6,2 t), 1 Blasberg-Nickelbad (220x130x110, 10 t), 1 Giori-Kupferbad (220x130x110, 6,3t), 1 Entfettungsbad (250x200x150, 5 t), 2 Trennbäder (160x80x130, 3,5 t), 3 Kerzenfilter (100x100x170), 1 Feinfilter-Gerät (100x100x100), 1 Säure-Kreiselpumpe [60x60x180), 1 Kerzenfilter-Tiefenfilter (140x60x170), 1 Absauganlage/Entfettung, 1 fahrbarer Kerzenfilter (170x100x170), 2 fahrbare Wannen
Fertigungsbedingte Zusatzflächen:	-
Ausstattungsspezifische Anforderungen:	Brandschutz, Klimatisierung, K-/W-Wasser, Sonderabfluss zur Neutralisation, San.-Installationsanforderungen Boden (säurebeständig), bes. Transportanforderungen

Soll-Ist-Auswertung

Standort	Geb. 2, EG, Raum-Nr. 87 und Geb. 35d, 4. OG, Raum-Nr. 89
Funktion	zufrieden stellend
Ausstattung	derzeit ausreichend
Raum	104 m² und 79 m²; Bedarfsangabe bei geplanter Wassersonderaufbereitung zu gering, ca. 120 m² erforderlich
Bewertung	verbesserungsbedürftig

Abb. 2.28 Auszug aus einem kombinierten Funktions-, Raum- und Ausstattungsprogramm

2.4.1.4 1B3 Mitwirken beim Klären der Standortfragen, Beschaffen der standortrelevanten Unterlagen und bei der Grundstücksbeurteilung hinsichtlich Nutzung in privatrechtlicher und öffentlich-rechtlicher Hinsicht

Gegenstand und Zielsetzung

Die Entscheidung für den Standort und letztlich für das zu bebauende Grundstück ist wichtige Voraussetzung für die Fortsetzung einer geordneten Projektentwicklung. Ziel dieser Teilleistung ist die *Beurteilung von Grundstücksoptionen* im Hinblick auf die Möglichkeit der optimalen Bebaubarkeit nach den im Nutzerbedarfsprogramm festgelegten Anforderungen und Bedingungen. Insbesondere ist zu prüfen, ob die durch die Bedarfsplanung festgelegten grundstücksbezogenen Anforderungen durch die in Betracht kommenden Grundstücke erfüllt werden (Diederichs, 2003b, S. 39 ff.).

Methodisches Vorgehen

Zu den zu beschaffenden standortrelevanten Unterlagen zählen das Nutzerbedarfsprogramm (NBP), das Raumordnungsprogramm (ROP), Landes-, Gebiets- und Verkehrsentwicklungspläne (LEP, GEP, VEP), der Flächennutzungsplan (FNP), der Bebauungsplan (BP) sowie grundstücksbezogene Unterlagen der Katasterämter und Erschließungsträger.

Bei der Standortuntersuchung ist stets zu unterscheiden, ob es sich um einen noch fiktiven Standort für eine vorhandene Projektidee oder aber um einen bereits fixierten Standort für eine noch zu definierende Projektidee handelt. Dazu und zur Standortanalyse und -prognose (Makro- und Mikrostandort) wird verwiesen auf *Ziff. 1.7.2.*

Im Hinblick auf die im Nutzerbedarfsprogramm (NBP) festgelegten standort- und grundstücksrelevanten Anforderungen sind vorhandene bzw. angebotene Grundstücke mit Hilfe von Standort- und Grundstückskatalogen zu untersuchen.

Die Kaufpreissammlungen der Gutachterausschüsse nach § 992 BauGB eignen sich mit ihren Bodenrichtwerten vielfach nur mehr als grobe Richtschnur für den relativen Vergleich, da die ausgewiesenen Quadratmeterpreise von den aktuellen Verkehrswerten z. T. erheblich abweichen.

Grundlagen der Ermittlung des Verkehrswertes von bebauten und unbebauten Grundstücken sind die Wertermittlungsverordnung 1988 (WertV 1988) und die Wertermittlungsrichtlinien 2002 (WertR 2002), die je nach Nutzungsart drei unterschiedliche Verfahren zur Ermittlung des Verkehrswertes vorgeben (Sach-, Ertrags- und Vergleichswertverfahren). Bei der konkreten Verkehrswertermittlung im Einzelfall bleiben stets erhebliche Ermessensspielräume und damit Bewertungsrisiken offen (vgl. *Kap. 4*).

Die problembewusste Grundstückssicherung ist zur Vermeidung vorhersehbarer Risiken eine wesentliche Voraussetzung für eine erfolgreiche Projektentwicklung (vgl. *Ziff. 1.7.3*). Dabei sind die im Baugesetzbuch geregelten Fälle zu unterscheiden (§§ 12, 30, 33, 34 und 35 BauGB).

Da häufig und insbesondere bei interessanten Grundstücken die Zeit nicht ausreicht, um alle offenen Fragen zu klären, empfiehlt es sich, eine Grundstücksoption durch notariell beurkundete Erwerbszusage oder notariell beurkundetes Verkaufsangebot zu erhalten. Nicht beurkundete Zusagen sind wertlos.

Bei noch nicht gesicherter Bebaubarkeit des Grundstücks empfiehlt es sich, sofern durchsetzbar, in den notariell beurkundeten Kaufvertrag eine Rücktrittsklausel aufzunehmen, falls die zu beantragende Baugenehmigung versagt oder nicht innerhalb einer bestimmten Frist erteilt, wegen Widerspruchs gegen die Baugenehmigung zurückgenommen wird oder nicht innerhalb einer bestimmten Frist die sofortige Vollziehbarkeit der Baugenehmigung unanfechtbar geworden ist (Usinger/Minuth, 2004).

Zur Grundstücksbeurteilung ist zweckmäßigerweise eine Nutzwertanalyse oder Kostenwirksamkeitsanalyse auf der Basis des verwendeten Kriterien-/Zielkatalogs unter Gewichtung der Teilziele und Messung der Erfüllung der einzelnen Teilziele durch die vorhandenen Grundstücksalternativen durchzuführen. Die sich daraus ergebende Rangfolge ist durch einen Erläuterungsbericht zu plausibilisieren und hinsichtlich der nicht berücksichtigten Kriterien (intangible Effekte) zu ergänzen. Der Erläuterungsbericht ist durch eine Auswahlempfehlung abzuschließen.

Beispiel

Zur Vorbereitung der Entscheidung im Gemeinderat ist eine Nutzwertanalyse für die Auswahl eines neu auszuweisenden Gewerbegebiets zu erstellen. Zur Auswahl stehen 3 Alternativen A1 bis A3 in Südwest-, Nordwest- und Nordlage.

Den Aufbau der Nutzwertanalyse (NWA), die notwendigen Eingangsdaten mit den Merkmalsausprägungen, ihre Bewertung mit Nutzenpunkten von 1 bis 10 sowie die Ermittlung der Teilnutzwerte durch Multiplikation mit den Gewichten der Teilziele zeigt *Abb. 2.29.* Zur Systematik der Nutzwertanalyse wird verwiesen auf Diederichs (2005, S. 243 ff.). Als Ergebnis zeigt sich, dass Alternative A2 mit 456 Punkten weit abgeschlagen ist, die Alternativen A1 und A3 mit 753 und 794 Punkten dagegen relativ gleichwertig sind. Weitere Aufklärung bietet hier eine Kostenwirksamkeitsanalyse (Diederichs, 2005, S. 246 ff.). Dazu werden die kostenrelevanten Teilziele 1.2.4, 1.3.2 und 1.4.2 gesondert betrachtet. Bei einer einheitlichen Fläche von 2,2 ha gemäß A3 kostet das Grundstück A1 2,2 ha x 8 €/m² = 176 T€, A3 dagegen nur 44 T€.

Die Verkehrserschließung erfordert bei A1 keine Zusatzkosten, bei A3 dagegen Ausbaukosten von 50 T€.

Für die Gewährleistung der Abwasserbeseitigung ist bei A1 ein neuer Hauptsammler von 50 T€ erforderlich, bei A3 eine Verlängerung des bestehenden Hauptsammlers mit 30 T€.

In der Summe ergeben sich für A1 Kosten von 226 T€ und für A3 von 124 T€.

Die Nutzenpunkte verringern sich durch die Kostenfaktoren bei A1 um (753 - 24 - 40 - 40 - 8) auf 641 und bei A3 (794 - 48 - 6 - 24 - 24) auf 692 gewichtete Nutzenpunkte.

Damit ergibt sich für A1 ein Wirksamkeits-/Kosten-Verhältnis von 641/226 = 2,84 gewichteten Nutzenpunkten/100 T€ und bei A3 von 692/124 = 5,58 gewichteten Nutzenpunkten/100 T€. Nach dieser Kostenwirksamkeitsanalyse ist eindeutig die Alternative A3 zu bevorzugen. Dabei ist allerdings zu bedenken, dass über die 2,2 ha hinaus keine Erweiterungsmöglichkeit gegeben ist und das Gewerbegebiet 800 m von der Ortsmitte für ältere Menschen nicht ohne Weiteres zu Fuß zu erreichen ist. Die Existenz von Landwirten ist nicht bedroht, da der Hof aus Altersgründen aufgegeben wird.

Nr.	Kurzbezeichnung	Gewichte g_j in %	A1: Südwest	A2: Nordwest	A3: Nord	A1	A2	A3	A1	A2	A3
1	Geeignetes Grundst.	40									
1.1	Grundstücksmarkt	14									
1.11	Verfügbarkeit		5 in 1-2 Jahren	in 1-2 Jahren	sofort	6	6	10	30	30	50
1.12	geringe Kosten		6 4 €/m²	4 €/m²	2 €/m²	4	4	8	24	24	48
1.13	Angebot und Nachfrage		3 Angebot mittel Nachfrage groß	Angebot groß Nachfrage groß	Angebot groß Nachfrage mittel	8	10	8	24	30	24
1.2	Eignung	10									
1.21	Grundstückstiefe ca. 80 bis 100 m?		3 >100 m	<80 m	z. T. bis 100 m z. T. >60 m	10	6	8	30	18	24
1.22	Gefälle		3 0 %	10 %	6 %	10	2	5	30	6	15
1.23	Tragfähigkeit		1 20 N/cm²	30 N/cm²	40 N/cm²	4	6	8	4	6	8
1.24	Grundstücksgröße >2.0 ha?		2 4,5 ha	3 ha	2,2 ha	10	10	8	20	20	16
1.25	Erweiterungsfähigkeit		1 >100 %	ca. 50 %	0 %	10	6	2	10	6	2
1.3	Verkehrserschließung	8									
1.31	Art		4 über Umgehungsstraße	über Ortsdurchfahrt	über Verbindungsstr. zur nächsten Gemeinde	8	4	6	2	6	4
1.32	Kosten		4 keine Zusatzkosten	Ausbau 50 T€	Ausbau 50 T€	10	2	4	40	8	6
1.4	Wasserversorgung Abwasserbeseitigung	8									
1.41	Wasserversorgung Kosten		4 direkter Anschluss, keine Zusatzkosten	Anschluss über Gemeindenetz Zuleitg. 25 T€	Lage an Quellgebiet Zuleitg. 10 T€	10	2	6	40	8	24
1.42	Abwasserbeseitigung Kosten		4 neuer Hauptsammler 50 T€	Anschluss an Hauptsammler 10 T€	Verlängerung Hauptsammler 30 T€	2	10	6	8	40	24
2	Beeinflussung der Umweltbedingungen	35									
2.1	Beeinflussung der Wohnqualität	20									
2.11	Lärmbelästigung		8 Abstand zur Wohnbebauung ca. 30 m, nicht in Windrichtung	Abstand zur W.-bebauung ca. 50 m, z. T. in Windrichtung	Abstand zur Wohnbebauung 200 m mit Waldgürtel als Trennzone	6	2	10	48	16	80
2.12	Luftreinhaltung		8 wie vor	wie vor	Wie vor, z. T. in Windrichtung	6	2	8	48	16	64
2.13	Erreichbarkeit der Gewerbegebiete zu Fuß		4 nahe Ortsmitte	nahe Ortsrand	800 m Ortsmitte	10	8	4	40	32	16
2.2	Beanspruchung des innerörtlichen Straßennetzes	15	von Ortsmitte zur Umgehungsstraße ca. 500 m	gesamte Ortsdurchfahrt ca. 100 m	von Ortsmitte z. Gemeindeverbindungsstraße ca. 300 m	5	2	7	75	30	105
3	Erhaltung der Landwirtschaft	25									
3.1	Wird die Existenz von Landwirten bedroht?	15	nein, da nur Grünland geringer Qualität	z. T., da guter Ackerboden	nein, da Hof aus Altersgründen aufgegeben wird	10	6	10	150	90	150
3.2	Ersatzbeschaffung landwirtschaftlicher Nutzflächen notwendig?	10	nein	ca. 40 %	nein	10	6	10	100	60	100
	Summen	100							753	456	794

Header-Spalten: Gewichte g_j in % | Kardinale Messung bzw. Bewertung in €, soweit möglich | Zielertragswerte k_ij Bewerten mit Nutzenpunkten von 0 bis 10 | Teilnutzwerte N_ij

Abb. 2.29 Nutzwertanalyse zur Grundstücksauswahl für ein Gewerbegebiet (Quelle: Diederichs (2005), S. 246)

2.4.1.5 1C1 Mitwirken beim Festlegen des Rahmens für Investitionen und Nutzungskosten

Gegenstand und Zielsetzung

Investitionsrahmen

Der Investitions- oder (betriebswirtschaftlich unscharf) „Kosten"-Rahmen – bzw. die Kostenermittlung I nach DIN 276-1, Entwurf Aug. 2005 – hat in der Projektstufe der Projektvorbereitung zentrale Bedeutung für den Projektentwickler bzw. den Investor. Grundsätzlich sind zwei Fälle zu unterscheiden (Diederichs, 2003b, S. 2. ff.):

Im ersten Fall gibt der Projektentwickler ein Budget als Kostendeckel vor, das nicht überschritten werden darf. Daraus ergibt sich die Aufgabe für alle Projektbeteiligten, bei ihren Planungs-, Ausschreibungs- und Ausführungsleistungen dieses Budget zwingend einzuhalten (design to cost). Wichtig ist dabei die Angabe von drei Merkmalen zu dem jeweiligem Budget: der Kostengruppen nach DIN 276 (Juni 1993 bzw. Entwurf Aug. 2005), die durch das Budget erfasst sein sollen (z. B. mit oder ohne Grundstück, mit oder ohne Finanzierung), des Preisstandes (z. B. zum Ermittlungszeitpunkt oder zum Zeitpunkt der Fertigstellung) sowie die Angabe, ob es sich um Nettowerte ohne oder Bruttowerte mit Mehrwertsteuer handelt. Zusätzlich erwartet der Projektentwickler bzw. Investor, dass mit dem vorgegebenen Budget ein größtmöglicher Nutzen erzielt wird, z. B. die höchstmöglichen Mieterträge durch die vermietbare Fläche bei voller Ausnutzung des durch die GFZ und GRZ vorgegebenen Baurechts des Grundstücks unter Wahrung eines Standards, der zu den höchstmöglichen Mieterträgen pro qm vermietbarer Fläche führt (Maximalprinzip). Die Anwendung des Maximalprinzips ist typisch für gewerbliche Investoren.

Im zweiten Fall fordert der Projektentwickler bzw. Investor, ein wohldefiniertes Nutzerbedarfsprogramm mit den geringstmöglichen Mitteln umzusetzen, d. h. eine Kostenoptimierung vorzunehmen (Minimalprinzip). Die Anwendung des Minimalprinzips ist typisch für öffentliche Körperschaften und Non-Profit-Organisationen. Bei Anwendung des Minimalprinzips entsteht aus dem Ergebnis des Kostenrahmens häufig das „Dilemma der erstgenannten Zahl", da die Vorgaben des Nutzerbedarfsprogramms zu ungenau waren oder bei Modernisierungen die technische Bestandsaufnahme der vorhandenen Bausubstanz zu oberflächlich erarbeitet wurde und sich daher im weiteren Projektablauf notwendige Mehrkosten bei unverändertem Programm einstellen.

Nutzungskostenrahmen

Für die Ermittlung, Überprüfung und Dokumentation der Nutzungskosten ist zweckmäßigerweise das Gliederungsschema gemäß DIN 18960 in der Fassung von August 1999 zu verwenden. Zweck der Norm „Nutzungskosten im Hochbau" ist es, diese nach einheitlicher Gliederung zu ermitteln und damit zwischen verschiedenen Objekten betriebswirtschaftliche Vergleiche zu ermöglichen. Bereits in der Planungsphase bietet die DIN 18960 eine der Grundlagen zur Prüfung der

Wirtschaftlichkeit während der gesamten Nutzungsdauer, jedoch ohne Berücksichtigung der Abschreibungen. Diese waren in der Vorversion (April 1976) unter Kgr. 2.0.0 aufgeführt. Zur Begründung für deren Wegfall heißt es im Vorwort der DIN 18960, Aug. 1999, dass die „[...] DIN 18960 kein Instrument zur Wirtschaftlichkeitsberechnung darstellt. Aus diesem Grunde sind auch Mieteinnahmen und Tilgungen nicht Bestandteil dieser Norm." Dies ist zu kritisieren, da die Norm ansonsten prädestiniert ist für Wirtschaftlichkeitsuntersuchungen. Daher finden zunehmend andere Gliederungen Verwendung, wie die GEFMA 200 (Entwurf 2004-07) (vgl. *Kap. 3*).

Zielsetzung ist, nicht nur die mit der Errichtung von Objekten entstehenden Investitionen zur Grundlage der Investitionsentscheidung zu machen, sondern auch die durch den Betrieb entstehenden Folgekosten in die Wirtschaftlichkeitsberechnung einzubeziehen.

Daher sind die Nutzungskosten wesentlicher Bestandteil der Entscheidungsparameter im Rahmen der Projektvorbereitung, an deren Abschluss die Entscheidung für die Fortführung der Planungsarbeiten oder aber für den Abbruch aller weiteren Aktivitäten mangels Wirtschaftlichkeit steht. Häufig überschreiten die kumulierten Nutzungskosten in weniger als 10 Jahren die Investitionen.

Methodisches Vorgehen

Investitionsrahmen

Während der Projektvorbereitung in der Projektstufe 1 liegen zur Ermittlung des Investitionsrahmens (Kostenermittlung I) noch keine Planungs- und damit Bewertungsgrundlagen vor. Stattdessen muss mit *Kostenkennwerten* gearbeitet werden, die sich auf geometrische Bezugsgrößen (HNF, BGF, BRI) oder auf Nutzeinheiten (Büroarbeitsplätze, Krankenhausbetten) beziehen. Dabei sind Kostenkennwerte nach Möglichkeit aus Projekten zu übernehmen, die dem neuen Projekt sehr ähnlich sind oder aber durch „Transformationsfaktoren" angepasst werden. Veröffentlichte Kostenkennwerte, z. B. aus den BKI-Kostendaten oder NHK 2000, beziehen sich i. d. R. auf einen einheitlichen „Preisindex-Stand". Daher sind diese Werte auf den Leistungsschwerpunkt des jeweils neuen Projektes hochzurechnen. Die *Preisindizes für Bauwerke* des Statistischen Bundesamtes oder der Statistischen Landesämter spiegeln nur den mittel- bis langfristigen Trend ab. Regional und projektspezifisch treten erhebliche Oszillationen um diesen Trend auf. Der Projektsteuerer ist daher bei der Wahl seiner Hochrechnungsfaktoren auf die Relativierung der amtlichen Statistik und seine individuelle Markteinschätzung angewiesen.

Wichtig ist die Angabe des *Vertrauensintervalls*, innerhalb dessen sich die „*erstgenannte Zahl*" bis zur Kostenfeststellung sämtlicher Schlussabrechnungen bewegen wird. Der Projektsteuerer wirkt im Rahmen seiner Aufgabenstellung an der Zielerreichung „Einhaltung der Kostenvorgaben des Investors" mit. *Kostenabweichungen* sind von Projektstufe zu Projektstufe dem Grunde und der Höhe nach zu differenzieren nach *Änderungen, Indexentwicklungen und Schätzungsberichtigungen* zu vorher getroffenen Annahmen und damit plausibel zu machen.

100	**Grundstück**
110	**Grundstückswert**
120	**Grundstücksnebenkosten**
121	Vermessungsgebühren
122	Gerichtsgebühren
123	Notariatsgebühren
124	Maklerprovision
125	Grunderwerbssteuer
126	Wertermittlungen, Untersuchungen
127	Genehmigungsgebühren
128	Bodenordnung, Grenzregulierung
129	Sonstige Grundstücksnebenkosten
130	**Freimachen**
131	Abfindungen
132	Ablösen dinglicher Rechte
139	Sonstige Kosten für Freimachen
200	**Herrichten und Erschließen**
210	**Herrichten**
211	Sicherungsmaßnahmen
212	Abbruchmaßnahmen
213	Altlastenbeseitigung
214	Herrichten der Geländeoberfläche
219	Sonstige Kosten für Herrichten
220	**Öffentliche Erschließung**
221	Abwasserentsorgung
222	Wasserversorgung
223	Gasversorgung
224	Fernwärmeversorgung
225	Stromversorgung
226	Telekommunikation
227	Verkehrserschließung
228	Abfallentsorgung
229	Sonstige Kosten für Öffentliche Erschließung
230	**Nichtöffentliche Erschließung**
240	**Ausgleichsabgaben**
250	**Übergangsmaßnahmen**
251	Provisorien
252	Auslagerungen
300	**Bauwerk – Baukonstruktionen**
310	**Baugrube**
311	Baugrubenherstellung
312	Baugrubenumschließung
313	Wasserhaltung
319	Sonstige Kosten für Baugrube
320	**Gründung**
321	Baugrundverbesserung
322	Flachgründungen
323	Tiefgründungen
324	Unterböden und Bodenplatten
325	Bodenbeläge
326	Bauwerksabdichtungen
327	Dränagen
329	Sonstige Kosten für Gründung
330	**Außenwände**
331	Tragende Außenwände
332	Nichttragende Außenwände
333	Außenstützen
334	Außentüren und -fenster
335	Außenwandbekleidungen, außen
336	Außenwandbekleidungen, innen
337	Elementierte Außenwände
338	Sonnenschutz
339	Sonstige Kosten für Außenwände
340	**Innenwände**
341	Tragende Innenwände
342	Nichttragende Innenwände
343	Innenstützen
344	Innentüren und -fenster
345	Innenwandbekleidungen
346	Elementierte Innenwände
349	Sonstige Kosten für Innenwände

350	**Decken**
351	Deckenkonstruktionen
352	Deckenbeläge
353	Deckenbekleidungen
359	Sonstige Kosten für Decken
360	**Dächer**
361	Dachkonstruktionen
362	Dachfenster, Dachöffnungen
363	Dachbeläge
364	Dachbekleidungen
369	Sonstige Kosten für Dächer
370	**Baukonstruktive Einbauten**
371	Allgemeine Einbauten
372	Besondere Einbauten
379	Sonstige Kosten für baukonstruktive Einbauten
390	**Sonstige Maßnahmen für Baukonstruktionen**
391	Baustelleneinrichtung
392	Gerüste
393	Sicherungsmaßnahmen
394	Abbruchmaßnahmen
395	Instandsetzungen
396	Materialentsorgung
397	Zusätzliche Maßnahmen
398	Provisorien
399	Sonstige Kosten für sonst. Maßnahmen f. Baukonstruktionen
400	**Bauwerk – Technische Anlagen**
410	**Abwasser-, Wasser-, Gasanlagen**
411	Abwasseranlagen
412	Wasseranlagen
413	Gasanlagen
419	Sonstige Kosten für Abwasser-, Wasser-, Gasanlagen
420	**Wärmeversorgungsanlagen**
421	Wärmeerzeugungsanlagen
422	Wärmeverteilnetze
423	Raumheizflächen
429	Sonstige Kosten für Wärmeversorgungsanlagen
430	**Lufttechnische Anlagen**
431	Lüftungsanlagen
432	Teilklimaanlagen
433	Klimaanlagen
434	Kälteanlagen
439	Sonstige Kosten für lufttechnische Anlagen
440	**Starkstromanlagen**
441	Hoch- und Mittelspannungsanlagen
442	Eigenstromversorgungsanlagen
443	Niederspannungsschaltanlagen
444	Niederspannungsinstallationsanlagen
445	Beleuchtungsanlagen
446	Blitzschutz- und Erdungsanlagen
449	Sonstige Kosten für Starkstromanlagen
450	**Fernmelde- und informationstechnische Anlagen**
451	Telekommunikationsanlagen
452	Such- und Signalanlagen
453	Zeitdienstanlagen
454	Elektroakustische Anlagen
455	Fernseh- und Antennenanlagen
456	Gefahrenmelde- und Alarmanlagen
457	Übertragungsnetze
459	Sonst. Kosten für Fernmelde- u. informationstechn. Anlagen
460	**Förderanlagen**
461	Aufzugsanlagen
462	Fahrtreppen, Fahrsteige
463	Befahranlagen
464	Transportanlagen
465	Krananlagen
469	Sonstige Kosten für Förderanlagen
465	Krananlagen
469	Sonstige Kosten für Förderanlagen

470	**Nutzungsspezifische Anlagen**
471	Küchentechnische Anlagen
472	Wäscherei- und Reinigungsanlagen
473	Medienversorgungsanlagen
474	Medizin- und labortechnische Anlagen
475	Feuerlöschanlagen
476	Badetechnische Anlagen
477	Prozesswärme-, -kälte- und -luftanlagen
478	Entsorgungsanlagen
479	Sonstige Kosten für nutzungsspezifische Anlagen
480	**Gebäudeautomation**
481	Automationssysteme
482	Schaltschränke
483	Management- und Bedieneinrichtungen
484	Raumautomationssysteme
485	Übertragungsnetze
489	Sonstige Kosten für Gebäudeautomation
490	**Sonstige Maßnahmen für Technische Anlagen**
491	Baustelleneinrichtung
492	Gerüste
493	Sicherungsmaßnahmen
494	Abbruchmaßnahmen
495	Instandsetzungen
496	Materialentsorgung
497	Zusätzliche Maßnahmen
498	Provisorien
499	Sonstige Kosten für sonst. Maßnahmen f. Techn. Anlagen
500	**Außenanlagen**
510	**Geländeflächen**
511	Oberbodenarbeiten
512	Bodenarbeiten
519	Sonstige Kosten für Geländeflächen
520	**Befestigte Flächen**
521	Wege
522	Straßen
523	Plätze, Höfe
524	Stellplätze
525	Sportplatzflächen
526	Spielplatzflächen
527	Gleisanlagen
529	Sonstige Kosten für befestigte Flächen
530	**Baukonstruktionen in Außenanlagen**
531	Einfriedungen
532	Schutzkonstruktionen
533	Mauern, Wände
534	Rampen, Treppen, Tribünen
535	Überdachungen
536	Brücken, Stege
537	Kanal- und Schachtbauanlagen
538	Wasserbauliche Anlagen
539	Sonstige Kosten für Baukonstruktionen in Außenanlagen
540	**Technische Anlagen in Außenanlagen**
541	Abwasseranlagen
542	Wasseranlagen
543	Gasanlagen
544	Wärmeversorgungsanlagen
545	Lufttechnische Anlagen
546	Starkstromanlagen
547	Fernmelde- und informationstechnische Anlagen
548	Nutzungsspezifische Anlagen
549	Sonstige Kosten für Technische Anlagen in Außenanlagen
550	**Einbauten in Außenanlagen**
551	Allgemeine Einbauten
552	Besondere Einbauten
559	Sonstige Kosten für Einbauten in Außenanlagen
560	**Wasserflächen**
561	Abdichtungen
562	Bepflanzungen
569	Sonstige Kosten für Wasserflächen
570	**Pflanz- und Saatflächen**
571	Oberbodenarbeiten
572	Vegetationstechnische Bodenbearbeitung
573	Sicherungsbauweisen
574	Pflanzen
575	Rasen und Ansaaten
576	Begrünung unterbauter Flächen
579	Sonstige Kosten für Pflanz- und Saatflächen

590	**Sonstige Maßnahmen für Außenanlagen**
591	Baustelleneinrichtung
592	Gerüste
593	Sicherungsmaßnahmen
594	Abbruchmaßnahmen
595	Instandsetzungen
596	Materialentsorgung
597	Zusätzliche Maßnahmen
598	Provisorien
599	Sonstige Kosten für sonstige Maßnahmen für Außenanlagen
600	**Ausstattung und Kunstwerke**
610	**Ausstattung**
611	Allgemeine Ausstattung
612	Besondere Ausstattung
619	Sonstige Kosten für die Ausstattung
620	**Kunstwerke**
621	Kunstobjekte
622	Künstlerisch gestaltete Bauteile des Bauwerks
623	Künstlerisch gestaltete Bauteile der Außenanlagen
629	Sonstige Kosten für Kunstwerke
700	**Baunebenkosten**
710	**Bauherrenaufgaben**
711	Projektleitung
712	Bedarfsplanung
713	Projektsteuerung
719	Sonstige Kosten für Bauherrenaufgaben
720	**Vorbereitung der Objektplanung**
721	Untersuchungen
722	Wertermittlungen
723	Städtebauliche Leistungen
724	Landschaftsplanerische Leistungen
725	Wettbewerbe
729	Sonstige Kosten für Vorbereitung der Objektplanung
730	**Architekten- und Ingenieurleistungen**
731	Gebäudeplanung
732	Freianlagenplanung
733	Planung der raumbildenden Ausbauten
734	Planung der Ingenieurbauwerke und Verkehrsanlagen
735	Tragwerksplanung
736	Planung der Technischen Ausrüstung
739	Sonstige Kosten für Architekten- und Ingenieurleistungen
740	**Gutachten und Beratung**
741	Thermische Bauphysik
742	Schallschutz und Raumakustik
743	Bodenmechanik, Erd- und Grundbau
744	Vermessung
745	Lichttechnik, Tageslichttechnik
746	Brandschutz
747	Sicherheits- und Gesundheitsschutz
748	Umweltschutz, Altlasten
749	Sonstige Kosten für Gutachten und Beratung
750	**Künstlerische Leistungen**
751	Kunstwettbewerbe
752	Honorare
759	Sonstige Kosten für Künstlerische Leistungen
760	**Finanzierungskosten**
761	Finanzierungsbeschaffung
762	Fremdkapitalzinsen
763	Eigenkapitalzinsen
769	Sonstige Finanzierungskosten
770	**Allgemeine Baunebenkosten**
771	Prüfungen, Genehmigungen, Abnahme
772	Bewirtschaftungskosten
773	Bemusterungskosten
774	Betriebskosten während der Bauzeit
775	Versicherungen
779	Sonstige Allgemeine Baunebenkosten
790	**Sonstige Baunebenkosten**

Abb. 2.30 Kostengruppen der Kosten im Hochbau   (Quelle: DIN 276 3-stellig (Juni 1993) bzw. E DIN 276-1:2005-08)

Kostenabweichungen nach oben sind dabei unverzüglich durch geeignete aktive Steuerungsmaßnahmen auszugleichen.

Es hat sich in der Praxis allerdings sehr gut bewährt, wenn durch den Investor für die Erstinvestition ein *Budget* (eine Kostenvorgabe nach Ziff. 3.2 der E DIN 276:2005-08) vorgegeben wird, das durch die Kostenfeststellung inklusive aller Projektänderungen, Indexentwicklungen, Schätzungsberichtigungen und Mehrwertsteueränderungen nicht überschritten werden darf. Dieses Budget ist im NBP unmissverständlich als eines der wichtigsten Projektziele darzustellen. Es ist nochmals zu betonen, dass dabei stets die Angabe der folgenden drei Merkmale zum jeweiligen Budget notwendig ist: Kostengruppen nach DIN 276, die im Budget enthalten sein sollen, Preisstand des Budgets sowie Angabe, ob es sich um Netto- oder Bruttowerte handelt.

Für die Gliederung des Kostenrahmens für Hochbauinvestitionen wird i. d. R. DIN 276 (Juni 1993) bzw. E DIN 276-1:2005-08 mit den 7 Kostengruppen verwendet, teilweise auch unter Heranziehung der zweiten Stelle (*Abb. 2.30*).

Der Investitionsrahmen ist stets differenziert nach Neubau und Umbau/Sanierung zu erstellen.

Der Investitionsrahmen für die Kgr. 100 Grundstück der DIN 276 ergibt sich aus der individuellen Grundstücksgröße sowie den aktuellen örtlichen Grundstückspreisen, wobei zum Kaufpreis noch die Grundstücksneben- und Freimachungskosten hinzuzurechnen sind (Kgr. 120 und 130 der DIN 276).

Die Kosten der Kgr. 200 bis 700 nach DIN 276 werden am zuverlässigsten aus möglichst ähnlichen Vergleichsobjekten übernommen. Sofern keine Werte aus eigenen Objekten zur Verfügung stehen, können hierzu u. a. die Veröffentlichungen des Baukosteninformationszentrums Stuttgart (BKI) herangezogen werden, die jährlich Kostenkennwerte, getrennt nach Durchschnittswerten und Objektwerten, veröffentlichen. Kostenkennwerte für die Kgr. 200 bis 700 der DIN 276 enthalten u. a. die in *Abb. 2.31* genannten Veröffentlichungen mit nach Gebäudetypen differenzierten Objekten.

Die Kosten der Kgr. 730 Architekten- und Ingenieurleistungen sind mit 10 % bis 18 % der Kosten der Kgr. 300 + 400 anzusetzen. Die übrigen Kostenarten der Kgr. 700 Baunebenkosten, insbesondere Kgr. 760 Finanzierungskosten, sind projektindividuell zu bestimmen.

Titel	Verlag, Ort, Jahr	Art der Kennwerte	Anzahl Standards
BKI-Kostendaten	BKI GmbH Stuttgart jährlich neu	Durchschnittswerte für Kgr. 300 bis 400; Objektwerte für Kgr. 200 bis 700	3 Standards
NHK 2000	Bundesanzeiger Köln 2002	Durchschnittswerte für Kgr. 300 + 400	4 Standards (einfach, mittel, gehoben, stark gehoben)
PLAKODA	ZBWB Freiburg jährlich neu	Objektwerte für Kgr. 200 bis 700	Standards aus Objektbeschreibung

Abb. 2.31 Veröffentlichungen zu Kostenkennwerten für den Investitionsrahmen

Das Unvorhersehbare ist ein bei komplexen und schwierigen Projekten notwendiger Posten, um außergewöhnliche und nicht vorhersehbare Vorgänge/ Ereignisse mit erheblichen Kostenkonsequenzen abdecken zu können, die nach Art, Höhe und Fälligkeit unvorhersehbar und für den Projektfortschritt und die Erreichung der angestrebten und genehmigten Projektziele zwingend erforderlich sind.

Ein Ansatz für Unvorhersehbares wird nicht gebildet bei Wohnungsneubauten, da es sich i. d. R. um Anforderungen, Bauweisen und Bauverfahren handelt, deren Kenntnis von den Planungs- und Baubeteiligten erwartet wird. Anders verhält es sich dagegen bei Modernisierungen und Umbauten, insbesondere bei unter Denkmalschutz stehenden Bauwerken sowie bei vorhandenen Kontaminationen. Hier muss erst durch Voruntersuchungen der Planungs- und Bauaufwand ermittelt und abgeschätzt werden. Bei komplexen Umbaumaßnahmen werden von kostenbewussten Bauherren für Unvorhersehbares, auch Risikoreserve genannt, zwischen 10 % und 17,5 % der Gesamtkosten (ohne Wert des Baugrundstücks, Kgr. 110, und ohne Finanzierung, Kgr. 760) angesetzt.

Abbildung 2.31 zeigt den Gebäudetypenkatalog nach differenzierten Objekten in Deutschland. Die Normalherstellungskosten von Gebäuden (ohne Baunebenkosten und mit 16 % Mehrwertsteuer), Preisstand 2000 (NHK 2000), wurden als Wertermittlungs-Richtlinie des Bundes und Runderlass des Bundesministeriums für Verkehr, Bau- und Wohnungswesen vom 01.12.2001 (BS 12 – 63 05 04 – 30/1) im Bereich des Bundes zur Aktualisierung der NHK 95 gemäß RdErl. des BM Bau vom 01.08.1997 eingeführt. Die NHK 95 gemäß RdErl. des BM Bau vom 01.08.1997 wurden damit durch die NHK 2000 aktualisiert. Der NHK 2000-Katalog unterscheidet nach 33 Gebäudetypen (*Abb. 2.32*).

Gebäudetypen	
1. Einfamilien-Wohnhäuser, freistehend	18. Hotels
2. Einfamilien-Reihenhäuser, jeweils unterteilt in Kopf- und Mittelhaus	19. Tennishallen
3. Mehrfamilien-Wohnhäuser	20. Turn- und Sporthallen
4. Gemischt genutzte Wohn- und Geschäftshäuser	21. Funktionsgebäude für Sportanlagen
5. Verwaltungsgebäude	22. Hallenbäder
6. Bankgebäude	23. Kur- und Heilbäder
7. Gerichtsgebäude	24. Kirchen, Stadt-/Dorfkirchen, Kapellen
8. Gemeindezentren, Bürgerhäuser	25. Einkaufsmärkte
9. Saalbauten, Verwaltungszentren	26. Kauf- und Warenhäuser
10. Vereins- und Jugendheime, Tagesstätten	27. Ausstellungsgebäude
11. Kindergärten, Kindertagesstätten	28. Parkhäuser, Tiefgaragen, Kfz-Stellplätze
12. Schulen	29. Tiefgarage
13. Berufsschulen	30. Industriegebäude, Werkstätten
14. Hochschulen, Universitäten	31. Lagergebäude
15. Personal- und Schwesternwohnheime	32. Reithallen und Pferdeställe
16. Altenwohnheime	33. Landwirtschaftliche Betriebsgebäude
17. Allgemeine Krankenhäuser	

Abb. 2.32 Gebäudetypenkatalog der NHK 2000

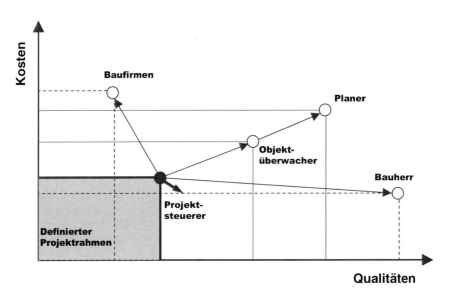

Abb. 2.33 Interessenlagen der Projektbeteiligten

In *Abb. 2.33* werden die verschiedenen Interessenlagen der Projektbeteiligten im Hinblick auf Qualitäten und Kosten in symbolischer Übertreibung dargestellt. Aus ihrer jeweiligen Interessenslage sind die Projektbeteiligten geneigt, den definierten Projektrahmen für Qualitäten und Kosten zu sprengen. Der Projektsteuerer hat wie der Bauherr und der Investor ein Interesse, die Qualität in realistischem Maße weiter zu steigern bei möglichst gleichzeitiger Reduzierung der Kosten.

Die Ermittlung des Investitionsrahmens erfordert i. d. R. die folgenden Bearbeitungsschritte bei einer Gliederung nach DIN 276. Sie gelten analog für die Erstellung eines Investitionsrahmens nach anderen Gliederungen.

1) Überprüfen der Vollständigkeit der erforderlichen Unterlagen und Beschaffen der fehlenden Unterlagen/Informationen wie:

– Kosten-/Budgetvorgabe
– Nutzerbedarfsprogramm
– Kostenkennwerte als Orientierungswerte aus vergleichbaren Objekten, wobei stets Kennwerte aus selbst abgewickelten Objekten zu bevorzugen sind; Kostenkennwerte stehen für Neubauten in begrenztem Umfang zur Verfügung. Sie fehlen vor allem für Umbauten und Sanierungen, da sie seriös nur bei sorgfältiger Beschreibung der jeweiligen Umbau- und Sanierungssituation gebildet werden können.
– Messzahlen für Bauleistungspreise und Preisindizes für Bauwerke des Statistischen Bundesamtes bzw. der Statistischen Landesämter unter Berücksichtigung der Abweichungen zwischen amtlichen und tatsächlichen Marktpreisindizes, die je nach Region sowie konjktureller oder struktureller Situation der Bauwirtschaft mit kleineren oder größeren Amplituden um die amtlichen Indizes oszillieren (Diederichs, 1984, S. 91–96).

– DIN 276, Ausgaben August 2005, Juni 1993 und April 1981, sowie DIN 277, Feb. 2005; da die HOAI 1996 (5. Novelle) nach wie vor Bezug nimmt auf die DIN 276 vom April 1981, sind seitens der fachlich Beteiligten alle Kostenermittlungen zur Aufstellung und Prüfung der Rechnungen der Planer von der Fassung Aug. 2005 bzw. Juni 1993 auf die Fassung April 1981 umzuschlüsseln.

– alle kostenrelevanten nutzer-, investor-, planer- oder behördenseitigen Festlegungen

– Stets nur projektindividuell sind die Kosten für die Kostengruppen (Kgr. 100) Grundstück, (Kgr. 600) Kunstwerke, (Kgr. 710) Bauherrenaufgaben und (Kgr. 760) Finanzierung zu ermitteln.

2) Auswerten des Nutzerbedarfsprogramms und Ermitteln der Kosten bestimmenden Bezugsgrößen wie m² BGF, m³ BRI, m² HNF, m² WF, Anzahl Stellplätze, Anzahl Büroarbeitsplätze, Anzahl Schülerplätze etc., wobei die erforderlichen Planungsdaten wie Grundstücksbebauung und Geschossentwicklung ggf. durch Testentwürfe abzuschätzen sind

3) Auswahl von geeigneten Kostenkennwerten für die Kgr. 300 und 400 – Bauwerk der DIN 276 nach den Bezugsgrößen €/m² BGF, €/m³ BRI, €/m² HNF etc. unter Auswahl von etwa drei verschiedenen Quellen möglichst vergleichbarer Objekte, ansonsten unter Verwendung von Mittelwerten

4) Anpassen der ausgewählten Kostenkennwerte durch Zu- und Abschläge unter Berücksichtigung der projektspezifischen Kosteneinflussfaktoren

5) Ermitteln der Kosten für die Kostengruppen 300 und 400 – Bauwerk

6) Ermitteln der Kosten für die Kostengruppen 710 Bauherrenaufgaben, 720 Vorbereitung der Objektplanung, 730 Architekten- und Ingenieurleistungen (ca. 10 % bis 18 % der Kosten der Kgr. 300 + 400), 740 Gutachten und Beratung sowie 770 Allgemeine Baunebenkosten (ca. 3 bis 5 % der Kgr. 300)

7) Ermitteln der Kosten für die Kostengruppen:

– Herrichten und Erschließen (Kgr. 200) anhand der örtlichen Gegebenheiten oder aufgrund üblicher prozentualer Verteilung

– Außenanlagen (Kgr. 500) anhand angepasster Kostenkennwerte in €/m² unbebauter Fläche, ggf. differenziert nach „befestigt" und „nicht befestigt" mit Pauschalzuschlag für Pflanzarbeiten

– Ausstattung (Kgr. 610) und Kunstwerke (Kgr. 620) in Abstimmung mit dem Investor/Bauherrn

8) Ermitteln der Kosten für Unvorhersehbares, sofern erforderlich

Für Modernisierungsmaßnahmen im Bestand sind ergänzend folgende Hinweise zu beachten:

1) Die erforderlichen Unterlagen/Informationen sind durch Bestandszeichnungen und Berechnungen, eine sorgfältige Baubegehung sowie vollständige Fotodokumentation bezüglich der vorhandenen Bausubstanz (Rohbau, Innenausbau, Technische Anlagen, Fassade, Dach und Außenanlagen) zu ergänzen im Hinblick auf:

– Schäden

– Bauteile/Bereiche, die zu ergänzen, zu erneuern, teilweise zu sanieren bzw. zu erhalten sind

- Bestandsunterlagen der technischen Bestandsaufnahme über die Sanierungsfähigkeit
- Informationen über den Denkmalschutz
- Informationen über kontaminierten Baugrund und kontaminierte Bauteile
2) Bei den Kgr. 300 bis 500 der DIN 276 sind die erforderlichen Maßnahmen für den Brand-, Wärme- und Schallschutz zu berücksichtigen.
3) Bei den Honoraren für die Planungsleistungen und die Objektüberwachung sind die Honorarerhöhungen aus der Berücksichtigung anrechenbarer Bausubstanz sowie der Zuschläge für Umbauten und Modernisierungen nach HOAI zu beachten.
4) Zusätzliche Kosten können aus dem erforderlichen Umzug von Nutzern/Mietern und dadurch bedingten Interimsmaßnahmen/Zwischennutzungen entstehen.

Dem Investitionsrahmen ist ein Erläuterungsbericht mit folgenden Gliederungspunkten beizufügen:

- Getroffene Annahmen für die einzelnen Kostengruppen der DIN 276
- Erläuterungen zu den Bezugsmengen für die Kostenkennwerte und Hinweis auf die als Anlage beigefügten Ermittlungen (Flächen- und Kubaturberechnungen, Kennwertableitungen etc.)
- Risiko-/Sensitivitätsanalyse mit Angabe der Erwartungswerte sowie oberer und unterer Grenzwerte bzw. Angabe der Voraussetzungen, unter denen die ermittelten Werte nur einzuhalten sind
- Wesentliche Ergebnisse

Nutzungskosten

Zusätzlich zur Ermittlung des Investitionsrahmens ist zur Überprüfung der Wirtschaftlichkeit eine Ermittlung der Nutzungskosten nach DIN 18960 (Aug. 1999) vorzunehmen (*Abb. 2.34*).
Bei der Ermittlung der Nutzungskosten für die einzelnen Kostengruppen sind folgende Hinweise zu beachten:

100 Kapitalkosten

Bei den Kapitalkosten ist nach Eigen- und Fremdmitteln zu differenzieren. In die Fremdkapitalkosten sind u. a. auch die Gebühren der Banken für die Darlehensbearbeitung einzubeziehen. Zu beachten ist, dass Ausgaben für die Tilgung von Darlehen nicht zu den Kapitalkosten zählen.
Zu den Fremdkapitalkosten zählen:

- Darlehenszinsen
- Leistungen aus Rentenschulden
- Leistungen aus Dienstbarkeiten auf fremden Grundstücken, soweit sie mit dem Gebäude in unmittelbarem Zusammenhang stehen
- Erbbauzinsen
- Sonstige Kosten für Fremdmittel, z. B. laufende Verwaltungskosten, Leistungen aus Bürgschaften

Kgr.	Nutzungsgruppe
100	**Kapitalkosten**
110	**Fremdkapitalkosten**
111	Zinsen für Fremdkapital
112	Kosten aus Bürgschaften für Fremdmittel
113	Leistungen aus Rentenschulden
114	Erbbauzinsen
115	Leistungen aus Dienstbarkeiten und Baulasten auf fremden Grundstücken
119	Fremdkapitalkosten, sonstiges
120	**Eigenkapitalkosten**
121	Zinsen für Eigenmittel
122	Zinsen für den Wert von Eigenleistungen
129	Eigenkapitalkosten, sonstiges
200	**Verwaltungskosten**
210	**Personalkosten**
220	**Sachkosten**
290	**Verwaltungskosten, sonstiges**
300	**Betriebskosten**
310	**Ver- und Entsorgung**
311	Abwasser-, Wasser-, Gasanlagen
312	Wärmeversorgungsanlagen
313	Lufttechnische Anlagen
314	Starkstromanlagen
315	Fernmelde- und informationstechn. Anlagen
316	Förderanlagen
317	Nutzungsspezifische Anlagen
318	Abfallbeseitigung
319	Ver- und Entsorgung, sonstiges
320	**Reinigung und Pflege**
321	Fassaden, Dächer
322	Fußböden
323	Wände, Decken
324	Türen, Fenster
325	Abwasser-, Wasser-, Gas-, Wärmeversorgungs- und lufttechnische Anlagen
326	Starkstrom-, Fernmelde-, und informationstechn. Anlagen, Gebäudeautomation
327	Ausstattung, Einbauten
328	Geländeflächen, befestigte Flächen
329	Reinigung und Pflege, sonstiges
330	**Bedienung der Technischen Anlagen**
331	Abwasser-, Wasser-, Gasanlagen
332	Wärmeversorgungsanlagen
333	Lufttechnische Anlagen
334	Starkstromanlagen
335	Fernmelde- und informationstechn. Anlagen
336	Förderanlagen
337	Nutzungsspezifische Anlagen
338	Gebäudeautomation
339	Bedienung der Technischen Anlagen, sonstiges
340	**Inspektion u. Wartung d. Baukonstruktionen**
341	Gründung
342	Außenwände
343	Innenwände
344	Decken
345	Dächer
346	Baukonstruktive Einbauten
347	Inspektion u. Wartung d. Baukonstr., sonstiges

Kgr.	Nutzungsgruppe
350	**Inspektion u. Wartung d. Technischen Anlagen**
351	Abwasser-, Wasser-, Gasanlagen
352	Wärmeversorgungsanlagen
353	Lufttechnische Anlagen
354	Starkstromanlagen
355	Fernmelde- und informationstechn. Anlagen
356	Förderanlagen
357	Nutzungsspezifische Anlagen
358	Gebäudeautomation
358	Inspektion u. Wartung d. Techn. Anlagen, sonst.
360	**Kontroll- und Sicherheitsdienste**
361	Bauwerk
362	Bauwerk – Technische Anlagen
363	Außenanlagen
364	Ausstattung und Kunstwerke
365	Zugangskontrolle
369	Kontroll- und Sicherheitsdienste, sonstiges
370	**Abgaben und Beiträge**
371	Steuern
372	Versicherungsbeiträge
379	Abgaben und Beiträge, sonstiges
390	**Betriebskosten, sonstiges**
400	**Instandsetzungskosten**
410	**Instandsetzung der Baukonstruktionen**
411	Gründung
412	Außenwände
413	Innenwände
414	Decken
415	Dächer
416	Baukonstruktive Einbauten
419	Instandsetzungskosten d. Baukonstr., sonstiges
420	**Instandsetzung der Technischen Anlagen**
421	Abwasser-, Wasser-, Gasanlagen
422	Wärmeversorgungsanlagen
423	Lufttechnische Anlagen
424	Starkstromanlagen
425	Fernmelde- und informationstechn. Anlagen
426	Förderanlagen
427	Nutzungsspezifische Anlagen
428	Gebäudeautomation
429	Instandsetzung d. Techn. Anlagen, sonstiges
430	**Instandsetzung der Außenanlagen**
431	Geländefläche
432	Befestigte Fläche
433	Baukonstruktionen in Außenanlagen
434	Technische Anlagen in Außenanlagen
435	Einbauten in Außenanlagen
439	Instandsetzung der Außenanlagen, sonstiges
440	**Instandsetzung der Ausstattung**
441	Ausstattung
442	Kunstwerke
449	Instandsetzung der Ausstattung, sonstiges

Abb. 2.34 Gliederung der Nutzungskosten im Hochbau nach DIN 18960 (Aug. 1999)

Die Eigenkapitalkosten umfassen im Wesentlichen Zinsen für Eigenmittel, Arbeitsleistungen, eingebrachte Baustoffe, vorhandenes Grundstück und vorhandene Bauteile.

200 Verwaltungskosten

Die Verwaltungskosten werden unter Differenzierung nach Eigen- und Fremdleistungen bzgl. der Gebäude- und Grundstücksverwaltung auf Basis der Kennwerte vergleichbarer Objekte sowie der Angebote verschiedener Immobilienverwalter ermittelt. Unter diese Rubrik fallen „Kosten für Fremd- und Eigenleistungen der zur Verwaltung des Gebäudes oder der Wirtschaftseinheit erforderlichen Arbeitskräfte und Einrichtungen, die Kosten der Aufsicht sowie der Wert der vom Vermieter persönlich geleisteten Verwaltungsarbeit. Zu den Verwaltungskosten gehören auch die Kosten für die gesetzlichen oder freiwilligen Prüfungen des Jahresabschlusses und der Geschäftsführung" (DIN 18960, Aug. 1999).

300 Betriebskosten

Hier ist im Einzelnen zu differenzieren:

310 Ver- und Entsorgung

Die im Allgemeinen ausschlaggebenden Kostengruppen hierin sind:

311 Abwasser-, Wasser-, Gasanlagen
312 Wärmeversorgungsanlagen
313 Lufttechnische Anlagen
314 Starkstromanlagen

Die in den Kostengruppen 312 bis 314 aufgeführten Betriebskosten für Wärme/Kälte und Strom machen wie die Reinigungskosten jeweils ungefähr 40 % der gesamten Betriebskosten aus. Bei der Berechnung ist das Nutzerbedarfsprogramm zugrunde zu legen. Dabei sind bei einer Erstermittlung der Nutzungskosten vor allem in den Bereichen Wärme (Kgr. 312) und Strom (Kgr. 314) verschiedene Technische Gebäudeausrüstungen (z. B. Heizungs- und Beleuchtungsanlagen) zu betrachten.

Zu 311: Die Berechnung der Kosten für Abwasser/Wasser erfolgt mit Hilfe des Nutzerbedarfsprogramms sowie Angaben der örtlichen Ver- und Entsorger über die entsprechenden Preise pro Kubikmeter. Hierunter fallen Kosten im Zusammenhang mit Schmutzwasser, Regenwasser, Feuerlöschanlagen, Brauch- und Trinkwasser. Nicht berücksichtigt wird hier der Wasserverbrauch von Anlagen der Kostengruppe 312 (Wärmeversorgung) und von Anlagen der Lufttechnik (Kostengruppe 313).

Zu 312: In dieser Kostengruppe sind die Kosten für Heizstoffe (z. B. Öl, Gas, Strom, Fernwärme) enthalten. Es ist auch der Verbrauch für die Warmwasserbereitung einzuschließen. Die Ermittlung des Jahreswärmebedarfs erfolgt nach den in der Energieeinsparverordnung (EnEV) genannten Verfahren. Anschließend ist mittels des Wirkungsgrades der Anlage, des Brennwertes und des Einheitspreises des Heizstoffes die jährliche Belastung zu ermitteln. Den Wärmeversorgungsanlagen direkt zuzuordnende Kosten aus Abwasser, Wasser- und Stromverbrauch sowie Kosten aus dem Betrieb von Flächenkühlsystemen sind hierunter ebenfalls aufzuführen.

Zu 313: Bei allen Gebäuden mit lufttechnischen Anlagen erfolgt eine gesonderte Betrachtung der zugehörigen Kosten für Verbrauch an Strom, Wärme, Kälte und Wasser. Nicht in dieser Kostengruppe behandelt werden Kosten für Kälte durch Flächenkühlsysteme wie z. B. Kühldecken (Kostengruppe 312).

Zu 314: Bei der Berechnung des Stromverbrauchs sind in Verwaltungsgebäuden vorrangig die Beleuchtungsanlagen zu berücksichtigen, die anhand des Nutzerbedarfsprogramms nach ihrer Leistung und Betriebsdauer abzuschätzen sind. Daraufhin wird die Energiemenge in kWh mit dem Einheitspreis des Versorgers multipliziert, wobei eventuelle tageszeit- und lastabhängige Tarife zu berücksichtigen sind. Etwaiger Stromverbrauch für elektrische Wärmeversorgungsanlagen (z. B. Nachtspeicherheizungen) fällt nicht unter Kgr. 314, sondern unter Kgr. 312. Dies trifft entsprechend auch auf den Stromverbrauch aus nutzerspezifischer Ausstattung (z. B. Bürogeräte) zu (Kostengruppe 317).

320 Reinigung und Pflege

Bei den Gebäudereinigungskosten spielen die Kosten der Reinigung von Fassaden und Dächern (Kgr. 321), Fußböden (Kgr. 322), Türen und Fenstern (Kgr. 324) sowie Abwasser- und Wasserversorgungsanlagen (Kgr. 325) die Hauptrolle. Hinzu tritt die Reinigung von Gelände- und befestigten Flächen (Kgr. 328). Grundlage der Reinigungskosten sind neben den Kosten pro Einheit die Menge der zu reinigenden Flächen bzw. Objekte und deren Beschaffenheit sowie die erforderliche Reinigungshäufigkeit. Bezüglich der zu reinigenden Flächen ist die DIN 277 Teile 1 und 3 heranzuziehen. Der Reinigungsbedarf richtet sich nach den Anforderungen an die Sauberkeit bzw. Hygiene. Liegen die Reinigungskosten pro m² nicht vor, so ist aus den Kosten einer Reinigungskraft (pro Stunde) sowie deren Reinigungsleistung (pro Stunde) der erforderliche Kennwert "Reinigungskosten pro m²" zu errechnen, zuzüglich der Kosten für Reinigungsmittel und -geräte.

Die Reinigungskosten eines Gebäudes betragen im Durchschnitt ungefähr 40 % der gesamten Betriebskosten.

330–360, 390 (Bedienung, Inspektion und Wartung, Kontroll- u. Sicherheitsdienste, sonstige Betriebskosten)

Die Betriebskosten für Bedienung der technischen Anlagen (Kgr. 330), Inspektion und Wartung (Kgr. 340, 350), Kontroll- und Sicherheitsdienste (Kgr. 360) sowie die sonstigen Betriebskosten (Kgr. 390) sind auf Basis verschiedener Erfahrungswerte bei vergleichbaren Objekten zu ermitteln und entsprechend zu bewerten.

Da es sich hierbei hauptsächlich um Kosten von Dienstleistungen handelt, sind zusätzlich entsprechende Angebote von verschiedenen Anbietern einzuholen. Um die verschiedenen Angebote vergleichen zu können, sind genaue Leistungsbeschreibungen für die einzelnen Dienstleistungsbereiche (Bedienung, Inspektion, Wartung etc.) notwendig.

340, 350 Inspektion und Wartung der Baukonstruktionen und der Technischen Anlagen

„Inspektion ist eine Maßnahme zur Feststellung und Beurteilung des Istzustandes von technischen Mitteln eines Systems. Wartung ist eine Maßnahme zur Bewahrung des Sollzustandes von technischen Mitteln eines Systems" (DIN 18960, Aug. 1999).

Hierzu gehören nicht allgemeine Hausdienste wie Pförtner, Nachtwächter oder Hausmeister (Kgr. 360), sondern in der Regel von Fachkräften auszuführende Aufgaben, die nicht der Bedienung (Kgr. 330) zuzuordnen sind.

Zur Inspektion gehören Zustandsprüfungen, Funktionsprüfungen und Technische Prüfungen. Hierdurch können Gebühren anfallen:

-   „für die Überwachung des TÜV [...],
-   für die Überwachung von Feuerlöscheinrichtungen seitens der Feuerwehr,
-   für die Überwachung der Feuerstellen durch den Schornsteinfeger,
-   für die Überwachung durch das Gesundheitsamt [...], und [...]
-   für die Überwachung und Wartung durch Betreuungsfirmen [...]

Zur Wartung gehören beispielsweise:

-   Ein- und Nachstellen [...]
-   Schmieren und Nachfüllen von Betriebsstoffen und Hilfsstoffen [...]
-   Auswechseln von Verschleißteilen und Betriebsstoffen [...]
-   Ausbessern und Austauschen von fehlerhaften Bauteilen bzw. Kleinreparaturen
-   [...]
-   Reinigen an haus- und betriebstechnischen Anlagen [...]" (Muser/Drings, 1977)

370 Abgaben und Beiträge

Diese werden in ihrer Höhe wesentlich durch Versicherungsbeiträge und die Grundsteuer bestimmt. Die Errechnung der Grundsteuer erfolgt über den Einheitswert des bebauten Grundstücks, den Steuermessbetrag und den Hebesatz der Gemeinde durch Multiplikation der drei Komponenten (vgl. *Ziff. 1.7.10.4*).

390 Betriebskosten bei Leerstand von Gebäuden

Verbrauchskosten zur Betriebsbereitstellung eines Gebäudes sind bei Leerstand eine selten kalkulierte Belastung für den Betreiber und/oder Investor und sollten unabhängig von den betriebsbedingten Nutzungskosten kalkuliert und erfasst werden können.

400 Instandsetzungskosten

Zu den Instandsetzungskosten gehören, in Abgrenzung von den Wartungskosten, alle Maßnahmen zur *Wiederherstellung* des Soll-Zustandes von Gebäuden und dazugehörigen Anlagen. Es erweist sich immer wieder als sehr schwierig, die Instandsetzungskosten zu prognostizieren, da viele Unsicherheitsfaktoren eine Vorhersage über Jahre hinweg sehr erschweren. Zumeist wird vom ersten Nutzungs-jahr an eine – verzinst anzulegende – Rücklage empfohlen, die sich in den ersten ca. 10 Jahren weitgehend ungeschmälert kumuliert.

In der Praxis wird leider häufig noch nicht getrennt zwischen Kosten für die Erhaltung und den Kosten für die Wiederherstellung des Soll-Zustandes, sondern zusammenfassend von Bauunterhaltungskosten (äquivalent Instandhaltung gem. DIN 31051) gesprochen. Die in der DIN 18960, Aug. 1999, erläuternd als Be-standteil der Kostengruppe 400 aufgeführten Bauunterhaltungskosten werden oh-ne Inspektions- und Wartungskosten verstanden.

Bei Industriebauten sind etwa 3 % der Herstellungskosten des Bauwerks (ohne Baunebenkosten) jährlich für die Unterhaltung anzusetzen. Dabei entfallen 60 % auf die Erhaltung der Baukonstruktionen, während die restlichen 40 % für die In-standhaltung der Technischen Anlagen aufgewendet werden müssen. In diesen 40 % sind die in der Kostengruppe 350 erwähnten Kosten für Inspektion und War-tung enthalten. Es ist davon auszugehen, dass ein Drittel der Unterhaltungskosten für Technische Anlagen für Wartung und Inspektion benötigt wird.

Bei Verwaltungsbauten sind etwa zwischen 0,7 und 2,0 % der Herstel-lungskosten des Bauwerks als jährliche Bauunterhaltungskosten anzusetzen. Dabei ist davon auszugehen, dass mit steigendem Gebäudealter ein erhöhter Prozentsatz von Bauunterhaltungskosten einkalkuliert werden muss.

Diese Werte werden in ihrer Lebensdauer wesentlich durch die Abnutzungsre-sistenz von Materialien, Bauteilen und Anlagen bestimmt, weshalb diese Erkennt-nisse bereits in der Planungsphase eines Gebäudes von entsprechender Bedeutung sind.

Beispiel zum Investitionsrahmen

Das nachfolgende Beispiel für den Kostenrahmen eines Wohnhauses mit drei Wohneinheiten in Musterstadt umfasst die sieben Kostengruppen der DIN 276, Juni 1993. Ausgangsbasis sind die Brutto-Grundflächen BGF und der Brutto-Rauminhalt BRI zur Bestimmung der Normalherstellungskosten der Kostengrup-pen 300 Bauwerk – Baukonstruktionen und 400 Bauwerk – Technische Anlagen.

Als Kostenkennwerte (sofern Kennwerte aus eigenen Objekten nicht vorliegen oder für Plausibilitätsvergleiche) werden nachfolgend die Normalherstellungskos-ten 2000 (NHK 2000) herangezogen.

Sie umfassen Kostenkennwerte für die Kgr. 300 und 400 der DIN 276 in €/m² BGF, ermittelt nach DIN 277 i. d. F. von 1987. Die Kosten der Architekten- und Ingenieurleistungen (Kgr. 730 der DIN 276) werden in Vomhundertsätzen zwi-schen 10 und 18 % der spezifischen Kennwerte für die Kgr. 300 und 400 auf den die Ausstattungsstandards beschreibenden Gebäudetypenblättern der NHK 2000 angeben.

Die in den NHK 95 enthaltenen Korrekturfaktoren für Preisunterschiede zwi-schen den einzelnen Bundesländern und zwischen Orten unterschiedlicher Größe wurden in die NHK 2000 wegen häufig fehlender Relevanz nicht übernommen.

Bei Mehrfamilien-Wohnhäusern wurden jedoch die Korrekturfaktoren für die Grundrissart von 0,95 für Vierspänner (d. h. vier Wohneinheiten je Geschoss) bis 1,05 für Einspänner (d. h. eine Wohneinheit je Geschoss) beibehalten, ferner die Korrekturfaktoren für die Wohnungsgröße zwischen 0,85 bei einer durchschnittlichen Wohnungsgröße von 135 m² BGF/WE bis 1,10 für Größen von 50 m² BGF/WE. Die beiden Korrekturfaktoren sind miteinander und mit dem jeweiligen Kostenkennwert gemäß NHK 2000 zu multiplizieren.

Den Grundriss des Erdgeschosses sowie den Grundriss der beiden Obergeschosse und einen Schnitt für das Mehrfamilienhaus mit 3 Wohneinheiten zeigen *Abb. 2.35* und *Abb. 2.36*. Aus dem Gebäudetypenblatt 3.23 der NHK 2000 ergeben sich unter Beachtung der vorgesehenen Grundrissart Einspänner und der

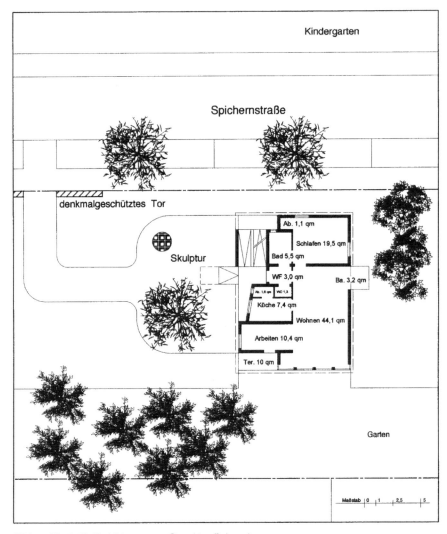

Wohngebäude für Projektmanager - Grundriss Erdgeschoss
Vorplanung - Stefan Greß, Architekt - 14.03.02

Abb. 2.35 Wohngebäude mit 3 WE – Grundriss Erdgeschoss

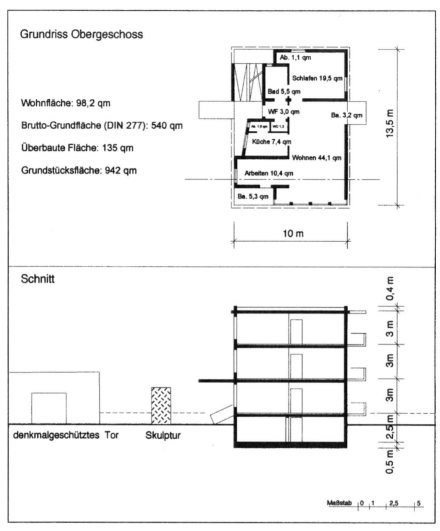

Grundriss Obergeschoss

Wohnfläche: 98,2 qm

Brutto-Grundfläche (DIN 277): 540 qm

Überbaute Fläche: 135 qm

Grundstücksfläche: 942 qm

Schnitt

denkmalgeschütztes Tor   Skulptur

Wohngebäude für Projektmanager - Grundriss, Schnitt
Vorplanung - Stefan Greß, Architekt - 14.03.02

Abb. 2.36 Wohngebäude mit 3 WE – Grundriss Obergeschoss und Schnitt

durchschnittlichen Wohnungsgröße von 98,2 m²/WE bei einem gehobenen Standard NHK von 860 €/m² BGF für die Kgr. 300 und 400 der DIN 276 (Juni 1993 inkl. 16 % MwSt. ohne Baunebenkosten, Preisstand 2000).

Zur Berücksichtigung der Eigenschaften des Beispielprojektes sind gemäß NHK 2000 folgende Korrekturfaktoren anzusetzen:

* Grundrissart Einspänner   Korrekturfaktor 1,05
* Wohnungsgröße 98,2 m² BGF/WE   Korrekturfaktor 0,985

Dieses Ergebnis ist mit Hilfe der Preisindizes für Wohngebäude des Statistischen Bundesamtes von Mitte 2000 auf den aktuellen Index für Mehrfamiliengebäude im hochzurechnen. Es ergibt sich ein Korrekturfaktor für den Preisindex von 100,1 (1. Quartal 2005) zu 98,6 (Mitte 2000) = 1,015.

Aus *Abb. 2.37* ergeben sich mit diesen Korrekturen in Zeile 6 779 €/m² BGF für die Kgr. 300 + 400 zum Preisindexstand des ersten Quartals 2004 ohne Mehrwertsteuer. Dies bedeutet bei einer vorhandenen Brutto-Grundfläche von 135 m² je WE von 98,2 m² WF einen Kennwert von 779 x 135/98,2 = 1.071 €/m² WF ohne Mehrwertsteuer.

Abbildung 2.38 enthält den Kostenrahmen mit der DIN 276 (1993). Ein Einsatz für Unvorhersehbares wird nicht gebildet, da es sich um einen Wohnungsneubau

| | | | | | Firma: Mustermann | Neubau eines freistehenden Mehrfamilienhauses nach NHK 2000 Typ 3.23 Kostenkennwert Kgr. 300 + 400 der DIN 276 | Stand: 07.07.2005 Datum: 07.07.2005 |

	Bezeichnung	Mengen	Einheit	Faktor	Kostenkennwert der DIN 276 für Kgr. 300 und 400 (€/m² BGF inkl. 16 % Mw St.)
1	Normalherstellungskosten in €	1	m² BGF		860
	Ausstattungsstandard: gehoben, Neubau				
2	Korrekturfaktoren				
	Grundrißart: Einspänner			1,05	
	Wohnungsgröße = 98,2 m² BGF			0,985	
3	Herstellungskosten 2000 inkl. 16 % MwSt.	1	m² BGF		890
4	Herstellungskosten 2000 o. MwSt.	1	m² BGF		767
5	Preisindex I / 2005 zu Mitte 2000	1	m² BGF	100,1/98,6	
6	Herstellungskosten I / 2005 o. MwSt.	1	m² BGF		779
7	Herstellungskosten I / 2005 m. MwSt.	1	m² BGF	1,16	903

Abb. 2.37 Ermittlung des Kostenkennwertes 300 + 400

| | | | | | Firma: Mustermann | Neubau eines freistehenden Mehrfamilienhauses nach NHK 2000 Typ 3.23 Investitions- / Kostenrahmen | Stand: 07.07.2005 Datum: 07.07.2005 |

Kgr. Nr.	Bezeichnung	Mengen	Einheit	Kostenkennwert (€/Einheit) netto	Gesamtkosten (o. MwSt.)		
					Absolut (€) netto	Prozent (%) von Kgr. 300 + 400	Prozent (%) von Kgr. 100 - 700
100	Grundstück	950	m² Grdst.	350	332.500	79	35
200	Herrichten und Erschließen	1	psch	15.000	15.000	4	2
300 + 400	Bauwerk (Baukonstruktionen / Techn. Anlagen)	540	m² BGF	779	420.660	100	44
500	Außenanlagen	770	m² A.A.	35	26.950	6	3
600	Austattung	3	Küchen	10.000	30.000	7	3
700	Baunebenkosten	1	psch	30% Kgr. 300+400	126.198	30	13
Σ	**Summe Kgr. 100 - 700**				**951.308**	**226**	**100**
800	Ausgleichsposten zur Abrundung				-1.308		

Abb. 2.38 Investitionsrahmen ohne MwSt. für ein freistehendes Mehrfamilienhaus nach NHK 2000, Preisstand 1. Quartal 2005

ohne besondere Kostenrisiken handelt. Die in *Abb. 2.39* ausgewiesene Gesamtsumme von 950.000 € ohne Mehrwertsteuer wird als zwingend einzuhaltende
Budgetgrenze (Kostendeckel) vorgegeben.

Beispiel zum Nutzungskostenrahmen

Beispiel 1

Nachfolgende *Abb. 2.39* zeigt einen Vergleich zwischen Wirtschaftsplandaten und
Istabrechnung der Nutzungskostenpositionen für das Gemeinschaftseigentum einer Wohnungseigentümergemeinschaft nach DIN 18960 ohne Kgr. 100 Kapitalkosten. Dabei handelt es sich um eine innerstädtische Wohnanlage in einer westdeutschen Stadt mit ca. 300.000 Einwohnern mit mittlerem bis gehobenem
Standard und ca. 5.750 m² Mietfläche, verteilt auf 66 Wohneinheiten mit jeweils
einem Tiefgaragenstellplatz. Die €-Angaben sind Bruttowerte inklusive 16 %
MwSt.

Projekt mit 5755,62 m² BGF

Nutzungskosten in € brutto und € brutto/(m² NF x a)

Kostengruppe		Plan	€/(NF x a)	Ist	€/(NF x a)	Ist ./. Plan
200	**Verwaltungskosten**	**33.255,90**	**5,78**	**30.468,76**	**5,29**	**-8,38%**
210	**Personalkosten**	**33.051,38**	**5,74**	**30.310,26**	**5,27**	**-8,29%**
220	**Sachkosten**	**0,00**	**0,00**	**0,00**	**0,00**	**0,00%**
290	**Verwaltungskosten, sonstiges**	**204,52**	**0,04**	**158,50**	**0,03**	**-22,50%**
300	**Betriebskosten**	**91.502,10**	**15,90**	**78.397,04**	**13,62**	**-14,32%**
310	**Ver- und Entsorgung**	**70.375,63**	**12,23**	**64.662,74**	**11,23**	**-8,12%**
	311 Abwasser-, Wasser-, Gasanlagen	29.090,79	5,05	26.936,93	4,68	-7,40%
	312 Wärmeversorgungsanlagen	23.293,09	4,05	22.897,66	3,98	-1,70%
	313 Lufttechnische Anlagen	0,00	0,00	0,00	0,00	0,00%
	314 Starkstromanlagen	3.502,35	0,61	2.366,48	0,41	-32,43%
	315 Fernmelde- und informationstechn. Anlagen	3.565,21	0,62	3.559,21	0,62	-0,17%
	316 Förderanlagen	3.323,40	0,58	2.572,51	0,45	-22,59%
	317 Nutzungsspezifische Anlagen	0,00	0,00	0,00	0,00	0,00%
	318 Abfallbeseitigung	5.555,62	0,97	5.270,05	0,92	-5,14%
	319 Ver- und Entsorgung, sonstiges	2.045,17	0,36	1.059,90	0,18	-48,18%
320	**Reinigung und Pflege**	**7.832,88**	**1,36**	**5.535,59**	**0,96**	**-29,33%**
330	**Bedienung der Technischen Anlagen**	**0,00**	**0,00**	**0,00**	**0,00**	**0,00%**
340	**Inspektion und Wartung der Baukonstruktionen**	**0,00**	**0,00**	**0,00**	**0,00**	**0,00%**
350	**Inspektion und Wartung der Technischen Anlagen**	**511,29**	**0,09**	**255,46**	**0,04**	**-50,04%**
360	**Kontroll- und Sicherheitsdienste**	**0,00**	**0,00**	**0,00**	**0,00**	**0,00%**
370	**Abgaben und Beiträge**	**10.225,84**	**1,78**	**6.322,33**	**1,10**	**-38,17%**
	371 Steuern	0,00	0,00	0,00	0,00	0,00%
	372 Versicherungsbeiträge	10.225,84	1,78	6.322,33	1,10	-38,17%
	379 Abgaben und Beiträge, sonstiges	0,00	0,00	0,00	0,00	0,00%
390	**Betriebskosten, sonstiges**	**2.556,46**	**0,44**	**1.620,92**	**0,28**	**-36,60%**
400	**Instandsetzungskosten**	**5.112,92**	**0,89**	**9.740,63**	**1,69**	**90,51%**
410	**Instandsetzung der Baukonstruktionen**	**3.067,75**	**0,53**	**5.844,38**	**1,02**	**90,51%**
420	**Instandsetzung der Technischen Anlagen**	**2.045,17**	**0,36**	**3.896,25**	**0,68**	**90,51%**
430	**Instandsetzung der Außenanlagen**	**0,00**	**0,00**	**0,00**	**0,00**	**0,00%**
440	**Instandsetzung der Ausstattung**	**0,00**	**0,00**	**0,00**	**0,00**	**0,00%**
	Summe	**129.870,92**	**22,56**	**118.606,43**	**20,61**	**-8,67%**

Abb. 2.39 Vergleich der jährlichen Nutzungskosten für das Gemeinschaftseigentum nach
DIN 18960 gemäß Wirtschaftsplan und Istabrechnung für eine innerstädtische Wohnanlage

Nr.	Nutzungskostenart	Kostenkennwerte für selbst genutzte Bürogebäude 2003	
		klimatisiert	unklimatisiert
1	Zinsen	12,28	9,13
2	öffentl. Abgaben	0,51	0,5
3	Versicherung	0,12	0,1
4	Wartung, Instandsetzung, Hausmeister	1,52	1,12
5	Strom	0,69	0,53
6	Wärme, Kälte	0,43	0,34
7	Wasser, Kanal	0,15	0,11
8	Reinigung, Sonstiges	1,06	0,89
9	Bewachung	0,54	0,43
10	Verwaltung	0,45	0,41
	Zwischensumme	17,75	13,56
11	AfA	4,89	3,18
12	Bauunterhalt	0,49	0,41
	Summe in € netto/(m² orberird. NGF x Mt.)	23,13	17,15

Abb. 2.40 Monatliche Durchschnittwerte 2003 der Vollkosten selbst genutzter Bürogebäude (Quelle: Jones Lang LaSalle GmbH/CREIS 2004)

Beispiel 2

Aus dem OSCAR 2004 (Jones Lang LaSalle/CREIS 2004) werden in der Vollkostenanalyse des Kapitels 8, S. 16 ff., die Vollkosten selbst genutzter Bürogebäude auf Basis der DIN 18960 analysiert. Die Vollkosten enthalten über die Betriebskosten hinaus auch die beim Eigentümer verbleibenden Bewirtschaftungskosten (z. B. Bauinstandhaltung und Verwaltung) sowie die nutzerspezifischen Betriebskosten (Reinigungskosten des Mietbereiches). In den Vollkosten sind sowohl Fremdkosten (z. B. aus Dienstleistungsverträgen) als auch die Kosten der eigenen Organisation enthalten, die den einzelnen Leistungen zuzuordnen sind. Die weiterhin enthaltenen Zinsen und die Absetzung für Abnutzung (AfA) sind aus der Miete zu decken.

2.4.1.6 1C2 Ermitteln und Beantragen von Investitions- und Fördermitteln

Gegenstand und Zielsetzung

Durch das rechtzeitige Ermitteln und Beantragen von Investitionsmitteln soll die betrags- und zeitgerechte Finanzierung des Projektes gewährleistet werden. Besteht Aussicht auf öffentliche Förderung, so ist in Abstimmung mit den verhandelnden Stellen die Förderungsfähigkeit zu untersuchen. Ggf. sind die Projektziele inkl. der Nutzungskonzeption unter Einbindung des Auftraggebers und der fachlich Beteiligten so zu modifizieren, dass die gewünschte öffentliche Förderung erreicht wird.

Zur Aufgabe des Projektsteuerers kann als Besondere Leistung die Vorbereitung der erforderlichen Vertragsunterlagen für Fördermittel- und Fremdkapitalfinanzierung unter Einbeziehung fachkundiger Juristen gehören, wobei die dazu notwendigen Projektdaten dem Nutzerbedarfsprogramm zu entnehmen sind.

Risiken für den Projektsteuerer ergeben sich dann, wenn Fristen zur Beantragung bestehender Förderungsmöglichkeiten nicht eingehalten werden. Daraus können erhebliche vermögensrechtliche Haftungsansprüche des Auftraggebers gegenüber dem Projektsteuerer erwachsen.

Methodisches Vorgehen

Zunächst ist mit dem Auftraggeber die gewünschte Finanzierung (Eigenkapital, Fremdkapital mit oder ohne öffentliche Förderung, Mischfinanzierung) zu klären. Anschließend ist ggf. in Rücksprache mit den Projektbeteiligten das Projekt auf Förderungsfähigkeit hin zu untersuchen. Ggf. sind das Projektziel oder die Nutzung des Projektes unter Einbindung des Auftraggebers und der fachlich Beteiligten zu erweitern bzw. zu ändern, um die gewünschte Finanzierung zu ermöglichen.

Die gesetzlichen Grundlagen für die Fremdfinanzierung bzw. Förderungsfähigkeit sind in Rücksprache mit den zuständigen Behörden gründlich zu prüfen. Hierbei sind insbesondere die regional und projektspezifisch sehr unterschiedlichen Verordnungen zu beachten. Die zur vollen Finanzierung fehlenden Fremdmittel sind über Darlehen der Geschäftsbanken zu besorgen. Sofern diese Aufgabe der Projektsteuerer übernehmen soll, ist hierfür eine Vollmacht des AG für die entsprechenden Verhandlungen erforderlich. Die Sicherheit für Bankdarlehen ist aus dem Projekt zu leisten.

Damit die Fremdfinanzierung beantragt werden kann, ist das rechtzeitige Zusammenstellen der notwendigen Antragsunterlagen zu veranlassen, zu koordinieren und zu überprüfen. Neben der Vollständigkeit ist hierbei insbesondere auf vorgegebene Fristen zu achten.

Die notwendigen Gespräche des Auftraggebers und der Planungsbüros mit den potenziellen Finanziers bzw. Investoren sind unter Teilnahme des Projektsteuerers durchzuführen.

2.4.1.7 1D1 Entwickeln, Vorschlagen und Festlegen des Terminrahmens

Gegenstand und Zielsetzung

Durch den Terminrahmen werden – ausgehend vom gegenwärtigen Zeitpunkt – die Meilensteine Planungsauftrag, Baueingabe, Baugenehmigung, Baubeginn, Fertigstellung des Rohbaus, wetterfeste Gebäudehülle und damit die Möglichkeit zur

Aufnahme der Bauheizung, Baufertigstellung, Abnahme-/Übergabephase und Einzugsbeginn fixiert.

Methodisches Vorgehen

Zur Erstellung des Terminrahmens sind zunächst die zu beachtenden Randbedingungen im Hinblick auf Beginn-, Zwischen- und Endtermine, zu beachtende Betriebszustände und Umgebungsbedingungen zu ermitteln, mit den Projektbeteiligten abzustimmen und festzulegen. Die Dauern zwischen den fixierten Meilensteinen ist durch Aufwandswerte (erforderliche Planer- oder Bauarbeiterstunden/ Produktionseinheit) oder Leistungswerte (Produktionseinheiten/Zeiteinheit) zu überprüfen.

Ergebnis ist ein übersichtlich und meistens farbig gestalteter Balkenplan, der auf einen Blick die Meilensteine und die Vorgänge zwischen den Meilensteinen erkennen lässt. Dieser Terminrahmenplan wird durch einen Erläuterungsbericht zu den Randbedingungen, den getroffenen Annahmen und den gewählten Kennwerten sowie eine Risikoanalyse zu den ausgewiesenen Abwicklungszeiträumen ergänzt.

Beispiel

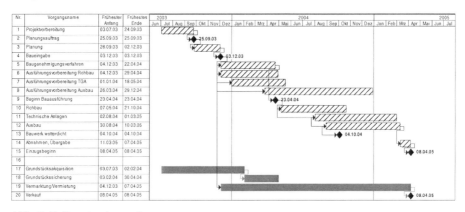

Abb. 2.41 Terminrahmenplan

Absender: **Projektsteuerer**   **14.06.2003**

Adressat: **AG**

Neubau des Geschäftszentrums in Musterstadt
Terminrahmen vom 14.06.2003

Sehr geehrter AG,

die Randbedingungen und Annahmen, auf welchen dieser Terminrahmen beruht, wurden mit Ihnen in diversen Besprechungen abgestimmt und festgelegt. Als Anlage erhalten Sie denmit Ihnen am [Datum] abgestimmten Terminrahmen im DIN A3-Format 5fach. Im Folgenden fassen wir zusammen:

1. Der Fertigstellungstermin 08.04.2005 wurde von Ihnen in der Besprechung vom [Datum] als zwingend einzuhaltender Meilenstein festgesetzt.

2. Projektbeginn und somit Anfangstermin für die Projektvorbereitung wird der 03.07.2003 sein.

3. Da Sie als gewerblicher Auftraggebernicht an die Vorschriften des öffentlichen Vergaberechts gebunden sind, ist ein Zeitraum von ca. 10 Wochen für die Projektvorbereitung mit Auswahl der fachlich beteiligten Planer und Gutachter sowie deren Beauftragun ausreichend, sofern Sie auf die Durchführung eines Architektenwettbewerbs verzichten und den von Ihnen favorisierten Architekten X nach einem Verhandlungsverfahren beauftragen werden.

4. Voraussetzung ist ferner, dass das von uns innerhalb von 6 Wochen zu erstellende Nutzerbedarfsprogramm innerhalb von weiteren 2 Wochen mit Ihnen und den Nutzern abgestimmt und verabschiedet werden kann.

5. Da Sie sich für Einzelvergaben an Fachunternehmer entschieden haben, kann die Ausführungsplanung Ausbau noch mit der Ausführung Rohbau und TGA überlappt werden.

6. Durch Vergabe der Rohbau- und TGA-Arbeiten vor Beginn der Bauausführung ist eine hohe Kostensicherheit gegeben, da damit bereits ca. 65 % der Gesamtkosten der Bauausführung vertraglich abgesichert sind.

7. Den Zeitraum vom Planungsauftrag am 25.09.2003 bis zum Baubeginn am 02.05.2004 (7,5 Monate) halten wir bei einem Investitionsvolumen von 12.000 m^3 BRI = 4,2 Mio. € netto für ausreichend, sofern das Baugenehmigungsverfahren innerhalb von 4 Monaten abgeschlossen wird.

8. Der Ausführungszeitraum von jeweils ca. 6 Monaten für Rohbau, TGA und Ausbau und damit eine Bauleistung von jeweils 2.000 m^3 BRI/Mt ist ebenfalls angemessen. Voraussetzung hierfür ist die Vorhaltung entsprechender Kapazitäten seitens der ausführenden Firmen.

9. Bei einer Gesamtbauzeit vom 02.05.2004 bis zum 15.03.2005 = 10,5 Monate ergibt sich ein durchschnittlicher Kostenfortschritt von 4,2 Mio. €/10,5 Mt. = 0,4 Mio. €/Mt. bzw. in der Spitze von ca. 0,6 Mio. €/Mt.

10. Bei einem Lohnanteil von 45 % und Lohnkosten von 6.500 €/(Arb. x Mt.) bedeutet dies den Einsatz von 42 Arbeitern in den Überlappungsphasen Rohbau/TGA bzw. TGA/Ausbau.

11. Risiken für die Einhaltung des Terminrahmens sehen wir derzeit insbesondere in folgenden Punkten:

   - Beginn der Projektvorbereitung am 03.07.2003 wegen ausstehender Entscheidung Ihres Aufsichtsrates

   - Abhängigkeit des Baubeginns von einer min. 50%igen Vermietungsgarantie gemäß Beschluss des Aufsichtsrates vom 07.06.2003.

12. Gute Realisierungschancen sind dagegen aus folgenden Gründen gegeben:

  - Votum des Gemeinderates vom 14.04.2003 für zügige Modernisierung der Ortsmitte

  - Niedriges Zinsniveau für besicherte Immobilieninvestitionen

  - Niedriges Baupreisniveau wegen der anhaltenden strukturellen Krise im Baugewerbe

Mit freundlichen Grüßen

– Projektsteuerer –

Anlage: Terminrahmen als Meilenstein vom [Datum]

Abb. 2.42 Anschreiben zum Terminrahmenplan

2.4.1.8 1D2 Aufstellen/Abstimmen der Generalablaufplanung und Ableiten des Kapazitätsrahmens

Gegenstand und Zielsetzung

Der Generalablaufplan dient der Gewinnung eines Terminüberblicks über sämtliche Projektstufen der Projektvorbereitung, der Planung, der Ausführungsvorbereitung, der Ausführung und des Projektabschlusses.

Ziel des Generalablaufplans ist es daher, aus dem Terminrahmen in übersichtlicher Form den zeitlichen Ablauf so zu entwickeln, zu bewerten, festzulegen und darzustellen, dass darauf aufbauend die Entscheidungen über den weiteren Projektfortschritt getroffen werden können. Er ist Grundlage zur Entwicklung der weiteren Grob- und Steuerungsablaufpläne und muss bereits den „kritischen Weg" (nach DIN 69900) zur Erreichung des Terminzieles für das Projektende ausweisen.

Methodisches Vorgehen

Zur Bearbeitung des Generalablaufplans sind im Rahmen der Arbeitsvorbereitung die erforderlichen *Unterlagen* zu beschaffen. Dazu gehören das vollständige Nutzerbedarfsprogramm, der Rahmen für Investitionen und Baunutzungskosten inklusive Erläuterungsbericht, der Termin- und Kapazitätsrahmen sowie weitere Randbedingungen, die sich aus dem Grundstück, dem zu erwartenden Genehmigungsverfahren, den internen Genehmigungsprozeduren beim Auftraggeber, der Art der Projektabwicklung durch Einzelplaner oder einen Generalplaner, Einzelvergaben oder GU-Vergabe ergeben. Ferner gehören dazu Zeitkennwerte für die Vorbereitungs-, Planungs- und Ausführungszeiten in Abhängigkeit von der Projektgröße und -art, die nach Möglichkeit aus vom Projektsteuerer selbst abgewickelten Projekten abzuleiten sind.

Nach Anpassung der ausgewählten projektspezifischen Zeitkennwerte an die projektspezifischen Termineinflüsse ist die *Vorgangsliste* anhand des Projektstrukturkatalogs und der durch das Organisationshandbuch festgelegten Aufbau- und Ablauforganisation zu entwickeln. Es sind die Abhängigkeiten zwischen den einzelnen Vorgängen durch eine *Ablaufstruktur (Netzplan)* sowie die Vorgangsdauern durch Einpassung innerhalb der durch den Terminrahmen gesetzten Grenzen einerseits und Dauerermittlungen unter Verwendung von Produktionsfunktionen andererseits zu ermitteln und notwendige Überlappungszeiten zwischen einzelnen Vorgängen kritisch zu prüfen.

Je nach Komplexität und Umfang des Projektes sollte der Generalablaufplan nach Bauwerken innerhalb eines Gesamtprojektes differenziert werden und je Bauwerk *ca. 30 bis 40 Vorgänge* umfassen. Hierbei sind die einzelnen Vorgänge des Terminrahmens weiter nach Planungs-, Genehmigungs- und Vergabeschritten, die Bauausführung nach Bauteilen oder Losen sowie in die Inbetriebnahme-/Übergabephase aufzugliedern und wesentliche Ecktermine als Meilensteine auszuweisen.

Der Generalablaufplan ist als Balkenplan unter Kennzeichnung der wichtigsten Abhängigkeiten darzustellen und in grafisch ansprechender Form allen Projektbeteiligten und insbesondere den Entscheidungsgremien zur Ermöglichung eines raschen Überblicks über den Ablauf des Gesamtprojektes zur Verfügung zu stellen.

Zur Ermittlung der voraussichtlich erforderlichen Kapazitäten/Ressourcen in der Planung und Ausführung sind Überschlagsrechnungen für den erforderlichen Personaleinsatz, ggf. auch für den Geräteeinsatz in der Ausführung anzustellen.

Der Personaleinsatz in der Planung kann über die voraussichtlichen Honorarsummen und den Ansatz von Mannmonats- und -tagesverrechnungssätzen ermittelt werden.

Der Personalaufwand in der Bauausführung kann überschlägig durch Abschätzung des Lohnanteils der Bauleistungen für die Arbeit an der Baustelle und den Ansatz von Manntagesverrechnungssätzen für gewerbliches Personal ermittelt werden. Plausibilitätskontrollen sind möglich über Lohnaufwandswerte pro m^3 BRI oder m^2 BGF.

Der Geräteeinsatz wird über das Leistungsvermögen abgeschätzt, bei einem Hochbaukran z. B. über die Anzahl der durch einen Kran zu bedienenden Bauarbeiter und die durch den Kranausleger überstrichene Grundfläche.

Die grafische Darstellung ist zu ergänzen durch einen *Erläuterungsbericht* unter Aufnahme der getroffenen Annahmen, der Bezugsdaten und der ggf. als Anlage beigefügten Ermittlungen (Flächen- und Kubaturberechnungen, Kennwertableitungen etc.), der wesentlichen Ergebnisse sowie einer Risiko-/Sensitivitätsanalyse über die Einhaltung der im Generalablaufplan ausgewiesenen Terminziele.

Beispiel

Nachfolgend ist in *Abb. 2.43* ein Generalablaufplan dargestellt.

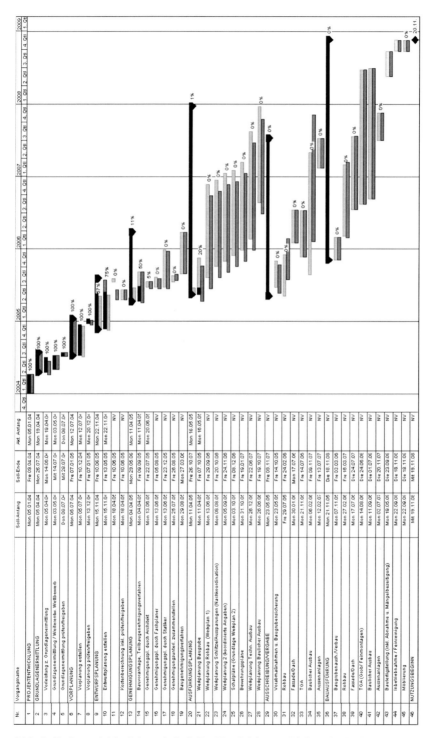

Abb. 2.43 Generalablaufplan mit Soll-/Ist-Vergleich zum Stichtag 01.07.2005

Absender: **Projektsteuerer**   **Datum**

Adressat: **AG**

Neubau des Geschäftszentrums in Musterstadt
Erläuterungsbericht zum Generalablaufplan Nr. 3 vom 01.07.2005

1. Gegenstand und Zielsetzung

Der Erläuterungsbericht zum Generalablaufplan dient zur Beschreibung der Randbedingungen und getroffenen Annahmen für die Gesamtprojektdauer, die Struktur der Planungs-, Ausführungsvorbereitungs- und Ausführungsvorgänge und der gewählten Abhängigkeiten.

Er liefert ferner die Begründung für einzuhaltende Zwischentermine, mögliche Vorgangsdauern sowie einzuhaltende zwingend notwendige sowie aus betrieblichen Gründen wünschenswerte Abhängigkeiten (Anordnungsbeziehungen nach DIN 69900).

2. Grundlagen

Grundlagen des Generalablaufplans Nr. 03 vom [Datum] und des vorliegenden Berichtes sind:

1) Start-up-Besprechung vom [Datum]
2) Nutzerbesprechungen Nr. 1 bis 3
3) Projektbesprechungen Nr. 1 bis 5
4) Planungsbesprechungen Nr. 1 bis 6
5) Organisationshandbuch vom [Datum]
6) Auftrag des Auftraggebers an seine Projektleitung vom [Datum], die Planungsleistungen für die Genehmigungsplanung (Leistungsphase 4 nach HOAI) von den beteiligten Architekten und Fachplanern abzurufen.

3. Erläuterungen

3.1 Allgemein

Der Generalablaufplan Nr. 03, Vorabzug zur Abstimmung vom [Datum], ist als vernetzter Balkenplan mit der Projektmanagementsoftware MS Project erstellt worden. Die Meilensteine, Sammelvorgänge und Einzelvorgänge sind durch Anordnungsbeziehungen (Ende-Anfang, Anfang-Anfang, Ende-Ende und Annäherung (Anfang-Anfang und Ende-Ende)) miteinander verknüpft worden. Der Tabellenteil enthält Vorgangsnummer, Vorgangsbezeichnung, Dauer, frühesten Anfang und frühestes Ende (Vorwärtsrechnung) sowie den Fertigstellungsgrad am Ende des Terminbalkens. Auf Wunsch können auch der späteste Anfang und das späteste Ende ausgedruckt werden (Rückwärtsrechnung). Das Kalendarium enthält in der oberen Zeile Kalenderjahre und darunter Quartale. Die Sammelvorgänge enthalten auf den darunter liegenden Ebenen der von der Projektsteuerung noch aufzustellenden Grob- und Steuerungsablaufpläne weitere Vorgangsaufgliederungen zur genauen Terminierung der einzelnen Aktivitäten.

3.2 Vorgänge und Anordnungsbeziehungen im Einzelnen

Vorgang 10 – Entwurfsplanung erstellen

Die Entwurfsplanung sollte gemäß Generalablaufplan Nr. 01 bis zum 15.05.2005 abgeschlossen werden. Der Fertigstellungsgrad beträgt jedoch am 01.07.2005 erst 75 %. Der Zeitverzug ist durch äußerst diszipliniertes Arbeiten der Planer noch aufholbar, wobei Änderungswünsche des Nutzers nicht akzeptiert werden können und die Freigabeprozeduren des Auftraggebers von 8 Wochen auf 3 Wochen verkürzt werden müssen.

Vorgang 20 – Ausführungsplanung

Für die geplante Pauschalfestpreis-Vergabe Rohbau ist sicherzustellen, dass die Ausführungsplanung Rohbau gedrittelt wird:

Teil 1: Konstruktive Details, Leitdetails und Schnitte rechtzeitig zum Versand der Rohbau-Ausschreibungsunterlagen
Teil 2: Pläne M 1:50 mit Leitdetails, der Schlitz- und Durchbruchsplanung und Statik zur Mengenprüfung durch den GU vor Abschluss des Pauschalfestpreisvertrages
Teil 3: Schal- und Bewehrungspläne sowie ergänzende Unterlagen zur Ausführungsplanung rechtzeitig zu den im Pauschalfestpreisvertrag zu vereinbarenden Planliefterterminen

Vorgang 30 – Ausschreibung/Vergabe: Vorabmaßnahmen und Baugrubensicherung

Der Sollbeginn für diesen Vorgang am 27. Mai 2005 wurde nicht eingehalten. Die LV-Erstellung ist damit um ca. 5 Wochen verzögert. Der Planer X hat jedoch versichert, dass durch eine beschleunigte Bearbeitung der vorgesehene Beginn der Verbauarbeiten am 25.11.2005 nicht gefährdet werden wird. Dies ist in Anbetracht der Tatsache, dass der Auftraggeber als nicht öffentlicher Bauherr die Regeln und Fristen des öffentlichen Vergaberechts nicht einhalten muss, auch realistisch.

Vorgänge 37 und 38 – Bauausführung Baugrubenaushub/Verbau und Rohbau

Der vorgesehene Beginn der Rohbauarbeiten am 01.04.2006 erfordert ggf. eine abschnittsweise Erstellung der Schlitzwand, des Aushubs und der Verankerung sowie nachfolgend der Sohlplatte, damit keine Verzögerungen in den weiteren Rohbauarbeiten eintreten.

4. Plausibilitätskontrollen

In *Abb. 2.45* werden anhand von Überschlagsrechnungen Kapazitätsermittlungen für die Ausführung von Rohbau, Technik und Ausbau angestellt. Es zeigt sich, dass in der Spitze ca. 300 Arbeiter benötigt werden.

Der erforderliche Bauraum von 300 A x 20 m²/A = 6.000 m² ist bei einer Brutto-Grundfläche (BGF) von 2.400 m² pro Obergeschoss bereits mit 2,5 Obergeschossen gegeben.

Aus der Grundrissgeometrie und der Anzahl von ca. 110 Rohbauarbeitern ergibt sich ein erforderlicher Kraneinsatz von 110 A / (20 A/Kr) = ~ 6 Kränen. Diese Anzahl ist ausreichend, da das Betonieren mit Betonpumpen und nicht mit Kranübeln vorgesehen ist. Bei einer Brutto-Grundfläche von ca. 2.400 m² in den Obergeschossen ergibt sich für die Rohbauarbeiten ein verfügbarer ausreichender Arbeitsraum von ca. 22 m² BGF/Arbeiter.

In der TGA- und Ausbauphase sind im Mittel ca. 190 Personen tätig. Bei einer Netto-Grundfläche (NGF) von ca. 18.500 m² ergibt sich rechnerisch ein Arbeitsraum von ca. 96 m² NGF/Arbeiter.

Diese Werte erlauben einen den praktischen Erfordernissen angepassten Kolonneneinsatz. Schwierigkeiten werden sich jedoch bei der Ver- und Entsorgung der Baustelle aufgrund der angespannten innerstädtischen Verkehrsverhältnisse und der Beschränkung auf eine Ein- und Ausfahrt sowie der innerbetrieblichen Transporte in den Gebäuden ergeben. Diese Aspekte müssen frühzeitig näher untersucht werden.

5. Sensitivitäts-/Risikoanalyse

Wie bereits im Bericht zum Generalablaufplan Nr. 01 vom 01.07.2004 vermerkt, beinhaltet auch der Generalablaufplan Nr. 03 vom 01.07.2005 keine Pufferzeiten. Dadurch wurden und werden insbesondere jene Vorgänge zeitkritisch, die nicht durch die Projektsteuerung direkt beeinflusst werden können. Dies gilt insbesondere für das Baugenehmigungsverfahren, das im Zeitraum vom 02.09.2005 bis zum 31. März 2006 innerhalb von 7 Monaten abgewickelt werden soll. Dies ist nach den Erfahrungen mit dem Bauordnungsamt Y für ein Bauvorhaben dieser Größenordnung und dieses Schwierigkeitsgrades eine große Herausforderung, die nur bei intensiven Vorabstimmungen zwischen Bauherr und der zuständigen Abteilung im Bauordnungsamt bewältigt werden wird. In Anbetracht der laufenden Bauvoranfrage und des Teilbaugenehmigungsverfahrens, deren Ergebnisse bis zum 20.09.2005 erwartet werden, erscheint das Risiko jedoch beherrschbar.

In der Vorschau ist unter Einbeziehung der zum Stichtag 01.07.2005 bekannten Informationen der Nutzungsbeginn zum 23. November 2008 nicht gefährdet.

6. Zusammenfassende Bewertung

Die Zielsetzung, das Bauwerk inklusive Abnahmen und Mängelbeseitigung bis zum 28. September 2008 fertig zu stellen, kann unter den vorgenannten Randbedingungen dann eingehalten werden, wenn sämtliche Genehmigungs- und Finanzierungsfragen termingerecht geklärt werden und keine Unterbrechungen durch Nutzungsänderungen oder Kapazitätsengpässe in den Planungsphasen eintreten. Um ein Projekt dieser Größenordnung und Schwierigkeit innerhalb der vorgesehenen Planungs- und Ausführungszeit zu realisieren, ist künftig eine verbindliche Abstimmung in den zweiwöchentlichen Projektbesprechungen mit klaren Entscheidungen der Projektleitung des Auftraggebers erforderlich.

aufgestellt: abgestimmt:

– Dipl.-Ing. –   – Dr.-Ing. –

Abb. 2.44 Erläuterungsbericht zum Generalablaufplan Nr. 3 zum Stichtag 01.07.2005

Gesamtkosten netto (€)	Gewerke	Kostenanteil (%)	Kosten netto (€)	Lohnanteil auf der Baustelle (%)	Lohnkosten (€)	Kosten/ Mannmonat (€)	Mannmonate	Ausführungsdauer (Monate)	Personalanzahl	Personalanzahl in der kritischen Zeit (Personen)
94.714.000,00	Rohbau	30,00%	28.414.200,00	30,00%	8.524.260,00	6.390,00	1.334	12,5	107	107
	Technik	26,00%	24.625.640,00	45,00%	11.081.538,00	7.160,00	1.548	22	71	71
	Ausbau	44,00%	41.674.160,00	40,00%	16.669.664,00	6.390,00	2.609	21,5	122	122

Firma Projektsteuerung — Neubau des Geschäftszentrums in Musterstadt — [Stand] [Datum]

Abb. 2.45 Kapazitätsermittlung für die Ausführung von Rohbau, Technik und Ausbau

2.4.1.9 1D3 Mitwirken beim Formulieren logistischer Einflussgrößen unter Berücksichtigung relevanter Standort- und Rahmenbedingungen

Gegenstand und Zielsetzung

Gegenstand der Logistik sind mögliche Lagerflächen für Baustelleneinrichtungen, Transportwege zur und von der Baustelle sowie Baustraßen und verfahrbare oder feste Standorte für Kräne, Betonpumpen und Aufzüge in den verschiedenen Baustadien.

Zielsetzung der Logistik ist es, in allen Bauphasen für einen reibungs- und gefahrlosen Material-, Transport- und Verkehrsfluss zu sorgen.

Methodisches Vorgehen

In Abhängigkeit von den spezifischen Standort- und Rahmenbedingungen sind die Logistikziele zu entwickeln und mit den Projektbeteiligten und den Genehmigungsbehörden abzustimmen. Danach ist das Logistikkonzept zu entwickeln, das in den jeweiligen Bauphasen die Material-, Transport- und Verkehrsflüsse aufzeigt.

2.4.1.10 1A2 Auswahl der zu Beteiligenden und Führen von Verhandlungen

Gegenstand und Zielsetzung

Die Auswahl der zu Beteiligenden erstreckt sich in der Phase der Projektvorbereitung vorrangig auf die künftigen Planer, Berater und Gutachter. Zielsetzung ist, den für die jeweilige Planungs- bzw. Beratungsaufgabe bestgeeigneten Kandidaten für die Projektaufgabe zu gewinnen (vgl. auch *Ziff. 2.8*).

Methodisches Vorgehen

Die Vorgehensweise bei der Einschaltung von Planern, Beratern und Gutachtern ist maßgeblich davon abhängig, ob es sich um einen gewerblichen bzw. privaten oder öffentlichen Auftraggeber handelt. Der gewerbliche bzw. private Auftraggeber kann ohne besondere Formvorschriften den Kandidaten seiner Wahl zu Verhandlungen einladen und mit ihm auf der Basis der gesetzlichen Vorschriften, insbesondere des BGB und der HOAI, einen Vertrag schließen.

Für den öffentlichen Auftraggeber gelten jedoch die Formvorschriften der Verdingungsordnung für freiberufliche Leistungen (VOF) und im Fall der Ausschreibung von Planungswettbewerben die Grundsätze und Richtlinien für Wettbewerbe auf den Gebieten der Raumplanung, des Städtebaus und des Bauwesens (GRW 1995) oder aber dazu von den Ländern entwickelte vereinfachte Verfahren, z. B. die Richtlinien für die Durchführung von Architektenwettbewerben der Länder Nordrhein-Westfalen und Niedersachsen (RAW 2004).

Öffentliche Auftraggeber sind nach § 98 GWB vor allem die Gebietskörperschaften (Bund, Länder, Kommunen) sowie deren Sondervermögen, andere juristische Personen des öffentlichen und des privaten Rechts, die zu dem besonderen Zweck gegründet wurden, im Allgemeininteresse liegende Aufgaben nicht gewerblicher Art zu erfüllen, die überwiegend öffentlich finanziert, geleitet oder beaufsichtigt werden, sowie natürliche oder juristische Personen des privaten Rechts, die zu mehr als 50 % öffentlich finanzierte Bauvorhaben (Krankenhäuser-, Sport-, Erholungs- oder Freizeiteinrichtungen, Schul-, Hochschul- oder Verwaltungsgebäude) oder Anlagen der Trinkwasser- oder Energieversorgung oder des Verkehrs oder der Telekommunikation errichten lassen.

Für öffentliche Auftraggeber ist nun weiter zu unterscheiden, ob eine Leistung nach europaweitem oder nationalem Vergaberecht vergeben werden darf. Maßgeblich sind hierfür die Schwellenwerte der Verdingungsordnung für freiberufliche Leistungen (VOF). Diese betragen für Dienstleistungen gemäß § 2 (2) VOF in Verbindung mit § 2 Nr. 3 Vergabeverordnung (VgV) 200.000 € ohne Umsatzsteuer. Dabei darf gemäß § 3 (2) VOF die Berechnung des Auftragswertes oder eine Teilung des Auftrags nicht in der Absicht erfolgen, ihn der Anwendung der VOF zu entziehen.

Für die Vergabe von Architekten- und Ingenieurleistungen unterhalb der Schwellenwerte gelten die Haushaltsordnungen des Bundes, der Länder und der Kommunen. Dabei wird i. d. R. wie folgt verfahren (Diederichs, 1999, S. 431 ff.):

- Für die Planung größerer Hochbauten, jedoch mit einem Honorarvolumen unterhalb der Schwellenwerte, ist der Realisierungswettbewerb nach GRW 1995 oder z. B. nach RAW 2004 ein geeignetes Verfahren zur Erlangung optimaler architektonischer und funktionaler Lösungen.

- Für die Planung von kleineren Hochbauten sowie von Ingenieurbauwerken und Verkehrsanlagen ist die Direktvergabe unter Beachtung der Kriterien Fachkunde, Erfahrung, Leistungsfähigkeit und Zuverlässigkeit sowie des Gebots der Auftragsstreuung die Regel.

- Honoraranfragen bzw. -gespräche vor der Beauftragung sind nach wie vor ausgeschlossen, da die Honorarordnung für Architekten und Ingenieure (HO-AI) als geltendes Preisrecht dem entgegensteht. Es gilt daher der Leistungsanstelle des Preiswettbewerbs.

Oberhalb des Schwellenwertes findet gemäß §§ 1 und 2 die VOF Anwendung auf die Vergabe von Leistungen, die im Rahmen einer freiberuflichen Tätigkeit erbracht oder im Wettbewerb mit freiberuflich Tätigen angeboten werden. Eindeutig und erschöpfend beschreibbare freiberufliche Leistungen sind jedoch nach der Verdingungsordnung für Leistungen (VOL/A) zu vergeben.

Gemäß §§ 4 und 13 (1) VOF sind Aufträge unter ausschließlicher Verantwortung des Auftraggebers im leistungsbezogenen Wettbewerb an fachkundige, erfahrene, leistungsfähige und zuverlässige Bewerber unter Beachtung des Gleichheitsgrundsatzes sowie unter Vermeidung unlauterer und wettbewerbsbeschränkender Verhaltensweisen zu vergeben.

Freiberufliche Leistungen sollen unabhängig von Ausführungs- und Lieferinteressen erbracht und kleinere Büroorganisationen und Berufsanfänger angemessen beteiligt werden.

Als Vergabeverfahren ist gemäß § 5 Abs. 1 das Verhandlungsverfahren mit vorheriger Vergabebekanntmachung vorgeschrieben.

Gemäß Abs. 2 können in sechs näher definierten Fällen Aufträge im Verhandlungsverfahren ohne vorherige Vergabebekanntmachung vergeben werden, z. B. wenn der Gegenstand des Auftrages eine besondere Geheimhaltung erfordert.

Der Auftraggeber kann gemäß § 6 in jedem Stadium des Vergabeverfahrens Sachverständige einschalten. Diese dürfen weder unmittelbar noch mittelbar an der betreffenden Vergabe beteiligt sein und auch nicht beteiligt werden.

Teilnehmer am Vergabeverfahren können einzelne oder mehrere natürliche oder juristische Personen sein, die freiberufliche Leistungen anbieten und sich verpflichten, auftragsbezogene Auskünfte zu geben. Gemäß § 8 Abs. 1 hat der Auftraggeber die nicht eindeutig und erschöpfend beschreibbaren freiberuflichen Leistungen dennoch so zu beschreiben, dass alle Bewerber die Beschreibung im gleichen Sinne verstehen können.

Die Forderung gemäß § 8 Abs. 2, bei der Beschreibung der Aufgabenstellung die Technischen Anforderungen unter Bezugnahme auf europäische Spezifikationen festzulegen, hat im Rahmen eines Vergabeverfahrens zur Erbringung von Architekten- oder Ingenieurleistungen noch keine besondere Bedeutung. In den Mitgliedsländern der EU existieren zahlreiche Regelwerke mit Leistungsbeschreibungen ähnlich den Leistungsbildern der HOAI, die sich jedoch in der Anzahl der Leistungsbilder und der Detaillierung der einzelnen Teilleistungen stark unterscheiden (AHO, 2004d). Ansätze zu einer Vereinheitlichung der Leistungsbilder für Architekten- und Ingenieurleistungen auf Europaebene sind bisher nicht zu erkennen. Die Bedeutung des Anhangs TS der VOF ist damit vorrangig in der Leistungsphase 6 der HOAI (Vorbereiten der Vergabe) im Rahmen der Erstellung von Leistungsbeschreibungen analog § 9 VOB/A zu sehen.

Nach § 8 Abs. 3 sind alle die Erfüllung der Aufgabenstellung beeinflussenden Umstände anzugeben, insbesondere solche, die dem Auftragnehmer ein ungewöhnliches Wagnis aufbürden oder auf die er keinen Einfluss hat und deren Einwirkung auf die Honorare oder Preise und Fristen er nicht im Voraus abschätzen kann.

Der erste Halbsatz hat große Ähnlichkeit mit der Forderung in § 9 Nr. 3 Abs. 1 VOB/A: „Um eine einwandfreie Preisermittlung zu ermöglichen, sind alle sie beeinflussenden Umstände festzustellen und in den Verdingungsunterlagen anzugeben." Der Hinweis auf die Ermöglichung einer einwandfreien Honorarermittlung fehlt in der VOF, ist jedoch gedanklich analog hinzuzufügen.

Welches sind nun „alle die Erfüllung der Aufgabenstellung beeinflussenden Umstände"?

Auskunft hierüber geben für Architekten- und Ingenieurleistungen bei sorgfältiger Projektentwicklung durch den Auftraggeber das Organisationshandbuch und das Nutzerbedarfsprogramm (*Ziff. 2.4.1.1* und *2.4.1.2*).

Da gemäß § 9 Abs. 4 VOF die Bekanntmachungen nach den Mustern des Anhangs II eine Seite des Amtsblattes der Europäischen Gemeinschaften, d. h. ca. 650 Worte, nicht überschreiten dürfen, wird deutlich, dass die vollständige Aufgabenbeschreibung nicht in die Bekanntmachung aufgenommen werden kann, sondern erst in die Aufgabenstellung für die in das Verhandlungsverfahren einbezogenen Bewerber.

Im zweiten Halbsatz des § 8 Abs. 3 Satz 1 VOF wird gefordert, die Umstände anzugeben, die dem Auftragnehmer ein ungewöhnliches Wagnis aufbürden. Danach geht die VOF davon aus, dass es durchaus zulässig ist, dem Auftragnehmer ein ungewöhnliches Wagnis aufzubürden. Dies ist nach § 9 Nr. 2 VOB/A nicht zulässig („darf kein ungewöhnliches Wagnis aufgebürdet werden") und soll durch eine eindeutige und erschöpfende Leistungsbeschreibung vermieden werden.

Als ungewöhnliche Wagnisse sind solche Vertragsbedingungen zu bezeichnen, die nach den Regelungen zu den Allgemeinen Geschäftsbedingungen gemäß §§ 305 ff. BGB bei Erfüllung bestimmter Voraussetzungen zur Unwirksamkeit führen würden. Häufig sind diese Voraussetzungen jedoch im Einzelfall nicht erfüllt, da der Auftraggeber die fragliche Klausel z. B. nicht in einer Vielzahl von Verträgen verwendet (§ 305 (1) BGB), so dass es sich um eine Individualvereinbarung handelt (§ 305b BGB).

Umstände, auf die der Auftragnehmer keinen Einfluss hat und deren Einwirkung auf die Honorare oder Preise und Fristen er nicht im Voraus abschätzen kann, sind vom Auftraggeber nach § 8 Abs. 3 VOF lediglich anzugeben. Das daraus resultierende Wagnis wird dem Auftragnehmer zugemutet. Nach § 9 Nr. 2 VOB/A zählen solche Umstände zu den ungewöhnlichen Wagnissen, die dem Auftragnehmer nicht aufgebürdet werden dürfen.

Gemäß § 8 Abs. 3 Satz 2 i. V. m. § 16 Abs. 3 VOF haben die Auftraggeber in der Aufgabenbeschreibung oder der Vergabebekanntmachung alle Auftragskriterien anzugeben, deren Anwendung vorgesehen ist, möglichst in der Reihenfolge der ihnen zuerkannten Bedeutung.

Hierzu ist zunächst festzustellen, dass in der Vergabebekanntmachung nach Ziff. 12 des Bekanntmachungsmusters gemäß Anhang II B Verhandlungsverfahren die gemäß § 16 Abs. 3 geforderten Auftragskriterien im Wesentlichen aus Nachweisen über die finanzielle und wirtschaftliche Leistungsfähigkeit gemäß § 12 VOF und über die fachliche Eignung gemäß § 13 VOF bestehen.

§ 9 enthält die formalen Hinweise für Bekanntmachungen, die an das Amt für amtliche Veröffentlichungen der Europäischen Gemeinschaften zu richten sind, 2 Rue Mercier, L-2985 Luxembourg 1, Tel. 0 03 52 / 29 29 – 1, Fax 0 03 52 / 29 29 – 42 758; www.publications.eu.int.

§ 10 regelt das Verfahren für die Auswahl der Bewerber, die in das Verhandlungsverfahren einbezogen werden.

Ausgeschlossen werden können zunächst diejenigen,

- auf die die in § 11 genannten Ausschlusskriterien zutreffen wie Konkurs, schwere Verfehlung, Steuer- und Abgabenschulden oder falsche Angaben,
- die ihre finanzielle und wirtschaftliche Leistungsfähigkeit gemäß § 12 nicht nachgewiesen haben, z. B. keinen Nachweis einer entsprechenden Berufshaftpflichtversicherungsdeckung oder keine Erklärung über den Gesamtumsatz und den Umsatz für entsprechende Dienstleistungen in den letzten drei Geschäftsjahren vorgelegt haben,
- die gemäß § 13 keine ausreichende fachliche Eignung hinsichtlich Fachkunde, Erfahrung, Leistungsfähigkeit und Zuverlässigkeit nachweisen.

Aus den verbleibenden Bewerbern sind dann unter Beachtung der Gebote der Gleichbehandlung und Nichtdiskriminierung mindestens drei geeignete Bewerber zur Verhandlung aufzufordern, um einen echten Wettbewerb zu ermöglichen.

Die §§ 14 Fristen, 15 Kosten, 16 Auftragserteilung, 17 Vergebene Aufträge, 18 Vergabevermerk, 19 Melde- und Berichtspflichten sowie 21 Vergabeprüfstelle enthalten formale Verfahrensanweisungen.

In § 16 Abs. 2 Satz 2 ist das geltende Preisrecht nach HOAI verankert: „Ist die zu erbringende Leistung nach einer gesetzlichen Gebühren- oder Honorarordnung zu vergüten, ist der Preis nur im dort vorgeschriebenen Rahmen zu berücksichtigen."

Nach § 20 sind für die Durchführung von Wettbewerben, die zu Dienstleistungsaufträgen ≥ 200.000 € führen, die in den Abs. 3 ff. genannten Regeln zu beachten.

In den Besonderen Vorschriften zur Vergabe von Architekten- und Ingenieurleistungen des Kapitels 2 der VOF werden in den §§ 22 der Anwendungsbereich, 23 die Qualifikation des Auftragnehmers, 24 die Auftragserteilung, 25 Planungswettbewerbe und 26 Unteraufträge geregelt.

Verlangt der Auftraggeber außerhalb eines Planungswettbewerbs Lösungsvorschläge für die Planungsaufgabe, so sind diese gemäß § 24 Abs. 3 nach den Bestimmungen der HOAI zu vergüten. Gemäß § 24 Abs. 2 Satz 3 darf die Auswahl eines Bewerbers nicht dadurch beeinflusst werden, dass von Bewerbern zusätzlich unaufgefordert Lösungsvorschläge eingereicht wurden.

§ 25 enthält ergänzende Regeln zu § 20 zur Durchführung von Planungswettbewerben.

Hinweise zur Selbstdarstellung der Bewerber finden sich unter *Ziff. 2.8.8.*

Beispiele

Auftraggeber und Bewerber haben zu beachten, dass es sich bei einem Vergabeverfahren mit vorheriger Vergabebekanntmachung nach VOF um ein 2-stufiges Auswahlverfahren handelt, das die Beantwortung der folgenden Fragen erfordert:

- Wie gelangt ein Auftraggeber bei einer Vielzahl von Bewerbern auf eine Vergabebekanntmachung (häufig mehr als 100) zu den zur Verhandlung aufzufordernden Bewerbern, deren Anzahl nach § 10 Abs. 2 VOF nicht unter drei liegen darf, in Anlehnung an § 8 Nr. 2 Abs. 2 VOB/A jedoch auch nicht mehr als 8, d. h. im Mittel 5 betragen sollte?
- Wie wählt der Auftraggeber aus den z. B. 5 zur Verhandlung aufgeforderten Bewerbern den Bewerber aus, der gemäß § 16 Abs. 1 aufgrund der ausgehandelten Auftragsbedingungen die bestmögliche Leistung erwarten lässt?

Auswahl der Teilnehmer für das Verhandlungsverfahren

Zur Beantwortung der ersten Frage sind zunächst die Ausschlusskriterien nach § 11 VOF zu beachten. Der Nachweis der finanziellen und wirtschaftlichen Leistungsfähigkeit nach § 12 VOF ist ebenfalls als Ausschlusskriterium heranzuziehen vor Beurteilung der fachlichen Eignung der Bewerber, d. h. ihrer Fachkunde, Erfahrung, Leistungsfähigkeit und Zuverlässigkeit (FELZ nach § 13 VOF). Es können dann gemäß § 13 VOF die Nachweise gemäß lit. a bis h verlangt werden. Die Auswahl der Bewerber, die in das Verhandlungsverfahren einbezogen werden, wird sich somit im Wesentlichen aus der Beurteilung der fachlichen Eignung derjenigen Bewerber ergeben, die nicht vorher nach den §§ 11 und 12 VOF ausgeschlossen wurden.

Zur Verdichtung der Anzahl von z. B. 100 Bewerbern auf 5 zur Verhandlung aufzufordernde Bewerber wird zweckmäßigerweise eine Nutzwertanalyse vorgenommen (Diederichs, 2005, S. 243 ff.).

Diese hat sich als Hilfsmittel zur vergleichenden internen und im Bedarfsfall auch externen Analyse mehrerer Bewerber bewährt. Sie eignet sich immer dann, wenn eine Alternativenauswahl anhand eines multifaktoriellen Zielsystems vorzunehmen ist.

Für den Nachweis der fachlichen Eignung gemäß § 13 hat es sich bewährt, nach allgemeiner und auftragsbezogener fachlicher Eignung zu unterscheiden. Damit ist dieser Nachweis sowohl allgemein als auch spezifisch für die im Auftragsfall vorgesehenen Mitarbeiter zu führen. So ist einerseits ein getrennter Vergleich der allgemeinen und der auftragsspezifischen Eignung und andererseits aus deren Summe der Gesamtvergleich möglich.

Nachweise über die berufliche Befähigung des Bewerbers und/oder der Führungskräfte des Unternehmens (lit. a), insbesondere der für die zu vergebende Dienstleistung verantwortlichen Personen, werden entweder durch Berufszulassungen wie Mitgliedschaften in Architekten- und Ingenieurkammern oder Studiennachweise erbracht. Hinsichtlich des Nachweises der Qualifikation von Architekten und Ingenieuren ist § 23 als Spezialvorschrift zu beachten.

Durch den Nachweis der in den letzten drei Jahren erbrachten Leistungen (lit. b) soll festgestellt werden, ob seitens des Bewerbers bereits Leistungen ausgeführt wurden, die mit der zu vergebenden Leistung vergleichbar sind. Bei öffentlichen Auftraggebern ist zusätzlich eine Referenzauskunft durch eine von der zuständigen Behörde ausgestellte oder beglaubigte Bescheinigung beizufügen.

Es ist zu beachten, dass aus der Angabe der Rechnungswerte der letzten drei Jahre (lit. b) und dem anzugebenden jährlichen Mittel der vom Bewerber in den letzten drei Jahren Beschäftigten (lit. d) Rückschlüsse auf den Anteil der durch die Liste offen gelegten Teilhonorare am Gesamtvolumen möglich sind.

Mit lit. c werden vor allem Angaben über die berufliche Befähigung und die zeitliche Verfügbarkeit des im Auftragsfall für die Technische Leitung vorgesehenen Personals erwartet.

Die Erklärung über die Ausstattung, die Geräte und die Technische Ausrüstung des Bewerbers (lit. e) verlangt Angaben zur vorhandenen Hard- und Software sowie ihrer internen und externen Vernetzung.

Als geeignete Maßnahmen des Bewerbers zur Gewährleistung der Qualität und seiner Untersuchungs- und Forschungsmöglichkeiten (lit. f) sind die Einrichtung und Aufrechterhaltung eines Qualitätsmanagementsystems nach DIN EN ISO 9001:2000, die auftragsspezifische Entwicklung und Anwendung eines Qualitätsmanagementplans und dessen Umsetzung in der Auftragsbearbeitung sowie die Bearbeitung von Forschungsaufträgen im Auftrag öffentlicher und privater Forschungsförderer in Zusammenarbeit mit Universitäten und Fachhochschulen anzusehen.

Bei Leistungen komplexer oder besonderer Art hat der Bewerber seine Bereitschaft zu einer Kontrolle durch den Auftraggeber zu erklären (lit. g). Eine solche Kontrolle hinsichtlich der auftragsspezifischen fachlichen Eignung des Bewerbers kann z. B. nach den Zertifizierungsrichtlinien externer Auditoren im Rahmen von Zertifizierungsaudits vorgenommen werden.

Die Angabe des Auftragsanteils im Unterauftrag (lit. h) soll den Eigenleistungsanteil des Bewerbers verdeutlichen. Für die vorgesehenen Unterauftragnehmer sind dann die analogen allgemeinen und speziellen fachlichen Eignungsnachweise nach § 13 Abs. 2 zu führen wie für den Bewerber selbst.

Abbildung 2.46 zeigt beispielhaft eine Nutzwertanalyse (NWA) zur allgemeinen und spezifischen fachlichen Eignung von drei Bewerbern für ein Verhandlungsverfahren. Darin ist der Unterscheidung zwischen allgemeiner und spezifischer fachlicher Eignung dadurch Rechnung getragen, dass die Gewichtung von 100 Prozentpunkten auf die allgemeinen und auf die auftragsspezifischen Eignungskriterien im Verhältnis 35 zu 65 verteilt wurde.

Bei der allgemeinen fachlichen Eignung hat Bewerber 2 Rang 1, bei der spezifischen fachlichen Eignung jedoch Bewerber 1. In der Zusammenfassung liegt ebenfalls Bewerber 1 vor Bewerber 2.

In der Praxis werden i. d. R. nicht drei, sondern teilweise über 100 Bewerber nach Prüfung der Ausschlusskriterien der §§ 11 und 12 in die Bewertung einzubeziehen sein. Die Auswahl der in das Verhandlungsverfahren einzubeziehenden Bewerber ergibt sich dann aus den 3 bis 8 Kandidaten mit der höchsten Punktzahl, wobei ggf. auch eine bestimmte Mindestpunktzahl gesamt oder differenziert als zusätzliches „Abschneidekriterium" eingeführt werden kann.

§ 13 (2) VOF	Eignungskriterien	Gewicht		Bewertung der Erfüllung von 1–5						Gewichtete Punkte					
				1		2		3		1		2		3	
		A	S	A	S	A	S	A	S	A	S	A	S	A	S
a)	Nachweis über die berufliche Befähigung der Führungskräfte des Unternehmens	10		4		5		3		40		50		30	
	der speziellen Oberleitung		10		5		3		2		50		30		20
b)	Erbrachte Leistungen der letzten drei Jahre wesentliche Leistungen allgemein	10		3		5		2		30		50		20	
	wesentliche spezifische Leistungen		10		4		2		1		40		20		10
c)	Technische Leitung, Verfügbarkeit des Personals spezifisch		15		5		3		3		75		45		45
d)	Beschäftigte der letzten drei Jahre des Unternehmens allgemein	8		3		4		1		24		32		8	
	spezifisch		10		5		3		1		50		30		10
e)	EDV-Ausstattung, Hard- u. Software des Unternehmens allgemein	4		4		5		3		16		20		12	
	spezifisch		5		4		5		3		20		25		15
f)	Gewährleistung d. Qualität u. der Untersuchungs- u. Forschungs-möglichkeiten allgemein	3		4		5		3		12		15		9	
	spezifisch		5		5		4		2		25		20		10
g)	Kontrollen durch den Auftraggeber spezifisch		5		4		3		2		20		15		10
h)	Auftragsanteil im Unterauftrag spezifisch		5		5		4		3		25		20		15
	Summen	35	65							122	305	167	205	79	135
	Einzelränge									2	1	1	2	3	3
	Gesamtränge									1		2		3	

A = allgemein   S = speziell für Auftrag

Abb. 2.46 NWA zur allgemeinen und spezifischen fachlichen Eignung von Bewerbern für ein Verhandlungsverfahren nach § 13 Abs. 2 VOF

Entscheidung im Verhandlungsverfahren

Zur Beantwortung der zweiten Frage, d. h. der Auswahl desjenigen Bewerbers, dem der Auftraggeber nach Abschluss der Verhandlungen mit den aufgeforderten Bewerbern den Auftrag erteilt, sind gemäß § 16 Abs. 3 VOF alle Auftragskriterien heranzuziehen, die über die bereits geprüfte fachliche Eignung nach § 13 Abs. 2 VOF hinausgehen.

Dabei sind nach § 16 Abs. 2 Kriterien zu berücksichtigen, die für Architekten- und Ingenieurleistungen z. T. nur schwer fassbar sind, wie z. B. „Qualität, fachlicher oder technischer Wert, Ästhetik, Zweckmäßigkeit, Kundendienst und technische Hilfe, [...]".

Aufgrund der Aufgabenbeschreibung und der die Aufgabenstellung beeinflussenden Umstände gemäß § 8 VOF sind jedoch weitere Auftragskriterien heranzuziehen, die eine nachprüfbare Entscheidung für denjenigen Bewerber ermöglichen, der gemäß § 16 Abs. 1 VOF aufgrund der ausgehandelten Auftragsbedingungen die bestmögliche Leistung erwarten lässt.

Abbildung 2.47 zeigt beispielhaft eine Nutzwertanalyse zur Auswahl desjenigen Bewerbers, der aufgrund von 9 vorgegebenen und gewichteten Auftragskriterien die höchste Punktzahl aus 3 in das Verhandlungsverfahren einbezogenen Bewerbern erhält. Die darin gewählten Auftragskriterien und die vorgenommene Gewichtung sind im Einzelfall zur Sicherstellung eines transparenten Verfahrens bereits in der Vergabebekanntmachung anzugeben (§ 16 Abs. 3 VOF) und dabei je nach Aufgabenstellung anzupassen.

Gemäß *Abb. 2.47* erzielt Bewerber B mit 457 von 100 x 5 = 500 gewichteten Punkten vor den Bewerbern C und A Rang 1. Wegen des deutlichen Abstandes ist dem Auftraggeber daher zu empfehlen, den Vertrag mit dem Bewerber B abzuschließen.

Die Auftragskriterien sind durch die Bewerber nur teilweise bereits im Zusammenhang mit den Nachweisen zum Teilnahmeantrag darstellbar. Teilweise wird

Nr.	Auftragskriterien nach § 16 (3) VOF	Gewicht	Bewertung der Erfüllung von 1 bis 5			Gewichtete Punkte der Bewerber		
			A	B	C	A	B	C
1	Qualität und Strukturierung der Lösungsvorschläge für die Aufgabenstellung gemäß Aufgabenbeschreibung	20	3	5	4	60	100	80
2	Honorar / Preis	20	4	4	4	80	80	80
3	Qualität und Strukturierung der Lösungsvorschläge für die Aufgabenstellung durch Änderungsvorschläge und Nebenangebote	15	2	4	4	30	60	60
4	Nachgewiesene Erfahrung auf dem Gebiet auch des ökologischen Bauens	10	3	5	3	30	50	30
5	Nachweis der Kosten- und Terminsicherheit	10	4	5	4	40	50	40
6	Kommunikationsfähigkeit, Kooperationsbereitschaft und Durchsetzungsvermögen des Projektleiters des Bewerbers gemäß Referenzauskünften und Eindruck bei persönlicher Präsentation	8	5	4	3	40	32	24
7	Verfügbarkeit und örtliche Präsenz der für die Dienstleistungen verantwortlichen Personen seit mehr als drei Jahren	6	2	5	3	12	30	18
8	Nachweis der Erfahrungen im Zusammenwirken mit Genehmigungsverfahren	6	3	5	2	18	30	12
9	Kompatibilität der EDV-Programme (CAD, AVA, Kosten- und Terminplanung, Raumbuch) zum Auftraggeber	5	4	5	3	20	25	15
	Summen	100				320	457	357
	Ränge					3	1	2

Abb. 2.47 NWA zur Rangbildung im Verhandlungsverfahren mittels Auftragskriterien nach § 16 Abs. 3 VOF

sich der Auftraggeber einen persönlichen Eindruck im Rahmen der Präsentationen während des Verhandlungsverfahrens verschaffen wollen und anschließend seine Beurteilung und Bewertung vornehmen.

2.4.1.11 1A3 Vorbereiten der Beauftragung der zu Beteiligenden

Gegenstand und Zielsetzung

Zur Vorbereitung der Beauftragung der zu beteiligenden Architekten und Ingenieure hat der Projektsteuerer die Verträge mit Leistungsbildern und Honoraren auf der Basis der vorangegangenen Auswahlverfahren und ggf. unter Einbindung eines sachkundigen Juristen vorzubereiten. Zielsetzung ist es,

- die Vertragsgrundlagen, -bestandteile und -bedingungen im Hinblick auf die Projektziele soweit wie möglich eindeutig und erschöpfend zu beschreiben,
- in den Vertragsbedingungen vertragsrechtlich eindeutige Regelungen zwischen dem Auftraggeber und den Planungsbeteiligten hinsichtlich Leistungsinhalt, vertraglichem Umfang und Honorar zu finden,
- die einzelnen Beauftragungen so zu koordinieren, dass weder Überschneidungen noch Lücken in der Leistungszuordnung entstehen und damit
- Unklarheiten oder Ungenauigkeiten in den Verträgen von Anfang an zu vermeiden.

Methodisches Vorgehen

Zur Bearbeitung sind die aktuellen Vorschriften, Normen, Gesetzestexte und Regelwerke wie VOF, HOAI, Vertragsmuster (z. B. der RBBau inklusive der allgemeinen Vertragsbedingungen oder von Juristen geprüfte Vertragsmuster) erforderlich.

Bei der Vorbereitung der einzelnen Vertragsentwürfe sind ggf. vorhandene Vertragsmuster für den konkreten Anwendungsfall zu modifizieren. Dabei ist darauf zu achten, dass unklare Formulierungen und Vereinbarungen, die im Rahmen der Vertragserfüllung zu Auslegungsschwierigkeiten führen können, vermieden werden. Im Einzelnen sind insbesondere zu regeln:

1. Gegenstand des Vertrages und Vertragsziele
2. Vertragsbestandteile und Grundlagen des Vertrages
3. Leistungen des Auftragnehmers
4. Leistungen des Auftraggebers (Beschreibung im gleichen Detaillierungsgrad wie für den Auftragnehmer)
5. Vertragstermine, Personaleinsatz
6. Honorar mit Festlegung der Objekteinteilung, der Honorarzonen, der Honoraranteile in den einzelnen Leistungsphasen und ggf. unter Abgrenzung anrechenbarer Kosten mit Berücksichtigung möglicher Sonderfälle (Diederichs, 2003, und Diederichs, 2004). Dazu gehören u. a. die Objekteinteilung, mitverarbeitete vorhandene Bausubstanz nach § 10 Abs. 3a HOAI und unzureichende Leistungsbeschreibungen
7. Kündigung
8. Haftung für Mängel und Haftpflichtversicherung des Auftragnehmers

Zur *Abgrenzung der Planerverträge untereinander*, zur Vermeidung von Mehr-
fachbeauftragungen und Planungslücken sind die für das Projekt erforderlichen
Einzelleistungen aufzulisten und zuzuordnen.

Im Leitsatz des BGH-Urteils vom 24.06.2004 (VII ZR 259/02) heißt es:

„a) Erbringt der Architekt eine vertraglich geschuldete Leistung teilweise nicht,
    dann entfällt der Honoraranspruch des Architekten ganz oder teilweise nur
    dann, wenn der Tatbestand einer Regelung des allgemeinen Leistungsstörungs-
    rechts des BGB oder des werkvertraglichen Gewährleistungsrechts erfüllt ist,
    die den Verlust oder die Minderung der Honorarforderung als Rechtsfolge vor-
    sieht.

b) Der vom Architekten geschuldete Gesamterfolg ist im Regelfall nicht darauf
    beschränkt, dass er die Aufgaben wahrnimmt, die für die mangelfreie Errich-
    tung des Bauwerks erforderlich sind."

In der Begründung zu diesem Urteil heißt es u. a.: „Umfang und Inhalt der vom
Architekten geschuldeten Leistung richten sich nach dem Vertragsrecht des BGB
und nicht nach den Leistungsbildern und Leistungsphasen der HOAI."

In diesem Urteil wird der endgültige Abschied vom Begriff der „zentralen Leistungen" gesehen. Nach der Entscheidung des BGH muss der Auftraggeber in 4
Schritten vorgehen (Preussner, 2004, in IBR 09/2004, S. 513):

• Er muss prüfen, welche Arbeitsschritte der Architekt bzw. Ingenieur als
  Teilerfolge nach dem Vertrag schuldet.

• Fehlen geschuldete Arbeitsschritte, kann der AG Mängelansprüche nach
  § 634 f. BGB a. F. erheben.

• Der Vorrang der Nacherfüllung ist zu beachten. Wenn eine Nacherfüllung
  noch möglich und dem AG zumutbar ist, muss er dem Architekten eine angemessene Frist setzen, den geschuldeten Arbeitsschritt noch auszuführen.

• Erst nach fruchtlosem Fristablauf, Unmöglichkeit oder Unzumutbarkeit der
  Nacherfüllung ist die Minderung oder der Schadensersatz anstatt der Leistung
  möglich.

Die als Grundleistungen in der HOAI beschriebenen Planungsleistungen sind daher im Vertrag jeweils einzeln aufzuführen, wenn der AG deren Erfüllung erwartet. Bei komplexen Projekten sind jedoch häufig auch Besondere Leistungen und
Zusätzliche Leistungen erforderlich, die nur teilweise in der HOAI erfasst sind. Da
hierfür keine Honorarregelungen in der HOAI existieren, kommt es bei Nachbeauftragungen häufig zu Streitigkeiten.

Daher ist es erforderlich, bereits vor Vertragsabschluss Vereinbarungen über
sämtliche möglichen Planungsleistungen zu treffen. Beispiele für solche Besonderen und Zusätzlichen Leistungen sind u. a.:

• Gründungsvarianten nach unterschiedlichen Anforderungen
• Abbruchplanung
• vorgezogene Stahlmengenermittlung
• Planung von Bauprovisorien, Winterbetrieb
• Sicherheitsplanung

Besondere Aufmerksamkeit verdienen auch die Fragen der *horizontalen Trennung von Planerleistungen,* z. B. Beauftragung der Leistungsphasen 1 bis 5 an den Planer 1 und der Leistungsphasen 6 bis 9 an den Planer 2. Die hieraus resultierenden technischen und wirtschaftlichen Schnittstellenprobleme müssen im Einzelfall vom Auftraggeber abgewogen und entschieden werden.

Beispiel

Die nachfolgende Übersicht zu den Inhalten eines Generalplanervertrages beinhaltet unter Ziff. 2.1 als Vertragsbestandteile u. a. die Allgemeinen Vertragsbestimmungen zu den Verträgen für freiberuflich Tätige – AVB – (Anhang 19 der RBBau, 17. Austauschlieferung, 2003).

Weiterhin wird verwiesen auf Ziff. 5 „Vorbereitung der Beauftragung der zu Beteiligenden" in Diederichs (2005, S. 71 ff.) sowie auf die einschlägigen Vertragsrechts- und darunter auch HOAI-Kommentare im Literaturverzeichnis.

Neubau des Geschäftszentrums in Musterstadt,
Generalplanervertrag vom *Datum*

Zwischen dem Bauherrn

– nachstehend Auftraggeber genannt –

und den Diplomingenieuren
     Hans Schmitz und Dieter Meier, Architekten AK NW
     Tulpenstraße 21
     Musterstadt

– nachstehend Auftragnehmer genannt –

wird folgender Vertrag geschlossen:

§ 1 Gegenstand des Vertrages und Vertragsziele
    1.1 Gegenstand der Planungsleistungen
    1.2 Vertragsziele
    1.3 Objekteinteilung
    1.4 Teilleistungen

§ 2 Vertragsbestandteile und Grundlagen des Vertrages
    2.1 Vertragsbestandteile
    2.2 Grundlagen des Vertrages

§ 3 Leistungen des Generalplaners
    3.1 Übergreifende Leistungen
    3.2 Leistungen für die Vorplanung
    3.3 Leistungen für die Entwurfsplanung
    3.4 Leistungen für die Ausführungsplanung

3.5 Leistungen für die Vergabe

3.6 Leistungen für die Objektüberwachung (Bauüberwachung)

3.7 Leistungen der Objektbetreuung und Dokumentation

3.8 Besondere Leistungen

3.9 EDV-Anwendung

3.10 Leistungserbringung vor Ort

§ 4 Leistungen des Auftraggebers

§ 5 Fachlich Beteiligte

5.1 Generalplaner und Subplaner

5.2 Vom AG direkt beauftragte Fachplaner und Berater

§ 6 Vertragstermine und -fristen, Personaleinsatz

§ 7 Vergütung

7.1 Anrechenbare Kosten

7.2 Wert anrechenbarer Bausubstanz nach § 10 (3a) HOAI

7.3 Umbauzuschlag

7.4 Erfolgshonorar nach § 5 (4a) HOAI

7.5 Generalplanerzuschlag

7.6 Fortschreibung der Tafelwerte

7.7 Honorarzonen

7.8 Bewertung der Leistungen; Honoraranteile in den einzelnen Leistungsphasen

7.9 Vergütung für Besondere Leistungen

7.10 Nebenkostenpauschale, Reisekosten

7.11 Vergütung nach Zeitaufwand

7.12 Umsatzsteuer

7.13 Bauzeitverzögerung

§ 8 Haftpflichtversicherung des Auftragnehmers

8.1 Haftpflicht-Versicherungsvertrag zwischen AG und SEKURA (führender
Versicherer)

8.2 Haftpflichtprämie des Auftragnehmers

§ 9 Kündigung

§ 10 Urheberrecht

§ 11 Ergänzende Vereinbarungen

11.1 Kündigung aus nicht vom Auftragnehmer zu vertretenden Gründen

11.2 Teilschlusszahlung

11.3 Wegfall aller vorvertraglichen Vereinbarungen

11.4 Unwirksamkeit von Vertragsbestimmungen

Abb. 2.48 Regelungsinhalte eines Generalplanervertrages

2.4.1.12 1A4 Laufende Information und Abstimmung mit dem Auftraggeber

Gegenstand und Zielsetzung

Durch laufende Information und Abstimmung mit dem Auftraggeber soll sichergestellt werden, dass einerseits der Auftraggeber stets über den *aktuellen Stand des Projektes und die voraussichtliche Entwicklung* informiert ist. Andererseits soll auch gewährleistet werden, dass dem Projektsteuerer selbst *vom Auftraggeber laufend und rechtzeitig projektrelevante Informationen* umfassend zugeleitet werden. In diesem Zusammenhang ist die Frage der „Bringschuld" des Auftraggebers bzw. „Holschuld" des Projektsteuerers eindeutig und zweifelsfrei frühestmöglich zu klären und vertraglich festzuschreiben (Diederichs, 2005, S. 97).

Methodisches Vorgehen

Der Auftraggeber wird durch den Projektsteuerer regelmäßig durch das institutionalisierte *Berichtswesen* mit Soll/Ist-Vergleich, erforderlichen Anpassungsmaßnahmen und Entscheidungen (Quartalsberichte, ggf. auch Monatsberichte und den Schriftwechsel informiert, in Fällen besonderer Dringlichkeit auch durch *sofortige Berichte* oder *persönliche Gespräche*. Ferner wird der persönliche Kontakt durch Teilnahme des Auftraggebers an Nutzergesprächen und Projektbesprechungen empfohlen.

Nimmt der Auftraggeber dennoch an solchen Gesprächen nicht teil, so hat der Projektsteuerer den *Rückfluss von Informationen vom Auftraggeber zum Projektsteuerer* durch entsprechende Vereinbarungen und Koordinierung zu veranlassen. Dies gilt insbesondere für Änderungen des Nutzerbedarfs oder sonstiger Projektziele, die Finanzierung, die Aufbauorganisation des Auftraggebers oder sonstige projektrelevanten Änderungen. Die Ergebnisse aus Informations- und Abstimmungsgesprächen mit dem Auftraggeber sind zu *protokollieren*. Dies gilt auch für *Änderungsmeldungen*.

Die Kommunikation mit dem Auftraggeber ist ständig zu überprüfen und ihre Intensität und Häufigkeit an die jeweiligen Erfordernisse anzupassen. Eventuelle Meinungsverschiedenheiten müssen frühzeitig erkannt und ausgeräumt werden. Das *Vertrauensverhältnis* zwischen Auftraggeber und Projektsteuerer muss sachlich, präzise und von gegenseitiger Achtung und Wertschätzung geprägt sein, da beide gegenüber allen anderen Projektbeteiligten als Einheit und damit „unisono" auftreten und anerkannt werden müssen. Der Projektsteuerer steht in einem besonderen Vertrauens- und damit Loyalitätsverhältnis zum Auftraggeber. Gefährdet oder verletzt er dieses, so riskiert er damit seine fristlose Kündigung durch den Auftraggeber (OLG Karlsruhe, Urteil vom 19.04.2005 – 17 U 217/04).

Zu weiteren beispielhaften Ausführungen wird verwiesen auf Ziff. 6 „Laufende Information und Abstimmung mit dem Auftraggeber" in Diederichs (2005, S. 97 ff.). *Abbildung 2.49* zeigt Gliederungspunkte und Anlagen zu Quartalsberichten.

Beispiel

Absender: Projektsteuerer   **Datum**

Adressat: **AG**

**Neubau des Geschäftszentrums in Musterstadt,
Quartalsbericht Nr. 006 vom 30.06.2005**

Inhaltsverzeichnis

1. Zielsetzung von Quartalsberichten
2. Organisation, Information, Koordination und Dokumentation
3. Qualitäten und Quantitäten
4. Kosten und Finanzierung
5. Termine und Kapazitäten
6. Vorausschau und noch bestehende Risiken für Qualitäten, Kosten und Termine
   6.1 Vorausschau auf das 3. Quartal
   6.2 Noch bestehende Risiken

Anlagen:

1. Kostenausdruck „Übersicht Projekt", Stand 30.06.2004
2. Grafische Gesamtkostenübersicht
3. Budget-, Vergabe-, Leistungs- und Zahlungssummen SOLL und IST
4. Renditebetrachtung vom 31.03.2005
5. Generalablauf Planung und Ausführung
6. Entscheidungs- und Maßnahmenkatalog, Offene-Punkte-Liste
7. Liste der Projektsteuerungsdokumente bis zum 30.06.2005

Abb. 2.49   Gliederungspunkte und Anlagen zu Quartalsberichten

2.4.1.13 1A5 Einholen der erforderlichen Zustimmungen des Auftraggebers

Gegenstand und Zielsetzung

Gegenstand dieser Teilleistung ist die Zustimmung des Auftraggebers zu den Arbeitsergebnissen des Projektsteuerers, die diesem in dokumentierter Form laufend oder zu vertraglich vereinbarten Terminen vorzulegen sind. Dadurch soll ein ordnungsgemäßer, die Projektziele fördernder und für beide Seiten rationeller Ablauf der gemeinsamen Projektarbeit sichergestellt werden.

Methodisches Vorgehen

Durch die institutionalisierte Übergabe von Dokumenten an den Auftraggeber werden seine laufende Information und seine Versorgung mit allen für die jeweils anstehenden Entscheidungen erforderlichen Unterlagen sichergestellt.

Durch das institutionalisierte Einholen von Zustimmungen des Auftraggebers wird der Nachweis erbracht, dass Teilleistungen des Projektsteuerers ordnungsgemäß in Konformität mit den Projektzielen, zur Vorbereitung und Herbeiführung von Entscheidungen des Auftraggebers abgeschlossen wurden und die nächsten Teilleistungen erbracht werden können. Dabei ist der Auftraggeber über die Bedeutung seiner Entscheidungen zu informieren und ggf. auf mögliche Risiken aus seinen Entscheidungen hinzuweisen.

Die *Teilabnahme* von Leistungen des Projektsteuerers durch den Auftraggeber bildet den Abschluss von Teilleistungen der beauftragten Projektstufen, die Bestätigung ihrer Erfüllung und damit auch die Fälligkeit der Vergütung. Die zum Nachweis der erbrachten Leistungen notwendigen Dokumente sind dem Auftraggeber vorzulegen, ggf. zu erläutern und bei Bedarf zu ergänzen. Der Projektsteuerer sollte darauf achten, sich die ordnungsgemäße Leistungserfüllung auf einem Formblatt durch den Auftraggeber bestätigen zu lassen. Mindestens hat der Auftraggeber den Erhalt der übergebenen Dokumente zu bescheinigen.

Beispiel

Absender: Projektsteuerer   **Datum**

Adressat: **AG**

**Neubau des Geschäftszentrums in Musterstadt,
Reinschrift des Organisationshandbuchs vom 31.03.2004**

Sehr geehrter Herr … (Auftraggeber),

in Erfüllung unserer Vertragsleistung gem. Ziff. 3.2.1 des Projektsteuerungsvertrages vom 02.03.2005 erhalten Sie als Anlage das am 31.03.2005 mit Ihnen abgestimmte Organisationshandbuch in Reinschrift. Wir bitten Sie um Kenntnisnahme und Verwendung. In den abzuschließenden Planerverträgen ist das Organisationshandbuch als zu beachtende Grundlage der Vertragsabwicklung aufzuführen. Das Organisationshandbuch wird von uns laufend nach Erfordernis fortgeschrieben werden.

Für Rückfragen und weitere Erläuterungen stehen wir Ihnen gern zur Verfügung.

Mit freundlichen Grüßen

– Projektsteuerer –

Abb. 2.50 Anschreiben zur Übergabe eines Organisationshandbuchs

Ein Anschreiben zur Übergabe eines Organisationshandbuchs kann etwa wie in *Abb. 2.50* formuliert werden.

2.4.1.14 1B4 Herbeiführen der erforderlichen Entscheidungen des Auftraggebers

Gegenstand und Zielsetzung

In allen Phasen des Planens und Realisierens eines Projektes finden Entscheidungsprozesse statt. Die effektive und sichere Herbeiführung notwendiger Entscheidungen erfordert bestimmte Voraussetzungen in der Projektaufbau- und -ablauforganisation (Diederichs/Preuß, 2003, S. 28–34).

Dem Projektsteuerer obliegt dabei die Aufgabe, rechtzeitig Entscheidungsbedarf zu erkennen, Entscheidungsvorbereitungen zu veranlassen bzw. durchzuführen.

Diese Aufgabenstellung erfordert in der Praxis umfassendes Wissen in Planung und Bau und wirft in der konkreten Anwendung folgende Fragestellungen auf:

- **Welche** Entscheidung muss im Sinne des weiteren, ungestörten Projektablaufes getroffen werden?
- **Wann** muss diese Entscheidung getroffen werden?
- **Welche** Priorität hat die Entscheidung?
- **Wer** ist im Falle der verzögerten Entscheidung davon **behindert**?
- **Wer** ist **verantwortlich** für die Vorbereitung der Entscheidung?
- **Wer** ist zur Entscheidungsvorbereitung alles **einzubinden**?
- Von **wem** (in welcher Ebene) wird die Entscheidung getroffen?
- **Welche Alternativen** gibt es zu den erforderlichen Entscheidungssachverhalten?
- **Welche Entscheidungskriterien** gibt es und welche davon sind für die relevanten Entscheidungsträger maßgebend?

Die Komplexität der Fragestellungen erhöht sich zusätzlich, da die Zusammenhänge zwischen Entscheidungssachverhalt, Terminsituation und auftraggeberseitig bestehenden Entscheidungskompetenzen projektindividuell stark unterschiedlich ausgeprägt sind.

Das Beherrschen dieser Zusammenhänge erfordert eine Methodik (Preuß, 1998), die nachfolgend dargestellt wird.

Methodisches Vorgehen

Ausgehend von der Grundsatzentscheidung, ein Projekt zu realisieren, sind in den Planungs- und Ausführungsphasen Entscheidungen zu treffen, die mit zunehmendem Projektfortschritt detaillierter werden. Der Gesamtzusammenhang ist in *Abb. 2.51* dargestellt. Die Entscheidungssachverhalte müssen rechtzeitig erkannt und definiert werden.

Der Zeitpunkt zum Treffen der jeweiligen Entscheidung stellt sich von Projekt zu Projekt unterschiedlich dar. Er ist abhängig von der Art der zu treffenden Entscheidung, des Planungsablaufs, der Projektaufbau- und -ablauforganisation und der vorliegenden Terminsituation.

Aufwändige Änderungsursachen sind häufig auf zu spätes Erkennen von Entscheidungsbedarf zurückzuführen.

Ebenso unwirtschaftlich ist das Revidieren von bereits getroffenen und in Planung oder Bau bereits realisierten Entscheidungen mit ensprechenden Kosten- und Terminkonsequenzen.

Der Zeitbedarf für die Vorbereitung von Entscheidungen ist abhängig von der Wichtigkeit der Entscheidung, der Anzahl der zu untersuchenden Alternativen und den einzubindenden Entscheidungsträgern.

Der Auftraggeber in seiner obersten Ebene (Geschäftsleitung) hat insbesondere die wesentlichen Grundsatzentscheidungen zu treffen. Er delegiert die Entscheidungskompetenz für einzelne Planungskonzepte und Details häufig in die nächste Ebene der Projektorganisation. Eine Gliederung von Entscheidungstypen/-spezifikationen ist in *Abb. 2.52* dargestellt.

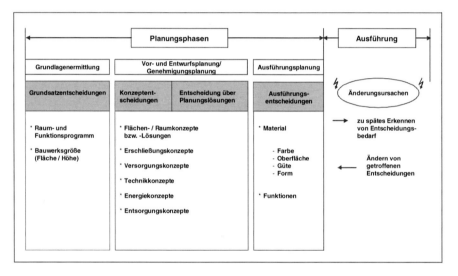

Abb. 2.51 Entscheidungsproblematik

Entscheidungstypen	Entscheidungsspezifikationen
Grundsatzentscheidung	Gestaltungsrelevanz
Konzeptentscheidung	Funktionsrelevanz
Konstruktions-/Systementscheidung	Genehmigungsrelevanz
Technische Auswahlentscheidung	Vertragsrelevanz
Ablaufentscheidung	Bemusterungserfordernis
Organisatorische Entscheidung	

Abb. 2.52 Entscheidungstypen/-spezifikationen

Die Entscheidungen haben unterschiedliche Auswirkungen auf den Projektablauf. Grundsatzentscheidungen beeinflussen das gesamte Projekt in den Bereichen Funktionalität, Qualität und Kosten. Darunter fallen z. B. Entscheidungen über die Fassade, das Flächenprogramm oder auch die Klimatisierung und Belüftung, bei denen neben den Kosten des Gesamtbauwerks die Höhenentwicklung des Gebäudes, die Behaglichkeit der Arbeitsplätze und die Konzeptionierung der gesamten Technik festgelegt wird.

Konzeptentscheidungen in der Planung haben einen wesentlichen Einfluss auf die Funktionen und Kosten des Bauwerks und sind zu einem überwiegenden Anteil in der Phase der Vorplanung zu entscheiden. Konstruktions- und Systementscheidungen erstrecken sich auf Konstruktionsprinzipien, Material, Fabrikat oder Typ, z. B. Entscheidungen über die Ausführung eines Abdichtungssystems gegen drückendes Wasser (weiße Wanne), über Deckensysteme, Verbauarten etc..

Technische Auswahlentscheidungen resultieren aus der Verfeinerung des Planungsablaufs, insbesondere in der Phase der Ausführungsplanung. So ist die Entscheidung des Statikers, eine bestimmte Betongüte zu wählen, neben den Ergebnissen der statischen Berechnung auch noch von Fragen der Ausführungstechnik abhängig, die allerdings weniger in den Entscheidungsgremien des Bauherrn behandelt werden, sondern im Kompetenzbereich der Planer verbleiben.

Ablaufentscheidungen müssen zunächst zu den zu Projektbeginn zu entscheidenden Rahmenterminen getroffen werden und dann laufend in den differenzierteren Ebenen der Terminplanung.

Organisatorische Entscheidungen betreffen die Aufbau- und Ablauforganisation, Unternehmereinsatzformen und das Berichtswesen. Sie haben zum Teil den Charakter von Grundsatzentscheidungen.

Besondere Aufmerksamkeit der Projektbeteiligten finden Entscheidungsprozesse mit Gestaltungs-, Funktions- und Genehmigungsrelevanz. Deshalb ist es wesentlich, rechtzeitig zu erkennen, wann derartige Entscheidungen getroffen sein müssen. Gleichermaßen wichtig ist es, Bemusterungserfordernisse zu erkennen. Bei Fassaden- oder Konzeptentscheidungen des baulichen Ausbaus ist eine Entscheidung ohne Bemusterung kaum möglich.

Die Aufgabe des Projektmanagements besteht darin, Entscheidungsbedarf rechtzeitig zu erkennen und nach den projektindividuellen Kompetenzen in die erforderliche Ebene der Projektorganisation einzubringen.

Grundvoraussetzung einer effektiven Projektabwicklung und damit auch der Gestaltung von Entscheidungsprozessen ist eine Kommunikationsstruktur, die alle Beteiligten hinreichend einbindet *Abb. 2.53.*

Sachverhalte, die im obersten Bauherrngremium zur Entscheidung gebracht werden müssen, müssen zur Vorbereitung auch die darunter liegenden Projektebenen durchlaufen, um Missverständnisse und Irritationen zwischen den Ebenen zu vermeiden. In der praktischen Projektarbeit sind drei Projektebenen im Hinblick auf zu treffende Entscheidungen zu synchronisieren:

- In der Projektebene 1 werden Grundsatzentscheidungen und wesentliche Konzeptentscheidungen getroffen.
- Die Projektebene 2 trifft je nach zugewiesener Kompetenz die meisten Entscheidungen, wobei die Zuordnung projektindividuell stark schwankt.

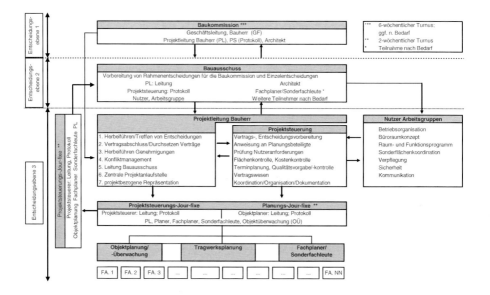

Abb. 2.53 Kommunikationsstruktur in der Aufbauorganisation (Planungs- und Ausführungsphasen)

- In der Projektebene 3 werden insbesondere technische Auswahlentscheidungen getroffen, die häufig aus der Verfeinerung des Planungsablaufs resultieren und auf Grundlage von bereits bestehenden, eindeutigen Planungsvorgaben keiner formalen Entscheidung der Projektebene 2 bedürfen.

Das Projektmanagement hat dabei die Aufgabe, die Vorbereitung der einzelnen Entscheidungen über die Projektbeteiligten zu steuern.

Der Entscheidungsprozess verläuft in mehreren Teilschritten *(Abb. 2.54).*

Zunächst ist zu definieren, was konkret zu entscheiden ist *(Schritt 1).* Optimale Lösungen ergeben sich immer im Vergleich zwischen verschiedenen Alternativen. Deshalb baut der gesamte Entscheidungsprozess auf dem Abwägen zwischen mehreren Alternativen auf, die formuliert und entsprechend gegliedert werden müssen.

In *Schritt 2* werden die Merkmale bzw. Bewertungskriterien festgelegt, die eine Entscheidung zugrunde gelegt werden sollen. Ein zentraler Abschnitt des Entscheidungsprozesses ist die Analyse von Zusammenhängen zwischen den Merkmalen und die Feststellung der entscheidungsrelevanten Kriterien.

In der Unterscheidung, welches Merkmal nun tatsächlich ein echtes Entscheidungskriterium ist, liegt ein weiteres Auswahlproblem, für welches wiederum Kriterien benötigt werden. Die dafür maßgebenden Gesichtspunkte sind abhängig von den am Entscheidungsprozess beteiligten Menschen und deren Wunschvorstellungen, Motivationen, Grundsätzen, Forderungen oder auch Vorschriften, d. h. von ihrem „Wertesystem". Dieses beinhaltet Begriffe wie Werthaltungen, Intentionen, Maximen, Referenzen, Ziele, Zielsetzungen, Zielhierarchien und auch Zielsysteme.

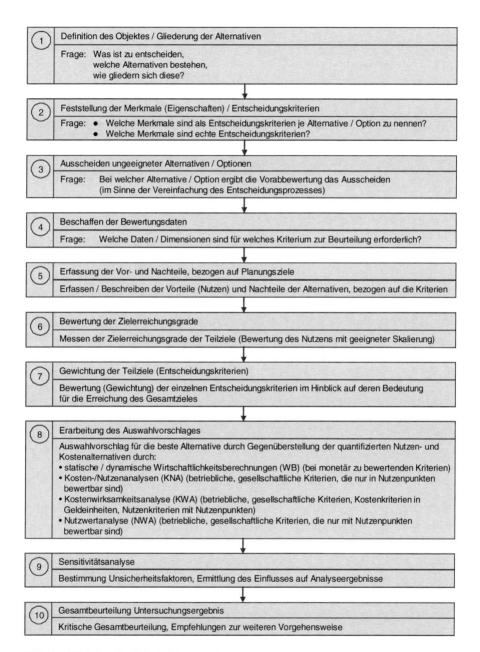

Abb. 2.54 Schritte der Entscheidungsfindung

In der Phase der Entscheidungsvorbereitung kommt es demnach darauf an, innerhalb der bestehenden Zielsysteme bzw. Zielkriterien Merkmale auszuschalten, die vom Auswählenden für irrelevant gehalten werden, sodann um die Sortierung und schrittweise Einengung der für relevant gehaltenen Entscheidungskriterien.

Wenn die Entscheidungskriterien definiert sind, muss in *Schritt 3* darüber nachgedacht werden, welche Alternative im Sinne einer Vorabbewertung auszuscheiden ist. Dadurch kann sich das gesamte Verfahren vereinfachen.

Der Abwägungsvorgang selbst benötigt zur Bewertung eine Datenbasis. Bei monetären Kriterien liegt diese Basis vor, die dann in der Regel mit nichtmonetär zu bewertenden Kriterien beim Auswahlvorschlag berücksichtigt werden muss. Der *Schritt 4* beinhaltet die Beschaffung dieser Bewertungsdaten, anschließend werden in *Schritt 5* die Vor- und Nachteile der Alternativen erfasst, bezogen auf die Kriterien.

Anschließend werden die Teilziele mit einer geeigneten Skalierung bewertet *(Schritt 6)*.

In *Schritt 7* werden die einzelnen Entscheidungskriterien im Hinblick auf deren Bedeutung zur Erreichung des Gesamtzieles gewichtet.

Der Auswahlvorschlag wird unter Berücksichtigung der Entscheidungsart sowie der Kriterien mittels unterschiedlicher Verfahren erarbeitet, danach erfolgt die Sensitivitätsanalyse und kritische Gesamtbeurteilung mit der Empfehlung zur weiteren Vorgehensweise *(Schritte 8–10)*.

Der *Entscheidungsprozess für einzelne Bauwerkselemente* entwickelt sich über einen längeren Zeitabschnitt. So werden z. B. Grundsatzentscheidungen zur Fassade in der Vorplanung getroffen, die sich anschließend in vielen Einzelentscheidungen bis hin zu Details der Bemusterung konkretisieren. Die Berücksichtigung dieser Grundsätze im Entscheidungsprozess erfordert eine durchgängige Systematik der Terminplanung als Vorgabe für alle Projektbeteiligten.

Zur Analyse des Entscheidungsbedarfs werden *15 Planungsbereiche* definiert, denen konkrete Entscheidungssachverhalte zugeordnet wurden. Anschließend werden je Entscheidung folgende Teilanalysen in einer 7-dimensionalen Analysematrix durchgeführt *(Abb. 2.55)*:

Entscheidungstyp - Legende				
	0 Grundsatzentscheidung	3 gestalterische Entscheidungsinhalte	6 Bemusterungsentscheidung	9 organisatorische Entscheidung
	1 Konzeptentscheidung	4 funktionale Entscheidungsinhalte	7 genehmigungsrelevante Entscheidungsinhalte	10 vertragsrelevante Entscheidungsinhalte
	2 Konstruktions-, Systementscheidung	5 technische Entscheidung	8 Ablaufentscheidung	11 Sonstiges

lfd. Nr.	Entscheidung	Entscheidungs-einzelsachverhalt/ Entscheidungskriterien	Entscheidungstyp 0 1 2 3 4 5 6 7 8 9 10 11	betroffene Planungs-bereiche	Priorität	Planungs-phase	späteste Entscheidung in LPh	verantwort-licher Pla-nungsbereich	Entscheidung in Ebene 1/2/3 der Projektorganisation
				Planungsbereich, der die hauptsächlichen Folgeaktivitäten zu erbringen hat	**1** hoch **2** mittel **3** niedrig	nach HOAI-Phasen inkl. Phase 0: Projektentwicklung	nach HOAI-Phasen inkl. Phase 0: Projektentwicklung	"verantwortlicher", die Entscheidung abrufender Planungsbereich	Ebenen der Projektorganisation: **1** Vorstandsebene, Bauherrngremien **2** zweite Bauherrnebene, Bauabteilung etc. (Entscheidungsvorbereitung) **3** Arbeitsebene (Planungs-Jourfixe etc.)

Planungsbereiche		
	0	Bauherr / Nutzer
	1	Architekt
	2	Thermische Bauphysik
	3	Freianlagen
	4	Tragwerkspalnung
	5	Fördertechnik
	6	Gas, Wasser, Abwasser / Feuerlöschanlagen
	7	Küchentechnik
	8	Wärmeversorgung
	9	Meß-, Steuer-, Regeltechnik / Gebäudeleittechnik
	10	Elektrotechnik - Starkstrom
	11	Elektrotechnik - Schwachstrom
	12	Technik übergeordnet
	13	Projektsteuerung
	14	Gesamtplanung betreffend
	15	alle Projektbeteiligten betreffend

Abb. 2.55 Entscheidungen bei Hochbauten

1. Welcher Entscheidungstyp liegt vor?
2. Welcher Planungsbereich ist von der fehlenden Entscheidung hauptsächlich betroffen bzw. hat die hauptsächlichen Folgeaktivitäten zu erbringen?
3. Welche Priorität hat die Entscheidung?
4. In welcher Planungsphase sollte die Entscheidung getroffen werden (Regelfall)?
5. In welcher Planungsphase sollte die Entscheidung spätestens getroffen werden?
6. Welcher Planungsbereich ist „verantwortlich" für das Abrufen der Entscheidung?
7. In welcher Ebene der Projektorganisation soll/muss die Entscheidung getroffen werden?

Die eingegebenen Daten ermöglichen verschiedene Analysen. Sie können nach verschiedenen Kriterien sortiert und gefiltert werden. Mit der dargestellten Methodik gelingt es, zu Projektbeginn eine Übersicht über die zu treffenden Planungsentscheidungen zu erzeugen und in Zusammenarbeit mit den Projektbeteiligten projektindividuelle Entscheidungskriterien zu definieren, um die bei Großprojekten meist kollektiv zu treffenden Entscheidungen zielsicher vorzubereiten und dann auch treffen zu können.

In der Datenstruktur wurden von Preuß (1998) zahlreiche Entscheidungselemente sowie Einzelentscheidungssachverhalte erfasst, die nach verschiedenen Kriterien ausgewertet werden können.

Beispiele

Die Bearbeitung von Entscheidungen nutzt die in *Abb. 2.56* dargestellte Eingabestruktur. Jedes Entscheidungselement wird einem Entscheidungsbereich zugeordnet und in einzelne Alternativen strukturiert. Die Entscheidungskriterien beziehen sich auf diese Alternativen, die im anschließenden Entscheidungsprozess entsprechend gewichtet werden. Diese Parameter sind immer wieder projektindividuell anzupassen.

Des Weiteren werden Entscheidungseinzelsachverhalte des jeweiligen Entscheidungselementes definiert, die innerhalb dieses Elementes einzeln entschieden werden müssen.

Je nach Priorität des Einzelsachverhaltes werden daraus wieder eigenständige Entscheidungselemente gebildet.

Die eingegebenen Daten können nach verschiedenen Kriterien ausgewertet werden *(Abb. 2.57)*. Neben dem alphabetischen Gesamtbericht können Analysen für unterschiedliche Parameter (Entscheidungsebenen, Planungsphasen, Planungsbereiche, Entscheidungstypen) durchgeführt und analysiert werden.

Unter der Entscheidungsebene werden je Ebene der Aufbauorganisation *(Abb. 2.54)* Einzelentscheidungen zusammengestellt und z. B. in Report (R1) in der Reihenfolge nach Planungsphase/verantwortlichem Planungsbereich/Priorität sortiert. Analog erfolgt die Datenstrukturierung nach Planungsphasen (HOAI-Phasen 0–9), verantwortlichen Planungsbereichen (0–15) und Entscheidungstypen *(Abb. 2.52)*. Diese Datenbasis ermöglicht einen Überblick über die für das vorliegende Projekt zu treffenden Entscheidungen.

Als übergeordnetes Ordnungssystem sind Entscheidungsbereiche definiert, die alphabetisch geordnet sind.

Allen Entscheidungsbereichen sind entsprechende Entscheidungselemente zugeordnet *(Abb. 2.58).* Beispielsweise gliedert sich der Entscheidungsbereich Ab-

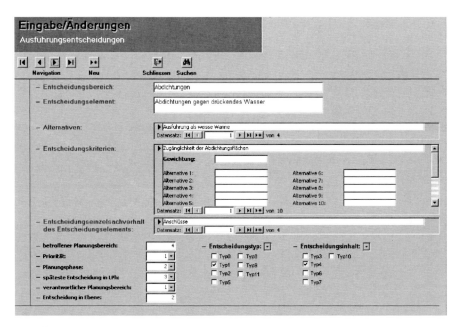

Abb. 2.56 Eingabestruktur Entscheidungen

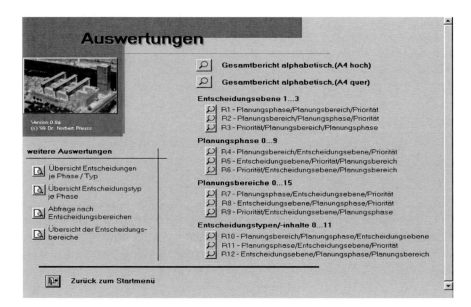

Abb. 2.57   Auswertungen zu Entscheidungsstrukturen

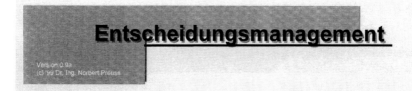

Übersicht der Entscheidungsbereiche und der zugehörigen Entscheidungselemente:

A

Abdichtungen

    Abdichtung Aussenwände als weisse Wanne
    Abdichtung gegen Bodenfeuchtigkeit für verschiedene Einzelsachverhalte (DIN 18195-4)
    Abdichtungen gegen drückendes Wasser
    Abdichtungen gegen nichtdrückendes Wasser (DIN 18195-5)
    Abdichtungen gegen von außen drückendes Wasser mit Dichtungsbahnen (DIN 18195-6)

Abfallentsorgung

    Entsorgungskonzept (erforderliche Funktionsflächen)
    Entsorgungskonzept Küche

Abwasser

    Konzept Abwasseranlagen
    Rohrleitungswerkstoffe für alle Abwasserleitungen
    Trenn- oder Mischsystem

Achsraster

    Achsraster (Abhängigkeiten Konstruktion Tiefgarage)
    Achsraster (Funktionsvorgaben Hauptnutzung)

Akustische Anlagen

    Elektroakustische Anlagen

Antennen/Funkanlagen

    Antennenanlage

Aufzugsanlagen

    Aufzugsnotruf
    Aufzugsschachtdimensionierung
    Evakuierung der Aufzüge
    Fahrgeschwindigkeit Aufzüge
    Konzept der Aufzugsanlagen
    Notstromversorgung Aufzüge

Aussenanlagen

    Aufbauhöhe Erde bei Tiefgaragen, Höfen
    Außenanlagenpflege
    Ausstattung Außenanlagen
    Baumstellungen in Freiflächen auf Untergeschossen
    Begrünungskonzepte Außenanlagen
    Bepflanzung Innenhöfe
    Fahnenmasten Bauherr
    Fahrradabstellplätze (innerhalb/außerhalb des Gebäudes)
    Fußweggestaltung Außenanlagen
    Orientierungskonzept Freianlagen

Aussenwandbekleidungen

    angemörtelte/angemauerte Außenwandbekleidungen
    Faserzementplatten-Bekleidungen
    Glasbekleidungen

Abb. 2.58 Übersicht Entscheidungsbereiche sowie zugehörige Entscheidungselemente (Auszug)

dichtung in den Schutz gegen Bodenfeuchtigkeit und die Abdichtung gegen drückendes und nichtdrückendes Wasser *(Abb. 2.58)*.

Jedes Entscheidungselement hat in der Regel diverse Alternativen, denen Kriterien zugeordnet sind, die in Entscheidungsprozessen entsprechend gewichtet werden müssen.

So weist das Element „Abdichtung gegen drückendes Wasser" 4 Alternativen auf *(Abb. 2.59)*, denen Entscheidungskriterien zuzuordnen sind. Im Entscheidungsprozess ist dann zunächst festzulegen, welche Kriterien maßgebend sind. Die einzelnen Kriterien werden je nach Einzelfall unterschiedlich gewichtet und führen dann zur Auswahl einer Alternative.

Da neben den mit Geldeinheiten bewertbaren Faktoren auch andere Kriterien in den Vergleich der Vorteilhaftigkeit einbezogen werden müssen, bietet sich hier die Methode der Kostenwirksamkeitsanalyse (KWA) an, um eine Entscheidungshilfe zu bieten.

Als weiteres Beispiel zeigt *Abb. 2.60* Entscheidungsalternativen für Außenwände.

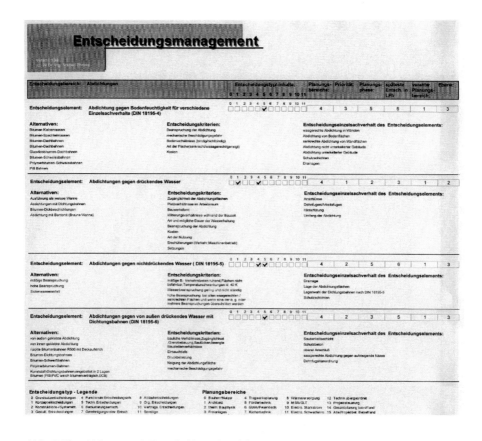

Abb. 2.59   Abfrage nach Entscheidungsbereichen

Entscheidungen bei Hochbauten KGR 330 Außenwände	Sortierung: Planungsphase-Planungsbereich-Priorität	Entscheidungsebene 1
0 Grundsatzentscheidung 1 Konzeptentscheidung 2 Konstruktions-, Systementscheidung 3 gestalterische Entscheidungsinhalte 4 funktionale Entscheidungsinhalte 5 technische Entscheidungsinhalte	6 Bemusterungsentscheidung 7 genehmigungsrelevante Entscheidungsinhalte 8 Ablaufentscheidung	9 organisatorische Entscheidung 10 vertragsrelevant Entscheidungsinhalte 11 sonstige

Bauwerkselementebene 1-3	Entscheidungsbereich Entscheidungsalternativen	Entscheidungseinzelsachverhalt Entscheidungskriterien	betroff. Planungsbereiche	Priorität	Planungsphase	spät. Entsch. in L-Ph	verantwortlicher Planungsbereich	Entsch. in Ebene
Sonnenschutz außen	Tragende Nichttragende Außenwände, Außenwandbekleidungen, elementierte Außenwände Rollläden, Jalousien, Fensterläden, Store, Blenden Putzbalkon	Gestaltung, Lebensdauer, Baurecht, Pflege-Wartung, Umweltresistenz, Reparaturanfälligkeit, Investition- und Unterhaltkosten, Behaglichkeit Wärme-, Schall-, Brandschutz, Statik (Dicke), energetisches Verhalten Funktionalität, Gestaltung, energetische Wirkung, Kosten	4	1	2	3	1	1
Nicht tragende Außenwände	Mauerwerk, Sonstige	Statik, Bauphysik, Gestaltung, Materialvorgaben, Gesamterscheinungsbild	2	1	2	3	1	1
Außenwandbekleidung außen	Hinterlüftet, Nicht hinterlüftet	Statik, Bauphysik, Gestaltung	1	2	2	3	1	1
Nichttragende Außenwände elementierte Außenwände	Pfosten-Riegel-Fassade. Elementfassade	Gestaltung, Lebensdauer, Baurecht, Pflege-Wartung, Umweltresistenz, Reparaturanfälligkeit, Investition- und Unterhaltkosten, Behaglichkeit Wärme-, Schall-, Brandschutz, Statik (Dicke), energetisches Verhalten	4	2	2	5	1	1
Nichttragende Außenwände (elementiert)	Elementaufbau. Befestigung	Gestaltung, Gesamtkonstruktion	1	2	2	3	1	1
Außentüren, Außenfenster	Materialien, Konstruktionsmerkmale, Einbau Befestigungen	Bauphysik, Gestaltung, Funktionalität	1	2	3	5	1	1
Außenwandbekleidung außen	Warmdämmverbundsystem (Vollwärmeschutz)	Gestaltung, Unterhalt, Kosten, Bauphysik, Nutzung	1	2	3	5	1	1
Außenwandbekleidung außen	Vorsatzschale mit Kerndämmung (Verblendmauerwerk)	Gestaltung, Unterhalt, Kosten, Bauphysik, Nutzung	1	2	3	5	1	1
Nichttragende Außenwände (elementiert)	Paneel, Pfosten, Riegel	Gestaltung, Lebensdauer, Baurecht, Pflege-Wartung, Umweltresistenz, Reparaturanfälligkeit, Investition- und Unterhaltkosten, Schallschutz	4	2	3	5	1	1
Nichttragende Außenwände (elementiert)	Paneel	Materialart, Oberflächenqualität. Aufbau Paneel (Schall- Wärmeschutz) Feuerwiderstandsklasse, Kleintteiligkeit (Rastermaß), Stützwerk, Geschoßhöhe	1	2	3	5	1	1
Nichttragende Außenwände (elementiert)	Elementfassade	Materialart, Oberflächenqualität. Aufbau Paneel (Schall- Wärmeschutz) Feuerwiderstandsklasse, Abmessungen, Dicke	4	2	3	3	1	1
Sonnenschutz außen	Vertikal- Ausfall- Gelenkarm-Markiesen Markiesen, Markisoletten	Bedienung (Handbetrieb-elektrisch, Einzel-, Gruppensteuerung), Windwächter, Sonnenauge, Einbruchsicherung, Arretierung	10	2	3	3	1	1
Außenwandbekleidung außen	Natustein mit Luftsch., Dämm.	Wasseraufnahmefähigkeit Beständigkeit, Druckfestigkeit, Zugfestigkeit Außenreißfestigkeit, Frostsicherheit	1	2	5	3	1	1
Außenwandbekleidung außen	Mauerwerk, Beton, Holz, Metall, Glas Mit Luftsch., Dämm.	Witterungseinfluss, Statik, Bauphysik, Gestaltung	4	2	5	5	1	1
Außenwandbekleidung außen	Mauerwerk, Beton, Holz, Metall, Glas Mit Luftsch., Dämm.	Materialart	1	2	5	5	1	1
Nichttragende Außenwände (elementiert)	Außenfenster -türen Fassade	Gestaltung, Funktionalität, Wärmeschutz, Schallschutz, hygienisches Raumklima, energetisches Verhalten	1	2	5	5	1	1
Nichttragende Außenwände (elementiert)	Elementfassade	Gestaltung, Funktionalität, Wärmeschutz, Schallschutz, hygienisches Raumklima, energetisches Verhalten	1	2	5	5	1	1
Sonnenschutz außen	Jalousien, Jalousetten	Bedienung (Handbetrieb-elektrisch, Einzel-, Gruppensteuerung), Windwächter, Sonnenauge, Einbruchsicherung, Arretierung	10	2	5	3	1	1
Außenwandbekleidung außen	Verblendmauerw. Mit Luftsch., Dämm.	Formate, Oberflächen, Verbandsart, Fugen, Konstruktion, Gestaltung. Material, Farbe	4	2	5	5	4	1

Abb. 2.60 Entscheidungsalternativen für Außenwände (Kgr. 330 der DIN 276) (Quelle: Preuß (1998), S. 105)

2.4.1.15 1A6 Mitwirken bei der Konzeption und Festlegung eines Projektkommunikationssystems

Gegenstand und Zielsetzung

Kernaufgabe des Projektmanagements ist es, in Abstimmung mit dem Auftraggeber die Prozesse zur Steuerung der Kommunikationsvorgänge für einen erfolgreichen, den terminlichen Anforderungen entsprechenden Projektablauf zu entwickeln und umzusetzen. Für die Unterstützung der Zusammenarbeit in der Bauprojektgruppe kann ein Projektkommunikationssystem eingesetzt werden.

Methodisches Vorgehen

Lassen Kriterien wie Projektvolumen, -restlaufzeit, -komplexität, -organisation, voraussichtliche Unterstützung seitens der Projektleitung/des Auftraggebers, technische Ausstattung und Vorerfahrung der Projektbeteiligten den Einsatz des Systems sinnvoll erscheinen, sind die Ziele des Systemeinsatzes, wie z. B. die Minderung des Dokumentationsaufwandes für den Auftraggeber, durch den Projektsteuerer zu ermitteln und die Wirkung des Systems hinsichtlich der Zielerreichung abzuschätzen. Darauf basierend hat eine Empfehlung über die Vorteile eines möglichen Einsatzes eines Projektkommunikationssystems an den Auftraggeber zu erfolgen. Im Organisationshandbuch ist die Entscheidung des Auftraggebers zum Einsatz des Projektkommunikationssystems zu dokumentieren. Hat der Projektsteuerer das Projektkommunikationssystem selbst auszuwählen, zu implementieren und anzuwenden, so handelt es sich um eine Besondere Leistung (vgl. *Ziff. 2.5.1*).

2.4.1.16 1C3 Prüfen und Freigeben von Rechnungen zur Zahlung

Gegenstand und Zielsetzung

Ziel der Prüfung und Freigabe von Rechnungen durch den Projektsteuerer ist es, darauf zu achten, dass seitens des Auftraggebers nur vertraglich, fachlich/sachlich und rechnerisch gerechtfertigte Ansprüche der Projektbeteiligten unter Berücksichtigung von zahlungshemmenden oder zur Aufrechnung berechtigenden Ereignissen geleistet werden.

Grundsätzlich ist jeweils zwischen *Rechnungen von Planern, Beratern und Gutachtern* einerseits sowie von *Bau- und Lieferfirmen* andererseits zu unterscheiden. Honorarrechnungen von Planern, Beratern und Gutachtern sind vom Projektsteuerer vollständig in vertraglicher, fachlich/sachlicher und rechnerischer Hinsicht zu überprüfen. Bei *Vergütungsansprüchen von Baufirmen und Lieferanten* erstreckt sich das Prüfen und Freigeben von Rechnungen durch den Projektsteuerer auf Plausibilitätskontrollen, insbesondere im Hinblick auf die Übereinstimmung mit dem Kosten- und Mengengefüge der zwischen Projektsteuerer, Planern und Auftraggeber abgestimmten Kostenermittlungen. Die Kontrolle der Rechnungsprüfung der Objektüberwachung ist eine Besondere Leistung im Rahmen der Projektstufe 4 (Ausführung).

Voraussetzung für das Prüfen und Freigeben von Rechnungen zur Zahlung ist das Vorliegen der dazu erforderlichen Unterlagen, d. h. sämtlicher Vertragsunterlagen, Pläne, Leistungsbeschreibungen, Rechnungen, Leistungsmeldungen und geleisteten Abschlagszahlungen.

Methodisches Vorgehen

Im Rahmen der Projektvorbereitung handelt es sich i. d. R. um *Honorarrechnungen von Planern, Beratern und Gutachtern.* Eingehende Rechnungen sind zunächst nach Adressat, Priorität und Auszahlungsfristen, Vollständigkeit und Prüffähigkeit sowie notwendigen Anlagen zu überprüfen. *Nicht prüfbare Rechnungen* sind unverzüglich schriftlich im Original mit der Bitte um Stornierung zurückzusenden. *Fehlende Unterlagen* sind nachzufordern (Diederichs, 2003b, S. 25 ff.).

Bei Planerrechnungen ist im nächsten Schritt auf der Basis von Vertrag, Honorarrechnung und Leistungsmeldung ein *Vergleich* zwischen vertraglich vereinbarter und tatsächlich mängelfrei erbrachter Leistung und der mit der Honorarrechnung geltend gemachten Vergütung anzustellen. Differenzen sind aufzuklären und zu dokumentieren. Bei gravierenden Abweichungen ist die Forderung als unbegründet zurückzuweisen und im Original mit der Bitte um Stornierung zurückzusenden.

Das *Prüfraster* zur vertraglichen, sachlichen und rechnerischen Prüfung von Verträgen umfasst u. a. die stufen-, abschnitts- und objektweise Beauftragung, die Leistungsbilder mit Grundleistungen und Besonderen Leistungen, die Objekteinteilung, die Ermittlung der anrechenbaren Kosten in den einzelnen Leistungsphasen, den Wert anrechenbarer Bausubstanz, die vereinbarten Zuschläge, Honorarzonen und Honoraranteile in den einzelnen Leistungsphasen, ggf. die Fortschreibung der Tafelwerte über die Honorartafeln der HOAI hinaus, die Nebenkosten, die Vergütung nach Zeitaufwand, die Umsatzsteuer sowie das Vorliegen des Haftpflichtversicherungsnachweises (Diederichs, 2003b, S. 28 ff. und 2004e, S. 44 ff.).

Es empfiehlt sich, auf der jeweils freigegebenen Rechnung einen Prüfstempel des Projektsteuerers mit Datum (Abschluss der Prüfung), der anzuweisenden Abschlags- oder Schlussrechnungssumme anzubringen. Eine übliche Formulierung für Planerrechnungen lautet:

„In allen projektmanagementrelevanten Teilen vertraglich, sachlich und rechnerisch geprüft und mit den aus der Rechnung ersichtlichen Änderungen für richtig befunden und festgestellt.

Betrag der ... Abschlagszahlung/Schlusszahlung € ....

Ort, den ....

Projektsteuerer XYZ

(Unterschrift)"

Für eingehende *Firmenrechnungen* hat der Projektsteuerer ggf. Schreiben der Objektüberwachung an die Firmen zur Herstellung der Prüffähigkeit der Rechnungen zu veranlassen.

Wenn Leistungen berechnet werden, die dem Auftraggeber und dessen Objektüberwachung sowie dem Projektsteuerer bisher nicht bekannt waren, insbesondere vom Auftraggeber weder beauftragt noch nachträglich übertragen wurden, so ist zu klären, ob die Rechnung unter Verweis auf § 2 Nr. 8 VOB/B zurückgewiesen werden kann, ob eine förmliche Nachbeauftragung erforderlich ist, da die Leistungen für die Erfüllung des Vertrages notwendig waren, und ob eine Weiterverrechnung der Kosten an Dritte möglich ist, da diese Verursacher der zusätzlichen Leistungen sind.

Bei festgestellten Unterdeckungen oder Überzahlungen hat der Projektsteuerer, bei Firmenrechnungen nach vorheriger Einschaltung der Objektüberwachung, den Sachverhalt aufzuklären. Bei Unterdeckung ist eine Deckungsbestätigung zu erwirken. Bei Überzahlungen sind Rückforderungen mit Zinsansprüchen zu stellen. Gemäß Ziff. 27.2 der EVM (B)ZVB/E der RBBau hat der Auftragnehmer den zu erstattenden Betrag – ohne Umsatzsteuer – vom Empfang der Zahlungen an mit 4 v. H. zu verzinsen, es sei denn, es werden seitens des Auftraggebers höhere oder geringere Nutzungen nachgewiesen. § 195 BGB findet Anwendung (3-jährige Verjährungsfrist für Rückstände aus Zinsen).

Bei der Rechungsprüfung ist allgemein auf Fälligkeitstermine nach Vertrag bzw. dem Gesetz zur Beschleunigung fälliger Zahlungen gemäß §§ 286 ff. BGB zu achten. Für die Kostenkontrolle/-überwachung ist der Abrechnungs-/Zahlungsstand fortzuschreiben und festzustellen.

Seit dem 01.01.2002 ist die Sorge für die Berücksichtigung der Bauabzugssteuer auch durch den Projektsteuerer zu klären. Wird diese Aufgabe nicht vom Auftraggeber wahrgenommen, sondern dem Projektsteuerer übertragen, so ist dies eine Besondere Leistung mit entsprechendem Vergütungsanspruch.

Mit dem „Gesetz zur Eindämmung illegaler Betätigung im Baugewerbe" vom 30.08.2001 (§§ 48–48d EStG) wurde ein Steuerabzug beim Empfang von Bauleistungen an Bauwerken eingeführt (BGBl. I 2001, S. 2267). Unternehmen i. S. d. § 2 Umsatzsteuergesetz und Öffentliche Körperschaften, die Bauleistungen empfangen, haben ab dem 01.01.2002 15 % der Rechnungssumme einzubehalten und an das Finanzamt des leistenden Bauunternehmers abzuführen. Diese Abzugsbeträge werden auf die Steuern des Bauunternehmers angerechnet (einbehaltene Lohnsteuer, eigene Einkommen- und Körperschaftssteuer). Das Gesetz sieht zwei Ausnahmen vor, bei deren Vorliegen ein Steuerabzug unterbleiben kann: zum einen, wenn dem Leistungsempfänger im Zeitpunkt der Gegenleistung eine gültige Freistellungsbescheinigung des Bauleistenden vorliegt, und zum anderen, wenn die Gegenleistung im laufenden Kalenderjahr bestimmte Bagatellgrenzen voraussichtlich nicht überschreiten wird. Der Steuereinbehalt kann unterbleiben, wenn die Gegenleistungen (also die Zahlungen) je Werkunternehmer im laufenden Kalenderjahr voraussichtlich 5.000,- € nicht übersteigen werden. Bei dieser Prognoserechnung sind alle bislang schon erbrachten Leistungen und alle voraussichtlich noch im laufenden Jahr zu erbringenden Bauleistungen des Werkunternehmers zusammenzurechnen. Übersteigt dieser Gesamtbetrag die Freigrenze, so ist von allen Zahlungen ein Einbehalt von 15 % vorzunehmen. Die Bagatellgrenze erhöht sich auf 15.000,- €, wenn der Auftraggeber ausschließlich steuerfreie Umsätze aus Vermietung und Verpachtung, § 4 Nr. 12 S. 1 UStG, erzielt. Sobald auch nur ein geringer Teil der unternehmerischen Tätigkeit auf andere Umsätze entfällt, gilt der Betrag von 5.000,- €.

Zu beachten ist ferner die Umkehrung der Umsatzsteuerschuld für Bauleistungen ab 01.04.2004 gemäß § 13b Abs. 2 UStG. Bauleistungen sind gemäß § 13b Abs. 1 Satz 1 Nr. 4 UStG „Werklieferungen und sonstige Leistungen, die der Herstellung, Instandsetzung, Instandhaltung, Änderung oder Beseitigung von Bauwerken dienen, mit Ausnahme von Planungs- und Überwachungsleistungen".

Die Umsatzsteuerschuld geht auf den Empfänger einer Bauleistung über, wenn er Unternehmer ist und selbst Bauleistungen erbringt. Die Regelung greift auch dann, wenn er die Bauleistung für seinen privaten Bereich bezieht.

Der Bauleistende muss eine Netto-Rechnung (ohne Umsatzsteuer) stellen, in der er auf die Umsatzsteuerschuldnerschaft des Auftraggebers hinweist.

Die Bundesregierung verfolgt mit der Neuregelung des § 13b UStG das Ziel, den Umsatzsteuerbetrug im Baugewerbe, insbesondere im Bereich der Subunternehmer, einzudämmen.

Vorteil für den Auftraggeber ist, dass dieser sich seinen Vorsteuerabzug sichert. Sofern er die Leistung für sein Unternehmen bezogen hat, kann er gleichzeitig Vorsteuer in gleicher Höhe geltend machen. Wer bisher nicht nachweisen konnte, dass der beauftragte Bau- oder Subunternehmer tatsächlich existierte und seinen Steuerpflichten nachkam, dem wurde vom Finanzamt der Vorsteuerabzug verwehrt.

Der Auftragnehmer hat einen Liquiditätsvorteil, weil er die Umsatzsteuer nicht mehr vorfinanzieren muss wie vor Einführung des Gesetzes in dem Zeitraum zwischen Rechnungsstellung an den Auftraggeber mit gleichzeitiger Zahlung der Mehrwertsteuer an das Finanzamt und dem Zahlungseingang seitens des Auftraggebers.

Die Umkehrung der Steuerschuldnerschaft bei der Umsatzsteuer darf nicht mit der Bauabzugssteuer verwechselt werden. Für die Umkehrung der Steuerschuldnerschaft bei der Umsatzsteuer gibt es kein Freistellungsverfahren, d. h. der Auftraggeber hat unabhängig von der Freistellungsbescheinigung für Zwecke der Bauabzugssteuer die Umsatzsteuer immer einzubehalten und direkt an das Finanzamt abzuführen.

Beispiel

Das nachfolgende Beispiel zeigt in *Abb. 2.61* ein Schema zur Mitteilung des Ergebnisses der Prüfung einer Planerrechnung zwecks Zahlungsfreigabe.

Absender: **Projektsteuerer**   **Datum:**

Adressat: **Projektleitung des AG**

Projekt: Neubau des Geschäftszentrums in Musterstadt
Ergebnis der Rechnungsprüfung/Zahlungsfreigabe

Auftrags- und Rechnungsdaten		
Projekt	:	Neubau des Geschäftszentrums in Musterstadt
Auftraggeber	:	AG
Auftragnehmer	:	Planungsbüro für TGA
Leistungen	:	Ingenieurleistungen bei der Technischen Ausrüstung
Auftragsnummer	:	
Rechnungs-Art	:	5. Abschlagsrechnung
Rechnungs-Nr.	:	
Rechnungs-Datum	:	
Geprüft von	:	Projektsteuerung

Aktuelle Auftragssumme		
Ing.-vertrag vom 13.09.2004 (vorläufige	netto €	
Honorarsumme)		
Mehrungen (beauftragte Nachträge)	netto €	+
Minderungen (entfallende Leistungen)	netto €	./.
Gesamtauftragssumme	netto €	=
Auszahlungsbetrag		
Geprüfte Rechnungs-/Leistungssumme	netto €	
Abzüge/Gegenforderungen	netto €	./.
Sicherheitseinbehalt	netto €	./.
Bisherige Zahlungen 1.-4. AZ	netto €	./.
Rechnungsbetrag	netto €	=
MwSt. 16 %		+
Zahlungsfreigabe	brutto €	=

Abb. 2.61 Schema der Rechnungsprüfung/Zahlungsfreigabe einer Abschlagsrechnung für Planerhonorar

2.4.1.17 1C4 Einrichten Projektbuchhaltung

Gegenstand und Zielsetzung

Gegenstand der Projektbuchhaltung ist das zahlenmäßige Spiegelbild aller projektbezogenen Kostendaten. Es dient dazu, alle in Zahlen ausdrückbaren projektbezogenen Kosten- bzw. Preistatbestände mengen- und wertmäßig zu erfassen, zu verarbeiten und zur Bewertung durch das Projektmanagement bereitzustellen.

Zielsetzung der Projektbuchhaltung ist die jederzeitige Auskunftsbereitschaft über die Entwicklung des Budgets, die Auftrags- und Abrechnungssummen, über Kostenüber- bzw. -unterschreitungen sowie die Einhaltung der Kostenziele.

Methodisches Vorgehen

Für die Einrichtung und Durchführung der Projektbuchhaltung werden zahlreiche *Unterlagen bzw. Informationen* benötigt wie das festgelegte Budget, Ergebnisse der Kostenermittlungen (Kostenschätzung, -berechnung, -anschlag), alle abgeschlossenen Planer-, Bauwerk- und Lieferverträge inklusive sämtlicher Bürgschaften (mit überprüften Wirksamkeitsvoraussetzungen) und Nachträge, die Auftrags-Leistungsverzeichnisse mit Mengen, Einheitspreisen und Gesamtpreisen sowie sämtlichen Nachträgen und die Rechnungsfreigaben einschließlich der Rechnungsunterlagen. Diese Unterlagen müssen auf *Vollständigkeit* überprüft werden. Ferner müssen die *Art* (Tabellenkalkulation oder Kostenermittlungs- und –steuerungsprogramm) sowie der *Umfang* (Gliederungstiefe, Kontenzuordnungen, Codierungen etc.) der Projektbuchhaltung in Absprache mit dem Auftraggeber festgelegt werden.

Zunächst sind die voraussichtlichen bzw. tatsächlichen *Vergabesummen* für jede Planungs- und Bauleistung zu erfassen und die Summen dem Ausgangsbudget gegenüberzustellen. Bereits bekannte Veränderungen der Auftragssummen werden als Nachträge oder Sonstiges (Lohngleitung, Zusatzleistung etc.) gesondert erfasst.

Freigegebene Rechnungen werden den einzelnen Leistungen zugeordnet und dort verbucht. Bei den Leistungen müssen jederzeit die Summe der freigegebenen Zahlungen und das Restbudget erkennbar sein. Aus den erfassten Nachbeauftragungen bzw. sonstigen Veränderungen der Auftragsstände muss jederzeit die *aktuell erwartete Schlussabrechnungssumme* zur Einschätzung des Kostentrends ersichtlich sein. Durch geeignete Zusammenfassungen müssen jederzeit die aktuellen Stände des Budgets, der Auftrags- und Abrechnungssummen sowie der Kostenüber- und -unterschreitungen abrufbar sein. Im Fall von Überschreitungen sind unverzüglich der jeweilige Projektleiter des Projektsteuerers zu informieren, die Ursachen zu analysieren und Konsequenzen zur Rückführung der Überschreitung aufzuzeigen. Diese Informationen und Empfehlungen sind dann dem Auftraggeber zur Entscheidung vorzulegen.

Bei vereinbarten Vorauszahlungsbürgschaften ist zu beachten, dass der Abbau der Bürgschaften mit erbrachten Leistungen korrespondiert.

Zur Vermeidung von Risiken durch an der Projektbuchhaltung vorbeifließende Daten sind alle Projektbeteiligten zu verpflichten, keine Zahlung ohne Freigabevermerk des Projektsteuerers zu leisten!

Zur Vermeidung von Erfassungs- und Schreibfehlern bzw. zu deren Eliminierung sind Plausibilitätskontrollen durch Vergleiche anzustellen. Durch regelmäßige Datensicherung und Datenschutz ist darauf zu achten, dass keine Informationen verloren gehen. Durch konsequente Kostentrendbetrachtungen ist zu vermeiden, dass zu spät erkannte Kostensteigerungen über Budgetansätze hinaus nicht mehr zurückgeführt werden können. Im Einzelnen sind folgende Teilleistungen zu erbringen:

- Übernahme des Gesamtbudgets aus der Kostenermittlung für die Budgetierung (i. d. R. Kostenberechnung)
- Übernahme der Sollwerte für Vergabeeinheiten aus der aktuellen Kostenberechnung
- Erfassung von Firmen und Aufträgen, jeweils mit Firmen- und Auftragsnummer sowie evtl. Nachträgen und Rückstellungen zu Vergaben
- Erfassung von Rechnungswerten mit Rechnungsart, -nummer, -datum und Zahlungswerten mit Auszahlungsdatum
- Prognose der voraussichtlichen Schlussrechnungssummen aufgrund des jeweils aktuellen Abrechnungsstandes durch laufende Bearbeitung der Rückstellungen und der Zuweisungen aus noch nicht vergebenen Budgetwerten und Überprüfung der Gesamtprojektsumme zum Projektende
- Auswahl der Ausdruckarten
- Im Fall von drohenden Budgetüberschreitungen sind die Ursachen zu analysieren, Anpassungsmaßnahmen zur Rückführung drohender Überschreitungen aufzuzeigen, diese mit dem Projektleiter abzustimmen und dem Auftraggeber zur Entscheidung vorzulegen
- Fortschreiben der Projektbuchhaltung durch zeitnahe Erfassung sämtlicher Vergabe-, Nachtrags- und Zahlungsvorgänge
- Abschluss der Projektbuchhaltung mit dem letzten Gesamtausdruck „Kosten", zu dem der Projektsteuerer vertraglich verpflichtet ist

Beispiele

Die nachfolgenden Tabellen geben eine Übersicht über mögliche Auswertungen der Projektbuchhaltung (beispielhaft mit Hilfe des Programms DU-Cosy). DU-Cosy wurde von DU Diederichs Projektmanagement, Berlin, seit 1981 entwickelt und laufend angepasst. Es ermöglicht eine durchgängige Kostenermittlung, -kontrolle und -steuerung von der Projektvorbereitung bis zum Projektabschluss. Aus *Abb. 2.62* bis *Abb. 2.71* werden die Leistungsanforderungen auch an andere Kostenprogramme deutlich (Diederichs, 2003a, S. 27 ff.).

Die Gegenüberstellung der Kostengruppen der DIN 276 Juni 1993 bzw. E DIN 276-1:2005-08 einerseits und der DIN 276 April 1981 andererseits dient der Ermittlung von anrechenbaren Kosten zur Honorarermittlung nach HOAI 2002, da diese nach wie vor gemäß § 10 Abs. 2 eine Kostengliederung nach DIN 276 April 1981 fordert.

DU-Cosy Leistungsmerkmale

1 Projektwahl: Einrichten / Auswahl der Projekte, Bearbeiten der Projektliste

2 Projekt-Stammdaten:Einrichten / Bearbeiten der Projektstammdaten bzw. Kostenstrukturen, gegliedert nach

Bauwerke
Leistungsbereiche (LB)
Kostengruppen (KGR)
Vergabe- bzw. Kostenkontrolleinheiten (KKE)
Firmen (mit Firmendaten)

3 Kostenschätzung (KS): Erstellen KS mit folgenden Sortierungsmöglichkeiten
Bauw. / KGR / LB / LP
Bauw. / LB / KGR / LP
KGR / LB / LP / Bauw.
LB / KGR / LP / Bauw.

4 Kostenberechnung (KB):Erstellen der KB mit den Sortierungsmöglichkeiten wie bei Ziff. 3 (KS)

5 Kostenkontrolle: Durchführen der gesamten Kostenkontrolle und Projektbuchhaltung
Auftragsdefinition
Definieren der Aufträge bzw. Festlegen der Vergabestruktur / Zuordnen der Kostenkontroll- bzw. Vergabeeinheiten mit folgenden Sortierungsmöglichkeiten
Auftrag
VE / KKE / Auftrag
LP-Zuweisungen
Festlegen des Budgets für VE/Aufträge durch Zuordnen der Leitpositionen der Kostenberechnung zu den vorgesehenen KKE/VE/Aufträgen mit folgenden Sortierungsmöglichkeiten
Bauw. / KGR / LB / LP
Bauw. / LB / KGR / LP
KGR / LB / LP / Bauw.
LB / KGR / LP / Bauw.
Auftrag / Bauw. / KGR / LB / LP
VE / Bauw. / KGR / LB / LP
Auftragsbuchungen
Eingeben / Buchen der vorgesehenen oder abgeschlossenen Aufträge (Hauptaufträge, Auftragserweiterung-Nachträge), Bewerten der Rückstellungen für weitere Nachtragsrisiken und Zuordnen der Firmen zu den Aufträgen
Auftrag
Firma / Auftrag
KKE / Auftrag

Rechnungen
Eingeben / Buchen der Rechnungen (Abschlags-, Schlussrechnungen, einmalige Forderungen)
Auftrag
Firma / Auftrag
KKE / Auftrag
chronologisch

6 Bildschirmauswertungen: Um jederzeit wichtigste Kostendaten abfragen zu können, ohne einen Ausdruck erzeugen zu müssen
KS - Zusammenfassung Bauwerke
KB - Zusammenfassung Bauwerke
Stand Restbudgets KKE / Auftrag
Stand Restbudgets Auftrag
Übersicht Projekt

7 Dienstprogramme

Benutzerverwaltung: Einrichtung der Benutzer mit unterschiedl. Zugangsberechtigungen
Druckerauswahl: Ausgabeprogramm
Sortierung: Unterprogramm zur Datensicherung oder -übertragung
Kopie Kostenschätzung: Zwecks Erstellung der Kostenberechnung durch Fortschreibung d. KS

Abb. 2.62 Erforderliche Leistungsmerkmale von Programmen zur Kostenermittlung und -kontrolle sowie für die Projektbuchhaltung (Quelle: DU-Cosy)

DU-Cosy Druckprogramme
1 Projektliste (Ausdruck der Projekt-Liste)
2 Projekt-Stammdaten (Ausdruck der Projektstammdaten bzw. Daten der Kostenstruktur) ▸ Bauwerke ▸ Leistungsbereiche (LB) ▸ Kostengruppen (KGR) ▸ Vergabe- bzw. Kostenkontrolleinheiten (KKE) ▸ Firmen (mit Firmendaten)
3 Kostenschätzung (KS) (Ausdrucke der KS mit folgender Sortierung und Kostenzusammenfassung) ▸ Sortierung: Bauw. / KGR / LB / LP ▸ Sortierung: Bauw. / LB / KGR / LP ▸ Sortierung: KGR / LB / LP / Bauw. ▸ Sortierung: LB / KGR / LP / Bauw. ▸ Zusammenfassung: Bauw. ▸ Zusammenfassung: Bauw. / KGR ▸ Zusammenfassung: KGR / Bauw. ▸ Zusammenfassung: Bauw. / LB ▸ Zusammenfassung: LB / Bauw.
4 Kostenberechnung (KB): Ausdrucke der KB mit den Sortierungen und Kostenzusammenfassung wie bei Ziff. 3 (KS)
5 Kostenkontrolle: Ausdrucke der Daten der Kostenkontrolle und Projektbuchhaltung ▸ Zuweisungen / Index Ausdrucke der Daten der Leitpositionen zu einzelnen Aufträgen / Vergabeeinheiten und der einzelnen Budgets für Aufträge und Vergabeeinheiten ▸▸ **Sortierung: Bauw. / KGR / LB / LP** ▸▸ **Sortierung: Bauw. / LB / KGR / LP** ▸▸ **Sortierung: KGR / LB / LP / Bauw.** ▸▸ **Sortierung: LB / KGR / LP / Bauw.** ▸▸ **Sortierung: KKE / Auftrag** ▸▸ **Sortierung: Auftrag** ▸▸ **Zusammenfassung: KKE / Auftrag** ▸▸ **Zusammenfassung: Auftrag** ▸ Aufträge / Vergabe (Ausdrucke der Auftragsdaten mit folgender Liste) ▸▸ **Definitionen: KKE / Auftrag** ▸▸ **Definitionen: Auftrag** ▸▸ **Buchungen: KKE / Auftrag** ▸▸ **Buchungen: Auftrag** ▸▸ **Restbudgets: KKE / Auftrag** ▸▸ **Restbudgets: Auftrag** ▸▸ **Stand: AP-Konto** ▸ Rechnungen (Ausdrucke der Rechnungsdaten/-listen mit folgender Sortierung) ▸▸ **Definitionen: KKE / Auftrag** ▸▸ **Definitionen: Auftrag** ▸▸ **Sortierung: Firma / Auftrag** ▸▸ **Sortierung: chronologisch**
6 Übersichten / Vergleiche: Ausdrucke der Übersichten der wesentlichen Kostendaten/-auswertungen ▸ Übersicht KKE ▸ Übersicht KKE bzw. VE / Auftrag ▸ Übersicht Aufträge ▸ Übersicht Kostengruppen ▸ Übersicht Projekt

Abb. 2.63   Druckmenüauswahl eines Programms zur Kostenermittlung und -kontrolle sowie für die Projektbuchhaltung

DIN 276 Juni 1993 bzw. E DIN 276-1:2005-08		DIN 276 April 1981	
Kgr	**Bezeichnung**	**Kgr**	**Bezeichnung**
100	**Grundstück**	**1**	**Baugrundstück**
			- ohne 1.4 Herrichten
110	Grundstückswert	1.1	Wert
120	Grundstücksnebenkosten	1.2	Erwerb
130	Freimachen	1.3	Freimachen
200	**Herrichten und Erschließen**	**2**	**Erschließen**
			- zzgl. 1.4 Herrichten
210	Herrichten	1.4	Herrichten
220	Öffentliche Erschließung	2.1	Öffentliche Erschließung
230	Nichtöffentliche Erschließung	2.2	Nichtöffentliche Erschließung
240	Ausgleichsabgaben	2.3	Andere einmalige Abgaben
300	**Bauwerk-Baukonstruktionen**	**3.1**	**Baukonstruktionen**
			- zzgl. Teile aus 3.4 Betriebliche Einbauten
			- zzgl. 3.5.1 Besondere Baukonstruktionen
			- zzgl. Teile aus 3.5.4 Besondere betriebliche Einbauten
			- zzgl. Teile aus 6.2 Zusätzliche Maßnahmen beim Bauwerk
310	Baugrube	3.1.1.1	Baugrube
			- zzgl. Teile aus 3.5.1 Besondere Baukonstruktionen
320	Gründung	3.1.1.2	Fundamente, Unterböden
			- zzgl. Teile aus 3.5.1 Besondere Baukonstruktionen
			- zzgl. Teile aus 3.1.3.3 Nichttragende Konstruktionen der Decken (Bodenbeläge auf Boden- und Fundamentplatten)
330	Außenwände	3.1.2.1	Tragende Außenwände, Außenstützen und
		3.1.3.1	Nichttragende Außenwände;
			- zzgl. Teile aus 3.5.1 Besondere Baukonstruktionen
340	Innenwände	3.1.2.2	Tragende Innenwände, Innenstützen und
		3.1.3.2	Nichttragende Innenwände;
			- zzgl. Teile aus 3.5.1 Besondere Baukonstruktionen
350	Decken	3.1.3.2	Tragende Decken, Treppen und
		3.1.3.3	Nichttragende Konstruktion der Decken, Treppen;
			- ohne Bodenbeläge auf Boden- und Fundamentplatten
			- zzgl. Teile aus 3.5.1 Besondere Baukonstruktionen
360	Dächer	3.1.2.4	Tragende Dächer, Dachstühle und
		3.1.3.4	Nichttragende Konstruktionen der Dächer;
			- zzgl. Teile aus 3.5.1 Besondere Baukonstruktionen
370	Baukonstruktive Einbauten		Teile aus 3.4 Betriebliche Einbauten;
			- zzgl. Teile aus 3.5.4 Besondere betriebliche Einbauten
390	Sonstige Maßnahmen für Baukonstruktionen	3.1.9	Sonstige Konstruktionen;
			- zzgl. Teile aus 3.5.1 Besondere Baukonstruktionen
			- zzgl. Teile aus 6.2 Zusätzliche Maßnahmen beim Bauwerk
400	**Bauwerk-Technische Anlagen**	**3.2**	**Installationen und**
		3.3	**Zentrale Betriebstechnik;**
			- zzgl. Teile aus 3.4 Betriebliche Einbauten
			- zzgl. 3.5.2 Besondere Installationen,
			- zzgl. 3.5.3 Besondere zentrale Betriebstechnik,
			- zzgl. Teile aus 3.5.4 Besondere betriebliche Einbauten
			- zzgl. 4.5 Beleuchtung
			- zzgl. Teile aus 6.2 Zusätzliche Maßnahmen beim Bauwerk
410	Abwasser-, Wasser-, Gasanlagen	3.2.1	Abwasser und
			- 3.2.2 Wasser
			- 3.2.4 Gase und sonstige Medien
			- 3.3.1 Abwasser
			- 3.3.2 Wasser
			- 3.3.4 Gase und sonstige Medien
			- 3.5.2.1 Abwasser
			- 3.5.2.2 Wasser
			- 3.5.2.4 Gase und sonstige Medien
			- 3.5.3.1 Abwasser
			- 3.5.3.2 Wasser
			- 3.5.3.4 Gase und sonstige Medien
420	Wärmeversorgungsanlagen	3.2.3	Heizung und
			- 3.3.3 Heizung
			- 3.5.2.3 Heizung
			- 3.5.3.3 Heizung
430	Lufttechnische Anlagen	3.2.7	Raumlufttechnik (RLT) und
			- 3.3.7 Raumlufttechnik (RLT)
			- 3.5.2.7 Raumlufttechnik (RLT)
			- 3.5.3.7 Raumlufttechnik (RLT)

DIN 276 Juni 1993 bzw. E DIN 276-1:2005-08	DIN 276 April 1981
Kgr Bezeichnung	**Kgr Bezeichnung**
440 Starkstromanlagen	3.2.5 Elektrischer Strom und Blitzschutz und
	- 3.3.5 Elektrischer Strom
	- 3.5.2.5 Elektrischer Strom
	- 3.5.3.5 Elektrischer Strom
	- 4.5 Beleuchtung
450 Fernmelde- und informationstechnische Anla	3.2.6 Fernmeldetechnik (ohne Zentrale Leittechnik) und
	- 3.3.6 Fernmeldetechnik (ohne Zentrale Leittechnik)
	- 3.5.2.6 Fernmeldetechnik
	- 3.5.3.6 Fernmeldetechnik
460 Förderanlagen	3.3.8 Fördertechnik
470 Nutzungsspezifische Anlagen	Teile aus 3.4 Betriebliche Einbauten;
	- zzgl. Teile aus 3.5.4 Besondere betriebliche Einbauten
480 Gebäudeautomaten	Teile aus 3.2.6 und 3.3.6 Fernmeldetechnik und neu definierte Leistunge
490 Sonstige Maßnahmen für Technische Anlage	Teile aus 3.2.9 Sonstige Installationen;
	- zzgl. Teile aus 3.3.9 Sonstige zentrale Betriebstechnik
	- zzgl. Teile aus 6.2 Zusätzliche Maßnahmen beim Bauwerk
500 Außenanlagen	**5 Außenanlagen**
	- ohne 5.5 Kunstwerke und künstlerisch gestaltete Bauteile im Freien
	- zzgl. 6.3 Zusätzliche Maßnahmen bei den Außenanlagen
510 Geländeflächen	5.2.2 Vegetationstechnische Oberbodenarbeiten und
	- 5.2.3 Bodenabtrag und -einbau
	- 5.2.6 Vegetationstechnische Bodenverbesserung
	- 5.2.9 Sonstige Geländebearbeitung und -gestaltung
	- 5.8 Grünflächen
520 Befestigte Flächen	5.7 Verkehrsanlagen
	- ohne 5.7.5 Beleuchtung
	- ohne 5.7.7 Rampen, Treppen, Stufen
	- ohne 5.7.8 Markierungen, Verkehrszeichen, Sicherheitsvorrichtur
	- zzgl. Teile aus 5.6 Anlagen für Sonderzwecke
	(insbesondere Sportplatz- und Spielplatzflächen)
530 Baukonstruktionen in Außenanlagen	5.1 Einfriedungen und
	- 5.2.1 Stützmauern und -vorrichtungen
	- 5.2.4 Bodenaushub für Stützmauern usw. Fundamente
	- 5.2.5 Freistehende Mauern
	- 5.2.7 Bachregulierungen, offene Gräben, einschl. Uferbefestigun(
	- 5.2.8 Wasserbecken
	- 5.7.7 Rampen, Treppen, Stufen
540 Technische Anlagen in Außenanlagen	5.3 Abwasser- und Versorgungsanlagen
	- zzgl. 5.7.5 Beleuchtung
	- zzgl. Teile aus 5.6 Anlagen für Sonderzwecke
550 Einbauten in Außenanlagen	5.4 Wirtschaftsgegenstände
	- zzgl. Teile aus 5.6 Anlagen für Sonderzwecke
590 Sonstige Maßnahmen für Außenanlagen	5.9 Sonstige Außenanlagen
	- zzgl. 6.3 Zusätzliche Maßnahmen für Außenanlagen
600 Ausstattung und Kunstwerke	**4 Gerät**
	- ohne 4.5 Beleuchtung
	- zzgl. 3.5.5 Kunstwerke, künstlerisch gestaltete Bauteile
	- zzgl. 5.5 Kunstwerke, künstlerisch gestaltete Bauteile im Freien
610 Ausstattung	4 Gerät
	- ohne 4.5 Beleuchtung
620 Kunstwerke	3.5.5 Kunstwerke, künstlerisch gestaltete Bauteile und
	- 5.5 Kunstwerke u. künstlerisch gestaltete Bauteile im Freien
700 Baunebenkosten	**7 Baunebenkosten**
710 Bauherrenaufgaben	7.1.4, 7.2.4, 7.3.4 Verwaltungsleitungen von Bauherr und Betreuer
720 Vorbereitung der Objektplanung	7.1.9 Sonstige Kosten der Grundlagenermittlung
730 Architekten- und Ingenieurleistungen	7.1.1 Grundlagenermittlungen von Architekten und Ingenieuren und
	- 7.2.1, 7.3.1 Leistungen von Architekten und Ingenieuren
	- 7.1.2, 7.1.3 Grundlagenermittlungen von Sonderfachleuten
	sowie Gutachtern und Beratern und
	7.2.2, 7.2.3, 7.3.2, 7.3.3 Leistungen von Sonderfachleuten sowie von
	Gutachtern und Beratern
750 Kunst	7.2.5, 7.3.5 Leistungen für besondere künstlerische Gestaltung
760 Finanzierung	7.4 Finanzierung
770 Allgemeine Baunebenkosten	7.5 Allgemeine Baunebenkosten
790 Sonstige Baunebenkosten	

Abb. 2.64   Gegenüberstellung von DIN 276 Juni 1993 bzw. E DIN 276-1:2005-08 und DIN 276 April 1981

Nr.	Bezeichnung	Nr.	Bezeichnung
000.	Baustelleneinrichtung	043.	Lufttechnische Anlagen
001.	Gerüstarbeiten	044.	Starkstromanlagen
002.	Erdarbeiten	044.1	Starkstromanlagen
006.	Verbau, Ramm- und Einpressarbeiten	044.2	Beleuchtungsanlagen
008.	Wasserhaltungsarbeiten	045.	Fernmelde- u. informationstechn. Anlagen
009.	Entwässerungskanalarbeiten	046.	Förderanlagen
010.	Dränarbeiten	047.	Nutzungsspezifische Anlagen
011.	Abbrucharbeiten innen	050.	Außenanlagen
011.1	Abbrucharbeiten Gebäude	050.1	Außenanlagen - Höfe
011.2	Abbrucharbeiten innen	050.2	Außenanlagen - Wiederherst. Gehwege
011.3	Abbrucharbeiten Technische Anlagen	060.	Öffentliche Erschließungen
012.	Mauerarbeiten	061.	Ausstattung
013.	Beton- und Stahlbetonarbeiten	063.	Kunstwerke
014.	Naturwerksteinarbeiten	071.	Bauherrenaufgaben
015.	Betonwerksteinarbeiten	071.1	Projektleitung
016.	Zimmer- und Holzbauarbeiten	071.2	Projektsteuerung
017.	Stahlbauarbeiten	071.9	Bauherrenaufgaben sonst.
018.	Abdichtungsarbeiten	072.	Vorbereitung Objektplanung
020.	Dachdeckungsarbeiten	072.1	Untersuchungen
021.	Dachabdichtungsarbeiten	072.9	Vorbereitung Objektplanung, sonst.
022.	Klempnerarbeiten	073.	Architekten- u. Ingenieurleistungen
023.	Putz- und Stuckarbeiten	073.1	Gebäude
023.1	Außenputzarbeiten	073.2	Freianlagen
023.2	Innenputzarbeiten	073.3	Raumbildende Ausbauten
024.	Fliesen- und Plattenarbeiten	073.4	Ingenieurbauwerke u. Verkehrsanl.
025.	Estricharbeiten	073.5	Tragwerksplanung
027.	Tischlerarbeiten	073.6	Technische Ausrüstung (TGA)
027.1	Außenfenster/-türen	073.7	Technische Ausrüstung (IuK)
027.2	Innentüren	073.9	Architekten- u. Ing.-leistg. sonst.
027.3	Einbauten	074.	Gutachten und Beratung
028.	Parkettarbeiten	074.1	Thermische Bauphysik
029.	Beschlagarbeiten	074.2	Schallschutz u. Raumakustik
030.	Rolladenarbeiten	074.3	Bodenmechanik, Erd-u. Grundbau
031.	Metallbau-/Schlosserarbeiten	074.4	Vermessung
031.1	Metallschlosserarbeiten Fassade	074.5	Lichttechnik, Tageslichttechnik
031.2	Feuerschutz- und Stahltüren	074.9	Honorar sonstige Gutachter
031.3	WC-Trennwand	075.	Kunst
031.4	Schließanlage	075.1	Kunstwettbewerbe
031.5	Beschilderung	075.2	Kunsthonorare
031.9	Sonstige Schlosserarbeiten	075.9	Kunst, sonstiges
033.	Gebäudereinigungsarbeiten	077.	Allgemeine Baunebenkosten
034.	Maler- und Lackierarbeiten	077.1	Prüfungen, Genehmigungen,Abnahmen
036.	Bodenbelagarbeiten	077.2	Bewirtschaftungskosten
039.	Trockenbauarbeiten	077.3	Bemusterungskosten
041.	Abwasser-, Wasser-, Gasanlagen	077.4	Betriebskosten während der Bauzeit
041.1	Abwasser-, Wasser-, Gasanlagen	077.9	Allgemeine Baunebenkosten, sonstig.
041.2	Feuerlöschanlagen	079.	Sonstige Baunebenkosten
042.	Wärmeversorgungsanlagen	099.	Unvorhersehbares

Abb. 2.65 Leistungsbereichsgliederung (in Anlehnung an das StLB)

Projektsteuerer			DU-COSY
Kostenberechnung Zusammenfassung Bauwerke/Leistungsbereiche			
Projekt: BKR1			
Bauwerk: von B1 bis B1			LB: von 000. bis 070.
Datum: 01.12.04			Seite 1

LB	LB-Text	Summe LP netto	Summe LP brutto
Bauwerk: B1	**Hochhaus V1/2**	€	€
000	Baustelleneinrichtung	198.369,45	230.108,57
001	Gerüstarbeiten	47.227,26	54.783,63
002	Erdarbeiten	38.346,90	44.482,40
011.1	Abbrucharb. als vorgez. Maßnahmen	535.518,20	621.201,11
011.3	Demontage Technische Anlagen	80.235,90	93.073,64
011	Abbrucharbeiten	615.754,10	714.274,76
012	Mauerarbeiten	214.655,17	249.000,00
013.1	Beton- und Stahlbetonarbeiten	196.142,95	227.525,82
013.2	Betonsanierung	52.892,27	61.355,03
013	Beton- und Stahlbetonarbeiten	249.035,22	288.880,85
014	Werksteinarbeiten	105.784,56	122.710,09
017	Stahlbauarbeiten	89.035,30	103.280,95
018	Abdichtung gegen Wasser	42.313,81	49.084,02
021	Dachabdichtungsarbeiten	153.387,57	177.929,58
023	Putz- und Stuckarbeiten	76.253,01	88.453,49
024	Fliesen- und Plattenarbeiten	134.434,51	155.944,03
025	Estricharbeiten	96.969,15	112.484,21
027.2	Innentüren	235.352,94	273.009,41
027.3	Baukonstruktive Einbauten	441.095,03	511.670,23
027.4	Faltwand	40.682,97	47.192,24
027.5	Dolmetscherkabine und Regie	37.465,35	43.459,81
027	Schreiner-/Tischlerarbeiten	754.596,29	875.331,70
031.1	Fassade Hochhaus	4.432.220,07	5.141.375,28
031.2	Stahltüre/Brandschutztüre	279.888,23	324.670,34
031.3	Sonstige Schlosserarbeiten	514.528,90	596.853,52
031	Metallbau-/Schlosserarbeiten	5.226.637,19	6.062.899,14
033	Gebäudereinigungsarbeiten	35.261,51	40.903,35
034	Anstrich- und Tapezierarbeiten	263.139,00	305.241,25
036	Bodenbelagarbeiten	368.042,01	426.928,73
039	Trockenbauarbeiten	438.388,71	508.530,90
041	Abwasser-, Wasser-, Gasanlagen	390.719,12	453.234,18
042	Wärmeversorgungsanlagen	518.743,08	601.741,97
043	Lufttechnische Anlagen	340.480,28	394.957,13
044	Starkstromanlagen	971.841,13	1.127.335,71
045	TK-/IV Anlagen	421.375,03	488.795,04
046	Förderanlagen	423.138,11	490.840,21
048	Gebäudeautomation	130.399,26	151.263,14
052	Außenanlagen	37.024,58	42.948,52
061	Beschilderungsanlagen	25.412,22	29.478,17
070	Schadstoffsanierung	423.138,11	490.840,21
	Summe Selektion Bauw. B1	12.829.901,64	14.882.685,91
	Gesamtsumme Selektion	12.829.901,64	14.882.685,91

Abb. 2.66 Kostenberechnung – Zusammenfassung Bauwerke/Leistungsbereiche

LB	Kgr.	LP	LP-Text	Menge	Einh.	EP brutto	GP brutto	MwSt.	Datum
Bauwerk 1			**Hochhaus V1/2**			€	€	%	
013.1	35	010	Stahlbetonarbeiten gem. Submission	1,00	p	174.640,85	174.640,85	16,00	10.04
013.1	35	120	Mengenerhöhung Ortbeton für Wände/Decken	14,00	m3	153,39	2.147,46	16,00	10.04
013.1	35	121	Mengenerhöhung Schalung für Decken/Wände	120,00	m2	46,02	5.522,40	16,00	10.04
013.1	35	130	Ortbeton für Lüftungskanäle	17,00	m3	153,39	2.607,63	16,00	10.04
013.1	35	131	Schalung für Lüftungskanäle	90,00	m2	46,02	4.141,80	16,00	10.04
013.1	35	140	Ortbeton für Bodensumpf	3,00	m3	153,39	460,17	16,00	10.04
013.1	35	141	Schalung für Bodensumpf	21,00	m2	46,02	966,42	16,00	10.04
013.1	35	142	Fertigteil Bodensumpf	3,00	St	1.278,23	3.834,69	16,00	10.04
013.1	35	190	Mengenmehrung Betonstahl f. LV-Beton	1,70	t	971,45	1.651,47	16,00	10.04
013.1	35	191	Mengenmehrung Betonstahl f. Mengenmehrung Beton	3,40	t	971,45	3.302,93	16,00	10.04
013.1	35	210	Schließen Deckenöffn. der Nottreppe	1,00	p	2.556,46	2.556,46	16,00	10.04
013.1	35	310	Sonst. StB-Arbeiten und Rückstellung für Rohbauauftrag	1,00	p	25.693,54	25.693,54	16,00	10.04
013.2	35	010	Betonsanierung MP	1,00	p	61.355,03	61.355,03	16,00	11.04
			Summe Kgr. 35 Decken				288.880,85		
			Summe LB 013 Beton und Stahlbetonarbeiten				288.880,85		
014.	35	010	Natursteinbelag EG P	327,00	m2	288,37	94.296,99	16,00	11.04
014.	35	020	Natursteinsockel um Elementwände, Stützen, Kern P	110,00	m	64,93	7.142,30	16,00	11.04
014.	35	030	R9 Natursteinbehandlung EG P	327,00	m2	8,18	2.674,86	16,00	11.04
014.	35	040	Stufenbelag Treppe Bibliothek P	17,00	St	529,19	8.996,23	16,00	11.04
014.	35	050	Bodenfuge schließen EG HH MP	35,00	m	61,36	2.147,60	16,00	11.04
014.	35	060	Treppenhausbelag TH1 sanieren Betonwerkstein MP	1,00	p	6.135,50	6.135,50	16,00	11.04
014.	35	070	BTS schließen TH1 BodenTürSchließer	13,00	St	30,68	398,84	16,00	11.04
014.	35	110	Sonst. Natursteinarb. und Std.-lohnarb.	1,00	p	917,77	917,77	16,00	11.04
			Summe Kgr. 35 Decken				122.710,09		
			Summe LB 014 Werksteinarbeiten				122.710,09		

Abb. 2.67 Kostenberechnung – Sortierung Bauwerk/Leistungsbereich/Kostengruppe/Leitposition

Projektsteuerer									DU-COSY
		Rechnungen - Sortierung Firma/Auftrag (brutto)							
		Projekt: SLK9							
Firma: von F0032 bis F0037		Auftrag: von AU-301 bis AU-350				Datum: von .... bis			
Datum: 01.10.01									Seite: 1

Firma / Auftrag	Rg.- Nr.	Rg.-Datum	Art	Betrag	Auszahlung	MwSt.	Ausz.-Datum	Einbehalt	AZR(%)
F0032 Bau GmbH									
A11-005 Rohbauarbeiten	090	21.12.1998	AZ001	31.696,88	30.745,97	16,00	11.01.1999		
	107	25.03.1999	AZ002	50.912,88	18.639,53	16,00	20.03.1999		
	120	03.08.1999	AZ003	310.380,60	251.683,69	16,00	13.08.1999		
	122	01.01.1999	AZ004	1.194.380,60	784.000,00	16,00	18.01.1999		
	289	19.06.2000	AZ005	1.201.641,07	6.571,89	16,00	12.07.2000		
	384	17.10.2000	SZ	1.221.339,42	68.631,37	16,00	12.11.2000		
Summen Auftrag A11-005				1.221.339,42	1.160.272,45			61.067,0	95,0
A11-115 Kernbohrung TGA	256	30.05.2000	EAZ	406,46	386,14	16,00	18.09.2000	20,3	95,0
Summen Firma F0032 Bau GmbH				1.221.745,88	1.160.658,59			61.087,3	95,0
F0033 Aufzugsanlagen GmbH									
A11-006 Aufzugsanlage	93	11.01.1999	AZ001	19.945,62	19.945,62	16,00	19.01.1999		
	192	03.04.2000	AZ002	28.761,62	8.816,00	16,00	21.04.2000		
	237	14.08.2000	AZ003	47.205,62	18.444,00	16,00	21.08.2000		
	387	08.12.2000	SZ	76.652,59	25.614,34	16,00	14.12.2000		
Summen Auftrag A11-006				76.652,59	72.819,96			3.832,63	95,0
F0034 Zimmerei GmbH									
A11-007 Zimmer-/Holzbauarbeiten	150	19.11.1999	AZ001	123.961,20	106.736,22	16,00	14.12.1999		
	164	19.11.1999	AZ002	123.961,20	13.506,14	16,00	30.12.1999		
	194	25.04.2000	AZ003	190.871,51	50.000,00	16,00	02.05.2000		
	446 SR	04.12.2000	AZ004	291.819,33	102.822,39	16,00	27.12.2000		
	480 GE	04.12.2000	SZ	291.819,33	4.163,61	16,00	25.01.2001		
Summe Auftrag A11-007				291.819,33	277.228,36			14.590,97	95,0
F0035 Dach GmbH									
A11-008 Dachdeckungs-/Klempnerarb.	151	22.11.1999	A001	28.380,97	22.235,87	16,00	14.12.1999		
	167	22.11.1999	A002	28.380,97	5.293,67	16,00	24.01.2000		
	228	12.07.2000	A003	111.709,59	72.745,88	16,00	26.07.2000		
	385 SR	23.10.2000	A004	132.474,69	23.225,03	16,00	13.12.2000		
	475 GE	23.10.2000	SZ	132.474,69	2.350,51	16,00	18.12.1901		
Summen Auftrag A11-008				132.474,69	125.850,96			6.623,73	95,0
F0036 Küchen GmbH									
A12-702 Zusätzl. Küchenkleingerät	391	07.12.2000	SZ	4.573,60	4.344,92	16,00	14.12.2000	228,68	95,0
A12-707 Küchentechnische Anlagen	235	28.07.2000	AZ001	51.999,32	46.799,04	16,00	17.08.2000		
	259	30.08.2000	AZ002	141.815,80	77.834,60	16,00	20.09.2000		
	284	27.09.2000	AZ003	252.580,72	98.688,08	16,00	12.10.2000		
	398 SR	30.10.2000	AZ004	324.597,60	83.575,88	16,00	15.12.2000		
	416	30.10.2000	SZ	324.597,60	1.470,12	16,00	20.12.2000		
Summen Auftrag A12-707				324.597,60	308.367,72			16.229,88	95,0
Summen Firma F0036 Küchen GmbH				329.171,20	312.712,64			16.458,56	95,0
F0037 Haustechnik GmbH									
A11-009 Wärmeversorgungsanlagen	165	20.12.1999	AZ001	33.513,54	31.508,14	16,00	14.01.1900		
	199	27.04.2000	AZ002	65.262,87	28.796,83	16,00	10.05.2000		
	215	07.06.2000	AZ003	123.843,22	53.000,00	16,00	20.06.2000		
	264	31.08.2000	AZ004	208.995,43	81.420,59	16,00	27.09.2000		
	282	06.10.2000	AZ005	257.669,10	46.213,44	16,00	12.10.2000		
	454 SR	06.12.2000	AZ006	283.189,90	18.682,92	16,00	28.12.2000		
	477 GE	06.12.2000	AZ007	283.189,90	7.507,98	16,00	19.01.2001		
	493 ME	06.12.2000	SZ	283.189,90	1.900,51	16,00	14.03.2001		
Summen Auftrag A11-009				283.189,90	269.030,41			14.159,50	95,0
Summen der selektierten Rechnungen				2.335.053,59	2.218.300,91			116.752,68	95,0

Abb. 2.68 Kostenkontrolle – Rechnungen – Sortierung: Firma/Auftrag

Projektsteuerer					DU-COSY
	Rechnungen - Sortierung chronologisch (brutto)				
	Projekt: SLK9				
Zeitraum: 01.01.00 bis 30.04.00					
Datum: 01.10.01					Seite: 1

Ausz.-Datum	Auftrag		Firma	Rg.-Nr.	Rg.-Datum	Art	Auszahlung
03.01.00	A13-014A	Auftrag A13-014 mit 16 % MwSt.	F0011	170	31.12.99	AZ020	12.760,00
11.01.00	A13-011A	Auftrag A13-011 mit 16 % MwSt.	F0003	471SR	11.01.00	SZ	29.328,83
14.01.00	A11-009	Wärmeversorgungsanlagen	F0037	165	20.12.99	AZ001	32.508,14
24.01.00	A11-008	Dachdeckungs-/Klempnerarb.	F0035	167	22.11.99	AZ002	5.293,67
31.01.00	A13-010A	Auftrag A13-010 mit 16 % MwSt.	F0004	169	26.01.00	AZ021	10.306,93
Summe Januar 2000							90.197,57
01.02.00	A13-014	Projektleitung/-steuerung	F0011	172	31.12.99	AZ022	14.979,28
14.02.00	A11-019	Stromversorgung währ. Bauzeit	F0023	174	31.12.99	AZ003	4.044,46
16.02.00	A13-075	Brandschutzgutachten	F0063	178	13.02.00	SZ	928,00
22.02.00	A11-010	Lufttechnische Anlagen	F0038	179	02.02.00	AZ001	70.000,00
Summe Februar 2000							89.951,74
01.03.00	A11-014R	Tischlerarbeiten (Außenfenster)	F0067	181	23.02.00	AZ001	48.477,08
01.03.00	A11-023	Innentürarbeiten	F0059	182	23.12.99	AZ001	14.335,05
13.03.00	A13-014A	Auftrag A13-014 mit 16 % MwSt.	F0011	185	07.03.00	AZ024	12.760,00
Summe März 2000							75.572,13
10.04.00	A11-011	Abwasser-/Wasseranlagen	F0039	189	05.04.00	AZ005	60.648,28
18.04.00	A11-012	Elektrotechn. Anlagen	F0040	190	11.04.00	AZ001	65.264,88
20.04.00	A11-016A	Trockenbauarbeiten	F0066	191	11.04.00	AZ001	20.449,71
21.04.00	A11-006	Aufzugsanlagen	F0033	192	03.04.00	AZ002	8.816,00
27.04.00	A11-017	Gerüstarbeiten	F0044	193	05.04.00	AZ003	12.010,32
Summe April 2000							167.189,19
Gesamtsumme Selektion							422.910,63

Abb. 2.69 Kostenkontrolle – Rechnungen, Sortierung: chronologisch

Projektsteuerer							DU-COSY
	Übersicht Kostenkontrolleinheiten (brutto)						
	Projekt HKI						
KKE: von 4HU-A301 bis 4HU-A320							
Datum: 01.10.01							Seite: 1

KKE		Budget (mit PÄ)	Vergabewerte	Rückstellung	Veränd. AP	Abgerechnet	Ausgezahlt	VR %	AR %
4HU-A301 Gerüstbauarbeiten 2A	56	2.347.000,00	2.634.819,62	0,00	-377.302,45	2.666.988,45	2.666.988,45	112,3	101,2
4HU-A302 Steinfassade, Ornamente	8	4.925.200,00	6.361.595,27	0,00	-1.326.945,14	6.252.145,14	6.252.145,14	129,2	98,3
4HU-A303 Fassadenputz	25	5.600.000,00	7.012.194,72	0,00	-1.325.349,60	6.925.349,60	6.925.349,60	125,2	98,8
4HU-A304 Abbrucharbeiten innen	59	653.820,00	539.582,90	0,00	179.160,57	474.659,43	474.659,43	82,5	88,0
4HU-A305 Zimmer-/Holzbauarbeiten	10	2.652.000,00	2.516.528,86	0,00	223.324,57	2.428.675,43	2.428.675,43	94,9	96,5
4HU-A306 Dachdeckung/-abdichtung	20	1.555.118,00	1.813.706,27	0,00	-126.366,62	1.681.484,62	1.681.484,62	116,6	92,7
4HU-A307 Erweit. Rohbauarbeiten I	5	6.670.452,00	8.034.340,12	0,00	-1.529.338,12	7.579.881,58	7.579.881,58	120,4	94,3
4HU-A308 Sanierung Sockelabdichtung	1	565.200,00	482.573,03	0,00	164.679,63	400.520,37	400.520,37	85,4	83,0
4HU-A309 Sanierung Verblendfassade	4	429.000,00	270.315,82	0,00	158.449,10	270.550,90	270.550,90	63,0	100,1
4HU-A310 Dachdeckung/Klempnerarb.	22	1.389.962,00	1.564.482,16	0,00	134.154,50	1.255.807,50	1.255.807,50	112,6	80,3
4HU-A311 Abbruch Kellersohle	58	200.000,00	230.000,00	0,00	-30.000,00	228.775,56	228.775,56	115,0	99,5
4HU-A312 Demontage Klempner		20.000,00	19.362,57	0,00	12.571,29	7.428,71	7.428,71	96,8	38,4
4HU-A313 Erweit. Rohbauarbeiten II	6	16.629.600,00	15.047.509,10	0,00	1.476.165,37	15.153.434,63	15.153.434,63	90,5	100,7
4HU-A314 Außenfenster/-türen 6A	33	12.253.750,00	6.505.810,27	50.000,00	5.709.479,01	6.082.085,81	6.046.928,31	53,1	93,5
4HU-A315 Unterf. Fundam. (Setzung)	2	360.000,00	311.613,92	0,00	-10.282,45	370.282,45	370.282,45	86,6	118,8
4HU-A316 Sanierung Kupferturm	23	264.000,00	424.235,10	0,00	-160.235,10	327.854,11	327.854,11	160,7	77,3
4HU-A317 Stahlbau	11	1.134.000,00	796.929,32	0,00	346.057,29	787.942,71	787.942,71	70,3	98,9
4HU-A318 Schlosserarb. Balkongel.		57.600,00	56.906,57	0,00	921,12	56.678,88	56.678,88	98,8	99,6
4HU-A319 Holzschutzarbeiten	12	70.000,00	0,00	0,00	70.000,00	0,00	0,00	0,0	0,0
4HU-A320 Grundwasserabsenkung		100.000,00	139.913,55	0,00	21.779,34	78.220,66	78.220,66	139,9	55,9
Summe Selektion		57.876.702,00	54.762.419,17	50.000,00	3.610.922,31	53.028.766,54	52.993.609,04	94,6	96,8

Abb. 2.70 Übersicht Kostenkontrolleinheiten

Projektsteuerer		DU-COSY
	Übersicht Projekt (brutto)	
	Projekt: DUE3	
Datum:01.10.01		Seite 1

Werte der Kostenermittlung:　　　(Indexfaktor für nicht zugewiesene LP: 1,0000)

	ohne Index	Index-Beträge	inkl. Index
Budget ohne PÄ	8.990.000,00	0,00	8.990.000,00
Budget Projektänderung	100.000,00	0,00	100.000,00
Budget inkl. PÄ	9.090.000,00	0,00	9.090.000,00

Werte der Vergabe und Deckung:

Vergabewerte Aufträge	8.336.514,85 €	100,0 %
Nachträge	0,00 €	0,0 %
Lohngleitungen	0,00 €	0,0 %
Aktueller Vergabebetrag	8.336.514,85 €	100,0 %
Restbudget für laufende Aufträge	100.000,00 €	
Voraussichtliche Kosten weiterer Vergaben	352.666,80 €	
Veränderung durch Schlussrechnungen	198.709,95 €	
Aktuelle Projektsumme	8.987.891,60 €	
Ausgleichsposten (+ = Guthaben)	102.108,40 €	
Budget inkl. PÄ und Index	9.090.000,00 €	

Veränderung Gesamtkosten: -1,1   Vergaberate vom Budget: 91,7%

Werte der Abrechnung:

	Rechnung	Einbehalt	Auszahlung
Abrechnungsbeträge :	8.488.025,53	72.444,79	8.415.580,74
Davon schlussgerechnet :	6.388.487,79	0,00	6.388.487,79

Quoten:

	% des aktuellen Vergabebetrags	% der aktuellen Projektsumme
Abrechnungsrate :	101,8	93,4
Auszahlungsrate :	100,9	92,6
Schlussrechnungsrate :	76,6	70,3

Abb. 2.71　Übersicht Projekt

2.4.2 Projektstufe 2 – Planung

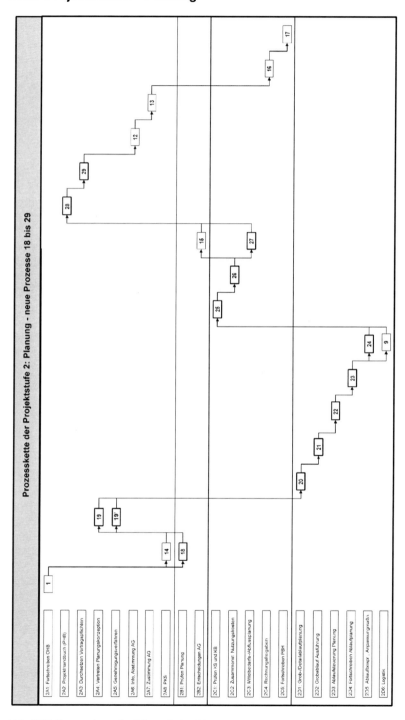

Abb. 2.72 Prozesskette Projektstufe 2 – Planung (Vor-, Entwurfs-, Genehmigungsplanung)

Die Projektstufe 2 – Planung umfasst die Leistungsphasen 2 – Vorplanung, 3 – Entwurfsplanung und 4 – Genehmigungsplanung gemäß HOAI. Das Prozessmodell der Projektstufe 2 zeigt *Abb. 2.72.*

2.4.2.1   2B1 Überprüfen der Planungsergebnisse auf Konformität mit den vorgegebenen Projektzielen

Gegenstand und Zielsetzung

Planungsergebnisse sind im Wesentlichen Zeichnungen, Berechnungen und Beschreibungen. Durch das Überprüfen der Konformität der Planungsergebnisse mit den vorgegebenen Projektzielen wird durch den Projektsteuerer im übertragenen Sinne eine „Objektüberwachung der Planung" wahrgenommen. Dabei ist der Fokus vorrangig auf die Erfüllung der Projektziele und die Übereinstimmung mit den Anforderungen des Nutzerbedarfsprogramms sowie des Funktions-, Raum- und Ausstattungsprogramms zu richten (Diederichs, 2003a, S. 44 ff.).

Eine wesentliche Aufgabe des Projektmanagements ist der *Vergleich* der Planungsergebnisse *mit den vorgegebenen Projektzielen* wie z. B. Rendite, Baumassen, Anzahl Wohnungen, Ausmaß der vermietbaren Flächen, Funktionalität, Corporate Design, Wirtschaftlichkeit des Betriebes etc. Dieser Vergleich ist planungsphasenweise anhand eines projektspezifischen Kriterienkatalogs durchzuführen und zu dokumentieren.

Abweichungen und Widersprüche müssen mit dem Auftraggeber geklärt und die notwendigen Anpassungen durchgeführt werden. Durch diese planungsbegleitende Konformitätsprüfung werden Änderungsprozesse in der weiteren Planung und auch in der Ausführung deutlich reduziert und damit Nachtragsrisiken gemindert.

Die Verantwortung und Haftung des jeweiligen Planers für die mängelfreie vertragsgerechte Erfüllung seiner Leistungen wird jedoch dadurch nicht geschmälert. Der Projektsteuerer übernimmt keine Verantwortung und Haftung für die fachlich-inhaltliche Richtigkeit der Planungsergebnisse im Hinblick auf die Einhaltung der technischen Regelwerke, die nach den anerkannten Regeln der Technik zu beachten sind. Es ist daher zu empfehlen, dass im Projektmanagementvertrag eine diesbezügliche gesamtschuldnerische Haftung ausgeschlossen und in den Planerverträgen vereinbart wird, dass durch die Prüfungstätigkeit des Auftraggebers bzw. seines Projektsteuerers die volle Verantwortung und Mängelhaftung des Planers nicht eingeschränkt wird und der Projektsteuerer durch diese Prüfhinweise nicht in die Planung eingreift.

Um in jedem Fall eine eindeutige Haftungsabgrenzung zwischen Planer und Projektsteuerer zu dokumentieren, ist seitens des Auftraggebers bzw. des Projektsteuerers mit Vollmacht des Auftraggebers in jedem Anschreiben zur Planprüfung folgender Satz einzufügen:

„In Bezug auf die Anmerkungen des Projektsteuerers und deren Umsetzung verweist der Projektsteuerer ausdrücklich auf die beim Projektplaner/Generalplaner, den Fachplanern und den Gutachtern verbleibende Gesamtverantwortung und Mängelhaftung für die übertragenen Leistungen."

Methodisches Vorgehen

Die Prüfung der Konformität zwischen Planungsergebnissen und vorgegebenen Projektzielen ist zweckmäßigerweise mit Hilfe von projektspezifischen Kriterienkatalogen vorzunehmen und zu dokumentieren. Nachfolgend werden nach den Leistungsphasen der HOAI differenzierte Arbeitsschritte aufgelistet:

Prüfen der Konformität der Vorplanungsunterlagen (Lph. 2 HOAI) mit den Projektzielen

Für die Prüfung der Vorplanung eignet sich die Prüfliste gemäß *Abb. 2.73.* Arten, Inhalte und Grundregeln der Darstellung von Bauzeichnungen sind in DIN 1356-1 (Februar 1995) geregelt, deren Inhalt aus *Abb. 2.74* bis *Abb. 2.76* ersichtlich ist. Im Rahmen der Konformitätsprüfung sind vor allem folgende Fragen zu beantworten:

1. Werden die Vorgaben des Nutzerbedarfsprogramms sowie des Funktions-, Raum- und Ausstattungsprogramms erfüllt?
2. Ist die Kostenschätzung nach DIN 276 vollständig? Sind die Mengen- und Wertansätze plausibel?
3. Besteht Konformität zwischen den Planunterlagen, der Baubeschreibung und der Kostenschätzung?
4. Ist das Projekt auf dem vorgesehenen Baugrundstück nach geltendem Baurecht ohne besondere Anforderungen (z. B. Beantragung von Abweichungen nach § 73 BauO NRW unter Abwägung der Interessen des Auftraggebers und der öffentlichen Belange) im Hinblick auf das Maß der baulichen Nutzung (GRZ, GFZ, Stellplatzanzahl, Denkmalschutz, Brandschutz, Rettungswege, Einbindung in die Umgebung) zu realisieren? Durch einen Soll-/Ist-Vergleich sind etwaige Abweichungen zwischen der Art und dem Maß der baulichen Nutzung gemäß zulässigem Baurecht und den Vorplanungsergebnissen zu ermitteln und geeignete Anpassungsmaßnahmen vorzuschlagen.
5. Hat der Planer alle beauftragten Leistungen bis zum Abschluss der Lph. 2 HOAI vertragsgemäß erbracht?
6. Ist die Grundkonzeption des Tragwerks geklärt (Achsraster, Bezug auf Tiefgaragenraster, Gründung, erforderlicher Verbau, Wasserhaltung etc.)?
7. Ist die Grundkonzeption der TGA geklärt (Versorgungsträger, Medientrassen, Notwendigkeit von Raumlufttechnik mit Auswirkungen auf Geschosshöhen, Flächen für TGA-Zentralen, Maschinenaufstellungsflächen etc.)?
8. Wurden Möglichkeiten zur Optimierung der Planung im Sinne des Value Managements genutzt (vgl. *Ziff. 2.5.7*)?

Der Projektsteuerer hat dafür zu sorgen, dass die Ergebnisse der Vorplanung systematisch und vollständig von den jeweiligen Planern zusammengestellt und nach Klärung der sich aus der Konformitätsprüfung des Projektsteuerers ergebenden Fragen vom Auftraggeber genehmigt werden. Das Ergebnis ist das Bau-Soll mit dem Reifegrad der Vorplanung.

Prüfliste der Vorplanungsunterlagen M 1:500, M 1:200 mit Erläuterungsberichten	vor- han- den	z. T. vor- han- den	nicht vor- han- den	ent- behr- lich
1. Grundrisse				
1.1 Gebäudebreite/Gebäudetiefe				
1.2 Raummaße				
1.3 Flächen der Räume in m²				
1.4 Lage und Laufrichtung der Treppen				
1.5 Teilmöblierung (evtl.)				
1.6 Wichtige sanitäre Einrichtungsgegenstände				
1.7 Lage des Geländes				
1.8 Höhenlage des Hauseingangs zum Gelände				
1.9 Nordpfeil				
1.10 Eintragung der Schnittführung				
1.11 Bemaßung der Lage des Bauwerks im Baugrundstück				
1.12 Angabe der Haupterschließung				
1.13 Zuordnung der im Raumprogramm genannten Räume zueinander				
2. Schnitte				
2.1 Geschosshöhen				
2.2 Lage des Geländes; ggf. mit Gefälleangaben				
2.3 Höhenlage des Hauseingangs zum Gelände				
2.4 Dachkonstruktion				
2.5 Wand- und Deckendicke				
2.6 Lage der Fundamente				
2.7 Verlauf der Treppen				
2.8 konstruktive Angaben, soweit notwendig				
3. Ansichten				
3.1 Umrisse der Gebäudekanten und Öffnungen				
3.2 Vorhandenes oder geplantes Grün				
4. Weitere Prüfschritte				
4.1 Eintragung der Schnittführung im Grundriss, Übereinstimmung mit der Darstellung im Schnitt				
4.2 Ausreichend lichte Durchgangshöhe, besonders im Bereich der Treppen				
4.3 Führung von Schornsteinen und Entlüftungsrohren				
4.4 Ausreichende Unterstützung tragender Wände des OG im darunterliegenden Geschoss				
4.5 Schriftfelder				
4.6 Vollständigkeit der übertragenen Vertragsleistungen				
5. Allgemeine Hinweise				
5.1 In die Ansicht sind keine Maße einzutragen				
5.2 Fenster und Türen werden in den Wandschnitten vereinfacht				
5.3 Die Treppen können vereinfacht dargestellt werden.				

Abb. 2.73 Prüfliste Vorplanung (Quellen: nach Mittag (1993a und 1993b) und Schneider (2004))

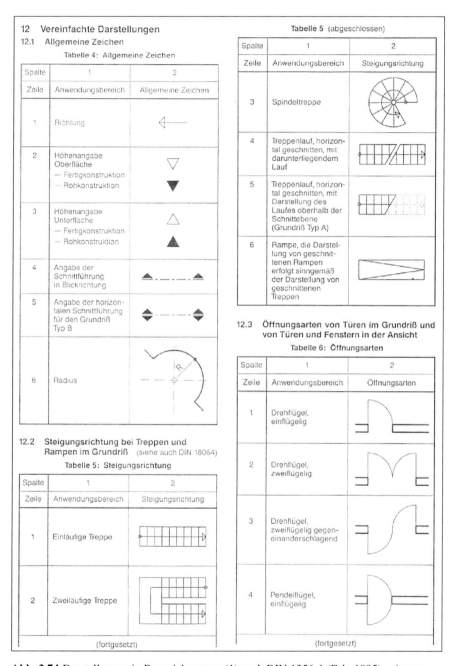

Abb. 2.74 Darstellungen in Bauzeichnungen (1) nach DIN 1356-1 (Feb. 1995) – Auszug

Spalte	1	2
Zeile	Anwendungsbereich	Öffnungsarten
5	Pendelflügel, zweiflügelig	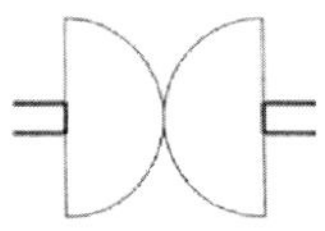
6	Hebe-Drehflügel	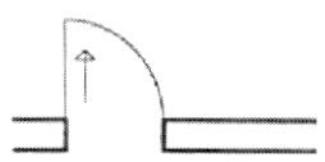
7	Drehtür	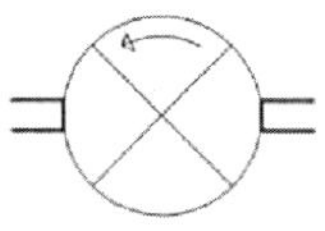
8	Schiebeflügel	
9	Hebe-Schiebeflügel	
10	Falttür, Faltwand	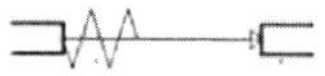
11	Schwingflügel	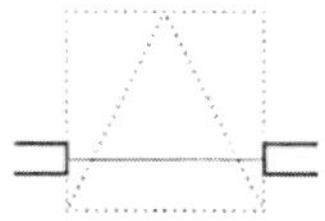
12	Drehflügel	
13	Kippflügel	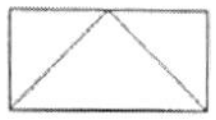
14	Klappflügel	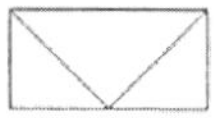

Tabelle 6 (fortgesetzt)

(fortgesetzt)

Spalte	1	2
Zeile	Anwendungsbereich	Öffnungsarten
15	Dreh-Kippflügel	
16	Hebe-Drehflügel	
17	Schwingflügel	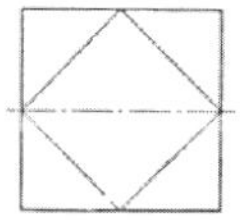
18	Wendeflügel	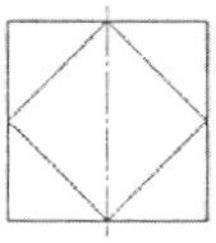
19	Schiebeflügel, vertikal	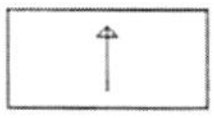
20	Schiebeflügel, horizontal	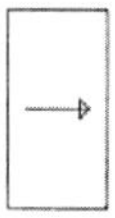
21	Hebe-Schiebeflügel	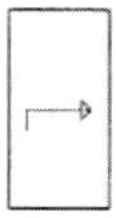
22	Festverglasung	

Tabelle 6 (abgeschlossen)

Abb. 2.75 Darstellungen in Bauzeichnungen (2) nach DIN 1356-1 (Feb. 1995) – Auszug

12.4 Tragrichtung von Platten

Tabelle 7: Tragrichtung

Spalte	1	2
Zeile	Anwendungsbereich	Tragrichtung
1	Zweiseitig gelagert	
2	Dreiseitig gelagert	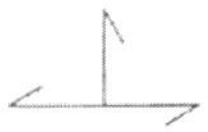
3	Vierseitig gelagert	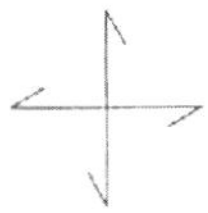
4	Auskragend	

12.5 Kennzeichnung der Schnittflächen von geschnittenen Stoffen in Bauzeichnungen
(siehe auch DIN 201)

Tabelle 8: Kennzeichnung der Schnittflächen

Spalte	1	2
Zeile	Anwendungsbereich	Kennzeichnung
1	Boden	
2	Kies	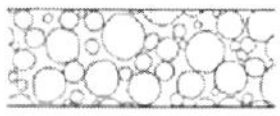
3	Sand	
4	Beton (unbewehrt)	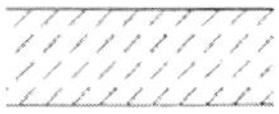
5	Beton (bewehrt)	

(fortgesetzt)

Tabelle 8 (abgeschlossen)

Spalte	1	2
Zeile	Anwendungsbereich	Öffnungsarten
6	Mauerwerk	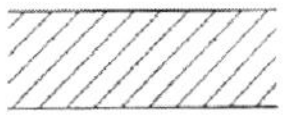
7	Holz, quer zur Faser geschnitten	
8	Holz, längs zur Faser geschnitten	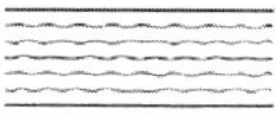
9	Metall	
10	Mörtel, Putz	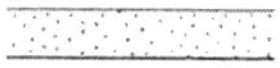
11	Dämmstoffe	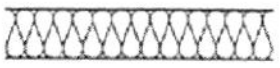
12	Abdichtungen	
13	Dichtstoffe	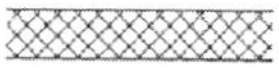

12.6 Abgehängte Decken

Abgehängte Decken werden im Grundriß mit einer Strich-linie gekennzeichnet, welche die Deckenfläche diagonal durchquert. Diese Linie bekommt die Kennzeichnung "abgeh. Decke", sowie die Höhenangabe für die Unter-fläche Decke.

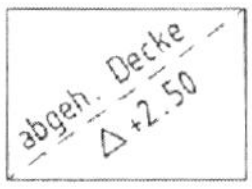

Bild 14: Abgehängte Decken

Abb. 2.76 Darstellungen in Bauzeichnungen (3) nach DIN 1356-1 (Feb. 1995) – Auszug

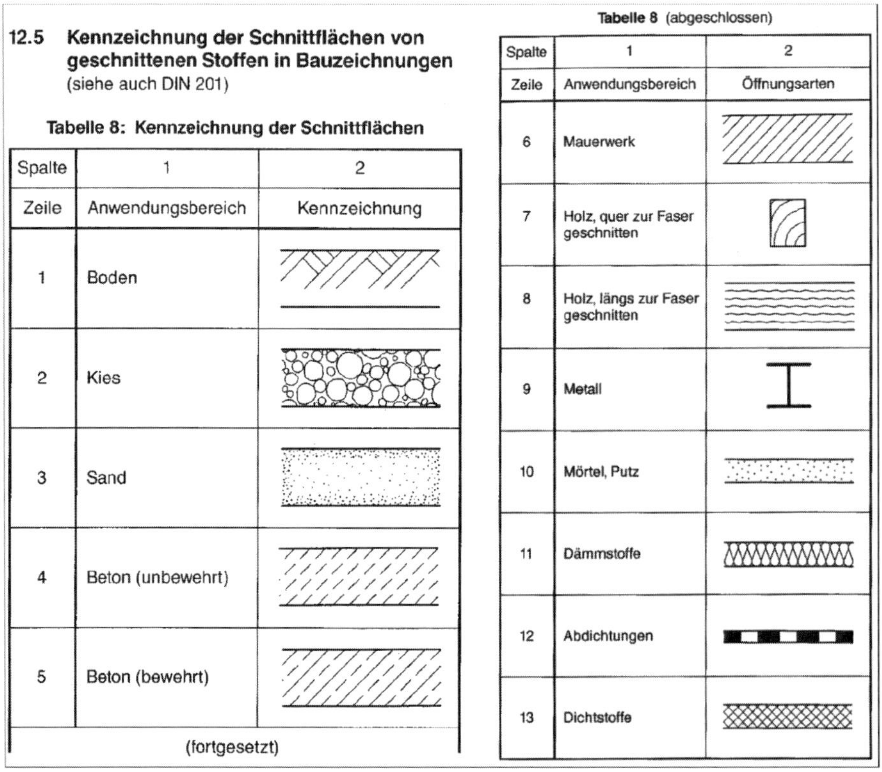

12.5   Kennzeichnung der Schnittflächen von geschnittenen Stoffen in Bauzeichnungen
(siehe auch DIN 201)

Tabelle 8: Kennzeichnung der Schnittflächen

Spalte	1	2
Zeile	Anwendungsbereich	Kennzeichnung
1	Boden	
2	Kies	
3	Sand	
4	Beton (unbewehrt)	
5	Beton (bewehrt)	
	(fortgesetzt)	

Tabelle 8 (abgeschlossen)

Spalte	1	2
Zeile	Anwendungsbereich	Öffnungsarten
6	Mauerwerk	
7	Holz, quer zur Faser geschnitten	
8	Holz, längs zur Faser geschnitten	
9	Metall	
10	Mörtel, Putz	
11	Dämmstoffe	
12	Abdichtungen	
13	Dichtstoffe	

Abb. 2.77 Darstellungen in Bauzeichnungen (4) nach DIN 1356-1 (Feb. 1995) – Auszug

Prüfen der Konformität der Entwurfsplanungsunterlagen (Lph. 3 HOAI) mit den Projektzielen

Die Entwurfsplanungsergebnisse, der Erläuterungsbericht sowie die Kostenberechnungen des Objektplaners und der Fachplaner sind hinsichtlich der Abgrenzung von Schnittstellen, der Einbindung in die Umgebung, der Verhältnisse auf dem Baugrundstück sowie der erforderlichen Logistik- und Interimsmaßnahmen zu überprüfen. Dazu eignet sich die Prüfliste gemäß *Abb. 2.78*. Ferner sind insbesondere folgende Fragen zu beantworten:

1. Werden durch die Ergebnisse der Entwurfsplanung die Vorgaben der genehmigten Vorplanung, des Nutzerbedarfsprogramms sowie des Funktions-, Raum- und Ausstattungsprogramms erfüllt?
2. Ist die Kostenberechnung nach DIN 276 vollständig und bewegt sie sich im Rahmen der Kostenschätzung? Sind die Mengen- und Wertansätze plausibel?
3. Ist die Entwurfsplanung ohne zusätzliche Maßnahmen zu realisieren?
4. Welche Auswirkungen hat das Tragsystem mit Gründung, Bauwerksfugen und vorgesehener Ablauffolge in den einzelnen Bauabschnitten auf die Einhaltung der Terminziele/Meilensteine?

Prüfliste der Entwurfsunterlagen M 1:100 mit Erläuterungsberichten	vor-han-den	z. T. vor-han-den	nicht vor-han-den	ent-behr-lich
1. Grundrisse				
1.1 Lichte Raummaße (Rohbaumaße)				
1.2 Alle Wanddicken (Rohbaumaße)				
1.3 Lichte Tür- und Fenstermaße (Rohbaumaße)				
1.4 Maße von Bauteilen, die nach den Bemessungsvorschriften als Stützen zu behandeln sind				
1.5 Materialangabe der Wände und tragenden Bauteile durch Schraffur				
1.6 Lage der Öffnungen zu den Wänden				
1.7 Äußere Gesamtmaße				
1.8 Treppen mit Stufen, Steigungsverhältnis, Steigungszahl, Stufenbenummerung an Antritt und Austritt				
1.9 Art und Maße der Schornsteine				
1.10 Aufschlagrichtung und Viertelkreis der Türen				
1.11 Fest eingebaute sanitär-technische Einrichtungen				
1.12 Angabe von Art und Maßen der Schornsteine, Kanäle und Schächte				
1.13 Ortsfeste Behälter für Öl				
1.14 Aufzugsschächte				
1.15 Untergeschosslichtschächte				
1.16 Heizungstechnische Angaben				
1.17 Möblierung der Räume				
1.18 Lage der vertikalen Schnitte				
1.19 Bezeichnung der Art der Raumnutzung				
1.20 Flächen der Räume in m²				
2. Schnitte				
2.1 Höhenlage des Gebäudes über NN, bezogen auf OK EG-Fußboden				
2.2 Bezeichnung der Geschosse				
2.3 Höchster Grundwasserstand				
2.4 Abdichtung gegen Grundwasser				
2.5 Freileitungen aller Art				
2.6 Höhe und Breite der Fundamente				
2.7 Lichte Raumhöhen				
2.8 Brüstungshöhen				
2.9 Lage von Unterzügen				
2.10 Treppenverlauf mit Steigungsverhältnis und Anzahl der Steigungen				
2.11 Verlauf von Rampen				
2.12 Firsthöhen, Schornsteinhöhen				
2.13 Anschnitte des Geländeverlaufes				
2.14 Wanddicken				
2.15 Bezeichnung der Deckenkonstruktion				
2.16 Dicken der Rohdecken				
3. Ansichten				
3.1 Gliederung der Türen und Fenster				
3.2 Lage der Dachrinnen und Fallrohre				
3.3 Treppen und Balkongeländer				
3.4 Dachaufbauten				
3.5 Schornsteine und sonstige technische Aufbauten				
3.6 Dachüberstände				
4. Weitere Prüfschritte				
4.1 Übereinstimmung der Maßsummen Außenmaße/Innenmaße				
4.2 Schnittlage in den Grundrissen 1 m über OK Bodenbelag				
4.3 Übereinstimmung d. Geschossgrundrisses im Grundriss und Lageplan				
4.4 Maßableitungsregeln für Rohbaumaße nach DIN 4172				
4.5 Vollständigkeit der übertragenen Vertragsleistungen				
5. Allgemeine Hinweise				
5.1 Die Ansichten sollen den Endzustand des fertigen Bauwerks, nicht den Rohbauzustand zeigen.				

Abb. 2.78 Prüfliste Entwurfsplanung

5. Hat der Objektplaner die Leistungen anderer an der Planung fachlich Beteiligter in seine Entwurfsplanung integriert (z. B. TGA-Schächte, TGA-Zentralen, Konzeption der vertikalen und horizontalen Installationsführung, Wärme-, Brand-, Schall- und Feuchtigkeitsschutz)?
6. Sind die Ergebnisse sonstiger Gutachter in den Ergebnissen der Entwurfsplaner berücksichtigt worden (Gutachter für Denkmalschutz, Schadstoffe, Baugrund, Akustik, Lichttechnik, Fassadentechnik, Bühnentechnik, Rundfunk- und Fernsehtechnik etc.)?
7. Hat der Planer alle beauftragten Leistungen der Lph. 3 nach HOAI Entwurfsplanung (System- und Integrationsplanung) vertragsgemäß erbracht?
8. Wurden Möglichkeiten zur Optimierung der Planung im Sinne des Value Managements genutzt (vgl. *Ziff. 2.5.7*)?

Die Ergebnisse der Entwurfsplanung sind zusammen mit der Objektbeschreibung und dem Erläuterungsbericht systematisch und vollständig zusammenzufassen und nach Bearbeitung und Abstimmung der Hinweise des Projektsteuerers zur Konformität zwischen Planungsergebnissen und Projektzielen vom Auftraggeber genehmigen zu lassen. Das Ergebnis ist das Bausoll mit dem Reifegrad der Entwurfsplanung.

Beispiel

Mit dem nachfolgenden Schreiben in *Abb. 2.79* wird dem Planer und dem Auftraggeber das Ergebnis der Konformitätsprüfung der Entwurfsplanung Grundriss G-4-1 *(Abb. 2.80)* mitgeteilt.

Absender: Projektsteuerer   **Musterstadt, 03.03.2005**

Adressat: **Planer**
Kopie: **AG**

Neubau des Geschäftszentrums in Musterstadt,
Prüfen der Konformität der Entwurfsplanung Grundriss G-4-1 M 1:100,
Stand vom 24.02.05, mit den Projektzielen, Eingang am 28.02.05

Sehr geehrte Damen und Herren,

nachfolgend erhalten Sie unsere Anmerkungen zu den o. g. Planunterlagen. Ein Plansatz mit Korrektur- bzw. Ergänzungseintragungen liegt in unserem Büro zur Einsicht vor.

In Bezug auf unsere Anmerkungen und deren Umsetzung verweisen wir ausdrücklich auf die beim Projektplaner/Generalplaner und den Fachplanern und Gutachtern verbleibende Gesamtverantwortung und Mängelhaftung für die übertragene Leistung.

Wie bereits von Herrn Mustermann bestätigt, wurden noch nicht alle Abstimmungen mit den TGA-Planern in die Planung integriert. Da in der 12. KW 2005 eine Überarbeitung verteilt werden soll, bitten wir dringend um Beachtung nachfolgender Punkte:

Plan-Nr.	Bemerkungen	Erledigt
1. Allgemein	1.1 Die Vermaßung ist allgemein unzureichend	
	1.2 Brüstungshöhen fehlen	
	1.3 Eintragungen TGA-Steigestränge sowie Elektrounterverteilungen fehlen	
	1.4 Eintragungen Brandschutzanforderungen Türen fehlen weitgehend	
	1.5 Aufschlagrichtung Türen der Technikräume prüfen	
	1.6 Höhenkoten in alle Geschosse eintragen	
2. G-4-1	2.1 HNF/NGF im DG (ohne Technikzentralen) < 30 % [1]	
	2.2 Anzahl WCs viel zu groß, ca. 48 Sitzplätze im Besprechungszimmer, 12 WCs sowie 3 Urinale?	
	2.3 Schallschutz zwischen Technikzentrale und Besprechungszimmer sicherstellen	
	2.4 Schallschleuse zwischen Technikzentrale und Pufferzone (F90-Tür ist schalltechnisch nicht ausreichend) [2]	
	2.5 Einbringöffnung TGA-Zentralen fehlt	
	2.6 RWA auf Dachaufsicht bzw. über Treppenhaus einstricheln [3]	
	2.7 Brandwand Mittelbau von Achse X 43 auf X 41 verlegen; wesentliche Vereinfachung Schiebetür statt Rolltor möglich; Tür Abstellkammer verlegen (im Planausschnitt nicht enthalten)	
	2.8 Einen 2. Rettungsweg für G2.401 und G2.402 neben Medienwänden vorsehen	
	2.9 Schiebetüren zur Flachdachfläche? [4]	
	2.10 Ein 2. Rettungsweg kleiner Sitzungssaal fehlt, Schiebetür nicht zulässig	
3. G-4-2	siehe Plan G-4-1 (symmetrische Spiegelung)	

Insgesamt sehen wir einen erheblichen Überarbeitungsbedarf, insbesondere im Bereich der Anlieferung, der Brandwand Mittelbau sowie im Dachgeschoss.

Bezüglich des weiteren Vorgehens bitten wir dringend um eine gesonderte Besprechung. Dazu schlagen wir vor: Dienstag, 08.03.2005 um 9.00 Uhr beim AG, Raum 6-1. Wir bitten Sie um schriftliche Terminbestätigung.

Mit freundlichen Grüßen

Projektsteuerer

Anlage: Entwurfsplanung Grundriss G-4-1 mit Kennzeichnung der Bemerkungen in [x]

Abb. 2.79 Mitteilung des Ergebnisses der Konformitätsprüfung der Entwurfsplanung

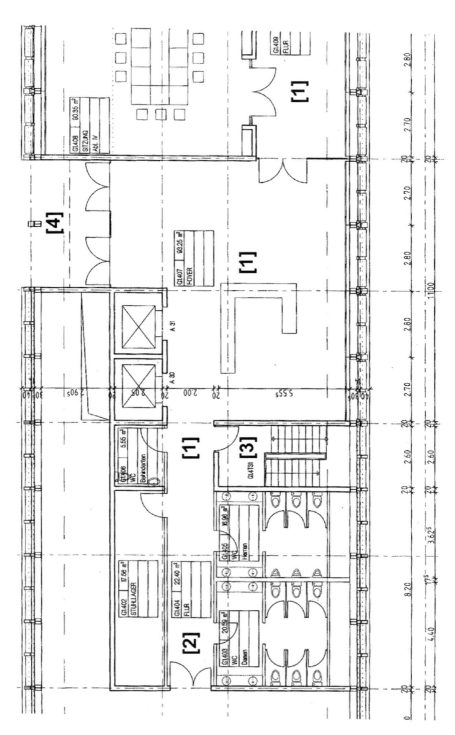

Abb. 2.80 Entwurfsplanung Grundriss G-4-1, M 1:100 (unmaßstäblich)

Prüfen der Konformität der Genehmigungsplanung (Lph. 4 HOAI) mit den Projektzielen

Genehmigungsplanungen der Lph. 4 HOAI sind vor allem für die Objektplanung der Gebäude, die Entwässerung, die Aufzugsanlagen, die RLT-Anlagen und die Gewerberäume und damit nicht für alle Planungsbereiche erforderlich. Die Genehmigungsplanung beinhaltet die Darstellung der Ergebnisse der Entwurfsplanung in der behördlich vorgeschriebenen Form vor allem des Bauordnungsamtes, aber auch des Tiefbauamtes, der Feuerwehr, der Stadtwerke, des TÜV, des Gewerbeaufsichts- und des Denkmalschutzamtes.

Auf etwaige Genehmigungsrisiken, insbesondere mit dem Ziel der Maximierung der Grundstücksausnutzung (bewusste Überschreitung der zulässigen Geschossflächen- oder Grundflächenzahl) ist der Auftraggeber von den Planern und dem Projektsteuerer ausdrücklich hinzuweisen. Der Projektsteuerer hat dieses Thema frühzeitig anzusprechen und die Chancen und Risiken bewusst zu machen.

Die Anforderungen der Träger öffentlicher Belange (TöB) sind – soweit nicht bekannt – vorab von den Planern zu ermitteln. Die erzielbaren (möglichst kurzen) Genehmigungsdauern sind vom Projektsteuerer zusammen mit den Planern und dem Auftraggeber zu erkunden. Dabei ist darauf zu achten, dass der Projektsteuerer nicht selbst Verhandlungen mit Behörden führt, sofern er damit nicht beauftragt ist, da anderenfalls Verantwortungs- und Haftungsüberschneidungen mit dem Auftraggeber und dem Objektplaner entstehen können. Letzterer hat z. B. gemäß § 15 Abs. 2 Lph. 4 der HOAI die notwendigen Verhandlungen mit Behörden zu führen. Die Genehmigungsreife der Ergebnisse der Genehmigungsplanung ist Hauptleistung, Verantwortungs- und Haftungsbereich des Planers.

Durch frühzeitige Abstimmung mit den Genehmigungsbehörden werden Fehlplanungen eingegrenzt und Genehmigungsdauern verkürzt.

In diesem Zusammenhang empfiehlt sich die Beauftragung des Objektplaners mit der Besonderen Leistung „Durchführen der Voranfrage (Bauanfrage)" gemäß § 15 Abs. 2 Lph. 2 HOAI Vorplanung (Projekt- und Planungsvorbereitung).

Prüfen der Konformität der Ausführungsplanung mit den Projektzielen (in der Projektstufe 3 – Ausführungsvorbereitung)

Eine Prüfung der Konformität der gesamten Ausführungsplanung mit den Projektzielen ist i. d. R. nicht durchführbar, da dieser Prüfvorgang zu einer Verlängerung des Planlieferungszeitraums führen würde, die i. d. R. aufgrund der Terminziele für die Bauausführung selten möglich ist und darüber hinaus wegen nur kurzer verbleibender Zeiträume für die Prüfung durch den Projektsteuerer für diesen ein hohes Haftungsrisiko bedeutet.

Zur Disziplinierung der Planer im Hinblick auf die Einhaltung der Projektziele, insbesondere der Kostenziele, ist es dennoch sinnvoll, stichprobenartig die Ausführungsplanung auf Konformität mit dem genehmigten Nutzerbedarfsprogramm sowie der – genehmigten – Genehmigungsplanung zu prüfen und bei Abweichungen auf die Haftung der Planer hinzuweisen. Derartige Abweichungen sind auch in den häufigen „schleichenden Standarderhöhungen" zu sehen.

Fast kein Investitionsvorhaben wird ohne Änderungen ausgeführt. Deshalb ist der Dokumentation von Planungsänderungen besondere Aufmerksamkeit zu widmen. Änderungswünsche werden vom Auftraggeber, vom Nutzer, von den Objekt- und Fachplanern, oft aber auch von ausführenden Firmen geäußert.

Gründe sind die intensive Beschäftigung des Auftraggebers und des Nutzers mit Baumaterialien während der Ausführungsplanungs- und Ausschreibungsphase, die Notwendigkeit, Fehler bei der Zielformulierung, Planungs- oder Ausführungsfehler zu korrigieren, sowie Einkaufs- oder Ausführungsvorteile von Baufirmen.

Änderungen haben i. d. R. Einfluss auf Qualitäten, Kosten und Termine, meistens mehrere Faktoren gleichzeitig. Zur Dokumentation solcher Änderungen ist bereits mit dem Organisationshandbuch das Instrument des sog. Projektänderungsantrages einzuführen, dessen konsequente und lückenlose Anwendung durch die Projektleitung sichergestellt werden muss (vgl. *Ziff. 2.4.1.1*).

Dieses Änderungsmanagement ist u. a. im Rahmen der Überprüfung der Verdingungsunterlagen für die Vergabeeinheiten und das Anerkennen der Versandfertigkeit fortzusetzen, um Differenzen zwischen der Ausführungsplanung sowie den ausgeschriebenen und beauftragten Leistungen rechtzeitig erkennen und in ihren Auswirkungen beherrschen zu können.

2.4.2.2 2A4 Mitwirken beim Vertreten der Planungskonzeption mit bis zu 5 Erläuterungs- und Erörterungsterminen

Gegenstand und Zielsetzung

Planungskonzeptionen sind häufig für private oder öffentliche Leitungs- oder Anhörungsgremien – oft auch in öffentlichen Veranstaltungen – vorzubereiten, dann zu vertreten und anschließend zu dokumentieren. Bei Vorhaben, welche die Öffentlichkeit betreffen, können mehrere dieser Erläuterungs- und Erörterungstermine nötig sein. In den Grundleistungen sind bis zu 5 dieser Erläuterungs- und Erörterungstermine enthalten. Eine darüber hinausgehende Anzahl von Terminen ist eine Besondere Leistung und deshalb besonders zu honorieren.

Zielsetzung ist, dass der Projektsteuerer den Auftraggeber bei der Vorbereitung und Durchführung von Erörterungsterminen unterstützt, um die Öffentlichkeit und die Träger öffentlicher Belange (TöB) für das Projekt zu gewinnen und bestehende Bedenken auszuräumen.

Methodisches Vorgehen

Zur Vorbereitung von Erörterungsterminen hat der Projektsteuerer zunächst alle verfügbaren Unterlagen zum Nutzungs- und Planungskonzept zu beschaffen und zusammenzustellen. Anschließend ist das Konzept mit dem Auftraggeber, dem Architekten und den Nutzern sowie ggf. Genehmigungsinstanzen abzustimmen und zu konkretisieren. Nach Genehmigung des Nutzungs- und Planungskonzeptes durch den Auftraggeber ist mit diesem abzustimmen, ob und inwieweit Informationen und Mitteilungen über das Projekt an die Öffentlichkeit weitergegeben werden können. Für den Erörterungstermin ist eine Präsentationsmappe „Nutzungs- und Planungskonzept" in Zusammenarbeit mit dem Architekten und den Nutzern (soweit vorhanden) zu erstellen und mit dem Auftraggeber abzustimmen.

An den Erörterungsterminen mit Leitungsgremien und der Öffentlichkeit hat der Projektsteuerer teilzunehmen und in Abstimmung mit dem Auftraggeber zu den Themen Projektziele, Organisation, Qualitäten, Kosten und Termine vorzutragen.

2.4.2.3 2D1 Aufstellen und Abstimmen der Grob- und Steuerungsablaufplanung für die Planung

Gegenstand und Zielsetzung

Die Grobablaufplanung dient zur Ermittlung von Vertragsterminen für jeden Auftragnehmer. In der Projektstufe 2 (Planung) des Projektmanagements (entsprechend der Vor-, Entwurfs- und Genehmigungsplanung der HOAI-Leistungsphasen 2 bis 4) beinhaltet die *Grobablaufplanung für die Planung* einen Vertragsterminplan für sämtliche Planer. Dabei ist auf Konformität zwischen den in den Planungsverträgen vereinbarten Vertragsterminen und deren Ausweisung im Grobablaufplan der Planung zu achten. In den Grobablaufplan der Planung sind die Entscheidungsprozesse des Auftraggebers sowie die Genehmigungsverfahren zu integrieren (Diederichs, 2002, S. 34 ff.).

Die Steuerungsablaufplanung dient der kurz- und mittelfristigen detaillierten Planung von Projektabläufen in den verschiedenen Projektstufen (Diederichs, 2002, S. 53 ff.). Es empfiehlt sich, den *Steuerungsablaufplan für die Planung* (Planung der Planung) allen Beteiligten ausgiebig zu erläutern, mit ihnen zu diskutieren und anschließend von allen Beteiligten unterschreiben zu lassen. Wenn auch die *Unterschrift* juristisch nicht unbedingt erforderlich ist, so ist sie doch eine „körperliche Hergabe", die eine ganz andere psychologische Verantwortlichkeit erzeugt als die schlichte Übersendung eines Terminplanes, der unter Umständen nicht verstanden und auch nicht beachtet wird.

Die Steuerungsablaufplanung ist ferner Grundlage der Kapazitätseinsatzplanung sowie der Ablaufkontrolle und Ablaufsteuerung. Sie ist bei Einsatz eines Generalplaners von diesem selbst für seine Eigenleistungen sowie für die Leistungen seiner Subplaner zu erstellen. Im Falle des Einsatzes von Architekten und Fachplanern obliegt diese Aufgabe dem Projektsteuerer in Fortschreibung der Grobablaufpläne für die Planung.

Methodisches Vorgehen

Folgende Arbeitsschritte haben sich bewährt:

- Aktualisieren der Projektstruktur
- Zusammenstellen der einzuschaltenden Architekten und Fachplaner für die Planung sowie der Vergabeeinheiten und evtl. Leistungsbereiche für die Ausführung (Diederichs, 2002, S. 16 ff.)
- Entwickeln von für die Vertragstermine relevanten Planungsvorgängen
- Ermitteln der Vorgangsdauern mit Hilfe von Produktionsfunktionen für die Planung

- Ermitteln der technisch zwingenden und betrieblich wünschenswerten Anordnungsbeziehungen der Planung
- Durchführen von Terminberechnungen mittels eines geeigneten Programms in der Vorwärts- und Rückwärtsrechnung unter Ausweisung von Gesamtpuffern und freien Puffern sowie des kritischen Weges, Ausmerzen von Terminkonflikten aus Projektzwischen- und -endterminen, ausgewiesen durch negative Pufferzeiten (Termine in frühester Lage liegen später als Termine in spätester Lage)
- Überprüfen und Anpassen der Kapazitätsermittlungen für die Planung aus der Generalablaufplanung
- Abstimmen der Ergebnisse mit dem Auftraggeber und den Planern sowie Festlegen der Vertragstermine für die Planung

Der Auftraggeber ist durch die Steuerungsablaufplanung für die Planung auf seine erforderlich werdenden Entscheidungen rechtzeitig aufmerksam zu machen. Dazu sind gesonderte Prüf-, Abstimmungs- und Genehmigungszeiträume einzuplanen, die für den Fortgang der Planung entscheidend sind. Das Abverlangen rechtzeitiger *Auftraggeberentscheidungen* sichert einen möglichst kontinuierlichen und durch Änderungen wenig gestörten Planungsablauf (vgl. *Ziff. 2.4.1.14*).

Lassen sich *Änderungen der Terminketten* nicht vermeiden, so sind diese zu dokumentieren und zu begründen. Ablaufänderungen sind den Beteiligten schnellstmöglich mitzuteilen und von diesen nach Möglichkeit auch gegenzeichnen zu lassen. Die Führung und Kontrolle des Planungsablaufs erzeugt das psychologisch wichtige Klima einer *straffen Führung*. Der Freiraum in der Vorplanung verführt leicht zu der Annahme, dass reichlich Zeit vorhanden sei. Entscheidend ist, dass die vorhandene Zeit im zuvor genannten Sinne für die Entwicklung von Alternativen und zur *Optimierung* genutzt wird. Ohne straffe Terminkontrolle wird das Zeitkontingent nicht optimal genutzt werden.

Beispiel

In *Abb. 2.81* wird ein Grobablauf der Planung als Regelablauf mit vier Sammelvorgängen für die Ausführung als Balkenplan dargestellt.

Erläuterungsberichte zur Grobablaufplanung Planung behandeln i. d. R. folgende Themen:

1. Projektstruktur
2. Planervertragsstruktur
3. Termine und Fristen gemäß Generalablaufplan
4. Planungsdauern und Planerkapazitäten für die Leistungsphasen nach HOAI
5. Prüf-, Genehmigungs-, Finanzierungs-, Förder- und Vergabeverfahren
6. Planungsseitige Terminrisiken für Baugenehmigung, Finanzierung, Förderung und Vermarktung

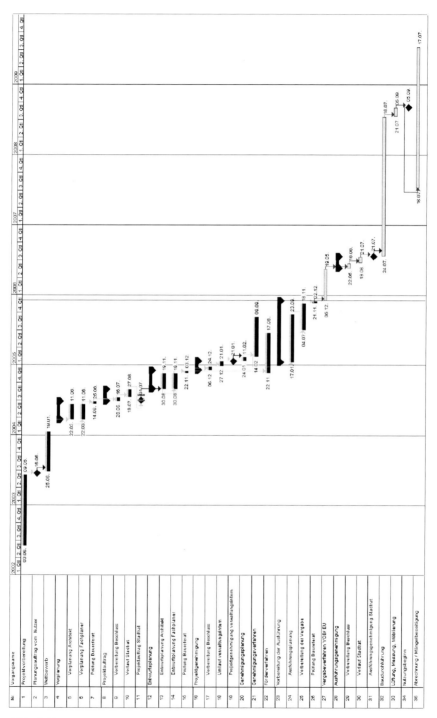

Abb. 2.81 Grobablaufplan Planung zum Stichtag 03.12.2005 (Quelle: Diederichs/Buck (2002a))

2.4.2.4 2D2 Aufstellen und Abstimmen der Grobablaufplanung für die Ausführung

Gegenstand und Zielsetzung

In der Projektstufe 2 – Planung ist auch bereits der Grobablaufplan und damit der Vertragsterminplan für die Ausführung zu entwickeln, da dieser die Begründungen für die erforderlichen Vertragstermine der Planung liefert. Dies bedeutet, dass im Grobablauf der Ausführung zunächst nach Bauabschnitten differenziert wird und weiter innerhalb jedes Bauabschnitts der vertragliche Beginn- und Endtermin für die Ausführung jedes einzelnen Gewerks festgelegt werden, ggf. mit weiteren Zwischenterminen, von denen der Beginn anderer Gewerke abhängig ist.

Zielsetzung sind als Ergebnis des Grobablaufplans der Ausführung die Vertragstermine für jedes einzelne Gewerk. Diese sind in die Besonderen Vertragsbedingungen (BVB) der Vergabe- und Vertragsunterlagen für jedes einzelne Gewerk aufzunehmen. Es empfiehlt sich, zusätzliche Begründungen für die Vertragstermine zu geben, damit die Einsicht der Auftragnehmer (Baufirmen) in die Notwendigkeit der Vertragstermineinhaltung gesteigert wird.

Methodisches Vorgehen

Das methodische Vorgehen für die Teilleistung 2D1 gilt für die Teilleistung 2D2 analog. Die Strukturierung des Bauprojektes nach Bauabschnitten kann bei einem komplexen Bauwerk starke Rückwirkungen auf die Planung haben und hier die Prioritäten neu setzen.

Jahreszeitliche Einflüsse müssen berücksichtigt werden, da sie nicht nur die jeweilige Arbeit beeinflussen, sondern auch auf Nachfolgegewerke Zeit verschiebend wirken. Während der Vor- und Entwurfsplanung sind bereits konjunkturelle Einflüsse für die Überlegungen zur Auswahl der an der Ausschreibung zu beteiligenden Bauunternehmen zu beachten.

Beispiel

Ein Muster eines Grobablaufplans der Ausführung zeigt *Abb. 2.81* wiederum als Balkenplan.

Erläuterungsberichte zur Grobablaufplanung Ausführung enthalten i. d. R. folgende Themen:

1. Projektstruktur
2. Aufbauorganisation und Vertragsstruktur in der Ausführung
3. Termine und Fristen gemäß General- und Grobablaufplan
4. Ausführungsdauern und Kapazitäten für Rohbau-, Technik- und Ausbauarbeiten
5. Technologische und betriebliche Abhängigkeiten/Anordnungsbeziehungen
6. Ausführungsseitige Terminrisiken für Baubeginn, Bauwerk winterdicht, Baufertigstellung und Nutzungsbeginn

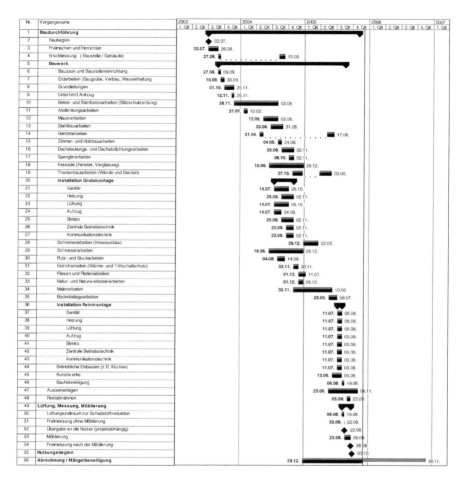

Abb. 2.82 Grobablaufplan Ausführung zum Stichtag 03.12.2005 (Quelle: Diederichs/Buck (2002a))

2.4.2.5 2D3 Ablaufsteuerung der Planung (und Ausführungs- vorbereitung)

Gegenstand und Zielsetzung

Die Ablaufsteuerung der Planung und auch der Ausführungsvorbereitung erstreckt sich auf die Leistungsphasen 2 bis 7 gemäß § 15 Abs. 2 HOAI. Grundlage sind die zugehörigen Steuerungsablaufpläne (vgl. *Ziff. 2.4.2.3*). In den regelmäßigen Ablaufbesprechungen (Jours fixes) werden die Ablaufkontrollen durch Abfrage der einzelnen Planungsbeteiligten hinsichtlich ihres aktuellen Bearbeitungsstandes durchgeführt. Ergeben sich aus dem Soll-/Ist-Vergleich größere Verzögerungen, so sind durch Abweichungsanalysen die Ursachen aufzuklären und erforderliche Anpassungsmaßnahmen zur Erreichung der Terminziele vorzuschlagen, abzustimmen und festzulegen. In kritischen Fällen kann es erforderlich werden, den aktuellen Planungs-/Ausführungsvorbereitungsstand im Büro des jeweiligen Architekten bzw. Fachplaners zu überprüfen und dabei auch dessen Angaben über die eingesetzten Kapazitäten zu verifizieren.

Die Planlieferungstermine werden durch Überwachung des rechtzeitigen Planeingangs anhand von Planlieferlisten kontrolliert. Laufende Planungsprozesse werden durch gezielte Kontrollen überprüft. Hierzu bietet das Dokumentenmanagement die erforderliche EDV-Unterstützung.

Methodisches Vorgehen

Werden Abweichungen beim Soll-/Ist-Vergleich festgestellt, muss versucht werden, die vereinbarten Solltermine durch geeignete Anpassungsmaßnahmen kurzfristig wieder zu erreichen. Je nach Situation sind nach Dringlichkeit gestaffelte Maßnahmen erforderlich: Aufdecken häufiger Schwachstellen (z. B. mangelnde Personalkapazitäten), Diskussion, Überzeugungsarbeit, schriftliche erste Mahnung, schriftliche zweite Mahnung mit Androhung vertraglicher Konsequenzen und schließlich Vollzug der vertraglichen Konsequenzen.

Entsprechende Mahn-/Verzugsschreiben enthalten Ausführungen zur nachfolgenden Teilleistung 2A3 Mitwirken beim Durchsetzen von Vertragspflichten gegenüber den Beteiligten (*Ziff. 2.4.2.12*).

Kapazitätsberechnungen, die sich überschlagsmäßig aus dem Honorar oder auch aus Aufwandsabschätzungen ergeben, lassen auch Schlüsse über den erforderlichen Personaleinsatz der Planer zu (vgl. Diederichs, 2002, S. 16 ff.). Auch wenn der Eingriff des Projektsteuerers in den organisatorischen Planungsablauf des jeweiligen Planers nur schwer möglich ist, so lassen sich doch durch rechtzeitige Mitteilung vorherzusehende Terminverzüge oder sonstige Probleme aus Unterkapazitäten vermeiden. Die wesentlichen Bearbeitungsschritte sind:

- Ermitteln der Soll-Daten aus den Steuerungs-/Detailablaufplänen der Planung und Ausführungsvorbereitung
- Ermitteln der Ist-Daten aus Planlieferlisten, Besprechungsprotokollen, Schriftverkehr etc.
- Vergleichen der Soll-/Ist-Daten
- Darstellen des Vergleiches in einem Balkenplan, ggf. auch in einer Terminliste
- Feststellen wesentlicher Terminabweichungen und Aufforderung zur Termineinhaltung mit Fristsetzung zur Aufholung eingetretener Verzögerungen als Textvorschlag für den AG zur Verwendung gegenüber dem jeweiligen Planungsbeteiligten

Beispiel

Aus *Abb. 2.83* ist ersichtlich, dass ein anfangs vorhandener Planungsvorlauf von 6 Wochen zum Stichtag 01.03.2005 auf eine Verzögerung von teilweise bis zu 3 Wochen zusammenschmolz, die deutliche Anpassungsmaßnahmen erforderlich machte.

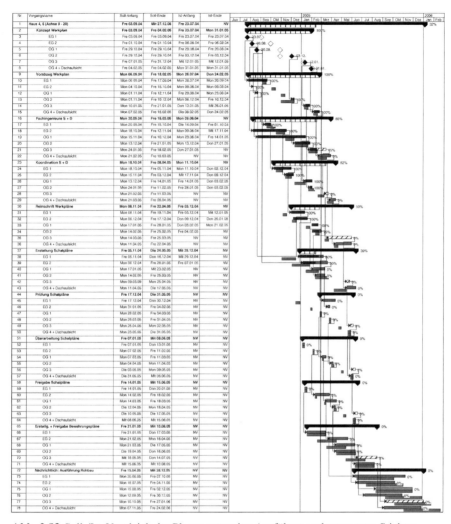

Abb. 2.83 Soll-/Ist-Vergleich der Planungstermine Ausführungsplanung zum Stichtag 01.03.2005

2.4.2.6 2D4 Fortschreiben der General- und Grobablaufplanung für Planung und Ausführung sowie der Steuerungsablaufplanung für die Planung

Gegenstand und Zielsetzung

Gegenstand der Fortschreibung der Ablaufpläne ist die Sicherung der Aktualität. Dabei sollten die aus dem Terminrahmen (*Ziff. 2.4.1.7*) in den Generalablaufplan (*Ziff. 2.4.1.8*) übernommenen Meilensteine im Sinne von Terminzielen unverrückbar Bestand haben. Eine Veränderung der Kalenderdaten der Meilensteintermine stellt daher immer eine Ausnahmesituation dar. In analoger Weise sind auch die

Vertragstermine der Grobablaufpläne für Planung und Ausführung als Festtermine zu verstehen, deren Änderung Ausnahmesituationen mit entsprechenden vertraglichen Konsequenzen kennzeichnet.

Veränderungen der innerhalb der Vertragstermine bestehenden Dispositionsfreiheiten auf der Steuerungsablaufebene sind üblich und nicht zu beanstanden, solange es um die partielle Inanspruchnahme von freien Pufferzeiten oder aber auch Gesamtpufferzeiten geht, die sich nicht auf vertragliche Zwischen- oder Endtermine oder gar auf den Projektendtermin auswirken.

Methodisches Vorgehen

Das methodische Vorgehen entspricht demjenigen bei der Erstellung der Ablaufpläne. Wichtig ist, dass aus den Steuerungsablaufplänen der Planungs- und Baufortschritt im Ist mit dem jeweils erforderlichen Stand im Soll verglichen werden

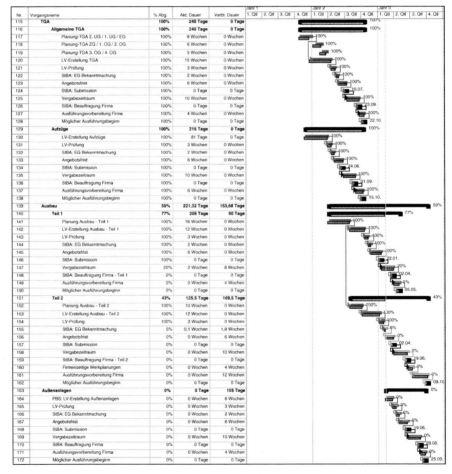

Abb. 2.84 Steuerungsablaufplan der Ausführung TGA und Ausbau zum Stichtag 01.02. Jahr 3

kann und aus dem Soll-/Ist-Vergleich erforderliche Anpassungsmaßnahmen erkannt, abgestimmt und umgesetzt werden können. Die Vorgangsdauern in Steuerungsablaufplänen sollen daher einen Zeitraum von max. 3 Monaten nicht überschreiten. Ggf. sind hierzu weitere Vorgangsunterteilungen vorzunehmen.bei
terminkritischen Planungs- und Ausführungsleistungen ist mit Hilfe von Produktionsfunktionen zu überprüfen, ob die vorgesehenen Dauern mit den verfügbaren
Kapazitäten eingehalten werden können bzw. ob rechtzeitig Maßnahmen zur Ter-
minsicherung durch Kapazitätserhöhung, Einplanung von Überstunden oder Zwei-
schichtbetrieben oder durch beschleunigend wirkende Verfahren eingeplant werden müssen (vgl. Diederichs, 2002, S. 16 ff.).

Beispiel

In *Abb. 2.84* wird das Fortschreiben eines Steuerungsablaufplans der Ausführungsplanung TGA und Ausbau zum Stichtag 01.02. im Jahr 3 verdeutlicht.

2.4.2.7 2D5 Führen und Protokollieren von Ablaufbesprechungen der Planung sowie Vorschlagen und Abstimmen von erforderlichen Anpassungsmaßnahmen

Gegenstand und Zielsetzung

Die Projekt- bzw. Ablaufbesprechungen (Jours fixes) sind wesentlicher Bestandteil der Projektsteuerungsaufgaben. Dem Projektsteuerer obliegen die Vorbereitung, Durchführung und Nachbereitung der Besprechungen. Die straffe Organisation mit rechtzeitiger Einladung und Mitteilung der Tagesordnung,
Einbindung der Projektbeteiligten, insbesondere der Entscheidungsträger, sowie
die straffe und ergebnisorientierte Gesprächsführung sind maßgebend für den Erfolg dieser Sitzungen, das „Klima" bei den Projektbeteiligten und die Befolgung
der getroffenen Vereinbarungen. Durch die Vereinbarung eines regelmäßigen Be-
sprechungsabstandes entsteht der „Herzschlag" des Projektes als wichtige Voraussetzung für den erwarteten Projektfortschritt.

Methodisches Vorgehen

Ablauf-/Projektbesprechungen sind daher in festem Rhythmus, z. B. 14-tägig oder
wöchentlich, abzuhalten. Wochentag und Uhrzeit sind zum Projektbeginn mit allen Projektbeteiligten festzulegen und im Organisationshandbuch festzuhalten.
Ferner sind die Modalitäten für das Protokoll und dessen Verteilung mit dem AG
abzustimmen (Corporate Identity, Konzept des AG, ggf. weitere Protokollempf-
änger).

Zu den Standard-Tagesordnungspunkten jeder Ablauf-/Projektbesprechung gehören:

- Genehmigung der Tagesordnung
- Durchsprache des letzten Protokolls zur Berücksichtigung erforderlicher Än-
derungen/Ergänzungen mit anschließender Genehmigung oder zur Feststellung des Idealfalls: „Das Protokoll vom [Datum] wird ohne Änderungen genehmigt."

- Durchsprache der offenen Punkte des letzten Protokolls
- Erörterung der aus Vorgesprächen bekannten oder in der Besprechung vorgetragenen Soll-/Ist-Abweichungen mit Ursachenanalyse, Anpassungsmaßnahmen und Aktualisierungsnotwendigkeiten

Bei den Besprechungen ist darauf zu achten, dass ein Thema, bei dem offensichtlich in der Besprechungsrunde kein befriedigendes Ergebnis gefunden werden kann, nur hinsichtlich des Problems klar beschrieben wird und der Auftrag zur Problemlösung an einen Besprechungsteilnehmer (in Ausnahmefällen auch an einen nicht an der Besprechung teilnehmenden Dritten) delegiert wird mit der Bitte um Erledigung bis zu einem bestimmten Termin.

Von den Besprechungsteilnehmern gelöste Probleme sind mit ihrem Ergebnis vom Gesprächsleiter nochmals kurz zusammenzufassen und stichpunktartig zu notieren, ggf. bei wichtigen Ergebnissen mit Unterschrift der Projektbeteiligten.

Das Führen und Protokollieren von *Besprechungen* ist eine wichtige Projektsteuerungsaufgabe. Aufbau und Verteilung der Protokolle bestimmen ganz entscheidend „das Klima" bei den Projektbeteiligten und die Befolgung der getroffenen Vereinbarungen.

Grundsätzlich sind die *Protokolle* zu nummerieren. Als Deckblatt ist eine Beteiligungs- und Verteilerliste zu verwenden. Die Tagesordnungspunkte (TOP) können chronologisch durchnummeriert oder mit der vorgeschalteten Ordnungsziffer der Besprechung versehen werden. Beide Systeme haben Vor- und Nachteile. Die Protokolle müssen nicht im Einzelnen den Verlauf der Besprechung wiedergeben, sondern sollen die Ergebnisse knapp zusammenfassen. Die zu erledigenden Punkte sollen terminiert und der jeweils Verantwortliche durch ein Kürzel benannt werden. Vielfach lesen die Beteiligten nur die sie betreffenden Punkte. Der Protokollierende muss daher darauf achten, dass alle Beteiligten bei den jeweiligen Aufgaben auch wirklich erfasst sind.

Bei *international Beteiligten* kann Zweisprachigkeit erforderlich sein. Es empfiehlt sich, die Übersetzung jeweils unter den hauptsprachlichen Text in anderer Schriftart einzufügen. Eine *zweisprachige Protokollführung* ist (noch) eine *Besondere Leistung* und deshalb besonders zu honorieren.

Die in den *Ablaufbesprechungen* getroffenen Handlungsanweisungen werden von den Beteiligten während der Besprechung bereits aufgenommen, als Aufgabe verstanden und i. d. R. auch befolgt. Die zeitnahe Erstellung und Verteilung der Besprechungsprotokolle (innerhalb von ≤ 3 AT) sind für deren Akzeptanz und den Projektfortschritt ganz entscheidend. Unerledigte Punkte werden erneut aufgenommen und fortgeführt. Veränderungen werden handschriftlich oder per Diktat während der Besprechung festgehalten. Die sofortige Eingabe in eine vorbereitete EDV-Maske ermöglicht unter Umständen bereits bei Besprechungsschluss das Verteilen eines fertigen Protokolls, zumindest aber die schnelle Verteilung per E-Mail oder Fax.

Beispiele

Besprechungsarten

Zu unterscheiden sind Nutzer-, Projekt- sowie Planungs- und Baubesprechungen.

Nutzerbesprechungen finden in Abstimmung mit dem Auftraggeber zu nutzungsbezogenen Themen je nach Bedarf statt. Teilnehmer sind der Auftraggeber, der Nutzer, der Projektsteuerer und je nach Bedarf der Architekt sowie weitere Fachplaner und Sonderfachleute. Die Protokollführung hat der Projektsteuerer.

Projektbesprechungen (Jours fixes) stellen das wichtigste Forum der Diskussion aller relevanten Probleme zur Vorbereitung der notwendigen Entscheidungen und Maßnahmen dar. Sie finden in regelmäßigen Abständen, je nach Phase 14-tägig (während der Planung) bis monatlich (während der Ausführung) statt. Ständige Teilnehmer sind die Mitglieder des Planungsteams und je nach Bedarf auch Sonderfachleute und Berater. Zu wichtigen Entscheidungsterminen werden Vertreter des Auftraggebers und des Nutzers geladen. Die Protokollführung obliegt dem Projektsteuerer.

Planungs- und Baubesprechungen sind das Forum der Fachingenieure, Architekten und Objektüberwacher zu allen aktuellen, die Planung oder die Bauausführung betreffenden Teilproblemen. Das Ergebnisprotokoll wird vom jeweils einladenden Planer oder Objektüberwacher geführt. Der Projektsteuerer wird jeweils eingeladen und behält sich die Teilnahme vor, insbesondere bei anstehenden Themen zu Organisation, Qualitäten, Kosten und Terminen. Er erhält sämtliche Ergebnisprotokolle.

Checkliste für die Organisation von Besprechungen

1. Vorbereitung

- Durchlesen des letzten Protokolls und Kontrolle, ob alle durch die eigene Gruppe zu bearbeitenden Punkte ausgeführt wurden
- Vorbereiten der Sitzung gemäß Checkliste
- Sicherstellen von Vertretungen
- Vorkehrungen treffen gegen Anrufe, Besuche etc. während der Sitzung
- Besprechungszeit und -ort dem Sekretariat mitteilen (Dauer möglichst nicht über zwei, maximal vier Stunden)

2. Durchführung

- Sicherstellen des pünktlichen Beginns; Abwicklung und Ende gemäß Zeitplan (z. B. zeitlich gestaffelte Teilnahme einzelner Projektbeteiligter)
- Gesprächsleiter, Protokollführer und Zeitmanager bestimmen
- Sitzung formell eröffnen
- ergänzende Tagesordnungspunkte ggf. mit knapper Begründung benennen
- jeden Tagesordnungspunkt mit klarer Zielsetzung und knapper Problemdarstellung einleiten, Diskussionspunkte benennen sowie Lösungsalternativen und Einflusskriterien vorschlagen
- Zwischenergebnisse zusammenfassen und abschließen, sofern keine Fragen mehr offen sind
- auf Themenkonformität der Diskussionsbeiträge achten
- Aussagen durch Verwendung von Hilfsmitteln (Beamer, Flipchart, Tafel) grafisch verdeutlichen
- Gesprächsführerschaft durch Fragen und aktives Zuhören verdeutlichen (Wer fragt, der führt.)

- Sitzungsteilnehmer zielführend behandeln unter Beachtung der Teamrollen (Neuerer/Erfinder, Wegbereiter/Weichensteller, Koordinator/Integrator, Macher, Beobachter, Querdenker, Teamarbeiter/Mitspieler, Umsetzer, Perfektionist, Spezialist) unter Vermeidung verletzender oder persönlicher Bemerkungen
- konstruktive Vorschläge zur Problemlösung suchen
- Zeitplan einhalten, auf Entscheidungen drängen
- Verdeutlichen der Kosten- und Terminauswirkungen anstehender Entscheidungen
- Zusammenfassen der Besprechungsergebnisse, Festlegen/Bestätigen des nächsten Besprechungstermins, Wiederholen der beschlossenen Sofortmaßnahmen, die vor dem Protokollversand zu erledigen sind.

3. Nacharbeiten

- Protokoll erstellen innerhalb von max. 3 Arbeitstagen nach Sitzungstermin (vgl. *Abb. 2.85*)
- Sofortmaßnahmen durchführen
- Mitarbeiter informieren unter Beachtung der Vertraulichkeit
- offene Punkte klären, ohne die bereits getroffenen Entscheidungen in Frage zu stellen
- Auswirkungen auf andere Bereiche/Besprechungsrunden festhalten (Offene-Punkte-Liste)

4. Die 12 „W-Fragen" für jede Besprechung (Hilfsmittel)

- Warum überhaupt?
- Welche Zielsetzung?
- Wie lautet das Thema?
- Wer soll teilnehmen?
- Wie viele Teilnehmer insgesamt?
- Wo ist der Besprechungsort?
- Wann ist der Besprechungszeitpunkt?
- Wie lange?
- Was ist zu organisieren?
- Welche Spielregeln sind einzuhalten?
- Wie ist der Ablauf?
- Was ist zu verbessern*?*

Ergebnisprotokoll einer Ablaufbesprechung

Firma Projektsteuerung	Musterstadt, 05.07.2005

Neubau des Geschäftszentrums in Musterstadt
Ergebnisprotokoll der 11. Projekt-/Ablaufbesprechung vom [Datum, Uhrzeit]

Ort:
Teilnehmer: siehe Teilnehmerliste
Verteiler: wie Teilnehmer und zusätzlich

....

Inhaltsverzeichnis   **Seite**

Anlage: Teilnehmerliste vom [Datum]

aufgestellt: genehmigt:
[Ort, Datum]   [Ort, Datum]

i. A.   ppa

– Dipl.-Ing. –   – Dr.-Ing. –

Anlage: Teilnehmerliste zur 11. Projektbesprechung am [Datum]			
Name	Dienststelle, Büro, Firma	Telefonnummer	Unterschrift

Abb. 2.85 Inhaltsverzeichnis zum Ergebnisprotokoll einer Ablaufbesprechung

2.4.2.8 2C1 Überprüfen der Kostenschätzungen und -berechnungen der Objekt- und Fachplaner sowie Veranlassen erforderlicher Anpassungsmaßnahmen

Gegenstand und Zielsetzung

Gegenstand dieser Überprüfungsvorgänge ist nach dem Wortlaut des Leistungsbildes lediglich ein Überprüfen der von dem Architekten und den Fachplanern
aufgestellten Kostenermittlungen. In der Praxis hat es sich jedoch bewährt, anstelle einer Überprüfung Parallelermittlungen nach anderen Kostenermittlungsverfahren vorzunehmen, um durch Vergleich und Analyse der Abweichungen Unschär-
fen und einen unzureichenden Reifegrad der Planung feststellen zu können. Durch
die Fachgespräche zwischen Architekt, Fachplanern und Projektsteuerer zur Begründung und Beseitigung der Abweichungen entsteht ein fruchtbarer Prozess der
Planungskonkretisierung und der Angleichung der Vorstellungen zwischen Planern und Projektsteuerer, wobei Erstere vorrangig die Qualität ihres Entwurfs und
der architektonischen Gestaltung und Letzterer auch die Einhaltung von Budgetvorgaben und Terminen unter Wahrung der geforderten Qualität im Auge haben
werden. Aus dem fruchtbaren Dialog solcher Abstimmungen entstehen optimierte
Lösungen, die sowohl den ästhetisch-gestalterischen Anforderungen als auch den
wirtschaftlichen Forderungen und Randbedingungen genügen. Dies ist Zielsetzung
des konstruktiv verstandenen Überprüfungsvorgangs.

Die Beeinflussbarkeit von Investitionen und Folgekosten nimmt von Projektstufe 1 bis 3 und in Stufe 4 weiter ab (*Abb. 2.86*). Die größere Beeinflussbarkeit ist
in den Stufen 1 und 2 durch intelligente Planung, aber auch durch Mengen- und
Standardreduzierung möglich. In den Stufen 3 und 4 können Kosten durch Plan-
und LV-Prüfung sowie Ausführungskontrollen reduziert werden, die sonst durch
Leistungsänderungen und Zusatzleistungen, Ablaufstörungen oder unangemessene
Preise entstehen bzw. anwachsen.

Da sich eine Parallelermittlung nach alternativen Kostenermittlungsverfahren
bewährt hat, wird nachfolgend dargestellt, welche Kostengliederungen und Verfahren für die einzelnen Kostenermittlungsarten Kostenrahmen, Kostenschätzung,
Kostenberechnung, Kostenanschlag und Kostenfeststellung (bzw. Kostenermittlung I bis VI nach E DIN 276-1:2005-08) in Frage kommen und welche in der
Praxis von Architekten und Fachplanern sowie von Projektsteuerern präferiert
werden (*Abb. 2.87*).

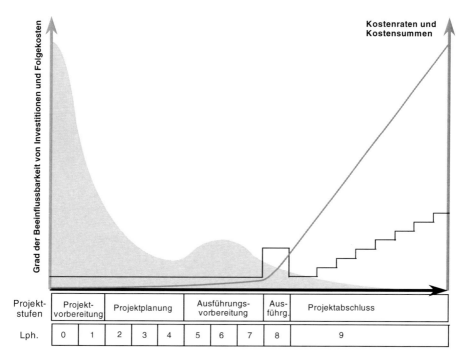

Abb. 2.86 Abnehmende Kostenbeeinflussbarkeit und zunehmende Kostensummen in den fortschreitenden Projektphasen

Leistungsphasen nach HOAI	Art der Kostenermittlung	Nr.	Kostenermittlungsverfahren	Bezugsgröße	Präferenz für Nr. ... durch:		
					Objekt- und Fachplaner	Projektsteuerer	Methode
1	Kostenrahmen KR	1	Kostengruppen der DIN 276 (Juni 1993)	1. Ebene	1	2	Parallelermittlung dto.
		2	Nutzungseinheiten für Kgr. 300 + 400	z. B. €/Büroarbeitsplatz €/Krankenbett €/Student €/TG-Stellplatz	2	3	
2	Kostenschätzung KS	3	Kostengruppen der DIN 276 (Juni 1993)	2. Ebene	1 oder 3 und 4 oder 5; ggf. 6	8 und 9 oder 7	dto. dto. dto.
		4	Geometrische Größen für Kgr. 300 + 400	€/m³ BRI €/m² BGF €/m² HNF			
		5	Kostenflächenarten KFA	€/m² KFA			
		6	Leistungsbereiche/Gewerke	€			
		7	Nach Wägungsanteilen des Statistischen Bundesamtes für Kgr. 300 + 400	Promille von Kgr. 300 + 400			
3	Kostenberechnung KB	8	Kostengruppen der DIN 276 mit Kostenelementen	3. Ebene	3 oder 8	8 und 9	dto.
		9	Leit- und Restpositionen der Leistungsbereiche/ Gewerke	Nach ABC-Analyse €/Leit- und Restpos.			
6	Kostenanschlag KA - vor Vergabe	10	LV- Positionen der Leistungsbereiche/Gewerke	€/LV-Pos.	10	10	Prüfung
7	- nach Submission	11	Zusammenstellung der Angebote	€/LV-Pos.	11	11	Prüfung
8	Kostenfeststellung KF	12	Kostengruppen der DIN 276 aus Schlußrechnungszuordnung	3. Ebene	12	12	Prüfung

Abb. 2.87 Kostengliederung und Verfahren der Kostenermittlung in den einzelnen Projektstufen durch Objekt- und Fachplaner bzw. Projektsteuerer

Methodisches Vorgehen

Kostenschätzung und Kostenberechnung (KS und KB)

Die Prüfung der KS/KB erfolgt durch Parallelermittlung, d. h. eine neben der KS bzw. KB durch Architekten bzw. Fachplaner parallel durch den Projektsteuerer aufgestellte KS bzw. KB.

Die Prüfung bzw. Anpassung ist differenziert nach Neubau und Umbau/Sanierung durchzuführen, wobei die Reihenfolge der Bearbeitungsschritte nur als Empfehlung zu betrachten ist (Diederichs, 2003a, S. 54 ff.).

Bearbeitungsschritte für Neubau

Die folgenden Bearbeitungsschritte werden für die KS/KB nach DIN 276 (Juni 1993) bzw. E DIN 276-1:2005-08 konzipiert; sie gelten analog für KS/KB nach anderen Gliederungen.

1. Überprüfen der Vollständigkeit der erforderlichen Unterlagen/Informationen und ggf. Anfordern der fehlenden Unterlagen/Informationen
2. Strukturieren der Kostengliederungsmerkmale Bauwerke, Gebäudeabschnitte, Nutzerbereiche, Kostenkontrolleinheiten, ggf. Vergabeeinheiten und Lose je nach Bedarf in Abstimmung mit dem AG
3. Festlegen der Gliederungstiefe der Kgr. nach DIN 276 (von der 2. bis zur 3. Ebene) und Bearbeiten des projektspezifischen Kostengliederungsmerkmals LB (Leistungsbereiche) auf der Basis der StLB oder VOB Teil C (z. B. Ergänzung der Leistungsbereiche für Baunebenkosten)
4. Festlegen der Gliederungstiefe bzw. der Bezugsgrößen der Ermittlungspositionen im Zusammenhang mit der Auswahl der Kostenkennwerte. Als Bezugsgrößen (vom Groben zum Feinen) kommen in Betracht:
   - Nutzeinheiten, z. B. Arbeitsplätze, Stellplätze
   - Gebäudegeometrische Einheiten, z. B. m² BGF, m² HNF, m³ BRI nach DIN 277
   - Bauteilgeometrische Einheiten, z. B. m² Innentrennwände, m² Decken
   - Leistungseinheiten der Pauschalleistungen, z. B. psch. Baustelleneinrichtung
   - Leistungseinheiten für Bauleistungen (analog StLB), z. B. m³ Ortbeton, m² Schalung

   Dabei ist zu beachten, dass die Bezugsgrößen der Ermittlungspositionen und der Kostenkennwerte möglichst identisch sein sollen. Umrechnungen der Kostenkennwerte sind zu vermeiden.
5. Erfassen/Auflisten der Leistungen mit Ermittlungspositionen mittels EDV-Programm mit differenzierten Anmerkungen zu Leistungen, die in KS/KB der Architekten bzw. Fachingenieure korrekt erfasst, nicht korrekt erfasst oder nicht erfasst wurden. Bei der Zuordnung der Leistungen bzw. Ermittlungspositionen zu Kgr., LB und ggf. zu sonstigen Gliederungsmerkmalen ist darauf zu achten, dass die Kostenstruktur der KS/KB die Gegenüberstellung mit der KS des Architekten und der Fachplaner zulässt. Für die Ermittlungspositionen

sind das Preisdatum, der verantwortliche Bearbeiter und erforderlichenfalls Hinweise auf Erläuterungsblätter (z. B. für Massenermittlungen) anzugeben.

6. Ermitteln der Massen mit ausführlichen Dokumentationen, Erläuterungen, Bezugsangaben zu Ermittlungspositionen, Prüfung/Plausibilitätskontrolle und anschließend Übertragen in die EDV.

7. Bilden der Ermittlungspositions-Preise durch Anpassen der ausgewählten Kostenkennwerte aus vergleichbaren eigenen Projekten oder veröffentlichten Kostenkennwertdateien anhand der erforderlichen Unterlagen und Informationen, durch Zu- und Abschläge für projektspezifische Kosteneinflüsse, Eintragen in die EDV. Mögliche Einflüsse können sein:
   - Nutzungseinflüsse (Nutzungsart, -menge, -beginn, -dauer, -änderungen und -intensität)
   - Markt- und Finanzierungseinflüsse (zeitliche und regionale Markteinflüsse, Finanzierungseinflüsse, Vergabeform und -art)
   - Standorteinflüsse (funktionaler, rechtlicher und technischer Art)
   - Bauwerkseinflüsse (bautechnische Nutzungsanforderungen, Bauwerksgeometrie, Gebäudeanteile im Erdreich/über Erdreich/Dach, Gebäudeanteile nicht allseitig umschlossen/überdeckt, Anteile von horizontalen und vertikalen Begrenzungsflächen und Öffnungen, Modul- und Maßordnung, Einflüsse der Versorgung und der Verkehrsführung, Verkehrs- und Funktionsflächenteil, Wirkungsweise der Versorgungsanlagen, technische und konstruktive Lösungen, Herstellungseinflüsse und Material)

8. Aufschlüsseln der anrechenbaren Kosten nach HOAI und Ermitteln der Honorare für Planungsleistungen und Objektüberwachung (Kgr. 730)

9. Individuelle Preisermittlung der Pauschalleistungen für:
   - Erschließung (Kgr. 200 der DIN 276)
   - Allgemeines Gerät, Beschilderung, Feuerlöscher etc. (Kgr. 610)
   - Honorare für Berater, Gutachter und Vermesser (Kgr. 710, 740)
   - Gebühren für Baugenehmigung, behördliche Abnahmen, Prüfstatik und sonstige behördlichen Gebühren (Kgr. 771)
   - sonstige allgemeine Baunebenkosten (Kgr. 790)

   Eventuell erforderlich sind Ermittlungen (ggf. Prüfungen) für:
   - Grundstück (Kgr. 100)
   - Ausstattung/Möblierung (Kgr. 611)
   - Kunstwerke (Kgr. 620) einschl. Nebenkosten (Kgr. 790)
   - Finanzierung (Kgr. 760)
   - Aufwendungen des AG (Kgr. 710)

10. Bemessung des Unvorhersehbaren ggf. mit:
    5 bis 10 % der Kgr. 200 bis 700 für Parallelermittlung der KS
    3 bis 5 % der Kgr. 200 bis 700 für Parallelermittlung der KB

11. Zusammenstellen bzw. Darstellen der Arbeitsergebnisse der Parallelermittlung

Bearbeitungsschritte für Umbau und Sanierung

Vor Leistungsbeginn sind zwischen Projektsteuerer/AG und Architekt/Fachplanern die erforderlichen Abbruch-, Umbau- und Neubauplanungen im Detail einvernehmlich abzustimmen, damit Art und Umfang der zu bewertenden Leistung eindeutig definiert sind.

1. wie vor Nr. 1, zusätzlich Bestandsaufnahme als Ergänzung der vorliegenden Bestandsunterlagen durch Baubegehung sowie Foto-, ggf. Skizzen- und Textdokumentation bzgl. der vorh. Bausubstanz für Rohbau, Innenausbau, Technik, Fassade, Dach und Außenanlagen im Hinblick auf:
   - Schäden
   - Bauteile/Bereiche, die zu ergänzen, erneuern, teilweise zu sanieren bzw. zu erhalten sind
2. wie vor Nr. 2
3. wie vor Nr. 3
4. Die Beschreibung in Ziff. Nr. 4 gilt analog nur für die Technischen Anlagen, ggf. auch für Fassade und Dachabdichtung, die in der Regel komplett erneuert werden. Die Kosten der Tragenden und Nichttragenden Baukonstruktionen sind mit den Bezugsgrößen der Bauleistungen (analog zu den Bauleistungen der jeweiligen standardisierten Leistungsbereiche/-kataloge) zu ermitteln.
5. wie vor Nr. 5, wobei darauf zu achten ist, dass die umbau-/sanierungsbedingten Leistungen im Zusammenhang mit:
   - Abbruch/Demontage (z. B. Abfangkonstruktionen),
   - provisorischem Betrieb und -r Nutzung,
   - Sicherungs-/Schutzmaßnahmen,
   - Sanierung der vorh. Konstruktionen,
   - Vorbereitung der Untergründe und
   - Leistungen, die erst nach späteren Untersuchungen oder nach Abbruch/Demontage genau festzustellen sind,
   vollständig erfasst werden.
6. wie vor Nr. 6
7. wie vor Nr. 7, mit Umbauzuschlägen (ggf. auch Denkmalschutz-Zuschlägen) für Kostenkennwerte des Neubaus, die bedingt durch Nutzung für Umbau und Sanierung gelten; außerdem ist bei der Preisbildung zu beachten, dass die Leistungen evtl. wegen laufenden Nutzungsbetriebs nicht kontinuierlich durchführbar sind.
8. wie vor Nr. 8, wobei die Ermittlung der anrechenbaren Kosten für die Tragwerksplanung schwierig ist, ggf. Zeithonorar vereinbaren
9. wie vor Nr. 9, zusätzliche individuelle Ermittlungen (ggf. Prüfungen) für:
   - Umsetzung der Nutzer/Mieter (provisorische Unterbringung)
   - Umzug der Nutzer/Mieter
10. Bemessung des Unvorhersehbaren mit:
    - 7,5 bis 15 % der Kgr. 200 bis 700 für Parallelermittlung der KS
    - 5 bis 10 % der Kgr. 200 bis 700 für Parallelermittlung der KB
11. wie vor Nr. 11, die Kosten der Abbrucharbeiten/Demontage sind ggf. aufgeschlüsselt in Kgr. 200 darzustellen (für sofortige Abschreibung)

Beispiele

Im Rahmen der folgenden Beispiele wird der Investitions-/Kostenrahmen für ein freistehendes Mehrfamilienhaus (*Ziff. 2.4.1.5*) zu einer Kostenschätzung und einer Kostenberechnung verfeinert. Für die Kostenschätzung wird zunächst darauf geachtet, dass die Anforderungen der DIN 276 (Juni 1993), Ziff. 3.2.1, bzw. E DIN 276-1:2005-08, Ziff. 3.4.2, erfüllt sind, wonach in der Kostenschätzung bzw. Kostenermittlung II die Gesamtkosten nach Kostengruppen mindestens bis zur zweiten Ebene der Kostengliederung ermittelt werden. Für die Kostenkennwerte wird z. B. auf veröffentlichte Baukostendaten zurückgegriffen, um die Nachvollziehbarkeit zu erleichtern (BKI, 2001). Im Anschluss daran wird ein Kostenvergleich zwischen Kostenschätzung und Kostenrahmen mit Begründung der Abweichungen hergestellt. Dieser Vergleich ist analog für die Gegenüberstellung der Kostenschätzungen von Architekt und Fachplaner einerseits sowie des Projektsteuerers anderseits anzustellen.

Im nächsten Schritt wird die Kostenschätzung zur Kostenberechnung bzw. Kostenermittlung III verfeinert, zunächst zur Erfüllung der Anforderungen der DIN 276, Ziff. 3.2.2, bzw. E DIN 276-1:2005-08, Ziff. 3.4.3, mindestens bis zur dritten Ebene der Kostengliederung und darüber hinaus durch eine ausführungsorientierte Gliederung der Kosten nach Ziff. 4.2 der DIN 276, d. h. Gliederung in Leistungsbereiche nach StLB, StLK oder VOB/C.

Der Kostenanschlag dient gemäß DIN 276 als Grundlage für die Entscheidung über die Ausführungsplanung und die Vorbereitung der Vergabe. Dabei sind 2 verschiedene Arten von Kostenanschlägen zu unterscheiden:

- Vor Versand von Ausschreibungsunterlagen sind die Sollwerte für Vergabeeinheiten (Budgets) vom Projektsteuerer vorzugeben (Kostenermittlung IV nach E DIN 276-1:2005-08). Dazu bedient er sich in der Regel der letztgültigen Kostenberechnung und zieht aus den jeweiligen Kostengruppen und Leistungsbereichen die für die vorgesehene Vergabe zutreffenden Kostenberechnungsansätze heraus.
- Nach Beauftragung der ausführenden Firmen entsteht der Kostenanschlag für die Kostengruppen 300 und 400 aus der Zusammenstellung sämtlicher Auftragswerte (Kostenermittlung V nach E DIN 276-1:2005-08). Er ist dann Basis für die Kostenkontrolle und -steuerung während der Ausführung.

Kostenschätzung bzw. Kostenermittlung II (vgl. *Ziff. 2.4.1.5*)

Kgr. 100 Grundstück

110 Grundstückswert
Im Rahmen der Vermessung des Grundstücks wurden 942 m² festgestellt. Im Kaufvertrag wurde ein Kaufpreis von 320 €/m² Grundstück vereinbart, daraus ergeben sich Gesamtkosten in Höhe von   942 x 320 = 301.440 €.

120 Grundstücksnebenkosten
121 Vermessungsgebühren (0,3 % vom Kaufpreis)   ca. 904 €
122–123 Gerichts- und Notariatsgebühren (bis 1,5 % vom Kaufpreis)   ca. 4.522 €
124 Maklerprovisionen
Üblicherweise betragen die Maklerprovisionen 3,48 % des Grundstückswertes. Durch Verhandlungen konnte im vorliegenden Fall eine Senkung auf 2,5 %
                                                                      = 7.536 €
erzielt werden.

125 Grunderwerbsteuer
Die Grunderwerbsteuer beträgt 3,5 % des Grundstückswertes   = 10.550 €.
126–129 Wertermittlungen, Untersuchungen, Genehmigungsgebühren, Bodenordnung, Grenzregulierung, Grundstücksnebenkosten, Sonstiges
Eine Wertermittlung wurde nicht durchgeführt. Untersuchungen zu Altlasten und deren Beseitigung, Baugrunduntersuchungen inkl. Untersuchungen zu Bodendenkmälern und Kampfmitteln sind nicht erforderlich, da die Bodenverhältnisse aus der vorherigen Wohnbebauung (freistehendes Einfamilienhaus) bekannt sind.

130 Freimachen von Belastungen
Zur Ablösung des Wegerechts eines Nachbarn werden vorsorglich   10.000 €
eingestellt als Rückstellung zur Erzielung der nachbarrechtlichen Zustimmung zum Bauantrag.

Kgr. 200 Herrichten und Erschließen

210 Herrichten
211–212 Für Sicherungs- und Abbruchmaßnahmen zur Verstärkung einer Stützmauer sowie für den Abbruch des Einfamilienhauses inkl. Entsorgung sind voraussichtlich erforderlich 750 m³ BRI x 15 €/m³ BRI   = 11.250 €.
213–219 Altlastenbeseitigung, Herrichten der Geländeoberfläche und Sonstiges
Hier werden 5 €/m² Grundstück berücksichtigt (942 x 5)   = 4.710 €.

220 Öffentliche Erschließung
221–229 Telekommunikation, Abwasserent-, Wasser-, Gas-, Fernwärme-, Stromversorgung, Verkehrserschließung und Sonstiges
Das Grundstück ist bereits erschlossen.

230 Nichtöffentliche Erschließung
Kosten für Verkehrsflächen, die ohne öffentlich-rechtliche Verpflichtung mit dem Ziel der späteren Übertragung in den Gebrauch der Allgemeinheit hergestellt werden, sind nicht vorgesehen.

240 Ausgleichsabgaben
Kosten aus Ablösungen für Stellplätze, wegfallenden Baumbestand u. ä. gemäß Ortssatzung entstehen nicht, da die erforderlichen 1,5 Stellplätze/WE auf dem Grundstück untergebracht werden können und mit Baumfällgenehmigungen für drei Bäume mit einem Umfang > 80 cm im Baubereich zu rechnen ist. Für die beantragten Baumfällgenehmigungen werden   50 €
Genehmigungsgebühren eingestellt.

Kgr. 300 Bauwerk – Baukonstruktionen

Hier werden die Kosten bis zur zweiten Ebene der Kostengruppen der DIN 276 nach Elementen gegliedert, die Mengen anhand der Vorplanung M 1:200 ermittelt und Kostenkennwerte aus eigenen Kostendatenbanken oder aus Veröffentlichungen übernommen, im vorliegenden Fall zur Gewährleistung der Nachvollziehbarkeit aus Baukosten 2001 des Baukosteninformationszentrums in Stuttgart (BKI, 2001). Die Ergebnisse sind in der Tabelle in *Abb. 2.88* dargestellt.

Kgr. 400 Bauwerk – Technische Anlagen

Für die Ermittlung der Kosten der Technischen Anlagen werden wiederum Kostenkennwerte verwendet, die auf Elemente der Kgr. 400 bezogen sind. Diese werden wiederum aus den BKI Baukostendaten 2001 übernommen. Die Ergebnisse sind in der Tabelle im *Abb. 2.88* dargestellt.

Kgr. 500 Außenanlagen

510 Geländeflächen
Gemäß erster Abstimmung mit dem Freianlagenplaner ist mit ca. 700 m² unbefestigten Geländeflächen zu rechnen, für die 10 €/m² eingestellt werden.   7.000 €

520 Befestigte Flächen
Hierbei handelt es sich vor allem um:
- die Zugangswege mit ca. 80 m² x 50 €/m²   = 4.000 €
- die Stellplätze für drei WE x 1,5 Stellplätze/WE = 5 Stellplätze von 100 m² x 50 €/m²   = 5.000 €
- eine Spielplatzfläche von 115 m² x 20 €/m²   = 2.300 €

530 Baukonstruktionen in Außenanlagen
Zur Verstärkung und Verschönerung einer bestehenden Toreinfahrt werden eingestellt   10.000 €.

540 Technische Anlagen in Außenanlagen
Hier ist in Abhängigkeit von der Grundstückssituation und der Lage der Hausanschlüsse zu rechnen mit   3.000 €.

550 Einbauten in Außenanlagen
Es sind keine allgemeinen und besonderen Einbauten in Außenanlagen vorgesehen.

590 Sonstige Maßnahmen für Außenanlagen
Es sind keine übergreifenden Maßnahmen im Zusammenhang mit den Außenanlagen erforderlich

Kgr. 600 Ausstattung und Kunstwerke

Für jede der drei Wohneinheiten ist eine Küche mit einem Preis von 10.000 € vorgesehen, für Kunstwerke werden 2.000 € eingestellt.

$$3 \times 10.000 + 2.000 = 32.000 \text{ €}$$

Kgr. 700 Baunebenkosten

710 Bauherrenaufgaben
Das Honorar für Grundleistungen der Projektsteuerung richtet sich nach den anrechenbaren Kosten des Projektes gem. DIN 276 (Juni 1993) mit den Kostengruppen 100 bis 700 ohne 110, 710 und 760.

Berechnung der anrechenbaren Kosten (*Abb. 2.88*):

- Kgr. 100 (ohne 110)   33.512 €
- Kgr. 200   16.010 €
- Kgr. 300   305.875 €
- Kgr. 400   66.420 €
- Kgr. 500   31.300 €
- Kgr. 600   32.000 €
- Kgr. 700 (ohne 710 und 760)   <u>82.121 €</u>
                                                                    567.238 €

Gemäß AHO (2004d) sind bei anrechenbaren Kosten von 567.238 € und Honorarzone III Mitte 31.277,43 € für die Wahrnehmung der Projektsteuerung anzusetzen. Nach Verhandlung mit dem Projektsteuerer wurde ein Honorar von   25.000 € vereinbart. Das Honorar für die Wahrnehmung der Projektleitung beträgt nach § 207 ca. 50 v. H. des vereinbarten Honorars für die Projektsteuerung, also
                                                                    12.500 €.

720 Vorbereitung der Objektplanung
Untersuchungen etc. sind nicht erforderlich. Auch ein Baugrundgutachten kann aufgrund der bekannten Verhältnisse aus der Vorbebauung entfallen.

730 Architekten- und Ingenieurleistungen
In erster Abschätzung der entstehenden Honorare für Architekt, Tragwerksplaner und TGA-Planer werden 14 % der Kosten aus Kgr. 300 + 400 eingestellt, d. h. 0,14 x 372.295   = 52.121 €.

740 Gutachten und Beratung
Für ein Schallschutzgutachten sowie Vermessung werden eingestellt   5.000 €.

750 Kunst – entfällt

760 Finanzierung und Zinsen vor Nutzungsbeginn
Näherungsweise wird davon ausgegangen, dass die Gesamtsumme von ca. 900.000 € zu 50 % während der Planungs- und Bauzeit von 6 Monaten vorfinanziert werden muss mit einem Zinssatz von 5 %.   11.250 €.

770 Allgemeine Baunebenkosten
Für Prüfungen, Genehmigungen und Abnahmen sowie allgemeine Baunebenkosten werden pauschal eingestellt   25.000 €.

Abbildung 2.88 fasst die vorstehenden Ausführungen tabellarisch zusammen und weist zusätzlich die prozentualen Anteile der Kosten des Bauwerks (Kgr. 300 + 400) und der Gesamtkosten (Kgr. 100 bis 700) aus.

In *Abb. 2.89* sind jeweils die Gesamtkosten aus dem Kostenrahmen gemäß *Abb. 2.38* und der Kostenschätzung gemäß *Abb. 2.88* gegenübergestellt und die

Kgr. Nr.	Kostenelement	Mengen	Einheit	KKW	Elementpreis (€)	Kgr.-Preis (€)	Gesamtpreis (€)	Kgr. 300 + 400	Kgr. 100 bis 700
	Firma **Projektsteuerung**				**Neubau eines freistehenden Mehrfamilienhauses** Abgestimmte Kostenschätzung (ohne MwSt)			Stand : 12.06.2002	
100	Grundstück						334.952	89,97%	36,51%
110	Grundstückswert	942	m²	320	301.440	301.440			
120	Grundstücksnebenkosten					23.512			
121	Vermessungsgebühren (0,3 % des Grundstückswertes)				904				
123	Notariatsgebühren (1,5 % des Grundstückswertes)				4.522				
124	Maklerprovision (2,5 % des Grundstückswertes)				7.536				
125	Grunderwerbsteuer (3,5 % des Grundstückwertes)				10.550				
130	Freimachen von Belastungen					10.000			
132	Ablösen dinglicher Rechte				10.000				
200	Herrichten und Erschließen					16.010	16.010	4,30%	1,75%
210	Herrichten					16.010			
211 + 212	Sicherungs-/Abbruchmaßnahmen	750	m³	15	11.250				
214	Herrichten der Geländeoberfläche	942	m²	5	4.710				
240	Ausgleichsabgaben			50					
300	Bauwerk - Baukonstruktionen ¹⁾						305.875	82,16%	33,34%
310	Baugrube	440	m³ BGI	24		10.560		2,84%	
320	Gründung	135	m² GRF	125		16.875		4,53%	
330	Außenwände	550	m² AWF	218		119.900		32,21%	
340	Innenwände	370	m² IWF	124		45.880		12,32%	
350	Decken	400	m² DEF	180		72.000		19,34%	
360	Dächer	140	m² DAF	194		27.160		7,30%	
370	Baukonstruktive Einbauten	540	m² BGF	6		3.240		0,87%	
390	Sonstige Maßnahmen für Baukonstruktionen	540	m² BGF	19		10.260		2,76%	
400	Bauwerk - Technische Anlagen ¹⁾						66.420	17,84%	7,24%
410	Abwasser-, Wasser-, Gasanlagen	540	m² BGF	49		26.460		7,11%	
420	Wärmeversorgungs-Anlagen	540	m² BGF	44		23.760		6,38%	
430	Lufttechnische Anlagen	540	m² BGF	3		1.620		0,44%	
440	Starkstromanlagen	540	m² BGF	22		11.880		3,19%	
450	Fernmelde- und informationstechn. Anlagen	540	m² BGF	5		2.700		0,73%	
500	Außenanlagen						31.300	8,41%	3,41%
510	Geländeflächen	700	m²	10	7.000	7.000			
520	Befestigte Flächen					11.300			
521	Zugangswege	80	m²	50	4.000				
524	Stellplatzflächen	100	m²	50	5.000				
526	Spielplatzflächen	115	m²	20	2.300				
530	Baukonstruktion in Außenanlagen				10.000	10.000			
540	Technische Anlagen in Außenanlagen				3.000	3.000			
600	Ausstattung und Kunstwerke						32.000	8,60%	3,49%
610	Ausstattung	3	Stck.	10.000	30.000	30.000			
620	Kunstwerke				2.000	2.000			
700	Baunebenkosten						130.871	35,15%	14,26%
710	Bauherrenaufgaben				37.500	37.500			
730	Architekten- und Ingenieurleistungen				52.121	52.121			
740	Gutachten und Beratung				5.000	5.000			
760	Finanzierung	(0,45 Mio. € x 5% p.a. ü. 6 Mo.)			11.250	11.250			
770	Allgemeine Baunebenkosten				25.000	25.000			
Σ	Summe Kgr. 300 - 400						372.295	100,00%	40,58%
Σ	Summe Kgr. 100 - 700						917.428	246,43%	100,00%

Abb. 2.88 Kostenschätzung (Quelle: BKI (2001), Teil 1, S. 131)

Abweichungen der Höhe nach ausgewiesen. In der Bemerkungsspalte werden die Abweichungen dem Grunde nach erläutert, wobei im Einzelfall ein Vergleich der Mengen und Kostenkennwerte zur Ursachenanalyse erforderlich werden kann.

Kostenberechnung

Kgr. 100 Grundstück

110 Grundstückswert
Für die Kostenberechnung ist zu überprüfen, ob die Ansätze hinsichtlich der Fläche des Grundstücks oder des Kaufpreises Veränderungen erfahren haben. Es sind dann die aktuellen Werte einzusetzen.

Firma **Projektsteuerung**		Stand:
	Neubau eines freistehenden Mehrfamilienhauses	Datum:
	Vergleich Kostenrahmen – Kostenschätzung	

Kgr. Nr.	Bezeichnung	Investitions-/ Kostenrahmen (€)	Kosten- schätzung (€)	Kostenmehrung/-minderung (KS ./. KR)		
				absolut (€)	prozentual bezogen auf KR.	Bemerkungen
100	Grundstück	332.500	334.952	2.452	0,74%	
200	Herrichten und Erschließen	15.000	16.010	1.010	6,73%	Umfangreichere Abbruchmaßnahmen als zunächst vom BH vorgesehen
300 + 400	Bauwerk (Baukonstruktionen/Tech. Anlagen)	420.660	372.295	-48.365	-11,50%	Scharfer Wettbewerb wirkt Kosten mindernd
500	Außenanlagen	26.950	31.300	4.350	16,14%	Bauherr besteht auf besonders großem Spielplatz und teuren Außenanlagen
600	Ausstattung und Kunstwerke	30.000	32.000	2.000	6,67%	Auf Wunsch des Bauherrn wurden zusätzlich Kunstwerke gekauft
700	Baunebenkosten	123.930	130.871	6.941	5,60%	Architekt besteht auf Honorarzone IV Mitte
800	Ausgleichsposten	960	0	-960	100,00%	
Σ	**Summe Kgr. 100 - 800**	**950.000**	**917.428**	**-32.572**	**-3,43%**	

Abb. 2.89 Vergleich Kostenrahmen und Kostenschätzung

120 Grundstücksnebenkosten
Aus den ggf. vorliegenden Rechnungen des Katasteramtes, des Amtsgerichtes, des Notariats, des Maklers, des Finanzamtes, des Gutachters für die Wertermittlung und des Grundbuchamtes sind die konkreten Werte der DIN 276 bis zur dritten Stelle einzusetzen.

121 Vermessungsgebühren (siehe Kostenschätzung)

122 Gerichtsgebühren (0,5 % des Grundstückswertes)

123 Notariatsgebühren (1 % des Grundstückwertes)

124 Maklerprovisionen (siehe Kostenschätzung)

125 Grunderwerbsteuer (siehe Kostenschätzung)

126 Wertermittlungen, Untersuchungen (siehe Kostenschätzung)

127 Genehmigungsgebühren (siehe Kostenschätzung)

128 Bodenordnung, Grenzregulierung (siehe Kostenschätzung)

129 Grundstücksnebenkosten, Sonstiges (siehe Kostenschätzung)

130 Freimachen von Belastungen

132 Ablösen dinglicher Rechte
Die Verhandlungen mit den Nachbarn zur Ablösung seines Wegerechts führten zur Einigung mit einem Betrag von   9.000 €.
Mit weiteren Freimachungskosten ist nicht zu rechnen.

Kgr. 200 Herrichten und Erschließen

210 Herrichten

211 Sicherungsmaßnahmen
Für die Sicherung der Stützmauer wurde im Zuge vorgezogener Maßnahmen eine Baufirma beauftragt mit einem Auftragswert von   3.750 €.

212 Abbruchmaßnahmen
Für Abbruchmaßnahmen wurde an dieselbe Firma ein Auftrag erteilt in Höhe von   7.500 €.

213 Altlastenbeseitigung
Es wird nach wie vor damit gerechnet, dass keine Kosten für Altlastenbeseitigung anfallen.

214 Herrichten der Geländeoberfläche
Im Zuge der vorgezogenen Maßnahmen wurde hierfür ebenfalls ein Auftrag an obige Firma erteilt zu 4,50 €/m² Grundstück: 4,5 x 942   = 4.239 €

220 Öffentliche Erschließung
Obwohl das Grundstück bereits erschlossen ist, ist dennoch mit der Änderung von Netzanschlüssen zu rechnen. Nach Rücksprache mit der Telekom werden vorsorglich eingestellt   2.000 €.

230 Nichtöffentliche Erschließung
Gespräche mit dem Bauordnungsamt im Rahmen einer Bauvoranfrage haben ergeben, dass die Genehmigungsfähigkeit dadurch deutlich gesteigert werden kann, dass die erforderlichen 5 Stellplätze um weitere 5 Stellplätze zur Nutzung für Besucher des angrenzenden Altenheims zur Verfügung gestellt werden. Die Bauordnung des Landes Nordrhein-Westfalen, § 51 Stellplätze und Garagen, Abstellplätze für Fahrräder, legt fest, dass die Zahl und Größe der erforderlichen Stellplätze sich nach den vorhandenen und den zu erwartenden Kraftfahrzeugen richtet sowie nach den örtlichen Gegebenheiten (die Benutzung öffentlicher Verkehrsmittel wird dabei ebenfalls berücksichtigt). Daher werden zusätzlich pro Stellplatz 20 m² x 50 €/m² = 1.000 € eingestellt, bei 5 Parkplätzen in der Summe
                5.000 €.

240 Ausgleichsabgaben
siehe Kostenschätzung

Kgr. 300 Bauwerk – Baukonstruktionen

Die Kosten des Bauwerks – Baukonstruktionen werden in der Kostenberechnung gemäß Ziff. 4.2 der DIN 276 in Leistungsbereiche nach dem Standardleistungsbuch für das Bauwesen (StLB) gegliedert. Für jedes Gewerk wird eine charakteristische Leitmenge ermittelt und mit einem Mischeinheitspreis versehen. Die sich daraus ergebende prozentuale Aufgliederung kann mit der prozentualen Verteilung der Kostengruppen 300 und 400 gemäß BKI Teil 1 oder mit den Messzahlen für Bauleistungspreise der Fachserie 17 Reihe 4 des Statistischen Bundesamtes zu Plausibilitätszwecken verglichen werden.

Aus der Auflage 2001 ergibt sich aus Teil 1, S. 131, die in *Abb. 2.90* dargestellte prozentuale Verteilung der Kostengruppen 300 und 400 für Mehrfamilienhäuser mittleren Standards mit bis zu 6 WE.

Für die leistungsbereichsbezogene Kostenermittlung werden Kostenkennwerte des BKI herangezogen, die für die einzelnen Leistungsbereiche in €/m² BGF vorliegen. Dabei werden aus der angegebenen Bandbreite jeweils die fett gedruckten Mittelwerte verwendet. Im Einzelfall ist es empfehlenswert, diese Angaben durch die Ermittlung charakteristischer Leitmengen, bei LB 012 Mauerarbeiten z. B. m³ Mauerwerk, und eines Mischpreises für die gewählte Leitmenge oder durch Ansatz mehrerer charakteristischer Leitpositionen zu überprüfen (*Abb. 2.91*).

Leitpositionen sind diejenigen Teilleistungen der verschiedenen Leistungsbereiche eines Bauwerks, die wertmäßig (aus Mengen x Einheitspreisen) ca. 80 bis 90 % der Gesamtkosten des Leistungsbereiches ausmachen, zahlenmäßig jedoch

KG	Kostengruppen der 2. Ebene	von	% an 300	bis
310	Baugrube	1,0	**3,9**	6,8
320	Gründung	3,9	**6,0**	8,1
330	Außenwände	30,9	**33,8**	36,7
340	Innenwände	12,2	**17,8**	23,3
350	Decken	17,6	**22,9**	28,2
360	Dächer	10,1	**11,9**	13,7
370	Baukonstruktive Einbauten	0,0	**0,5**	1,6
390	Sonstige Baukonstruktionen	1,1	**3,3**	5,5

		von	% an 400	bis
410	Abwasser, Wasser, Gas	34,7	**40,7**	46,8
420	Wärmeversorgungsanlagen	30,1	**36,3**	43,1
430	Lufttechnische Anlagen	0	**1,3**	3,2
440	Starkstromanlagen	13,1	**17,8**	22,6
450	Fernmeldeanlagen	1,7	**3,6**	5,4
460	Förderanlagen	-	**-**	-
470	Nutzungsspezifische Anlagen	-	**-**	-
480	Gebäudeautomation	-	**-**	-
490	Sonstige Technische Anlagen	-	**-**	-

Abb. 2.90 Prozentuale Verteilung der Kostengruppen 300 und 400 für Mehrfamilienhäuser mittleren Standards mit bis zu 6 WE (Quelle: BKI (2001), Teil 1, S. 131)

Summe der Baukosten in %

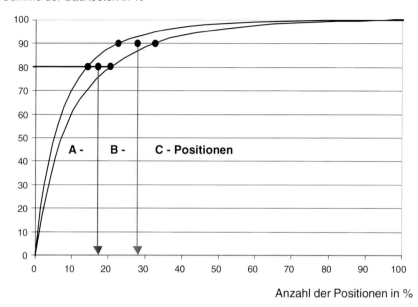

Anzahl der Positionen in %

Abb. 2.91 ABC-Analyse für die LV-Positionen aller Leistungsbereiche bei Wohngebäuden und gemischt genutzten Gebäuden

nur einen prozentualen Anteil zwischen 15 und 30 % erfordern (Diederichs, 1984, S. 43). Für Plausibilitätsüberprüfungen bei der Bildung von Leitpositionen LP und der Ermittlung von LP-Preisen können die Ergebnisse einer Forschungsarbeit im Auftrag des BMBau herangezogen werden (Diederichs/Hepermann, 1986).

Kgr. 400 Bauwerk – Technische Anlagen

Auch hier wird eine ausführungsorientierte Kostenermittlung nach dem vorstehend beschriebenen Verfahren vorgenommen. Bei komplexen Technischen Anlagen (Laborgebäude, Rundfunk- und Fernsehstudios, Theaterbauten etc.) muss jedoch zwingend die Erfahrung von betriebswirtschaftlich orientierten Fachplanern der Technischen Anlagen eingebunden werden. Sofern derart qualifizierte Fachleute im eigenen Projektsteuerungsbüro nicht zur Verfügung stehen, sind diese seitens entsprechender Fachbüros im Namen und auf Rechnung des Projektsteuerers einzubinden und mit der Kostenberechnung für schwierige technische Leistungsbereiche mit Hilfe von Leitpositionen zu beauftragen. Für Plausibilitätsüberprüfungen können die Ergebnisse einer weiteren Forschungsarbeit im Auftrag des BMBau herangezogen werden (Diederichs/Hepermann, 1989).

Kgr. 500 Außenanlagen

510 Geländeflächen
Gemäß Entwurfsplanung des Freianlagenplaners sind nunmehr 750 m² unbefestigte Geländefläche vorgesehen. Daraus sind auch die Maßnahmen für die Gelände-

bearbeitung bis zur 3. Ebene der DIN 276 ableitbar wie Geländebearbeitung (Kgr. 511), Pflanzen (Kgr. 514) und Rasen (Kgr. 514).

520 Befestigte Flächen
Auch hier sind die erforderlichen Arbeiten bis zur 3. Ebene der Kostengliederung aus der Entwurfsplanung des Freianlagenplaners ableitbar.

530 Baukonstruktionen in Außenanlagen
Zur Verstärkung und Verschönerung der bestehenden Toreinfahrt ist vom Freianlagenplaner auch ein Zaun zu den 3 angrenzenden Nachbargrundstücken geplant mit einer Länge von 2 x 25 + 37,5 = 87,5 m à 30 €/m. Die Kosten für die Toreinfahrt betragen 10.000 €. Daraus ergeben sich Gesamtkosten für Toreinfahrt und Zaun (Kgr. 531) in Höhe von   12.625 €.
Weitere Baukonstruktionen in Außenanlagen sind nicht vorgesehen.

540 Technische Anlagen in Außenanlagen
Aus der Entwurfsplanung des Fachplaners für Technische Anlagen sind die Kosten für die Maßnahmen bis zur 3. Ebene der Kostengliederung ableitbar.

550 Einbauten in Außenanlagen
Seitens des Freianlagenplaners sind 6 Fahrradständer, 5 Pflanzbehälter und 1 Sandkastenanlage vorgesehen, die in *Abb. 2.92* berücksichtigt sind.

590 Sonstige Maßnahmen für Außenanlagen
Derartige Maßnahmen sind weiterhin nicht erkennbar.

Kgr. 600 Ausstattung und Kunstwerke

610 Ausstattung

611 Allgemeine Ausstattung
Der Investor hat sich zwischenzeitlich entschieden, anstelle von Mietwohnungen im Bestand die 3 entstehenden Wohnungen als Eigentumswohnungen zu verkaufen. Dabei ist davon auszugehen, dass die Käufer ihre Küchen individuell beschaffen werden, wie auch im Verkaufsprospekt vorgesehen.
Seitens des Investors ist mit einem der Käufer der Eigentumswohnungen vereinbart worden, dass dieser die Gartenpflege übernimmt. Seitens des Investors sind jedoch die Garten- und Reinigungsgeräte zu stellen. Hierfür werden   2.000 €
in die Kostenberechnung eingestellt. Eine weitere Ausstattung ist nicht vorgesehen.

620 Kunstwerke
Auf Vorschlag des Freianlagenplaners hat der Investor mit einem Bildhauer einen Vertrag über eine Plastik mit einem Kaufpreis von   6.500 €
vereinbart. Zur Förderung des örtlichen Kunstvereins, dem der Investor als Mitglied angehört, beauftragt er eine Fassadenbeleuchtung als Lichtstele, die über eine Photovoltaikanlage mit Energie versorgt wird. Hierfür sind unter Einbeziehung von landes- und kommunalseitigen Fördermitteln zu veranschlagen   5.000 €.

Weitere künstlerisch gestaltete Bauteile des Bauwerks sind nicht vorgesehen.

Kgr. 700 Baunebenkosten

710 Bauherrenaufgaben
Der Investor hat mit Abschluss der Vorplanung einen Projektsteuerer mit der Wahrnehmung der Projektleitung und Projektsteuerung gemäß AHO (2004d) beauftragt zur Wahrnehmung der Grundleistungen der Projektsteuerung sowie der Projektleitung. Aufgrund des fortgeschrittenen Projektstandes wurden für die Projektsteuerung 70 v. H. des Grundhonorars der Honorartafel zu § 206 (1) vereinbart: 0,7 x 25.000 = 17.500 €, für die Wahrnehmung der Projektleitung 45 v. H. des vereinbarten Honorars für die Projektsteuerung: 0,45 x 17.500 = 7.875 €.

720 Vorbereitung der Objektplanung
Zur Untermauerung seiner Kaufpreisvorstellungen gegenüber den Käufern der Eigentumswohnungen wurde seitens des Investors ein Gutachten zur Wertermittlung in Auftrag gegeben. Der beauftragte öffentlich bestellte und vereidigte Sachverständige, ein Verwandter des Bauherrn, berechnete sein Honorar zunächst nach Teil IV der HOAI (§ 34) unter Ansatz eines Minderungsfaktors von 20 v. H. nach § 34 (6), da die Verkehrswertermittlung für das Grundstück nach Vergleichswerten und für das Gebäude nur unter Heranziehung des Sachwertes vorgenommen wurde (Wertermittlung für eigengenutzte Wohngebäude). Das Honorar ergab sich nach einem weiteren Abschlag von 30 % zu 953 €.

730 Architekten- und Ingenieurleistungen
Hierzu werden die Honorarermittlungen für die Honorarvereinbarungen in den Verträgen mit Architekt/Objektplaner, Tragwerksplaner, TGA-Planer und Freianlagenplaner herangezogen. Die Ergebnisse werden in *Abb. 2.93* übertragen. Dabei ist darauf hinzuweisen, dass für die Honorarbemessung nur die anrechenbaren Kosten gemäß Kostenberechnung zur Verfügung stehen. Aus der Kostenfeststellung können sich Veränderungen für die Abrechnung der Leistungsphasen 5 bis 9 bzw. beim Tragwerksplaner für die Leistungsphasen 4 bis 6 ergeben.

740 Gutachten und Beratung
Für das Schallschutzgutachten wurden abgerechnet 2.573 €.
Für einen öffentlich bestellten Vermessungsingenieur ergab sich eine Honorarforderung in Höhe von 1.766 €.

750 Kunst
entfällt

760 Finanzierung
In den wenigsten Fällen kann das gesamte Vorhaben ganz ohne Eigenkapital realisiert werden. Die Höhe des Eigenkapitals bestimmt das erforderliche Fremdkapitalvolumen und damit die Höhe der Finanzierungskosten. Der Bauherr dieses Bauvorhabens finanziert 50 % der Kosten aus Eigenkapital und 50 % aus Fremdmitteln. Kurz nach der Fertigstellung wird er in der Lage sein, den Kredit voll-

ständig zu tilgen. Deshalb wird hier kein langfristiger Kredit erforderlich sein, sondern nur eine Zwischenfinanzierung mit kurzer Laufzeit. Nachfolgend wird mit einer Laufzeit von etwa 8 Monaten kalkuliert.

762 Zinsen vor Nutzungsbeginn
Zinsen vor Nutzungsbeginn sind die Kosten, die für das Fremdkapital bis zum Beginn der Nutzung des Bauwerks aufzuwenden sind. Die Vereinbarungen des Investors mit der finanzierenden Bank haben zu folgenden Vereinbarungen geführt.

Fremdkapital:	500.000 € (50 %)
Eigenkapital:	500.000 € (50 %)

Zwischen der Bank und dem Bauherrn wurde ein Zinssatz von 5 % vereinbart. Die Kosten für den Bauherrn belaufen sich somit für die Dauer von 8 Monaten auf:
0,05 x 500.000 x 8/12   = 16.667 €.

770 Allgemeine Baunebenkosten

771 Prüfungen, Genehmigungen, Abnahmen
Bei dem Bauvorhaben handelt es sich nach § 67 BauO NRW Abs. 1 um ein genehmigungsfreies Vorhaben. Daraus ergeben sich folgende Kosten:
Vorzeitige Mitteilung der Gemeinde nach § 67 Abs. 2 Satz 3 BauO NRW, dass kein Genehmigungsverfahren durchgeführt werden soll - Gebühr von   50 €.
Bestätigung der Gemeinde, dass sie keine Erklärung nach § 67 Abs. 1 Satz 1 Nr. 3 BauO NRW abgegeben hat - Gebühr von   50 €.
Auf die Rohbauabnahme und die Schlussabnahme wird seitens des Bauaufsichtsamtes verzichtet.
Die Prüfung der Tragwerksplanung entfällt, da das Projekt gemäß § 67 BauO NRW zu den genehmigungsfreien Vorhaben gehört und seitens des Bauaufsichtsamtes auf eine Prüfung verzichtet wurde.
Vermessungsgebühren für das Liegenschaftskataster wurden berechnet in Höhe von   1.330 €.

772 Bewirtschaftungskosten
Kosten für die Baustellenbewachung, Gestellung des Bauleitungsbüros auf der Baustelle etc. sind in Kgr. 730 enthalten.

773 Bemusterungskosten
Kosten für Modellversuche, Musterstücke etc. fallen nicht an, da seitens des Architekten eine kostenfreie Bemusterung mit den Anbietern durch kundenorientierte Verhandlungen erreicht werden konnte.

774 Betriebskosten während der Bauzeit
Mit Inbetriebnahme der Heizungsanlage zwecks Bautrocknung ist mit Energiekosten für den Gasverbrauch zu rechnen.
Unter Beachtung der durch die Energieeinsparverordnung (EnEV) gesetzten Grenzen ergeben sich für die Beheizung ab Inbetriebnahme der Heizungsanlage (Erdgas) bis zum Einzug der Käufer innerhalb von 3 Monaten folgende Kosten:

ca. 125 kWh/(m² WF x a), also für 393 m² WF 49.125 kWh/a, bezogen auf 3 Monate – 12.281 kWh. Bei einem Bezugspreis von 4,21 Cent/kWh ergeben sich daraus 517 €.

779 Allgemeine Baunebenkosten – Sonstiges
Die Kosten für Vervielfältigung und Dokumentation, Post- und Fernsprechgebühren des Investors sind in dem Honorar des Projektsteuerers enthalten. Für die Grundsteinlegung und das Richtfest werden eingestellt 2 x 2.500 € = 5.000 €.

790 Sonstige Baunebenkosten
Hier werden zur Aufrundung eingestellt 6.499 €.

Firma: Mustermann		Neubau eines freistehenden Mehrfamilienhauses							Stand : 05.08.2002 Datum : 12.08.2002	
		Abgestimmte Kostenberechnung (ohne MwSt)								
Kgr. Nr.	Kostenelement	Mengen	Einheit	KKW (€)	Elementpreis (€)	Kgr.-Preis (€)	Gesamtpreis (€)	Kgr. 300 + 400	Kgr.100 bis 700
100	Grundstück						333.952	84,03%	36,97%
110	Grundstückswert	942	m²	320	301.440	301.440			
120	Grundstücksnebenkosten					23.512			
121	Vermessungsgebühren (0,3% des Grundstückswertes)				904				
122	Grichtsgebühren (0,5% des Grundstückswertes)				1.507				
123	Notariatsgebühren (1% des Grundstückwertes)				3.014				
124	Maklerprovision (2,5 % des Grundstückswertes)				7.536				
125	Grunderwerbsteuer (3,5 % des Grundstückswertes)				10.550				
130	Freimachen von Belastungen					9.000			
132	Ablösen dinglicher Rechte				9.000				
200	Herrichten und Erschließen						22.539	5,67%	2,49%
210	Herrichten					15.489			
211	Sicherungsmaßnahmen				3.750				
212	Abbruchmaßnahmen	750	m³	10	7.500				
214	Herrichten der Geländeoberfläche	942	m²	4,5	4.239				
220	Öffentliche Erschließung					2.000			
226	Telekommunikation				2.000				
230	Nichtöffentliche Erschließung (öffent. Stellplätze)	5	Stck.	1.000	5.000	5.000			
240	Ausgleichsabgaben (Baumfällgenehmigung)				50	50	50		
300	Bauwerk - Baukonstruktionen [1]						333.180	83,83%	36,88%
000	Baustelleneinrichtung	540	m² BGF	17	9.180			2,31%	
002	Erdarbeiten	540	m² BGF	26	14.040			3,53%	
009	Entwässerungsarbeiten	540	m² BGF	6	3.240			0,82%	
010	Dränarbeiten	540	m² BGF	1	540			0,14%	
012	Maurerarbeiten	540	m² BGF	81	43.740			11,01%	
013	Beton- und Stahlbetonarbeiten	540	m² BGF	134	72.360			18,21%	
014	Natur- und Betonwerksteinarbeiten	540	m² BGF	12	6.480			1,63%	
016	Zimmer- und Holzbauarbeiten	540	m² BGF	38	20.520			5,16%	
017	Stahlbauarbeiten	540	m² BGF	12	6.480			1,63%	
018	Abdichtungsarbeiten gegen Wasser	540	m² BGF	4	2.160			0,54%	
020	Dachdeckungsarbeiten	540	m² BGF	15	8.100			2,04%	
021	Dachabdichtungsarbeiten	540	m² BGF	8	4.320			1,09%	
022	Klempnerarbeiten	540	m² BGF	9	4.860			1,22%	
023	Putz- und Stuckarbeiten	540	m² BGF	44	23.760			5,98%	
024	Fliesen- und Plattenarbeiten	540	m² BGF	30	16.200			4,08%	
025	Estricharbeiten	540	m² BGF	12	6.480			1,63%	
027	Tischlerarbeiten	540	m² BGF	51	27.540			6,93%	
028	Parkett- und Holzpflasterarbeiten	540	m² BGF	4	2.160			0,54%	
030	Rolladenarbeiten, Sonnenschutz	540	m² BGF	5	2.700			0,68%	
031	Metallbau- und Schlosserarbeiten	540	m² BGF	45	24.300			6,11%	
032	Verglasungsarbeiten	540	m² BGF	25	13.500			3,40%	
034	Maler- und Lackierarbeiten	540	m² BGF	21	11.340			2,85%	
036	Bodenbelagsarbeiten	540	m² BGF	11	5.940			1,49%	
039	Trockenbauarbeiten	540	m² BGF	6	3.240			0,82%	
400	Bauwerk - Technische Anlagen [2]						64.260	16,17%	7,11%
040	Heizungs- und Wassererwärmunsnlage	540	m² BGF	37	19.980			5,03%	
042	Gas- und Wasserinstallationsarbeiten	540	m² BGF	22	11.880			2,99%	
044	Abwasserinstallationsabeiten	540	m² BGF	10	5.400			1,36%	
045	Gas-, Wasser-,Einrichtungsgegenstände	540	m² BGF	15	8.100			2,04%	
047	Wärme- und Kältedämmarbeiten an Anlagen	540	m² BGF	1	540			0,14%	
050	Blitzschutz- und Erdungsanlagen	540	m² BGF	1	540			0,14%	
052	Mittelspannungsanlagen	540	m² BGF	1	540			0,14%	
053	Niederspannungsanlagen	540	m² BGF	24	12.960			3,26%	
058	Leuchten und Lampen	540	m² BGF	1	540			0,14%	
060	Elektroakustische Anlagen	540	m² BGF	5	2.700			0,68%	
070	Regelung, Steuerung HLS-Anlagen	540	m² BGF	1	540			0,14%	
074	RLT-Anlagen	540	m² BGF	1	540			0,14%	

Abb. 2.92 Kostenberechnung (Quelle: BKI (2001), Teil 1, S. 131)

Kgr. Nr.	Kostenelement	Mengen	Einheit	KKW (€)	Elementpreis (€)	Kgr.-Preis (€)	Gesamtpreis (€)	Kgr. 300 + 400	Kgr.100 bis 700
500	Außenanlagen						35.975	9,05%	3,98%
510	Geländeflächen	750	m²	10	7.500	7.500			
520	Befestigte Flächen					11.300			
521	Zugangswege	80	m²	50	4.000				
524	Stellplatzflächen	100	m²	50	5.000				
526	Spielplatzflächen	115	m²	20	2.300				
530	Baukonstruktion in Außenanlagen					12.625			
531	Einfriedungen:				12.625				
	Toreinfahrt				10.000				
	Zaun	87,5	m	30	2.625				
540	Technische Anlagen in Außenanlagen					2.850	2.850		
550	Einbauten in Außenanlagen					1.700			
551	Allgemeine Einbauten:				1.700				
	Fahrradständer	6	Stck.	75	450				
	Pflanzbehälter	5	Stck.	150	750				
	Sandkastenanlage	1	Stck.	500	500				
600	Ausstattung und Kunstwerke						13.500	3,40%	1,49%
610	Ausstattung					2.000			
611	Allgemeine Ausstattung				2.000				
620	Kunstwerke					11.500			
621	Kunstobjekte:				11.500				
	Kunstwerke	1	Stck.	5.000	5.000				
	Kunstwerke im Außenbereich	1	Stck.	6.500	6.500				
700	Baunebenkosten						100.000	25,16%	11,07%
710	Bauherrenaufgaben					25.375	25.375		
720	Vorbereitung der Objektplanung					953			
	Wertermittlung				953				
730	Architekten- und Ingenieurleistungen					39.220	39.220		
740	Gutachten und Beratung					4.339			
742	Schallschutzgutachten				2.573				
744	Vermessung				1.766				
760	Finanzierung					16.667			
762	Zinsen vor Nutzungsbeginn	8	Monate	5%	16.667				
770	Allgemeine Baunebenkosten					6.947			
771	Prüfungen, Genehmigungen, Abnahmen				1.430				
774	Betriebskosten während der Bauzeit	12.281	kWh	0,0421	517				
779	Allgemeine Baunebenkosten - Sonstiges				5.000				
790	Sonstige Baunebenkosten					6.499			
Σ	Summe Kgr. 300 - 400						397.440	100,00%	
Σ	Summe Kgr. 100 - 700						903.406	227,31%	100,00%

Abb. 2.93 Kostenberechnung (Fortsetzung)

Abbildung 2.92 und *Abb. 2.93* fassen die vorstehenden Ausführungen tabellarisch zusammen. In *Abb. 2.94* sind jeweils wieder die Mengen, Kostenkennwerte und Gesamtkosten aus der Kostenschätzung gemäß *Abb. 2.88* und der Kostenberechnung aus *Abb. 2.92* und *Abb. 2.93* gegenübergestellt und die Abweichungen dem Grunde nach erläutert. Vereinfachend wird dieser Vergleich hier nur bis zur 1. Stelle der DIN 276 vorgenommen. In den meisten Fällen ist jedoch ein Vergleich bis zur 2. Stelle erforderlich.

2.4.2.9 2C2 Zusammenstellen der voraussichtlichen Nutzungskosten

Gegenstand und Zielsetzung

Unter *Ziff. 2.4.1.5* wurde bereits die Bedeutung der Nutzungskosten für die Investitionsentscheidung herausgestellt. In der Projektstufe 2 Planung geht es darum,

Firma: Mustermann		Neubau eines freistehenden Mehrfamilienhauses				Stand : 05.08.2002
						Datum : 12.08.2002
		Vergleich Kostenschätzung – Kostenberechnung				
Kgr. Nr.	Bezeichnung	Kosten-schätzung	Kosten-berechnung	Kostenmehrung/-minderung (KB ./. KS)		Bemerkungen
				absolut	prozentual	
		(€)	(€)	(€)	bezogen auf KS	
100	Grundstück	334.952	333.952	-1.000	-0,30%	
200	Herrichten und Erschließen	16.010	22.539	6.529	40,78%	Unerwartete Kosten
300	Bauwerk - Baukonstruktion	305.875	333.180	27.305	8,93%	Kalkulation von marktgerechten Leitpositionen
400	Bauwerk - Tech. Anlagen	66.420	64.260	-2.160	-3,25%	Kalkulation von marktgerechten Leitpositionen
500	Außenanlagen	31.300	35.975	4.675	14,94%	Zusätzliche Kosten für den Zaun
600	Ausstattung und Kunstwerke	32.000	13.500	-18.500	-57,81%	Individuelle Beschaffung der Küchen durch die Wohnungseigentümer
700	Baunebenkosten	130.871	100.000	-30.871	-23,59%	Einsparungen in den Kgr. 710 und 730
Σ	Summe Kgr.	917.428	903.406	-14.022	-1,53%	

Abb. 2.94 Vergleich Kostenschätzung – Kostenberechnung

Zusammenstellung der erforderlichen Unterlagen	
100	Kapitalmarktdaten, z.B. Zinsen für Fremd- und Eigenmittel; Finanzierungsplan
120	Bauherrenangaben über Eigenleistungsumfang und Zeitpunkt
200	Kennwerte von Vergleichsobjekten, Angebote von Immobilienverwaltern
210	Nur bei Eigenanteil; Leistungsbedarf, Stellenkosten
220	Nur bei Eigenanteil; Leistungsbedarf, Stellenzahl, Kosten der benötigten Sachmittel
310	Ver- und entsorgerspezifische Angaben bzgl. Kosten im Zusammenhang mit kommunalen und privaten Infrastrukturleistungen
320	Reinigungs- und Pflegekostenkennwerte von Vergleichsobjekten, Angebote von Fachfirmen, Leistungs- und Stundensätze
322	Geometriedaten des Bauwerks nach DIN 277, Teil 1
	- Netto-Grundfläche (NGF) - Brutto-Grundfläche (BGF)
	- Verkehrsfläche (VF) - Technische Funktionsfläche (TF)
	- Nutzfläche (NF) - Hauptnutzungsfläche (HNF)
	- Nebennutzfläche (NNF)
	- Brutto-Rauminhalt (BRI) - Konstruktions-Grundfläche (KGF)
330	Kostenkennwerte von Vergleichsobjekten für die Bedienung Technischer Anlagen,
340	Kostenkennwerte von Vergleichsobjekten für die Inspektion u. Wartung von Baukonstruktionen, Angebote von Fachfirmen
350	Kostenkennwerte v. Vergleichsobjekten für die Inspektion u. Wartung von Technischen Anlagen, Angebote von Fachfirmen, Intervalle und Gebührensätze
360	Kostenkennwerte von Vergleichsobjekten für Kontroll- und Sicherheitsdienste; Angebote von Fachdienstleistern
371	Einheitswert des bebauten Grundstücks, Steuermessbetrag und Hebesatz der Gemeinde
372	Versicherungstarife, Angebote von Versicherungen
410	Kennwerte von Vergleichsobjekten für die Instandhaltung der Baukonstruktionen
420	Kennwerte von Vergleichsobjekten für die Instandhaltung der Technischen Anlagen
430	Kennwerte von Vergleichsobjekten für die Instandhaltung der Außenanlagen

Abb. 2.95 Zusammenstellung erforderlicher Unterlagen zur Ermittlung/Überprüfung der Nutzungskosten nach DIN 18960 (Aug. 1999)

den Nutzungskostenrahmen auf der Basis der Ergebnisse der Vor- und Entwurfsplanung zu überprüfen. Bevor der Projektsteuerer diese Aufgabe erfüllen kann unter Verwendung der Nutzungskostengliederung nach DIN 18960 (August 1999) (vgl. *Abb. 2.34*), muss er sich die dazu erforderlichen Daten und Informationen von den Projektbeteiligten beschaffen.

Muster 7
- 7 / 03 -

Anlage 1 zu Muster 7

	Nutzungskosten im Hochbau
(Bezeichnung der Baumaßnahme) *)	
(Bezeichnung des Bauwerkes)	Beitrag zu den entstehenden jährlichen Haushaltsbelastungen - BHO § 24 (1) -

Planungsdaten (DIN 276, 277, 18 960)

***)	m²	BRla	m³	Gt
Wärmeleistung	MW	Elektrische Anschlussleistung	kW	

Betriebskosten

		1	2	3	4	5	6	7	8
Kostengruppen gemäß DIN 18 960			Einheit	Kosten / ***) (€ / m² / a)	Kosten / Einheit (€)	Kosten / Jahr (€ / a)	Anteil (v.H.)	Verbr. / Jahr (Einheit / a)	Verbr. / ***) (Einh. / m² / a)
311	Abwasser	m³							
311	Wasser	m³							
312	Wärme/Fernwärme/-kälte ***)	MWh							
314	Strom	MWh							
313, 315-319	sonst. Ver- u. Entsorgung								
320	Reinigung u. Pflege								
330	Bedienung								
340 / 350	Wartung und Inspektion								
Summe	311 bis 350						100		
360	Kontroll-, Sicherheitsdienste								
Instandsetzungskosten									
410	Instandsetzung Baukonstruk.								
420	Instandsetzung techn. Anlg.								
430	Instandsetzung Außenanlg.								

Nachrichtliche Angabe der Personalkosten bei Einsatz von verwaltungseigenem Personal

Bauunterhaltungskosten (RBBau C 2.2) Summe 410-430	€	
Nutzungskosten	€	€

Aufgestellt (ohne Angaben zu 311 bis 319 sowie Instandsetzungskosten): Nutzende Verwaltung

(Ort, Datum, Unterschrift)

*) Bei Baumaßnahmen des BMVg ist die Liegenschafts-Kenn-Nr. einzutragen.
**) Bezugsgrößen sind HNFa NfA oder NFGa gemäß Bauwerkszuordnungskatalog sowie Kurzinformation der ZBWB.
***) Nichtzutreffendes streichen.

Abb. 2.96 Nutzungskosten im Hochbau nach RBBau gemäß Anlage 1 zu Muster 7

Anlage 2 zu Muster 7

	Energiewirtschaftliche Gebäudekenndaten
(Bezeichnung der Baumaßnahme)	
	zur Entwurfsunterlage - Bau -
(Bezeichnung des Bauwerkes / Baukörpers)	

Hauptnutzfläche - HNF .... m²

Gesamt Wärme- / Kälte- / Strombedarf		**(kW)**
Norm-Wärmebedarf / Heizlast (DIN 4701) [*]	Q_N	
Wärmebedarf / Heizlast für RLT-Anlagen (Gesamtvolumenstrom V= ...m³ / s)	Q_{LA}	
Kühllast nach VDI 2078	Q_K	
Strombedarf	Q_S	

Spezifischer Wärme- / Kälte- / Strombedarf		**(W / m²)**
Spezifischer Wärmebedarf / Spezifische Heizlast	$Q_{N:HNF}$	
Spezifischer Wärmebedarf / Spezifische Heizlast für RLT-Anlagen [**]	$Q_{LA:HNF}$	
Spezifische Kühllast [**]	$Q_{K:HNF}$	
Spezifischer Strombedarf	$Q_{S:HNF}$	

Hinweis: Weitere Kenndaten, insbesondere Wärmedurchgangskoeffizienten, s. Wärmebedarfsausweis und Energiebedarfsausweis nach EnEV.

[*] Soweit für Räume nicht RLT-Anlagen vorgesehen sind.
[**] Nur für Räume, für welche Lufterwärmung bzw. -kühlung vorgesehen ist.

Abb. 2.97 Energiewirtschaftliche Gebäudekenndaten nach RBBau gemäß Anlage 2 zu
Muster 7

Methodisches Vorgehen

Der Geltungsbereich der Zusammenstellung, Überprüfung und Dokumentation der Nutzungskosten umfasst alle Planungsphasen eines Projektes, von der Projektvorbereitung über die Planung und Realisierung gem. HOAI sowie auch die Zeit nach Nutzungsbeginn oder Inbetriebnahme. Bei sich wesentlich ändernden nutzungskostenrelevanten Randbedingungen muss eine Aktualisierung der Zusammenstellung der Nutzungskosten vorgenommen werden.

Datensammlungen zu Nutzungskosten gewerblicher Bauten existieren seitens Jones Lang LaSalle (OSCAR) und seitens ATIS REAL Müller (Key-Report Office), die jährlich aktualisiert werden.

Der Projektsteuerer muss sich daher zunächst fragen, von wem er die erforderlichen Angaben im Einzelnen bekommt. Hilfreich dazu ist die Zusammenstellung in *Abb. 2.95*.

Die Richtlinien für die Durchführung von Bauaufgaben des Bundes (RBBau, 17. Austauschlieferung, 2003) schreiben in Abschnitt F, Ziff. 1.2, vor, den Erläuterungsbericht gemäß Muster 7 zur Entscheidungsunterlage – Bau – (ES – Bau –) durch die Anlagen 1 „Nutzungskosten im Hochbau" und 2 „Energiewirtschaftliche Gebäudekenndaten" zu ergänzen (*Abb. 2.96* und *Abb. 2.97*). Durch das Baukosteninformationszentrum (BKI) in Stuttgart – www.bki.de – wird ein Katalog von Nutzungskostenkennwerten von Gebäuden vorbereitet. Darin sollen für verschiedene Objekttypen jeweils gemittelte jährliche Nutzungskosten, bezogen sowohl auf die BGF als auch auf spezifischere Größen, pro Kostengruppe der DIN 18960 (Aug. 1999) aufgeführt werden. Die BGF ist bereits in der Projektkonzeptionsphase als kalkulierbare Größe (oft bereits durch baurechtliche Festsetzungen) gut dazu geeignet, praxisnah zukünftige Nutzungskosten abzuschätzen.

In einem fortgeschrittenen Planungsstadium ist es dann zunehmend möglich, mittels kostengruppenspezifischer Bezugsgrößen, wie etwa gefliese Fläche der Sanitärräume, sehr genaue Vorhersagen für deren Reinigungskosten zu treffen. Dann wird es möglich sein, Nutzungskosten präziser und auf die DIN 18960 hin zu prognostizieren, um einen späteren Soll-Ist-Vergleich zu erleichtern. Eine erste Veröffentlichung ist für 2007 geplant.

Bisher veröffentlichte Kennwerte zu Nutzungskosten weisen große Streuungen auf, bedingt durch fehlende Präzisierung der Objektdaten und Einflussfaktoren für die Nutzungskosten aus dem Nutzerverhalten, der Art der Gebäudebewirtschaftung (vgl. *Ziff. 3.7*), den Messmethoden und der Nutzungskostenabgrenzung. Daraus ergeben sich derzeit noch erhebliche Schwierigkeiten bei der Erstellung von Nutzungskostenvergleichen zwecks Benchmarking (vgl. *Ziff. 3.3.5*).

Abb. 2.98 zeigt einen Ausschnitt zur Kostengruppe 320 „Reinigungsarbeiten" aus einer Diplomarbeit zum Thema „Bildung von Kostenkennwerten unter Verwendung von Bezugseinheiten nach DIN 277-3" (Arnold, 2002).

Es ist ausdrücklich darauf hinzuweisen, dass die Ermittlung der Betriebskosten (Kgr. 300) und der Instandsetzungskosten (Kgr. 400) der DIN 18960 (Aug. 1999) eine Besondere Leistung des Leistungsbildes Technische Ausrüstung nach § 73 Abs. 3 Lph. 3 – Entwurfsplanung – HOAI darstellt. Dies gilt auch für detaillierte Wirtschaftlichkeitsnachweise. Der Projektsteuerer hat daher darauf zu achten, dass er durch entsprechende Vertragsgestaltung dafür sorgt, dass diese Leistungen vom Hauptauftrag umfasst und nicht als Nachtrag geltend gemacht werden.

DIN 18960	Bezeichnung	Bezugseinheit	Mengenermittlung	Bemerkungen
320	Reinigung und Pflege	m² Brutto-Grundrissfläche	Nach DIN 277-1	Weitere Untergliederung 4. Ebene sinnvoll für material- und flächenbezogene Reinigungskosten, für Technische Anlagen; Erfassung Kosten aus speziellen Reinigungsleistungen (Rohrspülungen, Schornstein, Filterreinigung etc.); Standardreinigung technischer Anlagen in m²-Preis enthalten (Schalter, Bedienungstableaus, Geräteoberflächen etc.); Kosteneinfluss: Art Gebäudenutzung, Nutzungsintensität, Leistungsumfang und -häufigkeit, besondere Hygieneanforderungen, Standort, Materialien
321	Fassaden, Dächer	m² Fassaden- und Dachfläche	Summe aller Außenwandbekleidungsflächen und Dachbelagsflächen n. DIN 277-3, die den über der Geländeoberfläche liegenden Brutto-Rauminhalt n. DIN 277-1 umschließen, die Bereiche b und c überdecken und abgrenzen	Elementierte Außenwände sind in die anteiligen Flächen ihrer Bestandteile zu zerlegen: Fläche Außenwandbekleidungen außen, Außenwandbekleidungen innen, Türen und Fenster; Kosteneinfluss: Reinigungsintervall, Material, Gebäudehöhe, Fassadenausbildung, Umwelteinflüsse etc.
322	Fußböden	m² Fußbodenfläche	Summe aller Boden- und Deckenbelagsflächen	Kosteneinfluss: Material, groß- oder kleinflächige Materialverlegung, Nutzungsintensität etc.
323	Wände, Decken	m² Wand- und Deckenfläche	Summe aller Bekleidungsflächen der Außenwand innen, der Innenwände, Decken und Dächer, zzgl. Flächen elementierter Innenwände	Kosteneinfluss: Material, groß- oder kleinflächige Bekleidung, Raumhöhe, Grad der technischen Bestandteile (Schalter, Steckdosen, Leuchten etc.), Nutzungsintensität
324	Türen, Fenster	m² Tür- und Fensterfläche	Summe aller Tür- und Fensterflächen	Kosteneinfluss: Brüstungshöhe und Höhe der Fenster, Zugänglichkeit und Öffnungsfähigkeit, Material etc.
325	Abwasser-, Wasser-, Gas-, Wärmeversorgungs- und lufttechnische Anlagen	m² Brutto-Grundfläche	Nach DIN 277-1	Kosteneinfluss: Bestandteile des Abwassers (Benzin, Fett, Öl), Anlagenart, Anzahl der Sanitärobjekte, Brennstoffart
326	Starkstrom-, Fernmelde- und informationstechnische Anlagen, Gebäudeautomation	m² Brutto-Grundrissfläche	Nach DIN 277-1	Kosteneinfluss: Ausstattungsgrad, Anlagenart, Anzahl etc.
327	Ausstattung, Einbauten	m² Brutto-Grundrissfläche	Nach DIN 277-1	Kosteneinfluss: Anzahl, Material, Gestaltung des Mobiliars etc.
328	Geländeflächen, befestigte Flächen	m² Außenanlagenfläche	Der für Außenanlagen vorgesehene Teil der Grundstücksfläche	Kosteneinfluss: Pflegeintensität der Grünfläche (Pflanzenarten), Verhältnis Pflanzfläche/Rasenfläche/befestigte Fläche, Belagsmaterial befestigte Fläche, Witterungsverhältnisse, Standort, Nutzungsintensität etc.
329	Reinigung und Pflege, sonstiges	m² Brutto-Grundrissfläche	Nach DIN 277-1	

Abb. 2.98 Erläuterungen und Bezugsgrößen zu Kgr. 320 – Reinigung und Pflege – der DIN 18960 (Aug. 1999) (Quelle: Arnold (2002))

Beispiel

Ein in der Konzeptionsphase befindliches fiktives Verwaltungsgebäude mit zwei kammförmigen Baukörpern und begrüntem Innenhof soll eine BGF von 46.000 m² aufweisen und ca. 1.200 Mitarbeitern Platz bieten. Es ist ein freistehender Stahlbetonbau mit 6 Geschossen und einem verglasten Turm zur zentralen Erschließung vorgesehen.

Der Bau soll eine raumhoch verglaste Elementfassade mit vertikalen Aluminiumschiebefenstern, außen liegendem Sonnen- und innen liegendem Blendschutz erhalten.

Kostengruppe			€/(BGF*a)	€/a
100		Kapitalkosten	103,73	4.771.580,00
200		Verwaltungskosten	4,08	187.680,00
	210	Personalkosten	3,88	178.480,00
	220	Sachkosten	0,20	9.200,00
	290	Verwaltungskosten, sonstiges	0,00	0,00
300		Betriebskosten	47,82	2.199.720,00
	310	Ver- und Entsorgung	15,34	705.640,00
		311 Abwasser-, Wasser-, Gasanlagen	1,48	68.080,00
		312 Wärmeversorgungsanlagen	3,74	172.040,00
		313 Lufttechnische Anlagen	0,00	0,00
		314 Starkstromanlagen	3,81	175.260,00
		315 Fernmelde- und informationstechn. Anlagen	0,18	8.280,00
		316 Förderanlagen	0,24	11.040,00
		317 Nutzungsspezifische Anlagen	5,23	240.580,00
		318 Abfallbeseitigung	0,66	30.360,00
		319 Ver- und Entsorgung, sonstiges	0,00	0,00
	320	Reinigung und Pflege	11,24	517.040,00
		321 Fassaden, Dächer	0,50	23.000,00
		322 Fußböden	5,14	236.440,00
		323 Wände, Decken	1,45	66.700,00
		324 Türen, Fenster	1,27	58.420,00
		325 Abwasser-, Wasser-, Gas-, Wärmeversorg.- u. lufttechn. Anlagen	0,13	5.980,00
		326 Starkstrom-, Fernmelde- u. informationstechn. Anl., Gebäudeautom.	0,00	0,00
		327 Ausstattung, Einbauten	0,98	45.080,00
		328 Geländeflächen, befestigte Flächen	1,02	46.920,00
		329 Reinigung und Pflege, sonstiges	0,75	34.500,00
	330	Bedienung der Technischen Anlagen	2,68	123.280,00
	340	Inspektion und Wartung der Baukonstruktionen	0,40	18.400,00
	350	Inspektion und Wartung der Technischen Anlagen	7,52	345.920,00
		351 Abwasser-, Wasser-, Gasanlagen	1,16	53.360,00
		352 Wärmeversorgungsanlagen	0,22	10.120,00
		353 Lufttechnische Anlagen	0,77	35.420,00
		354 Starkstromanlagen	4,92	226.320,00
		355 Fernmelde- und informationstechn. Anlagen	0,17	7.820,00
		356 Förderanlagen	0,17	7.820,00
		357 Nutzungsspezifische Anlagen	0,11	5.060,00
		358 Gebäudeautomation	0,00	0,00
		359 Inspektion und Wartung der Technischen Anlagen, sonstiges	0,00	0,00
	360	Kontroll- und Sicherheitsdienste	7,68	353.280,00
	370	Abgaben und Beiträge	2,96	136.160,00
		371 Steuern	2,48	114.080,00
		372 Versicherungsbeiträge	0,48	22.080,00
		379 Abgaben und Beiträge, sonstiges	0,00	0,00
	390	Betriebskosten, sonstiges	0,00	0,00
400		Instandsetzungskosten	2,73	125.580,00
	410	Instandsetzung der Baukonstruktionen	1,43	65.780,00
		411 Gründung	0,00	0,00
		412 Außenwände	0,76	34.960,00
		413 Innenwände	0,23	10.580,00
		414 Decken	0,15	6.900,00
		415 Dächer	0,29	13.340,00
		416 Baukonstruktive Einbauten	0,00	0,00
		419 Instandsetzungskosten der Baukonstruktionen, sonstiges	0,00	0,00
	420	Instandsetzung der Technischen Anlagen	1,19	54.740,00
		421 Abwasser-, Wasser-, Gasanlagen	0,18	8.280,00
		422 Wärmeversorgungsanlagen	0,03	1.380,00
		423 Lufttechnische Anlagen	0,12	5.520,00
		424 Starkstromanlagen	0,81	37.260,00
		425 Fernmelde- und informationstechn. Anlagen	0,02	920,00
		426 Förderanlagen	0,02	920,00
		427 Nutzungsspezifische Anlagen	0,01	460,00
		428 Gebäudeautomation	0,00	0,00
		429 Instandsetzung der Technischen Anlagen, sonstiges	0,00	0,00
	430	Instandsetzung der Außenanlagen	0,00	0,00
	440	Instandsetzung der Ausstattung	0,11	5.060,00
		Summe	**158,36**	**7.284.560,00**

Abb. 2.99 Beispiel für eine Nutzungskostenprognose anhand von Kennwerten (Quelle: nach CREIS Corporate Real Estate Information Systems GmbH, München)

Es wird eine statische Gasheizung mit unterstützender Lüftung (2- bis 4-facher Luftwechsel/h) eingebaut, Sonderbereiche werden teilklimatisiert, z. T. mit Kühldecken.

Sonstige technische Ausstattung:

GLT, DV-Netzwerk, 6 Personenauszüge, 1 Lastenaufzug, hochwertige Sicherheitstechnik inkl. Video, Notstromversorgung/USV

Außer diesen zu Beginn einer Projektentscheidung notwendigen Mindestinformationen über Nutzung, Typologie und Technologie der Konstruktion und Ausstattung sind weiterführende Einflussfaktoren während der Projektvorbereitung und Objektplanung dringend erforderlich, um die auch in der DIN 18960 (Aug. 1999) geforderte Überprüfung und Fortschreibung der Nutzungskosten zu ermöglichen. Insbesondere sind in der weiterführenden Planung die nutzungskostenrelevanten Kriterien mit den entsprechenden investitionskostenrelevanten Positionen in ihrem gegenseitigen Kosten-Nutzen-Verhalten abzustimmen.

Anhand der Typisierung des Gebäudes und der dazu ermittelten BGF kann unter Berücksichtigung vergleichbarer Objekte und Nutzungen nach Kennwerten gesucht werden, die auf Grund veränderter Anforderungen ggf. durch Korrekturfaktoren fortgeschrieben werden.Die Kennwerte werden mit der angestrebten BGF multipliziert, woraus sich für die jeweilige Kostengruppe die prognostizierten jährlichen Nutzungskosten des Gebäudes ergeben.

2.4.2.10 2C3 Planung von Mittelbedarf und Mittelabfluss

Gegenstand und Zielsetzung

Gegenstand der Mittelbedarfs- und -abflussplanung ist die Zuordnung voraussichtlicher Zahlungen erteilter und künftiger Aufträge zum Projektablauf. Der Auftraggeber muss daraus erkennen können, welche Zahlungsmittelbeträge er quartalsweise bereitstellen muss, um den Fortgang der Planungs- und Bauarbeiten durch ausreichende Liquidität sicherzustellen.

Grundlagen der Mittelbewirtschaftung sind der sich aus den geplanten Zeitpunkten der Vergabe für die einzelnen Vergabeeinheiten ergebende Mittelbindungsplan (Verpflichtungsermächtigungsplan) und der sich aus der geplanten Ausführung der einzelnen Vergabeeinheiten ergebende Mittelabflussplan (zur Verteilung des genehmigten Projektbudgets über die Phasen der Projektplanung, -ausführung und -mängelhaftungsfristen) unter Berücksichtigung des Nachlaufs für Rechnungsstellung, deren Prüfung und letztlich die Zahlungsanweisungen (Mittelabflussplan).

Methodisches Vorgehen

Anhand der Steuerungsablaufpläne für die Planung und Ausführung kann der voraussichtliche Planungs- und Baufortschritt ermittelt werden. Ihm sind ferner der Beginn, der Abschluss von Teilleistungen und die Beendigung der Arbeiten einzelner Planungsphasen und Gewerke zu entnehmen. Mit Abschluss der Planer- und Bauwerkverträge ergeben sich zusätzlich die Höhe der Rechnungssummen und die zu erwartenden Zeitpunkte der Zahlungen.

Um eine Zuordnung der im Terminplan dargestellten Vorgänge zu den vorhandenen Budgets bzw. Vergabeeinheiten zu erhalten, ist von Beginn an darauf zu achten, dass diese Zuordnung möglichst auch ohne „händische" Arbeit möglich ist, da hierfür ansonsten erheblicher Personalaufwand entsteht. Stattdessen können alle für eine Vergabeeinheit erforderlichen Vorgänge in einem Sammelvorgang zusammengefasst und ein „Terminplan der Vergabeeinheiten mit Kostenvorgängen" entwickelt werden.

Andernfalls ist den einzelnen Vorgängen der Terminplanung die entsprechende Summe aus den Aufträgen bzw. der Kostenberechnung zuzuordnen. Bei gleichmäßiger Verteilung der zugeordneten Summen auf die Dauer der Vorgänge ergibt sich das durchschnittlich zu verbauende Kostenvolumen des Vorgangs je Zeiteinheit. Dieses Vorgehen ist ungleich zeitaufwendiger als o. g. Verfahren.

Es ist von Vorteil, wenn bereits in den Verträgen eine Mindestrechnungssumme und/oder die Kopplung der Rechnungsstellung an den Abschluss bestimmter Teilleistungen festgelegt werden.

Zu Beginn von Projekten ist es zunächst erforderlich, eine erste zeitliche Verteilung des Budgets vorzunehmen. Dazu ist auf eigene Erfahrungen über den Mittelabfluss für Planung und Ausführung aus bereits abgewickelten Projekten zurückzugreifen. Es ergibt sich i. d. R. eine über die Projektdauer gestreckte rasch oder langsamer ansteigende S-Kurve.

Betrachtet man nun alle Vorgänge in einem festzulegenden Zeitraum (z. B. Quartal), so ergibt sich die jeweils zu verplanende und zu verbauende Summe vereinfachend aus einer linearen Verteilung über die Vorgangsdauern und somit die zu erwartende Leistungssumme in dem betrachteten Zeitraum. Üblicherweise werden die Rechnungen erst einige Zeit nach Erbringung der Leistungen gestellt, soweit keine Vorauszahlungen vereinbart wurden, so dass die Mittel nach Rechnungsprüfung zeitversetzt (ein bis drei Monate) bereitzustellen sind.

Will man den voraussichtlichen Auszahlungsverlauf genauer erfassen, muss man den Terminplan und die Vergabeeinheiten weiter aufteilen.

Projektspezifisch ist ein Sicherheitszuschlag sowohl hinsichtlich der Zeitpunkte als auch der Höhe der in den betrachteten Intervallen bereitzustellenden Mittel zu empfehlen.

Beispiel

In *Abb. 2.100* und *Abb. 2.101* ist ein Mittelabflussplan für einen Museumsbau tabellarisch und graphisch dargestellt. Aus einem Projektbudget von 42,4 Mio. € (*Abb. 2.100,* Spalte 3) sind bis zum Stichtag 12.01.2000 bereits 11,7 Mio. € gezahlt worden (Spalte 8). Damit stehen noch planmäßig abfließende Mittel in Höhe von 31,0 Mio. € zur Verfügung, sofern der Ausgleichsposten (AP) von −326,3 T€ als Budgeterhöhung angesetzt werden kann. In der Praxis wird jedoch angestrebt, solche Budgeterhöhungen zu vermeiden, d. h. den Ausgleichsposten künftig wieder auf ≥ 0 zurückzuführen.

Durch Zuordnung der Vergabeeinheiten zur Zeitachse gemäß Steuerungsablaufplan Ausführung vom 15.10.1999 ergibt sich der monatliche Mittelabfluss in Spalte 11 (gemittelt). Die graphische Auswertung in *Abb. 2.101* liefert ein anschauliches Bild der jeweiligen Aktivitäten in Planung und Ausführung. Die Summenspalten zeigen zunächst quartals- und jahresweise die Addition der jewei-

Firma Projektsteuerung

Museumssanierung in Musterstadt

Mittelabflußplan auf Basis der aktualisierten Kostenberechnung (Stand 30.07.1999) und des Steuerungsablaufplans Ausführung (Stand 15.10.1999)

Stand 12.01.2000

VE [1] (COSY-Daten)	Bezeichnung [2] (COSY-Daten)	Budget KB-DU [3] (COSY-Daten)	Vergaben incl. Nachträge [4] (COSY-Daten)	Rückstellungen [5] (COSY-Daten)	AP [6] (COSY-Daten)	Restbudget aus KB-DU + AP [7] [3] − ([4] + [5] + [6])	Zahlungen [8] (COSY-Daten)	Noch planmäßig abfließende Mittel [9] [3] − [6] − [8]	Mittelabflußberechnung für Zeit nach 01.12.1999		Restliche Dauer [10]	Mittelabfluß pro Monat (gemittelt) [11] [9]/[10]
2-01	Öffentliche Erschließung	158 000,00 €	87 000,00 €			71 000,00 €	87 000,00 €	71 000,00 €	12/99	04/00	5 Monate	14 200 € mtl.
2-02	Entschädigungszahlungen	107 500,00 €	100 000,00 €			7 500,00 €	92 531,60 €	14 968,40 €	12/99	12/00	13 Monate	1 151 € mtl.
3-02	Baugrube	4 040 650,00 €	3 875 180,38 €	103 832,00 €	61 637,62 €	120 000,00 €	3 692 805,52 €	286 206,86 €	12/99	03/00	4 Monate	71 552 € mtl.
3-13	Rohbau	10 984 295,00 €	10 167 031,20 €	710 584,00 €	−3 320,20 €	110 000,00 €	4 401 301,37 €	6 586 313,83 €	12/98	04/00	5 Monate	1 319 263 € mtl.
3-17	Dach/Fassade	6 084 058,00 €	495,09 €		−495,09 €	6 084 058,00 €	495,09 €	22 280,00 €	04/00	11/00	8 Monate	760 507 € mtl.
3-23	Putz- und Stuckarbeiten	131 680,00 €				131 680,00 €		131 680,00 €	10/00	11/00	2 Monate	11 140 € mtl.
3-24	Fliesen- und Plattenarbeiten	615 550,00 €				615 550,00 €		615 550,00 €	10/00	06/00	2 Monate	65 840 € mtl.
3-25	Estricharbeiten	576 500,00 €				576 500,00 €		576 500,00 €	05/00	07/00	6 Monate	102 592 € mtl.
3-27	Innentüren Holz	133 100,00 €				133 100,00 €		133 100,00 €	07/00	03/01	9 Monate	64 056 € mtl.
3-31	Innentüren Metall	455 900,00 €				455 900,00 €		455 900,00 €	02/01	04/01	9 Monate	14 789 € mtl.
3-32	Metall- und Schlosserarbeiten	46 980,00 €				46 980,00 €		46 980,00 €	05/01	05/01	3 Monate	151 967 € mtl.
3-33	Gebäudereinigung	149 620,00 €				149 620,00 €		149 620,00 €	12/00	03/01	1 Monat	46 980 € mtl.
3-34	Malerarbeiten	1 556 430,00 €				1 556 430,00 €		1 556 430,00 €	11/00	03/01	4 Monate	37 406 € mtl.
3-36	Bodenbelagsarbeiten	1 149 655,00 €				1 149 655,00 €		1 149 655,00 €	07/00	02/01	9 Monate	389 108 € mtl.
3-39	Trockenbauarbeiten	442 616,00 €				442 616,00 €		442 616,00 €	05/00	03/01	9 Monate	127 739 € mtl.
4-40	Heiz-/Wassererwärmungsanlagen	439 988,00 €				439 988,00 €		439 988,00 €	05/00	03/01	11 Monate	40 238 € mtl.
4-44	Gas-, Wasser-, Abwasserinstallation	1 712 000,00 €				1 712 000,00 €		1 712 000,00 €	06/00	03/01	10 Monate	39 999 € mtl.
4-53	Elektr. Kabel-/Leitungsanlagen	1 061 589,60 €				1 061 589,60 €		1 061 589,60 €	01/01	03/01	3 Monate	171 200 € mtl.
4-58	Beleuchtung	259 500,00 €				259 500,00 €		259 500,00 €	11/00	03/01	4 Monate	353 863 € mtl.
4-69	Förderanlagen	2 323 285,00 €				2 323 285,00 €		2 323 285,00 €	05/00	02/01	11 Monate	64 875 € mtl.
4-75	Raumlufttechnische Anlagen	1 562 973,00 €				1 562 973,00 €		1 562 973,00 €	02/01	03/01	3 Monate	211 208 € mtl.
5-03	Dachbegrünung	92 388,00 €				92 388,00 €		92 388,00 €	03/01	05/01	3 Monate	173 684 € mtl.
5-04	Anpflanzungen	457 062,40 €				457 062,40 €		457 062,40 €	05/01	05/01	3 Monate	30 796 € mtl.
5-80	Straßen, Wege, Plätze	3 682 500,00 €	3 151 350,05 €	328 649,00 €	0,95 €	202 500,00 €	1 389 000,00 €	2 293 499,05 €	03/01	03/01	3 Monate	152 354 € mtl.
7-01	Architektenleistungen	870 000,00 €	655 413,00 €	44 587,00 €		170 000,00 €	628 000,00 €	242 000,00 €	12/98	07/01	20 Monate	114 675 € mtl.
7-02	Tragwerksplanung	990 000,00 €	1 181 821,88 €		−381 821,88 €	190 000,00 €	349 800,00 €	1 022 021,88 €	12/99	09/00	10 Monate	24 200 € mtl.
7-03	Ingenieurleistungen TGA	600 600,00 €	592 760,00 €			7 840,00 €	299 280,00 €	301 320,00 €	12/99	07/01	20 Monate	51 101 € mtl.
7-04	Baunebenleistungen	527 800,00 €	422 543,25 €	7 840,00 €	−4 122,57 €	101 134,18 €	227 735,33 €	295 942,10 €	12/99	07/01	20 Monate	15 066 € mtl.
7-05	Ingenieurberatung/Gutachten	422 543,25 €	309 869,98 €		−22 175,72 €	22 305,74 €	330 045,70 €	70 130,02 €	12/99	07/01	20 Monate	14 797 € mtl.
7-06	Wettbewerbskosten	380 000,00 €	168 629,86 €	70 000,00 €	16 370,34 €	50 000,00 €	111 012,00 €	107 617,66 €	12/99	07/01		
7-07	Prüfung, Genehmigung, Abnahme	235 000,00 €						107 617,66 €	12/99	07/01	20 Monate	5 381 € mtl.
7-99	Sammel-HKE (Baunebenkosten)	505 500,00 €	€ 88.085,90	36 414,00 €	−599,90 €	381 600,00 €	74 763,67 €	431 336,23 €	12/99	07/01	20 Monate	21 567 € mtl.
Summen:		42 365 000,00 €	20 800 180,39 €	1 301 906,00 €	−326 281,31 €	20 589 194,92 €	11 685 770,26 €	31 005 511,03 €				

Abb. 2.100 Tabellarischer Mittelabflussplan für einen Museumsbau

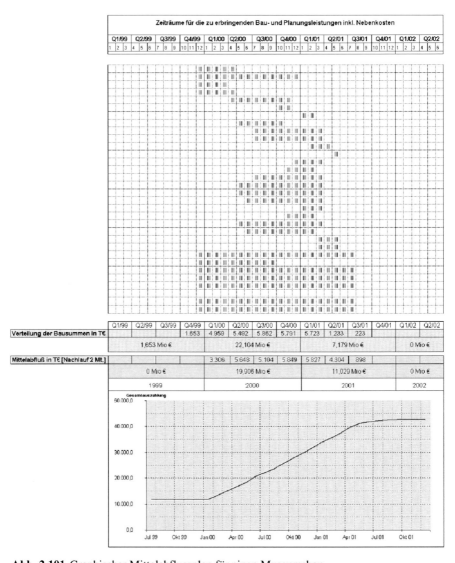

Abb. 2.101 Graphischer Mittelabflussplan für einen Museumsbau

ligen Planungs- und Ausführungsleistungen. Zur Beachtung des zeitlichen Versatzes zwischen Leistungserbringung und Zahlung wird für Abschlagsrechnungen ein Nachlauf von zwei Monaten, für Schlussrechnungen von vier Monaten angenommen, so dass daraus der erforderliche Mittelbedarf, wiederum quartals- und jahresweise, erkennbar wird. Die grafische Auswertung dient der Visualisierung des voraussichtlichen Mittelabflusses.

2.4.2.11 2A2 Dokumentation der wesentlichen projektbezogenen Plandaten in einem Projekthandbuch

Gegenstand und Zielsetzung

Das Projekthandbuch beinhaltet die aktuelle Dokumentation der jeweils vorliegenden Pläne, Berechnungen und Beschreibungen (Diederichs, Hrsg., 2005, S. 49 ff.). Es bildet damit die aktuelle „Handakte" des Projektleiters des Auftraggebers, die sich üblicherweise auf seinem Laptop befindet und identisch ist mit den Ergebnissen auf der jeweiligen Projektplattform.

Das Projekthandbuch ist damit Dreh- und Angelpunkt der Projektarbeit, Datensammlung und Leitfaden für Aufbau und Ablauf, Steuerungsinstrument und Dokumentation des Projektes. Durch eine sinnvolle Struktur des Projektes und die Dokumentation aller Projektaktivitäten wird der jederzeitige Überblick über das Projekt gewährleistet. Es sind frühzeitig Abweichungen von den vorgegebenen Zielen zu erkennen und es können rechtzeitig Anpassungsmaßnahmen ergriffen werden. Das Projekthandbuch dient damit folgenden Zielen:

- der interdisziplinären Zusammenarbeit vieler Spezialisten in informationsgestützten und Informationen produzierenden Organisationen
- der Sicherung der kundengerechten Qualität von Leistungen
- der Optimierung der betriebsinternen Abläufe durch effizienten Einsatz von Ressourcen
- der verkürzten Durchlaufzeit der Projekte

Methodisches Vorgehen

Die jeweils aktuellen Ergebnisunterlagen sind in einem Dokument „Projekthandbuch" zusammenzufassen und bei Änderungen laufend zu aktualisieren. Das Projekthandbuch umfasst üblicherweise folgende Elemente:

1. Organisationshandbuch (*Ziff. 2.4.1.1*)
2. Nutzerbedarfsprogramm (*Ziff. 2.4.1.2*)
3. Liste der vorhandenen und noch zu erstellenden Planungsunterlagen (aus der Planeingangs-/-ausgangsliste gemäß Organisationshandbuch (*Ziff. 2.4.1.1*)
4. Überblick über den Stand sowie die weitere Entwicklung sämtlicher Genehmigungsverfahren (aus der Ablaufsteuerung der Planung und Ausführungsvorbereitung (*Ziff. 2.4.1.5*))
5. Zusammenstellung der Flächen und Kubaturen nach DIN 277 bzw. gif (durch Überprüfen der Planungsergebnisse auf Konformität mit den vorgegebenen Projektzielen (*Ziff. 2.4.2.1*))
6. Qualitätsbeschreibungen durch Erläuterungsberichte zur Planung, Projekt-/Baubeschreibung und ggf. Gebäude- und Raumbuch (durch Überprüfen der Planungsergebnisse auf Konformität mit den vorgegebenen Projektzielen (*Ziff. 2.4.2.1*))
7. jeweils aktuelle Kostenermittlung mit zugehörigem Erläuterungsbericht (vgl. *Ziff. 2.4.1.5*, *Ziff. 2.4.4.3*, *Ziff. 2.4.3.2* und *Ziff. 2.4.5.7*)
8. jeweils aktuelle Terminpläne mit Erläuterungsberichten (*Ziff. 2.4.1.7*, *Ziff. 2.4.2.3*, *Ziff. 2.4.2.4*, *Ziff. 2.4.2.5*, *Ziff. 2.4.2.6*, *Ziff. 2.4.3.3*, *Ziff. 2.4.4.2*, *Ziff. 2.4.4.4* und *Ziff. 2.4.1.1*)
9. aktuellen Maßnahmen- und Entscheidungskatalog (*Ziff. 2.4.1.1*)

10. Liste der maßgeblichen Entscheidungen (*Ziff. 2.4.1.14*)
11. Erläuterung der Maßnahmen zur Einhaltung der Projektziele für Qualitäten, Kosten und Termine unter Einbeziehung der jeweiligen Trends bis zum Projektende (*Ziff. 2.4.2.7*)

Der Projektleiter trägt die Verantwortung für die Vollständigkeit und Aktualität des Projekthandbuchs, dass in erster Linie auch seine „Handakte" darstellt. Er legt die Organisationen und namentlich die Mitarbeiter fest, die außer ihm über das Projekthandbuch verfügen und für dessen Aktualität durch Lieferung von Unterlagen, Daten und Informationen sorgen.

Wichtige Unterstützung bei der Führung des Projekthandbuches erhält der Projektleiter durch das Projektkommunikationssystem, über das die Bestandteile des Projekthandbuchs verwaltet, aktualisiert und selektiert werden können (*Ziff. 2.4.1.15* und *Ziff. 2.5.1*).

In der Praxis hat es sich bewährt, dass nur der Projektleiter und der Auftraggeber freien Zugang zum vollständigen Projekthandbuch haben. Ausgewählte Informationen werden in dem erforderlichen Umfang an die einzelnen Projektbeteiligten verteilt. Damit dient das Projekthandbuch der gezielten Information insbesondere auch neuer Projektmitarbeiter, so dass sich mündliche Anleitungen auf Besonderheiten konzentrieren können.

2.4.2.12 2A3 Mitwirken beim Durchsetzen von Vertragspflichten gegenüber den Beteiligten

Gegenstand und Zielsetzung

Vertragspflichten ergeben sich aus den abgeschlossenen Verträgen mit den an der Planung und Ausführung des Investitionsvorhabens beteiligten Personen und Unternehmen. Da in aller Regel ein Vertragsverhältnis zwischen Auftraggeber und Planern, Gutachtern und bauausführenden Unternehmen besteht, muss der Projektsteuerer Abweichungen von Vertragspflichten durch regelmäßige Überprüfungen feststellen, dokumentieren und dem Auftraggeber Maßnahmen vorschlagen. Er kann diese Maßnahmen jedoch nur bei entsprechender Weisungsbefugnis durchsetzen.

Methodisches Vorgehen

Der Projektsteuerer muss sich entsprechende Vollmachten für das Durchsetzen von Vertragspflichten gegenüber den Beteiligten zunächst vom Auftraggeber ausstellen lassen. Dies ist besonders wichtig bei der Übernahme von Projektleitungsaufgaben. Anderenfalls bedarf es stets einer Gegenzeichnung des Auftraggebers unter die schriftlichen Anweisungen des Projektsteuerers.

Die Überprüfung der Einhaltung der Vertragspflichten der Beteiligten geschieht durch den regelmäßigen Vergleich der Sollvorgaben für Qualitäten, Kosten und Termine mit den Istdaten. Beim Erkennen von Abweichungen muss der Projektsteuerer die möglichen Risiken aus drohenden oder bereits entstandenen Abweichungen bewerten und den jeweiligen Planer oder Unternehmer zu Anpassungsmaßnahmen auffordern, um die Sollvorgaben möglichst kurzfristig wieder zu erreichen. Dazu bedarf es zunächst einer ersten Mahnung mit Fristsetzung, ggf.

einer zweiten Mahnung mit weiterer Nachfrist und Ankündigung der Konsequenzen bei wiederum fruchtlosem Verstreichen der Nachfrist und eines Schreibens an den Auftraggeber mit der Aufforderung, die erforderlichen vertragsrechtlichen Konsequenzen zu ziehen.

Beispiel

Beispiel eines dreiteiligen gestaffelten Mahnschreibens zur Einhaltung von vertraglich nicht vereinbarten, jedoch im Rahmen der Steuerungsablaufplanung der Planung abgestimmten Planlieferungsterminen (*Abb. 2.102*).

1. Schreiben

Absender: **Projektsteuerer**   **02.03.2005**
Adressat: **Planer XY**

Neubau des Geschäftszentrums in Musterstadt
Planlieferung Werkpläne Rohbau Gründung, 2. UG und 1. UG

Sehr geehrte Damen und Herren,

gemäß beiliegendem Ausdruck aus unserem Planverwaltungsprogramm stellen wir fest, dass die o. g. Pläne bis heute noch nicht / unvollständig vorliegen.
   Der zu den o. g. Plänen gehörige Soll-Eingangstermin war der 01.03.2005. Wir räumen Ihnen eine Nachfrist von einer Woche ein, so dass die Pläne spätestens zum **09.03.2005** vorliegen müssen.

Mit freundlichen Grüßen

aufgestellt: genehmigt:

– Projektsteuerer –   – Projektleiter des AG –

Anlage: Ausdruck Termine Planverwaltung

---

2. Schreiben

Absender: **Projektsteuerer**   **02.03.2005**
Adressat: **Planer XY**

Neubau des Geschäftszentrums in Musterstadt
Planlieferung Werkpläne Rohbau Gründung, 2. UG und 1. UG
Unser Schreiben vom 02.03.2005

Sehr geehrte Damen und Herren,
in unserem o. g. Schreiben hatten wir Ihnen für die Lieferung der o. g. Pläne eine Nachfrist bis zum 09.03.2005 gesetzt. Der Termin ist verstrichen, die Pläne liegen nicht / unvollständig vor. Sie befinden sich damit vertragsrechtlich in Verzug.

Wir räumen Ihnen eine letzte Nachfrist von einer Woche ein, so dass die Pläne spätestens zum **16.03.2005** vorliegen müssen. Gleichzeitig erklären wir hiermit im Auftrag des AG, dass dieser nach fruchtlosem Ablauf der v. g. Frist bei Aufrechterhaltung des Vertrages Ersatz des ihm entstehenden Verspätungsschadens verlangen wird (§ 286 Abs. 1 BGB).

Mit freundlichen Grüßen

aufgestellt: genehmigt:

– Projektsteuerer –   – Projektleiter des AG –

---

3. Schreiben

Absender: **Projektsteuerer**   **02.03.2005**
Adressat: **Planer XY**

Neubau des Geschäftszentrums in Musterstadt
Planlieferung Werkpläne Rohbau Gründung, 2. UG und 1. UG
Unsere Schreiben vom 02.03.2005 und 09.03.2005

Sehr geehrte Damen und Herren,

die o. g. Schreiben liegen Ihnen bereits in Kopie vor. Sie können daraus den bisherigen Schriftverkehr zu den o. g. Planlieferungen entnehmen.
Die von uns gesetzte letzte Nachfrist ist verstrichen, die Pläne sind bis heute nicht eingegangen.

Der Soll-Eingangstermin für die o. g. Pläne war der **16.03.2005**.
Wir bitten Sie nun, die erforderlichen vertragsrechtlichen Konsequenzen gegenüber dem Planer XY zu ziehen (Geltendmachung des Verspätungsschadens und Aufforderung zur Information des Berufshaftpflichtversicherers des Planers mit Kopie an den AG, Anforderung von Kapazitätsverstärkung, ggf. auch Kündigung und Ersatzvornahme zu Lasten des Planers, sofern mit 2. Schreiben angekündigt).

Mit freundlichen Grüßen

– Projektsteuerer –

Abb. 2.102 Dreiteilig gestaffeltes Mahnschreiben zur Einhaltung vertraglich nicht vereinbarter Vertragstermine (Quelle: Diederichs (2005))

2.4.3 Projektstufe 3 – Ausführungsvorbereitung

Die Projektstufe 3 – Ausführungsvorbereitung umfasst die Leistungsphasen 5 – Ausführungsplanung, 6 – Vorbereitung der Vergabe und 7 – Mitwirkung bei der Vergabe gemäß HOAI. Das Prozessmodell der Projektstufe 3 – Ausführungsvorbereitung zeigt *Abb. 2.103*.

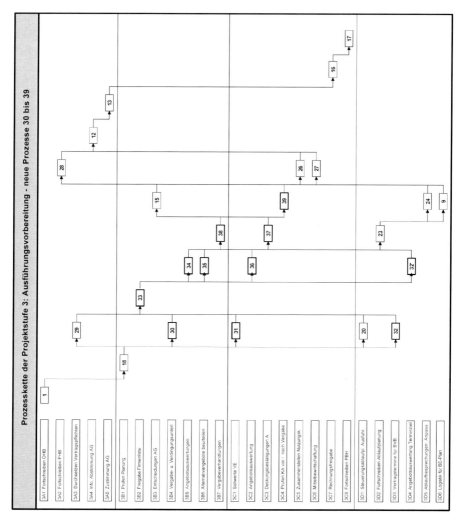

Abb. 2.103 Prozesskette Projektstufe 3 – Ausführungsvorbereitung (Ausführungsplanung, Vorbereitung und Mitwirkung bei der Vergabe)

2.4.3.1 3B4 Überprüfen der Vergabe- und Vertragsunterlagen für die Vergabeeinheiten und Anerkennen der Versandfertigkeit

Gegenstand und Zielsetzung

Gegenstand dieser Teilleistung sind die vollständigen Verdingungsunterlagen mit allen Vertragsbestandteilen in der Geltungsreihenfolge gemäß § 1 Nr. 2 VOB/B. Zielsetzung ist, durch deren Prüfung, insbesondere auch der Leistungsbeschreibungen mit Leistungsverzeichnis nach § 9 Nr. 6 bzw. Leistungsbeschreibung mit Leistungsprogramm nach § 9 Nr. 10 VOB/A, die Vollständigkeit und damit einerseits die Lückenlosigkeit und andererseits die Überschneidungsfreiheit des zu vergebenden Leistungsumfangs für vorher festgelegte Vergabeeinheiten inklusive der Mengenangaben der Objekt- und Fachplaner zu bestätigen, ggf. erforderliche Änderungen anzumahnen und, ggf. nach einem Korrekturlauf, die Versandfertigkeit anzuerkennen.

Die Überprüfung kann sich dabei nicht nur auf die formale Vollständigkeit beschränken. Sie muss stichprobenartig eine Plausibilitätsprüfung der wesentlichen Elemente wie z. B. der Leitpositionen (vgl. *Abb. 2.91* und *Glossar*) einschließen. Durch diese Prüfung sollen die für die Angebotseinholung erforderlichen Informationen hinsichtlich Art und Umfang freigegeben werden, so dass die dem Nutzerbedarfsprogramm entsprechenden Leistungen angeboten und Mengenabweichungen zwischen ausgeschriebenen und tatsächlich auszuführenden Mengen sowie Leistungsänderungen und Zusatzleistungen durch Nachträge vermieden werden.

Abb. 2.104 Bestandteile der Verdingungsunterlagen

Methodisches Vorgehen

Gemäß § 10 Nr. 1 Abs. 1 VOB/A bestehen die Vergabeunterlagen aus:

- dem Anschreiben (Aufforderung zur Angebotsabgabe), ggf. den Bewerbungsbedingungen (§ 10 Nr. 5 VOB/A) und
- den Verdingungsunterlagen (§§ 9 und 10 Nr. 1 Abs. 2 und Nr. 2–4 VOB/A).

Verdingungsunterlagen umfassen die Bestandteile gemäß *Abb. 2.104*.

Für die Prüfung der Bewerbungsbedingungen sowie der Besonderen Vertragsbedingungen BVB und der Zusätzlichen Vertragsbedingungen ZVB bietet sich das Vergabehandbuch des Bundes an (VHB Ausgabe 2000, Stand 01.10.2004). Dort finden sich in Teil II Einheitliche Verdingungsmuster – EVM – die Einheitlichen Verdingungsmuster für Bauleistungen – EVM (B):

Nr.	Abkürzung	Langtext
211	EVM (B) A	Aufforderung zur Abgabe eines Angebots
211	EG EVM (B) A EG	Aufforderung eines Angebots EG
212	EVM (B) BwB/E	Bewerbungsbedingungen für die Vergabe von Bauleistungen
213	EVM (B) Ang	Angebotsschreiben
214	EVM (B) BVB	Besondere Vertragsbedingungen
215	EVM (B) ZVB/E	Zusätzliche Vertragsbedingungen für die Ausführung von Bauleistungen
251.1	EVM Erg Ang Tarif	Vereinbarung zur Einhaltung der tariflichen und öffentlich-rechtlichen Bestimmungen bei der Ausführung von Bauleistungen
251.2	EVM Erg Ang Tarif NU	Vereinbarung zwischen AN und Subunternehmer zur Einhaltung der tariflichen und öffentlich-rechtlichen Bestimmungen bei der Ausführung von Bauleistungen

Abb. 2.105 Einheitliche Verdingungsmuster für Bauleistungen nach VHB 2000

Einen Schwerpunkt der Überprüfung durch den Projektsteuerer bilden die Leistungsbeschreibungen und Mengenermittlungen der Objekt- und Fachplaner, um durch Stichproben deren Plausibilität und Übereinstimmung mit den Anforderungen des Nutzerbedarfsprogramms sowie der Kostenberechnung feststellen zu können. Die Leistungsbeschreibung ist die endgültige Form für die Vorgabe des Bausolls. Der Projektsteuerer nimmt hier bereits Einfluss bei der Festlegung der Art der Ausschreibung (Öffentlich, Beschränkt, Freihändig nach Abschnitt 1 der VOB/A bzw. Offenes Verfahren, Nichtoffenes Verfahren, Verhandlungsverfahren nach den Abschnitten 2 bis 4 der VOB/A). Er wirkt ferner mit bei der Gliederung in Vergabeeinheiten/Fachlose bzw. bei der Vorbereitung eines Pauschalvertrages nach § 5 Nr. 1b VOB/A oder bei der Aufgliederung in Vergabepakete für die gewerkespezifischen Leistungen des Generalunternehmers und seiner Nachunternehmer. Der Projektsteuerer hat ferner darauf zu achten, dass aussagefähige Ausschreibungspläne vorhanden sind. Im Idealfall sind dies Ausführungspläne der Lph. 5, z. B. gemäß § 15 Abs. 2 HOAI, häufig jedoch nur Entwurfspläne gemäß Lph. 3, dann jedoch zu ergänzen um Leitdetails der Lph. 5.

Zur Prüfung der Leistungsbeschreibungen und Mengenangaben durch Stichproben auf Plausibilität sind folgende Unterlagen erforderlich:

- die Leistungsbeschreibungen mit Leistungsprogramm bzw. mit Leistungsverzeichnis gemäß § 9 Nrn. 6 bzw. 10 VOB/A
- Ausführungs-/Entwurfspläne mit Leitdetails sowie Projekt-, Konstruktions-, Anlagen- und Ausführungsbeschreibungen des Objektplaners und der Fachplaner
- Raumbuch, soweit vorhanden
- zwischen Objektplaner und Projektsteuerer abgestimmte und vom Auftraggeber genehmigte Kostenberechnungen mit Mengenermittlungen
- Genehmigungsplanung, ggf. inklusive Baugenehmigungsbescheid mit Auflagen
- Gutachten (z. B. Bodengutachten, Auflagen des Denkmalschutzes, des Gutachters für Altlasten und kontaminierte Baustoffe)
- Standardfestlegungen und Bemusterungsvorgaben der Nutzer und Planer (z. B. für Hotels)
- Mengenermittlungen der Objekt- und Fachplaner
- ggf. Leistungsbeschreibungen weiterer Leistungsbereiche, sofern zur Plausibilitätsprüfung erforderlich
- ggf. Produktinformationen sowie bauphysikalische und fachspezifische Kenndaten, Zulassungsbescheide und Bautabellen

Im Einzelnen sind folgende Prüfungsschritte erforderlich:

1. Allgemeine Beschreibung der Leistung

Zunächst ist festzustellen, ob die allgemeine Beschreibung der Leistung und die gewählte Art und Struktur den Anforderungen gemäß § 9 VOB/A sowie den projektspezifischen Anforderungen (z. B. Art der Vergabe, Art der Leistungsbeschreibung) entspricht. Die Zusätzlichen Technischen Vertragsbedingungen (ZTV) stellen eine Ergänzung zu den DIN-Vorschriften der VOB/C dar, häufig als Vorbemerkungen zu den einzelnen leistungsbereichs-/gewerkeorientierten Verzeichnissen, in denen technische Entwicklungen über den Stand der Normung hinaus erfasst und vereinbart werden.

Die einzelnen Leistungspositionen, die Technischen Vorbemerkungen sowie die Nebenleistungen und Besonderen Leistungen gemäß Ziff. 4.1 und 4.2 VOB/C sind sorgfältig voneinander abzugrenzen und auf Übereinstimmung mit den Anforderungen des Nutzerbedarfsprogramms, des letzten Standes der Planung, der Projektbeschreibungen und des Standes der Wissenschaft gemäß den anerkannten Regeln der Technik zu überprüfen.

2. Mengenangaben

Die Mengenangaben der gemäß ABC-Analyse (vgl. *Glossar*) maßgeblichen Positionen der Leistungsbeschreibungen sind anhand von aktuellen Planunterlagen und einer bereits vorliegenden oder vom Projektsteuerer anzumahnenden Mengenermittlung auf Richtigkeit der Maßeinheiten gemäß zutreffender DIN der VOB/C und der Mengenangabe stichprobenartig zu überprüfen und bei Bedarf durch die Objekt- und Fachplaner korrigieren zu lassen.

3. Fachlich-inhaltliche Prüfung

Durch die stichprobenartige Prüfung der Leistungsbeschreibung durch den Projektsteuerer werden der Objekt- und die Fachplaner nicht aus ihrer Verantwortung und Haftung für ihre mängelfreie Leistungserfüllung entlassen. Eine entsprechende Formulierung ist vom Projektsteuerer vorzugeben und vom Auftraggeber bestätigen zu lassen (vgl. *Ziff. 2.4.2.1*). Bei der Prüfung ist wie folgt vorzugehen:

- Kennzeichnung der Teile der Leistungsbeschreibung, die von den Anforderungen §§ 9 und 10 VOB/A abweichen
- Kennzeichnung derjenigen Teile der Leistungsbeschreibung, die im Widerspruch zu anderen Leistungspositionen oder den Zusätzlichen Technischen Vertragsbedingungen stehen
- Kennzeichnung derjenigen Teile der Leistungsbeschreibung, die fachlich unkorrekt beschrieben wurden (d. h. Positionen, die nicht dem Stand der Technik und ggf. der Wissenschaft entsprechen, in der beschriebenen Weise nicht ausführbar sind oder die den projektspezifischen Anforderungen z. B. hinsichtlich Material, Form und Farbe nicht genügen); hierbei ist darauf zu achten, dass die Umweltverträglichkeit der gewählten Baustoffe überprüft wurde bzw. fehlende Angaben eingeholt werden.
- Kennzeichnung von Teilen der Leistungsbeschreibung, die voraussichtlich aufgrund der gewählten Konstruktionen und Materialien zu Kosten- und/oder Terminabweichungen führen werden (z. B. erforderliche Neuzulassung von Konstruktionen und Materialien durch das Materialprüfungsamt in Berlin); diese sind ggf. durch bereits genehmigte Standardkonstruktionen und Materialien, die keine Qualitätsminderung verursachen, ersetzen zu lassen.
- Kennzeichnung falscher oder nicht nachgewiesener Mengenangaben

Ferner ist darauf zu achten, dass Leistungsverzeichnisse keine Alternativ-, Bedarfs- oder gar Scheinpositionen enthalten.

Alternativpositionen kommen alternativ zu einer Grundposition zur Ausführung, wenn der Auftraggeber dies – möglichst vor Auftragserteilung – fordert. Daher ist spätestens während der Auftragsverhandlungen darauf zu achten, dass eine Entscheidung zwischen der jeweiligen Grundposition und der zugehörigen Alternativposition getroffen und die jeweils entfallende Position gestrichen wird.

Eventualpositionen enthalten Leistungen, die evtl. zur Ausführung der vertraglichen Leistung erforderlich werden können, deren Notwendigkeit zum Zeitpunkt des Vertragsabschlusses jedoch noch nicht vorhersehbar ist (z. B. Wasserhaltung). Deren Anzahl ist daher auf das unbedingt notwendige Maß zu beschränken.

Anstelle des Begriffs Eventualposition wird häufig immer noch der Begriff Bedarfsposition verwendet. Dieser ist jedoch wegen schwieriger juristischer Auslegung zu vermeiden, da bei Wegfall ein Anspruch des Auftragnehmers auf volle Vergütung abzüglich der ersparten Aufwendungen entstehen kann (vgl. KG Berlin, 29.11.2004 - 23 U 1/02).

Zuschlagspositionen kommen als Zulage zu einer „normalen Grundposition" hinzu, sofern der Auftraggeber dies während der Ausführung fordert. Abgerechnet werden die Mengen und Einheitspreise der Grundpositionen und die Teilmengen und Einheitspreise der Zuschlagspositionen. Jede Zuschlagsposition setzt daher die Existenz einer zugehörigen Grundposition voraus. Dies ist auch bei der Abrechnung zu beachten (vgl. *Ziff. 2.4.4.5*).

Scheinpositionen finden Verwendung im Falle beabsichtigter Manipulation/ Korruption. Derartige Positionen, die entweder gar nicht oder mit erheblich geringerer Menge als ausgeschrieben zur Ausführung gelangen, können von „Insidern" unter den Anbietern bei der Angebotsbearbeitung mit Niedrigstbeträgen bepreist werden. Solche Vorfälle können jedoch auch unbeabsichtigt bei ungenauer Mengenermittlung durch die Objekt- bzw. Fachplaner entstehen. Der Insider gelangt infolgedessen zu einem sehr günstigen Angebot und damit zu einem unzulässigen Wettbewerbsvorteil. Die Manipulation wird erst sichtbar, wenn dieser Sachverhalt bei ähnlichen Positionen, Bieterkonstellationen und Sachbearbeitern auftritt. Er kann nur durch einen Preisspiegel der Angebotspreise der Bieter und durch Vergleich zwischen den ausgeschriebenen und den in Rechnung gestellten und bestätigten Mengen festgestellt werden.

Der Ablauf der Manipulation beginnt somit bereits bei der Erstellung der Ausschreibungsunterlagen. Durch eingefügte Scheinpositionen erhält der korrupte Bieter einen Vorteil, da sein Angebotspreis um die Differenz der Gesamtpreise der Scheinpositionen günstiger sein kann als der seiner Konkurrenten. Ab diesem Zeitpunkt ist der Grundstein gelegt, um innerhalb des Submissionskartells Manipulationsmöglichkeiten vornehmen zu können.

4.   Prüfergebnis

Die unter Ziff. 1. bis 3. ermittelten Ergebnisse sind in einer Stellungnahme zusammenzufassen und dem jeweiligen Ersteller der Leistungsbeschreibung mit Kopie für den Auftraggeber schriftlich mitzuteilen. Erforderliche Änderungen sind deutlich aufzuzeigen und die Überarbeitung bzw. Neuaufstellung innerhalb angemessener Frist zu veranlassen. Für die erneute Vorlage ist ein Kalenderdatum festzulegen.

Für den Fall, dass die Überprüfung der Verdingungsunterlagen mit dem Ergebnis abschließt, dass keine Änderungen erforderlich sind, ist deren Versandfertigkeit anzuerkennen.

Beispiel

Mit dem nachfolgenden Anschreiben wird der LV-Ersteller einer GU-Ausschreibung auf die wesentlichen Ergebnisse im Prüfbericht hingewiesen (*Abb. 2.106*).

Absender: **Projektsteuerer**   Berlin, 07.03.2005

Adressat: **LV-Ersteller**

BV Bürohaus Hauptstr. 14, 10200 Berlin
Ihr LV-Entwurf der GU-Ausschreibung vom 04.03.2005

Sehr geehrte Damen und Herren,

beiliegend erhalten Sie den von uns erstellten Prüfbericht zu dem von Ihnen vor-
gelegten LV-Entwurf. Der Prüfbericht sowie der LV-Entwurf sind dem Bauherrn
in Kopie zugegangen.

Wie telefonisch besprochen, ist uns der überarbeitete LV-Entwurf in der 12.
KW 2005 zur Prüfung vorzulegen. Hierbei sind insbesondere die nachfolgend
aufgeführten Punkte zu ändern bzw. zu ergänzen:

1. Pos. A. 10.1 Der Gussasphaltestrich in der TG soll aufgrund der hohen Kosten
nicht ausgeführt werden. Es ist hier eine kostengünstigere Maßnahme auszu-
schreiben.

2. Pos A 30.5 Die Tür- und Fensterbeschläge sind laut Kostenberechnung in Aluminium, und nicht, wie beschrieben, in Edelstahl vorzusehen.

3. Pos. A 34.1 Die Formulierung „Ausschnitte für Einbauleuchten und Deckenluftauslässe sind gemäß Planung Elektro anzulegen." wird unsererseits nicht akzeptiert. Zum einen sind Deckenluftauslässe in der Elektroplanung i. d. R. nicht enthalten. Zum anderen ist die Lage der Luftauslässe sowie der Leuchten etc. in dem
jeweiligen Deckenspiegel des Architekten darzustellen. Hierin liegt eine wesentliche Koordinationsleistung des Architekten.

4. Pos A 05 Die Forderung nach Verzicht auf Dreikantleisten und scharfkantiger
Ausbildung der Ecken des Stahlbetons wird bauherrenseitig nicht akzeptiert. Es
können landesübliche Dreikantleisten mit einer Hypotenusenlänge von bis zu 2 cm
verwendet werden. Auf die Forderung „Die Außenecken sind nach dem Ausscha-
len raumhoch durch Brettwinkel zu schützen." kann dann verzichtet werden.

Mit freundlichen Grüßen

– Projektsteuerer –

Abb. 2.106 Anschreiben zum Prüfbericht zu dem LV-Entwurf einer GU-Ausschreibung

2.4.3.2 3C1 Vorgabe der Soll-Werte für Vergabeeinheiten auf der Basis der aktuellen Kostenberechnung

Gegenstand und Zielsetzung

Gegenstand der Vorgabe der Sollwerte für Vergabeeinheiten (VE) ist die Angabe der voraussichtlichen Auftrags- bzw. Schlussabrechnungswerte vor Versand der jeweiligen Verdingungsunterlagen.

Ziel der Vorgabe der Sollwerte für VE ist es:

- das aktuelle Projektbudget durch eine planungs-/gewerkebezogene Vergabeeinheit zu bestätigen bzw. ggf. zu korrigieren,
- vor dem Versand der jeweiligen Ausschreibungsunterlagen einen Maßstab für die voraussichtliche Auftragssumme und damit die Kostenkontrolle auf der Basis von Vergabeeinheiten zu setzen und
- den Auftraggeber auf die Erteilung einer entsprechenden Verpflichtungsermächtigung und die im Anschluss daran erforderliche Mittelbereitstellung vorzubereiten.

Vom Projektsteuerer sind auf der Basis der jeweils aktuellen Kostenberechnung vor Versand der Ausschreibungsunterlagen die verfügbaren Budgetwerte für die jeweilige VE zu benennen. Diese müssen auch die erforderlichen Rückstellungen für erwartete Nachträge (je nach Qualität der Verdingungsunterlagen zwischen 3 % und 15 % des erwarteten Auftragswertes) und ggf. zu erwartende Kosten aus Lohn- und Stoffpreisgleitklauseln beinhalten. Ferner ist eine sorgfältige Abgrenzung zu noch zu vergebenden Teilleistungen in anderen Vergabeeinheiten vorzunehmen. Etwaige Abweichungen der Soll-Werte von dem anteiligen Budget aus der aktuellen Kostenberechnung sind plausibel dem Grunde und der Höhe nach zu erläutern. Ferner ist bei Sollwerten über dem Budget der Kostenberechnung entweder ein Kompensationsvorschlag zur Deckung etwaiger Mehrkosten zu unterbreiten, der Ausgleichsposten zu belasten oder die Genehmigung zu einer Erhöhung des Projektbudgets einzuholen.

Die Erstellung einer Deckungsbestätigung für einen vorliegenden LV-Entwurf erfolgt damit durch einen direkten Vergleich der im Leistungsverzeichnis ausgeschriebenen Arbeiten mit den entsprechenden Positionen der vorliegenden Kostenberechnung. Das Ergebnis wird der Projektleitung des AG i. d. R. im Rahmen der Prüfung des vorliegenden LV-Konzeptes durch die Angabe des (nach entsprechender Zuordnung der Positionen für die ausgeschriebenen Leistungen) in der Kostenberechnung enthaltenen Betrages mitgeteilt.

Methodisches Vorgehen

Nach dem Erstellen der Leistungsverzeichnisse (LVs) durch Architekten/Fachingenieure und dem Festlegen der Vergabeart ist zunächst zu überprüfen, ob die in der Kostenberechnung den VE zugeordneten Leistungen mit denjenigen übereinstimmen, die im LV unter den jeweiligen Titeln erfasst werden:

- Bei unterschiedlicher Leistungszuordnung zwischen Kostenberechnung und LV ist eine entsprechende Leistungsabgrenzung in der Kostenberechnung für die weitere Kostensteuerung vorzunehmen.

- Evtl. fehlende Leistungen im LV werden in Abstimmung mit dem LV-Ersteller in die Sollwerte für die VE aufgenommen, da anderenfalls mit entsprechenden Nachträgen zu rechnen ist. Bei stufenweiser Vergabe ist durch den Ersteller des LVs anzugeben, ob die fehlenden Leistungen in den folgenden VE vorgesehen sind.

- Für im LV enthaltene kostenträchtige Leistungen, die nicht in der Kostenberechnung enthalten sind, ist eine Erklärung über die Notwendigkeit durch den Ersteller des LVs erforderlich. Vom LV-Ersteller nicht begründbare Leistungen sind aus dem LV zu streichen. Für dem Grunde nach berechtigte, jedoch in der Kostenberechnung (KB) fehlende Leistungen sind ggf. entsprechende Maßnahmen zur Budgetdeckung einzuleiten, z. B. durch Einsparungen an anderer Stelle, durch Inanspruchnahme des Ausgleichspostens oder des Postens für Unvorhersehbares.

- Sofern durch den PS erkannt wird, dass zur VE Leistungen gehören, die weder in der KB noch im LV enthalten sind, sondern z. B. nur aus der Ausführungsplanung ersichtlich sind, so hat der PS dafür zu sorgen, dass diese Leistungen ebenfalls in das LV aufgenommen und durch eine der vorgenannten Möglichkeiten kostenmäßig gedeckt werden. Voraussetzung für diese Leistungen ist das Überprüfen der Verdingungsunterlagen für die VE und das Anerkennen der Versandfertigkeit (vgl. *Ziff. 2.4.3.1*).

Nach der Prüfung werden die Leitpositionen/Elemente der KB der jeweiligen VE zugeordnet. Die Summe der zugeordneten Leitpositionen/Elemente ergibt die Summe des Sollwertes für die VE. Dieser Sollwert ist das Auftragsbudget.

Beispiel

Absender: **Projektsteuerer**   **02.03.2005**
Adressat: **Auftraggeber**

Neubau des Geschäftszentrums in Musterstadt
Vorgabe der Sollwerte (brutto) der VE 4 – Dachabdichtung

1. Verfügbares Budget
Abgestimmte Kostenberechnung 29.09.2004
Für die Vergabeeinheit VE 4 sind in der Kostenberechnung folgende Beträge enthalten (vgl. Auszug aus der KB vom 29.09.2004):

Dachabdichtung   **287.108,72 €**
Bereits vergebene Leistungen/Zuordnung zu anderen
Kostengruppen
Folgende Leistungen wurden einer anderen Kostengruppe zugeordnet:
keine
Erforderliche Rückstellung
Da in einem Umfang von etwa 6 % mit Nachträgen gerechnet
werden muss, ist hierfür eine Rückstellung vorzusehen.

Rückstellung Dachabdichtung   ./. 18.000 €

Verfügbares Vergabebudget
Aus der abgestimmten Kostenberechnung vom 29.09.2004 und
der Rückstellung für Nachträge ergibt sich somit ein
verfügbares Vergabebudget in Höhe von   **269.108,72 €**

2. Erwartetes Submissionsergebnis
Kostenberechnung der PS nach Mengenkontrolle
Die Kostenberechnung vom 29.09.2004 in Höhe von   287.108,72 €
ist um das Ergebnis der Mengen- und Vollständigkeitskontrolle
mit   ./. 2.550,00 €
zu korrigieren auf   **284.558,72 €**

Indexsteigerung
Nach den Preisindextabellen des Statistischen Bundesamtes (Fachserie 7,
Reihe 4) ist für die Bauzeit mit einer Indexstagnation bzw. schwachen
Indexdeflation zu rechnen, so dass keine Preissteigerung gegenüber
dem Preisstand der Kostenberechnung vom 29.09.2004 erwartet wird.

Erwartetes Submissionsergebnis
Aus den Untersuchungen ergibt sich damit ein erwartetes
Submissionsergebnis von   284.558,72 €

3. Voraussichtliche Deckungslücke und Anpassungsmaßnahmen
Voraussichtliche Deckungslücke
Die voraussichtliche Deckungslücke zwischen verfügbarem
Budget in Höhe von   269.108,72 €
und erwartetem Submissionsergebnis in Höhe von   ./. 284.558,72 €
beträgt damit voraussichtlich   **–15.450 €**

Anpassungsmaßnahmen
Wie bei den bisherigen Vergaben ist auch bei dieser Ausschreibung mit einer hohen
Anzahl von Bewerbern und dadurch ggf. mit einer weiteren Reduzierung des zu erwartenden Submissionsergebnisses zu rechnen. In Abstimmung mit dem AG ist vorsorglich jedoch ein preisgünstigerer, qualitativ gleichwertiger, jedoch optisch weniger ansprechender Oberflächenschutz (Nr. 363.21) als Alternativposition in die
Leistungsbeschreibung mit aufzunehmen.

aufgestellt:

– Projektsteuerer –   *Anlage*: Sollwerte für VE 4 Dachabdichtung

Abb. 2.107 Anschreiben zur Vorgabe der Soll-Werte für VE 4 Dachabdichtung

Nr.	Leistung		Menge	EP	GP
300 Bauwerk – Baukonstruktion					**287.108,72 €**
011	**Dachabdichtung VE 4**				**brutto**
362.31	Dachoberlicht als Ausstieg	BA 1	2,00 St	2.965,49	5.930,98
362.31	Dachoberlicht als Ausstieg	BA 2	1,00 St	2.965,49	2.965,49
363.21	Gefälledämmung, Mineralwolle 2-lag.	BA 1	635,00 m²	70,56	44.805,60
363.21	Gefälledämmung, Mineralwolle 2-lag.	BA 2	295,00 m²	71,58	21.116,10
363.21	Dachabdichtung, mit Voranstrich	BA 1	634,00 m²	43,97	27.876,98
363.21	Dachabdichtung, mit Voranstrich	BA 2	295,00 m²	43,46	12.820,70
363.21	Schwerer Oberflächenschutz	BA 1	634,00 m²	46,53	29.500,02
363.21	Schwerer Oberflächenschutz	BA 2	295,00 m²	46,02	13.575,90
363.21	Attikaabdckg., Alu-Strangpressprofil	BA 1	161,00 m	99,70	16.051,70
363.21	Attikaabdckg., Alu-Strangpressprofil	BA 2	73,00 m	99,70	7.278,10
363.21	Dachabdichtung Dachüberstände	BA 1	139,00 m²	39,88	5.543,32
363.21	Dachabdichtung Dachüberstände	BA 2	92,00 m²	39,88	3.668,96
363.21	Dachrandausbildg., Alu-Strangpressr.	BA 1	137,00 m	81,81	11.207,97
363.21	Dachrandausbildg., Alu-Strangpressr.	BA 2	60,00 m	81,81	4.908,60
363.21	Dachrandausbildung gebogen	BA 1	6,00 m	112,48	674,88
363.21	Dehnungsfugenausbildung	BA 1	27,00 m	88,96	2.401,92
363.21	Dehnungsfugenausbildung	BA 2	17,00 m	88,96	1.512,32
363.21	Dachaufbau Staffelgeschoss	BA 1	101,00 m²	388,58	39.246,58
363.21	Dachaufbau Staffelgeschoss	BA 2	40,00 m²	388,58	15.543,20
363.21	Mauerabdeckung, Titan-Zinkblech	BA 1	135,00 m	69,02	9.317,70
363.21	Mauerabdeckung, Titan-Zinkblech	BA 2	53,00 m	69,02	3.658,06
363.21	Belag Kragplatten Feuerüberschlag	BA 1	53,00 m²	89,48	4.742,44
398.21	Notabdichtung	BA 1	120,00 m²	23,01	2.761,20

Abb. 2.108 Sollwerte für VE 4 Dachabdichtung – Auszug aus der KB vom 29.09.2004

2.4.3.3 3D3 Vorgabe der Vertragstermine und -fristen für die Besonderen Vertragsbedingungen der Ausführungs- und Lieferleistungen

Gegenstand und Zielsetzung

Zur Vorbereitung der Vergabe (Vorbereitung der Ausschreibungsunterlagen) gehört in dieser Projektstufe die eindeutige Festlegung der Vertragstermine und -fristen der Ausführung, die eine reibungslose Abfolge der Bau- und Lieferleistungen der verschiedenen Auftragnehmer unter Einhaltung der Projektterminziele ermöglicht.

Mit Abgabe seines Angebotes sichert der Bieter zu, die in den Besonderen Vertragsbedingungen genannten Vertragstermine und -fristen einzuhalten.

In § 11 VOB/A und § 5 VOB/B sind ausführliche Regelungen über die Festlegung von Vertragsterminen und -fristen enthalten. § 5 VOB/B regelt darüber hinaus die rechtlichen Auswirkungen bei Nichteinhaltung der Vertragsfristen, die allerdings nur dann als solche gelten, wenn sie ausdrücklich im Vertrag vereinbart wurden.

§ 11 VOB/A Ausführungsfristen

1. (1) Die Ausführungsfristen sind ausreichend zu bemessen; [...]. Für die Bauvorbereitung ist dem Auftragnehmer genügend Zeit zu gewähren.

   (2) Außergewöhnlich kurze Fristen sind nur bei besonderer Dringlichkeit vorzusehen.

   (3) Soll vereinbart werden, dass mit der Ausführung erst nach Aufforderung zu beginnen ist (§ 5 Nr. 2 VOB/B), so muss die Frist, [...], unter billiger Berücksichtigung der für die Ausführung maßgebenden Verhältnisse zumutbar sein; [...].

2. (1) Wenn es ein erhebliches Interesse des Auftraggebers erfordert, sind Einzelfristen für in sich abgeschlossene Teile der Leistung zu bestimmen.

   (2) Wird ein Bauzeitenplan aufgestellt, [...], so sollen nur die für den Fortgang der Gesamtarbeiten besonders wichtigen Einzelfristen als vertraglich verbindliche Fristen (Vertragsfristen) bezeichnet werden.

3. Ist für die Einhaltung von Ausführungsfristen die Übergabe von Zeichnungen oder anderen Unterlagen wichtig, so soll hierfür ebenfalls eine Frist festgelegt werden.

4. Der Auftraggeber darf in den Verdingungsunterlagen eine Pauschalierung des Verzugsschadens (§ 5 Nr. 4 VOB/B) vorsehen; sie soll 5 v. H. der Auftragssumme nicht überschreiten. Der Nachweis eines geringeren oder höheren Schadens ist zuzulassen.

§ 5 VOB/B Ausführungsfristen

1. Die Ausführung ist nach den verbindlichen Fristen (Vertragsfristen) zu beginnen, angemessen zu fördern und zu vollenden. In einem Bauzeitenplan enthaltene Einzelfristen gelten nur dann als Vertragsfristen, wenn dies im Vertrag ausdrücklich vereinbart ist.

2. Ist für den Beginn der Ausführung keine Frist vereinbart, so hat der Auftraggeber dem Auftragnehmer auf Verlangen Auskunft über den voraussichtlichen Beginn zu erteilen. Der Auftragnehmer hat innerhalb von 12 Werktagen nach Aufforderung zu beginnen. Der Beginn der Ausführung ist dem Auftraggeber anzuzeigen.

3. Wenn Arbeitskräfte, Geräte, Gerüste, Stoffe oder Bauteile so unzureichend sind, dass die Ausführungsfristen offenbar nicht eingehalten werden können, muss der Auftragnehmer auf Verlangen unverzüglich Abhilfe schaffen.

4. Verzögert der Auftragnehmer den Beginn der Ausführung, gerät er mit der Vollendung in Vollzug oder kommt er der in Nr. 3 erwähnten Verpflichtung nicht nach, so kann der Auftraggeber bei Aufrechterhaltung des Vertrages Schadensersatz nach § 6 Nr. 6 verlangen oder dem Auftragnehmer eine angemessene Frist zur Vertragserfüllung setzen und erklären, dass er ihm nach fruchtlosem Ablauf der Frist den Auftrag entziehe (§ 8 Nr. 3).

In § 11 VOB/A und § 5 VOB/B ist nur von Ausführungsfristen die Rede, d. h. von Zeiträumen. Es ist jedoch sinnvoll, in Bauverträgen auch Termine als Vertragstermine zu vereinbaren, d. h. Zeitpunkte, die durch Kalenderdaten definiert werden. Dies hat den Vorteil, dass im Falle einer Überschreitung eines durch ein Kalenderdatum fixierten Vertragstermins der Auftragnehmer ohne weitere Mahnung durch den Auftraggeber in Verzug gerät (§ 286 Abs. 2 BGB), sofern er die Verzögerung seiner Leistungen zu vertreten hat.

In Bauverträgen sind Vertragstermine und -fristen auch deswegen nur in dem nötigen Umfang zu vereinbaren, wie Vertragsbeginn und -ende sowie ggf. Zwischentermine als Voraussetzung für den Einsatz nachfolgender Unternehmer, da anderenfalls die Gefahr besteht, dass der Unternehmer bei zu vielen Vertragszwischenterminen „aus dem Terminkorsett herausspringt", sobald eine von ihm nicht zu vertretende Voraussetzung für seine vertragstermingerechte Leistungserfüllung nicht gegeben ist.

Verzögerungen sind entweder Verlängerungen der in einem Bauzeitenplan (Basisablaufplan) enthaltenen und nicht vertraglich vereinbarten Ausführungsfristen oder Verschiebungen von ebenfalls nicht vertraglich vereinbarten Anfangs- oder Endterminen einzelner Vorgänge.

Verzug des Auftragnehmers bedeutet dagegen die Überschreitung von vertraglich vereinbarten Anfangs-, Zwischen- oder Endterminen bzw. -fristen. Verzugsvoraussetzungen sind:

- die Fälligkeit der Leistungen des Auftragnehmers
- das Vertretenmüssen der Vertragstermin- oder Vertragsfristenüberschreitung durch den Auftragnehmer
- Mahnung und Nachfristsetzung durch den Auftraggeber; sofern für den Vertragstermin ein Kalenderdatum vereinbart wurde, ist eine solche Mahnung nach § 286 Abs. 2 BGB – wie erwähnt – nicht erforderlich (dies interpellat pro homine).

Die Rechtsfolgen richten sich nach § 5 Nr. 4 VOB/B, sofern die VOB/B als Vertragsbestandteil vereinbart wurde, sonst nach dem Werkvertragsrecht des BGB (§§ 631 ff.).

Verzug des Auftraggebers dagegen bedeutet, dass dieser seine oder die von seinen Erfüllungsgehilfen zu erbringenden Mitwirkungspflichten nicht termingerecht erfüllt hat, so dass der Auftragnehmer seinerseits berechtigt ist, Behinderungen nach § 6 Nr. 1 VOB/B anzuzeigen. Die Rechtsfolgen richten sich nach § 6 Nrn. 2–7, wiederum jedoch nur, sofern die VOB/B als Vertragsbestandteil vereinbart wurde, sonst nach dem Werkvertragsrecht des BGB (§§ 631 ff.).

Fehlt im Vertrag eine Vereinbarung für den Vertragsbeginn, so hat der Auftraggeber nach § 5 Nr. 2 VOB/B die Möglichkeit, den Auftragnehmer aufzufordern, innerhalb von 12 Werktagen mit der Ausführung zu beginnen. Sind überhaupt keine Fristen vereinbart, muss der Auftragnehmer in angemessener Frist leisten. Der Auftraggeber hat dann gemäß § 315 BGB das Recht, den Vertragsbeginn nach billigem Ermessen festzusetzen.

Methodisches Vorgehen

Folgende Schritte sind zur Ermittlung und Vorgabe der Vertragstermine und -fristen erforderlich:

- Erstellen des Grobablaufplans der Ausführung unter Einbeziehung der erforderlichen Planlieferungstermine, abgeleitet aus den Steuerungsablaufplänen der Planung (vgl. *Ziff. 2.4.2.3*)

- Ableiten der Vertragstermine und -fristen, der vertraglichen Zwischentermine aus dem Grobablaufplan der Ausführung sowie wichtiger Ausführungszwischentermine aus dem Steuerungsablaufplan der Ausführung (vgl. *Ziff. 2.4.2.4*)
- Abstimmen der Vertragstermine und -fristen mit dem Auftraggeber und den Planungsbeteiligten
- Formulieren der Vorgaben zu Ziff. 3 Ausführungsfristen in den EVM (B) BVB oder in den individuell konzipierten Besonderen Vertragsbedingungen

In der Praxis hat sich für die Vorgabe von Vertragsterminen und -fristen ein zweistufiges Festlegungsverfahren bewährt:

- In den Verdingungsunterlagen werden zunächst voraussichtliche Vertragstermine, jedoch die für die Zwecke der Angebotskalkulation erforderlichen endgültigen Vertragsfristen genannt.
- Ferner enthalten die Besonderen Vertragsbedingungen (BVB) die Verpflichtung des Auftraggebers, dem Auftragnehmer spätestens x Wochen vor dem erstgenannten voraussichtlichen Vertragstermin (i. d. R. x = 4) die endgültigen Vertragstermine zu benennen.

Diese Vorgehensweise hat den Vorteil, dass bei größeren Zeiträumen zwischen der Vergabe/Zuschlagserteilung und dem Baubeginn Verschiebungen im Bauablauf noch ohne nachteilige Wirkungen für Auftraggeber und Auftragnehmer aufgefangen werden können.

Bei der Vorgabe von BVB-Vertragsterminen ist nochmals auf die Gefahr hinzuweisen, dass durch zu viele Terminvorgaben (hier besonders: Zwischentermine) die Terminsteuerung auf der Baustelle erheblich erschwert werden kann, da jeder Vertragstermin mit allen erforderlichen Maßnahmen (Nachfristsetzung, Androhung der (Teil-)Kündigung etc.) zu verfolgen ist. Darüber hinaus sind sämtliche Vertragstermine anzupassen, falls auftraggeberseitig Verzögerungen, beispielsweise durch Änderungen oder zusätzliche Forderungen, hervorgerufen werden.

Nachfolgend ist auszugsweise aus dem Vergabehandbuch des Bundes, Ausgabe 2002 (VHB 2002) das Einheitliche Verdingungsmuster – Bau (EVM (B)) für die Besonderen Vertragsbedingungen (BVB) abgedruckt (*Abb. 2.109*). Darin sieht Nr. 2 auch die Regelung von Vertragsstrafen vor.

Der Zweck einer vertraglich vereinbarten Vertragsstrafe besteht darin, den Auftragnehmer von Vertragsverletzungen (Terminüberschreitungen, mangelhafte Erfüllung) abzuhalten und dem Auftraggeber die Schadloshaltung zu erleichtern, d. h. ihm dem Nachweis des ihm entstandenen Schadens im Falle der Vertragsverletzung bis zur Höhe der Vertragsstrafe zu ersparen.

Vertragsstrafen werden in der Praxis häufig vereinbart, Beschleunigungsklauseln i. S. v. § 12 Nr. 2 VOB/A dagegen selten. Aber auch der Anspruch auf Zahlung einer Vertragsstrafe kann trotz Vereinbarung nur selten durchgesetzt werden, da sich der Auftraggeber häufig Verzögerungen bei dem ihm obliegenden Handlungen entgegenhalten lassen muss.

Zur Höhe der Vertragsstrafe ist § 343 BGB zu beachten, wonach eine verwirkte Strafe unverhältnismäßig hoch ist, auf Antrag des Auftragnehmers durch gerichtliches Urteil auf den angemessenen Betrag herabgesetzt werden kann. Gemäß § 348 HGB findet diese Regelung jedoch keine Anwendung bei Vollkaufleuten nach § 1 HGB.

Die Verwirkung der Vertragsstrafe tritt nach § 339 BGB beim Verzug durch schuldhaftes Handeln des Auftragnehmers ein.

Gemäß § 340 BGB kann der Auftraggeber die verwirkte Vertragsstrafe statt der Erfüllung verlangen. Dann ist allerdings der Anspruch auf weitere Erfüllung ausgeschlossen. Da die Vertragsstrafe regelmäßig die untere Grenze des Schadensersatzanspruches darstellt, muss sich der Auftraggeber die verwirkte Strafe auf seinen Schadensersatzanspruch wegen Nichterfüllung anrechnen lassen. Diese Anrechnungspflicht kann durch AGB nicht ausgeschlossen werden (§ 309 Nr. 3 BGB).

Anordnungen des Auftraggebers auf Leistungsänderung oder Zusatzleistung können die Vertragsstrafe völlig entfallen lassen. Wenn der Auftragnehmer durch die Änderung an der fristgerechten Fertigstellung gehindert ist, muss er allerdings nach § 6 Nr. 1 VOB/B darauf hinweisen.

Vertragsstrafen müssen der Höhe nach begrenzt werden. Angemessen sind max. 5 % der Auftragssumme (BGH VII ZR 210/01, Urteil vom 23.01.2003) und 0,1 bis 0,3 % der Auftragssumme je Werktag der Überschreitung.

Gemäß § 11 Nr. 4 VOB/B muss sich der Auftraggeber die Vertragsstrafe bei der Abnahme vorbehalten. Hat ein Auftraggeber schon vorher mit der Vertragsstrafe aufgerechnet, sich diese bei der Abnahme aber nicht mehr vorbehalten, so erlischt rückwirkend der Anspruch auf Vertragsstrafe.

Besondere Vertragsbedingungen

Die §§ beziehen sich auf die Allgemeinen Vertragsbedingungen für die Ausführung von Bauleistungen (VOB/B).

1   Ausführungsfristen
1.1   Mit der Ausführung ist zu beginnen
    ☐   unverzüglich nach Erteilung des Auftrags
    ☐   nach besonderer schriftlicher Aufforderung durch den Auftraggeber, die spätestens
         .... Werktage nach Aufforderungserteilung erfolgt.
    ☐ ....
Die Leistung ist fertig zu stellen
    ☐   innerhalb von
         .... Werktagen nach dem vereinbarten Beginn der Ausführung
    ☐ ....
Folgende Einzelfristen sind Vertragsfristen:
    ☐ ....
    ☐ ....
1.4   Der Auftraggeber behält sich vor, im Auftragsschreiben den Beginn und das Ende der Ausführungsfrist und etwaiger Einzelfristen datumsmäßig festzulegen.
2   Vertragsstrafen (§ 11)
    Der Auftragnehmer hat als Vertragsstrafe für jeden Werktag des Verzugs nachzuzahlen:
2.1   bei Überschreitung der Ausführungsfrist
    ☐ ....€
    ☐ .... v. H. des Endbetrags der Auftragssumme
bei Überschreibung von Einzelfristen
....
....
Die Vertragsstrafe wird auf insgesamt .... v. H. der Auftragssumme begrenzt.

Abb. 2.109 Auszug aus den EVM (B) BVB des VHB, Ausgabe 2002

Beispiel

1. Stufe: Vorgabe von Vertragsterminen und -fristen für die Besonderen Vertrags-bedingungen (BVB)

1. Folgende Ausführungstermine werden Vertragstermine:
   - Ausführungsbeginn 17.07.2005
   - Fertigstellung 31.12.2006

   Eine Festlegung von weiteren Zwischenterminen erfolgt vor Auftragsertei-lung. Diese Zwischentermine werden dann Vertragstermine (siehe nachfol-gende Präzisierung/Ergänzung der Vertragstermine und -fristen). Der AG be-hält sich vor, dem AN bis zum 17.06.2005 eine Verschiebung des Aus-führungsbeginns um bis zu 3 Monate mitzuteilen. Die Ausführungsdauer von 17,5 Monaten bleibt unverändert.

   Die Teilfertigstellung einzelner Gebäude oder Ausführungsbereiche gilt erst nach Beseitigung wesentlicher Mängel und Abnahme als erfüllt. Dies setzt voraus, dass der Ort der Leistungserbringung geräumt und gesäubert ist.

2. Der AN hat spätestens 12 Werktage nach Auftragserteilung einen Detailab-laufplan der Ausführung (Basisablaufplan) unter Berücksichtigung der unter Ziff. 1 genannten Vertragstermine für seine Leistungen vorzulegen und diesen mit dem AG abzustimmen.

3. An den regelmäßig stattfindenden Baubesprechungen hat der AN während seiner Ausführungsplanungs- und Ausführungszeit teilzunehmen.

4. Zeichnen sich Änderungen der vereinbarten Termine ab, so hat der AN u. a.:
   - diese Terminverschiebungen unverzüglich zu benennen (bei Vertragster-minen und -fristen hat dies schriftlich zu erfolgen!)
   - die aus den Terminänderungen resultierenden Konsequenzen für seine wei-teren Leistungen aufzuzeigen, z. B. Kompensationsmöglichkeiten durch Ablaufänderungen.

   Sind aufgrund drohender Vertragstermin- oder -fristenüberschreitungen An-passungsmaßnahmen des AN erforderlich, so hat er in Abstimmung mit dem AG unter Beachtung der terminlichen Zielsetzungen den Basisablaufplan fort-zuschreiben. Will der AN für die Anpassungsmaßnahmen eine gesonderte Vergütung geltend machen (z. B. nach § 2 Nr. 5 VOB/B), so hat er dies dem AG unverzüglich zusammen mit der Vorlage des aktualisierten Basisablauf-plans schriftlich mitzuteilen.

5. Die einvernehmliche Abstimmung der Anpassungsmaßnahmen hat keinen Einfluss auf eine vertraglich vereinbarte Vertragsstrafe.

6. Ein eingetretener Verzug des AN wird durch Fortschreibung von Vertrags-terminen und -fristen nicht aufgehoben. Änderungen der Vertragstermine und -fristen bedürfen der ausdrücklichen gegenseitigen schriftlichen Bestätigung.

7. Die Haftung des AN für die termin- und fristgerechte Fertigstellung seiner Leistungen sowie die Vertragsbedingungen nach §§ 5 bis 7 VOB/B werden durch die vorstehenden Vertragsbedingungen nicht eingeschränkt.

8. Eine gesonderte Vergütung der unter Ziff. 1 bis 7 enthaltenen auftragnehmer-seitigen Leistungen erfolgt nicht. Die Leistungen sind in den Angebotspreis einzukalkulieren.

2. Stufe: Präzisierung/Ergänzung der Vertragstermine und -fristen 4 Wochen vor Ausführungsbeginn

Vertragliche Ausführungstermine:
- Beginn der Baustelleneinrichtung   17.07.2005
- Vertraglicher Gesamtfertigstellungstermin   31.12.2006

Wichtige Ausführungszwischentermine aus dem Steuerungsablaufplan der Ausführung:
- Beginn der Erdarbeiten   24.07.2005
- Beginn der Beton- und Stahlbetonarbeiten   14.08.2005
- Fertigstellung der Beton- und Stahlbetonarbeiten
  (ohne Schließen von Aussparungen) in den Bauteilen 1 und 2   22.03.2006
- Beginn der Mauerarbeiten in den Bauteilen 1 und 2   25.03.2006
- Fertigstellung der Beton- und Stahlbetonarbeiten
  (ohne Schließen von Aussparungen) in den Bauteilen 3 und 4   19.04.2006
- spätester Beginn der Mauerarbeiten im Bauteil 3   22.04.2006
- spätester Beginn der Mauerarbeiten im Bauteil 4   20.05.2006
- Fertigstellung der Mauer- und Putzarbeiten inklusive
  Schließen der Aussparungen in den Bauteilen 1 und 2   26.07.2006
- Fertigstellung der Mauer- und Putzarbeiten inklusive
  Schließen der Aussparungen in den Bauteilen 3 und 4   26.09.2006
- Vorhalten der Gerüste für die Außenwände über den
  Gesamtfertigstellungstermin hinaus bis zum   30.06.2007

2.4.3.4 3B2 Mitwirken beim Freigeben der Firmenliste für Ausschreibungen

Gegenstand und Zielsetzung

Die Freigabe der Firmenliste für Ausschreibungen obliegt grundsätzlich dem Auftraggeber. Der Projektsteuerer hat die Firmenliste vorzubereiten. Dabei sind insbesondere für öffentliche Auftraggeber die Vorgaben der VOB/A zu beachten. So sind nach § 8 Nr. 1 VOB/A alle Bewerber oder Bieter gleich zu behandeln. Der Wettbewerb darf insbesondere nicht auf Bewerber beschränkt werden, die in bestimmten Regionen oder Orten ansässig sind. Ferner muss sich der Auftraggeber jeweils für eine der 3 Vergabearten nach § 3 VOB/A entscheiden, die Öffentliche Ausschreibung (Offenes Verfahren), die Beschränkte Ausschreibung (Nichtoffenes Verfahren) oder die Freihändige Vergabe (Verhandlungsverfahren).

Bei Öffentlichen Ausschreibungen nach § 2 Nr. 2 VOB/A ist keine Firmenliste erforderlich, da die Vergabeunterlagen nach § 10 Nr. 1 Abs. 1 VOB/A gemäß § 8 Nr. 2 Abs. 1 an alle Bewerber abzugeben sind, die sich gewerbsmäßig mit der Ausführung von Leistungen der ausgeschriebenen Art befassen.

Bei der Beschränkten Ausschreibung ist nach § 3 Nr. 3 VOB/A zu unterscheiden nach der Angebotsaufforderung ohne oder mit vorlaufendem öffentlichem Teilnahmewettbewerb.

Eine Beschränkte Ausschreibung ohne vorlaufenden öffentlichen Teilnahmewettbewerb ist für öffentliche Auftraggeber nach § 3 Nr. 3 Abs. 1 VOB/A nur zulässig,

a) wenn die Öffentliche Ausschreibung für den Auftraggeber oder die Bewerber einen Aufwand verursachen würde, der zu dem erreichbaren Vorteil oder dem Wert der Leistung im Missverhältnis stehen würde,
b) wenn eine Öffentliche Ausschreibung kein annehmbares Ergebnis gehabt hat,
c) wenn die Öffentliche Ausschreibung aus anderen Gründen (z. B. Dringlichkeit, Geheimhaltung) unzweckmäßig ist.

Hier muss der Projektsteuerer dem Auftraggeber von ihm ausgewählte Firmen benennen.

Eine Beschränkte Ausschreibung nach öffentlichem Teilnahmewettbewerb ist dagegen gemäß § 3 Nr. 3 Absatz 2 VOB/A zulässig,

a) wenn die Leistung nach ihrer Eigenart nur von einem beschränkten Kreis von Unternehmern in geeigneter Weise ausgeführt werden kann, besonders wenn außergewöhnliche Zuverlässigkeit oder Leistungsfähigkeit (z. B. Erfahrung, technische Einrichtungen oder fachkundige Arbeitskräfte) erforderlich ist,
b) wenn die Bearbeitung des Angebots wegen der Eigenart der Leistung einen außergewöhnlich hohen Aufwand erfordert.

Hier ergibt sich die Firmenliste i. d. R. aus dem Kreis der Bewerber um die Teilnahme an der Beschränkten Ausschreibung. Dabei sind gemäß § 8 Nr. 4 VOB/A die Bewerber auszuwählen, deren Eignung die für die Erfüllung der vertraglichen Verpflichtungen notwendige Sicherheit bietet, d. h. dass sie die erforderliche Fachkunde, Erfahrung, Leistungsfähigkeit und Zuverlässigkeit besitzen und über ausreichende technische und wirtschaftliche Mittel verfügen.

Die Freihändige Vergabe ist gemäß § 3 Nr. 4 VOB/A für öffentliche Auftraggeber nur zulässig, wenn die Öffentliche Ausschreibung oder Beschränkte Ausschreibung unzweckmäßig ist, besonders:

a) wenn für die Leistung aus besonderen Gründen nur ein bestimmter Unternehmer in Betracht kommt,
b) weil die Leistung nach Art und Umfang vor der Vergabe nicht eindeutig und erschöpfend festgelegt werden kann,
c) weil sich eine kleine Leistung von einer vergebenen größeren Leistung nicht ohne Nachteil trennen lässt (z. B. bei Nachtragsleistungen),
d) weil die Leistung besonders dringlich ist,
e) weil nach Aufhebung einer öffentlichen Ausschreibung oder beschränkten Ausschreibung eine erneute Ausschreibung kein annehmbares Ergebnis verspricht,
f) weil die auszuführende Leistung Geheimhaltungsvorschriften unterworfen ist.

Auch bei Freihändiger Vergabe ist nach § 8 Nr. 4 VOB/A vor der Aufforderung zur Angebotsabgabe die Eignung der Bewerber zu prüfen.

Nach Abschnitt 2 § 3a VOB/A ist bei EU-weiten Ausschreibungen zu unterscheiden zwischen dem Verhandlungsverfahren *nach* (Nr. 4) und *ohne* öffentliche Vergabebekanntmachung (Nr. 5). Bei Öffentlicher Vergabebekanntmachung ergibt sich die Firmenliste wiederum aus dem Kreis der Bewerber um die Teilnahme an dem Verhandlungsverfahren. Ohne Öffentliche Vergabebekanntmachung ist es Aufgabe des Projektsteuerers, dem Auftraggeber von ihm ausgewählte Firmen für das Verhandlungsverfahren zu benennen.

Zielsetzung ist in allen Fällen, Bauleistungen an fachkundige, leistungsfähige und zuverlässige Unternehmer zu angemessenen Preisen zu vergeben. Der Wettbewerb soll die Regel sein. Dabei geht es gemäß § 2 Nr. 1 VOB/A darum, ungesunde Begleiterscheinungen, wie z. B. wettbewerbsbeschränkende Verhaltensweisen zu bekämpfen.

Fachkundig ist ein Bieter, der über die zur Vorbereitung und Ausführung der jeweiligen Leistungen notwendigen technischen Kenntnisse verfügt.

Technisch leistungsfähig ist ein Bieter, der über das für die fach- und fristgerechte Ausführung notwendige Personal und Gerät verfügt und die Erfüllung seiner Verbindlichkeiten erwarten lässt. Wirtschaftlich leistungsfähig ist ein Bieter, der in der Lage ist, seine Vorleistungspflicht zu erfüllen. Dazu benötigt er eine ausreichende Liquidität, um seinen jeweiligen Zahlungsverpflichtungen jeweils fristgerecht und betragsgenau nachkommen zu können.

Zuverlässig und erfahren ist ein Bieter, der seinen gesetzlichen Verpflichtungen – auch zur Entrichtung von Steuern und sonstigen Abgaben – nachgekommen ist und der aufgrund der Erfüllung früherer Verträge eine einwandfreie Ausführung inklusive Mängelhaftung erwarten lässt.

Grundsätzlich wird gefordert, dass der Bieter bereits jeweils nach Art und Umfang vergleichbare Leistungen ausgeführt hat. Für die Beurteilung sind die nach § 8 Nr. 3 VOB/A geforderten Nachweise heranzuziehen.

Auf ein Angebot mit einem unangemessen hohen oder niedrigen Preis darf der Zuschlag gemäß § 25 Nr. 3 Abs. 1 VOB/A nicht erteilt werden. Ein offenbares Missverhältnis von Leistung und Preis ist gegeben, wenn das grobe Abweichen vom angemessenen Preis sofort ins Auge fällt. Niedrige Ansätze begründen nicht ohne weiteres die Vermutung eines zu geringen Preises, da der Bieter in Kenntnis der Daten seines internen Unternehmenscontrollings für das laufende Geschäftsjahr Anlass haben kann, in der zweiten Jahreshälfte nach Erreichen der Gewinnschwelle, dem Prinzip der Teilkostenrechnung entsprechend, auf die Deckung eines Teils von nicht ausgabewirksamen Fixkosten bei solchen Aufträgen zu verzichten, die noch bis zum Jahresende abgewickelt werden können (Diederichs, 2005, S. 175 ff.).

Methodisches Vorgehen

Vom Projektsteuerer werden zur Erstellung und Freigabe der Firmenliste folgende Teilleistungen erwartet:

1. *Auflisten von Angaben zu:*
   - Art und Umfang der auszuschreibenden bzw. Leistung (Gewerk, Leistungsumfang, Lose, Titel, Ausschreibung durch Leistungsbeschreibung mit Leistungsverzeichnis (§ 9 Nrn. 6 ff.) oder Leistungsbeschreibung mit Leistungsprogramm (§ 9 Nrn. 10 ff. VOB/A), Planunterlagen)
   - Art der Vergabe, Öffentliche oder Beschränkte Ausschreibung, Freihändige Vergabe, Fachlosvergabe im Einheitspreisvertrag oder Generalunternehmervergabe mit Pauschalpreisvertrag oder Mixturen aus beiden Vertragsarten

- Terminen (LV-Versand, Submission, Vertragstermine und -fristen)
- Randbedingungen, Besonderheiten

2. *Auflisten/Sortieren/Auswählen von Firmenadressen*
- Erfassen von infrage kommenden Firmen anhand der von den Projektbeteiligten genannten Firmen, internen Firmenlisten des Projektsteuerers, überregionalen und/oder örtlichen Branchenbüchern, Gelben Seiten und Fachinformationsdiensten

2.1 Grobe Vorauswahl durch schriftliche Auskunftseinholung mit Abfrage der Kriterien gemäß § 8 Nr. 3 Abs. 1 VOB/A

   a) Umsatz des Unternehmers in den letzten 3 abgeschlossenen Geschäftsjahren mit Bauleistungen und anderen Leistungen, die mit der zu vergebenden Leistung vergleichbar sind

   b) Ausführung von Leistungen in den letzten 3 abgeschlossenen Geschäftsjahren, die mit der zu vergebenden Leistung vergleichbar sind

   c) Zahl der in den letzten 3 abgeschlossenen Geschäftsjahren jahresdurchschnittlich beschäftigten Arbeitskräfte, gegliedert nach Berufsgruppen

   d) dem Unternehmer für die Ausführung der zu vergebenden Leistung zur Verfügung stehende technische Ausrüstung

   e) für die Leitung und Aufsicht vorgesehenes technisches Personal

   f) Eintragung in das Berufsregister des Unternehmenssitzes

   g) andere, insbesondere für die Prüfung der Fachkunde geeignete Nachweise

Ferner sind gemäß § 8 Nr. 3 Abs. 2 VOB/A Nachweise über die wirtschaftliche und finanzielle Leistungsfähigkeit zu verlangen.

2.2 Von der Teilnahme am Wettbewerb dürfen Unternehmer gemäß § 8 Nr. 5 Abs. 1 VOB/A ausgeschlossen werden,

   a) über deren Vermögen das Insolvenzverfahren oder ein vergleichbares gesetzlich geregeltes Verfahren eröffnet oder die Eröffnung beantragt worden ist oder der Antrag mangels Masse abgelehnt wurde,

   b) deren Unternehmen sich in Liquidation befinden,

   c) die nachweislich eine schwere Verfehlung begangen haben, die ihre Zuverlässigkeit als Bewerber in Frage stellt,

   d) die ihre Verpflichtung zur Zahlung von Steuern und Abgaben sowie der Beiträge zur gesetzlichen Sozialversicherung nicht ordnungsgemäß erfüllt haben,

   e) die im Vergabeverfahren vorsätzlich unzutreffende Erklärungen in Bezug auf ihre Fachkunde, Erfahrung, Leistungsfähigkeit und Zuverlässigkeit abgegeben haben,

   f) die sich nicht bei der Berufsgenossenschaft angemeldet haben.

2.3 Nach Erhalt der erforderlichen Unterlagen und Informationen sind bei Bedarf Einzelgespräche mit den Firmen zu führen.

2.4 Die Firmen werden schließlich ausgewählt durch:
- Aufstellung einer Firmenliste entsprechend der Vorauswahl

– Abstimmung dieser Vorauswahl-Firmenliste mit dem Auftraggeber und den Projektbeteiligten, ggf. Überarbeitung und erneute Abstimmung

2.5 Erstellung der Firmenliste inklusive Erläuterung und Anschreiben an den AG

Dabei ist zu beachten, dass bei Beschränkter Ausschreibung bzw. Nichtoffenem Verfahren und bei Freihändiger Vergabe bzw. einem Verhandlungsverfahren der Ausschluss eines Bieters nach der Aufforderung zur Abgabe eines Angebotes bzw. nach Einladung zur Teilnahme am Verhandlungsverfahren durch den Auftraggeber wegen anschließend behaupteter mangelnder Eignung grundsätzlich ausscheidet.

Häufig werden seitens des AG weitere Firmen hinzugefügt, die den anderen Projektbeteiligten nicht bekannt sind. Daraus können sich zwischen dem AG und dem Projektsteuerer Konflikte wegen unzureichender FELZ-Prüfung (Fachkunde, Erfahrung, Leistungsfähigkeit, Zuverlässigkeit) ergeben.

2.4.3.5 3B5 Überprüfen der Angebotsauswertungen in technisch-wirtschaftlicher Hinsicht

Gegenstand und Zielsetzung

Angebote für Lieferungen und Leistungen werden vom Objektplaner und den Fachplanern technisch, wirtschaftlich und vertraglich geprüft und ausgewertet. Zusätzlich zum Preisspiegel kann z. B. gemäß § 15 Abs. 2 Lph. 7 der HOAI ein Erläuterungsbericht mit Bewertung der Angebote erwartet werden.

Der Projektsteuerer hat diese Auswertungen aufgrund seiner technischen und wirtschaftlichen Kenntnisse sowie der Marktsituation auf Plausibilität und Wirtschaftlichkeit zu überprüfen und sein eigenes Urteil abzugeben.

Methodisches Vorgehen

Es werden folgende Teilleistungen vom Projektsteuerer erwartet:

1. Überprüfen in formaler Hinsicht

- auf Vollständigkeit
- auf Einhaltung der geforderten Zuschlagsfrist
- stichprobenartige Überprüfung der Eintragungen der drei günstigsten Bieter, insbesondere im Hinblick auf die zu leistenden Unterschriften, erforderliche Bestätigungen etc.

2. Überprüfen der Angebotsauswertung des Architekten/der Fachplaner in technischer Hinsicht

- Überprüfung der Angebotsauswertungen nach den Anforderungen der §§ 23, 24, 25 und 25a VOB/A – Prüfung und Wertung der Angebote sowie Aufklärung des Angebotsinhalts
- stichprobenartige Überprüfung der günstigsten Angebote auf Vollständigkeit einschließlich Bewertung des jeweiligen Nachtragsrisikos

- stichprobenartige Überprüfung von Fabrikatsangaben der günstigsten Angebote
- technische Klärung von kostenträchtigen Ausreißerpositionen (z. B. Zulagepositionen falsch verstanden)
- stichprobenartige Überprüfung von Nebenangeboten und Änderungsvorschlägen der günstigsten Bieter im Hinblick auf Einhaltung der technischen Nutzer- und Bauherrenanforderungen gemäß Nutzerbedarfsprogramm
- Abstimmungs- und Aufklärungsgespräche mit dem Auftraggeber und den fachlich Beteiligten, Abklärung der Angebotsinhalte mit den günstigsten Bietern nach Erfordernis

3. Überprüfen der Angebotsauswertungen des Architekten/der Fachplaner in wirtschaftlicher Hinsicht (vgl. dazu auch Ziff. 2.4.3.7)

- Feststellen von Kostenabweichungen zwischen der Sollvorgabe für die Vergabeeinheit und den günstigsten Submissionsergebnissen; bei gravierender Kostenunterdeckung Feststellung und Analyse der Ursachen sowie möglicher Kostendeckung
- Stichprobenartige Überprüfung des Preisspiegels im Hinblick auf Ausreißerpositionen der günstigsten Bieter, insbesondere zur Schaffung von Verhandlungsgrundlagen bei Bieterverhandlungen (bei VOB/A-Ausschreibungen kann jedoch nicht über Preise verhandelt werden)

4. Abschlussdokumentation

- Dokumentieren der Ergebnisse in Prüfprotokollen
- Ausarbeiten eines Vergabevorschlags oder Veranlassen der Aufhebung der Ausschreibung gemäß § 26 VOB/A in Abstimmung mit dem Auftraggeber; bei Aufhebung verlieren vorherige Vergabevorschläge und Kostendeckungsnachweise ihre Gültigkeit. Die Bieter sind unter Angabe der Gründe von der Aufhebung der Ausschreibung sowie ggf. über die Absicht, ein neues Vergabeverfahren einzuleiten, unverzüglich zu unterrichten.
- Veranlassung der Verständigung nicht berücksichtigter Bieter gemäß § 27 VOB/A

2.4.3.6　3B6 Beurteilen der unmittelbaren und mittelbaren Auswirkungen von Alternativangeboten auf Konformität mit den vorgegebenen Projektzielen

Gegenstand und Zielsetzung

Aufgabe des Projektmanagements ist es, Änderungsvorschläge und Nebenangebote auf Übereinstimmung mit den vorgegebenen Projektzielen zu überprüfen und die Ergebnisse anschließend zu dokumentieren.

Nach § 25 Nr. 1 Abs. 1d VOB/A werden Änderungsvorschläge und Nebenangebote von der Wertung der Angebote ausgeschlossen, wenn der Auftraggeber in der Bekanntmachung oder in den Vergabeunterlagen erklärt hat, dass er diese nicht zulässt.

Hat der Auftraggeber eine solche Erklärung in die Vergabeunterlagen nicht aufgenommen, so bieten Änderungsvorschläge und Nebenangebote den Bietern die Chance, durch Abweichungen von der ausgeschriebenen Leistung (bei öffentlichen Auftraggebern Abweichungen vom „Amtsvorschlag") Wettbewerbsvorteile durch Ausnutzen spezifischer Kenntnisse und Fähigkeiten des Bieters im Hinblick auf Bauverfahren, Bauweisen oder auch Baumaterialien zu nutzen. So kann anstelle einer Ausführung in Ortbeton eine Ausführung in Fertigteilen oder anstelle einer Stahlbetonbauweise eine Stahlverbundbauweise angeboten werden. Das Nebenangebot kann in terminlicher Hinsicht auch darin bestehen, die Ausführungsdauer zu verkürzen, zu verlängern oder zu verschieben zugunsten eines optimierten Kapazitätseinsatzes. Eine weitere Alternative bietet die Übernahme der Vorfinanzierung des Auftragswertes durch Verzicht auf Abschlagszahlungen zur Überwindung einer vorübergehenden Liquiditätsenge des Auftraggebers (z. B. bei öffentlichen Auftraggebern zum Ende eines Haushaltsjahres).

Zielsetzung der Beurteilung des Projektsteuerers ist es, die Vorteile und damit die Chancen für den Auftraggeber einerseits sowie auch evtl. Nachteile und damit Risiken von Nebenangeboten andererseits zu erkennen und damit Stellung zu nehmen zu der Beurteilung und Vergabeempfehlung des Architekten/Fachplaners.

Methodisches Vorgehen

Zunächst ist festzustellen, ob und inwieweit durch den Änderungsvorschlag/das Nebenangebot in einem einzelnen Gewerk bzw. bei größeren zusammenhängenden Leistungen jeweils andere Gewerke, Bauablauf, Konstruktion, Statik oder Gestaltung beeinflusst werden. Grundsätzlich müssen dabei zunächst die Vorteile der angebotenen Änderungsvorschläge/Nebenangebote seitens des Anbieters plausibel und nachvollziehbar dargestellt worden sein.

Änderungsvorschläge/Nebenangebote ohne Einfluss auf andere Gewerke

- Vergleich des Änderungsvorschlags/Nebenangebots mit der ausgeschriebenen Leistung im Hinblick auf Erfüllung des fortgeschriebenen Nutzerbedarfprogramms und damit der Projektziele unter Berücksichtigung technischer und wirtschaftlicher Belange wie u. a.:
  - Herstellerinformationen
  - Stellungnahmen von Gutachtern
  - Materialzulassung/Güteprüfung
  - Genehmigungen/Prüfzeugnisse
  - Planunterlagen
  - Referenzen mit Ansprechpartnern
  - Kostenkennwerte
  - Minder-/Mehrkosten
  - Terminliche Auswirkungen
- Ggf. Rückfrage bei Nutzern und Auftraggeber, ob und inwieweit andere technische Lösungen in Frage kommen; als Entscheidungshilfe können in Einzelfällen auch Bemusterungen von dem jeweiligen Bieter verlangt werden.
- Prüfen der wirtschaftlichen Vorziehenswürdigkeit oder zumindest Gleichwertigkeit (Investitionen und Nutzungskosten)

- Prüfen der gestalterischen Vorziehenswürdigkeit oder zumindest Gleichwertigkeit, i. d. R. unter Hinzuziehung des Architekten, ggf. des Innenarchitekten, des Farbberaters sowie unter Einbeziehung des ästhetischen Empfindens des Nutzers, des Auftraggebers und des Projektsteuerers

Änderungsangebote/Nebenangebote mit Einfluss auf andere Gewerke

In diesen Fällen sind zusätzlich folgende Aufgaben zu erfüllen:

- Erstellen einer Checkliste der beeinflussten Gewerke
- Rückfrage bei den entsprechenden Planern, ausführenden Firmen anderer Gewerke, Gutachtern, Behörden und Nutzern, ob und inwieweit die Nebenangebote/Änderungsvorschläge möglich erscheinen und welche Kostenveränderungen daraus ggf. resultieren
- Ermitteln der Investitions- und Nutzungskosten- sowie Terminveränderungen
- Diskussion der Investitions- und Nutzungskosten- sowie Terminveränderungen mit dem Auftraggeber und Veranlassen der erforderlichen Maßnahmen im Hinblick auf die Kosten- und Terminziele
- Ggf. sind Planungs- und Ausführungsänderungen in anderen Gewerken zu veranlassen.

Beispiel

Mit nachfolgenden Ausführungen nimmt der Projektsteuerer Stellung zu einem Änderungsvorschlag des Architekten, die Deckenuntersichten mit Klinker-Sandwich-Platten anstatt gemäß Ausschreibung in Gipskarton-Platten auszuführen (*Abb. 2.110*).

Absender: **Projektsteuerer**   23.05.2005
Adressat: **Auftraggeber**

BV Bürogebäude Hauptstraße 14, 10200 Berlin
Änderungsvorschlag Deckenuntersichten der K&K-Architekten vom 20.05.2005

Sehr geehrte Damen und Herren,

nach eingehender Prüfung des von K&K Architekten eingereichten Änderungsvorschlags zur Gestaltung der Deckenuntersicht des auskragenden Teils des 6. OG stellen wir Ihnen hiermit die ausgeschriebenen Leistungen und den Änderungsvorschlag kurz dar und kommen abschließend zu einer Ausführungsempfehlung. Ihre Ausführungsentscheidung benötigen wir bis zum 15.06.2005.

1.   Ausgeschriebene Leistung gemäß LV
Deckenverkleidung mit GK-Platten in folgender Ausführung:
Deckenabhänger: ca. 18 cm lang, in ausreichend dimensioniertem Querschnitt, Material Edelstahl, zur Vordimensionierung angenommene Ausführung ca. 20/30/2 mm, Kopf- und Fußplatte ca. 80 mm Durchmesser, 2 mm dick, Befestigung mittels 4 St. Edelstahlschraubdübeln, Durchmesser 6 mm, ca. 4 Abhänger pro m². An den Abhängern sind feuerverzinkte U-Stahlprofile in einem Abstand < 40 cm zu befestigen.

Deckendämmung: die freie Stahlbetondeckenuntersicht ist fachgerecht zu dämmen. Steinwolle-Dämmplatten „Planarock" der Firma Rockwool oder gleichwertig. Dämmplatten, d =

120 mm, beidseitig mit Wasserglas grundiert, Wärmeleitfähigkeitsgruppe 040, nicht brenn-
bar A1. Die Platten sind im Dünnbettverfahren unter die Betonoberfläche zu kleben, ggf.
notwendige Grundierung ist vorzusehen.

GKI-Plattenabhängung (GKI = Gipskarton, imprägniert): Gesamte Untersicht mit 2 x 12,5
mm dicken GKI-Platten fachgerecht an den o. g. Profilen mittels Edelstahlschrauben befestigt abhängen. Die gesamte GK-Fläche ist mit einem U-Profil einzufassen, welches in einem Abstand von 2 cm zum Ziegelsturz des Gebäudes verläuft und somit eine 2 cm breite
umlaufende Schattenfuge erzeugt. Die GKI-Platten sind für einen Dispersions-Farbanstrich
zu grundieren. Vorher sind die Plattenstöße und die Montageschrauben glatt zu spachteln
und malerfertig zu schleifen. Der Anstrichaufbau nach DIN 18363 ist noch genau festzulegen.

2.   Änderungsvorschlag der K&K Architekten
Deckenverkleidung mit Klinker-Sandwich-Platten:
Einbetonierte Schraubanker mit Innengewinde, Edelstahl, M 20, Schraubplatte, Edelstahl,
mit 4 (bzw. 2, bzw. 1 an Rändern und Ecken) Befestigungspunkten zur Abhängung der
Sandwich-Platten.

Aufbau der Klinker-Sandwich-Platten:
ca. 3,0 cm Klinkerriemchen
ca. 11 cm bewehrtes Stahlbetonskelett
ca. 14 mm Mineralwolle-Kerndämmplatten

Klinkerriemchen wie Fassadenklinker geschnitten, Format 24 x 7,1 x ca. 3,0 cm, ½ Stein-
Verband

3.   Beurteilung des Änderungsvorschlags
Die Bedenken gegen die GK-Konstruktion wegen mangelhafter Wetterfestigkeit konnten
durch die Ausführung in Edelstahl, feuerverzinktem Stahl, GKI-Platten sowie den Anstrich
ausgeräumt werden.

Nach Aussage des Statikers und der Herstellerfirma der GK-Platten ist die Dauerfestigkeit
der Konstruktion gegeben, auch im Hinblick auf die Beanspruchung durch Windsog.

Die Dämmung wird bei der GK-Konstruktion direkt auf die Betonoberfläche geklebt. Sie
ist daher direkt mit dem zu dämmenden Bauteil verbunden. Ihr Gewicht muss nicht von der
Abhangkonstruktion aufgenommen werden (auch wenn dies gegenüber dem Eigengewicht
der GK-Platten und der Beanspruchung aus Windsog eher gering ist).

Die Klinker-Sandwich-Konstruktion ist im Hinblick auf Wetter- und Windsogfestigkeit der
vorgesehenen GK-Ausführung überlegen, da hier keinerlei Beeinträchtigungen denkbar
sind. Diesbezügliche Bedenken hinsichtlich der GK-Konstruktion sind nach unseren Untersuchungen aber auch nicht mehr gerechtfertigt.

Die Ausführung der Klinker-Sandwich-Konstruktion als Fertigteil erlaubt zwar eine erhebliche Montagezeitverkürzung. Da die Fertigstellung der Deckenuntersicht inkl. Gerüstabbau
nicht auf dem kritischen Weg liegt, ist dieser Vorteil nicht von Bedeutung.

Damit bleibt als einziger Vorteil die von K&K Architekten angeführte erhebliche ästheti-
sche Aufwertung des Baukörpers. Dieses Argument wird von uns nicht kommentiert, da
hier allein Ihre Beurteilung als Bauherr und Auftraggeber von Bedeutung ist. Ggf. kann der
Anstrich der GK-Fläche in der Farbe der Fassadenklinker vorgenommen werden.

Der wesentliche Nachteil der Sandwich-Ausführung besteht in den Mehrkosten von brutto 80 €/m² gegenüber der bisher ausgeschriebenen Ausführung in GK-Platten. Diese resultieren aus den höheren Kosten der Klinker-Sandwich-Platten selbst und den Mehrkosten für den erhöhten Bewehrungsanteil in der Kragplatte infolge des höheren Eigengewichts. Diese Mehrkosten werden nur z. T. durch geringere Montage-/Personalkosten aufgewogen.

Die Wärmedämmung ist integraler Bestandteil der Sandwich-Platten, die wegen der erforderlichen Hinterlüftung nicht direkt unterhalb der zu dämmenden Betondecke angebracht werden können. Damit ergibt sich eine gegenüber der GK-Ausführung verminderte Wärmedämmwirkung.

4.   Ausführungsempfehlung
Wir empfehlen in Anbetracht der Mehrkosten sowie der rein ästhetischen Auswirkungen des Änderungsvorschlags, diesen nicht zu beauftragen. Wie bereits erwähnt, benötigen wir Ihre Entscheidung zu diesem Änderungsvorschlag der K&K Architekten bis zum 15.06.2005.

Für Rückfragen stehen wir gern zur Verfügung.

Mit freundlichen Grüßen

– Projektsteuerer –

Abb. 2.110 Beurteilung eines Änderungsvorschlags der Architekten zu den Deckenuntersichten

2.4.3.7 3C2 Überprüfen der vorliegenden Angebote im Hinblick auf die vorgegebenen Kostenziele und Beurteilung der Angemessenheit der Preise

Gegenstand und Zielsetzung

Gegenstand der Überprüfung der Angebote im Hinblick auf Kostenziele sind regelmäßig die Preise der Bieterfirmen für Bauleistungen, da sich die Honorare für Planerleistungen i. d. R. nach dem Preisrecht der HOAI richten sollen. (Im Streitfall geht das Preisrecht der HOAI vertraglichen Vereinbarungen vor!) Angebote für nicht in der HOAI geregelte Planungsleistungen sind jedoch ebenfalls in die Überprüfung einzubeziehen.

Zielsetzung der Einhaltung der Kostenziele und der Beurteilung der Angemessenheit der Preise ist es vor allem, den Auftraggeber vor überhöhten Aufwendungen für die geforderten Leistungen zu schützen. Der Vergleich mit den vorherigen Kostenermittlungen, die Vorgabe der Sollwerte für Vergabeeinheiten sowie die Kenntnis der aktuellen Marktpreise für die ausgeschriebenen Leistungen (marktüblicher Vergleichspreis) lassen eine mögliche Kartellbildung der Bieterfirmen erkennen. Bei erheblichen Preisunterschreitungen in Folge von Unter-Wert-Angeboten können Bieterfirmen von öffentlichen Auftraggebern von der Wertung ausgeschlossen werden (vgl. § 25 Nr. 3 Abs. 1 u. 2, VOB/A). Dadurch wird sichergestellt, dass die ausführende Firma auch in der Lage ist, die geforderten Leistungen für die vereinbarte Vergütung zu erbringen. Dieses Vorgehen schützt den

Auftragnehmer vor Insolvenz und damit den Auftraggeber vor den sich aus der Insolvenz der beauftragten Firma ergebenden Folgen für das Projekt (Terminverzögerungen, dadurch Mehraufwand und Mehrkosten durch neue Vergabe). Durch die Prüfung der Angebote und die Beurteilung der Angemessenheit der Preise wird somit ein erheblicher Beitrag zur Kosten- und Terminsicherheit geleistet.

Methodisches Vorgehen

Zunächst werden die Angebote titel- und ggf. positionsweise ausgewertet, falls keine Auswertung seitens der Objekt- bzw. Fachplaner vorliegt, um die vorhandenen maßgeblichen Abweichungen zwischen den einzelnen Bietern und angebotene Alternativ- oder Eventualpositionen zu erkennen und zu bewerten.

Anschließend werden den so aufgeschlüsselten Positionen die „marktüblichen" Vergleichspreise aus der Vorgabe der Sollwerte für Vergabeeinheiten gegenübergestellt. Dabei ist auch zu überprüfen, ob die jeweiligen Randbedingungen (z. B. kleine Mengen, erhöhter Anteil Handarbeit, eingeschränkte Arbeitsräume, Entsorgungskosten etc.) sowie die regionale Lage der Baustelle und die sich daraus ergebenden Einflüsse auf die Einheitspreise berücksichtigt wurden. Aus dem Vergleich sind Über- und Unter-Wert-Angebote für einzelne Leistungen (Positionen) erkennbar.

Für die Beurteilung können als Hilfsmittel herangezogen werden:

- Erfahrungswerte aus anderen Vergaben
- Angaben zur Preisermittlung des Bieters über Zuschläge zu Lohnkosten, Stoffkosten, Sonderkosten, Nachunternehmerleistungen
- Aufgliederung wichtiger Einheitspreise
- Analyse des Preisspiegels
- Grundlagen der Preisbildung (Angebotskalkulation)

Zur Analyse des Preisspiegels sind die Angebote, die voraussichtlich in die engere Wahl kommen, sowie einige darüber (und evtl. auch darunter) liegende Angebote darzustellen. Dabei können untergeordnete Positionen im Preisspiegel weggelassen werden; Eventual- und Alternativpositionen sowie Stundenlohnarbeiten sind aufzunehmen.

Das Ergebnis der Beurteilung wird in Briefform mit Erläuterung der Abweichungen in den einzelnen Angebotssummen, Titeln und Hauptpositionen festgehalten. Zur Ergänzung der Beurteilung der Angemessenheit der Preise ist dem Erläuterungsschreiben der Preisspiegel des Objektplaners/Fachplaners/Generalplaners mit dessen Darstellung der prozentualen Unterschiede der Angebote der einzelnen Bieterfirmen beizufügen.

Beispiel

Das nachfolgende Beispiel zeigt das Ergebnis einer wirtschaftlichen Angebotsprüfung für eine Heizungsanlage (*Abb. 2.111*), ergänzt durch das Formblatt Submissionsergebnisse aus den Einheitlichen Formblättern (EFB) des Vergabehandbuchs des Bundes (2002, Stand 01.10.2004) (*Abb. 2.112*) und den Preisspiegel (*Abb. 2.113*).

Absender: **Projektsteuerer**   **31.10.2005**
Adressat: **Planer XY**

Neubau des Geschäftszentrums in Musterstadt
Angebotsauswertung/Vergabevorschlag für die Heizungsanlagen

Sehr geehrter AG,

gemäß Vergabevorschlag des Generalplaners ABC vom [Datum] wird die Firma XYZ für die Heizungsanlagen vorgeschlagen.
Die Zuschlagsfrist endet am 09.11.2005. Wir bitten daher um Rücksendung des als Anlage beigefügten Auftrags mit Ihrer Bestätigung bis zum 07.11.2005.

Vergabeverfahren
Am 23.09.2005 wurden die Angebote für die Heizungsanlagen submittiert. Das Submissionsergebnis ist im Formblatt „EFB-Verd. 2" dargestellt (s. *Anlage 1*).
Am 10.10.2005 übergab uns der Generalplaner ABC den Preisspiegel. Da die vollständige Angebotsauswertung fehlte, wurde von uns die Ergänzung durch ABC veranlasst.
Am 24.10.2005 erhielten wir von ABC die Ergänzung der Angebotsauswertung und die erforderlichen Nachweise nach § 8 Nr. 3 (1) a bis f VOB/A der drei günstigsten Bieterfirmen.
Mit Fa. XYZ wurden in einem Bietergespräch am 26.10.2005 die Vertragstermine und -fristen sowie sonstige vertragliche Festlegungen gemäß § 5 VOB/B abgestimmt (vgl. Protokoll des Generalplaners vom 27.10.2005).

Angebotsprüfung im Hinblick auf Kostenziele und Angemessenheit der Preise
Mit der Vorgabe der Sollwerte für Vergabeeinheiten wurde von uns ein Auftragsbudget von ca. 360 T€ brutto für die Heizungsanlagen berücksichtigt. Durch das Angebot der Fa. XYZ in Höhe von ca. 333 T€ brutto wird das Auftragsbudget deutlich unterschritten. Für evtl. Nachträge wird eine Rückstellung von 17 T€ brutto gebildet (5,1 %). Das verbleibende Guthaben von ca. (360./.333./.17) = 10 T€ brutto kann dem Ausgleichsposten (AP) zugeführt werden.
Die Angemessenheit der Angebotspreise der Fa. XYZ wurde durch den Preisspiegel sämtlicher Angebote (s. *Anlage 2*) und unsere Vorgabe der Sollwerte für die Heizungsanlagen nachgewiesen.
Der Auftragserteilung an die Fa. XYZ wird daher unsererseits zugestimmt.
Bezogen auf das Gesamtbudget ergibt sich bei Beauftragung folgende Veränderung:

1. Gesamtbudget	brutto	11.477.000,00 €
2. Bereits vergeben	brutto	4.192.281,53 €
3. Auftragssumme Fa. XYZ, Heizungsanlagen	brutto	333.074,56 €
4. Rückstellung zum Auftrag Heizungsanlagen	brutto	17.000,00 €
5. Noch zur Verfügung stehendes Budget	brutto	6.934.643,56 €
6. Davon AP (bisher 108.102 + neu 9.925,09)	brutto	118.027,09 €

Mit freundlichen Grüßen	*Anlagen*
	1 Formblatt „EFB-Verd. 2"
– Projektsteuerer –	2 Preisspiegel

Abb. 2.111 Schreiben an den AG zur Angebotsauswertung und zum Vergabevorschlag für die Heizungsanlagen

☐ **Verdingungsverhandlung - Auflistung Angebote**	Datum Uhrzeit Uhr	Vergabenummer Blatt:
☐ **Rechnerisch geprüfte Angebotssummen**	eingetragen am:	Bearbeiter:
Leistung		
Maßnahme		

Ang. Nr.	Firmen-Nr. Nat.Kz.	Firmenname, Wohnort	Angebots schreiben vom	Angebotssumme / rechn. geprüfte Angebotssumme	Anz. Neben-angebote	Begleit-schreiben vom	Ab-gebot v.H.	Nachtrag EFB-Verd4 Datum / Uhrzeit

Abb. 2.112 Formblatt Submissionsergebnisse – EFB-Verd. 2 des VHB (2002)

Projektsteuerer | **Preisspiegel** **Heizungsanlagen** | Datum: 09.10.02 | Seite 1

Titel	Fa. XYZ		Fa. B		Fa. C		Fa. D		Fa. E		Fa. F	
	€	%	€	%	€	%	€	%	€	%	€	%
1 Kesselanlage, WWB und Zubehör	19.005,45	103	19.463,50	106	19.443,20	106	18.375,85	100	22.373,96	122	20.285,00	110
2 Sicherheitseinrichtungen und Zubehör	1.033,24	112	1.011,00	109	1.038,25	112	965,15	104	923,60	100	1.187,00	129
3 Regelanlage und Zubehör	21.006,13	105	19.956,00	100	21.531,00	108	20.584,50	103	20.371,43	102	21.201,00	106
4 Armaturen und Zubehör	14.606,82	114	12.764,00	100	16.464,75	129	15.182,70	119	14.013,17	110	14.783,00	116
5 Heizflächen und Zubehör	58.232,17	103	59.282,00	105	56.400,10	100	56.549,18	100	60.466,92	107	63.546,90	112
6 Rohrleitungen und Zubehör	54.927,60	112	62.420,50	128	48.942,60	100	56.952,04	116	56.569,64	116	65.714,80	134
7 Wärmedämmung Heizungsanlage	20.998,50	100	25.660,95	122	46.393,66	221	36.578,95	174	26.969,44	128	29.977,55	143
8 Öltank und Zubehör	30.075,33	100	30.355,00	101	32.994,20	110	34.570,30	115	30.875,36	103	32.016,00	106
9 Solaranlage und Zubehör	25.011,84	100	31.222,00	125	26.415,10	106	25.879,70	103	29.503,28	118	33.015,00	132
10 Besondere Bauleistungen	5.814,35	174	4.480,00	134	5.153,50	154	3.339,00	100	5.268,00	158	4.225,00	127
11 Insgemein	13.617,11	448	3.544,85	117	9.450,40	311	17.504,96	576	7.765,52	256	3.037,76	100
12 Stundenlohnarbeiten	22.805,00	147	24.138,00	156	15.490,00	100	23.158,00	150	28.346,40	183	21.060,00	136
Summe netto	287.133,54		294.297,80		299.716,76		309.640,33		303.446,72		310.049,01	
Nachlaß	0,00		0,00		0,00		0,00		0,00		0,00	
Summe netto	287.133,54		294.297,80		299.716,76		309.640,33		303.446,72		310.049,01	
16 % MwSt.	45.941,37		47.087,65		47.954,68		49.542,45		48.551,48		49.607,84	
Summe brutto	***333.074,91***	***100***	***341.385,45***	***102***	***347.671,44***	***104***	***359.182,78***	***108***	***351.998,20***	***106***	***359.656,85***	***108***
Skonto	0,00		0,00		0,00		-10.775,48		0,00		-7.193,14	
Summe brutto	333.074,91	*100*	341.385,45	*102*	347.671,44	*104*	348.407,30	*105*	351.998,20	*106*	352.463,71	*106*

Abb. 2.113 Preisspiegel der Angebots- und Titelsummen – Heizungsanlagen

2.4.3.8 3C3 Vorgabe der Deckungsbestätigungen für Aufträge und Nachträge

Gegenstand und Zielsetzung

Voraussetzung für jede ordnungsgemäße Erst- und Nachbeauftragung sind der Nachweis und die Bestätigung der finanziellen Deckung durch eine Deckungsbestätigung.

Generell ist zu unterscheiden zwischen Deckungsbestätigungen für Aufträge und für Nachträge.

Deckungsbestätigungen für Aufträge erfordern den Vergleich der Soll-Werte für Vergabeeinheiten mit den Angeboten der für die Vergabe vorgesehenen Bieter. Im Falle der Überschreitung der Sollwerte durch die Angebote sind geeignete Deckungsmöglichkeiten zu erarbeiten.

Deckungsbestätigungen für Nachträge sind entweder durch bei der Vergabe gebildete Rückstellungen oder Einsparungen bei anderen Teilleistungen, durch Rückgriff auf den Ausgleichsposten oder das Unvorhersehbare, im äußersten Fall durch Budgeterhöhungen nachzuweisen.

Durch die Erstellung von Deckungsbestätigungen für jeden Auftrag und jeden Nachtrag wird daher sichergestellt, dass alle erforderlichen kostenrelevanten Informationen für die Kostensteuerung geschaffen und alle mengen- und wertmäßigen Auftragsdaten projektbegleitend in die Kostenkontrolle und -steuerung einbezogen werden.

Methodisches Vorgehen

Nach Prüfung und Wertung der eingegangenen Angebote (bei Aufträgen) bzw. Prüfung des Anspruchs dem Grunde und der Höhe nach sowie Ermittlung des Wertes der zu erbringenden Leistungen (bei Nachträgen) ist die Deckungsbestätigung zu erstellen. Bei kleinen Projekten wird sie manuell erstellt, bei Einsatz eines Kostenkontrollprogramms kann sie direkt aus dem Programm gedruckt werden.

Dabei wird nach Eingabe und Speicherung einer Auftragsbuchung auf Wunsch für jeden Auftrag/Nachtrag eine detaillierte Deckungsbestätigung ausgedruckt, die die Budgetzuweisung, die Kosten gemäß zur Auftragserteilung vorgesehenem Angebot, die Rückstellung zur Deckung evtl. erforderlicher Nachträge und die Veränderung des Ausgleichspostens enthält. Der Deckungsnachweis ist stets vom Projektsteuerer aufzustellen und möglichst vom Auftraggeber durch Unterschrift zu bestätigen.

Durch Änderung des Ausgleichs- oder Saldopostens wird erreicht, dass die Budgetsumme für das Gesamtprojekt unverändert konstant bleibt. Dieser Ausgleichsposten ist das Sammelbecken aller Abweichungen zwischen Plan-, Vergabe- und Abrechnungswerten, sofern diese sich im Rahmen üblicher Schwankungen bewegen und zum Ausgleich gegen Null tendieren. Dieser Ausgleich muss ggf. durch geeignete Kostensteuerungsmaßnahmen unterstützt werden.

Beispiel

In *Abb. 2.114* wird der Aufbau einer Deckungsbestätigung für einen Auftrag Dachdecker- und Klempnerarbeiten gezeigt.

Projekt			**03.07.2005**
	Neubau des Geschäftszentrums in Musterstadt		
	Deckungsbestätigung Auftrag		

Auftragsdaten

Auftragsnummer	1.1		
Auftragsbezeichnung	Dachdecker- und Klempnerarbeiten		
Auftragsart	Vergabe		
Firmennummer	2783		
Firma	Tektano GmbH		
Budget	gemäß Kostenberechnung o. Index,		
	inkl. Rückstellungen	€	**565.400,13**
Index	geschätzte Erhöhung	€	0,00
Kosten	gemäß Angebot		
	vom [Datum]	€	540.836,97
Rückstellung	für weitere Vergaben (4,5 %)	€	24.337,66
Rückstellung	für Lohngleitung	€	0,00

Deckungsnachweis

1. Grunddeckung

Budget aus KB	€	565.400,13		
davon Rückstellung	./. €	24.337,66		
verbleibende Grunddeckung			€	541.062,47
2. Deckung aus Index			€	0,00
3. Deckung aus AP	(+ = Verringerung AP)		./. €	225,50
	Summe Deckung		€	**540.836,97**

Aufgestellt am [Datum]   Genehmigt am [Datum]

....
(Unterschrift Projektsteuerer)   (Unterschrift Auftraggeber)

Abb. 2.114 Deckungsbestätigung Auftrag Dachdecker- und Klempnerarbeiten

2.4.3.9 3B7 Mitwirken bei den Vergabeverhandlungen bis zur Unterschriftsreife

Gegenstand und Zielsetzung

Durch Verhandlungen mit Bietern nach Öffnung der Angebote sollen bei öffentlichen Auftraggebern lediglich Unklarheiten beseitigt werden. Gespräche über eine

Änderung der Angebote oder Preise sind gemäß § 24 Nr. 3 VOB/A unstatthaft, bei gewerblichen und privaten Auftraggebern jedoch die Regel. Dies ist der maßgebliche Unterschied zwischen den Vergabeverfahren öffentlicher und gewerblicher/privater Auftraggeber. Zielsetzung der Mitwirkung des Projektsteuerers bei den Vergabeverhandlungen ist es, die Vergabeempfehlung des Architekten/der Fachplaner im Rahmen der Leistungen der Architekten/Fachplaner gemäß Lph. 7 HOAI zu überprüfen und eine entsprechende Sicherheit für den Auftraggeber bei seiner Vergabeentscheidung zu bieten (vgl. *Ziff. 2.4.3.5* bis *2.4.3.7*).

Methodisches Vorgehen

Entsprechend den Ausschreibungsergebnissen werden die nach fachlicher und rechnerischer Prüfung günstigsten Bieter (i. d. R. max. 3) zu Vergabeverhandlungen eingeladen. Diese Verhandlungen sollen zur Vermeidung von Wettbewerbsverzerrungen an einem Tag stattfinden, wobei jedoch darauf zu achten ist, dass die Terminierung der einzelnen Gespräche nicht zu zeitlichen Überschneidungen führt, sondern Pausen zwischen den Gesprächen vorhanden sind, damit die Bieter sich auf dem Flur nicht begegnen. Sinnvollerweise ist zuerst mit dem ungünstigsten und zuletzt mit dem günstigsten Bieter zu verhandeln.

Die Vergabeverhandlung wird vom Projektleiter mit der Erläuterung der auftragsspezifischen Erwartungshaltung des Auftraggebers eröffnet. Im Anschluss daran werden die einzelnen Bestandteile der Verdingungsunterlagen besprochen, sofern dies notwendig ist. Hierbei ist besonderer Wert darauf zu legen, dass es seitens des Bieters keine Unklarheiten bezüglich der Verdingungsunterlagen gibt. Im Weiteren erhält der Bieter nochmals Gelegenheit, die Fachkunde, Erfahrung, Leistungsfähigkeit und Zuverlässigkeit seiner Firma im Sinne einer Präsentation herauszustellen. In diesem Zusammenhang ist die Frage der Sicherstellung der Vertragstermine durch ausreichende personelle und maschinelle Kapazitäten bieterseitig überzeugend darzustellen. Im Anschluss daran erhält der Bieter Gelegenheit, evtl. Änderungsvorschläge/Nebenangebote sowie Preisermittlungsgrundlagen (Kalkulationen) zu erläutern.

Falls wesentliche Preisabweichungen zu anderen Bietern bzw. der Kostenermittlung des Architekten/der Fachplaner oder des Projektsteuerers bestehen, so können diese ohne Nennung von Namen anderer Bieter dem Bieter mitgeteilt werden. Mit Vorgabe einer Überarbeitungsfrist wird dem Bieter ggf. Gelegenheit gegeben, das Angebot auf Grundlage der Ergebnisse der Verhandlungen in technischer und wirtschaftlicher Hinsicht zu prüfen und ggf. zu überarbeiten.

Wenn aus wirtschaftlicher oder technischer Sicht keine Verbesserung der Angebote mehr zu erwarten ist, werden die Vergabeverhandlungen abgeschlossen. Es wird entweder eine Vergabeentscheidung getroffen oder mit entsprechender Begründung nach § 26 Nr. 1 VOB/A die Aufhebung der Ausschreibung beschlossen.

Beispiel

Mit dem Schreiben in *Abb. 2.115* teilt der Projektsteuerer seinem Auftraggeber das Ergebnis der Vergabeverhandlungen mit den Firmen A, B und C über deren Angebote zur Baugrubenherstellung mit.

Absender: **Projektsteuerer**   14.03.2005
Adressat: **AG**

Hauptstr. 14, 10200 Berlin
Ergebnis der Vergabeverhandlungen Baugrubenherstellung

Sehr geehrte Damen und Herren,
nach eingehender Prüfung des vom Architekten P eingereichten Prüfberichtes über
die Prüfung und Wertung der Angebote zur Baugrubenherstellung inkl. der einge-
arbeiteten Klärungen, Erläuterungen und Nachlässe stellen wir Folgendes fest:
  Das verfügbare Budget beträgt brutto 715.000 € zzgl. einer Rückstellung für
Nachträge in Höhe von brutto 20.000 €.

Die Angebotssummen der 3 zur Angebotsabgabe aufgeforderten Bieter betragen
(Bruttopreise):

1. Fa. C (Nebenangebot)   650.340 €
2. Fa. B (Hauptangebot)   698.000 €
3. Fa. C (Hauptangebot)   703.500 €
4. Fa. A (Hauptangebot)   720.600 €

Grundsätzlich sind alle Angebote inkl. des Nebenangebots der Fa. C technisch
gleichwertig. Somit empfehlen wir die Annahme des Nebenangebots der Fa. C.
Dies gilt allerdings nur unter der Maßgabe, dass vor Vergabe die Zustimmung des
Nachbarn Meier zur kombinierten Bauweise Schlitzwand/Spundwand bereits
schriftlich eingeholt worden ist.
  Wir empfehlen ebenfalls die Vergabe an Fa. C, solange die vom Bieter C noch
anzubietenden Mehrkosten für die Ausführung einer reinen Schlitzwand im Bereich der Anker 57 bis 135 und der ansonsten kombinierten Bauweise laut Nebenangebot unter 47.660 € (Differenz zu Fa. B) liegen. Dies führt dann auch im Falle
der Verweigerung der Zustimmung durch den Nachbarn Meier zu einem Gesamtpreis unterhalb des Angebotes der Fa. B.
  Fordert Fa. C mehr als 47.660 €, empfehlen wir eine Beauftragung der Fa. B
mit ihrem Hauptangebot.
  Vorsorglich haben wir ein Auftragschreiben zur Beauftragung der Fa. C mit ihrem Nebenangebot vorbereitet. Wir bitten Sie nach Eingang der Zustimmung des
Nachbarn Meier und nach rechtlicher Überprüfung in Ihrem Haus (vgl. § 1
Rechtsberatungsgesetz) um Bestätigung des anliegenden Auftragsschreibens
(3-fach) und um Rücksendung von zwei Exemplaren an unser Büro zwecks Wei-
terleitung und Auftragserteilung an Firma C.

Für Rückfragen stehen wir Ihnen gern zur Verfügung.

Mit freundlichen Grüßen

– Projektsteuerer –

Abb. 2.115 Mitteilung des Ergebnisses der Vergabeverhandlungen zur Baugrubenherstellung

2.4.3.10 *3C4 Überprüfen der Kostenanschläge der Objekt- und Fachplaner sowie Veranlassen erforderlicher Anpassungsmaßnahmen*

Gegenstand und Zielsetzung

Eine der Teilleistungen des § 15 Abs. 2 Lph. 7 – Mitwirkung bei der Vergabe ist der „Kostenanschlag nach DIN 276 aus Einheits- oder Pauschalpreisen der Angebote [und] Kostenkontrolle durch Vergleich des Kostenanschlags mit der Kostenberechnung".

Nach DIN 276 (Juni 1993) ist der Kostenanschlag eine möglichst genaue Ermittlung der Kosten und dient als eine Grundlage für die Entscheidung über die Ausführungsplanung und die Vorbereitung der Vergabe. Im Kostenanschlag sollen die Gesamtkosten nach Kostengruppen mindestens bis zur 3. Ebene der Kostengliederung ermittelt werden.

Nach E DIN 276-1:2005-08 dient die entsprechende Kostenermittlung V als eine Grundlage für die Entscheidung über die Vergabe und Ausführung. Sie ist eine ständige Aktualisierung der Kostenermittlungen während der Vergabe und Ausführung entsprechend dem Marktgeschehen, indem

- Angebote (ggf. Nachtragsangebote),
- Aufträge (ggf. Nachtragsaufträge) und
- Abrechnungen

in der für das Bauprojekt festgelegten Struktur zusammengestellt werden.

Diese Formulierungen lassen vermuten, dass der Kostenanschlag sich sehr einfach aus der Auflistung der Angebote der bereits beauftragten oder im Vergabeverfahren befindlichen Bau- und Lieferfirmen ergibt.

Die Soll-Werte für Vergabeeinheiten auf der Basis der aktuellen Kostenberechnung entsprechen jedoch ebenfalls der Gliederungstiefe des Kostenanschlags (vgl. *Ziff. 2.4.3.2*). Somit ist zwischen dem Kostenanschlag *vor* und *nach* Vergabe hinsichtlich des Genauigkeitsgrade zu unterscheiden. Der Kostenanschlag *vor* Vergabe basiert auf den zwischen Projektsteuerer und Architekt/Fachplanern abgestimmten Kostenermittlungen mit dem Ergebnis entsprechender Sollwertvorgaben. Durch den Kostenanschlag *nach* Vergabe werden diese Sollwertvorgaben durch den Anbietermarkt für Bau- und Lieferleistungen, d. h. die Angebote und ggf. Nachtragsangebote der Bau- und Lieferfirmen, bestätigt oder korrigiert. Im Falle größerer Abweichungen sind entsprechende Anpassungsmaßnahmen vom Projektsteuerer vorzuschlagen (vgl. *Ziff. 2.4.3.8*) und vom Auftraggeber zu entscheiden.

Methodisches Vorgehen

Für den Kostenanschlag zur Vorgabe der Sollwerte für Vergabeeinheiten *vor* Vergabe, d. h. vor Beauftragung der ausführenden Firmen, gelten die Ausführungen zu *Ziff. 2.4.3.2*.

Der Kostenanschlag für die Kostengruppen 300 und 400 der DIN 276 (Juni 1993 und auch August 2005) *nach* Vergabe, d. h. nach Beauftragung der ausführenden Bau- und Lieferfirmen, ergibt sich durch Auflistung der Auftragswerte, gegliedert nach Kostengruppen und Leistungsbereichen und parallel alphabetisch sortiert nach Firmennamen. Diese Aufgliederung ist dann Grundlage der Kosten-kontrolle, -steuerung (vgl. *Ziff. 2.4.4.3*) und der Projektbuchhaltung (vgl. *Ziff. 2.4.1.17*) während der Ausführung.

Die Kostengruppen 100 und 200 sowie 500 bis 700 sind für den Kostenan-schlag aus der Kostenberechnung fortzuschreiben, sofern Änderungen eintreten. Für die Anpassungsmaßnahmen bei wesentlichen Abweichungen zwischen den Budgetvorgaben und dem Kostenanschlag nach Vergabe gelten die Ausführungen zu *Ziff. 2.4.3.2* und *2.4.3.8* analog. An dieser Stelle wird auch auf die dortigen Beispiele verwiesen.

2.4.4 Projektstufe 4 – Ausführung

Die Projektstufe 4 – Ausführung umfasst die Leistungsphase 8 – Objektüberwa-chung gemäß HOAI. Das Prozessmodell der Projektstufe 4 zeigt *Abb. 2.116*.

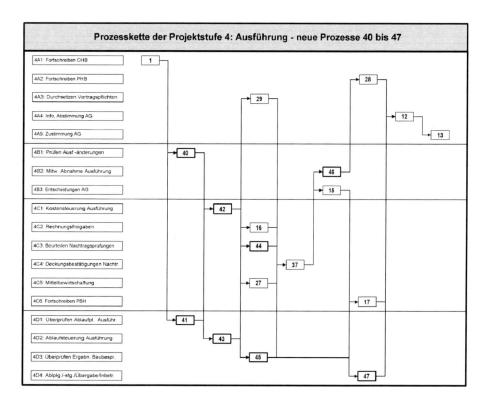

Abb. 2.116 Prozesskette Projektstufe 4 – Ausführung

2.4.4.1 4B1 Prüfen von Ausführungsänderungen, ggf. Revision von Qualitätsstandards nach Art und Umfang

Gegenstand und Zielsetzung

Ausführungsänderungen nach Auftragserteilung werden entweder nutzer-, auftraggeber- oder planerseitig gefordert bzw. angeregt, um zu spät entstandene Anforderungen doch noch realisieren zu können, oder aber von ausführenden Firmen als Nachtrag eingereicht, um durch eine Ausführungsänderung eine technisch oder wirtschaftlich vorteilhaftere Lösung im Vergleich mit der gemäß Vertrag geforderten Leistung anbieten zu können. Zielsetzung der Prüfungsleistungen des Projektsteuerers ist es, Berechtigung, Vertretbarkeit und Konsequenzen derartiger Ausführungsänderungen unter Einbindung der Stellungnahmen der Planungsbeteiligten in enger Abstimmung mit dem Auftraggeber zu analysieren, zu bewerten und dem Auftraggeber zur Entscheidung vorzulegen.

Methodisches Vorgehen

Bei Ausführungsänderungen nach Auftragserteilung handelt es sich in jedem Fall um eine Beeinträchtigung der geplanten Bauabwicklung, die i. d. R. auch zu einer Änderung der Vergütung nach § 2 Nr. 5 VOB/B führt: „Werden durch Änderung des Bauentwurfs oder andere Anordnungen des Auftraggebers die Grundlagen des Preises für eine im Vertrag vorgesehene Leistung geändert, so ist ein neuer Preis unter Berücksichtigung der Mehr- oder Minderkosten zu vereinbaren. Die Vereinbarung soll vor der Ausführung getroffen werden."

Daraus wird deutlich, dass auch ein firmenseitiger Änderungsvorschlag zunächst vom Auftraggeber bzw. seinen fachlich beteiligten Planern und seinem Projektsteuerer daraufhin überprüft werden muss, ob er wegen vorhandener Lücken in den Vertragsunterlagen mit Leistungsbeschreibung, Leistungsverzeichnis und Ausführungsplänen zwingend erforderlich oder als verspätet vorgetragener Änderungsvorschlag dennoch vorteilhaft für den Auftraggeber bzw. Nutzer oder Investor ist und daher zu einer auftraggeberseitig befürworteten oder anerkannten „Änderung des Bauentwurfs oder anderen Anordnungen des Auftraggebers" führen kann.

Das Dispositionsrecht des Auftraggebers billigt diesem auch nach Vertragsabschluss zu, Entwurfsänderungen anzuordnen (§ 1 Nr. 3 VOB/B) oder Anordnungen zu treffen, die zur vertragsgemäßen Ausführung der Leistung notwendig sind (§ 4 Nr. 1 Abs. 3 VOB/B). Andererseits können Ausführungsänderungen sowie Änderungen des Qualitätsstandards nach Art und Umfang auch seitens der ausführenden Firmen nachträglich angeregt werden. Nach § 4 Nr. 3 VOB/B kann der Auftragnehmer solche Ausführungsänderungen auch wegen seiner Bedenken gegen die vorgesehene Art der Ausführung, gegen die Güte der vom Auftraggeber gelieferten Stoffe oder Bauteile oder gegen die Leistung anderer Unternehmer geltend machen.

Durch derartige Entwurfsänderungen oder Anordnungen des Auftraggebers können Erschwernisse oder Erleichterungen für die gemäß Ausschreibungsunterlagen unter vorkalkulatorisch vorausgesetzten Produktionsbedingungen vorgesehenen Leistungen bewirkt werden. Beispiele solcher Änderungen und Anordnungen sind:

- die Veränderung der geometrischen Form von Bauteilen oder Bauelementen
- die Wahl anderer Baustoffe oder Baumaterialien
- die Veränderung vertraglich vorgesehener Mengenansätze
- die Veränderung vertraglich vereinbarter Termine und Fristen sowie Eingriffe in die Abwicklung der Vertragsleistungen durch Beschleunigungs- und (selten) auch Verzögerungsanordnungen
- die Veränderung bzw. Nichteinhaltung der maßgeblichen technischen und baubetrieblichen Produktionsbedingungen, mit denen der Auftragnehmer nach den Verdingungsunterlagen bei seiner Angebotskalkulation rechnen konnte (z. B. Möglichkeit des Einsatzes von umsetzbaren Großflächenschalungen, Hochziehen von Zwischenwänden aus Mauerwerk zusammen mit der Stahlbetonskelettkonstruktion, Ablauffolge Hochbau/Flachbau, mehrfacher Einsatz von Spundbohlen nach der zu erwartenden Baugrundbeschaffenheit)

Die möglichst genaue Darstellung der Auswirkungen von Änderungsvorschlägen in technischer, kostenmäßiger und terminlicher Hinsicht ist zunächst Aufgabe desjenigen, der den Änderungsvorschlag einreicht. Nutzer/Investor/Bauherr werden diese Aufgabe an die fachlich beteiligten Planer delegieren.

Planer und ausführende Firmen haben dagegen ihre Änderungsvorschläge in jeweils eigener Zuständigkeit dem Grunde und der Höhe nach im Hinblick auf Mehr- oder Minderkosten schriftlich zu begründen und einzureichen, ggf. auch unter Einbeziehung von Gutachtern.

Die von den Planern geprüften, ggf. ergänzten und mit einem Vorschlag zum weiteren Vorgehen eingereichten Firmenvorschläge werden vom Projektsteuerer aus seiner Projektkenntnis heraus ebenfalls auf Qualitäts-, Kosten- und Terminauswirkungen sowie auf Beeinflussung anderer Gewerke hin überprüft. Er hat ggf. weitergehende Prüfungen zu veranlassen.

Sollen z. B. auf Vorschlag der Rohbaufirma in Teilbereichen Fertigteile anstatt Ortbeton verwendet werden, so ist u. a. mit den TGA-Planern zu klären, ob die dann ggf. eingeschränkte Möglichkeit von Durchbrüchen in Unterzügen nicht zu erheblichen Mehrkosten bei den technischen Installationen führt.

Bei firmenseitigen Änderungsvorschlägen während der Ausführung ist auch zu prüfen, ob und inwieweit durch die vorgeschlagene Änderung firmenseitige Verzögerungen des Bauablaufs „kompensiert" werden sollen.

Ausführungsänderungen bei zugrunde liegenden Leistungsbeschreibungen mit Leistungsprogramm und auf dieser Basis abgeschlossenen komplexen Global-Pauschalverträgen führen zu erheblichen Problemen bei der Prüfung und Bewertung, da wegen der fehlenden Leistungsverzeichnisse mit Mengen- und Einheitspreisen die kostenmäßigen Auswirkungen und auch die Minderkosten aus entfallenden Leistungen nicht anhand der Grundlagen der Preisbildung für die vertragliche Leistung (Urkalkulation), sondern nur durch eigene Ermittlungen der Fachplaner bzw. des Projektsteuerers überprüft werden können mit der Problematik des schwierigen Vergleichs zwischen Bausoll und vorgeschlagener Bausolländerung.

Für die Prüfung von Nachträgen der ausführenden Firmen aus Änderungen des Bauentwurfs oder anderen Anordnungen des Auftraggebers nach § 2 Nr. 5 VOB/B dem Grunde und der Höhe nach gelten die Ausführungen unter *Ziff. 2.4.4.5* – Beurteilen der Nachtragsprüfungen.

In die Stellungnahme, die als Entscheidungsgrundlage für den Auftraggeber dient, sind zumindest folgende Gliederungspunkte aufzunehmen (vgl. *Abb. 2.14*):

1. Beschreibung der bisherigen Leistung
2. Beschreibung des Änderungsvorschlags
3. Begründung der Vorteilhaftigkeit der Änderung für den Auftraggeber
4. Beschreibung der technischen Auswirkungen
5. Beschreibung der kostenmäßigen Auswirkungen mit Deckungsbestätigung (vgl. *Ziff. 2.4.3.8*)
6. Beschreibung der terminlichen Auswirkungen
7. Darstellung der Auswirkungen auf andere Gewerke
8. Empfehlung für das weitere Vorgehen

Beispiel

Im Folgenden ist ein Schriftwechsel zwischen einem Auftragnehmer für die Rohbauarbeiten, dem Tragwerksplaner, dem Projektsteuerer und dem Auftraggeber wiedergeben, anhand dessen die Behandlung eines Nachtrags „HDI-Pfähle" für die Gründungs- und Unterfangungsarbeiten dargestellt wird.

Absender: **AN für Rohbauarbeiten**	**02.03.2005**
Adressat: **AG**	

**Verwaltungsgebäude Sekurent-Versicherung in Berlin,
NA 1 „HDI-Pfähle" gemäß § 2 Nr. 5 VOB/B**

Sehr geehrte Damen und Herren,

Bezug nehmend auf die mit Ihnen geführten Gespräche, nach Rücksprache mit unserem Nachunternehmer und unter Zugrundelegung unseres Vertrages vom 01.03.2005, Titel 12, sollen zur Erhöhung der Sicherheit der Dichtigkeit der Stahlbetonsohle zusätzliche HDI-Pfähle eingebracht werden. Hierdurch entfallen die nachfolgend unter „Minderkosten" aufgeführten Leistungen. Unter der Voraussetzung der Richtigkeit der Vorgaben im Baugrundgutachten vom 01.01.2004 beziffern wir die uns entstehenden

Mehraufwendungen mit netto	130.929,00 €
Gleichzeitig entfällt Pos. 0057 aus dem Vertrags-LV mit netto	68.000,00 €
Daraus ergibt sich das NA 1 mit netto	62.929,00 €

zzgl. gesetzlicher Mehrwertsteuer, derzeit 16 %.

Die Minder- und Mehrkosten ermitteln sich wie folgt:

Minderkosten	**EP (€)**	**GP (€)**
In Titel 12, Gründungs- und Unterfangungsarbeiten:		
Pos 0057 400,00 m GEWI-Pfähle	170,00	68.000,00
Summe Minderkosten		**68.000,00**
Mehrkosten	**EP (€)**	**GP (€)**
In Titel 12 Gründungs- und Unterfangungsarbeiten:		

Pos. 0066	21 Stck. HDI-Pfähle	972,00	20.212,00
Pos. 0066	21 Stck. Abspitzen	70,31	1.476,51
Pos. 0067	60 m³ Überschusssuspension	97,20	5.832,00
Pos. 0068	21 Stck. Stahlbetonfundamente einbauen	198,56	4.169,76
Pos. 0069	21 Stck. wie vor, jedoch ausbauen	37,80	793,80
Pos. 0070	21 Stck. Aussparungen herstellen	174,41	3.622,61
Pos. 0071	21 Stck. Aussparungen einbetonieren	196,92	4.135,32

Weitere zusätzliche Leistungen

N1 300,0 m	Bewehrungsanschlüsse	95,00	28.500,00
N2 81 Stck.	Fertigteile 0,30/0,30/0,30 ein- und ausbauen	148,00	11.988,00
N3 81 Stck.	Aussparungen 0,90/0,90/0,30, herstellen	126,00	10.206,00
N4 100,0 m²	Weichfaserdämmung		
	D = 5 cm als Ummantelung des Ortbetonkerns	53,65	5.365,00
N5 81 Stck.	Dorne Ø 20 zentriert, l = 30 cm einbauen		
	und später ausstemmen	23,00	1.863,00
N6 40 Stck.	Ortbetonfundamente im Sohlenbereich		
	auf HDI-Säule i. M. 0,7/0,7/1,0 m		
	einschl. 6 St. Dornen-Betonstahl, l = 1,20 m	155,00	6.200,00
N7 81 Stck.	Aussparungen 0,9/0,9/0,3m schließen	325,00	26.325,00

Summe Mehrkosten	**130.929,00**
Saldo Mehrkosten	**62.929,00**

Wir bitten Sie um Prüfung und um anschließende Beauftragung unseres Angebots. Wir planen, mit den Leistungen am 15.03.2005 zu beginnen. Zur Wahrung eines störungsfreien Bauablaufs bitten wir um Stellungnahme Ihrerseits bis zum 07.03.2005. Wir stehen bei Rückfragen gern zur Verfügung.

Mit freundlichen Grüßen

– Auftragnehmer –

Abb. 2.117 Nachtragsangebot NA 1 „HDI-Pfähle" des Auftragnehmers für Rohbauarbeiten an den Auftraggeber

---

Absender: **Tragwerksplaner**   04.03.2005
Adressat: **AG**
cc: **Projektsteuerer**

**Verwaltungsgebäude Sekurent-Versicherung in Berlin,
Rohbauarbeiten NA 1 „HDI-Pfähle" vom 02.03.2005**

Sehr geehrte Damen und Herren,

unsere Prüfung des Rohbau-NA 1 „HDI-Pfähle" vom 02.03.2005 führte zu folgendem Ergebnis:
1. Das AN-seitig angebotene geänderte Gründungsverfahren ist technisch realisierbar.

2. Die in Ansatz gebrachten Einheitspreise basieren auf dem Vertrag vom 01.03.2005, Titel 12.
3. Die HDI-Pfähle bieten folgende konstruktiven Vorteile gegenüber der vertraglich vorgesehenen Art der Ausführung:
   Das nachträgliche Schließen der Aussparungen in der WU-Betonsohle wird vermieden. Dadurch ergibt sich eine größere Sicherheit für deren Wasserdichtigkeit. Ferner wird die Betriebszeit der Wasserhaltungsanlage wesentlich verkürzt.
4. Soweit ersichtlich, führt die geänderte Art der Ausführung zu keiner Beeinträchtigung bei den anderen Gewerken.
5. Es ergibt sich eine reale Kostenerhöhung i. H. v. netto
   130.929,00 ./. 68.000,00 = 62.929,00 €.
6. Die Ausführungsfrist verlängert sich nicht. Ggf. kann sie sich infolge des Entfalls von vertraglich vereinbarten Leistungen sogar reduzieren. Dadurch erhöhen sich die Pufferzeiten.

Aus den vorgenannten Gründen, insbesondere Nr. 3, empfehlen wir eine Beauftragung des Nachtragsangebots Nr. 1 Rohbauarbeiten „HDI-Pfähle".

Mit freundlichen Grüßen

– Tragwerksplaner –

Abb. 2.118 Schreiben des Tragwerksplaners an den Auftraggeber zum NA 1 Rohbauarbeiten „HDI-Pfähle"

Absender: **Projektsteuerer**   **07.03.2005**
Adressat: **AG**
cc: **Tragwerksplaner**

Verwaltungsgebäude Sekurent-Versicherung in Berlin,
Rohbauarbeiten NA 1 „HDI-Pfähle" vom 02.03.2005

Sehr geehrte Damen und Herren,

wir bestätigen den Eingang des NA 1 Rohbau „HDI-Pfähle" vom 02.03.2005 sowie der diesbezüglichen Stellungnahme des Tragwerkplaners vom 04.03.2005.

Unsere Prüfung führte zu folgendem Ergebnis:
1. Wir stimmen der Stellungnahme des Tragwerkplaners vom 04.03.2005 grundsätzlich zu. Es ist keine Beeinträchtigung, sondern eine Erhöhung der Gebrauchstauglichkeit zu erwarten.
2. Die im NA 1 Rohbau angesetzten Mengen und angebotenen Einheitspreise sind nicht zu beanstanden.
3. Wir empfehlen folgende ergänzende Vereinbarung für die Nachtragsbeauftragung:
   „Die Vergütung für den NA 1 Rohbau „HDI-Pfähle" wird nach Saldierung der Mehr- und Minderkosten mit 62.000 € netto zzgl. 16 % MwSt. pauschaliert.

Der vertragliche Endtermin 15.08.2005 bleibt unverändert."

Zusammenfassend empfehlen wir eine Beauftragung unter Berücksichtigung unserer vorstehenden Ergänzungen.

Mit freundlichen Grüßen

– Projektsteuerer –

Abb. 2.119 Schreiben des Projektsteuerers an den Auftraggeber zum NA 1 Rohbauarbeiten „HDI-Pfähle"

Absender: **AG**   **08.03.2005**
Adressat: **AN für Rohbauarbeiten**
cc: **Projektsteuerer**

**Verwaltungsgebäude Sekurent-Versicherung in Berlin,
Rohbauarbeiten; Beauftragung Ihres NA 1 „HDI-Pfähle" vom 02.03.2005**

Sehr geehrte Damen und Herren,

hiermit beauftragen wir Sie mit der Ausführung der in Ihrem NA 1 vom 02.03.2005 benannten Mehr- und Minderleistungen.

Abweichend bzw. ergänzend zu Ihrem Angebot wird Folgendes vereinbart:
1. Die Vergütung für die Mehr- und Minderleistungen des NA 1 Rohbau „HDI-Pfähle" wird pauschaliert mit netto 62.000 € zzgl. 16 % MwSt.
2. In der Nachtragspauschalsumme sind alle Einzelkosten der Teilleistungen, Gemeinkosten der Baustelle, Allgemeinen Geschäftskosten sowie Wagnis und Gewinn enthalten.
3. Der vertragliche Endtermin 15.08.2005 bleibt unverändert.
4. Die Mängelhaftung für die Gründungs- und Unterfangungsarbeiten wird gegenüber dem Hauptauftrag von 4 auf 5 Jahre verlängert.
5. Die Folgen etwaiger, bislang nicht ersichtlicher Beeinträchtigungen bei anderen Gewerken sind vom AN Rohbau zu tragen.
6. Der AN Rohbau bestätigt die technische Gleichwertigkeit seines Nachtragsangebots NA 1 „HDI-Pfähle" zur vertraglich vereinbarten Leistung gemäß Hauptvertrag.

Wir bitten Sie um Bestätigung Ihres Einverständnisses mit diesen Inhalten durch Rücksendung eines von Ihnen rechtsverbindlich unterzeichneten Exemplars.

Mit freundlichen Grüßen

– Auftraggeber –

Mit vorstehendem Inhalt vorbehaltlos einverstanden!
Datum:

– Auftragnehmer Rohbau –

Abb. 2.120 Auftragsschreiben des Auftraggebers an den Auftragnehmer Rohbau zum NA 1 „HDI-Pfähle"

2.4.4.2 *4D1 Überprüfen und Abstimmen der Zeitpläne des Objektplaners und ausführenden Firmen mit den Steuerungsablaufplänen der Ausführung des Projektsteuerers*

Gegenstand und Zielsetzung

Die nach § 15 Abs. 2 Leistungsphase 8 HOAI vom Objektplaner aufzustellenden und zu überwachenden Zeitpläne (Balkendiagramme) und die von den ausführenden Firmen nach den Besonderen Vertragsbedingungen (BVB) zu liefernden Detailablaufpläne für ihre jeweiligen Leistungen sind vom Projektsteuerer auf Konformität mit den Eckdaten seiner Grobablauf-/Vertragsterminpläne der Ausführung zu überprüfen und gegenseitig unter Wahrung der Terminziele abzustimmen.

Soweit erforderlich, übernimmt der Projektsteuerer aus den Zeitplänen des Objektplaners und den Detailablaufplänen der ausführenden Firmen wichtige Zwischentermine und schreibt dadurch seinen Steuerungsablaufplan der Ausführung fort.

Methodisches Vorgehen

Vor dem Beginn der Arbeit ist zu prüfen, ob die Projektsteuerung oder die Bauüberwachung die Erstellung des Detailablaufplans der Ausführung im Auftrag hat. Das „Aufstellen und Überwachen eines Zeitplans" ist Grundleistung der Leistungsphase 8 § 15 HOAI und somit normalerweise vom Architekten/von der Bauüberwachung zu erbringen. Das methodische Vorgehen stellt sich wie folgt dar:

- Vergleich der gewählten Strukturen
- Vergleich der Termine der einzelnen Vorgänge unter Berücksichtigung evtl. unterschiedlicher Strukturen
- bei unterschiedlichen Ablaufreihenfolgen, Termin- und Fristabweichungen Analyse der Ursachen, Anpassen der Abläufe an die terminlichen Erfordernisse unter Berücksichtigung der im Grobablaufplan Ausführung bzw. in den BVB vorgegebenen Vertragstermine in Abstimmung mit dem Objektplaner und den ausführenden Firmen
- im Konfliktfall Herbeiführen einer Entscheidung des AG auf der Basis einer Entscheidungsvorlage des Projektsteuerers

Die firmenseitigen Ablaufpläne sind grundsätzlich nur im Hinblick auf die Einhaltung der Vertragstermine zu prüfen. Sind Zwischentermine für andere Gewerke zwingend erforderlich, so sind diese bei der Angabe der Vertragsfristen gemäß VOB/B (vgl. *Ziff. 3.4.3.3*) mit zu berücksichtigen. Bei sonstigen Abhängigkeiten zwischen den Gewerken sind in Abstimmung mit der Objektüberwachung und den Firmen die Schnittstellen zu klären und Zwischentermine festzulegen. Dabei ist zu beachten, dass diese nach Auftragserteilung eingeführten zusätzlichen Zwischentermine nicht als Vertragstermine gemäß § 5 VOB/B gelten, jedoch ggf. als Anordnung des AG aufzufassen sind, für die nach § 2 Nr. 5 VOB/B „ein neuer Preis unter Beachtung der Mehr- oder Minderkosten zu vereinbaren ist".

Bei unterschiedlichen Ablaufplanstrukturen zwischen dem Grobablaufplan der Ausführung der Projektsteuerung und dem Detailablaufplan der Ausführung der ausführenden Firmen ist durch entsprechende vorherige Abstimmung eine Angleichung herbeizuführen, damit im weiteren Projektablauf die Terminkontrollen der Ausführung erleichtert werden.

Ein Beispiel für eine derartige Abstimmung findet sich bei Diederichs (2002, S. 79–83).

2.4.4.3 4C1 Kostensteuerung zur Einhaltung der Kostenziele

Gegenstand und Zielsetzung

Nach DIN 276 (Juni 1993) ist die Kostensteuerung das gezielte Eingreifen in die Entwicklung der Kosten, insbesondere bei Abweichungen, die durch die Kostenkontrolle festgestellt worden sind.

Kostensteuerung setzt zunächst eine Kostenkontrolle durch den Vergleich einer aktuellen mit einer früheren oder parallelen Kostenermittlung (des Architekten und der Fachplaner) voraus. Kostenabweichungen sind vor allem begründet durch:

- gewollte Projektänderungen hinsichtlich Standard oder Menge,
- Schätzungsberichtigungen, die auf Ungenauigkeiten in der Mengenermittlung oder auf Abweichungen von den Kostenkennwerten in den Kostenermittlungen früherer Projektphasen beruhen oder
- Indexänderungen aufgrund der Baupreisentwicklung.

Ziel der Kostensteuerung ist es daher, durch geeignete rechtzeitige Anpassungsmaßnahmen die Einhaltung des durch den Auftraggeber vorgegebenen Kostenzieles zu sichern.

Methodisches Vorgehen

Grundsätzliches

Die Kostensteuerung ist keine isolierte Handlung. Sie erstreckt sich auf alle relevanten Projektsteuerungsleistungen vom Kostenrahmen bis zur Kostenfeststellung in den ersten vier Projektstufen.

Kostenabweichungen zwischen dem Kostenrahmen und den Kostenermittlungen in den nachfolgenden Projektstufen (Kostenschätzung in der Vorplanung, Kostenberechnung in der Entwurfsplanung, Kostenanschlag vor und nach Submission, Kostenfeststellung nach Vorlage sämtlicher geprüfter Schlussrechnungen) sind jeweils dem Grunde und der Höhe nach zu differenzieren nach Leistungsänderungen oder Zusatzleistungen, Indexentwicklungen und Schätzungsberichtigungen zu vorher getroffenen Annahmen oder Leistungsstörungen und damit plausibel zu machen. Kostenabweichungen nach oben sind dabei unverzüglich durch geeignete aktive Steuerungsmaßnahmen auszugleichen *(Abb. 2.121)*.

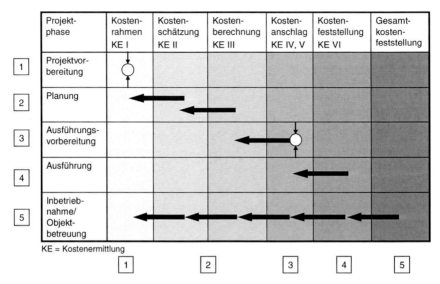

Projekt-phase	Kosten-rahmen KE I	Kosten-schätzung KE II	Kosten-berechnung KE III	Kosten-anschlag KE IV, V	Kosten-feststellung KE VI	Gesamt-kosten-feststellung
1 Projektvor-bereitung						
2 Planung						
3 Ausführungs-vorbereitung						
4 Ausführung						
5 Inbetrieb-nahme/Objekt-betreuung						

KE = Kostenermittlung

Abb. 2.121 Kostenvergleich vom Kostenrahmen bis zur Kostenfeststellung (nach DIN 276, Juni 1993) bzw. von der Kostenermittlung I bis zur Kostenermittlung VI (nach E DIN 276-1:2005-08) mit Rückkopplung

Grundsätzlich ist darauf hinzuweisen, dass es sich bei den Kostendaten von Bauprojekten ab Beginn der Bauausführung um einen Kostenmix aus Plan- und Abrechnungsdaten mit unterschiedlichem Genauigkeitsgrad und Kostenrisiko handelt (vgl. *Abb. 2.122*).

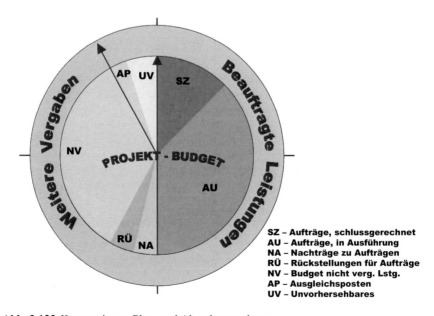

SZ – Aufträge, schlussgerechnet
AU – Aufträge, in Ausführung
NA – Nachträge zu Aufträgen
RÜ – Rückstellungen für Aufträge
NV – Budget nicht verg. Lstg.
AP – Ausgleichsposten
UV – Unvorhersehbares

Abb. 2.122 Kostenmix aus Plan- und Abrechnungsdaten

Leistungen der Kostensteuerung sind zwei Gruppen zuzuordnen:

*   Vorfeldmaßnahmen als aktive Maßnahmen
*   Nachfeldmaßnahmen als Ausgleichs- und Schadensbegrenzungsmaßnahmen

Vorfeldmaßnahmen sichern die Kosten durch aktive Prophylaxe. Nachfeldmaßnahmen gleichen die durch den Kostenvergleich und die Kostenkontrolle festgestellten Kostenabweichungen nachträglich aus. Daher ist anzustreben, durch höhere Intensität der Vorfeldmaßnahmen Nachfeldmaßnahmen zu vermeiden.

Forderung des Auftraggebers ist i. d. R., das Gesamtbudget als Kostenziel einzuhalten oder zu unterschreiten. Kostenüber- oder -unterschreitungen in einzelnen Teilbereichen sind nur im Rahmen der Ausgleichsmöglichkeiten in anderen Teilbereichen als kritisch oder nicht kritisch zu beurteilen.

Projektstufenbezogene Überlegungen und Steuerungsmaßnahmen

Schwerpunkte der Kostensteuerung in den einzelnen Projektstufen sind:

Stufe 1: Mitplanen der Nutzung durch das Nutzerbedarfsprogramm und Sichern der Kostenbasis durch den Kostenrahmen (Kostenermittlung I)
Stufe 2: Beeinflussen der Planungsinhalte und Kostenvorgabe durch Kostenkennwerte
Stufe 3: Beeinflussen der Verdingungsunterlagen und Sichern fairer Wettbewerbsbedingungen sowie Nutzen der Systemkenntnisse der Bieter
Stufe 4: Koordinierende Ausführung und Vermeiden von Leistungsänderungen, Zusatzleistungen und Leistungsstörungen

Projektstufe 1 – Projektvorbereitung

Kostensteuerung in dieser Stufe bedeutet die Schaffung einer soliden Kostenbasis durch den Kostenrahmen (Kostenermittlung I).

Projektstufe 2 – Planung

Planungsbegleitende Kostenermittlungen der Projektsteuerer sollen die Planungsinhalte beeinflussen. Daher bedingen sich Planungsänderungen und Kostenänderungen in der Planungsphase gegenseitig.

Einsparungen durch Optimierung der nutzungsbezogenen Planung haben größere Auswirkungen als Einsparungen zur Optimierung der konstruktionsbezogenen Planungen. Als Vorfeldmaßnahmen sind zu empfehlen:

*   Veranlassen der Bauvoranfrage zur Minimierung der Kostenunsicherheit aus rechtlichen Gründen und aus Sicherheitsauflagen
*   Sorge für die Konkretisierung der Nutzervorgaben durch das Nutzerbedarfsprogramm
*   Mitwirken bei frühzeitiger Klärung der Sonderbereiche wie Vorstandsetagen, Besprechungsräume, Kantinen, Ausstattungen, Außenanlagen etc.
*   Freigabe der weiteren Planungsphasen nur mit verbindlichen Kostenvorgaben
*   Fordern, Untersuchen und Auswerten von Planungsalternativen und ihren Kostenauswirkungen

- Harmonisierung der Teilsysteme (z. B. Tragwerk, TGA, Außenhülle, Innenausbau)

Projektstufe 3 – Ausführungsvorbereitung

In dieser Stufe können Planungsinhalte wegen überraschender Submissionsergebnisse nur dann wirkungsvoll beeinflusst werden, wenn die durch die Umplanung erforderlichen zeitlichen Verzögerungen in Kauf genommen werden.

Kosteneinsparungen sind vor allem durch Vermeidung wettbewerbsbeschränkender Verhaltensweisen und Vertragsmanagement zu erreichen.

Bei der zunehmenden Verlagerung von Planungsleistungen auf ausführende Firmen im Rahmen des Construction Managements geht es vor allem um die Nutzung der Rationalisierungserfahrungen der Fachfirmen bezüglich Bauverfahren, Detailausbildungen und Materialwahl.

Projektstufe 4 – Ausführung

Während in den Stufen 2 und 3 Alternativen bzw. Änderungen zur Kostenoptimierung gesucht werden, ist es Leitgedanke der Stufe 4, Änderungswünsche und damit Nachträge zu vermeiden. Im Interesse des Auftraggebers besteht die Aufgabe des Projektsteuerers daher in der Beschränkung des Nachtragsvolumens, wozu die Voraussetzungen aber in der Planung sowie in der Vorbereitung und Durchführung der Vergabe geschaffen sein müssen.

Beispiel

Nachfolgendes Ergebnisprotokoll dokumentiert das Ergebnis einer „Einsparungsrunde", um eine Deckungslücke bei einem Bürogebäude mit einem Investitionsrahmen von 44,8 Mio. € (brutto) zu schließen (*Abb. 2.123*).

Absender: **Projektsteuerer**   08.11.2005
Adressat: **Projektleitung des AG**

BV Nordpark in X-Stadt
Ergebnisprotokoll der Projektbesprechung Nr. 12 vom 08.11.2005 von 9.00 bis 11.00 Uhr

Teilnehmer	Institution/Firma	Tel./E-Mail
Herr Müller 1	Auftraggeber	…/…
…	…	…

Verteiler   wie vor und zusätzlich
…   …   …

Das Protokoll ist jeweils intern weiterzuleiten.

1. Organisation – Übergabe von Unterlagen

Im Vorfeld der Besprechung wurden seitens des Projektsteuerers an alle Planungsbeteiligten und den Auftraggeber folgende Unterlagen übergeben:

- Finanzierungs- und Förderübersicht, Stand 10.10.2004
- Plausibilitätsprüfung Kostenberechnung Planer, Bauteile 1 bis 6, Stand 10.10.2005
- Vergleich Kostenberechnung Architekt/Projektsteuerer für alle Bauteile, Stand 10.10.2005
- Vorschlagsliste Minderungen, Stand 10.10.2005

2. Kosten

Seitens des Projektsteuerers wurde ausgeführt, dass trotz der bislang abgestimmten Kostenreduzierungen zwischen der Gesamtsumme der Kostenberechnung der Architekten und Fachplaner, Stand 10.09.2005, in Höhe von rd. 45,178 Mio. € (brutto), und der Soll-Vorgabe des Bauherrn aus dem Finanzierungs- und Förderkonzept, Stand 10.10.2004, in Höhe von 43,778 Mio. € (brutto), eine Deckungslücke von 1,4 Mio. € (brutto) besteht, die durch weitere Einsparungsmaßnahmen zu schließen ist.

Die Plausibilitätsprüfung der Kostenberechnung durch den Projektsteuerer, Stand 10.10.2005, endet mit einer Gesamtsumme von 45,13 Mio. € (brutto). Trotz der nahezu gleichen Ergebnisse von Kostenberechnung Architekt und Plausibilitätsprüfung Projektsteuerung bestehen bei den Einheitspreis- und Massenansätzen nach wie vor Differenzen. Im Hinblick auf die Kostenanteile für einzelne Bauteile und Kostengruppen wurde seitens des Projektsteuerers darauf hingewiesen, dass hierzu eine Abstimmung zwischen den Planungsbeteiligten erfolgen müsse. Dies gelte insbesondere hinsichtlich der Ermittlung der anrechenbaren Kosten für die Honorarermittlungen der jeweiligen Planungsbeteiligten.

Zur Erzielung weiterer Einsparungen wurde anhand der von der Projektsteuerung ausgearbeiteten „Vorschlagsliste Minderungen" Folgendes festgelegt:

Bauteil 1
- Fixierung einer Obergrenze für den EP Naturwerksteinarbeiten von 145 €/m² (netto)
- Fixierung einer Obergrenze für den EP „Akustik Holzverkleidung im Foyer" von 130 €/m² (netto)
- Reduzierung der Türhöhen zu den Veranstaltungsräumen auf 2,25 m
- Fixierung einer Obergrenze für den EP „Parkettboden Veranstaltungsflächen" von 120 €/m² (netto)
- Entfall der künstlerisch gestalteten Verglasung im EG

Bauteil 2
- Ersetzen der geplanten Pfosten-/Riegel-Fassadenkonstruktion inkl. Einfachverglasung durch ein Wärmedämmverbundsystem

Bauteil 3
- Verzicht auf künstlerische Gestaltung der alten Außenwand

Bauteil 4
- Verzicht auf den Personenaufzug und die automatischen Türantriebe

Bauteil 5
- Entfall des Stahl-/Glasdaches und Ersatz durch eine Stahlbetonkonstruktion

Die o. g. Einsparvorschläge ergeben – auf Grundlage der Plausibilitätsprüfung durch die Projektsteuerung – Minderungen in Höhe von knapp 950 T€ (brutto). Seitens des Architekten ist zu prüfen, wie sich diese Einsparvorschläge in der abgestimmten Kostenberechnung des Architekten und der Fachplaner auswirken.

Der Projektleiter des Bauherrn wies darauf hin, dass die Entwurfsplanung nur dann abgeschlossen werden könne, wenn die vorgegebene Budget-Obergrenze von 43,778 Mio. € (brutto) eingehalten wird. Die noch bestehende Finanzierungslücke in Höhe von 1,4 Mio. € ist durch die Umsetzung der o. g. Minderungsvorschläge zu reduzieren. Es können auch Alternativvorschläge gemacht werden, die zu einer entsprechenden Kostenreduzierung führen. Seitens des Architekten wird eine Vorschlagsliste mit weiteren Kostenminderungen aufgestellt und dem Bauherrn und dem Projektsteuerer bis zum 13.11.2005 zugeleitet werden.

Die Einrichtungskosten wurden in der Kostenberechnung des Architekten mit dem vollen Nebenkostenanteil beaufschlagt. Insgesamt wurden seitens des Architekten Einrichtungskosten in Höhe von ca. 1,50 Mio. € (brutto) angegeben. Die Kostengruppenzuordnung für die Einrichtung ist zu korrigieren. Anschließend werden die tatsächlichen Honoraranteile seitens des Architekten ermittelt und dem Bauherrn und der Projektsteuerung bis zum 13.11.2005 mitgeteilt.

Die Einrichtungskosten werden parallel durch den Nutzer auf Einsparungsmöglichkeiten geprüft werden. Das Ergebnis ist dem Bauherrn und der Projektsteuerung bis zum 13.11.2005 mitzuteilen.

Sofern durch Einsparungsvorschläge im Bereich der Kgr. 300 und 400 kein befriedigendes Ergebnis erzielt werden kann, müssen weitere Einsparungsmaßnahmen in den Kgr. 500 und 600 untersucht, geprüft und ergriffen werden.

Der Termin der nächsten Einsparungsgrunde (Projektbesprechung Nr. 13) wurde festgelegt auf:
Dienstag, 15.11.2005, 9.00 bis 11.00 Uhr beim Auftraggeber, Raum 401.

Aufgestellt:

– Projektsteuerer –

Abb. 2.123 Ergebnisprotokoll einer Projektbesprechung zur Einhaltung der Kostenziele (1. Einsparungsrunde)

2.4.4.4 *4D2 Ablaufsteuerung der Ausführung zur Einhaltung der Terminziele*

Gegenstand und Zielsetzung

Anhand des Steuerungsablaufplans der Ausführung des Projektsteuerers ist der Stand der Ausführung bei den in regelmäßigen Rhythmen stattfindenden Ablaufbesprechungen (Jours fixes) festzustellen und sind Abweichungen zwischen Soll- und Ist-Terminen aufzuklären. Die Kontrolle soll wie bei der Ablaufsteuerung der

Planung nicht erst am Stichtag, sondern im Vorfeld erfolgen. Kapazitätsberechnungen, die sich überschlägig aus den Auftragssummen oder durch Aufwandsabschätzungen ergeben, lassen auch die Notwendigkeit von Mahnungen nach § 5 Nr. 3 und 4 VOB/B zur Erhöhung des Kapazitätseinsatzes erkennen. Der Projektsteuerer muss zwar einerseits aus Haftungsgründen vermeiden, in die Dispositionsfreiheit der ausführenden Unternehmen einzugreifen. Andererseits ist es jedoch seine Aufgabe, vorherzusehenden Terminverzug aus Störungen des Bauablaufs durch rechtzeitige Vorwarnung und Veranlassung von Gegenmaßnahmen zu vermeiden. Zu Beginn der Bauausführung hat der Projektsteuerer den Auftraggeber ggf. auf die notwendige Beauftragung der Teilleistung „Veranlassen der Ablaufplanung und -steuerung zur Übergabe und Inbetriebnahme" hinzuweisen, um die Rechtzeitigkeit der Leistung auf Auftraggeberseite zu gewährleisten (vgl. *Ziff. 2.4.4.8*).

Methodisches Vorgehen

Es empfiehlt sich ein dreistufiges Vorgehen:

- Soll-/Ist-Vergleich

  Der Soll-/Ist-Vergleich ist i. d. R. zweiwöchentlich, ggf. auch wöchentlich oder monatlich, je nach Baufortschritt und Vertragskonditionen des Projektsteuerers, vorzunehmen (ggf. Hinweis des Projektsteuerers auf notwendige Anpassung des Kontrollabstandes). Dabei empfiehlt sich folgendes Vorgehen:
  – Kennzeichnen der zu überprüfenden Vorgänge, die zum Stichtag abgeschlossen oder in der Ausführung befindlich sein müssen bzw. deren Beginn unmittelbar bevorsteht
  – Baubegehung mit Angabe eines Fertigstellungsgrades in % für die seit dem letzten Kontrollzeitpunkt abgeschlossenen und noch in Arbeit befindlichen Vorgänge
  – Auswerten der Baubegehung, Analyse von Soll-/Ist-Abweichungen mit Ursachenanalyse
  – Aktualisieren des Steuerungsablaufplanes der Ausführung, sofern und soweit erforderlich
  – Ggf. Verfassen eines Berichtes zur Ablaufsteuerung der Ausführung mit erforderlichen Anpassungsmaßnahmen (sofern und soweit erforderlich)

- Durchsetzen der vereinbarten Termine nach § 5 VOB/B

  Bei erkennbaren Soll-/Ist-Abweichungen sind deren Ursachen festzustellen. Sind diese allein von ausführenden Firmen zu vertreten, so können sie bereits bei drohender Überschreitung vertraglicher Zwischen- oder Endtermine nach § 5 Nrn. 3 und 4 VOB/B gemahnt werden (Voraussetzungen: Fälligkeit der Leistung, Vertretbarkeit der (drohenden) Terminüberschreitung durch die Firma, fruchtloses Verstreichen einer gesetzten Nachfrist, sofern der Vertragszwischen- oder Endtermin nicht durch Kalenderdatum bestimmt ist (§ 286 Abs. 2 BGB)).
  Sind dagegen lediglich vertraglich nicht vereinbarte Zwischen- oder Endtermine in Gefahr, so ist der Auftragnehmer gemäß § 5 Nr. 3 VOB/B aufzu-

fordern, unverzüglich Abhilfe zu schaffen, damit es nicht zu einer Überschreitung von vertraglich vereinbarten Zwischen- oder Endterminen kommt.

Wird eine Firma an der Ausführung ihrer Leistungen durch Einflüsse behindert, die sie selbst nicht zu vertreten hat, so muss in Abstimmung mit dem Auftraggeber, der Objektüberwachung und sonstigen beteiligten Firmen der hindernde Einfluss beseitigt werden.

- Anpassen der vereinbarten Termine, sofern und soweit erforderlich

  Bei eingetretenen Terminüberschreitungen (Terminverzögerungen oder Terminverzug) müssen in Abstimmung mit dem Auftraggeber, der Objektüberwachung und den beteiligten Firmen Anpassungsmaßnahmen entwickelt, abgestimmt, entschieden und durchgesetzt werden. Als Anpassungsmaßnahmen kommen in Betracht:
  - Dauerverkürzungen
  - Stärkere Überlappung von Vorgängen
  - Intensitätsanpassung (Mobilisierung von Leistungsreserven)
  - Kapazitätsanpassung (Aufstockung der Kolonnenstärke, Einführung einer zweiten Schicht)
  - Erhöhung der täglichen Arbeitszeit (von z. B. 8 auf 10 Stunden/AT bzw. Einführung von Samstagsarbeit)

  Bei allen Anpassungsmaßnahmen zur Kompensation von Terminverzögerungen oder Terminverzug ist zu prüfen, ob diese Anordnungen des Auftraggebers nach § 2 Nr. 5 VOB/B darstellen und daher entsprechende Vergütungsansprüche seitens der betroffenen Firmen wegen der Beschleunigungsaufforderung auslösen können oder aber allein vom AN zu vertreten sind. Ferner ist darauf zu achten, dass Vertragsstrafenregelungen durch Festsetzung neuer Vertragsstrafen bewehrter Termine entsprechend angepasst werden.

Beispiel

Mit nachfolgenden drei Schreiben fordert ein entsprechend bevollmächtigter Projektsteuerer eine Firma nach Vertragsunterzeichnung auf, mit der Ausführung ihrer Leistungen gemäß § 5 Nr. 2 VOB/B zu beginnen. Da dies nicht geschieht, folgt ein zweites Schreiben mit Nachfristsetzung und Ankündigung der Konsequenzen bei fruchtlosem Verstreichen der Nachfrist gemäß § 5 Nr. 4 VOB/B sowie ein Schreiben des Projektsteuerers an den Auftraggeber, diese Konsequenzen zu ziehen. Im vierten Schreiben kommt es dann zum Auftragsentzug durch ein entsprechendes Schreiben des Auftraggebers. Dieses Beispiel zeigt, dass es in jedem Fall sinnvoller ist, Vertragstermine mit Vertragsunterzeichnung verbindlich zu vereinbaren.

Absender:	**Projektsteuerer**	**02.03.2005**
Adressat:	**Firma XYZ**	

Neubau des Geschäftszentrums in Musterstadt

Werkvertrag vom [Datum]; Gewerk: 1205/ABC
Aufforderung zum Ausführungsbeginn

Sehr geehrte Damen und Herren,

da in dem o. a. Werkvertrag kein Beginn der Ausführung vereinbart wurde, fordern wir Sie hiermit auf, gemäß § 5 Nr. 2 VOB/B innerhalb von 12 Werktagen mit der Ausführung Ihrer Arbeiten zu beginnen, d. h. bis spätestens zum 19.03.2005. Ferner bitten wir Sie, dem Auftraggeber den Beginn der Ausführung anzuzeigen.

Mit freundlichen Grüßen

aufgestellt: genehmigt:

– Projektsteuerer –   – Projektleiter des AG –

Absender:	**Projektsteuerer**	**20.03.2005**
Adressat:	**Firma XYZ**	

Neubau des Geschäftszentrums in Musterstadt

Werkvertrag vom [Datum]; Gewerk: 1205/ABC
Nachfristsetzung für den Ausführungsbeginn

Unser Schreiben vom 02.03.2005

Sehr geehrte Damen und Herren,

gemäß unserem Schreiben vom 02.03.2005 hatten Sie mit der Ausführung Ihrer Leistungen gemäß o. a. Werkvertrag spätestens bis zum 19.03.2005 zu beginnen. Diesen Termin haben Sie nicht eingehalten. Wir setzen Ihnen hiermit gemäß § 5 Nr. 4 VOB/B eine Nachfrist bis zum 26.03.2005. Die im o. a. Werkvertrag vereinbarte Ausführungsfrist hat sich durch die Nichteinhaltung des Ausführungsbeginns am 19.03.2005 bereits um 1 Woche verkürzt, d. h. der vertragliche Endtermin 19.03.2005 + 6 Monate = 18.09.2005 ist zwingend einzuhalten. Dies bedeutet ferner, dass die in den BVB des Werkvertrages unter Ziff. 11 vereinbarte Vertragsstrafe bei Überschreitung des Termins 18.09.2005 fällig wird.

Sollten Sie wiederum die Nachfrist für den Ausführungsbeginn nicht einhalten, behalten wir uns vor, Ihnen den Auftrag gemäß § 8 Nr. 3 VOB/B zu entziehen. Nach Entziehung des Auftrages werden wir gemäß § 8 Nr. 3 Abs. 2 den noch nicht vollendeten Teil der Leistung zu Ihren Lasten durch einen Dritten ausführen lassen. Den Anspruch auf Ersatz des entstehenden weiteren Schadens behalten wir uns ausdrücklich vor.

Mit freundlichen Grüßen

aufgestellt: genehmigt:

– Projektsteuerer –   – Projektleiter des AG –

Absender:	**Projektsteuerer**	**29.03.2005**
Adressat:	**AG**	

Neubau des Geschäftszentrums in Musterstadt

Werkvertrag vom [Datum]; Gewerk: 1205/ABC
Auftragsentzug gemäß § 5 Nr. 4 i. V. m. § 8 Nr. 3 VOB/B

Unsere Schreiben vom 02.03.2005 und 20.03.2005

Sehr geehrte Damen und Herren,

die o. a. Schreiben liegen Ihnen bereits in Kopie vor. Sie können daraus den bisherigen Schriftverkehr zur Vorgabe und Nachfristsetzung für den Ausführungsbeginn entnehmen. Die von uns gesetzte Nachfrist bis zum 26.03.2005 ist verstrichen, die Firma XYZ hat bis heute nicht mit der Ausführung ihrer Leistungen begonnen.

Wir bitten Sie nun, die erforderlichen vertragsrechtlichen Konsequenzen gegenüber der Firma XYZ zu ziehen (Auftragsentzug und Geltendmachung des etwa entstehenden weiteren Schadens gemäß § 5 Nr. 4 i. V. § 8 Nr. 3 VOB/B).

Wir schlagen vor, mit der Ersatzvornahme den Zweitplatzierten zu beauftragen. Aus der Differenz der Angebotssummen zwischen Zweit- und Erstplatziertem ergeben sich voraussichtlich Mehrkosten in Höhe von € 287.365 netto. Ein entsprechendes Musterschreiben ist zu Ihrer Verwendung als *Anlage* beigefügt.

Mit freundlichen Grüßen

– Projektsteuerer –

Anlage: wie erwähnt

Absender: **AG**   **30.03.2005**

Adressat: **Firma XYZ**

Neubau des Geschäftszentrums in Musterstadt

Werkvertrag vom [Datum]; Gewerk: 1205/ABC
Auftragsentzug gemäß § 5 Nr. 4 i. V. m. § 8 Nr. 3 VOB/B

Unsere Schreiben vom 02.03.2005 und 20.03.2005

Sehr geehrte Damen und Herren,

wir stellen fest, dass Sie weder unserer Aufforderung vom 02.03.2005, mit Ihren Arbeiten gemäß o. a. Werkvertrag spätestens bis zum 19.03.2005 zu beginnen, nachgekommen sind noch innerhalb der Ihnen mit Schreiben vom 20.03.2005 gesetzten Nachfrist bis zum 26.03.2005 die Arbeiten aufgenommen haben. Wir entziehen Ihnen daher den Auftrag gemäß § 5 Nr. 4 VOB/B in Verbindung mit § 8 Nr. 3 VOB/B.

Wir weisen Sie nochmals vorsorglich darauf hin, dass wir gemäß § 8 Nr. 3 Abs. 2 VOB/B den Auftrag zu Ihren Lasten durch den Zweitplatzierten ausführen lassen werden. Ferner werden wir Ihnen den uns entstandenen Schaden aus dem um min. 3 Wochen verspäteten Ausführungsbeginn nachweisen (Beschleunigungskosten zur Einhaltung des Endtermins 30. September 2005 (Eröffnung des Geschäftszentrums)).

Mit freundlichen Grüßen

– Auftraggeber –

Abb. 2.124 Vier Schreiben zur Festsetzung des Ausführungsbeginns, zur Nachfristsetzung mit Kündigungsandrohung und zum Auftragsentzug

2.4.4.5 4C3 Beurteilen der Nachtragsprüfungen

Gegenstand und Zielsetzung

Nachtragsangebote ausführender Firmen sind zunächst vom Objektplaner bzw. den Fachplanern im Rahmen der übertragenen Grundleistungen der Leistungsphase 7 HOAI zu prüfen und zu bewerten. Zielsetzung der Beurteilung der Nachtragsprüfungen durch den Projektsteuerer ist es, die Richtigkeit des Prüfergebnisses im Hinblick auf den Anspruch des Auftragnehmers zunächst dem Grunde nach zu bestätigen oder abzulehnen und im Falle der Bestätigung den geprüften Anspruch der Höhe nach zu billigen oder zu korrigieren. Diese Reihenfolge ist bereits durch den Objektplaner und die Fachplaner zwingend einzuhalten, um unnötigen Aufwand zu vermeiden.

Maßstab für die Qualität der auftraggeberseitigen Nachtragsprophylaxe und Nachtragsprüfung ist das deutliche Abnehmen des Prozentsatzes genehmigter Nachträge im Verhältnis zur Auftragssumme (< 5 %) (Diederichs, 2005, S. 190 ff.).

Methodisches Vorgehen

Im Rahmen der Nachtragsprüfung sind vom Objektüberwacher und den Fachplanern folgende Aufgaben wahrzunehmen und vom Projektsteuerer zu beurteilen:

1. Reaktion auf den Nachtragseingang in formaler, inhaltlicher und strategischer Hinsicht
2. Beschaffung bzw. Anforderung erforderlicher Unterlagen
3. Kompensation nicht beschaffbarer Unterlagen, z. B. bei fehlender Urkalkulation Ansatz von Regelwerten für AGK 6 %, W 2 % und G je nach Konjunkturlage, z. B. 2 bis 4 %
4. Prüfung des Anspruchs dem Grunde nach im Hinblick auf die Rechtsgrundlagen (§ 2 oder 6 VOB/B, §§ 305 bis 310 und 642 BGB, Ziff. 4.1 und 4.2 der VOB/C); bei strittiger Anspruchsgrundlage Einschaltung eines Baujuristen; eindeutige Abgrenzung von Nachtragsforderung, relevantem Bau-Soll und nachträglich geforderter Leistungsabweichung bzw. vom AG zu vertretender Leistungsstörung
5. Bei Bestätigung des Anspruchs dem Grunde nach Prüfung des Anspruchs der Höhe nach, ggf. unter Hinzuziehung eines Sachverständigen
6. Prüfung der Möglichkeit von Gegenforderungen – Verhandlungsmanagement mit Vorbereitung von Ort, Zeit und Ablauf, Eröffnung, These – Gegenthese – Synthese, Abschluss mit „Siegern auf beiden Seiten" und Protokollierung

Zur Überprüfung von Vergütungsänderungen aus Leistungsänderungen und Zusatzleistungen gemäß § 2 Nrn. 3 bis 7 VOB/B und von Schadensersatzansprüchen aus Behinderungen gemäß § 6 Nr. 6 VOB/B und § 642 BGB wird auf die umfangreiche Fachliteratur verwiesen, u. a. Diederichs (2005, S. 193–213) und Diederichs (1998).

2.4.4.6 4D3 Überprüfen der Ergebnisse der Baubesprechungen anhand der Protokolle der Objektüberwachung, Vorschlagen und Abstimmen von Anpassungsmaßnahmen bei Gefährdung von Projektzielen

Gegenstand und Zielsetzung

Der Projektsteuerer hat vertraglich zu vereinbaren, dass ihm die Protokolle der Baustellen-Jours-fixes automatisch übermittelt werden. Es obliegt ihm, aufgrund der jeweiligen Projektsituation zu erkennen, ob und in welchem Umfang er selbst an den Baustellen-Jours-fixes teilnehmen muss, um sich einen persönlichen Eindruck zu verschaffen und die Notwendigkeit von Maßnahmen zu erkennen. In jedem Fall sind bei Gefährdung der Projektziele Vorschläge für Anpassungsmaßnahmen zur Erreichung nicht nur der gesteckten Terminziele, sondern auch der Qualitäts- und Kostenziele zu entwickeln, mit der Objektüberwachung, dem Auftraggeber und den betroffenen Planern und Firmen abzustimmen, zur Umsetzung zu empfehlen und auf deren Durchsetzung zu dringen.

Daraus notwendige Fortschreibungen des Steuerungsablaufplans der Ausführung sind kurzfristig vorzunehmen zwecks Vorgabe an die Projektbeteiligten.

Methodisches Vorgehen

- Prüfen der Ergebnisprotokolle der Baubesprechungen (Baustellen-Jours-fixes) auf Terminverzögerungen oder -verzüge, Qualitäts- und Kostenabweichungen
- Ermitteln der Ursachen für Terminüberschreitungen, Qualitäts- und Kostenabweichungen
- Entwickeln und Abstimmen von Anpassungsmaßnahmen
- Aufforderung zur Einleitung von Anpassungsmaßnahmen zur Kompensation von Terminverzögerungen oder -verzug an die verantwortlichen Firmen durch schriftliches Verlangen, unverzüglich Abhilfe zu schaffen (§ 5 Nr. 3 VOB/B)

Beispiel

Mit nachfolgendem Schreiben wird ein Generalunternehmer aufgefordert, eine eingetretene Verzögerung seiner Leistungen um 8 Wochen durch Beschleunigungsmaßnahmen innerhalb von 12 Wochen wieder aufzuholen. Aus einem Kapazitätsvergleich wird deutlich, dass die Verzögerungen auf eine Unterbesetzung der Baustelle mit nur 59 % der Sollkapazitäten zurückzuführen sind.

| Absender: | **Projektsteuerer** | **15.05.2005** |

Adressat: **Firma XYZ**

Neubau des Geschäftszentrums in Musterstadt

Werkvertrag für Generalunternehmerleistungen vom [Datum]
Ihr Kapazitätseinsatz im Rahmen des o. a. GU-Vertrages

Sehr geehrte Damen und Herren,

aus dem Protokoll der 10. Baubesprechung vom [Datum] und eigener Baubegehung vom [Datum] ist ersichtlich, dass Ihre Leistungen derzeit ca. 8 Wochen verzögert sind gegenüber dem Steuerungsablaufplan der Ausführung vom [Datum].

Im Zuge der Auftragsverhandlungen haben Sie uns seinerzeit die von Ihnen vorgesehenen Ablaufdaten, darin auch den Kapazitätseinsatz für die einzelnen Gewerke mitgeteilt. Bei einem Vergleich der Soll-Kapazitäten gemäß Ihrem Schreiben vom [Datum] und der Ist-Kapazitäten gemäß den Bautagesberichten Objektüberwachung vom [Datum] ergibt sich folgende Übersicht:

		Kapazitäten			
Nr.	Gewerk	Soll [AN]	Ist [AN]	% von Soll [AN]	Differenz Soll ./. Ist
1	Rohbau	60	48	80 %	12
2	Dach	12	8	67 %	4
3	Technik	30	15	50 %	15
4	Ausbau	51	20	39 %	31
5	**Summe**	**153**	**91**	**59 %**	**62**

Hiermit fordern wir Sie auf, die eingetretenen Verzögerungen unverzüglich aufzuholen, spätestens innerhalb von 4 Wochen, und dazu die Kapazitäten auf das erforderliche Maß (über die Soll-Kapazitäten hinaus zur Aufholung der Verzögerungen) zu erhöhen. Dieses Abhilfeverlangen stellt selbstverständlich keine Beschleunigungsanordnung nach § 2 Nr. 5 VOB/B dar, da Sie allein die eingetretenen Verzögerungen selbst zu vertreten haben.

Zum Nachweis Ihrer vorgesehenen Anpassungsmaßnahmen bitten wir Sie um Fortschreibung des Detailablaufplans der Ausführung für Ihre Leistungen (Basisablaufplan), in dem Sie die Erreichung der vorgesehenen Zwischen- und Endtermine gemäß Steuerungsablaufplan der Ausführung vom [Datum] spätestens innerhalb von 12 Wochen, d. h. bis zum [Datum], nachweisen. Wir bitten Sie um Vorlage dieses fortgeschriebenen Detailablaufplans der Ausführung spätestens bis zum [Datum].

Mit freundlichen Grüßen

aufgestellt: genehmigt:

– Projektsteuerer –   – Projektleiter des AG –

Abb. 2.125 Aufforderung zur Aufholung eingetretener Verzögerungen

2.4.4.7 4B2 Mitwirken bei der Abnahme der Ausführungsleistungen

Gegenstand und Zielsetzung

Zur Vorbereitung und Organisation der fachtechnischen und rechtsgeschäftlichen Abnahme der Ausführungsleistungen hat sich der Projektsteuerer von der Objektüberwachung bestätigen zu lassen, dass alle Voraussetzungen zur fachtechnischen Abnahme erfüllt sind, deren Hauptzweck die Überprüfung auf vorhandene Mängel und deren Feststellung unter Mitwirkung der beteiligten Fachingenieure und Sachverständigen ist.

Zielsetzung ist, dass der Projektsteuerer dem Auftraggeber die rechtsgeschäftliche Abnahme uneingeschränkt empfehlen kann. Diese ist eine vertragsrechtliche Willenserklärung des Auftraggebers gegenüber dem Auftragnehmer als rein formaler Akt. Sie ist dem Auftraggeber vorbehalten und gehört auch nicht zu den Grundleistungen des Architekten und der Fachingenieure.

Überträgt der Auftraggeber die Befugnis durch schriftliche Vollmacht, so erhält der Bevollmächtigte hierdurch eine vertragsrechtliche Kompetenz zur rechtsgeschäftlichen Abnahme im Auftrag des Auftraggebers. Wird diese Vollmacht im Ausnahmefall dem Projektsteuerer oder im häufiger anzutreffenden Fall dem Projektleiter übertragen, so müssen diese darauf achten, dass in der Vollmacht der Haftungsausschluss für die ggf. unvollständigen fachtechnischen Mängel- und Vorbehaltsfeststellungen durch die beauftragten Projektüberwachungen des Architekten und der Fachplaner schriftlich vereinbart ist.

Methodisches Vorgehen

Der Projektsteuerer hat zunächst die Objektüberwachung unter Mitwirkung der beteiligten Fachingenieure und Sachverständigen zur Durchführung der fachtechnischen Abnahme und deren Dokumentation in einem Mängelprotokoll aufzufordern, sich jedoch an der Abnahmebegehung selbst nicht zu beteiligen. Damit liegt die Verantwortung für die Vollständigkeit der festgestellten Mängel ausschließlich bei der Objektüberwachung des Architekten, der Fachingenieure und den Sachverständigen. Im Rahmen der fachtechnischen Abnahme hat die Objektüberwachung ferner Vorbehalte wegen fälliger Vertragsstrafen aus Terminverzug und aus Minderung bei nicht vertragsgerechter Leistung geltend zu machen. Nur durch die Nichtbeteiligung des Projektsteuerers an der fachtechnischen Abnahme selbst ist eine eindeutige Haftungsabgrenzung zu erreichen und damit ein mitwirkendes Verschulden sowie eine Quotenbeteiligung des Projektsteuerers im Schadensfall zu vermeiden.

Wird der Projektsteuerer oder der Projektleiter durch den Auftraggeber verpflichtet, an der fachtechnischen Abnahme aktiv mitzuwirken und dies auch durch Unterzeichnung des Mängelprotokolls zu dokumentieren, so entsteht hieraus eine erhebliche Ausweitung der vertragsrechtlichen Haftung und Verantwortung, deren Risiken auch durch entsprechende Vereinbarungen mit dem Berufshaftpflichtversicherer abgedeckt werden müssen. Eine solche Tätigkeit gehört nicht zu den Grundleistungen des Projektsteuerers.

Nach dem Vollzug der fachtechnischen Abnahme muss dieser sich davon überzeugen, ob die rechtsgeschäftliche Abnahme nicht wegen wesentlicher Mängel bis zu deren Beseitigung verweigert werden muss und ob die für die rechtsgeschäftliche Abnahme erforderlichen Unterlagen vollständig vorliegen (vollständige Mängelliste, fachtechnisches Abnahmeprotokoll, alle Mess- und Prüfprotokolle und -atteste, alle Bestands- und Betriebsunterlagen, alle Bedienungs-, Wartungs- und Pflegeanleitungen, Dokumentationen über etwaige Vorbehalte etc.).

Erst mit der rechtsgeschäftlichen Abnahme durch den Auftraggeber treten deren Rechtswirkungen ein:

- Fälligkeit der Vergütung
- Umkehr der Beweislast bei Mängeln
- Gefahrübergang
- Beginn der Mängelhaftungsfrist
- Beginn der Verjährung des Vergütungsanspruchs
- Verlust von Ansprüchen des Auftraggebers aus bei der Abnahme nicht vorbehalten Rechten
- Entfall der bis zur endgültigen Abnahme bestehenden Vorleistungspflicht des Auftragnehmers

Beispiel

Nachfolgend wird der Aufbau eines Abnahmeprotokolls zur fachtechnischen und rechtsgeschäftlichen Abnahme eines Einzelgewerks skizziert.

Abnahmeprotokoll X-Stadt, [Datum]
zur fachtechnischen und rechtsgeschäftlichen Abnahme
BV Nordpark, X-Stadt
Gewerk Doppelboden, [Ausführende Firma]

Teilnehmer	**Institution/Firma**	**Tel./E-Mail**
…	Bauherrenvertreter	…/…
…	Nutzer	…/…
…	Objektüberwachung	…/…
…	Ausführende Firma	…/…

Verteiler wie vor und zusätzlich
… … …

Das Abnahmeprotokoll ist jeweils intern weiterzuleiten.

Inhaltsverzeichnis

1	**Abgrenzung der abzunehmenden Leistung**	**1**
2	**Mängelauflistung**	**2**
3	**Frist zur Abarbeitung**	**3**
4	**Freimeldung**	**3**
5	**Mängelhaftungsfrist**	**3**
6	**Revisionsunterlagen und Dokumentation**	**3**
7	**Vorbehalte**	**3**

1. **Abgrenzung der abzunehmenden Leistung**
   Die Abnahme des Doppelbodens betrifft die Büroräume der Verwaltungs- und Büroflächen im 4. OG, entsprechend den im Protokoll aufgeführten Raumnummern.

2. **Mängelauflistung gemäß fachtechnischer Vorbegehung vom…**

1	Funktionseinheit:	Öffentlicher Bereich Versorgung
	Raumnummer:	04.02.050
	Mangelbeschreibung:	Aufgenommene Doppelbodenplatten und evtl. Unterkonstruktion neu ausrichten
2	Funktionseinheit:	Öffentlicher Bereich Direktor
	Raumnummer:	04.03.010
	Mangelbeschreibung:	Platten sind z. T. aufgenommen, müssen neu verlegt werden
3	Funktionseinheit:	Öffentlicher Bereich Geschäftsführung
	Raumnummer:	04.04.022
	Mangelbeschreibung:	4 Platten links und 4 Platten am hinteren Fenster sowie Randstreifen der Platten auswechseln
4	Funktionseinheit:	Öffentlicher Bereich Buchführung Büro
	Raumnummer:	04.01.012
	Mangelbeschreibung:	Linke Seite: zwischen 2 Platten starke Unebenheit – nachjustieren
5	Funktionseinheit:	
	Raumnummer:	
	Mangelbeschreibung:	
6	Funktionseinheit:	
	Raumnummer:	
	Mangelbeschreibung:	

3. **Frist zur Mängelbeseitigung**
   Die Mängel sind zu beseitigen bis zum ……… bzw. ……….

4. **Freimeldung**
   Die Beseitigung der Mängel ist dem Auftraggeber über die Objektüberwachung schriftlich anzuzeigen.

5. **Mängelhaftungspflicht**
   Der Beginn der Mängelhaftung ist der …………
   Das Ende der Mängelhaftung ist der …………
   Für die Abnahmemängel beginnt die Mängelhaftungsfrist erst nach deren Beseitigung.

6. **Revisionsunterlagen und Dokumentation**
   Folgende Unterlagen wurden zur Abnahme übergeben:
   ☐ Bestands- und Revisionszeichnungen   ………… Blatt
   ☐ Wartungsvertrag   ………… Blatt

☐ Bedienungsanleitung   ………… Blatt
☐ ………………   ………… Blatt
☐ ………………...   ………… Blatt
☐ Ziffer …….. wird nachgereicht bis: …………

7. Vorbehalte

Der Auftraggeber behält sich auch nach erfolgter Abnahme vor,
Ansprüche wegen verspäteter Fertigstellung, Minderkosten aus
Abweichungen von der Vertragsleistung, Wertminderung sowie
verwirkten Vertragsstrafen geltend zu machen.

X-Stadt, den …………

………………   ………………
Auftraggeber   Auftragnehmer Doppelboden

………………
Objektüberwacher

Abb. 2.126 Abnahmeprotokoll zur fachtechnischen und rechtsgeschäftlichen Abnahme

2.4.4.8 *4D4 Veranlassen der Ablaufplanung/-steuerung zur Übergabe und Inbetriebnahme*

Gegenstand und Zielsetzung

Zu den Grundleistungen des Projektsteuerers gehört es, den Auftraggeber rechtzeitig auf die inhaltlichen und terminlichen Voraussetzungen hinzuweisen, die erforderlich sind, damit das Bauwerk nach Fertigstellung, erfolgreichem Abschluss der Funktionsprüfungen und Mängelbeseitigungen vom Auftraggeber an den Nutzer übergeben und durch fachkundiges Personal in Betrieb genommen werden kann. Die Überlegungen dazu müssen durch das Strategische Facility Management bereits in die Projektstufe 1 (Projektvorbereitung) einfließen und bis zum Baubeginn soweit verfeinert werden, dass durch die Ausführung alle betrieblichen Anforderungen während der Nutzungsphase erfüllt werden.

Das Veranlassen der Ablaufplanung und -steuerung zur Übergabe und Inbetriebnahme kommt daher in der Projektstufe 5 (Projektabschluss) deutlich zu spät. Es ist stattdessen vom Projektsteuerer dafür zu sorgen, dass das Strategische Facility Management des Auftraggebers bzw. Nutzers diese Teilleistung spätestens bis zum Ausführungsbeginn erbringt.

Inbetriebnahmeprozeduren sind in hohem Maße abhängig von der Art des Gebäudes. Die Inbetriebnahme eines Universitätsklinikums kann sich bis zur Vollbelegung sämtlicher Bettenstationen über mehrere Jahre erstrecken. Aber auch die Inbetriebnahme und der Bezug eines einfachen Verwaltungsgebäudes mit z. B.

100 Arbeitsplätzen und mehreren Nutzern können durchaus mehrere Wochen dauern.

Andererseits ist zu beachten, dass der Umzug eines Flughafens (z. B. von München-Riem nach München-Erding oder auch die Inbetriebnahme des Terminals B am Flughafen Düsseldorf) innerhalb von 1 Nacht bewerkstelligt werden muss. Ähnlich knappe Zeiten bestehen für Messeumzüge. In vergleichbarer Weise ist auch die Endfertigstellung, Inbetriebnahme und Eröffnung von Kaufhäusern und Einkaufszentren regelmäßig von großem Zeitdruck geprägt, da i. d. R. zwischen Abschluss der Bauarbeiten und Eröffnung nur wenige Stunden liegen. So ist häufig die Fortführung untergeordneter Bauarbeiten noch nach Eröffnung zu beobachten, wenn die gesteckten Terminziele durch unzureichendes Terminmanagement nicht erreicht wurden.

Methodisches Vorgehen

Zu den Teilleistungen gehören:

- Ermitteln der Termine für die Gesamtfertigstellung und die Übergabe an den Nutzer
- Zusammenstellen der für die Durchführung des strategischen Facility Managements und des Gebäudemanagements erforderlichen Maßnahmen
- Abschätzen des Zeitpunktes, ab dem der AG die Inbetriebnahme vorbereiten soll (Beginn der Projektstufe 2 – Planung)
- Aufforderung des AG durch den Projektsteuerer zur Veranlassung der Übergabe und Inbetriebnahme sowie weitere Thematisierung in den Projekt-Jours-fixes

Beispiel

Mit nachfolgendem Beispiel fordert der Projektsteuerer den Auftraggeber auf, die Ablaufplanung und -steuerung zur Übergabe und Inbetriebnahme zu beauftragen.

Absender: **Projektsteuerer**   **16.07.2005**

Adressat: **Firma XYZ**

Neubau des Geschäftszentrums in Musterstadt

Werkvertrag für Generalunternehmerleistungen vom [Datum]
Ablaufplanung und -steuerung zur Übergabe und Inbetriebnahme

Sehr geehrte Damen und Herren,

im Rahmen der Mitwirkung bei der organisatorischen und administrativen Konzeption für die Übergabe/Übernahme bzw. Inbetriebnahme/Nutzung haben wir Sie bereits auf die notwendigen Maßnahmen hingewiesen, die zur Installation eines funktionsfähigen Gebäudemanagements in der Nutzungsphase erforderlich sind. (vgl. auch 5A1).

Wir halten es für unsere Pflicht, Sie schon jetzt am Beginn der Projektstufe 2 –Planung darauf aufmerksam zu machen, dass die Ablaufplanung und -steuerung zur Übergabe und Inbetriebnahme in den nächsten Wochen von Ihnen beauftragt werden muss, damit in den weiteren Projektstufen der Planung, Ausführungsvorbereitung und Ausführung rechtzeitig alle erforderlichen Entscheidungen vorbereitet und getroffen sowie Maßnahmen eingeleitet werden, um eine reibungslose Übergabe und Inbetriebnahme sicherzustellen. Bitte teilen Sie uns hierzu das von Ihnen beabsichtigte Vorgehen mit. Wir werden dieses Thema zu einem Tagesordnungspunkt beim nächsten Projekt-Jour-fixe machen.

Mit freundlichen Grüßen

– Projektsteuerer –

Abb. 2.127 Aufforderung des PS an den AG, die Ablaufplanung und -steuerung zur Übergabe und Inbetriebnahme zu beauftragen

2.4.5 Projektstufe 5 – Projektabschluss

Das Prozessmodell der Projektstufe 5 – Projektabschluss zeigt *Abb. 2.128*. Diese Projektstufe wird vertraglich zwischen Auftraggeber und Projektsteuerer regelmäßig zeitlich begrenzt. Bei Großprojekten empfiehlt sich eine Dauer zwischen 3 und 6, max. jedoch 12 Monaten.

2.4.5.1 5A1 Mitwirken bei der organisatorischen und administrativen Konzeption und bei der Durchführung der Übergabe/Übernahme bzw. Inbetriebnahme/Nutzung

Methodisches Vorgehen

Die Übergabe/Übernahme und die Inbetriebnahme eines Projektes sind keine Frage eines Zeitpunktes, sondern eines Zeitraumes. Rechtzeitig vor Baufertigstellung eines Projektes müssen die Übergabe/Übernahme und die Inbetriebnahme durch den Auftraggeber geplant werden.

Dies gilt vor allem für Projekte mit hohem Anteil an technischer Ausrüstung. Das Personal muss rechtzeitig in die Bedienung der technischen Anlagen eingewiesen werden. Bedienungs- und Wartungsverträge sind ebenfalls rechtzeitig abzuschließen. Daraus hat das Projektmanagement die Zeitpunkte für den Einsatzbeginn des Betriebspersonals abzuleiten (vgl. *Ziff. 2.4.4.8*).

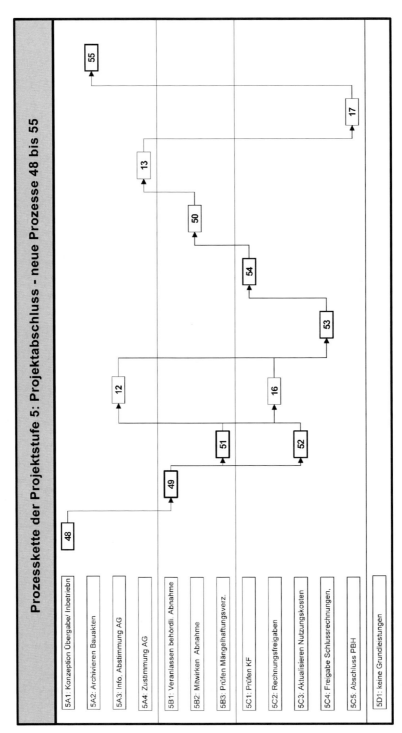

Abb. 2.128 Prozesskette Projektstufe 5 – Projektabschluss

Methodisches Vorgehen

Mitwirken heißt zusammenfassend, dass der Projektsteuerer den Auftraggeber auf die notwendigen Maßnahmen hinweist, die zur Installation eines funktionsfähigen Gebäudemanagements in der Nutzungsphase erforderlich sind. Zum Gebäudemanagement gehören im Wesentlichen folgende Bereiche (vgl. *Kap. 3*):

- Technisches Gebäudemanagement (Wartung/Instandhaltung, Sicherheit, Energiemanagement)
- Infrastrukturelles Gebäudemanagement (Hausmeister, Poststelle, Fuhrpark, Müllentsorgung, Reinigung, Pflege der Außenanlagen)
- Kaufmännisches Gebäudemanagement (Vermietung, Verwaltung, Rechnungswesen, Controlling)
- Flächen- und Veranstaltungsmanagement (Veranstaltungsorganisation, Büroausstattung, Transporte, Umzüge)
- Kommunikationsmanagement (Telefon- und EDV-Anlagen, Intra- und Internet)

Der Projektsteuerer hat zur Vorbereitung des Gebäudemanagements spätestens am Beginn der Projektstufe 5 folgende Aufgaben zu erfüllen:

- Abstimmen mit dem AG/Investor, auf welche Weise die Gebäudemanagementfunktionen abgedeckt werden sollen (intern/extern/Outsourcing)
- Auflisten der erforderlichen Maßnahmen zur Einbindung interner Stellen des Auftraggebers und der vertraglichen Bindung externer Stellen zur Wahrnehmung des Gebäudemanagements
- Veranlassen der erforderlichen Maßnahmen zur organisatorischen Einbindung der internen Stellen und externen Institutionen zur Einarbeitung in die Aufgabenstellung während der Funktionsprüfungen und Abnahme-/Übergabe-/Übernahmeprozeduren sowie zur Aufgabenwahrnehmung ab Nutzungsbeginn

2.4.5.2 *5B1 Veranlassen der erforderlichen behördlichen Abnahmen, Endkontrollen und/oder Funktionsprüfungen*

Gegenstand und Zielsetzung

Aufgabe der Projektmanagements ist es, rechtzeitig vor behördlichen Abnahmen, Endkontrollen und/oder Funktionsprüfungen die notwendigen Qualitätskontrollen zu veranlassen, um den erfolgreichen Verlauf dieser Ereignisse sicherzustellen. Zielsetzung ist, dass es nicht zu wesentlichen Beanstandungen mit der Folge notwendiger Mängelbeseitigungen und erneuten Abnahme- und Prüfungsterminen kommt.

Methodisches Vorgehen

Art, Form und Zuständigkeiten für die behördlichen Prüfungen und Abnahmen sind aus den Genehmigungsunterlagen und den dort erwähnten Vorschriften ersichtlich. Alle behördlichen Prüfungen und Abnahmen müssen grundsätzlich vom Auftraggeber bzw. dem dazu bevollmächtigten Architekten beantragt werden.

Im Vorfeld sind folgende Fragen zu klären:

- Treffen die in den Genehmigungsunterlagen genannten Auflagen auf das aktuelle Projekt zu?
- Welche behördliche Stelle ist für welche Prüfung oder Zustimmung zuständig?
- Welche Objektüberwachung und welcher Nutzer ist für die Einzelmaßnahmen zuständig?
- Welche Abhängigkeiten bestehen zwischen den einzelnen Prüfungen oder Abnahmen?
- Können behördliche Prüfungen durch andere Institutionen (z. B. durch Gutachter) vorgenommen werden?
- Ist eine bestimmte Form des Prüf-/Abnahmevorgangs bzw. -antrages vorgeschrieben?
- Mit welchen Vorlaufzeiten und Prüfungsdauern ist zu rechnen?

Mögliche Prüfungs- oder Abnahmestellen können sein:

- für die Rohbau- und die Fertigstellungsbestätigung die Baugenehmigungsbehörde, das Bauordnungs- oder Bauaufsichtsamt
- für die Prüfung der Aufzugs- und Förderanlagen der Technische Überwachungsverein (TÜV)
- für die Prüfung von Abgaswerten der Bezirksschornsteinfeger oder das Umweltamt
- für die Einleitung von Abwässern in Vorfluter sowie bei Eingriffen in den Grundwasserstrom (Entnahme- und Einleitungsgenehmigung) das Wasserwirtschaftsamt
- für die Prüfung der Feuerlösch- und Brandmeldeanlagen der Verband der Sachversicherer (VdS)
- für die Veränderung der Verkehrssituation im öffentlichen Bereich die Verkehrsaufsichtsbehörde, z. B. das Kreisverwaltungsreferat und die nachgeordneten Verkehrspolizeidienststellen
- für die Anordnung von Flucht- und Rettungswegen im Katastrophenfall die Feuerwehr bzw. die Branddirektion
- für Schutzräume das Katastrophenschutzamt
- für den Arbeitsschutz die Berufsgenossenschaft
- für gewerbliche Arbeitsplätze das Staatliche Amt für Arbeitsschutz

Alle zu prüfenden und abzunehmenden Teile sind in einer Vorgangsliste zusammenzustellen. Diesen Einzelvorgängen sind die zuständigen Stellen, Personen, Gewerke, Funktionen, Dauern und Voraussetzungen zuzuordnen.

Die Prüfungsvoraussetzungen sind detailliert zu untersuchen und festzuschreiben. Ferner sind die möglichen Konsequenzen aus fehlenden und mangelhaften Unterlagen oder aus unvollständigen Voraussetzungen zu prüfen.

Die Abnahmevorgänge sind in einem Steuerungsablaufplan darzustellen, wobei personelle und räumliche Überschneidungen zu vermeiden sind.

Im Einzelnen wird folgende Vorgehensweise empfohlen:

- Ca. 3 Monate vor Baufertigstellung sind die Planer zwecks Benennung der erforderlichen Abnahmen anzuschreiben (wann ist die Funktion welcher Anla-

gen zu prüfen, die Endkontrolle und die behördliche Abnahme wo durchzuführen, wer ist dazu einzuladen?).

- Sofern Besondere Leistung des Projektsteuerers (AHO, 2004d, S. 16), ist ein
  Steuerungsablaufplan auszuarbeiten, der sämtliche Funktionsprüfungs-, End-
  kontroll- und Abnahmevorgänge enthält. Dieser ist an die eingebundenen
  Planungsbüros sowie den Auftraggeber zu verteilen.

- Die wesentliche Leistung des Projektsteuerers besteht dann in der Kontrolle
  und Überwachung dieses Steuerungsablaufplans. Dabei ist auf ausreichende
  Pufferzeiten zu achten, damit Terminverschiebungen aufgefangen werden
  können. Einladungen an behördliche Stellen sind rechtzeitig zu versenden.

Der Antrag auf behördliche Abnahmen und die Teilnahme daran sowie die Übergabe des Objekts einschließlich Zusammenstellung und Übergabe der erforderlichen Unterlagen, z. B. Bedienungsanleitungen und Prüfprotokolle, sind Grundleistungen der Objektüberwachung gemäß § 15 Abs. 2 Lph. 8 HOAI.

Funktionsprüfungen, Endkontrollen und behördliche Abnahmen müssen grundsätzlich durch schriftliche Testate, Protokolle oder Zertifikate dokumentiert werden. Prüfungsergebnisse und Abnahmen können mit Vorbehalten, Auflagen oder
Einschränkungen verbunden sein.

Die Funktionsprüfungen von behördlichen Abnahmen sind so zusammenzustellen und mit einem Inhaltsverzeichnis zu versehen, dass in übersichtlicher Form erkennbar sind:

- der räumliche und funktionelle Geltungsbereich
- die Zuständigkeit der Behörde und der Betreiberstelle

Prüfungen und Abnahmen sind zu wiederholen, wenn das Ergebnis nicht den Vorgaben entspricht. Vorab sind dazu ggf. Nachbesserungen am Prüf- oder Abnah-
meobjekt erforderlich. Prüfungs- oder Abnahmeeinschränkungen oder Auflagen
sind möglicherweise nicht korrigierbare Fehler und bestätigen eine Minderleis-
tung, über die im Einzelfall zu befinden ist. Entsprechende Stellungnahmen sind
von den Architekten/Fachplanern bzw. dem Auftraggeber anzufordern.

Erfolgreiche Prüfungen und behördliche Abnahmen bestätigen die geforderten
Eigenschaften des Objektes bzw. der Anlagen. Die Prüf- und Abnahmeergebnisse
sind dazu seitens der Objektüberwachung mit den Projektvorgaben zu vergleichen.
Bei Übereinstimmung der Vorgaben und der Prüfergebnisse gelten die betreffenden Leistungen als fach- und vertragsgerecht erbracht.

Der fristgerechte Verlauf der Endkontrollen, Funktionsprüfungen und behördlichen Abnahmen ist seitens der Projektsteuerung zu überwachen und mittels
Soll-/Ist-Vergleichen zu dokumentieren. Bei wesentlichen Terminabweichungen
sind Anpassungsmaßnahmen vorzuschlagen, abzustimmen und dem Auftraggeber
zur Entscheidung vorzulegen. Der Steuerungsablaufplan ist entsprechend zu aktualisieren.

Beispiel

Der nachfolgende Balkenplan stellt das Ergebnis der Besonderen Leistung des
Projektsteuerers in Projektstufe 5 – Projektabschluss, Handlungsbereich D – Termine, Kapazitäten und Logistik dar (*Abb. 2.129*).

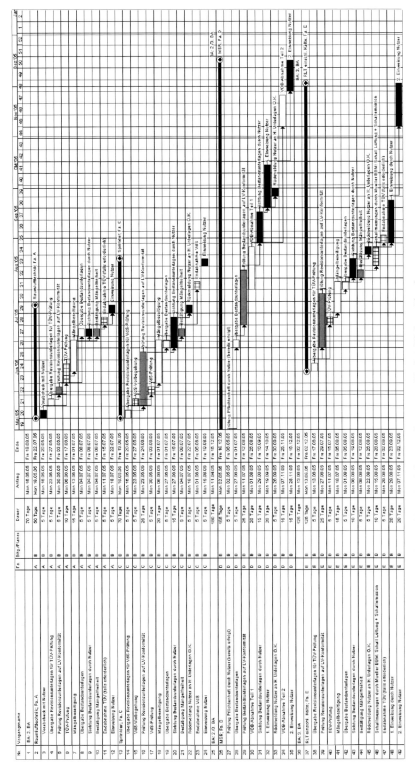

Abb. 2.129 Steuerungsablaufplan der Endkontrollen, Funktionsprüfungen und behördlichen Abnahmen

2.4.5.3 5B2 Mitwirken bei der rechtsgeschäftlichen Abnahme der Planungsleistungen

Gegenstand und Zielsetzung

In der Praxis werden Planungsleistungen seitens des Auftraggebers meistens stillschweigend bzw. durch konkludentes Verhalten abgenommen, d. h. durch vorbehaltlose Zahlung der Schlussrechnung. Nach § 8 Abs. 1 HOAI ist zur Fälligkeit der Schlusszahlung auch keine Abnahme erforderlich: „Das Honorar wird fällig, wenn die Leistungen vertragsgemäß erbracht und eine prüffähige Honorarschlussrechnung überreicht worden ist." Diese Regelung entbindet von der Verpflichtung der Auftraggeber, die vertraglich vereinbarte und mängelfrei erbrachte Leistung des Auftragnehmers abzunehmen. Die Abnahme ist für nicht in der HOAI geregelte Planungsleistungen und alle sonstigen Werkvertragsleistungen gemäß § 641 Abs. 1 BGB jedoch Voraussetzung für die Fälligkeit der Vergütung. Daher ist es durchaus sinnvolle Aufgabe des Projektsteuerers, mit dem Auftraggeber ein eindeutiges Verfahren für die Abnahme der Planungsleistungen abzustimmen und festzulegen.

Ziel der Mitwirkung des Projektsteuerers bei der rechtsgeschäftlichen Abnahme von Planungsleistungen ist es, die auftraggeberseitige Anerkennung dieser Planungsleistungen herbeizuführen, die vertragsgemäß und frei von Sach- und Rechtsmängeln erbracht worden sein müssen.

Eine Planungsleistung ist gemäß § 633 Abs. 2 BGB frei von Sachmängeln, wenn sie die vereinbarte Beschaffenheit hat. Soweit die Beschaffenheit nicht vereinbart ist, ist sie frei von Sachmängeln, wenn sie sich

* für die nach dem Vertrag vorausgesetzte oder
* für die gewöhnliche Verwendung eignet und eine Beschaffenheit aufweist, die bei Planungsleistungen der gleichen Art üblich ist und die der Auftraggeber nach der Art der Planung erwarten kann.

Die Planungsleistung ist nach § 633 Abs. 3 BGB frei von Rechtsmängeln, wenn Dritte in Bezug auf die Planung keine oder nur die im Vertrag vereinbarten Rechte gegen den Auftraggeber geltend machen können.

Die auftraggeberseitige Anerkennung setzt damit die vertragsgemäße Erbringung aller im jeweiligen Planervertrag vorgesehenen und vom Planer geschuldeten Leistungen voraus. Dies bedeutet nicht, dass das Werk des Planers ohne jeden Mangel vollendet sein muss. Es genügt, wenn das Werk im Großen und Ganzen vertragsgemäß erstellt ist. Liegen die Voraussetzungen der Abnahmefähigkeit vor, so hat der Auftraggeber eine Verpflichtung zur Abnahme des Werkes (Locher et al., 2002, Einleitung, Rdn. 85).

Zu beachten ist, dass die Abnahme von Leistungen eine nicht delegierbare Aufgabe des Auftraggebers ist. Das Mitwirken der Projektsteuerung erstreckt sich daher insbesondere auf die Prüfung und Bewertung der Voraussetzungen, die für die Abnahme von Planungsleistungen gegeben sein müssen. Seitens des Projektsteuerers ist dazu als Ergebnis seiner Vorbereitungen eine Abnahmeempfehlung an den Auftraggeber auszusprechen bzw. sind etwaige Einwände dagegen geltend zu machen. Der Vollzug der rechtsgeschäftlichen Abnahme selbst bleibt ausschließlich dem Auftraggeber vorbehalten.

Die Abnahme bildet auch beim Architekten- und Ingenieurvertrag die Zäsur zwischen Erfüllungs- und Mängelhaftungsebene. Sie setzt die Vollendung des vertragsgemäß geschuldeten Werkes voraus. Der Zeitpunkt der Abnahmefähigkeit ist vom Inhalt und der Ausgestaltung des Planervertrages abhängig. Ist der Planer lediglich mit den Leistungsphasen 1 bis 5 nach HOAI beauftragt, so ist seine Leistung mit der mängelfreien Erstellung und Übergabe des letzten Ausführungsplans erbracht. Übernimmt er darüber hinaus Aufgaben der Objektüberwachung gemäß Lph. 8 und auch der Objektbetreuung und Dokumentation, so wird der Zeitpunkt der Abnahme deutlich hinausgeschoben, bei Lph. 8 i. d. R. auf den Abschluss der Prüfung der letzten Schlussrechnung, bei Lph. 9 i. d. R. auf die Überwachung der Beseitigung des letzten Mangels, der innerhalb der Mängelhaftungsfristen seit Abnahme sämtlicher Bauleistungen auftritt. Dabei sind evtl. Verlängerungen aus der Hemmung der Verjährung nach §§ 203 ff. BGB zu beachten.

Da unter Abnahme des Werkes, hier der Planungsleistung, die ausdrückliche oder stillschweigende Anerkennung einer im Wesentlichen vertragsgemäß erbrachten Leistung zu verstehen ist, muss grundsätzlich die geschuldete Leistung vollendet sein, es sei denn, die Architekten- oder Ingenieurleistung ist aufgrund der Vereinbarung der Parteien in Teilen abzunehmen oder die Vergütung ist für die einzelnen Teile bestimmt (Locher et al., 2002, § 8 Rdn. 8).

Rechtswirkungen der Abnahme sind:

- Nach § 8 Abs. 1 HOAI wird das Honorar erst fällig, wenn die Leistung vertragsgemäß erbracht und eine prüffähige Honorarschlussrechnung überreicht worden ist. Damit ist nach HOAI die Fälligkeit der Vergütung des Architekten oder Ingenieurs abweichend von § 641 BGB nicht von einer ausdrücklichen Abnahme abhängig (BGH, Bauer, 1986, 596).

- Die bis zur Abnahme bestehende Vorleistungspflicht des Auftragnehmers entfällt mit der Abnahme.

- Mit der Abnahme geht die Leistungsgefahr der unverschuldeten Beschädigung oder Zerstörung auf den Auftraggeber über; nach der Abnahme trägt der Auftraggeber die Gefahr (§ 644 BGB).

- Es tritt eine Umkehr der Beweislast bei Mängeln ein. Nimmt der Auftraggeber ein mangelhaftes Werk gemäß § 640 Abs. 1 Satz 1 BGB ab, obwohl er den Mangel kennt, so stehen ihm die in § 634 Nr. 1 bis 3 BGB bezeichneten Rechte (Verlangen der Nacherfüllung nach § 635 BGB, Selbstvornahme und Verlangen des Ersatzes der erforderlichen Aufwendungen nach § 637 BGB sowie Rücktritt und Schadensersatz nach § 636 BGB) nur zu, wenn er sich seine Rechte wegen des Mangels bei der Abnahme vorbehält.

- Der Auftraggeber verliert Ansprüche aus bei der Abnahme nicht vorbehaltenen Rechten auf Nacherfüllung, Selbstvornahme, Rücktritt und Schadensersatz oder aus Vertragsstrafe.

- Mit der Abnahme beginnt die Verjährung des Vergütungsanspruchs am 01.01. des dem Fälligkeitsjahr folgenden Jahres (§ 199 Abs. 1) sowie des Mängelhaftungsanspruchs mit dem Zeitpunkt der Abnahme (§ 634a Abs. 2 BGB).

- Nach der Abnahme beschränkt sich der Erfüllungsanspruch des Auftraggebers auf Mängelhaftungsansprüche. Vor der Abnahme hat der Auftraggeber Anspruch auf ein mängelfreies Werk.

Zur Abnahmefähigkeit der Lph. 8 nach HOAI (Objektüberwachung) gehört, dass der Architekt oder Ingenieur die Bauunternehmer zur Mängelbeseitigung aufgefordert, ggf. Frist zur Beseitigung gesetzt und die Mängelbeseitigung überwacht hat. In der Leistungsbeschreibung zu der Lph. 8 gemäß § 15 Abs. 2 HOAI heißt es dazu nur: „Überwachung der Beseitigung der bei der Abnahme der Bauleistungen festgestellten Mängel".

Treten nach der Abnahme Mängel auf, die der Architekt oder Ingenieur zu vertreten hat, so gehört die Beaufsichtigung der Nachbesserungsarbeiten der Bauunternehmer noch zu den im Rahmen der Lph. 8 vom Architekten bzw. Ingenieur geschuldeten Leistungen. Ein Anspruch auf Abnahme der Leistungen nach Lph. 8 entsteht deshalb erst dann, wenn diese Mängelbeseitigungsarbeiten abgeschlossen und ebenfalls abgenommen sind. Das gleiche gilt auch für die Überwachung der Beseitigung von Mängeln, derentwegen sich der Auftragnehmer bei der Abnahme seine Rechte vorbehalten hat.

Wird auch die Lph. 9 mit übertragen, so gehört die Überwachung der erst nach der Abnahme festgestellten Mängel zu den geschuldeten Leistungen des Architekten bzw. Ingenieurs. Bevor diese Mängel nicht beseitigt sind, ist das Werk des Architekten bzw. Ingenieurs nicht abnahmefähig. Sofern im Vertrag keine Teilabnahme vorgesehen wurde, kann ein Architekt bzw. Ingenieur, dem die Lph. 9 übertragen wurde, erst dann ein abnahmefähiges Werk anbieten, wenn sämtliche Mängelhaftungsfristen abgelaufen sind. Dies bedeutet, dass die Mängelhaftungsfrist des Architekten erst nach Abschluss der Leistungen der Leistungsphase 9 zu laufen beginnt.

Methodisches Vorgehen

Im Rahmen der Mitwirkung bei der rechtsgeschäftlichen Abnahme von Planungsleistungen ist seitens des Projektsteuerers zu überprüfen:

- ob und ggf. welche Form der Abnahme im Werkvertrag vereinbart wurde
- welche Form der Abnahme seitens des Auftraggebers nachträglich gewünscht wird
- wie diese Form mit dem Architekten bzw. Ingenieur nachträglich vereinbart und umgesetzt werden kann
- ob vom Auftraggeber oder einem von ihm bevollmächtigten Vertreter bereits Handlungen vollzogen wurden, die einer Abnahme von Planungsleistungen gleichzusetzen sind (z. B. Bezahlung der Schlussrechnung)
- ob die Planungsleistungen durch die im Wesentlichen fehlerfreie Erbringung als vertragsgemäß erbracht anerkannt werden können
- ob Leistungen der Leistungsphasen 8 oder 9 beauftragt wurden, die über den Fertigstellungszeitpunkt des Bauwerkes hinaus zu erbringen sind und daher erst später abnahmefähig sind (Locher et al., 2002, Einleitung, Rdn. 88)
- ob Planungsleistungen, die nicht auf die Errichtung eines Bauwerkes bezogen sind, als geschuldete Leistungen zu bewerten sind (z. B. vertraglich geschuldete Nebenleistungen wie Wahrnehmung der Aufklärungs-, Bedenkenhinweis- und Mitwirkungspflicht)
- ob die Planungsergebnisse den vertragsgemäß geschuldeten Leistungen und den Projektzielen für Qualitäten, Kosten und Termine entsprechen

Ferner ist darauf zu achten, dass erforderliche Restleistungen, mögliche Vorbehalte und vorhandene Mängel aufgelistet werden, damit diese auch nach der Abnahme von den Firmen zu der vertraglich vereinbarten Vergütung ohne Nachtrag bearbeitet werden. Mit dem Auftraggeber muss abgestimmt und in den Verträgen mit Architekten und Ingenieuren vereinbart werden, ob Teilabnahmen für einzelne Leistungsphasen oder nur eine Gesamtabnahme für sämtliche Leistungen stattfinden sollen.

Beispiel

In der Praxis sind wegen § 8 Abs. 1 HOAI bisher keine Beispiele bekannt, die die vorstehende Vorgehensweise bestätigen. Im Interesse der Rechtssicherheit ist jedoch dringend zu empfehlen, hier zu einem Umdenken zu gelangen.

Zu den Grundleistungen des Projektsteuerers im Handlungsbereich B Qualitäten und Quantitäten gehören Prüfleistungen, die sich auf die Planungsergebnisse der Architekten und Ingenieure erstrecken wie:

*   2B1, 3B1 Überprüfen der Planungsergebnisse inklusive eventueller Planungsänderungen auf Konformität mit den vorgegebenen Projektzielen
*   3B4 Überprüfen der Verdingungsunterlagen für die Vergabeeinheiten und Anerkennung der Versandfertigkeit
*   3B5 Überprüfen der Angebotsauswertungen in technisch-wirtschaftlicher Hinsicht
*   4B2 Mitwirken bei der Abnahme der Ausführungsleistungen
*   5B1 Veranlassen der erforderlichen behördlichen Abnahmen, Endkontrollen und/oder Funktionsprüfungen

Aus den dazu angefertigten Dokumentationen wird die Erfüllung der Planungsleistungen und damit deren Abnahmefähigkeit deutlich.

Es ist daher für den Projektsteuerer ohne besondere Anstrengungen möglich, auf der Basis dieser Unterlagen die Abnahmefähigkeit der Teilleistungen der einzelnen Leistungsphasen zu beurteilen und dem Auftraggeber die rechtsgeschäftliche Abnahme zu empfehlen bzw. Vorbehalte geltend zu machen. Nachfolgend wird das Muster eines solchen Empfehlungsschreibens des Projektsteuerers an den Auftraggeber vorgegeben (*Abb. 2.130*).

Absender:	**Projektsteuerer**	**08.11.2005**
Adressat:	**Firma XYZ**	

Neubau des Geschäftszentrums in Musterstadt

Erfüllung der Voraussetzungen für die rechtsgeschäftliche Abnahme der Planungsleistungen des Planers XYZ für die Leistungsphasen 1 bis 4

Sehr geehrter Herr ... (Auftraggeber),

im Architektenvertrag des Planers XYZ ist eine stufenweise Beauftragung der Leistungsphasen (Lphn.) 1 bis 4, 5 bis 7, 8 und 9 vorgesehen. § 8 Nr. 1 HOAI wurde ausgeschlossen, d. h. der Fälligkeit der Schlusszahlung geht eine (Teil-) Abnahme gemäß § 641 Abs. 1 BGB voraus.

Der Architekt XYZ hat die Lphn. 1 bis 4 im Zeitraum vom ... bis ... erbracht und dazu die in der *Anlage* aufgelisteten Planungsergebnisse erbracht.

Im Rahmen der durch uns vorgenommenen Überprüfung der Planungsergebnisse auf Konformität mit den Projektzielen wurden einige Mängel in der Vorplanung festgestellt, die jedoch in der Entwurfsplanung beseitigt wurden. Wir verweisen hierzu auf unsere Prüfberichte vom ... und vom ... .

Die Genehmigungsplanung wurde mit Bauantrag vom ... beim Bauordnungsamt in A-Stadt eingereicht. Der Baugenehmigungsbescheid vom ... enthielt n Auflagen, die in den Projektbesprechungen vom ... abgestimmt und anschließend vom Architekten umgesetzt wurden (vgl. dazu Protokolle der Projektbesprechungen vom ..., ...).

Aufgrund unserer Empfehlung vom ... (vgl. dazu unser Schreiben vom ...) wurden von Ihnen die Leistungsphasen 5 bis 7 am ... abgerufen, um den Baubeginn zum ... zu sichern, vorausgesetzt, dass der Architekt sämtliche Teilleistungen der Lphn. 1 bis 4 erfüllt hat und damit alle Voraussetzungen zur rechtsgeschäftlichen Abnahme dieser Leistungen gegeben sind. Wir empfehlen daher, diese Teilabnahme nunmehr zu vollziehen und damit die Voraussetzung zu schaffen, dass seitens des Architekten die Teilschlussrechnung für die Lphn. 1 bis 4 gestellt werden kann.

Folgende Restleistung des Architekten ist noch zu erfüllen:
- Anpassen des Raumbuchs vom ... aufgrund der nutzerseitig beantragten und am ... vom Lenkungsausschuss genehmigten Projektänderungen

Als Vorbehalt ist bei der rechtsgeschäftlichen Abnahme geltend zu machen:
- Seitens des Architekten sind Vorschläge für Ausgleichsmaßnahmen gemäß Baumfällgenehmigung bis zum ... vorzulegen, mit dem Baumschutzbeauftragten der Gemeinde abzustimmen und nach Einigung mit dem Auftraggeber bis zum ... in die Textur zur Genehmigungsplanung einzuarbeiten.

Die Vorteile, die sich für Sie als Auftraggeber aus einer rechtsgeschäftlichen Teilabnahme ergeben, sind insbesondere:
- Schaffung von Rechtssicherheit im Rahmen der gegenseitigen werkvertraglichen Leistungs-, Abnahme- und Vergütungsverpflichtung
- eindeutige Geltendmachung von Vorbehalten, Restleistungen, erforderlichen Mängelbeseitigungsleistungen und ggf. verwirkten Vertragsstrafen.

Im Übrigen ist darauf hinzuweisen, dass gemäß vertraglicher Vereinbarung die Mängelhaftungsfrist für die erbrachten Planungsleistungen erst nach Abschluss der Leistungsphase 8 und deren rechtsgeschäftlicher Abnahme beginnen wird. Insoweit tritt durch die Teilabnahme der Lphn. 1 bis 4 kein auftraggeberseitiger Nachteil ein. Die als Bemessungsparameter für die Honorarabrechnung erforderliche, zwischen Architekt und uns abgestimmte Kosten-berechnung wurde von Ihnen am ... genehmigt, so dass seitens des Architekten die Teilschlussrechnung für die Lphn. 1 bis 4 erstellt werden kann.

Mit freundlichen Grüßen

– Projektsteuerer –

Anlage: Planungsergebnisse des Architekten XYZ für die Lphn. 1 bis 4

Abb. 2.130 Empfehlungsschreiben des Projektsteuerers an den Auftraggeber zur rechtsge-schäftlichen Abnahme von Planungsleistungen

2.4.5.4 5B3 Prüfen der Mängelhaftungsverzeichnisse

Gegenstand und Zielsetzung

Ein Mängelhaftungsverzeichnis enthält die tabellarische Auflistung der Abnahme-termine und der sich aus der jeweilig vereinbarten vertraglichen Mängelhaftungs-frist ergebenden Endzeitpunkte des Mängelhaftungszeitraums für jeden Auftrag-nehmer, ggf. mit weiterer Untergliederung, sofern mehrere Abnahmetermine je Auftragnehmer vereinbart wurden. Das Auflisten der Mängelhaftungsfristen ist Aufgabe der jeweiligen Planer, z. B. nach § 15 Abs. 2 Leistungsphase 8 HOAI.

Ziel der Prüfung der Mängelhaftungsverzeichnisse durch den Projektsteuerer ist es, dem Auftraggeber eine auf Vollständigkeit sowie vertragliche Richtigkeit ü-berprüfte übersichtliche Aufstellung über die Mängelhaftungsfristen und deren Ende nach den vertraglichen Vereinbarungen und den tatsächlichen Abnahmeda-ten zur Verfügung zu stellen.

Methodisches Vorgehen

Die Aufgabe des Projektsteuerers besteht nunmehr darin, diese Auflistung von den fachlich Beteiligten abzurufen, durch Stichproben auf formale und inhaltliche Richtigkeit zu überprüfen und mit dem Auftraggeber das Verfahren der Fort-schreibung der Mängelhaftungsfristen durch Hemmungen nach §§ 203 ff. BGB abzustimmen.

Für die Prüfungen sind folgende Unterlagen erforderlich:

- Zusammenstellung der Mängelhaftungsfristen und -termine durch die fach-spezifischen Objektüberwachungen
- die einzelnen Verträge, gegliedert nach Teilleistungen, mit den jeweils ver-einbarten Mängelhaftungsdauern
- Informationen über den Beginn der Mängelhaftungsfrist der einzelnen Teil-leistungen mit dem die Mängelhaftungsfrist auslösenden Dokument (Abnah-meprotokoll bzw. Schlusszahlung, Mitteilung der Fertigstellung oder Nut-zungsbeginn bei fiktiver Abnahme)
- Zusammenstellung aller bei der Abnahme noch vorbehaltenen Mängel und Vertragstrafenansprüche

- Zuordnung solcher Vorbehalte zu Teilleistungen, Abnahmen und ggf. Teilabnahmen
- Dokumente über etwaige Hemmungen oder den erneuten Beginn der Verjährung gemäß §§ 203–213 BGB

Der Zeitraum, währenddessen die Verjährung gehemmt ist, wird gemäß § 209
BGB in die Verjährungsfristen nicht eingerechnet. Die Verjährung wird gemäß
§ 204 BGB Abs. 1 Nr. 1 gehemmt durch die Erhebung der Klage auf Leistung
(z. B. Nachbesserung). Sie endet gemäß § 204 Abs. 2 sechs Monate nach der
rechtskräftigen Entscheidung oder anderweitiger Beendigung des eingeleiteten
Verfahrens.

Gemäß § 212 Abs. 1 BGB beginnt die Verjährung erneut, wenn:

1. der Schuldner dem Gläubiger gegenüber den Anspruch durch Abschlagszah-
lung, [...] oder in anderer Weise anerkennt oder
2. eine gerichtliche oder behördliche Vollstreckungshandlung vorgenommen oder
beantragt wird.

Zur Vermeidung von Widersprüchen sind Angaben der an der Planung Beteiligten, die den vertraglichen Inhalten hinsichtlich der Mängelhaftungsdauern widersprechen oder diese einschränken, bereits bei der Erstellung von Leistungsbeschreibungen, zu korrigieren oder es sind im Vorfeld die vertraglich vorgesehenen
Mängelhaftungsdauern anzupassen. Dies betrifft u. a. auch Festlegungen zu Mängelhaftungsdauern unter der Voraussetzung des Abschlusses von Wartungs- bzw.
Vollunterhaltungsverträgen oder auch zur klaren und eindeutigen Definition von
beweglichen Teilen oder von elektronischen Bauteilen mit unterschiedlichen
Mängelhaftungsdauern.

Die Prüfvorgänge erstrecken sich vorrangig auf folgende Bereiche:

- formale Struktur des Mängelhaftungsverzeichnisses (Firmennummer, Leis-
tungsbereich/Gewerk bzw. Bauabschnitt/Geschoss/Funktionsbereich/Raum)
- Vollständigkeit des Mängelhaftungsverzeichnisses hinsichtlich aller Bauleistungsverträge
- Vergleich der vertraglich vereinbarten mit den in den Mängelhaftungsver-
zeichnissen aufgeführten Mängelhaftungsdauern je Teilleistung
- Vollständigkeit der dokumentierten Vorbehalte (in Stichproben)
- aus den Mängelhaftungsfristen errechnete Kalenderdaten des Mängelhaf-
tungsfristablaufs pro Auftrag und ggf. pro Teilleistung

Das Prüfergebnis ist in einem Prüfbericht zusammenzufassen.

Nach dem AHO (2004d, S. 16) ist das Erstellen der Mängelhaftungsverzeichnisse für Planer- und Gutachterleistungen keine Grundleistung der Projektsteuerung. Sie ist daher ggf. als Besondere Leistung mit Besonderer Vergütung zu vereinbaren.

Beispiel

Nachstehender Auszug aus einer Mängelliste sieht vor, die Mängelhaftungsfristen
für beseitigte Mängel aus dem jeweiligen Abnahmeprotokoll zu übernehmen.

lfd. Nr.	Mängel- rüge vom	Schreiben vom	Ort	Inhalt/Mangel	Vermerk Nutzer erl./offen	Vermerk GP erl./offen	G	Z	R	zustän- diges Buro	zustän- dige Firma	lfd. Nr. der Fa.	Fristsetzung für Mängelbeseitigung		Mängelhaftungsfrist Anfang (in KD)	Dauer (in Mt)	Ende (in Mt)	Stand des Vorganges	Erledigungs- vermerk
4.1	Betreiber 25.07.2000		Geb. A,B,C	Mängel an der Brandschutzhauben	teilweise erledigt	erledigt, siehe Nr. 8	G			DBG	IKL	2	02.08.2000	11.08.2000				Mängelbeseitigung erfolgt, Restmangel unter anderen in Anzeige v. 08.03.00 Mangel Nr. 8.1	erl
5.1	Betreiber 04.08.2000		AU.018	Wasserschaden	erledigt	erledigt	Z			DBG	EGT		-	-					erl
6.1	Betreiber 04.08.2000		AU.003	Wasserschaden	erledigt	erledigt	Z			DBG			-	-					erl. 07.05.01
7.1	Betreiber 23.05.2000		A1.044	1. WC-Abfluß an Wand undicht	erledigt	erledigt	G			ATC	X+Y		-	-				Rückmeldg. an BcR am 17.10.00	erl
7.2			A1.044	2. PR-Spülung ohne Funktion	erledigt	erledigt	G			ATC	X+Y		-	-				Rückmeldg. an BcR am 17.10.00	erl
8.1	Betreiber 06.08.2000		Geb. A,B,C	Mängel an der Brandschutz- und Rauchschutztüren	teilweise erledigt	erledigt siehe Nr. 141	G		R	DBG	IKL	3	10.08.2000	22.08.2000				Mängelbeseitigung überwiegend erfolgt, Rest- und neue Mangel unter Mangel Nr. 141	-
9.1	Betreiber 31.07.2000 07.08.2000		Geb. A,B,C	Mängel an Brandschutztüren	teilweise erledigt	erledigt siehe Nr. 141	G	R		DBG	IKL	4	15.08.2000	25.08.2000				Restmangel sind in Mangel Nr. 141 berücksichtigt	-
10.1	Betreiber 08.08.2000 28.08.2000		Geb. D 4.OG	Beleuchtung im Flurbereich vor Aufzugsmaschinenraum ist Beleuchtung defekt	offen	erledigt	G				MCN		05.09.2000	dringend				keine MB bei MCN, da aus 1.BA	hier erl
12.1	Betreiber 05.11.1999		GU.070	Technikzentrale, defekte Doppelpumpe	erledigt	erledigt	G						04.03.2000	-				Schnittverkehr siehe Mangel Geb. G	
13.1	Betreiber 04.09.2000			Verfahrensweise für den Hardwareaustausch u. Benutzung von Software - Updates	erledigt	erledigt	-						-	-					
15.1	Betreiber 01.09.2000		Geb. D	Einführung der Tankanlage für Notstrom - Dieselaggregat Geb. D beschädigt	erledigt	erledigt	G				DJW		-	-				Rückmeldg. an BcR am 17.10.00 durch X+Y	erl., 18.06.01 durch X+Y
15.2			D.U41 C	Wasserschaden in Technikraum	erledigt	erledigt			R				-	-				Reinigung nach extremen Regenfällen durch Nutzer erforderlich, nicht durch Bauarbeiten verursacht	erl
18.1	Betreiber 25.07.2000		B1.009	Vorschläge ausgefallen	erledigt	erledigt	G				ECM	1	08.09.2000	15.09.2000				Rückmeldg. an BcR am 27.9.00	erl
21.1	Nutzer 20.09.2000		Geb. D	Herrichtung Raumstandard ehem. GF-Büro	erledigt	erledigt		Z			ECM		-	-				kein Mangel, gesonderter Auftrag	erl
22.1	Nutzer 21.09.2000		A1.047	Fensterflügel schließt	erledigt	erledigt	G				EGT		-	-					erl. 22.09.00
23.1	Betreiber 12.10.2000		A4.047	RLT - Anlage zu laut	erledigt	erledigt	G				X+Y		-	-				Rückmeldg. an BcR am 17.10.00	erl
24	Betreiber 24.08.2000 17.10.2000			Besprechungsprotokoll u. Mängelanzeige zu Aufzug A4 und Bücheraufzug				R	R				-	-					
24.1			Aufzug A.4	- Brandschott fehlt, DB schließen	erledigt	erledigt		R		ATC	X+Y		-	-					erl. 15.01.01
24.2				- Potentialausgleich fehlt/stellen	erledigt	erledigt		R		ATC			-	-					erl
24.3				- Technikraum herrichten (Wand und Boden)	erledigt	erledigt		R		DBG			-	-					erl. 05.06.01
24.4				- Sternverdrg. nicht auf GLT	erledigt	erledigt		Z		ATC	X+Y		-	-					erl
24.5				- Fernreinig. Antriebsmasch. u. Schaltschrank	erledigt	erledigt		R		ATC	X+Y		-	-					erl
24.6				- Schlüssel für Kabine u. Etagentüren fehlen	erledigt	erledigt		R		ATC			-	-					erl
24.7				- Dokumentation fehlt (Prüfbuch etc.)	offen	erledigt		G		ATC			-	-					erl
24.8				- Kabine reinigen, Spiegel defekt	erledigt	erledigt		R		ATC			-	-					erl
24.9				- Beschriftung Aufzugszuleig. fehlt	erledigt	erledigt		R		ATC			-	-					erl
24.10				- kein Schlüssel für Tür u. Bodenklappe	offen	erledigt		R			X+Y		-	-					erl
24.11			Bücher aufzug	- Wandhalterung für Absperrgitter	offen	erledigt		Z		DBG	IXOS HGF		-	-				nun bei Fa IXOS in Auftrag, Halterung an Nutzer übergeben	erl. 45.KW.00
24.12				- Hinweisschild Maschinenraumtür fehlt	offen	erledigt		R					-	-				Text: Maschinenraum Bücheraufzug unter Bodenklappe	erl., 17.08.01
24.13				- Dokumentation fehlt (Prüfbuch etc.)	erledigt	erledigt		R		ATC			-	-					erl
24.14				- Beschriftung Aufzugszuleig. fehlt	erledigt	erledigt		R		ATC			-	-					erl
24.15				- Fernreinig. Antriebsmasch. u. Schaltschrank	erledigt	erledigt		R		ATC			-	-					erl
24.16				A4 u. Bücheraufzug Mängel lt. TÜV- Festniststellungsprotokoll	erledigt	erledigt		R		ATC			-	-					erl

Termine aus Abnahmeprotokoll übernehmen

Abb. 2.131 Mängelliste mit Erledigungsvermerken

2.4.5.5 5C3 Veranlassen der abschließenden Aktualisierung der Nutzungskosten

Gegenstand und Zielsetzung

Der Projektsteuerer fordert bei den mit dieser besonderen Leistung beauftragten Planern und den sonstigen Projektbeteiligten den Abschluss der Ermittlungen aus den Projektstufen 1 bis 3 unter Ansatz der letzten verfügbaren Nutzungskostendaten.

Zielsetzung ist, dem Auftraggeber eine zuverlässige Grundlage für die Nutzungskosten in den Wirtschaftsplänen zu vermitteln. Den Schwerpunkt der Untersuchung bilden die Kostengruppen 300 und 400 der DIN 18960 (Betriebs- und Instandsetzungskosten). Die erforderlichen Angaben erhält der Projektsteuerer von den Objekt- und Fachplanern (Besondere Leistungen nach HOAI) sowie vom Auftraggeber oder vom Betreiber oder vom Nutzer. Er prüft die erhaltenen Daten auf Vollständigkeit und Plausibilität, vergleicht sie mit ihm vorliegenden Daten aus ähnlichen Projekten und erstellt eine Zusammenfassung für den Auftraggeber.

Sofern die Objekt- und Fachplaner nicht mit der Ermittlung der Nutzungskosten beauftragt wurden, benötigt der Projektsteuerer für die Ermittlung der relevanten Daten einen gesonderten Auftrag vom Auftraggeber, da diese Aufgabe eine Besondere Leistung darstellt. Dabei ist er nach wie vor auf die beim Auftraggeber, Betreiber oder Nutzer vorliegenden Ausgangsdaten angewiesen wie Rechnungen der Ver- und Entsorger, Reinigungs-, Bedienungs-, Inspektions-, Wartungs-, Kontroll- und Sicherheitsdienstverträge, Abgaben und Beiträge sowie Ansätze zur Instandhaltungsrücklage (vgl. *Ziff. 2.4.1.5* und *2.4.2.9*).

2.4.5.6 5C4 Freigabe von Schlussrechnungen sowie Mitwirken bei der Freigabe von Sicherheitsleistungen

Gegenstand und Zielsetzung

Für die Freigabe von Schlussrechnungen ist zunächst zu verweisen auf *Ziff. 2.4.1.16 – 1C3 Prüfen und Freigeben von Rechnungen zur Zahlung*.

Die Freigabe von Schlussrechnungen zur Zahlung ist auftraggeberseitige Verpflichtung nach erfolgter Abnahme der Bauleistung.

Zielsetzung ist, durch die Schlusszahlung die auftraggeberseitigen Verpflichtungen abschließend zu erfüllen. Gemäß § 16 Nr. 3 Abs. 2 VOB/B schließt die vorbehaltlose Annahme der Schlusszahlung seitens des Auftragnehmers Nachforderungen aus, wenn der Auftragnehmer über die Schlusszahlung schriftlich unterrichtet und auf die Ausschlusswirkung hingewiesen wurde.

Gegenstand der Freigabe von Sicherheitsleistungen ist die Verpflichtung des Auftraggebers, zum vereinbarten Zeitpunkt oder regelmäßig nach dem Ablauf der Mängelhaftungsfristen bzw. durch Hemmungen verlängerter Fristen die einbehaltenen und nicht durch Ersatzvornahmen in Anspruch genommenen Sicherheitsleistungen freizugeben, d. h. entweder erhaltene Mängelhaftungsbürgschaften an den Auftragnehmer zurück zu geben oder aber Sicherheitseinbehalte inkl. angesammelter Zinsen zu zahlen.

Falls der Objektüberwacher mit der Lph. 9 nach HOAI beauftragt wurde, hat er eine Vorprüfung vorzunehmen (Mitwirken bei der Freigabe von Sicherheitsleistungen). Für den Projektsteuerer ist dies eine Grundleistung der Projektstufe 5 innerhalb der Vertragsdauer.

Methodisches Vorgehen

Die Schlussrechnung ist nach der Prüfung durch die Objektüberwachung dahingehend zu prüfen, ob sie entsprechend den vertraglichen Vorgaben aufgestellt und gegliedert wurde. Dies ist u. a. wichtig für Verwendungsnachweisprüfungen, Abschreibungsbelange und statistische Auswertungen.

Zu kontrollieren ist ferner, ob berechtigte Abzüge berücksichtigt und vorgenommen wurden. Bei Rechnungen von ausführenden Firmen handelt es sich vor allem um Umlagen für:

- die Müllentsorgung
- die Gebäudereinigung
- die Benutzung sanitärer Anlagen
- Versicherungsbeiträge
- die Baustellenbeleuchtung

Außerdem müssen fällig gewordene Vertragsstrafen abgesetzt, sofern diese bei der Abnahme vorbehalten wurden, und Skonti abgezogen werden.

Für Werklieferungen und Dienstleistungen ausländischer Unternehmer in Deutschland schuldet der Auftraggeber gemäß § 13b UStG seit 01.01.2002 die Umsatzsteuer. Ein im Ausland ansässiges Unternehmen ist ein Unternehmer, der weder im Inland einen Wohnsitz, seinen Sitz, seine Geschäftsleitung oder eine Zweigniederlassung hat. Maßgebend ist der Zeitpunkt, zu dem die Gegenleistung erbracht wird. Bisher hatten die in Deutschland ansässigen Auftraggeber ausländischer Dienstleister oder Werklieferer entweder die im Inland anfallende Umsatzsteuer einzubehalten und an ihr zuständiges Finanzamt abzuführen oder die Nullregelung zu vereinbaren, wenn sie zum vollen Vorsteuerabzug berechtigt waren. Diese Besteuerungsform stand immer wieder in der Kritik der EU-Kommission und der anderen Mitgliedsstaaten. Sie wurde daher ab 2002 durch die Übernahme der Steuerschuld durch den im Inland ansässigen Auftraggeber ersetzt.

Die Steuerschuld des deutschen Auftraggebers ergibt sich aus dem mit dem ausländischen Vertragspartner vereinbarten Entgelt, das in der Regel mit dem Nettobetrag in der Eingangsrechnung identisch sein wird. Der anzuwendende Steuersatz ist der Normalsatz in Höhe von derzeit 16 %. Der inländische Steuerschuldner muss die Bemessungsgrundlage und den Steuerschuldbetrag gem. § 22 UStG gesondert aufzeichnen.

Mindestvoraussetzungen für die Freigabe der Schlusszahlung abschließend geprüfter Schlussrechnungen sind:

- Die bei der fachtechnischen Vorbegehung zur rechtsgeschäftlichen Abnahme festgestellten wesentlichen Mängel wurden beseitigt.
- Die vertraglich vereinbarte förmliche Abnahme wurde durchgeführt. Das Abnahmeprotokoll liegt rechtsgültig unterzeichnet vor.
- Die Revisionsunterlagen liegen vollständig vor.
- Die Mängelhaftungsfrist wurde durch Beginn und Dauer eindeutig bestimmt und in das Abnahmeprotokoll aufgenommen.

Beispiel

Abbildung 2.132 zeigt exemplarisch das Schlussblatt einer Schlussrechnungsprüfung.

Nach erfolgter Schlussabrechnung, Freigabe zur Zahlung und spätestens mit Leistung der Schlusszahlung muss der Auftragnehmer die nach § 16 Nr. 3 Abs. 2 VOB/B erforderliche Mitteilung erhalten, damit nach Ablauf der Frist zur Geltendmachung von Vorbehalten innerhalb von 24 Werktagen sowie nach Ablauf

				Forderung AN 06.10.04	Prüfergebnis PS 14.01.05
	Projekt: Bauvorhaben ABC – Haus 123				14.01.2005
	Schlussrechnungsprüfung Firma XYZ				
	Veränderung gem. Besprechung vom 07.10.2004 und				
	Telefonat Herr Meier/Herr PS vom 14.10.2004** und				
	Schreiben vom 11.01.2005,				
	Telefonat Herr Meier/Herr PS vom 13.01.2005**				
1.	Pauschalfestpreis gem. GU-Vertrag			5.826.086,96	
	1.1 abzüglich Minderleistungen gem. Vertrag			-21.300,00	
	1.2 zuzüglich Mehrleistungen gem. Vertrag			14.700,00	
2.	Zwischensumme			5.819.486,96	5.819.486,96
3.	Mehr-/Minderleistungen aus Nachträgen			190.265,21	190.415,21
4.	Zwischensumme			6.009.752,17	6.009.902,17
5.	abzüglich Nachlass	4%		-240.390,09	-240.396,09
6.	Zwischensumme			5.769.362,08	5.769.506,08
7.	zuzüglich Mehrwertsteuer	16%		923.097,93	923.120,97
8.	Zwischensumme		brutto	6.692.460,02	6.692.627,06
9.	Minderkosten gem. Liste Architekt vom 21.06.04			-178.093,05	-97.569,05
10.	Zwischensumme			6.514.366,97	6.595.058,01
11.	Mängelhaftungseinbehalt	5%	325.718,35	329.752,90	
	11.1 vorliegende Mgh.-Bürgschaften		-325.150,00	-325.150,00	
	11.2 restlicher Mängelhaftungsbetrag		rund 0,00	4.602,90	-4.602,90
12.	Zwischensumme			6.514.366,97	6.590.455,11
13.	abzüglich bisheriger Zahlungen			-6.110.400,00	-6.110.400,00
14.	Zwischensumme			403.966,97	480.055,11
15.	Sonstige Gegenforderungen				
	15.1 Bauwesenversicherung (von Ziff. 10)	0,20%	-13.028,73		-13.190,12
	15.2 vorläufige Verbrauchskosten		-19.253,13		-19.253,13
	15.3 Wasserentnahmekosten aufgrund				
	der Havarie		-7.290,00		-7.290,00
	15.4 Wasserentnahmekosten aufgrund				
	von Undichtigkeiten im Leitungsnetz		-1.765,75		-1.765,75
	15.5 Honorarkosten aufgrund der Havarie				
	Firma 123		-943,00		-943,00
	Architekt		-2.310,87		-2.310,87
	15.6 Zwischensumme			-44.591,48	-44.752,87
16.	Zwischensumme			359.375,48	435.302,24
17.	abzgl. Rechnungsfreigabe Projektsteuerer 11.08.04/04.09.04			-120.000,00	-325.150,00
18.	**Schlussrechnungssumme**			**239.375,48**	**110.152,24**
19.	**Vorbehalte zur Schlusszahlungssumme:**				
a)	die Verbrauchskosten gem. Ziff. 15.2 sind nur vorläufig				offen
b)	Vertragsstrafe/Mietausfallkosten			gem. Architekt 05.10.04	-66.358,44
20.	**Zahlungsfreigabe**				**43.793,80**

> * Verlängerung Mängelhaftung Estrich auf 10 Jahre. Der Einbehalt für den verlängerten Zeitraum beträgt 60.000,00 €. Vorliegende Bürgschaften mit entsprechendem Wert werden bis zum Ablauf der verlängerten Mängelhaftungsfrist durch den AG einbehalten.
>
> ** vorbehaltlich der Zustimmung des AG

Abb. 2.132 Beispiel des Schlussblattes einer Schlussrechnungsprüfung

von weiteren 24 Werktagen zur Begründung des Vorbehaltes feststeht, ob noch mit auftragnehmerseitigen Ansprüchen zu rechnen ist (vgl. *Abb. 2.133*).

Unstrittige Forderungen sind gemäß Vertrag fällig. Sofern der Auftraggeber mit der Ablösung von Sicherheitseinbehalten durch Bankbürgschaft (Mängelhaftungs-

Auftragsnummer:	Datum:

Baumaßnahme:

Rechnung für: Rechnungsdatum:

Anlagen

Sehr geehrte Damen und Herren,

wir haben veranlasst, dass _____ €
als Schlusszahlung an Sie überwiesen werden.

Die Zahlung weicht von dem in Ihrer Rechnung ausgewiesenen Betrag
☐ aus folgenden Gründen

☐ aus den dem Rechnungsabdruck zu entnehmenden Gründen
ab.

Ausschlusswirkung der Schlusszahlung gemäß § 16 Nr. 3 VOB/B:
Es wird ausdrücklich darauf hingewiesen, dass
- die vorbehaltlose Annahme dieser Schlusszahlung Nachforderungen ausschließt (vgl. § 16 Nr. 3 Abs. 2 VOB/B),
- auch früher gestellte, aber unerledigte Forderungen ausgeschlossen werden, wenn sie nicht nochmals vorbehalten werden (vgl. § 16 Nr. 3 Abs. 4 VOB/B),
- der Vorbehalt innerhalb von 24 Werktagen nach Zugang dieser Mitteilung über die Schlusszahlung erklärt werden muss (vgl. § 16 Nr. 3 Abs. 5 Satz 1 VOB/B),
- ein erklärter Vorbehalt hinfällig wird, wenn nicht innerhalb von weiteren 24 Werktagen eine prüfbare Rechnung über die vorbehaltenen Forderungen eingereicht oder, wenn das nicht möglich ist, der Vorbehalt eingehend begründet wird (vgl. § 16 Nr. 3 Abs. 5 Satz 2 VOB/B).

Mit freundlichen Grüßen

Abb. 2.133 EFB SZ Mitteilung der Schlusszahlung gemäß VHB Bund (2002)

bürgschaft) einverstanden ist, ist darauf zu achten, dass die Bürgschaftstexte den einschlägigen Anforderungen entsprechen (z. B. nach den Vergabehandbüchern des Bundes und der Länder, vgl. *Abb. 2.134*).

Bürgschaftsurkunde

Der Auftragnehmer

Name und Sitz

und

der Auftraggeber

letztlich vertreten durch

haben folgenden Vertrag geschlossen:

Nr. des Auftragschreibens/Vertrages   Datum

Bezeichnung der Leistung

Nach den Bedingungen dieses Vertrages hat der Auftragnehmer als Sicherheit für die Erfüllung der Mängelansprü-che einschließlich Schadensersatz und für die Erstattung von Überzahlungen einschließlich der Zinsen dem Auf-traggeber eine Bürgschaft zu stellen.

Der Bürge

Name und Anschrift

übernimmt hiermit für den Auftragnehmer die selbstschuldnerische Bürgschaft nach deutschem Recht und verpflich-tet sich, jeden Betrag bis zu einer Gesamthöhe von

€

an den Auftraggeber zu zahlen.
Auf die Einreden der Anfechtung, der Aufrechnung sowie der Vorausklage gemäß §§ 770, 771 BGB wird verzichtet.
Die Bürgschaft ist unbefristet; sie erlischt mit der Rückgabe dieser Bürgschaftsurkunde.
Gerichtsstand ist der Sitz der zur Prozessvertretung des Auftraggebers zuständigen Stelle.

Ort, Datum   Unterschriften

Abb. 2.134 EFB-Sich 2 Mängelhaftungsbürgschaft gemäß VHB Bund (2002)

Vor Freigabe von Sicherheitsleistungen – zum vereinbarten Zeitpunkt oder regelmäßig bei Ablauf der Mängelhaftungsfristen bzw. durch Hemmungen verlängerter Fristen – ist zu prüfen, ob die besicherte Leistung noch in ordnungsgemäßem Zustand ist. Diese Prüfung kann durch den Auftraggeber selbst oder durch beauftragte Dritte, insbesondere die Objekt- und Fachplaner vorgenommen werden.

Gemäß § 17 Nr. 8 VOB/B hat der Auftraggeber eine nicht verwertete Sicherheit zum vereinbarten Zeitpunkt, spätestens nach Ablauf der Verjährungsfrist für die Mängelhaftung, zurückzugeben. Soweit jedoch zu dieser Zeit seine Ansprüche noch nicht erfüllt sind, darf er einen entsprechenden Teil der Sicherheit zurückhalten.

Der Projektsteuerer hat den Auftraggeber innerhalb der mit ihm vereinbarten Vertragsdauer vor Rückgabe der jeweiligen Mängelhaftungsbürgschaft aufzufordern, die Ordnungsmäßigkeit der zugehörigen Leistung zu überprüfen. Der Rückgabezeitpunkt der Bürgschaft kann durch das Prüfungsergebnis hinausgeschoben werden.

2.4.5.7 5C1 Überprüfen der Kostenfeststellungen der Objekt- und Fachplaner

Gegenstand und Zielsetzung

Die Kostenfeststellung ist Grundleistung der Objekt- und Fachplaner in der Lph. 8 der HOAI. Aufgabe der Projektsteuerer ist es, die Vollständigkeit und Richtigkeit der Kostenfeststellungen zu überprüfen. Häufig sind Lücken insbesondere in den Kostengruppen 100 und 200 sowie 500 bis 700 festzustellen. Probleme der Übernahme von Schlussrechnungswerten entstehen immer dann, wenn durch ausstehende Nachtragsvereinbarungen oder gar Streitigkeiten, die zu Prozessen führen, die letztgültigen Zahlen noch nicht genannt werden können. Hier ist zu empfehlen, in einer Bemerkungsspalte den aktuellen Sachstand zu erläutern und Prognosen für die ausstehenden Kostenfeststellungsbeträge zu geben.

Richtigerweise erfolgt die Überprüfung der Kostenfeststellungen durch den Projektsteuerer erst im Zusammenhang mit den Leistungen zum Projektabschluss (also nicht wie bei den planenden und Objekt überwachenden Architekten und Ingenieuren im Zuge der Projektstufe 4), um sicherzustellen, dass alle notwendigen Daten auch verfügbar sind. Erfahrungsgemäß klaffen die Zeitpunkte der Inbetriebnahme eines Objektes einerseits und des Vorliegens sämtlicher Schlussabrechnungsunterlagen andererseits erheblich auseinander. Regelmäßig sind auch Ergänzungsleistungen durchzuführen, deren Notwendigkeit sich in den ersten Betriebswochen und -monaten herausstellt, jedoch Grundbestandteil einer Maßnahme sind und deshalb den Erstinvestitionskosten hinzugerechnet werden müssen.

Methodisches Vorgehen

Die Überprüfung der Kostenfeststellungen der Planer wird wesentlich erleichtert, wenn während der gesamten Planungs- und Abwicklungszeit einer Maßnahme eine *Mittelbewirtschaftung* aufgebaut und geführt wurde, die zum Zeitpunkt des Projektabschlusses ohnehin *Kostenfeststellungsfunktion* mit übernimmt. Wenn die

Mittelbewirtschaftung richtig aufgebaut und ständig aktualisiert wurde, dann ist sie Messlatte für die Kostenfeststellungen der Planer.

Sie beinhaltet nicht nur die einzelnen *Abrechnungssummen* in entsprechender Transparenz, sondern auch den aktuellen *Zahlungsstand* und zum Vergleich die *Ansätze der Kostenberechnung* oder, je nach Erfordernis, einer anderen Kostenermittlung. Außerdem gibt sie detailliert Auskunft über die *Kostenentwicklung in chronologischer Folge*.

Das Vorgehen beim Überprüfen der Kostenfeststellungen richtet sich maßgeblich danach, ob die Projektsteuerung mit der Projektbuchhaltung beauftragt und von dieser durchgeführt wurde (vgl. *Ziff. 2.4.1.17*) oder ob diese vom Auftraggeber selbst oder einer anderen Institution geführt wurde.

Überprüfen der Kostenfeststellungen bei Projektbuchhaltung durch den Projektsteuerer

In diesem Fall werden alle Aufträge, Auszahlungen und Einbehalte durch die Kostenkontrolle des PS auf der Basis der aktuellen Kostenberechnung (Parallelermittlung) gebucht. Im Zuge der Kostenbuchung erfolgt auch die Kontrolle der vollständigen und korrekten Erfassung aller Aufträge und Auszahlungen.

Nach der letzten Buchung der Auszahlungen für Bauleistungen ergibt sich die Kostenfeststellung der Bauleistungen als Berechnungsgrundlage der anrechenbaren Kosten zur Abrechnung der Honorare der Architekten und Fachingenieure.

Nachdem für alle Aufträge die Schlusszahlungen erfasst wurden, kommt die Kostenfeststellung des PS mit der Kostenauswertung und dem Kostenausdruck automatisch zustande.

Gelangen im Zuge der Kostenkontrolle und -steuerung vorgesehene Teilleistungen (Leitpositionen) nicht zur Ausführung und/oder wird Unvorhersehbares nicht oder nicht in vollem Umfang in Anspruch genommen, so sind diese Beträge vor Fertigstellung der KF in den Ausgleichsposten zu buchen.

Die Prüfung der KF der Architekten bzw. Ingenieure erfolgt daher durch deren Vergleich mit der KF des Projektsteuerers. Die festgestellten Abweichungen sind in Abstimmung mit dem AG und den Architekten/Ingenieuren aufzuklären.

Nach der Prüfung und ggf. der Korrektur sind die Unterlagen der KV einschließlich des abschließenden Kostenberichtes zusammenzustellen. Evtl. sind sonstige Unterlagen auf Wunsch des AG zu erstellen, wie z. B. Auflistung der noch vorhandenen Einbehalte mit Angabe der voraussichtlichen Auszahlungstermine.

Überprüfen der Kostenfeststellungen bei Projektbuchhaltung durch AG oder eine andere Institution

In diesem Fall ist zuerst die Überprüfung der Vollständigkeit der Schlussrechnungs- und -zahlungsunterlagen und ggf. der erforderlichen Auftragsunterlagen sowie Kostenermittlungen für die Kostenauswertung erforderlich.

Nach Erhalt der vollständigen Unterlagen ist die KF der Architekten bzw. Ingenieure sachlich und rechnerisch zu überprüfen bezüglich:

- ausreichender Untergliederung der KF nach DIN 276, ggf. zusätzlich nach Vergabeeinheiten/Leistungsbereichen
- Differenzierung nach Firmen und Aufträgen
- vollständiger und korrekter Erfassung aller Leistungen
- Ausweisung der Einbehalte
- Angabe der MwSt.

Sollte die nicht ausreichende Untergliederung/Differenzierung dazu führen, dass die KF nicht prüffähig ist, ist diese mit kurzer Begründung und Bitte um Überarbeitung zurückzugeben. Nach der Prüfung und ggf. der Korrektur sind ggf. erforderliche Ergänzungsunterlagen durch den Projektsteuerer aufzustellen, z.b. für den abschließenden Kostenbericht und die interne Auswertung der Kostendaten.

Für das methodische Vorgehen ist grundsätzlich eine *Prozesskette in drei Schritten* zu empfehlen.

Im ersten Schritt wird zweckmäßigerweise die *Vollständigkeit der Ansätze* in den Kostenfeststellungen überprüft:

- Sind alle Auftragnehmer, Gewerke, Leistungen enthalten?
- Sind alle Hauptaufträge und zugehörigen Nachträge aufgeführt?
- Sind alle sonstigen Leistungen deklariert, für die regelwidrig kein Vertrag erstellt wurde (wie z. B. Regieleistungen, mündlich beauftragte usw.)?
- Ergibt sich aus den Unterlagen schlüssig, dass die jeweiligen Leistungen vollständig abgerechnet wurden und mit Nachforderungen nicht mehr gerechnet werden muss (Schlusszahlungen wurden im Sinne von § 16 Nr. 3. VOB/B vorbehaltlos angenommen)?
- Welche Forderungen sind noch offen oder gar strittig, welche Leistungen wurden noch gar nicht in Rechnung gestellt?

Im Normalfall ist diese Überprüfung auf Vollständigkeit sicher und ohne Schwierigkeiten durchzuführen, weil dem Projektsteuerer aus seiner vorangegangenen Tätigkeit der Mitgestaltung der Verträge mit den Ausführenden und der Abrechnung der Leistungen der Ausführenden alle einschlägigen Daten vorliegen und mit den Kostenfeststellungen der Planer nur noch verglichen werden müssen. Besonderes Gewicht kommt bei diesem ersten Schritt deshalb der Kontrolle der Kostenfeststellungsunterlagen der Planer auf Übereinstimmung mit bzw. auf Abweichungen von den beim Projektsteuerer vorliegenden Unterlagen zu.

Im zweiten Schritt erfolgt die vergleichende Überprüfung auf *Übereinstimmung der Höhe nach*:

- mit den beim Projektsteuerer bzw. Auftraggeber vorliegenden Rechnungsunterlagen, Differenzen sind aufzuklären
- mit den zugrunde liegenden Verträgen, wobei Abweichungen von mehr als 10 % von den Auftragssummen vom zuständigen Objektüberwacher begründet sein müssen
- mit den Ansätzen in der Mittelbewirtschaftung, in der sämtliche Abrechnungsvorgänge verarbeitet sein müssen, so dass sich zwangsläufig Deckungsgleichheit zwischen Mittelbewirtschaftung und Kostenfeststellung einstellen muss; Abweichungen sind Hinweise auf Fehler und daher aufzuklären.

Im dritten Schritt schließlich ist zu überprüfen, ob die *Gliederung der Kostenfeststellungen* den üblichen oder auch besonderen vertraglichen Vorgaben entspricht. In Betracht kommen hierbei insbesondere folgende Gliederungsarten:

- kostengruppenweise nach DIN 276
- vergabeeinheiten- bzw. leistungsbereichsweise im Sinne von DIN 276
- Kopplung der beiden vorgenannten Gliederungsarten in matrixartiger Darstellung kostengruppen- und vergabeeinheiten- bzw. gewerkeweise
- Gliederung nach auftraggeberspezifischen Vorgaben (Berücksichtigung abschreibungstechnischer Gesichtspunkte wie z. B. gesonderte Erfassung kurzlebiger Bauteile und Geräte)

Die Kostenfeststellungen der Objekt- und Fachplaner werden nach abgeschlossener Prüfung und Richtigstellung gefundener Fehler und Differenzen vom Projektsteuerer abschließend zusammengestellt und um die Kostengruppen und Kostenansätze ergänzt, die nicht objekt- und fachplanerspezifisch sind. Dies ist insbesondere der vom Projektsteuerer bearbeitete Bereich der Kostengruppe 700 nach DIN 276 (Nebenkosten). Ferner erfragt der Projektsteuerer – soweit dies nicht bereits früher geschehen ist – die vom Auftraggeber darüber hinaus veranlassten Kosten wie z. B. Grundstückserwerb, öffentliche Erschließung, Finanzierungskosten und sonstige Gebühren.

2.4.5.8 5A2 Mitwirken beim systematischen Zusammenstellen und Archivieren der Bauakten inklusive Projekt- und Organisationshandbuch

Gegenstand und Zielsetzung

Jeder Projektbeteiligte ist verpflichtet, die Projektunterlagen für seinen Aufgabenbereich so zu ordnen, wie es gemäß Projekthandbuch (vgl. *Ziff. 2.4.2.11*) vorgesehen ist. Das Projektmanagement hat dafür zu sorgen, dass diese Verpflichtung bei Abschluss des Projektes auch von allen Projektbeteiligten eingehalten wird.

Methodisches Vorgehen

Der Projektsteuerer hat anhand des Organisations- und des Projekthandbuchs die Gliederung und Klassifizierung der Bauakten vorzugeben. Dazu hat er mit dem Auftraggeber ein geeignetes Verfahren abzustimmen, durch das die Vollständigkeit der von den Projektbeteiligten übergebenen zeichnerischen Darstellung und rechnerischen Ergebnisse des Objektes gewährleistet wird.

Das systematische Zusammenstellen der zeichnerischen Darstellungen und rechnerischen Ergebnisse des Objektes ist Grundleistung der Leistungsphase 9 u. a. in § 15 Abs. 2, § 55 Abs. 2 und § 73 Abs. 3 HOAI.

Bei Einsatz eines Projektkommunikationssystems (vgl. *Ziff. 2.4.1.15* und *2.5.1*) ist zwingend eine Dateistruktur vorzugeben. Diese orientiert sich an konventionellen Ablagestrukturen.

Beispiel

Registratur- und Ablagesystem für das Projektmanagement

1.	**Organisation**	4.2.1	Wasser	
1.1	Projektbegleitblatt (int.		... Gliederung wie vor	
	Leistungskontr.)	4.2.2	Abwasser	
1.2	Inhaltsverzeichnis		... Gliederung wie vor	
1.3	Organisationshandbuch	4.2.3	Strom	
1.4	Nutzerbedarfsprogramm		... Gliederung wie vor	
1.5	Projekthandbuch	4.2.4	Gas	
1.6	Projektkennwerte		... Gliederung wie vor	
1.7	Allg. Information/Dokument. (m.	4.2.5	Post/Telekom	
	Fotos)		... Gliederung wie vor	
		4.2.6	...	

2. Auftraggeber/Nutzer/Sonstige
2.1 Auftraggeber/PS
2.1.1 Schriftverkehr, Aktennotizen
2.1.2 Vertrag/Angebot/Nachträge
2.2 Nutzer/PS
2.3 Sonstige (alphabetisch sortiert)

3. Planung
3.1 Architekt
3.1.1 Schriftverkehr, Aktennotizen
3.1.2 Vertrag/Angebot/Nachträge
3.1.3 Rechnungen
3.1.4 Ergebnisse
3.2 Tragwerksplaner
   ... Gliederung wie vor
3.3 TGA
3.3.1 HLS
   ... Gliederung wie vor
3.3.2 ELT
   ... Gliederung wie vor
3.4 Sonstige Planer
3.4.1 Planer X1
   ... Gliederung wie vor
3.5 Gutachter
3.5.1 Gutachter Y1
   ... Gliederung wie vor

4. Behörden/Versorgungs-unternehmen
4.1 Behörden
4.1.1 Bauordnungsamt
4.1.1.1 Schriftverkehr, Aktennotizen
4.1.1.2 Rechnungen
4.1.1.3 Anträge/Genehmigungen
4.1.2 Stadt
   ... Gliederung wie vor
4.1.3 ...
4.2 Versorgungsunternehmen

5. Firmen
5.1 Firma 1
5.1.1 Schriftverkehr, Aktennotizen
5.1.2 Vertrag/Angebot/Nachträge
5.1.3 Rechnungen
5.2 Firma 2
   ... Gliederung wie vor

6. Protokolle
6.1 Nutzerbesprechungen
6.2 Projektbesprechungen (Jours fixes)
6.3 Planungsbesprechungen
6.4 Baubesprechungen
6.5 Sonstige Besprechungen

7. Berichte
7.1 Quartalsberichte
7.2 Monatsberichte
7.3 Sofortberichte

8. Kostenplanung
8.1 Kostenrahmen (Kostenermittlung I)
8.2 Kostenschätzung (Kostenermittl. II)
8.3 Kostenberechnung (Kostenermittl. III)
8.4 Kostenanschlag vor Vergabe (KE IV)
8.5 Kostenanschlag nach Vergabe (KE V)
8.6 Kostenfeststellung (KE VI)

9. Kostenkontrolle und -steuerung
9.1 Rechnungsbuchung nach Firmen
9.2 Rechnungsbuchung chronologisch
9.3 Kostenberichte
   ... Gliederung wie vor
9.4 Sollkostenvorgaben zu Vergabeeinheiten
9.5 Deckungsbestätigungen zu Aufträgen
9.6 Deckungsbestätigungen zu Nachträgen

10. **Termine**	11.1.2 Tragwerksplaner
10.1 Terminrahmen	11.1.3 TGA
10.2 Generalablaufplan	11.2 Entwurfsplanung
10.3 Grobablaufplan der Planung	... Gliederung wie vor
10.4 Grobablaufplan der Ausführung	11.3 Genehmigungsplanung
10.5 Steuerungsablaufplan der Planung	... Gliederung wie vor
10.6 Steuerungsablaufplan der Ausführung	11.4 Ausführungsplanung
rung	... Gliederung wie vor
10.7 Detailablaufpläne der Planung	
10.8 Detailablaufpläne der Ausführung	**12.** **Preisspieel/Ausschreibung/ überzählige Angebote**
10.9 Terminlisten Ausschreibungen	
10.10 Checklisten zu terminl. Sonderproblemen	12.1 Gewerk 1
	12.1.1 Preisspiegel
	12.1.2 Ausschreibungsunterlagen
11. **Planunterlagen**	12.1.3 überzählige Angebote
11.1 Vorplanung	12.2 Gewerk 2
11.1.1 Architekt	... Gliederung wie vor

Abb. 2.135 Registratur- und Ablagesystem für das Projektmanagement

Abbildung 2.135 zeigt das Beispiel eines Registratur- und Ablagesystems für das Projektmanagement.

2.5 Neue Leistungsbilder im Projektmanagement

Neben der klassischen Projektsteuerung in Stabsfunktion und der Projektleitung in Linienfunktion haben sich seit etwa 10 Jahren weitere Leistungsbilder etabliert, die das Bauprojektmanagement teilweise ergänzen, teilweise aber auch erheblich erweitern im Hinblick auf die Haftungs- und Risikoübernahme des Auftragnehmers. Dazu zählen u. a. die bereits vorgestellte Projektentwicklung i. e. S. vor Planungsbeginn (vgl. *Kap. 1*) und das Construction Management at risk für Planung und Ausführung (vgl. *Ziff. 2.5.6*). Nachfolgend werden 8 neue bzw. zusätzliche Aufgabenfelder beschrieben, dabei jeweils gegliedert in 3 Abschnitte, soweit möglich und sinnvoll:

• Einführung zum Verständnis von Art und Umfang der Leistungen
• Leistungsbild, teilweise mit Kommentar und strukturiert nach Projektstufen und Handlungsbereichen
• Honorierung, wobei vielfach vorgeschlagen wird, je nach Individualität und Komplexität des Einzelfalles eine Vergütung nach Zeitaufwand vorzunehmen

Um den Auftraggebern einen raschen Überblick zu ermöglichen und ihnen die Auswahl von sinnvollen Leistungsbildern in Abhängigkeit von ihrer eigenen fachlichen und personellen Kapazität zu erleichtern, wird durch die *Abb. 2.136* und *Abb. 2.137* eine Einstiegshilfe gegeben.

Abbildung 2.136 zeigt in einem Kaskadenmodell die Entwicklung von Projektmanagementleistungen mit:

Projekt-controlling	Projekt-steuerung	Projekt-management	Bauprojekt-management	Construction Management at agency	Construction Management at risk
					Unternehmerische Verantwortung f. Qualitäten, Kosten (GMP), Termine
				Value Management Baulogistik	Value Management Baulogistik
			OP Objektplanung § 15 Nr. 5-8 HOAI		OP Objektplanung § 15 Nr. 5-8 HOAI
		PL Projektleitung	PL Projektleitung	PL Projektleitung	PL Projektleitung
	PS Projektsteuerung	PS Projektsteuerung	PS Projektsteuerung	PS Projektsteuerung	PS Projektsteuerung
PC Projektcontrolling			PC Projektcontrolling (optional)		PC Projekt-Controlling (zwingend)

Projektmanager als Interessenvertreter des AG   Projektmanager handelnd im eigenen Interesse

Abb. 2.136 Kaskadenmodell der Projektmanagementpraxis im Bauwesen (Quelle: Bennison, Diederichs, Eschenbruch (2004), aus DVP-Arbeitskreis CM)

PM-Leistungsbilder / Fachliche und personelle Kapazität beim AG	Kaskadenmodell gemäß AHO Heft 19				
	Controlling	PS/ CM at agency	PM nach AHO Heft 9	Baumanagement	CM at risk
sehr hoch	x	x	x		x
hoch		x	x		x
durchschnittlich			x	x	
gering			x	x	
sehr gering			x	x	

PM-Leistungsbilder / Fachliche und personelle Kapazität beim AG	Weitere neue Leistungsbilder gemäß AHO Heft 19						
	Projektkommunikationssysteme intern	Projektkommunikationssysteme extern	Projektentwicklung i. e. S.	Erstbewertung/ Bestandsbewertung	Nutzer-Projektmanagement	Unabhängiges Projektcontrolling für Dritte	Bauprojekt- und Bauvertragsmanagement aus einer Hand
sehr hoch	x	(x)	(x)		je nach Kompetenz und Kapazität des Nutzers	je nach Kompetenz und Kapazität des Dritten (Investor, Bank, Nutzer)	
hoch	x	(x)	x	(x)			(x)
durchschnittlich	(x)	x	x	x			x
gering		x	x	x			x
sehr gering		x	x	x			x

Abb. 2.137 Auswahlmatrix von PM-Leistungsbildern in Abhängigkeit von der Kapazität beim Auftraggeber (Quelle: Diederichs (2004a), S. 2)

- dem Projektcontrolling und der Projektsteuerung in Stabsfunktion,
- dem Projektmanagement mit Projektleitung und Projektsteuerung sowie dem Bauprojektmanagement durch Ergänzung von Leistungen der Ausschreibung, Vergabe und Objektüberwachung der Leistungsphasen 6 bis 8 des § 15 HOAI, jeweils in Linienfunktion,
- dem Construction Management at agency, das dem Projektmanagement entspricht, jedoch unter besonderer Betonung des Value Managements (*Ziff. 2.5.7*) und der Baulogistik sowie
- dem Construction Management at risk als Generalübernehmer des Projektes mit voller werkvertraglicher Verantwortung und Haftung für Qualitäten, Kosten und Termine.

In der Auswahlmatrix gemäß *Abb. 2.137* werden im oberen Teil die Leistungsbilder des Kaskadenmodells und im unteren Teil die Leistungen der weiteren Aufgabenfelder aufgeführt.

Bei der fachlichen und personellen Kapazität des Auftraggebers wird unterschieden zwischen den Abstufungen sehr hoch bis sehr gering. Die in der Matrix angegebenen x bzw. (x) sollen darauf hindeuten, welche Leistungsbilder für den jeweiligen Auftraggeber in Abhängigkeit von seiner Konstellation in Betracht kommen können.

2.5.1 Implementierung und Anwendung von Projektkommunikationssystemen und von IT-Tools für das Projektmanagement

Einführung

Im Bauprojektmanagement setzt sich zunehmend die Anwendung von Projektinformations- und Kommunikationssystemen (PKS) für Projekte mit Gesamtkosten ab 5 Mio. € durch. Eine DVP-Studie (Thiesen, 2005) jedoch ergab, dass auch bereits bei kleineren Projekten die Nutzung von PKS denkbar und sinnvoll ist. Kaum ein Auftraggeber sowie auch Planer und Firmen wollen noch auf das jeweilige Intranet „ihres Projektes" verzichten, das ihnen den bequemen und schnellen Datenaustausch von Protokollen, Schriftverkehr und Arbeitsergebnissen ermöglicht.

Abzuwägen sind jeweils die Vor- und Nachteile der PKS externer Anbieter sowie von Eigenentwicklungen der Projektmanager für die interne Anwendung von IT-Kooperationstools. Bei beiden handelt es sich i. d. R. um Internet-basierte und Datenbank-gestützte Anwendungen für definierte, dem Projektverlauf angepasste erweiterbare Benutzergruppen. Durch PKS können Informationen orts- und zeitunabhängig ausgetauscht werden (Schneider, 2004, S. 5 ff.).

Nutzer des Systems sind alle Projektbeteiligten. Das System unterstützt die Prozesse:

- Informationserfassung und Steuerung der Informationsverteilung (z. B. Document-Center, Taskmanagement u. Ä.) sowie Steuerung der Abläufe mittels EDV-gestütztem Workflowmanagement
- Selektieren und Verdichten von Informationen durch EDV-gestütztes Controlling und Berichtswesen
- Ablegen nach entsprechenden Archivierungsregeln

Zu den Projektkommunikationsmodulen zählen:

- die Projektinformation mit den wichtigsten Projektdaten gemäß Projekthandbuch
- das Planverwaltungsmanagement
- das Planreproduktions- und Versandmanagement über das Kommunikationssystem oder eine angeschlossene Reproanstalt
- die Projektkommunikation mit dem elektronischen Informationsaustausch über E-Mail und Internet bzw. Intranet

Eine hohe Datensicherheit ist durch Schutz der IT-Plattform vor unberechtigtem Zugriff, Virenbefall, Datenverlust, Einbruch, Brand, Unterbrechung der Stromversorgung und Ausfall der Hardware herzustellen.

Die Vorteile des schnellen zeit- und ortsunabhängigen Zugriffs auf die aktuellen Projektinformationen liegen in der dadurch erzielbaren Zeitersparnis, der Vermeidung von Übertragungsfehlern und der Förderung der Kommunikation zwischen den Projektbeteiligten. Praxisbeispiele belegen, dass der monetäre Nutzen der Kommunikationssysteme den Aufwand für Erstellung, Einrichtung und Betrieb für alle Projektbeteiligten deutlich übersteigt. Hinzu kommt die Dokumentations- und Nachweissicherheit z. B. bei Prüfung der Kausalität zwischen dem Zeitpunkt der Planlieferung und dem Eintritt einer vom Auftraggeber zu vertretenden Behinderung.

Für den Einsatz eines Projektkommunikationssystems kommen 3 Alternativen in Betracht:

- Der Projektmanager verfügt über ein eigenes System, das er den projektspezifischen Gegebenheiten anpasst und dem Auftraggeber zur Verfügung stellt.
- Der Projektmanager empfiehlt dem Auftraggeber den Einsatz eines Systems externer Anbieter und sorgt in Abstimmung mit dem Auftraggeber für den projektspezifischen Einsatz.
- Der Auftraggeber verfügt über ein eigenes System und verpflichtet den Projektmanager und die Projektbeteiligten zur verbindlichen Anwendung.

Die *Abb. 2.138* und *Abb. 2.139* benennen einige Vor- und Nachteile von Kommunikationssystemen externer Anbieter oder interner Eigenentwicklungen.

Projektkommunikationssystem externer Anbieter	
Vorteile	**Nachteile**
- Hohe Datensicherheit durch ausgereifte Sicherheit (Firewalls etc.) - Hohe Supportverfügbarkeit (i. d. R. 24-Stunden-Service) - Hoher Entwicklungsstand durch zahlreiche Anwendererfahrungen - Haftungsbegrenzung für den Bauprojektmanager, sofern der externe Anbieter direkt vom Auftraggeber beauftragt wird	- Ausgelagerter Server - Kein individueller Zuschnitt auf Kundenbedürfnisse bzw. hoher Customizing-Aufwand - Überfrachtung mit nicht benötigten Funktionen - Abhängigkeit von externem Partner - Unsichere Stabilität des externen Partners (Mitarbeiter, Insolvenzrisiko) - Häufig begrenztes Fachwissen im Bauprojektmanagement

Abb. 2.138 Vor- und Nachteile externer Anbieter von IT-Kooperationstools
(Quelle: Diederichs (2003c), S. 38)

Projektkommunikationssystem als Eigenentwicklung	
Vorteile	**Nachteile**
- Server steht beim Auftraggeber oder beim Bauprojektmanager - Zuschnitt auf individuelle Kundenbedürfnisse - Berücksichtigung von Anwenderinteressen - Keine Überfrachtung mit nicht benötigten Funktionen - Keine Abhängigkeit von externem Partner - Hohes Fachwissen im Bauprojektmanagement	- Datensicherheit, abhängig vom Standard der Firewalls etc. - Supportverfügbarkeit ggf. begrenzt - Entwicklungsstand abhängig von Anzahl der Anwendungen - IT-Kompetenzen für Entwicklung, Aufbau und Betrieb müssen im eigenen Unternehmen vorhanden sein

Abb. 2.139 Vor- und Nachteile von Eigenentwicklungen und internen Anwendungen von IT-Kooperationstools (Quelle: Diederichs (2003c), S. 39)

Die Anforderungen an Projektkommunikationssysteme wurden im Rahmen des DVP-Arbeitskreises IT-Tools (2005) definiert (vgl. *Ziff. 2.6*).

Leistungsbild

Nachfolgendes Leistungsbild beschreibt die erforderlichen Leistungen des Projektmanagers für die Systemauswahl, die Systemimplementierung und dessen Betrieb sowie den Systemabschluss.

1. Projektvorbereitung

Systemauswahl

1. Klären der organisatorischen Einbindung (Prozessauswahl, Prozessbeschreibung, Zugriffsstrukturen, Bezeichnungssystematik, Datenstruktur)
2. Mitwirken bei der Klärung der technischen Einbindung (Hard- und Softwarevoraussetzungen, Verfügbarkeit, Servicebedarf, Datenhaltung, Sicherheitskonzept, Schnittstellenanforderungen)
3. Abstimmen der Ergebnisse und anschließende Dokumentation zur Verwendung im Organisationshandbuch
4. Mitwirken bei der Analyse der am Markt verfügbaren Systeme und ihrer projektspezifischen Einsatzmöglichkeiten
5. Mitwirken beim Einholen und Auswerten von Angeboten
6. Dokumentation der Auswahlempfehlung in einer Entscheidungsvorlage
7. Mitwirken bei Vertragsgestaltung und -verhandlungen bis zur Unterschriftsreife

2. Planung, Ausführungsvorbereitung, Ausführung

Systemimplementierung/-betrieb

1. Bereitstellen der zentralen Infrastruktur

- Konfiguration der Serverhard- und -software
- Registrieren der Benutzer im System
- Konfiguration der Benutzerprofile und Zugriffsrechte
- Einrichten der Projektstrukturen im System im Hinblick auf die nutzungsspezifischen Belange (z. B. Ordnungsmerkmale, Vorgänge, Arbeitsflüsse wie:
  - Projektbeteiligtenliste (Neueinträge/Änderungen)
  - Projektänderungsablauf (Planung)
  - Besprechungskoordination (Einladung/Protokolle)
  - Abwicklung des projektbezogenen Schriftverkehrs
  - Dokumentation von Arbeitsergebnissen (Kosten, Termine etc.)
  - Dokumentation von Planübergaben, Plänen und Planfreigaben
  - Dokumentation von Rechnungsübergaben, Rechnungen und Rechnungsfreigaben
  - Maßnahmen-/Entscheidungskataloge
2. Durchführen der Initial-/Anwenderschulung
3. Erbringen von technischen und organisatorischen Supportleistungen
4. Anpassen des Systems bei Anpassungsnotwendigkeiten
5. Regelmäßige Sicherung des Datenbestandes
6. Anwenderschulungen im laufenden Betrieb

Systemabschluss

1. Erstellen der Systemabschlussdokumentation und Bereitstellen der Systemdaten
2. Löschen bzw. Begrenzen von Zugriffsrechten

Abb. 2.140 Leistungsbild Implementierung und Anwendung von Projektkommunikationssystemen.

Honorar

Die Systemauswahl ist Grundleistung der Projektsteuerung in der Projektstufe 1 Projektvorbereitung im Handlungsbereich A Organisation, Information, Koordination und Dokumentation (vgl. *Ziff. 2.4.1.15*). Die Systemimplementierung und der -betrieb sowie der Systemabschluss stellen besondere Leistungen dar, die eine zusätzliche Honorierung erfordern. Diese kann aufwandsbezogen oder als Pauschale vereinbart werden. Eine Pauschale setzt stabile Projektrahmenbedingungen voraus. Der Aufwand richtet sich im Wesentlichen nach dem Projektvolumen, damit der Datenmenge und Speicherkapazität, der Anzahl der projektbeteiligten Anwender und der Projektlaufzeit.

Die aus der Systemanwendung resultierenden Produktivitätssteigerungen führen bei den Anwendern zur Reduzierung der Nebenkosten, die seitens der Auftraggeber auftragsspezifisch zu verhandeln ist. Honorarvereinbarungen werden i. d. R. nach Einrichtung, Schulung und Betrieb differenziert. Das Honorar für den Systembetrieb wird von externen Anbietern vielfach auf die Zahl der Anwender und den benötigten Speicherplatz bezogen und schwankt derzeit zwischen netto 25 € und 80 € pro Monat und Anwender.

2.5.2 Risikobewertung von Neubau- oder Bestandsimmobilien (Real Estate Due Diligence)

Einführung

Die Risikobewertung dient Investoren vor allem als Entscheidungshilfe zur Beurteilung der Vorteilhaftigkeit des Erwerbs von Neubauten, aber insbesondere auch von Bestandsimmobilien, die aufgrund der derzeit geringen Investitionen in Neubauten seitens institutioneller Kapitalanleger wie z. B. Offene Immobilienfonds immer größere Bedeutung erlangen.

Die Risikobewertung erhält zunehmende Bedeutung auch für Kreditinstitute im Rahmen ihrer Beurteilung von Neubau- und vor allem Bestandsobjekten für das Projektrating als Entscheidungshilfe für die Kreditgewährung nach Basel II (vgl. *Ziff. 1.7.14.3*).

Ziele der Risikobewertung von Neubau- oder Bestandsimmobilien sind (Knäpper, 2004, S. 36 ff.):

- Verfahrensvorgaben zur Früherkennung von Risiken in den Bereichen Nutzerbedarf, Wirtschaftlichkeit, Vergaben, Änderungen, Kosten, Termine und Entscheidungen
- Institutionalisierte Frühwarnsysteme zur Risikoidentifizierung und -behandlung

Die wichtigsten Risikoarten und -ausprägungen im Rahmen der Real Estate Due Diligence zeigt *Abb. 2.141*.

Risikoart	Risikoausprägung
Entwicklungsrisiko	• Standort nicht adäquat für vorgesehene Nutzung • Prognostizierte Marktentwicklungen treten nicht ein • Nutzung nicht marktgerecht • Planung nicht marktgerecht • Das Projekt stellt sich nachträglich als nicht durchführbar oder nicht wirtschaftlich heraus.
Boden-, Baugrundrisiko	• Altlasten, Kontaminationen • Kampfmittel • Eingeschränkte Tragfähigkeit • Grundwasser
Genehmigungsrisiko	• Baugenehmigung wird nicht erteilt • Auflagen durch die Bauaufsichtsbehörde • Einwände von Nachbarn
Vertrags- und Mängelhaftungsrisiko	• Baumängel
Zeitrisiko	• Überschreitung der geplanten Entwicklungsdauer • Überschreitung des geplanten Fertigstellungstermins • Überschreitung der geplanten Vermarktungsdauer
Finanzierungsrisiko	• Unzureichende Eigenkapitalausstattung • Zinsänderungen • Belastungen durch zeitliche Verzögerungen
Kostenrisiko	• Zusätzliche Kosten durch zeitliche Verzögerungen • Nachträgliche Planungsänderungen

	• Ungenaue Ausschreibung • Nachträge
Standort- und Vermarktungsrisiko	• Unterschreitung der Planverkäufe/Planvermietungen • Unterschreitung der geplanten Verkaufspreise/Mieterlöse • Zusätzliche Kosten durch längere Bestandshaltung

Abb. 2.141 Risikoarten und -ausprägungen bei der Überprüfung von Projektrisiken (Quelle: Knäpper (2004), S. 37)

Leistungsbild

Real Estate Due Diligence bedeutet sorgfältige und streng formalisierte Analyse und Bewertung einer Immobilie zur Feststellung der Chancen und Risiken der Investition. Das Leistungsbild der Grundleistungen zeigt *Abb. 2.142.*

Zur Erfassung der Chancen und Risiken von Immobilien sind mindestens die 4 Prüfungsfelder Markt, Grundstück, Gebäude sowie Planung und Ausführung gemäß *Abb. 2.143* zu untersuchen. Die steuerliche und rechtliche Risikobewertung (tax and legal due diligence) gehören nicht zum Leistungsbild des Projektmanagers im Rahmen der Unterstützung von Kreditinstituten bei der Bewertung von Projektrisiken.

A   Organisation, Information, Koordination und Vertragswesen

1. Prüfen der Projekt-(gesellschafts-) organisation
2. Risikoanalyse der Bau- und Ingenieurverträge
3. Prüfen der Facility Management-, Gebäudemanagement-Konzepte
4. Prüfen der Mieterbonität
5. Prüfen der Bonität der Partner in der Objekt-/Projektgesellschaft
6. Erstellen und Abstimmen des Due Diligence-Berichtes
7. Anfordern der für die Risikobewertung erforderlichen Unterlagen und Informationen
8. Anfordern von fehlenden oder zu ergänzenden Unterlagen und Informationen

B   Qualitäten und Quantitäten

Prüfen
1. der Markt- und Standortanalysen
2. der Bedarfsanalysen und -ermittlungen
3. der Nutzerbedarfs- und Ausstattungsprogramme

4. der Flächen- und Raumökonomie
5. der Erschließungskonzepte
6. der Altlastengefährdungsanalysen
7. der Baugrundanalysen
8. der planungs- und grundstücksrechtlichen Beschränkungen
9. der Bausubstanzanalysen bei Bestandsobjekten
10. der Ermittlung des Instandhaltungsrückstaus bei Bestandsobjekten

C   Kosten und Finanzierung

Prüfen
1. von Wirtschaftlichkeits-/Developerrechnungen
2. von Immobilienwertermittlungen
3. von Betriebskostenprognosen
4. von Betriebs-/Nebenkostenanalysen
5. des Finanzierungskonzepts

D   Termine und Kapazitäten

Prüfen der Terminplanung für
1. Bedarfsplanung
2. Planung
3. Bauausführung
4. Vermarktung

Abb. 2.142 Leistungsbild der Real Estate Due Diligence (Grundleistungen)

Ergebnis der Real Estate Due Diligence ist eine zusammenfassende Bewertung aller Risiken und Chancen hinsichtlich:

- Nutzbarkeit (Substanz, Fungibilität),
- Wirtschaftlichkeit (Life Cycle Cost, Erträge, Rendite, Cashflow),
- Unternehmensplanung und -strategie (Standort, Zeitpunkt, Image, Partner) sowie
- Portfolio (Standort, Nutzung, Mieter).

Honorar

Aufgrund der jeweils sehr individuellen Ausgangssituation und der Komplexität der Aufgaben empfiehlt sich eine Vergütung nach Zeitaufwand, ggf. mit Pauschalierung nach Konkretisierung von Art und Umfang der zu erbringenden Leistung (vgl. AHO, 2004d, S. 6 und 90–96).

Risiken	Chancen
A Prüfungsfeld Markt	
• Unwirtschaftlichkeit	• Rendite
• Zu hohe Investitionskosten	• Entwicklung des Marktsegments
• Laufende Verluste	• Marktpräsenz
• Leerstand	
• Wertverlust	
• Negativimage	
B Prüfungsfeld Grundstück	
• Lage	• Erschließung neuer Standorte
• Erschließung	• Preis
• Preis	• Entwicklungszustand/Baurecht
• Boden (Baugrund, Altlasten etc.)	• Nutzungsmöglichkeiten
• Entwicklungszustand	
• Baurecht	
• Nutzungseinschränkungen	
C Prüfungsfeld Gebäude	
• Instandhaltungsmängel	• Gebäudezustand
• Planungs-/Ausführungsmängel	• Flexibilität
• Technische Gebäudeausrüstung	• Fungibilität
• Mangelnde Flächeneffizienz	• Gestaltung
• Energetische Mängel	• Grundrissoptimierung
• Gebäude- und Innenraumschadstoffe	• Gebäudemanagement
• Betriebs-/Nebenkosten	
• Auflagen (Denkmal-, Brandschutz etc.)	
D Prüfungsfeld Planung und Ausführung	
• Projektorganisation	• Partnering
• Termin-, Kostenrisiken	
• Risiken aus Architektenverträgen (Verpflichtungen, Urheberrecht)	
• Risiken aus Bauverträgen (Insolvenz, Baumängel, Verjährung von Ansprüchen, Einbehalte/Bürgschaften)	

Abb. 2.143 Risiken und Chancen von Investitionen

2.5.3 Nutzer-Projektmanagement

Einführung

Das *Nutzer-Projektmanagement* soll Nutzern helfen, unabhängig vom Projektmanagement für Planung und Bauausführung ihre nutzerseitige Planung, die Vorbereitung der Inbetriebnahme und des Umzugs, die Inbetriebnahme und den Umzug selbst sowie die Räumung der Altstandorte professionell zu organisieren, zu kontrollieren und zu steuern.

Im Leistungsbild Projektmanagement nach AHO, Heft 9 (2004d), sind die vielfältigen Aufgaben des Nutzers nicht abgedeckt. Dieser benötigt zur Organisation ein internes Projektmanagement für die vielen internen Ansprechpartner und die erforderlichen Abstimmungsprozesse. Darüber hinaus sind nutzerseitige Ausstattungen erforderlich, die er vielfach selbst – ggf. mit gesondert einzuschaltenden Projektbeteiligten – plant, ausschreibt und vergibt (Preuß, 2004, S. 44 ff.).

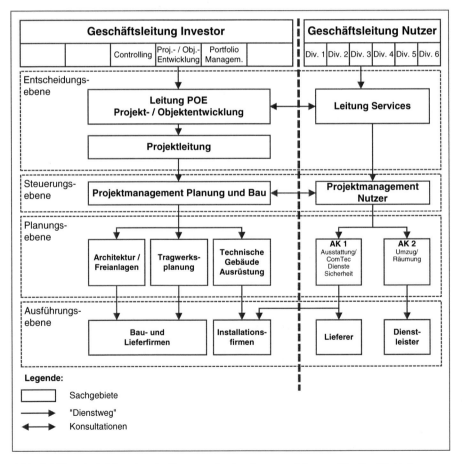

Abb. 2.144 Beispiel für eine Aufbauorganisation Investor–Nutzer (Quelle: W. Volkmann, Planung der Planung (2004), S. 45)

In *Abb. 2.144* ist die Aufbauorganisation der Investoren- und Nutzerseite dargestellt. Daraus wird deutlich, dass die Organisation der Nutzerseite mit der Einbindung zahlreicher Arbeitskreise sehr komplexe Projektmanagementleistungen erfordert.

Neben der Projektleitung für den Investor ist ein eigenständiges Projektmanagement für den Nutzer unter Leitung einer Linien-Führungskraft aus der Aufbauorganisation des Nutzers erforderlich. Der Leistungsumfang ist abhängig von der Komplexität des Projektes und den Wünschen der Nutzergruppen.

In die zweite Projektebene der Nutzerseite sind die jeweiligen Arbeitkreisleiter (AK) mit Mitarbeitern des Nutzers einzubinden. Bei Einschaltung eines externen Nutzer-Projektmanagers ist dieser in die Aufbauorganisation des Nutzers zu integrieren. Wichtig ist dabei die direkte Zuordnung zur Geschäftsführung des Nutzers, um die Rechtzeitigkeit notwendiger Entscheidungen zu gewährleisten. In *Abb. 2.145* grenzen Preuß/Schöne (2003, S. 168) das Projektmanagement für den Nutzer von dem Projektmanagement für Planung und Bau gegeneinander ab.

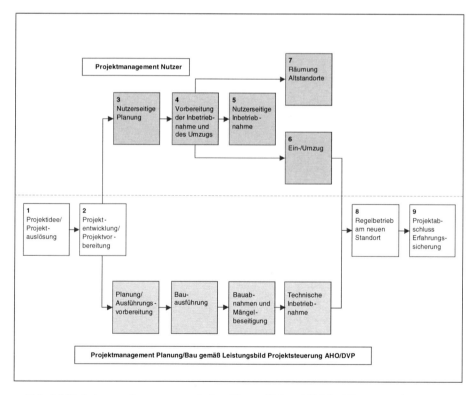

Abb. 2.145 Leistungsabgrenzung zwischen Nutzer-PM und PM für Planung und Bau (Quelle: Preuß/Schöne (2003), S. 168)

Leistungsbild

Das gemäß *Abb. 2.145* in 5 Leistungsphasen gegliederte Leistungsbild des Nutzer-Projektmanagements enthält *Abb. 2.146.*

1. Nutzerseitige Planung

A   Organisation, Information, Koordination und Dokumentation

1. Ergänzen des Organisationshandbuchs

2. Mitwirken beim Durchsetzen von Vertragspflichten gegenüber den externen Beteiligten

3. Mitwirken bei der Koordination und Erfolgskontrolle der Arbeitskreise

4. Führen und Protokollieren von Besprechungen der Arbeitskreise und Planungsgruppen

5. Definieren der Schnittstellen zwischen internen sowie internen und externen Beteiligten

6. Definieren der Schnittstellen zwischen Nutzerprojekt und Bauprojekt

7. Laufende Information und Abstimmen mit dem Auftraggeber

8. Einholen der erforderlichen Zustimmungen des Auftraggebers

9. Berichterstattung in Nutzergremien

10. Fortschreiben der Übersicht über Nutzerentscheidungen

B   Qualitäten und Quantitäten

1. Überprüfen von Planungsergebnissen interner (Arbeitskreise) und externer (Planer) Beteiligter auf Übereinstimmung mit den vorgegebenen Projektzielen

2. Mitwirken bei der Strukturierung bzw. Detaillierung von Aufgabenpaketen der Arbeitskreise und Fachplaner

3. Zusammenfassen der Planungsergebnisse von Arbeitskreisen und Fachplanern

4. Darlegen interner und externer Planungsergebnisse, Anforderungen und Änderungen, soweit diese Einfluss auf die Bauausführung nehmen

5. Herbeiführen erforderlicher Entscheidungen des Auftraggebers

6. Aufstellen und Abstimmen einer Übersicht sämtlicher Nutzeraktivitäten für Besiedelung und Räumung

1. Nutzerseitige Planung

C   Kosten und Finanzierung

1. Überprüfen der Kostenschätzungen der Arbeitskreise und Fachplaner sowie Veranlassen erforderlicher Anpassungsmaßnahmen

2. Planen von Mittelbedarf und Mittelabfluss

3. Prüfen und Freigabe von Rechnungen zur Zahlung in Abstimmung mit dem Auftraggeber

4. Fortschreiben der Projektbuchhaltung für den Mittelabfluss

D   Termine, Kapazitäten und Logistik

1. Terminieren und Terminkontrolle der Erledigung der Aufgabenpakete

2. Aufstellen und Abstimmen der Grobablaufplanung für die Inbetriebnahme

3. Aufstellen und Abstimmen der Grobablaufplanung für den Ein-/Umzug entsprechend den Anforderungen des Geschäftsbetriebes

4. Aufstellen und Abstimmen der Grobablaufplanung für die Räumung der Altobjekte entsprechend den Ablaufplanungen für Inbetriebnahme und Ein-/Umzug

5. Fortschreiben der Terminliste für Nutzerentscheidungen

2. Vorbereiten der Inbetriebnahme und des Umzugs

A Organisation, Information, Koordination und Dokumentation

1. Fortschreiben des Organisationshandbuchs

2. Mitwirken beim Durchsetzen von Vertragspflichten gegenüber den externen Beteiligten

3. Mitwirken bei der Koordination und Erfolgskontrolle der Arbeitskreise

4. Führen und Protokollieren von Besprechungen der Arbeitskreise und Planungsgruppen

5. Erstellen von Detailorganisationsstrukturen für Inbetriebnahme, Ein-/Umzug und Räumung

6. Koordination der Erstellung der Ausschreibungen durch die beauftragten Fachplaner

7. Laufende Information und Abstimmung mit dem Auftraggeber

8. Einholen der erforderlichen Zustimmungen des Auftraggebers

9. Berichterstattung in Nutzergremien

10. Fortschreiben der Übersicht über Nutzerentscheidungen

B Qualitäten und Quantitäten

1. Überprüfen von Planungsergebnissen interner (Arbeitskreise) und externer (Planer) Beteiligter auf Übereinstimmung mit den vorgegebenen Projektzielen

2. Überprüfen der Planungsergebnisse auf Übereinstimmung mit den definierten Schnittstellen

3. Kontrolle der tatsächlichen bauseitigen Umsetzung von Nutzeranforderungen und -änderungen

4. Fortschreiben der Übersicht über Nutzeraktivitäten

5. Mitwirken beim Freigeben der Firmenliste für Ausschreibungen

6. Überprüfen der Schnittstelleneinhaltung zwischen den Vergabepaketen

7. Vorgeben, Prüfen und Abstimmen der Vergabe- und Vertragsbedingungen für die Ausschreibungen

2. Vorbereiten der Inbetriebnahme und des Umzugs

8. Überprüfen der Angebotsauswertungen und Vergabevorschläge der Fachplaner in technisch wirtschaftlicher Hinsicht

9. Beurteilen der unmittelbaren und mittelbaren Auswirkungen von Alternativangeboten auf Übereinstimmung mit den vorgegebenen Projektzielen

10. Mitwirken bei den Vergabeverfahren (Bieter-/Vertragsgespräche) bis zur Unterschriftsreife

11. Mitwirken bei der Erstellung des Vertrages

C Kosten und Finanzierung

1. Vorgeben der Soll-Werte für Vergabeeinheiten auf Basis der aktuellen Kostenberechnung

2. Überprüfen der vorliegenden Angebote im Hinblick auf die vorgegebenen Kostenziele und Beurteilung der Angemessenheit der Preise

3. Überprüfen der Kostenschätzungen der Arbeitskreise und Fachplaner sowie Veranlassen erforderlicher Anpassungsmaßnahmen

4. Zusammenstellen der aktualisierten Ausstattungskosten

5. Vorgeben von Deckungsbestätigungen für Aufträge

6. Prüfen und Freigeben von Rechnungen zur Zahlung in Abstimmung mit dem Auftraggeber

7. Fortschreiben der Projektbuchhaltung für den Mittelabfluss

D Termine, Kapazitäten und Logistik

1. Fortschreiben und Anpassen der Terminpläne zur Erledigung der Aufgabenpakete

2. Aufstellen von Einzelinbetriebnahmeplänen und Abstimmen mit Fachplanung und Ausführung

3. Überprüfen vorliegender Angebote im Hinblick auf vorgegebene Terminziele

4. Aufstellen von Logistikplänen für Inbetriebnahme, Ein-/Umzug und Räumung in Abstimmung mit den jeweils Beteiligten

5. Fortschreiben der Terminliste für Nutzerentscheidungen

3. Nutzerseitige Inbetriebnahme

A   Organisation, Information, Koordination und Dokumentation

1. Fortschreiben des Organisationshandbuchs
2. Mitwirken bei der Durchsetzung von Vertragspflichten gegenüber den externen Beteiligten
3. Koordination der Inbetriebnahmeabläufe zwischen den Beteiligten
4. Laufende Information und Abstimmung mit dem Auftraggeber
5. Einholen der erforderlichen Zustimmungen des Auftraggebers
6. Erstatten von Berichten in Nutzergremien
7. Fortschreiben der Übersicht über Nutzerentscheidungen

B   Qualitäten und Quantitäten

1. Mitwirken bei der Abnahme der Ausführungsleistungen der Nutzerausstattungen
2. Mitwirken bei der Abnahme von Bauleistungen mit Schnittstellen zu Inbetriebnahmeleistungen
3. Fortschreiben der Übersicht über Nutzeraktivitäten
4. Herbeiführen erforderlicher Entscheidungen des Auftraggebers

C   Kosten und Finanzierung

1. Kostensteuerung zur Einhaltung der Kostenziele
2. Beurteilen der Nachtragsprüfungen
3. Vorgeben von Deckungsbestätigungen für Nachträge
4. Fortschreiben der Mittelbewirtschaftung
5. Fortschreiben der Projektbuchhaltung für den Mittelabfluss
6. Prüfen und Freigeben von Rechnungen zur Zahlung in Abstimmung mit dem Auftraggeber

D   Termine, Kapazitäten und Logistik

1. Ablaufsteuerung der Inbetriebnahmeleistungen zur Einhaltung der Terminziele
2. Laufende Überprüfung und Abstimmung der Terminpläne mit allen Beteiligten
3. Laufende Überprüfung und Abstimmung der Logistikpläne mit allen Beteiligten
4. Überprüfen der Ergebnisse der Ausführungsbesprechungen anhand der Protokolle der Inbetriebnahmeüberwachung, Vorschlagen und Abstimmen von Anpassungsmaßnahmen bei Gefährdung von Projektzielen
5. Fortschreiben der Terminliste für Nutzerentscheidungen

4. Ein-/Umzug

A   Organisation, Information, Koordination und Dokumentation

1. Fortschreiben des Organisationshandbuchs
2. Mitwirken bei der Durchsetzung von Vertragspflichten gegenüber den externen Beteiligten
3. Koordination der Ein-/Umzugsabläufe zwischen den Beteiligten einschließlich Inbetriebnahme und Bau
4. Laufende Information und Abstimmung mit dem Auftraggeber
5. Einholen der erforderlichen Zustimmungen des Auftraggebers
6. Erstatten von Berichten in Nutzergremien
7. Fortschreiben der Übersicht über Nutzerentscheidungen

B   Qualitäten und Quantitäten

1. Mitwirken bei der Kontrolle und Abnahme der Umzugsleistungen
2. Fortschreiben der Übersicht über Nutzeraktivitäten

C   Kosten und Finanzierung

1. Kostensteuerung zur Einhaltung der Kostenziele
2. Beurteilen der Nachtragsprüfungen
3. Fortschreiben der Mittelbewirtschaftung
4. Fortschreiben der Projektbuchhaltung für den Mittelabfluss
5. Prüfen und Freigeben von Rechnungen zur Zahlung in Abstimmung mit dem Auftraggeber

D   Termine, Kapazitäten und Logistik

1. Ablaufsteuerung der Ein-/Umzugsaktivitäten zur Einhaltung der Terminziele
2. Überprüfen der Detailumzugspläne der Umzugsspedition
3. Fortschreiben der Terminliste für Nutzerentscheidungen

5. Räumung und Rückbau der Altstandorte

A   Organisation, Information, Koordination und Dokumentation

1. Fortschreiben des Organisationshandbuchs
2. Laufende Information und Abstimmung mit dem Auftraggeber
3. Einholen der erforderlichen Zustimmungen des Auftraggebers
4. Erstatten von Berichten in Nutzergremien
5. Fortschreiben der Übersicht über Nutzerentscheidungen

B   Qualitäten und Quantitäten

1. Mitwirken bei der Abnahme von Räumungs- und Rückbauleistungen an den Altstandorten
2. Fortschreiben der Übersicht über Nutzeraktivitäten

5. Räumung und Rückbau der Altstandorte

C   Kosten und Finanzierung

1. Kostensteuerung zur Einhaltung der Kostenziele
2. Beurteilen der Nachtragsprüfungen
3. Vorgeben von Deckungsbestätigungen für Nachträge
4. Fortschreiben der Mittelbewirtschaftung
5. Fortschreiben der Projektbuchhaltung für den Mittelabfluss
6. Prüfen und Freigeben von Rechnungen zur Zahlung in Abstimmung mit dem Auftraggeber

D   Termine, Kapazitäten und Logistik

1. Ablaufsteuerung der Räumungs- und Rückbauaktivitäten zur Einhaltung der Terminziele
2. Fortschreiben der Terminliste für Nutzerentscheidungen

Abb. 2.146 Leistungsbild Nutzer-Projektmanagement (Grundleistungen)

Honorar

Aufgrund der jeweils sehr individuellen Ausgangssituation und der Komplexität der Aufgaben empfiehlt sich eine Vergütung nach Zeitaufwand, ggf. mit Pauschalierung nach Konkretisierung von Art und Umfang der zu erbringenden Leistungen (AHO, 2004d, S. 6 und 90–96).

2.5.4 Unabhängiges Projektcontrolling für Investoren, Banken oder Nutzer

Einführung

Ein unabhängiges Projektcontrolling für Dritte (Investoren, Banken oder Nutzer u. a.) wird immer dann nachgefragt, wenn diese Wert darauf legen, unabhängig vom Projektmanagement für Planung und Bau oder vom Construction Management (CM) at risk (vgl. *Ziff. 2.5.6*) projektbegleitende Kontrollberichte und Maßnahmenempfehlungen zu erhalten, damit die von ihnen vorgegebenen Projektziele erreicht bzw. Abweichungen frühzeitig erkannt und Anpassungsmaßnahmen zur Sicherung der Projektziele eingeleitet werden.

Voraussetzung ist einerseits, dass der Projektcontroller ungehinderten Zugriff auf die Daten und Informationen des Projektmanagements für Planung und Bau oder des CM at risk erhält und in das Projektkommunikationssystem eingebunden wird. Andererseits braucht er klare Zielvorgaben des Dritten, um dessen besondere Anforderungen z. B. hinsichtlich der Kosten- und Termineinhaltung, erfüllen zu können.

Leistungsbild

Das nach den 5 Projektstufen und 4 Handlungsbereichen des AHO gegliederte Leistungsbild für die Grundleistungen enthält *Abb. 2.147* (Schofer, 2004, S. 53 ff.).

1. Projektvorbereitung

A   Organisation, Information, Koordination und Dokumentation

1. Überprüfen des Projekt- und Organisationshandbuchs
2. Mitwirken bei der Vertragsgestaltung mit dem Investor
3. Überprüfen der Leistungsbilder der zu Beteiligenden auf Vollständigkeit und Übereinstimmung mit den übergeordneten Projektzielen
4. Beraten zur Auswahl und Beauftragung der zu Beteiligenden

B   Qualitäten und Quantitäten

1. Überprüfen und ggf. Mitwirken bei der Erstellung der Projektgrundlagen hinsichtlich
   - Funktionalität
   - Zielorientiertheit
   - Vollständigkeit
   - Mindeststandards
   - Wirtschaftlichkeit
   - Regeln der Technik
2. Überprüfen der Nutzeranforderungen
3. Überprüfen des Raum- und Funktionsprogrammes

C   Kosten und Finanzierung

1. Überprüfen der Festlegung des Kostenrahmens in Abstimmung mit dem Auftraggeber

D   Termine und Kapazitäten

1. Überprüfen des Terminrahmens des Gesamtprojektes sowie der Generalablaufplanung mit Kapazitätsrahmen

2. Planung

A   Organisation, Information, Koordination und Dokumentation

1. Überprüfen der Fortschreibung des Projekt- und Organisationshandbuchs
2. Beraten des Auftraggebers beim Durchsetzen von Vertragspflichten bzw. Vertragsstandards
3. Laufende Beratung des Auftraggebers

B   Qualitäten und Quantitäten

1. Überprüfung der Planungsergebnisse auf Einhaltung der
   - vertraglichen Verpflichtungen
   - Projektziele
   - wirtschaftlichen Rahmenbedingungen
   - Vollständigkeit und Plausibilität
2. Überprüfen, ob die erforderlichen Genehmigungsverfahren veranlasst bzw. positiv abgeschlossen wurden

C   Kosten und Finanzierung

1. Überprüfen der Kostenschätzungen und Berechnungen hinsichtlich
   - Übereinstimmung mit dem Kostenrahmen
   - Übereinstimmung mit der vorgegebenen Ermittlungsmethodik
2. Überprüfen der voraussichtlichen Nutzungskosten
3. Kontrolle der periodischen Berichterstattung zum Kostenstatus

D   Termine und Kapazitäten

1. Überprüfen der Grob- und Detailablaufplanung für die Planung
2. Überprüfen der Grobablaufplanung für die Ausführung
3. Abstimmen der terminlichen Randbedingungen mit den Vorgaben aus dem Nutzer-Vertrag bzw. den Anforderungen der Nutzerausstattung

3. Ausführungsvorbereitung

A Organisation, Information, Koordination und Dokumentation

1. Überprüfen der Fortschreibung des Projekt- und Organisationshandbuchs
2. Beraten des Auftraggebers bei der Durchsetzung von Vertragspflichten
3. Beraten zu und Kontrolle der Vergabeverfahren für die Ausführungsleistungen
4. Überprüfen der Vergabevorschläge auf Grundlage der Ergebnisse der Bietergespräche
5. Überprüfen der Werkverträge und der Besonderen und Allgemeinen Vertragsbestimmungen
6. Mitwirken bei der laufenden Information des Auftraggebers
7. Mitwirkung bei der Etablierung des Änderungsmanagements

B Qualitäten und Quantitäten

1. Kontrolle der Planungsergebnisse auf Übereinstimmung mit den vorgegebenen Projektzielen
2. Stichprobenartige Kontrolle der Leistungsbeschreibungen und Mengenermittlungen
3. Kontrolle der zusammengestellten Unterlagen je Vergabeeinheit
4. Überprüfen der Angebotsauswertungen in technisch-wirtschaftlicher Hinsicht
5. Mitwirken bei den erforderlichen Entscheidungen des Auftraggebers

C Kosten und Finanzierung

1. Überprüfen der Kostenanschläge der Planer auf der Grundlage der Sollwerte der jeweiligen Vergabeeinheiten
2. Kontrolle der Vorgabe der Deckungsbestätigungen für Aufträge
3. Überprüfen der laufenden Soll-Ist-Vergleiche der Kostenkontrolle
4. Überprüfen der Nutzungskosten
5. Aufbau einer Leistungsstandserfassung als Voraussetzung zu Zahlungsfreigaben
6. Beraten des Auftraggebers bei Vorschlägen zur Budgetanpassung bzw. Kosteneinhaltung

D Termine und Kapazitäten

1. Überprüfen der General- und Grobablaufplanung für die Planung und Ausführung
2. Überprüfen der vorzugebenden bzw. zu vereinbarenden Vertragstermine
3. Kontrolle der periodischen Terminkontrollberichte

4. Ausführung

A Organisation, Information, Koordination und Dokumentation

1. Kontrolle der Fortschreibung des Projekt- und Organisationshandbuchs
2. Beraten des Auftraggebers beim Durchsetzen von Vertragspflichten
3. Kontrolle der Durchführung der erforderlichen Genehmigungsverfahren
4. Laufende Beratung des Auftraggebers zu Entscheidungsvorlagen und Freigaben im Rahmen des Änderungsmanagements

B Qualitäten und Quantitäten

1. Stichprobenartige Kontrolle der Ausführung auf Übereinstimmung mit der freigegebenen Ausführungs- und Detailplanung, genehmigten Ausführungsänderungen, vorgegebenen Qualitätsstandards bzw. gemäß Bemusterungen
2. Beraten des Auftraggebers bei der Leistungsabnahme

C Kosten und Finanzierung

1. Kontrolle der Kostendokumentation des Projektes auf Basis der regelmäßigen Projektberichte der Projektsteuerung (laufende Kostenkontrolle)
2. Prüfen der Zahlungsfreigaben der Projektüberwachung und der Projektsteuerung
3. Überprüfen von Nachträgen dem Grunde und der Höhe nach
4. Kontrolle von Deckungsbestätigungen für Nachträge

D Termine und Kapazitäten

1. Kontrolle der Detailterminpläne für die Ausführung
2. Kontrolle der Ablaufplanung für die Abnahmen/Übergaben, den Probebetrieb und die Inbetriebnahmen

5. Projektabschluss

A Organisation, Information, Koordination und Dokumentation

1. Beraten bei der organisatorischen und administrativen Konzeption und bei der Durchführung der Übergabe/Übernahme bzw. Inbetriebnahme/Nutzung
2. Beraten beim systematischen Zusammenstellen und Archivieren der Bauakten inkl. Projekt- und Organi-
3. kationshandbuch des Auftraggebers

B Qualitäten und Quantitäten

1. Beraten des Auftraggebers bei der rechtsgeschäftlichen Abnahme der Ausführungs- und Planungsleistungen

5. Projektabschluss

C Kosten und Finanzierung

1. Überprüfen der Projektgesamtkosten nach Vorlage aller Schlussrechnungen und der Kostenfeststellungen der Objekt- und Fachplaner

D Termine und Kapazitäten

1. Überprüfen der Ablaufplanung für die Übergabe und Inbetriebnahme

Abb. 2.147 Leistungsbild unabhängiges Projektcontrolling für Investoren, Banken oder Nutzer (Grundleistungen)

Honorar

Aufgrund der jeweils sehr individuellen Ausgangssituation und der Komplexität der Aufgaben empfiehlt sich eine Vergütung nach Zeitaufwand, ggf. mit Pauschalierung nach Konkretisierung von Art und Umfang der zu erbringenden Leistung (AHO, 2004d, S. 6 und 90–96).

2.5.5 Projektmanagement und Projektrechtsberatung aus einer Hand

Einführung

Zur Vermeidung von Schnittstellen erwarten die Auftraggeber zunehmend, dass ihnen das *Projektmanagement und die Projektrechtsberatung aus einer Hand* angeboten werden. Die nach wie vor (noch) bestehenden Beschränkungen durch das Rechtsberatungsgesetz lassen ein solches Angebot aus einem Einheitsunternehmen derzeit kritisch erscheinen. Derartige Leistungen werden jedoch von projektspezifisch gebildeten Argen bereits mit Erfolg übernommen.

Komplexe Immobilien- und Infrastrukturprojekte erfordern interdisziplinäre Zusammenarbeit zwischen Architekten, Ingenieuren, Kaufleuten und Juristen. Eine isolierte Betrachtung juristischer Problemstellungen bewirkt Effizienzverluste (Eschenbruch, 2004a, S. 62 ff.). Die Integration von Juristen in Projektteams wurde von Diederichs/Hutzelmeyer bereits 1975 vorgeschlagen. Rechtsanwaltsleistungen sind grundsätzlich Dienstvertragsleistungen. Aufgrund der (noch) geltenden Beschränkungen des Rechtsberatungsgesetzes werden von Eschenbruch 4 Einsatzformen für das interdisziplinäre Projektmanagement mit Projektrechtsberatung vorgeschlagen *(Abb. 2.148)*.

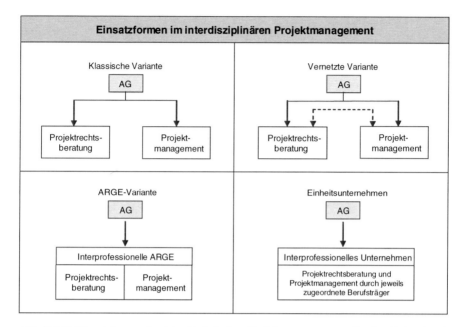

Abb. 2.148 Einsatzformen im interdisziplinären Projektmanagement (Quelle: Eschenbruch (2004a), S. 63)

Bei der *klassischen Variante* existieren unabhängige Verträge des Auftraggebers mit seinem Projektmanager und seinem Rechtsanwalt. Die Koordinierung beider Auftragnehmer obliegt dem Auftraggeber.

Bei der *vernetzten Variante* wird vom Auftraggeber in den Verträgen für das Projektmanagement und die Rechtsberatung die Bildung interdisziplinärer Teams vorgeschrieben, die gemeinsame Arbeitsergebnisse abzuliefern haben.

Bei der *ARGE-Variante* bilden das Projektmanagement- und das Anwaltsunternehmen eine projektspezifische ARGE. Im Innenverhältnis ist zu gewährleisten, dass die Rechtsberatungsleistungen ausschließlich von Anwälten bearbeitet werden. Dabei stuft Eschenbruch die Vertragspflichten des Anwalts dem Auftraggeber gegenüber höher ein als dessen gesellschaftsrechtliche Treuebindung zu seinem Gesellschafter. Eschenbruch schlägt dazu auch ein Bietergemeinschafts- und ARGE-Vertragskonzept vor (Eschenbruch, 2004a, S. 65–70).

Das *interprofessionelle Einheitsunternehmen*, das Projektmanagement- und Rechtsberatungsleistungen als interdisziplinäre Gesamtleistungen anbietet, wird von Eschenbruch trotz der häufiger werdenden Nachfrage wegen des Rechtsberatungsgesetzes (noch) kritisch gesehen, so dass aus Sicht des Auftraggebers das derzeit beste interdisziplinäre Leistungsangebot durch die ARGE-Variante erreicht werden kann.

Leistungsbild

Ein auf das Leistungsbild des Bauprojektmanagements nach Heft Nr. 9 des AHO (2004d) abgestimmtes Leistungsbild für Rechtsberatungsleistungen enthält *Abb. 2.149.*

1. Projektvorbereitung

A   Organisation, Information, Koordination und Vertragswesen*

1. Beratung zu Rechtsfragen der Projektorganisation (insbesondere Haftungsfragen)
2. Vorschlagen von Geschäftsführungsbefugnissen und Vertretungsmacht für die Projektbeteiligten
3. Beratung zur Festlegung der Einsatzformen für die Projektbeteiligten (PM/Planung/Bau)
4. Beratung z. grundsätzlichen Vergabestrategie
5. Erarbeiten einer Projektgeschäftsordnung
6. Vorklären rechtl. relev. Verfahrensschritte
7. Beratung zu und Verhandlung von Projektmanagementverträgen
8. Teilnahme an ausgewählten Sitzungen
9. Mitwirken bei der Festlegung der rechtlichen Anforderungen an die Projektdokumentation
10. Vertragsrechtliche Beratung zum Einsatz von Projektkommunikationssystemen

B   Qualitäten und Quantitäten

1. Rechtliche Klärung von Grundstücksfragen und Erschließungsangelegenheiten
2. Klären von problematischen Fragen des Bauplanungsrechts
3. Mitwirken bei der Antragstellung für Vorbescheide/Teil- und endgültige Baugenehmigungen
4. Mitwirken bei der Klärung von sonstigen Genehmigungsangelegenheiten und öffentlich rechtlichen Verträgen
5. Mitwirken bei der Klärung von Nachbarrechtsangelegenheiten

C   Kosten und Finanzierung**

1. Beratung zur Projektfinanzierung (z. B. Fonds-Leasing-Finanzierung)
2. Vorschläge zur vertraglichen Integration von Kostenzielen für die Projektbeteiligten (Projektmanagement und Planung)
3. Klären zu beachtender Nebengesetze bei Beauftragungen (Schwarzarbeitsgesetz/Arbeitnehmerentsendegesetz/EStG usw.)
4. Mitwirken bei strittigen Fragen der Rechnungsprüfung

D   Termine und Kapazitäten

1. Definition bindender Terminziele für das Projektmanagement
2. Mitwirken bei der Festlegung des Terminrahmens unter Berücksichtigung rechtlicher Zwangspunkte (Genehmigungen, Vergaberecht)
3. Vertragsrechtliche Beratung zu baulogistischen Anforderungen, insbesondere SiGeKo-Organisation

2. Planung

A   Organisation, Information, Koordination und Vertragswesen

1. Rechtliche Beratung zu Objektplaner- und Fachplanerbeauftragungen/Einsatzformen/Leistungen/stufenweisen Beauftragungen/Honorarmodellen
2. Konzeption und Verhandlung von Planerverträgen und Verträgen mit Gutachtern und SiGe-Koordinatoren
3. Rechtliche Begleitung von Planungswettbewerben (GRW oder RAW 2004)
4. Lösen von Rechtsfragen im Rahmen von Genehmigungsverfahren
5. Beratung zur Sicherung von Nutzungsrechten an Urheberrechten der Projektbeteiligten

B   Qualitäten und Quantitäten

1. Mitwirken bei der Kontrolle der Einhaltung kritischer qualitativer Planungsziele
2. Mitwirken bei der Einforderung der Qualitätsziele der Planung
3. Änderungsmanagement betreffend Planungsbeteiligte (Anordnungsrechte/Urheberrechte)
4. Mitwirken bei der Klärung der rechtlichen Voraussetzungen für die Einbeziehung von FM-Leistungen

C   Kosten und Finanzierung

1. Rechtliche Prüfung und Bewertung von Kostenüberschreitungen
2. Rechtliche Begleitung bei notwendigen Einsparungen
3. Klären der Anforderungen der Projektfinanzierung, insbesondere an die Berichterstattung/Abschlagszahlungsprüfung durch Projektbeteiligte
4. Mitwirken bei Prüfung von strittigen Rechnungen des Projektmanagements und der Planer

D   Termine und Kapazitäten

1. Definition bindender Vertragstermine und Controlling der Termineinhaltung in strittigen Fällen
2. Rechtliche Beratung zur Ablaufsteuerung der Planung
3. Beratung bei Termin- und Kapazitätskonflikten unter (Einbeziehung des SiGeKo) und Erarbeitung rechtlich umsetzungsfähiger Lösungen

3. Ausführungsvorbereitung

A Organisation, Information, Koordination und Vertragswesen

1. Rechtliche Beratung zur bevorzugten Unternehmereinsatz- und Vergabeform
2. Beratung zur Sicherstellung des ordnungsgemäßen Ablaufs von Vergabeverfahren
3. Rechtliche Hinweise zu Regelabläufen für die Vergabe und die spätere Ausführung
4. Vorbereiten der Verträge für ausführende Unternehmen einschließlich besonderer oder zusätzlicher Vertragsbedingungen
5. Verhandeln der Verträge mit ausführenden Unternehmen/Beachtung von Formfragen beim Vertragsschluss
6. Mitwirken bei der Durchsetzung von Vertragspflichten gegenüber Projektbeteiligten

B Qualitäten und Quantitäten

1. Wirksame Vorgabe von Qualitätszielen gegenüber ausführenden Unternehmen in Verträgen
2. Mitwirken bei der Überprüfung der Abgeschlossenheit der Planung
3. Rechtliche Systemkontrolle hinsichtlich der Widerspruchsfreiheit und Geeignetheit der Ausschreibungsunterlagen, einschließlich Schnittstellen
4. Rechtliche Beratung zu Angebotsauswertungen
5. Mitwirken bei der Fertigung von Vergabevorschlägen und Vergabevermerken

C Kosten und Finanzierung

1. Beratung zur Vergütungssystematik bei Bauverträgen
2. Vorschlagen passgenauer rechtlicher Regelungen für das Änderungsmanagement
3. Mitwirken bei der Vorgabe/Abforderung von Sicherheiten, Vorschläge für Abschlagszahlungssysteme und das Rechnungswesen

D Termine und Kapazitäten

1. Definition von Vertragsterminen für die Ausführung, Vertragsstrafen, Schadensersatzansprüchen und Boni
2. Rechtliche Analyse von Vorbehalten und sonstigen Angebotsbestandteilen im Hinblick auf vorgegebene Terminziele
3. Mitwirken bei der vorausschauenden Strukturierung vorlaufender Inbetriebnahmen, Tests, Abnahmen und Nutzereinbaubefugnissen
4. Mitwirken bei der Ausgestaltung eines Systems zur Erfassung und Behandlung von Behinderungssachverhalten

4. Ausführung

A Organisation, Information, Koordination und Vertragswesen

1. Erstellen eines Juristischen Projekthandbuchs***
2. Workshops für Projektbeteiligte zur Vertragssystematik***
3. Durchführen von Projekt-Jours-fixes (Recht)***
4. Allgemeine Projektrechtsberatung zu Ablaufproblemen der Ausführung
5. Mitwirken bei der Durchsetzung von Vertragspflichten
6. Kontrolle des rechtsrelevanten Schriftverkehrs
7. Mitwirken bei der außergerichtlichen Konfliktschlichtung/Beratung zu Partneringsystemen
8. Mitwirken bei der Durchführung von Beweissicherungen und selbständigen Beweisverfahren
9. Vertragsänderungen aufgrund von Ablaufstörungen und sonstigen Änderungen

B Qualitäten und Quantitäten

1. Beratung des AG bei System- und Streitfragen des Änderungsmanagements
2. Beratung bei Qualitätsabweichungen, auch Nachbesserungen/Selbstvornahmen/Minderungen
3. Mitwirken bei der Vorbereitung öffentlich-rechtlicher Abnahmen
4. Mitwirken bei der Vorbereitung der rechtsgeschäftlichen Abnahme, insbesondere Klärung der Abnahmevoraussetzungen
5. Unterstützen bei der Beauftragung von Sachverständigen/Prüfbehörden etc.

C Kosten und Finanzierung

1. Beratung zum Nachtragsmanagement (Prüfung und Bewertung von Nachträgen der ausführenden Unternehmen)
2. Mitwirken bei der Freigabe von Rechnungen, insbesondere Prüfung der formellen und materiellen Voraussetzungen von Nachtragsforderungen

D Termine und Kapazitäten

1. Mitwirken bei Anpassungsmaßnahmen infolge von Terminabweichungen
2. Rechtliche Beratung zum Behinderungsfolgenmanagement
3. Einfordern von Beschleunigungen und Sicherung der Durchsetzung von Vertragsstrafen

5. Projektabschluss

A   Organisation, Information, Koordination und Vertragswesen**

1. Mitwirken bei der Durchsetzung von Vertragspflichten
2. Außergerichtliche und – sofern notwendig – Vorbereitung der gerichtlichen Klärung noch offener Fragen
3. Mitwirken bei der Prüfung der Projektdokumentation aus vertragsrechtlicher Sicht

B   Qualitäten und Quantitäten

1. Beratung zur Durchführung öffentlich-rechtlicher Abnahmen, soweit erforderlich
2. Mitwirken bei der einwandfreien Dokumentation von Abnahmeprozessen
3. Beratung zu etwa erforderlichen Abnahmen für Projektmanagement- und Planungsleistungen
4. Kontrolle von Gewährleistungsverzeichnissen auf zutreffende Berechnung der Verjährungsfristen für Mängelansprüche, soweit erforderlich
5. Mitwirken bei der Einforderung und Durchsetzung der Mängelbeseitigung

5. Projektabschluss

C   Kosten und Finanzierung

1. Mitwirken bei der Rechnungsfreigabe für Abschlagszahlungen und Schlusszahlungen in Bezug auf alle Projektbeteiligten in strittigen Fällen
2. Einfordern und Freigabe von Sicherheiten/Verwertung von Sicherheiten
3. Geltendmachen und Abwehren von Schadensersatzansprüchen und Vertragsstrafen
4. Mitwirken bei der Dokumentation von Verjährungsfristen für Mängelansprüche

D   Termine und Kapazitäten

1. Geltendmachen von Vertragsstrafen
2. Abwehr von Behinderungsfolgenansprüchen

* Besondere Leistungen in dieser Phase sind arbeitsrechtliche und steuerrechtliche Fragestellungen.
** Als Besondere Leistungen kommen in Betracht: Die Prüfung von Kreditverträgen mit Banken; EG-beihilferechtliche Problemstellungen/Erlangung öffentlich-rechtlicher Bürgschaften/Due Diligence-Prüfungen bei Grundstückserwerben.
*** Im Falle der Beauftragung eines juristischen Projektmanagements gehören diese Leistungen zum Beauftragungsumfang, anderenfalls werden Beratungsleistungen zum Projekthandbuch des Projektmanagers bzw. im Rahmen einzelfallbezogener Besprechungen geschuldet.
**** Als Besondere Leistungen kommen in Betracht: Überprüfung von Wartungs- und Energielieferungsverträgen sowie Verträgen mit Nutzern.

Abb. 2.149 Leistungsbild für Rechtsberatungsleistungen

Honorar

Eschenbruch (2004a, S. 76) unterscheidet bei der Honorierung von Rechtsanwälten nach:

• Zeithonorar für einzelfallbezogene Rechtsberatungsleistungen,
• Pauschalvergütung für projektbegleitende Beratung und
• Mischvergütung aus Basispauschale und zusätzlicher zeitbezogener Vergütung auf Nachweis.

Zur Orientierung dient *Abb. 2.150.*

Vergütungsform	Vergütungshöhe (Anhaltswerte für 2004, zzgl. Mehrwertsteuer, Auslagen etc., für qualifizierte Baujuristen)	
Reine Zeithonorare	Stundenhonorar 225–400 €	Tagessatz 2.000–3.200 €
Basispauschale mit ergänzendem Zeithonorar	**Basispauschale** als Bereitstellungspauschale oder kalkulierter Grundeinsatz (z. B. – abhängig von der Projektgröße – 2.500–10.000 € p. M.) + **Zeitaufwandserfassung/Zeithonorar** (siehe oben) entweder ganz, teilweise oder nicht auf Basispauschale anrechenbar	
Pauschalhonorar (auf Basis Herstellkosten) Kgr. 200 bis 600 der DIN 276	**Projektbegleitende Rechtsberatung** 0,4–0,65 % je nach Leistungsumfang	**Juristisches Projektmanagement** 0,65–1,2 % je nach Leistungsumfang

Abb. 2.150 Vergütungsstrukturen für Projektrechtsberatungsleistungen (Quelle: Eschenbruch (2004a), S. 77)

2.5.6 Construction Management (CM)

Construction Management entwickelte sich ursprünglich in den USA und ist inzwischen eine weltweit anerkannte und mit Erfolg angewandte Form des Bauprojektmanagements mit einem ganzheitlichen Ansatz der Beratung und Steuerung. Der Construction Manager koordiniert das Projekt von der Konzeptions-/ Entwurfs-/Ausführungsplanungs- über die Ausführungsphase bis zur Baufertigstellung und Übergabe an den Auftraggeber unter Berücksichtigung der Projektziele für Qualitäten, Kosten und Termine (Diederichs/Bennison, 2004, S. 78–107).

2.5.6.1 Merkmale

Das CM stellt die Entwicklung vom reinen Controlling über Projektsteuerungs-, Projektleitungs- und HOAI-Planungsleistungen (Lphn. 5–8) bis hin zu Generalübernehmerleistungen dar (vgl. *Abb. 2.136*).
Merkmale des Construction Managements sind:

- Einbindung eines Construction Managers mit ausführungsbasiertem Fachwissen zur Optimierung der Planungs- und Bauabläufe
- Ausrichtung unterschiedlicher Interessen der Projektbeteiligten auf die Projektziele
- Kurze Entscheidungswege zwischen dem Auftraggeber und seinem Construction Manager

- Durchführen von Value-Engineering-Prozessen und Workshops
- Ergänzen der Managementstruktur des Auftraggebers während der Projektdauer
- Einsatz eines erfahrenen Management-Teams, abgestimmt auf die Projektanforderungen
- Vertragliche Unabhängigkeit des Construction Managers von Nachunternehmern oder Planern
- Reduzierung der Kosten und der Bauzeit bei gleichzeitiger Qualitätssicherung durch optimierte Organisationsabläufe während der Planung und Ausführung (Value Management)
- Ganzheitliche Optimierung der Immobilie auch hinsichtlich der Gebäudebewirtschaftung
- Intensive Einflussnahme auf die Bauherrenziele in frühen Phasen
- Herbeiführen frühzeitiger Kosten- und Terminsicherheit für den Auftraggeber
- Vergabe von Einzelgewerken oder Gewerkepaketen, keine Einschaltung eines Generalunternehmers
- Kontinuierliches Überprüfen der Projektziele und der Schnittstellen sowie Abstimmung mit dem Auftraggeber
- Vergütung der Pre-Construction Phase vor Baubeginn durch Pauschalen, der Phase der Bauausführung durch Cost+Fee-Vereinbarungen
- Außergerichtliches Streitschlichtungskonzept

2.5.6.2 Einsatzformen des Construction Managements

Das CM sieht in einem umfassenden Beratungsansatz die Einbeziehung von ausführungsbasiertem Fachwissen zur Optimierung der Planungs- und Bauabläufe und damit der Gebäudeherstellung vor. Value-Engineering-Prozesse und -Workshops während der Planungsphase sind wichtige Teilleistungen.

Bei Einschaltung eines Construction Managers wird die Vertragsebene des Generalunternehmers meistens vermieden. Bauleistungen werden vom Construction Manager entweder im Namen des Auftraggebers (CM „at agency") oder im eigenen Namen (CM „at risk") in Gewerkepaketen direkt an Nachunternehmer vergeben *(Abb. 2.151)*.

Beide Varianten haben folgende Merkmale gemeinsam:

- Prinzipiell werden eine Phase bis Baubeginn (Pre-Construction Phase) und eine Phase ab Baubeginn (Construction Phase) unterschieden; der Übergang ist fließend.
- Für beide Phasen wird jeweils ein separater Vertrag abgeschlossen, der sowohl das Leistungsbild als auch die Vergütung regelt.
- Leistungen der Architekten, Fachplaner, Berater und Gutachter werden generell vom Auftraggeber beauftragt.

Construction Management kann prinzipiell bei sämtlichen Bauprojekten zur Anwendung kommen, da die Gesamtprojektkoordination zusammen mit der frühzeitigen Einbringung von Erfahrungswerten hinsichtlich der Ausführung und des Betriebs bei allen Bauprojekten von Vorteil ist und zur Erfüllung der Auftraggeberziele (Qualität, Kosten und Termine) beiträgt.

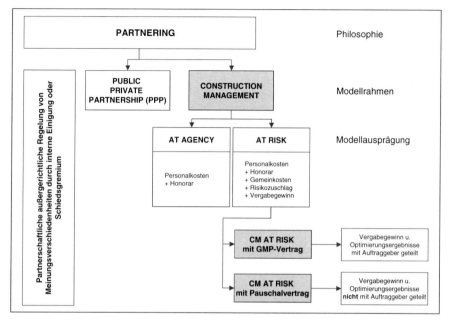

Abb. 2.151 Construction Management „at agency" und „at risk"

In einem Construction-Management-Team werden ausgewählte Mitarbeiter mit den notwendigen Erfahrungen eingesetzt. Firmenspezifisches Know-how kann so frühzeitig als Schlüssel für eine erfolgreiche Projektrealisierung eingebracht werden.

Construction Management „at agency"

Der Construction Manager „at agency" erbringt Dienstleistungen ähnlich dem Projektmanager nach AHO/DVP über alle Projektstufen hinweg als Stabsstelle des Auftraggebers. Der CM „at agency" liefert eine unabhängige Beratung vorrangig über die Kontrolle und Steuerung von Qualitäten und Quantitäten sowie von Kosten und Terminen (CMAA, 2005):

• Optimaler Einsatz der Fähigkeiten und Talente von Planern und ausführenden Firmen und dadurch Verbesserung der Planungs- und Ausführungsqualität
• Optimale Verwendung verfügbarer Mittel
• Optimale Anpassungsfähigkeit im Hinblick auf die Vertragsgestaltung und die Beschaffung
• Verringerung von Änderungsanträgen, Behinderungen und Streitigkeiten

Es werden i. d. R. keine Generalunternehmer (GU), sondern Einzelfirmen eingeschaltet und alle Planungs- und Bauleistungen vom Auftraggeber direkt beauftragt. Der Auftraggeber wird durch den Construction Manager von der Einzelgewerkvergabe und Vertragsabwicklung mit den Einzelfirmen entlastet. Der Construction Manager stellt das Projektteam für alle Phasen des Projektes. Der Auftraggeber kann vorhandene Managementkapazitäten aus seinem Team in die

Projektorganisation einbinden und sich auf ein spezialisiertes Projektteam stützen. Dabei behält er die Kontrolle über die gesamte Projektabwicklung.

Das Kostenrisiko bleibt auf Seiten des Auftraggebers, die Projektkosten sind aber vollständig transparent. Erzielte Vergabegewinne gehen direkt an den Auftraggeber.

Der Construction Manager erbringt seine Leistungen mit einem umfassenden Ansatz im Hinblick auf Planung, Steuerung, Ausführung und späteren Betrieb des zu erstellenden Bauwerks. Die Bildung, Organisation und Führung eines Projektteams sind Kernfaktoren erfolgreichen Construction Managements, wie die Erfahrungen in UK und USA zeigen. Der Construction Manager bleibt auch in der Ausführungsphase Projektmanager des Auftraggebers. Construction Management setzt an den Schnittstellen an, die den Projekterfolg gefährden. Die Ziele des Auftraggebers werden definiert. Das Bausoll wird gemeinsam mit allen Baubeteiligten konkretisiert. Auftraggeberentscheidungen werden vorbereitet, abgefragt und in den Projektablauf integriert. Die Schnittstellenkoordination zwischen Planung und Ausführung wird durch das Planungsmanagement des Construction Managers optimiert. Informations- und Zeitverluste werden reduziert.

Das Kosteneinsparungspotenzial durch Handlungsspielräume in der Planung wird mit dem Auftraggeber offen abgestimmt, idealerweise im Prozess des Value Managements, wie in *Ziff. 2.5.7* beschrieben.

Construction Management „at risk"

Der Construction Manager „at risk" tritt ähnlich einem Generalübernehmer (GÜ) zwischen Auftraggeber und Nachunternehmer (NU). Dabei sind verschiedene Vertragstypen zu unterscheiden, u. a. danach, ob der Construction Manager durch einen Guaranteed Maximum Price (GMP) eine besondere Kostenverantwortung übernimmt oder nicht.

In jedem Fall übernimmt er bei dieser Variante die Verantwortung für das Schnittstellen-, Preis-, Termin- und Qualitätsrisiko, und schließt die Verträge für Bauleistungen mit Nachunternehmern direkt ab, jedoch auf Rechnung des Auftraggebers (ähnlich der Geschäftsbesorgung bei deutschen Baubetreuungsmodellen) (vgl. *Abb. 2.152*).

Construction Manager „at risk" können Projektmanagement- und Bauunternehmen sein. Letztere können dann, sofern sie das annehmbarste Angebot abgeben, auch Bauleistungen durch ihr eigenes Unternehmen ausführen lassen (Contractor-CM).

Die Kostenplanung wird vom Construction Manager während der Planungsphase entwickelt und kontinuierlich fortgeschrieben. Wenn die Gewerkepakete bzw. Vergabeeinheiten und Leistungsbereiche weitgehend definiert sind und für 70 % bis 80 % des auszuführenden Bauvolumens Angebote eingeholt und bewertet wurden, kann ein sog. „Garantierter Maximal-Preis" (GMP) oder ein Pauschalpreis festgelegt werden. Das Mengenermittlungs- und das Vergabeergebnisrisiko trägt der Construction Manager.

Beim Pauschalpreisvertrag verbleiben Kostenrisiko und Vergabegewinne vollständig beim Construction Manager. Auf diese Variante wird hier nicht näher eingegangen.

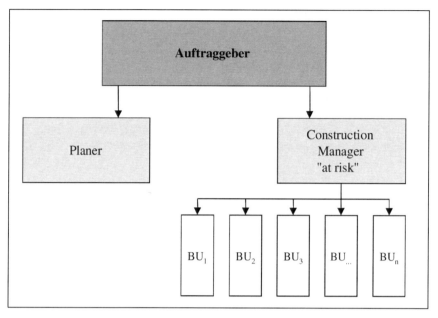

Abb. 2.152 Organigramm des Construction Managements „at risk"

Beim GMP-Modell werden die Ist-Kosten mit dem vertraglich festgelegten GMP verglichen. Der durch Optimierungen in der Entwurfsplanung, durch Vergaben an Nachunternehmer und optimierten Bauablauf entstandene Gewinn wird anhand eines vereinbarten Schlüssels zwischen Auftraggeber und Construction Manager aufgeteilt.

Der Auftraggeber hat jederzeit Einblick in die tatsächlichen Projektkosten (open books) und auch die Möglichkeit, eine externe Kostenkontrollstelle in das Projektteam zu integrieren. Übersteigen die tatsächlich entstandenen Kosten den vertraglich festgelegten GMP, so trägt der Construction Manager in vollem Umfang den Verlust. Dies gilt jedoch nicht für Mehrkosten, die aufgrund von Änderungen, zusätzlichen Leistungen oder Erschwernissen entstanden sind. Wie in den angloamerikanischen Modellen erhöhen auch in deutschen Modellen regelmäßig solche Kosten den GMP, die aus solchen der Auftraggebersphäre zuzuordnenden Risiken resultieren (z. B. Baugrund, Altlasten, nachträgliche behördliche Auflagen). Mit der Vereinbarung eines GMP ist deshalb keine Preisgarantie verbunden (Messerschmidt/Thierau, 2003, Rdn. 69 ff.).

Der Ansatz des Construction Managers mit GMP ist umfassender als der eines Generalunternehmers, da er weiter reichende Aufgaben eines Generalübernehmers übernimmt. Construction Management ist eine Projektorganisationsform, in der die spezifische Stellung und die spezifischen Aufgaben des Construction Managers die Wahrscheinlichkeit des Erfolgs der Abwicklung des Projekts erhöhen sollen, da der Construction Manager eine Bauverpflichtung mit vertraglichen Risikoübernahmen im Hinblick auf Termine, Qualitäten und Kosten eingeht.

Typisch für „GMP-Verträge" ist oft noch die intensive Beschäftigung der Beteiligten in „Generalunternehmertradition" mit den bekannten Problemen einer

Pauschalvergütung für ein unbestimmtes und offenes Bausoll. Die Projektmanagement-Leistungen des Construction Managers und die spezifische Projektstrukturierung durch Construction Management werden kaum thematisiert.

Der Prozess der Kostenreduzierung auf Seiten des Construction Managers durch Ausfüllung der Spielräume, die der Planungsstand zulässt, läuft dagegen offen und in Abstimmung mit dem Auftraggeber ab. Er ist idealerweise ein Prozess des Value Managements und nicht der Suche nach Ergebnisoptimierung durch Billiglösungen für einen Generalunternehmer, der einen nicht auskömmlichen Pauschalpreis aufbessern will.

Ein Construction-Management-Vertrag „at risk" ist deshalb ein Projektmanagementvertrag mit Realisierungsverpflichtung und kein „Generalunternehmervertrag mit zusätzlichen Vergütungsabreden".

Construction Management und Wettbewerb

Im Vergleich zu einer Generalunternehmervergabe, die sich überwiegend nach dem günstigsten Preis richtet, findet beim Construction Management ein eingeschränkter Preiswettbewerb statt. Der Wettbewerb zwischen Construction-Management-Anbietern ist insbesondere ein Leistungs- und Kompetenzwettbewerb – schon in Folge der frühzeitigen Einbindung des Construction Managers.

Zuschlagskriterien für die Phase bis zum Baubeginn sind:

- Planungs- und Ausführungskompetenz im Projektsegment
- Erfahrung mit Organisationsmodellen wie Construction Management
- Erfahrung im Value Management
- Qualität des präsentierten Konzeptes und der abgegebenen Dokumentation
- Referenzen und Auftreten des Projektteams, der handelnden Personen, insbesondere des Projektleiters
- „Overhead-Kosten", d. h. die Höhe der pauschalierten Preisbestandteile

Steht bei der Auswahl des Construction Managers die Projektkompetenz im Vordergrund, finden die bekannten Zuschlagskriterien, insbesondere der günstigste Preis, uneingeschränkte Anwendung bei den Nachunternehmervergaben. Der Wettbewerb für die Bauleistungen findet – wie beim traditionellen Organisationsmodell der Einzelvergabe – auf der Ebene der Nachunternehmervergaben statt, die von Auftraggeber und Construction Manager gemeinsam durchgeführt werden.

2.5.6.3 Chancen und Risiken des CM

Nachfolgend wird herausgestellt, für welche Vorhaben sich CM eignet, welche Chancen und Risiken sich für den Auftraggeber aus dem Einsatz eines Construction Managers ergeben und weshalb der Einsatz eines Controllers des Auftraggebers zu empfehlen ist.

Eignung von Construction-Management-Verträgen

Construction-Management-Verträge eignen sich vor allem bei folgenden Vorhaben:

- große und komplexe Projekte (z. B. Freizeit- und Vergnügungsparks, technikorientierte Projekte)
- Projekte mit besonderen Anforderungen an das Projektmanagement (Projekte mit umfangreichem Mieter- bzw. Nutzermanagement)
- Projekte mit frühzeitigem Erfordernis der Kosten- und Terminsicherheit zur Finanzierung
- Time-to-Market-Projekte (z. B. hochwertige Bürobauten in Spitzenlagen)
- Fast-Track-Projekte, d. h. Projekte, bei denen die Planung der einzelnen Gewerke baubegleitend mit knappem Vorlauf vor der Ausführung fertig gestellt wird (z. B. Chipfabriken, pharmazeutische Anlagen)
- Projekte mit großen Schnittstellenrisiken (z. B. Bahnhöfe und andere Infrastrukturmaßnahmen)

Chancen des Auftraggebers bei Einsatz eines Construction Managers

Die Chancen des Auftraggebers sind vor allem in folgenden Punkten zu sehen:

- Stärkung der Steuerungskompetenz des AG bei dessen gleichzeitiger Entlastung
- Kosteneinsparungen durch Value Engineering und Nutzung des ausführungsbasierten Fachwissens des CM, auch unter Einbindung der (noch nicht beauftragten) Nachunternehmer
- Verkürzung der Projektdauer durch frühzeitige Paketvergaben des CM
- Hohe Projekttransparenz durch „open books"
- Kooperativer Umgang bei Streitigkeiten durch partnerschaftliches Konfliktmanagement
- Verringerung von Informationsdefiziten und Schnittstellenrisiken während der Planung und Ausführung

Bei CM-Verträgen „at risk" mit Guaranteed Maximum Price (GMP) bieten sich zusätzlich folgende Chancen für den Auftraggeber:

- Relative Kostensicherheit zum Zeitpunkt der GMP-Vereinbarung
- Niedrigeres Kostenrisiko für den AG, sofern der GMP höher ist als ein vergleichbarer Pauschalfestpreis
- Vermeidung von Behinderungen seitens des AG und Verzögerungen seitens des AN wegen der gegebenen Anreizmechanismen
- Gegenseitige Wertschätzung durch partnerschaftliche Zusammenarbeit

Risiken von CM-Verträgen „at risk" mit GMP für den Auftraggeber

Den Chancen stehen vor allem bei CM mit GMP aber auch folgende Risiken entgegen:

- Die Kumulierung von Leistungen auf Seiten des CM (mit GMP) führt zu einer starken Abhängigkeit des AG und zu Interessenskonflikten.
- Das aufwändige Bewerberverfahren zur Einbindung eines CM mit GMP können sich nur kapitalkräftige Unternehmen leisten; es kommt zu einer entsprechenden Einschränkung des Wettbewerbs.

- Der GMP ist i. d. R. wegen der erhöhten Risikozuschläge höher als ein vergleichbarer Marktpreis bei Vergabe an Einzelunternehmer oder GU .
- Es bestehen erhöhte Anforderungen an das Projektmanagement des AG durch zusätzliches Controlling, um die „open books" des CM mit GMP zu überprüfen und durch eigene Plausibilitätsbetrachtungen zu verifizieren.
- Der CM mit GMP verfügt ggf. nicht über eine ausreichende Haftungsmasse. Konzernbürgschaften oder an den AG „durchgestellte" Sicherheiten aus der NU-Ebene sind ebenfalls mit Risiken behaftet.
- Die Vertragsgestaltung bei CM „at risk"-Modellen mit GMP-Vereinbarung ist sehr komplex, insbesondere die Bestimmung des GMP und dessen Anpassung bei Leistungsänderungen und Leistungsstörungen, die Vertragsregelungen mit den NU und die Regelungen der Kostenerstattung und Aufteilung erzielter Ersparnisse.
- Durch die zweistufige Vertragsgestaltung (Stufe 1: Pre-Construction Phase; Stufe 2: Construction Phase) müssen schon vor Beauftragung der Stufe 2 Kriterien für die spätere Bestimmung des GMP und Ausstiegsklauseln für den Fall vereinbart werden, dass keine Einigung über den GMP erzielt wird.

Der Interessenkonflikt zwischen Auftraggeber und Construction Manager „at risk" ergibt sich vor allem daraus, dass der CM „at risk" einerseits Sachwalter des Auftraggebers ist, andererseits jedoch Generalübernehmerrisiken übernimmt, insbesondere bei Vereinbarung eines GMP-Vertrages. Die Interessenskonflikte nehmen zu, je mehr Risiken auf den Construction Manager übertragen und je mehr Leistungen bei ihm kumuliert werden. Die Verteilung der Projektrisiken muss deshalb fair und ausgewogen sein. Die Risikoallokation muss den Interessen von Construction Manager und Auftraggeber gerecht werden.

„It is the owner's choice whether to have the Construction Manager completely on his side of the table and expect a professional services relationship. [...] Or the owner can place a carefully considered amount of risk upon the construction manager. But increasing risk pushes the Construction Manager toward the other side of the table. In this case the owner will need to get more heavily involved in managing the project; [...]" (Kluenker, 2001, S. 16, www.cmaanet.org).

Versteht man CM als Projektmanagementform, in der Construction Manager Projektsteuerungs- und teilweise auch Architekten- bzw. Ingenieurleistungen insbesondere der Leistungsphasen 5 bis 8 der Objektplanung übernehmen, bestehen weniger Vorbehalte, dem Construction Manager Entscheidungsrechte zuzugestehen. Kosten, die aus vom Construction Manager nicht mitgetragenen Entscheidungen des Auftraggebers, z. B. über die Zusammensetzung der Bieterliste oder die Beauftragung von Nachunternehmern nach Angebotsauswertung resultieren, erhöhen den Maximalpreis entsprechend.

Typische Generalübernehmerrisiken werden bis zum Maximalpreis im Sinne einer Selbstkostenerstattung geteilt, z. B. Schlechtleistungen, Terminüberschreitungen, Nachträge, Insolvenzen von Nachunternehmern oder Schnittstellenrisiken bei der Zusammenstellung der Vergabepakete. Oberhalb des Maximalpreises hat diese Risiken der Construction Manager zu tragen.

Notwendigkeit eines Controllers bei Einsatz eines Construction Managers „at risk"

Aufgrund der vorgenannten Interessenkonflikte und der „Machtfülle" des Construction Managers „at risk" empfiehlt es sich, einen davon unabhängigen und spezifisch auf das Projekt und die Aufgaben des Construction Managers abgestimmten Projektcontroller des Auftraggebers in das Projektteam zu integrieren.

Dieses extra eingeschaltete Projektcontrolling soll die durch den Entfall von Prüfungsschritten des Construction Managers at risk entstehenden Controllinglücken u. a. mit folgenden Leistungen auffüllen:

- Prüfen der Projektberichterstattung des CM zu Qualität, Kosten und Terminen
- Kontrolle des Herunterbrechens der funktionalen Beschreibung der Bauleistungen des Construction Managers auf die Nachunternehmerleistungsverzeichnisse
- Prüfen der Vergabeunterlagen
- Prüfen der „open books" des Construction Managers und Verifizieren durch eigene Plausibilitätsbetrachtungen
- Prüfen und Beurteilen der aus dem Value Management resultierenden Optimierungsvorschläge und Nachvollziehen der Vergleichsberechnungen in den Verbesserungsvorschlägen

Die Kompetenz der Projektleitung und des mit internen oder externen Kapazitäten besetzten Projektcontrolling sind Grundvoraussetzungen für den Projekterfolg. Der Auftraggeber muss in der Lage sein, die weitgehenden Einflussmöglichkeiten, die ihm das Construction Management bietet, Gewinn bringend für sich zu nutzen.

2.5.6.4 Partnering und Streitschlichtung bei CM-Verträgen

Construction Management ist Vertrauenssache. Daher haben schriftliches Verständnis und außergerichtliche Streitschlichtung einen hohen Stellenwert.

Partneringelemente im Construction Management

Partnering ist im Rahmen des CM als Philosophie und ethische Grundhaltung aufzufassen. Es beinhaltet die einvernehmliche Verpflichtung aller Projektbeteiligten zu einem Verhalten, das auf die Erreichung definierter Projektziele ausgerichtet und von fairer Zusammenarbeit geprägt ist (Bennet/Jayes, 1998, S. 4).

Von ausländischen Baufachleuten wird große Verwunderung über den Umgang der Projektbeteiligten in Deutschland geübt. Nach ihrer Meinung werden in Deutschland zahlreiche Planer- und Bauverträge unter Eingehung untragbarer Risiken oder unauskömmlicher Bedingungen geschlossen mit der Folge, dass sich die Vertragsparteien anschließend nicht vertragen, sondern mit gegenseitig behaupteten Vertragsverletzungen streitig auseinandersetzen.

Die Bedeutung der von allen Projektbeteiligten zu fordernden Grundhaltung kann nicht überschätzt werden. Construction Management kann den Projektbeteiligten diese Grundeinstellung nicht aufzwingen, aber die Kooperation zwischen ihnen systematisch fördern.

Das Rollenverständnis des Construction Managers mit den „7 Pfeilern des Partnering" bildet eine tragfähige Grundlage für die erfolgreiche Umsetzung (Bennet/Jayes, 1998, S. 7 f.):

- „**Strategy** – developing the client's objectives and how consultants, contractors and specialists can meet them on the basis of feedback
- **Membership** – identifying the firms that need to be involved to ensure all necessary skills are developed and available
- **Equity** – ensuring everyone is rewarded for their work on the basis of fair prices and fair profits
- **Integration** – improving the way the firms involved work together by using cooperation and building trust
- **Benchmarks** – setting measured targets that lead to continuous improvements in performance from project to project
- **Project processes** – establishing standards and procedures that embody best practice based on process engineering
- **Feedback** – capturing lessons from projects and task forces to guide the development of strategy."

Das Rollenverständnis des Construction Managers als Projektmanager des Auftraggebers bildet eine tragfähige Grundlage für die erfolgreiche Umsetzung dieser Elemente des Partnering. Derartige Partneringelemente reichen von der Aufnahme von Vertragsklauseln zur Kooperationsverpflichtung der Beteiligten, über Schlichtungsmodelle mit informellen Gremien bis hin zur Installation eines Systems mit projektbegleitenden Mediationsgremien, Schiedsgutachtern und Schiedsgerichten (vgl. SO-Bau der ARGE Baurecht im Deutschen Anwaltverein). Hier zeigen die Erfahrungen mit Construction Management, dass bereits auf einer ersten Ebene informeller Schlichtungsgremien die meisten aufkommenden Konflikte im Frühstadium beendet werden können. Ein solches Gremium kann z. B. ein Lenkungsausschuss sein, der mit Beteiligten besetzt wird, die nicht im Tagesgeschäft des Projektes verhaftet sind.

Alternative Streitschlichtungskonzepte

Meinungsverschiedenheiten oder Streitigkeiten aus Planungs- und Bauverträgen treten bei seit 1995 in Deutschland ständig fallendem Bauvolumen und dadurch ausgelöster Wettbewerbsverschärfung immer häufiger auf. An die Stelle des „Vertragens", wie man es von Vertragspartnern erwarten kann, ist eine rüde Vertragskultur getreten, in der Vokabeln wie Leistungsmängel, Verzug, Behinderung, Fristsetzung für die Leistungserbringung mit Androhung der Kündigung und Ersatzvornahme oder Fristsetzung für die Zahlung von Abschlags- oder Schlussrechnungen mit Androhung der Leistungseinstellung und Kündigung vorherrschen. Die Vertragspartner werden zu streitenden Vertragsparteien, die ihre Kräfte in die gegenseitige Bekämpfung im Sinne einer Fehlallokation lenken, anstatt sie zur gemeinsamen Verwirklichung der Projektziele für Qualitäten, Kosten und Termine einzusetzen. Offensichtlich sind das BGB und die VOB/B nicht geeignet, derart widersinnige Zustände zu verhindern.

Zur Veränderung dieser auch im Ausland herrschenden unbefriedigenden Situation wurden in Großbritannien bereits vor 12 Jahren Mustervertragsmodelle und alternative Streitschlichtungskonzepte entwickelt (Schmidt-Gayk, 2003, S. 9 ff.).

Von der Institution of Civil Engineers (ICE) wurde eine Mustervertragsfamilie entwickelt:

NEC	New Engineering Contract
NEC AC	AC: The Adjudicator's Contract – regelt das Verhältnis zwischen Auftraggeber, Hauptunternehmer und Schiedsgutachter
NEC ECC	ECC: Engineering and Construction Contract – regelt das Verhältnis zwischen Auftraggeber und Hauptunternehmer
NEC ECS	ECS: The Engineering and Construction Subcontract – regelt das Verhältnis zwischen Hauptunternehmern und Nachunternehmern
NEC PSC	PSC: The Professional Services Contract – regelt das Verhältnis zwischen Auftraggeber oder Hauptunternehmer und ihren Planern wie Architekten und Fachingenieuren

Die 3. Auflage der NEC-Vertragsfamilie erschien am 14.07.2005. Seit dem 01.05.1998 schreibt in Großbritannien der „Housing Grants, Construction and Regeneration Act 1996" (HGCRA) Klauseln zur außergerichtlichen obligatorischen Streitbeilegung durch einen Schiedsgutachter (Adjudicator) vor (Schmidt-Gayk, 2003, S. 121).

Gemäß § 108 Nr. 1 HGCRA muss der Bauvertrag dazu folgende Elemente enthalten:

- einen Zeitplan für die Ernennung des Schiedsgutachters und dessen Pflicht, die Arbeit innerhalb von 7 Tagen aufzunehmen (§ 108 Nr. 2b)
- die Vorgabe, dass der Schiedsgutachter die Entscheidung innerhalb von 28 Tagen fällen muss, jedoch auch um weitere 14 Tage verlängern kann (§ 108 Nr. 2c und d)
- der Schiedsgutachter ist verpflichtet, unparteiisch zu handeln (§ 108 Nr. 2e)
- der Schiedsspruch ist bindend, sofern keine der Parteien innerhalb von 4 Wochen nach der Entscheidung des Schiedsgutachters eine weitere Instanz anruft; bei einem Schiedsgericht kommt es dann zu einer „Arbitration" und bei einem ordentlichen Gericht zu einer „Litigation".

Die Erfahrungen zeigen, dass sich die Adjudication sehr bewährt und zu einer hohen Entlastung der ordentlichen Gerichte geführt hat.

Auch in Deutschland enthalten CM-Verträge häufig ein außergerichtliches Streitschlichtungskonzept zur projektbegleitenden Beilegung von Meinungsverschiedenheiten (vgl. Diederichs, 2003e, 2004b).

Das Schiedsgremium dient der außergerichtlichen Konfliktschlichtung zwischen Auftraggeber und Auftragnehmer (vgl. *Abb. 2.153*). Bei Meinungsverschiedenheiten auf Arbeitsebene ist innerhalb einer vertraglich vorgegebenen Frist (z. B. 48 Stunden) als Einigungsebene zwischen AG und AN die Lenkungsgruppe einzuschalten, bestehend aus dem NL-Leiter des AG und dem NL-Leiter des AN. Diese haben im Sinne partnerschaftlicher Kooperation kurzfristig und in jeweiliger Anpassung an die baubetrieblichen Erfordernisse eine interne Einigung herbeizuführen (z. B. innerhalb von 48 oder 72 Stunden).

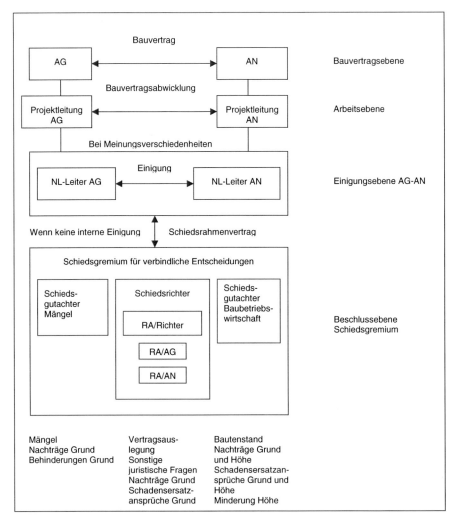

Abb. 2.153 Aufbauorganisation der Vertragsparteien mit Schiedsgremium (Quelle: nach Schlapka (2002), S. 10)

Kommt innerhalb der vorgesehenen Frist keine interne Einigung zustande, greift automatisch der Schiedsvertrag, wonach durch das Schiedsgremium wiederum innerhalb angemessener Frist je nach den baubetrieblichen Erfordernissen eine für beide Vertragsparteien verbindliche Entscheidung herbeizuführen ist.

Das Schiedsgremium kann bei komplexen Projekten z. B. bestehen aus:

- drei Schiedsrichtern (jeweils einem vom AG und vom AN vorgeschlagenen Rechtsanwalt, die ihrerseits einen von beiden ausgewählten Rechtsanwalt mit der Befähigung zum Richteramt hinzuziehen),
- einem Schiedsgutachter für Baumängel und
- einem Schiedsgutachter für Baubetriebswirtschaft.

Aufgaben der Schiedsrichter sind die Vertragsauslegung, die Klärung juristischer Fragen, die Beurteilung von Nachträgen und Schadensersatzforderungen dem Grunde nach.

Aufgabe des Schiedsgutachters für Mängel ist die Mängelprüfung und -feststellung sowie daraus die Überprüfung von Nachtrags- oder Minderungsforderungen dem Grunde nach.

Aufgabe des Schiedsgutachters für Baubetriebswirtschaft ist die Feststellung des Leistungsstandes, die Prüfung von Rechnungen, Nachträgen und Schadensersatzansprüchen dem Grunde und der Höhe nach sowie von Minderungsansprüchen der Höhe nach.

2.5.6.5 Leistungsbild für das CM „at agency"

In Heft 19 des AHO (2004b, S. 85–89) wurde ein Leistungsbild für das Construction Management „at agency" im Detail nach den 4 Handlungsbereichen A–D gemäß AHO (2004d) zzgl. eines neu definierten Handlungsbereiches E Bauüberwachung veröffentlicht. Die gegenüber § 205 des AHO-Heftes Nr. 9 (2004d) erweiterten Teilleistungen sind kursiv gedruckt. In der Zusammenfassung ergibt sich ein sich über alle 5 Projektstufen nach AHO (2004d) erstreckendes und nach den 5 Handlungsbereichen strukturiertes Leistungsbild:

A Organisation, Projektstrategie, Koordination, Information, Dokumentation:

Der Construction Manager definiert in Zusammenarbeit mit dem Auftraggeber die Projektziele, wirkt bei der Auswahl der Architekten, Planer und Fachplaner mit, leitet und koordiniert das Projektteam und überwacht und kontrolliert die Projektanforderungen.

Er bringt bereits in den frühen Phasen bis Baubeginn seine Bauausführungserfahrung ein, entwickelt frühzeitig Strategien für Vergabe und Ausführung, optimiert und steuert den Projektablauf.

In seiner Funktion als Berater des Auftraggebers sind die Entscheidungswege kurz. Der Construction Manager erstellt die Entscheidungsvorlagen zur Herbeiführung von erforderlichen auftraggeberseitigen Entscheidungen. Der Auftraggeber ist somit ständig in die Entscheidungsfindung eingebunden.

Der Construction Manager managt im Rahmen seiner Gesamtprojektkoordination den Informationsfluss aller Beteiligten, insbesondere die Dokumentenkontrolle einschließlich eines Planmanagementsystems.

In der Phase ab Baubeginn übernimmt der Construction Manager die Koordination und Kontrolle der verschiedenen ausführenden Firmen und wirkt maßgeblich bei der organisatorischen/administrativen Konzeption der Übergabe des Objekts an den Auftraggeber mit.

B   Qualitäten und Quantitäten

Der Construction Manager bringt aufgrund seiner langjährigen Erfahrung das notwendige Fachwissen in Bezug auf Planung und Ausführung in das Projekt ein. Die frühzeitige Einbindung des Construction Managers soll Informationsdefizite zwischen den einzelnen Planungs- und Ausführungsphasen minimieren und Value Management-Optimierungsprozesse ermöglichen, die ein maximales Preis-/Leistungsverhältnis (value for money) für den Auftraggeber gewährleisten, sowohl für die Erstellung der Immobilie selbst als auch für den späteren Betrieb.

Während der Phase bis Baubeginn koordiniert der Construction Manager das Änderungsmanagement, erstellt eine fortlaufende Dokumentation und zeigt die Folgen dieser Änderungen hinsichtlich Qualitäten, Kosten und Terminen auf. Soweit erforderlich, zeigt er auch Anpassungsmaßnahmen zur Optimierung von Auftraggeberzielen auf und gibt Empfehlungen.

Er wirkt bei der Erstellung der Leistungsbeschreibungen bzw. Leistungsverzeichnisse mit, kontrolliert diese und gibt sie zum Versand frei.

Aufgrund der Gesamtprojektübersicht und Gesamtprojektkoordination werden die Schnittstellen in der Planung und bei den ausführenden Unternehmen optimiert. Die typischen Probleme der Überlappung von Planung und Ausführung werden vermieden. Dies führt zu einem früheren Baubeginn, zu einer Verkürzung der Gesamtprojektdauer und zu einer Verminderung der Kosten.

Der Construction Manager führt Vergabe- und Vertragsverhandlungen und erstellt Entscheidungsvorlagen für den Auftraggeber. Diese Entscheidungsvorlagen werden so vorbereitet, dass Entscheidungen des Auftraggebers zügig getroffen werden können.

In seiner Funktion als Berater des Auftraggebers verhandelt er mit den Vertragspartnern die Vertragsinhalte (nicht aus juristischer Sicht). Diese sollen fair sein und dem partnerschaftlichen Verständnis entsprechen.

Der Construction Manager koordiniert das Nachtragsmanagement, führt die Verhandlungen, nimmt entsprechende Bewertungen vor und erstellt Entscheidungsvorlagen für den Auftraggeber. Dadurch ist eine zügige Abwicklung des Nachtragsmanagements gewährleistet.

C   Kosten, Finanzierung, Wirtschaftlichkeit

Der Construction Manager entwickelt und erstellt ein Kostensteuerungssystem. Er führt frühzeitig eine Grobkostenschätzung durch, damit der Auftraggeber eine frühe Kostensicherheit erhält.

Er erstellt nach den jeweiligen Planungsphasen weitere Kostenermittlungen (parallel und unabhängig zu den Architekten und Fachplanern), vergleicht und analysiert die jeweiligen Kostenermittlungen.

Aufgrund seiner Projektübersicht werden die Folgen des Änderungs- und Nachtragsmanagements kontinuierlich in die entsprechenden Kostenermittlungen eingearbeitet, so dass gleichzeitig ein Kostenüberwachungssystem entwickelt und permanent fortgeschrieben wird.

Somit kann der Construction Manager die Tendenzen der Kostenentwicklung frühzeitig erkennen und unter Aufzeigen von Anpassungsmaßnahmen und Empfehlungen an den Auftraggeber entsprechend reagieren.

Der Construction Manager prüft und bewertet die Angebote und die Mehrkostenforderungen der Projektbeteiligten (Planer, Fachplaner und ausführenden Firmen), prüft letztverantwortlich die Rechnungen und gibt diese zur Zahlung frei.

Zudem wirkt er beim Einrichten und Fortschreiben der Projektbuchhaltung mit.

D   Termine, Fristen, Logistik

Der Construction Manager erstellt in den Phasen bis Baubeginn die entsprechenden Terminablaufpläne mit den für die Planung und Ausführung wesentlichen

Eckdaten (Meilensteinen) und führt eine kontinuierliche Pflege und Überarbeitung dieser Terminpläne durch.

Er kontrolliert den Projektfortschritt in den entsprechenden Phasen (Planung, Ausschreibung, Vergabe, Ausführung und Abnahme-/Übergabeprozesse) mit den vorgegebenen Eckdaten, arbeitet die terminlichen Veränderungen aufgrund des Änderungs- und Nachtragsmanagements ein, erkennt somit frühzeitig die Tendenzen der Terminentwicklung und zeigt erforderlichenfalls Anpassungsmaßnahmen zur Einhaltung von Terminen auf.

Der Construction Manager entwickelt, koordiniert und dokumentiert sämtliche logistischen Abläufe (Anlieferung der Baumaterialien und entsprechende Lagerung, Just-in-time-Lieferung, Baustelleneinrichtungskonzept, Baulogistik und ggf. den zu erwartenden Baustellentourismus etc.).

E   Bauüberwachung

Der Construction Manager entwickelt und dokumentiert während der Phasen bis Baubeginn die Bauausführungsstrategie und wirkt bei der Erstellung eines Gesamtlogistikkonzepts des Projektes mit. Das Logistikkonzept stimmt er mit dem SiGeKo ab und entwickelt temporäre Sicherheitskonzepte für Sonderfälle während der Bauausführung.

Ab Baubeginn kontrolliert und optimiert der Construction Manager die zuvor entwickelten logistischen Abläufe, leitet die Koordination und Objektüberwachung der verschiedenen Gewerke und kontrolliert die Mängelbeseitigung im Interesse des Auftraggebers.

Er unterstützt den Auftraggeber bzw. späteren Nutzer bei dem Übernahmeprozess des Projektes und dem späteren Betrieb.

2.5.6.6 Honorierung des CM „at agency" und des CM „at risk"

Die Pre-Construction Phase wird i. d. R. sowohl beim CM „at agency" als auch beim CM „at risk" durch Pauschalen vergütet. Für die Bauausführung werden in beiden Formen Cost+Fee-Vereinbarungen bevorzugt. Dies bedeutet, dass der Construction Manager eine Erstattung der Kosten für das eingesetzte Personal, sonstige Aufwendungen für EDV, Reisen und Fremdleistungen erhält sowie einen festgelegten Zuschlag (fixed fee) zur Abdeckung von Allgemeinen Geschäftskosten (AGK), Wagnis und Gewinn (W+G). Hierdurch soll bereits partnerschaftliches Zusammenwirken gefördert werden. Der Auftraggeber ist verpflichtet, die Kosten erforderlicher und ordnungsgemäß ausgeführter Leistungen auch zu bezahlen.

In der Phase bis Baubeginn wird ein Beratungsvertrag mit Dienstleistungen des Planungsmanagements, der Budgetermittlung, der Ablaufplanung, der Suche nach Optimierungen in Ablauf, Technik und Wirtschaftlichkeit von Bau und Betrieb und teilweise auch der Planprüfung gegen eine pauschale Vergütung abgeschlossen.

Honorierung des CM „at agency"

In dieser Einsatzform wird der Construction Manager im Sinne eines Generalübernehmers Auftraggeber der Nachunternehmer im eigenen Namen für Rechnung des Auftraggebers. Jede NU-Vergabe wird mit dem Auftraggeber abgestimmt, der damit die Risiken aus der Projektabwicklung, für Nachträge und Insolvenzen sowie für Schnittstellen trägt.

Beim Construction Management ist die Vergütung in der Regel unabhängig von den Herstellkosten des Bauvorhabens bzw. der Bausumme. Dadurch wird der Interessenkonflikt Eigeninteresse/Bauherreninteresse beim Construction Management at agency konsequent vermieden.

Die Kosten werden i. d. R. nach Aufwand für das tatsächlich eingesetzte Personal und Material nach vereinbarten Honorarsätzen und Einsatzplänen vergütet. Zusätzlich zu diesen Honorarsätzen erhält der Construction Manager einen vorab festgesetzten Zuschlag (fee), der die Allgemeinen Geschäftskosten (AGK) und Wagnis und Gewinn (W+G) decken soll.

Honorierung des CM at risk mit GMP-Vereinbarung

Beim CM „at risk" mit GMP-Vereinbarung einigen sich Auftraggeber und Auftragnehmer am Ende der Pre-Construction Phase, ggf. auch erst nach einem bestimmten Teil der Vergaben, über einen „Garantierten Maximum-Preis" (GMP). Der Risikozuschlag ist umso geringer, je später der GMP vereinbart wird.

Der Auftraggeber erreicht mit dem Zeitpunkt der Vereinbarung des GM-Preises bedingte Preissicherheit, da der CM „at risk" Kostenüberschreitungen über den GMP hinaus sowie auch das Risiko der Einhaltung des Gesamtfertigstellungstermins zu tragen hat.

Wird der GMP unterschritten, teilen sich Auftraggeber und Auftragnehmer nach einem i. d. R. vertraglich vereinbarten Verteilungsschlüssel die Einsparungen (z. B. 70 % für den AG und 30 % für den CM).

Nachtragsrisiken werden jedoch durch die GMP-Vereinbarung keineswegs vermieden. Insoweit hat die „Garantie" eine andere Bedeutung als die Garantie nach §§ 443 f. BGB, wonach durch Übernahme einer Garantieverpflichtung auch eine Haftung ohne Verschulden eintritt.

Bei Vereinbarung eines GMP hat der Auftragnehmer hingegen Anspruch auf Anpassung des GMP bei vom Auftraggeber zu vertretenden Mengenabweichungen, Leistungsänderungen oder Leistungsstörungen. Verlangt der Auftraggeber nach Fixierung des GMP z. B. die Einschaltung eines teureren Nachunternehmers als desjenigen, der das annehmbarste Angebot unterbreitet hat, so muss er dem Auftragnehmer die hieraus entstehenden Mehrkosten erstatten.

Als Anreizmechanismen sind sowohl Optimierungsgewinne in der Planung und Bauvorbereitung durch Value Management als auch Vergabegewinne bei der Vergabe von Bauleistungen an Nachunternehmer zu sehen.

Für die Phase ab Baubeginn sollte nicht allein der in Deutschland verbreitete Generalunternehmervertrag „mit zusätzlichen Vereinbarungen zur Vergütungsbestimmung" (Messerschmidt/Thierau, 2003, Rdn. 42) geschlossen werden. Wenn Auftraggeber und GU eine Vergütung der Leistungen des GU auf Selbstkostenerstattungsbasis mit einem Maximalpreis für ein funktional beschriebenes Leistungssoll vereinbaren, sind dazu klare Regelungen zum „Bausoll", für das der Maximalpreis steht, erforderlich. Vertragliche Regelungen zum Bausoll, zur Vergütung und deren gegenseitiger Beeinflussung sind daher eindeutig zu formulieren. Der GU soll durch die vertragliche Interessenverteilung „in das Lager des Auftraggebers gezogen werden". Die am Bau vorherrschende „Vertragsgegnerschaft" zwischen ausführenden Unternehmen und Auftraggebern soll aufgelöst werden. Mittel hierzu sind neben entsprechenden Kooperationsverpflichtungen und der Verwendung von Mediationsmodellen der Einblick des Auftraggebers in die Schriften und Bücher des Bauvorhabens („open books" bzw. „gläserne Taschen"), seine Beteiligung an den Nachunternehmervergaben, die Teilung von Vergabegewinnen zwischen Auftraggeber und GU durch Bonussysteme und teilweise auch die Installation von Teamstrukturen. Die GMP-Vertragsmodelle enthalten damit zahlreiche Elemente des Construction Managements und werden allgemein als Variante des CM angesehen. Besondere Beachtung verlangen die Leistungsverpflichtungen des Construction Managers für die Projektstrukturierung und -ausgestaltung sowie für das Projektmanagement.

Der Prozess der GMP-Findung beim CM „at risk"

Beim CM „at risk" werden, abhängig von Auftraggebern und Construction Management-Unternehmen, viele verschiedene Wettbewerbs- und Vertragsformen praktiziert.

CM „at risk" bedeutet nicht notwendigerweise die Vereinbarung eines GMP, z. B. werden auch Bonus-Malus-Systeme angeboten. Die Vereinbarung eines Maximalpreises (GMP) ist jedoch die vorherrschende Variante der Vergütung.

Prinzipiell existieren für die Bestimmung des GMP drei verschiedene Methoden (Gralla/Berner, 2001, S. 104):

- Beim traditionellen GMP-Modell wird der GMP nach der Projektentwicklungsphase vom GMP-Partner vorgeschlagen.
- Beim GMP-Budget-Modell gibt der Bauherr einen GMP für die Erstellung des Projektes vor und sucht mittels Wettbewerb einen geeigneten GMP-Partner.
- Beim GMP-Wettbewerbs-Modell wird die Planung bis zur Entwurfs- und Teilen der Ausführungsplanung (Leitdetails) vorangetrieben. Der Auftraggeber holt Angebote von potenziellen GMP-Partnern im Rahmen einer Beschränkten Ausschreibung ein.

Das Angebot eines GMP, die Verhandlungen über den Bauvertrag und der Abschluss dieses Vertrages finden in der Phase bis Baubeginn statt. Je später der GMP festgelegt wird, desto genauer kann er ermittelt werden und umso niedriger ist der Risikozuschlag (contingencies).

Der beste Zeitpunkt für die Festlegung des GMP für das Projekt ist dann, wenn die Gewerkepakete bzw. Vergabeeinheiten weitestmöglich definiert sind, sämtliche Optimierungsmöglichkeiten aus den Value-Management-Workshops (vgl. *Ziff. 2.5.7*) umgesetzt und für einen Großteil des auszuführenden Bauvolumens – in der Größenordnung von ca. 70 % bis 80 % – Angebote eingeholt und bewertet wurden *(Abb. 2.154)*.

Wenn eine Einigung über den GMP gefunden wird, beauftragt der Auftraggeber den Construction Manager für die Planung mit den noch ausstehenden Phasen und das Projekt wird gemeinsam weiterentwickelt und optimiert.

Falls keine Einigung gefunden wird, hat der Auftraggeber die Möglichkeit, einen Construction Manager „at agency" zu beauftragen, einen neuen Management-Partner zu finden oder das Projekt traditionell zu vergeben.

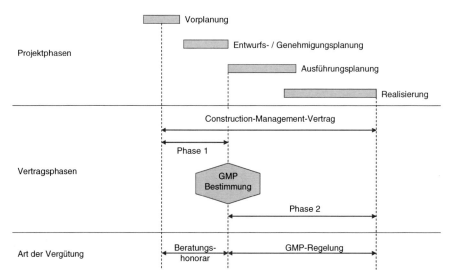

Abb. 2.154 Das 2-Stufen-Modell beim Construction Management-Vertrag mit GMP
(Quelle: nach Ahrens et al. (2004), S. 416)

Der GMP setzt sich im Allgemeinen aus den Gesamtherstellkosten für die Bauleistungen, dem Deckungsbeitrag des Construction Managers für Gemeinkosten,
Allgemeine Geschäftskosten, Wagnis und Gewinn sowie einem Risikozuschlag
für Unvorhersehbares zusammen (vgl. *Abb. 2.155*).

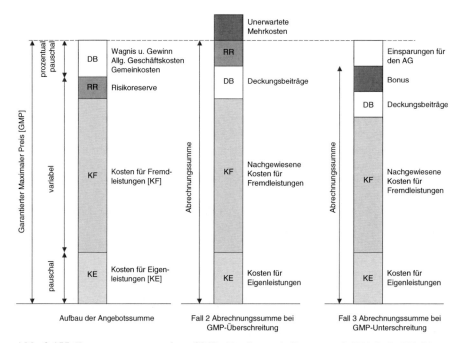

Abb. 2.155 Zusammensetzung eines GMP   (Quelle: nach Ahrens et al. (2004), S. 430 ff.)

Die Gesamtherstellkosten der Bauleistungen setzen sich aus den Preisen für die Eigenleistungen des Construction Managers, sofern er solche erbringt, und den Angeboten bzw. Abrechnungen für die Nachunternehmerleistungen zusammen. Eigenleistungen bietet der CM i. d. R. als Pauschalpreis an. Die Nachunternehmerangebote werden nach dem Prinzip der „open books" geltend gemacht. Sie stellen somit durchlaufende Posten für den GMP-Partner dar.

Zum Zeitpunkt der GMP-Vereinbarung sollten ca. 70 % bis 80 % der Herstellkosten der Bauleistungen durch Nachunternehmerangebote belegt sowie mit eigenen Ergänzungen und Kalkulationen des CM versehen sein. Dies sind i. d. R. die Hauptgewerke für Baugrube, Gründung, Rohbau, Fassade und Technische Gebäudeausrüstung, die zum Zeitpunkt der GMP-Vereinbarung vollständig geplant, ausgeschrieben und submittiert vorliegen sollten. Ca. 20 % bis 30 % der Herstellkosten für Gewerke insbesondere des Ausbaus, die zum Zeitpunkt der GMP-Vereinbarung noch nicht durch Nachunternehmerangebote belegt sind, werden vom Construction Manager kalkuliert.

Im Unterschied zu einer Vergabe an einen Generalunternehmer entfällt beim CM der pauschalierte GU-Zuschlag auf sämtliche Fremdleistungen und Angebote von potentiellen Nachunternehmern. Stattdessen werden die im Rahmen der Kalkulation durch den Construction Manager eingeholten Angebote von Nachunternehmern an den Auftraggeber weitergegeben.

Der Deckungsbeitrag besteht aus den Gemeinkosten (preliminaries) und dem Honorarzuschlag (fee) des Construction Managers.

Die Gemeinkosten beinhalten u. a. die Personalkosten des Construction Managers für das Projektteam, die Einrichtung sämtlicher Infrastruktur- und Arbeitseinrichtungen sowie die anfallenden laufenden Kosten, z. B. Baustelleneinrichtung für das Construction Managementteam (Büro, IT-Ausstattung, Kopierkosten), Erste-Hilfe-Einrichtungen, Einrichtungen der Soziallogistik für das Projektteam und temporäre Arbeiten für die Bauausführung (Zugangskontrolle etc). Diese Leistungen und die entsprechenden Kosten werden mit dem Auftraggeber vorab abgestimmt.

Der Honorarzuschlag (fee) beinhaltet die Allgemeinen Geschäftskosten (AGK) sowie Wagnis und Gewinn (W+G). Er wird vor Vertragsbeginn festgelegt. Bei der Abrechnung eines GMP-Vertrages werden die nachgewiesenen Kosten der Nachunternehmerleistungen nach dem Prinzip der „open books" offen gelegt. Dabei werden Vergabegewinne und -verluste miteinander verrechnet, so dass der GMP-Partner bei Überschreitungen nur für den Saldo aus Vergabegewinnen und -verlusten haftet. Grundsätzlich sind 3 Fälle denkbar (Gröting, 2004, S. 431 ff.).

Im (eher seltenen) *Fall 1 der GMP-Übereinstimmung* entsprechen die tatsächlich entstandenen Herstellkosten für Nachunternehmerleistungen exakt dem im GMP enthaltenen und vertraglich vereinbarten Anteil. Ferner wurde die Risikoreserve exakt für Änderungen oder zusätzliche Leistungen benötigt. Damit entspricht die Abrechnungssumme des GMP auch exakt der GMP-Vertragssumme (*Abb. 2.155*, linke Säule).

Der zu vermeidende, aber durchaus häufiger vorkommende *Fall 2 einer GMP-Kostenüberschreitung* liegt vor, wenn die Kosten für Nachunternehmerleistungen höher sind und/oder die Risikoreserve aus Gründen, die nicht dem Auftraggeber zuzurechnen sind und die auch keine höhere Gewalt darstellen, überschritten wurden. In diesem Fall erhält der GMP-Partner nur die vertraglich vereinbarte GMP-Summe, die darüber hinaus gehenden Mehrkosten hat er in vollem Umfang zu tragen (*Abb. 2.155*, mittlere Säule). Leistungsänderungen und Zusatzleistungen aufgrund von Änderungswünschen des Auftraggebers, die nicht der Risikosphäre des Auftragnehmers zuzuordnen sind, sowie vom Auftragnehmer nicht zu vertretende Behinderungen führen bei Vereinbarung der VOB/B als Vertragsbestandteil zu einem Mehrkosten- bzw. Schadensersatzanspruch des CM gemäß § 2 Nrn. 5, 6 und 7 sowie § 6 Nr. 6 VOB/B. Solche Ansprüche sind dann gesondert zu vergüten bzw. ist der GMP entsprechend zu erhöhen.

Der von beiden Vertragsparteien angestrebte *Fall 3 der GMP-Kostenunterschreitung* liegt vor, wenn die tatsächlich entstandenen Herstellkosten für die Nachunternehmerleistungen niedriger sind als im GMP-Vertrag vereinbart und/oder die Risikoreserve nicht ausgeschöpft wurde (*Abb. 2.155*, rechte Säule). In diesem Fall erhält der GMP-Partner die tatsächlich entstandenen Kosten für die Nachunternehmerleistungen sowie den vertraglich vereinbarten Deckungsbeitrag bei Vereinbarung eines Pauschalbetrages (und nicht eines prozentualen Zuschlags auf die Herstellkosten der Nachunternehmerleistungen) sowie zusätzlich einen Bonus aus den Einsparungen bei den Nachunternehmerleistungen. Nicht in Anspruch genommene Anteile der Risikoreserve werden im Allgemeinen zu 100 % dem Auftraggeber zugerechnet und infolgedessen vom GMP abgezogen. Bei der Aufteilung der Einsparungen bei den Nachunternehmerleistungen zwischen Auftraggeber und Auftragnehmer sind verschiedene Modelle möglich. Bei einem festen Verteilungsschlüssel ist ggf. zu differenzieren nach der Ursache der Kosteneinsparung. So sind für das Aufteilungsverhältnis zwischen Auftraggeber und Auftragnehmer z. B. denkbar:

- bei Planungs- und Ausschreibungsoptimierungen 50 % zu 50 %
- bei Vergabegewinnen 67 % zu 33 %
- bei Ausführungsoptimierungen 75 % zu 25 %

Dabei ist ein variabler Verteilungsschlüssel, bei dem der Anteil des GMP-Partners in Klassen von jeweils 2,5 % abnimmt von 100 % für Kosteneinsparung zwischen 0 und 2,5 %, 75 % zwischen > 2,5 bis 5 % etc. mit schließlich 0 % für Einsparungen > 12,5 %. Die fallenden Prozentsätze sollen den GMP-Partner dazu veranlassen, eine realistische GMP-Vorgabe zu machen. Die Abweichung stellt einen Indikator für die Seriosität der GMP-Vorgabe dar.

2.5.7 Value Management (VM)

Einführung

In dem British Standard (BS) EN 12973 wird Value Management wie folgt definiert: „[…] a style of management, particularly dedicated to mobilise people, develop skills and promote synergies and innovation with the aim of maximising the overall performance of an organisation."

Value Management im Baumanagement wird definiert als „[…} proactive, creative, problem-solving or problem-seeking service with maximising the functional value of a project by managing its development from concept to use."

Es wird meist im Rahmen von Workshops angewandt, bei denen interdisziplinäre Teams in einem strukturierten und moderierten Prozess projektrelevante Problemlösungen erarbeiten und diese im Hinblick auf ihre Vereinbarkeit mit den Zielen und Anforderungen des Auftraggebers beurteilen (Borg, 2005, S. 108).

Im Zusammenhang mit der Erläuterung des Construction Management unter *Ziff. 2.5.6*) wird immer wieder auf das Value Management als wesentlichem Element des methodischen Ansatzes hingewiesen. Vom Beginn der Projektvorbereitung an bis zum Ende der Projektausführung (Projektstufen 1 bis 4) hat das die Handlungsbereiche Qualitäten, Kosten und Termine (B bis D) umfassende Value Management durch Erstellen, Abstimmen, Festlegen, Koordinieren und Durchführen eines fortlaufenden Projektoptimierungsprozesses herausragende Bedeutung.

Der Begriff Value Management (VM) ist in Deutschland bisher wenig etabliert. Die in diesem Zusammenhang zu erbringenden Teilleistungen werden jedoch maßgeblich durch die Grundleistungen der Projektsteuerung abgedeckt, insbesondere in den Handlungsbereichen B Qualitäten und Quantitäten und C Kosten und Finanzierung (vgl. *Ziff. 2.4*).

Der Begriff Value Management (VM) ist damit dem amerikanischen Begriff des „Value Engineering" vorzuziehen. Unter Value Engineering werden meist nur Prozesse in Verbindung mit einer technischen Optimierung verstanden. Value Management jedoch schließt die Betrachtung strategischer, technischer und wirtschaftlicher Gesichtspunkte einer Immobilie mit ein.

Nach der Definition des CMAA (2002a, S. 15) ist „Value Engineering a specialized cost control technique which utilizes a systematic and creative analysis of the functions of project or operation to determine how best to achieve the necessary functions, performance and reliability at the minimum life cycle cost." Value Engineering ist daher Teil des Value Managements, so auch Connaughton (1996, S. 7): „Value Engineering is a systematic approach to delivering the required functions at lowest cost without detriment to quality, performance and reliability. […] Value Engineering is therefore a special case of value management."

Mit der Methode des VM – auf Deutsch mit dem Begriff Prozessoptimierung zur Wertmaximierung zu umschreiben – ergibt sich die größte Möglichkeit der Nutzen- und Wertsteigerung für ein Projekt, wenn es zu einem möglichst frühen Zeitpunkt beginnt, d. h. in der Projektstufe der Projektvorbereitung (vgl. *Abb. 2.86*).

VM-Prozesse in den Anfangsphasen eines Projektes erhöhen den Wissensstand aller Projektbeteiligten. Frühzeitig können so Strategien für den gesamten Lebenszyklus entwickelt und optimiert werden.

Erfahrungen haben immer wieder gezeigt, dass die größte Kostenbeeinflussbarkeit in den frühen Phasen eines Projektes liegt, in denen der Leistungsumfang des Projektes definiert wird und Änderungskosten relativ niedrig sind, da noch kaum vertragliche Bindungen bestehen. Um wirtschaftliche, qualitativ gute und funktionsgerechte Bauwerke erstellen zu können, soll in einer möglichst frühen Projektphase ein Projektteam mit allen Projektbeteiligten eingerichtet werden, d. h. Auftraggeber, Architekten, Fachplaner, Construction Manager sowie Fachleute aus dem Immobilienmanagement (baubegleitendes Facility Management (FM), Corporate Real Estate Management (CREM)).

Ziel ist die Optimierung der wirtschaftlichen und ökologischen Ergebnisse im Rahmen des gesamten Lebenszyklus (life cycle costs) der ganzheitlichen Immobilie, während die Einzelinteressen der verschiedenen Projektbeteiligten in den Hintergrund treten.

Das Value Management (VM) im Rahmen des CM betrachtet im Wesentlichen Projektbestandteile und Elemente im Hinblick darauf, ob diese plan- und realisierbar sowie vertraglich umsetzbar sind. Im Rahmen der Planbarkeit (designability) wird der Projektplanung unter besonderer Berücksichtigung der Betriebs- und

Bauunterhaltungskosten, bei der Baubarkeit (constructability) den Ausführungsdetails, Baumaterialien und -techniken durch den Value Manager ein gewichteter und normierter Erfüllungsgrad im Sinne einer Nutzwertanalyse zugeordnet. Er beurteilt ferner die vertragliche Umsetzbarkeit (contractability) durch Betrachtung und Abwägung von Vertragsoptionen, vertraglicher Aufgabenverteilung und Verfahrensweisen. Ziel des Value Managers ist die Wertmaximierung für den Auftraggeber.

Eine effektive Prozessoptimierung wird in VM-Workshops erzielt, die während der Projektabwicklung stattfinden. In den Workshops werden zielgerichtet unterschiedliche Möglichkeiten beurteilt und/oder Alternativen entwickelt. Mitglieder der Workshops sollen nur diejenigen Fachleute sein, die in den entsprechenden Wertschöpfungsprozess eingebunden sind, ggf. auch externe Fachplaner. Anzahl und Zeitpunkte dieser Workshops sind abhängig von der Struktur, Größe und Komplexität des Projektes.

Sinnvollerweise sollte zu Beginn eines Projektes der erste Workshop stattfinden, bei dem weniger Input von Seiten der Spezialisten als mehr ein umfangreicher Input vom Auftraggeber erfolgen soll.

Mit dem Fortschreiten der Projektentwicklung i. e. S. (vgl. *Kap. 1*) verringert sich der Input des Auftraggebers in den Workshops. Stattdessen wird ein Informationsfluss von Seiten der interdisziplinären Fachplaner und Berater in erhöhtem Maße erforderlich. In diesen Workshops müssen die bisher entwickelten Arbeitsergebnisse der Architekten und Fachplaner in Bezug auf die Projektanforderungen geprüft, mögliche Alternativen bei gleich bleibender oder verbesserter Qualität und Funktionalität entwickelt und im Hinblick auf Wirtschaftlichkeit in der Bauausführung und Immobilienbewirtschaftung untersucht werden.

Optimierungsschwerpunkte der VM-Workshops sind eine wirtschaftlichere Bauausführung für das Tragwerk und die Gebäudehülle, die technischen Anlagen sowie den baulichen Ausbau.

Die Tatsache, dass nach wenigen Jahren die Gebäudenutzungskosten bereits die Gebäudeerrichtungskosten überschreiten können, unterstreicht die Forderung nach einem wirtschaftlichen Gebäudemanagement (vgl. *Kap. 3*).

Leistungsbild

Die verschiedenen Stufen des VM im Vergleich mit den AHO-Projektstufen und den HOAI-Leistungsphasen zeigt *Abb. 2.156*.

VM-Stufen	AHO-Projektstufen	HOAI-Leistungsphasen
1 Projektvorbereitung	1 Projektvorbereitung	1 Grundlagenermittlung
2 Planung	2 Planung	2 Vorplanung
		3 Entwurfsplanung
		4 Genehmigungsplanung
3 Änderung	3 Ausführungsvorbereitung	5 Ausführungsplanung
		6 Vorbereiten der Vergabe
		7 Mitwirken bei der Vergabe
	4 Ausführung	8 Objektüberwachung
	5 Projektabschluss	9 Objektbetreuung

Abb. 2.156 Vergleich der Value-Management-Stufen mit den Projektstufen nach AHO und den Leistungsphasen nach HOAI

Projektvorbereitung

In möglichst frühzeitig stattfindenden ersten Workshops legt der Auftraggeber seine Anforderungen und Wünsche dar, die kritisch hinterfragt werden. Anhand dieser Auftraggeberanforderungen sind Kriterien für die Bewertung der Planungsalternativen zu entwickeln. Bei einem Neubau sollen bereits in dieser Phase die spätere Nutzung im Mittelpunkt stehen und von Seiten des Facility Managements die ersten von den Fachplanern zu berücksichtigenden Randbedingungen für eine wirtschaftliche Gebäudebewirtschaftung vorgegeben werden.

In dieser Phase ist die Mitwirkung eines Construction Managers nicht zwingend erforderlich, jedoch wünschenswert.

Planung

Die Existenz eines Construction Managers ist im Gegensatz zur Stufe der Projektvorbereitung während der Planung unbedingt erforderlich, da die intensive Planungsbeteiligung des Construction Managers mit seinem Ausführungs-Know-how möglichst frühzeitig in den Planungsprozess eingebracht werden soll. Diese VM-Stufe ist gekennzeichnet durch die Optimierung der Planung mit dem Ziel, eine optimale Lösung für die Bauausführung und den späteren Betrieb zu entwickeln.

In dieser VM-Stufe sollen alle Planungsalternativen unter Berücksichtigung nicht nur der Kosten, sondern auch der Realisierbarkeit und der Auswirkungen hinsichtlich Lebensdauer und Unterhaltungskosten bewertet werden.

Untersuchungen zur Optimierung der Bauausführung und der Wirtschaftlichkeit im Betrieb orientieren sich an folgenden Zielen:
Funktionelle Auftraggeberanforderungen:

- Größtmögliche Übereinstimmung der Planung mit dem Nutzerbedarfsprogramm (vgl. *Ziff. 2.4.1.2*)
- Funktionalität der Raumplanung
- Flexibilität bei der Raumplanung hinsichtlich Nutzungsänderungen

Größtmögliche Rendite durch:

- Kostensicherheit
- Wirtschaftliche Gebäudenutzungskosten
- Terminsicherheit
- Materialökologische Gesichtspunkte
- Geringe Entsorgungskosten

Bewertung der Planung nach Facility Management-Gesichtspunkten:

- Vermeiden von Flächen ohne Funktion
- Vermeiden von überhöhten Materialkosten
- Vermeiden überhöhten Lebenszykluskosten
- Vermeiden minderwertiger Qualität
- Technische Optimierung der Bauelemente von Rohbau, technischer Gebäudeausrüstung und Ausbau im Detail

Änderung (Ausführungsvorbereitung und Ausführung)

In den späteren AHO-Stufen – häufig während der Bauausführung, wenn der spätere Nutzer endgültig feststeht – führen Änderungswünsche des Auftraggebers bzw. des späteren Nutzers zu bewussten Kostensteigerungen.

Um diese Mehrkosten zu steuern bzw. möglichst niedrig zu halten oder besser noch auszugleichen, sind weitere Value Management-Workshops erforderlich. Die Notwendigkeit der gewünschten Änderungen wird kritisch hinterfragt oder ggf. durch andere Maßnahmen (Mengenminderungen, Einsparungen durch evtl. mögliche Qualitätsminderung etc.) relativiert. Dabei sollen die bereits festgelegten Bewertungskriterien vorrangig Beachtung finden, da die ganzheitliche Optimierung der Immobilie weiterhin im Mittelpunkt des Interesses stehen muss.

Abgrenzung von Optimierungen und Leistungsminderungen

„Optimierungen", d. h. die Ergebnisse des Value-Management-Prozesses, und Leistungsminderungen werden hinsichtlich der Auswirkungen auf den Maximalpreis unterschiedlich behandelt. Über die Bonusregelung teilen sich Auftraggeber und Construction Manager nach dem vereinbarten Schlüssel die erzielten Kosteneinsparungen infolge von Optimierungen.

Den Maximalpreis lässt eine Optimierung unberührt. Leistungsminderungen hingegen mindern den Maximalpreis. Die Unterscheidung zwischen Optimierung und Leistungsminderung wird im Allgemeinen daran festgemacht, dass Optimierungen bei gleich bleibender Funktionalität und Qualität Baukosten oder auch Betriebskosten einsparen oder die Bauzeit reduzieren. Die weitaus meisten Optimierungen erfolgen in der Phase vor GMP-Vereinbarung.

Zusammenfassend trägt VM aufgrund der Umsetzung oder des Übertreffens von Kundenanforderungen, der Sicherstellung der Rendite und der Kosten- und Terminsicherheit zu einer nachhaltigen Verbesserung der Wettbewerbsfähigkeit der Immobilie bei.

Honorar

Value Management ist integraler Bestandteil des Construction Managements (*Ziff. 2.5.6*) oder der Projektsteuerung nach AHO (*Ziff. 2.4*). Das Honorar für VM ist daher im Zusammenhang mit der Vergütung für das Construction Management oder für die Projektsteuerung zu vereinbaren. Bei gesonderter Vereinbarung nur des VM bzw. ausgewählter Teilleistungen der Projektsteuerung nach *Ziff. 2.4* empfiehlt sich aufgrund der jeweils individuellen Ausgangssituation und der Komplexität der Aufgaben eine Vergütung nach Zeitaufwand, ggf. mit Pauschalierung nach Konkretisierung von Art und Umfang der zu erbringenden Leistungen (vgl. AHO, 2004d, S. 90).

2.5.8 Public Private Partnership (PPP)

Public Private Partnership (PPP) bezeichnet die organisierte langfristige Zusammenarbeit von Personen und Institutionen der öffentlichen Hand und der Privatwirtschaft zur gemeinsamen Bewältigung komplexer öffentlicher Hochbau- und Infrastrukturprojekte.

PPP-Organisationsmodelle	PPP-Finanzierungsmodelle
• Betreibermodell, BOT • Kooperationsmodell • Konzessionsmodell • Beteiligungsmodell	• Investorenmodell (Finanzieren, Planen, Bauen, Betreiben und Verwerten aus einer Hand) • Fondsmodell • Factoring (Forderungskauf) • Forfaitierung (Forderungsabtretung) • Leasing, Mietkauf, Miete • Sale and Lease Back • Kommunal gesicherte Unternehmenskredite • Kommunalkredite

Abb. 2.157 PPP-Vertragsmodelle

Durch PPP-Vertragsmodelle (Kooperation und Finanzierung) werden die Organisation, Finanzierung, das Planen, Bauen, Betreiben und Verwerten der Projekte geregelt.

PPP-Vertragsmodelle lassen sich im Wesentlichen in Finanzierungs- und Organisationsmodelle einteilen.

Durch das Zusammenwirken von öffentlichem und privatem Partner werden Effizienzgewinne dadurch freigesetzt, dass jeder PPP-Partner das tut, was er am besten kann.

Aufgaben der öffentlichen Hand sind vorrangig:

• die Schaffung von Planungsrecht und Planungssicherheit
• die Herstellung politischer und öffentlicher Akzeptanz
• die Beschleunigung von Genehmigungsverfahren
• die Akquisition öffentlicher Fördermittel und
  deren Transfer an die privaten Partner
• die Übernahme der Risiken aus den o. g. Bereichen

Die vorrangigen *Aufgaben* der privaten Partner sind dagegen:

• Projektentwicklung
• Planen, Bauen und Betreiben
• Finanzieren
• Vermarkten (Verkaufen oder Vermieten)
• Verwerten am Ende der Nutzungsdauer
• Übernahme der aktiv durch den Privaten zu beeinflussenden Risiken aus den o. g. Bereichen

Als *Erfolgsfaktoren* für PPP-Projekte sind zu nennen:

• verlässliche und dauerhafte Partnerschaften zwischen Staat und Privatwirtschaft
• Vermeidung der Belastung zukünftiger Generationen durch Umgehung von Verschuldungsgrenzen für die öffentliche Hand

- hohe Planungs- und Finanzierungssicherheit mit erleichterter beschleunigter Projektumsetzung durch enge Kooperation mit öffentlichen Entscheidungsträgern
- Sicherstellung der hinreichenden Kontrolle durch die öffentliche Hand und des Ausgleichs zwischen öffentlicher Aufgabenerfüllung und privater Gewinnerzielungsabsicht
- Nutzung von Einsparpotenzialen durch effiziente Aufgabenerfüllung und Deregulierung
- frühzeitiges und verbindliches Treffen der Grundsatzentscheidungen über Art und Umfang der Partnerschaft sowie über Nutzungs-, Finanzierungs- und Betreiberkonzepte durch die Politik
- Sicherstellung der politischen Legitimation und Steuerbarkeit des sozialen und regionalen Interessenausgleichs, der Bürgerbeteiligung und der Verfahrenstransparenz

Die wesentlichen *Chancen* durch PPP-Projekte werden vor allem in folgenden Punkten gesehen:

- PPP ermöglicht, vergünstigt und beschleunigt Projekte mit öffentlicher Beteiligung bzw. lässt sie an Standorten entstehen, die für Privatinvestoren allein nicht attraktiv genug sind.
- PPP entlastet öffentliche kommunale Haushalte durch die Förderfähigkeit seitens der EU oder aus nationalen Strukturförderungsprogrammen sowie durch Aktivierung privaten Kapitals (Push- oder Incentive-Strategien) und führt so zu einer erhöhten Nachfrage.
- PPP bietet auch Vorteile für die Öffentlichkeit dadurch, dass private Vorhabenträger veranlasst werden, einen Teil ihrer durch das Projekt ermöglichten Gewinne für die Öffentlichkeit verfügbar zu machen (Pull- oder Kompensations-Strategien), z. B. durch Übernahme von Kosten im Rahmen städtebaulicher Verträge oder von Vorhaben- und Erschließungsplänen nach §§ 11 ff. BauGB.
- PPP löst den Investitionsstau in Immobilien- und Infrastrukturprojekte bei Bund, Ländern und vor allem auch Kommunen im Rahmen der nachhaltig möglichen öffentlichen Haushalte auf und sichert dadurch die Versorgung der Bevölkerung mit öffentlichen Hochbauten und Infrastrukturbauten.
- PPP erschließt Geschäftsfelder, Aufträge und Wertschöpfungsanteile für die Privatwirtschaft, die ohne PPP-Projekte nicht möglich sind.
- PPP fördert Lebenszyklus-bezogenes und interdisziplinäres Denken und Handeln, da es auch außerhalb von PPP-Projekten Nutzen stiftend eingesetzt werden kann.
- PPP erhöht den originären investiven Anteil an Gebäuden und Anlagen, da die langfristigen Einsparpotenziale vor allem durch günstige Betriebskosten erzielt werden, die wiederum höherwertige Rohbau-, Technik- und Ausbauinvestitionen erfordern.
- PPP fördert und verstetigt die Beschäftigung in der Bauwirtschaft mit entsprechenden Multiplikatorwirkungen für die Gesamtwirtschaft.

Den zahlreichen Chancen von PPP-Projekten stehen andererseits auch zahlreiche *Risiken* gegenüber, so dass stets eine sorgfältige Chancen-/Risikenabwägung vorgenommen werden muss:

- fehlende Schaffung oder Beachtung klarer Regelungen über:
  - Ziele der Public Private Partnership
  - PPP-Modellauswahl und dessen vertragliche Umsetzung
  - Aufgabenzuordnung mit angemessenen Entscheidungs- und Kontrollmechanismen, sorgfältig durchdachte Aufbau- und Ablauforganisation
  - Kosten-, Ertrags- und Ergebnisverteilung
  - Risikoverteilung
  - Berichtswesen
  - Konfliktlösungsmechanismen
  - Schiedsverfahren
  - geordneten Austritt eines oder mehrerer Beteiligter
- Umgehung öffentlicher Verschuldungsgrenzen
- Verstoß gegen das geltende Vergaberecht durch Beschränkung des Wettbewerbs, Schaffung von Seilschaften, Berücksichtigung vergabefremder Zuschlagskriterien
- Übervorteilung einzelner Partner durch unüberschaubare und nicht vollständig durchdrungene und durchdachte Vertragsstrukturen

Bisher existiert kein geschlossener Rechtsrahmen für PPP-Projekte. Daher sind zahlreiche *Rechtsgrundlagen* zu beachten:

- Verfassungsrecht
  Der Staat hat eine Einstandspflicht für bedarfsgerechte Infrastruktureinrichtungen. Er muss nicht Eigentümer sein bzw. Investitionen selbst vornehmen, aber bei Ausfall privater Auftragnehmer oder Partner die Leistungserfüllung sicherstellen. Nicht privatisierungsfähig sind z. B. Vollstreckungsaufgaben.
- Verwaltungsrecht
  Hoheitliche Aufgaben im Rahmen des Gesetzesvollzuges können durch die Einschaltung von „Verwaltungshelfern" (ohne besondere Ermächtigungsgrundlage), die Beleihung von Privaten (Ermächtigung per Gesetz) oder im Einzelfall als PPP teilprivatisiert werden.
- Kommunal-/Haushaltsrecht
  Nach den Gemeindeordnungen der Länder (z. B. § 107 Abs. 1 GO NW) dürfen sich Kommunen nur dann wirtschaftlich betätigen, wenn ein öffentlicher Zweck die Betätigung erfordert und die Betätigung nach Art und Umfang im angemessenen Verhältnis zur Leistungsfähigkeit der Gemeinde steht.
    Einige Gemeindeordnungen verbieten die Veräußerung von Vermögensgegenständen, die die Kommune zur öffentlichen Aufgabenerfüllung benötigt.
    Eine Entlastung der Kommunalhaushalte tritt allein durch den Wechsel einer Finanzierungsform (z. B. vom Kommunalkredit zum Leasing) regelmäßig nicht ein.
    Eine Kreditaufnahme der Kommunen setzt die Erfüllung folgender Bedingungen voraus:

–   Es muss sich um zusätzliche Investitionen handeln; dies ist nicht problema-
    tisch, sofern es sich um über Benutzungsgebühren finanzierte Investitionen
    handelt.
–   Die dauerhafte Leistungsfähigkeit der Gemeinde darf durch den Schulden-
    dienst nicht beeinträchtigt werden. Eine Ausweitung kommunaler Verschul-
    dungsgrenzen durch Sonderformen der Investitionsfinanzierung ist nahezu
    ausgeschlossen.
    Damit wird die Notwendigkeit einer Gemeindefinanzreform aufgrund der
    in den letzten Jahren stark gesunkenen Einnahmen der Kommunen deutlich.
    Strittig ist u. a. die Frage, ob Leasingraten im Vermögens- oder im Verwal-
    tungshaushalt der Kommunen zu veranschlagen sind.
    Eine Sanierung der öffentlichen Haushalte durch PPP ist damit nur durch
    Effizienzvorteile aus PPP-Projekten bzw. durch die Regelungen über Nutzer-
    entgelte und Mieten Dritter zu erreichen.
    Bei der Entgeltgestaltung aus der privatrechtlichen Beziehung zwischen
    privatem Unternehmen und der Gemeinde oder auch direkt zu den Bürgern
    sind nach ständiger Rechtsprechung das Äquivalenzprinzip hinsichtlich der
    Erbringung der bisher öffentlichen Leistung, der Gleichheitsgrundsatz hin-
    sichtlich der Versorgung der Bürger untereinander (Leistungs-/Verur-
    sachergerechtigkeit) und das Kostenüberschreitungsverbot bei der Entgeltges-
    taltung der betriebswirtschaftlich ansatzfähigen Kosten nach § 9 Abs. 2
    Kommunalabgabengesetz (KAG) als öffentliche Finanzierungsprinzipien zu
    beachten.
*   Staatliche Förderung
    Staatliche Förderung setzt häufig das kommunale Eigentum am Förderobjekt
    voraus.
    Die Zulässigkeit und die Form der Weitergabe von Fördermitteln an einen
    privaten Partner müssen stets im Einzelfall überprüft werden.
*   Vergaberecht
    Nach den Gemeindehaushaltsverordnungen der Länder sind alle Aufträge
    über Lieferungen, Leistungen und Dienstleistungen vor der Vergabe öffentlich
    auszuschreiben.
    Dabei sind die einschlägigen öffentlich-rechtlichen Vergabevorschriften
    wie die deutschen und europäischen Vergaberichtlinien, die Vergabe- und
    Vertragsordnungen und die §§ 97 ff. des Gesetzes gegen Wettbewerbsbe-
    schränkungen (GWB) zu beachten. Dieses bewirkt z. T. eine erhebliche Über-
    regulierung, z. B. durch § 13 der Vergabeverordnung (VgV), wonach der Auf-
    traggeber eine Informationspflicht gegenüber den Bietern hat, deren Angebote
    nicht berücksichtigt werden sollen, über den Namen des Bieters, dessen An-
    gebot angenommen werden soll und über den Grund der vorgesehenen Nicht-
    berücksichtigung ihrer Angebote. Die nicht berücksichtigten Bieter haben
    dann Gelegenheit, innerhalb von 14 Kalendertagen ein Nachprüfungsverfah-
    ren bei der jeweils zuständigen Vergabekammer einzuleiten (§ 107 ff. GWB).
    Bei nicht aus reinen Bau- oder Dienstleistungen bestehenden Aufträgen
    richtet sich die anzuwendende Rechtsordnung nach dem Schwerpunkt der je-
    weiligen Vertragsleistungen (z. B. VOL für Finanzierung, VOB für Bau- und
    Dienstleistungen, VOF für Freiberufliche Leistungen).

- Steuerrecht
  Nach § 39 Abgabenordnung (AO) ist in den dort geregelten Ausnahmefällen nicht der zivilrechtliche Eigentümer eines Objektes nach BGB, sondern der wirtschaftliche (steuerrechtliche) Eigentümer berechtigt, das Investitionsobjekt in seiner Bilanz zu aktivieren und abzuschreiben. Genaueres ist in Leasingerlassen für Immobilien vom 21.03.1972 (Vollamortisation) bzw. 23.12.1991 (Teilamortisation) geregelt.
- Gesellschaftsrecht
  PPP-Organisationsmodelle, insbesondere das Beteiligungsmodell und das Kooperationsmodell, erfordern vor allem auf Seiten der öffentlichen Partner die Klärung zahlreicher gesellschaftsrechtlicher Fragen zur Schaffung der geforderten klaren Regelungen über Entscheidungs-, Kontroll- und Konfliktlösungsmechanismen sowie über die Ergebnis- und Risikoverteilung.
- Arbeits- und Tarifrecht
  Im Rahmen des Arbeits- und Tarifrechtes, das in viele Einzelgesetze und Tarifverträge zersplittert ist (vgl. Diederichs, 2005, S. 67) sind u. a. die Folgen der Übernahme ehemals öffentlich Beschäftigter gemäß § 613a BGB zu beachten (vgl. *Ziff. 3.6*).

Für jedes PPP-Projekt ist zu fordern, dass *der gesamtwirtschaftliche Nutzen die gesamtwirtschaftlichen Kosten* sowohl während der Investitions- als auch in der Betriebsphase einschließlich der Verwertungsphase *nachhaltig übersteigt*. Dazu müssen folgende Grundvoraussetzungen erfüllt sein:

- Die PPP-Leistung muss auf Dauer in gleicher oder besserer Qualität wie die von öffentlicher Hand allein erbrachte Leistung gesichert sein.
- Die PPP-Leistung ist so zu gestalten, dass sie von den Bürgern angenommen wird und den Belangen der im Objekt Beschäftigten Rechnung trägt.
- Die rechtlich möglichen und betriebswirtschaftlich sinnvollen Varianten der privaten Beteiligung müssen herausgefunden und das Optimum für beide Seiten ausgewählt werden.
- Die Bonität (Fachkunde, Erfahrung, Leistungsfähigkeit und Zuverlässigkeit) der privaten Leistungserbringer/Partner muss vorab sorgfältig geprüft werden, um die Insolvenzgefahr privater Partner zu minimieren.

Im Rahmen des *PPP-Wirtschaftlichkeitsnachweises* ist für ausgewählte Modellalternativen eine dynamische Wirtschaftlichkeitsberechnung (Diederichs, 2005, S. 230 ff.) für die Lebenszykluskosten anzustellen. Diese muss im Rahmen dynamischer Kapitalwertberechnungen die Zeitreihen aus sämtlichen relevanten Kosten (Anfangsinvestitionen, Betriebs- und Wartungskosten, Instandhaltungs- und Ersatz- sowie Erweiterungsinvestitionen, Finanzierungskosten, „Risikoprämien" und Verwertungskosten) sowie aus den voraussichtlich erzielbaren Erträgen berücksichtigen. In den Wirtschaftlichkeitsvergleich sind auch die steuerrechtlichen Auswirkungen einzubeziehen.

Vielfach reichen rein monetäre Betrachtungsweisen nicht aus. Diese sind durch Nutzwertanalysen oder Kostenwirksamkeitsanalysen mit multivariablen Zielsystemen zu ergänzen, um die gesellschaftlichen und gesamtwirtschaftlichen Nutzen-/Kostenwirkungen der Modellalternativen zu erkennen (vgl. Diederichs, 2005, S. 239 ff.).

Seit 2003 wurden durch Bund und Länder unter Einschaltung von Unternehmensberatungen und Forschungsinstituten zahlreiche *Arbeitshilfen* erarbeitet.

Gutachten Public Private Partnership

Seitens des Bundesministeriums für Verkehr, Bau und Wohnungswesen wurde im August 2003 ein *Gutachten Public Private Partnership* (PPP im öffentlichen Hochbau) in 5 Bänden mit einer Kurzzusammenfassung veröffentlicht.

Der Band I „Leitfaden" erläutert in Teil I „Einführung zu Public Private Partnership" das Begriffsverständnis, Ziele und Erfolgsvoraussetzungen.

Zum Begriffsverständnis heißt es (S. 2 f.):

„PPP kann man abstrakt beschreiben als langfristige, vertraglich geregelte Zusammenarbeit zwischen öffentlicher Hand und Privatwirtschaft zur Erfüllung öffentlicher Aufgaben, bei der die erforderlichen Ressourcen (z. B. Know-how, Betriebsmittel, Kapital, Personal) in einen gemeinsamen Organisationszusammenhang eingestellt und vorhandene Projektrisiken entsprechend der Risikomanagement-Kompetenz der Projektpartner angemessen verteilt werden. Im öffentlichen Hochbau dienen Partnerschaften solcher Art international häufig der Realisierung konkreter Neubau- oder Sanierungsmaßnahmen in recht unterschiedlichen Bereichen staatlicher Daseinsvorsorge und Infrastrukturbereitstellung (z. B. Schulen, Krankenhäuser, Justizvollzugsanstalten, allgemeine Verwaltungsgebäude). In diesen Bereichen übernimmt der private Partner zumeist die komplette Bereitstellung einer Immobilie und gewährleistet darüber hinaus den reibungslosen Betrieb, teilweise sogar mit weitergehenden Serviceleistungen für den öffentlichen Nutzer. Hierfür erhält der Private ein Entgelt, mit dem er die von ihm erbrachten Aufwendungen sowie seine kalkulatorischen Kosten refinanziert (Tragfähigkeit). Grundlage der Kostenermittlung sind dabei neben den Investitionskosten der Maßnahme (z. B. Planungs- und Errichtungs- bzw. Sanierungs- oder Modernisierungskosten) sämtliche Folgekosten einer Immobilie (z. B. Instandhaltung, Reparaturen, Ersatzinvestitionen) sowie die Kosten weitergehender Serviceleistungen (z. B. Catering, Boten- oder Pförtnerdienste) über den gesamten Lebenszyklus."

Als Ziele werden genannt (S. 4):

„Die öffentliche Hand betreibt mit PPP die Realisierung von Effizienzvorteilen[1] über den gesamten Lebenszyklus einer Immobilie. Durch das effiziente Management von Folgekosten soll die Nachhaltigkeit von Bereitstellung und Bewirtschaftung öffentlicher Infrastruktur – bei Transparenz der Gesamtkosten einer Maßnahme – verbessert werden."

Als Erfolgsvoraussetzungen werden gefordert (S. 4 ff.):

- verändertes Beschaffungsverhalten der öffentlichen Hand („Output-Spezifizierung")
- Lebenszyklusansatz
- sachgerechte Verteilung von Projektrisiken
- leistungsorientierte Vergütungsmechanismen
- Wettbewerb auf Bieterseite

---

[1] Vgl. hierzu ausführlich Bd. IV. Hier findet sich eine ausführliche Sammlung und systematische Auswertung zu internationalen und nationalen Fallbeispielen und Studien, bei denen Einsparungen zwischen 10 und 20 % berichtet werden.

ÖPP-Beschleunigungsgesetz im Bundestag verabschiedet

Der Bundestag verabschiedete am 30.06.2005 in abschließender zweiter und dritter Lesung das *Gesetz zur Beschleunigung von Öffentlich-Privaten Partnerschaften und zur Verbesserung gesetzlicher Rahmenbedingungen für Öffentlich-Private Partnerschaften (sog. ÖPP-Beschleunigungsgesetz)* mit Ausnahme von 2 Änderungsanträgen zum Investment- und Vergaberecht (BT-Drucksache 15/5668). Der Bundesrat stimmte dem ÖPP-Beschleunigungsgesetz am 08.07.2005 zu (www. ppp-bund.de/aktuelle_arbeiten.htm, 24.07.2005).

PPP-Projektstudie Deutschland

Die Wirtschaftsministerkonferenz der Länder bat die Bundesregierung, einen Bericht mit Antworten zu folgenden Fragen zu erstellen:

- Welche PPP-Projekte sind in Deutschland u. a. in den Sektoren Hochbau und Verkehrsinfrastruktur angelaufen bzw. geplant?
- Welche Aussagen können zur Wirtschaftlichkeit dieser Projekte getroffen werden?
- Ob und wenn ja, welche Hemmnisse aufgrund der bestehenden rechtlichen Rahmenbedingungen traten auf und wie konnten diese beseitigt werden?

Die Projektstudie wird in Kooperation mit dem Deutschen Institut für Urbanistik (DIfU) und der TU Berlin erarbeitet (Auskunft bei der PPP Task Force des Bundes, Frau Dr. Gottschling, Tel. 030/20 08 71 97).

Die PPP Task Force des Bundes ist als Stabsstelle beim Parlamentarischen Staatssekretär im BMVBW angesiedelt. Aufgabenfelder sind Projektbetreuung, Grundsatz- und Koordinierungsarbeiten, Öffentlichkeitsarbeit und Wissenstransfer. Die Task Force ist gleichzeitig Geschäftsstelle des Lenkungsausschusses PPP im Öffentlichen Hochbau.

Bis zum 31.07.2005 wurden auch in 4 Bundesländern PPP-Kompetenzzentren eingerichtet *(Abb. 2.158)*.

Bundesland	Ressort/Institution	Ansprechpartner	Kontakt
Nordrhein-Westfalen			
PPP Task Force NRW Ministerium	Finanzen	Herr Dr. Littwin Leiter PPP Task Force	www.ppp-nrw.de
Schleswig-Holstein			
PPP- Kompetenzzentrum	Investitionsbank Schleswig-Holstein	Frau Hella Prien Leiterin PPP Kompetenzzentrum	hella.prien@ib-sh.de Tel. 0431-9905 3017
Sachsen-Anhalt			
Projektgruppe PPP	Finanzen	Herr Axel Gühl	guehl@mf.lsa-net.de Tel. 0391-567-1290
Hessen			
Kompetenzzentrum PPP	Finanzen	Frau Hammer-Frommann Leiterin Kompetenzzentrum PPP	www.ppp.hessen.de PPP@hmdf.hessen.de Tel. 0611-322419
Baden-Württemberg			
PPP-Taskforce	Wirtschaft	Leitung PPP-Taskforce Herr Sts. Dr. Horst Mehländer	PPP.taskforce@wm.bwl.de Tel. 0711-123-2339

Abb. 2.158 Kompetenzzentren und Ansprechpartner der Länder (Quelle: www.ppp-bund.de/laender.htm, 24.07.2005)

Möglichkeiten und Grenzen des Einsatzes von PPP-Modellen im kommunalen Hoch- und Tiefbau

Durch die beim BMVBW eingerichtete PPP-Task Force ist im Rahmen des Programmes Aufbau Ost die Vergabe eines umfangreichen Forschungsauftrages beabsichtigt. In einem ersten Schritt soll geprüft werden, ob und unter welchen Voraussetzungen PPP-Modelle auch unter den besonderen Verhältnissen in den ostdeutschen Kommunen zum Einsatz kommen können. Darüber hinaus sollen Ausschreibungsmuster, Output-orientierte Leistungsbeschreibungen, Vertragsmuster und standardisierte EDV-Tools zum Wirtschaftlichkeitsvergleich für PPP-Projekte im Schulsektor entwickelt werden. Die Bewerbungsfrist lief am 24.06.2005 ab.

Kompetenzzentren international

Auch im Ausland existieren seit einiger Zeit PPP-Kompetenzzentren bzw. Task Forces mit ähnlichen Zielen und Aufgaben wie in Deutschland (*Abb. 2.152*):

- Erarbeitung standardisierten Vorgehens im PPP-Beschaffungsprozess
- Schaffung der rechtlichen und politischen Rahmenbedingungen
- Durchführung von Veranstaltungen zum Wissenstransfer
- Unterstützung des Erfahrungsaustausches zwischen Privatwirtschaft und Öffentlicher Hand
- Projektbegleitung und -dokumentation

Land	Linkverknüpfung
Großbritannien	
	Partnerships UK
	Public Private Partnership Programme of Local Government
	National Audit Office
	Department of Health
	HM Treasury
	Ministry of Defence
	Department for Education & Skills
	Department for Constitutional Affairs
Niederlande	
	PPP Knowledge Centre (Ministry of Finance)
Italien	
	Unitá Tencica Finanza di Progetto
	(Ministero dell´ Economia e delle Finanze)
Frankreich	
	Ministre de l´Économie, des Finances et de l´Industrie
Irland	
	Central PPP Unit of the Department of Finance
Südafrika	
	Department of Trade and Industry
	National Treasury

Abb. 2.159 Kompetenzzentren international (Quelle: www.ppp-bund.de/laender.htm, 24.07.2005)

PPP-Markt in Deutschland

Allgemein ist davon auszugehen, dass sich in Deutschland ein dynamischer PPP-Markt entwickeln wird. Zur Jahresmitte 2005 sind über 100 PPP-Immobilien-projekte in der Planung und Durchführung (Verwaltungsgebäude, Kultur- und Sportstätten, Kasernen, medizinische Einrichtungen und Justizgebäude) mit einem Gesamtinvestitionsvolumen von > 4 Mrd. €.

Gesetzliche Grundlage für Investitionen in die Verkehrsinfrastruktur ist u. a. das Gesetz über den Bau und die Finanzierung von Bundesfernstraßen durch Private (FStrPrivFinG vom 30.08.1994, BGBl I 1994, 2243, neu gefasst durch Bekanntmachung vom 20.01.2003).

Gemäß § 1 Abs. 1 können zur Verstärkung von Investitionen in das Bundesfernstraßennetz Private Aufgaben des Neu- und Ausbaus von Bundesfernstraßen auf der Grundlage einer Gebührenfinanzierung wahrnehmen.

Gemäß Abs. 2 können hierzu der Bau, die Erhaltung, der Betrieb und die Finanzierung von Bundesfernstraßen Privaten zur Ausführung übertragen werden.

Gemäß § 3 Abs. 1 können Mautgebühren nach § 2 erhoben werden für die Benutzung von nach Maßgabe dieses Gesetzes errichteten

- Brücken, Tunneln und Gebirgspässen im Zuge von Bundesautobahnen und Bundesstraßen sowie
- mehrstreifigen Bundesstraßen mit getrennten Fahrbahnen für den Richtungsverkehr mit Kraftfahrzeugen.

In einer Pressemitteilung des BMVBW vom 25.02.2005 (Nr. 049/05) wurde die Entscheidung für 5 PPP-Pilotprojekte im Autobahnbau bekannt gegeben:

„Damit wurden 5 Autobahn-Ausbaumaßnahmen als PPP-Projekte auf den Markt gebracht. Bei den sog. A-Modellen handelt es sich im Einzelnen um:

- die A 8 in Bayern (Augsburg West – München Allach)
- die A 4 in Thüringen (AS Waltershausen – AS Herleshausen, sog. „Umfahrung Hörselberge")
- die A 1/A 4 in Nordrhein-Westfalen (AS Düren – AK Köln Nord)
- die A 5 in Baden-Württemberg (AS Baden-Baden – AS Offenburg)
- die A 1 in Niedersachsen (AD Buchholz – AK Bremer Kreuz)

Damit sei ein wesentlicher Schritt für PPP im Straßenbau getan. Bei der Betrachtung des Lebenszyklus' der Straßeninfrastruktur erwartet der Bauminister aus den PPP-Projekten neben finanziellen Vorteilen vor allem auch zeitliche Gewinne und neue Impulse für Straßenbau, Betrieb und Erhaltung. Beim A-Modell übernehmen private Unternehmen Bau, Betrieb und Erhaltung eines Autobahnabschnitts und refinanzieren sich im Wesentlichen aus Einahmen aus der Lkw-Maut, die auf den betreffenden Abschnitt entfallen. Gemäß Pressemitteilung sollen alle 5 Projekte in 2005 „angestoßen werden". Der Abschluss des ersten Betreibervertrages und der erste Baubeginn werden für die zweite Jahreshälfte 2006 erwartet (www. bmvbw.de/dokumente/,-913001/pressemitteilung/dokument.htm, 24.07.2005).

DVP-Arbeitskreis PPP

Der Ende 2003 an der Bergischen Universität Wuppertal unter Leitung des Autors gegründete Arbeitskreis PPP des Deutschen Verbandes der Projektmanager in der

Bau- und Immobilienwirtschaft (DVP) e. V. verfolgt die Zielsetzung, mögliche Leistungen des Projektmanagers bei PPP-Projekten zu identifizieren und zu beschreiben. Dabei wird die Sichtweise des DVP-Consultants und der öffentlichen (kommunalen) Auftraggeber in den Vordergrund gestellt.

Vom Arbeitskreis wurde eine PPP-Leistungsmatrix entwickelt, die geeignet erscheint, PPP-Projekte ganzheitlich übersichtlich zu erfassen und zu ordnen.

Dazu wurden sieben Projektstufen definiert:

0 Projektgenesis
1 Projektvorbereitung, Eignungsüberprüfung
2 Konzeption
3 Ausschreibung und Vergabe
4 Projektentwicklung im weiteren Sinne (i. w. S), Planen und Bauen
5 Betreiben, Bewirtschaften
6 Verwertung, Eigentumsübergang

Das Ende der Projektstufe 3 wird durch die Vergabe an den privaten Partner gebildet. Dieser übernimmt in den Projektstufen 4 bis 6 die Hauptaktivitäten.

Die aus dem Projektmanagement bereits bekannten Handlungsbereiche A bis D wurden um einen Handlungsbereich E Recht erweitert. Ergebnis ist die PPP-Leistungsmatrix in *Abb. 2.160*.

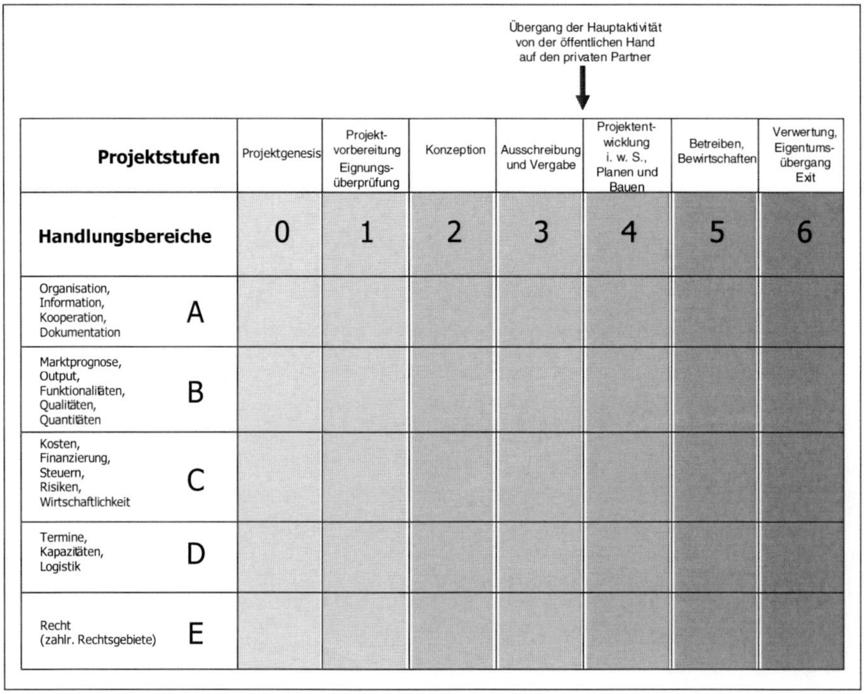

Abb. 2.160 PPP-Leistungsmatrix für Projektmanager und öffentliche Auftraggeber

In *Abb. 2.161* wird für die Projektstufe 0 „Projektgenesis" zu jedem Handlungsbereich A bis E eine Grundleistung genannt. Diese Grundleistungen werden durch Kurzkommentare erläutert.

Analog zeigt *Abb. 2.162* für den Handlungsbereich E „Recht" jeweils eine Teilleistung zu den Projektstufen 0 bis 6. Durch den Kurzkommentar wird das Verständnis für diese Teilleistungen gefördert.

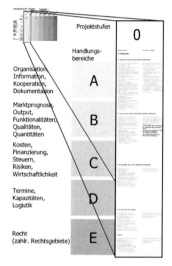

Beispielhaft einige Teilleistungen:

A Mitwirken beim Aufstellen der Stakeholder-analyse

B Mitwirken beim Strukturieren von Sach-problemen und Ableiten von Vorhabenszielen (Vorhabensdefinition) unter Einbeziehung von Marktprognosen

C Aufstellen einer Budgetprognose und Mitwirken bei der Überprüfung der grundsätzlichen Finanzierbarkeit

D Informieren zu grundlegenden Abläufen der Modelle und Verfahren

E Informationen (juristisch) zu den Basisszenarien

Abb. 2.161 PPP-Consultingleistungen in der Projektstufe 0 „Projektgenesis" (Auszug)

Beispielhaft einige Teilleistungen:

0 Analyse der zu beachtenden rechtlichen Randbedingungen

1 Mitwirken beim Feststellen der grundsätzlichen PPP-Eignung des Beschaffungsvorhabens

2 Unterstützen des Auftraggebers bei der Konzeption des Vergabeverfahrens

3 Mitwirken beim Erstellen der Vergabe- und Vertragsunterlagen zur Gewinnung des „privaten Partners"

Abb. 2.162 PPP-Consultingleistungen im Handlungsbereich E „Recht" (Auszug)

Vorgesehen ist, damit eine Handlungsanleitung für Consulting-Leistungen bei PPP-Projekten öffentlicher Auftraggeber zu schaffen und zu veröffentlichen, voraussichtlich in der „Grünen Schriftenreihe" des AHO.

Nähere Informationen hierzu sind erhältlich unter *www.bau.uni-wuppertal.de* oder *www.dvpev.de*.

Weitere PPP-Literatur

Als weitere Literatur zum Thema PPP sind zu nennen:

- Veröffentlichungen der PPP-Task Force NRW (Auszug):
- Erste Schritte: Projektauswahl, -organisation und Beratungsnotwendigkeiten (PDF), April 2005
- Evaluierung der Wirtschaftlichkeitsvergleiche der ersten PPP-Pilotprojekte im öffentlichen Hochbau (PDF), Februar 2005
- Eignungstest (PDF), Oktober 2004
- Finanzierungsleitfaden (PDF), Oktober 2004
- Bestandsbeurteilung (PDF), Januar 2004
- Wirtschaftlichkeitsvergleich (PDF), November 2003
- Output-Spezifikationen (PDF), Oktober 2003
- Erstellung eines Gerüsts für einen Public Sector Comparator bei 4 Pilotprojekten im Schulbereich (PDF), Juli 2003
- Vergaberechtsleitfaden, Mai 2003
- Strategiepapier und Organisationsleitfaden, August 2003
- www.behoerdenspiegel.de/pdf/bs_2004_PPP.pdf, 24.07.2005
- Bertelsmann Stiftung, Clifford Chance Pünder, Initiative D 21 (Hrsg.) (Juni 2003) Prozessleitfaden Public Private Partnership – eine Publikation aus der Reihe PPP für die Praxis (PDF)
- Ernst & Young-Verbund (Oktober 2004) Öffentlich/Private Partnerschaften in Deutschland – Ein Überblick über aktuelle Projekte
- Eschenbruch K et al. (2004) Bauen und Finanzierung aus einer Hand, Bundesanzeiger-Verlag, Köln
- EUWID Europäischer Wirtschaftsdienst (Juni 2005) Report Public Private Partnership, Sonderpublikation des EUWID Facility Management, 76593 Gernsbach
- www.ibl.uni-stuttgart.de/05forschung/ppp/index.php, 24.07.2005
- Littwin, F (2005) Public Private Partnership im öffentlichen Hochbau, Kohlhammer-Verlag, Stuttgart
- Meyer-Hofmann/Riemenschneider/Weihrauch (Hrsg.) (2005) PPP – Partnerschaftliche Verträge. Handbuch für die Praxis, Carl Heymanns Verlag, Köln
- Tettinger (2005), Public Private Partnership, Möglichkeiten und Grenzen – ein Sachstandsbericht, in: Nordrhein-Westfälische Verwaltungsblätter, Heft 1, S. 1 ff.
- Weber, M (2005) Public Private Partnership, C. H. Beck, München
- Weber et al. (2005) Praxishandbuch Public Private Partnership, C. H. Beck, München

2.6 IT-Tools für Projektmanagementleistungen

Projektmanagement-Software (PMS) ist für die tägliche Arbeit im Projektmanagement unverzichtbar. Dies gilt nicht nur bei hoher Projektkomplexität, vielen Beteiligten und der Integration in unternehmensweite Systeme (Enterprise Ressource Planning (ERP) wie SAP R/3 o. ä.), sondern immer dann, wenn bei einer Neubau- oder Umbaumaßnahme auf die Einhaltung von Kosten, Terminen und Qualitäten geachtet werden muss. Da dies immer der Fall ist, sind Ausnahmen kaum denkbar.

Am Markt haben sich zahlreiche Anbieter von Projektmanagement-Software etabliert. Zu unterscheiden sind:

- Single-Project-Management-Systeme (zur Planung, Kontrolle und Steuerung einzelner Projekte)
- Multi-Project-Management-Systeme (zur gleichzeitigen Planung, Kontrolle und Steuerung mehrerer Projekte)
- Enterprise-Project-Management-Systeme (zur Integration in die unternehmensweite Planung, wie z. B. ERP-Software
- Project-Collaboration-Plattformen:
- Projektkommunikationssysteme (z. B. Groupware- oder Portal-Software)
- Ergänzungsprogramme mit Schnittstellen zu PMS, wie z. B. Systeme für Ausschreibung, Vergabe und Abrechnung (AVA)

Bei der Auswahl von PMS für Immobilien- und Infrastrukturprojekte ist darauf zu achten, dass die branchenspezifischen Belange von den Anbietern berücksichtigt werden. Generell sind folgende Auswahlkriterien entscheidungsrelevant:

- Spezifikation des erforderlichen Funktionsumfangs
- Spezifikation der technischen Anforderungen (Integration in die bestehende IT-Struktur, Bedienbarkeit und Benutzerfreundlichkeit)
- Investitions- und Nutzungskosten
- Eigenentwicklung oder Kauf (make or buy) zum Einsatz von Individual- oder Standardsoftware

Zur Vermeidung des Aufwandes einer eigenen Programmierung wird man sich im Regelfall dafür entscheiden, ein am Markt erhältliches Produkt auszuwählen. Hierzu ist ein systematisches Vorgehen in min. vier Auswahlschritten erforderlich:

1. Definition der Anforderungen an die Projektmanagement-Software im Hinblick auf funktionale und technische Anforderungen
2. Vorauswahl aus dem umfangreichen Angebot an PMS zur Eingrenzung auf eine Produktkategorie
3. Vorauswahl durch Überprüfung der K.O.-Kriterien zur Reduzierung der Alternativen auf ca. 5 Produkte
4. Auswahlentscheidung mit Hilfe einer Nutzwertanalyse (NWA) (Diederichs, 2005, S. 243 ff.) zur Bewertung der multivariablen funktionalen und technischen Anforderungen

Ein solcher Kriterienkatalog wurde von Thiesen (2005, Anhang 3) für die Bewertung von Softwareangeboten für Projektkommunikationssysteme/Projektportale entwickelt (*Abb. 2.163*).

Nr.	Kriterium	Gewichtung	Nr.	Kriterium	Gewichtung
1	Dokumente	(25 %)	4	Hilfe	(10 %)
1.1	Rechtevergabe		4.1	bei Verständnisproblemen	
1.2	Suche		4.2	bei Fehlbenutzung	
1.3	Benachrichtigung bei neuen Dokumenten		4.3	Schulung	
1.4	Übermittlungsstatus		5	Administration	(8 %)
1.5	Workflows		5.1	durch Kunden	
1.6	Anhang		5.2	Haupt- und Teiladministratoren möglich – Baumstruktur	
1.7	Zusatzinformationen		5.3	parallel durch Anbieter und Kunden	
1.8	Vorlagen		6	Anbieterinformationen	(6 %)
1.9	Änderungen		6.1	Mitarbeiteranzahl des Anbieters für PKS/PP	
1.10	Reproduktion		6.2	Marktpräsenz	
1.11	Listen/Ansichten		6.3	Referenzfirmen	
2	Projektraum	(25 %)	6.4	Projektanzahl	
2.1	Infos auf Startbildschirm		6.5	Nutzeranzahl	
2.2	Projektwechsel		6.6	Firmenstruktur	
2.3	Projektraumerscheinungsbild anpassen		6.7	Informationen über Projektraum	
2.4	Mehrsprachigkeit		6.8	Zertifikate	
2.5	Basismodule		6.9	Philosophie	
2.6	Datenverkehr/Schnittstellen		7	Kosten	(4 %)
2.7	Nutzerrechte		7.1	nach Modulauswahl	
2.8	Test/Projektraum		7.2	nach Nutzeranzahl	
2.9	Sicherheit		7.3	nach benötigtem Speichervolumen	
3	Modulangebot	(22 %)	7.4	nach Übertragungsvolumen	
3.1	Dokumentenmanagement		7.5	für Einrichtung	
3.2	Risikomanagement		7.6	für Benutzeranpassungen	
3.3	Genehmigung und Abmahnung		7.7	für ASP-Administration	
3.4	Planfeststellungsverfahren		7.8	für Faxversand	
3.5	Planmanagement		7.9	für SMS-Versand	
3.6	Projekthandbuch		7.10	Pauschalpreis	
3.7	Ereignis-/Bautagebuch		7.11	Server beim Kunden – Lizenzmodell	
3.8	QM-System				
3.9	Ausschreibungsmodul AVA-ADB			Summe Gewichtung	(100 %)
3.10	Änderungsmanagement				
3.11	Vertrags-/Nachtragsmanagement				
3.12	Mängelverwaltung				
3.13	Besprechungsprotokoll				
3.14	Prozessmanagement				
3.15	Handelsplattform				
3.16	Datenbank für Baumaterialien				
3.17	Archiv				

Abb. 2.163 Kriterienkatalog zur Bewertung von Anbietern von Projektkommunikationssystemen/Projektportalen (Quelle: Thiesen (2005), Anhang 3 (Kriterienkatalog mit Gewichtung))

Anfang 2004 wurde ein DVP-Arbeitskreis IT-Tools im Projektmanagement an der Bergischen Universität Wuppertal unter Leitung des Autors gegründet.

Die in der konstituierenden Sitzung am 17.02.2004 formulierte Zielsetzung lautet:

„Definition der Anforderungen an Projektentwicklungs-, Projektmanagement- und Facility Management-Softwaretools sowie von Mindeststandards im elektronischen Datenaustausch."

Die Fokussierung liegt dabei auf den Besonderheiten einzelner Programme und nicht bei den Standardelementen der meisten Anbieter.

Ergebnis sollen Kriterienkataloge mit Prüfkriterien für IT-Software werden, die entweder von den Software-Anbietern selbst ausgefüllt oder von Arbeitskreismitgliedern in Zusammenarbeit mit Anbietern ausgefüllt werden. Dabei sollen u. a.

auch die Kontinuität der Programme und die Bonität der Anbieter berücksichtigt werden.

Ergänzend zu der Marktstudie sollen die Arbeitskreismitglieder sowie Gäste ihre Ergebnisse und Erfahrungen mit den untersuchten Software-Tools bei aktuellen Projekten einbringen. Weiteres Ergebnis sollen Testurteile als „Zertifikat und Empfehlung für die untersuchten Software-Tools" sein.

Nachfolgend sind die Themenfelder benannt, die durch IT-Tools in den Projektstufen PE, PM und FM sowie in den Handlungsbereichen A bis D unterstützt werden *(Abb. 2.164)*.

Als wesentliche Beurteilungskriterien für die Anbieter von Termin- und Kapazitätsplanungs- und Steuerungsprogrammen wurden festgelegt:

1. Jahr der Produktentstehung
2. Nutzeranzahl im Jahresdurchschnitt seit Produktentstehung
3. Benutzerfreundlichkeit der Eingabe von Vorgängen, Anordnungsbeziehungen und Kapazitäten/Ressourcen
4. Ausgabemöglichkeiten und Darstellungsarten
5. Möglichkeiten der Termin- und Kapazitätsoptimierung
6. Im- und Export von Daten und Ergebnissen
7. Dienstprogramme, Nutzerverwaltung, Datensicherheit
8. Lizenzpreise pro Nutzer mit Staffelung je nach Anzahl der Nutzer und Konditionen für Schulung und Beratung
9. Gesamteindruck

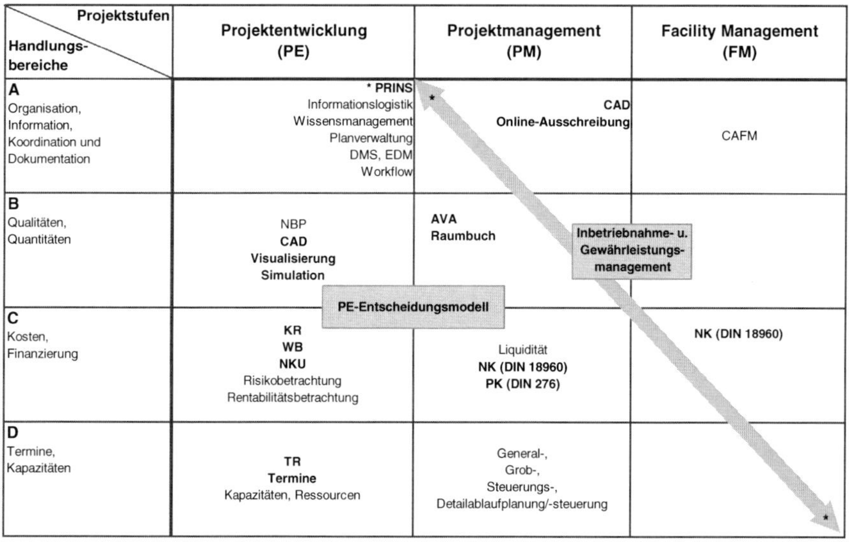

Projektstufen / Handlungsbereiche	Projektentwicklung (PE)	Projektmanagement (PM)	Facility Management (FM)
A Organisation, Information, Koordination und Dokumentation	* PRINS Informationslogistik Wissensmanagement Planverwaltung DMS, EDM Workflow	* CAD Online-Ausschreibung	CAFM
B Qualitäten, Quantitäten	NBP **CAD** Visualisierung Simulation	**AVA** Raumbuch	Inbetriebnahme- u. Gewährleistungsmanagement
C Kosten, Finanzierung	KR WB **NKU** Risikobetrachtung Rentabilitätsbetrachtung	PE-Entscheidungsmodell Liquidität **NK (DIN 18960)** **PK (DIN 276)**	NK (DIN 18960)
D Termine, Kapazitäten	**TR** Termine Kapazitäten, Ressourcen	General-, Grob-, Steuerungs-, Detailablaufplanung/-steuerung	

AVA – Ausschreibung Vergabe Abrechnung
CAD – Computer Aided Design
CAFM – Computer Aided FM
FM – Facility Management
NBP – Nutzerbedarfsprogramm
KR – Kostenrechnung

NK – Nutzungskosten
NKU – Nutzen-/Kostenuntersuchung
PK – Projektkosten
PRINS – Projektinformationssystem
TR – Terminrahmen
WB – Wirtschaftlichkeitsberechnung

Abb. 2.164 Matrix der IT-Tools im Projektmanagement (Quelle: Protokoll des DVP-Arbeitskreises IT-Tools vom 17.02.2004)

Folgende Beurteilungskriterien wurden für die Anbieter von Programmen für die Unterstützung der Kostenermittlung, -kontrolle und -steuerung definiert:

1. Jahr der Produktentstehung
2. Nutzeranzahl im Jahresdurchschnitt seit Produktentstehung
3. Benutzerfreundlichkeit der Eingabe von Kostendaten und Verwendung der Begriffe nach DIN 276, DIN 18960 und HOAI
4. Möglichkeit differenzierter Auswertungen und Sortierungen, z. B. nach Bauwerken, Kostengruppen der DIN 276, Leistungsbereichen und Leitpositionen, sowie Berichte mit individuellen Texten
5. Möglichkeit der Kosten- und Budgetkontrolle, u. a. mit Hilfe des Ausgleichspostens
6. Im- und Export von Daten und Ergebnissen
7. Dienstprogramme, Nutzerverwaltung, Datensicherung
8. Lizenzpreise pro Nutzer mit Staffelung je nach Anzahl der Nutzer und Konditionen für Schulung und Beratung
9. Gesamteindruck

Die Ergebnisse des Arbeitskreises IT-Tools sollen nach der Präsentation durch weitere Anbieter in systematischer Form dokumentiert und über den DVP-Verlag veröffentlicht werden, vergleichbar mit der Marktübersicht CAFM-Software 2005 (GEFMA 940 als Sonderausgabe von „Der Facility Manager") (vgl. *Ziff. 3.5* und *3.6*).

2.7 Akquisition von Projektmanagementaufträgen

Angesichts der sich seit 1995 verschärfenden Wettbewerbssituation in der Bauwirtschaft aufgrund der zu bewältigenden Struktur- und Kapazitätsanpassungsprobleme entstand im Mitgliederkreis des DVP das Bedürfnis nach einem Leitfaden zur Akquisition von Projektmanagementaufträgen. Die Mitarbeiter der DVP-Mitgliedsunternehmen sind überwiegend Bauingenieure und Architekten. Die Berufsordnungen der Architekten- und Ingenieurverbände und -kammern lassen Werbung nur in sehr begrenztem Umfang zu. Erlaubt ist Werbung durch Leistung, d. h. durch die Darstellung erfolgreich abgeschlossener Aufträge bzw. betreuter Projekte oder durch Veröffentlichung von fachlich-inhaltlich weiterführenden Themen aus dem Projektmanagement. Architekten und Bauingenieure sind auch von ihrer inneren Grundhaltung her i. d. R. keine „Verkäufer", sondern eher projekt- und zielorientiert und vor allem keine „Schauspieler". Eine DVP-Arbeitsgruppe erarbeitete von November 2001 bis November 2002 einen Leitfaden zur Akquisition von Projektmanagementaufträgen (Diederichs, Hrsg., 2003).

Nachfrager nach Projektmanagementleistungen entstanden in Deutschland Ende der 60er Jahre des letzten Jahrhunderts im Zusammenhang mit der Erweiterung des Anwendungsgedankens der Netzplantechnik auch in der Bauwirtschaft. Öffentliche Auftraggeber begannen, externe Dienstleister mit der Terminplanung und -steuerung öffentlicher Hochbau- und Infrastrukturprojekte zu betrauen.

Im Zusammenhang mit der Errichtung der Bauten für die Olympischen Spiele 1972 in München wurde von der Olympiabaugesellschaft eine Ingenieurgemeinschaft (INGE) im Wesentlichen mit Leistungen der Projektsteuerung in den Handlungsbereichen A – Organisation, Information, Koordination und Dokumentation, D – Termine und Kapazitäten sowie ersten Ansätzen im Handlungsbereich C – Kosten und Finanzierung beauftragt.

In den 70er Jahren kam es trotz Einschaltung von Projektmanagern zu erheblichen Überschreitungen der geplanten Kosten (Klinikum Aachen, Stachus-Bauwerk München u. a.). Durch verbesserte Methoden im Bereich des Handlungsbereichs C – Kosten und Finanzierung, konnten weitere Kunden nicht nur im öffentlichen Bereich, sondern auch gewerbliche und institutionelle Auftraggeber gewonnen werden, die vom Projektmanager vor allem die Einhaltung von Kosten- und Terminzielen erwarteten. So konnten Projektsteuerungsunternehmen Aufträge u. a. bei der chemischen Industrie, der Autoindustrie und im Anlagen- und Fabrikbau verbuchen.

Die Abhängigkeit der Kosten und Termine von Qualitäten und Quantitäten führte dann in den 80er Jahren zum umfassenden Leistungsbild nach DVP (1990), später überführt in die Untersuchungen des AHO (2004d). Durch diese umfassende Betrachtung wurde das Leistungsbild der Projektmanager zunehmend für öffentliche, gewerbliche und private Auftraggeber zur Abwicklung ihrer Immobilieninvestitionen interessant.

Nach überschlägigen Ermittlungen wurde im Jahr 2004 ein Honorarvolumen von etwa 2,0 Mrd. € durch externe beauftragte Projektentwicklungs- und Projektmanagementunternehmen erwirtschaftet. Der Wert der internen, von den öffentlichen, gewerblichen und privaten Auftraggebern selbst erbrachten Leistungen ist etwa doppelt so hoch einzuschätzen. Bei einem Bauvolumen von ca. 250 Mrd. € nach DIW im Jahre 2004 ergeben sich bei einem Ansatz von nur 2,4 % für Projektentwicklung und Projektmanagement bereits 6,0 Mrd. €.

Somit ist bei den Nachfragern nach Projektmanagementleistungen deutlich zwischen öffentlichen, gewerblichen und institutionellen sowie privaten Auftraggebern zu unterscheiden.

Öffentliche Auftraggeber sind gemäß § 98 GWB:

1. Gebietskörperschaften sowie deren Sondervermögen (Bund, Länder, Gemeinden)
2. andere juristische Personen des öffentlichen und privaten Rechts, die zu dem besonderen Zweck gegründet wurden, im Allgemeininteresse liegende Aufgaben nicht gewerblicher Art zu erfüllen (Aufsicht und Leitung durch öffentliche Stellen, öffentliche Finanzierung > 50 %)
3. Verbände, deren Mitglieder unter Nr. 1 oder Nr. 2 fallen
4. natürliche oder juristische Personen des privaten Rechts, die auf dem Gebiet der Trinkwasser- oder Energieversorgung, des Verkehrs oder der Telekommunikation tätig sind, wenn diese Tätigkeiten auf der Grundlage von Rechten ausgeübt werden, die von einer Behörde gewährt werden
5. natürliche oder juristische Personen des privaten Rechts in den Fällen, in denen sie für Hochbau- und Infrastrukturmaßnahmen des öffentlichen Sektors zu > 50 % öffentliche Mittel erhalten
6. natürliche oder juristische Personen des privaten Rechts, die einen Baukonzessionsvertrag abgeschlossen haben

Diese öffentlichen Auftraggeber sind verpflichtet, die Bestimmungen des Vergaberechts und damit die VOF, die VOB Teile A bis C, die VOL Teile A und B, das

GWB, das VgRÄG, die VgV, die Vergabegesetze der Länder sowie die haushalts-rechtlichen Bestimmungen des Bundes und der Länder einzuhalten. Darüber hinaus sind die Vergabehandbücher und die Richtlinien für die Abwicklung öffentlicher Bauvorhaben der Gebietskörperschaften zu beachten.

Nach BMVBW (2004), Ziff. A II, ist die Bauverwaltung „als fachkundiges Organ der öffentlichen Hand" Garant für die ordnungsgemäße Erfüllung der im öffentlichen Interesse durchzuführenden staatlichen Bauaufgaben.

Dementsprechend hat sie alle Aufgaben des staatlichen Bauens wahrzunehmen, insbesondere die der übergreifenden Koordinierung und Steuerung. Sie beteiligt nach Maßgabe des Abschnitts K 12 freiberuflich tätige Architekten und Ingenieure. Auch hierbei bleibt sie jedoch – unbeschadet der Verantwortung der freiberuflich Tätigen für die ihnen übertragenen Leistungen – für die ordnungsgemäße Erfüllung der Bauaufgaben verantwortlich. Die Verantwortung der Bauverwaltung ist vor allem begründet durch die haushaltsrechtlichen Vorschriften.

Aus diesem Grunde überträgt der öffentliche Auftraggeber i. d. R. lediglich Projektsteuerungsleistungen in Stabsfunktion und behält sich selbst die Projektleitung in Linienfunktion vor.

In den letzten Jahren ist eine Überführung der behördlichen staatlichen Bauverwaltung in öffentliche Eigenbetriebe oder Rechtsformen des Privatrechts (GmbH, GmbH & Co. KG) mit Ablösung der kameralistischen Buchhaltung durch die Kostenrechnung nach HGB zu beobachten. Aber auch in diesen Organisationsformen bleibt der Anspruch des öffentlichen Auftraggebers bestehen, die Projektleitung und damit die Entscheidungs-, Weisungs- und Durchsetzungskompetenz selbst wahrzunehmen. Externe Dienstleister werden zur Wahrnehmung der Projektsteuerung eingebunden, teilweise in Abhängigkeit von der Höhe des Investitionsvolumens (z. B. ab 15 Mio. € brutto, ohne Wert des Baugrundstücks und ohne Finanzierungskosten).

Gewerbliche und institutionelle Auftraggeber stellen folgende Anforderungen an das Projektmanagement:

- stärkere Übernahme von Projektleitungsaufgaben in Linienfunktionen mit Übernahme von Entscheidungsbefugnis, Verantwortung und Haftung für den Projekterfolg
- Verknüpfung von Projektsteuerungs- mit Planungsleistungen der Leistungsphasen 6 bis 8 HOAI (Ausschreibung, Vergabe und Projektüberwachung)
- gleichzeitige Übertragung von Generalplanungs- und Projektsteuerungsleistungen (als ARGE oder als Generalplaner mit Subplanern)
- Treffen von Vereinbarungen über die Haftung und Verantwortung des Projektmanagers mit Kennziffern zur Messung des Erfolgs der Projektsteuerung, orientiert am Kundennutzen, und über Anreize zur Projektzielerreichung
- Implementierung und Anwendung von Projektinformations- und Wissensmanagementsystemen

Private Auftraggeber sind im Wesentlichen Bauherren für den Neu- oder Umbau von Ein-, Zwei- und ggf. Dreifamilienhäusern. Diese schalten i. d. R. keine externen Dienstleister für die Wahrnehmung von Projektmanagementleistungen ein, da sie diese Aufgaben entweder dem Architekten, dem Bauleiter/Polier der Baufirma oder im Sinne von Nachbarschaftshilfe (oder auch Schwarzarbeit) einem fachkundigen Bekannten übertragen.

Privatpersonen, die in großem Stil in Immobilienanlagen investieren, bedienen sich dazu i. d. R. eigens zu diesem Zweck gegründeter Immobilien- oder Vermögensanlagegesellschaften. Diese verhalten sich dann wiederum wie gewerbliche und institutionelle Auftraggeber.

Unter Bonität wird primär der Ruf einer Person oder Institution in Bezug auf ihre Zahlungsfähigkeit verstanden. Für Projektmanagementunternehmen muss der Begriff der *Auftraggeberbonität* jedoch deutlich erweitert werden.

In § 204 Abs. 1 der Untersuchungen nach AHO (2004d) wird zur Ermittlung der Honorarzone zwischen Auftraggebern mit sehr hoher, hoher, durchschnittlicher, geringer und sehr geringer spezifischer Projektroutine unterschieden (von Honorarzone I bis V).

In *Abb. 2.167* ist ein Selbstdarstellungsbogen zum Nachweis der Fachkunde, Erfahrung, Leistungsfähigkeit und Zuverlässigkeit (FELZ) von Projektmanagementunternehmen enthalten. Diese Gliederung kann analog zur Erfassung der Bonität des Auftraggebers herangezogen werden.

Besondere Bedeutung und Einfluss auf den erforderlichen Aufwand des Projektmanagementunternehmens haben die für das jeweilige Projekt zuständigen und handelnden Personen des Auftraggebers sowie die Bereitschaft des Auftraggebers, eine durch Fach-, Methoden- und Sozialkompetenz gestützte Partnerschaft und ein hohes gegenseitiges Vertrauensverhältnis einzugehen, um mit einer Stimme (unisono) allen Projektbeteiligten gegenüberzutreten.

Kundenmittler sind Personen oder Institutionen und deren Veröffentlichungen, die dem Projektmanagementunternehmer kraft Amtes oder aufgrund besonderen Auftrags Informationen über mögliche Auftragschancen vermitteln. Als Beispiele sind u. a. zu nennen:

- Ausschreibungsblatt des Amtsblattes der Europäischen Gemeinschaften in Luxemburg
- Veröffentlichungen über Ergebnisse städtebaulicher Ideen- und Realisierungswettbewerbe
- Veröffentlichungen über Grundstückstransaktionen sowie Eintragungen im Grundbuch
- Projektinformationsdienste
- Projektentwickler
- Architekten
- Altkunden (für Anschlussaufträge)
- Akquisiteure (Honorierung auf Erfolgsbasis)

Unter *Corporate Design* ist der visuelle Auftritt des Unternehmens in Form von Schriftstücken zu verstehen. Es wird erzeugt durch Einheitlichkeit von Logo, Briefkopf und -papier, Formulare, Visitenkarten und Drucksachen.

Corporate Identity entsteht aus der Unternehmensphilosophie und dem Verhalten und Auftreten der Mitarbeiter, gepaart mit Corporate Design. Je disziplinierter sich die Mitarbeiter daran halten, umso einheitlicher und konturierter ist das Erscheinungsbild in der Öffentlichkeit und umso besser hebt sich das Unternehmen von der Konkurrenz ab.

Die *Kundenansprache* über Imagebroschüren (soweit zulässig) und eine Homepage im Internet muss das Corporate Design eindeutig zum Ausdruck bringen und das unverwechselbare „Gesicht" des Unternehmens verdeutlichen. In weniger als 5 Sekunden entscheidet sich der Empfänger, ob eingegangene Postsendungen weiterbehandelt werden oder im Papierkorb landen bzw. der Besuch der Homepage interessiert fortgesetzt oder abgebrochen wird.

Der *Kundennutzen* wird zunächst erreicht durch Erfüllung der Projektziele für Qualitäten, Kosten und Termine, Erbringung der durch die vertragliche Leistungsbeschreibung vereinbarten Leistungsergebnisse und durch den Nachweis eines Nutzen-/Kostenverhältnisses >> 1, bei Großprojekten und frühzeitigem Einstieg >> 10, bei kleineren Projekten und späterem Einstieg >> 5 (Erfolgsbilanz).

Darüber hinaus ist der *Zusatznutzen* für den Kunden sehr oft von ausschlaggebender Bedeutung (*Added Value*). Es gilt, ihn sowohl bei den Akquisitionsbemühungen als auch im Projektverlauf sowie bei Projektabschluss sichtbar zu machen.

Der Kundennutzen wird quantitativ u. a. durch Unterschreitung der Budgets für Investitionen und Nutzungskosten sowie der Projektdauer und durch qualitativ über dem vereinbarten Standard liegende Leistungen „aus einer Hand" erhöht. Voraussetzungen dazu sind integrierte Leistungen, Branchen-/Spartenerfahrung, lokale Präsenz, Unabhängigkeit und „Image".

Eine wichtige Voraussetzung für die Akquisition neuer Aufträge und für die Weiterentwicklung der eigenen Wettbewerbs- und Akquisitionsstrategie sind Kenntnisse über die aktuelle und künftige *Wettbewerbssituation*. Dazu sind folgende Fragen zu beantworten:

- Wer sind unsere (drei) stärksten Konkurrenten?
- Über welche Stärken und Schwächen sowie über welche Netzwerke verfügen diese Konkurrenten?
- Welche Wettbewerbsstrategien verfolgen diese Konkurrenten?
- Durch welche Wettbewerbsstrategien können wir uns gegenüber diesen Konkurrenten durchsetzen?

Durch die *Konkurrenzanalyse* sollen Informationen über die (drei) stärksten Konkurrenzunternehmen gewonnen werden, u. a. hinsichtlich Marktanteil, Mitarbeiteranzahl, Leitungsspektrum, Kundenkreis, Geschäftsfeldentwicklung und Akquisitionsstrategien. Dabei sind die aktuelle Situation und die voraussichtlich zu erwartende weitere Entwicklung zu betrachten.

Direkte Konkurrenten sind bei den Auftraggebern selbst angesiedelte Projektmanagementkapazitäten und als Personen- oder Kapitalgesellschaften geführte Projektmanagementunternehmen.

Die Anzahl dieser Konkurrenzunternehmen ist nicht exakt abschätzbar. Es ist davon auszugehen, dass den einschlägigen Verbänden (DVP, www.dvpev.de; GPM, www.gpm-ipma.de; VUBIC, www.vubic.de; VBI, www.vbi.de; und BDU, www.bdu.de) etwa 500 Unternehmen angehören, die schwerpunktmäßig Projektmanagementleistungen erbringen.

Indirekte Konkurrenten sind solche Mitbewerber, die Leistungen des klassischen Projektmanagements mit einzelnen Aufgabenschwerpunkten anbieten, wie mittelbar für Auftraggeber tätige Unternehmens- und Rechtsberater und Kumulativ-Leistungsträger wie Generalplaner, General- und Totalunternehmer.

Für *marktbezogene Konkurrenzanalysen* eignet sich der *Benchmarktest* (vgl. *Ziff. 3.3.5*). Dabei werden strategische Kennziffern des eigenen Unternehmens mit den Kennziffern der (drei) stärksten Konkurrenten zum aktuellen Stand und in der zeitlichen Entwicklung gegenübergestellt, um daraus Schlussfolgerungen für Verbesserungspotenziale zu ziehen.

Die dazu notwendigen Informationen können aus Veröffentlichungen (Geschäftsberichten, Firmenbroschüren), Internet-Recherchen, Messeauftritten und Gesprächen mit Mitarbeitern und Auftraggebern gewonnen werden. Die Organisation solcher Benchmarktests kann durch die einschlägigen Verbände und deren Kooperation vorgenommen werden.

Die *projektbezogene Konkurrenzanalyse* dient dem Vergleich des eigenen Unternehmens mit den direkten Konkurrenten im projektbezogenen Einzelfall zur Beurteilung der Auftragschance und zur Auswahl der jeweiligen Akquisitionsstrategie.

Jedes erfolgreiche Projektmanagementunternehmen hat Kunden und Zielgruppen, für die seit geraumer Zeit erfolgreich gearbeitet wird. Daraus ist eine langfristige Beziehung gewachsen, die man gegen die Konkurrenz „verteidigt". Häufig entstehen allerdings projektbezogene Situationen, die auch der Konkurrenz einen Einstieg ermöglichen, insbesondere bei der EU-weiten Bekanntmachung von Teilnahmewettbewerben.

Wettbewerbsstrategien beinhalten stets eine Kombination der vier Elemente des Marketing-Mix aus Produkt-, Kommunikations-, Distributions-/Absatz- und Kontrahierungs-/Preispolitik (vgl. Diederichs, 1999, S. 210 ff.).

Von den Mitgliedern des DVP-Arbeitskreises Akquisition unter Leitung des Autors wurden am 25.11.2001 in Wuppertal die in *Abb. 2.165* genannten Kriterien der Auftraggeber als maßgeblich für die Auswahl von Projektmanagementunternehmen herausgestellt und einvernehmlich gewichtet.

Zur Auswahl des zu bevorzugenden Bieters aus verschiedenen Angeboten kann auf Basis dieses Kriterienkatalogs die Nutzwertanalyse angewandt werden.

Der Weg *vom Erstkontakt zum Auftrag* besteht aus den Prozessen Kontaktanbahnung, Präqualifikation und Darlegung des Kundennutzens, Leistungs- und Honorarangebot in Alternativen sowie Auftragsverhandlung.

Die Phase der *Kontaktanbahnung* zwischen Anbieter und Nachfrager stellt für den im Wettbewerb stehenden Anbieter einer Leistung den entscheidenden Schritt zum späteren Auftrag dar. Diese Phase entscheidet darüber, ob er die Chance erhält, selbst aktiv am Geschehen teilzunehmen, oder den weiteren Prozess lediglich beobachten kann.

Der Nachfrager ist in dieser Phase in seiner stärksten Position, weil er aus einem nahezu unbeschränkten Markt von Anbietern einige wenige aussuchen kann, mit denen er verhandeln will. Erst wenn der Anbieter die Möglichkeit erhält, seine Leistung zu präsentieren und später ein konkretes Angebot abzugeben, wandelt sich das Verhältnis in ein gleichberechtigtes Aushandeln von Leistung und Gegenleistung.

Das Ziel der Phase Kontaktanbahnung besteht also zunächst ausschließlich darin, die Möglichkeit zu einer aktiven Teilnahme am Prozess der Auftragsverhandlung zu erhalten. Die Aktivitäten des Anbieters dürfen deswegen in dieser ersten Phase nicht schon darauf ausgerichtet sein, dem Nachfrager einen konkreten Vertrag zur Unterschrift vorzulegen. Sie müssen ihn zunächst davon überzeugen, mit ihm verhandeln zu wollen.

Nr.	Kriterium	Gewicht
1	Auswahl des Projektleiters, des Projektmanagers (Lebenslauf und persönlicher Eindruck auf den Kunden); Chef identifiziert sich mit dem speziellen Projekt	20
2	Referenzen, Weiterempfehlungen	12
3	Vertrauensverhältnis Auftraggeber/Auftragnehmer	12
4	Qualität der erbrachten Leistungen aus der Sicht des Kunden/unter fachlichen Aspekten	12
5	Wo steht der Kunde? Wo hole ich ihn ab?	12
6	Veröffentlichungen in Form von Büchern, Zeitschriftenbeiträgen, Vorträgen	5
7	Kenntnis darüber, wer in der AG-Organisation Entscheider ist und welche für das Projekt relevanten Prioritäten dieser hat	5
8	Persönliche Bekanntschaft	3
9	Schwerpunkte des eigenen Büros	3
10	Internetauftritt	3
11	Prospektmaterial	2
12	Kurz-, mittel- und langfristiges Verhalten der Lieferanten, Kunden, Mitbewerber, Mitarbeiter (Marktanalyse und Marktprognose)	2
13	Feststellung der eigenen Alleinstellungsmerkmale	2
14	Aufstellen eines individuellen Leistungsbildes	2
15	Messeauftritte	1
16	Teilnahmeantrag (öffentl. AG)	1
17	Mitgliedschaften in Fachverbänden, Parteien, Vereinen, Netzwerken	1
18	Verhandlungstechniken	1
19	Honorar	1
	Gewichtungspunkte insgesamt	**100**

Abb. 2.165 Kriterien der Auftraggeber zur Beauftragung von Projektmanagementunternehmen aus der Sicht von Projektmanagern

Beim Nachfrager muss die Bereitschaft erzeugt werden, (zumindest auch) mit diesem Anbieter die konkreten Probleme und den Handlungsbedarf zu diskutieren und nach gemeinsamen Lösungsmöglichkeiten zu suchen.

Generell sind für diese Phase der Kontaktanbahnung *drei Szenarien* denkbar.

1. Der Nachfrager wendet sich aus eigenem Antrieb an einen oder wenige Anbieter mit der Aufforderung, ihm Leistungen anzubieten.

Dieser Fall tritt i. d. R. dann ein, wenn bereits eine vom Nachfrager positiv empfundene Beziehung besteht. Diese positive Empfindung kann auf Erfahrungen basieren, sie kann aber auch das Resultat eines prägenden Images sein (z. B. durch Werbung, Empfehlungen durch Dritte, persönliche Beziehungen).

Aufgabe des Anbieters bei einem Erst-(oder Wiederholungs-)Kontakt ist es dann, dieses bereits positiv besetzte „Vorurteil" über die eigene Problemlösungskompetenz zu bestätigen und ggf. auszubauen. Beim Nachfrager kann bei diesem Szenario eine hohe Bereitschaft vermutet werden, sich in seiner Vorauswahl selbst zu bestätigen und für den weiteren Verhandlungsprozess positiv gestimmt zu sein. Diese positive Erwartungshaltung muss bis zum Vertragsabschluss aufrecht erhalten werden.

Primäres Ziel des Erstkontaktes ist es nachzuweisen „Sie hatten Recht, mich aufzufordern" und nicht „Ich bin der Richtige für Sie". Erst wenn der Nachfrager in seinem Vorurteil bestätigt wird, muss der Anbieter aus dem weiteren Vorgehen darlegen „Unter den Richtigen bin ich der Beste".

2. Der Leistungsnachfrager wendet sich allgemein an den Anbietermarkt, z. B. durch öffentliche Bekanntmachung, und leitet ein Verfahren zur Suche nach seinem späteren Vertragspartner ein.

Erhält ein Anbieter die Information über ein eingeleitetes förmliches Verfahren, muss die Kontaktaufnahme ausschließlich das Ziel verfolgen, die erste Hürde zu nehmen. Formal besteht der „Erstkontakt" dann in der Zusendung von Bewerbungsunterlagen, die den Nachfrager davon überzeugen sollen, auch dieses Unternehmen am weiteren Verfahren zu beteiligen.

Bei der Bewertung der Bewerbungsunterlagen ist die Erfüllung der formalen Anforderungen („Abhaken der geforderten Angaben") ebenso entscheidend, wie der Nachweis der Eignung für genau dieses Projekt (Angabe „passender" Referenzen). Die auswertende Stelle hat bereits vor dem Erstkontakt eine eigene Erwartungshaltung, die es zu bestätigen gilt.

Der bestehende Ermessensspielraum des Bewerters kann durch positive Vorbereitung auf die Aufforderung zur Abgabe eines Leistungs- und Honorarangebotes, aber auch durch die Art und Gestaltung der Unterlagen beeinflusst werden. Eine Bewerbung im Querformat DIN A3 kann z. B. gestalterisch gut aussehen, bereitet dem Sachbearbeiter aber Probleme des Abheftens neben hochformatigen DIN A4-Bewerbungen.

3. Ein Leistungsanbieter erfährt von einem Nachfragepotenzial, ohne dass bereits ein weitergehender Verhandlungsprozess läuft.

In diesem Fall muss sich das Ziel einer aktiven Kontaktaufnahme durch den Leistungsanbieter zunächst darauf konzentrieren, vom Nachfrager der benötigten Leistung wahrgenommen zu werden. Dies kann im Einzelfall bedeuten, dem potenziellen Nachfrager erst einmal sein Bedürfnis nach einer entsprechenden Leistung zu vermitteln, ehe man sich selbst als denjenigen darstellt, der die Lösung für das Problem anbietet.

Vorrangiges Ziel einer derartigen Kontaktaufnahme ist es, den entscheidenden Personen zu signalisieren „Wir können Ihnen bei der Lösung Ihrer Probleme helfen". Diese Botschaft ist nur zu vermitteln, wenn man Art und Umfang des konkreten Problems ausreichend genau kennt, es darstellt und damit ein „Hilfeersuchen" initiiert. Adresse dieses Kontaktes muss derjenige sein, der Verantwortung trägt und durch die zu erwartende Unterstützung Vorteile erlangen kann.

Im Idealfall kann man ein Vertrauensverhältnis aufbauen, das Mitbewerber ausschließt, den Bewerber zumindest in den Kreis nach Szenario 1 kommen lässt, oder bei öffentlichen Auftraggebern eine positive Bewertungsstimmung zu Szenario 2 bewirkt.

Im Rahmen der *Präqualifikation* muss der bestehende Kontakt in die Überzeugung überführt werden: „Das ist der Richtige, der mir helfen kann"; das Problembewusstsein muss überführt werden in die Überzeugung „Davon habe ich einen Nutzen".

Nur wenn es dem Anbieter gelingt, diese Überzeugung glaubhaft der Nachfragerseite zu vermitteln, erhält er die Chance zu konkreten Vertragsverhandlungen. Hierbei spielt es zunächst keine Rolle, ob das Instrument der Vermittlung ein formales Bewerbungsverfahren, die Präsentation seiner Vorstellungen vor einem Arbeitskreis oder Gespräche mit Entscheidungsträgern sind.

Bei allen Aktivitäten muss das konkrete Problem des Nachfragers im Vordergrund stehen. Das Resultat der Bemühungen des Anbieters darf beim Nachfrager nicht nur zu dem Schluss führen: „Die können Projekte managen", sondern: „Die können meine Probleme lösen".

Im Rahmen der Bewerbung/Präqualifikation sind folgende vier Aspekte zu beachten:

1. Formale Spielregeln sind einzuhalten.
Hierzu gehört u. a., dass bei einem VOF-Verfahren alle geforderten Erklärungen und Nachweise vorgelegt werden und die Unterlagen einer evtl. geforderten Systematik entsprechen. Bei Präsentationen ist darauf zu achten, dass die „richtigen" Repräsentanten des Anbieters vortragen (in Abhängigkeit vom Zuhörerkreis). Viele Bewerbungen scheitern bereits an Formfehlern bei der Abgabe von Unterlagen oder der Entsendung von untergeordneten Mitarbeitern zu Vorstandspräsentationen.

2. Die Kompetenz des Unternehmens ist darzustellen.
Dies ist zwar eine notwendige Voraussetzung für den Erfolg einer Bewerbung, sie darf aber nicht als Selbstzweck aufgefasst werden. Für die Projektsteuerung eines Verwaltungsgebäudes sind fünf vergleichbare Referenzen aussagefähiger als vierzig Referenzen über Kraftwerks- und Flughafenbau. Neben allgemeinen Aussagen zur Rechts- und Organisationsstruktur des Unternehmens muss auch in der allgemeinen Darstellung erkennbar bleiben, wofür man sich bewirbt.

3. Die Kompetenz für die konkrete Aufgabenstellung ist glaubhaft zu machen.
Die wichtigste Komponente einer Bewerbungsphase ist die Vermittlung der Überzeugung, für das konkrete Projekt der richtige Anbieter zu sein. Der Beurteiler einer Bewerbung oder Präsentation muss sich in dem Überzeugungsversuch wiederfinden. Sein Problem muss konkret angesprochen werden. Auch aus artfremden Referenzen lassen sich Teilaspekte positiv verwerten, wenn eine Analogie zum konkreten Projekt hergestellt wird.

4. Die Lösung der Aufgabe ist glaubhaft darzustellen.
Zur Überzeugungsarbeit gehört nicht nur die Kompetenz des Unternehmens, sondern immer auch die Projektion auf die spätere Tätigkeit. Dem Nachfrager muss dargestellt werden, wer die spätere Aufgabe auf welche Weise übernimmt. Der

Nachweis muss über konkrete Personen erfolgen, die (mehr oder weniger verbindlich) vorgestellt werden, unterstützt wird dies durch Arbeitsproben.

Der *Kundennutzen* ist bei Projektmanagementaufgaben nicht einfach vorab zu berechnen oder nachzuweisen, er muss aber trotzdem plausibel gemacht werden. Setzt man Nutzen mit Schadensabwehr gleich, reicht im Extremfall die Überzeugung des entscheidenden Nachfragers, dass es besser ist, einem Externen einen möglichen Misserfolg aufzubürden. Im positiven Sinne kann der Nutzen über die systematische Risikoerkennung und Risikobeherrschung herausgestellt werden.

Erhält der Anbieter die Möglichkeit zur Abgabe eines *Leistungs- und Honorarangebots in Alternativen*, muss er mit der Erarbeitung zwei Ziele verfolgen:

- Der Nachfrager muss durch das Angebot zu der Überzeugung gelangen, dass ihm mit der angebotenen Leistung geholfen wird („Das ist genau das, was ich brauche!").
- Der Anbieter muss über eine möglichst exakte Beschreibung der Leistungsinhalte und des Leistungsumfanges seine eigenen Risiken abgrenzen.

Das Angebot ist die Grundlage zur weiteren Vertragsverhandlung. Es muss daher die Erwartungshaltung des Auftraggebers treffen. Beide Beteiligten verfolgen in dieser Phase unterschiedliche Interessen:

- Der Nachfrager erwartet i. d. R. eine allumfassende Formulierung mit offenem Leistungs- und Aufwandsrahmen, aber vollständiger Verantwortungsübernahme zu möglichst niedrigem Honorar.
- Der Anbieter muss sich bemühen, sein Leistungsangebot mit seinem Honorarangebot in Einklang zu bringen, also exakt zu definieren, welche Tätigkeit er in welchem Zeitrahmen zu welchem Honorar mit welcher Verantwortung zu übernehmen bereit ist.

Gibt der Nachfrager eine Leistungsbeschreibung vor, gehen Formulierungsrisiken zu seinen Lasten. Der Anbieter soll sich allerdings bemühen, die Kalkulationsgrundlagen (Personaleinsatz, Terminrahmen, Nachtragsregelungen bei Leistungsänderungen) darzustellen und zum Bestandteil seines Angebots zu machen.

Erarbeitet der Anbieter das Leistungsprofil selbst, muss er den Sprung von der Überzeugung der richtigen Hilfestellung aus der Bewerbungsphase zur konkreten Leistungsbeschreibung schaffen, wobei eine evtl. Wettbewerbssituation zur Vorsicht raten lässt.

Die Erarbeitung des Angebots bietet aber auch Gestaltungsmöglichkeiten, die sich in Alternativ- oder Baukastenangeboten darstellen lassen. Besteht die Gefahr, den Nachfrager mit einem Maximalangebot zu verschrecken, lässt sich der Leistungsumfang entweder über Alternativangebote mit unterschiedlicher Leistungsintensität oder durch die Möglichkeit der individuellen Leistungszusammenstellung aus Bausteinen freundlicher gestalten. Beide Wege eröffnen die Möglichkeit, in den nachfolgenden Auftragsverhandlungen Spielraum für Leistungsbedarf und Honorarmöglichkeit zu erhalten.

Im Rahmen der Auftragsverhandlungen schafft eine AGBG-konforme Systematik nach den §§ 305 ff. BGB Rechtssicherheit für den Projektmanager und seinen Auftraggeber.

In der Angebotsverhandlung besteht für beide Seiten die Möglichkeit, Standpunkte und Vorgehensweisen für die beabsichtigte Vertragsgestaltung einzubringen. Ein entsprechendes Bestätigungsschreiben des Projektmanagers an den Kunden dokumentiert das Verhandlungsgespräch. Die Vertragsausfertigung ist eine Dokumentation der angebotenen Leistungsinhalte und der Verhandlungsergebnisse zu dem Angebot.

Die Besprechungsthemen der Auftragsverhandlung beziehen sich direkt auf die Gliederung des Vertrages und seine Inhalte.

2.8 Beauftragung von Leistungen des Projektmanagements

Die nachfolgenden Ausführungen richten sich vor allem an öffentliche Auftraggeber, die Leistungen des Projektmanagements von ≥ 200.000,- € ohne Umsatzsteuer (§ 2 Abs. 2 VOF) beauftragen wollen und daher zu einem Vergabeverfahren über freiberufliche Leistungen im Verhandlungsverfahren mit vorheriger Vergabebekanntmachung (§ 5 VOF) verpflichtet sind. Gemäß § 10 Abs. 2 VOF darf die Zahl der zur Verhandlung aufgeforderten Bewerber, bei hinreichender Anzahl geeigneter Bewerber nicht unter drei liegen.

Diese Empfehlungen eignen sich ebenso für die Anwendung durch gewerbliche und private Auftraggeber mit der Maßgabe, dass die strikte Einhaltung der VOF nicht erforderlich ist, sondern lediglich die einschlägigen Regelungen des Schuldrechts (Werk- oder Dienstvertrag) nach BGB gelten.

Für die Beauftragung von Leistungen des Projektmanagements unterhalb des Schwellenwertes von 200.000,- € gelten für öffentliche Auftraggeber die Haushaltsordnungen des Bundes, der Länder und der Kommunen. Regelfall ist auch hier das Verhandlungsverfahren gemäß § 5 VOF, jedoch ohne vorherige Vergabebekanntmachung.

Der Zuschlag ist dann vorrangig unter Beachtung der Kriterien Fachkunde, Erfahrung, Leistungsfähigkeit und Zuverlässigkeit (FELZ) sowie des Gebotes der Auftragsstreuung in Anlehnung an § 25 Nr. 3 Abs. 3 VOB/A auf das Angebot zu erteilen, das als das wirtschaftlichste erscheint. Der niedrigste Angebotspreis allein ist nicht entscheidend. Im Übrigen gelten die nachfolgenden Ausführungen in analoger Anwendung, soweit zutreffend.

Gegenstand und Zielsetzung dieser Empfehlungen ist die Beschreibung des sinnvollen Vorgehens bei der Vorbereitung und Beauftragung von Leistungen des Projektmanagements durch öffentliche Auftraggeber. Zielsetzung ist es, das methodische Vorgehen zu erleichtern und durch Muster und Beispiele Handlungsanleitungen für den konkreten Einzelfall zu vermitteln. Dabei wird ausdrücklich darauf hingewiesen, dass keines der Muster oder Beispiele unverändert übertragen werden kann, sondern die Anwendung für ein spezifisches Projekt stets der individuellen und konkretisierenden Ausgestaltung bedarf. Die Nutzenstiftung liegt daher vorrangig in der Beschleunigung des Prozesses der Vorbereitung und Beauftragung von Leistungen des Projektmanagements oder auch von Planerleistungen (vgl. *Ziff. 2.4.1.10*).

Das *methodische Vorgehen* ist weitestgehend durch die Verdingungsordnung für freiberufliche Leistungen (VOF) i. d. F. vom 25.07.2000 vorgeschrieben. Ergänzend werden der VOF-Kommentar von Müller-Wrede (Hrsg., 2003) und darin insbesondere die Kommentare zu § 8 Aufgabenbeschreibung (Diederichs/Kulartz, 2003) und § 13 (Diederichs/Müller-Wrede, 2003) berücksichtigt.

Nach §§ 1 und 2 findet die VOF Anwendung auf die Vergabe von Leistungen durch öffentliche Auftraggeber, die im Rahmen einer freiberuflichen Tätigkeit erbracht oder im Wettbewerb mit freiberuflich Tätigen angeboten werden, sofern der Auftragswert 200.000,- € ohne Umsatzsteuer oder mehr beträgt. Eindeutig und erschöpfend beschreibbare freiberufliche Leistungen sind jedoch nach der Verdingungsordnung für Leistungen (VOL/A) zu vergeben. Da es sich bei den Leistungen des Projektmanagements um nicht eindeutig und nicht erschöpfend beschreibbare freiberufliche Leistungen handelt, erfolgt die Vergabe nach VOF. Die Rechtsform einer Kapitalgesellschaft (AG oder GmbH) und damit die Gewerbesteuerpflicht eines Auftragnehmers steht dem Attribut „freiberuflich" der Leistungen des Projektmanagements nicht entgegen.

Nach § 3 Abs. 1 VOF ist bei der Berechnung des Auftragswertes von der geschätzten Gesamtvergütung für die vorgesehene Auftragsleistung auszugehen. Da für Leistungen des Projektmanagements die HOAI nicht gilt, bestimmt sich das Honorar nach der üblichen Vergütung (§ 632 Abs. 2 BGB). Einen Maßstab dafür bietet *Ziff. 2.9.*

Gemäß § 4 VOF sind Aufträge unter ausschließlicher Verantwortung des Auftraggebers im leistungsbezogenen Wettbewerb an fachkundige, erfahrene, leistungsfähige und zuverlässige Bewerber unter Beachtung des Gleichheitsgrundsatzes sowie unter Vermeidung unlauterer und wettbewerbsbeschränkender Verhaltensweisen zu vergeben. Die Leistungen sollen unabhängig von Ausführungs- und Lieferinteressen erbracht und kleinere Büroorganisationen und Berufsanfänger angemessen beteiligt werden.

Als Vergabeverfahren ist gemäß § 5 VOF Abs. 1 das Verhandlungsverfahren mit vorheriger Vergabebekanntmachung vorgeschrieben. Gemäß Abs. 2 können in sechs näher definierten Fällen Aufträge im Verhandlungsverfahren ohne vorherige Vergabebekanntmachung vergeben werden, z. B. wenn der Gegenstand des Auftrags eine besondere Geheimhaltung erfordert.

Der Auftraggeber kann gemäß § 6 VOF in jedem Stadium des Vergabeverfahrens Sachverständige einschalten. Diese dürfen weder unmittelbar noch mittelbar an der betreffenden Vergabe beteiligt sein und auch nicht beteiligt werden.

Teilnehmer am Vergabeverfahren können gemäß § 7 VOF einzelne oder mehrere natürliche oder juristische Personen sein, die freiberufliche Leistungen anbieten und sich verpflichten, auftragsbezogene Auskünfte zu geben, u. a. über:

- wirtschaftliche Verknüpfung mit Unternehmen,
- auftragsbezogene Zusammenarbeit mit Anderen,
- Namen und berufliche Qualifikation der die Leistung tatsächlich erbringenden Personen.

Gemäß § 8 Abs. 1 VOF hat der Auftraggeber die nicht eindeutig und nicht erschöpfend beschreibbaren Leistungen des Projektmanagements dennoch so zu beschreiben, dass alle Bewerber die Beschreibung im gleichen Sinne verstehen können.

2.8.1 Aufgabenbeschreibung für Leistungen des Projektmanagements

In der VOF tritt die „*Aufgabenbeschreibung*", hier für Leistungen des Projektmanagements, an die Stelle der „Leistungsbeschreibung" nach VOB/A und VOL/A, da die VOF vom Anwendungsbereich her nur für nicht eindeutig und nicht erschöpfend beschreibbare Leistungen gilt (Diederichs/Kulartz, 2003). Allen drei Verdingungsordnungen ist jedoch gemeinsam, dass die jeweilige Beschreibung so zu erfolgen hat, dass alle Bewerber die Beschreibung im gleichen Sinne verstehen können. Nur wenn die Bewerber ein fest umrissenes Bild von der geforderten Leistung haben, kann man ihnen zumuten, sich an einem Vergabeverfahren zu beteiligen.

Für die Leistungen des Projektmanagements bietet das Leistungsbild gemäß AHO (2004d) mit seinen Differenzierungen nach Grundleistungen und Besonderen Leistungen, nach Projektstufen und Handlungsbereichen eine gute Grundlage zur Beschreibung der Aufgabenstellung. Diese von der Fachkommission Projektmanagement/Projektsteuerung des AHO seit der ersten Auflage 1996 weit verbreitete Beschreibung für die Projektmanagement/Projektsteuerung und auch die Projektleitung ist zur Orientierung für die konkrete Anwendung im Einzelfall gut geeignet.

Vor allem gewerbliche und institutionelle Auftraggeber sehen in der Wahl projektadäquater Planer- und Unternehmereinsatzformen erhebliche Erfolgssteigerungspotenziale. Die traditionelle Projektrealisierung mit Einzelplanern und Einzelunternehmern, unterstützt durch eine auftraggeberseitige Projektsteuerung, verliert damit im nichtöffentlichen Bereich an Bedeutung. Begriffe wie Partnering, Construction Management (CM), Guaranteed Maximum Price (GMP) und Public Private Partnership (PPP) gewinnen zunehmendes Interesse und bergen erhebliches Forschungs-, Entwicklungs- und Erfolgspotenzial (vgl. *Ziff. 2.5.6* bis *2.5.8*).

Die auf diese Anforderungen eingehenden Aufgabenbeschreibungen sind im Einzelfall maßgeschneidert zu entwickeln.

Nach § 8 Abs. 3 VOF sind alle die Erfüllung der Aufgabenstellung beeinflussenden Umstände anzugeben, insbesondere solche, die dem Auftragnehmer ein ungewöhnliches Wagnis aufbürden, auf die er keinen Einfluss hat und deren Einwirkung auf die Honorare oder Preise und Fristen er nicht im Voraus abschätzen kann (vgl. *Ziff. 2.4.1.10*).

Von einem ungewöhnlichen Wagnis kann man dann sprechen, wenn es nach Art der Vertragsgestaltung und nach dem allgemein geplanten Ablauf nicht zu erwarten ist (Diederichs/Kulartz, 2003). Das Ungewöhnliche kann sowohl in der technischen (Art der Leistung) als auch in der wirtschaftlichen Komponente (Art der Vertragsgestaltung) liegen. Zu den außerhalb des Einflussbereiches des Auftragnehmers liegenden Umständen zählen z. B. Leistungsziele, von denen nach dem gegenwärtigen Stand von Wissenschaft und Technik ungewiss ist, ob der Auftragnehmer sie erreichen kann. Hinzukommen muss, dass der Auftragnehmer nicht in der Lage ist, die Auswirkungen der von ihm nicht zu beeinflussenden Umstände auf die ihm gesetzten Fristen und die voraussichtlich für ihn maßgebenden Preise im Voraus zu schätzen.

Wagnisse aus behördlichen Anordnungen sind ungewöhnlich. Umstände, auf die der Auftragnehmer keinen Einfluss hat, sind z. B. von den Mittelzuweisungen der öffentlichen Haushalte abhängige Fristen für die Bauausführung.

2.8.2 Angabe und Reihung der Auftragskriterien, der Ausschlusskriterien und Nachweis der wirtschaftlichen und finanziellen Leistungsfähigkeit

Gemäß § 8 Abs. 3 Satz 2 haben die Auftraggeber nach § 16 Abs. 3 VOF in der Aufgabenbeschreibung oder der Vergabebekanntmachung alle Auftragskriterien anzugeben, deren Anwendung vorgesehen ist, möglichst in der Reihenfolge der ihnen zuerkannten Bedeutung. So erhält der Bewerber Auskunft über die Frage, welche Wertungsmerkmale vorrangig vor anderen zu beachten sind und bei der Ermittlung des annehmbarsten Angebots den Ausschlag geben. Die Festlegung und Bekanntgabe dieser Kriterien gibt Bewerbern eine Orientierungshilfe bei ihren Überlegungen zur Erstellung der Angebote.

In der Vergabebekanntmachung des Bekanntmachungsmusters gemäß Anhang II B VOF „Verhandlungsverfahren" werden Angaben zur Lage des Dienstleistungserbringers gefordert, um zu beurteilen, inwieweit dieser die technischen und wirtschaftlichen Mindestanforderungen erfüllt. Die Angaben bestehen im Wesentlichen aus Nachweisen über die finanzielle und wirtschaftliche Leistungsfähigkeit gemäß § 12 VOF und über die fachliche Eignung gemäß § 13 VOF (vgl. *Ziff. 2.4.1.10*).

2.8.3 Auswahl der Teilnehmer für das Verhandlungsverfahren

Auftraggeber und Bewerber haben zu beachten, dass es sich bei einem Vergabeverfahren mit vorheriger Vergabebekanntmachung nach VOF um ein zweistufiges Auswahlverfahren handelt, das die Beantwortung der folgenden Fragen erfordert:

- Wie gelangt ein Auftraggeber bei einer Vielzahl von Bewerbern auf eine Vergabebekanntmachung (häufig mehr als 100) zu den zur Verhandlung aufzufordernden Bewerbern, deren Anzahl nach § 10 Abs. 2 VOF nicht unter drei liegen darf, in Anlehnung an § 8 Nr. 2 Abs. 2 VOB/A jedoch auch nicht mehr als acht, d. h. im Mittel fünf betragen sollte?
- Wie wählt der Auftraggeber aus den z. B. fünf zur Verhandlung aufgeforderten Bewerbern denjenigen Bewerber aus, der gemäß § 16 Abs. 1 VOF aufgrund der ausgehandelten Auftragsbedingungen die bestmögliche Leistung erwarten lässt?

Zur Beantwortung der ersten Frage sind zunächst die Ausschlusskriterien nach § 11 VOF zu beachten. Der Nachweis der finanziellen und wirtschaftlichen Leistungsfähigkeit nach § 12 VOF ist ebenfalls als Ausschlusskriterium vor Beurteilung der fachlichen Eignung der Bewerber, d. h. ihrer Fachkunde, Erfahrung, Leistungsfähigkeit und Zuverlässigkeit (FELZ nach § 13 VOF) heranzuziehen. Es können dann gemäß § 13 VOF die Nachweise nach lit. a bis h verlangt werden. Die Auswahl der Bewerber, die in das Verhandlungsverfahren einbezogen werden, wird sich somit aus der Beurteilung der fachlichen Eignung derjenigen Bewerber ergeben, die nicht vorher nach den §§ 11 und 12 ausgeschlossen wurden.

Exkurs: Nutzwertanalyse

Zur Verdichtung der Anzahl von z. B. 100 Bewerbern auf 5 zur Verhandlung aufzufordernde Bewerber wird zweckmäßigerweise eine Nutzwertanalyse vorgenommen. Diese hat sich als Hilfsmittel zur vergleichenden Analyse mehrerer Bewerber bewährt. Sie eignet sich immer dann, wenn eine Alternativenauswahl anhand eines multifaktoriellen Zielsystems vorzunehmen ist (Diederichs, 2005, S. 243 ff.).

Die Erfüllungsgrade der Teilziele der zu bewertenden Alternativen werden zunächst in unterschiedlichen Dimensionen mit Hilfe kardinaler, ordinaler oder nominaler Skalierung gemessen und durch eine Bewertung mit Nutzenpunkten gleichnamig gemacht. Die Teilziele werden entsprechend ihrer Bedeutung für den gesamten Nutzen gewichtet mit in der Summe 100 oder auch 1000 Gewichtspunkten.

Für die Messung der Erfüllung der Teilziele sind entsprechende Skalen vorzugeben. Die Bewertung der Erfüllung mit Nutzenpunkten ist grundsätzlich abhängig von der subjektiven Einschätzung des Bewertenden, die nachprüfbar nur durch Darlegung seiner Bewertungsmaßstäbe in Transformationsfunktionen mit Nutzenpunkten auf der Ordinate und Messergebnissen auf der Abszisse dokumentiert werden kann. Der dadurch entstehende Aufwand ist jedoch stets in angemessener Relation zu dem erwarteten Ergebnis zu sehen.

Zur Vereinfachung der praktischen Anwendung werden daher häufig der Mess- und der Bewertungsvorgang in der Spalte „Erfüllung" durch Vorgabe von Nutzenpunkten zwischen 1 und 10 zusammengefasst. Dabei bedeuten 1–2 Punkte eine sehr geringe, 3–4 eine geringe, 5–6 eine durchschnittliche, 7–8 eine überdurchschnittliche und 9–10 Punkte eine sehr gute Erfüllung. Aus der Multiplikation von Gewicht und Erfüllung ergeben sich gewichtete Nutzenpunkte, die spaltenweise aufsummiert und miteinander verglichen werden können.

Mit einer NWA kann nicht entschieden werden, ob eine Alternative für sich allein zu befürworten ist. Sie lässt nur eine Aussage über die relative Vorteilhaftigkeit beim Vergleich mehrerer Alternativen zu und ermöglicht dabei das Aufstellen einer Rangfolge.

Für den Nachweis der fachlichen Eignung gemäß § 13 hat es sich bewährt, nach allgemeiner und auftragsbezogener fachlicher Eignung für die im Auftragsfall vorgesehenen Mitarbeiter zu unterscheiden. So ist einerseits ein getrennter Vergleich der allgemeinen und der auftragsspezifischen Eignung und andererseits aus deren Summe der Gesamtvergleich möglich.

Nachweis über die berufliche Befähigung des Bewerbers und/oder der Führungskräfte des Unternehmens, insbesondere der für die Dienstleistungen verantwortlichen Personen (§ 13 Abs. 2a VOF)

Nachweise über die berufliche Befähigung des Bewerbers und/oder der Führungskräfte des Unternehmens (lit. a), insbesondere der für die zu vergebende Dienstleistung verantwortlichen Personen, werden entweder durch Berufszulassungen wie Mitgliedschaften in Architekten- oder Ingenieurkammern oder Studiennachweise erbracht. Hinsichtlich des Nachweises der Qualifikation von Architekten und Ingenieuren ist § 23 VOF als Spezialvorschrift zu beachten (Qualifikation des Auftragnehmers).

Erbrachte Leistungen der letzten drei Jahre (§ 13 Abs. 2b VOF)

Durch diesen Eignungsnachweis werden Art und Umfang der wesentlichen in den letzten drei Jahren erbrachten Leistungen erklärt. Dies geschieht zweckmäßigerweise durch Benennung des Auftraggebers, des jeweiligen Projektes, der erbrachten Leistung nach Art und Umfang wie z. B. Art der Leistungen des Projektmanagements, Leistungsphasen und Projektgrößen, der erwirtschafteten Honorare durch Angabe der Rechnungswerte sowie der Leistungszeit. Es empfiehlt sich, zusätzlich zum Auftraggeber auch eine Referenzperson mit deren Telefon- und Faxnummer sowie E-Mail-Adresse zu verlangen (bzw. anzugeben), damit die Möglichkeit zur Referenzabfrage besteht.

Bei öffentlichen Auftraggebern wird dazu eine von der zuständigen Behörde beglaubigte Bescheinigung ausgestellt. Falls bei privaten Auftraggebern eine derartige Bescheinigung nicht erhältlich ist, reicht eine einfache schriftliche Erklärung des Bewerbers aus. Der Grund für das Fehlen sollte jedoch im Bewerbergespräch geklärt werden.

Als Eignungsnachweis werden im Allgemeinen mit der Aufgabenstellung vergleichbare Leistungen sowie entsprechende Honorarvolumina erwartet. Bei der Bewertung dieser Leistungen wird wiederum nach der allgemeinen Eignung, die die Angaben für das gesamte Büro betrifft, und der spezifischen Eignung, bei der diejenigen Aufträge in die Bewertung einbezogen werden, die mit der erwarteten Leistung vergleichbar sind, zu unterscheiden sein. Bei der Zuordnung der Bewertungspunkte sind die Projektgröße, dessen Schwierigkeit, Art und Umfang der erbrachten Leistungen sowie das durch die Bescheinigungen der Auftraggeber zum Ausdruck kommende Urteil zu berücksichtigen.

Es ist zu beachten, dass aus den Rechnungswerten der letzten drei Jahre und dem gemäß § 13 Abs 2d VOF anzugebenden jährlichen Mittel der vom Bewerber in den letzten drei Jahren Beschäftigten Rückschlüsse auf den Anteil der durch die Liste offen gelegten Teilhonorare am Gesamthonorarvolumen möglich sind.

Angaben über die technische Leitung (§ 13 Abs. 2c VOF)

Dieser Eignungsnachweis erstreckt sich vorrangig auf die berufliche Befähigung und die zeitliche Verfügbarkeit des im Auftragsfalle für die technische Leitung vorgesehenen Personals. Es handelt sich daher um einen spezifischen Eignungsnachweis, der sich ggf. nur auf eine für die Projektleitung des erhofften Auftrags vorgesehene Person bezieht. Im Falle der Bewerbung um einen Generalmanagementauftrag sind hier jedoch ergänzend zum Projektleiter die leitenden Mitarbeiter für die einzelnen Handlungsbereiche, ggf. weiter aufgeteilt nach Bauabschnitten, anzugeben.

Für die technische Leitung sollten Mitarbeiter über eine berufliche Befähigung gemäß § 13 Abs. 2a und eine min. fünfjährige Berufserfahrung verfügen.

Jährliches Mittel der Beschäftigten und der Führungskräfte in den letzten drei Jahren (§ 13 Abs. 2d VOF)

Auch diese Nachweise sind allgemein für das gesamte Unternehmen und spezifisch für das vorgesehene Personal vorzunehmen. Erwartete Angaben sind z. B. min. 10 Architekten und Ingenieure und davon zwei namentlich genannte Führungskräfte sowie für den zu vergebenden Auftrag min. zwei Mitarbeiter und eine benannte Führungskraft.

Neben der fachlichen Qualifikation ist die vollzeitige Verfügbarkeit der für den erwarteten Auftrag vorgesehenen Mitarbeiter als wichtiges Bewertungskriterium heranzuziehen. Um eine qualifizierte Bewertung der Bewerberangaben vornehmen zu können, muss der Auftraggeber eigene Kapazitätsüberlegungen zur Bemessung der jeweils erforderlichen Personalstärke anstellen.

Erklärung über die Ausstattung, die Geräte und die technische Ausrüstung des Bewerbers (§ 13 Abs. 2e VOF)

Hier sind für die Erbringung aller Projektmanagementleistungen überwiegend Angaben zur vorhandenen Hard- und Software und zu ihrer internen und externen Vernetzung zu erwarten. Hohe Punktzahlen sind zu vergeben, wenn der Auftragnehmer über IT-Kooperationstools (vgl. *Ziff. 2.6*) verfügt wie z. B.:

- IT- und Kommunikationsplattform, die entweder auf einem relationalen Datenbanksystem oder auf einem Groupwaresystem aufsetzt (unter Einbindung externer Anbieter oder als Eigenentwicklung)
- Projektinformationssystem für die wichtigsten Projektdaten (Masterplan, Flächen-, Kubatur-, Entwicklungs- und Objektkennwerte, Kosten- und Termindaten, Gutachten und Dokumentationen)
- Planmanagementsystem, differenziert nach Planungsbereichen, Gebäude- und Bauteilen sowie Planarten
- Reproduktions- und Versandsystem zur Verwaltung von Reproaufträgen für Planlieferpakete, die von der angeschlossenen Reproanstalt gedruckt und mit Planlieferdeckblatt dem jeweiligen Empfänger zugestellt werden
- Projektkommunikationsmodul für den elektronischen Informationsaustausch über E-Mail mit zentralem Projektadressregister

Durch Abfrage der allgemeinen und auch auftragsspezifischen Ausstattung ist eine getrennte Bewertung möglich.

Maßnahmen des Bewerbers zur Gewährleistung der Qualität und seiner Untersuchungs- und Forschungsmöglichkeiten (§ 13 Abs. 2f VOF)

Jeweils geeignete Maßnahmen zur Gewährleistung der Qualität sind die Einrichtung und Aufrechterhaltung eines Qualitätsmanagementsystems nach DIN EN ISO 9001:2000, die auftragsspezifische Entwicklung und Anwendung eines Qualitätsmanagementplans und dessen Umsetzung in der Auftragsbearbeitung. Untersuchungs- und Forschungsmöglichkeiten ergeben sich aus gezielten Forschungsaufträgen im Auftrag öffentlicher oder privater Forschungsförderer, der Bearbeitung von Nebenangeboten und Änderungsvorschlägen sowie unternehmenseigenen Forschungs- und Entwicklungstätigkeiten, ggf. in Zusammenarbeit mit anderen Institutionen wie Universitäten und Fachhochschulen, z. B. durch die Betreuung von Diplom- und Seminararbeiten oder auch Dissertationen.

In der Bewertung ist zu berücksichtigen, ob der Bewerber allgemein überhaupt Untersuchungs- und Forschungsmöglichkeiten wahrnimmt (allgemeine Eignung) und inwieweit sich diese Untersuchungs- und Forschungstätigkeit auf den Gegenstand des zu erwartenden Projektes oder zu bearbeitenden Auftrags bezieht (spezifische Eignung).

Die Bewertung dieser Angaben mit Nutzenpunkten ist schwierig. Werden keine Angaben gemacht, so wird die niedrigste Punktzahl vergeben. Die Höchstpunktzahl ist sicherlich berechtigt, wenn im Rahmen eines Forschungs- und Entwicklungsauftrages aktuelle, auftragsspezifische und viel beachtete Untersuchungsergebnisse erarbeitet wurden.

Kontrollen durch den Auftraggeber (§ 13 Abs. 2g VOF)

Kontrollen durch den Auftraggeber sind nach § 13 Abs. 2g vorgesehen, sofern die zu erbringenden Leistungen entweder komplexer Art sind oder ausnahmsweise einem besonderen Zweck dienen sollen. Diese auf die Leistungsfähigkeit, ggf. auch auf die Untersuchungs- und Forschungsmöglichkeiten des Bewerbers sowie die zur Gewährleistung der Qualität getroffenen Vorkehrungen bezogene Kontrolle kann vom Auftraggeber selbst oder in dessen Namen von einem damit beauftragten Auditor durchgeführt werden.

Im Rahmen der Bewerbung ist seitens des Bewerbers die Bereitschaft zu einer solchen Kontrolle zu erklären und sind ggf. Vorschläge zum Ablauf eines solchen Verfahrens zu unterbreiten, z. B. nach den Zertifizierungsregeln externer Auditoren im Rahmen von Zertifizierungs- oder Wiederholungsaudits. Eine solche Kontrolle ist dann vom Auftraggeber bzw. der damit betrauten Stelle im Rahmen des Auswahlverfahrens vorzunehmen. Dabei ist die Kontrolle auf die spezifische fachliche Eignung der Bewerber auszurichten, da ansonsten eine Kontrolle der allgemeinen fachlichen Eignung einem externen Audit im Rahmen eines Zertifizierungsplans für das gesamte Unternehmen entspricht.

Auftragsanteile im Unterauftrag (§ 13 Abs. 2h VOF)

Der Auftraggeber soll darauf achten, in welchem Umfang der Auftragnehmer die zu erbringende Leistung von Dritten ausführen lässt. Zum einen kann die von einem oder mehreren Nachunternehmern zu erbringende Leistung von einer solchen qualitativen Bedeutung sein, dass ihre unbefriedigende Erfüllung die Durchführung des Gesamtwerkes beeinträchtigt, zum anderen können die Nachunternehmerleistungen einen solchen quantitativen Umfang annehmen, dass sie nicht nur als unbeachtlicher Anteil der Hauptleistung zu berücksichtigen sind. In diesem Zusammenhang stellt ein Anteil von mehr als 20 % einer Unterbeauftragung eine nicht mehr zu vernachlässigende Größenordnung dar. Macht ein Bewerber unzutreffende Angaben über den Grad der beabsichtigten Unterbeauftragung, muss er aus dem Vergabeverfahren ausgeschlossen werden. Schon im Hinblick auf das

Gleichbehandlungsgebot würde die weitere Berücksichtigung eines solchen Bewerbers eine Diskriminierung der Mitbewerber bedeuten. Im Falle einer erheblichen Unterbeauftragung kann eine „Heilung" durch die Nachholung der erforderlichen Angaben im Verhandlungsverfahren nicht erfolgen.

Auch die Angabe des Auftragsanteils im Unterauftrag kann sich nur auf den Nachweis der spezifischen fachlichen Eignung erstrecken. Für die vorgesehenen Unterauftragnehmer sind dann die analogen allgemeinen und speziellen fachlichen Eignungsnachweise nach § 13 Abs. 2 zu führen wie für den Bewerber selbst.

Die Bewertung der Angaben ist auftragsspezifisch vorzunehmen, so können z. B. die Höchstpunktzahl bei 100 % Eigenleistung und die Mindestpunktzahl bei Vergabe von 20 % im Unterauftrag zugeordnet werden. Zwischenwerte sind zu interpolieren.

Die zusammenfassende Bewertung im Rahmen einer Nutzwertanalyse enthält *Abb. 2.46* in *Ziff. 2.4.1.10*.

2.8.4 Entscheidung im Verhandlungsverfahren

Zur Beantwortung der Frage, wie der Auftraggeber nach Abschluss der Verhandlungen die Auswahl des zu beauftragenden Bewerbers trifft, sind gemäß § 16 Abs. 3 VOF alle Auftragskriterien heranzuziehen, die über die bereits geprüfte fachliche Eignung nach § 13 Abs. 2 VOF hinausgehen. Dabei sind nach § 16 Abs. 2 VOF Kriterien zu berücksichtigen, die für Leistungen des Projektmanagements z. T. nur schwer fassbar sind wie z. B. Ästhetik und technische Hilfe. Aufgrund der Aufgabenbeschreibung und der die Aufgabenstellung beeinflussenden Umstände gemäß § 8 VOF sind jedoch weitere Auftragskriterien heranzuziehen, die eine nachprüfbare Entscheidung für denjenigen Bewerber ermöglichen, der gemäß § 16 Abs. 1 VOF aufgrund der ausgehandelten Auftragsbedingungen die bestmögliche Leistung erwarten lässt.

Die Auftragskriterien sind durch die Bewerber nur teilweise bereits im Zusammenhang mit den Nachweisen zum Teilnahmeantrag darstellbar. Sie sind den Bewerbern mit Gewichtung rechtzeitig mitzuteilen. Der Auftraggeber wird sich einen persönlichen Eindruck im Rahmen der Präsentationen während des Verhandlungsverfahrens verschaffen und anschließend seine Beurteilung und Bewertung vornehmen.

Ein Beispiel einer Nutzwertanalyse zur Entscheidung im Verhandlungsverfahren zeigt *Abb. 2.47* in *Ziff. 2.4.1.10*.

2.8.5 Weitere Verfahrensfragen

Die §§ 14 Fristen, 15 Kosten, 16 Auftragserteilung, 17 vergebene Aufträge, 18 Vergabevermerk, 19 Melde- und Berichtspflichten sowie 21 VOF Nachprüfungsbehörden enthalten formale Verfahrensanweisungen.

In § 16 Abs. 2 Satz 2 VOF ist das geltende Preisrecht nach HOAI verankert: „Ist die zu erbringende Leistung nach einer gesetzlichen Gebühren- oder Honorarordnung zu vergüten, ist der Preis nur im dort vorgeschriebenen Rahmen zu berücksichtigen."

Da Honorare für Leistungen der Projektsteuerung nach § 31 Abs. 2 HOAI frei vereinbart werden können, sind hierzu von den Bewerbern jeweils gesonderte angebotsspezifische Untersuchungen anzustellen. Anhaltspunkte dazu liefert vorstehendes Kapitel 4.

In den besonderen Vorschriften zur Vergabe von Architekten- und Ingenieurleistungen des Kapitels 2 der VOF werden in den §§ 22 der Anwendungsbereich, 23 die Qualifikation des Auftragnehmers, 24 die Auftragserteilung, 25 Planungswettbewerbe und 26 Unteraufträge geregelt.

Nach Auffassung des Verfassers sind Leistungen des Projektmanagements zum großen Teil auch Consultingleistungen, so dass die genannten Paragraphen analog anzuwenden sind.

Werden im Rahmen eines Auswahlverfahrens Lösungsvorschläge für die geforderte Leistung des Projektmanagements verlangt, so sind diese ggf. nach § 24 Abs. 3 VOF analog zu vergüten. Gemäß § 24 Abs. 2 Satz 3 VOF darf die Auswahl eines Bewerbers nicht dadurch beeinflusst werden, dass von Bewerbern unaufgefordert Lösungsvorschläge eingereicht wurden.

2.8.6 Anforderungen an Bauprojektmanager

Der Erfolg des Projektmanagements hängt – wie in allen anderen Projektbereichen auch – sehr von der Eignung der damit betrauten Personen, d. h. von deren Fachkunde, Erfahrung, Leistungsfähigkeit und Zuverlässigkeit ab.

Leistungen des Projektmanagements erfordern ein hohes Maß an Vertrauenswürdigkeit und Loyalität. Daher rechtfertigt ein unseriöses oder illoyales Verhalten des Auftragnehmers i. d. R. eine Kündigung aus wichtigem Grund (vgl. BGH VII ZR 225/98, Urteil vom 02.09.1999; OLG Karlsruhe, 17 U 217/04, Urteil vom 19.04.2005).

Die Fachkunde ist eine Frage der Ausbildung. Ergebnis einer Umfrage des Autors Anfang 1992 zum Stand von Forschung, Lehre und Praxis des Projektmanagements im Bauwesen bei den Mitgliedern des DVP, der GPM, des VUBIC sowie gewerblichen und öffentlichen Bauherren u. a. nach der Ausbildung der im Projektmanagement tätigen Mitarbeiter war, dass in den rückmeldenden 57 Unternehmen Bauingenieure zu 25 %, Architekten zu 24 %, Betriebswirte und Wirtschaftsingenieure zu 7 % und technisch-kaufmännisches sowie administratives Personal zu 44 % beschäftigt sind.

Fachkunde wird zunächst durch die Ausbildung, dann aber auch maßgeblich durch die Erfahrung gewonnen. Im Idealfall ist für die berufliche Karriere eines Projektmanagers zu wünschen, dass sich an den Hochschulabschluss eine jeweils etwa zweijährige Tätigkeit auf Bauplaner- und Baufirmenseite anschließt, bevor für zwei bis vier Jahre Aufgaben der Projektmanagements wahrgenommen werden, dann ein Einsatz als stellvertretender Projektleiter und schließlich als Projektleiter in Betracht kommt. Für Aufgaben der Projektentwicklung ist es sinnvoll, zuvor auch etwa zwei Jahre in der Vermarktung von Immobilien (Vermietung oder Verkauf) tätig gewesen zu sein.

In der Praxis ist dieser Idealfall nur selten anzutreffen. Aus vorstehender Betrachtung ergibt sich auch, dass bei einem Studienabschluss mit z. B. 27 Jahren Projektleitungsaufgaben erst mit etwa 33 bis 35 Jahren wahrgenommen werden könnten, dann, wenn über die Leistungsbeiträge der Projektbeteiligten genügend eigene Berufserfahrungen vorliegen. Aber auch dann wird ein Projektleiter nicht darauf verzichten können, z. B. als Architekt Spezialwissen über konstruktive Fragen, Technische Anlagen oder auch steuerliche Aspekte von Fachleuten abzufragen.

Ein Projektmanager sollte in jedem Fall über eine qualifizierte Universitäts- oder Fachhochschulausbildung für Architekten oder Bauingenieure verfügen, möglichst mit betriebswirtschaftlicher Zusatzausbildung, z. B. zum Master of Science in Real Estate Management & Construction Project Management (www.rem-cpm.de). In seiner Arbeit sollte er stets mehr zum Generalisten als zum Spezialisten neigen, damit er die Erfordernisse des Gesamtprojektes im Auge behält und sich nicht im Detail verliert. Wünschenswert sind folgende Eigenschaften:

- zielstrebige integre Persönlichkeit mit ausgeprägten Führungseigenschaften und Sozialkompetenz einschließlich der Gabe, motivieren und koordinieren sowie im Team arbeiten zu können
- Fähigkeit zur konzeptionellen, systematischen Planung und zur rechtzeitigen Herbeiführung der erforderlichen Entscheidungen
- Fähigkeit, das Wesentliche rechtzeitig zu erkennen und jederzeit die Übersicht zu behalten
- Fähigkeit, die eigenen Grenzen zu erkennen und zu wissen, wann welche Experten und Mitarbeiter zu Rate gezogen werden müssen
- Fähigkeit, Aufgaben und Konsequenzen mit natürlicher Autorität durchsetzen und nachhaltig Ziele verfolgen zu können
- flexibel, verbindlich, schöpferisch und extrem belastbar

Aus dieser Aufzählung ist erkennbar, dass Führungseigenschaften, Fachwissen und Organisationstalent sicherlich einen hohen Rang einnehmen. Zu beachten ist aber auch, dass die Fähigkeit zur Menschenführung und Teamarbeit mit ausgeprägtem psychologischem Einfühlungsvermögen und natürlicher Autorität entscheidend ist für den Projekterfolg. Dieser ist am ehesten dann zu verwirklichen, wenn die Projektziele im Hinblick auf Qualität, Kosten und Termine mit den persönlichen Bedürfnissen der Projektbeteiligten wie Sicherheit, soziale Anerkennung und Selbstwertgefühl in Einklang gebracht werden.

Dieser Zusammenhang unterstreicht die Notwendigkeit, sich stärker mit den Verhaltensweisen der an einem Projekt jeweils beteiligten Persönlichkeiten und nicht ausschließlich mit verfeinerten und durch die fortschreitende Hard- und Softwareentwicklung rationelleren technokratischen Methoden und Verfahren des Projektmanagements zu befassen. *„Es menschelt so sehr!"* ist ein in allen Branchen gängiger Ausspruch. Er gilt insbesondere am Bau. Durch die stets neu zu bildenden Teams auf Zeit am Bau sind deren Mitglieder aus zahlreichen Institutionen unterschiedlicher Zielsetzung, Ausbildung, Erfahrung und Neigung immer wieder auf die vom Auftraggeber vorgegebenen Qualitäts-, Kosten- und Terminziele gruppenindividuell einzuschwören.

2.8.7 Flussdiagramm zum Vergabeprozess nach VOF

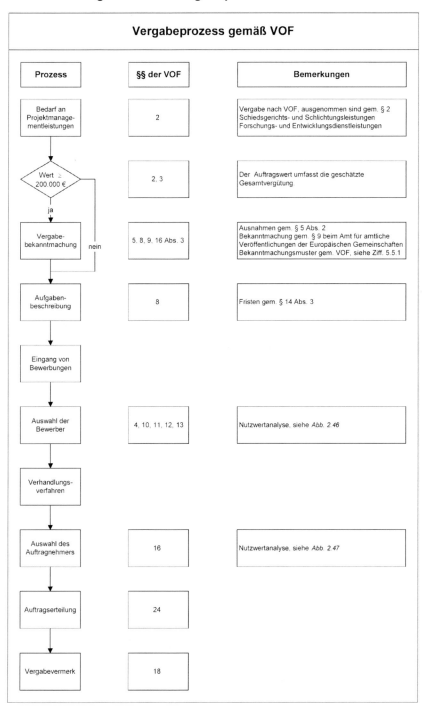

Abb. 2.166 Vergabeprozess nach VOF

2.8.8 Muster und Beispiele zum Vergabeprozess nach VOF

Bekanntmachungsmuster gemäß Anhang II VOF

B. Verhandlungsverfahren

1. Name, Anschrift, Telefon-, Telegrafen-, Fernschreib- und Fernkopiernummer des Auftraggebers:
2. Kategorie der Dienstleistung und Beschreibung: CPV-Referenznummer:
3. Ausführungsort:
4. a) Angabe, ob die Leistung durch Rechts- und Verwaltungsvorschriften einem besonderen Berufstand vorbehalten ist:
   b) Verweisung auf die Rechts- und Verwaltungsvorschrift:
   c) Angabe, ob juristische Personen die Namen und die berufliche Qualifikation der Personen angeben müssen, die für die Ausführung der betreffenden Dienstleistungen verantwortlich sein sollen:
   d) Auftragskriterien nach § 16 Abs. 3 VOF:
5. Angabe, ob der Dienstleistungserbringer Bewerbungen für einen Teil der betreffenden Leistungen abgeben kann:
6. Beabsichtigte Zahl oder Marge von Dienstleistungserbringern, die zur Verhandlung aufgefordert werden:
7. Gegebenenfalls Verbot von Änderungsvorschlägen:
8. Dauer des Auftrags oder Frist für die Erbringung der Dienstleistung:
9. Gegebenenfalls Rechtsform, die die Bietergemeinschaft, an die der Auftrag vergeben wird, haben muss:
10. a) Gegebenenfalls Begründung der Inanspruchnahme des beschleunigten Verfahrens:
    b) Einsendefrist für die Anträge auf Teilnahme:
    c) Anschrift, an die diese Anträge zu richten sind:
    d) Sprache(n), in der (denen) diese Anträge abgefasst sein müssen:
11. Gegebenenfalls geforderte Kautionen und Sicherheiten:
12. Angaben zur Lage des Dienstleistungserbringers sowie Angaben und Formalitäten, die zur Beurteilung der Frage erforderlich sind, ob der Dienstleistungserbringer die technischen und wirtschaftlichen Mindestanforderungen erfüllt:
13. Gegebenenfalls Name und Anschrift der vom Auftraggeber bereits ausgewählten Dienstleistungserbringer:
14. Sonstige Angaben, insbesondere
    - die Stelle, an die sich der Bewerber zur Nachprüfung behaupteter Verstöße gegen Vergabebestimmungen wenden kann,
    - der Hinweis, dass Bewerber davon auszugehen haben, dass sie mit Ablauf einer bestimmten Frist nicht berücksichtigt worden sind:
15. Tag der Absendung der Bekanntmachung:
16. Tag des Eingangs der Bekanntmachung beim Amt für amtliche Veröffentlichungen der Europäischen Gemeinschaften:
17. Tag(e) der Veröffentlichung von Vorinformationen im Amtsblatt der Europäischen Gemeinschaften:
18. Angabe, ob der Auftrag in den Anwendungsbereich des Beschaffungsübereinkommens fällt:

Selbstdarstellungsbogen zum Nachweis der Fachkunde, Erfahrung, Leistungsfähigkeit und Zuverlässigkeit (FELZ)

Firma Projektsteuerung		Stand:
Neubau des Geschäftszentrums in Musterstadt		
Selbstdarstellung zum Nachweis der FELZ-Kriterien		
(Die Belege sowie weiterführende Angaben sind ggf. auf gesonderter Anlage beizufügen.)		
1. Unternehmensdaten		
Fa.-Name		
Anschrift		
Geschäftsführung		
Geschäftsort	- Hauptsitz	}
	- Niederlassungen	} Adresse, Tel., Leitung
	- Büros	}
Gründung / Unternehmensportrait		} in Stichworten zur Entw. des Büros
Fremdkapitalbeteiligungen/ Verbundene Unternehmen		} Adresse, Telefon, Leitung
2. Erklärung über Nichtbestehen von Ausschlusskriterien nach § 11 VOF		
3. Finanzdaten		
Rechtsform		
Stammkapital		.... €
Eigenkapital		.... €
Umsatz in den letzten drei Geschäftsjahren	200.	.... €
	200.	.... €
	200.	.... €
Auftragsbestand am Jahresende	200.	.... €
Haftpflichtversicherungsdeckungssummen		
- für Personenschäden		.... €
- für sonstige Schäden		.... €
4. Kapazität und fachliche Qualifikation		
Personelle Ausstattung des Büros, in Fachbereiche unterteilt...		
Leitungspersonal		} Position, Name,
Projektführungsstab		} Ressort/Fachbereich, bei Firma seit

Gesamtzahl der Mitarbeiter

Personalstand in den einzelnen Fachrichtungen

Ausbildung der Mitarbeiter in den einzelnen Fachrichtungen

Berufserfahrung und Qualifikationsprofil/Kompetenz
der Mitarbeiter

Anteil der freien Mitarbeiter

Ständige Fort-/Weiterbildung der Mitarbeiter   } ja/nein

Ausbildungsbetrieb   } wenn ja, in welchem
                                                       Umfang

... und Zusammensetzung des Projektteams

Benennung des Projektleiters, seines Stellvertreters und
ihrer Verfügbarkeit (.... % ihrer Gesamtarbeitszeit)

Anzahl und Ausbildung der Mitarbeiter

Berufserfahrung und Qualifikationsprofil/Kompetenz
der Mitarbeiter/Bearbeitete Projekte

Anteil der freien Mitarbeiter

Anteil der Fremdvergabe, Nachunternehmer (.... % der
Angebotshöhe)

Technische Ausstattung des Büros

zusätzliche Angaben zur Qualifikation

Veröffentlichungen, Mitarbeit in Fachgremien u. a. von
Inhabern des Büros, Projektverantwortlichen oder Mitarbeitern

Termine

Angabe des zeitlichen Rahmens für die Projektbearbei-
tung, unterteilt in geforderte Leistungsbilder

QM-System   } Zertifikat? Wenn ja,
                                                       seit wann

5. Arbeitsbereiche/Leistungsspektrum

Verfügbare Fachrichtungen/Fachgebiete/Tätigkeiten

Projektmanagement   } weitere sind bei
                                                       Bedarf zu ergänzen

Architektur: Industrie-, Hochbau ...   }

Tragwerke: Hochbau, Konstruktiver Ingenieurbau ...   }

Ingenieurbau: Industrie-, Tief-, Verkehrsbau ...   }

Technische Ausrüstung: Verfahrens- und Prozesstech-   }
nik, Maschinentechnik, EMSR-Technik ...

Wasserwirtschaft: Kläranlagen, Pumpwerke, Entwässerungen, Gewässer ...	}
Umwelt: Abfallwirtschaft, Ökologie und Umweltplanung ...	}
Kooperationen: Zusammenarbeit mit anderen Büros	Welche Fachgebiete/ Leistungen ?
Besondere Spezifikationen	z. B. nur Ausschreibung oder nur Massenermittlung
Weitere Arbeitsgebiete unter Angabe des jeweiligen Leistungsspektrums	Nennung des Anteils dieser Leistungen an der Gesamtleistung
Erhebungen: Hydrologie, Baugrund, Im-/Emission ...	} weitere Leistungsspektren sind bei Be-
Studien: Durchführbarkeitsstudien, Standortplanung, Gutachten, Beratung ...	} zu ergänzen
Planung: Grundlagenermittlung, Vorplanung ..., Vergabe ...	
Ausführung: Objektüberwachung, Bauoberleitung, Abrechnung ...	
Projektmanagement: Organisation, Qualitäten, Kosten, Termine ...	
Construction Management at risk ...	

6. Referenzen

Projektangaben Benennung von Projekten, die mit dem zur Bearbeitung anstehenden Vorhaben vergleichbar sind	mit Angabe der Arbeitsbereiche und des Bearbeitungsanteils an diesen Projekten
Bearbeitungsumfang, Investitionssumme, Auftragszeitraum	Darstellung des Leistungsspektrums bei den genannten Referenzprojekten
Unabhängigkeit von Liefer- und Herstellerinteressen	Bestätigung
Mitgliedschaft in Verbänden	ja/nein wenn ja, bei wem

Ort, Datum	Rechtsverbindliche Unterschrift

Abb. 2.167 Selbstdarstellung zum Nachweis der FELZ-Kriterien

2.9 Honorierung der Grundleistungen der Projektsteuerung

Vorschläge zur Regelung der Honorarermittlung für die Projektsteuerung enthalten die §§ 202 bis 204 sowie 207 bis 212 des Entwurfes der Leistungs- und Honorarordnung Projektsteuerung in Heft 9 des AHO (2004d).

Nachfolgend werden die vorgenannten §§ jeweils kursiv und, soweit erforderlich, kommentierende Erläuterungen in Normalschrift dargestellt. Zur weitergehenden Kommentierung wird verwiesen auf Diederichs (2003d), Kommentar zu § 31 HOAI.

2.9.1 Honorierung nach Zeitaufwand

§ 202 Grundlagen des Honorars

(1) In der Praxis wird anstelle einer Honorierung nach anrechenbaren Kosten häufig eine Honorierung nach Zeitaufwand vereinbart. Dies ist insbesondere beim Bauen im Bestand, bei Sonderbauwerken, bei Verkehrs- und Anlagenbauten sowie bei nutzerspezifischen Leistungsanforderungen empfehlenswert (vgl. § 203).

§ 203 Honorierung über Kalkulation nach Zeitaufwand

Für eine projektkostenunabhängige Honorarermittlung zur Vermeidung von Konflikten aus Honorarsteigerungen bei Projektkostensteigerungen ist eine Honorierung nach Zeitaufwand zu empfehlen. Dies gilt insbesondere beim Bauen im Bestand, bei Sonderbauwerken, bei Verkehrs- und Anlagenbauten sowie bei nutzerspezifischen Leistungsanforderungen.

Bei den Mitarbeitermonats- oder Mitarbeitertagesverrechnungssätzen ist zu unterscheiden, ob es sich um die Vorhaltezeit (12 Monate/Jahr) oder die projektbezogene Einsatzzeit (z. B. 200 Arbeitstage/Jahr) handelt.

Die nachfolgende Tabelle beinhaltet Mitarbeiterverrechnungssätze mit drei unterschiedlichen Qualifikationen für projektbezogene Einsatzzeiten. Die Werte entsprechen Verrechnungssätzen ohne Mehr-wertsteuer und ohne Nebenkosten, die von DVP-Mitgliedern im Jahre 2002 durchschnittlich vereinbart werden konnten.

Diese Verrechnungssätze beinhalten sowohl die direkten Personalkosten aus Gehalt, Soziallöhnen und Sozialkosten, als auch die indirekten Personalkosten der Geschäftsführung und des Sekretariates, die Geschäftskosten für Raumnutzung, Bürobetrieb, Fahrzeughaltung, Reisen, Bürosicherung und EDV sowie Wagnis

Funktion	Monatsverrechnungssatz	Tagesverrechnungssatz
Projektleiter/-in	14.000–18.000 €/Mon	700–900 €/Tag
Projektbearbeiter/-in	11.000–14.000 €/Mon	550–700 €/Tag
Technisch-wirtschaftliche/-r MA	8.000–11.000 €/Mon	400–550 €/Tag

Abb. 2.168 Mitarbeitermonats- und -tagesverrechnungssätze für projektbezogene Einsatzzeiten

und Gewinn. Die Nebenkosten sind projektspezifisch als Prozentsatz der Verrechnungssätze zu berücksichtigen. Bei Projektlaufzeiten von ≥ 24 Monaten sind die Verrechnungssätze mit den voraussichtlichen Gehaltssteigerungssätzen zu indizieren.

Seitens der Auftraggeber sowohl für das Projektmanagement als auch für die Planung nach HOAI wird immer wieder gefordert, die Honorierung von den anrechenbaren Kosten zu entkoppeln, da der Projektmanager und auch der Planer nicht an Mehrkosten verdienen dürfe, sondern im Gegenteil deren Vermeidung bewirken müsse. So forderte auch Alda (2001) einfache, flexible und leistungsorientierte Honorarvereinbarungen für Projektmanager, „um für gute Leistungen ein gutes Honorar und für schlechte Leistungen ein niedriges Honorar bezahlen zu können."

Bei der Beratung und Verabschiedung der fünften HOAI-Novelle forderte auch der Bundesrat am 14.07.1995 die Bundesregierung auf, für künftige HOAI-Novellierungen folgende Punkte prüfen zu lassen:

- stärkere Anreize zu Kosten sparendem Bauen
- Bonus-/Malus-System bei Unter- bzw. Überschreitung der Baukosten
- Vereinfachung der HOAI und einfach zu handhabende Honorarregelungen
- weitere Entkopplung der Honorare von den Baukosten

Zur Entkopplung des Honorars von den Baukosten wurden das vom AHO favorisierte Baukostenberechnungsmodell und zwei weitere von den Architekten eingebrachte Modelle, das Kostenkennziffern- und das Nettonutzflächenmodell, untersucht. Das Baukostenberechungsmodell verlangt die Vorschaltung einer strategischen Beratung oder Machbarkeitsstudie im Rahmen der Projektentwicklung zur Nutzung der in dieser Projektphase bestehenden größten Projektbeeinflussungspotenziale und die anschließende möglichst frühzeitige Honorarermittlung auf der Basis einer Kostenberechnung, spätestens nach Abschluss der Leistungsphase 3 – Entwurfsplanung.

Beim Kostenkennziffern- oder Referenzkostenmodell der Bundesarchitektenkammer (BAK) muss das Objekt zunächst in einen Kennziffernkatalog eingestuft und anschließend eine Referenzkostenermittlung unter Heranziehung einer autorisierten zentralen Datenbank vorgenommen werden. Das Honorar wird dann mit Hilfe von Äquivalenzfaktoren zur Anpassung an den Einzelfall ermittelt.

Beim Nettonutzflächenmodell des Bundes Deutscher Architekten (BDA) werden die Nettonutzflächen des Gebäudes anstelle der anrechenbaren Kosten als Honorarbemessungsgrundlage herangezogen. Dieses Modell stellt die konsequenteste Abkopplung des Honorars von den Baukosten dar, setzt jedoch eine regelmäßige Anpassung der Honorartafeln durch Indexierung voraus. Die Anwendbarkeit der beiden von den Architekten eingebrachten Modelle ist auf den Hochbau beschränkt und setzt entsprechende Datenbanken mit zahlreichen Einflussparametern voraus.

In der Praxis werden Angebote für Projektmanagementleistungen zunächst im betriebswirtschaftlichen Sinne zur Schaffung von Grundlagen für das Projektcontrolling über den erforderlichen Personalaufwand kalkuliert. Aufgrund des besonderen Vertrauensverhältnisses des Projektmanagers zum Kunden, der hohen Nutzenstiftung im Projekt, der hohen Qualität in der Bearbeitung und der Intensität in der Betreuung des Projektes sind aufwandsbezogene Komponenten für das Projektmanagement Honorar bestimmend (Schneider, 2003, S. 9 ff.).

Eine parallele Honorarermittlung über anrechenbare Kosten (vgl. *Ziff. 2.9.2*) dient dann der Plausibilitätsprüfung, um damit auf zwei verschiedenen Wegen die Marktkonformität der ermittelten Honorare zu überprüfen.

So ist eine Honorarermittlung über anrechenbare Kosten nach AHO (2004d) weitgehend marktkonform bei Standardprojekten wie Verwaltungsbauten. Bei Sonderprojekten wie Kultur-, Verkehrs- und Anlagenbauten, beim Bauen im Bestand sowie bei nutzerspezifischen Besonderheiten führt eine Honorarermittlung über anrechenbare Kosten nach AHO (2004d) vielfach zu nicht tragbaren Ergebnissen, sowohl aus Auftragnehmer- als auch aus Auftraggebersicht. Daher ist von jedem Projektmanager und auch von jedem Planer vor Annahme eines Auftrags nach HOAI eine Projektkalkulation vorzunehmen.

Zu Beginn einer Projektkalkulation ist zunächst der Terminrahmen (vgl. *Ziff. 2.4.1.7*) mit dem potenziellen Auftraggeber abzustimmen, in dem in max. 15 Rahmenvorgängen und Meilensteinen der vorgesehene Projektablauf skizziert wird.

Anhand dieser Vorgänge lässt sich der Personaleinsatz für das Projektmanagement kalkulieren. Dieser wird üblicherweise differenziert nach Projektleiter, Projektbearbeitern und technisch-wirtschaftlichen Mitarbeitern. Projektleiter zeichnen sich durch eine mehrjährige Erfahrung im Bereich des Projektmanagements, der Bauplanung und Bauleitung aus. Projektbearbeiter sind bei kleineren Projekten umfassend und bei größeren vielfach handlungsbereichsbezogen tätig (z. B. Kosten- oder Terminplanung). Technisch-wirtschaftliche Mitarbeiter ergänzen das Projektteam durch qualifizierte Aufbereitung und Verarbeitung der Projektdaten sowie im Organisationsprozess. Ein Beispiel eines Terminrahmens und eines Personaleinsatzplans zeigt *Abb. 2.169*.

Die Einsatzzeiten werden entweder je Vorgang durch Belegung der Terminkästchen mit konkreten Aufwandszahlen oder durch Eintrag des beabsichtigten Personaleinsatzes in den Einsatzplan ermittelt. Durch Tabellenkalkulationsprogramme können mittels Verknüpfungen gezielt Optimierungsmöglichkeiten im Personaleinsatz genutzt werden. Daraus ergeben sich monatsbezogene Personalaufwandszahlen (Personalmitarbeitermonate), die über das gesamte Projekt in der Spalte „Personalmonate" aufaddiert werden. Die Summe (in diesem Fall 126) stellt die kalkulierten Personalmonate für das Gesamtprojekt dar.

Terminrahmen

Nr.	Tätigkeit	2003 (IV, I, II, III, IV)	2004 (I, II, III, IV)	2005 (I, II)
1	Grundlagenermittlung			
2	Vorplanung			
3	Entwurfsplanung			
4	Genehmigungsplanung / -verfahren			
5	Ausführungsplanung / LV			
6	Vergabeverfahren			
7	Baudurchführung			
8	Einrichtung			
9	Mängelbeseitigung / Abrechnung			

EINSATZPLAN

Nr.	PROJEKTMANAGEMENT	Personalmonate	Einsatz (Monatswerte 2003–2005)
1	Projektleitung	40,5	1,8 1,8 1,8 1,8 1,8 1,8 1,8 1,8 1,8 1,8 1,8 1,8 1,5 1,5 1,5 1,0 1,0 1,0 0,5 0,5 0,5 0,5 0,5 0,5 0,5 0,5 0,5 0,5 0,5
2	Projektbearbeitung	76,5	1,0 2,0 3,0 3,0 3,0 3,0 3,0 3,0 3,0 2,5 2,5 2,5 2,5 2,5 2,5 2,5 2,5 2,5 2,5 2,5 2,5 2,0 2,0 2,0 2,0 2,0 1,0 1,0 1,0
3	techn./witsch. Bearbeitung	9,0	1,0 1,0 1,5 1,5 1,0 1,0 0,5 0,5 0,5
	Zwischensumme	126,0	2,8 3,8 5,8 5,8 6,3 6,3 5,8 5,8 5,3 4,8 4,8 4,8 4,3 4,3 4,3 4,0 4,0 4,0 3,5 3,5 3,5 3,0 3,0 3,0 2,5 2,5 2,5 1,5 1,5 1,5

Abb. 2.169 Terminrahmen und Personaleinsatzplanung für das Projektmanagement (Quelle: Schneider (2003), S. 10)

Die Ableitung von Personalstunden- und Personalmonatsverrechnungssätzen für Mitarbeiter im Planungsbüro wird in *Abb. 2.170* gezeigt. Dabei wird neben den unmittelbaren Personalkosten des Mitarbeiters dessen Deckungsbeitrag für die Personalkosten der Geschäftsführung und das Sekretariat sowie die Sachkosten des Bürobetriebes am Beispiel eines Ingenieurbüros mit einem Inhaber, fünf Mitarbeitern und einer Sekretärin berücksichtigt.

---

1. Unmittelbare Personalkosten eines Mitarbeiters pro Jahr

1.1 Grundgehalt A VIII gemäß TV Gehalt/West § 3 Abs. 3 (ab 01.04.2003) des Baugewerbes

3.634,00 € x	12,00	=	43.608,00 €

1.2 Jahresprämie

3.634,00 € x	0,50	=	1.817,00 €
		Jahresbruttogehalt	45.425,00 €

1.3 Sozialversicherung Arbeitgeberanteil (50% von 19,5% bzw. 6,5%)

Bemessungsgrenze 2003:   61.200,00 € (12 Monate)

– Rentenversicherung (9,75%)

9,75% von	45.425,00 €	=	4.428,94 €

– Arbeitslosenversicherung (3,25%)

3,25% von	5.425,00 €	=	1.476,31 €

1.4 Krankenversicherung Arbeitgeberanteil (50% von 13,9%)

Bemessungsgrenze 2003: 41.400,00 € (12 Monate)

6,95% von	41.400,00 €	=	2.877,30 €

1.5 Pflegeversicherung (50% von 1,7%)

0,85% von	41.400,00 €	=	351,90 €
		SUMME 1	**54.559,45 €**

2. Deckungsbeitrag eines Mitarbeiters für die Personalkosten der Geschäftsführung und das Sekretariat in einem Büro mit einem Inhaber, 5 Mitarbeitern und 1 Sekretärin

2.1 Kalkulatorisches Gehalt eines Inhabers

6.000,00 € x 13,5 =	81.000,00 €

davon 50% für die Geschäftsführung etc.:

81.000,00 € x 50% =	40.500,00 €

Deckungsbeitrag pro Mitarbeiter

40.500,00 €/ 5 =	8.100,00 €

2.2 Anteilige kalkulatorische Alters- und Krankenversicherung des Inhabers

30% von	81.000,00 € x 50%	x 1/5 =	2.430,00 €

2.3 Anteilige Jahreskosten der Sekretärin inkl. der Sozialkosten

40.000,00 € x 1/6 =	6.666,67 €
SUMME 2	**17.196,67 €**

Summe 1 + 2 = ca. 75% der Gesamtkosten	**71.756,12 €**

3. Deckungsbeitrag eines Mitarbeiters für die Kostenarten 2 – 8 (siehe unten)

   ca. 25% der Gesamtkosten   **SUMME 3**   23.918,71 €

Summe 1 – 3   95.674,83 €

4. Wagnis und Gewinn (10% von Summe 1 – 3)   9.567,48 €

Summe 1 – 4   105.242,31 €

5. Mehrwertsteuer (16% von Summe 1 – 4)   16.838,77 €

6. Gesamtsumme   122.081,08 €

7. Projektstd. eines Mitarbeiters pro Jahr bei ca. 200 AT

   200 AT x   8 Std./AT=   1.600   Arbeitsstd.

8. Stundenverrechnungssatz pro Projektstd.

   122.081,08 €/ 1.600   =   76,30 €/Projektarbeitsstd. incl. MwSt.

   105.242,31 €/ 1.600   =   65,78 €/Projektarbeitsstd. ohne MwSt.

   Stundensatz nach § 6 HOAI (zzgl. MwSt.) je Stunde für

             – den Inhaber   38,00 – 82,00 €

             – den Mitarbeiter   36,00 – 59,00 €

9. Monatsverrechnungssatz bei 12 Monaten Vorhaltezeit/Jahr

   105.242,31 € / 12 Monate   =   8.770,19 €/Monat ohne MwSt.

   Zuschlag auf das monatliche Grundgehalt

   100 x 8.770,19 € / 3.634,00 €   – 100 =   **141,34 %**

10. Monatsverrechnungssatz bei 1.6000 / 170 = 9,5 Monaten p. a.

   projektbezogene Einsatzzeit

   105.242,31 € / 9,5 Monate   =   **11.078,14** €/Monat ohne MwSt.

   Zuschlag auf das monatliche Grundgehalt

   100 x 11.078,14 € / 3.634,00 €   – 100 =   **204,84 %**

Kostenarten	Architekturbüro	Ing.-Büro
1. Personalkosten insgesamt	76,4%	73,7%
2. Kosten für Raumnutzung	4,1%	5,80%
3. Sachkosten des Bürobetriebes	6,1%	9,40%
4. Kosten der Fahrzeughaltung	4,0%	3,10%
5. Reisekosten	1,0%	1,00%
6. Kosten der Bürosicherung	3,1%	2,30%
7. Repräsentation, Akquisition	1,1%	0,90%
8. Sonstige Kosten	4,2%	3,80%
	100,00%	100,00%

Abb. 2.170 Stunden- und Monatssätze für Architekten und Ingenieure im Projektmanagementbüro (Quelle: Diederichs, Skript Bauwirtschaftslehre, BU Wuppertal, SS 2003)

Nr	EINSATZPLAN PROJEKTMANAGEMENT	Personal-monate	2002 IV			2003 I			II			III		IV		
1	Projektleitung	40,5	1,8	1,8	1,8	1,8	1,8	1,8	1,8	1,8	1,8	1,8	1,8	1,8	1,8	1,8
2	Projektbearbeitung	76,5	1,0	2,0	3,0	3,0	3,0	3,0	3,0	3,0	3,0	2,5	2,5	2,5	2,5	2,5	2,5
3	Techn./wirtsch. Bearbeitung	9,0			1,0	1,0	1,5	1,5	1,0	1,0	0,5	0,5	0,5	0,5			
	Zwischensumme	**126,0**	2,8	3,8	5,8	5,8	6,3	6,3	5,8	5,8	5,3	4,8	4,8	4,8	4,3	4,3	4,3

Nr	EINSATZPLAN PROJEKTMANAGEMENT	Personal-monate	2004 I			II			III			IV			2005 I			II		
1	Projektleitung	40,5	1,5	1,5	1,5	1,0	1,0	1,0	0,5	0,5	0,5	0,5	0,5	0,5	0,5	0,5	0,5	0,5	0,5	0,5
2	Projektbearbeitung	76,5	2,5	2,5	2,5	2,5	2,5	2,5	2,5	2,5	2,5	2,0	2,0	2,0	2,0	2,0	2,0	1,0	1,0	1,0
3	Techn./wirtsch. Bearbeitung	9,0																		
	Zwischensumme	**126,0**	4,0	4,0	4,0	3,5	3,5	3,5	3,0	3,0	3,0	2,5	2,5	2,5	2,5	2,5	2,5	1,5	1,5	1,5

Honorarermittlung	Personalmonate	€/Monat	€
1 Projektleitung	40,5	16.000,00	648.000,00
2 Projektbearbeitung	76,5	12.500,00	956.250,00
3 techn./wirtsch. Bearbeitung	9	9.500,00	85.500,00
Summe netto ohne Neben-kosten			**1.689.750,00**
Nebenkosten 5 %			4.487,50
Summe zzgl. Nebenkosten			**1.774.237,50**

Abb. 2.171 Personaleinsatzplan und Honorarermittlung für das Projektmanagement (Quelle: Schneider (2003), S. 14)

Aus *Abb. 2.170* wird deutlich, dass ein Projektbearbeiter mit einem Grundgehalt von 3.634 €/Monat einen Monatsverrechnungssatz von netto ca. 11.100 €/Monat bei 9,5 Monaten projektbezogener Einsatzzeit p. a. bzw. von 8.800 €/Monat bei 12 Monaten Vorhaltezeit p. a. erfordert. Damit besteht Übereinstimmung mit den in *Abb. 2.168* (zu § 203) genannten Personalmonatsverrechnungssätzen für projektbezogene Einsatzzeiten.

Das Honorar wird aus den Personalmitarbeitermonaten gemäß Personaleinsatzplan in *Abb. 2.171* errechnet, multipliziert mit den Verrechnungssätzen gemäß *Abb. 2.168*, wie in *Abb. 2.171* vorgeführt.

Die Nebenkosten sind projektspezifisch mit 3 % bis 8 % des Honorars zu vereinbaren. Bei langen Projektlaufzeiten sind Anpassungsklauseln zur Berücksichtigung von Gehalts- und Materialpreissteigerungen zu vereinbaren. Pauschalhonorarvereinbarungen erfordern die Einbeziehung der erwarteten Preissteigerungen in den Pauschalpreis.

2.9.2 Honorierung über anrechenbare Kosten

§ 202 Grundlagen des Honorars

(2) Bei Honorierung nach anrechenbaren Kosten, auch zur Plausibilisierung der Honorarermittlung nach Zeitaufwand, richtet sich das Honorar für Grundleistungen der Projektsteuerung nach [der Anzahl der Projekte (Ergänzung des Autors)], den anrechenbaren Kosten der Projekte gem. DIN 276 (Juni 1993) mit den Kostengruppen 100 bis 700 ohne 110, 710 und 760, nach der Honorarzone, der die Projekte angehören, sowie nach der Honorartafel in § 207.

(3) Die anrechenbaren Kosten richten sich

1. für die Projektstufen 1 bis 2 nach der Kostenberechnung, solange diese nicht vorliegt, nach der Kostenschätzung;

2. für die Projektstufen 3 bis 5 nach dem genehmigten Kostenanschlag.

(4) Die Parteien können bei Vertragsabschluss schriftlich vereinbaren, dass sich die anrechenbaren Kosten für die Projektstufen 1 bis 5 nach der genehmigten Kostenberechnung oder nach dem genehmigten Kostenanschlag richten sollen.

(5) Bei Einsatz von Kumulativleistungsträgern ist die Honorierung nach der Honorartabelle je nach Einsatzform abzumindern (vgl. § 212).

(6) Der Bauprojektmanager hat durch seine Tätigkeit optimierte Lösungsmöglichkeiten von den fachlich Beteiligten einzufordern. Daher ist § 5 Abs. 4a HOAI sowohl für die Honorierung der Projektsteuerung als auch für die Honorierung der in der HOAI bereits geregelten Planungsleistungen ungeeignet. Die Vereinbarung einer Bonus-Malus-Regelung ist daher nur in Ausnahmefällen sinnvoll und bedarf der sorgfältigen juristischen Formulierung.

Anzahl der Projekte

Die Entscheidung, ob für die Anwendung der Honorartafel ein oder mehrere Projekte anzusetzen sind, richtet sich danach, ob ein oder mehrere Projektplaner und/oder -teams zum Einsatz kommen, oder ob verschiedene Nutzerbereiche in Projektabschnitten zu betreuen sind. Die Anzahl der Projekte ist vorher im Vertrag eindeutig zu regeln, um nachträgliche Meinungsverschiedenheiten, häufig erst bei Anerkennung der Schlussrechnung, zu vermeiden.

Wert anrechenbarer Bausubstanz nach § 10 (3a) HOAI

Bei Architekten- und Ingenieurleistungen für Umbauten und Modernisierung ist gem. § 10 (3a) HOAI vorhandene Bausubstanz, die technisch oder gestalterisch mitverarbeitet wird, bei den anrechenbaren Kosten angemessen zu berücksichtigen; der Umfang der Anrechnung bedarf der schriftlichen Vereinbarung. Diese kann auch nach Vertragsabschluss nachgeholt werden. Eine nachträgliche Vereinbarung erst im Zusammenhang mit der Schlussrechnung ist jedoch zu vermeiden, da sie wiederum häufig zu Streitigkeiten führt.

In der amtlichen Begründung zur HOAI heißt es dazu u. a.:

„Der Umfang der Anrechnung hängt insbesondere von der Leistung des Auftragnehmers ab. Erfordert die Mitverarbeitung nur geringe Leistungen, so werden auch nur in entsprechend geringem Umfang die Kosten anerkannt werden können."

Zu empfehlen ist daher ein pragmatischer Ansatz im Vertrag.

Beispiel

- Verwaltungsgebäude mit 500 m^3 BRI
- die Gründung und die tragenden Baukonstruktionen sollen als vorhandene Bausubstanz mitverarbeitet werden, während die nicht tragenden Baukonstruktionen und die technischen Anlagen erneuert werden sollen
- Kostenkennwert für die Gründung und die tragenden Konstruktionen, Preisstand 1. Quartal 2005, 125 €/m^3 BRI ohne Umsatzsteuer
- effektiver Erhaltungszustand der vorhandenen Gründung und Tragkonstruktionen 50 %
- Mitverarbeitung bei den Projektmanagementleistungen 25 %
- vorhandene anzurechnende Bausubstanz:
  5.000 m^3 BRI x 125 €/m^3 BRI x 50 % Erhaltungszustand x 25 % Leistungsfaktor = 78.125 € netto

§ 204 Honorarzonen für Leistungen der Projektsteuerung

(1) Die Honorarzone wird bei Leistungen der Projektsteuerung auf Grund folgender Bewertungsmerkmale ermittelt:

1. Honorarzone I:

   Projekte mit sehr geringen Projektsteuerungsanforderungen, d. h. mit
   - sehr geringer Komplexität der Projektorganisation
   - sehr hoher spezifischer Projektroutine des Auftraggebers
   - sehr wenigen Besonderheiten in den Projektinhalten
   - sehr geringem Risiko bei der Projektrealisierung

- *sehr wenigen Anforderungen an die Terminvorgaben*
- *sehr wenigen Anforderungen an die Kostenvorgaben*

2. *Honorarzone II:*

Projekte mit geringen Projektsteuerungsanforderungen, d. h. mit
- *geringer Komplexität der Projektorganisation*
- *hoher spezifischer Projektroutine des Auftraggebers*
- *wenigen Besonderheiten in den Projektinhalten*
- *geringem Risiko bei der Projektrealisierung*
- *wenigen Anforderungen an die Terminvorgaben*
- *wenigen Anforderungen an die Kostenvorgaben*

3. *Honorarzone III:*

Projekte mit durchschnittlichen Projektsteuerungsanforderungen, d. h. mit
- *durchschnittlicher Komplexität der Projektorganisation*
- *durchschnittlicher spezifischer Projektroutine des Auftraggebers*
- *durchschnittlichen Besonderheiten in den Projektinhalten*
- *durchschnittlichem Risiko bei der Projektrealisierung*
- *durchschnittlichen Anforderungen an die Terminvorgaben*
- *durchschnittlichen Anforderungen an die Kostenvorgaben*

4. *Honorarzone IV:*

Projekte mit überdurchschnittlichen Projektsteuerungsanforderungen, d. h. mit
- *hoher Komplexität der Projektorganisation*
- *geringer spezifischer Projektroutine des Auftraggebers*
- *vielen Besonderheiten in den Projektinhalten*
- *hohem Risiko bei der Projektrealisierung*
- *hohen Anforderungen an die Terminvorgaben*
- *hohen Anforderungen an die Kostenvorgaben*

5. *Honorarzone V:*

Projekte mit sehr hohen Projektsteuerungsanforderungen, d. h. mit
- *sehr hoher Komplexität der Projektorganisation*
- *sehr geringer spezifischer Projektroutine des Auftraggebers*
- *sehr vielen Besonderheiten in den Projektinhalten*
- *sehr hohem Risiko bei der Projektrealisierung*
- *sehr hohen Anforderungen an die Terminvorgaben*
- *sehr hohen Anforderungen an die Kostenvorgaben.*

(2) Bei der Zurechnung eines Projektes zu einer Honorarzone sind entsprechend dem Schwierigkeitsgrad der Projektsteuerungsanforderungen die vorstehenden Bewertungsmerkmale bezüglich Komplexität der Projektorganisation, spezifischer Auftraggeberroutine, Besonderheiten in den Projektinhalten und Risiko der Projektrealisierung mit je bis zu 10 Punkten zu bewerten, bezüglich Termin- und Kos-

tenvorgaben mit je bis zu 5 Punkten. Das Projekt ist dann nach der Summe der Bewertungspunkte folgenden Honorarzonen zuzurechnen:

1. Honorarzone I:
Projektsteuerungsleistungen mit bis zu 10 Punkten

2. Honorarzone II:
Projektsteuerungsleistungen mit 11 bis 20 Punkten

3. Honorarzone III:
Projektsteuerungsleistungen mit 21 bis 30 Punkten

4. Honorarzone IV:
Projektsteuerungsleistungen mit 31 bis 40 Punkten

5. Honorarzone V:
Projektsteuerungsleistungen mit 41 bis 50 Punkten

Die Bewertungsmerkmale unterscheiden sich deutlich von denjenigen für Planungsleistungen, z. B. gemäß § 11 HOAI für Leistungen der Objektplanung, haben sich jedoch in der praktischen Anwendung bewährt. Auf die Erstellung einer Objektliste analog z. B. § 12 HOAI wurde bewusst verzichtet, da die Objektart durch die Bewertungsmerkmale des § 204 hinreichend erfasst werden kann.

§ 205 Leistungsbild Projektsteuerung

(1) Das Leistungsbild der Projektsteuerung umfasst die Leistungen von Auftragnehmern, die Funktionen des Auftraggebers bei der Steuerung von Projekten mit mehreren Fachbereichen in Stabsfunktion übernehmen. Die Grundleistungen sind in den in Abs. 2 aufgeführten Projektstufen 1 bis 5 zusammengefasst. Sie werden in Abb. 2.172 für die Erbringung aller vier Handlungsbereiche

A – Organisation, Information, Koordination und Dokumentation,

B – Qualitäten und Quantitäten,

C – Kosten und Finanzierung,

D – Termine, Kapazitäten und Logistik

nach Projektstufen mit nachfolgenden Vomhundertsätzen der Honorare des § 207 bewertet.

(2) [...]

Projektstufen	Bewertung der Grundleistungen in v. H. des Grundhonorars nach § 207 (1)
1 Projektvorbereitung (Projektentwicklung, strategische Planung, Grundlagenermittlung)	26
2 Planung (Vor-, Entwurfs- u. Genehmigungsplanung)	21
3 Ausführungsvorbereitung (Ausführungsplanung, Vorbereiten der Vergabe und Mitwirken bei der Vergabe)	19
4 Ausführung (Projektüberwachung)	26
5 Projektabschluss (Projektbetreuung, Dokumentation)	8
Summe	100

Abb. 2.172 Honoraranteile in v. H. des Grundhonorars für die Grundleistungen der Projektsteuerung

§ 207 Honorartafel für die Grundleistungen der Projektsteuerung

(1) Die Honorarsätze für die in § 205 (2) aufgeführten Grundleistungen der Projektsteuerung sind in der nachfolgenden Honorartafel für Hochbauten, Ingenieurbauwerke und Anlagenbauten festgesetzt. Das Honorar für die Projektsteuerung der Altlastensanierung inkl. Abbruch, Rückbau, Wiederverwendung und Verwertung kann frei vereinbart werden.
(2) Das Honorar für Grundleistungen der Projektsteuerung bei anrechenbaren Kosten unter 0,5 Mio. € kann als Pauschalhonorar nach § 6 HOAI berechnet werden, höchstens jedoch bis zu den in der Honorartafel nach § 207 (1) für anrechenbare Kosten von 0,5 Mio. € festgesetzten Sätzen.
(3) Für das Honorar für Grundleistungen der Projektsteuerung bei anrechenbaren Kosten über 50 Mio. € bis 500 Mio. € gelten folgende Honorarfunktionen:

$$y_{III\,unten} = [2,27 - 0,195 \cdot \ln(x \cdot 1,95583)] \cdot 1,125$$

$$y_{III\,mitte} = [2,46 - 0,211 \cdot \ln(x \cdot 1,95583)] \cdot 1,125$$

$$y_{III\,oben} = [2,64 - 0,225 \cdot \ln(x \cdot 1,95583)] \cdot 1,125$$

x = anrechenbare Kosten in Mio. € der Kostengruppen 100 bis 700 nach DIN 276 (Juni 1993) ohne die Kostengruppen 110, 710 und 760.

y = Honorar in v. H. der anrechenbaren Kosten.

Die Tafelwerte für anrechenbare Kosten zwischen 50 Mio. € und 500 Mio. € für die Honorarzonen III unten und III oben enthält die Honorartafel zu § 207 (3).

(4) Das Honorar für Grundleistungen der Projektsteuerung bei anrechenbaren Kosten über 500 Mio. € kann frei vereinbart werden.

Honorartafel zu § 207 Abs. 1, Teil 1

ANRECHENBARE KOSTEN	HONORARE IN EURO									
	Zone I		Zone II		Zone III		Zone IV		Zone V	
	von	bis	von	bis	von	bis	von	bis	von	bis
Euro	Euro	Euro	Euro	Euro	Euro	Euro	Euro	Euro	Euro	Euro
500.000	16.423	20.149	20.149	25.680	25.680	30.874	30.874	34.656	34.656	40.074
1.000.000	29.492	36.087	36.087	45.980	45.980	55.198	55.198	61.981	61.981	71.649
1.500.000	41.296	50.436	50.436	64.249	64.249	77.050	77.050	86.540	86.540	100.016
2.000.000	52.279	63.753	63.753	81.199	81.199	97.296	97.296	109.302	109.302	126.299
2.500.000	62.650	76.302	76.302	97.169	97.169	116.348	116.348	130.728	130.728	151.033
3.000.000	72.534	88.240	88.240	112.357	112.357	134.449	134.449	151.090	151.090	174.532
3.500.000	82.013	99.669	99.669	126.895	126.895	151.759	151.759	170.566	170.566	197.005
4.000.000	91.145	110.662	110.662	140.877	140.877	168.391	168.391	189.284	189.284	218.599
4.500.000	99.974	121.275	121.275	154.372	154.372	184.431	184.431	207.340	207.340	239.424
5.000.000	108.534	131.550	131.550	167.435	167.435	199.946	199.946	224.807	224.807	259.567
5.500.000	116.851	141.520	141.520	180.110	180.110	214.986	214.986	241.744	241.744	279.096
6.000.000	124.949	151.214	151.214	192.431	192.431	229.597	229.597	258.200	258.200	298.066
6.500.000	132.844	160.655	160.655	204.428	204.428	243.814	243.814	274.214	274.214	316.525
7.000.000	140.554	169.861	169.861	216.126	216.126	257.666	257.666	289.822	289.822	334.512
7.500.000	148.090	178.851	178.851	227.547	227.547	271.181	271.181	305.052	305.052	352.060
8.000.000	155.465	187.638	187.638	238.709	238.709	284.381	284.381	319.928	319.928	369.200
8.500.000	162.689	196.234	196.234	249.628	249.628	297.285	297.285	334.474	334.474	385.956
9.000.000	169.770	204.652	204.652	260.319	260.319	309.911	309.911	348.709	348.709	402.351
9.500.000	176.717	212.902	212.902	270.794	270.794	322.274	322.274	362.650	362.650	418.405
10.000.000	183.537	220.991	220.991	281.065	281.065	334.389	334.389	376.313	376.313	434.137
10.500.000	190.235	228.928	228.928	291.141	291.141	346.267	346.267	389.711	389.711	449.562
11.000.000	196.819	236.721	236.721	301.033	301.033	357.920	357.920	402.857	402.857	464.694
11.500.000	203.292	244.375	244.375	310.748	310.748	369.358	369.358	415.763	415.763	479.548
12.000.000	209.660	251.898	251.898	320.295	320.295	380.591	380.591	428.439	428.439	494.136
12.500.000	215.928	259.294	259.294	329.679	329.679	391.627	391.627	440.894	440.894	508.467
13.000.000	222.098	266.568	266.568	338.908	338.908	402.474	402.474	453.138	453.138	522.554
13.500.000	228.176	273.725	273.725	347.988	347.988	413.139	413.139	465.179	465.179	536.404
14.000.000	234.164	280.770	280.770	356.925	356.925	423.629	423.629	477.023	477.023	550.028
14.500.000	240.065	287.707	287.707	365.722	365.722	433.950	433.950	488.679	488.679	563.432
15.000.000	245.884	294.538	294.538	374.386	374.386	444.108	444.108	500.153	500.153	576.625
15.500.000	251.621	301.269	301.269	382.920	382.920	454.109	454.109	511.450	511.450	589.614
16.000.000	257.281	307.901	307.901	391.329	391.329	463.957	463.957	522.576	522.576	602.404
16.500.000	262.864	314.439	314.439	399.617	399.617	473.658	473.658	533.537	533.537	615.003
17.000.000	268.375	320.884	320.884	407.787	407.787	483.215	483.215	544.338	544.338	627.417
17.500.000	273.814	327.240	327.240	415.843	415.843	492.634	492.634	554.984	554.984	639.649
18.000.000	279.185	333.509	333.509	423.788	423.788	501.917	501.917	565.478	565.478	651.707
18.500.000	284.488	339.694	339.694	431.625	431.625	511.069	511.069	575.826	575.826	663.594
19.000.000	289.726	345.797	345.797	439.358	439.358	520.094	520.094	586.030	586.030	675.316
19.500.000	294.900	351.820	351.820	446.988	446.988	528.994	528.994	596.096	596.096	686.876
20.000.000	300.012	357.765	357.765	454.519	454.519	537.773	537.773	606.025	606.025	698.279
20.500.000	305.063	363.634	363.634	461.952	461.952	546.433	546.433	615.823	615.823	709.529
21.000.000	310.056	369.428	369.428	469.291	469.291	554.979	554.979	625.492	625.492	720.629
21.500.000	314.991	375.151	375.151	476.538	476.538	563.412	563.412	635.034	635.034	731.583
22.000.000	319.869	380.803	380.803	483.694	483.694	571.735	571.735	644.454	644.454	742.395
22.500.000	324.693	386.386	386.386	490.762	490.762	579.951	579.951	653.753	653.753	753.067
23.000.000	329.463	391.901	391.901	497.744	497.744	588.061	588.061	662.936	662.936	763.603
23.500.000	334.180	397.350	397.350	504.641	504.641	596.069	596.069	672.003	672.003	774.006
24.000.000	338.846	402.735	402.735	511.456	511.456	603.977	603.977	680.957	680.957	784.278
24.500.000	343.462	408.056	408.056	518.190	518.190	611.786	611.786	689.802	689.802	794.422
25.000.000	348.028	413.316	413.316	524.844	524.844	619.498	619.498	698.538	698.538	804.442

Honorartafel zu § 207 Abs. 1, Teil 2

ANRECHENBARE KOSTEN	HONORARE IN EURO									
	Zone I		Zone II		Zone III		Zone IV		Zone V	
	von	bis	von	bis	von	bis	von	bis	von	bis
Euro	Euro	Euro	Euro	Euro	Euro	Euro	Euro	Euro	Euro	Euro
25.500.000	352.546	418.514	418.514	531.422	531.422	627.116	627.116	707.169	707.169	814.338
26.000.000	357.016	423.653	423.653	537.922	537.922	634.642	634.642	715.696	715.696	824.115
26.500.000	361.440	428.734	428.734	544.349	544.349	642.076	642.076	724.121	724.121	833.773
27.000.000	365.818	433.757	433.757	550.702	550.702	649.421	649.421	732.447	732.447	843.316
27.500.000	370.152	438.725	438.725	556.983	556.983	656.679	656.679	740.674	740.674	852.746
28.000.000	374.441	443.636	443.636	563.194	563.194	663.851	663.851	748.806	748.806	862.063
28.500.000	378.687	448.494	448.494	569.335	569.335	670.939	670.939	756.843	756.843	871.272
29.000.000	382.891	453.298	453.298	575.408	575.408	677.943	677.943	764.787	764.787	880.372
29.500.000	387.053	458.050	458.050	581.415	581.415	684.866	684.866	772.641	772.641	889.367
30.000.000	391.174	462.751	462.751	587.355	587.355	691.710	691.710	780.404	780.404	898.259
30.500.000	395.255	467.401	467.401	593.231	593.231	698.474	698.474	788.080	788.080	907.047
31.000.000	399.296	472.001	472.001	599.043	599.043	705.161	705.161	795.668	795.668	915.736
31.500.000	403.298	476.552	476.552	604.793	604.793	711.771	711.771	803.172	803.172	924.325
32.000.000	407.262	481.055	481.055	610.481	610.481	718.307	718.307	810.591	810.591	932.818
32.500.000	411.188	485.510	485.510	616.108	616.108	724.769	724.769	817.928	817.928	941.214
33.000.000	415.077	489.919	489.919	621.676	621.676	731.158	731.158	825.184	825.184	949.516
33.500.000	418.929	494.281	494.281	627.185	627.185	737.476	737.476	832.359	832.359	957.725
34.000.000	422.745	498.598	498.598	632.636	632.636	743.723	743.723	839.456	839.456	965.843
34.500.000	426.525	502.871	502.871	638.029	638.029	749.900	749.900	846.474	846.474	973.870
35.000.000	430.270	507.100	507.100	643.367	643.367	756.009	756.009	853.417	853.417	981.809
35.500.000	433.981	511.285	511.285	648.649	648.649	762.051	762.051	860.283	860.283	989.660
36.000.000	437.658	515.427	515.427	653.876	653.876	768.026	768.026	867.075	867.075	997.424
36.500.000	441.301	519.527	519.527	659.050	659.050	773.935	773.935	873.794	873.794	1.005.104
37.000.000	444.911	523.586	523.586	664.170	664.170	779.780	779.780	880.440	880.440	1.012.699
37.500.000	448.488	527.604	527.604	669.238	669.238	785.560	785.560	887.015	887.015	1.020.212
38.000.000	452.033	531.581	531.581	674.254	674.254	791.278	791.278	893.519	893.519	1.027.643
38.500.000	455.546	535.518	535.518	679.220	679.220	796.934	796.934	899.954	899.954	1.034.993
39.000.000	459.028	539.415	539.415	684.134	684.134	802.528	802.528	906.320	906.320	1.042.264
39.500.000	462.479	543.274	543.274	688.999	688.999	808.062	808.062	912.618	912.618	1.049.456
40.000.000	465.899	547.094	547.094	693.815	693.815	813.536	813.536	918.849	918.849	1.056.570
40.500.000	469.289	550.877	550.877	698.582	698.582	818.950	818.950	925.015	925.015	1.063.608
41.000.000	472.649	554.621	554.621	703.302	703.302	824.307	824.307	931.115	931.115	1.070.570
41.500.000	475.980	558.329	558.329	707.974	707.974	829.606	829.606	937.150	937.150	1.077.457
42.000.000	479.281	562.000	562.000	712.599	712.599	834.848	834.848	943.122	943.122	1.084.270
42.500.000	482.554	565.635	565.635	717.178	717.178	840.033	840.033	949.031	949.031	1.091.011
43.000.000	485.798	569.234	569.234	721.711	721.711	845.163	845.163	954.877	954.877	1.097.679
43.500.000	489.014	572.798	572.798	726.200	726.200	850.238	850.238	960.662	960.662	1.104.276
44.000.000	492.202	576.327	576.327	730.643	730.643	855.259	855.259	966.387	966.387	1.110.802
44.500.000	495.363	579.822	579.822	735.043	735.043	860.226	860.226	972.051	972.051	1.117.259
45.000.000	498.497	583.282	583.282	739.399	739.399	865.140	865.140	977.656	977.656	1.123.647
45.500.000	501.603	586.709	586.709	743.712	743.712	870.002	870.002	983.202	983.202	1.129.967
46.000.000	504.684	590.102	590.102	747.982	747.982	874.811	874.811	988.690	988.690	1.136.219
46.500.000	507.737	593.462	593.462	752.210	752.210	879.570	879.570	994.120	994.120	1.142.405
47.000.000	510.765	596.790	596.790	756.396	756.396	884.277	884.277	999.494	999.494	1.148.525
47.500.000	513.767	600.085	600.085	760.541	760.541	888.934	888.934	1.004.811	1.004.811	1.154.580
48.000.000	516.744	603.348	603.348	764.645	764.645	893.542	893.542	1.010.073	1.010.073	1.160.570
48.500.000	519.695	606.580	606.580	768.709	768.709	898.100	898.100	1.015.279	1.015.279	1.166.496
49.000.000	522.622	609.780	609.780	772.732	772.732	902.609	902.609	1.020.432	1.020.432	1.172.359
49.500.000	525.524	612.949	612.949	776.716	776.716	907.071	907.071	1.025.530	1.025.530	1.178.159
50.000.000	528.401	616.088	616.088	780.661	780.661	911.484	911.484	1.030.575	1.030.575	1.183.898

Honorartafel zu § 207 Abs. 1, Teil 3

ANRECHENBARE KOSTEN	HONORARE IN EURO									
	Zone I		Zone II		Zone III		Zone IV		Zone V	
	von	bis	von	bis	von	bis	von	bis	von	bis
Euro	Euro	Euro	Euro	Euro	Euro	Euro	Euro	Euro	Euro	Euro
50.000.000				780.661	780.661	911.484	911.484			
75.000.000				1.094.581	1.094.581	1.280.502	1.280.502			
100.000.000				1.396.331	1.396.331	1.634.516	1.634.516			
125.000.000				1.684.223	1.684.223	1.972.541	1.972.541			
150.000.000				1.961.073	1.961.073	2.297.824	2.297.824			
175.000.000				2.228.739	2.228.739	2.612.511	2.612.511			
200.000.000				2.488.543	2.488.543	2.918.127	2.918.127			
225.000.000				2.741.474	2.741.474	3.215.812	3.215.812			
250.000.000				2.988.299	2.988.299	3.506.451	3.506.451			
275.000.000				3.229.630	3.229.630	3.790.751	3.790.751			
300.000.000				3.465.968	3.465.968	4.069.290	4.069.290			
325.000.000				3.697.731	3.697.731	4.342.550	4.342.550			
350.000.000				3.925.271	3.925.271	4.610.937	4.610.937			
375.000.000				4.148.890	4.148.890	4.874.801	4.874.801			
400.000.000				4.368.850	4.368.850	5.134.442	5.134.442			
425.000.000				4.585.380	4.585.380	5.390.126	5.390.126			
450.000.000				4.798.682	4.798.682	5.642.085	5.642.085			
475.000.000				5.008.936	5.008.936	5.890.527	5.890.527			
500.000.000				5.216.302	5.216.302	6.135.637	6.135.637			

Abb. 2.173 Honorartafel für die Grundleistungen der Projektsteuerung

Bereits 1975 wurde von Diederichs/Hutzelmeyer (1975) als erforderlicher Honoraraufwand für die Projektsteuerung eine Bandbreite zwischen 1 und 2 v. H. der anrechenbaren Kosten für Projekte zwischen 5 und 50 Mio € genannt.

1983 wurde von der WIBERA eine gutachterliche Untersuchung zur Wirtschaftlichkeit und Organisation der Staatshochbauverwaltung Nordrhein-Westfalen veröffentlicht. Darin wurden sowohl ein vollständiges Leistungsbild der Bauherrenaufgaben der Staatsbauverwaltung als auch eine Honorartafel für Bauherrenleistungen entwickelt (Müller, 1983).

Dazu wurden u. a. folgende Ausgangsinformationen verwendet:

- Ergebnisse einer differenzierten Leistungserfassung und -bewertung in sieben ausgewählten Dienststellen der nordrhein-westfälischen Hochbauverwaltung; als Objekt-Datenbasis wurden die Bauausgaben in den untersuchten Ämtern im Zeitraum von 1979 bis 1981 herangezogen. Damit wurden mehr als 39 % der Bauausgaben der gesamten Staatshochbauverwaltung Nordrhein-Westfalens erfasst.

- Zwischenergebnisse der Forschungsgemeinschaft Pfarr et al. (1984) zur Untersuchung der Bauherrenleistungen und der §§ 15 und 31 HOAI

Die Honorartafeln zu § 207 Abs. 1 wurden aus der WIBERA-Untersuchung übernommen und um eine Zahlenreihe für die oberen Werte der Honorarzone V erweitert.

Eine weitere Qualifizierung des Bemessungsansatzes der WIBERA gelang dieser in einer ähnlichen Studie für die Hochbau- und haustechnischen Referate der Westdeutschen Oberpostdirektionen im Zeitraum 1985/86 (Müller, 1991).

Im Frühjahr 1995 wurde seitens der AHO-Fachkommission eine Fragebogen-aktion zur Projektsteuerung von Hochbauprojekten durchgeführt. Aus 30 Frage-bogenrückläufen konnten 47 Hochbauprojekte ausgewertet werden. Die wesentli-chen Auswertungsergebnisse waren:

- Es werden im Regelfall nicht alle Projektstufen des Projektsteuerungsleis-tungsbildes beauftragt. Dies gilt insbesondere für die Stufen 1 - Projektvorbe-reitung und 5 - Projektabschluss.
- Es werden nicht alle Teilleistungen aus den Grundleistungen des Leistungs-bildes beauftragt.
- Die anrechenbaren Kosten der 47 ausgewählten Hochbauprojekte betrugen im Durchschnitt 29 Mio. €.

Die erzielten Honorare betrugen im Durchschnitt 463 T€ pro Auftrag. Als gewich-teter Mittelwert ergab sich jedoch ein Honorar von 1,5 v. H. der anrechenbaren Kosten. Im Vergleich zu den Honorartabellen gem. Honorartafel zu § 207 Abs. 1 sind die erzielten Honorare häufig niedriger, teilweise jedoch auch deutlich höher.

Zur Berücksichtigung der seit 1995 eingetretenen Honorarschere wurden die Werte der Honorartafel zu § 207 nicht nur in €-Werte umgerechnet, sondern auch um 12,5 % erhöht.

Begründung ist, dass einerseits die Baupreise seit 1995 nur gesunken sind (z. B. Preisindex für Wohngebäude 1995 = 100 und für 2002 = 98,6), während anderer-seits die Bürokosten weiterhin jährlich um ca. 3 % gestiegen sind. Nach Abzug von 1 % Produktivitätssteigerung p. a. verbleibt eine um 2 % höhere Kostenbelas-tung p. a. Daraus ist allein im Zeitraum von 1995 bis 2002 eine Honorarschere von $(1,02^8 -1)$ x 100 + 1,4 = 18,6 % entstanden, sehr zur Freude der Auftraggeber. Dies gilt auch für die Honorare der nach HOAI vergüteten Planungsleistungen.

In *Abb. 2.174* sind die Honorarkurven zur Honorartafel in § 207 für die Hono-rarzonen III unten, mittel und oben für anrechenbare Kosten von 0,5 bis 500 Mio. € graphisch dargestellt.

Erfolgshonorare nach § 5 (4a) HOAI

Mit der 5. Novelle der HOAI wurde ab 01.01.1996 eine von Politikern durchge-setzte, von Planern grundsätzlich abgelehnte Regelung eingeführt, da sie bei An-wendung nur zu Rechtsstreitigkeiten führen wird. Nach § 5 (4a) HOAI kann für Besondere Leistungen, die unter Ausschöpfung der technisch-wirtschaftlichen Lö-sungsmöglichkeiten zu einer wesentlichen Kostensenkung ohne Verminderung des Standes führen, ein Erfolgshonorar zuvor schriftlich vereinbart werden, das bis zu 20 v. H. der vom Auftragnehmer durch seine Leistungen eingesparten Kosten betragen kann.

In der amtlichen Begründung dazu heißt es, dass der wirtschaftliche Anreiz zu einer besonders kostengünstigen Planung auf diese Weise verstärkt werde. Als Beispiele werden Varianten der Ausschreibung, die Konzipierung von Alternati-ven, die Reduzierung der Bauzeit, die systematische Kostenplanung und -kontrolle, die verstärkte Koordinierung aller Fachplanungen, die Analyse zur Op-timierung der Energie- und sonstigen Betriebskosten genannt. Bemessungsgrund-lage des Erfolgshonorars seien die vom Auftragnehmer durch seine Leistungen

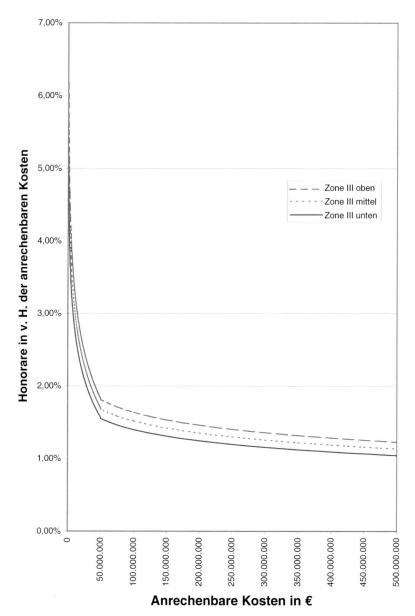

Abb. 2.174 Honorarkurven zur Honorartafel zu § 207 Abs. 1

eingesparten Kosten. Dabei bleibe es den Vertragsparteien überlassen, den Ausgangswert zur Ermittlung der Einsparung aufgrund von realistischen Kostenschätzungen selbst zu bestimmen.

In einer öffentlichen Anhörung der Fachkommission Architektenrechte der ARGE Bau am 08.09.1983 in der Obersten Baubehörde in München wurde seinerzeit bereits ein ähnlicher Passus zur Ergänzung der HOAI zur Diskussion gestellt. Seitens des Verfassers wurde gefragt, wie eine Bemessungsformel zur Honorierung von Besonderen Leistungen zur Kosteneinsparung für Investitionen und Folgekosten gefunden werden könne, die:

- den Ausgangswert zur Ermittlung der Einsparung realistisch festlege,
- einen Leistungsansporn biete, d. h. ein angemessenes Verhältnis von Leistung und Gegenleistung sichere, und
- eine verursachungsgemäße und leistungskonforme Aufteilung des Erfolgshonorars auf alle Beteiligten gewährleiste.

Seinerzeit konnte von der ARGE Bau keine Antwort auf diese Frage gegeben werden. Sie ist bis heute unbeantwortet. Dieser Passus ist auch in der HOAI schnellstmöglich wieder zu streichen, da er nur zu Streitigkeiten über den Ausgangswert, die Ursachen der Kostensenkung, den Änderungsaufwand und die Erfolgshonorarverteilung führen wird. Von Projektmanagern und Planern wird im Rahmen der Erfüllung ihrer Vertragsleistungen bereits im ersten Anlauf eine Ausschöpfung der technisch-wirtschaftlichen Lösungsmöglichkeiten erwartet und nicht erst bei Gewährung eines Erfolgshonorars.

Im Statusbericht 2000 plus Architekten/Ingenieure im Auftrag des Bundesministeriums für Wirtschaft und Arbeit vom Oktober 2002 (BMWA, 2003) heißt es unter Ziff. 3.9 HOAI 2000 plus aus technisch-juristischer Anwendersicht unter der Überschrift „Lösungen für Bonus-Malus- und Anreizsysteme zum Kosten sparenden Bauen" (Seite K-16):

„Alle bisherigen Lösungsansätze zum Thema Bonus/Malus haben sich als wenig praktikabel erwiesen und sind deshalb ohne Praxisrelevanz geblieben. Wir sind deshalb der Meinung, dieses Problem muss „systemintern" geregelt werden. Dies bedeutet: keine gesonderten Regelungen in der HOAI und eine gezielte Entkopplung der Honorarentwicklung durch Begrenzung der Auswirkung von Baukostenveränderungen. Dies soll geschehen durch eine möglichst frühzeitige Bestimmung und Festlegung der anrechenbaren Kosten, eine Honorarveränderungssperre in prozentual definiertem Rahmen und eine „Öffnungsklausel" über auftraggeberseitig bedingte Baukostenänderungen.

Dem Ziel, Anreize zum Kosten sparenden Bauen zu schaffen, kommt man mit Honorarregelungen nur bedingt näher. Unseres Erachtens bedarf es hier einer qualitativen Veränderung der Leistungsbilder durch wesentliche Stärkung der organisatorischen, kosten- und terminplanerischen Leistungsinhalte. Dies haben wir an entsprechender Stelle vorgeschlagen."

Bauzeitverzögerung aus vom Auftragnehmer nicht zu vertretenden Umständen

Wesentliche Aufgabe des Projektmanagers ist die Einhaltung der Terminziele. Werden diese aus Gründen nicht erreicht, die der Projektmanager nicht zu vertreten hat, ist eine zusätzliche Vergütung zu vereinbaren. Im Sinne einer Bagatell- und Selbstbeteiligungsklausel wird i. d. R. festgelegt, dass eine Überschreitung bis zu 10 v. H. der Vertragsdauer, max. jedoch 3 Monate, durch das Honorar abgegolten sein soll.

Für den daran anschließenden Zeitraum soll der Auftragnehmer für die entstehenden Mehraufwendungen eine zusätzliche Vergütung je Monat erhalten bis zum

Höchstbetrag der Vergütung, den er durchschnittlich für das Projektmanagement während der vereinbarten Vertragsdauer erhielt.

§ 208 Honorar für die Wahrnehmung der Projektleitung

(1) Das Honorar für die Wahrnehmung der Projektleitung mit dem Leistungsbild gem. § 206 beträgt bei gleichzeitig beauftragter Projektsteuerung mit den Grundleistungen nach § 205 ca. 50 v. H. des vereinbarten Honorars für die Projektsteuerung.

(2) Wird die Projektleitung ohne gleichzeitige Wahrnehmung der Projektsteuerung beauftragt, so kann auch ein höheres als das in § 208 (1) festgelegte Honorar frei vereinbart werden.

§ 209 Teilleistungen der Projektsteuerung als Einzelleistung

(1) Grundsätzlich sind die Grundleistungen der Projektsteuerung mit allen Handlungsbereichen und Projektstufen zu beauftragen.

(2) Werden ausnahmsweise einzelne vorangehende Projektstufen nicht beauftragt, so erhöht sich das Honorar für die beauftragten Projektstufen um max. 50 v. H. des Honorars dieser nicht beauftragten Projektstufen.

(3) Werden nicht alle Handlungsbereiche der Projektsteuerung übertragen, so werden die Grundhono-rare der Honorartafel gem. § 207 (1) um folgende Prozentsätze gemindert:

- *nur Handlungsbereiche Kosten und Termine (C + D)*   *um 25 v. H.*
- *nur Handlungsbereiche Qualitäten und Kosten (B + C)*   *um 25 v. H.*
- *nur Handlungsbereiche Qualitäten und Termine (B + D)*   *um 25 v. H.*
- *nur Handlungsbereich Kosten (C)*   *um 40 v. H.*
- *nur Handlungsbereich Termine (D)*   *um 40 v. H.*
- *nur Handlungsbereich Qualitäten (B)*   *um 50 v. H.*
- *nur Handlungsbereich Organisation (A)*   *um 80 v. H.*

§ 210 Umbauten und Modernisierungen

Bei Umbauten und Modernisierungen gilt § 24 HOAI analog.

§ 211 Instandhaltungen und Instandsetzungen

Bei Instandhaltungen und Instandsetzungen gilt § 27 HOAI analog.

§ 212 Honorierung bei Einsatz von Kumulativleistungsträgern (Generalplanern, Generalunternehmern etc.)

Bei Einsatz von Kumulativleistungsträgern wirken sich folgende Einflussfaktoren auf die Leistungserbringung und damit auf die Honorarhöhe aus:

- *Art des Kumulativleistungsträgers (Generalplaner, Generalunternehmer, Totalunternehmer, Generalübernehmer, Totalübernehmer),*

- *Aufteilung des Gesamtprojektes in Teilprojekte,*
- *Schnittstelle zwischen Planung und Ausführung gemäß Vertrag zwischen Bauherr/Kumulativleistungsträger (z. B. bei Generalunternehmer: „Ausführungsplanung wird vom Bauherrn beigestellt" versus „Ausführungsplanung wird vom GU erstellt"),*
- *Anzahl der Pakete bei mehreren Generalunternehmerpaketvergaben,*
- *Gebäude für Eigennutzung/Gebäude für Fremdnutzer (Berücksichtigung des Mieterausbaus).*

Nachfolgende Tabelle [Abb. 2.175] enthält die Bewertung der Grundleistungen in v. H. des Grundhonorars nach § 207 (1) für vier verschiedene Einsatzformen mit Kumulativleistungsträgern.

Nr.	DVP Projektstufe	HOAI Phase	DVP Honorar-aufteilung	Einzelplaner / GU		Generalplaner (1-9) Einzelfirmen	Generalplaner/GU		Total-übernehmer nach PE
				GU (ohne Lph.5)	GU (mit Lph. 5)		Lph. 5 bei GP	Lph. 5 bei GU	
1	Projektvor-bereitung	PE + 1	26	26	26	22	22	22	28
2	Planung	2, 3, 4	21	21	21	14	14	14	11
3	Ausführungs-vorbereitung	5, 6, 7	19	16	13	15	14	12	7
4	Ausführung	8	26	19	19	24	18	18	15
5	Projekt-abschluss	9	8	6	6	7	6	6	5
			100	88	85	82	74	72	66

Abb. 2.175 Honoraranteile bei Einsatz von Kumulativleistungsträgern (Quelle: Preuß (2003), S. 48)

Von Preuß (2003) wurden Leistungen des Projektmanagements beim Einsatz von Kumulativleistungsträgern und die Auswirkungen auf die Honorierung untersucht. Im Einzelnen differenziert er nach den Fallkonstellationen Einzelplaner/Einzelunternehmer, Einzelplaner/Generalunternehmer, Generalplaner und Totalübernehmer. Einen Überblick über mögliche Projektmanagementleistungen bei verschiedenen Einsatzformen zeigt nachfolgende *Abb. 2.176.*

Preuß (2003, S. 45) nennt folgende Einflussfaktoren für die Leistungserbringung und damit die Honorierung:

- Art des Kumulativleistungsträgers (Generalplaner, Generalunternehmer, Totalunternehmer, Totalübernehmer)
- Aufteilung des Gesamtprojektes in Teilprojekte
- Schnittstelle zwischen Planung und Ausführung gemäß vertraglicher Regelung zwischen dem Auftraggeber und dem Kumulativleistungsträger (z. B. bei Generalunternehmer: „Ausführungsplanung wird vom Auftraggeber beigestellt" bzw. „Ausführungsplanung ist vom GU zu erstellen")
- Anzahl der Leistungspakete bei Paketvergaben (Bündelung sämtlicher Gewerke in mehreren Vergabepaketen)
- Gebäude für Eigennutzung bzw. Gebäude für Fremdnutzer mit Berücksichtigung des Mieterausbaus

Nr.	Einsatzformen		mögliche Projektmanagementleistungen		
	Planung	Ausführung		**oder**	**oder**
			für Bauherren-Auftraggeber	für Planer-Auftraggeber	für Unternehmer-Auftraggeber
1	Einzelplaner	Einzelfirmen	Projektleitung (PL) und Projektsteuerung (PS)		
2	Einzelplaner	Generalunternehmer	PL und PS		PS
3	Generalplaner	Einzelunternehmer	PL und PS	PS	
4	Generalplaner	Generalunternehmer	Projektcontrolling (PC)	PS	PS
5	Generalplaner	Generalübernehmer	PC	PS	PS
6	Totalunternehmer		PC	PL und PS	
7	Totalübernehmer		PC	PL und PS	

Abb. 2.176 Mögliche Projektmanagementleistungen bei verschiedenen Einsatzformen (Quelle: Diederichs (2003c))

Preuß nimmt dann eine Bewertung der auf das Projektcontrolling reduzierten Projektmanagementleistungen bei Einsatz eines Generalplaners, eines Generalunternehmers und eines Totalübernehmers vor und gelangt in der Kombination zu der Übersicht der Honoraranteile bei Einsatz von Kumulativleistungsträgern, wie in *Abb. 2.175* zu § 212 dargestellt.

Die Art des jeweiligen Kumulativleistungsträgers bestimmt damit maßgeblich Art und Umfang sowie Detailtiefe der zu erbringenden Projektmanagementleistungen. Einige Teilleistungen des Leistungsbildes nach AHO/DVP verändern sich, einige entfallen und einige treten hinzu. Daher kommt der individuellen Ausgestaltung des Leistungsbildes im konkreten Einzelfall und der marktkonformen Honorarbemessung maßgebliche Bedeutung für eine erfolgreiche Akquisition von Projektmanagementleistungen zu.

Wiederholte Projektsteuerungsleistungen, zeitliche Trennung der Leistungen, Auftrag für mehrere Projekte

In der ersten bis fünften Auflage der Untersuchungen zum Leistungsbild des § 31 HOAI (AHO 1996, 1998, 2000, 2002 und 2003) waren in den §§ 210 bis 212 Regelungen für wiederholte Projektsteuerungsleistungen, für die zeitliche Trennung der Leistungen und zum Auftrag für mehrere Projekte durch Verweis auf die §§ 20 bis 22 HOAI analog enthalten.

Die zwischenzeitlichen Praxiserfahrungen zeigen, dass diese Regelungen im Projektmanagement entbehrlich sind. Wiederholte Projektsteuerungsleistungen kommen in der Praxis kaum vor und sind allenfalls auf wenige Einsatzfälle begrenzt. Daher besteht keine Regelungsbedürftigkeit.

Zur Ermöglichung der zeitlichen Trennung der Leistungen wird üblicherweise ein nach Projektstufen gestaffelter Leistungsabruf vereinbart. Daher ist auch diese Regelung entbehrlich.

Mehrere, gleiche, spiegelgleiche oder im Wesentlichen gleichartige Gebäude, die gemäß § 22 (2) HOAI im zeitlichen oder örtlichen Zusammenhang und unter gleichen baulichen Verhältnissen errichtet werden sollen, sind im Projektmanagement nur selten anzutreffen, da üblicherweise Sonderprojekte zu steuern sind, die sich durch Einzigartigkeit in der Organisation, Qualitäts-, Budget- und Terminvorgabe auszeichnen.

2.10 Vertragsgestaltung für das Projektmanagement

Die nachfolgenden Ausführungen sollen eine Arbeitshilfe für die Konzeption von Projektmanagementverträgen darstellen, wobei die in Kursivschrift dargestellten Formulierungen lediglich Empfehlungscharakter haben.

Die Ausführungen stützen sich einerseits auf den Leitfaden zur Vertragsgestaltung für das Projektmanagement (Diederichs, 2004b, S. 125 ff.) und andererseits auf Eschenbruch (2003, S. 599 ff.).

Sie betreffen Verträge, die zwischen einem Auftraggeber (Bauherrn) und einem selbstständigen Projektmanagementunternehmen abgeschlossen werden. Sie regeln die externe Leistungserbringung für den Auftraggeber bei einer Projektrealisierung mit Einzelplanern und Einzelfirmen. Bei Projektmanagementverträgen unter Beteiligung von Kumulativleistungsträgern wie Generalplanern und Generalunternehmern sind Besonderheiten hinsichtlich des Leistungsbildes und der Honorierung zu beachten, wie unter *Ziff. 2.9.2* dargestellt.

Beide Vertragsparteien haben darauf zu achten, dass der jeweilige Vertragspartner klar und eindeutig mit zutreffender Rechtsform (als Einzelperson, BGB-Gesellschaft, Kapitalgesellschaft, Anstalt öffentlichen Rechts) und mit der Adresse des Firmensitzes benannt wird.

Öffentliche Auftraggeber unterscheiden zwischen dem eigentlichen Vertragstext und Allgemeinen Vertragsbedingungen (AVB) zu den Verträgen für freiberuflich Tätige gemäß Anhang 19 der RBBau (BMVBW 2004). Die nachfolgenden Ausführungen beziehen sich dagegen auf ein durchgängiges Vertragswerk mit insgesamt 14 Paragraphen, deren Struktur jedoch nur als Vorschlag anzusehen ist. Im Übrigen empfiehlt es sich stets, vor dem Abschluss von Projektmanagementverträgen, insbesondere für größere Projekte, fachkundigen juristischen Rat einzuholen.

2.10.1 Gegenstand des Vertrages und Vertragsziele (§ 1)

Die Regelungen zum Gegenstand des Vertrages enthalten meistens eine Grobbeschreibung der Projektmanagementaufgabe und Angaben zum Projekt, auf die sich die Leistungen des Projektmanagers beziehen sollen. Eine häufig anzutreffende Formulierung lautet:

Gegenstand dieses Vertrages sind Projektmanagementleistungen für das Projekt
  Art (z. B. Bürogebäude mit Parkhaus)
  Künftiger Nutzer (soweit bereits bekannt)
  Lage (Straße, Ort)
  Grundstück (Größe, Gemarkung, Flur-Nr.)

Es hat sich jedoch bewährt, weitere Projektdaten und die Vertragsziele aufzunehmen, u. a.:

- die einzelnen Nutzungs- und Funktionsbereiche oder Bauabschnitte unter ausdrücklicher Benennung derjenigen Bereiche, die nicht dazu gehören sollen
- geometrische Flächen- und Kubaturangaben
- voraussichtliche Investitionssumme, z. B. gemäß Kostenrahmen mit Bezugsdatum und Brutto- bzw. Nettoangaben sowie zugehörigen Kostengruppen nach DIN 276 (Juni 1993)
- den voraussichtlichen oder geplanten Zeitpunkt der Baufertigstellung/des Beginns der Inbetriebnahme

Sofern eine Vergütung nach Honorartafeln, z. B. des AHO, vorgesehen ist, sind die Anzahl der Projekte und damit die Häufigkeit der Anwendung der Honorartafel und die vorgesehenen Vertragsverhältnisse in der Planung und Ausführung (Architekt mit Fachplanern oder Generalplaner, Fachunternehmer oder Generalunternehmer) anzugeben, da hierdurch maßgeblich der Aufwand des Projektmanagers und infolgedessen auch sein Honorar beeinflusst werden (vgl. *Ziff. 2.9.2*).

2.10.2 Rechtsnatur, Vertragsbestandteile und Grundlagen des Vertrages (§ 2)

Zur Behandlung der Rechtsnatur des Projektsteuerungsvertrages in der Rechtsprechung und in der Literatur haben sich Schill (2000, S. 55 ff.) und Eschenbruch (2003, Rdn. 754 ff.) ausführlich geäußert.

Wesentliche Unterschiede zwischen Dienst- oder Werkvertragsrecht ergeben sich in folgenden Punkten (Eschenbruch, 2003, Rdn. 756):

- Verschuldenshaftung wegen Pflichtverletzung bei dienstvertraglichen Rechtsverhältnissen einerseits und verschuldensunabhängige Mängelhaftung bei Werkverträgen nach §§ 633 ff. BGB andererseits
- 3-jährige Regelverjährung bei der Verletzung dienstvertraglicher Verpflichtungen bzw. 5-jährige Verjährung bei der Verletzung werkvertraglicher Verpflichtungen nach § 634 BGB
- Fälligkeit der Vergütung für Dienstverträge nach § 614 BGB, für Werkverträge nach § 641 BGB
- Kündigungsmöglichkeiten für Dienstverträge nach §§ 621 ff. BGB, für Werkverträge nach § 649 BGB

Die Leistungsbeschreibung des § 31 (1) HOAI stellt keine geeignete Grundlage dar, um den Dienst- oder Werkvertragscharakter der Projektsteuerung zu beurteilen. Die dort aufgelisteten Leistungen sind weder strukturiert noch vollständig und haben daher auch keine bemerkenswerte praktische Bedeutung erlangt.

Umfassende Steuerungsmodelle gemäß AHO-Vorschlag (2004d) bieten jedoch einen weitgehend vollständigen Anhalt im Hinblick auf die vom Auftraggeber zu erwartenden Leistungen und haben daher im Schwerpunkt werkvertraglichen Charakter (Eschenbruch, 2003, Rdn. 781). Es gibt jedoch nicht „den Projektsteuerungsvertrag", daher lässt sich die Frage der Rechtsnatur des Projektsteuerungsvertrags stets nur unter Beachtung der Umstände des Einzelfalls und der Leistungspflichten des Projektmanagers beantworten. Nach Stemmer/Wiehrer (1997, S. 935 ff.) sprechen folgende Kriterien für die Qualifizierung als Werkvertrag:

- stufenweise Beauftragung des Projektmanagers
- Vereinbarung der Geltung des § 649 BGB
- Festlegung des Vergütungsanspruchs für nicht erbrachte Leistungen (z. B. 40 % der Vergütung für nicht erbrachte Leistungen bzw. 3 weitere Monatspauschalen)
- Vereinbarung einer Vergütungserhöhung bei Verlängerung der Projektdauer.

Nach Schill (2000, S. 75 f.) kann bei Beachtung dieser Vorgaben und bei zusätzlicher Regelung der Gewährleistungsverpflichtungen aufgrund der bisherigen Rechtsprechung davon ausgegangen werden, dass ein solcher Projektmanagementvertrag als Werkvertrag qualifiziert wird.

Projektsteuerung ist per Definition die Wahrnehmung einer Beratungsaufgabe in Stabsfunktion. Die Haftung für die Ergebnisse der Projektsteuerungsleistungen muss sich darin auf die Mängelfreiheit und Abnahmefähigkeit der erstellten Dokumente für die erarbeiteten Vorgaben, die durchgeführten Kontrollen und die vorgeschlagenen Steuerungsmaßnahmen beschränken.

Werden dagegen auch Projektleitungsaufgaben und damit Entscheidungs- und Durchsetzungskompetenz in Linienfunktion übertragen, so umfasst die Haftung in entsprechendem Maße die Erreichung der Projektziele für Qualitäten, Kosten und Termine. Dazu muss der Projektmanager mit entsprechenden Vollmachten ausgestattet werden und sehr umfassende Entscheidungs- und Weisungsbefugnisse erhalten (Generalvollmacht). Dann haftet er für die Einhaltung von Qualitäten, Kosten und Terminen in gleicher Weise wie der Architekt, wobei beiden ein Rückgriffsrecht auf die übrigen Projektbeteiligten zusteht. Dies gilt auch im gegenseitigen Verhältnis zwischen Auftraggeber und Projektmanager. Daher muss die Gefahrenabgrenzung hinsichtlich Organisation, Qualitäten, Kosten und Terminen vertragsindividuell geregelt werden.

Der Haftungsanspruch des Auftraggebers gegenüber dem Projektmanager nimmt in dem Maße ab, je weniger er ihn in Linienfunktion und je mehr er ihn entsprechend in Stabsfunktion einschaltet und je mehr er ihn nur mit ausgewählten Handlungsbereichen betraut bzw. nur in ausgewählten Projektstufen einschaltet.

Vertragsbestandteile sind die rechtlichen Normkomplexe, aus denen sich die gegenseitigen Pflichten und Rechte der Vertragsparteien ergeben. Um evtl. Widersprüchen zu begegnen, ist es sinnvoll, eine Rangfolge der Vertragsbestandteile nach dem Grundsatz „vom Speziellen zum Allgemeinen" zu definieren:

Vertragsbestandteile sind in nachstehender Reihenfolge:

1. dieser Projektmanagementvertrag vom ...
2. die Bestimmungen über den Werkvertrag (§§ 631 ff. BGB)
3. DIN 276 (Juni 1993) mit erforderlicher Transformation auf DIN 276 (April 1981) für Honorarermittlungen bzw. die Prüfung von Planerrechnungen
4. die allgemein anerkannten Regeln der Technik und Wissenschaft
5. die öffentlich-rechtlichen sowie einschlägigen technischen, wirtschaftlichen und rechtlichen Normen, Richtlinien, Gesetze, Verordnungen und Bestimmungen,

insbesondere die Richtlinien für die Durchführung von Bauaufgaben des Bundes im Zuständigkeitsbereich der Finanzbauverwaltungen der Länder (RBBau)

6. die Bestimmungen über die bauaufsichtliche Behandlung von Baumaßnahmen des Bundes nach der Landesbauordnung sowie die dazu geltenden Verwaltungsvorschriften und Richtlinien

7. das Vergabehandbuch für die Durchführung von Bauaufgaben des Bundes im Zuständigkeitsbereich der Finanzbauverwaltungen der Länder (VHB)

8. das Sicherheitshandbuch für die Durchführung von Bauaufgaben des Bundes im Zuständigkeitsbereich der Finanzbauverwaltungen der Länder (SHBau)

9. die Bundeshaushaltsordnung (BHO)

10. das Liegenschaftsverzeichnis entsprechend Anlage ...

11. die projektbezogene Leistungsmatrix gemäß Anlage ...

12. die Übersicht Personaleinsatz, Anlage ...

13. Projektdatenblätter, Anlage ...

Unter Grundlagen des Vertrages sind diejenigen Unterlagen zu verstehen, die bei der Leistungserfüllung zu beachten sind. Dazu ist zu unterscheiden zwischen rechtlichen Normenkomplexen, die nicht unmittelbar für die Projektmanagementleistung selbst, jedoch für die Planung und Ausführung von Bedeutung sind, (z. B. die jeweilige Landesbauordnung oder die VOB/B) und die entsprechenden Unterlagen, die im Laufe des Planungsprozesses entstehen und sich während der Projektabwicklung verfeinern bzw. verändern können (z. B. das Organisationshandbuch oder Leistungsergebnisse der Planer).

Vertragsgrundlagen sind:

1. folgende Planungsgrundlagen und Bedarfsermittlungen, Nutzerangaben und Ausführungsbedingungen wie:
- *Nutzerbedarfsprogramm*
- *Raum-, Funktions- und Ausstattungsprogramm*
- *Sicherheits- und Gesundheitsschutzplan*

2. Bestandspläne

3. amtliche Lagepläne

4. Bodengutachten

5. das (i. d. R.) vom Auftragnehmer zu erstellende und fortzuschreibende, mit dem Auftraggeber und den fachlich Beteiligten abzustimmende Organisationshandbuch

6. die vertraglichen Vereinbarungen mit Planern und anderen fachlich Beteiligten sowie deren abgestimmte und vom Auftraggeber anerkannte Leistungsergebnisse

7. die vorliegenden Erlasse des ...

8. das Pflichtenheft CAD/Raum- und Gebäudebuch in der Fassung vom ...

9. die Geschäftsordnung des Auftraggebers in der Fassung vom ..., soweit sie dem Auftragnehmer bekannt gemacht wurde

2.10.3 Leistungen des Auftragnehmers (§ 3)

Dieser neben der Vergütungsregelung wichtigste Teil des Vertrages umfasst neben der Leistungsbeschreibung für den Auftragnehmer sinnvollerweise auch Regelungen über eine stufen- und abschnittsweise Beauftragung, über allgemeine Leistungsanforderungen sowie über die Qualifikation der Mitarbeiter des Auftragnehmers.

Stufen- und abschnittsweise Beauftragung

In § 209 Abs. 1 des AHO-Entwurfs (2004d) wird gefordert, dass grundsätzlich die Grundleistungen der Projektsteuerung mit allen Handlungsbereichen und Projektstufen zu beauftragen sind. Dies ist jedoch immer dann nicht sinnvoll, wenn der positive Abschluss der Projektentwicklung noch nicht sicher ist, die Finanzierung noch nicht feststeht, die Baugenehmigung noch aussteht oder die Planer- und Unternehmereinsatzformen noch diskutiert werden (Eschenbruch, 2003, Rdn. 1422). Möglicherweise will der Auftraggeber ein ihm bisher weniger bekanntes Projektmanagementbüro auch in einem ersten Teilauftrag testen.

Der Teilauftrag hat gegenüber dem Gesamtauftrag für den Auftraggeber auch den Vorteil, dass er im Falle einer Kündigung, die er selbst zu vertreten hat, die nach § 649 BGB bestehende Verpflichtung, dem Auftragnehmer die vereinbarte Vergütung abzüglich ersparter Aufwendungen zu zahlen, sich nur auf den Teilauftrag und nicht auf den Gesamtauftrag bezieht. Alternativ wird häufig vereinbart, im Falle einer freien Auftraggeberkündigung das Projektmanagementhonorar für einen Zeitraum weiterzuzahlen, der üblicherweise benötigt wird, um Mitarbeiter bei anderen Aufträgen einzusetzen oder durch Kündigung freizusetzen. Häufig wird das Weiterlaufen der Durchschnittsvergütung für einen Zeitraum von 3 Monaten nach dem Wirksamwerden der Kündigung vereinbart. Wichtig ist, die Voraussetzungen für die Anschlussbeauftragung im Vertrag klar zu definieren und darin festzulegen, ob die Beauftragung weiterer Stufen im freien Ermessen des Auftraggebers liegt oder vom Eintritt bestimmter Umstände abhängen soll. Neben der Teilbeauftragung von Projektstufen kann auch eine Teilbeauftragung nach Projektabschnitten sinnvoll sein, wenn diese zeitlich versetzt abgewickelt werden sollen. Eine übliche Formulierung in Anlehnung an die Vertragsmuster der RBBau (2003) lautet:

Der Auftraggeber überträgt dem Auftragnehmer die Leistungen der Projektstufe 1 (Projektvorbereitung) und Projektstufe 2 (Planung). Er beabsichtigt in freiem Ermessen, dem Auftragnehmer bei Fortsetzung der Planung und Durchführung der Baumaßnahmen die Leistungen der Stufen 3 bis 4 zu übertragen. Die Übertragung erfolgt durch schriftliche Mitteilung.

Der Auftragnehmer ist verpflichtet, diese weiteren Leistungen zu erbringen, wenn ihm vom Auftraggeber innerhalb von ... Monaten nach Fertigstellung der Leistungen einer vorangehenden Stufe die Leistungen der folgenden Stufe übertragen werden. Der Auftraggeber behält sich vor, die Übertragung weiterer Leistungen auf einzelne Abschnitte des Projektes zu beschränken.

Ein Rechtsanspruch auf Übertragung weiterer Projektstufen oder Abschnitte des Projektes besteht nicht. Aus der stufenweisen Beauftragung kann der Auftragnehmer keine Erhöhung seines Honorars ableiten. Aus der projektabschnittsweisen Beauftragung kann der Auftragnehmer nur dann eine Erhöhung seines Honorars ableiten, wenn und soweit § 21 HOAI dies zulässt (zeitliche Trennung der Auftragserfüllung).

Wenn dem Auftragnehmer Leistungen weiterer Projektstufen nicht jeweils innerhalb von 3 Monaten nach Fertigstellung der Leistungen einer vorangehenden Stufe übertragen werden, so kann der Auftragnehmer den Vertrag aus wichtigen Gründen kündigen, ohne dass dem Auftraggeber wegen der Kündigung ein Schadensersatzanspruch zusteht. Die Kündigung kann nur innerhalb einer Frist von 2 Wochen nach Übertragung der Leistungen einer weiteren Stufe ausgesprochen

werden. Ansprüche der Vertragsparteien aus der Auskunftspflicht des Auftrag-
nehmers, dem Herausgabeanspruch des Auftraggebers und dem Urheberrecht
bleiben unberührt.

Allgemeine Leistungsanforderungen

In diesem Teil des Vertrages sind die allgemeinen Anforderungen an die Leistungserfüllung festzulegen, die für alle Projektstufen und alle Projektabschnitte
gelten sollen. Aus den allgemeinen Leistungsanforderungen muss insbesondere
die Projektmanagementeinsatzform deutlich werden, d. h. ob der Projektsteuerer
in Stabsfunktion mit Beratungsaufgaben betraut oder in Linienfunktion mit Ent-
scheidungs- und Weisungsbefugnis ausgestattet werden soll. In der Tendenz ist
festzustellen, dass nicht nur gewerbliche, sondern auch öffentliche Auftraggeber
zunehmend leitungsorientierte Projektmanagementleistungen erwarten, z. B. die
kontinuierliche inhaltliche Planprüfung, Durchsicht der Leistungsverzeichnisse
mit Prüfung auf Übereinstimmung mit dem Nutzerbedarfsprogramm und den Pla-
nungsfestlegungen, Parallelerarbeitung von Kostenermittlungen und Abgleich mit
den Objekt- und Fachplanern sowie Erarbeitung technisch-wirtschaftlicher Alternativvorschläge zur Fassade, zum Ausbau und zur Technischen Ausrüstung im
Sinne des Value Engineering für den Abstimmungs- und Entscheidungsprozess
mit dem Architekten, den Fachplanern und dem Auftraggeber. Die Vertretungsbe-
fugnisse des Projektmanagers sind im Detail zu regeln. Bei Übertragung der Projektleitung werden die Weisungsberechtigung und Entscheidungsbefugnis vielfach
schon sehr umfänglich ausgestaltet.

Bei Beauftragung des Auftragnehmers mit Projektleitungs- und Projektsteuerungsaufgaben werden die allgemeinen Leistungsanforderungen im Hinblick auf
die Projektziele, die Weisungsberechtigung und die Entscheidungsbefugnis z. B.
wie folgt vereinbart:

Der Auftragnehmer hat seine Leistungen nach Art und Umfang so zu erbringen,
dass das Vertragsziel der Entlastung des Auftraggebers und nachfolgende Pro-
jektziele zur Sicherung von Qualitäten, Kosten und Terminen durch seine Leistun-
gen erreicht werden:

- *Die Qualitätsziele bestehen in der Einhaltung des Nutzerbedarfsprogramms*
  mit Raum-, Funktions- und Ausstattungsprogramm vom … (bzw. in der Ein-
  haltung der Qualitätsstandards des Vergleichsobjektes …).
- *Die Kostenziele bestehen in der Einhaltung der Gesamtbudgetgrenze von*
  max. … Mio. € brutto zum Zeitpunkt der Kostenfeststellung für die Kosten-
  gruppen 100 bis 700 der DIN 276, Juni 1993, ohne die Kostengruppen 110
  (Grundstückswert) und 760 (Finanzierung) (bzw. in der Unterschreitung der
  Gesamtbudgetgrenze von max. brutto … Mio. € … (Guaranteed Maximum
  Price GMP)).
- *Die Terminziele bestehen in der Einhaltung folgender Termine:*
- *Baueingabe …*
- *Baubeginn …*
- *Gesamtfertigstellung …*
- *Nutzungsbeginn …*

Der Auftragnehmer erhält hierzu Weisungsberechtigung an alle Projektbeteilig-
ten. Vor der Eingehung finanzieller Verpflichtungen für den Auftraggeber von

≥ 10 T€ hat er die Einwilligung des Auftraggebers einzuholen. Zur Erreichung der vorgenannten Projektziele wird dem Auftragnehmer Vollmacht erteilt, Weisungen an alle Projektbeteiligten zu erteilen. Die Vollmacht umfasst nicht die Eingehung vertraglicher Verpflichtungen für den Auftraggeber und die Auslösung von Mehrvergütungsansprüchen der Auftragnehmer, die über 10 T€ im Einzelfall hinausgehen. Der Auftragnehmer wird den Auftraggeber über abzuschließende Verträge und anzuordnende Leistungsänderungen informieren sowie in monatlichen Status- und Trendberichten über die aktuelle und voraussichtliche Erfüllung der Projektziele berichten.

Werden dem Auftragnehmer ausschließlich Leistungen der Projektsteuerung übertragen, so lauten übliche Formulierungen z. B.:

Der Auftragnehmer hat die nachfolgend genannten Teilleistungen der Projektsteuerung in Zusammenarbeit mit den anderen Projektbeteiligten inhaltlich und formal abschließend zusammenzufassen und dem Auftraggeber zur Entscheidung vorzulegen. Das Aufstellen, Abstimmen und Fortschreiben i. S. des Leistungsbildes beinhaltet:

- *die Vorgabe von Soll-Daten (Planen/Ermitteln),*
- *die Kontrolle (Überprüfen und Soll-/Ist-Vergleich) sowie*
- *die Steuerung (Abweichungsanalyse, Anpassen, Aktualisieren).*

Sämtliche Ergebnisse der Projektsteuerungsleistungen erfordern vor Freigabe und Umsetzung die vorherige Abstimmung mit dem Auftraggeber.

Der Auftragnehmer hat sich zur Erfüllung seiner Leistungen ständig in ausreichendem Umfang über das Projekt zu informieren. Sind über die nach § 4 vom Auftraggeber bereitzustellenden Unterlagen und Informationen hinaus weitere Auskünfte erforderlich, hat der Auftragnehmer diese vom Auftraggeber anzufordern.

Sollten sich aus der dem Auftragnehmer obliegenden Sorge für die organisations-, qualitäts-, kosten- und termingerechte Abwicklung der Baumaßnahme Weisungen an andere fachlich Beteiligte oder Entscheidungen des Auftraggebers als notwendig erweisen, so hat der Auftragnehmer den Auftraggeber zu informieren, zu beraten und diesen bei der Durchführung der erforderlichen Maßnahmen zu unterstützen.

Der Auftragnehmer hat durch seine Leistungen für das notwendige reibungslose Zusammenwirken und für eine umfassende und schnelle Information aller Projektbeteiligten zu sorgen und den Auftraggeber rechtzeitig auf voraussichtliche Engpässe und mögliche Qualitäts-, Kosten- und Terminabweichungen hinzuweisen.

Leistungsbeschreibung

Durch die Leistungsbeschreibung werden die allgemeinen Leistungsanforderungen weiter spezifiziert. Sie sollte ergebnis- und prozessorientiert aufgebaut sein. Der Leistungsanspruch des Auftraggebers ist zu verdeutlichen durch die Verpflichtung des Auftragnehmers zur Vorgabe von Solldaten, Soll-/Ist-Vergleichen, Abweichungsanalysen, Vorschlägen für Anpassungsmaßnahmen und vorzunehmenden Aktualisierungen.

Die in den §§ 205 und 206 enthaltenen Leistungsbilder des AHO (2004d) für die Projektsteuerung und die Projektleitung sind zwischenzeitlich im deutschsprachigen Raum weit verbreitet.

Dazu heißt es bei Eschenbruch (2003, Rdn. 410): „Im Hinblick auf die hohe Marktdurchdringung und die inzwischen gewachsene Erfahrung mit dem AHO/ DVP-Modell kann dieses bei Vergaben von Projektsteuerungsleistungen grundsätzlich bedenkenfrei zur Grundlage einer Beauftragung gemacht werden. Immer aber ist es erforderlich, über projektspezifisch angezeigte Modifizierungen nachzudenken, und zwar sowohl hinsichtlich der Leistungs- wie auch der Vergütungsparameter."

Die nach Projektstufen und Handlungsbereichen differenzierte Leistungsbeschreibung des AHO verpflichtet den Auftragnehmer zur Erfüllung wohldefinierter Teilleistungen insbesondere hinsichtlich der Art, weniger hinsichtlich der formalen Ausgestaltung und des Umfangs. Ausführungen zu Gegenstand und Zielsetzung, methodischem Vorgehen und Beispielen jeder einzelnen Grundleistung des AHO-Leistungsbildes finden sich unter *Ziff. 2.4* mit Prozessketten für die Projektstufen 1 bis 5. Der Auftraggeber kann aus den Beschreibungen der Teilleistungen die zu erstellenden Arbeitsergebnisse und damit seinen Anspruch auf Leistungserfüllung in jeder Projektstufe erkennen und beurteilen.

Gelegentlich werden Einwände gegen die Leistungsbeschreibung des AHO geltend gemacht. Dabei divergieren die Argumente.

Einerseits wird behauptet, die Teilleistungen seien zu detailliert beschrieben und müssten pauschaler zusammengefasst werden (da Cunha, 1998).

Andererseits wird es für erforderlich gehalten, die Teilleistungen nicht nur hinsichtlich ihrer Art, sondern auch hinsichtlich des Inhalts und des Umfangs ausführlich im Sinne der kommentierenden Erläuterungen des AHO (2004d) zu präzisieren (Unger, 1998).

Alternativen zu dem AHO-Leistungsbild der Projektsteuerung und der Projektleitung bieten die Leistungskataloge von:

- Stemmer/Wiehrer (1997),
- Pfarr et al. (1984) und
- Kyrein (2002).

Ihre gemeinsamen Strukturmerkmale sind (Eschenbruch, 2003, Rdn. 411):
- Sie umschreiben eine Komplettleistung über alle Projektstufen.
- Sie basieren auf den Leistungsmodellen der HOAI. Die Übernahme von Teilleistungen der Objekt- und Fachplaner ist nicht vorgesehen.
- Sie gehen von Einzelleistungsträgern, z. T. auch von Kumulativleistungsträgern aus.
- Sie enthalten detaillierte Leistungsbeschreibungen ohne Komplettheitsklausel.
- Sie sind abstrakt und methodenneutral aufgebaut und enthalten keine Verfahrensfestlegungen hinsichtlich der Informations-, Kosten- und Terminsteuerung.

Mit der Leistungsbeschreibung des AHO wird der Auftragnehmer hinsichtlich der Art zu erbringenden Leistungen festgelegt. Hinsichtlich des Inhalts und des Umfangs wird ihm jedoch die notwendige Dispositionsfreiheit eingeräumt.

Qualifikation der Mitarbeiter des Auftragnehmers

Der Erfolg der Projektmanagementleistungen ist maßgeblich abhängig von der fachlichen und personellen Kapazität des Auftragnehmers. Daher ist es sinnvoll, dass sich der Auftraggeber Mitglieder des Projektteams mit tabellarischen Lebensläufen und Qualifikationsnachweisen benennen lässt, zumindest hinsichtlich des Projektleiters und des Stellvertreters des Auftragnehmers. Ferner kann der Austausch von Mitarbeitern von der Zustimmung des Auftraggebers gemacht werden.

Eine entsprechende Vertragsformulierung in Anlehnung an die RBBau-Vertragsmuster lautet z. B.:

Der mit der Erfüllung der Leistung dieses Vertrages beauftragte Projektleiter des Auftragnehmers und sein Stellvertreter sowie die weiteren Mitarbeiter müssen grundsätzlich über eine abgeschlossene Fachausbildung (Dipl.-Ing. TH/FH bzw. M.Sc./B.Sc.) und eine angemessene einschlägige Berufspraxis von mindestens 5 Jahren und von mindestens 2 Jahren für die weiteren Mitarbeiter verfügen.

Der Auftragnehmer hat mit ausreichend qualifiziertem Personal dafür zu sorgen, dass die Leistungen dieses Vertrages mängelfrei, d. h. vertragsgemäß und zeitgerecht, erfüllt werden. Als Mindestbesetzung gelten die im Terminrahmen und der Personaleinsatzplanung gemäß Anlage ... benannten Projektmitarbeiter des Auftragnehmers. Die Bestellung und der Wechsel des Projektleiters des Auftragnehmers und dessen Stellvertreters bedürfen der schriftlichen Einwilligung des Auftraggebers. Auf Anforderung des Auftraggebers hat der Auftragnehmer Mitarbeiter in einem Zeitraum von 3 Monaten ab Aufforderung ohne Auswirkungen auf die Vergütung auszutauschen oder zu ergänzen, sofern die Sicherung einer erfolgreichen Projektabwicklung dies erfordert.

Zur Vermeidung einer unzulässigen Arbeitnehmerüberlassung gemäß AÜG ist vertraglich zu regeln, dass Mitarbeiter des Auftragnehmers nicht in das Unternehmen des Auftraggebers eingegliedert werden und dass der Auftragnehmer selbst die fachlichen und disziplinarischen Weisungs- und Aufsichtsbefugnisse über die eingesetzten Mitarbeiter ausübt.

In der Leistungsbeschreibung ist ferner zu regeln, ob der Auftragnehmer ein Büro vor Ort unterhält und zu welchen Zeiten dieses besetzt sein muss, um während der Planung und Bauausführung eine orts- und zeitnahe Steuerung der Planungs- und Bauleistungen sicherzustellen. Die Kostentragung ist entweder bei den Leistungen des Auftraggebers (*Ziff. 2.10.5*) oder aber bei der Vergütung (*Ziff. 2.10.7*) zu regeln.

2.10.4 Allgemeine Pflichten des Auftragnehmers (§ 4)

Allgemeine Pflichten des Auftragnehmers sind u. a. in § 1 der Allgemeinen Vertragsbedingungen für freiberuflich Tätige (AVBfT) geregelt (Anhang 19 der RBBau (2003)).

Gemäß Ziff. 1.1 der AVBfT müssen die Leistungen dem allgemeinen Stand der einschlägigen Wissenschaft, den allgemein anerkannten Regeln der Technik, dem Grundsatz der Wirtschaftlichkeit und den öffentlich-rechtlichen Bestimmungen entsprechen. Die Leistungsanforderungen an den Auftragnehmer werden durch die Sachkunde des Auftraggebers nicht gemindert.

Nach Ziff. 1.2 hat der Auftragnehmer die RBBau, die VOB, die VOL, das Vergabe- und das Sicherheitshandbuch zu beachten. Diese Regelungen sind durchaus auch in die Vertragsbestandteile und Grundlagen des Vertrages zu integrieren (*Ziff. 2.10.2*).

Nach Ziff. 1.3 darf der Auftragnehmer als Sachwalter seines Auftraggebers keine Unternehmer- oder Lieferanteninteressen vertreten, um Interessenskollisionen zu vermeiden. In der Berufsordnung des Deutschen Verbandes der Projektmanager in der Bau- und Immobilienwirtschaft (DVP) wurde diese Klausel dahingehend erweitert, dass der Projektmanager i. d. R. bei demselben Projekt keine weiteren Funktionen als diejenigen des Auftraggebers übernehmen darf (z. B. keine gleichzeitige Wahrnehmung von Projektsteuerung und Objektüberwachung/ Bauleitung). Dies kann jedoch aufgrund der vermehrten Anforderungen aus der Praxis immer dann nicht gelten, wenn der Auftraggeber diese Kombination ausdrücklich verlangt und der Auftragnehmer ihn auf die Gefahr der Interessenskollision ausdrücklich schriftlich aufmerksam gemacht hat.

Nach Ziff. 1.4 hat der Auftragnehmer seine Leistungen nach den Anforderungen und Anregungen des Auftraggebers zu erfüllen und etwaige Bedenken hiergegen dem Auftrageber unverzüglich schriftlich mitzuteilen. Er hat seine vereinbarten Leistungen vor ihrer endgültigen Ausarbeitung mit dem Auftraggeber und den anderen fachlich Beteiligten abzustimmen. Dadurch soll die Erfüllungshaftung des Auftragnehmers für die Richtigkeit und Vollständigkeit seiner Leistungen nicht eingeschränkt werden. Ferner hat sich der Auftragnehmer rechtzeitig zu vergewissern, ob seiner Planung öffentlich-rechtliche Hindernisse und Bedenken entgegenstehen.

Diese Abstimmungsverpflichtung setzt im Hinblick auf die anderen fachlich Beteiligten die Herstellung des Benehmens, im Hinblick auf den Auftraggeber jedoch die Herstellung des Einvernehmens voraus. Kann dieses Einvernehmen nicht erzielt werden, so entscheidet der Auftraggeber. Die aus der Zustimmung des Auftraggebers zu den Leistungen des Auftragnehmers nicht ableitbare Haftungseinschränkung erfordert eine besondere Absicherung des Kosten- und Terminrisikos durch die Berufshaftpflichtversicherungen von Projektmanagementunternehmen.

Ziff. 1.5 regelt u. a. die Übernahme nicht vereinbarter Leistungen. Diese Klausel ist zur Vermeidung von Missverständnissen analog § 1 Nr. 4 VOB/B zu erweitern:

Nicht vereinbarte Leistungen, die der Auftraggeber zur Herstellung der baulichen Anlage fordert und die zur Ausführung der vertraglichen Leistung notwendig werden, hat der Auftragnehmer auf Verlangen des Auftraggebers mit auszuführen, außer wenn sein Betrieb auf derartige Leistungen nicht eingerichtet ist. Die Vergütung hierfür hat der Auftragnehmer möglichst vor Leistungsbeginn mit dem Auftraggeber zu vereinbaren. Andere Leistungen können dem Auftragnehmer nur mit seiner Zustimmung übertragen werden.

Die Verpflichtung zur Vereinbarung der Vergütung für nicht vereinbarte Leistungen vor dem jeweiligen Leistungsbeginn setzt auf beiden Seiten rasches Handeln und Verständigungsbereitschaft voraus, damit die Projektabwicklung nicht gestört wird.

Gemäß Ziff. 2.4 hat der Auftragnehmer unverzüglich schriftlich die Entscheidung des Auftraggebers herbeizuführen, wenn während der Ausführung der Leistungen Meinungsverschiedenheiten zwischen dem Auftragnehmer und anderen fachlich Beteiligten auftreten. Bewährt hat sich in diesem Zusammenhang eine sog. „48-Std.-Regelung" bzw. „2-Arbeitstage-Regelung". Danach verpflichtet sich der Auftraggeber bzw. eine ihm übergeordnete Entscheidungsinstanz, im Konfliktfall nach gemeinsamer Anhörung des fachlich Beteiligten, des Auftragnehmers und des Vertreters des Auftraggebers eine verbindliche Entscheidung innerhalb von 48 Stunden bzw. 2 Arbeitstagen zu fällen, um den termingerechten Fortgang des Projektes nicht zu gefährden.

Die Geheimhaltungsverpflichtung gemäß Ziff. 3.3 ist üblicherweise wie folgt zu erweitern:

Der Auftragnehmer ist verpflichtet, über die ihm bei der Vertragserfüllung bekannt gewordenen Vorgänge Dritten gegenüber Stillschweigen zu bewahren. Dies gilt auch nach Beendigung des Vertragsverhältnisses. Der Auftragnehmer hat auch seine Erfüllungsgehilfen ausdrücklich über die Verschwiegenheitsverpflichtung zu belehren. Der Auftragnehmer ist auch nicht berechtigt, Dritten (wie z. B. Presse, Rundfunk oder Fernsehen) Auskunft über das Bauvorhaben zu geben.

2.10.5 Leistungen des Auftraggebers (§ 5)

Regelungen über Leistungen des Auftraggebers fehlen in den Vertragsmustern der RBBau. Da es sich bei Leistungen des Projektmanagements jedoch um Teile von Auftraggeberfunktionen handelt, sind solche Regelungen zur Leistungsabgrenzung zwischen Auftraggeber und Auftragnehmer in einem Projektmanagementvertrag unverzichtbar (vgl. auch Schill, 2002, S. 138). Aber auch für die Architekten- und Ingenieurverträge sind solche Klarstellungen hilfreich, um die „Produktionsbedingungen" des Auftragnehmers vor Vertragsabschluss eindeutig zu beschreiben und nachträgliche Überraschungen und Missverständnisse zu vermeiden.

Bei einer Leistungsbeschreibung des Auftragnehmers durch Projektziele ist darzustellen, welche Leistungen zur Erreichung dieser Projektziele der Auftraggeber sich selbst vorbehält.

Bei einer Leistungsbeschreibung des Auftraggebers nach AHO (2004d) sind ggf. diejenigen Projektstufen und Handlungsbereiche zu beschreiben, die der Auftraggeber selbst wahrnehmen will, z. B.:

Stufe 1 – Projektvorbereitung (Projektentwicklung und Grundlagenermittlung) sowie
Stufe 5 – Projektabschluss (Objektbetreuung und Dokumentation)
oder
Handlungsbereich A – Organisation, Information, Koordination und Dokumentation sowie
Handlungsbereich B – Qualitäten und Quantitäten.

Es ist darauf hinzuweisen, dass in § 209 des AHO-Entwurfs die Beauftragung von Teilleistungen der Projektsteuerung als Ausnahmefall bezeichnet wird, der möglichst vermieden werden sollte, um unnötige Schnittstellen zwischen Auftraggeber und Auftragnehmer zu vermeiden.

Will ein Auftraggeber zwar die Projektleitung, aber keine Projektsteuerungsleistungen erbringen, so können die Leistungen des Auftraggebers wie folgt definiert werden:

Vom Auftraggeber werden folgende Leistungen übernommen:

*1. Wahrnehmen der Projektleitung gemäß § 206 AHO (2004). Projektleiter/-in
des Auftraggebers ist Herr/Frau ..., dess-/ren Stellvertreter/-in Herr/Frau ...
Dazu gehören folgende Grundleistungen:*

> *1.1 Rechtzeitiges Herbeiführen bzw. Treffen der erforderlichen Entscheidun-
> gen*
> *1.2 Durchsetzen der erforderlichen Maßnahmen und Vollzug der Verträge*
> *1.3 Herbeiführen der erforderlichen Genehmigungen, Einwilligungen und Er-
> laubnisse*
> *1.4 Konfliktmanagement*
> *1.5 Leiten von Projektbesprechungen auf Geschäftsführungs-/Vorstandsebene*
> *1.6 Führen aller Verhandlungen mit projektbezogener vertragsrechtlicher o-
> der öffentlich-rechtlicher Bindungswirkung*
> *1.7 Wahrnehmen der zentralen Projektanlaufstelle*
> *1.8 Wahrnehmen von projektbezogenen Repräsentationspflichten*

*2. Bereitstellen der für die Vertragserfüllung erforderlichen Pläne, Unterlagen,
Verträge und Berechnungen sowie Daten und Informationen, soweit sie dem
Auftraggeber selbst zur Verfügung stehen.*
*3. Bereitstellen der für den Auftragnehmer zur Erfüllung seiner Leistungen er-
forderlichen Büroräume einschließlich Einrichtung und Kommunikationsein-
richtungen sowie deren Nutzung mit Beleuchtung, Beheizung und Reinigung.*

Eine in den Vertragsmustern der RBBau vorgesehene Benennung der fachlich Beteiligten ist entbehrlich, da diese aus dem i. d. R. vom Auftragnehmer zu erstellenden und zu aktualisierenden Organisationshandbuch mit vollständigen Adressen und zuständigen Bearbeitern zu ersehen sind. Es genügt der Hinweis auf das
jeweils aktuelle Organisationshandbuch und dessen Geltung als Vertragsgrundlage
in allen Verträgen der fachlich Beteiligten (vgl. *Ziff. 2.10.2*).

2.10.6 Vertragstermine und -fristen (§ 6)

Hier geht es um die vertragsrechtlich relevante Festlegung von Beginn, Ende und
damit Dauer der Leistungszeit des Auftragnehmers sowie um die Definition von
Zwischenterminen.

Auftraggeber bevorzugen für den Vertragsbeginn und das Vertragsende die
Formulierung:

Vertragsbeginn: *nach Auftragserteilung*
Vertragsende: *... Monate nach Baufertigstellung*

Da der Leistungsbeginn jedoch häufig vor Vertragsunterzeichnung liegt, ist die
Angabe eines konkreten Kalenderdatums für den Leistungsbeginn zu bevorzugen.

Da der Aufwand und damit die Vergütung des Projektmanagers maßgeblich von der Vertragsdauer beeinflusst wird, ist auch die Angabe eines konkreten Kalenderdatums für das Vertragsende zu fordern. Ferner sind wichtige Ereignisse durch Vertragszwischentermine zu vereinbaren. Dazu können entweder die Projektmeilensteine aus dem Terminrahmen (vgl. *Ziff. 2.9.1*) oder aber die Termine für die einzelnen Projektstufen gewählt werden. Eine mögliche Formulierung lautet:

Der Auftragnehmer hat seine Leistungen entsprechend den von ihm zu erstellenden und zu aktualisierenden Terminplänen so rechtzeitig zu erbringen, dass die zwischen dem Auftraggeber und den Planern und Unternehmern zu vereinbarenden Vertragstermine nicht aus Gründen gefährdet oder verzögert werden, die in der Sphäre des Auftragnehmers liegen, sondern dass eine reibungslose und effiziente Projektabwicklung sowie der Gesamtfertigstellungstermin/Übergabetermin an den Nutzer   per ... ... 200.
gesichert werden.
Vertragsbeginn: ... ... 200.
Vertragsende: ... ... 200.

Sofern auch die Projektleitung beauftragt wird, kann weiter differenziert werden:

Baueingabe bis spätestens   ... ... 200.
Baubeginn bis spätestens   ... ... 200.
Rohbau winterdicht bis spätestens   ... ... 200.
Baufertigstellung bis spätestens   ... ... 200.
Gesamtfertigstellung/Übergabe an den Nutzer bis spätestens   ... ... 200.

Der Vertragsendtermin ist abhängig von den übertragenen Projektstufen. Wird Projektstufe 5 Projektabschluss nicht beauftragt, so ist das Vertragsende üblicherweise je nach Projektgröße auf einen Zeitpunkt zwischen 3 bis 12 Monaten nach Baufertigstellung festzulegen.

In Verbindung mit den Terminvereinbarungen wird vielfach auch eine Regelung über den Personaleinsatz diskutiert, wobei eine Festlegung der Mitarbeiterqualifikation und -anzahl zur Plausibilisierung der Angemessenheit der Honorarvereinbarung für den Auftraggeber hilfreich ist (vgl. auch *Ziff. 2.10.3*)

2.10.7 Vergütung und Vergütungsänderungen (§ 7)

Nach § 31 Abs. 2 HOAI dürfen Honorare für Leistungen bei der Projektsteuerung nur berechnet werden, wenn sie bei Auftragserteilung schriftlich vereinbart worden sind. Sie können frei vereinbart werden.

Das Schriftformerfordernis bei Auftragserteilung ist seit Einführung der HOAI von der Praxis stets heftig kritisiert worden. Dieser Kritik der Praxis hat sich der BGH mit Urteil vom 09.01.1997 (VII ZR 48/96) mit der Entscheidung angeschlossen, dass § 31 Abs. 2 1. Halbsatz HOAI mangels Ermächtigung nichtig ist, soweit die Wirksamkeit von Honorarvereinbarungen für Projektsteuerungsleistungen davon abhängig gemacht wird, dass sie „schriftlich" und „bei Auftragserteilung" getroffen worden sind.

Ferner sei der Anwendungsbereich von § 31 HOAI nicht auf den (vom DVP grundsätzlich abgelehnten) Fall beschränkt, dass ein Architekt oder Ingenieur neben preisrechtlich gebundenen Leistungen auch solche der Projektsteuerung übernehme.

In der Praxis wird anstelle einer Honorierung nach anrechenbaren Kosten häufig eine Honorierung nach Zeitaufwand gemäß *Ziff. 2.9.1* über Mitarbeitermonats-, -tages- oder -stundenverrechnungssätze oder über Pauschalen auf der Grundlage von Personaleinsatzplänen vorgenommen.

Allgemein üblich ist heute seitens der Auftraggeber, von den Projektmanagern anhand der Projektunterlagen Angebote einzuholen, bei öffentlichen Auftraggebern nach den Regeln der VOF (Müller-Wrede 2003). Aufgabe der Projektmanager ist es dann, ihre Leistungs- und Honorarangebote in Abhängigkeit von der Komplexität des Projektes, dem angefragten Leistungsbild, den einzusetzenden Mitarbeiterqualifikationen und -anzahlen sowie den ausgeschriebenen Projektlaufzeiten abzugeben. Möglichkeiten der Personaleinsatzplanung und der Honorarermittlung für das Projektmanagement sind in *Ziff. 2.9* enthalten.

Eine parallele Honorarermittlung analog zur Objektplanung gemäß Teil II der HOAI dient der Plausibilitätsprüfung. Bemessungsparameter sind analog:
1. die anrechenbaren Kosten des Projektes,
2. die Honorarzone, der das Projekt angehört,
3. die Honorartafel für Projektsteuerung sowie
4. die Bewertung der Honoraranteile in den einzelnen Projektstufen.

2.10.7.1 Anrechenbare Kosten

Um der berechtigten Forderung zu entsprechen, dass der Projektmanager nicht durch steigende anrechenbare Kosten belohnt werden dürfe, ist nach § 202 Abs. 3 AHO vorgesehen, dass die Parteien bei Vertragsabschluss schriftlich vereinbaren können, dass sich die anrechenbaren Kosten für alle Projektstufen nach der genehmigten Kostenberechnung oder dem genehmigten Kostenanschlag richten sollen. Der Projektmanager soll dadurch bei Kostensteigerungen nicht belohnt und bei Kosteneinsparungen nicht bestraft werden. Evtl. wird vereinbart, dass Einsparungen bei den anrechenbaren Kosten aus vom Auftragnehmer veranlassten und bewirkten Optimierungen nicht zu einer Honorarkürzung führen.

2.10.7.2 Anzahl der Projekte

Die Entscheidung, ob für die Anwendung der Honorartafel ein oder mehrere Projekte anzusetzen sind, richtet sich vor allem danach, ob ein oder mehrere Projektplaner und/oder Projektausführungsteams in zeitlichem Zusammenhang zum Einsatz kommen. Sofern sich eine zeitliche Trennung der Planung oder Ausführung im Sinne von § 21 HOAI ergibt, ist dieser anzuwenden. „Größere Zeitabstände" nach § 21 HOAI bedeutet ≥ 6,0 Monate.

2.10.7.3 Honorarzonen

Nach den Bewertungsmerkmalen in § 204 AHO sind die Honorarzonen im Hinblick auf die Komplexität der Projektorganisation, die spezifische Projektroutine

des Auftraggebers, die Besonderheiten der Projektinhalte, das Risiko der Projektrealisierung sowie die Termin- und Kostenvorgaben auszuwählen. Im Regelfall
gilt Honorarzone III Mittelwert.

2.10.7.4 Honorartafel

Die Honorartafel zu § 207 Abs. 1 AHO enthält die Grundhonorare für die Ausführung sämtlicher Grundleistungen der Projektsteuerung in allen Projektstufen 1 bis
5 (100 v. H.) im Bereich anrechenbarer Kosten zwischen 1,0 und 1.000 Mio. €.

2.10.7.5 Wert anrechenbarer Bausubstanz nach § 10 Abs. 3 a HOAI

Bei Architekten- und Ingenieurleistungen für Umbauten und Modernisierungen ist
gemäß § 10 Abs. 3a HOAI vorhandene Bausubstanz, die technisch oder gestalterisch mitverarbeitet wird, bei den anrechenbaren Kosten angemessen zu berücksichtigen. Der Umfang der Anrechnung bedarf der schriftlichen Vereinbarung.

Die Übertragung dieser Regelung auch in Projektmanagementverträge führt
i. d. R. zu Diskussionen mit dem Auftraggeber. Falls dem Auftragnehmer eine Anrechnung gelingt, sind dafür einfach nachzuvollziehende Ansätze zu vereinbaren,
z. B. 50 €/m^3 BRI der Altbausubstanz.

2.10.7.6 Zuschlag für Umbauten und Modernisierungen

Dieser Zuschlag ist gemäß § 24 HOAI zwischen 20 bis 33 v. H. zu vereinbaren,
jedoch nur bezogen auf den Anteil der Kostengruppen 300 Bauwerk und 400
Technische Anlagen der DIN 276, der auf die Altbausubstanz entfällt.

2.10.7.7 Erfolgshonorar nach § 5 Abs. 4a HOAI

Diese bereits unter *Ziff. 2.9.2* erörterte Klausel kann und darf für das Projektmanagement nicht zur Anwendung kommen, da der Projektmanager durch seine ur-
eigene Tätigkeit optimierte Lösungsmöglichkeiten von den fachlich Beteiligten
einzufordern hat. Daher ist § 5 Abs. 4a HOAI für die Anwendung auch bei den in
der HOAI bereits geregelten Planungsleistungen ungeeignet. In der Praxis hat er
bisher nur geringe Bedeutung erlangt und wird bei Anwendung vielfach zu Streitigkeiten und damit zu einer Belastung der Gerichte sowie allenfalls zu erweiterten
Verdienstmöglichkeiten der Baujuristen führen (Diederichs, 1999). In der Praxis
werden anstelle des Erfolgshonorars auch Leistungsgarantien und Bonus-Malus-
Regelungen diskutiert.

Eschenbruch (2003, Rdn. 1436) weist zutreffend darauf hin, dass Qualitäts-,
Termin- oder Kostengarantien für Projektmanagementunternehmen äußerst ge-
fährlich sind. Gemäß § 639 BGB besteht Haftungsausschluss, wenn ein Auftragnehmer eine Garantie für die Beschaffenheit des Werkes und damit Haftung auch
ohne Verschulden übernimmt. Auch Bonus-Malus-Regelungen für die Kosten-
und Termineinhaltung sind sehr kritisch zu prüfen. Sie scheiden aus bei Einsatz
von Projektsteuerern in Stabsfunktion und auch für Projektcontroller. Das Einste-
hen für die Einhaltung von Kosten und Terminen setzt die Übertragung entsprechender Vollmachten in Linienfunktion voraus. Darüber hinaus erfordert es klare

Abgrenzungen von nachträglichen auftraggeberseitigen Änderungsanordnungen sowie die Möglichkeit des Auftragnehmers, das einzuhaltende Kosten- und Terminziel vor Vertragsunterzeichnung selbst zu ermitteln bzw. mindestens zu überprüfen.

Auch die Vereinbarung von sog. Zufriedenheitsklauseln (Eschenbruch, 2003, Rdn. 1444) vermag nicht zu überzeugen, da die Zahlung einer zusätzlichen Vergütungsprämie stets im billigen Ermessen des Auftraggebers liegen wird (§ 315 Abs. 1 BGB).

2.10.7.8 Honorar für die Wahrnehmung der Projektleitung

Gem. § 208 AHO beträgt das Honorar für die Wahrnehmung der Projektleitung mit dem Leistungsbild gem. § 206 AHO bei gleichzeitiger beauftragter Projektsteuerung mit den Grundleistungen nach § 205 ca. 50 % des vereinbarten Honorars für die Projektsteuerung.

Wird die Projektleitung ohne gleichzeitige Wahrnehmung der Projektsteuerung beauftragt, so kann auch ein höheres Honorar erforderlich werden.

2.10.7.9 Vergütung für Leistungsänderungen, Zusatzleistungen und Leistungsstörungen

Für den Fall auftraggeberseitiger Leistungsänderungen oder von Zusatzleistungen, die der Auftragnehmer auf Verlangen des Auftraggebers zu beachten oder zu übernehmen hat sowie im Fall von Leistungsstörungen durch Unterbrechung oder Verlängerung der Projektdauer sind vertragliche Regelungen der rechtzeitigen Anzeige durch den Auftragnehmer dem Grunde nach und über die Vergütungsvereinbarung der Höhe nach vorzusehen.

2.10.7.10 Vorläufiger Honorarprozentsatz

Auf der Basis der aus dem Kostenrahmen ermittelbaren anrechenbaren Kosten ist aus der Honorartafel für die jeweilige Honorarzone unter Berücksichtigung der beauftragten Projektstufen sowie eines etwaigen Zuschlags für Umbau und Modernisierung der vorläufige Honorarprozentsatz abzuleiten. Dieser ist dann auf die vereinbarten Projektstufen aufzuteilen.

2.10.7.11 Pauschalierung des Honorars

Durch Anwendung von § 202 Abs. 3 AHO kann eine frühzeitige Pauschalierung des Honorars erreicht werden zu einem Zeitpunkt, zu dem zwischen Auftraggeber und Auftragnehmer ein gemeinsam abgestimmter Kenntnis- und Entscheidungsstand über den Projektumfang besteht. Damit wird auch eine Festschreibung des Honorars und eine entsprechende Entkopplung der anrechenbaren Kosten im Sinne der Anforderung des Bundesrates an die 6. Novelle der HOAI (Strukturnovelle) möglich. Diese Vorgehensweise hat gleichzeitig den Vorteil, dass für die Schlussrechnung des Projektmanagers die letzten Zahlen der Kostenfeststellung noch nicht zwingend zur Verfügung stehen müssen.

Eine aus den AHO-Untersuchungen entwickelte Vergütungsregelung kann z. B. lauten:

Der Honorarermittlung werden zugrunde gelegt:

1. *die anrechenbaren Kosten der genehmigten Kostenberechnung (§ 202 Abs. 3 AHO)*
2. *folgende Honorarzonen nach § 204 AHO*
Projekt A	*IV*	*unten*
Projekt B	*III*	*Mitte*
Projekt C	*V*	*unten*
3. *Folgende Bewertung der Leistungen gem. § 212 AHO*
   Vorgesehen ist der Einsatz von Einzelplanern und einem Generalunternehmer Übertragen werden:
Stufe 1: Projektvorbereitung	*26 v. H.*
Stufe 2: Planung	*21 v. H.*
Stufe 3: Ausführungsvorbereitung	*13 v. H.*
Stufe 4: Ausführung	*19 v. H.*
Summe	*79 v. H.*
4. *Werden seitens des Auftraggebers Leistungsänderungen oder im Vertrag nicht vorgesehene Zusatzleistungen gefordert oder durch andere Anordnungen die Grundlagen des Honorars für die Vertragsleistungen geändert, so hat der Auftragnehmer dies dem Auftraggeber unverzüglich schriftlich hinsichtlich des Anspruchs dem Grunde nach anzuzeigen. Die Vereinbarung über die Höhe des Zusatzhonorars soll möglichst vor Beginn der Leistungsänderung bzw. der Zusatzleistung bzw. der Befolgung der Anordnung getroffen werden.*
5. *Verzögert sich die Projektdauer wesentlich durch Umstände, die der Auftragnehmer nicht zu vertreten hat, so ist für die Mehraufwendungen eine zusätzliche Vergütung zu vereinbaren. Eine Überschreitung bis zu 10 v. H. der vereinbarten Vertragsdauer, max. jedoch 3 Monate, ist durch das Honorar abgegolten. Für den daran anschließenden Zeitraum erhält der Auftragnehmer für die entstandenen Mehraufwendungen eine zusätzliche Vergütung bis zum Höchstbetrag der Vergütung je Monat, die er durchschnittlich für das Projektmanagement während der vereinbarten Vertragsdauer erhalten hat.*
6. *Die Besonderen Leistungen nach Ziff. ... werden wie folgt vergütet:*
   Leistungen nach Ziff. ... pauschal   € ....,..
   Leistungen nach Ziff. ... pauschal   € ....,..
   Leistungen nach Ziff. ... Stundensätze gem. nachfolgender Ziff. 7
7. *Werden Leistungen des Auftragnehmers oder seiner Mitarbeiter nach Zeitaufwand berechnet (§ 6 HOAI), so werden folgende Stundensätze vergütet:*
für den Auftragnehmer	*...,.. €/Std.*
für leitende Mitarbeiter	*...,.. €/Std.*
für sonstige Architekten, Ingenieure und Hochschulabsolventen anderer Fachrichtungen	*...,.. €/Std.*
für sonstige Mitarbeiter für technische und kaufmännische Aufgaben	*...,.. €/Std.*

   Diese Stundensätze gelten auch beim Abruf von Besonderen Leistungen durch den Auftraggeber gem. vorstehender Ziff. 6.

Hinweis:
Die Zeithonorare nach § 6 HOAI sind mit ihren Mittelwerten um ca. 50 % zu erhöhen, um eine auskömmliche Honorierung von Architekten- und Ingenieurbüros zu sichern.

8. *Sämtliche Nebenkosten im Sinne von § 7 HOAI inkl. der Fahrt- und Reisekosten im Gesamtbereich ... (Sitz des Auftraggebers) – ... (Sitz des Auftragnehmers) werden mit ... % des Honorars nach Ziff. 1. bis 7. vergütet. Reisen zu Orten des Gesamtbereiches ... – ... müssen vom Auftraggeber gesondert beauftragt werden und werden dann zusätzlich auf Nachweis vergütet.*

9. *Die gesetzlich gültige Umsatzsteuer (z. Zt. 16 %) ist in den Honoraren und Nebenkosten nicht enthalten. Sie wird jeweils zusätzlich vergütet.*

10. *Als vorläufiges Honorar ergibt sich:*

für die Stufen 1 und 2	€ ....,..
für die Stufen 3 und 4	€ ....,..
Nettosumme ohne Nebenkosten	€ ....,..
Nebenkosten ... %	€ ....,..
Nettosumme inkl. Nebenkosten	€ ....,..
Umsatzsteuer 16 %	€ ....,..
Vorläufige Bruttosumme	€ ....,..

2.10.7.12 Beispiel zur Honorarermittlung Projektsteuerung nach AHO

Ein Sozialversicherungsträger beabsichtigt, die bisher in mehreren Mietgebäuden ansässigen Mitarbeiter in Berlin an einem Standort zu konzentrieren und dazu ein ehemaliges Klinikgebäude umzubauen sowie auf einem benachbarten freien Grundstück einen Neubau zu errichten. Für das Investitionsvolumen wird ein Budget (Kostendeckel) von 40,7 Mio. € brutto vorgegeben (Kgr. 200 bis 700 der DIN 276).

Der Bauherr plant die Beauftragung eines Projektmanagements (Projektleitung und Projektsteuerung für die Projektstufen 1 Projektvorbereitung bis 4 Ausführung). Für seine interne Kalkulation ermittelt der Bauherr das Projektsteuerungshonorar nach AHO-Entwurf wie folgt:

1. Anrechenbare Kosten

Kgr. 100–700	brutto 40,7 Mio. €
	netto 35,1 Mio. €
Kgr. 710 Bauherrenaufgaben	./. ca. 1,3 Mio. €
Kgr. 760 Finanzierung	./. ca. 1,1 Mio. €
Maßgebliche anrechenbare Kosten Projektsteuerung	ca. 32,5 Mio. €
Anteile Umbau zu Neubau: ca. 1 zu 2	

2. Honorarzone

- hohe Komplexität der Projektorganisation
- durchschnittliche spezifische Projektroutine des Auftraggebers
- durchschnittliche Besonderheiten in den Projektinhalten
- hohes Risiko bei der Projektrealisierung

- hohe Anforderungen an die Terminvorgaben
- durchschnittliche Anforderungen an die Kostenvorgaben
  $\Rightarrow$ Honorarzone III Mitte

3. Grundhonoraranteile nach § 212 (Einzelplaner/GU mit Lph. 5)

1.	Projektvorbereitung	26 v. H.
2.	Planung	21 v. H.
3.	Ausführungsvorbereitung	13 v. H.
4.	Ausführung	<u>19 v. H.</u>
	Summe	79 v. H.

Die Planung ist durch Einschaltung eines Architekten sowie mit Fachingenieuren und Gutachtern vorgesehen (Einzelplaner). Für die Bauausführung soll im Wettbewerb ein Generalunternehmer gefunden werden, der auch mit sämtlichen Ausführungsplanungen der Lph. 5 HOAI betraut werden soll.

4. Grundhonorar

Da sowohl der Neubau als auch der Umbau durch einen Generalunternehmer abgewickelt werden sollen, wird für die Ermittlung des Grundhonorars gemäß Honorartafel zu § 207 ein Projekt angesetzt.
Das Grundhonorar beträgt   670.438,50 €.

5. Umbauzuschlag und vorhandene Bausubstanz

Für den Umbau wird nach Verhandlung gemäß § 24 (1) HOAI ein Umbauzuschlag von 25 v. H. vereinbart. Dagegen wird vorhandene Bausubstanz nach § 10 (3a) HOAI nicht in Ansatz gebracht.

6. Teilhonorare

Die Teilhonorare für den Umbau und den Neubau in den einzelnen Projektstufen ergeben sich aus *Abb. 2.177*.

Nr.	Projektstufe	Honoraranteil gesamt		Neubau (2/3)	Umbau	
					(1/3)	125%
		v. H.	€	€	€	€
1	Projektvorbereitung	26	174.314	116.209	58.105	72.631
2	Planung	21	140.792	93.861	46.931	58.663
3	Ausführungsvorbereitung	13	87.157	58.105	29.052	36.315
4	Ausführung	19	127.383	84.922	42.461	53.076
5	Zwischensumme 1	79	529.646	353.098	176.549	220.686
6	Projektleitung	39,5		139.474		110.343
7	Zwischensumme 2	118,5		492.571,17		331.029,01
8	**Gesamtsumme**					823.600,18

Abb. 2.177 Honorarermittlung Projektsteuerung nach AHO

Nach dem AHO-Entwurf errechnet sich damit ein Projektmanagement-Honorar (Projektleitung und Projektsteuerung) für die ersten vier Projektstufen in Höhe von 823.600,18 €, davon 492.571,17 € für den Neubau und 331.029,01 € für den Umbau, jeweils zzgl. etwa 5 % des Honorars für Nebenkosten und zzgl. gesetzlicher Mehrwertsteuer.

2.10.8 Zahlungen (§ 8)

Gemäß Ziff. 7.1 der AVBfT werden auf Anforderung des Auftragnehmers Abschlagszahlungen in Höhe von 95 v. H. des Honorars für die nachgewiesenen Leistungen einschließlich Umsatzsteuer gewährt. Sie sind binnen 18 Werktagen nach Zugang des prüfbaren Nachweises zu leisten. Diese Regelung findet sich analog in § 632a BGB, wonach der Auftragnehmer vom Auftraggeber für in sich abgeschlossene Teile des Werkes Abschlagszahlungen für die erbrachten vertragsmäßigen Leistungen verlangen kann. Ein solcher Leistungsnachweis ist während laufender Projektstufen und insbesondere mit Aufschlüsselung auf die einzelnen Handlungsbereiche schwierig. Daher werden in der Praxis vielfach Zahlungspläne vereinbart, die in Abhängigkeit von einem Leistungsplan monatliche oder quartalsweise Abschlagszahlungen vorsehen. Eine übliche Formulierung lautet:

Grundlage der terminlichen Leistungserbringung des Auftragnehmers ist der als Anlage ... beigefügte Leistungsplan vom .....200.. Dieser basiert auf dem Terminrahmen-/Generalablaufplan vom .....200. und ist vom Auftragnehmer auf Anforderung des Auftraggebers jeweils nach Erfordernis fortzuschreiben.

Bei Erbringung mängelfreier Leistungen des Auftragnehmers gem. diesem Leistungsplan wird für das Honorar folgende Zahlungsweise vereinbart:

- *für Stufe 1 vom 01. ...200. bis 31. ... 200.   monatlich pauschal € ......,--*
- *für Stufe 2 vom 01. ...200. bis 31. ... 200.   monatlich pauschal € ......,--*
- *für Stufe 3 vom 01. ...200. bis 31. ... 200.   monatlich pauschal € ......,--*
- *für Stufe 4 vom 01. ...200. bis 31. ... 200.   monatlich pauschal € ......,--*

Das sich daraus ergebende Honorar ist jeweils in Höhe von 95 v. H. binnen 15 Werktagen nach Zugang der Abschlagsrechnung zu leisten. Sofern der Leistungsplan nicht eingehalten werden kann, ist der Zahlungsplan entsprechend den Leistungsverschiebungen anzupassen.

Der Sicherheitseinbehalt in Höhe von 5 v. H dient der Vertragserfüllung im Falle der Geltendmachung von Mängelansprüchen des Auftragnehmers.

Teilschlusszahlungen können jeweils für in sich abgeschlossene Teilleistungen wie z. B. nach Abschluss der Projektstufe 2 und nach Abschluss der Projektstufe 3 vereinbart werden.

Voraussetzung für die Schlusszahlung ist die mängelfreie Erfüllung aller beauftragten Leistungen. Eine entsprechende Formulierung lautet:

Teilschlusszahlungen werden gewährt, wenn jeweils die Projektstufe 2 und die Projektstufe 3 mängelfrei abgeschlossen wurden und der Auftragnehmer eine prüfbare Rechnung eingereicht hat.

Die Schlusszahlung wird fällig, wenn der Auftragnehmer sämtliche Leistungen aus dem Vertrag erfüllt und eine prüfbare Schlussrechnung im Original eingereicht hat.

Die Vereinbarung von Teilschlussrechnungen ist auch wichtig bei Veränderung der Mehrwertsteuer. Bei dem überwiegend werkvertraglichen Charakter der Projektsteuerungsleistungen müssen jeweils in sich abgeschlossene Teilleistungen dem zum Zeitpunkt des Abschlusses geltenden Mehrwertsteuersatz unterworfen werden.

Gemäß Ziff. 7.3 der AVBfT ist die Berichtigung von Abrechnungen zu regeln. Eine entsprechende Formulierung lautet:

Wird nach Annahme der Schlusszahlung (Teilschlusszahlung) festgestellt, dass das Honorar abweichend vom Vertrag ermittelt wurde, so ist die Abrechnung zu berichtigen. Auftraggeber und Auftragnehmer sind verpflichtet, die sich danach ergebenden Beträge zu erstatten. Sie können sich nicht auf einen etwaigen Wegfall der Bereicherung (§ 818 Abs. 3 BGB) berufen. Die Verjährungsfrist beträgt 3 Jahre (§ 195 BGB).

Gemäß Ziff. 7.4 der AVBfT hat der Auftragnehmer Überzahlungen zu verzinsen. Zur Herstellung vertraglicher Ausgewogenheit ist ein entsprechender Anspruch auch für den Auftragnehmer bei Unterzahlungen zu vereinbaren. Eine entsprechende Formulierung ist:

Im Falle einer Überzahlung bzw. Unterzahlung haben der Auftragnehmer bzw. der Auftraggeber den zu erstattenden bzw. zusätzlich zu entrichtenden Betrag vom Empfang der Zahlung an bzw. vom Zeitpunkt der Feststellung der Unterzahlung an mit 4 v. H. für das Jahr zu verzinsen, es sei denn, es werden höhere oder geringere Nutzungen nachgewiesen. Dieser Anspruch verjährt ebenfalls in 3 Jahren (§ 195 BGB).

2.10.9 Kündigung (§ 9)

Nach Ziff. 8.1 der AVBfT ist eine freie Kündigung seitens des Auftraggebers und des Auftragnehmers nur aus wichtigem Grund vorgesehen. Gemäß § 314 Abs. 1 BGB liegt ein wichtiger Grund vor, wenn dem kündigenden Teil unter Berücksichtigung aller Umstände des Einzelfalls und unter Abwägung der beiderseitigen Interessen die Fortsetzung des Vertragsverhältnisses bis zur vereinbarten Beendigung oder bis zum Ablauf einer Kündigungsfrist nicht zugemutet werden kann. Es ist sinnvoll, im Vertrag konkrete Umstände zu benennen, die wichtige Kündigungsgründe für den Auftraggeber darstellen können, etwa wie folgt:

Auftraggeber und Auftragnehmer können den Vertrag nur aus wichtigem Grund schriftlich kündigen. Einer Kündigungsfrist bedarf es nicht (§ 314 Abs. 1 BGB). Wichtige Gründe sind u. a. der fehlende Nachweis einer vertragsgemäßen Haftpflichtversicherung des Auftragnehmers, der vertragswidrige Abzug von Projektmitarbeitern, längere Projektstillstandszeiten (z. B. wegen fehlender Baugenehmigung oder nicht gesicherter Finanzierung) oder der Projektabbruch.

Im Falle einer Kündigung aus einem Grund, den der Auftragnehmer nicht zu vertreten hat, erhielt der Auftragnehmer gemäß Ziff. 8.2 der AVBfT bis 1996 nach Maßgabe des § 649 Satz 2 BGB die volle Vergütung abzüglich ersparter Aufwendungen, die auf 40 v. H. des Honorars für die noch nicht erbrachten Leistungen festgelegt wurden. Dieser pauschale Ansatz ist gemäß BGH-Urteil vom 10.10.1996 (VII ZR 250/94) unwirksam.

Der BGH stellte fest, dass die genannte AGB-Klausel dem AGB-Gesetz widerspreche, da die in ihr festgelegte Pauschale unangemessen sei. Der Auftragnehmer könne nach Kündigung durch den Auftraggeber in der Lage sein, Einkünfte durch anderweitige Verwendung seiner Arbeitskraft zu erzielen. Erhalte er in einem solchen Fall ohne Anrechnung der anderweitigen Auslastung seiner Arbeitskapazität 60 v. H. des Honorars für nicht ausgeführte Leistungen, könne er im Ergebnis wesentlich höhere Vergütungen erlangen als er bei Durchführung des Vertrages und gleichem Arbeitseinsatz erzielt hätte.

Es wird jedoch nach wie vor für zulässig erachtet, ersparte Aufwendungen mit 50 % oder mehr zu pauschalieren (Eschenbruch, 2003, Rdn. 1472).

Daher wird folgende bereits mehrfach praktizierte Formulierung vorgeschlagen:

Wird das Vertragsverhältnis aus einem Grund gekündigt, den der Auftraggeber zu vertreten hat, so erhält der Auftragnehmer für die ihm übertragenen Leistungen die vereinbarte Vergütung unter Abzug der ersparten Aufwendungen. Diese werden mit 60 v. H. des Honorars für die noch nicht erbrachten Leistungen festgelegt, sofern seitens des Auftraggebers nicht höhere ersparte Aufwendungen aufgrund anderweitigen Ersatzerwerbs nachgewiesen werden.

Eine Alternativformulierung lautet:

Wird aus einem Grund gekündigt, den der Auftraggeber zu vertreten hat, so erhält der Auftragnehmer für die ihm übertragenen Leistungen die vereinbarte Vergütung bis zum Kündigungszeitpunkt sowie zur Erstattung des darüber hinaus erforderlichen Aufwandes ... (etwa 3,0 bis 6,0) weitere Monatspauschalen gem. dem zum Zeitpunkt der Kündigung geltenden Zahlungsplan, max. jedoch die ausstehende Restvergütung.

Bei einer vom Auftragnehmer zu vertretenden Kündigung kann Ziff. 8.3 der AVBfT unverändert übernommen werden:

Hat der Auftragnehmer den Kündigungsgrund zu vertreten, so sind nur die bis dahin vertragsgemäß erbrachten, in sich abgeschlossenen und nachgewiesenen Leistungen zu vergüten und die für diese nachweisbar entstandenen notwendigen Nebenkosten zu erstatten. Der Schadensersatzanspruch des Auftraggebers bleibt unberührt.

Bei einer vorzeitigen Vertragsbeendigung ist klarstellend Ziff. 8.4 der AVBfT zu vereinbaren.

Bei einer vorzeitigen Beendigung des Vertragsverhältnisses bleiben die Ansprüche der Vertragsparteien aus dem Urheberrecht, der Auskunftspflicht des Auftragnehmers und dem Herausgabeanspruch des Auftraggebers unberührt.

2.10.10 Abnahme (§ 10)

In der Praxis werden Planungs- und auch Projektmanagementleistungen seitens des Auftraggebers meistens stillschweigend bzw. durch konkludentes Verhalten abgenommen, d. h. durch vorbehaltlose Zahlung der Schlussrechnung. Nach § 8 Abs. 1 HOAI ist zur Fälligkeit der Schlusszahlung auch keine Abnahme erforderlich, da das Honorar fällig wird, wenn die Leistung vertragsgemäß erbracht und eine prüffähige Honorarschlussrechnung überreicht worden ist. Nach § 641 Abs. 1 BGB ist die Abnahme jedoch Voraussetzung für die Fälligkeit der Vergütung: „Die Vergütung ist bei der Abnahme des Werkes zu entrichten. Ist das Werk in Teilen abzunehmen und die Vergütung für die einzelnen Teile bestimmt, so ist die Vergütung für jeden Teil bei dessen Abnahme zu entrichten."

Abnahme bedeutet nach § 640 BGB und analog § 12 VOB/B Billigung des Werkes des Auftragnehmers durch den Auftraggeber als vertragsgemäße Leistungserfüllung derart, dass es gemäß § 633 BGB frei von Sach- und Rechtsmängeln ist. Frei von Sachmängeln sind die Leistungen, wenn sie die nach dem Vertrag vorausgesetzte oder bei Leistungen der gleichen Art übliche Beschaffenheit aufweisen, die der Auftraggeber nach der Art der Leistungen erwarten kann. Die Leistungen sind frei von Rechtsmängeln, wenn Dritte in Bezug auf die Leistungen keine oder nur die im Vertrag übernommenen Rechte gegen den Auftraggeber geltend machen können.

Will der Auftraggeber eine Abnahme der Projektmanagementleistungen vornehmen, so kann dies etwa durch folgende Klausel vereinbart werden:

Die Vertragsparteien vereinbaren unter Ausschluss von § 8 Abs. 1 HOAI förmliche Teilabnahmen jeweils nach Abschluss der Projektstufen 2 und 4 und eine förmliche Schlussabnahme nach Abschluss der Projektstufe 5. Der jeweilige Befund ist in gemeinsamer Verhandlung nach entsprechender Prüfung schriftlich niederzulegen. In die Niederschrift sind etwaige Vorbehalte wegen bekannter Mängel oder wegen Vertragsstrafen aufzunehmen, ebenso etwaige Einwendungen des Auftragnehmers. Jede Partei erhält eine Ausfertigung (vgl. § 12 Nr. 4 VOB/B). Eine solche förmliche Abnahme hat den Vorteil der eindeutigen Zäsur des Vertragsverhältnisses wegen der eindeutigen Rechtsfolgen der Abnahme (vgl. Ziff. 2.4.5.3).

Eine Teilabnahme der Projektmanagementleistungen nach der Projektstufe 4 ist in jedem Fall anzuraten, um ein Hinausschieben der Abnahme bis zur vollständigen Bearbeitung von Mängelhaftungsansprüchen gegen ausführende Unternehmer zu vermeiden.

2.10.11 Mängelhaftung und Verjährung (§ 11)

Die Haftung des Projektmanagers ist maßgeblich abhängig von der Rechtsnatur des abgeschlossenen Projektmanagementvertrages (vgl. *Ziff. 2.10.2*). Die Frage, ob es sich um einen Dienstvertrag nach §§ 611 ff. BGB oder einen Werkvertrag nach §§ 631 ff. BGB handelt, muss stets unter Betrachtung der Umstände des Einzelfalls beantwortet und dann auch im Vertrag festgelegt werden. Literatur und Rechtsprechung gehen zunehmend davon aus, dass es sich bei Projektmanagementverträgen mit übertragenen Projektleitungsfunktionen überwiegend um Werkverträge handelt. Schill (2000, S. 83 ff.) und Eschenbruch (2003, Rdn. 1128 ff.) befassen sich ausführlich mit der Haftung des Projektmanagers und im Einzelnen mit Mängeln der Projektsteuerungsleistung, der Nachbesserung, der Minderung/Wandlung, dem Schadensersatz und dem Mitverschulden des Projektmanagers. Unter folgender Prämisse:

„Die Feststellung, dass der Projektsteuerungsvertrag bei Vollbeauftragung des Leistungsbildes der AHO-Fachkommission als Werkvertrag zu qualifizieren ist, führt konsequent zur Anwendung der §§ 631 ff. BGB. Die Frage der Haftung ist deshalb zu untersuchen."

Auch Eschenbruch stellt fest, dass die Qualifizierung des gesamten Projektmanagement-Vertragswerkes nach werkvertraglichen Vorschriften im Rahmen der Vertragsgestaltung möglich sei und eine Haftungsbeschränkung daher im Interesse des Projektmanagers liege (Eschenbruch, 2003, Rdn. 1485 ff.).

Bei Annahme eines Dienstvertrages haftet der Projektmanager nach den gesetzlichen Vorschriften gemäß §§ 611 ff. BGB.

Wird dagegen ein Werkvertrag vereinbart, so richtet sich die Haftung des Projektmanagers nach §§ 633 ff. BGB. Bei mangelhaften Projektsteuerungsleistungen kann der Auftraggeber seine Rechte nach § 634 BGB wahrnehmen, d. h. bei Vorliegen der entsprechenden Voraussetzungen:

- nach § 635 Nacherfüllung verlangen (Pflicht und Recht des Auftragnehmers zur Nachbesserung),
- nach § 637 den Mangel selbst beseitigen und Ersatz der erforderlichen Aufwendungen verlangen,
- nach den §§ 636, 323 und 326 Abs. 5 von dem Vertrag zurücktreten oder nach § 638 die Vergütung mindern oder
- nach den §§ 636, 280, 281, 283 und 311a Schadensersatz oder nach § 284 Ersatz für jegliche Aufwendungen verlangen.

Die Mängelhaftungsfrist beträgt nach § 634a Abs. 1 Nr. 2 BGB 5 Jahre und beginnt gemäß Abs. 2 mit der Abnahme.

Da der Projektmanager Funktionen des Auftraggebers erfüllt, ist er auch dessen Erfüllungsgehilfe gegenüber anderen Baubeteiligten, d. h. den Planern, Sonderfachleuten und Bauunternehmern. Daher muss sich der Auftraggeber das Mitverschulden durch den Projektmanager insoweit anrechnen lassen, wie er sich des Projektmanagers zur Erfüllung seiner Aufgaben bedient. Dies kommt vor allem beim Koordinationsverschulden des Projektmanagers in Betracht. Planer und Bauunternehmer haben dagegen keinen Anspruch auf Überwachung, Kontrolle und Prüfung.

Zu beachten ist die in der Literatur allerdings umstrittene Auffassung, dass eine gesamtschuldnerische Haftung von Projektmanager, Architekten und Fachplanern dem Auftraggeber gegenüber ausscheidet, da der Projektmanager typische Auftraggeberfunktionen erfüllt. Der Projektmanager ist daher kein fachlich Beteiligter der Auftragnehmerseite, sondern eindeutig der Auftraggeberseite zuzuordnen. Diese Auffassung vertreten auch Locher et al. (2002, § 31 Rdn. 15).

Eschenbruch (2003, Rdn. 1186) vertritt dagegen die Auffassung, dass dieser Meinungsstreit aufgrund der Entscheidung des BGH zur stichprobenhaften Baukontrolle überholt sein dürfte (BGH, NZBau 2002, 150, 151 = BauR 2002, 315, 317; anders nach OLG München, IBR 2001, 683). In dieser Entscheidung hat der BGH eine Haftung des mit einer stichprobenhaften Baukontrolle betrauten Auftragnehmers wegen nicht ordnungsgemäßer Kontrollleistungen neben dem in die Insolvenz geratenen Bauunternehmen für aufgetretene Mängel für möglich gehalten. Nach Eschenbruch könne daher die Möglichkeit einer gesamtschuldnerischen Haftung nicht verneint werden. Diese vorsichtige Formulierung lässt vermuten, dass es in künftigen Fällen – wie stets – entscheidend auf den Einzelfall ankommen wird.

In Anlehnung an § 9 AVBfT kann die Mängelhaftung und Verjährung wie folgt geregelt werden:

1. *Mängelhaftungs- und Schadensersatzansprüche des Auftraggebers richten sich nach den gesetzlichen Vorschriften, soweit nachfolgend nichts anderes vereinbart ist.*
2. *Der Auftragnehmer hat dem Auftraggeber bei Verzug oder einem sonstigen schuldhaften Verstoß gegen seine Vertragspflichten die dadurch bedingten Mehrkosten der Baumaßnahme, den Schaden an der baulichen Anlage und die vorsätzlich oder grob fahrlässig verursachten anderen Schäden in voller Höhe zu ersetzen. Für die übrigen Schäden aus leichter Fahrlässigkeit haftet er je nach Schadensereignis bis zur Höhe der im Vertrag vereinbarten Deckungssummen der Haftpflichtversicherung.*

   Zu beachten ist hier, dass ein schuldhafter Verstoß gegen den allgemeinen Stand der einschlägigen Wissenschaften nicht ausdrücklich aufgeführt wird. Nach Schill (2000, S. 93) führt es auch zu weit, den Sorgfaltsmaßstab anhand der einschlägigen Wissenschaft zu bestimmen. „Von einem in der Praxis tätigen Projektsteuerer kann nicht erwartet werden, dass er zum Zeitpunkt der Leistungserbringung jeweils über den allgemeinen Stand der einschlägigen Wissenschaft informiert ist." Schill ist insoweit zuzustimmen, dass die Verpflichtung nur mit Bedacht in den Vertrag aufzunehmen ist (vgl. *Ziff. 2.10.4*).

3. *Im Falle seiner Inanspruchnahme kann der Auftragnehmer verlangen, dass er an der Beseitigung des Schadens beteiligt wird, es sei denn, dem Auftraggeber ist aus Gründen, die in der Person des Auftragnehmers liegen, dessen Beteiligung an der Schadensbeseitigung nicht zuzumuten.*
4. *Die Ansprüche des Auftraggebers aus diesem Vertrag verjähren in fünf Jahren. Die Verjährung beginnt mit der Erfüllung der letzten nach dem Vertrag zu erbringenden Leistung, spätestens jedoch bei Übergabe der baulichen Anlage an den Nutzer. Für Leistungen, die in der Projektstufe 5 nach der Übergabe noch zu erbringen sind, beginnt die Verjährung mit der Erfüllung der letzten Leistung. Für Schadensersatzansprüche wegen positiver Vertragsverletzung gelten die gesetzlichen Vorschriften über die Verjährung.*

2.10.12 Haftpflichtversicherung des Auftragnehmers (§ 12)

Die Haftpflichtversicherung des Projektmanagers muss hinsichtlich der Deckungssummen, des Versicherungsnachweises sowie hinsichtlich der Haftung für Schäden aus fehlerhaften Ermittlungen oder Überschreitungen von Mengen, Kosten und Terminen vertraglich geregelt werden.

Die Höhe der Deckungssummen richtet sich nach der Projektgröße und dem übertragenen Leistungsumfang. Üblich sind Deckungssummen für Personenschäden von min. 1,0 Mio. € und für Sach- und Vermögensschäden von min. 1,5 Mio. bis 2,5 Mio. €, die während eines Versicherungsjahres mindestens zweifach zur Verfügung stehen sollten. Bei Großprojekten wird auftraggeberseitig häufig eine projektbezogene Exzedenten-Versicherung gefordert.

Für größere Bauprojekte werden von Auftraggebern auch sog. Multi-Risk-Versicherungen für alle Projektbeteiligten abgeschlossen, d. h. Planer, Projektmanager und ausführende Firmen. Dadurch entfallen für den Versicherer die Aufgabe und damit der Aufwand für die Haftungsabwehr, da alle potenziellen Schadensverursacher „in einem Sack stecken". In solchen Fällen wird von den Planern und Unternehmern eine anteilige Prämie von der Vergütung einbehalten.

Die Berufshaftpflichtversicherungen der Projektmanager und auch der Architekten und Ingenieure schlossen bisher nach den Allgemeinen und Besonderen Vertragsbedingungen die Haftung für Schäden aus fehlerhafter Terminkoordination, fehlerhaften Mengen- und Kostenermittlungen sowie aus Termin-, Mengen- und Kostenüberschreitungen ausdrücklich aus. In den letzten Jahren zeigten die Versicherer Bereitschaft, diese Ausschlüsse durch Zusatzvereinbarungen gegen Zusatzprämie, die im Einzelnen auszuhandeln ist, teilweise zurückzunehmen. Dies gilt jedoch nicht für die sog. Sowieso-Kosten sowie für garantieähnliche Erklärungen des Auftragnehmers zu Kosten und Terminen, die gemäß § 639 BGB als eigenständige Anspruchsgrundlage herangezogen werden können.

Dabei ist der Erfahrungssatz der Versicherer zu beachten: „Deckung schafft Haftung!" Der Einstieg in für die Versicherer neue und bisher nicht gebotene Deckungen zieht die Gefahr von vermehrten entsprechenden Haftpflichtansprüchen nach sich. Eine mögliche Haftpflichtversichungsklausel für den Projektmanagementvertrag lautet:

1. *Der Auftragnehmer muss eine Berufshaftpflichtversicherung mit folgenden Deckungssummen nachweisen, die während eines Versicherungsjahres min. zweifach zur Verfügung stehen müssen:*
   – *für Personenschäden 1,0 Mio. €*
   – *für Sach- und Vermögensschäden 1,5 Mio. €*
2. *Er hat zu gewährleisten, dass zur Deckung von Schäden aus dem Vertrag Versicherungsschutz in Höhe der im Vertrag genannten Deckungssummen besteht. Die Haftung muss sich auch auf Schäden aus fehlerhafter Terminkoordination, fehlerhaften Mengen- und Kostenermittlungen sowie aus Termin-, Mengen- und Kostenüberschreitungen erstrecken. Dies gilt nicht für Sowieso-Kosten.*
3. *Der Auftragnehmer hat vor dem Nachweis des Versicherungsschutzes keinen Anspruch auf Leistungen des Auftraggebers. Der Auftraggeber kann Zahlungen vom Nachweis des Fortbestehens des Versicherungsschutzes abhängig machen. Der Auftragnehmer ist zur unverzüglichen schriftlichen Anzeige verpflichtet, wenn und soweit Deckung in der vereinbarten Höhe nicht mehr besteht.*

2.10.13 Urheberrechte des Auftragnehmers und des Auftraggebers (§ 13)

Der Urheberrechtsschutz hat für Projektmanager i. d. R. keine besondere Bedeutung, da sie nicht objektplanend tätig sind. Dennoch kann es erforderlich sein, seine persönliche, geistig-schöpferische Leistung gemäß § 2 Abs. 2 Urheberrechtsgesetz (UrhG) zu schützen, wenn er z. B. im Rahmen der Projektentwicklung i. e. S. eine kreative Planungsidee dokumentiert oder in der Vorplanung maßgeblichen Einfluss auf gestalterische Lösungen nimmt.

Nach der sog. Zweckübertragungstheorie überträgt der Urheber, hier der Projektmanager, im Zweifel nicht mehr Rechte als der Auftraggeber für den konkreten Vertragszweck benötigt (Eschenbruch, 2003, Rdn. 1500).

Auf Grundlage des § 6 AVBfT kommt folgende Formulierung in Betracht:

1. Soweit die vom Auftragnehmer gefertigten Unterlagen urheberrechtlich geschützte Werke sind, bestimmen sich die Rechte des Auftraggebers auf Nutzung, Änderung und Veröffentlichung dieser Werke nach den Ziff. 1.1 bis 1.4. Als solche Werke im Sinne des Urheberrechtsgesetzes sind solche Unterlagen anzusehen, die eine persönliche, geistige Schöpfung des Auftragnehmers darstellen und einen so hohen Grad an individueller ästhetischer Gestaltungskraft aufweisen, dass sie aus der Masse des alltäglichen Bauschaffens herausragen. Gegen fachliche Weisungen des Auftraggebers kann der Auftragnehmer nicht einwenden, dass die von ihm im Rahmen des Auftrages erstellten Pläne und Unterlagen seinem Urheberrecht unterliegen.

1.1 Sofern der Auftragnehmer nicht nur mit der Projektstufe 2 Planung beauftragt worden ist, darf der Auftraggeber die Unterlagen für die im Vertrag genannte Baumaßnahme und das ausgeführte Werk ohne Mitwirkung des Auftragnehmers nutzen. Die Unterlagen dürfen auch für eine etwaige Wiederherstellung des ausgeführten Werkes benutzt werden.

1.2 Sofern der Auftragnehmer nicht nur mit der Projektstufe 2 Planung beauftragt worden ist, darf der Auftraggeber die Unterlagen ändern, wenn dies für die Nutzung des Gebäudes erforderlich ist.

1.3 Der Auftraggeber hat das Recht zur Veröffentlichung unter Namensangabe des Auftragnehmers. Das Veröffentlichungsrecht des Auftragnehmers unterliegt der vorherigen schriftlichen Zustimmung des Auftraggebers, wenn Geheimhaltungsinteressen des Auftraggebers durch die Veröffentlichung berührt werden.

1.4 Der Auftraggeber kann seine Befugnisse nach den Ziff. 1.1 bis 1.3 im Rahmen des § 4 UrhG auf den jeweiligen zur Verfügung über das Grundstück Berechtigten übertragen.

2. Liegen die Voraussetzungen der Ziff. 1 nicht vor, darf der Auftraggeber die Unterlagen für die im Vertrag genannte Baumaßnahme ohne Mitwirkung des Auftragnehmers nutzen und ändern. Der Auftraggeber hat das Recht zur Veröffentlichung unter Namensangabe des Auftragnehmers. Das Veröffentlichungsrecht des Auftragnehmers unterliegt der vorherigen schriftlichen Zustimmung des Auftraggebers. Der Auftraggeber kann seine vorgenannten Rechte auf den jeweiligen zur Verfügung über das Grundstück Berechtigten übertragen.

2.10.14 Schlussbestimmungen (§ 14)

Hier können folgende Formulierungen aus den AVBfT und üblichen Praxisvereinbarungen übernommen werden:

Erfüllungsort, Streitigkeiten, Gerichtsstand (14.1)

1. Erfüllungsort für die Leistungen des Auftragnehmers ist der Sitz des Auftraggebers und ab Baubeginn die Baustelle, soweit die Leistungen dort zu erbringen sind.

2. Bei Streitigkeiten aus dem Vertrag soll der Auftragnehmer zunächst die Entscheidungsinstanz des Auftraggebers anrufen (vgl. Ziff. 2.10.4). Sollte durch diese der Streit nicht beigelegt werden können, so ist der Schiedsrichter, Herr ... (bzw. das Schiedsgericht aus den Herren ...) gemäß der als Anlage ... beigefügten Schiedsklausel anzurufen.

3. *Soweit die Voraussetzungen gem. § 38 der Zivilprozessordnung (ZPO) vorliegen, richtet sich der Gerichtsstand für Streitigkeiten nach dem Sitz der für die Prozessvertretung des Auftraggebers zuständigen Stelle (entfällt bei einer Schiedsklausel, die den Ausschluss des ordentlichen Rechtsweges vorsieht).*

Schriftform (14.2)

Änderungen und Ergänzungen des Vertrages bedürfen der Schriftform.

Auskunftspflicht des Auftragnehmers (14.3)

Der Auftragnehmer hat dem Auftraggeber auf Anforderungen über seine Leistungen unverzüglich und ohne besondere Vergütung Auskunft zu erteilen, bis das Rechnungsprüfungsverfahren für die Baumaßnahme durch die Controller (die Revision) des Auftraggebers für abgeschlossen erklärt ist.

Herausgabeanspruch des Auftraggebers (14.4)

Die vom Auftragnehmer zur Erfüllung dieses Vertrages angefertigten Unterlagen sind an den Auftraggeber in Papierform und auf Datenträger fortlaufend nach Erfordernis während der Vertragsabwicklung und vollständig bei Vertragsende herauszugeben. Sie werden dessen Eigentum. Die dem Auftragnehmer überlassenen Unterlagen sind dem Auftraggeber spätestens nach Erfüllung seines Auftrages zurückzugeben. Zurückbehaltungsrechte, die nicht auf diesem Vertragsverhältnis beruhen, sind ausgeschlossen.

Unwirksamkeit von Vertragsbestimmungen (Salvatorische Klausel) (14.5)

Hierzu sehen die Vertragsmuster der RBBau keine eigene Formulierung vor. Bewährt hat sich folgende Klausel:

Falls einzelne Bestimmungen dieses Vertrages oder Teile von einzelnen Bestimmungen dieses Vertrages unwirksam sein oder werden sollten oder dieser Vertrag Lücken enthält, so wird dadurch die Wirksamkeit der übrigen Bestimmungen nicht berührt. Die unwirksame Bestimmung wird vielmehr durch eine wirksame ersetzt, eine fehlende so eingefügt werden, dass dem im Vertrag zum Ausdruck kommenden Willen der Parteien und dem Sinn dieses Vertrages in der Weise entsprochen wird, und die nach dem Sinn und Zweck des Vertrages vernünftigerweise vereinbart worden wäre, wenn die unwirksamen Bestimmungen oder diese Lücken von vornherein erkannt worden wären.

2.11 Nutzen des Projektmanagements

In der Praxis ist die Einschaltung externer Projektmanager vor allem bei anspruchsvolleren Hochbauten, komplexen Ingenieurbauwerken, Verkehrsanlagen und Anlagenbauten festzustellen. Zunehmende Bedeutung erlangt das Projektma-

nagement bei der Freimachung und Revitalisierung von Altstandorten und Indust-
riebrachen sowie bei der Konversion militärischer Altlasten mit den erforderlichen
Abbruch-, Rückbau- und Sanierungsmaßnahmen. Als Mindestgröße für die Einschaltung externer Projektmanager sind Investitionssummen ab 2,5 Mio. € zu nennen, wobei sich die Mehrzahl der Projekte zwischen 10 Mio. € und 50 Mio. € bewegt. Die Regierungsbauten in Berlin sowie die Verkehrsprojekte Deutsche
Einheit Schiene und Straße mit Investitionssummen von zusammen zweistelligen
Milliardenbeträgen sind zwischenzeitlich weitestgehend abgeschlossen, so dass
die Zahl der Großprojekte in Deutschland seit 1995 deutlich abgenommen hat.

Der Nutzen von Projektmanagementleistungen ist in zweifacher Weise zu definieren. Der Nutzen im engeren, d. h. betriebswirtschaftlichen Sinne besteht in der
Erfüllung der Projektziele für Funktionen, Qualitäten, Kosten, Termine und Organisation, ggf. auch in deren Übererfüllung, z. B. durch Unterschreitung des Kos-
tenbudgets oder der Projektdauer.

Der Nutzen im weiteren, d. h. gesamtwirtschaftlichen Sinne bezieht sich auch
auf die Produktions- und Nutzungsbedingungen der an der Projektentwicklung,
-planung, -ausführung und -nutzung beteiligten Personen sowie auf die Auswirkungen des Projektes auf seine Umwelt.

Kriterien des Nutzens im weiteren Sinne können dann zusätzlich sein z. B. die
Vermeidung projektbedingter Herzinfarkte bei Projektbeteiligten, von Gerichts-
prozessen, von Behinderungsanzeigen und von Nutzerbeschwerden.

Die Nutzenstiftung ganzheitlichen Projektmanagements aus Projektleitung und
Projektsteuerung und damit sämtlicher Auftraggeberfunktionen besteht damit in
der Sicherung der Qualitäts-, Kosten- und Terminziele einerseits sowie in der Sicherung angemessener Produktions-, Arbeits- und Nutzungsbedingungen für Projektbeteiligte und künftige Nutzer sowie der Umweltverträglichkeit andererseits.
Von Bier (1992) wurde der wirtschaftliche Vorteil bei Einsatz der Projektsteuerung mit Investitionskostenreduzierungen von 15 %, in Ausnahmefällen bis zu
28 %, gegenüber ungesteuerten Projekten bei einem Aufwand für die Projektsteuerung von ca. 1,5 % bis 3 % der Investitionssummen beziffert. Davon entfallen 6
bis 12 % auf reduzierten Änderungsaufwand, 5 bis 8 % auf Preisvorteile wegen
qualifizierter Vergaben und 4 bis 8 % auf professionelle Steuerung (Diederichs,
1993, S. 19, und Diederichs, 2004, in: Hartmann, § 31 Rdn. 3 S. 7 ff.).

Diese Vorteile entstehen vor allem durch rechtzeitige Entscheidungen (Preuß,
1998) sowie durch ausreichende Bearbeitungszeiten für Nutzeranforderungen,
Planung, Ausschreibung und wirtschaftliche Ausführung.

Bier belegte damit eindrucksvoll, dass der Aufwand und das damit verbundene
Honorar für das Projektmanagement allein durch den erzielbaren monetären Vorteil um ein Vielfaches wieder erwirtschaftet werden.

Helmus/Trouvain (2005) untersuchten am Beispiel von 19 öffentlichen Büro-
und Verwaltungsgebäuden mit einer Gesamtinvestitionssumme von ca. 2,3 Mrd. €
die Effizienzgewinne aus dem Einsatz externer Projektmanager. War durch das
Nutzerbedarfsprogramm eine Budgetgrenze für die Kostengruppen 100 bis 700
der DIN 276 (Juni 1993) vorgegeben, so wurde diese durchschnittlich um mehr als
5 % unterschritten. Diese Effizienzgewinne seien das Ergebnis aus dem Zusammenspiel zwischen den Architekten, den Fachplanern und dem Projektmanager.
Bei den untersuchten Projekten waren die externen Projektmanager allerdings nur
bei 10 % der Projekte an der Aufstellung bzw. Prüfung des Nutzerbedarfspro-

gramms beteiligt. Optimierungen wurden schwerpunktmäßig zu knapp 70 % in der Projektstufe 3 Ausführungsvorbereitung vorgenommen, wobei diese bis auf wenige Ausnahmen primär Veränderungen der in den Leistungsbeschreibungen vorgegebenen Qualitäten betrafen. Bei ca. 60 % der untersuchten Hochbaumaßnahmen konnten die externen Projektmanager Nachtragsforderungen verhindern und bei 42 % Minderungen bei den Gewerken des Innenausbaus erzielen. So wurden auch bei nur ca. 30 % aller Maßnahmen die Nutzungskosten analysiert sowie Wirtschaftlichkeitsuntersuchungen und Schwachstellenanalysen durchgeführt.

Als Fazit aus diesen Untersuchungen ist festzustellen, dass sich durch den Einsatz externer Projektmanager bei komplexen Hochbaumaßnahmen der öffentlichen Hand vor allem in den Projektstufen 1 Projektvorbereitung und 2 Planung noch erhebliche Effizienzpotenziale ausschöpfen lassen.

Eser (2005) untersuchte an 3 Praxisbeispielen den Erfolgsbeitrag der Grundleistung des Projektmanagements zur Erreichung der Projektziele für Qualität, Kosten und Termine mit der Zielsetzung, den Beitrag der einzelnen Teilleistungen zum Projekterfolg sowohl qualitativ als auch quantitativ zu erfassen und damit eine Trendaussage zur Priorisierung der Teilleistungen zu ermöglichen. Dazu führte er Risiko- und ABC-Analysen durch. Zur Einschätzung der Risikobewertung im Hinblick auf Schadenshöhe und Eintrittswahrscheinlichkeit bei Nichterbringung der jeweiligen Teilleistung befragte Eser die jeweils zuständigen Projektmanagementfachleute und Projektkenner im Rahmen intensiven Brainstormings. In das Modell zur Bewertung der negativen Auswirkungen aus der Nichterbringung von Teilleistung wurden monetäre Lebenszyklusdaten einbezogen, d. h. Faktoren aus dem Bereich der Projektentwicklung i. e. S. (Finanzierungsaspekte, Schadensersatz des Auftraggebers an Mieter/Erwerber), des Projektmanagements (Schadensersatz aus Ablaufstörungen und aus Kostenüberschreitungen während der Planung und Ausführung) sowie des Facility Managements (Qualitätsmängel, überhöhte Nutzungskosten).

Mit Hilfe einer ABC-Analyse der Risikoerwartungswerte stellte er bei allen 3 Projekten im Durchschnitt fest, dass mit 14 von 94 Teilleistungen (15 %) 62 % des Risikoerwartungswertes (A-Positionen), mit weiteren 30 Positionen (32 %) 28 % des Risikoerwartungswertes (B-Positionen) und mit weiteren 53 % die letzten 10 % des Anteils am Risikoerwartungswert (C-Positionen) erreicht werden.

Der Gesamtrisikoerwartungswert aus der Multiplikation von Eintrittswahrscheinlichkeit und Schadenshöhe ergab in der Addition über alle beauftragten Teilleistungen einen Anteil von im Durchschnitt 66,1 % an der Gesamtinvestitionssumme.

Aus der Monte-Carlo-Simulation resultierte ein Medianwert (Eintrittswahrscheinlichkeit 50 %) von 61,3 % der jeweiligen Investitionssummen, für die 90 %-Fraktile von 72,6 % der Investitionssummen und für die 100 %-Fraktile von 88,8 % der Investitionssummen.

Damit wurde erstmals mit Hilfe eines Simulationsmodells durch Auswertung von 3 Praxisbeispielen abgeschätzt, dass die Schadensrisiken aus fehlendem Projektmanagement mit einer Wahrscheinlichkeit von 50 % bereits 61,3 % der Investitionssumme und mit einer Eintrittswahrscheinlichkeit von 90 % im Durchschnitt 72,6 % der Investitionssumme ausmachen.

Dieses Ergebnis kann sicherlich aufgrund der geringen Projektanzahl nicht verallgemeinert werden. Der Forschungsansatz hat das Ziel, im konkreten Einzelfall die Risiken aus der Nichterbringung von Teilleistungen oder aber auch der Gesamtleistungen des Projektmanagements abzuschätzen. Belastbare Forschungsergebnisse sind 2007 zu erwarten.

2.12 Zusammenfassung

Für das Projektmanagement ist die Regelungsnotwendigkeit und -fähigkeit der Projektsteuerung anstelle des bestehenden § 31 HOAI mittlerweile allgemein anerkannt. Nach dem von der AHO-Fachkommission Projektmanagement/Projektsteuerung vorgeschlagenen Leistungsbild (AHO, 2004d) können die in der Literatur und in der Praxis teilweise noch diskutierten Schnittstellen der Projektsteuerung zu anderen Leistungsbildern der HOAI und zur Rechtsbesorgung sachbezogen herausgestellt und konfliktfrei definiert werden.

Nach Übernahme des Leistungsbildes aus Heft 9 des AHO (2004d) werden die Prozessketten des Projektmanagements für die einzelnen Projektstufen 1 bis 5 in ihrer Vernetzung über die 4 Handlungsbereiche A bis D dargestellt. Jeweils anschließend folgt die Erläuterung der einzelnen Teilleistungen in den 5 Projektstufen mit Gegenstand und Zielsetzung, methodischem Vorgehen und Beispielen. Die den Prozessketten entsprechende Reihenfolge soll dem Anwender auch eine Chronologie der notwendigen Bearbeitungsschritte vorschlagen, wobei projektspezifisch erforderliche Anpassungen die Regel sein werden.

Zur Vermeidung von Wiederholungen werden in früheren Projektstufen bereits behandelte Teilleistungen in den darauf folgenden Projektstufen nicht nochmals erläutert.

Ferner werden aus Heft 19 des AHO (2004b) neue Leistungsbilder zum Projektmanagement vorgestellt, ergänzt um ein Kapitel Public Private Partnership (vgl. *Ziff. 2.5.8*) und um Ausführungen zur Gewinnung einer Marktübersicht über IT-Tools im Projektmanagement (vgl. *Ziff. 2.6*).

Bei der Darstellung der Honorierung der Grundleistungen für die Projektsteuerung wird eine Honorarkalkulation nach Zeitaufwand an den Anfang gestellt, um den Vorrang der im Voraus zu erstellenden Projektkalkulation deutlich zu machen. Die Honorarermittlung mit den an die HOAI angepassten Bemessungsparametern dient damit vor allem der Plausibilisierung der zunächst vorzunehmenden Projektkalkulation.

Die Ausführungen zur Akquisition von Projektmanagementaufträgen sollen ein Gespür für die Struktur der Nachfrager und der Anbieter im Projektmanagementmarkt vermitteln, Methoden der Konkurrenzanalyse aufzeigen und den Weg vom Erstkontakt zum Auftrag beschreiben.

Die Erläuterung des Vorgehens bei der Beauftragung von Leistungen des Projektmanagements richtet sich vor allem an öffentliche Auftraggeber, die zu einem Vergabeverfahren über freiberufliche Leistungen im Verhandlungsverfahren mit vorheriger Vergabebekanntmachung (§ 5 VOF) verpflichtet sind. Sie eignet sich aber ebenso für die Anwendung durch gewerbliche und private Auftraggeber mit der Maßgabe, dass die strikte Einhaltung der VOF nicht erforderlich ist, sondern allein die einschlägigen Regelungen des Werkvertragsrechts nach BGB gelten. Im Einzelnen werden der Vergabeprozess nach VOF beschrieben und durch Muster ergänzt sowie Anforderungen an Bauprojektmanager definiert.

Die Ausführungen zur Vertragsgestaltung für das Projektmanagement sollen einerseits das Problembewusstsein für die behandelten Themen schärfen und andererseits Hilfestellung für mögliche Vertragsformulierungen geben, die jedoch im konkreten Einzelfall stets projektspezifisch zu überprüfen, individuell anzupassen und zu konkretisieren sind. Ergänzend ist, zumindest bei größeren Projekten, die Beratung durch einen fachkundigen Baujuristen in der Konzeption und ggf. auch bei den Vertragsverhandlungen, in jedem Falle aber vor Vertragsunterzeichnung, zu empfehlen.

Aufgrund der zwischenzeitlich durch Rechtssprechung und Literatur gefestigten Meinungen ist grundsätzlich davon auszugehen, dass für die Rechtsnatur von Projektsteuerungsverträgen im Regelfall von einem Werkvertrag auszugehen ist und Dienstverträge auf Ausnahmefälle beschränkt bleiben, wobei die Definition des „Werkes" vertragsindividuell zu regeln ist (Leistungsergebnisse des Projektsteuerers oder das mängelfreie Bauwerk).

Besondere Aufmerksamkeit verlangt nach wie vor die Abbedingung der Ausschlüsse in den Versicherungsbedingungen der Haftpflichtversicherungen der Projektmanager für Schäden aus fehlerhafter Terminkoordination, fehlerhaften Mengen- und Kostenermittlungen sowie aus Termin-, Mengen- und Kostenüberschreitungen.

Der Nutzen von Projektmanagementleistungen wird immer wieder, auch durch jüngere Untersuchungen, eindrucksvoll bestätigt. Er ist vor allem darin zu sehen, dass seine effektive und effiziente Wahrnehmung der Verwirklichung der Projektziele des Auftraggebers und damit den einzelwirtschaftlichen Interessen des Investors dient, aber auch der Optimierung des Mitteleinsatzes der Projektbeteiligten und der späteren Nutzer. Projektmanagement stiftet damit auch gesamtwirtschaftlichen Nutzen.

3 Facility Management

Die Ursprünge des Facility Managements (FM) entstanden im Sinne eines ganzheitlichen strategischen Konzeptes zur Anlagenbewirtschaftung vor etwa 35 Jahren in den USA und Saudi-Arabien.

Große Teile der saudiarabischen Hauptstadt Er-Riad wurden in dieser Zeit modernisiert oder neu erbaut. Durch das Fehlen eigener fachlich qualifizierter Ingenieure und Arbeiter wurden weltweit große Baufirmen nicht nur mit der Planung und Bauausführung, sondern auch mit der Bewirtschaftung und Instandhaltung der neu errichteten Gebäude und Anlagen betraut.

In den USA initiierte 1978 der weltweit größte Möbelhersteller, die Herman Miller Corporation, eine Konferenz zum Thema „Facilities Impact on Productivity", auf der gemeinsam mit den Kunden über den Zusammenhang von Facilities und der Produktivität der Beschäftigten diskutiert wurde. 1980 wurde ein eigenständiger Berufsverband gegründet. Durch das schnelle Wachstum dieses Verbandes in den USA und die Aufnahme von kanadischen Mitgliedern kam es 1982 zur Erweiterung und Umbenennung in die International Facility Management Association (IFMA). Diese etablierte sich 1986 auch in England und 1996 in der Bundesrepublik Deutschland (München).

Zuvor war 1989 in Deutschland bereits die German Facility Management Association (GEFMA e. V.) mit Sitz in München gegründet worden. Auch die Vereinigung deutscher Maschinen- und Anlagenbauer (VDMA) mit Sitz in Frankfurt beschäftigt sich intensiv mit dem Thema Facility Management.

3.1 Definition und Abgrenzung

Im deutschen Sprachgebrauch werden unter Facilities Anlagen und Einrichtungen sowie unter Management das Führen, Leiten, Bewirtschaften, Beaufsichtigen und Verwalten verstanden.

Diese Vieldeutigkeit ist auch kennzeichnend für das Verständnis von Facility Management, seinen Aufgabenträgern, den Kern- und Dienstleistungsprozessen, Methoden und Instrumentarien.

Zur Orientierung werden nachfolgend verschiedene Begriffsdefinitionen vorgestellt.

„Facility Management ist die Gesamtheit aller Leistungen zur optimalen Nutzung der betrieblichen Infrastruktur auf der Grundlage einer ganzheitlichen Strategie. Betrachtet wird der gesamte Lebenszyklus, von der Planung und Erstellung bis zum Abriss. Ziel ist die Erhöhung der Wirtschaftlichkeit, die Werterhaltung, die Optimierung der Gebäudenutzung und die Minimierung des Ressourceneinsatzes zum Schutz der Umwelt" (AIG, 1996).

„Im Mittelpunkt aller Betrachtungen bei FM steht der Mensch, der ein Gebäude (eine Immobilie) nutzt, um darin ein Kerngeschäft (primärer Prozess, Wertschöpfungsprozess) zu betreiben. Hauptziel von FM ist dementsprechend, alle Facilities (Flächen, Einrichtungen, Dienste) so optimal zu gestalten, dass dadurch eine wirksame Unterstützung der Kernprozesse des Nutzers erreicht wird. Erhalt oder Erhöhung des Gebäudekapitalwertes sind Nebenziele von FM" (GEFMA e. V., 1998).

In der GEFMA-Richtlinie 100-1 (Entwurf 2004-07) heißt es unter Ziff. 3.1:

„Facility Management (FM) ist eine Managementdisziplin, die durch ergebnisorientierte Handhabung von **Facilities** (3.2.1) und **Services** (3.2.2) im Rahmen geplanter, gesteuerter und beherrschter **Facility-Prozesse** (3.5.3) eine Befriedigung der Grundbedürfnisse von Menschen am Arbeitsplatz, Unterstützung der Unternehmens-**Kernprozesse** (3.5.1) und Erhöhung der Kapitalrentabilität bewirkt.

Hierzu dient die permanente Analyse und Optimierung der kostenrelevanten Vorgänge rund um bauliche und technische Anlagen, Einrichtungen und im Unternehmen erbrachte (Dienst-)Leistungen, die nicht zum Kerngeschäft gehören."

„Facility Management ist eine Disziplin, die Gebäude, Ausstattungen und technische Hilfsmittel eines Arbeitsplatzes und den Arbeitsablauf der Organisation koordiniert. Ein effizientes Facility-Management-Programm muss Vorgaben von Verwaltung, Architektur, Design und die Kenntnisse der Verhaltens- und Ingenieurwissenschaften integrieren. Der Facility-Manager ist verantwortlich für die Entwicklung einer Facility-Strategie, die die Unternehmensziele optimal unterstützt" (IFMA, 1998).

Obwohl in vorgenannten Definitionen der Wirkungsbereich des Facility Managements auf den gesamten Lebenszyklus der Immobilie ausgedehnt wird, soll nachfolgend die Kernphase des Facility Managements auf die Immobilienbewirtschaftung in Übereinstimmung mit den einleitenden Ausführungen zum ganzheitlichen Immobilienmanagement konzentriert werden.

Übereinstimmende Aussage aller Definitionen zum Facility Management ist die Forderung nach *Erfüllung einer effektiven und effizienten Bewirtschaftung von Gebäuden und Anlagen zur Unterstützung der Kern- und Wertschöpfungsprozesse des Nutzers.*

Damit hat Facility Management ab Planungsbeginn in strategischer und ab Nutzungsbeginn einer Immobilie bis zur Umwidmung/zum Abriss in operativer Hinsicht dafür zu sorgen, dass durch die Gebäudebewirtschaftung mit technischen, kaufmännischen und infrastrukturellen Prozessen die Nutzeraktivitäten mit sich im Zeitablauf ändernden Anforderungen bestmöglich unterstützt werden.

Diese Aufgabe hat Facility Management angesichts der Bedeutung der Investitions- und Betriebskosten von Immobilien in den Wirtschaftlichkeitsbetrachtungen der Investoren und Nutzer, eines verstärkten Umweltbewusstseins und rasch fortschreitender Technisierung zu erfüllen.

Während bei neu zu errichtenden Gebäuden die Konzeption des Facility Managements bereits in der Projektentwicklungs- und Planungsphase beginnt, ist es bei bestehenden Gebäuden erforderlich, durch eine Bestandsaufnahme zunächst die erforderlichen Aktivitäten und Kosten der Bewirtschaftung der Immobilie zu ermitteln und zu bewerten. Im Rahmen der anschließenden Optimierung ist darauf zu achten, dass durch das Facility Management das Kerngeschäft und der Wertschöpfungsprozess des Nutzers bzw. seine Nutzungsziele zu jedem Zeitpunkt positiv beeinflusst werden.

Das Facility Management zielt auf die Integration von Menschen, Prozessen, Immobilien und Anlagen ab, um den Unternehmenszweck zu unterstützen und nachhaltig zu gewährleisten. Sein Erfolg bemisst sich an dem Beitrag zur Erfüllung des Unternehmenszwecks.

In Abgrenzung vom Facility Management ist das Corporate Real Estate Management auf das gesamte Immobilienportfolio von Unternehmen gerichtet. Viele Unternehmen haben erkannt, dass die Nutzung von Immobilien den gleichen Wirtschaftlichkeitskriterien unterliegen muss wie die Nutzung von produktionstechnischen Anlagen und einen Beitrag zum Unternehmenserfolg leisten muss. Dies gilt insbesondere für Immobilien, die nicht mehr für den betrieblichen Leistungserstellungsprozess benötigt werden und daher vermietet oder verkauft werden können (Schulte/Pierschke, 2000, S. 38 f.).

3.2 Grundsätze und Ziele

Nach Ziff. 2.2 der GEFMA-Richtlinie 100-1 gelten für ein erfolgreiches Facility Management nachfolgende Grundsätze:

- Kunden- und Serviceorientierung
  Der Facility Manager und seine Mitarbeiter haben ein klares Dienstleisterverständnis. Sie kennen und verstehen die Anforderungen ihrer Kunden und sind bemüht, diese zu erfüllen oder zu übertreffen.
- Prozessorientierung
  Die Leistungserbringer im Facility Management planen, steuern und beherrschen ihre Prozesse und Projekte. Die Verantwortung für die Bereitstellung der Mittel, für die Durchführung und für die Überwachung der Arbeitsabläufe liegen in einer Hand.
- Produkt- (Ergebnis-)orientierung
  Der Kunde (Nutzer, Auftraggeber) beurteilt den Erfolg des Facility Managements anhand der Ergebnisse und lässt dem Leistungserbringer möglichst Spielräume bei der Ausgestaltung seiner Facility-Prozesse.
- Lebenszyklusorientierung
  Facility Management überspannt den gesamten Lebenszyklus von Facilities.
- Ganzheitlichkeit
  Leistungen in einem Facility Management werden mit ihren Wechselwirkungen derart geplant und gesteuert, dass sich für den Kunden ein Gesamtoptimum ergibt.
- Marktorientierung
  Auch bei internen Kunden-Dienstleister-Beziehungen bestehen klare Leistungsvereinbarungen mit Service Level Agreements (SLA) und Leistungsverrechnungen.
- Partnerschaftlichkeit
  Ein gegenseitig partnerschaftlicher Umgang erleichtert den reibungslosen Ablauf der häufig eng verketteten Unterstützungsprozesse des Facility Managements mit den Kernprozessen des Anwenders.

Abbildung 3.1 zeigt in Anlehnung an DIN EN ISO 9001 ein allgemeines Prozessmodell für FM entlang der Wertschöpfungskette.

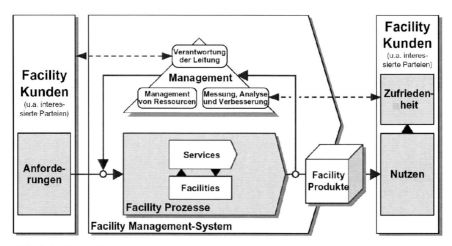

Abb. 3.1 Allgemeines Prozessmodell für FM entlang der Wertschöpfungskette
(Quelle: GEFMA 100-1 (Entwurf 2004-07), Bild 1)

Der Investor erwartet vom Facility Management die Erfüllung folgender Ziele:

• Optimierung der Rendite der Immobilie durch Senkung der Bewirtschaftungskosten

• Optimierung der Werterhaltung der Immobilie durch effizientes Instandhaltungsmanagement

• Verbesserung der Vermietbarkeit der Immobilie durch Erhöhung der Flexibilität, der Qualität und des Mieterkomforts

Für den Nutzer ist eine Immobilie nur Mittel zum Zweck, d. h. er benötigt sie, um seinem Kerngeschäft nachzugehen. Aufgaben, die sich allein auf das Gebäude erstrecken, sind produktfernere Tätigkeiten. Der Nutzer sieht darin nur erhebliche Kosten, die es durch das Facility Management zu minimieren gilt.

Für den Nutzer soll daher Facility Management einen Beitrag zur Steigerung der Rentabilität des Unternehmens durch Senkung der Gesamtkosten leisten. Maßnahmen dazu sind u. a.:

• Steigerung der Nutzungsflexibilität zur Anpassung an den organisatorischen Wandel im Unternehmen

• Erhöhung der Qualität von Arbeitsplätzen und deren Umgebung zur Steigerung der Produktivität der Mitarbeiter

• Fremdvergabe von immobilienbezogenen Leistungen und damit Konzentration des Nutzers auf das eigentliche Kerngeschäft des Unternehmens bzw. den Nutzungszweck der Immobilie

Für die Anbieter von Facility-Management-Leistungen stehen wie bei jedem Anbieter von Gütern und Dienstleistungen sowohl die finanzwirtschaftlichen Ziele wie Gewinn, Sicherheit und Liquidität als auch die leistungswirtschaftlichen Ziele wie Leistungsarten, Märkte und Problemlösungen im Vordergrund des Interesses.

Da sich aus dem Betrieb von Gebäuden und Anlagen Gefahren oder Nachteile für Leben, Gesundheit, Freiheit, Eigentum oder sonstige Rechte von Personen oder für die Umwelt ergeben können, hat jedes Unternehmen oder jede Person, die ein Gebäude oder eine Anlage betreibt, eine gesetzlich geregelte Betreiberverantwortung zu übernehmen und alle erforderlichen und zumutbaren Maßnahmen zu ergreifen, um diese Gefahren oder Nachteile zu vermeiden oder zu verringern (GEFMA-Richtlinie 190, Ziff. 3).

3.3 Strategisches Facility Management

Die Erreichung der Ziele des Facility Managements setzt voraus, dass dieses konzeptionell bereits in die Projektentwicklung und die Planung der Immobilie einbezogen wird. Dies gilt auch für die erforderliche Neutralplanung zur Gewährleistung der Nutzungsflexibilität. Dabei sind die dadurch verursachten Mehrkosten bei den Investitionen den Einsparungen bei den Nutzungskosten während der Betriebsphase der Immobilie sowie den Chancen im operativen Facility Management einander gegenüberzustellen (Preuß/Schoene, 2003, S. 23).

Eine zusätzliche Aufgabe des strategischen Facility Managements ist darin zu sehen, dass frühzeitig alle gebäuderelevanten Daten vom Planungsbeginn an nach logisch aufgebauten und für die Nutzungsphase verwendbaren Strukturen dokumentiert werden.

Eine interdisziplinäre Datendokumentation ab Planungsbeginn in einem Gebäude- und Raumbuch vermeidet eine erneute Bestandsaufnahme nach der Übergabe und Inbetriebnahme und gewährleistet damit gemäß *Abb. 3.2* die dauerhafte Verwendung aller bereits vorhandenen Daten über die Gebäudefertigstellung hinaus.

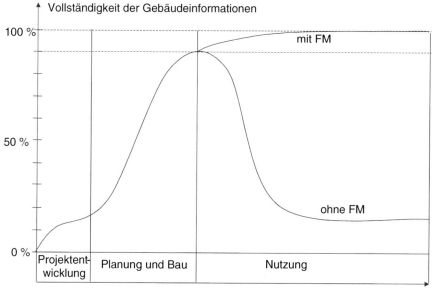

Abb. 3.2 Vollständigkeit der Gebäudeinformationen im Immobilien-Lebenszyklus

Es ist allgemein bekannt, dass die Bewirtschaftungs-, Verwaltungs-, Betriebs- und Instandhaltungskosten sowie das Mietausfallwagnis zunehmende Bedeutung erlangt haben, da sie häufig bereits die Größenordnung der Aufwendungen aus der Kaltmiete erreichen. Werden dann auch noch die Arbeitsplatzkosten hinzugerechnet, so übersteigt die Warmmiete bereits häufig den doppelten Wert der Kaltmiete.

Um die Ziele des Facility Managements zu erreichen, ist es unabdingbar, Strategisches Facility Management bereits konzeptionell in die Projektentwicklung und Planung der Immobilie einzubeziehen. Dies gilt auch für die erforderliche Neutralplanung zur Gewährleistung der Nutzungsflexibilität.

Durch Planung intelligenter Gebäude können nun im Rahmen der Nutzung Einsparungen bei den Energie-, Reinigungs-, Sicherheits-, Wartungs- und Gebäudemanagementkosten erzielt werden, die den Mehraufwand bei den Erstinvestitionen in wenigen Jahren amortisieren (vgl. *Abb. 3.3*).

Um eine solche Amortisationsrechnung aufzustellen, bedarf es eines möglichst identischen in konventioneller Weise errichteten Gebäudes als Vergleichsobjekt. Durch Vergleich der Investitions- und Betriebskosten zwischen beiden Objekten

Bruttogrundfläche nach DIN 277	15.000 m² BGF
Vermietbare Bürofläche	12.000 m² BF
Kosten des Bauwerks (Kgr 300 + 400 der DIN 276 in Mio. €)	30,00
Zusatzinvestitionen für „Intelligentes Gebäude" gegenüber herkömmlicher Bauweise in Mio. €	
Zentrale Leittechnik, Kommunikationsnetz, Zutrittskontrolle	0,75
Energieverbrauchsoptimierung	0,65
Mehraufwand Rohbau und Ausbau	0,60
Mehraufwand Raumlufttechnische Anlagen	0,12
Flächenverwaltungssystem	0,11
Mehraufwand Planung und Projektmanagement	0,13
Summe Mehraufwand	2,36
Kosten des „Intelligenten Bauwerks"	32,36
Jährliche Einsparungen in Mio. € p. a. gegenüber herkömmlichen Betriebskosten	
Energie 45 % von 0,80	0,36
Reinigung 15 % von 0,60	0,09
Sicherheit 50 % von 0,40	0,20
Gebäudemanagement und Wartung 33 % von 0,30	0,10
Jährliche Einsparungen	0,75
Amortisationsdauer der Zusatzinvestitionen für ein „Intelligentes Gebäude"	
2,36/0,75 =	**3,15 Jahre**

Abb. 3.3 Flächen- und Kostendaten eines „Intelligenten Gebäudes"

können statische Kostenvergleichs-, Rentabilitäts- oder Amortisationsrechnungen oder auch dynamische Kapitalwertberechnungen angestellt werden.

3.3.1 Facility Management Consulting

Nach der Definition in AHO (2004c, S. 4) umfassen Leistungen des Facility Management Consulting die lieferanten- und herstellerunabhängige Beratung von Auftraggebern beim Aufbau oder der Modifikation eines bestehenden Facility Managements. Dies gilt sowohl für die Einführung von Facility Management bei Neu- und Umbauprojekten sowie für die Verbesserung des Facility Managements bei Bestandsimmobilien.

Das tabellarische Leistungsbild von AHO Nr. 16 unterscheidet nach 4 Projektphasen und 22 Anwendungsbereichen.

Projektphase I: Basiskonzept	
I.1	Klären der Aufgabenstellung
I.2	Durchführen der Ist-Analyse
I.3	Erstellen der Grobkostenanalyse
I.4	Ableiten der
I.5	Erstellen der Nutzenprognose
I.6	Aufstellen des Terminrahmens
I.7	Festlegen der Zieldefinition
I.8	Zusammenstellen der Ergebnisdokumentation
Projektphase II: Umsetzungskonzept	
II.1	Analyse der Aufbauorganisation
II.2	Ableiten der Projektorganisation
II.3	Aufstellen des Lastenheftes
II.4	Durchführen der Kostenbewertung
II.5	Aufstellen und Bewerten von In- und Outsourcingkonzepten
II.6	Zusammenstellen der Ergebnisdokumentation
Projektphase III: Projektumsetzung	
III.1	Erstellen der Leistungsverzeichnisse
III.2	Erstellen der Arbeitsanweisungen und -kataloge
III.3	Mitwirken bei der Ausschreibung von Leistungen
III.4	Mitwirken bei der Vergabe
III.5	Mitwirken bei der Vertragsgestaltung
III.6	Zusammenstellen der Ergebnisdokumentation
Projektphase IV: Umsetzungscontrolling	
IV.1	Mitwirken bei der Qualitätssicherung
IV.2	Betreuen der Projektbeteiligten
IV.3	Mitwirken bei der Auswahl weiterer Projektbeteiligter
IV.4	Mitwirken bei der Kosten- und Terminüberwachung
IV.5	Zusammenstellen der Ergebnisdokumentation

Abb. 3.4 Leistungsbild des Facility-Management-Consulting (Quelle: AHO (2004c), S. 7 f.)

A.1 Abfallentsorgung	A.12 Kostenplanung und -kontrolle
A.2 Außenanlagen	A.13 Objektbuchhaltung
A.3 Beschaffungsmanagement	A.14 Parkraummanagement
A.4 Betreiben, Warten, Inspizieren	A.15 Reinigungsdienste
A.5 Datenverarbeitungsdienste	A.16 Sicherheitsdienste
A.6 Dokumentation	A.17 Umbauen
A.7 Energiemanagement	A.18 Umzugsmanagement
A.8 Flächenmanagement	A.19 Verpflegungsdienste
A.9 Instandsetzung	A.20 Vertragsmanagement
A.10 Kabel-/Netzwerkmanagement	A.21 Waren- und Logistikdienste
A.11 Kennzeichnung	A.22 Zentrale Kommunikationsdienste

Abb. 3.5 Anwendungsbereiche des Facility Management Consulting (Quelle: AHO 2004c), S. 8)

In Anhang A von Heft 16 des AHO werden für die 22 Anwendungsbereiche die in den 4 Projektphasen jeweils zu erbringenden Teilleistungen im Einzelnen in Anlehnung an die DIN 32736 (August 2000) aufgelistet.

Preuß/Schoene (2003) beschreiben ausführlich die Leistungen des Facility Management Consulting in den Phasen der Projektentwicklung und des Projektmanagements sowie im infrastrukturellen, kaufmännischen und technischen Bereich.

3.3.2 Energiemanagement und Energie-Contracting

Energie sparende Maßnahmen werden beim Neubau und der Modernisierung von Gebäuden stets nur dann durchgeführt, wenn sie mit angemessenen Kosteneinsparungen verbunden sind. Nicht nur im öffentlichen Bereich, sondern auch in der Wirtschaft und von den privaten Haushalten wird allgemein anerkannt, dass die Betriebskosten von Immobilien durch Senkung der Energiekosten deutlich verringert werden können.

Das Energiemanagement hat dafür zu sorgen, dass der Energieverbrauch und auch die Schadstoffemissionen von Immobilien im Rahmen vereinbarter Zielsetzungen minimiert werden. Diese Aufgabe beginnt bei der Projektentwicklung, setzt sich fort in der Planung und Bauausführung und findet ihre Bewährung im Gebäudebetrieb (Braun et al., 2004, S. 109).

Energiemanagement konzentriert sich vor allem auf die Optimierung folgender Bereiche:

- die Energieversorgung
- die Anlagen zur Raumkonditionierung (Heizung, Lüftung, Kälte)
- die natürliche Be- und Entlüftung
- die Fassadengestaltung
- den winterlichen Wärmeschutz und die sommerliche Kühlung
- die Starkstrom- und Beleuchtungsanlagen

Bei Neubaumaßnahmen muss erfolgreiches Energiemanagement bereits in der Projektentwicklung einsetzen. Zu den energierelevanten Zielvorgaben kann z. B. eine prozentuale Unterschreitung der Mindestwerte für den Transmissionswärmeverlust und den Primärenergiebedarf nach der Energieeinsparverordnung (EnEV) gehören. Ferner können noch nicht in der EnEV erfasste Energiebedarfswerte z. B. für elektrische Energie, für Beleuchtung und Raumkonditionierung eingeführt werden. Energiekennzahlen bezeichnen die in einem Gebäude während eines Jahres verbrauchte Endenergie, bezogen auf die Energiebezugsfläche. Die Kennzahlen sind ein geeignetes Instrument zur Reduktion von Energieverbräuchen, die den notwendigen Planungsanreiz schaffen und der Selbstkontrolle des Planungsteams dienen (Oesterle, 2004, S. 120).

Bei der Optimierung energierelevanter Regelparameter ist zu fragen, ob davon im Interesse der Energieeinsparung abgewichen werden kann, ohne die Bedingungen für einen nutzungsgerechten Betrieb nachhaltig zu verschlechtern. So kann z. B. die Erhöhung der max. zulässigen Raumtemperatur im Sommer oder eine variable Luftbefeuchtung im Winter zu deutlichen Reduzierungen der Energiekosten führen.

Zu einem effizienten Energiemanagement gehört auch das automatische Erfassen und Vergleichen der Energieverbräuche in einer Leitzentrale. Die Ergebnisse der Energieverbrauchsüberwachung sollten mindestens jährlich in einem Energiebericht zusammengefasst und allen Nutzern zugänglich gemacht werden. Das Nutzerverhalten hat maßgeblichen Einfluss auf den Energieverbrauch von Gebäuden. Daher muss der Energiebericht auch die wichtigsten Verhaltensregeln für einen energieeffizienten Betrieb aufzeigen.

Der Energiebericht 2003 des Immobilienmanagements der Berliner Polizei vom Oktober 2004 von Kummert/Klein/Seilheimer erläutert eindrucksvoll die Ziele des Energiemanagements im Referat Immobilienmanagement, die Analyse des Energieverbrauchs und des CO_2-Ausstoßes der Immobilien sowie die Maßnahmen zur energetischen und nachhaltigen Optimierung der Gebäude.

Das Gesetz zur Förderung der sparsamen sowie umwelt- und sozialverträglichen Energieversorgung und -nutzung im Land Berlin verpflichtet in § 16 den Senat von Berlin, den Abgeordneten jährlich auf der Grundlage des Landesenergieprogramms einen Energiebericht über die eingeleiteten Maßnahmen zur Verwirklichung der Ziele und Grundsätze des Gesetzes vorzulegen.

Oberziele der Energiepolitik der Berliner Polizei sind die Schonung, Verträglichkeit und Nachhaltigkeit sowie uneingeschränkte Energieversorgung der Immobilien der Berliner Polizei. Dabei werden folgende Ziele verfolgt:

- energetische Sicherstellung eines 24-Stundenbetriebs der Spezialimmobilien
- energetische und nachhaltige Optimierung des vorhandenen Immobilienbestandes
- Einsatz verbrauchsarmer und -naher Energieerzeugungsanlagen
- Einsatz regenerativer Energieformen
- Erhöhung der Bereitschaft des Personals zum Energiesparen durch Informations- und Aufklärungskampagnen
- Reduzierung des energiebedingten CO_2-Ausstoßes

Berichtet wird über die Energieträger Fernwärme, Erdgas, Heizöl, Strom und auch Wasser. In den Jahren 1994 bis 2003 konnten die Energiekosten trotz erhöhter Preise für fossile Brennstoffe von 13,3 Mio. € (1994) auf 12,5 Mio. € (2003) reduziert werden. Dies entspricht einer Einsparung innerhalb der Dekade von 0,8 Mio. € bzw. von 6 % gegenüber 1994 bzw. von 0,65 % p. a. Durch die Ökosteuer und die damit einhergehende Erhöhung der Energiepreise wurden diese

Einsparungen bis 2005 wieder aufgezehrt. Durch systematischen Ersatz von Heizöl durch Erdgas für die Wärmeversorgung konnten von 1998 bis 2003 die Emissi-
onen von Kohlendioxid (CO_2) und Schwefeldioxid (SO_2) deutlich reduziert werden (Heizölabnahme von 23 % auf 2 % und Zunahme von Erdgas von 24 % auf
48 %).

Aus Ermittlungen des Instituts für Baumanagement (IQ-Bau) der Bergischen
Universität Wuppertal, basierend auf institutsinternen Kennwerten, Kennzahlen
der Büronebenkostenanalyse von Jones Lang LaSalle (OSCAR 2003) und der
Kommunalen Gemeinschaftsstelle für Verwaltungsvereinfachung (KGSt) in Köln
wurden Zielkorridore für die spezifischen Gaswärmeversorgungskosten in
€/(m² HNF x a) entwickelt. *Abbildung 3.6* zeigt die spezifischen Gaswärmeversorgungskosten 2000 bis 2003 für 25 Liegenschaften der Berliner Polizei. Daraus
ist ersichtlich, dass sie überwiegend im unteren Drittel des Zielkorridors angesiedelt sind.

Aus *Abb. 3.7* ist deutlich sichtbar, dass der CO_2-Ausstoß/kWh bei Fernwärme
von 0,10 kg über Erdgas (0,18), Heizöl (0,26) zum Strom mit 0,60 auf das 6fache
anwächst. Strom sollte daher wegen des hohen CO_2-Ausstoßes nicht zur Wärmeerzeugung verwendet werden.

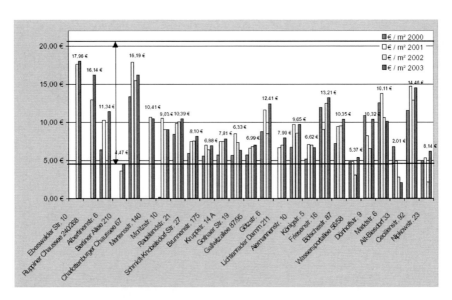

Abb. 3.6 Gaswärmeversorgungskosten 2000 bis 2003 für 25 Liegenschaften der Berliner
Polizei (Quelle: Berliner Polizei (2003), S. 13)

Energieträger	Energiemenge	CO_2-Ausstoß je kWh
Fernwärme	1 kWh	~ 0,10 kg CO_2
Erdgas	1 kWh	~ 0,18 kg CO_2
Heizöl	1 kWh	~ 0,26 kg CO_2
Strom	1 kWh	~ 0,60 kg CO_2

Abb. 3.7 CO_2-Ausstoß je kWh der einzelnen Energieträger

Im Energiebericht werden in Kapitel 4 Maßnahmen zur energetischen und nachhaltigen Optimierung der Gebäude benannt:

- Benchmarking des Energieverbrauchs
  Das Benchmarking mit Zielkorridoren, basierend auf Erkenntnissen anderer Einrichtungen des öffentlichen Immobilienmanagements, wird als maßgebliches Managementinstrument eingesetzt und soll neben dem internen Vergleich auch den Vergleich mit anderen Organisationen des Immobilienmanagements gewährleisten. Daraus entstehen Anreize zur Steigerung der Leistungsfähigkeit der eigenen Organisationseinheit.

- Durchgeführte und geplante Baumaßnahmen zur Energieoptimierung
  Im Jahr 2003 lag der Schwerpunkt der energetischen Optimierung des Gebäudebestandes und der betriebstechnischen Anlagen auf der Modernisierung der vorhandenen Verbrennungsanlagen. Ferner wurden unwirtschaftliche Heizkörper und die Heizkörperventile durch Thermostatventile ersetzt. Teilweise wird ein Vollwärmeschutz auf die vorhandene Fassade einzelner Gebäude aufgebracht. Teilweise wird die Gaskesselanlage demontiert und die Liegenschaft an das Fernwärmenetz der BEWAG angeschlossen. In einigen Fällen ist die Errichtung eines Blockheizkraftwerks geplant. Weiterhin ist vorgesehen, in jedem Gebäude Zählereinrichtungen für die 4 Energiearten Fernwärme, Erdgas, Heizöl und Strom vorzusehen. In den Hausanschlussräumen werden, soweit noch nicht vorhanden, Zähler mit der Möglichkeit der Fernablesung istalliert. Damit kann künftig jedes einzelne Gebäude hinsichtlich des Energieverbrauchs analysiert und bewertet werden.

- Erstellung von Energiebedarfsausweisen/-pässen
  Seit 1993 existiert eine Berliner Richtlinie zur Erstellung von Energiebedarfsausweisen für Neubauten. Diese ist auch auf Altbauten anzuwenden, wenn wesentliche bautechnische Änderungen am oder im Gebäude stattfinden. Der Energiebedarfsausweis gibt den Wärmebedarf des jeweiligen Gebäudes an und findet u. a. im Portfolio-Management Berücksichtigung, da der Energieverbrauch maßgebliches Wirtschaftlichkeitskriterium der Gebäude ist.

- Einsatz regenerativer Energien
  Ziel des Berliner Projektes „Solardach" ist es, Investoren zu finden, die Dachflächen öffentlicher Gebäude mieten, um Solarzellen aufzustellen. Der gewonnene Strom wird in das Netz des örtlichen Stromlieferanten eingespeist. Der Investor erhält den gesetzlich garantierten Strompreis, der Vermieter die Mieteinnahmen und einen geringen Anteil am Stromerlös. Die Vertragslaufzeiten liegen deutlich über 20 Jahren, um die Amortisation und zugleich eine weitere CO_2-Reduzierung zu erreichen.

- Realisierung von Energieeinsparmöglichkeiten
  Im Bereich der Wärmeerzeugung und -verteilung verfügen die Gebäude der Berliner Polizei weitgehend über Einrichtungen, die dem neuesten Stand der Technik entsprechen. Dazu zählen neben den überwiegend vorhandenen Thermostatventilen drehzahlgeregelte Pumpen und elektronisch gesteuerte Brennwertkessel.
  Ein großes Einsparpotenzial ist in der Gebäudehüllensanierung (Wärmedämmung der Fassaden, Dächer und Kellerdecken) und in der Beseitigung der Luftundichtigkeiten an den Fenstern zu sehen.

Zur Senkung des Stromverbrauchs ist die Industrie gefordert, elektronische Geräte und Beleuchtungskörper mit geringeren thermischen Verlusten herzustellen.

- Abschluss von Energiesparpartnerschaften
Bei Energiesparpartnerschaften werden gewerbliche Vertragspartner gesucht, die durch Investitionen in die Gebäudetechnik, den Wärmeschutz und durch Übernahme des Betriebs der Heizungsanlagen vertraglich Kosteneinsparungen zusichern. Diese Einsparungen werden zwischen dem Gebäudeeigentümer und dem Energiesparpartner aufgeteilt. In Berlin wurde ein entsprechender Gebäudepool ausgewählt, der zur Zeit von der Berliner Energieagentur überprüft wird. Anschließend soll durch eine öffentliche Ausschreibung ein Vertragspartner für eine Laufzeit von mehreren Jahren gefunden werden.

Finanzierungsmodelle zur Erzielung von Energieeinsparungen werden bereits seit 1980 angeboten. Dabei ist gemäß DIN 8930 Teil 5 nach Einspar-Contracting und Energieliefer-Contracting zu unterscheiden.

Einspar-Contracting und Energieliefer-Contracting

Die Grundidee dieses Modells besteht darin, die Finanzierung Energie sparender Maßnahmen durch die hieraus resultierenden Einsparungen zu erreichen (Oesterle in Braun et al. (2004), S. 151).

Traditionell übernimmt der Gebäudeeigentümer die Finanzierung Energie sparender Maßnahmen. Beim *Einspar-Contracting* übernimmt ein Anlagenbauer der Technischen Ausrüstung oder ein Energieversorgungsunternehmen (Contractor) die Drittfinanzierung. Der Contractor entwickelt ein Energie sparendes System für das jeweilige Objekt und liefert dieses dem Eigentümer (Contractingnehmer) auf eigene Rechnung. Contractingnehmer und Contractor schließen einen Erfolgsbeteiligungsvertrag, mit dem der Contractingnehmer dem Contractor für den vertraglich vereinbarten Zeitraum die tatsächlich erzielten Einsparungen abtritt. Während dieses Zeitraums übernimmt der Contractor üblicherweise die Wartung und Überwachung des installierten Systems. Einsparungen nach dem Vertragsende fließen dann dem Contractingnehmer zu. Das installierte System geht in sein Eigentum über. Sofern der Contractingnehmer das installierte System mit eigenem Personal weiterbetreiben kann, erzielt er entsprechende Einsparungen. Vielfach wird er jedoch mit dem Contractor einen neuen Wartungs- oder auch Betreibervertrag abschließen.

Vorteil für den Contractingnehmer ist, dass der Contractor die technischen und finanziellen Risiken der Investition trägt. Gewisse Schwierigkeiten bereitet die Festlegung der Ausgangsbasis zur Berechnung der Einsparungen, dazu ist das langjährige Mittel des Energieverbrauchs mit aktuellen Energiepreisen zu bewerten. Zur Abdeckung der Risiken aus dem Nutzerverhalten und der Witterung wird der Contractor jedoch stets versuchen, Risikopuffer einzubauen.

Das Einspar-Contracting findet vorrangig bei Bestandsbauten im kommunalen und industriellen Bereich Anwendung. Nach Angabe der Kreditanstalt für Wiederaufbau (KfW) sind ca. 1 Mio. Gebäude in Deutschland für ein Einspar-Contracting geeignet. Das Investitionspotenzial wird auf 6 Mrd. €, das Einsparpotenzial auf ca. 20 % bis 30 % des Energieverbrauchs geschätzt. Das Einspar-Contracting hat sich jedoch bisher nicht durchsetzen können (Oesterle in Braun et al. (2004), S. 151 f.).

Dagegen hat das *Energieliefer-Contracting* einen Marktanteil von ca. 90 %. Es eignet sich sowohl für Neubauten als auch für Bestandsbauten. Der Contractingnehmer beauftragt den Contractor mit der Vorfinanzierung, Errichtung und dem späteren Betrieb energietechnischer Anlagen (z. B. Wärme- und Kälteerzeugungsanlagen, Blockheizkraftwerke, Beleuchtungs-, Druckluft-, Mess-, Steuer- und Regelanlagen). Der Preis des Contractors setzt sich aus dem Grundpreis für Investitionen, Wartung, Reparatur, Verwaltung und Versicherung, dem Arbeitspreis für Brennstoffe, Hilfsstoffe und Stromverbrauch, dem Messpreis für Zähler- und Eichkosten sowie für Abrechnung zusammen. Der Contractingnehmer erwartet ein auf seine Bedürfnisse zugeschnittenes optimales Anlagenmanagement mit preiswerter Energie. Der Contractor ist über einen Zeitraum von 10 bis 20 Jahren für die Investitionen und den Betrieb der energietechnischen Anlagen verantwortlich. Das rechtlich stark reglementierte Energieliefer-Contracting erfordert die Erfüllung zahlreicher Bedingungen, da der Contractor in einer fremden Immobilie in energietechnische Anlagen investiert, die sich im Eigentum des Contractingnehmers befinden. Dazu müssen energietechnische Anlagen als Scheinbestandteile definiert werden, um Eigentum des Contractors sein zu können, und es müssen zahlreiche Verträge zwischen den Beteiligten abgeschlossen werden.

Die Vorteile für den Contractingnehmer bestehen darin, dass er sich nicht mit hohen Investitionskosten belastet und dennoch energieeffiziente technische Anlagen, günstige Energiepreise und ein optimales Anlagenmanagement erhält. Der Contractor erbringt vielfältige Leistungen zur Steigerung seiner Wertschöpfung und entwickelt sich dabei vielfach zu einem umfassenden Facility-Management-Anbieter.

3.3.3 Flächenmanagement (FLM)

Die Aufgabe der Flächenbereitstellung ist in der modernen Arbeitswelt durch immer höhere Anforderungen an das Umfeld des arbeitenden Menschen sehr komplex geworden. Daraus ist die Aufgabenstellung entstanden, die Arbeitsfläche als einen Produktionsfaktor (eine Ressource) zu bewerten und zu nutzen. Flächenmanagement bezeichnet die Managementaufgabe, Arbeitsflächen bereitzustellen, die dem Anforderungsprofil bestmöglich zu geringstmöglichen Kosten entsprechen (GEFMA-Richtlinie 130, Entwurf Juni 1999).

Zielsetzung des Flächenmanagements aus der Sicht des Selbstnutzers oder Mieters ist es, den Nutzen der von ihm belegten Flächen zu steigern und dabei den Aufwand zu verringern. Die Verbesserung des Nutzen-/Kosten-Verhältnisses ist erreichbar durch:

- Erhöhung der Produktivität auf gleich bleibender Fläche durch intensivere Nutzung oder Anpassung der Flächenausstattung an den aktuellen Bedarf,
- Verringerung der Fläche bei gleich bleibender Produktivität durch Flächenverdichtung oder
- eine Kombination aus beidem.

Die strategische Entscheidung über die Zielvorgaben für das Flächenmanagement obliegt dem Nutzer selbst. Nur dieser kann entscheiden, ob eine Verringerung oder Verdichtung von Arbeitsplätzen, andere Büroformen, Desksharing oder Telearbeit in Betracht kommen.

Zielsetzung des Flächenmanagements aus der Sicht der Vermieter ist es,

- die vermietbare Fläche und damit seine Mieterlöse zu steigern oder
- nicht vermietbare Flächen zu identifizieren und zu reduzieren, um dadurch die Kosten zu senken.

Nach GEFMA 130, Ziff. 3, sind folgende Flächenarten zu unterscheiden:

- Flächen nach DIN 277
  In DIN 277-1 (Februar 2005) werden die Flächen gemäß *Abb. 3.8* gegliedert.
- Flächen nach DIN 4543
  DIN 4543 „Büroarbeitsplätze" enthält die Anforderungen an Flächen für die Aufstellung und Benutzung von Büromöbeln. Sie definiert die Begriffe Büroraum, Büroarbeitsplatz, Arbeits-, Stell- und Wirkfläche.
- Gewerbefläche nach gif (MF-G)
  Die Gesellschaft für Immobilienwirtschaftliche Forschung (gif e. V.) definiert ergänzend zu DIN 277 Richtlinien zur Berechnung der Mietflächen für gewerbliche Räume (MF-G), Stand Oktober 2004. Darin wird u. a. unterschieden nach ortsgebundenen und nicht ortsgebundenen Wänden sowie nach Mietflächen mit exklusivem sowie mit gemeinschaftlichem Nutzungsrecht.

GEFMA 130 unterscheidet unter Ziff. 4 flächenbedingte Kosten, die weiter unterteilt werden nach Flächenbereitstellungs- und Flächenbewirtschaftungskosten, letztere mit weiterer Unterteilung nach nutzungsunabhängigen und nutzungsabhängigen Flächenbewirtschaftungskosten *(Abb. 3.9)*.

Flächengliederung gemäß DIN 277 T1 und T2:			Bürogebäude	
			Richtwerte	Beispiele
Brutto-Grundfläche		**BGF**	100%	
Konstruktions-Grundfläche		**KGF**	10-13%	
Netto-Grundfläche		**NGF**	87-90%	
Nutzfläche		**NF**	58-74%	
Hauptnutzfläche		**HNF**	55-70%	
	Wohnen und Aufenthalt	HNF 1	< 3%	Cafeteria, Aufenthaltsräume
	Büroarbeit	HNF 2	50-60%	Büros, Besprechungsräume
	Produktion, Hand- u. Mascharb., Exp.	HNF 3	< 2%	Küchen, Teeküchen
	Lagern, Verteilen und Verkaufen	HNF 4	5-10%	Archive, Läger
	Bildung, Unterricht und Kultur	HNF 5	5-10%	Seminarräume, Schulungsräume
	Heilen und Pflegen	HNF 6	< 1%	Sanitätsräume, Erste-Hilfe
Nebennutzfläche: Sonstige Nutzung		**NNF**	< 4%	Sanitärräume (WC's, Duschen), Garderoben
Technische Funktionsfläche		**TF**	< 3%	Betriebstechnik (Technikzentralen, -räume)
Verkehrsfläche: Verkehrserschließung		**VF**	15-25%	Verkehrsflächen (Treppen, Flure)

Hinweis: Genannte Richtwerte gelten für einfache Bürogebäude ohne Berücksichtigung von Tiefgaragen, ohne Speisesaal bzw. Kantine, ohne größere Küche und ohne größere Technikflächen für z.B. Lüftungszentralen.

Abb. 3.8 Flächengliederung gemäß DIN 277-1 (Feb. 2005) mit prozentualen Anteilen für Bürogebäude (Quelle: nach Anhang GEFMA 130 (Entwurf Juni 1999))

Flächenkostengliederung am Beispiel: Eigengenutztes Objekt

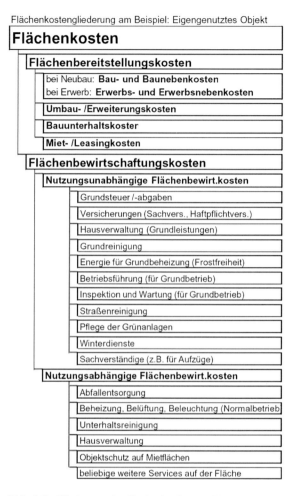

Abb. 3.9 Gliederung der flächenbedingten Kosten (Quelle: GEFMA 130 (Entwurf Juni 1999), Bild 3)

Für die Bewertung der Leistungsfähigkeit einer Grundfläche werden in GEFMA 130, Ziff. 5, nachfolgende Kriterien bzw. Kennziffern zur Beurteilung der Wirtschaftlichkeit angeführt:

- Mietfläche/vermietete Fläche
- Hauptnutz-/Arbeitsplatzfläche
- Nebennutz-/Verkehrsfläche
- Technische Funktionsfläche
- Flächenzuschnitt, geometrische Form des Raumgrundrisses
- Flächenanordnung und Lage der Räume
- Flächenflexibilität
- Flächennutzungsgrad
- Belegungsgrad
- Spezifischer Flächenbedarf

Für das Leistungsbild des Flächenmanagements führt GEFMA 130 unter Ziff. 6 folgende Teilleistungen an:

- das Mitwirken bei der Flächenplanung durch
  - Erstellen von Flächenstandards
  - Bewerten der Nutzeranforderungen
  - Flächenlayout- und Belegungsplanung
- Flächenoptimierung durch
  - Analyse bisheriger Flächennutzung
  - Entwicklung von Lösungsmöglichkeiten
  - Nutzwertanalyse
  - Wirtschaftlichkeitsvergleich
  - Entscheidungsvorbereitung
  - Dokumentation
  - Vorhaltung von Reserveflächen.

Als Methoden des Flächenmanagements nennt GEFMA 130 unter Ziff. 7 die Bildung von Flächenkennwerten, das Benchmarking und die interne Flächenverrechnung.

Die für das Flächenmanagement benötigten Daten sind nach GEFMA 130 Ziff. 8 die Bestandsdaten für sämtliche Flächen, die Belegung, die Vertragsdaten und Kosten. Als Werkzeuge für das Flächenmanagement fordert GEFMA 130 Ziff. 9 ein Raumbuch sowie ein bestimmte Mindestanforderungen erfüllendes CAD-System.

Zusammenfassend wird Flächenmanagement in GEFMA 130 als konzeptionelle und planerische Leistung verstanden, um die Leistungsfähigkeit der Gebäudeflächen zu steigern und dies durch ein schlüssiges Konzept mit einem ständig zu aktualisierenden Flächenlayoutplan zu erreichen.

Zum Flächenmanagement bzw. Management der verfügbaren Flächen im Hinblick auf ihre Nutzung und Verwertung gehören nachfolgende Teilleistungen nach DIN 32736 (August 2000), Ziff. 4.

1. Nutzerorientiertes FLM, u. a.:

- Nutzungsplanung, räumliche Organisation von Arbeitsprozessen und Arbeitsplätzen, ergonomische Arbeitsplatzgestaltung, flächenökonomische Optimierung, Optimierung von Wegebeziehungen
- Planung von Belegungs-/Umbelegungsprozessen

2. Anlagenorientiertes FLM, u. a.:

- Flächen- und raumbezogene Analyse im Hinblick auf Baukonstruktionen (bauliche Anlagen) und technische Gebäudeausrüstung. Dazu gehören insbesondere raumbezogene Sollwerte für Lufttemperatur, Luftfeuchte und geforderte Netzanschlüsse
- Verknüpfung von raumbezogenen Nutzungsanforderungen mit den Leistungen des Technischen Gebäudemanagements

3. Immobilienwirtschaftlichorientiertes FLM, u. a.:

- Verknüpfung von Flächen und Räumen zu vermietbaren Einheiten
- Belegungsberatung und Belegungssteuerung
- Erfassen und Bewerten von Leerständen
- Kopplung raumbezogener Bedarfsforderungen und Servicelevels an Mietverträge und Mietnebenkostenabrechnungen

4. Serviceorientiertes FLM

Für Leistungen des Infrastrukturellen Gebäudemanagements sind Flächen und Räume sowohl organisatorischer Bezugspunkt für die Leistungserbringung als auch Grundlage für die Abrechnung. In dieser Hinsicht ist der Umgang mit der Ressource Fläche eine Aufgabe des Flächenmanagements:

- Zeitmanagement von Raumbelegungen
- Verpflegungs-Logistik in Liegenschaften
- Verpflegungs-Bewirtschaftung von Konferenzräumen, Schulungsräumen und dergleichen
- Medien- und konferenztechnischer Service für Büro-, Konferenz-, Veranstaltungsräume und dergleichen
- flächen- bzw. raumbezogene Reinigungsleistungen
- flächen- bzw. raumbezogene Sicherheitsleistungen

5. Dokumentation und Einsatz informationstechnischer Systeme im FLM

Alle Leistungen zur Verwaltung der Flächen und zur Ermöglichung einer verursachungsgerechten Kostenzuordnung wie:

- Erfassen und Darstellen sämtlicher Flächen und Räume eines Gebäudes (in Grund- und Aufrissen bzw. isometrischer Darstellung sowie Ergänzung durch Raumbücher)
- Zuordnen der Teilflächen zu Nutzungsarten (nach DIN 277), zu Abteilungen und Kostenstellen
- Dokumentieren und Aktualisieren der Flächennutzung und -ausstattung
- Dokumentation von Plänen und alphanumerischen Daten für das Flächenmanagement (verfügbare Belegungsflächen, Dokumentation von Belegungszuständen bzw. Mietflächen, Nutzungslayouts, Reinigungspläne, Schlüsselpläne usw.)
- Einbindung der flächenorientierten Dokumentation in ein geeignetes CAFM-System
- Einbindung von immobilienwirtschaftlichen Geschäftsprozessen in zugehörige informationstechnische Systeme (Mietvertragsverwaltung, flächenorientierte Umlagen und Verrechnungssysteme)

3.3.4 Immobilien-Controlling

Obwohl der Begriff Controlling seit etwa 1970 auch im deutschsprachigen Raum verbreitet ist, erzeugt er immer noch Missverständnisse. „Controlling" bedeutet

nicht „Kontrolle". Es handelt sich vielmehr allgemein um die wirtschaftlich zielgerichtete Beherrschung, Lenkung, Steuerung und Regelung von Prozessen, hier
bezogen auf das Betreiben von Immobilien. Controlling ist Managementaufgabe.
Immobilien müssen durch ihre Performance (Rendite und Wertsteigerung) den dafür erforderlichen Kapitaleinsatz rechtfertigen. Zur Überprüfung dieser Forderung
müssen im Rahmen des Controlling zahlreiche Informationen systematisch gesammelt, ausgewertet, verdichtet und den für das Betreiben der Immobilien verantwortlichen Führungskräften in der für sie jeweils geeigneten Form fristgerecht
zur Verfügung gestellt werden. Das Controlling hat für das zur Prozesssteuerung
erforderliche Informations- und Kommunikationssystem nach Art, Inhalt, Umfang, Periodizität, Vernetzung und Wirkungsmechanismen bei Soll-/Ist-Abwei-
chungen zu sorgen (Diederichs, 1999, S. 243 f.).

Ausgangspunkt des Immobilien-Controlling sind Eigentümerziele, an denen die
Immobilien mit Hilfe von Controlling-Systemen auszurichten sind. Eigentümer
verfolgen nicht nur rein monetäre Ziele. Es wird jedoch stets ein hoher Zielerrei-
chungsgrad angestrebt. Potenzielle Immobilieneigentümerziele sind (Metzner,
2002, S. 33 ff.):

* Maximierung des Cashflows
  Das Ziel der Cashflow-Maximierung leitet sich aus dem allgemeinen betriebswirtschaftlichen Ziel der Erfolgsmaximierung ab. Er stellt die entscheidende Basis für den Kreditspielraum dar (vgl. *Ziff. 1.7.14.3*). Bestandteil des
  Cashflows ist der erzielte Mietertrag aus der Differenz von Soll-Mietertrag
  und Mietausfall. Parameter des Cashflows sind somit u. a. Markt- und Ob-
  jekteigenschaften, die Mieterbonität sowie Anlässe für Mietminderungen. Das
  Immobilien-Controlling hat die Aufgabe, den Cashflow möglichst exakt zu
  prognostizieren, Zahlungsreihen unter Berücksichtigung von Höhe, Zeitpunkt
  und Bezugsgrößen zu bewerten. Bei Cashflow-Analysen sind die Standardzie-
  le jeder Investition wie Rentabilität, Liquidität und Sicherheit zu beachten.
* Maximierung des Nutzungswertes
  Für selbst genutzte Wohn- und Gewerbeimmobilien sowie öffentliche Gebäude ergibt sich der geldwerte Vorteil der Immobilie aus den gegenüber der
  Anmietungsalternative eingesparten Mietzahlungen. Der Eigentümer erzielt
  Vorteile insbesondere dadurch, dass er die Immobilie individuell gestalten
  und nutzen kann, keine Vermieter-Mieter-Vertragsbeziehungen zu beachten
  hat und bei Änderungsabsichten nur Rücksicht auf Mieter nehmen muss. Da
  die Cashflow-Orientierung sich in diesen Fällen auf eine reine Kostenmini-
  mierung beschränken müsste, diese jedoch nicht mit Erfolgsmaximierung
  gleichgesetzt werden kann, muss das Immobilien-Controlling auch für nicht
  monetäre Parameter geeignete Messmethoden und Entscheidungshilfen zur
  zieladäquaten Bewertung und Steuerung nicht monetärer Leistungen von Immobilien bereitstellen.
* Maximierung von Imagewirkungen
  Imagewirkungen von Immobilien ergeben sich bei historischen Gebäuden,
  klassischer Architektur, städtebaulicher Dominanz in zentraler Lage, reprä-
  sentativem Erscheinungsbild mit gepflegten parkähnlichen Außenanlagen und
  exklusiven Freizeiteinrichtungen. Durch Image lassen sich Mieten oberhalb
  der Marktmieten erzielen. Leerstandsrisiken sinken. Aufgrund des Standortes,
  der Größe und der Optik der Immobilie wird auch die Bedeutung des Nutzers

gegenüber der Öffentlichkeit dargestellt. Die Bewertung und Steuerung von Imageaspekten sind für das Immobilien-Controlling eine besondere Herausforderung.

- Optimierung komplexer Zielbündel
Im Allgemeinen treten die drei vorgenannten Ziele gebündelt auf. So erzielt z. B. das Stadttor in Düsseldorf durch seine klassische Architektur und Glasdoppelfassade eine bedeutende Außenwirkung, die den Imagezielen der Nutzer dient. Die hochwertig ausgestatteten Büro- und Nutzflächen dienen ihren Nutzungswertzielen. Die Mieteinnahmen dienen den Cashflow-Zielen der Investoren.

Voraussetzung für den Erfolg des Immobilien-Controlling ist die Operationalisierung und Formalisierung der Zielvorgaben durch numerische, weitgehend mittels EDV verarbeitbare Daten. Die Ergebnisse des Immobilien-Controlling müssen so aufbereitet werden können, dass sie Eigentümern und Dritten verständlich werden.

Aus den Zielen der Immobilieneigentümer ergeben sich die Leistungsanforderungen an das Immobilien-Controlling. Diese bestehen zunächst in der Formulierung der Controlling-Ziele wie:

- Maxmimierung des Erfolges
- Beachtung der Risiken
- Betrachtung der Immobilie als komplexes, strategisch zu führendes System
- Optimierung des Informationsmanagements

Die Controlling-Aufgaben leiten sich aus den Controllingzielen ab. Dazu gehören die Informationsbeschaffung und -aufbereitung, die Datenanalyse und -bewertung, die Entscheidungsvorbereitung und Kontrolle der Umsetzung der getroffenen Entscheidungen.

Diese Aufgaben erfordern die Beachtung folgender Grundsätze:

- Unternehmensähnliche Steuerung der Immobilie
- Zielgruppen-spezifische Informationsversorgung
- Integration vorhandener Instrumente und Verfahren zu einem Controllingsystem

Damit kann zusammenfassend definiert werden (Metzner, 2002, S. 50): „Immobilien-Controlling ist ein ganzheitliches Instrument zur Durchsetzung von Eigentümerzielen, welches selbstständig und kontinuierlich bei Immobilien unter Beachtung ihres Umfeldes entsprechende Informations-, Planungs-, Steuerungs- und Kontrollaufgaben definiert und wahrnimmt."

Auf der Grundlage vorstehender Controlling-Konzeption sowie des Owner-Value-Ansatzes entwickelte Metzner (2002, S. 127 ff.) eine Immobilien-Balanced Scorecard zur Unterstützung des Immobilienmanagements bei der Entwicklung, Umsetzung und Kontrolle von Strategien mit den vier Perspektiven Immobilienergebnis, Nutzer, Produkt und Umwelt *(Abb. 3.10)*.

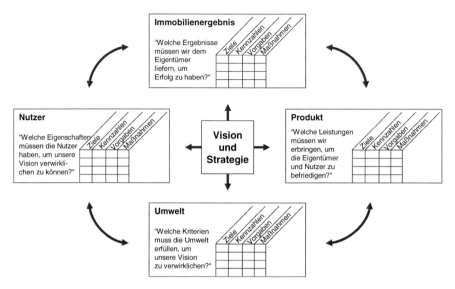

Abb. 3.10 Die vier Perspektiven der Immobilien-Balanced Scorecard   (Quelle: Metzner (2002), S. 141)

Durch ein multidimensionales, ganzheitliches, funktions- und periodenübergreifendes Immobilien-Kennzahlensystem wird die Informationsaufbereitung und -bewertung und damit die operative und strategische Informationsversorgung sichergestellt. Dabei soll das immobilienwirtschaftliche Kennzahlensystem nicht nur die aggregierten Kennzahlen der Balanced Scorecard abbilden, sondern die Datenversorgung aller Bereiche des Immobilien-Controlling unterstützen.

Dazu entwickelte Metzner (2002, S. 150 ff.) weiter ein fünfdimensionales Kennzahlensystem, mit dem eine nahezu vollständige Transparenz über den Owner Value erreicht wird.

Als erste Systemdimension werden das Immobilienergebnis und der Diskontierungszinssatz (Liegenschaftszins) herausgestellt.

In der zweiten Systemdimension werden 5 Hauptebenen unterschieden. Diese Ebenen beinhalten Kennzahlen:

- zur Immobilienbilanz
- zu Gruppenergebnissen wie unterschiedliche Nutzungs- und Kostenarten
- zu Teilergebnissen mit Kennzahlen z. B. zu den einzelnen Betriebskostenarten nach Betriebskostenverordnung
- zu Ursachen bzw. maßgeblichen Einflussgrößen (auf z. B. Einzahlungen, Miete in €/m² MF, Anteil der Mietflächen an der Nettogrundfläche, Vermietungs- bzw. Leerstandsquote)
- zu Basiskennzahlen (wie z. B. Anzahl vermieteter Stellplätze im Jahresdurchschnitt, Einschätzung der Größe der Imagewirkungen)

In der dritten Systemdimension werden aus der Rückschau auf die bisher erfassten Perioden in der Vorschau auf den Planungshorizont dynamische Zeitreihen entwickelt, um zukünftig erwartete Veränderungen einbeziehen zu können.

In der vierten Systemdimension werden die Zeitreihen in der Vorschau durch Wahrscheinlichkeitsbetrachtungen für erwartete Szenarien (worst case/expected case/best case) erweitert.

In der fünften Systemdimension wird das Kennzahlensystem auf Objekte einer Gruppe übertragen, die aus Objekten eines Portfolios, einem typologisch oder regional abgegrenzten Teilportfolio oder auch aus der Einbeziehung externer Vergleichsbestände gebildet wird. Dadurch werden ein Kennzahlenvergleich und die Sortierung der Objekte nach Rangindizes möglich.

Ein solches Kennzahlensystem ermöglicht dann eine umfassende Informationsauswertung mit Objektvergleichen, Strategie- und Risikokontrollen, Wachstumsanalysen und Ursachenforschung.

Das vollständige Kennzahlensystem kann unter www.immobiliencontrolling.de abgerufen werden (Metzner, 2002, Anhang XLI).

3.3.5 Immobilien-Benchmarking

Beim Benchmarking handelt es sich um eine in den USA entwickelte Informationstechnik des strategischen Controlling, durch das in einem kontinuierlichen Prozess Wertschöpfungsprozesse, Managementpraktiken sowie Produkte oder Dienstleistungen über mehrere Vergleichselemente hinweg in systematischer und detaillierter Form verglichen werden. Ziel des Benchmarking ist es, Leistungslücken aufzudecken und Anregungen für Verbesserungen zu gewinnen. Beim internen Benchmarking werden ausschließlich Elemente des eigenen Unternehmens zum Vergleich herangezogen. Beim Wettbewerbs-Benchmarking werden die Elemente der führenden Konkurrenzunternehmen in den Vergleich einbezogen. Beim Branchen-Benchmarking werden die Referenzprozesse und -methoden von Unternehmen anderer Branchen untersucht (Brockhaus, 1996, Bd. 3, S. 85).

Nach GEFMA 300 (Juni 1996), Ziff. 4.1, bedeutet Benchmarking Ermittlung und Vergleich von Verhältniswerten (Kennwerten) bei den Nutzungskosten von Gebäuden verschiedener Größe, Art, Beschaffenheit und verschiedenen Alters. Die Analyse und Bewertung der Nutzungskosten eines Gebäudes über mehrere Jahre hinweg gilt dagegen nicht als Benchmarking, sondern als Kostenüberwachung (vgl. GEFMA 200, Entwurf 2004-07), da hierfür keine Kennwerte zu bilden sind.

Ursprünglich kommt der Begriff „Benchmark" aus dem Vermessungswesen. Er bezeichnet dort eine Vermessungsmarkierung oder einen Bezugspunkt, von dem aus die Vermessung begonnen und beurteilt wird (www.wikipedia.org/wiki/benchmarking, Ausdruck vom 21.07.2005).

Die Definition des benchmarking network lautet: „Benchmarking is a performance measurement tool used in conjunction with improvement initiatives to measure comparative operating performance and identify best practices." (www.benchmarkingnetwork.com/files/general.html vom 21.07.2005)

Zielsetzung des Immobilien-Benchmarking ist es, durch den Vergleich mit anderen Gebäuden Anhaltspunkte für Verbesserungs- oder Einsparpotenziale zu erhalten. Damit kann Benchmarking Auslöser weiterer Untersuchungen oder Maßnahmen sein.

Voraussetzungen für ein erfolgreiches Benchmarking sind:

- eine Vereinheitlichung der Kostengliederung und -erfassung (nach der Richtlinie GEFMA 200)
- eine Vereinheitlichung der angewandten Bezugsgrößen
- die Verfügbarkeit von Daten vergleichbarer Objekte

Benchmarking kann auf einzelne Leistungsbereiche des Facility Managements beschränkt werden (z. B. die Energieverbräuche oder die Gebäudereinigung) oder sich auf den gesamten Leistungsumfang des FM erstrecken. Für aussagekräftige Vergleiche spezifischer Nutzungskosten von Gebäuden muss eine ausreichende Zahl von Vergleichsobjekten ähnlicher Struktur vorliegen. Einzelleistungsbereiche verschiedener Objekte lassen sich vergleichen, sofern bestimmte, für diesen Bereich typische Vergleichskriterien übereinstimmen.

Vergleichskriterien sind u. a. die Hauptnutzungsart, der Ausstattungsstandard und -grad sowie der Service Level hinsichtlich der Häufigkeit von Reinigungsleistungen, des Sicherheitsniveaus des Wachdienstes, das Baujahr, die wöchentliche Nutzungsdauer und die Bebauungsstruktur.

Das Vorgehen bei der Umsetzung des Benchmarking wird durch den Benchmarking-Jahreszyklus in *Abb. 3.11* abgebildet.

Der Benchmarking-Zyklus basiert auf dem immobilienwirtschaftlichen Kennzahlensystem für den eigenen und ggf. auch externen Immobilienbestand. Vorrangige Aufgaben sind die Analyse der Ursache von Abweichungen und die Durchsetzung von Verbesserungsmaßnahmen.

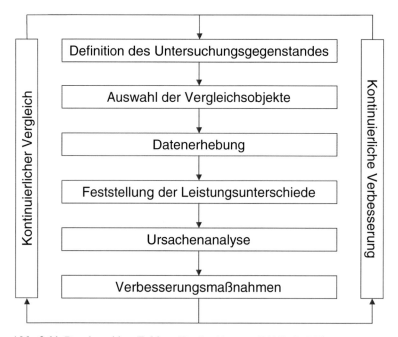

Abb. 3.11 Benchmarking-Zyklus (Quelle: Metzner (2002), S. 219)

Es werden Kriterien untersucht, die bezüglich ihrer Ursache-Wirkungs-Ketten überschaubar sind. Diese können sich erstrecken auf:

- erfolgreiche Strategien (Qualitäts- bzw. Kostenführerschaft, Servicestrategie)
- erfolgreiche Produkte (Architektur, Lage, Ausstattung)
- erfolgreiche Prozesse (Modernisierung, Mieterauswahl)
- erfolgreiche Funktionen (Vermietung, Verwaltung, Bewertung)
- erfolgreiches Verhalten (Qualifikation und Freundlichkeit der Mitarbeiter, rasche Behebung von Funktionsstörungen oder Mängeln)

Durch ständigen Informationsaustausch zwischen dem Kennzahlensystem und dem Benchmarking werden Synergien für Verbesserungsmaßnahmen freigesetzt, die wiederum positiven Einfluss auf die Balanced Scorecards haben.

3.3.6 Immobilien-Portfolio-Management

Unter einem Portfolio (früher „Aktenmappe") ist heute ein Bündel von Vermögensgegenständen (assets) zu verstehen. Ein Immobilien-Portfolio umfasst mehrere bebaute und unbebaute Grundstücke, die über gemeinsame Merkmale miteinander verbunden sind (z. B. durch einen gemeinsamen Eigentümer, ein einheitliches Management oder eine einheitliche Verwaltung (Wellner, 2003, S. 33 ff.)). Immobilien-Portfolio-Management bezeichnet einen komplexen, kontinuierlichen und systematischen Prozess der Analyse, Planung, Steuerung und Kontrolle von Immobilienbeständen zur Erhöhung der Transparenz für den Immobilieneigentümer, um das Gleichgewicht zwischen Erträgen und den damit verbundenen Risiken von Immobilienanlage- und Managemententscheidungen für das gesamte Immobilien-Portfolio sicherzustellen.

Immobilien-Portfolio-Management wird in der Praxis oft mit Corporate Real Estate Management (CREM) gleichgesetzt. Jedoch sind nur die nicht betriebsnotwendigen Liegenschaften eines Unternehmens mit Methoden des Portfolio-Managements optimierbar. Für unbedingt betriebsnotwendige Immobilien müssen Maßnahmen des CREM bzw. FM eingeleitet werden, um die Rentabilität z. B. durch Senkung der Betriebskosten zu erhöhen. Der Prozess des Immobilien-Portfolio-Management besteht aus vier voneinander abzugrenzenden Phasen des Modellinputs, der Strategischen und Taktischen Asset Allocation sowie der Ergebniskontrolle *(Abb. 3.12)*.

Das Kreislaufmodell ermöglicht ein simultan ablaufendes Feed-Back und Feed-Forward zwischen den einzelnen Schritten.

In der Zusammenfassung zahlreicher Versuche, Strategiealternativen zu strukturieren, werden nachfolgend die Normstrategien des Portfolio-Managements vorgestellt.

Grundsätzlich lassen sich Immobilien anhand von objektabhängigen Kriterien der „Marktattraktivität" (Marktdimension) und der „relativen Wettbewerbsvorteile" (Objektdimension) in der multifaktoriellen Portfolio-Matrix beurteilen. Die Marktattraktivität wird maßgeblich bestimmt durch das Verhältnis zwischen Immobilienangebot und -nachfrage. Die relative Wettbewerbsfähigkeit zeigt sich vor allem im Bewirtschaftungsergebnis. Um eine Positionierung der Immobilienbestände in einer Portfolio-Matrix zusammenführen zu können, werden die einzel-

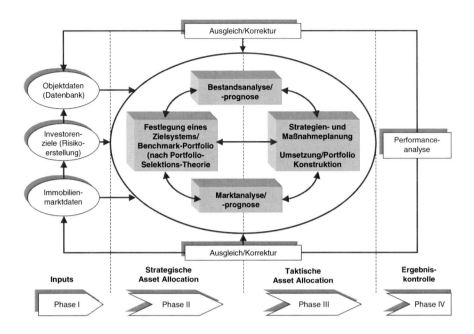

Abb. 3.12 Immobilien-Portfolio-Managementprozess (Quelle: Wellner (2003), S. 57)

nen Kriterien im Rahmen einer Nutzwertanalyse zunächst gewichtet, sodann hinsichtlich ihrer Erfüllung gemessen bzw. in einer Skala von 0 bis 100 Punkten, ggf. mit Hilfe von Transformationsfunktionen bewertet (Diederichs, 1999, S. 171 ff.).

Die Tableaus der Nutzwertanalyse für Kriterien der Marktattraktivität und der relativen Wettbewerbsvorteile mit Vorschlägen für die Gewichtung und den Spalten für die Bewertung mit Nutzenpunkten sowie für die gewichteten Teilnutzwerte aus der Multiplikation von Gewicht und Nutzenpunkten für jeweils drei Gebäude G1 bis G3 zeigen die *Abb. 3.13* und *Abb. 3.14.*

Nr.	Kriterien der Marktattraktivität	Gewicht in %	Bewertung der Erfüllung mit Nutzenpunkten von 1 bis 10			gewichtete Teilnutzwerte		
			G1	G2	G3	G1	G2	G3
(1)	(2)	(3)	(4)	(5)	(6)	(7) = 3 x 4	(8) = 3 x 5	(9) = 3 x 6
1	Wirtschaftliche, politische und rechtliche Rahmenbedingungen	10						
2	Demografie und Sozio-Ökonomie	10						
3	Infrastruktur des Makrostandortes	15						
4	Weiche Standortfaktoren	10						
5	Struktur und Entwicklung des Immobilienangebotes	20						
6	Struktur und Entwicklung der Immobiliennachfrage	20						
7	Miet- und Mietpreisniveau des räumlichen und sachlichen Teilmarktes	15						
	Summen	100				∑ G1	∑ G2	∑ G3
	Ränge					R_{G1}	R_{G2}	R_{G3}

Abb. 3.13 Nutzwertanalyse für ein Immobilien-Portfolio G1 bis G3 mit den Kriterien der Marktattraktivität (Quelle: Wellner (2003), S. 198)

Nr.	Kriterien der rel. Wettbewerbsvorteile	Gewicht in %	Bewertung der Erfüllung mit Nutzenpunkten von 1 bis 10			gewichtete Teilnutzwerte		
			G1	G2	G3	G1	G2	G3
(1)	(2)	(3)	(4)	(5)	(6)	(7) = 3 x 4	(8) = 3 x 5	(9) = 3 x 6
1	Mikrostandort/Umfeld	15						
2	Grundstück	15						
3	Rechtliche Beschränkungen	10						
4	Gebäude	15						
5	Nutzungskonzept	15						
6	Mietermix	5						
7	Bewirtschaftungsergebnis	15						
8	Wertentwicklungspotenzial	5						
9	Management	5						
	Summen	100				$\sum$ G1	$\sum$ G2	$\sum$ G3
	Ränge					R_{G1}	R_{G2}	R_{G3}

Abb. 3.14 Nutzwertanalyse für ein Immobilien-Portfolio G1 bis G3 mit den Kriterien der relativen Wettbewerbsfähigkeit (Quelle: Wellner (2003), S. 200)

Die Marktattraktivität ist durch den Eigentümer des Immobilien-Portfolios im Allgemeinen nicht bzw. nur sehr gering beeinflussbar, da er als Immobilienanbieter in einem polypolistischen Immobilienmarkt durch oligopolistisches oder gar monopolistisches Verhalten keine Wirkungen erzeugen würde.

Die relative Wettbewerbsfähigkeit der in einem Immobilien-Portfolio gebündelten Märkte zeigt ihre Wettbewerbsstärke im Vergleich zu den Objekten der (3 bis 5) stärksten Konkurrenten. Bei Abbildung in einer Portfolio-Matrix *(Abb. 3.15)* ist die Wettbewerbsstärke durch Verbesserungsmaßnahmen des Eigentümers des Immobilien-Portfolios dagegen durchaus positiv beeinflussbar.

Die in *Abb. 3.13* und *Abb. 3.14* ermittelten gewichteten Teilnutzwerte werden in der Portfolio-Matrix visualisiert. Die Werte werden an der Ordinate und Abzisse eingetragen. Ihr Schnittpunkt ergibt die Position des Gebäudes in der Matrix. Die Größe der Kreise entspricht ihrem Verkehrswert oder ihrem relativen Anteil am jeweiligen Portfolio.

In Abhängigkeit von der Marktattraktivität des Immobilien-Portfolios und seinen relativen Wettbewerbsvorteilen im Vergleich mit den stärksten Konkurrenten werden im Allgemeinen drei Normstrategien unterschieden *(Abb. 3.15)*:

- die Investitions- und Wachstumsstrategie
- die Abschöpfungs- und Desinvestitionsstrategie
- die selektive Strategie der Offensive, des Übergangs oder der Defensive

Immobilien in den 3 oberen rechten Feldern der 9-feldrigen Portfolio-Matrix sind als erfolgreich und mit geringen Risiken behaftet anzusehen (Matrixfelder der Mittelbindung). Die strategischen Maßnahmen müssen darauf ausgerichtet sein, die solide Wettbewerbsposition weiter zu stärken, um Konkurrenten davon abzuhalten, den erzielten Marktvorsprung zu mindern.

Immobilien mit niedriger Marktattraktivität und geringen relativen Wettbewerbsvorteilen in den linken 3 unteren Matrixfeldern erfordern Abschöpfungs- und Desinvestitionsstrategien, da sie keine hohen Erfolgschancen haben. Sie sind daher so rasch wie möglich abzustoßen (Matrixfelder der Mittelfreisetzung). Die dadurch gewonnenen Investitionsmittel sind in neue Immobilien mit hoher Marktattraktivität und hohen relativen Wettbewerbsvorteilen erfolgsträchtiger einzusetzen.

1. Investitions- und Wachstumsstrategie
   • Expansion, Marktführer

2. Abschöpfungs- und Desinvestitionsstrategie
   • Abschöpfung, Rückzug, Desinvestition

3. Selektive Strategien

   3.1 Offensive Strategien
   • Wachstum

   3.2 Übergangsstrategien
   • Expansion
   • Konsolidierung

   3.3 Defensivstrategien
   • Kostenführerschaft
   • Konzentration auf Schwerpunkte
   • Preispolitik
   • Rückzug

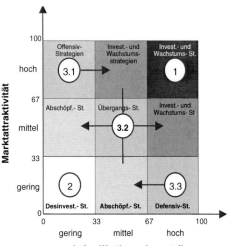

Abb. 3.15 Normstrategien der Portfolio-Matrix (Quelle: Diederichs (1999), S. 210)

Immobilien, die in der Portfolio-Matrix auf der Diagonale von links oben nach rechts unten einzuordnen sind, erfordern selektive Strategien. Bei hoher Marktattraktivität und geringen relativen Wettbewerbsvorteilen müssen durch eine Offensivstrategie Wettbewerbsvorteile gegenüber den wichtigsten Konkurrenzimmobilien aufgebaut werden, z. B. durch Qualitätsverbesserungen oder Kostensenkungen.

Eine Positionierung von Immobilien sowohl hinsichtlich der Marktattraktivität als auch der relativen Wettbewerbsvorteile im mittleren Matrixfeld ist für viele Immobilien kennzeichnend. Sie erfordern daher eine Übergangsstrategie entweder der Investition zur Verbesserung der relativen Wettbewerbsvorteile oder aber der Abschöpfung durch Desinvestition und Cashflow-Generierung.

Zusammen mit dem Institut für Baumanagement (IQ-Bau) der Bergischen Universität Wuppertal wurde vom Referat Immobilienmanagement der Berliner Polizei ein Analysetool zum Portfolio-Management für die Immobilien des Referates aufgestellt. Damit ist es möglich, das Portfolio anhand von 12 gewichteten Kriterien für den Nutzwert und 7 gewichteten Kriterien für die Wirtschaftlichkeit in folgende Gruppen zu unterteilen *(Abb. 3.16)*:

• „Stars", also Immobilien, die aktuell keiner weiteren Optimierung bedürfen

• „Milchkühe", also Immobilien mit hoher Wirtschaftlichkeit, bei denen jedoch der Nutzwert zu optimieren ist

• „Nachwuchs", also Immobilien mit einem hohen Nutzwert, die jedoch hinsichtlich ihrer Wirtschaftlichkeit zu optimieren sind

• „Arme Hunde", die weder bei der Wirtschaftlichkeit noch ihrem Nutzwert akzeptable Werte vorweisen und bei denen man sich neben einer Investitions- auch ernsthaft über eine Desinvestitionsstrategie (Abbruch) Gedanken machen muss

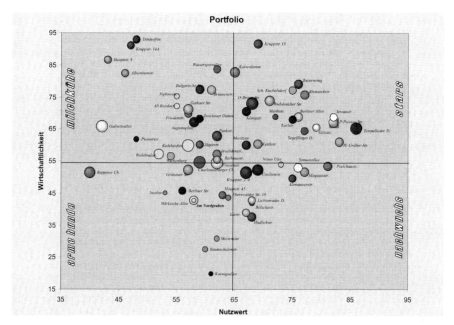

Abb. 3.16 Bewertetes Immobilien-Portfolio 2003 der Berliner Polizei (Quelle: Institut für Baumanagement (IQ-Bau): Qualitätsmanagement-System für die ZSE IIB – 01.10.2003 StS)

In *Abb. 3.16* wurde in der Portfolio-Matrix anstelle der Marktattraktivität das Kriterium „Wirtschaftlichkeit" und anstelle des Kriteriums relative Wettbewerbsvorteile das Kriterium „Nutzwert" gewählt. Die Durchmesser der einzelnen Kreise (Bubbles) sind dabei Maßstab für die Größe der Hauptnutzfläche (HNF) der Immobilien. Auffallend ist:

- Die Immobilien sind rechtsschief verteilt (viele Liegenschaften weisen einen Nutzwert > 50 Punkte auf).
- Plausibilitätsprüfungen ergaben bei 6 der 70 abgebildeten Liegenschaften, dass diese entgegen der bisherigen intuitiven Auffassung überraschend gut abschneiden.

Das Referat plant, die Bewertungskriterien zu optimieren und die Bewertungsmaßstäbe zu verfeinern.

Da ein Portfolio häufig viele Objekte unterschiedlicher Nutzungsarten in verschiedenen Regionen umfasst, die nicht alle in einer Matrix visualisierbar sind, bietet sich ein hierarchisches Portfolio-Modell an. So können z. B. die Portfolien für Büroimmobilien aus verschiedenen Regionen jeweils aggregiert und in einem Gesamtportfolio der Büroimmobilien zusammengeführt werden. Geschieht dies analog mit anderen Immobilienarten (Einzelhandel, Hotels, Wohnen etc.), so können die zu den einzelnen Nutzungsarten aggregierten Ergebnisse wiederum in einem Gesamtportfolio auf der obersten Hierarchieebene zusammengefasst werden (Wellner, 2003, S. 213 ff.).

Kritikpunkte an den Ergebnissen von Immobilien-Portfolioanalysen sind die Schwächen der Nutzwertanalyse, deren Inputgrößen das Ergebnis subjektiver Beurteilung sind. Die Frage, ob und inwieweit sich Fehlurteile auf das Ergebnis der Nutzwertanalysen auswirken, muss mit Hilfe von Sensitivitätsanalysen sorgfältig geprüft werden (Diederichs, 2005, S. 243 ff.).

3.4 Operatives Facility Management/Gebäudemanagement

Das operative Management umfasst das eigentliche Gebäudemanagement (GM) während der Nutzungsphase.

„Das Gebäudemanagement ist die Gesamtheit aller technischen, kaufmännischen und infrastrukturellen Dienstleistungen zum Unterhalt von Gebäuden und Liegenschaften mit dem Ziel der Kostenreduzierung und -transparenz sowie der Aufrechterhaltung und Optimierung aller Funktionen. Es umfasst das technische, das kaufmännische und das infrastrukturelle Gebäudemanagement" (AIG, 1996).

Unter Ziff. 2.1 der DIN 32736 (August 2000) wird Gebäudemanagement (GM) wie folgt definiert:

„Gesamtheit aller Leistungen zum Betreiben und Bewirtschaften von Gebäuden einschließlich der baulichen und technischen Anlagen auf der Grundlage ganzheitlicher Strategien. Dazu gehören auch die infrastrukturellen und kaufmännischen Leistungen.

Gebäudemanagement zielt auf die strategische Konzeption, Organisation und Kontrolle, hin zu einer integralen Ausrichtung der traditionell additiv erbrachten einzelnen Leistungen.

Das Gebäudemanagement gliedert sich in die drei Leistungsbereiche Technisches Gebäudemanagement TGM, Infrastrukturelles Gebäudemanagement IGM und Kaufmännisches Gebäudemanagement KGM. In allen 3 Leistungsbereichen können flächenbezogene Leistungen enthalten sein [...]. Darüber hinaus bestehen Schnittstellen zum Flächenmanagement des Immobilien-Eigentümers und Nutzers."

Unter Ziff. 3 der DIN 32736 heißt es weiter:

„Gebäudemanagement präzisiert die Gesamtheit aller Nutzeranforderungen. Es integriert und koordiniert das Fachwissen aus Technik, Wirtschaft und Recht innerhalb der Planungs- und Betreiberphase von Gebäuden und Liegenschaften. Das Gebäudemanagement wählt Art und Umfang der Leistungen aus und legt die Organisation fest.

Es wird unterschieden in:

– strategische Leistung mit Schwerpunkt auf Führung und Entscheidung;
– administrative Leistung mit Schwerpunkt auf Handhabung, Organisation und Planung;
– operative Leistung mit Schwerpunkt auf Umsetzung und Ausführung [...]."

Die anteilsmäßige Bedeutung dieser GM-Funktionen zeigt *Abb. 3.17.*

Zur Abgrenzung zwischen FM und GM ist festzustellen, dass FM sämtliche Leistungen beinhaltet, die auf die optimale Nutzung der Immobilie ausgerichtet sind. Hierzu gehören in hohem Maße auch strategische Managemententscheidun-

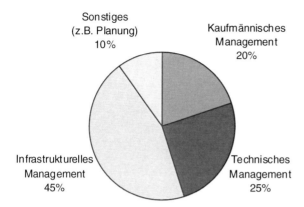

Abb. 3.17 Marktsegmente im Gebäudemanagement nach Funktionen (Quelle: Mercer-Studie (1996))

gen über das Flächen-, Raum-, Funktions- und Ausstattungsprogramm sowie die Formulierung des Nutzerbedarfs.

GM umfasst dagegen die operative Planung, Arbeitsvorbereitung und Organisation sämtlicher Maßnahmen, die für die Bewirtschaftung von Gebäuden und Liegenschaften erforderlich sind.

In Deutschland wird ein Einsparpotential bei den Bewirtschaftungskosten von bestehenden Gebäuden mit teilweise über 70 % gesehen.

Bei der Modernisierung des Altbaubestandes eröffnet sich daher die Chance zur Einführung eines nutzungsorientierten Gebäudemanagements. Dazu sind folgende Teilleistungen erforderlich:

- Zieldefinition, Aufgabenverteilung, Zeitplanerstellung für die Implementierung des Gebäudemanagement-Systems
- Beschaffen aktueller Grundrisse, Schnitte und Ansichten für sämtliche Geschosse durch aktuelle Bestandspläne oder durch Aufmaßpläne
- Erstellen von Raumbüchern mit Raumliste, Artikelliste und Raumbuchliste zur Angabe der Raumnutzung, der Raumkonditionen (Temperatur, Luftwechsel, Luftfeuchtigkeit, Belichtung/ Beleuchtung)
- Beschreiben der Ausstattung durch Möblierung und Einrichtung, der Wand-, Decken- und Bodenbekleidungen inkl. Fassaden/Fenster, Türen, Heizkörper und Kabelkanäle
- Erstellen von Bestandsplänen der Grund- und Aufrisse mit Boden-, Decken- und Wandansichten sowie ggf. isometrischen 3D-Darstellungen
- Darstellen der Kommunikations- und Datentechnik mit Netzen und sämtlichen Endgeräten durch Pläne und Beschreibungen
- Erstellen von Verfahrensanweisungen für Umzüge, Zentrale Dienste, Zutrittskontrollen/Sicherungsmaßnahmen und Verwaltung
- Erarbeiten und Vollzug der gebäude- und beschäftigungsrelevanten Verträge für das Gebäudemanagement

Einen Überblick über die Inhalte von Technischem, Infrastrukturellem und Kaufmännischem Gebäudemanagement bietet *Abb. 3.18.*

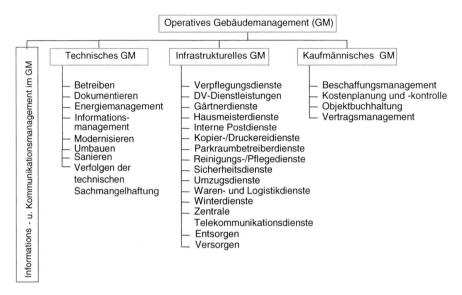

Abb. 3.18 Inhalte des Technischen, Infrastrukturellen und Kaufmännischen Gebäudemanagements (Quelle: DIN 32736 (2000), Ziff. 3)

3.4.1 Technisches Gebäudemanagement

Das Technische Gebäudemanagement TGM umfasst gemäß DIN 32736 (August 2000) alle Leistungen, die zum Betreiben und Bewirtschaften der baulichen und technischen Anlagen eines Gebäudes erforderlich sind. Sie werden unter Ziff. 3.1 der DIN 32736 im Einzelnen wie folgt aufgeführt:

1. Betreiben

Zur wirtschaftlichen Nutzung der baulichen und technischen Anlagen sind Leistungen erforderlich wie:

- Übernehmen
- Inbetriebnehmen
- Bedienen
- Überwachen, Messen, Steuern, Regeln, Leiten
- Optimieren
- Instandhalten (Warten, Inspizieren, Instandsetzen) nach DIN 31051
- Beheben von Störungen
- Außerbetriebnehmen
- Wiederinbetriebnehmen
- Ausmustern
- Wiederholungsprüfungen
- Erfassen von Verbrauchswerten
- Einhalten von Betriebsvorschriften

2. Dokumentieren

Erforderliche Erfassung, Speicherung und Fortschreibung aller Daten und Informationen über den Bestand und die Betriebsführung wie:

- Bestandsunterlagen
- Verbrauchsdaten
- Betriebsprotokolle
- Betriebsanweisungen
- Abnahmeprotokolle
- Wartungsprotokolle

3. Energiemanagement

Zum Energiemanagement gehören Leistungen wie:

- Gewerkeübergreifende Analyse der Energieverbraucher
- Ermitteln von Optimierungspotentialen
- Planen der Maßnahmen unter betriebswirtschaftlichen Aspekten
- Berechnen der Rentabilität
- Umsetzen der Einsparungsmaßnahmen
- Nachweisen der Einsparungen

4. Informationsmanagement

Zum Informationsmanagement gehört die Gesamtheit der Leistungen zum Erfassen, Auswerten, Weiterleiten und Verknüpfen von Informationen und Meldungen für das Betreiben von Gebäuden und Liegenschaften. Aufgaben dabei sind Konzeption, Bewertung und Entscheidung hinsichtlich Einsatz von Informations-, Kommunikations- und Automationssystemen jeglicher Art wie:

- Gebäudeautomation (GA)
- Computer Aided Facility Management (CAFM)
- Brandmeldesystem/Zugangskontrolle (BM/ZK)
- Einbruchmeldesysteme (EM)
- Kommunikation
- Telefon
- Video

5. Modernisieren

Leistungen zur Verbesserung des Istzustandes von baulichen und technischen Anlagen mit dem Ziel, diese an den Stand der Technik anzupassen und die Wirtschaftlichkeit zu erhöhen.

6. Sanieren

Leistungen zur Wiederherstellung des Sollzustandes von baulichen und technischen Anlagen, die nicht mehr den technischen, wirtschaftlichen und/oder ökologischen sowie gesetzlichen Anforderungen entsprechen.

7. Umbauen

Leistungen, die im Rahmen von Funktions- und Nutzungsänderungen von baulichen und technischen Anlagen erforderlich sind.

8. Verfolgen der Sachmängelhaftung

Zur Sicherstellung der zugesagten Leistungen und Eigenschaften von baulichen und technischen Anlagen während der Sachmängelhaftungsfrist gehören Leistungen wie:

- Begleiten von Abnahmen und Übergaben
- Übernehmen von Mängelmeldungen aus der technischen Betriebsführung
- Erfassen der Mängel
- Geltendmachen von Sachmängelansprüchen
- Verfolgen der Mängelbeseitigung
- Begleiten und Abnehmen der Mängelbeseitigung
- Unterstützen bei Beweissicherungen

Gemäß der Richtlinie GEFMA 100-2 (Entwurf 2004-07, Anhang A1 und B) gehören die Leistungen des TGM, IGM, KGM und Flächenmanagements zum Prozess-6 Betrieb und Nutzung gemäß Tabelle 3 (Entwurf einer tabellarischen Gegenüberstellung der Leistungen nach DIN 32736 und der FM/GM-Prozesse nach GEFMA 100-2).

3.4.2 Infrastrukturelles Gebäudemanagement

Gemäß Ziff. 2.3 der DIN 32736 (August 2000) umfasst Infrastrukturelles Gebäudemanagement (IGM) die geschäftsunterstützenden Dienstleistungen, welche die Nutzung von Gebäuden verbessern. Es beinhaltet damit die mit der Nutzung von Gebäuden, Liegenschaften, Anlagen und Systemen zusammenhängenden Dienste, die im Grenzbereich zwischen technischer und kaufmännischer Dienstleistung anzusiedeln sind und sich dadurch auszeichnen, dass sie klar von den Kernkompetenzen des Nutzers abgegrenzt und extern vergeben werden können. Aufgabe des Gebäudemanagers ist es, für solche Leistungen geeignete Vertragskonzepte zu entwickeln, unter Wettbewerbsbedingungen fachkundige, erfahrene, leistungsfähige und zuverlässige Anbieter auszuwählen und mit diesen Vertragsvereinbarungen zu treffen, die einen nachhaltigen reibungslosen Betriebsablauf gewährleisten. Die Bedeutung des infrastrukturellen Gebäudemanagements ist daran erkennbar, dass dessen Leistungen mit 45 % den größten Anteil ausmachen (vgl. *Abb. 3.17*).
Zum infrastrukturellen Gebäudemanagement gehören gemäß DIN 32736, Ziff. 3.2, die nachfolgend beschriebenen Leistungen:

1. Verpflegungsdienste

Gesamtheit der Leistungen für Gemeinschafts- oder Sozialverpflegung wie:

- Beschaffen und Zubereiten von Nahrungsmitteln für Haupt- und Zwischenverpflegung
- Ausstatten und Unterhalten von Restaurants/Kantinen oder Pausenräumen

2. DV-Dienste

Gesamtheit der Leistungen zum Aufbau, zur Inbetriebnahme und zur Aufrechterhaltung der elektronischen Datenerfassung, der Datenaufbereitung sowie des
elektronischen Datenaustausches für die Unterstützung der Geschäftsprozesse wie:

- Sichern von Daten
- Installieren von Software und neuen Programmversionen (Updates)
- Anpassen von DV-Systemen an neue Anwendungen
- Pflegen der DV-Systeme
- Schulungen, Einweisungen und Hotline-Dienste
- Beheben von Störungen an Hard- und Software
- Inbetriebnehmen der Hardware

3. Gärtnerdienste

Gesamtheit der Leistungen zur Instandhaltung und Pflege der Außenanlagen (Ve-
getationsflächen, Wege und Plätze, Spiel- und sonstige Freizeitanlagen) sowie der
Bauwerksbegrünung (Dach-, Fassaden-, Innenraumbegrünung) wie:

- Wässern, Düngen, Pflanzenschutz
- Säubern der Flächen
- Schneiden, Ausputzen, Aufbinden von Pflanzen
- Auswechseln von Pflanzen, Nachpflanzen
- Mähen, Verticutieren, Aerifizieren, Besanden
- Bodenbearbeitung
- Überprüfen der technischen Einrichtungen für die Vegetation
- Überprüfen der Verkehrssicherheit von Bäumen
- Winterschutzmaßnahmen

4. Hausmeisterdienste

Gesamtheit der Leistungen zur Sicherstellung der Gebäudefunktionen wie:

- Sicherheitsinspektionen
- Aufzugswärterdienste
- Sicherstellen der Objektsauberkeit
- Einhalten der Hausordnung
- Kleinere Instandsetzungen

5. Interne Postdienste

Gesamtheit der Leistungen, die den Versand und die Zustellung von Post und
elektronischen Sendungen innerhalb von Gebäuden/Liegenschaften sicherstellen
wie:

- An- und Abtransportieren
- Verteilen
- Entgegennehmen und Weiterleiten
- Kuvertieren und Frankieren

6. Kopier- und Druckereidienste

Gesamtheit der Leistungen, welche die Bereitschaft drucktechnischer Maschinen sicherstellen und die Herstellung drucktechnischer Erzeugnisse ermöglichen wie:

- Ausstatten, Versorgen, Entsorgen und Reinigen von Kopierstellen und Druckereien
- Funktionsprüfungen drucktechnischer Maschinen
- Ermitteln und Zuordnen der Kopier- und Druckkosten
- Druck- und Kopierarbeiten

7. Parkraumbetreiberdienste

Gesamtheit der Leistungen, die eine optimale Nutzung das Parkraumes sicherstellen wie:

- Abrechnen und Verwalten der Kassenautomaten
- Verwalten des Parkraumes

8. Reinigungs- und Pflegedienste

Gesamtheit der Leistungen zur Reinigung und Pflege von Gebäuden/Liegenschaften und Außenanlagen wie:

- Unterhaltsreinigung
- Glasreinigung
- Fassadenreinigung
- Reinigen der Außenanlagen
- Pflegemaßnahmen für Böden und Flächen

9. Sicherheitsdienste

Gesamtheit der Leistungen zur Sicherung der Gebäude/Liegenschaften und deren Nutzer vor Ein- bzw. Zugriff Dritter durch Täuschung oder Gewalt wie:

- Zutrittskontrollen
- Objektbewachung
- Revierdienste
- Schließdienste
- Personenschutz
- Sonderbewachung
- Feuerwehr
- vorbeugender Brandschutz

10. Umzugsdienste

Gesamtheit der Leistungen zur Durchführung von Umzügen:

- Ermittlung der erforderlichen Transport- und Installationsleistungen
- Festlegung sowie Koordination der Umzugs- und Installationstermine
- gegebenenfalls Auslagerung von Einrichtungsgegenständen sowie Schaffung von Provisorien und Übergangslösungen
- Demontage, Transport, Aufbau und Inbetriebnahme der Büroeinrichtungen und informationstechnischen Geräte
- Abnahme der Transport- und Installationsleistungen

11. Waren- und Logistikdienste

Gesamtheit der Leistungen, die das Zustellen von Frachtpostsendungen sowie Frachtgütern und deren Versand sicherstellen wie:

- Warenannahme
- Wareneingangskontrolle
- Verwalten von Lieferunterlagen
- Verpacken von ausgehenden Frachtgütern
- Erstellen von Lieferunterlagen
- Bestellen von Spediteuren
- Warenversand

12. Winterdienste

Gesamtheit der Leistungen, die für den sicheren Zugang zu Gebäuden/Liegen-schaften erforderlich sind, unter Berücksichtigung der gesetzlichen Bestimmungen wie:

- Schneeräumen und Streudienst
- Erstellen eines Prioritätenplans nach Raumzonen
- Bereitstellen von Räumgeräten
- Detailliertes Protokollieren der Einsätze

13. Zentrale Telekommunikationsdienste

Gesamtheit der Leistungen, welche die Kommunikation von zentraler Stelle orga-nisieren wie:

- Betreiben einer Telefonzentrale/eines Vermittlungsdienstes
- Erstellen, Fortschreiben, Pflege eines (internen) Telefonbuches
- Erfassen von Gebühren (z. B. für Privatgespräche)
- Call Center

Diese Telekommunikationsdienste beziehen sich ausschließlich auf die Unter-stützung der Geschäftsprozesse. Sie sind zu unterscheiden vom Informationsma-nagement nach *Ziff. 3.4.1.*

14. Entsorgen

Gesamtheit der Leistungen, die zur Entsorgung von Abfällen im Rahmen der ge-setzlichen Bestimmungen erforderlich sind wie:

- Einsammeln, Sortieren
- Befördern
- Behandeln und Zwischenlagern
- Zuführen zur Wiederverwertung oder Endlagerung

15. Versorgen

Gesamtheit der Leistungen, welche die Versorgung der Anlagen und Systeme mit Energie sowie mit Roh-, Hilfs- und Betriebsstoffen sicherstellen wie:

- Disponieren
- Lagern/Bevorraten
- Zuführen

3.4.3 Kaufmännisches Gebäudemanagement

Gemäß Ziff. 2.4 der DIN 32736 (August 2000) umfasst Kaufmännisches Gebäudemanagement (KGM) alle kaufmännischen Leistungen aus den Bereichen TGM und IGM unter Beachtung der Immobilienökonomie, d. h. in erster Linie solche Tätigkeiten, die traditionell zur Haus- oder Mieterverwaltung gezählt werden. Teilleistungen sind gemäß Ziff. 3.3 der DIN 32736:

1. Beschaffungsmanagement

Gesamtheit der Leistungen zur termingerechten und kostengünstigen Beschaffung von Lieferungen und Leistungen im Rahmen der Gebäudebewirtschaftung wie:

- Auswählen der Lieferanten
- Vergeben der Aufträge
- Prüfen des Wareneingangs
- Überwachung der Liefertermine
- Prüfen der Rechnungen

2. Kostenplanung und -kontrolle

Gesamtheit der Leistungen zur Sicherstellung eines Kostenplans im Rahmen der Gebäudebewirtschaftung wie:

- Erstellen des Kostenplans (Wirtschaftsplan)
- laufendes Erfassen der Istkosten
- Vergleichen der Soll- und Istkosten
- Hinweis auf notwendige Korrekturmaßnahmen

3. Objektbuchhaltung

Gesamtheit der Leistungen, welche die ordnungsgemäße buchhalterische Verwaltung einer Liegenschaft sicherstellen wie:

- Erfassen und Pflegen aller Bestands- und Vertragsdaten
- Führen von Konten
- Erstellen von Abschlüssen (Miete, Mietnebenkosten, sonstige Kosten)
- Veranlassen und Überwachen der Zahlungsvorgänge (Mahnwesen)

4. Vertragsmanagement

Gesamtheit der Leistungen für das Vertragswesen im Rahmen des Gebäudemanagements wie:

- Gestalten von Verträgen
- Überwachen von Verträgen
- Ändern von Verträgen

3.5 Computer Aided Facility Management (CAFM) und Gebäudeinformationssysteme

Zum Informationsmanagement gehört gemäß Ziff. 3.1.4 der DIN 32736 (August 2000) die Gesamtheit der Leistungen zum Erfassen, Auswerten, Weiterleiten und Verknüpfen von Informationen und Meldungen für das Betreiben von Gebäuden und Liegenschaften.

Die vielfältigen Teilleistungen des operativen Gebäudemanagements erfordern zahlreiche Informationen und deren Austausch zwischen den verschiedenen Bereichen.

Im Bereich des Infrastrukturellen Gebäudemanagements werden z. B. die exakten Raumflächen benötigt, um die Gebäudereinigung zu beauftragen. Das Kaufmännische Gebäudemanagement benötigt die Flächendaten für die Vermarktung und das Vertragsmanagement.

Das Technische Gebäudemanagement stellt die Messwerte und Zählerstände dem Kaufmännischen Gebäudemanagement für die Verbrauchskostenabrechnung zur Verfügung. Für das Benchmarking werden Kennwerte zum Vergleich mit anderen Objekten benötigt.

Gebäudemanagement benötigt daher ein integriertes Informationsmanagement, das eine einmalige Gewinnung, zentrale Speicherung und Verarbeitung sowie unabhängige vielfache Nutzung durch die verschiedenen Bereiche ermöglicht.

Wichtige Anforderung an CAFM ist es, dass im Rahmen des Aufbaus entsprechender Kundensysteme Schnittstellen zu den im Unternehmen gängigen Parallelsystemen entwickelt und unterhalten werden müssen (Richtlinie GEFMA 400, April 2002). CAFM bietet mit der Gesamtheit und Komplexität seiner integrierten Methoden und Werkzeuge die Möglichkeit der Effizienzsteigerung in allen Prozessen des FM und des GM im Verlauf des gesamten Lebenszyklus' der Facilities. Gemäß Ziff. 3 der Richtlinie GEFMA 400 soll CAFM-Software nachfolgende CAFM-Funktionalitäten enthalten, um dem Anspruch der Komplexität und der Notwendigkeit der Verknüpfung von Kernprozessen des FM und des GM im erforderlichen Umfang zu genügen:

1. Bestandsdokumentation
2. Flächenmanagement
3. Reinigungsmanagement
4. Umzugsmanagement
5. Medienverbräuche
6. Instandhaltungsmanagement
7. Schließanlagenverwaltung
8. Vertragsmanagement
9. Vermietung
10. Betriebskostenmanagement
11. Controlling

In der Richtlinie GEFMA 410 (März 2004) wird gefordert, bei der Einführung von CAFM-Software ein Schnittstellenkonzept zu erstellen, das die Informationsverteilung, Schnittstellenflexibilität und ggf. Standardisierungsmaßnahmen zum Datenaustausch definiert und damit zur Software-technischen Unterstützung der betrieblichen Abläufe beiträgt.

Die Richtlinie GEFMA 420 (April 2003) erläutert die Einführung eines CAFM-Systems im Sinne eines Projektes. Sie liefert Hinweise zu den einzelnen Projektphasen und unterstützt die Verantwortlichen in der Zielfindung, bei der Auswahl von Software und des Implementierungspartners sowie in der Entscheidung bei der Bestimmung der zu erfassenden Bestandsdaten. Anwender werden mit dieser Richtlinie in die Lage versetzt, den möglichen und notwendigen Umfang an Eigenleistungen im Beschaffungsprozess sowie Art und Umfang von externen Beratungs- und Dienstleistungen sicher zu beurteilen.

Unabdingbare Voraussetzung für ein effizientes FM und GM ist die Verfügbarkeit entsprechender Bestands- und Prozessdaten u. a. zu Liegenschaften, Gebäuden, gebäudetechnischen Anlagen und Einrichtungen. Die Richtlinie GEFMA 430 (Entwurf 2004-12) beschreibt sowohl die Struktur einer CAFM-Datenbasis als auch die Methodik des schrittweisen Aufbaus und der laufenden Pflege. Dabei handelt es sich in erster Linie um die Stammdaten von Gebäuden und technischen Anlagen. Andere Stamm- und Bewegungsdaten, z. B. für die Verwaltung von Miet- oder Wartungsverträgen sowie für die Beschaffung oder für die Bewirtschaftung, werden darin nicht behandelt.

Die Richtlinie soll Projektverantwortliche darin unterstützen, im Vorfeld der Einführung von CAFM-Systemen die Notwendigkeit von Daten in Umfang und Attributierung richtig einzuschätzen, um damit Sicherheit für eine erforderliche Investitionsentscheidung zu haben. Ferner soll die Richtlinie den Verantwortlichen die notwendige Sensibilität für Maßnahmen zur Gewährleistung der Aktualität und Qualität im laufenden Betrieb des CAFM-Systems vermitteln.

Seit 1995 wird in 2-jährigem Abstand von Ebert Ingenieure Nürnberg in Zusammenarbeit mit der Fachhochschule für Technik und Wirtschaft in Berlin und der GEFMA eine Marktübersicht CAFM-Software erstellt, aktuell erschienen in 6. Auflage als Sonderausgabe der Zeitschrift „Der Facility Manager" im März 2005.

Ziel der Marktübersicht ist es, einen möglichst umfassenden, aktuellen und objektiven Überblick über das deutschsprachige Software-Angebot in CAFM zu geben (Opić, 2005, S. 4).

Die Marktübersicht unterstützt bei der Aufgabe, den Kreis der geeigneten Anbieter einzugrenzen. Sie soll Antworten geben auf Fragen wie:

- Welche Programme gibt es für den Aufgabenbereich CAFM und wer bietet diese Programme an?
- Welche Anwendungsschwerpunkte haben die unterschiedlichen Programme?
- Zu welchen Anwendungen haben die Anbieter bereits erfolgreich Schnittstellen realisiert?
- Welche Supportleistungen sind vom Anbieter zu erwarten?
- Wieviel kostet die Software?
- Welcher Aufwand ist für Schulung und Einarbeitung zu berücksichtigen?

Opić (2005, S. 5), weist vorsorglich auf einige Schwachstellen hin:

- unvollständige Abbildung des Marktes
- ungeprüfte Herstellerangaben
- eingeschränkte Darstellungsmöglichkeit
- eingeschränkte Aktualität

Aus der zusammenfassenden Leistungsmatrix in der Marktübersicht (S. 14 f.) ist ersichtlich, zu welchen der nachfolgenden Themen die insgesamt 30 Anbieter in den Einzeldarstellungen Angaben machen:

- technische Angaben zu:
  - Betriebssystemen
  - Netzwerk-Betriebssystemen
  - Datenbanken

- Prozessunterstützung
- Visualisierung
- Auswertung
- Lizenzen
- Mitarbeiter
- Anwendungsschwerpunkte:
  - TGM
  - IGM
  - KGM
  - weitere Leistungen

Zur Untersuchung der Wirtschaftlichkeit des Einsatzes von CAFM entwickelten Hohmann et al. (2004, S. 84 ff.) ein sog. „ROI-Treibermodell". Mit Hilfe des Return on Investment (ROI) und des Economic Value Added (EVA) untersuchen sie, welche Aufgabenfelder eine möglichst kurze ROI-Periode aufweisen als Zeitdauer, die zur Vollamortisierung des eingesetzten Kapitals mit Zinsen für das CAFM-System erforderlich ist. Als wesentliche ROI-Treiber stellen sie folgende Aufgabenfelder heraus:

1. Instandhaltung
2. Reinigung
3. Nutzungsgrund (Raumreservierung)
4. Externe Vermietung (Leerstand)
5. Standardisierung
6. Transparenz (Kosten, Visualisierung)
7. Integration (von DV, von Organisationen, etc.)
8. Vertragsmanagement
9. Beschaffung und Outsourcing
10. Mieter-/Nutzer-/Nebenkostenabrechnung
11. Energiemanagement
12. Immobilien-Portfolio-Management

Als Fazit stellen sie fest, dass häufig in Aussicht gestellte einfachste Lösungen in Wirklichkeit unwirtschaftlich sind, da sie nicht zum beabsichtigten Erfolg führen. Andererseits kann CAFM-Software bei konsequenter Implementierung zu einem schnellen, hohen und sicheren ROI führen.

3.6 GEFMA-Richtlinien

Seit Ende 1996 wird von der GEFMA ein Richtlinienwerk herausgegeben bzw. für GEFMA-Mitglieder in 8 Reihen zur Verfügung gestellt.

- Die Reihe 100 ff. beinhaltet Definition, Struktur und Beschreibung von FM im Allgemeinen und Leistungsbilder von Einzelleistungen im FM im Besonderen.
- Die Reihe 200 ff. umfasst Kostenbegriffe, -gliederungen, -rechnung und -erfassung.
- Die Reihe 300 ff. beinhaltet das Thema Benchmarking.
- Die Reihe 400 ff. liefert Arbeitshilfen zum CAFM.
- Die Reihe 600 ff. ist dem Thema FM-Studiengänge, Aus- und Weiterbildung gewidmet.
- Die Reihe 700 beschäftigt sich mit Qualitätsaspekten.
- Der Nummernkreis 800 ist derzeit noch nicht belegt.
- Die Reihe 900 ff. enthält Gesetze, Verordnungen, Vorschriften, Veröffentlichungen und Dokumente zum FM.

Das Verzeichnis der GEFMA-Richtlinien mit Stand vom 20.07.2005 zeigt *Abb. 3.19.*

Nr.	Bezeichnung	Stand	Bemerkungen
100-1	Facility Management Grundlagen	07/2004	Entwurf
100-2	Facility Management Leistungsspektrum	07/2004	Entwurf
130	Flächenmanagement, Leistungsbild	06/1999	Entwurf
190	Betreiberverantwortung im FM	01/2004	
200	Kosten im FM; Kostengliederungsstruktur zu GEFMA 100	07/2004	Entwurf
400	Computer Aided Faciltiy Management CAFM; Begriffsbestimmungen, Leistungsmerkmale	04/2002	
402	Software für das Energiemanagement; Klassifizierung und Funktionalitäten	12/1999	Entwurf
410	Schnittstellen zur IT-Integration von CAFM-Software	03/2004	
420	Einführung eines CAFM-Systems	04/2003	
430	Datenbasis und Datenmanagement in CAFM-Systemen	12/2004	Entwurf
510	Mustervertrag Gebäudemanagement	11/2004	Version 1.1
604	Zertifizierungsverfahren in Übereinstimmung mit den Richtlinien 620 und 630	12/2001	
610	FM-Studiengänge	01/2005	
620	Ausbildung zum Fachwirt FM (GEFMA)	12/2001	Entwurf
622	Fachwirt für FM; Prüfungsordnung	04/2004	
630	Ausbildung zum Facility Management Agent (GEFMA)	12/1998	Entwurf

650-1	FM Grundbegriffe; Skriptum für Lehre	01/2005	
650-2	FM Grundbegriffe; Foliensatz zur Vorlesung	01/2005	
700	Qualitätsorientierung im FM	04/2005	Neuentwurf
730	ipv® – die Qualitätsmarke für die System-Dienstleistungen in der GEFMA-Qualitätsoffensive; Durchführung der Zertifizierung	04/2005	Entwurf
731	System-Dienstleistungen im FM; Dienstleistungen atm Mehrwert für den Kunden erkennen	04/2005	Entwurf
732	ipv®-Vertrag; Empfehlung für die vertragliche Vereinbarung zur Integralen Prozess Verantwortung – ipv®	04/2005	Entwurf
733	Output-orientierte Ausschreibung für System-Dienstleistungen im FM	04/2005	Entwurf
900	Gesetze, Verordnungen, UV-Vorschriften FM	01/2005	
910	Normen und Richtlinien FM	01/2005	
922-1	Dokumente im FM: Gesamtverzeichnis mit Quellentexten	09/2004	
922-2	Dokumente im FM: Gesamtverzeichnis in Kurzform	09/2004	
922-3	Dokumente im FM: Gesetzlich geforderte Dokumente	09/2004	
922-4	Dokumente im FM: Dokumente der HO-AI (1996)	09/2004	
922-5	Dokumente im FM: Dokumente der VOB/C (2002)	09/2004	
922-6	Dokumente im FM: Abnahmedokumente für Bauherren	09/2004	
922-7	Dokumente im FM: Dokumente für das Objektmanagement	09/2004	
922-8	Dokumente im FM: Dokumente für das Betreiben	09/2004	
940	Marktübersicht CAFM-Software	03/2005	6. Auflage
960	Leitfaden für die Ausschreibung komplexer FM-Dienstleistungen als Integrale Prozess Verantwortung ipv®	04/2005	
970	Marktübersicht Gebäudeautomation	10/2003	
980	Trend-Studie für Facility Management 2003	11/2003	

Abb. 3.19 GEFMA-Richtlinien für FM und GM, Ausdruck vom 20.07.2005 (Quelle: www.gefma.de/gefma/1024x768/unterwebs/richtlinien/verzeichnis.htm)

3.7 Organisationsmöglichkeiten des FM und GM

Für die organisatorische Einbindung des FM und GM in einem Unternehmen bestehen wie auch bei der Erbringung von Planungs- und Bauleistungen die Möglichkeiten der vollständigen Eigenleistung, der vollständigen Fremdvergabe oder einer Mischung durch Outsourcing.

Die Wahrnehmung des Facility Managements in Eigenleistung setzt voraus, dass entsprechend qualifiziertes Personal für die vielfältigen Dienste, die i. d. R. mit dem Kerngeschäft des Nutzers nichts zu tun haben, vorhanden ist und in seiner Zusammensetzung auch dauerhaft angemessen ausgelastet werden kann.

Die vollständige Vergabe des Facility Managements als Fremdleistung bedeutet, dass der Gebäudenutzer keinerlei Verantwortung für das Facility Management trägt, aber auch nur im Rahmen der Vergabe und Vertragsgestaltung in das Management eingreifen kann. Der Dienstleister fordert seinen Pauschalpreis, der somit für die jeweilige Vertragsdauer für den Nutzer als Fixkostengröße kalkulierbar ist.

In einer Mischform wird das Facility Management als Profit-Center mit Outsourcing organisiert. Der Nutzer muss in diesem Fall das Profit-Center mit geeigneten Fachkräften besetzen, die über das entsprechende Fachwissen verfügen, um fachkundige, erfahrene, leistungsfähige und zuverlässige Dienstleister unter Wettbewerbsbedingungen auswählen, Vertragsverhandlungen führen und den Vollzug der Verträge überwachen zu können. Durch die Vergabe der Facility-Management-Teilleistungen an verschiedene Fachunternehmen behält der Nutzer die Führungsrolle. Er kauft die Dienstleistungen des Facility Managements unter Wettbewerbsbedingungen ein und verzichtet darauf, eigenes Personal mit entsprechenden Auslastungs- und Weiterbildungsproblemen zu binden. Fragen der Sicherheit durch Zugangskontrollen, Personen- und Datenschutz bedürfen bei jeder Organisationsform jedoch besonderer Aufmerksamkeit.

Die Chancen und Risiken des Outsourcing wachsen mit der Komplexität von FM/GM-Diensten und deren Umsatzwerten. Am Anfang der 90er Jahre des letzten Jahrhunderts war man daher zunächst nur bereit, überwiegend einfache operative Dienste wie Reinigung, Catering oder interne Logistik auszugliedern. Die Bereitschaft, auch komplexe und stärker strategisch ausgerichtete Dienste auszugliedern, wuchs nur langsam.

Nicht nur die öffentliche Verwaltung, sondern auch große Wirtschaftsunternehmen zögern noch vielfach bei der Übertragung komplexer FM/GM-Dienste auf externe Anbieter. Den wirtschaftlichen Vorteilen des Verzichts auf Eigenleistungen stehen auch die Risiken von Abhängigkeiten und Grenzen der tatsächlich erreichbaren Kostensenkungen gegenüber (Schneider, 2004, S. 279 ff.).

Als wichtige Chancen des Outsourcing werden gesehen:

- die Konzentration auf das Kerngeschäft
- der Zeitgewinn
- flexible Kapazitätsanpassungen
- Kostensenkung
- Verstetigung der Auslastung
- Qualitätsverbesserung

Andererseits werden auch zahlreiche Risiken gesehen:

- die Abhängigkeit vom Dienstleister
- mangelnde Einflussnahme
- Koordinationsprobleme
- Mehrkosten
- Kompetenzverlust
- Qualifikationsprobleme

Als Gestaltungsformen kommen das interne Outsourcing, das Outsourcing in eine Beteiligungsgesellschaft und das echte Outsourcing in Betracht.

Das *interne Outsourcing* ermöglicht es, weiterhin den Einfluss des Unternehmens zu wahren. Eine interne Abteilung für alle FM/GM-Dienste führt selten zu einer wirtschaftlichen Arbeitsweise. Bessere Ergebnisse werden mit einem Profitcenter erzielt, dessen Leitung einen erweiterten Handlungsspielraum und eine eigene Kosten- und Ergebnisverantwortung hat. Die wirtschaftlichsten Ergebnisse werden bei internem Outsourcing durch Gründung einer eigenen Tochtergesellschaft erreicht, die als mittelständisches Unternehmen geführt wird. Werden Eingriffe der Muttergesellschaft, Konzernumlagen, bürokratische Berichte und die Einhaltung komplexer Verwaltungsprozeduren vermieden, so kann sie durchaus mit den Anbietern des Marktes konkurrieren.

Will man gleichzeitig die Leistungs- und Kostenpotenziale des Outsourcing nutzen und dennoch die Risiken der vollständigen Abhängigkeit von externen Leistungsträgern vermeiden, so gelangt man zwangsläufig zur Form des *Beteiligungsoutsourcing*. Dabei können sich entweder ein Dienstleister an der Tochtergesellschaft des Unternehmens oder aber das Unternehmen an einem Dienstleister beteiligen oder aber beide eine gemeinsame Betreibergesellschaft gründen. Derartige gesellschaftsrechtliche Umwandlungen von Unternehmensteilen erfordern die Beachtung zahlreicher Rechts- und Steuerfragen, die durch das Umwandlungsgesetz (UmwG) und das Umwandlungssteuergesetz (UmwSG) reglementiert werden. Zur Konzeption und Umsetzung einer solchen Beteiligungsgesellschaft sind daher in jedem Fall fachkundige Juristen und Steuerberater/Wirtschaftsprüfer hinzuzuziehen.

Will ein Unternehmen die Bewirtschaftung seiner Gebäude und Anlagen nicht mehr selbst wahrnehmen, so wählt es meistens die Form des *echten Outsourcing*. Dazu lässt es sich von mehreren externen Dienstleistern Angebote unterbreiten, um nach deren Auswertung, der Präsentation aussichtsreicher Bieter und der Überprüfung der Referenzangaben an einen Dienstleister vertraglich für einen definierten Zeitraum zu binden.

Outsourcing berührt öffentliches Recht, Gesellschafts-, Arbeits-, Steuer-, Straf- und Vertragsrecht (Schneider, 2004, S. 285 ff.).

Nachfolgend sei stellvertretend für die zahlreichen zu klärenden Rechtsfragen auf § 613a BGB hingewiesen, der zu beachten ist, wenn Mitarbeiter des Unternehmens von einer eigenen Tochtergesellschaft, einer Beteiligungsgesellschaft oder von Dritten übernommen werden sollen. Dann haben der alte und der neue Arbeitgeber bestimmte Pflichten zu beachten und können die betroffenen Arbeitnehmer bestimmte Rechte wahrnehmen:

„§ 613a Rechte und Pflichten bei Betriebsübergang:

(1) Geht ein Betrieb oder Betriebsteil durch Rechtsgeschäft auf einen anderen Inhaber über, so tritt dieser in die Rechte und Pflichten aus den im Zeitpunkt des Übergangs bestehenden Arbeitsverhältnissen ein. Sind diese Rechte und Pflichten durch Rechtsnormen eines Tarifvertrags oder durch eine Betriebsvereinbarung geregelt, so werden sie Inhalt des Arbeitsverhältnisses zwischen dem neuen Inhaber und dem Arbeitnehmer und dürfen nicht vor Ablauf eines Jahres nach dem Zeitpunkt des Übergangs zum Nachteil des Arbeitnehmers geändert werden. Satz 2 gilt nicht, wenn die Rechte und Pflichten bei dem neuen Inhaber durch Rechtsnormen eines anderen Tarifvertrags oder durch eine andere Betriebsvereinbarung geregelt werden. Vor Ablauf der Frist nach Satz 2 können die Rechte und Pflichten geändert werden, wenn der Tarifvertrag oder die Betriebsvereinbarung nicht mehr gilt oder bei fehlender beiderseitiger Tarifgebundenheit im Geltungsbereich eines anderen Tarifvertrags dessen Anwendung zwischen dem neuen Inhaber und dem Arbeitnehmer vereinbart wird.

(2) Der bisherige Arbeitgeber haftet neben dem neuen Inhaber für Verpflichtungen nach Absatz 1, soweit sie vor dem Zeitpunkt des Übergangs entstanden sind und vor Ablauf von einem Jahr nach diesem Zeitpunkt fällig werden, als Gesamtschuldner. Werden solche Verpflichtungen nach dem Zeitpunkt des Übergangs fällig, so haftet der bisherige Arbeitgeber für sie jedoch nur in dem Umfang, der dem im Zeitpunkt des Übergangs abgelaufenen Teil ihres Bemessungszeitraums entspricht.

(3) Absatz 2 gilt nicht, wenn eine juristische Person oder eine Personenhandelsgesellschaft durch Umwandlung erlischt.

(4) Die Kündigung des Arbeitsverhältnisses eines Arbeitnehmers durch den bisherigen Arbeitgeber oder durch den neuen Inhaber wegen des Übergangs eines Betriebs oder eines Betriebsteils ist unwirksam. Das Recht zur Kündigung des Arbeitsverhältnisses aus anderen Gründen bleibt unberührt.

(5) Der bisherige Arbeitgeber oder der neue Inhaber hat die von einem Übergang betroffenen Arbeitnehmer vor dem Übergang in Textform zu unterrichten über:

1. den Zeitpunkt oder den geplanten Zeitpunkt des Übergangs,
2. den Grund für den Übergang,
3. die rechtlichen, wirtschaftlichen und sozialen Folgen des Übergangs für die Arbeitnehmer und
4. die hinsichtlich der Arbeitnehmer in Aussicht genommenen Maßnahmen.

(6) Der Arbeitnehmer kann dem Übergang des Arbeitsverhältnisses innerhalb eines Monats nach Zugang der Unterrichtung nach Absatz 5 schriftlich widersprechen. Der Widerspruch kann gegenüber dem bisherigen Arbeitgeber oder dem neuen Inhaber erklärt werden."

Bei einem Betriebsübergang tritt damit der übernehmende Dienstleister in alle Rechte und Pflichten aus den bestehenden Arbeitsverhältnissen ein. Diese umfassen nicht nur die Gehaltsregelungen, sondern z. B. auch Betriebsrentenansprüche.

Der *FM/GM-Vertrag* ist weder durch Gesetz noch durch eine ständige Rechtspraxis als eigenständiger Vertragstyp mit vorgegebenen Rechten und Pflichten beschrieben. Für ihn besteht Vertragsfreiheit im Sinne von Abschlussfreiheit und Inhaltsfreiheit im Rahmen der vorhandenen Gesetze. Er wird daher in Abhängigkeit von den zu erbringenden Leistungen auf der Basis eines oder mehrerer Vertragstypen aufgebaut und individuell angepasst. Dabei sind die Abgrenzung zur Arbeitnehmerüberlassung nach AÜG und die Gefahr von Schwarzarbeit nach SchwarzarbG zu beachten, die als Ordnungswidrigkeit mit einer Geldbuße bis zu 300.000 € geahndet werden kann.

Kritisch für das Unternehmen ist auch die Beauftragung scheinselbstständiger Dienstleister. Scheinselbstständigkeit liegt vor, wenn jemand als selbstständiger Unternehmer auftritt, obwohl er von der Art seiner Tätigkeit her zu den abhängig beschäftigten Arbeitnehmern zählt. Der Begriff Scheinselbstständigkeit wurde 1999 in § 7 Abs. 4 Satz 1 Nr. 4 SGB IV in das deutsche Sozialrecht eingeführt. Scheinselbstständigkeit löst Versicherungspflicht in der gesetzlichen Rentenversicherung aus (§ 2 Nr. 10 SGB VI). Scheinselbstständigkeit liegt insbesondere vor, wenn:

- die Person auf Dauer und im Wesentlichen nur für einen Auftraggeber tätig ist,
- die Person nicht unternehmerisch am Markt auftritt,
- die Person einen festen zugewiesenen Arbeitsplatz und feste Arbeitszeiten hat und
- andere im Unternehmen des Auftraggebers beschäftigte Arbeitnehmer eine ähnliche Arbeit verrichten.

Diese Personen gelten sozialversicherungsrechtlich als Arbeitnehmer. Für sie sind daher Beiträge zur Sozialversicherung (Kranken-, Renten-, Pflege- und Arbeitslosenversicherung zu entrichten). Der Arbeitgeber kann rückwirkend bis zu 4 Jahren zur Zahlung des Arbeitgeber- und (mit Ausnahme der zurückliegenden 3 Monate) auch des Arbeitnehmeranteils verpflichtet werden.

Im Jahr 2003 wurde von der Bundesregierung die Ich-AG als ein Instrument der Existenzgründungsförderung eingeführt. Danach können sich Arbeitslose mit einem Existenzgründungszuschuss des Arbeitsamtes selbstständig machen. Dieser Zuschuss dient der sozialen Sicherung des Arbeitslosen während einer bis zu 3 Jahren dauernden Startphase. Auch eine Ich-AG kann ein Vertragspartner für FM-Dienstleistungen sein.

Weitere Ausführungen zum Vertragsverhältnis zwischen Auftraggeber und FM/GM-Dienstleister im Hinblick auf Vertragsstruktur und -inhalt, zu Verträgen auf der Basis der VOL/VOF, der VOB mit Erfolgskomponenten und Höchstpreisvereinbarung (GMP) sowie zum Vertragsmanagement enthalten die Ziff. 6.4 bis 6.7 von Schneider (2004, S. 302–442).

Von Reisbeck (2003) wurden Modelle zur Bewirtschaftung von öffentlichen Liegenschaften am Beispiel von zwei Universitäten des Landes Nordrhein-Westfalen entwickelt, verglichen, analysiert und mit Hilfe einer Nutzwertanalyse bewertet. Ausgangsbasis bildete ein Mietmodell mit Trennung von Vermieter und Mieter im Rahmen der angestrebten Finanzautonomie der Hochschulen mit dem Ziel, die Einrichtungen im Sinne des Subsidiaritätsprinzips dazu anzuhalten, mit den zur Verfügung stehenden Flächenressourcen effizienter umzugehen (*Abb. 3.20*).

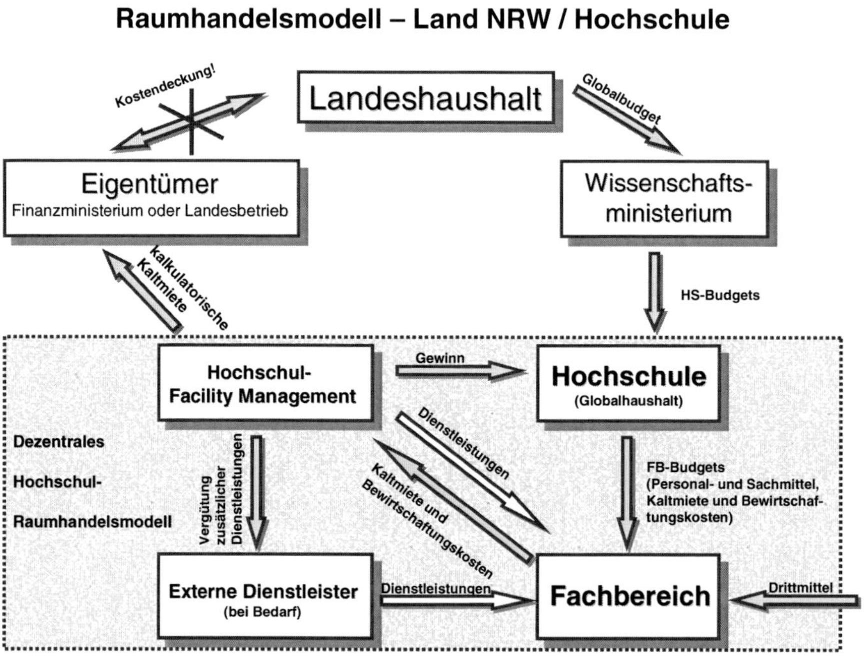

Raumhandelsmodell – Land NRW / Hochschule

Abb. 3.20 Dezentrales Raumhandelsmodell für Hochschulen (Quelle: Reisbeck (2003), S. 68)

Bei der Modellentwicklung wurde davon ausgegangen, dass das Eigentum an den Liegenschaften beim Land verbleibt, die Hochschulkanzler die Weisungsbefugnis gegenüber dem Facility Management behalten und die Hochschulen über Globalhaushalte die Finanzhoheit für die Bewirtschaftung der genutzten Liegenschaft wahrnehmen.

Modell A hochschulinternes Facility Management

Voraussetzung für das Outsourcing von Gebäudemanagementleistungen ist stets die Einführung einer aussagefähigen Kosten-Leistungs-Ergebnisrechnung (KLER), die einen Überblick über alle Betriebs- und Nebenkosten und damit die Grundlage liefert, die Effizienz der eigenen oder extern eingekauften Leistungen transparent darzustellen und zusammen mit anderen Kriterien Vor- und Nachteile gegeneinander abzuwägen. Die KLER dient damit auch als Hilfe für Outsourcing-Entscheidungen oder Änderungen in der Bearbeitungspraxis. Vor der Umsetzung von Outsourcing-Vorhaben sind alternative Prozessmodelle zu untersuchen. Beim Modell A (vgl. *Abb. 3.21*), aber auch bei den Modellen B und C (vgl. *Abb. 3.22* und *Abb. 3.23*) muss beachtet werden, dass das bisher vorhandene Personal von den externen Dienstleistern weiter zu beschäftigen ist.

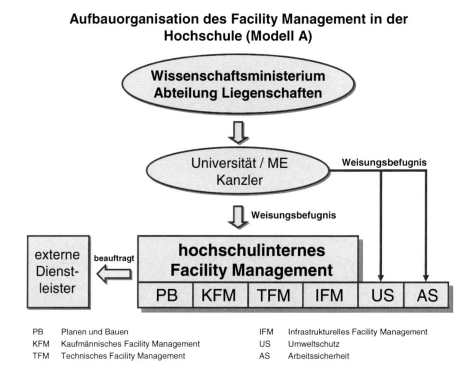

Aufbauorganisation des Facility Management in der Hochschule (Modell A)

PB	Planen und Bauen	IFM	Infrastrukturelles Facility Management
KFM	Kaufmännisches Facility Management	US	Umweltschutz
TFM	Technisches Facility Management	AS	Arbeitssicherheit

Abb. 3.21 Hochschulinternes FM/GM (Modell A) (Quelle: Reisbeck (2003), S. 79)

Modell B internes Cost- und Servicecenter

Beim Modell B werden die zum Facility Management der Hochschulen gehörenden Tätigkeiten in einem internen Cost- und Service-Center zusammengefasst. Die Führung und Leistungserstellung des Geschäftsfeldes GM ist weiterhin in die Führungsorganisation und das Entscheidungs- und Prozessgefüge der jeweiligen Hochschule eingebunden und belastet die Fachbereichs-Budgets entsprechend den von diesen in Anspruch genommenen Flächen und Leistungen *(Abb. 3.22)*.

Das Cost- und Service-Center steht den internen Kunden nach den Regeln des Marktes wie ein fremder Dienstleister zur Verfügung: unzureichende Leistungen und zu hohe Preise führen zur Einschaltung von Konkurrenzanbietern für Flächen und deren Bewirtschaftung.

Modell C Hochschul-Service-Betrieb

Ein externer Hochschul-Service-Betrieb kann aus dem Modell B heraus entwickelt werden. Damit besteht die Möglichkeit, dass die Hochschulleitung über die Rechtsformen (Modell B oder Modell C) gemäß § 65 LHO NRW die Entscheidungsbefugnis für eine private Rechtsform behält. So ist es den Hochschulen freigestellt, die wirtschaftlichste Unternehmensform auszuwählen.

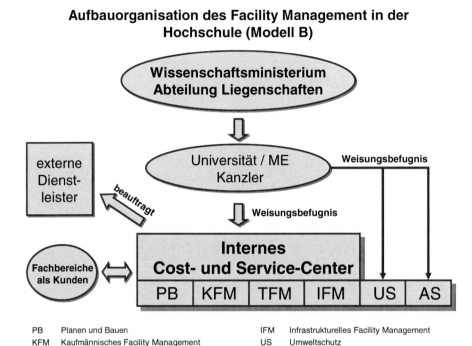

Aufbauorganisation des Facility Management in der Hochschule (Modell B)

PB   Planen und Bauen
KFM   Kaufmännisches Facility Management
TFM   Technisches Facility Management

IFM   Infrastrukturelles Facility Management
US   Umweltschutz
AS   Arbeitssicherheit

Abb. 3.22 Internes Cost- und Service-Center (Modell B) (Quelle: Reisbeck (2003), S. 82)

Wie bei den Modellen A und B müssen die Aufgaben Controlling, Steuerung, Arbeitssicherheit und Umweltschutz vor dem Hintergrund der Betreiber innerhalb der Hochschule wahrgenommen werden *(Abb. 3.23)*. Vorteil der externen Bewirtschaftung durch eine Tochtergesellschaft mit eigener Erfolgsverantwortung ist die Möglichkeit, frei werdende Personalressourcen durch Tätigwerden für Dritte flexibel einzusetzen und dadurch zusätzliche Erträge zu erwirtschaften.

Nutzwertanalyse

Mit Hilfe einer Nutzwertanalyse wurde ein Alternativenvergleich zwischen der Eigenbewirtschaftung (Ist-Zustand) sowie den Modellen A, B und C unter Verwendung eines detaillierten Zielkataloges mit den Zielgruppen „Ökonomie", „Politik", „Soziale Gesichtspunkte", „Technik" und „Ökologie" erstellt. Das Ergebnis der Gegenüberstellung der Alternativen gegenüber den gewichteten Gesamtnutzenpunkten zeigt *Abb. 3.24*.

Der Unterschied zwischen den einzelnen Alternativen ist stets größer als 100 Punkte. Die Alternative C (externer Hochschul-Service-Betrieb) weist mit 760 Nutzenpunkten einen mehr als doppelt so hohen Nutzwert aus wie der bisherige Organisationsaufbau mit 374 Nutzenpunkten. Die größte Differenz besteht zwischen Modell A und Modell B mit 160 Nutzenpunkten. Dies lässt sich mit den hohen Synergieeffekten durch den Wettbewerbsanreiz erklären.

**Aufbauorganisation des Facility Management in der
Hochschule (Modell C)**

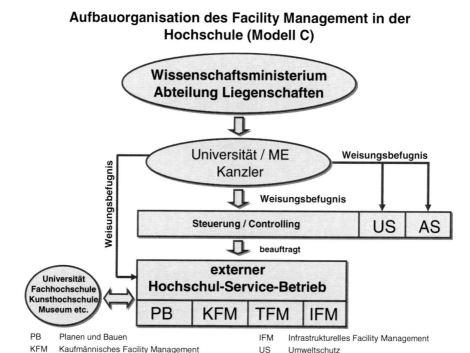

PB   Planen und Bauen   IFM   Infrastrukturelles Facility Management
KFM   Kaufmännisches Facility Management   US   Umweltschutz
TFM   Technisches Facility Management   AS   Arbeitssicherheit

Abb. 3.23 Hochschul-Service-Betrieb (Modell C) (Quelle: Reisbeck (2003), S. 83)

	Ist-Zustand	Modell A	Modell B	Modell C
Gesamtnutzenpunkte	374	493	653	760

Abb. 3.24 Ergebnis der Nutzwertanalyse für den Vergleich des Ist-Zustandes und der Modelle A, B und C

Selbst bei Änderung der Gewichtung der einzelnen Teilziele tritt hinsichtlich der deutlichen Abstände in der Rangfolge keine Veränderung ein – dies wurde durch eine Sensitivitätsanalyse belegt.

Kostenvergleichsrechnung

Eine Kostenvergleichsrechnung am Beispiel der Universität A stellte die Kosten der Eigenbewirtschaftung den bezogenen Fremdbewirtschaftungskosten gegenüber.

Grundlage für diese Gegenüberstellung ist, dass das Technische Dezernat der Universität A die Hauptbaufläche ohne Anmietungen (HNF + NNF + TF + VF = ca. 25.000 m²) gemäß DIN 277-1 (Februar 2005) an externe Dienstleister für TGM und IGM vergeben hatte.

Hierzu wurden die Overhead- und Geschäftskosten der Gebäudebewirtschaftung detailliert analysiert und auf die einzelnen Sachgebiete des Technischen Dezernates umgelegt. Dadurch wurde erstmals eine transparente Gegenüberstellung der Kosten zwischen Eigen- und Fremdleistungen für das TGM und IGM möglich.

Ergebnis des Kostenvergleichs war:

Eigenbewirtschaftung:	49,18 € / (m² HNF x a)
Fremdbewirtschaftung inkl. MwSt.:	38,66 € / (m² HNF x a)
Fremdbewirtschaftung ohne MwSt.:	33,33 € / (m² HNF x a)

Somit ist die Gebäudebewirtschaftung im TGM und IGM an der Universität A durch Dritte im Vergleich zur Eigenbewirtschaftung um rund 21 % günstiger. Werden die Fremd- und Eigenbewirtschaftung ohne Berücksichtigung der Mehrwertsteuer verglichen, dann liegt der Kostenvorteil von externen Dienstleistern sogar bei rund 32 %.

Schnittstellenanalyse und Soll-Aufbauorganisation

Die Verwaltungen der Universitäten A und B wurden weitergehend anhand einer Aufgabenliste gem. GEFMA-Richtlinie 100 auf Zuständigkeitsüberschneidungen der Dezernate bzw. der ehemaligen Staatlichen Bauämter (jetzt: Bau- und Liegenschaftsbetrieb NRW) hin untersucht.

Das Ergebnis dieser Schnittstellenanalyse zeigte die zersplitterten Zuständigkeiten innerhalb der Hochschulen.

In enger Zusammenarbeit mit den Technischen Dezernaten wurden Soll-Aufbauorganisationen vorgeschlagen, bei denen die Einsparmöglichkeiten bei den Personalkosten bis zu 30 % betragen, die sukzessive durch Personalanpassung erreicht werden können.

Daher wurde eine hochschulinterne Reorganisation vorgeschlagen, die zu einer Reduzierung dieser Schnittstellen führt. Der Bereich Planen und Bauen sollte bei den Technischen Dezernaten angesiedelt werden. Hier wurde die größte Anzahl von Schnittstellen festgestellt.

Die Soll-Organisation des technischen Dezernates an der Universität A könnte bei einer möglichen Einsparung von 8 von 75 Stellen (10,7 %) bei gleichzeitiger Erweiterung des Aufgabengebietes für den Bereich Planen und Bauen gemäß *Abb. 3.25* strukturiert werden.

Für die Universität B wurden ebenfalls Soll-Konzeptionen mit dem Ziel einer effizienten Liegenschaftsverwaltung entwickelt und beschrieben. Es ist davon auszugehen, dass auch hier ein Einsparpotenzial in ähnlicher Höhe gegeben ist.

Fazit

Wird das Einsparpotenzial von A auf das Land Nordrhein-Westfalen auf Grundlage des Kostenvergleichs extrapoliert, so sind durch das wirtschaftlichere Hochschul-Liegenschaftsmanagement an allen Hochschulen des Landes insgesamt Einsparungen zwischen rd. 36 und 51 Mio. € pro Jahr möglich.

Es ist damit nachgewiesen, dass aus den bestehenden Hochschul-Liegenschaftsverwaltungen leistungsfähige Dienstleistungseinrichtungen entwickelt werden können, die eine zukunftsorientierte Bewirtschaftung der Hochschulen gewährleisten können.

Soll-Organisation des Dezernates GM – Facility Management

(mit Stellenanzahl)

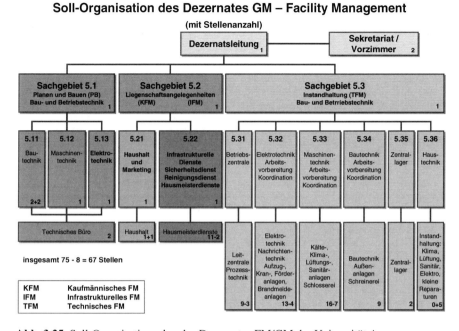

Abb. 3.25 Soll-Organisationsplan des Dezernates FM/GM der Universität A

Die Aufbau- und Ablauforganisationen der mit der Immobilienbewirtschaftung betrauten Dezernate sind zunächst einer kritischen Prüfung im Hinblick auf Effektivität („Die richtigen Dinge tun") und Effizienz („Die Dinge richtig tun") zu unterziehen. Alle Aufgaben müssen auf Wirtschaftlichkeit und Zweckmäßigkeit hin überprüft werden.

Die Zeitspanne für eine interne Reorganisation des Hochschul-Liegenschaftsmanagements beträgt etwa ein Jahr. Dies wird von den bereits weitgehend umgesetzten Maßnahmen der Universität B belegt (realisierte Stelleneinsparung: rd. 7,5 %).

Wichtig ist, dass zunächst die Anzahl der Zuständigkeitsüberschneidungen reduziert und eine hohe Kapazitätsauslastung möglichst in allen Bereichen erreicht wird, u. a. durch die Zusammenarbeit von mehreren Hochschulen in sog. Clustern.

Weitergehend sind Lösungen in Public Private Partnership (PPP)-Modellen denkbar, um das vorhandene private Know-how von Dritten nutzen und öffentliche Einrichtungen stärker an marktkonforme Wettbewerbsbedingungen anpassen zu können (vgl. *Ziff. 2.5.8*).

3.8 Zusammenfassung

In diesem Abschnitt wird die in der Bundesrepublik Deutschland erst seit dem Anfang der 90er Jahre eingeführte Disziplin des Facility Managements als professionelle Gebäudebewirtschaftung oder auch ganzheitliches Betreiben von Gebäuden und Anlagen mit dem Ziel der optimalen Wertschöpfung durch die Immobilie vorgestellt.

Nach Gegenüberstellung verschiedener Definitionen des FM, seiner Ziele und seiner historischen Entwicklung werden die Aufgaben und Teilleistungen des strategischen FM und des operativen GM beschrieben. Strategisches FM zielt darauf ab, bereits während der Projektentwicklung und Planung von Gebäuden und Anlagen die Voraussetzungen für eine effektive und effiziente operative Gebäudebewirtschaftung zu schaffen und für deren Beachtung im Planungs- und Bauprozess zu sorgen.

Das operative GM umfasst dagegen vom Nutzungsbeginn bis zur Umwidmung/zum Abriss die Gesamtheit aller technischen, infrastrukturellen und kaufmännischen Dienstleistungen zur Bewirtschaftung von Gebäuden und Liegenschaften mit dem Ziel der Aufrechterhaltung und Optimierung aller Funktionen unter Wahrung der Kostentransparenz und der permanenten Wahrnehmung von Chancen zur Kostenreduzierung und Werterhaltung/-verbesserung.

Das Technische GM umfasst alle Teilleistungen des Betriebes und der Bauunterhaltung technischer Anlagen und Einrichtungen sowie alle zugehörigen Maßnahmen, die überwiegend technisches Wissen erfordern.

Das Infrastrukturelle GM erstreckt sich auf alle Teilleistungen, die weder eindeutig technischen noch eindeutig kaufmännischen Charakter haben, jedoch als eindeutig und erschöpfend beschreibbare Leistungen vorteilhaft auch an externe Dienstleister vergeben werden können.

Zum Kaufmännischen GM zählen sämtliche Teilleistungen, die traditionell der kaufmännischen Hausverwaltung zugerechnet werden. Diese ist zuständig für die Vermietung und Vermarktung unter Vermeidung von Leerständen, den Abschluss und Vollzug der zugehörigen Miet- und Kaufverträge, die laufende Mieterbetreuung, die Beschaffung von Lieferungen und Leistungen im Rahmen der Gebäudebewirtschaftung, die Kostenrechnung und Objektbuchhaltung sowie das Controlling.

Besondere Bedeutung hat im Rahmen des operativen GM das Informationsmanagement, das eine entsprechende EDV-Unterstützung voraussetzt (Computer Aided Facility Management CAFM).

Eine wertvolle Hilfe bei der Entwicklung von Informationsmanagementsystemen für das Facility Management und der Auswahl von Anbietern von FM-Systemen und EDV-Dienstleistungen bieten die seit 1996 sukzessive entwickelten und laufend aktualisierten GEFMA-Richtlinien.

Als Organisationsformen für das FM/GM bieten sich die Wahrnehmung ausschließlich mit eigenem Personal, das interne Outsourcing in eine Tochter- oder Beteiligungsgesellschaft oder aber das externe Outsourcing an einen oder mehrere externe Dienstleister an. Dabei sind zahlreiche rechtliche, steuerliche und wirtschaftliche Kriterien zu beachten. Die jeweiligen Chancen und Risiken sind auftraggeber- und gebäude-/liegenschaftsspezifisch gegeneinander abzuwägen.

4 Immobilienbewertung

Im Rahmen der Projektentwicklung, des Projektmanagements und des Facility Managements hat die Immobilienbewertung, genauer die Bewertung bebauter und unbebauter Grundstücke, zentrale Bedeutung. Dabei kommen sowohl normierte und nicht normierte nationale Verfahren als auch internationale Verfahren zur Anwendung. In diesem Kapitel soll eine Hilfestellung dazu geboten werden, für den jeweiligen Anwendungsfall das richtige Verfahren auszuwählen. Dazu werden zunächst wichtige rechtliche Grundlagen und Wertbegriffe erläutert sowie die vielfältigen Anlässe für Immobilienbewertungen aufgeführt.

Sodann werden in einem Überblick die verschiedenen Wertermittlungsverfahren, deren Anwendungsbereiche und möglichen Kombinationen vorgestellt. Diese lassen sich unterteilen in nationale normierte Verfahren gemäß Wertermittlungsverordnung (WertV) und nicht normierte Verfahren sowie internationale Bewertungsverfahren. Die Beleihungswertermittlung in der Kreditwirtschaft verlangt mit den Anforderungen nach Basel II für die Kreditsicherheiten besondere Beachtung.

Erläuterungen zum Sachverständigen- und Gutachterausschusswesen für die Verkehrswertermittlung von bebauten und unbebauten Grundstücken runden das Kapitel ab.

Gegenstand der Wertermittlung kann gemäß § 2 Satz 1 WertV „das Grundstück oder ein Grundstücksteil einschließlich seiner Bestandteile wie Gebäude, Außenanlagen und sonstige Anlagen sowie des Zubehörs sein".

4.1 Rechtliche Grundlagen

Für die Immobilienbewertung nach normierten Verfahren gelten zahlreiche Gesetze, Verordnungen, Richtlinien und Normen. Die wichtigsten werden nachfolgend aufgeführt, differenziert nach Rechts- und Themengebieten.

Das *Wertermittlungsrecht* wird maßgeblich bestimmt durch die:

- Ordnung über Grundsätze für die Ermittlung der Verkehrswerte von Grundstücken (*Wertermittlungsverordnung – WertV*) vom 06.12.1988 (BGBl. IS. 2209), zuletzt geändert durch Art. 3 BauROG 1998 vom 18.08.1997 (BGBl. I S. 2081, 2110);
- normierten Verfahren zur Ermittlung des Verkehrswertes (Vergleichs-, Ertrags- und Sachwertverfahren) nach WertV;
- Richtlinien für die Ermittlung der Verkehrswerte (Marktwerte) von Grundstücken (*Wertermittlungsrichtlinien – WertR 2002*) i. d. F. vom 19.07.2002 (BAnz. Nr. 238a); sie enthalten in Teil I Allgemeine Richtlinien zur Wertermittlung unbebauter und bebauter Grundstücke sowie in Teil II zusätzliche

Richtlinien für grundstücksbezogene Rechte und Belastungen, zum Bodenwert in besonderen Fällen sowie Grundsätze der Enteignungsentschädigung.

Aus dem *Bauplanungsrecht* haben für die Immobilienbewertung besondere Bedeutung:

- das Baugesetzbuch (BauGB) i. d. F. vom 27.08.1997 (BGBl. I S. 2141, ber. BGBl. I S. 137), letzte Änderung vom 24.06.2004 (BGBl. I S. 1359)
- die Baunutzungsverordnung (BauNVO) vom 23.01.1990, letzte Änderung vom 24.04.1993

Das *steuerliche Bewertungsrecht* wird u. a. geregelt durch das:

- Bewertungsgesetz (BewG i. d. F. vom 01.02.1991 (BGBl. I S. 230), zuletzt geändert durch Steueränderungsgesetz 2001 vom 20.12.2001 (BGBl. I S. 3794); dieses enthält in § 9 Abs. 1 BewG den Bewertungsgrundsatz, dass bei Bewertungen, soweit nichts anderes vorgeschrieben ist, der *gemeine Wert* gemäß § 9 Abs. 2 zugrunde zu legen ist. Die §§ 19 bis 32 BewG enthalten Regelungen zur Feststellung von Einheitswerten u. a. für Grundstücke für Zwecke der Besteuerung. Die §§ 72 bis 90 BewG regeln die Wertermittlung unbebauter und bebauter Grundstücke nach dem Vergleichs-, Ertrags- und Sachwertverfahren. Für die Bewertung von Grundbesitz für die Erbschaft- und Schenkungsteuer sowie für die Grunderwerbsteuer gelten die §§ 145 bis 149 BewG. Die sich danach ergebenden Grundstückswerte sind maßgeblich für die Bemessung der Grundsteuer sowie der Erbschaft- und Schenkungsteuer (vgl. *Ziff. 1.7.10*).
- Grunderwerbsteuergesetz (GrEStG) i. d. F. vom 26.02.1997 (BGBl. I S. 418, ber. S. 1804), zuletzt geändert durch 3. Gesetz zur Änderung verwaltungsverfahrensrechtlicher Vorschriften vom 21.08.2002 (BGBl. I S. 3322); dieses regelt die Bemessung der Grunderwerbsteuer bei Grundstückstransaktionen (vgl. *Ziff. 1.7.10.1*).
- Grundsteuergesetz (GrStG) vom 07.08.1973 (BGBl. I S. 965), zuletzt geändert durch Steuer-Euroglättungsgesetz vom 19.12.2000 (BGBl. I S. 1790); dieses regelt die Steuerpflicht, die Bemessung, Festsetzung und Entrichtung der Grundsteuer.
- Erbschaft- und Schenkungsteuergesetz (ErbStG) i. d. F. vom 27.02.1997 (BGBl. I S. 378), zuletzt geändert durch Haushaltsbegleitgesetz vom 29.12.2003 (BGBl. I S. 3076). Dieses regelt die Steuerpflicht beim Erwerb von Todes wegen und bei Schenkungen unter Lebenden, die Wertermittlung, Berechnung der Steuer sowie die Steuerfestsetzung und Erhebung.

Für das *Rechnungswesen* ist das Handelsgesetzbuch vom 10.05.1987 (RGBl. S. 219), letzte Änderung vom 01.12.2003 (BGBl. I S. 2446), zu beachten. Es regelt zwar in erster Linie die Rechtsverhältnisse, Buchführungs- und Bilanzierungsvorschriften der Kaufleute und der Handelsgesellschaften, definiert aber auch die Bewertung von Vermögensgegenständen, wie z. B. Grundstücken, die Teil des Sachanlagevermögens in der Bilanz sein können. So heißt es unter § 253 Abs. 2 HGB u. a.:

„Bei Vermögensgegenständen des Anlagevermögens, deren Nutzung zeitlich begrenzt ist, sind die Anschaffungs- oder Herstellungskosten um planmäßige Abschreibungen zu vermindern. … Ohne Rücksicht darauf, ob ihre Nutzung zeitlich begrenzt ist, können bei Vermögensgegenständen des Anlagevermögens außerplanmäßige Abschreibungen vorgenommen werden, um die Vermögensgegenstände mit dem niedrigeren Wert anzusetzen, der ihnen am Abschlussstichtag beizulegen ist; sie sind vorzunehmen bei einer voraussichtlich dauernden Wertminderung."

Mit der EU-Verordnung Nr. 1606/2002 vom 27.05.2002 wurde durch das Europäische Parlament und den Europäischen Rat verbindlich die Einführung der International Accounting Standards (IAS) bzw. der International Financial Reporting Standards (IFRS) für Konzernabschlüsse börsennotierter Unternehmen ab 2005 vorgeschrieben. Für derartige Unternehmen, die häufig über großen Immobilienbestand verfügen, wird das HGB durch die IAS/IFRS abgelöst. Die IAS/IFRS bemühen sich um eine objektive Darstellung der Vermögens- und Ertragslage (true and fair view), während das HGB durch übermäßige Betonung des Gläubigerschutzes und die zentrale Stellung des Vorsichtsprinzips ein pessimistisch verzerrtes Bild der wirtschaftlichen Lage des Unternehmens vermittelt (Diederichs, 2005, S. 136).

Im Rahmen des *kreditwirtschaftlichen Bewertungsrechts* sind das Kreditwesengesetz (KWG) vom 09.09.1998 BGBl. I S. 2776, zuletzt geändert durch Art. 2 des Gesetzes vom 22. Mai 2005 (BGBl. I S. 1373), und das Hypothekenbankgesetz (HBG) i. d. F. vom 19.12.1990 (BGBl. I 1990, S. 2898), letzte Änderung vom 09.09.1998 (BGBl. I 1998, S. 2674), zu beachten, die im Wesentlichen die Durchführung und Sicherung von Kreditgeschäften regeln. Der § 12 HBG befasst sich z. B. mit der Ermittlung des Beleihungswertes eines Grundstücks als Kreditsicherheit. Besondere Bedeutung hat auch das Gesetz über Kapitalanlagegesellschaften KAGG vom 16.04.1957 (BGBl. I 1957, S. 378), letzte Änderung vom 22.10.1997 (BGBl. I 1997, S. 2572). Es regelt insbesondere die Transparenz und Informationspflichten der diesem Gesetz unterworfenen Kapitalanlagegesellschaften wie z. B. Offener Immobilienfonds.

Der Versicherungswert einer Immobilie wird in den Verbundenen Wohngebäudeversicherungsbedingungen (VGB 2002) definiert und dessen Bedeutung erläutert.

4.2 Wertbegriffe

Aufgrund der rechtlichen Grundlagen und verschiedenen Anwendungsgebiete haben sich unterschiedliche Wertbegriffe entwickelt. Sie werden nachfolgend definiert und in den Beschreibungen der Bewertungsverfahren wieder aufgegriffen.

Verkehrswert nach § 194 BauGB

Der Verkehrswert (Marktwert) wird durch den Preis bestimmt, der in dem Zeitpunkt, auf den sich die Ermittlung bezieht, im gewöhnlichen Geschäftsverkehr nach den rechtlichen Gegebenheiten und tatsächlichen Eigenschaften, der sonstigen Beschaffenheit und der Lage des Grundstücks oder des sonstigen Gegenstands der Wertermittlung ohne Rücksicht auf ungewöhnliche oder persönliche Verhältnisse zu erzielen wäre.

Gemeiner Wert nach § 9 BewG

(1) Bei Bewertungen ist, soweit nichts anderes vorgeschrieben ist, der gemeine Wert zugrunde zu legen.

(2) Der gemeine Wert wird durch den Preis bestimmt, der im gewöhnlichen Geschäftsverkehr nach der Beschaffenheit des Wirtschaftsgutes bei einer Veräußerung zu erzielen wäre. Dabei sind alle Umstände, die den Preis beeinflussen, zu berücksichtigen. Ungewöhnliche oder persönliche Verhältnisse sind nicht zu berücksichtigen.

Steuerlicher Grundbesitzwert

Der steuerliche Grundbesitzwert zur Bemessung der Grunderwerb-, der Grund- sowie der Erbschaft- und Schenkungsteuer ist nicht einheitlich geregelt. Hierzu wird verwiesen auf die Ausführungen unter *Ziff. 1.7.10.*

Buchwert nach § 253 Abs. 1 HGB

Vermögensgegenstände sind höchstens mit den Anschaffungs- oder Herstellungskosten anzusetzen, vermindert um Abschreibungen nach den Abs. 2 und 3.

True and Fair View nach IAS/IFRS

Für die Ermittlung des Marktwertes einer Immobilie ist Voraussetzung, dass ihre Nutzung in gleicher oder ähnlicher Weise fortgesetzt wird. Der Marktwert wird i. d. R. von beruflich qualifizierten Bewertern ermittelt.

Marktwert nach der Richtlinie 91/674/EWG des Rates vom 19.12.1991, Art. 49 Abs. 2

Unter dem Marktwert ist der Preis zu verstehen, der zum Zeitpunkt der Bewertung aufgrund eines privatrechtlichen Vertrages über Bauten oder Grundstücke zwischen einem verkaufswilligen Verkäufer und einem ihm nicht durch persönliche Beziehung verbundenen Käufer unter der Voraussetzung zu erzielen ist, dass das Grundstück offen am Markt angeboten wurde, dass die Marktverhältnisse einer ordnungsgemäßen Veräußerung nicht im Wege stehen und dass eine der Bedeutung des Objektes angemessene Verhandlungszeit zur Verfügung steht.

Zeitwert nach IAS 16 Ziffer 32

Der beizulegende Zeitwert von Grundstücken und Gebäuden wird in der Regel nach den auf dem Markt basierenden Daten ermittelt, wobei man sich normalerweise der Berechnungen hauptamtlicher Gutachter bedient. Der beizulegende Zeitwert für technische Anlagen sowie Betriebs- und Geschäftsausstattung ist in der Regel der durch Schätzungen ermittelte Marktwert.

Beleihungswert nach § 12 Abs. 1 HBG

Der bei der Beleihung angenommene Wert des Grundstücks darf den durch sorgfältige Ermittlung festgestellten Verkaufswert nicht übersteigen. Bei der Feststellung dieses Wertes sind nur die dauernden Eigenschaften des Grundstücks und der Ertrag zu berücksichtigen, welchen das Grundstück bei ordnungsmäßiger Wirtschaft jedem Besitzer nachhaltig gewähren kann.

Liegt eine Ermittlung des Verkehrswertes aufgrund der Vorschriften der §§ 192 bis 199 des BauGB vor, so soll dieser bei der Ermittlung des Beleihungswertes berücksichtigt werden.

Versicherungswert nach den §§ 9 bis 11 VGB 2000

Der Versicherungswert ist der ortsübliche Neubauwert der im Versicherungsschein bezeichneten Gebäude und Ausstattung sowie seines Ausbaus, ausgedrückt in den Preisen des Jahres 1914. Abweichend können auch der Neuwert oder der Zeitwert als Versicherungswert vereinbart werden. Der Neuwert ist der ortsübliche Neubauwert des Gebäudes und der Zeitwert errechnet sich aus dem Neuwert abzüglich der Wertminderung durch Alter und Abnutzung.

Im Zusammenhang mit der Immobilienbewertung treten somit zahlreiche Wertbegriffe auf, die jedoch maßgeblich von der Definition des Verkehrswertes nach § 194 BauGB geprägt werden. Dabei ist jedoch zu beachten, dass der Verkehrswert nicht mit dem im Einzelfall auf dem Grundstücksmarkt erzielbaren Kaufpreis gleichzusetzen ist, da der Preis je nach Angebot und Nachfrage jeweils zwischen Käufer und Verkäufer ausgehandelt wird.

4.3 Anlässe einer Immobilienbewertung

Im Rahmen des Immobilienmanagements gibt es zahlreiche Anlässe, die eine Immobilienbewertung erforderlich machen. Sie lassen sich einteilen in die Verwendung für Grundstückstransaktionen und für die Bestandsbewertung.

Zu den Grundstückstransaktionen zählen:

- der An- und Verkauf mit der Notwendigkeit der Ermittlung eines (Markt-) Kaufpreises oder Verkaufspreises,
- die Enteignung mit der Notwendigkeit der Entschädigung, die sich nach § 95 Abs. 1 BauGB nach dem Verkehrswert des zu enteignenden Grundstücks bemisst. Dies ist Aufgabe des Gutachterausschusses nach § 192 BauGB für die in § 193 Abs. 1 BauGB auch angeführten weiteren Fälle.
- Versteigerungen im Wege der Zwangsvollstreckung,
- Vermögensauseinandersetzungen und
- Firmenübernahmen.

Zahlreiche Anlässe erfordern eine Bestandsbewertung von bebauten und unbebauten Grundstücken, die keine Grundstückstransaktion auslösen:

- Im Rahmen der Handels- und Steuerbilanz nach HGB und IAS/IFRS ist der Marktwert von Immobilien zu ermitteln, auch bei der Identifizierung von stillen Reserven.
- Die Bemessung von Grunderwerb-, Grund-, Erbschaft- und Schenkungsteuern richtet sich nach gesetzlich geregelten Wertermittlungen (vgl. *Ziff. 1.7.10).*
- In der Kreditwirtschaft ist zur Prüfung zulässiger Kredithöhen der jeweilige Beleihungswert der Immobilie zu ermitteln.
- Die Versicherungswirtschaft benötigt zur Versicherung von Gebäuden den jeweiligen Versicherungswert. Zur Bemessung der Performance (Rendite und Wertveränderung von Immobilien, z. B. der Immobilienportfolios Offener Immobilienfonds) ist die Beobachtung der Entwicklung des Verkehrswertes der einzelnen Immobilien zu Transaktionswerten erforderlich.

Die zahlreichen Anwendungsfälle machen deutlich, dass Immobilienbewertungen nach unterschiedlichen Verfahren vorgenommen werden müssen. Herausragende Bedeutung haben sicherlich Immobilienwertermittlungen im Rahmen von Grundstückskäufen und -verkäufen sowie die Ermittlung von Beleihungswerten im Rahmen der Kreditfinanzierung. Seit Einführung der Bilanzierungsvorschriften nach IAS/IFRS 2005 auch in Deutschland gewinnt die Immobilienbewertung im Rahmen der Bilanzierung besondere Bedeutung, da die internationalen Bilanzierungsrichtlinien eine regelmäßige jährliche Bewertung des Immobilienvermögens im Anlagevermögen vorschreiben.

4.4 Übersicht über die Verfahren und Methoden der Immobilienbewertung

Die Verkehrswerte bebauter und unbebauter Grundstücke können nach nationalen und gemäß WertV normierten oder nicht normierten Verfahren sowie nach internationalen Bewertungsverfahren ermittelt werden. Zur Anwendung des in der WertV geregelten Vergleichs-, Ertrags- oder Sachwertverfahrens sind grundsätzlich nur die Gutachter der örtlichen Gutachterausschüsse gemäß §§ 192 ff. BauGB verpflichtet. Sie müssen unter Anwendung eines oder mehrerer normierter Verfahren einen Verkehrswert feststellen. Andere Gutachter sind nicht an die Regelungen der WertV gebunden und damit frei in der Wahl der Bewertungsverfahren (Leopoldsberger et al., 2005, S. 470). Da die normierten Verfahren der WertV ein anerkanntes Regelwerk darstellen, sind Abweichungen davon im Gutachten zu begründen.

Zu den in Deutschland auch gebräuchlichen nicht normierten Verfahren zählen das vereinfachte Ertragswertverfahren und die Discounted-Cashflow-Methode, die jedoch im Grunde als Barwertmethode den Ursprung des Ertragswertverfahrens darstellt. Das Bundesverwaltungsgericht hat dazu in seinem Beschluss vom 16.01.1996 (IV B 69/95) ausdrücklich festgestellt, dass zumindest in den Fällen, in denen eine der in der WertV vorgesehenen Methoden nicht angewandt werden

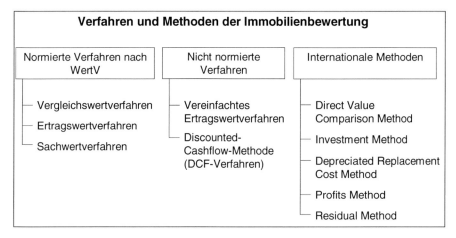

Abb. 4.1 Nationale normierte und nicht normierte sowie internationale Bewertungsverfahren und -methoden

kann, auch andere geeignete Methoden zur Anwendung kommen und entwickelt werden können. Dies gilt insbesondere für Großobjekte, bei denen die zur Anwendung kommenden Verfahren von Renditeüberlegungen geprägt sind (Kleiber, 2002b, S. 561).

Im Zusammenhang mit der Internationalisierung des Immobilienmarktes werden internationale Bewertungsverfahren bekannt, die als Alternativen oder auch für Plausibilitätsbetrachtungen zunehmend Beachtung finden, um Fehleinschätzungen zu vermeiden.

Einen Überblick über die nationalen normierten und nicht normierten sowie die internationalen Bewertungsverfahren liefert *Abb. 4.1*.

4.5 Normierte Verfahren der Wertermittlung

Gemäß § 7 Abs. 1 WertV sind zur Ermittlung des Verkehrswerts das Vergleichswertverfahren (§§ 13 und 14), das Ertragswertverfahren (§§ 15 bis 20), das Sachwertverfahren (§§ 21 bis 25) oder mehrere dieser Verfahren heranzuziehen. Der Verkehrswert ist aus dem Ergebnis des herangezogenen Verfahrens unter Berücksichtigung der Lage auf dem Grundstücksmarkt (§ 3 Abs. 3) zu bemessen. Sind mehrere Verfahren herangezogen worden, ist der Verkehrswert aus den Ergebnissen der angewandten Verfahren unter Würdigung ihrer Aussagefähigkeit zu bemessen.

Gemäß § 7 Abs. 2 sind die Verfahren nach der Art des Gegenstands der Wertermittlung (§ 2) unter Berücksichtigung der im gewöhnlichen Geschäftsverkehr bestehenden Gepflogenheiten und der sonstigen Umstände des Einzelfalls zu wählen. Die Wahl ist zu begründen.

Für die Verkehrswertermittlung unbebauter Grundstücke und des Bodenwertanteils bebauter Grundstücke kommt i. d. R. das Vergleichswertverfahren zur Anwendung. Für die Verkehrswertermittlung bebauter Grundstücke wird bei Fremd-

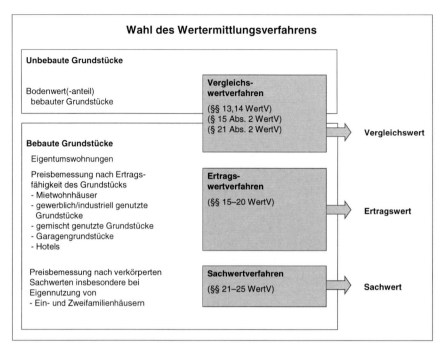

Abb. 4.2 Wahl der Wertermittlungsverfahren (Quelle: Kleiber (2002b), S. 914)

nutzung üblicherweise das Ertragswertverfahren und bei unrentierlicher Eigennutzung das Sachwertverfahren angewandt. Einen schematischen Überblick vermittelt *Abb. 4.2.*

4.5.1 Vergleichswertverfahren

Das Vergleichswertverfahren ist das Regelverfahren für die Bodenwertermittlung unbebauter und bebauter Grundstücke (vgl. § 15 Abs. 2 und § 21 Abs. 2 WertV). Liegen genügend Vergleichspreise vor, so ist es nicht nur die einfachste, sondern auch die zuverlässigste Methode.

Beim unmittelbaren Preisvergleich wird der Bodenwert aus Kaufpreisen vergleichbarer Grundstücke durch Mittelwertbildung aus den Preisen in €/m² Grundstücksfläche der Vergleichsgrundstücke abgeleitet. Dabei sind Abweichungen im Zustand des zu bewertenden Grundstücks und in den allgemeinen Wertverhältnissen am Wertermittlungsstichtag gemäß § 14 WertV zu berücksichtigen. Nach § 9 WertV sollen vorhandene Indexreihen, die die Änderungen der allgemeinen Wertverhältnisse auf dem Grundstücksmarkt erfassen, und nach § 10 WertV Umrechnungskoeffizienten, die die Wertunterschiede aus Abweichungen bestimmter wertbeeinflussender Merkmale sonst gleichartiger Grundstücke erfassen, insbesondere aus dem unterschiedlichen Maß der baulichen Nutzung, herangezogen werden.

Ungewöhnliche oder persönliche Verhältnisse gemäß § 6 WertV wie z. B. besondere Bindungen verwandtschaftlicher, wirtschaftlicher oder sonstiger Art sind auszuschließen.

Bei Anwendung des Vergleichswertverfahrens sind nach § 13 Abs. 1 WertV Kaufpreise solcher Grundstücke heranzuziehen, die hinsichtlich der ihren Wert beeinflussenden Merkmale (§§ 4 und 5) mit dem zu bewertenden Grundstück hinreichend übereinstimmen. Finden sich in der Nachbarschaft des Grundstücks nicht genügend Kaufpreise, so können auch Vergleichsgrundstücke aus vergleichbaren Gebieten herangezogen werden.

Nach § 4 WertV wird unterschieden zwischen Flächen der Land- und Forstwirtschaft (Abs. 1), Bauerwartungsland (Abs. 2), Rohbauland (Abs. 3) und baureifem Land (Abs. 4).

Als weitere Zustandsmerkmale unterscheidet § 5 WertV Art und Maß der baulichen Nutzung (Abs. 1), Wert beeinflussende Rechte und Belastungen (Abs. 2), den beitrags- und abgabenrechtlichen Zustand des Grundstücks (Abs. 3), die Wartezeit bis zu einer baulichen oder sonstigen Nutzung (Abs. 4), die Beschaffenheit und die tatsächlichen Eigenschaften des Grundstücks (Abs. 5) sowie die Lagemerkmale der Verkehrsanbindungen, der Nachbarschaft, der Wohn- und Geschäftslage sowie der Umwelteinflüsse (Abs. 6).

Das Vergleichswertverfahren findet auch Anwendung bei bebauten Grundstücken, die mit weitgehend typisierten Gebäuden, z. B. Wohngebäuden, bebaut sind und bei denen sich der Immobilienmarkt an einer ausreichenden Anzahl von Vergleichspreisen orientieren kann. Das Schema für die Ermittlung des Verkehrswertes im Vergleichswertverfahren zeigt *Abb. 4.3.*

Gemäß § 13 Abs. 1 WertV sind bei Anwendung des Vergleichswertverfahrens nur Kaufpreise solcher Grundstücke heranzuziehen, die hinsichtlich der ihren Wert beeinflussenden Merkmale (§§ 4 und 5) mit dem zu bewertenden Grundstück hinreichend übereinstimmen (Vergleichsgrundstücke). Die hinreichende Übereinstimmung muss gemäß § 3 Abs. 2 WertV hinsichtlich der Gesamtheit der den Verkehrswert beeinflussenden rechtlichen Gegebenheiten und tatsächlichen Eigenschaften, der sonstigen Beschaffenheit und der Lage des Grundstücks gegeben sein. Dazu gehören insbesondere der bauplanungsrechtliche Entwicklungszustand (§ 4), die Art und das Maß der baulichen Nutzung (§ 5 Abs. 1), die Wert beeinflussenden Rechte und Belastungen (§ 5 Abs. 2), der beitrags- und abgabenrechtliche Zustand (§ 5 Abs. 3), die Wartezeit bis zu einer baulichen oder sonstigen Nutzung (§ 5 Abs. 4), die Beschaffenheit und Eigenschaft des Grundstücks (§ 5 Abs. 5) sowie die Lagemerkmale (§ 5 Abs. 6). Aus einem Urteil des KG Berlin vom 01.11.1969 – III 1449/68 wird deutlich, dass nicht alle Grundstücke mit Hilfe von Zu- und Abschlägen miteinander vergleichbar gemacht werden können, sondern nur diejenigen, bei denen verhältnismäßig geringfügige Differenzen zu überbrücken sind und bei denen die Zu- oder Abschläge nach § 14 BewG die Größenordnung von 30 % bis 35 % nicht übersteigen (Kleiber, 2002b, S. 1185).

Die Vorteile des Vergleichswertverfahrens bestehen darin, dass es sich um ein einfaches, leicht verständliches und zuverlässiges Wertermittlungsverfahren handelt, das für die Bodenwertermittlung herausragende Bedeutung hat. Durch seine Orientierung an den Verhältnissen des Grundstücksmarktes erzielen Gutachten auf Basis des Vergleichswertverfahrens eine hohe Akzeptanz. Voraussetzung für die Anwendung des Verfahrens ist allerdings, dass eine ausreichende Anzahl geeigneter Vergleichspreise, Vergleichsfaktoren, Preisindizes und Umrechnungskoeffizienten verfügbar sind (Leopoldsberger et al., 2005, S. 478 f.).

Schema für die Ermittlung des Verkehrswertes im Vergleichswertverfahren

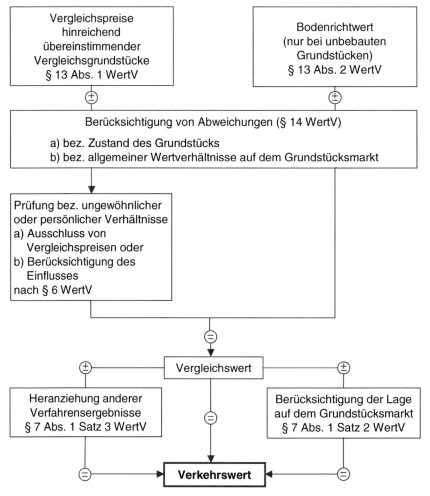

Abb. 4.3 Schema des Vergleichswertverfahrens nach §§ 13 und 14 WertV (Quelle: Kleiber (2002b), S. 1026)

4.5.2 Ertragswertverfahren

Bei Anwendung des Ertragswertverfahrens ist nach § 15 WertV der Wert der baulichen Anlage, insbesondere der Gebäude, getrennt von dem Bodenwert auf der Grundlage des Ertrages nach den §§ 16 bis 19 zu ermitteln. Nach Abs. 2 ist der Bodenwert i. d. R. im Vergleichswertverfahren (§§ 13 und 14) zu ermitteln. Bodenwert und Wert der baulichen Anlagen ergeben gemäß Abs. 3 den Ertragswert des Grundstücks, soweit nicht nach § 20 Abs. 1 BewG als Ertragswert des Grundstücks nur der Bodenwert anzusetzen ist.

Das Ertragswertverfahren eignet sich für die Verkehrswertermittlung von Grundstücken, die üblicherweise dem Nutzer zur Ertragserzielung dienen, da es dem Käufer eines derartigen Objektes in erster Linie auf die Verzinsung des von ihm investierten Kapitals ankommt. Damit ist das Ertragswertverfahren die sachgerechte Methode zur Ermittlung des Verkehrswertes für Mietwohn-, Hotel-, Geschäfts-, Fabrik-, Garagen-, gewerblich genutzte und gemischt genutzte Grundstücke.

Abbildung 4.4 zeigt die Ermittlung des Ertragswertes bei vereinfachter Vorgehensweise.

Die Ausgangsformel des Ertragswertverfahrens ergibt sich aus der Summe der über die verbleibende wirtschaftliche Restnutzungsdauer der baulichen Anlage jährlich anfallenden Reinerträge, jeweils diskontiert auf den Wertermittlungsstichtag zuzüglich des nach Ablauf der Restnutzungsdauer des Gebäudes verbleibenden diskontierten Bodenwertes.

$$EW = \frac{RE_1}{q^1} + \frac{RE_2}{q^2} + \frac{RE_3}{q^3} + ... + \frac{RE_t}{q^t} + ... + \frac{RE_n}{q^n} + \frac{BW_n}{q^n}$$

EW = Ertragswert

RE_t = Reinertrag im Jahr t
  = Nettokaltmiete ./. nicht umlagefähige Bewirtschaftungskosten
    (für Verwaltung, Instandhaltung, Mietausfallwagnis)

BW_n = Bodenwert im Jahr n

$q^t = (1 + i)^t$

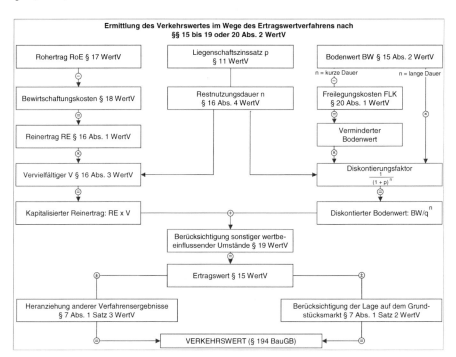

Abb. 4.4 Ermittlung des Ertragswertes nach §§ 15 bis 19 oder 20 Abs. 2 WertV (Quelle: Kleiber (2002b), S. 1303)

$i = p/100$

$p = Liegenschaftszinssatz\ in\ \%\ p.\ a.$

Bei Immobilien, die jährlich gleich bleibende Reinerträge erwarten lassen (RE_t = Konstante), lässt sich die Ertragswertformel vereinfachen zu

$EW = RE\ x\ V + BW/q^n$

$V = Vervielfältiger\ (Rentenbarwertfaktor)$

$$= \frac{(1+i)^n - 1}{(1+i)^n\ x\ i}$$

Ausgangsbasis des Ertragswertverfahrens ist die Ermittlung des nachhaltig erzielbaren Reinertrages des Grundstücks und seiner Bebauung. Als nachhaltig gelten grundsätzlich diejenigen Erträge, die am Wertermittlungsstichtag unter gewöhnlichen Verhältnissen im Durchschnitt erzielbar sind. Inflationäre Entwicklungen werden nicht berücksichtigt, da die Zukunftserwartungen mit dem aus der Kaufpreissammlung abgeleiteten Liegenschaftszinssatz erfasst werden. Dies ist nach § 11 WertV der Zinssatz, mit dem der Verkehrswert von Liegenschaften im Durchschnitt marktüblich verzinst wird.

Das Ertragswertverfahren ist als zweigleisiges Wertermittlungsverfahren anzusehen, bestehend aus einem Gebäudewertanteil und einem davon getrennt zu ermittelnden Bodenwertanteil.

Ausgangspunkt für die Ermittlung des Ertragswertes der baulichen Anlage ist der jährliche Rohertrag, der gemäß § 17 Abs. 1 WertV alle bei ordnungsgemäßer Bewirtschaftung und zulässiger Nutzung nachhaltig erzielbaren Einnahmen aus dem Grundstück umfasst. Umlagen, die zur Deckung von Betriebskosten gezahlt werden, sind nicht zu berücksichtigen.

Der *Reinertrag* ergibt sich gemäß § 16 Abs. 1 WertV aus dem Rohertrag (§ 17) abzüglich nicht umlagefähiger Bewirtschaftungskosten (§ 18).

Die Bewirtschaftungskosten sind gemäß § 18 Abs. 1 die Abschreibung, die bei gewöhnlicher Bewirtschaftung nachhaltig entstehenden Verwaltungskosten (Abs. 2), Betriebskosten (Abs. 3), Instandhaltungskosten (Abs. 4) und das Mietausfallwagnis (Abs. 5). Durch Umlagen gedeckte Betriebskosten bleiben unberücksichtigt. Die Abschreibung ist im Reinertrag enthalten und durch den Vervielfältiger nach § 16 Abs. 3 berücksichtigt.

Verwaltungskosten sind gemäß § 18 Abs. 2 die Kosten der zur Verwaltung des Grundstücks erforderlichen Arbeitskräfte und Einrichtungen, die Kosten der Aufsicht sowie die Kosten für die gesetzlichen oder freiwilligen Prüfungen des Jahresabschlusses und der Geschäftsführung. Sie werden üblicherweise in Höhe von bis zu ca. 230 €/(Wohnung x a) oder 3 % bis 8 % des Rohertrages bei Geschäftsgrundstücken angesetzt. Sie sind nicht umlagefähig (Leopoldsberger/Thomas/Naubereit, 2005, S. 481).

Betriebskosten sind gemäß § 18 Abs. 3 die Kosten, die durch das Eigentum am Grundstück oder durch den bestimmungsgemäßen Gebrauch des Grundstücks sowie seiner baulichen und sonstigen Anlagen laufend entstehen. Bei Gewerbeimmobilien sind grundsätzlich alle Betriebskosten umlagefähig, bei Wohnimmobilien nur diejenigen, die in der Betriebskostenverordnung (BetrKV) vom 25.11.2003 (BGBl. I S. 2346) aufgeführt sind.

Die nicht umlagefähigen *Instandhaltungskosten* sind gemäß § 18 Abs. 4 WertV Kosten, die infolge Abnutzung, Alterung und Witterung zur Erhaltung des bestimmungsgemäßen Gebrauchs der baulichen Anlagen während ihrer Nutzungsdauer aufgewendet werden müssen. Sie können gemäß § 28 Abs. 2 II. BV mit 7,10 bis 11,50 €/(m^2 Wohnfläche x a) angesetzt werden.

Das *Mietausfallwagnis* ist gemäß § 18 Abs. 5 WertV das Wagnis einer Ertragsminderung (§ 17), die durch uneinbringliche Mietrückstände oder Leerstehen von Raum, der zur Vermietung bestimmt ist, entsteht. Es dient auch zur Deckung der Kosten einer Rechtsverfolgung auf Zahlung, Aufhebung eines Mietverhältnisses oder Räumung. Das Mietausfallwagnis darf bei Berechnung der Wirtschaftlichkeit für öffentlich geförderten Wohnraum gemäß § 29 II. BV höchstens mit 2 v. H. der Mieterträge angesetzt werden. Bei frei finanzierten Wohnungen und gewerblich genutzten Objekten ist das Mietausfallwagnis i. d. R. jedoch deutlich höher einzuschätzen. Brühl/Jandura (2005, S. 484–486) stellen dazu fest: „Die aktuell zu beobachtenden hohen Leerstände und das damit einhergehende geringe Mietniveau besonders auf den Büromärkten der deutschen Immobilienhochburgen (Berlin, Düsseldorf, Frankfurt am Main, Hamburg, München) werfen die Frage auf, wie mit dem Phänomen „Leerstand" im Rahmen der Immobilienbewertung umzugehen ist und welche Konsequenzen sich hieraus ergeben."

Der *Liegenschaftszinssatz* ist gemäß § 11 WertV der Zinssatz, mit dem der Verkehrswert von Liegenschaften im Durchschnitt marktüblich verzinst wird. Er ist auf der Grundlage geeigneter Kaufpreise und der ihnen entsprechenden Reinerträge für gleichartig bebaute und genutzte Grundstücke unter Berücksichtigung der Restnutzungsdauer nach den Grundsätzen des Ertragswertverfahrens (§§ 15–20) zu ermitteln.

Die von den Gutachterausschüssen für Grundstückswerte ermittelten Liegenschaftszinssätze liegen i. d. R. unter der Umlaufrendite langfristig festverzinslicher Wertpapiere. Dies wird in der Literatur damit begründet, dass Immobilien gegenüber Geldvermögen wertbeständiger seien, so dass sich die Immobilieneigentümer i. A. mit einer geringeren Verzinsung begnügen.

Liegenschaftszinssätze können daher nicht als „Zinssätze" interpretiert werden, sondern nur als Vergleichsfaktoren, die die Zukunftserwartungen der Marktteilnehmer widerspiegeln. Damit hat der Liegenschaftszinssatz maßgebliche Bedeutung für die Höhe des Ertragswertes. Liegenschaftszinssätze sind somit Vergleichsfaktoren, die die Zukunftserwartungen der Marktteilnehmer kennzeichnen. Liegt der Liegenschaftszins für ein Gebäude oberhalb der Umlaufrendite festverzinslicher Wertpapiere, deutet dies darauf hin, dass die Marktteilnehmer mit zukünftigen Wertrückgängen rechnen. Liegt der Liegenschaftszins unterhalb der Umlaufrendite festverzinslicher Wertpapiere, so werden mehr Zuwächse erwartet. Einen Vorschlag für anzuwendende Liegenschaftszinssätze enthält *Abb. 4.5*.

Der Vervielfältiger bzw. Rentenbarwertfaktor errechnet sich aus dem Liegenschaftszinssatz und der Restnutzungsdauer. Gemäß § 16 Abs. 4 WertV ist als Restnutzungsdauer die Anzahl der Jahre anzusehen, in denen die baulichen Anlagen bei ordnungsgemäßer Unterhaltung und Bewirtschaftung voraussichtlich noch wirtschaftlich genutzt werden können. Dabei ist allein die wirtschaftliche Nut-

Vorschlag für anzuwendende Liegenschaftszinssätze		
	Liegenschaftszinssatz	
Grundstücksart	in ländlichen Gemeinden	in den übrigen Gemeinden
Wohngrundstücke		
Einfamilienhausgrundstücke	2,5 bis 3,5 %	2,0 bis 3,0 %
Zweifamilienhausgrundstücke	3,5 bis 4,0 %	3,5 %
Mietwohngrundstücke	4,5 bis 6,0 %	4,0 bis 5,0 %
Eigentumswohnungen		3,5 %
Gemischt genutzte Grundstücke		
Gemischt genutzte Grundstücke mit einem gewerblichen Anteil der Jahresnettokaltmiete bis zu 50 %	5,0 %	4,5 %
Gemischt genutzte Grundstücke mit einem gewerblichen Anteil der Jahresnettokaltmiete über 50 %	5,0 %	4,5 %
Gewerbliche Grundstücke		
Büro- und Geschäftshäuser	6,0 bis 7,0 %	
Selbstbedienungs- und Fachmärkte, Verbrauchermärkte und Einkaufszentren	6,5 bis 7,5 %	
Warenhäuser	6,5 bis 7,5 %	
Hotels und Gaststätten	6,0 bis 7,5 %	
Tennishallen und Freizeiteinrichtungen	6,0 bis 8,5 %	
Sozialimmobilien (z. B. Kliniken und Altenpflegeheime)	6,0 bis 8,5 %	
Parkhäuser, Sammelanlagen und Tankstellen	6,0 bis 8,5 %	
Lagerhallen (Speditionsbetriebe)	6,0 bis 8,0 %	
Fabrikhallen	6,0 bis 8,0 %	
Fabriken und ähnliche spezielle Produktionsstätten	7,5 bis 9,0 %	

Abb. 4.5 Vorschlag für anzuwendende Liegenschaftszinssätze (Quelle: Kleiber (2002b), S. 1325)

zungsdauer und nicht die technische Lebensdauer anzusetzen. Sie kann insbesondere durch Modernisierungen verlängert bzw. durch unterlassene Instandhaltung verkürzt werden. In solchen Fällen ist von einem fiktiven Baujahr auszugehen, das durch Verhältnisrechnungen ermittelt wird (Kleiber, 2002b, S. 1760). Durchschnittliche wirtschaftliche Gesamtnutzungsdauern bei ordnungsgemäßer Instandhaltung (ohne Modernisierung) enthält *Abb. 4.6*.

Gebäudeart	Gesamtnutzungsdauer
Einfamilienhäuser (entsprechend ihrer Qualität)	
Einfamilienhaus auch mit Einliegerwohnung	60–100 Jahre
Zwei- und Dreifamilienhaus	
Reihenhaus (bei leichter Bauweise kürzer)	
Fertighaus in Massivbauweise	60–80 Jahre
Fertighaus in Fachwerk- und Tafelbauweise	60–70 Jahre
Siedlungshaus	50–60 Jahre
Holzhaus	
Schlichthaus (massiv)	50–60 Jahre
Mietwohngebäude (freifinanziert)	60–80 Jahre
(soziale Wohnraumförderung)	50–70 Jahre
Gemischt genutzte Häuser mit einem gewerblichen	
Mietertragsanteil bis 80 %	50–70 Jahre
Dienstleistungsimmobilien	
Verwaltungs- und Bürogebäude	
Schulen, Kindergärten	50–70 Jahre
Gewerbe- und Industriegebäude	
bei flexibler und zukunftsgerechter Ausführung	40–60 Jahre
Stallgebäude	15–25 Jahre
Tankstellen	10–20 Jahre
Selbstbedienungs- und Baumarkt/Einkaufszentrum	30–50 Jahre
Hotels/Sanatorien/Kliniken	40–60 Jahre

Abb. 4.6 Durchschnittliche wirtschaftliche Gesamtnutzungsdauern (GND) (Quelle: Kleiber (2002b), S. 1511)

Gemäß § 19 WertV sind sonstige, den Verkehrswert beeinflussende Umstände, die bei der Ermittlung nach den §§ 16 bis 18 noch nicht erfasst sind, durch Zu- oder Abschläge oder in anderer geeigneter Weise zu berücksichtigen. Insbesondere sind wohnungs- und mietrechtliche Bindungen sowie Abweichungen vom normalen baulichen Zustand zu beachten, soweit sie nicht bereits durch den Ansatz des Ertrages oder durch eine entsprechend geänderte Restnutzungsdauer berücksichtigt sind.

Der nach den Vorschriften der §§ 15 bis 18 WertV ermittelte Ertragswert der Immobilie dient gemäß § 7 nur mittelbar zur Bemessung des Verkehrswertes, da nach § 3 Abs. 3 WertV die allgemeinen Wertverhältnisse auf dem Grundstücksmarkt zu berücksichtigen sind. Diese bestimmen sich nach der Gesamtheit der am Wertermittlungsstichtag für die Preisbildung von Grundstücken im gewöhnlichen Geschäftsverkehr für Angebot und Nachfrage maßgebenden Umstände, wie allgemeine Wirtschaftssituation, Kapitalmarkt und Entwicklungen am Ort.

Das in der WertV geregelte Ertragswertverfahren ist auf der Grundlage marktkonformer Liegenschaftszinssätze als ein die künftige Marktentwicklung berücksichtigendes und damit dynamisches Verfahren ausgestaltet. Die Annahme gleich bleibenden Reinertrages ist jedoch häufig realitätsfern, so dass objektspezifische sich verändernde Ertragsverhältnisse, z. B. aufgrund von bestehenden oder zu er-

Nr.	Merkmal	Berechnung	Wert
1	Gesamtwohnfläche	12 Wohneinheiten (WE) à 75,00 m² Wohnfläche (WF)	900 m² WF
2	Nettokaltmiete	5,50 € / (m² WF x Mt) x 12 Mt/a	59.400 €/a
3	Verwaltungskosten	220 € / (WE x a) x 12 WE	./. 2.640 €/a
4	Instandhaltungskosten	9 € / (m² WF x a) x 900 m² WF	./. 8.100 €/a
5	Mietausfallwagnis	2 v. H. der Nettokaltmiete	./. 1.188 €/a
6	Reinertrag		47.472 €/a
7	Restnutzungsdauer		28 Jahre
8	Liegenschaftszinssatz		5,00%
9	Vervielfältiger	$[(1 + 0{,}05)^{28} ./. 1] / [(1 + 0{,}05)^{28} \times 0{,}05]$	14,90
10	Ertragswert des Gebäudes	Reinertrag x Vervielfältiger = 47.472 x 14,90	707.332,80 €
11	Diskontierter Bodenwert	$1.500 \text{ m}^2 \text{ Grundstück} \times 125 \text{ €/m}^2 \times 1 / (1 + 0{,}05)^{28} =$ 187.500 € / 3,92	47.831,63 €
12	Ertragswert gesamt		755.164,43 €

Abb. 4.7 Anwendung des Ertragswertverfahrens nach WertV für ein Mehrfamilienhaus, Baujahr 1983

wartenden Mietverträgen, bei der Anwendung dieses Verfahrens durch Differenzierung nach dem Reinertrag der einzelnen Jahre berücksichtigt werden müssen. Ferner bedarf auch die Annahme eines konstanten Liegenschaftszinssatzes und damit eines konstanten Vervielfältigers der kritischen Überprüfung im Hinblick auf die zu erwartenden Marktverhältnisse. Derartige Überlegungen finden Berücksichtigung bei der Discounted-Cashflow-Methode (vgl. *Ziff. 4.6.2*).

Beispiel zur Anwendung des Ertragswertverfahrens

Aus dem Ertragswert gesamt von 755 164,43 € gemäß WertV errechnet sich bei 12 WE ein Ertragswert von 62 930,37 €/WE und bei 75 m² WF/WE ein Ertragswert von 839,07 €/m² WF.

4.5.3 Sachwertverfahren

Das Sachwertverfahren eignet sich vor allem für die Verkehrswertermittlung von Immobilien, die nicht auf eine möglichst hohe Rendite des investierten Kapitals abzielen, wie z. B. Ein- und Zweifamilienhäuser, sondern die zum Zwecke der Eigennutzung gebaut oder gekauft werden. Als Motiv für die Investition in selbstgenutzte Ein- und Zweifamilienhäuser ist vor allem die Geldanlage in krisensichere Sachwerte mit zu erwartender Wertsteigerung zu sehen.

Für öffentlich genutzte Bauwerke wurde die Praxis, Grundstücke, deren Bebauung einer öffentlichen Zweckbindung unterworfen bleibt, im Sachwertverfahren zu bewerten, durch Erlass des BMBau vom 12.10.1992 (BAnz. vom 21.10.93 Nr. 199 S. 9630) dahingehend korrigiert, dass die Anwendung des Ertragswertverfahrens dann geeignet sei, wenn der Erwerber bei wirtschaftlicher Betrachtungsweise so zu stellen ist, wie er bei alternativer Anmietung entsprechender baulicher Anlagen gestellt wäre, z. B. bei Verwaltungsgebäuden, Schulen und Kindergärten.

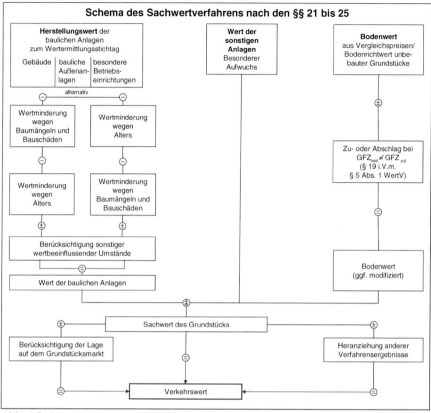

Abb. 4.8 Schema des Sachwertverfahrens nach den §§ 21 bis 25 WertV (Quelle: Kleiber (2002), S. 1742)

Damit kommt das Sachwertverfahren immer dann zur Anwendung, wenn die Ersatzbeschaffungskosten des Wertermittlungsobjektes nach den Gepflogenheiten des gewöhnlichen Geschäftsverkehrs Preis bestimmend sind (Kleiber, 2002b, S. 1736 ff.).

Das Schema zur Ermittlung des Verkehrswertes nach dem Sachwertverfahren gemäß §§ 21 bis 25 WertV zeigt *Abb. 4.8*.

Der Sachwert setzt sich nach § 21 WertV aus drei Komponenten zusammen:

- dem Wert der baulichen Anlagen (§ 21 Abs. 1),
- dem Bodenwert (§ 21 Abs. 2 i. V. m. §§ 13 und 14) und
- dem Wert der sonstigen Anlagen (§ 21 Abs. 4).

Dieser Ausgangswert dient wiederum zur Bemessung des Verkehrswertes unter Berücksichtigung der Lage auf dem Grundstücksmarkt (§ 7 Abs. 1 und § 3 Abs. 3).

Der *Bodenwert* ist wie beim Ertragswertverfahren regelmäßig nach dem Vergleichswertverfahren zu ermitteln.

Der *Wert der baulichen Anlagen* (Gebäude, Außenanlagen und Besondere Betriebseinrichtungen) sowie der *Wert der sonstigen Anlagen* sind, getrennt vom

Bodenwert, nach Herstellungswerten unter Berücksichtigung ihres Alters (§ 23), von Baumängeln und Bauschäden (§ 24) sowie sonstiger Wert beeinflussender Umstände (§ 25) nach § 22 zu ermitteln (§ 21 Abs. 3). Für die Ermittlung des Herstellungswertes der Gebäude sieht § 22 drei Verfahren vor, die Ermittlung auf Grundlage:

- der Normalherstellungskosten (§ 22 Abs. 1 bis 3),
- der gewöhnlichen Herstellungskosten einzelner Bauleistungen (Einzelkosten) (§ 22 Abs. 4) oder
- der tatsächlich entstandenen Herstellungskosten (§ 22 Abs. 5).

Die Verwendung von sich noch auf die Wertverhältnisse von 1913 beziehenden Normalherstellungskosten pro m³ BRI hat sich in der Praxis zunehmend als untragbar erwiesen. Daher wurden im Auftrag des BMBau Normalherstellungskosten als Bundes-Mittelwerte ohne Baunebenkosten, jedoch einschließlich 16 % MwSt., bezogen auf die Wertverhältnisse des Jahres 1995 ermittelt (NHK 95), auf die Wertverhältnisse des Jahres 2000 fortgeschrieben (NHK 2000) und mit Erlass des BMVBW vom 01.12.2001 veröffentlicht (BS 12 – 63 05 04 – 30/1). Sie sind als Anlage 7 Bestandteil der Wertermittlungsrichtlinien 2002 (WertR 2002) vom 03.05.2001 (BS 12 – 63 05 04 – 30 30/1).

Die Formel für das Sachwertverfahren lautet (Kleiber, 2002b, S. 1767):

$$ SW = \left[\left(F/R \ x \ NHK_{F/R} + AA_{baul} + BB \right) x \frac{I_{WSt}}{I_0} - SBK \right] x \frac{RND}{GND} + AA_{sonst} + BW $$

SW	=	*Sachwert*
F/R	=	*Fläche bzw. Bruttorauminhalt der baulichen Anlage*
$NHK_{F/R}$	=	*Normalherstellungskosten inkl. Baunebenkosten, bezogen auf Fläche oder Bruttorauminhalt und Baupreisverhältnisse zu ihrem Bezugsstichtag, für die Kostengruppen 300, 400 und 700 der DIN 276 (1993)*
AA_{baul}	=	*gewöhnliche Herstellungskosten der baulichen Außenanlagen zu ihrem Bezugsstichtag*
BB	=	*gewöhnliche Herstellungskosten der Besonderen Betriebseinrichtungen zu ihrem Bezugsstichtag*
I_{WSt}	=	*Baupreisindexzahl zum Zeitpunkt „Wertermittlungsstichtag"*
I_o	=	*Baupreisindexzahl zum Zeitpunkt des Bezugsstichtags der herangezogenen Normalherstellungskosten*
SBK	=	*Schadensbeseitigungskosten für Baumängel und Bauschäden zum Zeitpunkt „Wertermittlungsstichtag"*
RND	=	*Restnutzungsdauer der baulichen Anlage am Wertermittlungsstichtag*
GND	=	*Übliche Gesamtnutzungsdauer*
AA_{sonst}	=	*Wert der sonstigen Außenanlagen am Wertermittlungsstichtag*
BW	=	*Bodenwert am Wertermittlungsstichtag (= Grundstücksfläche x BW/m²)*

Durch Veröffentlichung der Normalherstellungskosten (NHK 2000) durch das BMVBW wurde ein maßgeblicher Kritikpunkt am Sachwertverfahren, die Marktferne der Normalherstellungskosten von 1913/14, beseitigt und damit das Sachwertverfahren marktnah dargestellt.

Beispiel zur Ermittlung des Sachwertes

Nr.	Merkmal	Art/Berechnung	Wert
1	Bauliche Anlagen	Einfamilienhaus, unterkellert, ausgebautes Dachgeschoss	
2	Adresse	4.999 A-Stadt, Frühlingstr. 12	
3	Gebäudetyp gemäß NHK 2000	Typ 1.01	
4	Ausstattungsstandard gemäß NHK 2000	gehoben	
5	Baujahr		1995
6	Wertermittlungsstichtag		01.07.2005
7	Gesamtnutzungsdauer (GND)		80 Jahre
8	Restnutzungsdauer (RND)		70 Jahre
9	Brutto-Grundflächenpreis gemäß NHK 2000		760 €/m² BGF
10	Korrekturfaktor Nordrhein-Westfalen		1,00
11	Korrekturfaktor Ortsgröße	350.000 Einwohner	1,02
12	Faktor für Baunebenkosten	1 + 0,18	1,18
13	Indexfaktor	Baupreisindex 2005 (102,0/Baupreisindex 2000 (100,0))	1,02
14	Alterswertminderungsfaktor	RND/GND = 70/80	0,875
15	NHK 2005 inkl. Faktoren	760 x 1,00 x 1,02 x 1,18 x 1,02 x 0,875	816,43 m² BGF
16	Brutto-Grundfläche		335 m² BGF
17	Gebäudesachwert (vorläufig)	335 m² BGF x 816,43 €/m² BGF	273.494 €
18	Baumängel/Bauschäden	nach Gutachten	./. 12.500 €
19	besonders zu veranschlagende Bauteile (Zeitwert)	Sauna, Wintergarten, Kelleraußentreppe	18.000 €
20	bauliche und nichtbauliche Außenanlagen (Zeitwert)	Einfahrtstor, Stützmauer, Baumbestand, Gartenanlage	35.000 €
21	Bodenwert	650 m² x 220 €/m²	143.000 €
22	**Sachwert**		**456.994 €**
23	Faktor für Marktanpassung	gedämpfte Nachfrage Faktor 0,92	
24	**Verkehrswert ohne Garage**	**456.994 x 0,92**	**420.434 €**

Abb. 4.9 Beispiel zur Ermittlung des Sachwertes auf Formularbasis (Quelle: nach Kleiber (2002b), S. 1775)

Aus dem Verkehrswert von 420.434 € errechnen sich bei 335 m² BGF 1.255 €/m² BGF bzw. bei einem Verhältnis von 0,75 m² WF/m² BGF 1.673 €/m² WF. Ein besonders wichtiger und abschließender Ermittlungsschritt des Sachwertverfahrens ist jedoch in der Marktanpassung des Sachwertes an den Verkehrswert zu sehen.

Marktanpassungsfaktoren lassen sich aus den von den Gutachterausschüssen geführten Kaufpreissammlungen empirisch ableiten, indem die für bestimmte Objekte ermittelten Sachwerte ins Verhältnis zu den dafür bekannten Kaufpreisen gesetzt werden (Kleiber, 2002, S. 1911 f.).

Der jeweilige Marktanpassungsfaktor ist nicht nur von der allgemeinen Lage auf dem Grundstücksmarkt, sondern auch von den Wertermittlungsparametern bei der Anwendung des Sachwertverfahrens abhängig, u. a.:

- den angesetzten Normalherstellungskosten und ihrem Bezugsjahr
- den angesetzten Baunebenkosten
- der angesetzten Gesamt- und Restnutzungsdauer sowie dem daraus abgeleiteten Alterswertminderungsfaktor
- den Abschlägen für Baumängel und Bauschäden
- dem angesetzten Baupreisindexfaktor
- dem angesetzten Bodenwert

Die Praxis des Sachwertverfahrens ist damit durch verhältnismäßig hohe Marktanpassungszu- und -abschläge gekennzeichnet. Diese sind jedoch wesentlich von der angewandten Sachwertermittlungsmethode und den dabei angesetzten Sachwertparametern abhängig. Daher werden durch den jeweiligen Marktanpassungsfaktor vielfach nur die Mängel der angewandten Sachwertmethode korrigiert.

4.6 Nicht normierte Verfahren

Wie bereits unter *Ziff. 4.4* erwähnt, hat das Bundesverwaltungsgericht in seinem Beschluss vom 16.01.96 (IV B 69/95) festgestellt, dass zumindest in den Fällen, in denen eine der in der WertV vorgesehenen Methoden nicht angewendet werden kann, auch andere geeignete Methoden zur Anwendung kommen und entwickelt werden können. Dies gilt insbesondere bei der Verkehrswertermittlung von Groß-objekten, bei denen die zur Anwendung kommenden Verfahren von Renditeüber-legungen geprägt sind.

In Deutschland kommen häufig das vereinfachte Ertragswertverfahren und die Discounted-Cashflow-Methode (DCF-Verfahren) zur Anwendung.

4.6.1 Vereinfachtes Ertragswertverfahren

Nach § 15 WertV ergibt sich der Ertragswert des Grundstücks aus dem Bodenwert und dem Wert der baulichen Anlagen.

Die Anwendung des Ertragswertverfahrens kann bei Objekten mit langer Rest-nutzungsdauer der baulichen Anlage dadurch vereinfacht werden, dass der zu dis-kontierende Bodenwert gänzlich außer Betracht bleibt und der Ertragswert nach der Formel des vereinfachten Ertragswertverfahrens ermittelt wird:

EW   =   *RE x V*
EW   =   *Ertragswert*
RE   =   *Reinertrag*
V   =   *Vervielfältiger*

Der Vorteil des im Ausland i. d. R. angewandten vereinfachten Ertragswertverfah-rens besteht in der sehr einfachen mathematischen Form und dem Entfall der Notwendigkeit zur Ermittlung des Bodenwertes.

Beispiel zum vereinfachten Ertragswertverfahren

Nr.	Merkmal	Art/Berechnung	Wert
1	Bauliche Anlage	Mehrfamilienhaus	
2	Baujahr		1985
3	Anzahl der Wohnungen		8 WE
4	Wohnfläche	8 x 100 m² WF	800 m² WF
5	Nettokaltmiete	9,50 €/(m² WF x a) x 12 Mt/a	114 €/(m² WF x a)
6	Restnutzungsdauer		60 Jahre
7	Liegenschaftszins		5%
8	Bodenwert	1.000 m² x 200 €/m²	200.000 €
9	Vervielfältiger	$(1,05^{60} - 1)/(1,05^{60} \times 0,05)$	18,92
10	Rohertrag	800 m² WF x 114 €/(m² WF x a)	91.200 €/a
11	nicht umlagefähige Bewirtschaftungskosten	für Verwaltung, Instandhaltung, Mietausfall	./. 11.200 €/a
12	Reinertrag		80.000 €/a
13	Ertragswert		
14	Gebäudewertanteil	RE x V = 80.000 €/a x 18,92	1.513.600 €
15	Bodenwertanteil	$200.000 € \times 1/1,05^{60}$	10.707 €
16	Abschlag nach § 19 WertV		./. 12.000 €
17	Verkehrswert	Ertragswert mit Abschlag	1.512.307 €

Abb. 4.10 Beispiel für das vereinfachte Ertragswertverfahren

Das Beispiel zeigt, dass der Barwert des Bodenwertes bei der Restnutzungsdauer von 60 Jahren nur etwa 0,7 % des Gebäudewertanteiles und hier 89 % des Abschlags nach § 19 WertV ausmacht. Ferner errechnet sich bei einem Verkehrswert von 1.512.307 € und 8 WE ein Preis von 189.038 €/WE bzw. bei 100 m² WF/WE ein Preiskennwert von 1.890 €/m² WF.

4.6.2 Discounted-Cashflow-Methode (DCF-Verfahren)

Die Discounted-Cashflow-Methode ist praktisch identisch mit dem Ertragswertverfahren nach §§ 15 ff. WertV. Wie bei diesem handelt es sich um ein Barwertverfahren, d. h. der Verkehrswert (Ertragswert) wird aus dem Barwert der künftigen aus einer Immobilie fließenden Nutzungsentgelte (Erträge) ermittelt.

Der Unterschied zwischen beiden Verfahren besteht darin, dass:

- die Ertragswertermittlung nach §§ 15 ff. WertV von dem am Wertermittlungsstichtag erzielbaren ortsüblichen Reinertrag ausgeht und diesen für die gesamte Restnutzungsdauer der baulichen Anlage als nachhaltigen Reinertrag unterstellt und
- die DCF-Methode zwar ebenfalls die auf den Wertermittlungsstichtag diskontierten Jahresreinerträge ermittelt, wobei allerdings auch von sich jährlich ändernden Nutzungsentgelten ausgegangen werden kann.

Die Ausgangsgleichung sowohl des Ertragswertverfahrens nach WertV als auch der DCF-Methode ist die Barwertformel:

$$Barwert = \sum_{t=1}^{t=n} \frac{RE_t}{q^t} + \frac{RW}{q^n}$$

RE = *jährlicher Reinertrag*
RW = *Restwert*
q = *1 + p*
p = *bankenüblicher Kapitalmarktzinssatz in % p. a.*
n = *Betrachtungszeitraum, z. B. 20 Jahre*

Der Vorteil der DCF-Methode besteht wie bei dem vereinfachten Ertragswertverfahren darin, dass sie ohne die Schätzung einer Restnutzungsdauer der Immobilie auskommt. Stattdessen wird der Reinertrag nicht über die gesamte Restnutzungsdauer des Gebäudes, sondern nur über einen noch überschaubaren Zeitraum kapitalisiert (z. B. über 10 Jahre). In solchen Fällen verbleibt als Restwert ein entsprechend um 10 Jahre gealtertes Gebäude mit Grundstück. Die Wertermittlungsproblematik verlagert sich damit in die Abschätzung dieses Restwertes für das Gebäude und für den Boden nach Ablauf dieser 10 Jahre. Dabei müssen sowohl die Wertminderung infolge Alterung in technischer und wirtschaftlicher Hinsicht als auch konjunkturelle Werterhöhungen oder -minderungen berücksichtigt werden. Damit geht es beim DCF-Verfahren weniger um die Ermittlung des Verkehrswertes im strengen Sinne, sondern um die Beratung eines Investors hinsichtlich des maximalen Kaufpreises für eine von ihm vorgegebene Verzinsung.

In der allgemeinen Wertermittlungspraxis wird das DCF-Verfahren vor allem bei der Verkehrswertermittlung von Sonderimmobilien angewandt, für die keine marktkonform abgeleiteten Liegenschaftszinssätze zur Verfügung stehen und für die sich die klassische Ertragswertermittlung nach den Grundsätzen der WertV als zu eng erweist. Es stellt in diesen Fällen eine Hilfsmethode dar, da anstelle des objektbezogenen Liegenschaftszinssatzes ein bankenüblicher Kapitalmarktzinssatz als Diskontierungszinssatz über den Betrachtungszeitraum von z. B. 10 Jahren verwandt wird. Auch beim DCF-Verfahren handelt es sich damit um ein Prognoseverfahren, bei dem die Risiken aus der künftigen Immobilienmarktentwicklung abgeschätzt werden müssen.

4.7 Internationale Bewertungsverfahren

In Großbritannien gilt die Tradition des case law. Daher existieren keine den deutschen Vorschriften vergleichbaren Regelungen in Bezug auf die Wertermittlung von Grundstücken. Die Entwicklung von Bewertungsregeln und deren Durchsetzung in der Praxis ist in Großbritannien Aufgabe der Berufsverbände (Leopoldsberger et al., 2005, S. 497 f.).

Das von der Royal Institution of Chartered Surveyors (RICS) herausgegebene Appraisal and Valuation Manual (2003), genannt „Red Book", enthält „Practice Statements" und „Guidance Notes", die den deutschen Wertermittlungsvorschriften und -richtlinien nahe kommen. Die Mitglieder der RICS haben die Vorschriften des Red Book einzuhalten und können in ihren Gutachten nur in begründeten Einzelfällen davon abweichen. In der 5. Auflage des Red Book (2003) wurde der Begriff des „Market Value" (MV) eingeführt als „Estimated Amount", für den ein Immobilienvermögen im gewöhnlichen Geschäftsverkehr zwischen einem verkaufsbereiten Veräußerer und einem kaufbereiten Erwerber nach angemessener Vermarktungsdauer am Tag der Bewertung ausgetauscht werden sollte, wobei jede Partei mit Sachkenntnis, Umsicht und ohne Zwang handelt (RICS, PS 3.2).

Das Red Book enthält im Gegensatz zur deutschen WertV keine Vorgaben darüber, welche Methoden bei der Wertermittlung anzuwenden sind. Nachfolgend werden die in der britischen und amerikanischen Bewertungspraxis gebräuchlichsten Verfahren dargestellt.

4.7.1 Direkte Vergleichswertmethode (Direct Value Comparison Method)

Die direkte Vergleichswertmethode findet vorrangig Anwendung bei der Beurteilung von einfachen Immobilienarten, z. B. beim An- oder Verkauf von Wohnungen oder Büroflächen. Methodisch handelt es sich um den direkten Vergleich des zu bewertenden Objektes mit getätigten und analysierten Markttransaktionen auf m²- oder Nutzungseinheits-Basis.

Die Vergleichswertmethode findet Anwendung als Bewertungsmethode bei der Marktanalyse und zur Überprüfung anderer Bewertungsergebnisse (White et al., 2003, S. 85).

Grundlage der direkten Vergleichswertmethode sind die Marktpreise vergleichbarer Objekte, sogenannter „Comparables", aus denen der Preis der zu bewertenden Immobilie unter Berücksichtigung ihrer Besonderheiten abgeleitet wird. Stehen keine geeigneten Vergleichsobjekte zur Verfügung, so werden Immobilien herangezogen, die in möglichst vielen Merkmalen Übereinstimmungen zeigen. Mit Hilfe von Zu- bzw. Abschlägen wird versucht, die Vergleichbarkeit herzustellen. Der Anwendungsbereich dieser Bewertungsmethode beschränkt sich vornehmlich auf Wohnhäuser, Wohnungen und unbebaute Grundstücke, für die zahlreiche vergleichbare Objekte existieren wie z. B. bei Reihenhäusern (Leopoldsberger et al., 2005, S. 500).

Die sehr einfache und direkte Bewertungsformel lautet:

Market value = Anzahl der Einheiten x Marktwert/Einheit

Die direkte Vergleichswertmethode wird in Großbritannien insbesondere bei der Bewertung von Einfamilienhäusern häufiger angewandt als in Deutschland, da hier das Sachwertverfahren für selbstgenutztes Wohneigentum bevorzugt wird. Deutsche Gutachter verwenden vielfach aggregiertes Zahlenmaterial. Britische Bewerter bemühen sich dagegen, individuell zu dem Bewertungsobjekt passende Vergleichsobjekte ausfindig zu machen.

4.7.2 Investmentmethode (Investment Method)

Die Investmentmethode wird bei der Bewertung solcher Immobilien angewandt, die nur für eine bestimmte Zeit als Kapitalanlage gehalten und dann mit Profit veräußert werden sollen. Eingangsparameter der Investmentmethode sind die Nettoerträge der zu bewertenden Immobilie aus der gezahlten Miete abzüglich der nicht umlagefähigen Betriebskosten (Reinertrag) und ein angemessener Diskontierungsfaktor.

Bei den Mieterträgen ist zu unterscheiden zwischen den gegenwärtig gezahlten Mieten (current rent) und künftigen Mieten (future rent) nach dem Auslaufen bestehender Mietverträge. Hierzu stehen dem Bewerter drei Ansätze zur Verfügung (White et al., 2003, S. 98 ff.):

- Term-and-Revision-Methode
- Term-and-Revision-Methode mit Equivalent Yield
- Hardcore- oder Layer-Methode

Die *Term-and-Revision-Methode* unterteilt die Mieteinkünfte kalkulatorisch in zwei Blöcke. Der Term bezeichnet den Zeitraum ab Bewertungsstichtag bis zum Ablauf des Mietvertrages (Vertragslaufzeit). Aufgrund des vorhandenen Mietvertrages kann der Bewerter für diesen Zeitraum eine niedrigere Rendite als für den anschließenden Anpassungszeitraum einsetzen.

Revision bezeichnet den Zeitraum ab Neuvermietung (Anpassungszeitraum), ggf. unter Berücksichtigung einer Leerstandsdauer. Für diese Periode setzt der Bewerter die Marktmiete des Objektes zum Bewertungsstichtag mit einer höheren Rendite gegenüber der Vertragslaufzeit ein. Bei der Term-and-Revision-Methode werden die Barwerte der Einkünfte für jeden Block getrennt berechnet und dann addiert.

Beispiel

Term (Vertragslaufzeit)	*7 Jahre*
Vertragsmiete	*65.000 p. a.*

Rentenbarwertfaktor für 7 Jahre mit einem Diskontierungszinssatz von 5 %

$$\text{Rentenbarwertfaktor } a_7 = \frac{(1+0,05)^7 - 1}{(1+0,05)^7 \times 0,05} = \qquad 5,786$$

Barwert Term 65.000 €/a x 5,786	*376.090 €*
Revision (Anpassungszeitraum)	
Marktmiete ab 8. Jahr	*100.000 € p. a.*
Diskontierungsfaktor 6 %	
Laufzeit n	∞
Vervielfältiger = Rentenbarwertfaktor für n = ∞	
100 % / 6 %	*16,6667*
Abzinsungsfaktor vom 7. Jahr	
1 / 1,06⁷	*0,6651*
Abgezinster Vervielfältiger	
16,667 x 0,6651	*11,085*
Barwert Revision ab 8. Jahr	
100.000 €/a x 11,085	*1.108.500 €*
Barwert Term and Revision = Ertragswert	
376.090 + 1.108.500	**1.484.590 €**

Abb. 4.11 Wertermittlung nach der Term-and-Revision-Methode

Abbildung 4.11 zeigt, dass zunächst die vertraglich vereinbarte Miete für die Restlaufzeit von 7 Jahren kapitalisiert wird. Ab dem 8. Jahr wird die angenommene Marktmiete ewig kapitalisiert, der Einkommensfluss jedoch um 7 Jahre verzögert. Während der Vertragslaufzeit wird eine Rendite von 5 % und danach eine Rendite von 6 % der voll zur Marktmiete vermieteten Liegenschaft erzielt.

Besondere Aufmerksamkeit verlangen die Anfangsrendite (Initial Yield) und die Anpassungsrendite (Revisionary Yield). Für das obige Beispiel ergeben sich:

Anfangsrendite (Initial Yield)	
65.000 € / 1.484.590 € x 100 % =	*4,38 % p. a.*
Anpassungsrendite (Revisionary Yield)	
100.000 € / 1.484.590 € x 100 % =	*6,74 % p. a.*

Die Anfangs- und die Anpassungsrendite sind wichtige Entscheidungskriterien des Investors.

Bei der *Term-and-Revision-Methode mit Equivalent Yield* wird der gewichtete Durchschnitt der Renditen der Term-and-Revision-Perioden angesetzt.

Für das Beispiel in *Abb. 4.11* ergibt sich näherungsweise eine Durchschnittsrendite von 6 %.

Wegen des dadurch auf 5,5824 sinkenden Rentenbarwertfaktors ergibt sich ein Barwertterm von 65.000 €/a x 5,5824 = 362.856 €. Bei Addition des unveränderten Barwertes Revision von 1.108.500 € ergibt sich ein Gesamtwert (Term + Revision) mit Equivalent Yield von *1.471.356 €*.

Die *Hardcore-* oder *Layer-Methode* nimmt statt der vertikalen Aufteilung eine horizontale Aufteilung der Mieteinnahmen vor. Dabei wird angenommen, dass die Vertragsmiete als Kern (Hardcore) ewig gezahlt wird. Die Differenz zur nach Vertragsablauf einsetzenden höheren Marktmiete gegenüber der Vertragsmiete wird als darüber liegende Schicht (Top Slice) ebenfalls als ewig fortdauernd angenommen. Die Wertermittlung umfasst damit zwei Bestandteile:

Hardcore (untere Schicht)	
Vertragsmiete/a	*65.000 € p. a.*
Ewiger Rentenbarwertfaktor bei 5 % = 1/0,05	*x 20,00*
Barwert (Hardcore)	*= 1.300.000 €*
Top Slice (obere Schicht)	
Mietzuwachs/a ab 8. Jahr	*35.000 € p. a.*
Ewiger Rentenbarwertfaktor bei 6 % = 1,00/0,06	*16,667*
Abzinsungsfaktor vom 7. Jahr bei 6 % = $1/1,06^7$	*x 0,6651*
	= 11,085
Barwert (Top Slice) 35.000 €/a x 11,085	*387.975 €*

Gesamtwert Hardcore and Top Slice = Verkehrswert
1.300.000 + 387.975   **1.687.975 €**

Dieser Methode liegt die Annahme des Bewerters zugrunde, dass die unter der Marktmiete liegende Vertragsmiete unendlich zu erzielen ist. Das geringere Risiko rechtfertigt eine niedrigere Rendite. Der mit 7-jähriger Verzögerung eintretende Mehrertrag ist mit einem höheren Einnahmerisiko verbunden, dem durch eine höhere Rendite Rechnung getragen wird. Für die Anfangsrendite ergeben sich 65.000/1.687.975 x 100 = 3,85 % p. a. und für die Anpassungsrendite 100.000/ 1.687.975 x 100 = 5,92 % p. a..

Bei einem Vergleich der Investmentmethode mit dem Ertragswertverfahren nach § 15 WertV ist festzustellen, dass beide Verfahren bei Betrachtungszeiträumen von n > 50 Jahren identisch sind, da sich der Ertragswert (EW) dann aus der Multiplikation von jährlichem Reinertrag (RE) mit dem Vervielfältiger (V) ergibt (EW = RE x V), denn der Vervielfältiger (V) entspricht dem Kehrwert des Liegenschaftzinses (z), d. h. V = 1/z.

Der All Risks Yield (ARY) entspricht dem Liegenschaftszinssatz, der Year's Purchase (YP) dem Rentenbarwertfaktor a_n, der bei Vorliegen einer ewigen Rente dem Kehrwert des ermittelten ARY entspricht.

4.7.3 Internationales Sachwertverfahren (Depreciated Replacement Cost Method)

Der Depreciated Replacement Cost Approach (DRC-Approach) wird für die Bewertung von „specialized properties" wie Kirchen, Krankenhäuser, Schulen, Museen und Theater angewandt, für die sich aufgrund ihrer besonderen Eigenschaften und geringen Transaktionshäufigkeit kaum Vergleichsobjekte am Markt finden lassen. Verfügbare Vergleichspreise sind meistens durch die individuellen Nutzungsvorstellungen der Erwerber geprägt.

Die Depreciated Replacement Costs sind im Red Book (RICS, PS 3.3) definiert. Danach ergibt sich der Wert eines Grundstücks aus der Summe des Bodenwertes und der Kosten, die für die Neuerrichtung eines vergleichbaren Gebäudes anfallen würden. Letztere sind um Abschläge zu reduzieren, die das Alter, den Bauzustand und Wertminderungen aus geänderten funktionalen Anforderungen berücksichtigen (Leopoldsberger et al., 2005, S. 518 ff.). Der Wert des Bodens wird entweder nach der Comparative Method oder der Residual Method ermittelt. Für die Ermittlung der Baukosten kann einerseits angenommen werden, dass eine exakte Kopie des bestehenden Gebäudes erstellt werden soll, andererseits können die Kosten ermittelt werden, die für ein „simple substituted building" anfallen würden, das in der Funktion, aber nicht hinsichtlich der Ausführung dem bestehenden Gebäude entspricht. Die ermittelten Kosten sind unter Berücksichtigung besonderer Einflussfaktoren um Abschreibungen zu korrigieren, die üblicherweise nach der „Straight Line Depreciation Method" durch jährlich gleich bleibende Abschreibungsraten gebildet werden. Als problematisch erweist sich häufig die Bestimmung der verbleibenden wirtschaftlichen Restnutzungsdauer der Gebäude. Der DRC-Approach wird allgemein als „Method of last Ressort" betrachtet, die nur dann herangezogen werden sollte, wenn keine Möglichkeit zur Anwendung alternativer Methoden besteht. Besonderer Kritikpunkt ist vor allem die Verquickung von Kosten und Wert der Immobilie. Im Vergleich des DRC-Approach mit dem deutschen Sachwertverfahren ist festzustellen, dass britische Gutachter den DRC-Approach nur in Ausnahmefällen anwenden, während das Sachwertverfahren in Deutschland häufig angewandt wird, besonders im Zusammenhang mit der Bewertung von selbstgenutzten Immobilien wie Ein- und Zweifamilienhäusern, die in Großbritannien dagegen auch mit der Direct Value Comparison Method bewertet werden. Bezüglich der methodischen Vorgehensweise stimmen jedoch der DRC-Approach und das Sachwertverfahren nach §§ 21–25 WertV weitgehend überein.

4.7.4 Gewinnmethode (Profits Method)

Die Gewinnmethode findet Anwendung bei der Wertermittlung von Spezialimmobilien mit i. d. R. nur einer betriebsspezifischen Nutzung wie z. B. Hotels, Tankstellen, Theater, Kinos und Museen, Parkhäuser, Freizeitparks sowie Autobahnraststätten. Der Wert solcher Immobilien wird aus den zukünftigen Gewinnen des Unternehmens abgeleitet und nicht aus den Mieteinnahmen. Hierzu ist eine Prognostizierung der Zahlungsströme aus Einnahmen und Ausgaben über den gesamten Investitionszeitraum erforderlich.

Die Gewinnmethode wird damit i. d. R. dann angewandt, wenn für die Wertermittlung keine vergleichbaren Marktdaten herangezogen werden können und wenn für das Unternehmen Jahresabschlüsse vorliegen. Zur Schätzung der Zukunftsgewinne müssen die Gewinne der Vergangenheit herangezogen werden, die aus den Abschlüssen der letzten 3 bis 5 Geschäftsjahre hervorgehen. Die Gewinnmethode ist in vielen europäischen Ländern und den USA zur Bewertung von Spezialimmobilien weitverbreitet, in Deutschland jedoch noch wenig gebräuchlich und auf die Bewertung von Hotelimmobilien beschränkt (White et al., 2003, S. 135 ff.).

Das stufenweise Vorgehen bei der Anwendung der Gewinnmethode ist aus *Abb. 4.12* ersichtlich. Ein zugehöriges Beispiel zeigt *Abb. 4.13*.

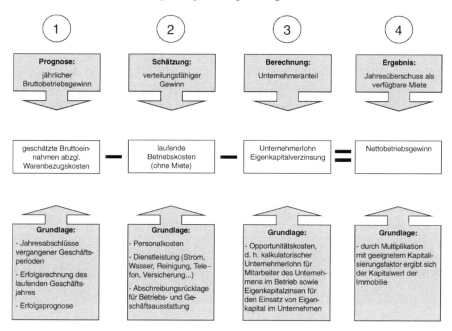

Abb. 4.12 Schrittweises Vorgehen bei der Anwendung der Gewinnmethode (Profits Method) (Quelle: White et al. (2003), S. 139)

Geschätzte Bruttoeinnahmen	500.000
abzgl. Warenbezugskosten	- 150.000
= Bruttobetriebsgewinn	**= 350.000**
abzüglich laufende Betriebskosten	- 100.000
= verteilungsfähiger Gewinn	**= 250.000**
abzgl. Unternehmeranteil	10.000
Eigenkapitalzinsen	150.000
= Unternehmerlohn	**- 160.000**
= Jahresüberschuss	**= 90.000**
als verfügbare Miete	
Miete x Vervielfältiger	90.000 €/a x 11,111 (Vervielfältiger bei 9 % Liegenschaftszins)
= Kapitalwert	**= 1.000.000**

Abb. 4.13 Beispiel zur Gewinnmethode (Profits Method) (Quelle: White et al. (2003), S. 140)

Die Schwächen der Gewinnmethode liegen in der Heranziehung vergangenheitsorientierter Daten und in der Vernachlässigung von nicht quantifizierbaren Einflussfaktoren. Die auf der Basis der Gewinnmethode gewonnenen Werte können je nach Gutachter stark schwanken, da zahlreiche Annahmen zur Ermittlung des Jahresüberschusses, zum Kapitalisierungsfaktor (Vervielfältiger bzw. Liegenschaftszins) getroffen werden müssen. Es ist daher zu empfehlen, die Bewertungsergebnisse nach der Gewinnmethode mit den Ergebnissen anderer Methoden zu vergleichen (Leopoldsberger et al., 2005, S. 522).

4.7.5 Das Residualwertverfahren (Residual Method)

Das Residualwertverfahren (Residual Method) findet im Ausland und zunehmend auch in Deutschland breite Anwendung bei der Ermittlung des tragbaren Preises allein für das Grundstück. Es ist darauf gerichtet, als inneren Wert eines Grundstücks den Preis zu ermitteln, den ein Investor im Hinblick auf eine angemessene

Schema für die Ermittlung des tragbaren Bodenwertes bei Erwerb eines Abbruchobjektes zum Zweck einer Neubebauung

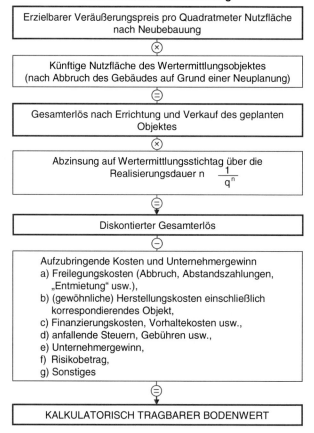

Abb. 4.14 Kalkulatorische Bodenwertermittlung nach dem Residualwertverfahren (Quelle: Kleiber (2002b), S. 1154)

Rendite nach vollzogener Projektentwicklung tragen kann. Dazu werden vom Verkehrswert einer fiktiven Bebauung des Grundstücks die dafür aufzubringenden Investitionskosten einschließlich eines angemessenen Unternehmer-/Projektentwicklergewinns abgezogen. Der verbleibende Restwert ist der tragfähige Grundstückswert.

Das Schema für die Ermittlung des kalkulatorisch tragbaren Bodenwertes auf der Grundlage eines Verkaufspreises für einen fiktiven Neubau und der dafür aufzubringenden Herstellungskosten inkl. Projektentwicklergewinn zeigt *Abb. 4.14*.

Die Formel für den Bodenwert ergibt sich durch Auflösung der Formel für das Ertragswertverfahren nach dem Bodenwert.

$$EW = RE \; x \; V + BW/q^n$$
$$BW = (EW \; ./. \; RE \; x \; V) \; x \; q^n$$

EW = *Ertragswert = Verkaufspreis*
RE = *Reinertrag*
BW = *(kalkulatorischer) Bodenwert*
V = *Vervielfältiger*
$\quad = (q^n \; ./. \; 1)/(q^n \; x \; i)$
q = *1 + i*
i = *p/100*
p = *Liegenschaftszinssatz in % p. a.*
n = *Betrachtungszeitraum (Jahre)*

Ein Beispiel für die Anwendung des Residualwertverfahrens zeigt *Abb. 4.15*.

Im deutschsprachigen Raum wird das Residualwertverfahren sehr kritisch betrachtet, da der Bodenwert als Residuum aus der Differenz zweier nahezu gleich großer Ausgangsgrößen abgeleitet wird, dem Verkaufspreis und den Investitionskosten inkl. Nebenkosten ohne Bodenwert. Kleiber (2002b, S. 1174 f.) nennen zusammenfassend folgende besonders fehlerträchtigen und sensitiven Parameter des Residualwertverfahrens:

- das „richtige" Nutzungskonzept für die wirtschaftlichste Nutzung unter Minimierung der Bau-, Entwicklungs- und Vermarktungskosten
- die fiktive Verkaufspreis-/Ertragswertermittlung im Hinblick auf
  – den angesetzten nachhaltigen Reinertrag
  – die „richtige" Nutzflächenermittlung und
  – den „richtigen" Liegenschaftszinssatz
- die Angemessenheit
  – der Baukosten inkl. Baunebenkosten und der Kosten für Außenanlagen, Abbruch und Erschließung
  – der Finanzierungskosten
  – der Kosten der Vermarktung
  – des Mietausfallwagnisses
  – der Kosten für Unvorhersehbares (Wagnis, Altlasten)
  – der Höhe des Projektentwicklergewinns
- den Ansatz der Baukosten als Normalherstellungskosten (z. B. nach NHK 2000), wobei zwischen zur Mehrwertsteuer optierenden und nicht zur Mehrwertsteuer optierenden Investoren zu unterscheiden ist, da dadurch das Residuum ggf. um die in den Baukosten enthaltene Mehrwertsteuer erhöht werden kann)

Nr.	Merkmal	Art/Berechnung	Wert
1.	**Grundstück**		10.000 m²
2.	**Gebäude**		12.000 m² BGF
3.	**Nutzung**		
3.1	Büroflächen		5.000 m² MF
3.2	Ladenflächen		2.000 m² MF
3.3	Wohnflächen		2.000 m² MF
3.4	Summe Mietfläche		9.000 m² MF
3.5	Zuschlag (BGF ./. MF)	25 % von 12.000 m² BGF	3.000 m²
3.6	Summe Bruttogeschossfläche		12.000 m² BGF
4.	**Terminrahmen**		
4.1	Vorlaufzeit		4 Jahre
4.2	Bauzeit		2 Jahre
4.3	Projektdauer		6 Jahre
5.	**Finanzierungskosten und Indizes**		
5.1	Finanzierungskosten		10 % p. a.
5.2	Baukostensteigerung		6 % p. a.
5.3	Immobilienwertsteigerung		4 % p. a.
6.	**Verkaufspreis (nach Bauzeit)/Ertragswert**		
6.1	Büroflächen	5.000 m² MF x 3.000 €/m² MF	15.000.000 €
6.2	Ladenflächen	2.000 m² MF x 4.000 €/m² MF	8.000.000 €
6.3	Wohnflächen	2.000 m² MF x 2.500 €/m² MF	5.000.000 €
6.4	Summe Verkaufspreise		28.000.000 €
6.5	Verkaufspreis in 6 Jahren	28.000.000 € x 1,04^6	35.428.932 €
7.	**Investitionskosten ohne Bodenwert**		
7.1	Büroflächen	5.000 m² MF x 1.500 €/m² MF	7.500.000 €
7.2	Ladenflächen	2.000 m² MF x 1.100 €/m² MF	2.200.000 €
7.3	Wohnflächen	2.000 m² MF x 1.300 €/m² MF	2.600.000 €
7.4	Summe Herstellkosten inkl. Nebenkosten		12.300.000 €
7.5	Herstellkosten inkl. Nebenkosten bei Fertigstellung	4 Jahre Vorlaufzeit und 2-jährige Bauzeit (x 0,5) =	5 Jahre
		12.300.000 € x 1,06^5	16.460.175 €
7.6	Finanzierungskosten	1 Jahr bei 2-jähriger Bauzeit 10 % x 16.460.175	1.646.018 €
7.7	Vermarktungskosten		500.000 €
7.8	Abbruchkosten/Sonstiges		1.500.000 €
7.9	Summe Herstellkosten inkl. Nebenkosten		20.106.193 €
7.10	Projektentwicklergewinn inkl. Wagnis	15 v. H. von 20.106.193	3.015.929 €
7.11	Investitionskosten ohne Bodenwert		23.122.122 €
8.	**Bodenwertermittlung**		
8.1	Verkaufspreis (nach Bauzeit) (6.5)		35.428.932 €
8.2	Investitionskosten ohne Bodenwert (7.11)		23.122.122 €
8.3	Bodenwert nach Bauzeit	35.428.932 € ./. 23.122.122 €	12.306.810 €
8.4	Bodenbarwert	Diskontierung über 6 Jahre bei 10 % Finanzierungskosten	
		12.306.810 € x 1/1,10^6	6.946.873 €
8.5	Grunderwerbskosten	Grunderwerbsteuer/Notar/Grundbuch 3,5 % + 1 % von 6.946.873 €	./. 312.609 €
8.6	Bodenwert erschließungsbeitragsfrei (ebf)		6.634.264 €
8.7	Erschließungskosten	50 €/m² x 10.000 m²	./. 500.000 €
8.8	Bodenwert erschließungsbeitragspflichtig		6.134.264 €
8.9	Bodenwert/m² Grundstück	6.134.264/10.000	613 €/m² Grundstück
8.10	Bodenwert/m² BGF	6.134.264/12.000 m² BGF	511 €/m² BGF

Abb. 4.15 Bodenwertermittlung nach dem Residualwertverfahren (Quelle: Kleiber (2002b), S. 1165 f.)

- die Notwendigkeit, jeweils von gewöhnlichen und nachhaltig entstehenden Kosten auszugehen
- die Schätzung der Preisentwicklung der übrigen Kosten wie Bau-, Finanzierungs-, Abbruchkosten und Genehmigungsgebühren.

Der Verkäufer eines Grundstücks wird sich auf einen nach dem Residualwertverfahren ermittelten Bodenwert als Verkaufspreis nur dann einlassen, wenn dieser höher ist als der nach dem Vergleichswertverfahren aus Vergleichspreisen abgeleitete Bodenwert abzüglich evtl. Kosten für die Baufeldfreimachung inkl. Abbruch.

Der Käufer eines Grundstücks wird dagegen stets prüfen, ob er sich einen nach dem Residualpreis ermittelten Bodenwert im Rahmen seiner Rentabilitätsanalysen überhaupt leisten kann. Selbst dann wird er jedoch einen über dem aus Vergleichspreisen abgeleiteten liegenden Bodenwert nicht akzeptieren, so dass die Bedeutung des Residualwertverfahrens letztlich auf Plausibilitätsbetrachtungen zur Überprüfung der Ergebnisse normierter Verfahren eingeschränkt werden kann.

4.8 Beleihungswertermittlung in der Kreditwirtschaft

Bei der Ausreichung von Darlehen zum Kauf von bebauten und unbebauten Grundstücken bilden Immobilien die Sicherheiten der Banken.

Grundpfandrechtlich besicherte Kredite werden von folgenden Banken bzw. Institutsgruppen gewährt (Weyers, 2002, S. 2368 ff.):

- Bausparkassen
- Genossenschaftsbanken
- Geschäfts- und Kreditbanken
- Hypothekenbanken
- Landesbanken
- Sparkassen
- Versicherungen
- Leasinggesellschaften

Im Rahmen der Internationalen Rechnungslegung nach IAS/IFRS haben Bewertungsfragen im Rahmen des Immobilien- oder Objektratings sowie des Firmenratings künftig zunehmende Bedeutung.

Die Beleihungswertermittlung ist Voraussetzung sowohl für die Gewährung grundpfandrechtlich gesicherter Personalkredite als auch personenunabhängiger Realkredite.

Realkredite müssen eine den Erfordernissen der §§ 11 (Beleihungsgrenze) und 12 HBG (Beleihungswert) entsprechende Sicherheit an Grundstücken für die Forderungen der Institute unabhängig von der Person des Kreditnehmers allein durch den Beleihungsgegenstand gewährleisten (Kapitaldienstgrenze für Verzinsung und Tilgung). Daher ist zunächst die Realkreditfähigkeit des Pfandobjektes zu prüfen.

Als Beleihungsgrenze für einen Realkredit gelten heute allgemein ≤ 60 % des Beleihungswertes. Gemäß § 20 Abs. 3 Satz 2 Nr. 5 KWG dürfen jedoch 50 % des Verkehrswertes nicht überschritten werden. Bei gesicherten Personalkrediten gewähren Sparkassen eine Beleihung bis zu 80 % und in einigen Bundesländern sogar bis zu 100 % des Beleihungswertes.

Der Begriff des Beleihungswertes ist gesetzlich nicht definiert, er hat sich jedoch im allgemeinen Sprachgebrauch durchgesetzt und wird aus dem Verkehrswert i. S. von § 194 BauGB abgeleitet.

Hierzu sind von dem auf der Grundlage nachhaltig erzielbarer Erträge ermittelten Ertragswert objektspezifische Risikoabschläge vorzunehmen. Dadurch soll Veränderungen beim Preisniveau auf dem Immobilienmarkt begegnet werden. Eine Beleihung von bis zu 60 % des Beleihungswertes darf im Interesse einer Vorsorge für den Insolvenzfall 50 % des Verkehrswertes i. S. von § 194 BauGB nicht übersteigen. Begründung ist, dass gemäß § 85 a Abs. 1 ZVG einem Meistgebot bei der Zwangsversteigerung, das unter 50 % des Verkehrswertes liegt, der Zuschlag versagt werden muss.

Das Vorgehen bei der Ermittlung des Verkehrs- und Beleihungswertes ist ersichtlich aus *Abb. 4.16*. Ein Schema für die Prüfung der Kreditsicherheit im Rahmen der Beleihungswertermittlung bietet *Abb. 4.17*. Die Begriffe Verkehrs- und Beleihungswert sowie Beleihungsgrenze und -raum werden grafisch durch *Abb. 4.18* veranschaulicht.

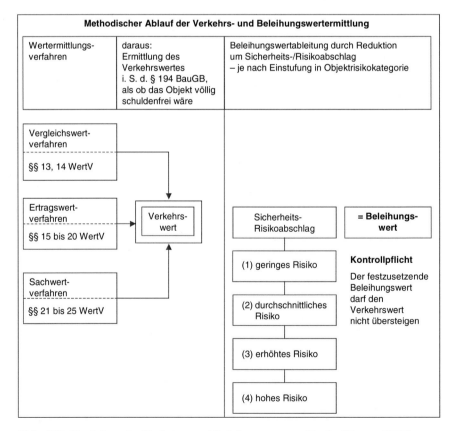

Abb. 4.16 Ermittlung des Verkehrs- und Beleihungswertes (Quelle: Weyers (2002), S. 2404)

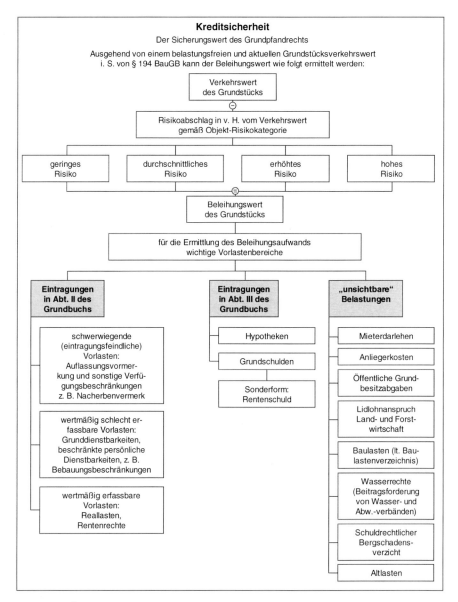

Abb. 4.17 Überprüfung der Kreditsicherheit zur Bemessung des Beleihungswertes (Quelle: Weyers (2002), S. 2459)

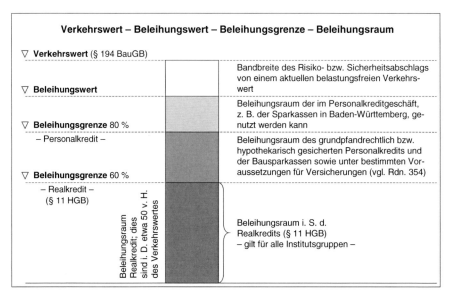

Abb. 4.18 Vom Verkehrswert zum Beleihungswert, zur Beleihungsgrenze und zum Beleihungsraum (Quelle: Weyers (2002), S. 2463)

Beispiel zur Ermittlung des Verkehrswertes sowie des Beleihungswertes eines Büro- und Geschäftshauses für eine Hypothekenbank und für eine Sparkasse

Das nachfolgende Beispiel ist übernommen von Weyers (2002, S. 2452–2454):

I Ermittlung des Verkehrswertes

Objektdaten:

Das 625 m² große Eckgrundstück liegt mit 14,50 m an einer großstädtischen Fußgängerzone und einer Seitenstraße mit einer Frontbreite von 43,00 m. Wiederaufbau 1954 mit teilweisem Tiefkeller-, Keller-, Erd-, 1. bis 3. Ober- und teilweisem 4. und 5. Obergeschoss. 1986 Umbau und umfassende Modernisierung des Gesamtobjektes, fiktives Baujahr daher 1966 (Annahme). Guter Bau- und Unterhaltungszustand. Kein Leerstand und kein Modernisierungs- bzw. Revitalisierungsrisiko.

Bauzahlen	ca. 15.000 m³ BRI; Ausbauverhältnis 5,5 m³ BRI/m² BGF
KG	80 m² Lagerräume
UG, EG und 1. OG	1.455 m² Verkaufsfläche
2. OG	375 m² Lager- und Sozialräume
2. OG bis 5. OG	875 m² Büroräume
Summe	2.785 m² NF

a) Bodenwert

Unter Bezugnahme auf die Bodenrichtwerte zum 31.12 2000 wird der Bodenwert wie folgt ermittelt:

295 m² Vorderland Fußgängerzone x 12.500 €/m²	3.687.500 €
330 m² Hinterland/Seitenland x 2.500 €/m²	825.000 €
625 m² i. M. 7.220 €/m²	4.512.500 €
zzgl. Grundstücksnebenkosten und Rundung (1,94 %)	87.500 €
Bodenwert	**4.600.000 €**

b) Wert der baulichen Anlagen (Bauwert)

15.000 m² BRI x 450 €/m³	6.750.000 €
zzgl. besonders zu veranschlagende Bauteile:	
Fahrtreppen, Aufzüge, Klimaanlage etc.	1.250.000 €
Zwischensumme	8.000.000 €
zzgl. Ver- und Entsorgungsanschlüsse und Baunebenkosten (18,75 %)	1.500.000 €
Neubauwert	9.500.000 €
abzgl. Wertminderung nach Ross et al. (1992) 38 %	3.600.000 €
Bauwert (= 393 €/m³ BRI bzw. 2.118 €/m² NF)	**5.900.000 €**

c) Ertragswert

Die gezahlten Nettokaltmieten für Verkaufs- und Büroräume entsprechen dem aktuellen ortsüblichen Marktniveau. Sie sind als nachhaltig erzielbar anzusehen. Sämtliche Betriebskosten sowie die volle Grundsteuer und die Prämien für Haft- und Sachversicherungen sind umlegbar. Eine substantiierte Auflistung dieser Kosten ist in den Mietverträgen erfolgt. Die Mietdauer ist in allen Fällen mit 15 Jahren zzgl. 2 Optionen von jeweils 5 Jahren vereinbart. Gemäß Wertsicherungsklausel (± 10 %) ändert sich die Miete um 50 % der Veränderung des Verbraucherpreisindex' des Statistischen Bundesamtes.

KG	Lagerräume	80 m² x	6 €/m²	480 €
UG, EG und				
1. OG	Verkaufsräume	1.455 m² x	i. D. 40 €/m²	58.200 €
2. OG	Lager- und Sozial-			
	räume	375 m² x	10 €/m²	3.750 €
2. bis 5. OG	Büro- und Neben-			
	räume	875 m² x	i. D. 12 €/m²	10.500 €

Monatliche Nettokaltmiete (Grundmiete)	72.930 €
Jahresnettokaltmiete: (Grundmiete) x 12	875.160 €
abzgl. Bewirtschaftungskosten von 15 % (durch Einzelnachweis belegt)	131.274 €
Gebäude- und Bodenreinertrag p. a.	743.886 €
abzgl. Bodenwertverzinsungsbetrag 5 % p. a. von 4.600.000 €	./. 230.000 €
Reinertrag der baulichen Anlagen	513.886 €
Vervielfältiger bei RND von 45 Jahren und einem	
Liegenschaftszinssatz von 5 %: 17,77	
Gebäudeertragswert 513.886 € x 17,77	9.131.754 €
zzgl. Bodenwert	4.600.000 €
Ertragswert	13.731.754 €
	rd. 13.700.000 €

Zusammenfassung

Bodenwert	4.600.000 €
Bauwert	5.900.000 €
Sachwert	10.500.000 €
Ertragswert	13.700.000 €

Unter Berücksichtigung von Kosten für anstehende Schönheitsreparaturen wird der Verkehrswert mit 13.500.000 € beziffert. Dies ergibt einen Rohertragsfaktor von 13.500.000 €/875.160 € = 15,4.

II Ermittlung des Beleihungswertes für eine Hypothekenbank

Bodenwert		4.600.000 €
Bauwert	5.900.000 €	
abzgl. Risikoabschlag von rd. 15 %	885.000 €	
Bauwert	5.015.000 €	rd. 5.000.000 €
Sachwert i. S. der Wertermittlungsanweisung		9.600.000 €

Ertragswert

Jahresnettokaltmiete (Grundmiete); dauerhaft und ortsüblich			875.160 €
Bewirtschaftungskosten			
- Verwaltungskosten (auf Nachweis)	43.800 €	5 %	
- Instandhaltungskosten 2.705 m² x 20 €/m²	54.100 €	6,2 %	
- Mietausfallwagnis	35.000 €	4,0 %	
Summe	132.900 €	15,2 %	
			./. 132.900 €
= Gebäude- und Bodenreinertrag			742.260 €
- Bodenwertverzinsungsbetrag: 5,5 % von 4.600.000 €			./. 253.000 €
Reinertrag der baulichen Anlagen			489.260 €
Vervielfältiger bei RND von 45 Jahren und einem			
Liegenschaftszinssatz von 5,5 %: 16,55			
Gebäudeertragswert 489.260 x 16,55			8.097.253 €
Risikoabschlag zwischen 15 % und 25 %, hier 15 %			./. 1.214.588 €
Gebäudeertragswert i. S. von § 12 HBG			6.882.665 €
zzgl. Bodenwert			4.600.000 €
Beleihungswertvorschlag i. S. von § 12 HBG			11.482.665 €
			rd. 11.500.000 €
Risikoabschlag vom Verkehrswert von 13,5 Mio. €			15 %

Anmerkungen:
– Bei gewerblich genutzten Grundstücken gilt eine Bandbreite von 6 % bis 7 % für den Kapitalisierungszinssatz. Eine erstklassige Gewerbeimmobilie mit geringem Risiko in guter Innenstadtlage (Fußgängerzone) rechtfertigt jedoch eine Unterschreitung um 0,5 %.
– Das Objekt ist realkreditfähig i. S. des bankaufsichtsrechtlichen Begriffs.
– Beleihungsgrenze gemäß § 11 Abs. 2 HBG
  60 % von 11.500.000 € =   6.900.000 €
  Dies sind 51,1 % des Verkehrswertes von 13,5 Mio. €.

- **Beleihungsgrenze** unter Bezugnahme auf den Verkehrswert
  50 % von 13.500.000 € =   **6.750.000 €**
- Als Realkredit dürfen demnach max. 6.750.000 € gewährt werden.

III Ermittlung des Beleihungswertes für eine Sparkasse

Bodenwert		4.600.000 €
Bauwert	5.900.000 €	
Risikoabschlag i. S. v. § 2 Abs. 3 BelGr 20 %	./. 1.180.000 €	
Zwischensumme	4.720.000 €	
weiterer Risikoabschlag i. S. von § 18 Abs. 1 b		
(10 % wegen Geschäftslage i. S.		
des Arbeitspapiers) 10 %	./. 472.000 €	
Bauwert i. S. der BelGr	4.248.000 €	4.250.000 €
Sachwert i. S. der BelGr Sparkassen		8.850.000 €

Ertragswert

Nettokaltmiete (Grundmiete) wie vor	875.160 €
Bewirtschaftungskosten 15 %	./. 131.274 €
Gebäude- und Bodenreinertrag	743.886 €
Gewerbeabschlag i. S. v. § 18 Abs. 1a BelGr 10 % i. S. d. Arb.-papiers	./. 74.389 €
Zwischensumme	669.497 €
Bodenwertverzinsung wie vor	./. 253.000 €
Reinertrag der baulichen Anlagen	416.497 €
Vervielfältiger bei RND von 45 Jahren und einem	
Liegenschaftszinssatz von 5,5 %: 16,55	
Gebäudeertragswert 416.497 € x 16,55	6.893.031 €
Bodenwert	4.600.000 €
Ertragswert	11.493.031 €
Beleihungswertvorschlag	**rd. 11.500.000 €**
Beleihungsgrenze 50 % des Ertragswertes	**6.750.000 €**

4.9 Sachverständigen- und Gutachterausschusswesen

Die Qualität der Immobilienbewertung ist maßgeblich abhängig von der fachlichen Qualifikation der eingeschalteten Sachverständigen und Gutachter. Sachverständige für die Immobilienbewertung sind in Deutschland vorrangig Architekten und Bauingenieure mit der Tendenz zur Betonung vor allem technischer Aspekte in den Gutachten. Der Begriff des Sachverständigen ist in Deutschland nicht geschützt. Es gibt bisher auch kein Berufsgesetz für Sachverständige. In Großbritannien verfügen dagegen die Bewerter von bebauten und unbebauten Grundstücken i. d. R. über einen Bachelor oder Master in Real Estate Management o. ä. (Leopoldsberger et al., 2005, S. 456 ff.).

In Deutschland sind Immobiliensachverständige in zahlreichen Berufsorganisationen zusammengeschlossen. Dazu zählen u. a.:

- Bundesverband öffentlich bestellter und vereidigter Sachverständiger e. V. (BVS)
- Bundesverband der Immobilien-Investment-Sachverständigen (BIIS)

- Bundesverband Deutscher Grundstücks-Sachverständiger (BDGS)
- RICS Deutschland e. V.

Im angelsächsischen Raum zählen zu den bedeutenden Berufsorganisationen:

- Royal Institution of Chartered Surveyors (RICS)
- Appraisal Institute
- American Society of Appraisors
- Appraisal Foundation

Die Rolle deutscher Immobiliensachverständiger konzentriert sich i. d. R. auf die Erstellung von Gutachten ohne direkte Beteiligung am Kauf bzw. Verkauf oder an der Vermietung des zu bewertenden Objektes. Damit wird einerseits die Unabhängigkeit gewahrt, andererseits besteht jedoch die Gefahr der unzureichenden Marktnähe. Die britischen Chartered Surveyors sind neben ihrer Gutachterfunktion auch als Makler und Berater tätig, vor allem als Angestellte in den Grundstücksabteilungen von Unternehmen, Behörden, Verbänden und in Immobilienberatungsunternehmen, während die deutschen Gutachter meistens als Einzelperson auftreten.

Beleihungswertermittlungen im Zusammenhang mit Kreditvergaben werden in Deutschland vorrangig von bankinternen Gutachtern vorgenommen, Immobilienbewertungen im Zusammenhang mit dem An- und Verkauf oder der Vermögensauseinandersetzung werden häufig von öffentlich bestellten und vereidigten Sachverständigen für die Bewertung bebauter und unbebauter Grundstücke vorgenommen, die zwecks Zulassung eine Prüfung der Sachkunde und persönlichen Eignung vor der jeweiligen Industrie- und Handelskammer abzulegen haben.

Die Sachverständigen der Gutachterausschüsse nach §§ 192–199 BauGB werden gemäß § 199 Abs. 2 BauGB nach Landesrecht berufen.

Die bei den größeren Kommunen angesiedelten Gutachterausschüsse erstellen auf Antrag gemäß § 193 BauGB Gutachten über den Verkehrswert von bebauten und unbebauten Grundstücken sowie Rechten an Grundstücken, die jedoch keine bindende Wirkung haben, soweit nichts anderes vereinbart ist. Darüber hinaus führt jeder Gutachterausschuss eine Kaufpreissammlung, wertet sie aus und ermittelt Bodenrichtwerte und sonstige zur Wertermittlung erforderlichen Daten. Die Sachverständigen der Gutachterausschüsse sind als einzige an die Regelungen der Wertermittlungsverordnung (WertV) gebunden (Leopoldsberger et al., 2005, S. 457).

Nach Kleiber (2002a, S. 226 ff.) gelten folgende inhaltlichen Anforderungen im Rahmen der Allgemeinen Grundsätze der Gutachtenserstattung:

- Konzentrationsgebot
  Gutachten werden i. d. R. auf der Grundlage eines Auftrages erstattet und sollen sich auf die darin übertragenen Leistungen konzentrieren. Der Gutachter sollte sich jedoch nicht scheuen, sachdienliche Ergänzungen in sein Gutachten einzubeziehen, wenn eine missbräuchliche Verwendung seines Gutachtens droht, z. B. Ausblendung einer absehbaren Verkehrswertsteigerung durch städtebauliche Neuordnung, die der Käufer als Auftraggeber des Wertgutachtens jedoch verschwiegen wissen will.
- Objektivitätsgebot

Für jeden Sachverständigen gilt das Gebot der unparteiischen Aufgabenerfüllung, unabhängig davon, ob es sich um einen öffentlich bestellten und vereidigten, einen vom Gericht beauftragten, einen freien (selbsternannten) Sachverständigen oder einen Schiedsgutachter handelt. Die Erstattung von Parteigutachten ist mit dem Anspruch jedes Sachverständigen unvereinbar. Auch ein „Parteisachverständiger" darf nicht parteiisch sein. Jeder Anschein der Voreingenommenheit führt zur Besorgnis der Befangenheit.

* Kompetenzeinhaltungsgebot
Der Wert eines Gutachtens wird durch die fachliche Kompetenz des Sachverständigen bestimmt. Der Gutachter muss daher Aufträge ablehnen, die seine fachliche Kompetenz überschreiten. So sind Sachverständige für die Immobilienbewertung vielfach gehalten, Ausführungen zu rechtlichen Zweifelsfragen, z. B. über die Bebaubarkeit eines Grundstücks, oder über die Einschätzung der Wertminderungen aus Baumängeln und Bauschäden unter den Vorbehalt einer Überprüfung durch entsprechend vorgebildete und erfahrene Juristen und Sachverständige zu stellen.

* Sachaufklärungsgebot
Der Sachverständige ist gemäß § 410 ZPO verpflichtet, sein Gutachten unparteiisch nach bestem Wissen und Gewissen zu erstellen. Dazu gehört auch, dass der Gutachter alle ihm zugänglichen Erkenntnisquellen auswertet und zur Entscheidungsfindung heranzieht, es sei denn, dass in Abstimmung mit dem Auftraggeber auf eine derartige Sachverhaltsaufklärung aus Honorargründen verzichtet wird. Jeder Sachverständige hat in seinem Gutachten die Tatsachen darzustellen, die für ihn erkennbar waren bzw. hätten erkannt werden müssen.

* Sorgfaltspflicht
Der Gutachter muss darlegen, mit welcher Sicherheit und Genauigkeit die vom Auftraggeber vorgegebenen oder von ihm selbst zugrunde gelegten Anknüpfungstatsachen bestätigt wurden bzw. ermittelbar sind. Zu den Amtspflichten jedes Mitglieds des Gutachterausschusses oder öffentlich bestellten und vereidigten Sachverständigen gehört es, „vor einer hoheitlichen Maßnahme, die geeignet ist, einen anderen in seinen Rechten zu beeinträchtigen, den Sachverhalt im Rahmen des Zumutbaren so umfassend zu erforschen, dass die Beurteilungs- und Entscheidungsgrundlagen nicht in wesentlichen Punkten zum Nachteil des Betroffenen unvollständig sind" (Kleiber, 2002a, S. 231). Diese Sorgfaltspflicht gilt insbesondere im Hinblick auf Flächen- und Massengaben, Angaben zu den Ertragsverhältnissen, die persönliche Wahrnehmung von Ortsbesichtigungen und die Auseinandersetzung mit abweichenden Lehrmeinungen und Vorgutachten.

* Klarheitsgebot
Jeder Sachverständige ist zu einer klaren und präzisen Sprache verpflichtet. Dies gilt für den Aufbau des Gutachtens, die Rationalität der Argumentation und ihrer Schlussfolgerungen sowie die Begründungen. Unverständliche Fachausdrücke sollen vermieden bzw. erläutert werden.
  Das Gutachten ist durch geeignete Anlagen zu ergänzen wie:

  – Übersichtspläne M 1:5.000 bis M 1:25.000
  – Kataster- und Grundbuchauszüge, aus denen die Lage des Grundstücks und der baulichen Anlagen sowie die Umgebung erkennbar sind

- Grundrisse, Schnitte, Ansichten sowie bestehende Rechte (z. B. aus Nieß-brauch)
- nachprüfbare Flächen- und Massenberechnungen, -ausschnitte der Pla-nungsgrundlagen (z. B. Bebauungsplan)

- Begründungsgebot
  Jedes Gutachten muss richtig begründet und für jeden Adressaten nachvoll-ziehbar und nachprüfbar sein. Dies gilt u. a. für die Begründung des Lö-sungsweges (wie die Wahl des oder der herangezogenen Wertermittlungsver-fahren), die Begründung der Anknüpfungstatsachen, die Offenbarungspflicht für konkrete Befundtatsachen, auf deren Feststellungen der Sachverständige sein Gutachten stützt. Das Gutachten muss schlüssig sein und in nachvoll-ziehbarer Weise Gedankengänge und Bewertungskriterien für die Ergebnisse des Gutachtens erkennen lassen.
- Höchstpersönlichkeit
  Gerichtsgutachten und auch Schiedsgutachten sind vom Sachverständigen höchstpersönlich zu erstatten, da er wegen seiner besonderen fachlichen und persönlichen Qualifikation persönlich beauftragt wird. Dies schließt jedoch nicht aus, dass er Hilfskräfte einsetzt, für die er jedoch allein verantwortlich bleibt.

Als Fazit ist damit ein Sachverständiger grundsätzlich verpflichtet, sein Gutachten unter Beachtung der ihm obliegenden Sorgfaltspflicht zu erstellen. Für private Auftraggeber wird er grundsätzlich im Rahmen eines Werkvertrages tätig und schuldet ein objektiv mangelfreies, für die Zwecke des Auftraggebers verwendba-res Gutachten. Ein mangelhaftes Gutachten liegt insbesondere dann vor, wenn (Leopoldsberger, 2002, S. 458):

- dem Gutachterauftrag nicht entsprochen wurde,
- der Gutachter hätte erkennen müssen, dass der Auftrag nicht zu dem ge-wünschten Erfolg führen kann,
- die Feststellungen und Schlussfolgerungen nicht dem neuesten Stand der Wissenschaft und Technik entsprechen,
- das Gutachten objektiv falsche Aussagen enthält, lückenhaft ist oder dem Sachverhalt nicht ausreichend Rechnung trägt,
- der Sachverständige in nicht nachprüfbarer Weise nur das Ergebnis seiner Untersuchungen mitteilt.

Nach den verschuldensunabhängigen Mängelhaftungsansprüchen des Auftragge-bers nach Werkvertragsrecht (§§ 631 ff. BGB) haftet der Sachverständige unab-hängig von vorsätzlichem oder fahrlässigem Verhalten. Der Auftraggeber hat das Recht auf Nacherfüllung, der Sachverständige die Pflicht zur Nachbesserung. Schadensersatzverpflichtungen des Gutachters setzen schuldhaft, d. h. vorsätzlich oder fahrlässig begangene Fehler des Gutachters voraus. Der zu leistende Scha-densersatz erfasst alle unmittelbaren und mittelbaren Nachteile des Auftraggebers, die adäquat kausal auf das schädigende Verhalten zurückzuführen sind. Dies gilt auch für Schadensersatzansprüche von dritten Personen, die das Gutachten selbst nicht beauftragt, jedoch aufgrund des Gutachtens Vermögensdispositionen getrof-fen haben.

Nach der Rechtsprechung des BGH (NJW, 2001, S. 514) ist eine erhebliche Haftungserweiterung der Sachverständigen für Drittschäden zu erwarten, da vermehrt auf den adäquaten Ursachenzusammenhang zwischen fehlerhaftem Gutachten und Schadenseintritt abgestellt wird. Durch vertragliche Vereinbarungen sind Haftungsbegrenzungen oder Haftungsausschlüsse möglich. Dies gilt jedoch nicht bei vorsätzlicher oder grob fahrlässiger Pflichtverletzung.

Die Vergütung für Gutachten über die Ermittlung des Wertes von Grundstücken, Gebäuden und anderen Bauwerken oder von Rechten an Grundstücken ist in den §§ 33 und 34 HOAI geregelt. Danach richten sich die Mindest- und Höchstsätze der Honorare nach der Honorartafel zu §§ 34 Abs. 1 HOAI. Grundlage für die Honorarbemessung ist gemäß § 34 Abs. 2 der Wert der Grundstücke, Gebäude, anderen Bauwerke oder Rechte, der nach dem Zweck der Ermittlung zum Zeitpunkt der Wertermittlung festgestellt wird.

Die Entschädigung des gerichtlich bestellten Sachverständigen ist im Justizvollzugs- und Entschädigungsgesetz (JVEG vom 12.03.2004) geregelt. Die Entschädigung liegt teilweise beträchtlich unter der Vergütung nach HOAI. Die Anwendung dieser Entschädigungsbestimmungen setzt nach § 1 JVEG den Auftrag eines deutschen Gerichts oder Staatsanwalts voraus.

Für einen als Schiedsgutachter tätig werdenden Sachverständigen kann dessen Vergütung frei vereinbart werden. Ist eine Vereinbarung über die Vergütung nicht getroffen worden, so hat der Sachverständige Anspruch auf die übliche Vergütung nach § 632 Abs. 2 BGB. Sie bemisst sich nach dem Umfang der erbrachten Leistung, dem Schwierigkeitsgrad und den erforderlichen Auslagen.

Für jeden Sachverständigen ist eine Vermögensschaden-Haftpflichtversicherung unverzichtbar. Für diese gelten die „Allgemeinen Versicherungsbedingungen zur Haftpflichtversicherung für Vermögensschäden" (AVB). Ferner wird Versicherungsschutz nach Maßgabe „Besonderer Bedingungen und Risikobeschreibungen für die Vermögensschaden-Haftpflichtversicherung von Sachverständigen und Gutachtern" gewährt. Versicherungsschutz wird für gutachterliche Feststellungen gemäß folgender Bestimmung gewährt: „Versichert ist die freiberufliche Beurteilung bestehender Verhältnisse einschließlich der Tätigkeit als Gerichts- und Schiedsgutachter" (Kleiber, 2002a, S. 212).

Im Hinblick auf den Haftungszeitraum von max. 30 Jahren (bei Geltendmachung von Schadensersatz aus positiver Vertragsverletzung, z. B. infolge eines aus einem fehlerhaften Gutachten entstandenen Mangelfolgeschadens) muss der Sachverständige darauf achten, dass er Versicherungsschutz auch für Schäden erhält, die dem Versicherer später als 2 bzw. 5 Jahre nach Beendigung des Versicherungsvertrages gemeldet werden. Die Deckungssummen für Sach- und Vermögensschäden und auch für Personenschäden sind jeweils auf den Umfang der Gutachtertätigkeit abzustellen. Üblich sind derzeit allgemein jeweils 2,5 Mio. €, dreifach maximiert pro Jahr.

4.10 Zusammenfassung

Die Bewertung bebauter und unbebauter Grundstücke sowie grundstücksgleicher Rechte erlangt im Rahmen der Globalisierung nicht nur im Bereich des Immobilienmanagements, sondern auch im Bereich des Rechnungswesens nach IAS/IFRS mit dem Erfordernis der jährlichen Bewertung des Immobilienbestandes zunehmende Bedeutung. Daher ist es zwingend notwendig, nach Darstellung der rechtlichen Grundlagen und Wertbegriffe sowie der Anlässe für Immobilienbewertungen nicht nur die nationalen normierten Verfahren der Wertermittlung gemäß WertV und die schon seit vielen Jahren angewandten nicht normierten Verfahren (vereinfachtes Ertragswertverfahren und Discounted-Cashflow-Methode) zu beschreiben und zu erläutern. Besonderes Augenmerk muss auf internationale Bewertungsverfahren gerichtet werden, zumal Kapitalsammelstellen wie Offene Immobilienfonds zunehmend im Ausland investieren, aber auch ausländische Investoren in großem Umfang Immobilien in Deutschland, z. B. die Bestände deutscher Wohnungsunternehmen, aufkaufen. Bei der Anwendung der jeweiligen Verfahren ist auf die spezifischen Anwendungsbereiche, die Aussagegenauigkeit, Fehleranfälligkeit und damit auf die Grenzen der Aussagekraft zu achten.

Die Ausführungen zur Beleihungswertermittlung in der Kreditwirtschaft vermitteln einen Einblick in die Denkweise der Kreditinstitute und die Art der Bemessung von Beleihungsgrenzen in Verfolgung ihrer Sicherheitsbedürfnisse.

Bei den Ausführungen zum Sachverständigen- und Gutachterausschusswesen wurde besonderer Wert auf die Darlegung der inhaltlichen Anforderungen an die Gutachtenerstattung gelegt.

Literatur

Zu den Kapiteln 1 bis 3

1. Gesetze, Verordnungen, Vorschriften

AGBG (1976, 2000) Gesetz zur Regelung des Rechts der Allgemeinen Geschäftsbedingungen

AO (1976, 2002) Abgabenordnung

ArbStättV (1975, 2003) Verordnung über Arbeitsstätten

AÜG (1995, 2004) Gesetz zur Regelung der gewerbsmäßigen Arbeitnehmerüberlassung (Arbeitnehmerüberlassungsgesetz)

BauGB (1998, 2005) Baugesetzbuch

BauNVO (1990, 1993) Verordnung über die bauliche Nutzung der Grundstücke (Baunutzungsverordnung)

BauO NRW (2000) Bauordnung für das Land Nordrhein-Westfalen (Landesbauordnung)

BetrKV (2004) Verordnung über die Aufstellung von Betriebskosten (Betriebskostenverordnung)

BewG (1991, 2001) Bewertungsgesetz

BFernStrG (2003, 2005) Bundesfernstraßengesetz

BGB (2002, 2005) Bürgerliches Gesetzbuch

BGH, DNotZ 1990, 661, S. 663 ff.

BGH, VII, ZR, 48/96

BGH, VII, ZR, 259/02

BGH, VII, ZR, 169/03

BGH, NJW, 1985, 852

BGH, NJW, 1987, 1096

BGH, NZBau, 2002, 150

BGH, Bauer, 1986, 596

BGHZ, 40, 255, 263

BMF (1971) Mobilien-Leasing-Erlaß, Bonn

BMF (1972) Immobilien-Leasing-Erlaß, Bonn

BMF (1975) Teilamortisations-Erlaß, Bonn

BMF (1991) Immobilien-Teilamortisations-Erlaß, Bonn

Bundeskammer der Architekten und Ingenieurkonsulenten (2001) Honorarordnung für begleitende Kontrolle HO-BK, Stand 01.05.2001, Arch+Ing, Österreich II. BV (1990, 2003) Verordnung über wohnungswirtschaftliche Berechnungen (Zweite Berechnungsverordnung)

EnEV (2004) Verordnung über energiesparenden Wärmeschutz und energiesparende Anlagentechnik bei Gebäuden (Energieeinsparverordnung)

ErbStG (1997, 2003) Erbschaft- und Schenkungsteuergesetz

EStG (2002, 2005) Einkommensteuergesetz

EStR (1999) Allgemeine Verwaltungsvorschrift zur Anwendung des Einkommensteuerrechts (Einkommensteuerrichtlinien)

FStrPrivFinG (1994, 2003) Gesetz über den Bau und die Finanzierung von Bundesfernstraßen durch Private

Gesetz zur Eindämmung illegaler Betätigung im Baugewerbe (2001)

GewStG (2002, 2004) Gewerbesteuergesetz

GO NW (1994, 2004) Gemeindeordnung für das Land Nordrhein-Westfalen

GrEStG (1997, 2004) Grunderwerbsteuergesetz

GrStG (1973, 2005) Grundsteuergesetz

GWB (1998, 2005) Gesetz gegen Wettbewerbsbeschränkungen

HBeglG (2004) Haushaltsbegleitgesetz

HeizkostenV (1989) Verordnung über die verbrauchsabhängige Abrechnung der Heiz- und Warmwasserkosten (Heizkostenabrechnung)

HOAI (1991, 1996) Honorarordnung für Architekten und Ingenieure

HOAI (1991, 2002) Honorarordnung für Architekten und Ingenieure

IBR, 2001, 683

IBR, 2004, 632

KAGG (1957, 2002) Gesetz über Kapitalanlagegesellschaften

KAG NRW (2005) Kommunalabgabengesetz für das Land Nordrhein-Westfalen

KonTraG (1998) Gesetz zur Kontrolle und Transparenz im Unternehmensbereich

KWG (1998, 2005) Gesetz über das Kreditwesen (Kreditwesengesetz)

LHO NRW (1999, 2002) Landeshaushaltsordnung Nordrhein-Westfalen

MaBV (1990, 2005) Makler- und Bauträgerverordnung über die Pflichten der Makler, Darlehens- und Anlagenvermittler, Bauträger und Baubetreuer (Makler- und Bauträgerverordnung)

ÖPP (2005) Gesetz zur Beschleunigung Öffentlich-Privater Partnerschaften

OLG Karlsruhe, 17 U, 217/04

PlanzV 90 (1990) Verordnung über die Ausarbeitung der Bauleitpläne und die Darstellung des Planinhalts (Planzeichenverordnung)

SGB (1976, 2005) Sozialgesetzbuch, Buch IV: Gemeinsame Vorschriften für die Sozialversicherung

SGB (1989, 2002) Sozialgesetzbuch, Buch VI: Gesetzliche Rentenversicherung

RBerG (1935, 2002) Rechtsberatungsgesetz

ROG (1997, 2005) Raumordnungsgesetz

UrhG (1996, 2003) Gesetz über Urheberrecht und verwandte Schutzrechte

UStG (2005) Umsatzsteuergesetz

VgV (2003, 2005) Verordnung über die Vergabe öffentlicher Aufträge

VOB Teil A (2002, 2005) Allgemeine Bestimmungen für die Vergabe von Bauleistungen

VOB Teil B (2002, 2005) Allgemeine Vertragsbedingungen für die Ausführung von Bauleistungen

VOB Teil C (2002, 2005) Allgemeine Technische Vertragsbedingungen für Bauleistungen

VOF (2002) Verdingungsordnung für freiberufliche Leistungen

VOL Teil A (2002) Allgemeine Bestimmungen für die Vergabe von Leistungen

VOL Teil B (2002) Allgemeine Vertragsbedingungen für die Ausführung von Leistungen

WertV (1988, 1997) Verordnung über Grundsätze für die Ermittlung der Verkehrswerte von Grundstücken (Wertermittlungsverordnung)

2. Normen, Richtlinien

AIG (Hrsg.) (1996) Instandhaltungs-Information Nr. 12: Gebäudemanagement, Definition, Untergliederung, Arbeitsgemeinschaft Instandhaltung Gebäudetechnik der Fachgemeinschaft Allgemeine Lufttechnik im VDMA, Frankfurt am Main

ASR (1979, 2002) Arbeitsstättenrichtlinien, Nr. 5-48

BKI Baukosteninformationszentrum (Hrsg) (2001) Baukosten 2005, Teil 1 Statistische Kostenkennwerte für Gebäude nach DIN 276 und Leistungsbereichen

BKI Baukosteninformationszentrum (Hrsg) (2005) Baukosten 2005, Teil 1 Statistische Kostenkennwerte für Gebäude nach DIN 276 und Leistungsbereichen

BKI Baukosteninformationszentrum (Hrsg) (2005) Baukosten 2005, Teil 2 Statistische Kostenkennwerte für Bauelemente für Neubau, Altbau und Freianlagen

BKI Baukosteninformationszentrum (Hrsg) (2005) Baukosten Regionalfaktoren 2005

BKI Baukosteninformationszentrum (Hrsg) (2005) Bildkommentar DIN 276

BKI Baukosteninformationszentrum (Hrsg) (2005) Handbuch Kostenplanung im Hochbau

BKI Baukosteninformationszentrum (Hrsg) (2005) Konstruktionsdetails mit Baupreisen 2004 K2 und K2

BKI Baukosteninformationszentrum (Hrsg) (2005) Objektdaten Altbau A1 bis A4

BKI Baukosteninformationszentrum (Hrsg) (2005) Objektdaten Bauelemente mit Positionen B1, B2

BKI Baukosteninformationszentrum (Hrsg) (2005) Objektdaten Energiesparendes Bauen im Altbau E2

BKI Baukosteninformationszentrum (Hrsg) (2005) Objektdaten Freianlagen F1, F2

BKI Baukosteninformationszentrum (Hrsg) (2005) Objektdaten Neubau N3 bis N6

BKI Baukosteninformationszentrum (Hrsg) (2005) Objektdaten Niedrigenergie-/Passivhäuser E1

BKI Baukosteninformationszentrum (Hrsg) (2005) Software: ENERGIEplaner 5.0

BKI Baukosteninformationszentrum (Hrsg) (2005) Software: HONORARplaner 6.0

BKI Baukosteninformationszentrum (Hrsg) (2005) Software: KONVERTIER-TABELLE DIN 276 neu/alt

BKI Baukosteninformationszentrum (Hrsg) (2005) Software: KOSTENplaner – 7.0 Zusatzmodul BKI Baupreise 2005 mit AVA-Schnittstelle

BKI Baukosteninformationszentrum (Hrsg) (2005) Software: Software zur energetisch optimierten Planung von Gebäuden

BKI Baukosteninformationszentrum (Hrsg) (2005) Software: Software zur rechtssicheren Honorarberechnung nach HOAI

BMVBW (Hrsg.) (1995) Normalherstellungskosten 1995 (NHK 95), Anlage der WertR 1995, Bundesanzeiger-Verlag, Köln

BMVBW (Hrsg.) (2000) Normalherstellungskosten 2000 (NHK 2000), Anlage 7 der WertR 2002, Bundesanzeiger-Verlag, Köln

BMVBW (Hrsg.) (2001) Vergabehandbuch für die Durchführung von Bauaufgaben des Bundes im Zuständigkeitsbereich der Finanzbauverwaltungen

BMVBW (Hrsg.) (2002) Vergabehandbuch für die Durchführung von Bauaufgaben des Bundes im Zuständigkeitsbereich der Finanzbauverwaltungen

BMVBW (Hrsg.) (2004) Richtlinien für die Durchführung von Bauaufgaben des Bundes im Zuständigkeitsbereich der Finanzbauverwaltungen (RBBau), 17. Austauschlieferung, Deutscher Bundes-Verlag, Köln

Bundesarchitektenkammer (Hrsg.) (1997) Grundsätze und Richtlinien für Wettbewerbe auf den Gebieten der Raumplanung, des Städtebaus und des Bauwesens (GRW 95), Bundesanzeiger-Verlag, Köln

DIN 1356 (1995) Bauzeichnungen, Teil 1: Arten, Inhalte und Grundregeln der Darstellung von Bauzeichnungen

DIN 18205 (1996) Bedarfsplanung im Bauwesen

DIN 18299 (2002) Allgemeine Regeln für Bauarbeiten jeder Art

DIN 18960 (1999) Nutzungskosten imHochbau

DIN 276 (1981, 1993) Kosten im Hochbau

DIN 276 (2005) Kosten im Bauwesen – Teil 1: Hochbau, Entwurf August 2005

DIN 277-1 (2005) Grundflächen und Rauminhalte von Bauwerken im Hochbau – Teil 1: Begriffe, Ermittlungsgrundlagen

DIN 277-2 (2005) Grundflächen und Rauminhalte von Bauwerken im Hochbau – Teil 2: Gliederung der Netto-Grundfläche (Nutzflächen, technische Funktionsflächen und Verkehrsflächen)

DIN 277-3 (2005) Grundflächen und Rauminhalte von Bauwerken im Hochbau – Teil 3: Mengen und Bezugseinheiten

DIN 31051 (2003) Grundlagen der Instandhaltung

DIN 32736 (2000) Gebäudemanagement – Begriffe und Leistungen

DIN 69900 (1987) Projektwirtschaft; Netzplantechnik; Begriffe

DIN 69901 (1987) Projektwirtschaft; Netzplantechnik; Darstellungstechnik

DIN 69902 (1987) Projektwirtschaft; Einsatzmittel; Begriffe

DIN 69903 (1987) Projektwirtschaft; Kosten und Leistung, Finanzmittel; Begriffe

DIN 69904 (2000) Projektwirtschaft – Projektmanagementsysteme – Elemente und Strukturen

DIN 69905 (1997) Projektwirtschaft – Projektabwicklung – Begriffe

DIN EN ISO 9001:2000 (2000) Qualitätsmanagementsysteme, Anforderungen

gif e. V. (2004) Richtlinie zur Berechnung der Mietfläche für gewerblichen Raum (MF-G), Gesellschaft für Immobilienwirtschaftliche Forschung e. V., Arbeitskreis Flächendefinition, Wiesbaden

GRW (1995) Grundsätze und Richtlinien für Wettbewerbe auf den Gebieten der Raumplanung, des Städtebaus und des Bauwesens, Bundesanzeiger-Verlag, Köln

HGCRA (1996) Housing Grants, Construction and Regeneration Act, UK

ICE (2005) New Engineering Contract, Institute of Civil Engineers, UK

IFMA (1998) Richtlinien für Facility Management – Übersicht, Ziele, Houston, Texas/USA

IFMA (2005) Important work underway to develop common definitions, International Facility Management Association, Houston, Texas/USA

RAW 2004 (2004) Regeln für die Auslobung von Planungswettbewerben, Düsseldorf und Hannover

Statistisches Bundesamt (2005) Meßzahlen für Bauleistungspreise und Preisindizes für Bauwerke, Fachserie 17, Reihe 4, Wiesbaden

WertR 2002 (2002) Richtlinien zur Ermittlung der Verkehrswerte (Marktwerte) von Grundstücken (Wertermittlungsrichtlinien)

ZH 1/535 (1977) Sicherheitsregeln für Büro-Arbeitsplätze

ZH 1/618 (1980) Sicherheitsregeln für Bildschirm-Arbeitsplätze

3. Kommentare, Lexika

AHO e. V. (Hrsg.) (1996) Untersuchungen zum Leistungsbild des § 31 HOAI und zur Honorierung für die Projektsteuerung, Heft 9, 1. Auflage, Bundesanzeiger-Verlag, Köln

AHO e. V. (Hrsg.) (2004a) Arbeitshilfen zur Vereinbarung von Leistungen und Honoraren für den Planungsbereich „Baufeldfreimachung", Heft 18, Bundesanzeiger-Verlag, Köln

AHO e. V. (Hrsg.) (2004b) Neue Leistungsbilder zum Projektmanagement in der Bau- und Immobilienwirtschaft, Heft 19, Bundesanzeiger-Verlag, Köln

AHO e. V. (Hrsg.) (2004c) Untersuchungen zum Leistungsbild und zur Honorierung für das Facility Management Consulting, Heft 16, Bundesanzeiger-Verlag, Köln

AHO e. V. (Hrsg.) (2004d) Untersuchungen zum Leistungsbild, zur Honorierung und zur Beauftragung von Projektmanagementleistungen in der Bau- und Immobilienwirtschaft, Heft 9, 6. Auflage, Bundesanzeiger-Verlag, Köln

Brockhaus (1996) Band 3, Mannheim

Brockhaus (1999) Band 24, Mannheim

Diederichs C J (2003d) Kommentar zu § 31 HOAI, in: Hartmann R (Hrsg): Die neue Honorarordnung für Architekten und Ingenieure (HOAI), Handbuch des neuen Honorarrechts, 31. Aktualisierungs- und Ergänzungslieferung 06/2005, WEKA Baufachverlage, Augsburg

Diederichs C J (2004d) Kommentar zu den Grundleistungen der Projektstufe 1 – Projektvorbereitung, in: AHO (Hrsg.) (2004d), S. 25ff

Diederichs C J/Kulartz H-P (2003) Kommentar zu § 8 VOF: Diederichs C J/Müller-Wrede M (2003) Kommentar zu § 13 VOF, in: Müller-Wrede M (Hrsg.) (2003) Kommentar zur VOF, 2. Auflage, Werner-Verlag, Düsseldorf

Ingenstau H et al. (2002) VOB Teile A und B – Kommentar, 15. Auflage, Werner-Verlag, Düsseldorf

Kapellmann K D/Schiffers K-H (2000) Vergütung, Nachträge und Behinderungsfolgen beim Bauvertrag, Band 2: Pauschalvertrag einschließlich Schlüsselfertigbau, 3. Auflage, Werner-Verlag, Düsseldorf

Moench D et al. (2005) Erbschaftsteuer- und Schenkungsteuergesetz, Kommentar, Loseblattsammlung, Luchterhandverlag, Neuwied

Müller-Wrede M (Hrsg.) (2003) Verdingungsordnung für freiberufliche Leistungen (VOF) – Kommentar zur Auftragsvergabe und zum Rechtsschutzverfahren, Werner-Verlag, 2. Auflage

4. Bücher (ohne Kommentare)

Achleitner, A-K (2002) Handbuch Investment Banking, 3. Auflage, Gabler Verlag, München

AHO e. V. (Hrsg.) (1996) Planerstrukturen außerhalb Deutschlands, Selbstverlag, Bonn

Ahrens H et al. (2004) Handbuch Projektsteuerung – Baumanagement, m. CD-ROM, Fraunhofer IRB Verlag, Stuttgart

Ahrens H et al. (Hrsg) (2005) Sammlung Planen und Bauen – Gesetze, Verordnungen, Richtlinien und Normen für Architekten, Loseblattsammlung mit Ergänzungslieferungen, Verlag Rudolf Müller, Köln

AKNW (Hrsg.) (1995) Handbuch Kostenermittlung nach neuer DIN 276, Soldan-Verlag, Düsseldorf

Alda W (2001) Projektmanagementanforderungen Offener Immobilienfonds, in: DVP (Hrsg.) (2001) Strategien des Projektmanagements – Teil 5: Ausgewählte Auftraggeber und deren Anforderungen an das Baumanagement, DVP-Verlag, Wuppertal

Alda W/Hirschner J (2005) Projektentwicklung in der Immobilienwirtschaft, Teubner-Verlag, Stuttgart/Leipzig/Wiesbaden

Arnold K (2002) Bildung von Kostenkennwerten unter Verwendung von Bezugseinheiten nach DIN 277-3, Diplomarbeit, Fachhochschule Mainz

ATIS REAL Müller (2004) International Key Report Office 2004, Düsseldorf

Basel Committee on Banking Supervision (1998) International Convergence of Capital Measurement and Capital Standards, Basel

Basel Committee on Banking Supervision (2001) Consultative Document – The Internal Ratings-Based Approach, Basel

Baseler Ausschuss für Bankenaufsicht (2003) Konsultationspapier – Die Neue Baseler Eigenkapitalvereinbarung, Basel

Baseler Ausschuss für Bankenaufsicht (2004) Internationale Konvergenz der Kapitalmessung und Eigenkapitalanforderungen, überarbeitete Rahmenvereinbarung, Basel

Bays W R (2002) Shoppingcenter – Neumarktgalerie in Köln: Revitalisierung eines Einzelhandelsquartiers, in: Schulte K-W/Bone-Winkel S (Hrsg.) (2002) Handbuch Immobilien-Projektentwicklung, 2. Auflage, Verlag Rudolf Müller, Köln

Beinert C (2003) Bestandsaufnahme Risikomanagement, in: Reichling P (Hrsg.) (2003) Risikomanagement und Rating: Grundlagen, Konzepte, Fallstudie, Gabler Verlag, Wiesbaden

Bennet J/Jayes S (1998) The Seven Pillars of Partnering, A guide to second generation partnering, Reading Construction Forum, The University of Reading, Großbritannien

Berblinger J (1996) Marktakzeptanz des Ratings durch Qualität, in: Büschgen H E/Everling O (Hrsg.) (1996) Handbuch Rating, Gabler Verlag, Wiesbaden

Berliner Polizei (2003) Energiebericht 2003 Immobilienmanagement der Berliner Polizei, Oktober 2003, Berlin

Bertelsmann Stiftung et al. (2003) Prozessleitfaden Public Private Partnership: Eine Publikation aus der Reihe PPP für die Praxis, Frankfurt am Main

Bier B (1992) Nutzen der Projektsteuerung bei Industrie- und Verwaltungsbauten der BMW-AG in: DVP (Hrsg.) (1992) Nutzen der Projektsteuerung, DVP-Verlag, Wuppertal

Bisani H P (2004) Entwicklung der Kreditpreise unter Einfluss von Basel II, in: Übelhör M/Warns C (2004) Basel II – Auswirkungen auf die Finanzierung – Unternehmen und Banken im Strukturwandel, PD-Verlag, Heidenau

Blomeyer G R (2002) Immobilienmarketing, in: Schäfer J/Conzen G (Hrsg.) (2002) Praxishandbuch der Immobilien-Projektentwicklung, Beck Verlag, München

BMBau (Hrsg) (1979) Diederichs C J: Rationalisierung von Baugenehmigungsverfahren durch Standardisierung. Schriftenreihe 04.059 des BMBau, Bonn

BMVBW (Hrsg.) (2003a) Erstellung eines Gerüsts für einen Public Sector Comparator bei 4 Pilotprojekten im Schulbereich, Public Private Partnership Task Force, Berlin

BMVBW (Hrsg.) (2003b) Output-Spezifikationen, Public Private Partnership Task Force, Berlin

BMVBW (Hrsg.) (2003c) Strategiepapier und Organisationsleitfaden, Public Private Partnership Task Force, Berlin

BMVBW (Hrsg.) (2003d) Vergaberechtsleitfaden, Public Private Partnership Task Force, Berlin

BMVBW (Hrsg.) (2003e) Wirtschaftlichkeitsvergleich, Public Private Partnership Task Force, Berlin

BMVBW (Hrsg.) (2004a) Bestandsbeurteilung, Public Private Partnership Task Force, Berlin

BMVBW (Hrsg.) (2004b) Eignungstest, Public Private Partnership Task Force, Berlin

BMVBW (Hrsg.) (2004c) Finanzierungsleitfaden, Public Private Partnership Task Force, Berlin

BMVBW (Hrsg.) (2005a) 1. Schritte: Projektauswahl, -organisation und Beratungsnotwendigkeiten, Public Private Partnership Task Force, Berlin

BMVBW (Hrsg.) (2005b) Evaluierung der Wirtschaftlichkeitsvergleiche der ersten PPP-Pilotprojekte im öffentlichen Hochbau, Public Private Partnership Task Force, Berlin

BMWA (2003) Statusbericht 2000plus – Architekten/Ingenieure, Berlin

Bone-Winkel S (1994) Das strategische Management von offenen Immobilienfonds unter besonderer Berücksichtigung der Projektentwicklung von Gewerbeimmobilien, Dissertation, ebs Oestrich-Winkel

Bone-Winkel S (1996) Wertschöpfung durch Projektentwicklung – Möglichkeiten für Immobilieninvestoren, in: Schulte K-W (Hrsg.) (1996) Handbuch Immobilien-Projektentwicklung, 1. Auflage, Verlag Rudolf Müller, Köln

Bone-Winkel S/Fischer C (2002) Leistungsprofil und Honorarstrukturen in der Projektentwicklung, in: Schulte K-W/Bone-Winkel S (Hrsg.) (2002) Handbuch Immobilien-Projektentwicklung, 2. Auflage, Verlag Rudolf Müller, Köln

Bone-Winkel S et al. (2005) Projektentwicklung, in: Schulte K-W (Hrsg.) (2005) Immobilienökonomie, 3. Auflage, Oldenbourg Verlag, München

Borg B (2005) Konzeption eines Leistungsbildes und Honoruntersuchungen für das internationale Bau-Projektmanagement, Dissertation, Bergische Universität Wuppertal

Bötzel B (1999) Überprüfen der Planungsergebnisse auf Konformität mit den vorgegebenen Projektzielen, in: DVP e.V. (Hrsg.) (1999) Bausteine der Projektsteuerung – Teil 6, DVP-Verlag, Wuppertal

Brandenberger J/Ruosch E (1996) Projektmanagement im Bauwesen, 4. Auflage, WEKA Baufachverlage, Augsburg

Braun H-P et al. (2004) Facility Management – Erfolg in der Immobilienbewirtschaftung, 4. Auflage, Springer Verlag, Berlin

Busch T A (2003) Risikomanagement in Generalunternehmungen, Dissertation, ETH Zürich

Büschgen H E/Everling O (Hrsg.) (1996) Handbuch Rating, Gabler Verlag, Wiesbaden

CMAA (2002) Construction Management Standards of Practice, Construction Management Association of America, USA

da Cunha M (1998) Praxiserfahrung mit Projektsteuerungsverträgen bei der Planungsgesellschaft Bahnbau Deutsche Einheit (PBDE), in: DVP (Hrsg.) (1998) Projektmanagement in Praxisbeispielen, DVP-Verlag, Wuppertal

Dahmlos H-J/Witte K-H (1980) Bauzeichnen, Gehlen Verlag, Bad Homburg

DEHOGA (2004) Deutscher Hotelführer 2005, 45, Ausgabe, KNV Koch, Neff & Volkmar, Stuttgart

Deutsche Bundesbank (2004) Kapitalmarktstatistik Februar 2004, Angaben für Dezember 2003, Frankfurt am Main

Deutsche Bundesbank (2005) Basel II – die neue Baseler Eigenkapitalvereinbarung, Frankfurt am Main

Deutsche Bundesbank (2005) Basel II – Durchführung der 4. Auswirkungsstudie (QIS 4), Frankfurt am Main

DID Deutsche Immobilien Datenbank GmbH (2004) Aufteilung Immobilienanlagen institutioneller Kapitalanleger in Deutschland, Angaben für 2003, Wiesbaden

Diederichs C J (1984) Kostensicherheit im Hochbau, DVP-Verlag, Wuppertal

Diederichs C J (1985) Wirtschaftlichkeitsberechnungen – Nutzen/Kosten-Untersuchungen, Allgemeine Grundlagen und spezielle Anwendungen im Bauwesen, DVP-Verlag, Wuppertal

Diederichs C J (1994a) Nutzerbedarfsprogramm – Messlatte der Projektziele, in: DVP e. V. (Hrsg.) (1994) Bausteine der Projektsteuerung – Teil 1, DVP-Verlag, Wuppertal

Diederichs C J (1995a) Qualifizierung von Projektmanagementbüros nach DIN EN ISO 9001, DVP-Verlag, Wuppertal

Diederichs C J (1996a) Grundlagen der Projektentwicklung, in: Schulte K-W (1996) Handbuch Immobilien-Projektentwicklung, 1. Auflage, Verlag Rudolf Müller, Köln

Diederichs C J (1998) Schadensabschätzung nach § 287 ZPO Bei Behinderungen gemäß § 6 VOB/B. Beilage zu BauR1/1998

Diederichs C J (1999) Führungswissen für Bau- und Immobilienfachleute, Springer-Verlag, Berlin-Heidelberg

Diederichs C J (2002) Beispielsammlung zu den Grundleistungen der Projektsteuerung – Handlungsbereich D, Termine und Kapazitäten, DVP-Verlag, Wuppertal

Diederichs C J (2003a) Beispielsammlung zu den Grundleistungen der Projektsteuerung – Handlungsbereich B, Qualitäten und Quantitäten, DVP-Verlag, Wuppertal

Diederichs C J (2003b) Beispielsammlung zu den Grundleistungen der Projektsteuerung – Handlungsbereich C, Kosten und Finanzierung, DVP-Verlag, Wuppertal

Diederichs C J (2003c) Weiterentwicklung deutscher Bauprojektmanagement-Praxis, in: DVP e. V. (Hrsg.) (2003) Strategien des Projektmanagements – Teil 8, DVP-Verlag, Wuppertal

Diederichs C J (2004a) Empfehlungen zur Auswahl von neuen Leistungsbildern zum Projektmanagement, in: AHO e. V. (Hrsg.) (2004b) Heft 19, a. a. O.

Diederichs C J (2004b) Leitfaden zur Vertragsgestaltung für das Projektmanagement, in: AHO e. V. (Hrsg.) (2004d) Heft 9, a. a. O.

Diederichs C J (2004c) Projektentwicklung im engeren Sinne, in: AHO e. V. (Hrsg.) (2004b) Heft 19, a. a. O.

Diederichs C J (2005) Führungswissen für Bau- und Immobilienfachleute 1. Grundlagen, 2. erweiterte und aktualisierte Auflage, Springer-Verlag Berlin-Heidelberg

Diederichs C J (Hrsg.) (1995) Qualifizierung von Projektmanagementbüros nach DIN EN ISO 9001, DVP-Verlag, Wuppertal

Diederichs C J (Hrsg.) (1996a) DVP-Informationen 1996, DVP-Verlag, Wuppertal

Diederichs C J (Hrsg.) (1996b) Handbuch der strategischen und taktischen Bauunternehmensführung, Bauverlag, Wiesbaden-Berlin

Diederichs C J (Hrsg.) (1999) DVP-Informationen 1999, DVP-Verlag, Wuppertal

Diederichs C J (Hrsg.) (2003) DVP-Leitfaden zur Akquisition von Projektmanagementaufträgen – Qualitätsanforderungen und Vergabekriterien, DVP-Verlag, Wuppertal

Diederichs C J (Hrsg.) (2005) Beispielsammlung zu den Grundleistungen der Projektsteuerung – Handlungsbereich A, Organisation, Information, Koordination und Dokumentation, DVP-Verlag, Wuppertal

Diederichs C J/Hepermann H (1986) Kostenermittlung im Hochbau durch Kalkulation von Leitpositionen – Rohbau und Ausbau. Schriftenreihe 04 des BMBau, Bonn

Diederichs C J/Hepermann H (1989) Kostenermittlung im Hochbau durch Kalkulation von Leitpositionen – Technische Gebäudeausrüstung, Forschungsbericht im Auftrag des BMBau, Bonn, DVP-Verlag, Wuppertal

Diederichs C J/Eschenbruch K (2002) Construction Project Management, DVP-Verlag, Wuppertal

Diederichs C J/Streck S (2003) Entwicklung eines Bewertungssystems für die ökonomische und ökologische Erneuerung von Wohnungsbeständen, DVP-Verlag, Wuppertal

Diederichs C J/Bennison P (2004) Construction Management (CM), in: AHO e. V. (Hrsg.) (2004b) Heft 19, a. a. O.

Doswald H (2002) Auswirkungen von Basel II auf die Immobilienwirtschaft, in: Verband deutscher Hypothekenbanken e. V. (Hrsg.) (2002) Fakten und Daten – Professionelles Immobilien-Banking, Berlin

Drees G/Kurz T (1979) Aufwandstafeln von Lohn- und Gerätestunden im Ingenieurbau zur Kalkulation angemessener Baupreise, Bauverlag, Wiesbaden-Berlin

DU Diederichs (2002) Zertifiziertes QM-System, Selbstverlag, Wuppertal

Duscha M/Hertle H (1999) Energiemanagement für öffentliche Gebäude – Organisation, Umsetzung und Finanzierung, C. F. Müller Verlag, Heidelberg

DVP e. V. (Hrsg.) (1994) Bausteine der Projektsteuerung – Teil 1, DVP-Verlag, Wuppertal

DVP e. V. (Hrsg.) (1995) Bausteine der Projektsteuerung – Teil 3, DVP-Verlag, Wuppertal

DVP e. V. (Hrsg.) (1998) Projektmanagement in Praxisbeispielen, DVP-Verlag, Wuppertal

DVP e. V. (Hrsg.) (1999) Bausteine der Projektsteuerung – Teil 6, DVP-Verlag, Wuppertal

DVP e. V. (Hrsg.) (2002) IT-Kooperationstools im Baumanagement, DVP-Verlag, Wuppertal

DVP e. V. (Hrsg.) (2003) Strategien des Projektmanagements – Teil 8, DVP-Verlag, Wuppertal

Dyllick-Brenzinger F (1980) Betriebskosten von Büro- und Verwaltungsgebäuden, Bauverlag, Wiesbaden-Berlin

EHI Eurohandelsinstitut e. V. (Hrsg.) (2003) Shopping-Center-Report, Köln

Eschenbruch K (2003) Recht der Projektsteuerung, 2. Auflage, Werner Verlag, Düsseldorf

Eschenbruch K (2004a) Projektmanagement und Projektrechtsberatung aus einer Hand, in: AHO e. V. (Hrsg.) (2004b) Heft 19, a. a. O.

Eschenbruch K (2004b) Vertragsmanagement: Zulässige Rechtsberatung des Projektsteuerers, IBR 2004, 632, OLG Köln, BGH

Eschenbruch K et al. (2004) Bauen und Finanzierung aus einer Hand, Bundesanzeiger Verlag, Köln

Eser, B (2005) Der Erfolgsbeitrag der Grundleistungen des Projektmanagements zur Erreichung der Projektziele, Masterarbeit, M.Sc. REM & CPM, Bergische Universität Wuppertal

EUWID (2005) Public Private Partnership 2005

Everling O/Schneck O (2004) Das Rating-ABC, Bank Verlag, Köln

Fischer C (2004) Projektentwicklung: Leistungsbild und Honorarstruktur, Verlag Rudolf Müller, Köln

Flehinghaus W (1996) Gemeinschaftsformen des Haltens und Bebauens von Grundstücken, in: Usinger W (2002) a. a. O.

Follak K P/Leopoldsberger G (1996) Finanzierung von Immobilienprojekten, in: Schulte K-W (Hrsg.) (1996) Handbuch Immobilien-Projektentwicklung, 1. Auflage, Verlag Rudolf Müller, Köln

Fox U (1980) Betriebskosten- und Wirtschaftlichkeitsberechnungen für Anlagen der Technischen Gebäudeausrüstung, VDI Verlag, Düsseldorf

Funk B/Schulz-Eickhorst T (2002) REITs und REIT-Fonds, in: Schulte K-W et al. (Hrsg.) (2002) Handbuch Immobilien-Banking: von der traditionellen Finanzierung zum Investment-Banking, Rudolf Müller Verlag, Köln

GdW Bundesverband deutscher Wohnungsunternehmen e. V. (Hrsg.) (2002) Medien-Information Nr. 29/2002 vom 03.07.2002 – GdW: Wohnungswirtschaftliche Entwicklung zwischen Ost und West klafft immer mehr auseinander, Berlin

Getto P (2002) Entwicklung eines Bewertungssystems für ökonomischen und ökologischen Wohnungs- und Bürogebäudeneubau, DVP-Verlag, Wuppertal

Girmscheid G (2004) Projektabwicklung in der Bauwirtschaft: Wege zur Win-Win-Situation für Auftraggeber und Auftragnehmer, Springer Verlag Berlin-Heidelberg

Göcke B (2001) Risikomanagement für Angebots- und Auftragsrisiken von Bauprojekten, DVP-Verlag, Wuppertal

Gondring H et al. (Hrsg.) (2003) Real Estate Investment Baking – Neue Finanzierungformen bei Immobilieninvestitionen, Gabler Verlag, Wiesbaden

Gondring H/Lammel E (Hrsg.) (2001) Handbuch der Immobilienwirtschaft, Vahlen Verlag, München

Gralla M/Berner F (2001) Garantierter Maximalpreis: GMP-Partnering-Modelle, ein neuer und innovativer Ansatz für die Baupraxis, Teubner-Verlag, Stuttgart

Gröting R (2004) Bauleistungsverträge – Das GMP-Modell als Wettbewerbs- und Vertragsform, in: Ahrens H (2004) Handbuch Projektsteuerung – Baumanagement, m. CD-ROM, Fraunhofer IRB Verlag, Stuttgart

Haritz D et al. (2004) Übersicht über die Steuerarten, in: Usinger, W./Minuth, K. (Hrsg.) (2004) Immobilien – Recht und Steuern: Handbuch für die Immobilienwirtschaft, 3. Auflage, Rudolf Müller Verlag, Köln

Hartmann R (Hrsg.) Die neue Honorarordnung für Architekten und Ingenieure: Handbuch des neuen Honorarrechts (Loseblattausgabe) WK-Verlag, Augsburg

Hasenbein A (1992) Massenermittlung mit System, Verlag Rudolf Müller, Köln

Hasselmann W (Hrsg.) (1997) Praktische Baukostenplanung und -kontrolle, Verlag Rudolf Müller, Köln

Hauptverband der Deutschen Bauindustrie e.V. (2005) Baustatistisches Jahrbuch 2005, Verlag Graphia-Huss, Frankfurt am Main (jährlich neu)

Heine S (1995) Qualitative und quantitative Verfahren der Preisbildung, Kostenkontrolle und Kostensteuerung beim Generalunternehmer, DVP-Verlag, Wuppertal

Henzelmann T (Hrsg.) (2001) Facility Management – Die Service-Revolution in der Gebäudebewirtschaftung, expert verlag, Renningen

Heuer B/Schiller A (Hrsg.) (1998) Spezialimmobilien, Verlag Rudolf Müller, Köln

Hochtief AG (1997) Arbeitsunterlagen zu Bauzeitermittlungen, Selbstverlag, Essen

Höfler H (2002) Formen der Grundstücksakquisition und -sicherung, in: Schäfer J/Conzen G (Hrsg.) (2002) Praxishandbuch der Immobilien-Projektentwicklung, Beck Verlag, München

Höhfels T et al. (1998) Hotels, in: Heuer B/Schiller A (Hrsg.) (1998) Spezialimmobilien, Verlag Rudolf Müller, Köln

Holloch D et al. (2002) Vermietung in: in: Schäfer J/Conzen G (Hrsg.) (2002) a. a. O.

Holz I-H/Simonides S (2002) Büro-Lofts in: Grundlagen und Vorgehensweisen

Jarchow S P (Hrsg.) (1991) Fundamentals of real estate development, Washington D. C., USA

Jones Lang LaSalle (2004) OSCAR 2004 Büronebenkostenanalyse

Kaiser K (1996a) Baunutzungskosten in der Planung, Fraunhofer IRB Verlag, Stuttgart

Kaiser K (1996b) Baunutzungskosten von Wohngebäuden, Fraunhofer IRB Verlag, Stuttgart

Kalusche W (2005) Projektmanagement für Bauherren und Planer, 2. Auflage, Oldenbourg Verlag, München

Kalusche W (Hrsg.) (2005) Praxis, Lehre und Forschung der Bauökonomie, BKI Baukosteninformationszentrum Deutscher Architektenkammern, Stuttgart

Kalusche W/Möller D-A (2002) Planungs- und Bauökonomie, Übungsbuch, Oldenbourg Verlag, München

Kandel L et al. (1998) Baunutzungskosten und ökologisches Bauen, Fraunhofer IRB Verlag, Stuttgart

Kapellmann K D/Schiffers K-H (2000a) Vergütung, Nachträge und Behinderungsfolgen beim Bauvertrag, Band 1: Einheitspreisvertrag, 4. Auflage, Werner Verlag, Düsseldorf

Kapellmann K D/Schiffers K-H (2000b) Vergütung, Nachträge und Behinderungsfolgen beim Bauvertrag, Band 2: Pauschalvertrag einschließlich Schlüsselfertigbau, 3. Auflage, Werner Verlag, Düsseldorf

Kapellmann K/ Messerschmidt B (Hrsg.) (2003) VOB Teile A und B, Vergabe- und Vertragsordnung für Bauleistungen, Beck-Verlag, München

Kern P/Schneider W (2002) Wesentliche Aspekte der Gebäudeplanung, in: Schäfer J/Conzen G (Hrsg.) (2002) Praxishandbuch der Immobilien-Projektentwicklung, Beck Verlag, München

Kiermeier C (2002) Informationsmanagement am Beispiel des Hamburger Flughafens, in: DVP e. V. (Hrsg.) (2002) IT-Kooperationstools im Baumanagement, DVP-Verlag, Wuppertal

Klimpel L (2005) Verbesserung der Wirkungen von Computer Supported Cooperative Work-Systemen in Bauprojektgruppen, DVP-Verlag, Wuppertal

Knäpper P (2004) Risikobewertung von Neubau- oder Bestandsimmobilien (Real Estate Due Diligence), in: AHO e. V. (Hrsg.) (2004b) Heft 19, a. a. O.

Knobloch B (2002) Rahmenbedingungen und Strukturwandel im Immobilien-Banking, in: Schulte K-W et al. (Hrsg.) (2002) Handbuch Immobilien-Banking: von der traditionellen Finanzierung zum Investment-Banking, Rudolf Müller Verlag, Köln

Kochendörfer B et al. (2002) Bau-Projekt-Management: Grundlagen und Vorgehensweisen, 2. Auflage, Teubner Verlag, Stuttgart

Krimmlin J (2005) Facility Management – Strukturen und methodische Instrumente, Fraunhofer IRB Verlag, Stuttgart

Kyrein R (2002) Immobilien – Projektmanagement, Projektentwicklung und -steuerung, 2. Auflage, Verlag Rudolf Müller, Köln

Lammel E (2002) Büroimmobilien, in: Kapellmann K/ Messerschmidt B (Hrsg.) (2003) VOB Teile A und B, Vergabe- und Vertragsordnung für Bauleistungen, Beck-Verlag, München

Landesinstitut für Bauwesen des Landes Nordrhein-Westfalen (Hrsg.) (1990) Kosten im Hochbau: Untersuchung über Aufwand und Nutzen von Kostenermittlungsverfahren, Selbstverlag, Aachen

Landesinstitut für Bauwesen des Landes Nordrhein-Westfalen (Hrsg.) (1992) Kostenplanung für die Technische Gebäudeausrüstung: Kostenkennwerte für Anlagenteile, Selbstverlag, Aachen

Landesinstitut für Bauwesen des Landes Nordrhein-Westfalen (Hrsg.) (1995) Kostenplanung: Kosten von Bauerneuerungsmaßnahmen, Selbstverlag, Aachen

Landesinstitut für Bauwesen des Landes Nordrhein-Westfalen (Hrsg.) (1998) Terminplanung: Zeitbedarfswerte für Bauleistungen im Hochbau, Selbstverlag, Aachen

Littwin F/Schöne F-J (2005) Public Private Partnership im öffentlichen Hochbau

Locher H et al. (2002) Kommentar zur HOAI, 8. Auflage, Werner-Verlag, Düsseldorf

May M (Hrsg.) (2004) IT im Facility Management erfolgreich einsetzen – Das CAFM-Handbuch, Springer-Verlag, Berlin-Heidelberg

Meier-Hofmann B et al. (Hrsg.) (2005) PPP- Partnerschaftliche Verträge: Handbuch für die Praxis, Carl Heymanns, Köln

Messerschmidt K/Thierau T (2003) GMP-Modelle, in Kapellmann K/ Messerschmidt B (Hrsg.) (2003) VOB Teile A und B, Vergabe- und Vertragsordnung für Bauleistungen, Beck-Verlag, München

Metzner S (2002) Immobiliencontrolling – Strategische Analyse und Steuerung von Immobilienergebnissen auf Basis von Informationssystemen, Dissertation, Universität Leipzig

Mittag M (1993a) Aktuelles Arbeits- und Kontrollhandbuch zur Planung und Kostenermittlung von Neubauten, WEKA Baufachverlage, Augsburg

Mittag M (1993b) Aktuelles Arbeits- und Kontrollhandbuch zur Planung und Kostenermittlung von Altbauten, WEKA Baufachverlage, Augsburg

Mittag M (1995) Arbeits- und Kontrollhandbuch zur Bauplanung, Bauausführung und Kostenplanung § 15 HOAI und DIN 276, Werner Verlag, Düsseldorf

Mittag M (2002) Ausschreibungshilfen: Standardleistungsbeschreibungen, Baupreise und Firmenverzeichnis, Viehweg Verlag, Braunschweig-Wiesbaden

Moench et al. (2002) § 12 Rdn. 7a

Motzel E (Hrsg.) (1993) Projektmanagement in der Baupraxis bei industriellen und öffentlichen Bauprojekten, Verlag Ernst & Sohn, Berlin

Müller A (1998) Beispielsammlung zum Leistungsbild der Projektsteuerung gemäß den Untersuchungen zum Leistungsbild des § 31 HOAI und zur Honorierung für die Projektsteuerung des AHO, Diplomarbeit, Bergische Universität Wuppertal

Müller W-H (1994) Funktions-, Raum- und Ausstattungsprogramm – Wertmaßstäbe für Qualität, in: DVP e.V. (Hrsg.) (1994) Bausteine der Projektsteuerung – Teil 1, DVP-Verlag, Wuppertal

Müller W-H/Volkmann W (1995) Optimierung der Planung, in: DVP e.V. (Hrsg.) (1995) Bausteine der Projektsteuerung – Teil 3, DVP-Verlag, Wuppertal

Müller-Wrede M (Hrsg.) (2003) Kommentar zur VOF, 2. Auflage, Werner-Verlag, Düsseldorf

Muncke G et al. (2002) Standort- und Marktanalysen in der Immobilienwirtschaft, in: Schulte K-W/Bone-Winkel S (Hrsg.) (2002) Handbuch Immobilien-Projektentwicklung, 2. Auflage, Verlag Rudolf Müller, Köln

Neddermann R (2000) Kostenermittlung in der Altbauerneuerung, Werner Verlag, Düsseldorf

Neider H (2004) Facility Management planen – einführen – nutzen, 2. Aufl., Schäffer-Poeschel-Verlag, Stuttgart

Niemeyer M (2002) Hotel-Projektentwicklung, in: Schulte K-W/Bone-Winkel S (Hrsg.) (2002) Handbuch Immobilien-Projektentwicklung, 2. Auflage, Verlag Rudolf Müller, Köln

Olesen G (1994) Kalkulation im Bauwesen: Band 1 – Grundlagen/Praktische Durchführung der Kalkulation, 2. Auflage, Schiele & Schön Verlag, Berlin

Olesen G (1996) Kalkulation im Bauwesen: Band 2 – Kalkulationstabellen Hochbau – Hochbau, Erdarbeiten, Rohrleitungen, Außenanlagen, 11. Auflage, Schiele & Schön Verlag, Berlin

Olesen G (1997a) Kalkulation im Bauwesen: Band 3 – Kalkulationstabellen Straßen- und Tiefbau, 9. Auflage, Schiele & Schön Verlag, Berlin

Olesen G (1997b) Kalkulation im Bauwesen: Band 4 – Bauleistungen und Baupreise für schlüsselfertige Wohnhausbauten, 2. Auflage, Schiele & Schön Verlag, Berlin

Opić M (2005) Marktübersicht CAFM-Software 2005, GEFMA 940, Sonderausgabe von „Der Facility Manager" in Zusammenarbeit mit Ebert-Ingenieure Nürnberg und GEFMA, München

Oswald R et al. (2001) Systematische Instandsetzung und Modernisierung im Wohnungsbestand. Endbericht eines Forschungsprojektes im Auftrag des BMVBW Bundesministeriums für Verkehr, Bau- und Wohnungswesen, Aachen

Pfarr K et al. (1984) Bauherrenleistungen und §§ 15 und 31 HOAI, Consulting-Verlag, Essen

Poorvu W J/Cruikshank J L (1999) The Real Estate Game: The Intelligent Guide To Decision-Making And Investment, Harvard Business School, THE FREE PRESS, Simon & Schuster Inc., New York, USA

Preuß N (1998) Entscheidungsprozesse im Projektmanagement von Hochbauten, DVP-Verlag, Wuppertal

Preuß N (2003) Projektmanagement beim Einsatz von Kumulativ-Leistungsträgern, in: DVP e. V. (Hrsg.) (2003) Strategien des Projektmanagements – Teil 8, DVP-Verlag, Wuppertal

Preuß N (2004) Nutzer-Projektmanagement, in: AHO e. V. (Hrsg.) (2004b) Heft 19, a. a. O.

Preuß N/Schoene L B (2003) Real Estate und Facility Management – aus Sicht der Consultingpraxis, Springer-Verlag, Berlin/Heidelberg

Racky P (1997) Entwicklung einer Entscheidungshilfe zur Festlegung der Vergabeform, VDI-Reihe 4, Nr. 142, Düsseldorf

Reichling P (Hrsg.) (2003) Risikomanagement und Rating: Grundlagen, Konzepte, Fallstudie, Gabler Verlag, Wiesbaden

Reisbeck T (2003) Modelle zur Bewirtschaftung von Öffentlichen Liegenschaften – am Beispiel der Universitäten Wuppertal und Düsseldorf, DVP-Verlag, Wuppertal

Rieckmann P (2000) Bauprojekte: Checkliste, Deutsches Institut für Interne Revision e. V. (IIR), Frankfurt am Main

Rösch W (Hrsg.) (1998) Bauleitung und Projektmanagement für Architekten und Ingenieure: Das aktuelle Arbeits- und Kontrollhandbuch nach HOAI und VOB, 27. Auflage, WEKA Baufachverlage, Augsburg

Rösel W (1999) Baumanagement: Grundlagen, Technik, Praxis, 4. Auflage, Springer Verlag, Berlin-Heidelberg

Schach R/Sperling W (2001) Baukosten, Kostensteuerung in Planung und Ausführung, Springer Verlag, Berlin-Heidelberg

Schach R et al. (2005) Integriertes Facility Management: Wissensintensive Dienstleistungen im Gebäudemanagement, expert Verlag, Renningen

Schäfer J/Conzen G (2002) Definition und Abgrenzung der Immobilien-Projektentwicklung, in: Schäfer J/Conzen G (Hrsg.) (2002) Praxishandbuch der Immobilien-Projektentwicklung, Beck Verlag, München

Schäfer J/Conzen G (Hrsg.) (2002) Praxishandbuch der Immobilien-Projektentwicklung, Beck Verlag, München

Schill N (2000) Der Projektsteuerungsvertrag, Verlag C. H. Beck, München

Schlapka (2002) Kooperationsmodell – Ein Weg aus der Krise, in: DVP e. V. (Hrsg.) (2002) IT-Kooperationstools im Baumanagement, DVP-Verlag, Wuppertal

Schmidt-Gayk A (2003) Bauen in Deutschland mit dem New Engineering Contract, Dissertation, Technische Universität Hannover

Schmitz H et al. (1994) Baukosten: Instandsetzung, Sanierung, Modernisierung, Umnutzung, Wingen Verlag, Essen

Schneider H (2004) Facility Management: planen – einführen – nutzen, 2. Auflage, Schäffer-Poeschel Verlag, Stuttgart

Schneider K-J (2004) Bautabellen für Bauingenieure, 16. Auflage, Werner Verlag, Düsseldorf

Schneider W (2003) Alternative Honorarmodelle im Bauprojektmanagement, in: DVP e. V. (Hrsg.) (2002) IT-Kooperationstools im Baumanagement, DVP-Verlag, Wuppertal

Schneider W (2004) Implementierung und Anwendung von Projektkommunikationssystemen, in: AHO e. V. (Hrsg.) (2004b) Heft 19, a. a. O.

Schneider W/Völker A (2002) Grundstücks-, Standort- und Marktanalyse, in: Schäfer J/Conzen G (Hrsg.) (2002) Praxishandbuch der Immobilien-Projektentwicklung, Beck Verlag, München

Schofer R (2004) Unabhängiges Projektcontrolling für Investoren, Banken oder Nutzer, in: AHO e. V. (Hrsg.) (2004b) Heft 19, a. a. O.

Schoene L B (2002a) Entwicklung und Einführung eines Facility Management Consultings am Beispiel eines Ingenieurbüros, DVP-Verlag, Wuppertal

Schulte K-W (2002b) Rentabilitätsanalyse für Immobilienprojekte, in: Schulte K-W/Bone-Winkel S (Hrsg.) (2002) Handbuch Immobilien-Projektentwicklung, 2. Auflage, Verlag Rudolf Müller, Köln

Schulte K-W (Hrsg.) (1996) Handbuch Immobilien-Projektentwicklung, 1. Auflage, Verlag Rudolf Müller, Köln

Schulte K-W (Hrsg.) (2005) Immobilienökonomie, 3. Auflage, Oldenbourg Verlag, München

Schulte K-W/Vaeth A (1996) Finanzierung und Liquiditätssicherung, in: Diederichs C J (Hrsg.) (1996) Handbuch der strategischen und taktischen Bauunternehmensführung, Bauverlag, Wiesbaden-Berlin

Schulte K-W/Ropeter S (1998) Quantitative Analyse von Immobilieninvestitionen – moderne Methoden der Investitionsanalyse, in: Schulte K-W et al. (Hrsg.) (1998) Handbuch Immobilieninvestition, Verlag Rudolf Müller, Köln

Schulte K-W et al. (2002) Grundlagen der Projektentwicklung aus immobilienwirtschaftlicher Sicht, in: Schulte K-W/Bone-Winkel S (Hrsg.) (2002) Handbuch Immobilien-Projektentwicklung, 2. Auflage, Verlag Rudolf Müller, Köln

Schulte K-W et al. (Hrsg.) (1998) Handbuch Immobilieninvestition, Verlag Rudolf Müller, Köln

Schulte K-W/Schäfers W (Hrsg.) (1998) Handbuch Corporate Real Estate Management, Verlag Rudolf Müller, Köln

Schulte K-W/Pierschke B (Hrsg.) (2000) Facilities Management, Verlag Rudolf Müller, Köln

Schulte K-W et al. (Hrsg.) (2002) Handbuch Immobilien-Banking: von der traditionellen Finanzierung zum Investment-Banking, Verlag Rudolf Müller, Köln

Schulte K-W/Bone-Winkel S (Hrsg.) (2002) Handbuch Immobilien-Projektentwicklung, 2. Auflage, Verlag Rudolf Müller, Köln

Schulte K-W et al. (Hrsg.) (2005) Handbuch Immobilieninvestition, 2. Auflage, Verlag Rudolf Müller, Köln

Schütz U. (1994) Projektentwicklung von Verwaltungsgebäuden, expert Verlag, Renningen

Seifert W (2001) Praxis des Baukostenmanagements, 1. Auflage, Werner Verlag, Düsseldorf

sirAdos Baudaten GmbH (2005) Baudaten für Kostenplanung und Ausschreibung: Altbau, Selbstverlag, Dachau

sirAdos Baudaten GmbH (2005) Baudaten für Kostenplanung und Ausschreibung: Elemente Altbau, Selbstverlag, Dachau

sirAdos Baudaten GmbH (2005) Baudaten für Kostenplanung und Ausschreibung: Elemente Neubau, Selbstverlag, Dachau

sirAdos Baudaten GmbH (2005) Baudaten für Kostenplanung und Ausschreibung: Haustechnik, Selbstverlag, Dachau

sirAdos Baudaten GmbH (2005) Baudaten für Kostenplanung und Ausschreibung: Neubau, Selbstverlag, Dachau

sirAdos Baudaten GmbH (2005) Baudaten für Kostenplanung und Ausschreibung: Planerischer Tiefbau/GaLa, Selbstverlag, Dachau

sirAdos Baudaten GmbH (2005) Baudaten für Kostenplanung und Ausschreibung: Sammlung Technischer Vertragsbedingungen, Selbstverlag, Dachau

Sonntag R (2002) Gewerbepark, in: Schulte K-W/Bone-Winkel S (Hrsg.) (2002) Handbuch Immobilien-Projektentwicklung, 2. Auflage, Verlag Rudolf Müller, Köln

Spitzkopf H A (2002) Finanzierung von Immobilienprojekten, in: Schulte K-W/Bone-Winkel S (Hrsg.) (2002) Handbuch Immobilien-Projektentwicklung, 2. Auflage, Verlag Rudolf Müller, Köln

Stadt München/IQ-Bau Wuppertal (2001) Digitale Hochbaubibliothek: Leitfaden Projektmanagement, Selbstverlag, München

Staudt E/Friegesmann B/Thomzik M (1999) Facility Management, Frankfurter Allgemeine Buch

Stehlin/Gebhardt (2005) Public Private Partnership, Verwaltungsblätter für Baden-Württemberg (VBIBW), S. 90 ff.

Streck S (2004) Entwicklung eines Bewertungssystems für die ökonomische und ökologische Erneuerung von Wohnungsbeständen, DVP-Verlag Wuppertal

Tettinger P J (2005) Public Private Partnership: Möglichkeiten und Grenzen – ein Sachstandsbericht, in: Nordrhein-Westfälische Verwaltungsblätter (NWVBl.), Heft 1, S. 1 ff.

Thiesen D (2005) Intenetbasiertes Projektmanagement im Hochbau für Projektmanager, Diplomarbeit, Bergische Universität Wuppertal

Tomm A et al. (1995) Geplante Instandhaltung: Ein Verfahren zur systematischen Instandhaltung von Gebäuden, Landesinstitut für Bauwesen und angewandte Bauschadensforschung NW, Aachen

Trotz R (2003) Klare Chanchen- und Risikoprofile für Immobilien auf Basis eines professionellen Markt- und Objektrating, Gondring H et al. (Hrsg.) (2003) Real Estate Investment Banking – Neue Finanzierungformen bei Immobilieninvestitionen, Gabler Verlag

Trotz R (Hrsg.) (2004) Immobilien – Markt- und Objektrating, 1. Auflage, Verlag Rudolf Müller, Köln

Übelhör M/Warns C (2004) Basel II – Auswirkungen auf die Finanzierung – Unternehmen und Banken im Strukturwandel, PD-Verlag, Heidenau

Unger J (1998) Projektmanagement bei Immobilienfonds, in: DVP e. V. (Hrsg.) (1998) Projektmanagement in Praxisbeispielen, DVP-Verlag, Wuppertal

Usinger W (2002) Der Verkauf des entwickelten bzw. in der Entwicklung befindlichen Grundstücks, in: Schulte K-W/Bone-Winkel S (Hrsg.) (2002) Handbuch Immobilien-Projektentwicklung, 2. Auflage, Verlag Rudolf Müller, Köln

Usinger W/Minuth, K (Hrsg.) (2004) Immobilien – Recht und Steuern: Handbuch für die Immobilienwirtschaft, 3. Auflage, Verlag Rudolf Müller, Köln

Volkmann W (2003) Projektabwicklung für Architekten und Ingenieure, Arbeitshilfen/Vordrucke für Architekten und Ingenieure, Handbuch für die planerische und baupraktische Umsetzung, 2. Auflage, Verlag für Wirtschaftund Verwaltung Hubert Wingen, Essen

Volkmann W (2004) Beispiel für eine Aufbauorganisation Investor-Nutzer in: AHO e. V. (Hrsg.) (2004b) S. 45, a. a. O.

Vygen K (1997) Bauvertragsrecht nach VOB und BGB, Bauverlag, Wiesbaden-Berlin

Weber M (2005) Public Private Partnership, C.H. Beck, München

Weber et al. (2005) Praxishandbuch Public Private Partnership, C.H.Beck, München

Wellner K (2003) Entwicklung eines Immobilien-Portfolio-Management-Systems – Zur Optimierung von Rendite-Risiko-Profilen diversifizierter Immobilien-Portfolios, Dissertation, Universität Leipzig

Winkler W/Fröhlich P (2002) Hochbaukosten: Flächen, Rauminhalte, 10. Auflage, Viehweg Verlag, Braunschweig-Wiesbaden

Wohnbau Rhein-Main AG (Hrsg.) (1996) Der technische Zustand unserer Miet-Wohngebäude zum 31. Dezember 1996, Frankfurt am Main

ZBWB (2002) PLAKODA: Handbuch zum Programm und Kostendaten, im Auftrag des Finanzministeriums Baden-Württemberg und des Ausschusses für Staatlichen Hochbau der Bauministerkonferenz, Freiburg

ZDB/Hauptverband der Deutschen Bauindustrie (2001) Arbeitszeit-Richtwerte Hochbau: Zeittechnik, Dreieich

Zechel E P (Hrsg.) (1997) Facility Management in der Praxis – Herausforderung in Gegenwart und Zukunft, expert Verlag, Renningen

Zehrer H/Sasse E (Hrsg.) (2004) Handbuch Facility Management, Grundlagen – Arbeitsfelder, Verlag ecomed SICHERHEIT, Landsberg

Zilch K/Diederichs C J/Katzenbach R (Hrsg.) (2001) Handbuch für Bauingenieure, Springer-Verlag, Berlin-Heidelberg

Zoller E/Wilhelm R (2002) Kapitalbeschaffung für Immobilien-Developments, in: Schäfer J/Conzen G (Hrsg.) (2002) Praxishandbuch der Immobilien-Projektentwicklung, Beck Verlag, München

5. Aufsätze in Zeitschriften

Breuer L-O/Frydling R (2002) Risikomanagement – Mit der „3S-Klasse" in die sichere Projektentwicklung, in: Immobilien Zeitung, Nr. 20, 26.09.2002, S.10

Bulwien, Hartmut (2002) Immobilienrating als Instrument der Risikobestimmung, in: Immobilien & Finanzierung, 53. Jg., Nr. 11, S. 319-321

Diederichs C J (1994b) Die externe Schnittstelle Planer (Ausschreibender)/Bauunternehmung, in: BW Bauwirtschaft, Heft 02/1994, Bauverlag, Walluf

Diederichs C J (1994c) Grundlagen der Projektentwicklung: Teile 1 bis 4, in: BW Bauwirtschaft, Hefte 11/1994, 12/1994, 01/1995, 02/1995, Bauverlag, Walluf

Diederichs C J (1996b) Rechtliche Aspekte der Projektsteuerung aus technischwirtschaftlicher Sicht, in: Bauwirtschaft 07/96 S. 14-17; 08/96 S. 9-12; 09/96 S. 30-34

Diederichs C J (1997) Die Projektsteuerung im Rahmen ganzheitlichen Immobilienmanagements, in: Bauingenieur 72 (1997), S. 538-541, Springer-VDI Verlag, Berlin – Düsseldorf

Diederichs C J (2003e) Die Vermeidbarkeit gerichtlicher Streitigkeiten über das Honorar nach der HAOI, in: NZBau, 2003, Heft 7, Verlag C. H. Beck, S. 353-359

Diederichs C J (2004e) Es geht auch ohne Gericht – die häufigsten HOAI-Fehler und wie sie vermieden werden können, in: Deutsches Ingenieurblatt Heft 3/2004, S. 44-51, Verlag Vogel Baumedien, Berlin

Diederichs C J/Hutzelmeyer (1975) Projektsteuerung im Bauwesen – Delegierbare Bauherrenaufgaben, in: Bauwirtschaft 42, S. 148 ff; Bauwirtschaft 43, S. 163ff

Diederichs C J/Pollak KP (1988) Interdisziplinäre Projektentwicklung bei der Revitalisierung von Industriebauten, in: DBZ 11/88, S. 1557-1562

Diederichs C J et al. (1989) Neue Handlungsspielräume schaffen – Baumarketing – Management und Projektentwicklung, in: Bauwirtschaft Sept. 1989, S. 758-763

Diederichs C J/Buck C (2002a) Projektmanagement im Münchner Baureferat – Vom Bauherrn zum städtischen Dienstleister, in: Der Städtetag, Heft 11/2002, S. 38-42

Diederichs C J/Buck C (2002b) Workflow-orientiertes Projektmanagement, in: Bundes Bau Blatt, Heft 10/2002, S. 39-43

Diederichs C J/Preuß N (2003) Entscheidungsprozesse im Projektmanagement von Hochbauten, in: Baumarkt + Bauwirtschaft, 02/2003, S. 28 ff., Bertelsmann-Springer Bauverlag, Gütersloh

DIW e. V. (2004) Struktur des Wohnungsbauvolumens in Deutschland von 1999 bis 2003, Wochenbericht 40/04

Ernst & Young-Verbund (2004) Öffentlich/private Partnerschaften in Deutschland – Ein Überblick über aktuelle Projekte, in: Behörden Spiegel, Oktober 2004

Helmus M/Trouvain T (2005) Zu 80 Prozent erfolgreich – was können die externen Projektsteuerer wirklich leisten? In: Deutsches Ingenieurblatt 3/2005, S. 30-34

IZ Immobilien Zeitung (2003), Frühjahrs- und Herbstgutachten 2003 des Rates der Immobilienweisen

Jones LangLaSalle/Creis (2004) OSCAR 2004 Büronebenkostenanalyse, September 2004, Frankfurt am Main

Kämmerer (1996) Projektsteuerung und Grundgesetz, BauR 2, 1996, S. 162-174

Kniffka R (1994, 1995) Die Zulassung rechtsbesorgender Tätigkeiten durch Architekten, Ingenieure und Projektsteuerer, in: ZfBR VI (1994), S. 253-256, und ZfBR I (1995) S. 10-15

Kottmann B (2004) Der REIT ist das Produkt der Zukunft, in: Immobilien und Finanzierung, Heft 20/2004, Richardi-Verlag, Frankfurt am Main, S. 698-700

Link, A (2004) Kreditvergabe und Kreditüberwachung im Rahmen von Projektfinanzierungen, in: Baumarkt + Bauwirtschaft, Heft 10/2004, Bauverlag, Gütersloh

Löwen W (1997) Industrial Facility Management, Teile I bis IV, in: Der Betriebsleiter, 3, 5, 6 und 9/97

Mercer-Studie (1996) Facility Management in Deutschland, in: Gebäudemanagement, Heft 1, S.5-8

Mletzko M (2003) Basel II – Neue Spielregeln im Poker um die besten Baugeldpreise, in: Immobilien Zeitung, Nr. 11,22.05.2003, S.18

Preussner M (2004) Endgültiger Abschied vom Begriff der „zentralen Leistungen", in: IBR 09/2004, S. 513, Mannheim

Schoene L B (2000) Nicht bloß ein Kostenfaktor, in: Facility Management, Heft 3/2002, S. 53, Bertelsmann Fachzeitschriften, Gütersloh

Stapelfeld A (1994) Der Projektsteuerungsvertrag – Juristische terra incognita? In: BauR 6/1994, S. 693-706

Stemmer M/Wierer K G (1997) Rechtsnatur und zweckmäßige Gestaltung von Projektsteuerungsverträgen. In: BauR 6/97, S. 935-947

Sternel F (2004) Einführung zum Mietrecht, in: Mietrecht, Beck-Texte im DTV, München 2004

Trotz, R (2003b) Chancen- und Risikoprofile für die Immobilien durch ein Markt- und Objektrating, in: Immobilien & Finanzierung, 54. Jg., Nr. 4, S. 118-121

6. Internetseiten

www.aengevelt.de
www.autobahn-online.de/betreibermod.html vom 29.05.2005
www.BAG.de
www.bbe-online.de
www.bdu.de
www.behoerden.de
www.behoerdenspiegel.de, 24.07.2005
www.bellevue.de
www.benchmarkingnetwork.com, 21.07.2005
www.bulwien.de

www.cmaanet.org /best/delivery/method.php (13.02.2005) Choosing the Best Delivery Method for Your Project

www.cmaanet.org CMAA 2005 What is construction management? In: http://www.cmaanet.org, 13.02.2005

www.cmaanet.org Kluenker 2001 Risk vs Conflict of Interest – What every Owner should consider when using Construction Management, CMAA. In: http//www.cmaanet.org

www.destatis.de: Statistisches Bundesamt, 18.10.2004

www.destatis.de/basis/de/tour/tab2.htm, 19.06.2004

www.deutschebank.de

www.dvpev.de

www.dix.de/media/InstitutionellKapitalanleg.jpg: Deutscher Immobilienindex, 10.03.2004

www.dresdnerbank.de

www.ebs.de

www.ece.de

www.ehi.org

www.empirica.de

www.everling.de: Rating Advisory, 12.02.2005

www.gbi.de

www.gefma.de: Gesellschaft für Facility Management: Richtlinien für Facility Management, 20.07.2005

www.genius.de

www.gesa-hamburg.de

www.gfk.de

www.gma-lb.de

www.google.de

www.gpm-ipma.de

www.ibl.uni-stuttgart.de, 24.07.2005

www.ifma.com

www.ifo.de

www.iir-ev.de: Deutsches Institut für Interne Revision, 08.04.2003

www.immobilienscout24.de

www.immonet.de

www.immopool.de

www.immoversum.de

www.investinreits.com „Wissenswertes über REITs" und „Häufig gestellte Fragen zum Thema REITs", 03.02.2005

www.joneslanglasalle.de

www.lycos.de

www.mfi-online.de

www.moodys.de: About Moody´s – Moody´s History – A Century of Market Leadership, 08.02.2005

www.moodys.de: Die Ratingskala auf einen Blick – Moody´s Ratings – Das Ratingsystem in Kürze, 08.02.2005

www.mueller-inter.de

www.nareit.com National Association of Real Estate Investment Trusts (2005) „The Investors Guide to Real Estate Investment Trusts" (REITs), 03.02.2005 www.ppp-bund.de, 24.07.2005

www.prisma-institut.de

www.projektmanagementkatalog.de: Marktüberlbick über PM-Software-Lösungen

www.propertygate.com

www.scg.ch

www.stadtname.de

www.vbi.de

www.vubic.de

www.web.de

www.weiterbildung-bau.de

www.wenzel-consulting.de

www.yahoo.de

7. Vorträge und Seminare

Diederichs C J (1990) Aufnahme eines Leistungsbildes und einer Honorarordnung für Projektsteuerung in die HOAI, in: Projektsteuerung im Bauwesen, DVP-Fachtagung am 09.03.1990 in Berlin, DVP-Verlag, Wuppertal

Diederichs C J (1991) Aufbau von Projektsteuerungsverträgen, Aufgabenverteilung zwischen Projektsteuerer und Auftraggeber, Ergebnisorientierung und Meßbarkeit von Leistungsergebnissen, in: Der Projektsteuerungsvertrag, DVP-Fachtagung 25.10.1991 in München

Diederichs C J (1995b) Projektsteuerung – Bedeutung, Grenzen und Perspektiven, Vortrag im Rahmen der Freiburger Baurechtstage am 07.10.1995, Kirchzarten

Diederichs C J (2003e) Bauwirtschaftslehre, Skript, Bergische Universität Wuppertal

Müller W-H (1991) Honorierung der Projektsteuerung, in: Der Projektsteuerungsvertrag, DVP-Fachtagung am 25.10.1991 in München, DVP-Verlag, Wuppertal

Volkmann W/Schofer R (2005) Bausteine des Baurprojektmanagements, Seminarunterlagen zum DVP-Praxis-Seminar in 4 Blöcken, Block 1

Zu Kapitel 4

1. Gesetze, Verordnungen, Vorschriften

BauGB (1998, 2005) Baugesetzbuch

BauNVO (1990, 1993) Verordnung über die bauliche Nutzung der Grundstücke (Baunutzungsverordnung)

BetrKV (2004) Verordnung über die Aufstellung von Betriebskosten (Betriebskostenverordnung)

BewG (1991, 2001) Bewertungsgesetz

BGH, NJW, 2001, 514

II. BV (1990, 2003) Verordnung über wohnungswirtschaftliche Berechnungen (Zweite Berechnungsverordnung)

ErbStG (1997, 2003) Erbschaft- und Schenkungsteuergesetz

EU-Verordnung Nr. 1606/2002 (2002) Anwendung internationaler Rechnungslegungsvorschriften

GrEStG (1997, 2004) Grunderwerbsteuergesetz
GrStG (1973, 2005) Grundsteuergesetz
HBG (1998, 2004) Hypothekenbankgesetz
HGB (1897, 2004) Handelsgesetzbuch
HOAI (1991, 2002) Honorarordnung für Architekten und Ingenieure
JVEG (2004) Justizvergütungs- und -entschädigungsgesetz
KAGG (1957, 2002) Gesetz über Kapitalanlagegesellschaften
KG Berlin, 1969, III, 1449/68
KWG (1998, 2005) Gesetz über das Kreditwesen (Kreditwesengesetz)
PlanzV 90 (1990) Verordnung über die Ausarbeitung der Bauleitpläne und die
    Darstellung des Planinhalts (Planzeichenverordnung)
VGB (2002) Verbundene Wohngebäudeversicherungsbedingungen
WertV (1988, 1997) Verordnung über Grundsätze für die Ermittlung der Ver-
    kehrswerte von Grundstücken (Wertermittlungsverordnung)

2. Normen, Richtlinien

DIN 276 (1981, 1993) Kosten im Hochbau
DIN 277-1 (2005) Grundflächen und Rauminhalte von Bauwerken im Hochbau –
    Teil 1: Begriffe, Ermittlungsgrundlagen
DIN 277-2 (2005) Grundflächen und Rauminhalte von Bauwerken im Hochbau –
    Teil 2: Gliederung der Netto-Grundfläche (Nutzflächen, technische Funktions-
    flächen und Verkehrsflächen)
DIN 277-3 (2005) Grundflächen und Rauminhalte von Bauwerken im Hochbau –
    Teil 3: Mengen und Bezugseinheiten
EU (1991) Richtlinie 91/676
gif e. V. (2004) Richtlinie zur Berechnung der Mietfläche für gewerblichen Raum
    (MF-G), Gesellschaft für Immobilienwirtschaftliche Forschung e. V., Arbeits-
    kreis Flächendefinition, Wiesbaden
International Accounting Standards Board (Hrsg.) (2002) International Accoun-
    ting Standards 2002, Deutsche Ausgabe, Stuttgart
RICS (2003) The Royal Institution of Chartered Surveyors: Appraisal and Valua-
    tion Manual, 5. Auflage, London, GB
WertR 2002 (2002) Richtlinien zur Ermittlung der Verkehrswerte (Marktwerte)
    von Grundstücken (Wertermittlungsrichtlinien)

3. Kommentare, Lexika

Dieterich H/Kleiber W (2002) Ermittlung von Grundstückswerten, Volksheimstät-
    tenverlag Bonn, 2. Auflage
Kleiber W (2002) WertR 2002, 8. Auflage, Bundesanzeiger Verlag, Köln
Kleiber W/Simon J (1999) WertV 98, 5. Auflage, Bundesanzeiger Verlag, Köln
Simon J/Kleiber W (1996) Schätzung und Ermittlung von Grundstückswerten,
    7. Auflage, Luchterhandverlag, Neuwied.

4. Bücher (ohne Kommentare)

Baum A (1991) Property Investment Depreciation and Obsolescence, London, UK
Baum A et al. (2002) The Income Approach to Property Valuation, London, UK

Kleiber W (2002a) Sachverständigenwesen, in: Kleiber, W. et al. (2002) Verkehrswertermittlung von Grundstücken, 4. Auflage, Bundesanzeiger Verlag, Köln

Kleiber W (2002b) Verkehrswertermittlung nach den Grundsätzen der Wertermittlungsverordnung – WertV, in: Kleiber W et al. (2002) Verkehrswertermittlung von Grundstücken, 4. Auflage, Bundesanzeiger Verlag, Köln

Kleiber W et al. (2002) Verkehrswertermittlung von Grundstücken, 4. Auflage, Bundesanzeiger Verlag, Köln

Leopoldsberger G et al. (2005) Immobilienbewertung, in: Schulte K-W (Hrsg.) (2005) Immobilienökonomie, 3. Auflage, Oldenbourg Verlag, München

Ross F-W et al. (2005) Ermittlung des Verkehrswertes von Grundstücken und des Wertes baulicher Anlagen, 29. Auflage, Theodor Oppermann Verlag, Isernhagen

Ross F-W, Brachmann R (1992) Ermittlung des Bauwertes von Gebäuden und des Verkehrswertes von Grundstücken, 26. Auflage, Theodor Oppermann Verlag, Hannover

Weyers G (2002) Beleihungswertermittlung in der Kredit- und Versicherungswirtschaft, in: Kleiber, W. et al. (2002) Verkehrswertermittlung von Grundstücken, 2. Auflage, Bundesanzeiger, Köln

White D et al. (2003) Internationale Bewertungsverfahren für das Investment in Immobilien, 3. Auflage, Immobilienzeitung Verlagsgesellschaft, Wiesbaden

5. Aufsätze in Zeitschriften

Brühl M J/Jandura I (2005) Berücksichtigung des Leerstands in der Immobilienbewertung, in: Immobilien & Finanzierung – der langfristige Kredit, Verlag Helmut Richardi GmbH, Frankfurt/Main, Heft 13/2005, S. 484 – 486

Simon J. (2000) Europäische Standards für die Immobilienbewertung, in: Grundstücksmarkt und Grundstückswert, Heft 3/2000, S. 134 – 141, Luchterhandverlag, Neuwied

Thomas M. (1995a) Income Approach versus Ertragswertverfahren, in: Grundstücksmarkt und Grundstückswert, Heft 1/1995, S. 35 – 38 und Heft 2/1995, S. 82 – 90, Luchterhandverlag, Neuwied

Thomas M. (1995b) Immobilienwertbegriffe in Deutschland und Großbritannien, in. Die Bank, Heft 5/1995b, S. 263 – 268

Glossar

ABC-Analyse	Auswahlverfahren zur Erkennung der wesentlichen Elemente aus der Mengen-Wert-Verteilung. Die Elemente werden nach prozentualem Anteil an der Gesamtmenge oder dem Gesamtwert geordnet. Es ist dann vielfach zu beobachten, dass nur etwa 20 % der Elemente bereits 80 % der Gesamtmenge oder des Gesamtwertes ausmachen (A-Positionen). Weitere etwa 30 % der Elemente umfassen etwa 10 % der Gesamtmenge oder des Gesamtwertes (B-Positionen) und die restlichen 50 % der Elemente tragen dann ebenfalls nur noch zu etwa 10 % zur Gesamtmenge oder zum Gesamtwert bei (C-Positionen) (vgl. auch Leitpositionen).
Ablauforganisation	Summe der Maßnahmen zur Regelung von Arbeitsabläufen durch Arbeits- oder Verfahrensanweisungen. Sie beinhaltet im Sinne eines Regelkreises die Prozesse der Planung, Abstimmung, Entscheidung, den Soll-Ist-Vergleich, die Abweichungsanalyse, das Vorschlagen/Abstimmen und Entscheiden von Anpassungsmaßnahmen zur Steuerung des Ist-Ablaufes zwecks Erreichung der Ablaufziele.
Ablaufplanung	Anfangsaufgabe der Ablauforganisation zur Erarbeitung von Sollvorgaben für die technologische, räumliche und zeitliche Abfolge einzelner Arbeitsschritte.
Ablaufstruktur	Gesamtheit der Anordnungsbeziehungen zwischen den Vorgängen der Ablaufelemente/Vorgänge.
Abnahme	Verpflichtung des Bestellers nach § 640 BGB, das vertragsmäßig hergestellte Werk abzunehmen, und gemäß § 641 BGB, die vereinbarte Vergütung zu entrichten. Für Bauverträge gilt ergänzend § 12 VOB/B, sofern diese Vertragsbestandteil ist.
Abschlagsrechnung	Schriftlich fixierte Forderung des Auftragnehmers für vertragsgemäß erbrachte Teilleistungen; bei Bauverträgen vgl. § 14 VOB/B.
Abschlagszahlung	Zahlung des Auftraggebers in Höhe des Wertes der jeweils durch Abschlagsrechnung nachgewiesenen vertragsgemäßen Leistung; bei Bauverträgen vgl. § 16 VOB/B.

Abweichungsanalyse	Ermittlung der Ursachen aufgetretener Abweichungen zwischen geplanten Sollwerten und tatsächlich erzielten Istwerten für z. B. Qualitäten, Kosten und Termine dem Grunde und der Höhe nach, um den Verursacher, mögliche Anpassungsmaßnahmen zur Erreichung der Sollwerte und ggf. Haftungstatbestände und Schadensersatzansprüche festzustellen.
Anordnungsbeziehung	Quantifizierbare Abhängigkeit zwischen Ereignissen oder Vorgängen. Nach DIN 69900 Teil 1 werden unterschieden: Normalfolge NF vom Ende eines Vorgangs zum Anfang seines Nachfolgers, Anfangsfolge AF vom Anfang eines Vorgangs zum Anfang seines Nachfolgers, Endfolge EF vom Ende eines Vorgangs zum Ende seines Nachfolgers oder Sprungfolge SF vom Anfang eines Vorgangs zum Ende seines Nachfolgers.
	Für die Taktplanung im Bauwesen hat sich zusätzlich bewährt die Annäherung A, durch die gleichzeitig eine Anfangs- und eine Endfolge zwischen einem Vorgang und seinem Nachfolger festgelegt werden.
Aufbauorganisation	Durch die Aufbauorganisation werden Aufgaben, Kompetenzen und Verantwortungen der Mitarbeiter in einem Unternehmen oder der Beteiligten an einem Projekt festgelegt. Grundsätze sind eine eindeutige Schnittstellenabgrenzung, die Festlegung von Weisungs-, Entscheidungs- und Zeichnungsbefugnissen sowie Informationspflichten, die Ausgewogenheit von Leistung und Vergütung und die Bestimmung von Haftungs- und Gewährleistungsansprüchen.
Aufwandswert	Arbeitsaufwand zur Erzeugung einer Leistungseinheit, z. B. Lohnstunden zur Verlegung von 1 to Bewehrung Stabstahl, $\varnothing$ 16 – 28 mm.
Ausgleichsposten	Er ist das Sammelbecken aller Abweichungen zwischen Plan-, Vergabe- und Abrechnungswerten, sofern diese sich im Rahmen üblicher Schwankungen bewegen und zum Ausgleich tendieren. Dieser Ausgleich muss ggf. durch geeignete Kostensteuerungsmaßnahmen unterstützt werden.
Ausschreibung	Förmliches Verfahren zur Einholung von Angeboten für Bauleistungen, das in der VOB/A geregelt ist. Zu den Anwendungsbereichen der 4 Abschnitte von VOB/A, DIN 1960 Ausgabe 1992, wird verwiesen auf die Hinweise im Vorwort dazu.
Ausstattungsprogramm	Festlegung der Ausrüstung mit Betriebs- und Gebäudetechnik sowie der Einrichtung von Maschinen, Gerät und Inventar.
Baugenehmigungsverfahren	Durch die jeweiligen Landesbauordnungen geregeltes Verfahren zur Erstellung der Bauvorlagen/Bau-

antragsunterlagen, der Einreichung und Behandlung des Bauantrages bis zur Baugenehmigung, der erforderlichen Anzeigen während der Bauausführung und der Bauzustandsbesichtigung bis zur Schlussabnahme.

Baukosten · Nicht eindeutig abgegrenzter Begriff für die → Kosten von Bauleistungen aus der Sicht des Auftraggebers.

Bauprogramm · Es enthält eine Zusammenstellung der erforderlichen Betriebsflächen und -räume sowie der unterzubringenden Betriebsbereiche.

Bauunterhaltungskosten · Gesamtheit der Maßnahmen zur Bewahrung und Wiederherstellung des Soll-Zustandes an Gebäuden und dazugehörenden Anlagen (Kostengruppe 6 der DIN 18960), jedoch ohne Reinigung und Pflege der Verkehrs- und Grünflächen nach KG 5.7 und ohne Wartung und Inspektion der haus- und betriebstechnischen Anlagen nach KG 5.6.

Bedarfsplanung · Bedarfsplanung im Bauwesen bedeutet nach dem nationalen Vorwort zu DIN 18205 die methodische Ermittlung der Bedürfnisse von Bauherren und Nutzern, deren zielgerichtete Aufbereitung als „Bedarf" und dessen Übersetzung in eine für den Planer, Architekten und Ingenieur verständliche Aufgabenstellung. Nach Ziff. 4 der DIN 18205 ist Bedarfsplanung ein Prozess. Er besteht daraus, die Bedürfnisse, Ziele und einschränkenden Gegebenheiten (die Mittel, die Raumbedingungen) des Bauherrn und wichtiger Beteiligter zu ermitteln und zu analysieren sowie damit zusammenhängende Probleme zu formulieren, deren Lösung man vom Planer erwartet.

Besondere Leistungen · Besondere Leistungen können nach § 2 (3) HOAI zu den Grundleistungen hinzu oder an deren Stelle treten, wenn besondere Anforderungen an die Ausführung des Auftrags gestellt werden, die über die allgemeinen Leistungen hinausgehen oder diese ändern. Sie sind in den Leistungsbildern nicht abschließend aufgeführt. Besondere Leistungen sind gemäß Ziff. 4.2 der DIN 18299 ff der VOB/C Leistungen, die nicht Nebenleistungen gemäß Abschnitt 4.1 sind und nur dann zur vertraglichen Leistung gehören, wenn sie in der Leistungsbeschreibung erwähnt sind. Werden solche Besonderen Leistungen vom Auftraggeber nachträglich verlangt, so besteht hierfür seitens des Auftragnehmers ein Anspruch auf besondere Vergütung.

Controlling · Um die Existenz eines Unternehmens zu sichern, müssen zahlreiche Informationen systematisch gesammelt, ausgewertet und verdichtet und den Führungskräften des Unternehmens in der für sie jeweils geeigneten Form fristgerecht zur Verfügung gestellt werden. Das Controlling hat für das zur Prozesssteuerung erforderliche Informations- und Kommunikationssystem nach Art, Inhalt, Umfang, Periodizität, Vernetzung und Wirkungsmechanismen bei Soll-Ist-Abweichungen zu sorgen.

Deckungsbestätigung Zunächst ist zu unterscheiden zwischen Deckungsbestätigungen für Aufträge und für Nachträge. Deckungsbestätigungen für Aufträge erfordern den Vergleich der Soll-Werte für Vergabeeinheiten auf der Basis der aktuellen Kostenberechnung mit den Angeboten von Bietern. Im Fall der Überschreitung der Soll-Werte durch die Angebote sind geeignete Deckungsmöglichkeiten zu erarbeiten. Deckungsbestätigungen für Nachträge sind entweder durch bei der Vergabe gebildete Rückstellungen oder durch Einsparungen bei anderen Teilleistungen oder aber durch Budgeterhöhungen nachzuweisen. Voraussetzungen jeder ordnungsgemäßen Erst- und Nachtragsbeauftragung sind der Nachweis und die Bestätigung der finanziellen Deckung durch eine Deckungsbestätigung.

Detailablaufplanung Sie dient der kurz- und mittelfristigen detaillierten Planung von Projektabläufen in den verschiedenen Projektstufen und ist Grundlage der detaillierten Kapazitätseinsatzplanung sowie der Ablaufkontrolle und Ablaufsteuerung. Ergebnis ist eine Ablaufstruktur in Form eines Feinnetzplanes oder eines vernetzten Balkenplanes, die einen Einblick in viele Details des Projektablaufes zulassen.

Fachplaner Der Fachplaner wird in direktem Vertragsverhältnis mit dem Auftraggeber zur Erbringung von Fachplanungsleistungen beauftragt, z. B. der Tragwerksplanung, der Planung der Technischen Anlagen und der Baugrundbeurteilung. Bei Einschaltung der Fachplaner hat der Architekt vielfach ein Vorschlagsrecht. Verantwortung, Haftung und Gewährleistung der Fachplaner erstrecken sich jeweils nur auf ihren begrenzten Aufgabenbereich.

Facility Management Es bedeutet ganzheitliches Betreiben von Gebäuden und Anlagen mit dem Ziel der optimalen Wertschöpfung durch die Immobilie. Dazu gehören: das Flächen- und Veranstaltungsmanagement, das Wartungs-, Instandhaltungs- und Energiemanagement, Vermietung, Verwaltung und Controlling, das Informations- und Kommunikationsmanagement sowie das Entwickeln und Verfolgen von Programmen zur Werterhaltung des Immobilienbestandes. Beim FM werden insbesondere Methoden des Projektmanagements angewendet. In der Regel ist das FM keine Teildisziplin des Projektmanagements (z. B. Fehlen des Charakters der Einmaligkeit). In besonderen Fällen kann z B. ein Umzugsvorhaben eines großen Unternehmens jedoch Projektcharakter besitzen.

Funktionsprogramm Es regelt die Zuordnung einzelner Arbeitsräume, Arbeitssysteme/Betriebsbereiche und Betriebsteile zueinander unter Berücksichtigung der Arbeitsbeziehungen und betrieblichen Material- und Energieflüsse.

Gebäude- und Raumbuch Es dient als Besondere Leistung der Projektsteuerung zur verbalen Beschreibung von Gebäuden und Räumen. Es stellt die konsequente Fortführung des Bau-, Funktions-, Raum- und Ausstattungsprogramms sowie der Baubeschreibung dar und bietet die für Nicht-Techniker vielfach zweckmäßige Ergänzung zu zeichnerischen Darstellungen. Mit einem Gebäude- und Raumbuch wird die Präzisierung der Vorgaben des Nutzers/Bauherrn und die gemeinsame Informations-/Abstimmungs-/Entscheidungsbasis für Nutzer/Bauherr einerseits und Planer andererseits geschaffen. Ein Gebäude- und Raumbuch kann als Anlage zum Nutzerbedarfsprogramm erstmals als Forderungskatalog aufgestellt, mit Abschluss der Vor-, Entwurfs- und Ausführungsplanung fortgeschrieben und mit Baufertigstellung als Bestandsgebäude- und -raumbuch abgeschlossen und an den Nutzer übergeben werden.

Generalablaufplanung Sie dient der Gewinnung eines Terminüberblicks über sämtliche Projektstufen der Projektvorbereitung, der Planung, der Ausführungsvorbereitung, der Ausführung und des Projektabschlusses. Wichtige Eckdaten/Meilensteintermine sind darin die Zeitpunkte für den Planungsbeginn, die Baueingabe, den Baubeginn, die Rohbaufertigstellung, die Wintersicherung der Gebäudehülle, die Baufertigstellung sowie Beginn und Ende der Übergabe an den Nutzer.

Generalfachplaner Der Generalfachplaner entspricht einem → Generalplaner, allerdings i. d. R. ohne Beauftragung mit allen Leistungsphasen der Architekten-/Objektplanung, da Architekten daneben einzelvertraglich gebunden und, ggf. nur mit den Leistungsphasen 1 bis 4 oder bis 5 des § 15 (2), beauftragt werden.

Generalplaner Bei Einschaltung eines Generalplaners liegt die gesamte Verantwortung einschließlich Haftung und

	Gewährleistung für alle Planungsleistungen sowie für die Überwachung der Bauausführung in einer Hand. Dem Generalplaner steht es frei, alle Planungsleistungen mit eigenen Mitarbeitern zu erfüllen. Fallweise kann er Fachplaner im Nachunternehmerverhältnis für diejenigen Aufgaben einschalten, die zu leisten er nicht imstande ist, wobei sich der Auftraggeber i. d. R. ein Mitspracherecht bei der Auswahl vorbehält.
Generalübernehmer	Der Generalübernehmer unterscheidet sich vom → Generalunternehmer dadurch, dass er die Ausführung der Bauleistungen aller Gewerbezweige für ein Bauwerk übernimmt, jedoch selbst keinerlei Bauleistungen im eigenen Betrieb ausführt. Generalübernehmer haben für den Auftraggeber den Nachteil, dass ihr Betriebsvermögen durch das Fehlen eines eigenen Baubetriebes meistens niedriger ist als das eines Generalunternehmers.
Generalunternehmer	Einem Generalunternehmer werden vom Auftraggeber die Bauleistungen aller Gewerbezweige für ein Bauwerk übertragen. Dabei hat er ggf. auch Teile der Ausführungsplanung zu erbringen. In diesem Fall spricht man von einem „qualifizierten Generalunternehmer". Häufig übernimmt der Generalunternehmer eine Kosten- und Termingarantie unter Vereinbarung einer Vertragsstrafe bei Nichteinhaltung. Er führt wesentliche Teile der Bauleistungen selbst aus, z. B. die Rohbauarbeiten. Die übrigen Bauleistungen vergibt er an Nachunternehmer, die ihre Leistungen selbständig und eigenverantwortlich auch im Rahmen von Werkverträgen erfüllen.
Gewerk	Veraltete, heute aber noch weitgehend übliche Bezeichnung für die einzelnen gewerblichen Leistungen. Diese werden in der VOB als Fachlose (vgl. § 4 Nr. 3 VOB/A) und nach dem Standardleistungsbuch (StLB) des Gemeinsamen Ausschusses Elektronik im Bauwesen (GAEB) als Leistungsbereiche bezeichnet.
Grobablaufplanung	Sie dient zur Ermittlung von Vertragsterminen für die Planung und Ausführung für jeden Auftragnehmer und muss für diesen jeweils mindestens Vertragsbeginn und -ende sowie ggf. auch vertragliche Zwischentermine ausweisen. Sie dient damit der mittel- bis langfristigen Ablaufplanung.
Grundleistungen	Sie umfassen nach § 2 (2) HOAI die Leistungen, die zur ordnungsgemäßen Erfüllung eines Auftrags im Allgemeinen erforderlich sind. Sachlich zusammengehörige Grundleistungen sind zu jeweils in sich abgeschlossenen Leistungsphasen zusammengefasst.

Hauptunternehmer	Ein Rohbauunternehmer wird bei der Vergabe nach Fachlosen/Gewerken gemäß § 4 Nr. 3 VOB/A als Hauptunternehmer bezeichnet. Für die weiteren Teilleistungen, wie z. B. die Technischen Anlagen und den Ausbau, werden dann weitere Nebenunternehmer eingeschaltet.
Honorarordnung für Architekten und Ingenieure (HOAI)	Für alle Auftraggeber (nicht nur der öffentlichen Hand) einerseits sowie Architekten und Ingenieure andererseits geltendes Recht zur Regelung der Honorare für Leistungen der Architekten und Ingenieure vom 17.09.76 (BGBl. I S. 2805) i. d. F. der 5. Novelle vom 21.09.95 (BGBl. I S. 1174).
Investitionsrahmen	Entspricht dem → Kostenrahmen.
Investitionsrechnung	Sie umfasst sämtliche statischen und dynamischen Verfahren der Wirtschaftlichkeitsberechnung.
Jours-fixes	Sie sind regelmäßige Projektbesprechungen (meistens 14-tägig) zur Diskussion der anstehenden Probleme sowie zur Fällung und Durchsetzung von Entscheidungen. Der Bauherr/Projektleiter lädt ein und der Projektmanager verfasst das Protokoll. Ständiger Teilnehmer ist der Architekt. Weitere Teilnehmer (Planer und während der Ausführung auch Unternehmer) nehmen bei Bedarf teil und werden jeweils separat eingeladen. Als wesentliches Ergebnis der Projektbesprechungen wird ein Entscheidungs- und Maßnahmenkatalog geführt, in den alle noch ausstehenden Entscheidungen aufgenommen werden. Ferner wird eine Liste der getroffenen Entscheidungen geführt. Im Anschluss an die Projektbesprechungen werden auch die Ablaufbesprechungen geführt über den jeweils erreichten Stand der Planung und Ausführung mit Soll-/Ist-Vergleich und Abweichungsanalyse sowie Diskussion erforderlicher Anpassungsmaßnahmen bei drohenden oder eingetretenen Terminüberschreitungen mit Auswirkungen auf kritische Termine.
Kapazität	Nach DIN 69902 Einsatzmittel (englisch: ressources), d. h. Personal- und Sachmittel, die zur Durchführung von Vorgängen, Arbeitspaketen oder Projekten benötigt werden.
Kapazitätsrahmen	Er gibt die voraussichtlich erforderlichen Kapazitäten/Ressourcen für Planung und Ausführung vor. Zur Ermittlung sind Überschlagrechnungen für den erforderlichen Personaleinsatz in der Planung und Ausführung, ggf. auch für den Geräteeinsatz in der Ausführung, anzustellen.
Kosten	Sie sind der bewertete betriebsnotwendige Verbrauch von Gütern und Dienstleistungen sowie für die Be-

reitstellung der hierfür erforderlichen Kapazitäten, die zur Herstellung und zum Absatz der betrieblichen Leistung benötigt werden. Dem Werteverzehr steht i. d. R. eine Wertschöpfung in Form einer betrieblichen Leistung gegenüber. Kosten im Hochbau sind nach DIN 276 (Juni 1993) Aufwendungen für Güter, Leistungen und Abgaben, die für die Planung und Ausführung von Baumaßnahmen erforderlich sind. DIN 276 sieht 3 Kostengliederungsebenen durch 3-stellige Ordnungszahlen vor. In der 1. Ebene werden die Gesamtkosten in folgende 7 Kostengruppen gegliedert:

100 Grundstück
200 Herrichten und Erschließen
300 Bauwerk – Konstruktionen
400 Bauwerk – Technische Anlagen
500 Außenanlagen
600 Ausstattung und Kunstwerke
700 Baunebenkosten.

Kostenabweichung

Sie ist das Ergebnis einer Kostenkontrolle oder eines Kostenvergleichs. Kostenabweichungen sind vor allem begründet durch gewollte Projektänderungen hinsichtlich Standard oder Menge, Schätzungsberichtigungen, die auf Ungenauigkeiten in der Mengenermittlung oder auf Abweichungen von den Kostenkennwerten vorausgegangener Projektphasen beruhen oder Indexänderungen aufgrund der Baupreisentwicklung.

Kostenanschlag

Er ist eine möglichst genaue Ermittlung der Kosten und dient nach DIN 276 (Juni 1993) als eine Grundlage für die Entscheidung über die Ausführungsplanung und die Vorbereitung der Vergabe. Im Kostenanschlag sollen die Gesamtkosten nach Kostengruppen mindestens bis zur 3. Ebene der Kostengliederung ermittelt werden.

Kostenberechnung

Sie ist eine angenäherte Ermittlung der Kosten und dient als eine Grundlage für die Entscheidung über die Entwurfsplanung. In der Kostenberechnung sollen die Gesamtkosten nach Kostengruppen mindestens bis zur 2. Ebene der Kostengliederung ermittelt werden.

Kostenermittlung

Sie ist die Vorausberechnung der entstehenden Kosten bzw. die Feststellung der tatsächlich entstandenen Kosten. Kostenermittlungen dienen als Grundlagen für die Kostenkontrolle, für die Planungs-, Vergabe- und Ausführungsentscheidungen sowie zum Nachweis der entstandenen Kosten.

Kostenfeststellung	Sie ist die Ermittlung der tatsächlich entstandenen Kosten und dient zu ihrem Nachweis sowie ggf. zum Vergleich und zu Dokumentationen. In der Kostenfeststellung sollen die Gesamtkosten nach Kostengruppen bis zur 2. Ebene der Kostengliederung unterteilt werden. Bei Baumaßnahmen, die für Vergleiche und Kostenkennwerte ausgewertet und dokumentiert werden, sollten die Gesamtkosten mindestens bis zur 3. Ebene der Kostengliederung unterteilt werden.
Kostengliederung	Sie ist nach DIN 276 (Juni 1993) die Ordnungsstruktur, nach der die Gesamtkosten einer Baumaßnahme in Kostengruppen unterteilt werden.
Kostengruppe	Sie ist nach DIN 276 (Juni 1993) die Zusammenfassung einzelner, nach den Kriterien der Planung oder des Projektablaufs zusammengehörender Kosten, die in bis zu 3 Ebenen gegliedert werden.
Kostenkennwert	Er ist nach DIN 276 (Juni 1993) ein Wert, der das Verhältnis von Kosten zu einer Bezugseinheit (z. B. Grundflächen oder Rauminhalte nach DIN 277 Teil 1 und Teil 2) darstellt.
Kostenkontrolle	Sie ist der Vergleich einer aktuellen mit einer früheren Kostenermittlung, um Kostenabweichungen zu erkennen.
Kosten-Nutzen-Analyse (KNA)	Sie dient der Beurteilung der Vorteilhaftigkeit gesamtwirtschaftlich bedeutsamer Investitionen und versucht, eine Beziehung zwischen dem Nutzen und den durch die Investition verursachten Kosten herzustellen mit der Zielsetzung, den gesamtwirtschaftlichen Nutzen zu maximieren. Sie bietet sich an, wenn alle betrieblichen und gesellschaftlichen Nutzen- und Kostenfaktoren mit Geldeinheiten bewertbar sind, und weist damit wie die Wirtschaftlichkeitsberechnung ein nur eindimensionales Zielsystem auf.
Kostenplanung	Sie ist nach DIN 276 (Juni 1993) die Gesamtheit aller Maßnahmen der Kostenermittlung, Kostenkontrolle und der Kostensteuerung. Die Kostenplanung begleitet kontinuierlich alle Phasen der Baumaßnahme während Planung und Ausführung. Sie befasst sich systematisch mit den Ursachen und Auswirkungen der Kosten.
Kostenrahmen	Er ist die erste und in der DIN 276 sowie auch in den Leistungsphasen der HOAI nicht enthaltene Kostenaussage auf der Basis eines Nutzerbedarfsprogramms. Das „Dilemma der erstgenannten Zahl" ergibt sich häufig daraus, dass der Kostenrahmen von der Kostenfeststellung in erheblichem Maße abweicht. Kostenüberschreitungen können allerdings wirksam dadurch erheblich vermindert oder ganz

	vermieden werden, dass der Kostenrahmen als zwingend einzuhaltende Budgetgrenze (Kostendeckel) vorgegeben wird.
Kostenschätzung	Sie ist eine überschlägige Ermittlung der Kosten und dient als Grundlage für die Entscheidung über die Vorplanung. In der Kostenschätzung sollen die Gesamtkosten nach Kostengruppen der DIN 276 (Juni 1993) mindestens bis zur 1. Ebene der Kostengliederung ermittelt werden.
Kostenstand	Bei Kostenermittlungen ist nach DIN 276 (Juni 1993) vom Kostenstand zum Zeitpunkt der Ermittlung auszugehen; dieser Kostenstand ist durch die Angabe des Zeitpunktes zu dokumentieren. Sofern Kosten auf den Zeitpunkt der Fertigstellung prognostiziert werden, sind sie gesondert auszuweisen.
Kostenvergleich	Der Kostenvergleich ergibt sich aus den Ergebnissen einer Kostenermittlungsart durch Verwendung unterschiedlicher Bezugsgrößen für die Kostenkennwerte (z. B. €/m² BGF; €/m² HNF; €/m³ BRI) bzw. aus der Gegenüberstellung aktueller mit früheren Kostenermittlungen sowie aus der Differenz zwischen Soll- und Ist-Kosten, z. B. zwischen Vergabebudget und Submissionsergebnis oder zwischen Auftrags- und Schlussabrechnungssumme. Kostenüberschreitungen sind durch Anpassungsmaßnahmen auszugleichen.
Kostenwirksamkeitsanalyse (KWA)	Sie ist eine Methode zur Rangbestimmung bei komplexen Entscheidungs- oder Handlungsalternativen. Sie erlaubt die Beachtung mehrdimensionaler Zielsysteme. Die in Geldeinheiten bewertbaren Faktoren werden wie bei der Kosten-Nutzen-Analyse (KNA) und die nicht monetär bewertbaren Faktoren (intangiblen Effekte) wie bei der Nutzwertanalyse (NWA) behandelt. Die KWA erlaubt keine Beurteilung einer Einzelmaßnahme, sondern nur eine Aussage über die relative Vorteilhaftigkeit von Investitionsalternativen und damit die Aufstellung einer Rangliste.
Kritischer Weg	Er ist der Weg, auf dem Ereignisse bzw. Vorgänge so angeordnet sind, dass die gesamte Pufferzeit ein Minimum ist.
Kumulativleistungsträger	Auftragnehmer, die mehrere Fachleistungen als Eigen- oder Fremdleistung erbringen, z. B. Generalplaner (GP), Generalunternehmer (GU), Generalübernehmer (GÜ), Totalunternehmer (TU), Totalübernehmer (TÜ), Construction Manager (CM).
Leistungsbeschreibung	Nach § 9 VOB/A ist zu unterscheiden zwischen Leistungsbeschreibung mit Leistungsverzeichnis (nach Nr. 6 ff.), d. h. allgemeine Darstellung der Bauaufgabe (Baubeschreibung) und ein in Teilleistungen ge-

gliedertes Leistungsverzeichnis, sowie nach Leistungsbeschreibung mit Leistungsprogramm (Nr. 10 ff.), d. h. Beschreibung der Bauaufgabe, aus der die Bewerber alle für die Entwurfsbearbeitung und ihr Angebot maßgebenden Bedingungen und Umstände erkennen können und in der sowohl der Zweck der fertigen Leistung als auch die an sie gestellten technischen, wirtschaftlichen, gestalterischen und funktionsbedingten Anforderungen angegeben sind, sowie ggf. ein Musterverzeichnis, in dem die Mengenangaben ganz oder teilweise offen gelassen sind. Nach § 9 Nr. 1 VOB/A ist die Leistung eindeutig und so erschöpfend zu beschreiben, dass alle Bewerber die Beschreibung im gleichen Sinne verstehen müssen und ihre Preise sicher und ohne umfangreiche Vorarbeiten berechnen können.

Leistungsbild	Die in den Teilen II bis XIII enthaltenen Leistungsbeschreibungen für die Architekten- und Ingenieurleistungen, die nach Grundleistungen und Besonderen Leistungen unterschieden werden.
Leistungswert	Nach DIN 69902 Einsatzmittel-Leistungsvermögen (englisch: ressource unit capacity), d. h. Menge von Einheiten, die durch die Nutzung oder den Verbrauch eines Einsatzmittels in einer Zeiteinheit erzeugt werden kann (z. B. ein Tieflöffelbagger mit 1 m³ Löffelinhalt kann in einer Stunde 50 m³ ausheben).
Leitposition	Diejenigen Teilleistungen der verschiedenen Leistungsbereiche eines Bauwerkes, die wertmäßig (aus dem Produkt von Mengen und Einheitspreisen) ca. 80 % bis 90 % der Gesamtkosten des Leistungsbereiches ausmachen, zahlenmäßig jedoch nur einen prozentualen Anteil zwischen 20 % und 30 % haben.
Nachforderung	Sie ist eine vom Auftragnehmer nach Vertragsabschluss über die Vereinbarung der Vergütung hinaus erhobene Forderung. Dem Grunde und der Höhe nach aus Leistungsänderungen oder Leistungsstörungen berechtigte Nachforderungen führen zu entsprechenden Nachtragsvereinbarungen. Gemäß § 16 Nr. 3 (2) schließt die vorbehaltlose Annahme der Schlusszahlung durch den Auftragnehmer Nachforderungen aus, wenn der Auftragnehmer über die Schlusszahlung schriftlich unterrichtet und auf die Ausschlusswirkung hingewiesen wurde.
Nachunternehmer	Er wird von einem Generalunter-, Generalüber- oder Totalunternehmer im Werkvertragsverhältnis beauftragt. Es besteht kein direktes Vertragsverhältnis zu deren Auftraggeber.

Nebenleistungen	Nebenleistungen sind gemäß Ziff. 4.2 der DIN 18299 ff. (VOB/C) solche Leistungen, die auch ohne Erwähnung im Vertrag zur vertraglichen Leistung gehören und infolgedessen in die vertraglichen Einheitspreise oder den Pauschalpreis einzurechnen sind.
Nebenunternehmer	Für nachrangige Bauleistungen schließt der Auftraggeber neben dem Bauwerkvertrag mit einem Hauptunternehmer für die maßgeblichen Bauleistungen Verträge mit Nebenunternehmern ab. Zwischen Hauptunternehmer und Nebenunternehmern bestehen keine direkten Vertragsverhältnisse.
Netzplan	Er ist nach DIN 69900 die grafische oder tabellarische Darstellung von Abläufen und deren Abhängigkeiten.
Nutzen-Kosten-Untersuchung (NKU)	Sie ist definitionsgemäß immer dann anzuwenden, wenn neben einzelwirtschaftlichen auch gesamtwirtschaftliche Ziele und entsprechende Nutzen- und Kostenfaktoren in die Betrachtungen einzubeziehen sind oder aber für einzelwirtschaftliche Untersuchungen auch nicht monetär bewertbare Teilziele herangezogen werden sollen. Im Wesentlichen haben sich 3 Verfahren durchgesetzt, die → Kosten-Nutzen-Analyse (KNA), die → Nutzwertanalyse (NWA) und die → Kostenwirksamkeitsanalyse (KWA).
Nutzerbedarfsprogramm (NBP)	Zielsetzung und Aufgabe des NBP ist es, den (voraussichtlichen) Nutzerwillen in eindeutiger und erschöpfender Weise zu definieren und zu beschreiben, um damit die „Messlatte der Projektziele" zu schaffen, die projektbegleitend über alle Projektstufen hinweg verbindliche Auskunft darüber gibt, ob und inwieweit mit den Planungs- und Ausführungsergebnissen die Projektziele erfüllt werden. Das NBP ist damit Ergebnis der vom künftigen Nutzer (möglichst) federführend erarbeiteten Bedarfsanforderungen im Hinblick auf Nutzen, Funktion, Flächen und Raumbedarf, Gestaltung und Ausstattung, Budget, Baunutzungskosten und Zeitrahmen.
Nutzwertanalyse (NWA)	Die NWA kommt zur Anwendung, wenn die einzel- oder gesamtwirtschaftlichen Teilziele überwiegend nicht in Geldern, sondern nur mit Nutzenpunkten bewertet werden können. Sie erlaubt damit die Berücksichtigung mehrdimensionaler Zielsysteme. Die kardinal, ordinal oder nominal gemessenen Teilziele werden durch eine Bewertung mit Nutzenpunkten gleichnamig gemacht und entsprechend ihrer Bedeutung für den Gesamtnutzen gewichtet. Die Nutzenpunkte jedes Teilziels werden mit den Gewichtungsfaktoren multipliziert und ergeben damit

faktoren multipliziert und ergeben damit gewichtete Nutzenpunkte. Aus der Addition ergibt sich der Gesamtnutzwert der betrachteten Alternative. Mit einer NWA kann nicht entschieden werden, ob eine Maßnahme für sich allein zu befürworten ist. Sie lässt nur eine Aussage über die relative Vorteilhaftigkeit beim Vergleich alternativer Maßnahmen zu und ermöglicht das Aufstellen einer Rangfolge.

Nutzungskosten
Nach DIN 18960 alle bei Gebäuden, den dazu gehörenden baulichen Anlagen und deren Grundstücken unmittelbar entstehenden regelmäßig oder unregelmäßig wiederkehrenden Kosten vom Beginn der Nutzbarkeit des Gebäudes bis zum Zeitpunkt seiner Beseitigung. Die betriebsspezifischen und produktionsbedingten Personal- und Sachkosten werden nicht nach DIN 18960 erfasst.

Objekt
Ein in der HOAI verwendeter Begriff für den jeweiligen Gegenstand der Planungsleistungen wie Gebäude, Freianlagen und raumbildende Ausbauten, Ingenieurbauwerke und Verkehrsanlagen, Tragwerke, Technische Anlagen und Gebäude für Leistungen bei der Bau- und Raumakustik. Die HOAI enthält allerdings keine Vorschriften über die Aufteilung mehrerer Objekte in Einzelobjekte, deren anrechenbare Kosten in Abhängigkeit von der jeweiligen Honorarzone maßgebend sind für das aus den Honorartafeln zu entnehmende Honorar für die Erfüllung der Grundleistungen in allen Leistungsphasen (100 v. H.). Aus dieser Unschärfe der HOAI entstehen bei fehlender vertraglicher Präzisierung häufig Streitigkeiten bei der Prüfung der Honorarschlussrechnung von Planerverträgen.

Organisationshandbuch
Dieses dient zur Schaffung von Klarheit über die Projektziele, die Projektstruktur, die Aufbau- und Ablauforganisation sowie das Informations- und Kommunikationssystem der Projektbeteiligten. Im Sinne von DIN EN ISO 9000 ff. beinhaltet es den projektspezifischen Qualitätsmanagementplan.

Planfeststellungsverfahren
Es wird angewendet auf Planungen auf den Gebieten des Verkehrs-, Wege- und Wasserrechts und der öffentlichen Versorgung. Planfeststellungsverfahren sind Verwaltungsverfahren mit Beteiligung der Planungsbetroffenen. Elemente des Verfahrens sind die Anordnung des Verfahrens durch Rechtsvorschrift, das Anhörungsverfahren und der Planfeststellungsbeschluss. Einzelheiten regelt das Verwaltungsverfahrensgesetz (VwVfG).

Planungskennwert	Planungskennwerte dienen als Orientierungswerte und als Maßstab zur Beurteilung der Wirtschaftlichkeit einer Planung. Sie sind teilweise in Vorschriften und Richtlinien verankert, teilweise gehören sie zum individuellen Erfahrungsschatz der Architekten und Fachplaner. Sie werden als Verhältniswerte je nach Verwendungszweck und Bezugsbasis in 3 Gruppen eingeteilt: zur Bedarfsableitung mit der Bezugsbasis Nutzeinheiten wie z. B. Flächenkennwerte pro Schüler- oder Kindergartenplatz pro Krankenhausbett, zur wirtschaftlichen Entwurfsgestaltung als Verhältniswerte von Flächen und Kubaturen wie z. B. m² BGF/m² HNF, und zur wirtschaftlichen Gestaltung von Bauteilen oder Bauelementen wie z. B. Bauteil- oder Baustoffkennwerte über zulässige Beanspruchungen, Eigenschaften und Nutzungsdauern in Abhängigkeit von der Beanspruchung.
Projekt	Nach DIN 69901 ist ein Projekt ein Vorhaben, das im wesentlichen durch Einmaligkeit der Bedingungen in ihrer Gesamtheit gekennzeichnet ist, wie z. B. Zielvorgabe, zeitliche, finanzielle, personelle oder andere Begrenzungen, Abgrenzung gegenüber anderen Vorhaben und projektspezifische Organisation.
Projektänderung	Sie ist eine bewusste Abweichung von dem jeweils genehmigten Projektstatus hinsichtlich Standard oder Menge und führt zu einer Veränderung von Funktion, Gestaltung oder Konstruktion des Projektes oder einzelner Projektteile. Projektänderungen haben Einfluss auf Qualitäten, Kosten und Termine. Daher sind alle gewünschten oder notwendigen Änderungen gegenüber dem jeweils aktuellen Planungsstand vom jeweiligen Initiator der Projektleitung des Auftraggebers mit Begründung und Auswirkungen auf Qualitäten, Kosten und Termine so rechtzeitig schriftlich anzumelden, dass sie nach einer entsprechenden Entscheidung ggf. ohne Zeitverzögerung umgesetzt oder aber bei Ablehnung noch vermieden werden können. Die Projektleitung des Auftraggebers entscheidet nach Abstimmung mit dem Auftraggeber und den fachlich Beteiligten über das weitere Vorgehen. Genehmigte Projektänderungen/-ergänzungen werden mit den entsprechenden Auswirkungen von der Projektleitung des Auftraggebers in einer Projektänderungsliste mit Genehmigungsvermerken dokumentiert.
Projektbuchhaltung	Sie enthält alle Auftrags- und Abrechnungsdaten der an einem Projekt beteiligten Fachplaner, Firmen, behördlichen und sonstigen Institutionen. Zielsetzung

ist die jederzeitige Auskunftsbereitschaft über die Entwicklung des Budgets, die Auftrags- und Abrechnungssummen, den Stand des Ausgleichspostens, der Rückstellungen und des Unvorhergesehenen sowie der Über- und Unterschreitungen zwischen Soll-Vorgaben, Vergabe- und Schlussabrechnungswerten.

Projektchronik Sie ist die Zusammenstellung ausgewählter wesentlicher Daten über die Projektstruktur, die Aufbau- und Ablauforganisation, erreichte Projektziele sowie Kosten und Termine. Sie liefert während und nach Abschluss eines Projektes Hinweise für das Vorgehen bei laufenden und zukünftigen gleichartigen Projekten.

Projektcontrolling Das Projektcontrolling ist eine Teildisziplin des Projektmanagements. Es wird als Leistung bei der Steuerung von Kumulativleistungsträgern (Generalplanern und Generalunternehmern etc.) erforderlich.

Projektentwicklung Durch Projektentwicklungen sind die Faktoren Standort, Projektidee und Kapital so miteinander zu kombinieren, dass einzelwirtschaftlich wettbewerbsfähige, arbeitsplatzschaffende und -sichernde sowie gesamtwirtschaftlich sozial- und umweltverträgliche Immobilienobjekte geschaffen und dauerhaft rentabel genutzt werden können. Projektentwicklung im engeren Sinne umfasst die Phase vom Projektanstoß bis zur Entscheidung über die weitere Verfolgung der Projektidee durch Erteilung von Planungsaufträgen bzw. bis zur Entscheidung über die Einstellung aller weiteren Aktivitäten aufgrund zu hoher Projektrisiken. Die Projektentwicklung im weiteren Sinne umfasst den gesamten Lebenszyklus der Immobilie vom Projektanstoß bis hin zur Umwidmung oder dem Abriss am Ende der wirtschaftlich vertretbaren Nutzungsdauer. Sie entspricht dem Immobilienmanagement (englisch: corporate real estate management CREM).

Projekthandbuch Das Projekthandbuch beinhaltet die aktuelle Dokumentation der jeweils vorliegenden Pläne, Berechnungen und Beschreibungen. Es bildet damit die aktuelle Dokumentation des Projektleiters des Auftraggebers und besteht üblicherweise aus: dem Organisationshandbuch, dem Nutzerbedarfsprogramm, einer Liste der vorhandenen und noch zu erstellenden Planungsunterlagen, einem Überblick über den Stand sowie die weitere Entwicklung sämtlicher Genehmigungsverfahren, einer Zusammenstellung der Flächen und Kubaturen nach DIN 277, Qualitätsbeschreibungen durch Erläuterungsbericht zur Planung, die Projekt-/ Baubeschreibung und ggf. das Gebäude- und Raumbuch, der jeweils aktuellen Kostenermittlung mit zugehörigem Erläuterungsbericht, den jeweils aktuellen Terminplänen mit Erläuterungsberichten, dem Maßnahmen- und Entscheidungskatalog sowie einer Liste der maßgeblichen Entscheidungen mit den jeweiligen Konsequenzen für Qualitäten, Kosten und Termine unter Einbeziehung der jeweiligen Trends bis zum Projektende.

Projektkommunikations-System
Die Intensität der Kommunikation zwischen den Baubeteiligten von „niedrig" bis „hoch" beschreiben die Verben „Informieren", „Koordinieren", „Kollaborieren" und „Kooperieren" (in dieser Reihenfolge). Projektkommunikationssysteme unterstützen die Zusammenarbeit einer Bauprojektgruppe über elektronische Netzwerke in allen vorgenannten Intensitäten. Dabei stehen Funktionen für den Austausch und die gemeinsame Ablage von Dokumenten, für den Austausch von Nachrichten, für die Verwaltung von Adressen und Kalendern sowie die Vorgangssteuerung in Form von Workflows im Vordergrund.

Projektleitung (PL)
Für die Dauer eines Projektes geschaffene Organisationseinheit, die für Planung, Steuerung und Überwachung dieses Projektes verantwortlich ist. Sie kann den Bedürfnissen der Projektphasen angepasst werden (DIN 69901).

Projektmanagement (PM)
Gesamtheit von Führungsaufgaben, -organisation, -techniken und -mitteln für die Abwicklung eines Projektes (DIN 69901).

Projektsteuerung (PS)
Nach § 31 HOAI Leistungen von Auftragnehmern, die Funktionen des Auftraggebers bei der Steuerung von Projekten mit mehreren Fachbereichen übernehmen. Nach der Berufsordnung des Deutschen Verbandes der Projektmanager in der Bau- und Immobilienwirtschaft e. V. (DVP) ist Projektsteuerung die neutrale und unabhängige Wahrnehmung von Auftraggeberfunktionen in technischer, wirtschaftlicher und rechtlicher Hinsicht im Sinne von § 31 HOAI.

Projektstrukturplan (PSP)
Darstellung der Gesamtheit der wesentlichen Beziehungen zwischen den Elementen eines Projektes, wobei nach dem Aufbau, dem Ablauf, den Grundbedingungen oder sonstigen Gesichtspunkten differenziert werden kann. Der PSP ist Basis der Codifizierung der Projektarbeit sowohl für Pläne, Beschreibungen, Kostenermittlungen und -kontrollen, Terminplanungen und -überwachungen als auch für Auftragszuordnungen, Budgetierungen und Inventarisierungen (DIN 69901).

Projektstufen	Nach § 205 Leistungsbild Projektsteuerung vorgenommene Zusammenfassung der 9 Leistungsphasen der HOAI mit einer vorausgehenden Leistungsphase 0 Projektentwicklung zu 5 Projektstufen: 1 Projektvorbereitung, 2 Planung, 3 Ausführungsvorbereitung, 4 Ausführung, 5 Projektabschluss.
Pufferzeit	Zeitspanne, um die unter bestimmten Bedingungen die Lage eines Ereignisses bzw. Vorgangs verschoben oder die Dauer eines Vorgangs verlängert werden kann (DIN 69900).
Gesamte Pufferzeit (GP)	Zeitspanne zwischen frühester und spätester Lage eines Ereignisses bzw. Vorgangs.
Freie Pufferzeit (FP)	Zeitspanne, um die ein Ereignis bzw. Vorgang gegenüber seiner frühesten Lage verschoben bzw. verlängert werden kann, ohne die früheste Lage anderer Ereignisse bzw. Vorgänge zu beeinflussen.
Freie Rückwärtspufferzeit (FRP)	Zeitspanne, um die ein Ereignis bzw. Vorgang gegenüber seiner spätesten Lage verschoben bzw. verlängert werden kann, ohne dass die späteste Lage anderer Ereignisse bzw. Vorgänge beeinflusst wird.
Unabhängige Pufferzeit (UP)	Zeitspanne, um die ein Ereignis bzw. ein Vorgang verschoben bzw. verlängert werden kann, wenn sich seine Vorereignisse bzw. Vorgänger in spätester und seine Nachereignisse bzw. Nachfolger in frühester Lage befinden.
Quartals-/Statusbericht	Lagebericht zum Projekt als auch Rechenschaftsbericht des Projektmanagements für den Berichtszeitraum. Die Gliederung bezieht sich auf die 4 Handlungsbereiche des Projektmanagements: A Organisation, Information, Koordination und Dokumentation, B Qualitäten und Quantitäten, C Kosten und Finanzierung, D Termine und Kapazitäten. Ferner sind die Risiken für die definierten Qualitäts-, Kosten- und Terminziele bis zum Projektende aufzuzeigen. Als Anlagen sind beizufügen: der aktuelle Maßnahmen-/Entscheidungskatalog, die Entscheidungsliste, die Liste der im Berichtszeitraum erstellten Dokumente, die grafische Darstellung des Budgets sowie der Vergabe-, Leistungs- und Zahlungssummen, jeweils im Soll und im Ist, Kosten- und Terminübersichten, ggf. mit weiterer Detaillierung.
Raumprogramm	→ Bauprogramm

Rückstellungen	Sie werden im Zusammenhang mit der Vorgabe der Deckungsbestätigung für Aufträge gebildet und dienen als Reserve zur Deckung von evtl. Nachträgen zu dem jeweiligen Auftrag. Die Größenordnung ist auftragsindividuell abzuschätzen und liegt meistens zwischen 3 % und 5 % der Vergabesumme. Der Charakter dieser Rückstellungen entspricht hinsichtlich der Unbestimmtheit der Notwendigkeit, der Höhe und des Zeitpunkts der Verwendung streng dem betriebswirtschaftlichen Begriff. Bis zur Schlusszahlung eines Auftrags nicht benötigte Rückstellungen werden aufgelöst und dem Ausgleichsposten zugeführt.
Schlussrechnung	Nach § 14 Nr. 3 VOB/B muss die Schlussrechnung bei Leistungen mit einer vertraglichen Ausführungsfrist von höchstens 3 Monaten spätestens 12 Werktage nach Fertigstellung eingereicht werden, wenn nichts anderes vereinbart ist; diese Frist wird um je 6 Werktage für je weitere 3 Monate Ausführungsfrist verlängert.
Schlusszahlung	Die Schlusszahlung ist nach § 16 Nr. 3 (1) VOB/B alsbald nach Prüfung und Feststellung der vom Auftragnehmer vorgelegten Schlussrechnung zu leisten, spätestens innerhalb von 2 Monaten nach Zugang. Gemäß (2) schließt die vorbehaltlose Annahme der Schlusszahlung durch den Auftragnehmer Nachforderungen aus, wenn der AN über die Schlusszahlung vom AG schriftlich unterrichtet und auf die Ausschlusswirkung hingewiesen wurde. Nach (5) ist ein Vorbehalt innerhalb von 24 Werktagen nach Zugang der Mitteilung über die Schlusszahlung seitens des AN zu erklären. Er wird hinfällig, wenn nicht innerhalb von weiteren 24 Werktagen eine prüfbare Rechnung über die vorbehaltenen Forderungen eingereicht oder, wenn das nicht möglich ist, der Vorbehalt eingehend begründet wird.
Steuerungsablaufplanung	Die Steuerungsablaufpläne der Planung und der Ausführung dienen dem Projektmanager zur Durchführung von Ablaufkontrollen mit Soll-/Ist-Vergleich, Abweichungsanalyse und ggf. erforderlichen Anpassungsmaßnahmen zur Erreichung der Terminziele. Sie werden vom Projektmanager in den Projektstufen der Planung und Ausführungsvorbereitung aufgestellt auf der Basis der Grobablaufplanung für die Planung und Ausführung und mit den Projektbeteiligten abgestimmt. Während der Ausführung übernimmt der Projektmanager aus den Zeitplänen des Objektplaners und den Detailablaufplänen der Ausführung der

	Firmen wichtige Zwischentermine und schreibt dadurch seine Steuerungsablaufpläne der Ausführung fort.
Subunternehmer	→ Nachunternehmer
Teilschlusszahlung	Nach § 16 Nr. 4 VOB/B können in sich abgeschlossene Teile der Leistung nach Teilabnahme ohne Rücksicht auf die Vollendung der übrigen Leistungen endgültig festgestellt und durch eine Teilschlusszahlung bezahlt werden.
Terminrahmen	Der Terminrahmen wird während der Projektstufe der Projektvorbereitung erstellt. Er steckt mit nur wenigen Vorgängen und Ereignissen (≤ 15) die Dauern der Projektstufen und die Entscheidungszeitpunkte für das Projekt ab.
Totalübernehmer	Der Totalübernehmer unterscheidet sich vom Totalunternehmer dadurch, dass er zwar auch neben der Ausführung die Planungsleistungen übernimmt, jedoch wie der → Generalübernehmer keinerlei Planungs- und Ausführungsleistungen in eigenem Betrieb erbringt. Damit gelten die für den → Generalübernehmer genannten Nachteile analog.
Totalunternehmer	Er übernimmt neben der Ausführung der Bauleistungen aller Gewerbezweige für ein Bauwerk auch die Planungsleistungen ab der Entwurfsplanung mit einem Vertrag, d. h. sämtliche Leistungen eines Generalplaners und eines Generalunternehmers zusammen. Teilweise besorgt der Totalunternehmer für den Auftraggeber auch noch das Grundstück und regelt Finanzierungsfragen. Totalunternehmer werden im Rahmen Beschränkter Ausschreibungen (Nichtoffener Verfahren) vor allem dadurch gewonnen, dass sie ihre Angebote auf der Basis einer Leistungsbeschreibung mit Leistungsprogramm nach § 9 Nr. 10 bis 12 VOB/A unterbreiten. Zielsetzung dabei ist es, zusammen mit der Bauausführung auch den Entwurf für die Leistung dem Wettbewerb zu unterstellen, um die technisch, wirtschaftlich und gestalterisch beste sowie funktionsgerechte Lösung der Bauaufgabe zu ermitteln.
Umweltverträglichkeits-prüfung	Sie regelt das Verwaltungsverfahren zur vorausschauenden Beurteilung der Auswirkungen von besonders umweltrelevanten Vorhaben. Ziel des Gesetzes über die Umweltverträglichkeitsprüfung (UVPG) vom 12.02.90 (BGBl. I S. 205) ist es, bei umweltgefährdenden Projekten zur wirksamen Umweltvorsorge nach einheitlichen Grundsätzen sicherzustellen, dass die Auswirkungen auf die Umwelt frühzeitig und umfassend ermittelt, beschrieben und bewertet wer-

den, das Ergebnis der Umweltverträglichkeitsprüfung so früh wie möglich bei allen behördlichen Entscheidungen über die Zulässigkeit berücksichtigt wird. Die Umweltverträglichkeitsprüfung ist ein unselbständiger Teil verwaltungsbehördlicher Verfahren, die der Entscheidung über die Zulässigkeit von Vorhaben dienen. Die Umweltverträglichkeitsprüfung umfasst die Ermittlung, Beschreibung und Bewertung der Auswirkungen eines Vorhabens auf die Schutzgüter: Menschen, Tiere und Pflanzen, Boden, Wasser, Luft, Klima und Landschaft, einschließlich der jeweiligen Wechselwirkungen, Kultur- und sonstige Sachgüter.

Unvorhersehbares

Kostenansatz in → Kostenermittlungen bei Projekten mit hohem Schwierigkeitsgrad, insbesondere auch bei Umbaumaßnahmen. Es ist mit ca. 5 bis 10 % der Gesamtkosten anzusetzen.

Vergabe- und Vertragsordnung für Bauleistungen (VOB)

Sie ist aus dem Bedürfnis entstanden, die werkvertraglichen Regelungen der §§ 631 ff. BGB, die den Interessen der Baubeteiligten und den Bauabläufen nur bedingt gerecht werden, durch entsprechende bauspezifische und praxisbezogene Regelungen zu ergänzen. Die grundsätzliche Bedeutung der Verdingungsordnung für Bauleistungen liegt u. a. in ihrer baupraxisbezogenen Ausrichtung, ihrer ausgewogenen Behandlung der Vertragspartner und – bedingt durch das Fehlen des Gesetzescharakters – in der Möglichkeit, sie fortlaufend, schnell und flexibel an sich verändernde Bedürfnisse anzupassen.

Vergabeunterlagen

Sie bestehen nach § 10 Nr. 1 Abs. 1 VOB/A aus: dem Anschreiben, ggf. Bewerbungsbedingungen und den Verdingungsunterlagen mit Leistungsbeschreibung durch Baubeschreibung mit Leistungsverzeichnis oder mit Leistungsprogramm, Ausschreibungsplänen, ggf. Mustern und Probestücken, Besonderen Vertragsbedingungen (BVB), Zusätzlichen Vertragsbedingungen (ZVB), ggf. Zusätzlichen Technischen Vertragsbedingungen (ZTV), Allgemeinen Technischen Vertragsbedingungen (ATV = VOB/C) und Allgemeinen Vertragsbedingungen (AVB = VOB/B).

Vorauszahlung

Nach § 16 Nr. 2 (1) können Vorauszahlungen vor und auch nach Vertragsabschluss vereinbart werden; hierfür ist auf Verlangen des AG ausreichende Sicherheit zu leisten. Vorauszahlungen sind, sofern nichts anderes vereinbart wird, mit 1 v. H. über dem Lombardsatz der Deutschen Bundesbank zu verzinsen. Nach (2) sind Vorauszahlungen auf die nächstfälligen Zahlungen anzurechnen, soweit damit Leis-

	tungen abzugelten sind, für welche die Vorauszahlungen gewährt worden sind.
Werkvertrag	Privatrechtlicher Schuldvertrag, durch den nach § 631 (1) BGB der Unternehmer zur Herstellung des versprochenen Werkes, der Besteller zur Entrichtung der vereinbarten Vergütung verpflichtet wird. Nach (2) kann Gegenstand des Werkvertrags sowohl die Herstellung oder Veränderung einer Sache oder ein anderer durch Arbeit oder Dienstleistung herbeizuführender Erfolg sein.
Wirtschaftlichkeitsberechnungen	Sie stellen Methoden dar, mit deren Hilfe die Vorteilhaftigkeit einzelwirtschaftlicher Investitionsmaßnahmen geprüft und im Hinblick auf die Zielsetzungen des jeweiligen Investors bewertet werden soll. Sie gehören damit zur betriebswirtschaftlichen Investitionsrechnung. Die untersuchten Kosten- und Nutzenfaktoren sind als Ausgaben und Einnahmen stets monetär bewertbar. Nicht in Geldeinheiten bewertbare Faktoren können ergänzend nur verbal diskutiert werden (intangible Effekte).
Zeithonorar	Es ist nach § 6 (1) HOAI auf der Grundlage der Stundensätze nach (2) durch Vorausschätzung des Zeitbedarfs als Fest- oder Höchstbetrag zu berechnen. Ist eine Vorausschätzung des Zeitbedarfs nicht möglich, so ist das Honorar nach dem nachgewiesenen Zeitbedarf auf der Grundlage der Stundensätze nach (2) zu berechnen. Die Zeithonorare nach § 6 (2) HOAI (zwischen 30 und 80 €/Mitarbeiterstunde) sind im betriebswirtschaftlichen Sinne nicht auskömmlich und sollten daher seitens der Planer nur für von der HOAI nicht erfasste Planungsleistungen geringen Umfangs vereinbart werden.

Sachverzeichnis

Printed by Books on Demand, Germany